Finsch, Otto

Ethnologische Erfahrungen und Belegstücke aus der Südsee

Finsch, Otto

Ethnologische Erfahrungen und Belegstücke aus der Südsee

Inktank publishing, 2018

www.inktank-publishing.com

ISBN/EAN: 9783747765227

ETHNOLOGISCHE
ERFAHRUNGEN UND BELEGSTÜCKE
AUS DER
SÜDSEE.

BESCHREIBENDER KATALOG

EINER SAMMLUNG IM K. K. NATURHISTORISCHEN HOFMUSEUM IN WIEN.

VON

DR. O. FINSCH,
IN DELMENHORST BEI BREMEN

MIT EINEM VORWORT VON FRANZ HEGER.

MIT 25 TAFELN (DAVON 6 IN FARBENDRUCK) UND 108 ABBILDUNGEN IM TEXTE.

AUS DEN „ANNALEN DES K. K. NATURHISTORISCHEN HOFMUSEUMS IN WIEN",
BAND III—VIII, JAHRGANG 1888—1893, SEPARAT ABGEDRUCKT.

WIEN, 1893.
ALFRED HÖLDER,
K. UND K. HOF- UND UNIVERSITÄTS-BUCHHÄNDLER.

geschieht dies noch immer viel zu selten. Die Worte verwehen bei den schriftlosen Völkern gleich Blättern vor dem Winde und mit ihnen auch die Gedanken; die Sprachen sterben aus, Sitte und Brauch vergehen und es bleibt von manchem Volke nichts übrig als das todte Object in unseren Museen, das nur zu oft dann dem denkenden Geiste wie ein grosses Fragezeichen entgegenstarrt. So ist unendlich viel schon verloren gegangen von den Naturvölkern, welche nicht die schöne Sitte unserer Altvordern haben und hatten, ihre Todten in sorgsamer Weise mit den ihnen im Leben theuer gewesenen Gegenständen zu bestatten.

Eines der Gebiete, in welchem dieser Zerstörungsprocess mit ungeahnter Vehemenz sich gleichsam vor uns abspielt und wo das Auge des Ethnologen fast nur noch wüste Trümmerhaufen, Steine ohne Inschriften, ohne geschichtliche Daten und Anhaltspunkte erblickt, ist die ausgedehnte Inselwelt der Südsee. Seit den Reisen von Cook ist kaum mehr als ein Jahrhundert verstrichen; in dieser kurzen Zeitspanne hat die destructive Thätigkeit des weissen Menschen hier eine That vollbracht, für welche wir ein Analogon nur in dem Schalten der Conquistadoren des XVI. Jahrhunderts in Amerika finden. In den letzten Jahrzehnten wurde hier das Rettungswerk in Bezug auf ethnographische Sammlungen in grossem Massstabe betrieben; leider beschränkte sich dasselbe meist nur auf die Objecte, die wir heute in den grossen Museen finden, die uns aber so viele Fragen schuldig bleiben. Wenige der zahlreichen Südseereisenden haben ihre Aufgabe ernster erfasst; den letzteren verdankt unsere Wissenschaft aber auch die schönsten Blüthen an dem noch so jungen Baume der Ethnographie.

Die von dem weissen Menschen bis vor Kurzem noch am wenigsten berührten Südsee-Inseln sind jene im Westen des Pacific, welche sich von der grossen Insel Neu-Guinea — diese eingerechnet — im grossen Bogen parallel der Nordostküste Australiens hinziehen. Aber auch hier ist seit einem Dutzend Jahren die Axt angelegt worden an der Ursprünglichkeit der Lebensweise des Aboriginers derselben, und seit dieser kurzen Zeit sind schon grosse Waldstrecken dieser Axt zum Opfer gefallen. Im Nordosten von diesen Inseln sind — verstreuten Perlen gleich — zahllose kleine Eilande quer über einen grossen Theil des Pacific vertheilt — die Inselwelt Micronesiens. Traurig wendet sich der Blick des Ethnographen ihnen zu; sie sind für denselben heute so gut wie verloren. Um letzte spärliche Reste aufzusammeln, zog vor weniger als einem Decennium ein bewährter Reisender und Naturforscher dahin aus — Dr. Otto Finsch. Mit Unterstützung der Humboldt-Stiftung für Naturforschung und Reisen zu Berlin und eigene Mittel daransetzend, unternahm er fast vierjährige Reisen in Gebieten, in welchen es damals ganz besonders schwierig war, ohne ein eigenes Fahrzeug von Insel zu Insel zu wandern und das nur gelegentlich von Kriegsschiffen besucht wurde. Von der ethnographischen Trümmerstätte Micronesien sehen wir den Reisenden nach den verheissungsvollen melanesischen Inseln aufbrechen, die, damals noch herrenlos, jetzt zum Theile Deutschland gehören. Hier, in einer damals in noch vollster Ursprünglichkeit befindlichen ethnographischen Provinz, liess Finsch sich für Monate nieder. Ein ausgezeichnetes Beobachtungstalent, zu dem sich die Gewandtheit in der Führung des Stiftes gesellt, und die seltene Gabe, sich rasch mit den Eingeborenen auf guten, ja vertraulichen Fuss stellen zu können, setzten ihn in den Stand, tiefere Blicke in das Leben dieser Naturmenschen zu thun, als dies vielen anderen Reisenden anderswo möglich war. Das strenge geübte Auge des Naturforschers, welches die Dinge so ansieht, wie sie sich ihm präsentiren, und sich von allen oft gefährlichen Combinationen und geistreichen Deutungen fernehält, kam ihm dabei vortrefflich zu statten. So kehrte er zurück, reich beladen mit Schätzen. Lange sollte sein Aufenthalt in Europa nicht währen; in besonderer Mission entsendete man ihn in den nächsten Jahren wieder dahin, um die Besitzergreifung eines Theiles dieser Inseln für Deutschland vorzubereiten. Diesmal waren es namentlich seine für die Entdeckungsgeschichte Neu-Guineas für immer denkwürdigen Fahrten mit dem Dampfer »Samoa«, welche er längs der Nordostküste dieser Insel ausführte. Es war eine Entdeckungsfahrt im wahren Sinne des Wortes und nicht nur für den Geographen, sondern auch — und vorzugsweise — für den Ethnographen. Die Sammlungen, die Finsch von dieser Fahrt heimbrachte, sind fast ausnahmslos ganz neu, von bis dahin unbekannten Stämmen und Völkern der Papua-Insel. Der grösste Theil der Schätze von beiden Reisen fiel dem neuen Museum für Völkerkunde in Berlin[1]) anheim, der Rest lag lange Zeit in Wien, in unserem neuen Museum, ohne die Möglichkeit zu finden, denselben zu erwerben. Da, zur letzten Stunde, als schon der grössere Theil dieses Restes — der freilich zusammen über 2800 Objecte zählte — nach Italien gewandert war, fand sich ein Mann, der aus reinstem Patriotismus und aus edler Hingabe für unsere Wissenschaft ein namhaftes Opfer brachte, um einen Theil dieser Sammlungen für Wien zu erhalten. Adolf Bachofen von Echt ist der Name des wackeren Mannes, der sich dadurch ein bleibendes Denkmal in dem neuen Prachtgebäude des naturhistorischen Hofmuseums gesetzt hat. Um seiner schönen That aber die Krone aufzusetzen, ging er mit kaum genug zu lobender Bereitwilligkeit, welche sein Verständniss für unsere Wissenschaft so recht anschaulich macht, auf die Idee ein, die durch ihn erworbene Sammlung auch der wissenschaftlichen Welt zugänglich zu machen, und widmete eine bedeutende Summe für die Herstellung guter Abbildungen. Nun war alles beisammen, bis auf einen sehr wichtigen Punkt: das erklärende Wort. Zu meiner Freude folgte Herr Dr. Finsch mit grosser Bereitwilligkeit voll und ganz meiner Aufforderung und übernahm die Bearbeitung, welche durch Benützung sorgfältig geführter Tagebücher und Aufzeichnungen an Ort und Stelle besonderen Werth erhält. Den beiden Männern, dem Mäcen wie den Forscher, sei hier aus vollem Herzen der beste Dank gesagt, den die wissenschaftliche Welt in allen Zungen gewiss noch oft auf das Nachhaltigste wiederholen wird.

Zum Schluss noch ein Wort über die Tafeln. Dieselben sind weniger dazu bestimmt, alle Objecte der an 1000 Nummern zählenden Sammlung zur Anschauung zu bringen, als vielmehr die charakteristischen Stücke, sowie jene, welche rasch ihrem Untergange entgegengehen oder heute schon untergegangen sind, darzustellen. Dabei werden verschiedene Skizzen des Reisenden den Gebrauch gewisser Geräthschaften veranschaulichen und so zum besseren Verständniss beitragen. Es ist uns schliesslich noch eine angenehme Pflicht, Frau Elisabeth Finsch an dieser Stelle herzlichen Dank auszusprechen für die freundliche Sorge, mit der sie gewissenhaft und sicher in der Führung des Stiftes die Ausführung eines Theiles der Tafeln zu übernehmen die Güte hatte.

Wien, im Februar 1888. F. H.

---

[1]) Vergl. »Ueber die ethnologischen Sammlungen aus der Südsee von Dr. O. Finsch, welche in den Besitz des königl. Museums für Völkerkunde zu Berlin gelangten« (in: Original-Mittheilungen aus der ethnologischen Abtheilung der königl. Museen zu Berlin, herausgegeben von der Verwaltung, I. Jahrgang, 1886, Heft 213, Seite 57—70). Gibt »ethnologische Erläuterungen« zu den Sammlungen der Reisen in den Jahren 1879—1882, denen das Berliner Museum 1665 Nummern verdankt, während es von den Reisen in 1884—1885 2128 Stück, zusammen also durch Dr. Finsch an 4000 Nummern erhielt. Vergl. auch »Katalog der ethnologischen Sammlung der Neu-Guinea-Compagnie, ausgestellt im königl. Museum für Völkerkunde« (I und II, Berlin, 1886).

Einleitung.

Durch die Erfahrungen in Sibirien belehrt, wandte ich während meiner späteren Südseereisen der Ethnologie ganz besonderes Interesse und Thätigkeit zu. Wie dort fand ich auch hier bestätigt, dass die Eigenart sogenannter Naturvölker in Berührung mit sogenannter Civilisation rasch verschwindet. Vielerwärts ist dies bereits geschehen. Das Häuflein Menschen der Steinzeit schmilzt immer mehr zusammen; gewisse Stämme sind bereits untergegangen und von ihnen oft weniger übrig geblieben als von unseren pfahlbauenden Vorfahren. Wer das karge Vermächtniss der Tasmanier im Museum zu Hobart betrachten konnte, wird sich davon am besten überzeugt haben. Anderen Menschenstämmen steht über kurz oder lang ein ähnliches Schicksal bevor, wenn auch nicht, wie bei jenen, völliges Aussterben, so doch der Untergang ihrer Originalität. Während sich gewisse Sitten und Gebräuche länger zu halten pflegen, verschwindet das, was der unberührte Naturmensch verfertigt, gewöhnlich zuerst und am schnellsten.

Glücklicherweise besitzen die Museen von derartigen Erzeugnissen der Intelligenz Eingeborener gar Manches. Aber die Ethnologie ist eine junge Wissenschaft. Die Anstalten zur Pflege derselben, die Museen, haben erst in letzter Zeit angefangen, ihre Aufgabe zu begreifen, und sich hie und da aus Raritäten- und Curiositätenkammern zu wissenschaftlichen Sammlungen der Völkerkunde emporgeschwungen. Das Bestreben, möglichst viel, namentlich sogenannte Schaustücke zusammenzubringen, hat dabei vielfach mehr geschadet als genützt, denn nicht die Quantität, sondern die Qualität ist für den Werth einer wissenschaftlichen Sammlung entscheidend. Dabei kommt es vor Allem auf Zuverlässigkeit der Localitätsangaben an, und in dieser Hinsicht ist gar Vieles in den Museen bedenklich, namentlich ältere Stücke aus jener Zeit, wo man es mit der Geographie nicht so genau nahm und sich mit Bezeichnungen wie »Südsee« u. dergl. begnügte. Das ist jetzt anders geworden. Wir wissen, dass nicht allein bei ganz verwandten Stämmen erhebliche Verschiedenheiten der Sitten und Gebräuche vorkommen, sondern auch, dass gewisse ethnologische Eigenthümlichkeiten sehr localisirt auftreten, ähnlich wie dies in der Fauna mit gewissen Thierspecies der Fall ist. Wenn sich bezüglich der Letzteren Irrthümer häufig noch berichtigen lassen, ist dies bei ethnologischen Belegstücken nicht immer möglich. Die wissenschaftliche Benützung solcher Stücke hat daher nicht selten zu Irrthümern geführt, die in Wort und Bild in wissenschaftliche Werke übertragen wurden und unbewusst der Völkerkunde mehr schadeten als nützten. Für das ungeheure Inselreich der Südsee, in welchem fast jede Insel, die grösseren selbst localisirt, Verschiedenheit bietet, sind daher zuverlässige Localitätsangaben ganz besonders erforderlich. Solche waren aber nicht immer möglich, da viele Sammlungen erst durch verschiedene Hände gingen, ehe sie auf dem Wege des Curiositätenhandels in Museen gelangten.

Wenn ein Pfeil, Speer, oder welcher Gegenstand es immer sein mag, ohne die richtige Herkunft schon ziemlich werthlos wird, so gilt dies nicht minder für solche Sachen, deren Benützung und Zweck unbekannt sind. Denn gerade durch den Nachweis der Letzteren erhalten ja Sammlungen erst den wissenschaftlichen Werth, der sie als Material zur Völkerkunde geschickt macht und selbst dem unscheinbarsten Gegenstande Bedeutung verschafft.

Sammeln ist überhaupt nicht so leicht, als es scheint, zumal unter Naturvölkern, die noch nicht für den Handel arbeiten und keine Bazare besitzen. Die aus den Museen mitgebrachten Erwartungen erfüllen sich nur theilweise. Vieles, was daheim schränkeweis vertreten war, bekommt man an Ort und Stelle kaum zu Gesicht, weil es vielleicht in einem engbegrenzten Bezirke oder gar nicht mehr gemacht wird. Mit Ausnahme gewisser in Menge vorhandener Sachen ist die Erlangung gar mancher mit Schwierigkeiten verbunden, nicht selten vom guten Glück oder Zufall abhängig. Wer hätte gedacht, dass der nackte »Wilde« gewisse Dinge überhaupt nicht hergeben würde, wo man erwartet hatte, mit einem Stück Bandeisen, einer Handvoll Glasperlen jedes zu erlangen. Aber mit dem ethnologischen Sammeln verhält es sich gerade wie mit dem zoologischen. Manche Vogelspecies ist überall in Masse vertreten, ihre Habhaftwerdung verhältnissmässig leicht, andere sind auf gewisse Localitäten beschränkt, die der Reisende nicht zu erreichen vermag, einzelne überhaupt von so seltenem Vorkommen, dass sie nur der Zufall verschafft. Die Gelehrten der Museen scheinen dies oft zu vergessen und nur zu leicht geneigt, dem Reisenden die Schuld zu geben, wenn er das Eine oder Andere nicht mitbrachte.

Noch grössere Mühe als das Sammeln der Gegenstände selbst bereitet in vielen Fällen die Erkundigung über die Anwendung und Benützung derselben. Dabei bietet besonders in Melanesien die grosse Sprachverschiedenheit ernste Schwierigkeiten, und Missverständnisse sind nur zu leicht möglich. Oefters wird man absichtlich durch Eingeborene, nicht selten durch ansässige Weisse irregeleitet, die in der Regel von den Eingeborenen, unter denen sie leben, am wenigsten wissen. Mit einem Worte, die Aufgabe ist ebenso mühsam als zeitraubend und nur durch Studium der Eingeborenen erreichbar. Bei den Letzteren hat mich die Gabe, guten Verkehr anzubahnen und zu erhalten, nicht wenig unterstützt. Ich bemühte mich, als Freund betrachtet zu werden, dem gegenüber sich die Eingeborenen ohne Rückhalt und Scheu bewegen und betragen konnten. Dennoch hält es schwer, ihr Wesen, Thun und Treiben so kennen zu lernen, wie man gern möchte, und trotz aller Bemühungen bleibt noch Manches unklar, ja selbst ununtersucht. Auch mir ist es so ergangen. Immerhin brachte ich an Belegstücken und Notizen ein Material zusammen, wie es in gegenseitiger Ergänzung nicht häufig vorliegt und welches für eine wissenschaftliche Bearbeitung besonders geschickt schien. Aber nur wenigen Glücklichen ist eine solche vergönnt! Die meisten Reisenden erreichen dieses Ziel ihrer Wünsche, den Lohn vieler Zeit und Arbeit, Mühen und Sorgen nicht. Gewöhnlich wandern die Sammlungen als der begehrtere Theil in die Museen, die Aufzeichnungen bleiben dem »Sammler« übrig, eine Zersplitterung, die den Nutzen solcher Reisen sehr beeinträchtigt und für die Wissenschaft am meisten zu bedauern ist. Der spätere Bearbeiter kann mit den mageren Notizen des Verzeichnisses nicht viel anfangen, und Fehler, die der Sammler selbst vermieden haben würde, sind unausbleiblich und nur zu leicht erklärlich.

Auch ich hatte mir die systematische Bearbeitung meines ethnologischen Südseemateriales (von 1879—1882) als erste Aufgabe gestellt, aber verschiedene Verhältnisse verhinderten dieselbe. Und das war diesmal gut. Denn inzwischen hatte ich eine zweite Südseereise (1884 und 1885) zu unternehmen, die mich mit zum Theile ganz neuen Gebieten bekannt machte und meine Erfahrungen bereichern half.

Wenn in der vorliegenden Arbeit ein Theil derselben zur Publication gelangt, so ist dies in erster Linie dem Leiter der ethnologischen Abtheilung des k. k. Hofmuseums in Wien, meinem verehrten Freunde Franz Heger zu verdanken, der in seinem Eifer für die Wissenschaft auch für eine würdige illustrative Ausstattung zu sorgen wusste. Dadurch war das Hauptbedenken, welches mich bisher von einer Bearbeitung zurückhielt, beseitigt, denn Abbildungen sind für eine solche durchaus erforderlich. Die beigegebenen werden charakteristische Typen der Steinperiode bringen, Proben der oft staunenswerthen Ornamentik Eingeborener, die mit keinen anderen Werkzeugen als von Stein, Muschel oder Knochen arbeiteten, aber auch solche unscheinbare Gegenstände, die im Verkehr mit der Civilisation immer mehr abkommen und zum Theile als untergegangen zu betrachten sind. Wie wir uns mit den Abbildungen zu beschränken hatten, so war dies auch bezüglich des Textes nothwendig. Ich habe deshalb manche mir bekannte Sitten und Gebräuche unerwähnt lassen müssen, mich aber bemüht, ein möglichst übersichtliches ethnologisches Bild derjenigen Stämme zu geben, die ich mehr oder minder eingehend kennen lernte. Wie weit das Letztere möglich war, darüber wird der Text Auskunft geben, der sich freilich öfters nur auf kürzere Notizen beschränkt. Aber auch diese werden von Interesse sein und dazu beitragen, die »Erfahrungen und Belegstücke aus der Südsee« zu vermehren und ihnen, als eine Förderung der Völkerkunde überhaupt, freundliche Aufnahme und Willkommen zu sichern.

Bremen, im Februar 1888. Otto Finsch.

I. Bismarck-Archipel

umfasst die drei Hauptinseln: Neu-Britannien, Neu-Irland und Neu-Hannover und erstreckt sich nordwestlich über die Admiralitäts-Inseln bis zu den Anchorites (Anachoreten).

Für die vorliegende Arbeit habe ich die wenigen aus den Salomons herrührenden Stücke der Sammlung mit angeschlossen. Einige dieser Inseln sind ja inzwischen dem deutschen Schutzgebiete einverleibt.

1. Neu-Britannien,

seit Erklärung als deutsches Schutzgebiet in »Neu-Pommern« umgetauft; die grösste Insel des Bismarck-Archipels, von über 32.000 Quadratkilometer Flächeninhalt unter 4—6° s. Br. Die Insel ist langgestreckt, aber schmal, dabei bergig bis gebirgig, meist dicht bewaldet, von durchgehends vulcanischer Formation mit zum Theile thätigen Kratern. Sie ist noch heute grösstentheils unbekannt und wurde zuerst 1884 mit dem Dampfer »Samoa« fast in ihrer ganzen Ausdehnung umfahren[1]).

Der bekannteste Theil der Insel ist das Gebiet von

a. Blanche-Bai,

und zwar besonders die knieförmige Halbinsel, welche den nördlichsten Theil der Gazelle-Halbinsel bildet und das südöstlich etwa bis Cap Gazelle, nordwestlich nicht über Weberhafen hinausreicht. Aus diesem Gebiete stammen fast alle in unseren Museen mit »Neu-Britannien« bezeichneten ethnologischen Sammlungen. Dabei kommt fast nur die Küste in Betracht, denn erst vor ein paar Jahren gelangten Europäer im Innern bis zum Berge Beautemps-Beauprés (*Unakokor* der Eingeborenen), eine Entfernung von kaum 20 Kilometer in der Luftlinie. Der Engländer Littleton war übrigens schon 1880 bis zu diesem Berge vorgedrungen und sagte mir, dass er bei den Eingeborenen *Vanokokoro* heisse.

Blanche-Bai, schon in den fünfziger Jahren von Wallischfahrern besucht, wurde erst 1872 von Capitän Simpson mit dem englischen Kriegsschiff »Blanche« aufgenommen. Mitte der siebziger Jahre liessen sich einige wenige Europäer ständig nieder,

[1]) Seitdem durch Herrn von Schleinitz genauer aufgenommen.

und zwar auf Matupi oder Henderson-Insel, welche mit Mioko in der nahen Herzog York-Gruppe das Hauptcentrum des Handels des westlichen Pacific bildet, der nahezu ausschliessend in dem Export von Copra[1]) besteht. Im Ganzen gibt es an der Küste von Blanche-Bai etwa zwanzig Stationen, die aber meist nur von einem Weissen (*Trader)* besetzt sind, der gegen Tauschwaaren Cocosnüsse, respective *Copra*, von den Eingeborenen aufkauft. Diese übrigens sehr wechselnden Traderstationen sind meist sehr primitive Häuser, grösstentheils vom Material des Landes (Rohr, Bambus etc.) errichtet und wechseln ebensosehr als die Besitzer. An der Nordküste der Blanche-Bai-Halbinsel haben sich nur ein paar Traderstationen halten können; die weiter westlich in Weberhafen müssen häufig für längere Zeit wegen feindseligen Betragens der Eingeborenen verlassen werden. Fast gleichzeitig mit dem Handel hat auch die Mission, und zwar die der Wesleyaner von Sydney, in Neu-Britannien Fuss gefasst, aber bisher keine nennenswerthen Erfolge zu verzeichnen; die Gesammtzahl der Getauften beträgt 215. Sie werden, wie die Mission und die christliche Lehre überhaupt *Loto* genannt, ein weit über die Südsee verbreitetes Wort, das wahrscheinlich vom englischen »Lord« herstammt. Die Haupt-Missionsstation ist in Port Hunter auf der Herzog-York-Insel, ausserdem je ein weisser Missionär in Kabakadai an der Nordküste und einer in Blanche-Bai; die übrigen Missionäre sind farbige Lehrer *(teachers)*, meist Samoaner und Vitianer. Es gibt 27 Kirchen, d. h. meist Hütten aus Bambus mit Grasdächern, die aber nicht alle ständig von einem Missionär versehen werden. Seit einigen Jahren hat sich auch die katholische Mission in Nodup an der Nordseite der Blanche-Bai-Halbinsel niedergelassen. Hier wurde am 18. Februar 1876 die erste protestantische Kirche auf Neu-Britannien errichtet, der Platz später aber aufgegeben. Die Heimatskunde der Eingeborenen selbst reicht über das im Eingang markirte Gebiet nicht hinaus. Daran ist hauptsächlich mit die grosse Verschiedenheit der Sprachen schuld, der Mangel grosser seetüchtiger Canus für weitere Küstenreisen, sowie die stete Feindschaft zwischen Nachbarstämmen. Der Verkehr ist also ein sehr beschränkter, aber durch regelmässige Wochenmärkte der befreundeten Dörfer vermittelt, wie die Eingeborenen überhaupt ausgesprochenen Sinn für Handel und Schacher besitzen. Littleton, der weiter auf der Blanche-Bai-Halbinsel herumgekommen war als irgend ein anderer Weisser bisher, gab mir 19 verschiedene Districte an. Ein besonders landeskundiger Eingeborener von Matupi wusste dagegen nur 12 Districte oder Landschaften zu bezeichnen, als den äussersten Birara an Cap Gazelle. Darüber hinaus war kein Matupite gekommen, wie sie auch selten über die Berge an die Nordküste gehen, weil sie mit den dortigen Bewohnern meist in Fehde leben. Einen Collectivnamen für die ganze Insel gibt es nicht, die Bezeichnung »Birara« ist also ganz willkürlich.

A. *Eingeborene.*

Wie alle Neu-Britannier sind die Eingeborenen von Blanche-Bai echte Papuas[2]) oder Melanesier und als solche hinsichtlich ihrer Lebensweise vorzügliche Ackerbauer,

[1]) Vergl. Finsch: »Ueber Naturproducte der westlichen Südsee, besonders der deutschen Schutzgebiete« (Berlin, 1887. Deutscher Colonialverein).

[2]) Ausführlich behandelt in: Finsch, »Anthropologische Ergebnisse einer Reise in der Südsee und dem malayischen Archipel« etc. (Berlin, Asher & Co., 1884). Seite 52—58. — Vergl. auch: Finsch, »Die Rassenfrage in Oceanien« (Zeitschrift für Ethnologie, 1882, Seite 163—166).

Ich will hierbei bemerken, dass die gewöhnliche Hautfärbung, welche ich mit »dunkel« bezeichne, sich zwischen Nr. 28 und 29 der Brocca'schen Tafel bewegt, dass aber bei allen *Papuas* auch dunklere Hautfärbung (wie Nr. 27, 35 und 42), häufiger aber, zuweilen familienweise, zuweilen individuell, eine »hellere« Färbung (zwischen Nr. 29 und 30 bis 31) vorkommt.

die vorherrschend von den Erträgen ihrer Pflanzungen leben, die Küstenbewohner, wie überall, ausserdem vom Fischfange. Dagegen kommt Jagd kaum in Betracht. Unter ihren moralischen Eigenschaften verdient besonders der strenge eheliche Verkehr und die Keuschheit des weiblichen Geschlechts hervorgehoben zu werden. Ich habe nie eine unkeusche Geberde gesehen. Ehebruch kommt übrigens vor und kann unter Umständen dem Manne oder der Frau das Leben kosten. Ich selbst sah eine Frau, die bei einem solchen Falle Speerstiche erhalten hatte. Gewöhnlich wird die Sache aber mit Diwara ausgeglichen. Kinderliebe und Familiensinn sind stark entwickelt, nicht minder pietätsvolle Verehrung der Todten beiderlei Geschlechts, die sich in Begräbnissen und anderen besonderen Festlichkeiten bekundet und zuweilen zu einem förmlichen Todtencultus steigert. Diebstahl kommt im Ganzen wenig vor; Trunksucht und Syphilis sind unbekannt. Selbstverständlich herrscht Vielweiberei, aber sehr beschränkt und nur bei den Reichen, da eine Frau viel Diwara kostet. Die Frauen werden besser behandelt, als es sonst meist in Melanesien der Fall ist, und dürfen z. B. mit am Essen theilnehmen, wenn auch im Uebrigen eine grössere Arbeitslast auf ihnen ruht. Aber es herrscht Arbeitstheilung und jedem Geschlecht fallen besondere Verrichtungen anheim. Häuptlinge gibt es sehr viele und jeder Mann, der viel Diwara (Muschelgeld) besitzt, nennt sich *Kjap* (vom englischen Captain), doch ist ihre Macht meist eine sehr geringe. Religion fehlt. Dagegen herrscht, wie überall in der Welt, Aberglaube und Geisterfurcht, die in Blanche-Bai besonders in der vor dem *Toberan* gipfelt.

Heiter und fröhlichen Temperaments, sind die Eingeborenen auch gutmüthig und ebenso gute Menschen als wir. Der Hon. Littleton, ein Engländer aus hoher Familie und der merkwürdigste Südseebummler, den ich je kennen lernte, machte ganz allein und unbewaffnet weite Touren ins Innere, bis zum Berge Vanokokoro, im District Viviren, und an der am meisten verschrieenen Nordküste, ohne dass ihm je ein Leid geschah. Dabei war er, entblösst von allen Mitteln, meist auf die Gastfreundschaft der Eingeborenen angewiesen. Wenn ihn die Letzteren schliesslich dennoch erschlugen, so hatte das eben seine besonderen Gründe und war seine eigene Schuld. Ratulivei, ein samoanischer Teacher, unternahm ebenfalls ganz allein Inlandsreisen und der Rev. Brown wagte sich mit seiner Nussschale von Dampfbarcasse in Küstengebiete, wo er oft von hunderten Eingeborenen umringt war, die nie einen Weissen gesehen hatten und ihn mit Leichtigkeit tödten konnten. Diese friedlichen Verhältnisse haben freilich längst aufgehört und Mord und Todtschlag zwischen Eingeborenen und Weissen sind nichts Seltenes mehr. Während meines Aufenthaltes wurden in meiner Nachbarschaft allein fünf Weisse erschlagen, aber waren selbst Schuld an diesem Schicksale. Wenn man weiss, dass Fälle vorkamen, wo ein Europäer auf Anstiften eines Andern von dafür bezahlten Eingeborenen ermordet wurde, so kann man sich nur wundern, dass Morde nicht häufiger passirten, und wird daraus ersehen, dass die Moral der Eingeborenen durch die erste Berührung mit der Civilisation nicht gerade glänzende Vorbilder erhielt. Der Vergeltungskrieg, welchen die Mission zur Bestrafung für die Ermordung von vier farbigen Lehrern 1878 in Scene setzte und der einer Menge Eingeborenen das Leben kostete, hat nicht wenig zu dem feindseligen Wesen beigetragen und die Ausschreitungen der Werbeschiffe in den letzten Jahren den Verkehr mit den Eingeborenen immer mehr erschwert. Dabei sind die Segnungen der Civilisation und Mission ohne bemerkbar günstigen Einfluss geblieben und **Cannibalismus** noch heute an der Tagesordnung. Ich selbst wohnte am 7. März 1881 auf Matupi, wo die Mission schon seit sechs Jahren bestand, einer Menschenschlächterei bei (vergl. die Seite 91 unter Nr. 5 citirte Publication) und gehöre wohl zu den Wenigen, welche darüber aus eigener

Anschauung erzählen können. Die Eingeborenen sprechen Weissen gegenüber nicht gern von dieser abscheulichen Sitte, die ihnen übrigens, von Generation zu Generation überkommen und durch Usus in Fleisch und Blut übergegangen, gar keinen Abscheu erweckt. Es ging deshalb bei diesem »Cannibalenfeste« durchaus friedlich und ohne alle Aufregung her, als handle es sich nur um Schweinschlachten. Die Frauen durften nicht zusehen, wie sie auch nicht mitessen dürfen; auch fand die Schlächterei ausserhalb des Dorfes statt. Weisse sind nachweislich noch nie gegessen worden, sondern nur Eingeborene, gewöhnlich die im Kriege erschlagenen Feinde, wobei übrigens auch Frauen nicht verschont werden. Besondere Gebräuche oder Geräthe (z. B. Gabeln, wie früher in Fidschi) kommen nicht in Anwendung; auch gibt es keinen besonderen Namen für Menschenfresserei. Eigentliche Menschenjagden kommen in Neu-Britannien nicht vor, sondern es handelt sich meist nur um Blutrache. Ist z. B. ein Matupite irgendwo an der Küste erschlagen und verzehrt worden, so sucht man das in derselben Weise zu vergelten, wobei die Rache häufig Unschuldige trifft. Diwara (Muschelgeld) ist hierbei gewöhnlich die mächtigste Triebfeder, das Aufessen selbst mehr nebensächlich.

Ethnologische Charakterzüge für die Bewohner von Blanche-Bai sind: vollkommene Nacktheit in beiden Geschlechtern, Mangel an Pfahlbauten, Bogen und Pfeil,[1]) geringe Entwicklung von Schnitzarbeiten, lebhafter decorativer Sinn, Musikliebe, Anfertigung durchbohrter Steinwaffen (Keulen), Todtenverehrung und Dugdug.

Blanche-Bai war auch für mich das Hauptfeld meiner Forschungen.[2]) Ich lebte hier, 1880 und 1881, acht Monate und brachte grosse, namentlich ethnologische Sammlungen zusammen. Schon damals war die Steinzeit sehr stark im Untergange begriffen und bei meinem zweiten Besuche (1884—1885) fast völlig erloschen, gewisse Gegenstände gar nicht mehr zu haben. So schnell geht bei Naturvölkern die Originalität durch den Einfluss von Weissen verloren, eine Erscheinung die sich überall wiederholt, und welche die gleichsam vom Untergange geretteten Belegstücke der Völkerkunde um so werthvoller macht.

Die im Nachfolgenden citirten Wörter gehören der vocalreichen und wohlklingenden Matupi-Sprache an, die für eine melanesische besonders reich zu sein scheint. So war ich erstaunt, dass die Eingeborenen nicht allein fast für die meisten Vögelarten (circa 140) Eigennamen besassen, sondern auch viele Fische, Schmetterlinge, ja Spinnen mit solchen bezeichneten. Sie sind jedenfalls sehr gute Naturbeobachter. Uebrigens ist, wie überall in Melanesien, die Zersplitterung der Sprachen ausserordentlich gross. So werden selbst in Blanche-Bai mehrere Sprachen oder Dialekte gesprochen.

---

1) Hölzerne Schilde kommen nach Powell in Spacious-Bai vor (»Wanderings in a wild country«, Seite 110).

2) Aus den Ergebnissen derselben publicirte ich bisher:

1. »Briefe aus Matupi in Neu-Britannien« in: Zeitschrift für Ethnologie, 1880, Seite 402—404.

2. »Aus dem Pacific. IX. Neu-Britannien« in: Hamburger Nachrichten, Nr. 153, 30. Juni; Nr. 154, 1. Juli; Nr. 155, 2. Juli; Nr. 156, 4. Juli 1881.

3. »Brief aus Neu-Britannien« in: Zeitschrift der Gesellschaft für Erdkunde zu Berlin, Band XVI (1882), Seite 293—306.

4. »Bilder aus dem Stillen Ocean. 2. Land und Leute in Neu-Britannien« in: Gartenlaube, 1882, Nr. 42, mit Bild; »Leichenfeier in Neu-Britannien«, Seite 697.

5. »Menschenfresser in Neu-Britannien« in: Leipziger Illustrirte Zeitung, Nr. 2107, 17. November 1883, mit Bild.

6. »Ueber die ethnologischen Sammlungen aus der Südsee, von Dr. O. Finsch, welche in Besitz des königl. Museum für Völkerkunde zu Berlin gelangten,« in: Original-Mittheilungen aus der ethnologischen Abtheilung der königl. Museen zu Berlin, I. Jahrgang, 1886 (Heft 2 und 3), Seite 57—70.

B. Körperausputz und Bekleidung

sind bei einem Menschenstamme, der, wie die Bewohner von Blanche-Bai, und zwar in beiden Geschlechtern, völlig nackt einhergeht, identisch, denn der Erstere ersetzt eben die Letztere, und von **Bekleidung** in unserem Sinne kann daher keine Rede sein. Ein Halsstrickchen, Armband und ein paar Schnüre Glasperlen um den Leib sind der gewöhnliche Ausputz. Trotz der völligen Nacktheit sind die Eingeborenen äusserst decente und keusche Menschen, deren Moralität als Beispiel dienen und beweisen könnte, dass Nacktheit und Schamhaftigkeit sehr wohl nebeneinander bestehen. Von Kindesbeinen an ihre Blösse gewöhnt, sind sie sich derselben zwar bewusst, aber ihre Schamhaftigkeit fühlt sich dabei so wenig verletzt als bei bekleideten Menschen. Sicher ist, dass die Nacktheit die Sinnlichkeit eher dämpft als reizt und die letztere daher bei diesen Menschen sich viel weniger regt als gewöhnlich angenommen wird.

Die engere Bekanntschaft mit der Civilisation hat in der Bekleidungsfrage wenig geändert. Ich sah die Eingeborenen 1885 noch in demselben Zustande der Nacktheit als drei Jahre vorher, obwohl viel Kattun unter die Leute gekommen ist. Sie betteln auch nach Zeug und Kleidungsstücken, meist aber nur um solches zu besitzen, da ihnen das Tragen bald unbequem wird. Nur bei den Stationen sieht man zuweilen bekleidete Kanaker, häufiger dagegen solche in Lavalava, d. h. einem Stück Zeug von der Grösse zweier Taschentücher, um die Lenden geschlagen; Lavalavas sind daher ein gefragter Tauschartikel.

Die für dieses Gebiet charakteristische Nacktheit entspringt selbstredend dem Usus und der Bedürfnisslosigkeit, aber nicht etwa dem Mangel an geeignetem Material, das sich für Bekleidungszwecke hier ebenso als anderwärts findet. So tragen die Weiber auf dem nahen Mioko meist aus Palmblatt geflochtene Schürzchen, die man hin und wieder auch auf Matupi sieht. Bei Regenwetter pflegen die Eingeborenen Matten *(Aiding)* über den Kopf zu halten, die auch als Unterlage beim Schlafen benützt werden. Kranke sieht man zuweilen ein grosses Stück Tapa als Hülle gebrauchen, Körperbedeckung also nur dann, wenn sich das Bedürfniss darnach einstellt.

Die Fertigkeit, Tapa, d. h. aus Baumbast mittelst Klopfen einen zeugähnlichen Stoff zu bereiten, ist auch in Blanche-Bai wie in Melanesien überhaupt nicht unbekannt, also keineswegs Polynesien allein eigenthümlich. In Polynesien benützt man den feinen Bast der *Broussonetia papyrifera*, in Blanche-Bai ein weit gröberes Material, wahrscheinlich vom Brotfruchtbaume, wie die folgende Nummer:

A brewo oder **A mal**[1]) (Nr. 256, 1 Probe), Tapa, von einem Baumast geklopft, daher in Form einer langen Röhre.

Solche Stücke werden hauptsächlich gebraucht, um Säuglinge darin zu tragen.

Ich füge hier zur Vergleichung Proben oceanischer Tapa bei, wovon die Sammlung einige charakteristische Stücke aufweist, darunter solche mit aufgedrucktem Muster:

Tapa (Nr. 255, 1 Probe) aus dem Baste des Brotfruchtbaumes von Pikiram (Greenwich-Island), Carolinen.

Tapa aus dem Baste von *Broussonetia* von Samoa: Nr. 253 (1 Probe) sehr fein geschlagen, gebleicht, weiss (heisst *Djapo*); Nr. 254 (1 Probe) mit Anfängen von Mustern bedruckt und Nr. 259, 260 (2 Proben) in bunten Mustern bedruckt, wie Nr. 261 (1 Probe) von der Insel Rotumah und Nr. 262 (1 Probe) von der Insel Fotuna.

---

[1]) Parkinson (»Im Bismarck-Archipel«, Seite 122) spricht irrthümlich von »Weben« dieses Stoffes, aber Weberei ist in ganz Melanesien unbekannt.

Wie z. B. in Hawaii Tapa bereits gänzlich abgekommen ist, so wird dies auch bald im übrigen Polynesien der Fall sein und damit eine eigenthümliche Eingeborenenindustrie vollends aussterben. Die polynesischen Tapamuster wurden bekanntlich mittelst eigens dafür aus Holz angefertigter Matrizen aufgedruckt; in Neu-Britannien erreicht man denselben Zweck durch Bemalen, wie die folgenden Nummern zeigen:

A mal (Nr. 263, 264, 2 Proben), Tapa mit hübschen Mustern bemalt; Beining.

Diese feinere Art Tapa wird nur in den Beining- und Kabaira-Districten der Nordküste angefertigt, hier aber auch nicht als Bekleidung, sondern nur bei Festlichkeiten benützt. Man stellt dann aus grossen Stücken Tapa eine Art Poncho her, indem man einen Schlitz hineinschneidet oder ein paar Löcher für die Arme, und in dieser Weise bedecken sich die Tänzer damit.

Die oft sehr geschmackvollen Muster in Roth, Schwarz und Weiss repräsentiren eine höchst originelle Ornamentik, welche gegenüber der sonstigen Armuth an solcher, besondere Aufmerksamkeit verdienen.

Schmuck und Zieraten sind im Ganzen minder reich und mannigfaltig als anderwärts, enthalten aber immerhin einiges Originelle.

Als Material werden in erster Linie frische, buntfärbige Blätter benützt, meist von eigens dafür cultivirten Crotons und Draceen, feinfiedrige Farrenkräuter *(Abunum)*, ferner eine rothe Art Schilf (*Akanda*, wie Nr. 417) und die Samenkerne von *Coix lacryma (Piuwe)*, Taf. III (1), Fig. 8, 9, merkwürdiger Weise aber nicht die schön rothen Abrusbohnen *(Andiwole)*, obwohl dieselben überall wild wachsen.

Aus dem Thierreich kommen hauptsächlich folgende Conchylien: *Nassa, Trochus niloticus, Oliva, Dentalium* zur Verwendung, aber merkwürdiger Weise keine grossen Kegelschnecken *(Conus)* und kaum nennenswerth Perlmutter oder Schildpatt *(A palapun)*. Schildkröten *(A maiai)* sind übrigens sehr selten in Blanche-Bai, ebenso Perlschalen. Auch *Tridacna gigas* wird nicht verarbeitet, und schon darin bekundet sich die geringere Entwicklung künstlerischer Intelligenz der hiesigen Eingeborenen.

Zähne werden nur wenig zu Zierat benützt, solche von Menschen und Schweinen gar nicht; Eckzähne vom Hunde, die sonst so beliebt sind, nur untergeordnet, weil Hunde nur in geringer Zahl gehalten werden. Dagegen bilden die kleinen Eckzähne, *Angut* genannt (Taf. III [1], Fig. 16), ein äusserst werthvolles, für dieses Gebiet charakteristisches Schmuckmaterial. Diese Zähne stammen von einem kleinen, kaum katzengrossen Beutelthier,[1]) *Phalangista (Cuscus) orientalis*, welches bei seiner nächtlichen Lebensweise sehr schwer zu erlangen ist; ich erhielt in acht Monaten nur zwei Exemplare. Die Matupileute nennen es *Angirau*, bekommen es aber kaum zu sehen und erhalten die Zähne meist von der Nordostküste, wo das Thier *Arum* heisst. Die dortigen Kanaker wissen, um den Werth zu erhöhen, mancherlei Fabelhaftes von dem *Arum* zu erzählen, der Menschen angreifen soll u. s. w., so dass die Matupiten dasselbe fürchten. Eine Menge *Angut* soll übrigens über Mioko von Neu-Irland eingetauscht werden und hier dieses Beutelthier häufiger sein.

Federn kommen im Ganzen wenig in Betracht. Das Feinste, was aus solchen gemacht wird, sind die geschmackvollen Verzierungen der Staatsspeere, wie an Nr. 724, und Federkronen zum Ausputz von Paradeleichen Vornehmer. Auffallend ist, dass vom Casuar nicht die eigentlichen Federn, sondern nur die fahnenlosen, hornartigen Schäfte der Primärschwingen (vergl. Nr. 302) zu Nasenstiften benützt werden.

1) In der unter Nr. 6 (Seite 91) citirten Abhandlung von mir irrthümlich als »Delphinzähne« (Seite 60) bezeichnet.

Diese ohnehin nicht zahlreichen Materialien zu Schmuck und Zieraten sind übrigens mehr oder minder, zum Theil ganz, durch *Ambit* (vom englischen *bead*), d. h. europäische Glasperlen verdrängt worden, die in Menge eingeführt sind und überall als Tauschmittel gelten. Die gangbarsten Sorten sind kleine weisse *(A kukurua)*, blaue *(A balemdrum)* und rothe *(A filja)* Emailperlen, darunter die letzteren am werthvollsten.

Ehe ich auf die verschiedenen Schmuckgegenstände näher eingehe, will ich hier einer kleinen Muschel gedenken, die, obwohl sie mit zu den Materialien für Zierat zählt, doch vorzugsweise den Verkehr vermittelt und im Sinne unseres Geldes betrachtet werden muss. Es ist dies eine kleine Meeresschnecke (*Nassa callosa* var. *camelus* Martens), aus welcher das berühmte **Diwara** (Nr. 628, 1 Probe aufgereiht) oder Muschelgeld verfertigt wird, das für Blanche-Bai und darüber hinaus eine besondere charakteristische Bedeutung erlangt und mit dem Leben jedes Einzelnen so innig zusammenhängt als Geld mit dem unseren. Taf. III (1), Fig. 1 gibt eine Darstellung desselben: *a* die natürliche Muschel von der Seite, *b* von unten, *c* verarbeitet, d. h. mit eingeschlagenem Mantel, wodurch ein Loch entsteht zum Aufreihen auf dünn gespaltenes Rohr oder Rottan *(A kadai)*, wie dies *d* zeigt. So aufgereiht wird das Diwara in der Form kleinerer und grösserer Ringe aufbewahrt, die den eigentlichen Reichthum ausmachen. Häuptlinge sammeln Ringe von der Grösse eines Wagenrades an, die sauber in gespaltenes Rohr eingesponnen sind und *Tambu aloloi* (*alolei* = Häuptling) heissen. Solche werden bei feierlichen Gelegenheiten, namentlich Begräbnissen, zur Parade ausgestellt, und ich zählte zuweilen 20 dieser enormen Ringe, manche so schwer, dass zwei Männer zum Tragen erforderlich waren.

Diwara, für welches übrigens zwei Stücke die Einzahl sind, wird praktischer Weise gemessen, da das Zählen zu lange dauern würde. Die Neu-Britannier haben übrigens Zahlwörter von 1 bis 100, bedienen sich aber am meisten der Fünfzahl nach Fingern und Zehen. Ein Stück Diwara von der Spitze des Zeigefingers bis zum Ellbogen heisst *A turoaië*, von der Fingerspitze bis zur Schulter *A wiloai*, von Fingerspitze zu Fingerspitze, also die Klafterung eines Mannes, *A pokorno*. Letztere kommt bei grösseren Zahlungen in Betracht und wird in Matupi meist *Param* genannt, wie das Diwara selbst, ein corrumpirtes Wort aus dem englischen *fathom* (= Faden = Klafter). Da auf einen Faden circa 430 einzelne Diwara gehen, so erhellt daraus, wie viele Tausende zu einem *Tambu aloloi* gehören. Es gibt unter den nackten Wilden in Blanche-Bai also auch Millionäre, und Jeder bemüht sich ein solcher zu werden, denn wie bei uns verschafft Reichthum Ansehen und eine gewisse Macht. Diwara ist aber viel mächtiger als Geld bei uns. Mit Diwara kann man in Blanche-Bai alles erreichen; Ehebruch, Blutschuld, Mord sühnen; Fehden werden meist mit Diwara geschlichtet und darin die Kriegscontribution der unterlegenen Partei bezahlt. Auch die Kriegsschiffe strafen, wie dies von jeher der Fall war, in Diwara und damit etwaige renitente Eingeborene am empfindlichsten. So sah ich beim Rev. Brown einen colossalen *Tambu aloloi*, der als Kriegsbusse für die vier erschlagenen Fidschi-Teacher bezahlt worden war. Für Mord eines gewöhnlichen Mannes wurden gewöhnlich 50 Faden (also circa 100 Mark) bezahlt; für ein Schwein 1881 6—9 Faden (= 12—18 Mark). Ohne Diwara kann Niemand eine Frau erlangen. Aeltere Knaben sparen daher bereits eifrig für die Zukünftige, deren Preis je nach dem Range der Eltern 50—100 Faden und mehr beträgt. Weissen gegenüber sind Eingeborene übrigens sehr zurückhaltend mit Diwara und geben es nicht immer im Tausch weg. Ein Faden wird mit 20 Stück Tabak im Werthe von 2 Mark bezahlt, doch varürt, je nach der Nachfrage, der Preis nicht unbedeutend. Diwara ist also wie Effecten bei uns Coursschwankungen unterworfen und, was noch mehr überrascht, Gegenstand des

Wuchers. Die braven »Wilden« verstehen sich nämlich bereits darauf Diwara gegen Zinsen auszuleihen, was die Bedeutung desselben am besten illustrirt. Der Werth des Diwara hat übrigens durch die eingeführten Tauschwaren keinerlei Einbusse erlitten.

Da die *Nassa callosa* in Blanche-Bai lebt, wo ich sie selbst erhielt, liegt die Frage nahe, warum sich nicht jeder nach Belieben Diwara verfertigt? Das hat aber seine grossen Schwierigkeiten. Die Muschel lebt, bewacht von der Furcht vor Haifischen, in ansehnlichen Tiefen im Schlamm, ist also kaum für gewöhnliche Taucher zu erlangen; ich habe nur wenige Male in geringeren Quantitäten Diwara machen sehen. Die Hauptmasse des Diwara stammt jedenfalls, wie die Kanaker selbst behaupten, aus alter, längst vergangener Zeit her, wo diese Leute noch intelligenter und fleissiger waren als jetzt. Bei der Dauerhaftigkeit des Materials ist Diwara weniger vergänglich als gewisse Münzen, aber es bleibt immerhin schwer zu erklären, woher der Abgang ersetzt wird. Denn beträchtliche Quantitäten werden Todten mit ins Grab gegeben und sind, wie ich aus Erfahrung weiss, beim späteren Ausgraben der Gebeine, behufs Erlangung des Schädels, als Münze werthlos. Diwara wird übrigens hauptsächlich an der Nordküste gemacht, wo die Verhältnisse wahrscheinlich günstiger und die Eingeborenen noch fleissiger sind. In Blanche-Bai hat durch Einführung von Tauschwaren, namentlich Glasperlen, die Benützung von Diwara zu Zieraten bedeutend nachgelassen und für manche Stücke (z. B. Halskragen, Seite 98, Nr. 441) ganz aufgehört.

Eine andere Art Muschelgeld, *A pellä*, aus kleinen runden Muschelplättchen (ähnlich Taf. III [1], Fig. 4, von Neu-Irland) wird von der Herzog York-Gruppe eingetauscht, spielt aber als Geld nur eine untergeordnete Rolle. Als solches dienen dagegen die Armringe aus *Trochus niloticus* (Lalei, Nr. 371, von Neu-Irland).

Kinder verfertigen eine besondere Art Muschelgeld:

A kanoare (Nr. 631, 1 Probe), falsches Diwara (Taf. III [1], Fig. 2) aus *Nassa vibex* (*a* von der Seite, *b* von unten). In die Muscheln wird ebenfalls ein Loch geschlagen, um sie in derselben Weise auf gespaltenen Rottan zu reihen und zu Ringen zu winden als Diwara. Kanoare dient aber nur zum Spielen der Kinder untereinander und zeigt bereits die Bestrebungen der Erwachsenen.

Doch kehren wir wieder zu den eigentlichen Ausschmückungen des Körpers zurück, unter denen **Bemalen** obenan steht und zumal bei Festlichkeiten gar nicht entbehrt werden kann. Zu den allenthalben bei Naturvölkern bekannten und benutzten Farben: Schwarz, Weiss und Roth kommt hier noch Gelb und durch Importation Blau.

Die Art der Bemalung hat übrigens ihre gewissen Regeln, und meine neuen Muster fanden z. B. keinen Anklang. Die mit am häufigsten benutzte Farbe ist Weiss:

Akabang (Nr. 623 *a*, 1 Probe), so der aus Corallen gebrannte und pulverisirte Kalk, wie er zum Betel gegessen wird. Gewöhnlich dient er, und zwar bei beiden Geschlechtern, zum Einschmieren des Kopfhaares, womit schon beim Säugling begonnen wird. Die Männer bemalen sich auch das sorgfältig frisirte Schamhaar mit Kalk, weisse Striche ins Gesicht und mit Vorliebe einen breiten Längsstreif über Brust und Bauch.

Fig. 1.

Eingeborner von Blanche-Bai mit Nasenschmuck aus Glasperlen und Gesichtsbemalung.

Die nebenstehende Abbildung (Fig. 1) soll die Bemalung eines jungen Mannes wenigstens andeuten. Um die Augen, quer über die Stirn und ums Gesicht weiss; über die Nase und quer über die Wangen blaue Striche; um den Mund roth.

Schwarz, *A korrkorr* (= Trauer) wird meist aus gebrannten Cocosnussschalen oder den Galibnüssen (Seite 100, Nr. 883) bereitet, aber man benutzt auch mineralische Stoffe (wahrscheinlich Mangan oder Eisen). Wie überall in Melanesien ist Schwarz die Trauerfarbe, mit der je nach der Wichtigkeit des Trauerfalles das Gesicht oder der ganze Körper angestrichen wird. Frauen gehen beim Tode eines grossen Häuptlings oft wochenlang in »Schwarz«. Besonderen Trauerschmuck, wie z. B. in Neu-Guinea, gibt es nicht.

Mit Schwarz eingeriebenes Haar ist bei beiden Geschlechtern beliebt und nicht Zeichen der Trauer. Die Männer malen häufig die eine Seite schwarz, die andere roth, oder vier farbige Felder, was sehr hübsch kleidet. Schwarze Striche im Gesicht dienen ebenfalls als Zier, nicht als Trauerzeichen.

Roth, *A tarr*, ist die eigentliche Fest- und Freudenfarbe und kommt sowohl im Gesicht als am Körper in Anwendung, und weil am theuersten, vorzugsweise bei Männern. Bei grossen Festlichkeiten sind sie zuweilen am ganzen Körper roth angestrichen, aber nicht wenn sie in den Kampf gehen, denn es gibt keine Kriegsfarbe. Roth wird, wie überall, mittelst Glühen aus eisenhaltiger Erde bereitet, die eben *A tarr* heisst. Für Farbe hat man kein Wort, und das dafür angewendete *A penn* ist dem englischen *paint* (= Farbe) entlehnt.

Gelb, *A mier*, heisst eine Pflanze, deren ausgepresste Blätter einen Saft liefern, welcher schön, aber schnell vergänglich gelb färbt und nur für das Haar, namentlich bei Frauen, verwendet wird.

Blau, *Ballemdrum*, ist eingeführtes Waschblau und wird zum Färben des Kopfhaares, sowie für Striche im Gesicht angewendet. *Ballemdrum*, wie auch blaue Glasperlen heissen, ist übrigens ebensowenig der Name für Blau als Farbe, wie *Alimut* für Grün; aber es gelang mir nicht, die Stoffe, auf welche diese Bezeichnungen zurückzuführen sind, ausfindig zu machen. Bemerkt mag übrigens sein, dass der Farbensinn der hiesigen wie der meisten Eingeborenen Blau und Grün nicht immer unterscheidet.

Tätowirung, **A kotto**, welche sich übrigens auf der dunklen Haut sehr wohl abhebt, wird, obwohl sie bekannt ist, nicht geübt. Nur in seltenen Fällen sieht man auf Stirn oder Wangen von Mädchen ein Paar punktirte Striche, die in der üblichen Weise eingeschlagen wurden, aber als Körperschmuck nicht in Betracht kommen. Beliebter sind dagegen als solcher **Ziernarben**, **A kotto**, die mittelst scharfer Instrumente eingerissen werden und bei Wiederholung der schmerzhaften Operation heller gefärbte erhabene Male bilden. Sie gruppiren sich zuweilen zu Figuren, meist in der Form eines Rades, und werden von Männern auf der Brust, von Mädchen auf dem Hintertheil, zuweilen in anderem Muster auf dem Oberschenkel eingeschnitten. Solche Mädchen gelten als besonders schön. Dennoch ist diese Körperzier sehr wenig verbreitet, wahrscheinlich infolge der Schmerzhaftigkeit und namentlich Langwierigkeit. Gut ausgeführtes *A kotto* muss mehrmals wiederholt werden und erfordert schon der Heilung wegen mehrere Monate Zeit.

Ich gehe nun zum Ausputz und den Zieraten der einzelnen Körpertheile über.

Haarschmuck besteht, wie wir im Vorhergehenden gesehen haben, besonders in Färben des Kopfhaares, das schon von frühester Jugend, ja fast von der Geburt an, mit Kalk behandelt sich zu Zotteln klumpt und eine blonde Färbung erhält. Im Uebrigen wird auf das Kopfhaar keine Pflege verwendet. Man kennt z. B. keine Kämme zum Aufzausen desselben, weshalb auch bei den hiesigen Eingeborenen die weitabstehende Haarwolke (englisch *mop*) fehlt, welche mit Unrecht als charakteristisch für das Papuahaar gilt, weil sie nur infolge von Dressur entsteht. Grosse Sorgfalt verwenden die Männer auf das Barthaar. Es wird bis auf einen schmalen Streif rings um das Gesicht ausgerissen und dieser Streif weiss, an der Basis roth bemalt. Dasselbe gilt in Bezug auf die Schamhaare, welche bis auf zwei schmale Längsstreifen von der Penisbasis an ausgerissen werden. Frauen sind in dieser Richtung, wie überhaupt, minder eitel als die Männer und entfernen hier nur ausnahmsweise die Behaarung. Rasiren des Kopfhaares kommt bei beiden Geschlechtern vor, meist um sich von den lästigen Parasiten, *Aut*, zu befreien.

Als gewöhnlichster Kopfputz für beide Geschlechter dienen bunte Blätter oder Büschel Farrenkraut. Sehr häufig findet man auch ein Endchen Diwara im Haar angebunden, um Kleingeld bei der Hand zu haben. Männer pflegen auch *Oliva*-Muscheln (Nr. 482, Seite 98), einzelne Hundezähne und durchbrochen gearbeitete, runde oder ovale Scheiben und Ringe aus *Nautilus*-Muschel, seltener Perlmutter, *Kalagi* genannt, an die Haarzotteln zu befestigen, Weiber kleine Bündel Schweinsborsten.

Federnschmuck wird nur von Männern getragen, und zwar in den folgenden beiden Formen:

Lakur (Nr. 333, 1 Stück), runder Büschel aus zerschlissenen Federn des *Muar (Cacatua ophthalmica)* und Hahnenfedern, *A kakáruk*.

Desgleichen (Nr. 334, 1 Stück) aus zerschlissenen Cacatufedern und einem langen schmalen Büschel aus Hahnenfedern.

A kangal (Nr. 335, 1 Stück), aus Hahnenfedern, an der Basis aus Schwingenfedern von Papageien *(Trichoglossus* oder *Lorius* und einigen gelben vom *Cacatu)*.

Beide Arten Kopfputz werden im Haar festgesteckt und vorzugsweise bei Festlichkeiten getragen. Der Paradeleiche von Häuptlingen pflegt man ein kronenartiges, mit weissen Cacatu- und Hahnenfedern besetztes Gestell auf den Kopf zu setzen.

Stirnschmuck kommt nur bei Festlichkeiten in Gebrauch, und zwar bei Männern. Am häufigsten werden *Awub*, eigenthümliche Wülste aus Flaumfedern des Haushuhns um die Stirn getragen. Seltener sind Stirnbinden aus einem 2—3 Cm. breiten Streif *Akanda*, das wie rothes Leder aussieht, aber aus einer Art Schilf oder dergleichen besteht (vergleiche Nr. 417 von Willaumez). Diese Streifen sind häufig mit etwas Diwara, **Angut**, gelben Cacatufedern, einigen Kalagi (siehe oben) und dünnen Muschelplättchen verziert. Leichen Vornehmer werden mit solchen Stirnbinden geschmückt.

Ohrschmuck beschränkt sich meist auf Schnüre von Glasperlen, *Martalinga*, die namentlich bei den Weibern Mode sind, hie und da mit ein paar Angut oder einem Hundezahn und bietet nichts Eigenthümliches.

Dagegen findet sich origineller **Nasenschmuck**, der nicht nur in dem durchbohrten Septum, sondern auch in den durchbohrten Nasenflügeln getragen wird. Männer bedienen sich des:

Billbagu (Nr. 302, 1 Stück), Nasenstift aus der ersten Schwinge des *Murrup (Casuarius Bennetti)*, in der Nasenscheidewand, und des:

Aurnäta (Nr. 301, 6 Stück), *Dentalium*-Muscheln (Taf. III [1], Fig. 19), als Verzierung in die mit 2—3 Löchern durchbohrten Nasenflügel. Längere Exemplare dieser Muschel (9—10 Cm. lang) werden zuweilen auch im Septum getragen.

Aibuta heisst ein Nasenzierat von 3—4 Angut, die an einem kurzen Stiele in die Löcher der Nasenflügel gesteckt wurden, aber wie der übrige eigenthümliche Nasenschmuck durch Glasperlen fast ganz verdrängt ist.

Am beliebtesten, und zwar für beide Geschlechter sind jetzt Zündhölzchen mit einigen aufgereihten Glasperlen, die in die Löcher der Nasenflügel gesteckt werden, oder:

Ambit (Nr. 303, 1 Stück), Ringe von aufgefädelten Glasperlen (meist weissen) durch Nasenflügel und Septum, wie dies die Abbildung eines Mannes Fig. 1 (Seite 95) zeigt.

Halsschmuck. Unentbehrlich für Mann wie Frau, Jung wie Alt ist ein Halsstrickchen aus einem gewöhnlichen Bindfaden, an welchem die jungen Leute ihre Maultrommel tragen und die auch zur Befestigung von Schmuck dient. Als solchen verwendet man gewöhnlich frische Blätter, besonders die *Abunum* genannten hübschen Farrenkräuter, welche, auch als dichte Halskränze, im Festschmuck beider Geschlechter nicht fehlen dürfen.

A baul heisst ein Halsband aus dreifach aufgereihten getrockneten Knospen (wohl von Mangrove), das aber nur gelegentlich getragen wird.

Blumen und Federn finden als Halsschmuck keine Verwendung, was namentlich im Hinblick auf die sonst so beliebten Casuarfedern besondere Erwähnung verdient.

Für dieses Gebiet eigenthümlich ist dagegen der:

A midi (Nr. 441, 1 Stück), Halskragen der Männer, welcher gleichsam als Zier des waffenfähigen Mannes dient, übrigens jetzt auch von Knaben getragen wird. Er besteht in einem tellerartigen oblongen Geflecht aus gespaltenem Rottun, mit einer Oeffnung, so gross um den Kopf durchzuzwängen, das, oben mit Glasperlen besetzt, unterseits mit Kalk geweisst ist und nur von den Männern verfertigt und getragen wird. Von der Fülle des Haares gehalten, kann der *A midi* auch auf dem Kopfe getragen werden und kleidet dann ähnlich einer breiten losen Hutkrempe sehr originell. Früher wurden diese *A midi* mit Diwara besetzt, die mit zum kostbarsten Schmuck zählten, jetzt aber gar nicht mehr zu haben sind. An dem hinteren, nur 2—3 Cm. breiten Rande des *A midi*, der mit rothem Schilf oder Zeug umwunden ist, wird gewöhnlich ein Anhängsel befestigt aus Schnüren von Glasperlen, Samenkernen von *Coix*, etwas Diwara, einigen Hundezähnen und ganz besonders:

Wuáweo *(A tobo)* (Nr. 482, 4 Stück), Klingeln aus *Oliva porphyrea*. Die Spitze ist abgeschlagen und abgeschliffen und bildet einen Querschnitt wie die kleine *Oliva carneola* (Taf. III [1], 7a), nur dass derselbe grösser ist und 1—2 Cm. misst. Die Manier, wie die Löcher zum Befestigen an Bindfaden verfertigt werden, verdient erwähnt zu werden. Sie bestehen nämlich nicht in eigentlichen Bohrlöchern, sondern werden durch einen Querschnitt hergestellt. Zu mehreren zusammengebunden geben diese Muscheln durch die Bewegung beim Gehen einen hellen Ton, der häufig dadurch erhöht wird, dass man einen Hundezahn, eine *Dentalium*-Muschel oder Stückchen Coralle als Klöpfel befestigt. Solche *Wuáweo* werden auch am Halsstrickchen oder im Haar befestigt, da die Kanaker das Geklingel und Geklapper besonders lieben.

Den kostbarsten Schmuck bilden:

Angut (Nr. 479), Beutelthierzähne, Seite 93 (Taf. III [1], Fig. 16), welche früher bündelweise an Schnüren befestigt um den Hals getragen wurden, jetzt aber in anderer Weise verarbeitet werden. Wie das Stück der Sammlung (aus circa 100 bestehend) zeigt, flicht man die Zähne reihenweise zusammen und benutzt sie als Einsätze von Halsbändern aus Glasperlen. Dieselben sind circa 4 Cm. breit und schliessen den Hals so fest wie eine Militärhalsbinde. Sie werden noch mit allerlei Anhängseln (Schnüre Diwara, Glasperlen, Hundezähnen, Knöpfen u. s. w.) verziert.

Solche Halsbinden *(A gurgurúa)* bilden den Staatsschmuck von Häuptlingen bei grossen Festlichkeiten und sind nur in den seltensten Fällen erhältlich. Es gelang mir nur durch gute Bekanntschaft mit »King Dick« von Makada, ein solches zu erstehen, für welches ich in Tauschwaaren etliche 30 Mark bezahlte und das sich jetzt im Berliner Museum befindet.

Der Werth dieses Materials findet in der grossen Seltenheit des betreffenden Thieres volle Rechtfertigung. *Angut* bilden den werthvollsten Tauschartikel, gleich Goldeswerth.

Brustschmuck kommt kaum in Betracht. Vor Allem verdient das Fehlen von Kampf-Brustschmuck der Männer, wie wir ihn im Verfolg kennen lernen werden, hervorgehoben zu werden, für welchen allerdings die Halskragen (*A midi*, Nr. 441) im gewissen Sinne als Ersatz gelten können.

Piuwe, d. h. die aufgereihten Samenkerne von *Coix lacryma* (Taf. III [1], Fig. 8) oder Querschnitte derselben (ibid. Fig. 9) bildeten früher zu Schnüren aufgereiht den Staat der Weiber, sind aber jetzt durch Glasperlen fast oder ganz verdrängt worden. Letztere werden, je nach der Wohlhabenheit, in vielreihigen Schnüren um Hals und Brust, auf letzterer oft kreuzweise getragen und machen jetzt den vorherrschenden und gewöhnlichen Schmuck aus.

Armschmuck bietet nichts Eigenthümliches. Schmale, circa 1—2 Cm. breite Bänder aus Pflanzenfaser, *A kinlim* genannt, oder ein gewöhnliches Strickchen, sehr fest um den linken Oberarm geflochten, sind ebenso unentbehrlich als die erwähnten Halsstrickchen. Sie dienen praktischen Zwecken, um unter diesem Band die Pfeife, ein Stück Tabak oder Diwara einzuklemmen, bei Festlichkeiten bunte Blätter. Feine Armbänder von Flechtwerk kommen nicht vor oder sind eingetauscht.

Dagegen werden aus *Trochus niloticus:*

Lalei (Nr. 370, 1 Stück), werthvolle Armringe verfertigt, die mit zu den mühsamsten und kunstvollsten Arbeiten zählen.

Die beiden folgenden Nummern: Nr. 368 und 369 (2 Stück) zeigen solche *Lalei* in den Anfängen der Bearbeitung. Sie besteht im Wesentlichen darin, dass durch vorsichtiges Klopfen der Spitzentheil der Muschel nach und nach abgeschlagen wird, bis nur der Basisrand übrig bleibt, der dann auf einem Steine mit Wasser zu einem dünnen Reif geschliffen wird, wie ihn die Nummern 366 (von Forestier-Insel) und 371 und 372 (von Neu-Irland) zeigen. Schon 1881 waren die zierlicheren und feineren *Laleis* von Neu-Irland sehr beliebt und wurden vielfach von dort eingetauscht; seitdem wird die Kunst der Anfertigung wohl vollends verloren gegangen sein. *Laleis* werden mehr von Frauen als Männern, oft zu 20 bis 30, um den Oberarm getragen, meist so fest, dass sie sich kaum mehr abstreifen lassen, und bildeten früher eins der werthvollsten Tauschmittel, das z. B. beim Ankauf einer Frau unerlässlich war.

Aus *Tridacna*-Muschel geschliffene Armringe *(A kagale)*, welche als seltene Ausnahme von einem Häuptlinge getragen werden, sind nicht eigenes Fabrikat, sondern meist von den Salomons eingetauscht und gelten als sehr kostbar. Gegenwärtig werden Imitationen aus Emailglas auf den Markt gebracht und haben sich zum Theile Eingang verschafft. Eine besondere Art:

A papal (Nr. 397, 1 Stück), schmaler, flacher Armring aus Schildpatt (District Luën), wird nur an der Nordküste der Gazelle-Halbinsel gefertigt und ist wenig verbreitet.

Leibschmuck ist kaum nennenswerth, denn das Strickchen, welches fast jeder Kanaker um die Hüften trägt, dient wie die Hals- und Armstrickchen praktischen Zwecken. Früher galten ein paar Schnüre der feinen Muschelscheibchen *(A pellä)* (Seite 95) als beliebter Hüftenschmuck, werden aber jetzt von beiden Geschlechtern durch Glasperlenschnüre ersetzt.

Beinschmuck kommt nicht vor. Nur den zur Parade ausgestellten Leichen Vornehmer pflegte man das Fesselgelenk mit Diwara zu umwickeln, ebenso zuweilen das Handgelenk. Hin und wieder sieht man jetzt an diesem Theile Schnüre von Glasperlen tragen, sowie Fingerringe von solchen. Letztere sind auch in Metall eingeführt worden und bilden einen Tauschartikel, den die Eingeborenen anfangs durch Querschnitte von weggeworfenen Metall-Patronenhülsen zu ersetzen wussten.

C. Häuser und Siedelungen.

Wie erwähnt, stehen die Häuser (*A pal*) nicht auf Pfählen, sondern auf der Erde und sind mehr als Hütten zu bezeichnen, jedoch von eigenthümlicher oblonger Form, meist mit einer Spitze an jedem Ende der Dachfirste. Das Material zu den Häusern ist Ried oder Gras, sowie grobe Matten aus Cocospalmblatt. Die Siedelungen bestehen gewöhnlich aus mehreren Häusern, die mit einen gemeinschaftlichen hohen Zaune, *A liplip*, aus Bambu umgeben sind, was für dieses Gebiet charakteristisch wird. Diese Zäune besitzen eigenthümlich construirte Eingänge, *A motiolaulo*. Die Dörfer sind nicht gross; so zählten die drei Dörfer der Insel Matupi, des bedeutendsten Bevölkerungscentrums von Blanche-Bai, im Jahre 1881 600—700 Bewohner.

Grosse Versammlungshäuser wie in Neu-Guinea gibt es nicht, wohl aber Schuppen für unverheiratete Männer. Ebenso fehlen Schnitzereien als Verzierung an den Häusern, die indess bei gewissen feierlichen Gelegenheiten in anderer Weise geschmückt werden. Dabei finden ausgeblasene Eierschalen häufig Verwendung, und zwar wie die folgende Nummer:

Kiau (Nr. 20, 1 Stück), Ei des Angiok (*Megapodius eremita*).

Dieses Scharrhuhn ist sehr häufig, macht aber keine Bruthaufen wie die verwandten Arten Neu-Guineas (*Megapodius Duperreyi*) und Australiens (*Megapodius tumulus*), sondern gräbt Höhlen oder legt die Eier einzeln in ein, im schwarzen Lavasande gescharrtes Loch, wo sie von der Sonne gezeitigt werden. Das eben ausgeschlüpfte Junge ist bereits befiedert und »flugfähig«!

Aus solchen Angiokeiern werden im Verein mit Federwülsten, *Anub* genannt, aus den weissen Flaumfedern vom Haushuhn und bunten Croton- und Draceenblättern artige Guirlanden verfertigt, welche in der Decoration von Festplätzen eine so hervorragende Rolle spielen und hauptsächlich bei Begräbnissen zur Geltung kommen, wie ich in der unter Nr. 4 citirten Abhandlung (Seite 91) ausführlich beschrieb.

A bogil heissen die in Verbindung mit Begräbnissen, aber auch freudigen Ereignissen errichteten eigenthümlichen Erinnerungszeichen, welche für dieses Gebiet charakteristisch sind. Sie bestehen aus einem hohen, oft 30 Schritt und mehr langen Zaune aus gespaltenem Bambu, der mit bunten Blättern, rothbemalten Cocosnüssen und Bananenstengeln, Angiokeiern, Galibnüssen, Unterkiefern von Schweinen und zuweilen mit Imitationen von Diwararingen geschmackvoll ausstaffirt ist und im Wesentlichen zur Erinnerung an die gehaltene Schmauserei dient. In sinniger Weise werden bei solchen Gelegenheiten auch Bäumchen gepflanzt.

Auch die folgenden:

A Galib (Nr. 883, 1 Probe), Nüsse (Früchte einer *Canarium*-Art aus der Familie *Burseraceae*) werden zur Ausschmückung verwendet. Man verziert sie dann besonders, indem in die noch weiche Schale ein Muster gravirt und dasselbe mit Kalk eingerieben wird, so dass es von dem dunklen Grunde scharf hervortritt. Galibnüsse, die eine sehr harte Schale und einen angenehm mandelartig schmeckenden Kern haben, kommen aber auch bei Festen zum Essen körbeweise zur Vertheilung, namentlich wird die Jugend damit regalirt.

Ackerbau ist, wie erwähnt, die Hauptbeschäftigung der Eingeborenen und liefert die vorherrschenden Nahrungsmittel: Yams (*Aup*), Taro (*A pa*), Bananen (*A mau*), süsse Kartoffel und Zuckerrohr (*A tub*). Die Cocospalme (*Alema*) wird ebenfalls cultivirt und jeder Baum hat seinen Besitzer. Brotfrucht (*A kapiake*) spielt im Haushalt der Eingeborenen keine grosse Rolle; Sago ist ihnen unbekannt. Bei den Cultivationen sind beide Geschlechter thätig, doch fällt auf die Frauen der grössere Antheil. Besondere Geräthschaften, ausser zugespitzten Stöcken, kommen bei der Bearbeitung des Bodens nicht in Betracht.

Von Thieren werden nur Schweine, *Ambereu,* und Hunde, *A pap,* in beschränkter Anzahl gehalten, ebenso Hühner, *A kakarük,* welche die Eingeborenen aber nicht essen. Durch Importation europäischer Schweine sind diese Thiere auf Matupi sehr zahlreich, aber dennoch, wie Hühner, nicht immer erhältlich. An wilden Thieren sieht man zuweilen Cacatus, *Muar,* und Edelpapageien *(Eclectus polychlorus), A kalanger,* gezähmt bei den Häusern. — Jagd und Fischerei wird im Verfolg gedacht werden.

D. Geräthschaften und Werkzeuge.

Wie von Hausrath kaum die Rede sein kann, so verhält es sich auch nahezu mit dem Kochgeräth. Die Bewohner von Blanche-Bai sind unbekannt (nicht wegen Mangel des Materials) mit der Töpferei, besitzen auch keinerlei Holzgefässe,[1]) Löffel, Messer und Gabel.

Als Schaber für Cocosnuss oder Taro bedient man sich beliebiger Muscheln, ohne weitere Bearbeitung, als Brecher Knochenstücke oder Holzpflöcke, als Messer scharfkantige Bambuleisten, mit denen sich selbst Fleisch trefflich schneiden lässt. Ich habe damit noch 1881 Weiber äusserst geschickt und in eigenthümlicher, sehr praktischer Methode Schweine ausschlachten sehen, so sauber, wie es bei uns nicht besser geschehen kann. Als Schüssel und Teller dienen Blätter meist von Bananen *(A mapinai)* oder Brotfruchtbaum *(A kapiake),* oder flache Körbchen aus Cocospalmblatt, die sich schnell anfertigen lassen und bei jeder Mahlzeit erneuert werden. Bei Festen werden die Speisen (z. B. gekochte Bananen und Fische) oft in grossen runden Körben aus einem mit Bananenblättern ausgekleideten Gestell von Rottan *(To parapa)* aufgetragen, so appetitlich und hübsch mit bunten Blättern geschmückt, dass sie eine Tafel bei uns zieren würden. Jeder Theilnehmer hat sich inzwischen ein Blatt oder Körbchen zurecht gemacht und empfängt darauf seinen Antheil.

Als Wassergefässe dienen Cocosschalen oder Bambu, denn zum Kochen ist ja hier kein Wasser erforderlich. Zwar werden alle Speisen zubereitet genossen, aber das geht auch ohne Töpfe, und die bekannte Redensart: »es wird überall mit Wasser gekocht« findet auf Neu-Britannien und viele andere Südseegebiete keine Anwendung. So lässt sich z. B. in einer Düte von Bananenblatt trefflich Rührei (von *Megapodius*-Eiern) bereiten; ein in ein Bananenblatt eingeschlagener und auf heissen Steinen gerösteter Fisch wird sehr schmackhaft, und das in einer Grube zwischen Blättern und heissen Steinen gar gewordene Schweinefleisch ist nicht zu verachten. Dies, oder einfach heisse Asche oder Rösten über glühenden Kohlen, sind die einfachen, aber sehr praktischen Kochmethoden der hiesigen Eingeborenen, die in erster Linie die Frauen beschäftigen.

Als das unentbehrlichste Geräth hierbei dient ein langes, vorne gespaltenes Stück Bambu, eine Art grosser Pincette, mit welcher die glühenden Steine und die heissen Speisen hantirt werden und mit der die Weiber sehr geschickt umzugehen verstehen.

Gegessen wird, ausser den genannten Vegetabilien, welche die Hauptnahrung liefern, eigentlich Alles, was kreucht und fleucht. Meeresthiere, wie Muscheln, Dintenfische, sind ebenso beliebt als grosse Käferlarven oder Warneidechsen *(Monitor);* Schlangen werden nicht gegessen.

---

[1]) Das im Katalog des Museum Godeffroy (Seite 70) erwähnte ist sicher nicht aus Neu-Britannien.

Merkwürdigerweise sind gewisse Thiere koscher, aber nur für die Männer, jedoch nicht für alle; und zwar Schweine, Kängurus (*Aukin*) und für manche auch Haifisch (*A moug*) und Menschenfleisch. Solche Männer werden als »Marewot« bezeichnet, wozu aber auch schon Knaben gehören können. Frauen sind nicht »Marewot« und ihnen fällt bei den Festlichkeiten das Schweinefleisch meist allein zu.

Salz ist, wie wohl in der ganzen Südsee, unbekannt.

Die Sammlung enthält zwei der wichtigsten **Haushaltungsgeräthe**, die einzigen, welche ich überhaupt kennen lernte.

A kua (Nr. 50, 1 Stück), Feuerreiber (Taf. IV [2], Fig. 9 und 10).

Dieses Instrument ist, wenigstens auf Matupi, nicht mehr im Gebrauch und durch schwedische Zündhölzer, die ein beliebter Tauschartikel sind, vollständig verdrängt worden.

Das Feuerreiben geschieht auf folgende Weise:

Mit dem kurzen, zugespitzten, 16 Cm. langen Holzstifte (Fig. 10) wird unter kräftigem Aufdrücken in der Rille des grösseren, 25 Cm. langen Holzstückes (Fig. 9) nicht allzuschnell hin- und hergerieben. Es entsteht dadurch ein feiner, schwarzer Mulm, der schon nach 20—40 Secunden zu rauchen anfängt. Unter wiederholtem Absetzen fängt dieser Mulm in circa 3—4 Minuten an zu glimmen, in geschickter Hand in kaum 1 Minute. Der glimmende Zunder wird in trockene Blätter geschüttet und diese mittelst Schwenken in Brand gesetzt. Ich habe, mit der Uhr in der Hand, beobachtet, dass ein Mann in 25 Secunden auf diese Weise Feuer erzeugte, mich aber vergeblich bemüht, es ihm nachzumachen.

A mamarau (Nr. 51, 1 Stück), Stampfer aus Stein, ohne besondere Bearbeitung. Dient zum Zerstampfen von Taro, Fruchtkernen (z. B. von der Brotfrucht); gewöhnlich werden Steine, wie sie sich gerade finden, verwendet.

Gewerbskunde ist wenig entwickelt. — Mattenflechten beschränkt sich nur auf grobes Flechtwerk (*Aiding*) aus Cocospalmblatt zum Hausbau oder als Unterlage zum Schlafen. Strickarbeiten kommen nur für Netze (vergl. Nr. 165) zur Verwendung, aber nicht zu Beuteln, wie sie sonst allenthalben in Melanesien üblich sind.

Korbflechterei. Die Frauen bedienen sich flacher, viereckiger Körbe (*A rat*) an einem Bande über den Vorderkopf getragen, so dass der Korb auf dem oberen Theile des Rückens ruht. In dieser Weise tragen sie auch, meist von den Plantagen heimkehrend, Lasten.

Eine besondere Art feiner Körbe, zum Aufbewahren von allerlei Kleinigkeiten, werden dagegen an der Nordküste verfertigt und sind das Beste in diesem Genre, wie die folgende Probe zeigt:

Aëm (Nr. 114, 1 Stück), feiner Korb aus gespaltenem Rottan; District Beining.

Bei dem Mangel von Netzbeuteln ist für die Männer unentbehrlich:

A Lokopit (Nr. 107, 1 Stück), Armkorb aus Cocosblatt, um darin die nothwendigsten Kleinigkeiten, vor Allem Betelnüsse, Kalk, etwas Muschelgeld (*Diwara*), Bindfaden oder dergleichen zu verwahren. Der Träger steckt den Arm durch das Loch, so dass der Korb fast bis zur Schulter kommt.

Dies führt zu den **Genussmitteln**, unter denen nur Tabak und Betelnuss bekannt, aber für beide Geschlechter und von frühester Jugend an fast unentbehrlich sind. Der Tabak (*Tobacco*) ist wahrscheinlich erst durch Europäer eingeführt worden, und zwar wird ausschliessend amerikanischer Stangentabak (*Twist*, Nr. 642[a]) begehrt. Er steht als Tauschmittel im Verkehr mit den Eingeborenen obenan und ist gleich Münze zu betrachten. Früher (1881) war ein Stück Tabak der Taglohn, jetzt verlangen die Eingeborenen schon werthvollere Dinge, wie Kattun, Messer u. dgl. Ein besonderes Rauchgeräth kennt man nicht und europäische Thonpfeifen sind überall eingeführt und ein gangbares Tauschmittel.

Betel *(A buoi)*, d. h. die Frucht der Betelpalme, *Areca (A pomur)*, wird in der üblichen Weise mit pulverisirtem Kalk und den Blättern *(Ai-ertulum)* oder Blüthen *(Ai-er)* eines Pfefferstrauches gegessen. Betelnüsse wie Kalk bilden ebenfalls Tauschartikel, von denen der letztere in folgender Originalverpackung:

A gaga (Nr. 892), 1 Säckchen aus Blättern mit aus Corallen gebranntem Kalk *(Akabang)*, unter den Eingeborenen in den Handel kommt. Ein solches Säckchen mit Kalk wird mit 6 Stück Diwara bezahlt.

Zum Aufbewahren des Kalkes bedient man sich nur:

A waun (Nr. 893, 1 Stück), viereckiges Täschchen aus Pandanusblatt.

Kalebassen[1]) und Spatel (sogenannte Kalklöffel), die in Neu-Guinea häufig zu Kunstgegenständen werden, sind unbekannt; zum Aufbrechen der Betelnuss benutzt man gewöhnliche Knochen- oder Muschelstücke.

Werkzeuge. Mit dem Untergange der Steinzeit ist auch das hervorragendste Geräth desselben, die Steinaxt, verschwunden und sowohl in Matupi, wie an der Küste durch eiserne verdrängt worden. Schon 1880 konnte ich keine vollständige mit Stiel versehene Steinaxt mehr erhalten und gebe deshalb die Abbildung einer:

Steinaxt von Neu-Hannover (Taf. IV [2], Fig. 3), im Besitz des k. k. naturhistorischen Hofmuseums in Wien, welche mit solchen aus Neu-Britannien ganz übereinstimmt. Zu dem Holzstiel, *Aruge (a)*, wird ein passendes rechtwinkliges Aststück gewählt und an diesem mittelst eines Geflechtes aus gespaltenem Rottan *(b)* die Steinklinge *(c)* festgebunden. Letztere zeigen die folgende Nummer:

Arium lua, *Airam* (Nr. 12, 4 Stück), Steinklingen, (Taf. IV [2], Fig. 1 und 2 Längsdurchschnitt), und zwar in der gewöhnlichen Grösse. Das Material ist ein harter schwärzlicher Diabas und grüner Quarzit, von dem man passende Rollsteine auswählte und diese zurecht schliff. Grössere Steinaxtklingen als 12 Cm. lang und 8 Cm. breit habe ich nicht gesehen, solche aus Muschel (wie Nr. 120, Taf. IV [2], Fig. 4, von der Nordwestküste) niemals; 1884 waren überhaupt keine mehr zu haben.

An sonstigen Werkzeugen wurden früher nur spitze Muscheln, *Terebra* oder *Mitra*, *Ago* genannt, zum Bohren und Steine oder Holzstücke zum Hämmern benutzt. Raspeln aus Rochenhaut, die sonst überall vorkommen, sah ich nicht.

Waffen. Die landesüblichen Waffen: Wurfspeer, Schleuder und Keulen, sind durch Feuergewehre bereits ziemlich verdrängt worden und auf Matupi wenig mehr in Gebrauch. Im Jahre 1881 gab es nur vereinzelte Musketen *(A Market)* und der Besitz einer solchen war der höchste Wunsch jedes Kanaker. Drei Jahre später verlangte man, hauptsächlich infolge des verderblichen Verkehrs mit Arbeiterwerbeschiffen *(Labourtradern)*, bereits Hinterlader *(Snider Rifles)*, und mit solchen traten die Eingeborenen wiederholt den bewaffneten Mannschaften von strafenden Kriegsschiffen gegenüber. Feuerwaffen sind inzwischen im deutschen Schutzgebiet verboten worden, haben aber, was ausdrücklich hervorgehoben zu werden verdient, die Fehden der Eingeborenen untereinander unblutiger gemacht. Die Neu-Britannier sind weder Jäger noch grosse Krieger und ihre Kampfweise sucht das offene Gefecht zu vermeiden, so lange es angeht. Dagegen liebt man hinterlistige Ueberfälle, wobei wehrlose Weiber nicht geschont werden. Im Ganzen verlaufen alle diese Fechtereien, bei denen viel Geschrei die Haupt-

[1]) Die im Katalog des Museums Godeffroy (Seite 75) erwähnten stammen wahrscheinlich von den Admiralitäts-Inseln, von wo solche nicht selten durch Handelsschiffe mitgebracht werden.

rolle spielt, wie ich aus eigener Erfahrung weiss, ziemlich unblutig. Es handelt sich gewöhnlich um ein oder ein paar Opfer, die, wo es angeht, mitgeschleppt und daheim verzehrt werden. Mit Diwara schliesst man Frieden, löst für solches die Körper erschlagener Freunde ein, um sie zu begraben, oder bezahlt damit Schmerzengeld an Verwundete, wovon ich selbst Zeuge war. Blutrache und Weiberraub sind die gewöhnlichen Ursachen zum Kriege. Unter den Waffen nehmen Wurfspeere die erste Stelle ein, und schon die Jugend übt sich im Gebrauche derselben, zunächst als Spiel und mit dünnen Rohrstäben. Die Speere sind ausnahmslos aus hartem Holz, meist Palmholz, gefertigt, lang und schwer und zeichnen sich durch den Mangel von Zahnkerben und Widerhaken an der Spitze aus. Vor der letzteren ist der Speer gewöhnlich etwas verdickt und verläuft dann in die glatte, schlanke Spitze. Das Fussende des Speeres ist häufig verdickt und wie ein Arm- oder Schenkelknochen ausgearbeitet, auch mit wirklichen von Casuar oder Mensch verziert, was im Verein mit Umwicklung von rothgefärbtem Schilf und Muschelgeld (Diwara) für die Speere Neu-Britanniens charakteristisch ist. Schnitzerei fehlt an denselben; dagegen werden sie häufig roth und weiss bemalt. Die Tragweite von Wurfspeeren werden wir in der Folge bei Neu-Irland kennen lernen.

Die Sammlung enthält die vorzüglichsten Typen von **Speeren** in den folgenden Stücken:

Aluraket (Nr. 730, 1 Stück), Wurfspeer, 262 Cm. lang, rund, glatt; die gewöhnlichste im Kampfe gebrauchte Sorte.

A pupungo (Nr. 725, 726, 727, 3 Stück), 240—292 Cm. lang; wie vorher, aber an der Basis mit einem Federbüschel verziert, meist aus rothen und gelben Flügelfedern von Papageien (*Trichoglossus Massenae* und *subplacens*) und weissen Hahnenfedern, die vorzugsweise beliebt sind.

Eine andere Art Speere, bei denen sich die Federverzierung an 50 Cm. und weiter erstreckt, heissen *Virivawoan.*

Akut (Nr. 729, 1 Stück), schwerer Speer, 252 Cm. lang, an der Basis in einen Knochen ausgeschnitzt, der weiss bemalt ist.

Lauka (Nr. 728, 1 Stück), schwerer Speer, 209 Cm. lang, mit einem wirklichen Knochen vom Menschen (Oberarm) an der Basis.

Am häufigsten werden die Schenkelknochen des Morrup (*Casuarius Bennetti*) benützt, aber auch solche von Menschen, die aber nicht von erschlagenen Feinden, sondern Anverwandten herrühren, deren Gebeine, des Schädels halber, nach circa Jahresfrist ausgegraben werden. Solche Speere mit Menschenknochen heissen *Aur* (= Knochen).

Burunga werden schwere Speere mit knaufartiger Verdickung vor der Spitze und verdicktem abgesetzten Basistheile genannt;

Lemtina solche, bei denen die Basis in einer knopfartigen Verdickung endet.

Eine besondere Art Speer ist der:

A Pulepän (Nr. 724, 1 Stück), Staatsspeer, 244 Cm. lang, an der Basis mit 65 Cm. langem, runden, reichen Federknauf, über Bambus geflochten, zu unterst zwei rothe Ringe (von *Lorius hypoenochrous*), die einen grünen Ring (von *Geoffroyus* oder *Ptilopus*) einfassen, dann folgt ein konisches, langes weisses Stück (von Haushühnern und *Cacatua ophthalmica*), das oberseits von einem schwarzen Rande (wohl Haushuhn oder *Eudynamis*) begrenzt wird, an den sich ein gelber Ring aus Cacatuhaubenfedern anschliesst; das äusserste, dicke, an 30 Cm. lange Ende besteht aus rothen, gelben und schwarzen Federn (Flügelfedern von *Trichoglossus Massenae* und *Trichoglossus subplaceus*).

Diese Speere dienen nicht zum Kampfe, sondern nur bei feierlichen Gelegenheiten, namentlich Begräbnissen von Häuptlingen. Man gibt dann der in sitzender Stellung zur Parade ausgestellten Leiche gewöhnlich einen solchen Speer in die Hand (vergl. die unter Nr. 4 citirte Abhandlung, Seite 91).

Eine sehr gebräuchliche und weit gefährlichere Angriffswaffe als der Wurfspeer ist die **Schleuder.**

Awaije (Nr. 832, 1 Stück), Schleuder (Fig. 2). Sie besteht aus einem dichten, festen Polster aus Baumblatt oder Bast, an deren Enden zwei dünne, feste Schnüre von je 1·20 M. Länge befestigt sind, von denen die eine in eine Schlinge, die zweite in einen Knoten endet.

Dazu gehört der:

Alika (von *likai* = werfen) (Nr. 832 a), Schleuderstein (Fig. 3). Man benutzt als solche gewöhnliche im Wasser rundgeschliffene Rollsteine. Die grössten haben 5½ Cm. Durchmesser.

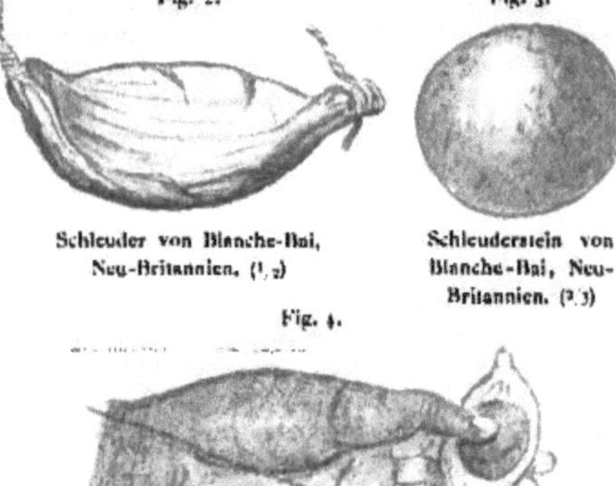

Fig. 2. Schleuder von Blanche-Bai, Neu-Britannien. (1/2)

Fig. 3. Schleuderstein von Blanche-Bai, Neu-Britannien. (2/3)

Fig. 4. Hantirung der Schleuder.

Schleudersteine werden beim Kampfe in Körbchen getragen, und wie die Speere, von den Knaben den Männern zugeschleppt.

Die Hantirung der Schleuder zeigt Fig. 4. Der Schleuderer streckt zunächst die Schnüre rückwärts über den Nacken klafternd aus, damit jede Hälfte genau dieselbe Länge hat. Dann hält er mit der wagrecht ausgestreckten Linken zwischen Daumen und Zeigefinger, die Schleuder mit dem Steine und spannt die Schnüre mit der Rechten an, wobei die Schnur mit dem Knoten zwischen den Daumen und Zeigefinger gehalten, während die mit dem Schlingenende um den Mittelfinger geschlungen wird. Plötzlich, die linke Hand loslassend, schwingt der Schleuderer den Stein mit dem Polster horizontal über seinem Kopfe und entsendet dann mit scharfem Rucke das Geschoss. Es fliegt mit Geräusch und so grosser Vehemenz, dass es Einem Arm oder Bein zerschmettern, ja einen Mann niederzustrecken vermag.

Die Bewohner von Blanche-Bai wissen die Schleuder vorzüglich zu handhaben, aber es war nur Zufall, wenn Powell[1]) einen Vogel auf 100 Schritt treffen sah. Allerdings fliegt ein Schleuderstein wohl 150 Schritt weit, aber er weicht dann gewöhnlich ab, und schon deshalb ist es nicht räthlich Zuschauer bei einem Kampfe der Eingeborenen zu spielen, wie ich aus eigener Erfahrung weiss. Einer der besten Schleuderwerfer von Matupi war der Häuptling Totem, den ich zwölfmal hintereinander auf circa 50 Schritt (nach Schätzung) einen Palmstamm treffen sah. In der Hand eines solchen Meisters wird die Schleuder in der That zu einer gefährlichen Waffe.

[1]) Wanderings in a wild country, Seite 163.

Schleudern kommen übrigens immer mehr ausser Gebrauch, ebenso Keulen, die früher zu den gewöhnlichsten Waffen gehörten und von denen mehrere Arten unterschieden werden. Eine der feinsten Sorten repräsentirt die folgende:

Pakul (Nr. 766, 1 Stück), Keule aus hartem Holz, 1·4 M. lang, an beiden Enden flach und ruderartig (13 Cm.) verbreitert.

Diese Art Keulen werden zuweilen in der Mitte mit gespaltenem Rohr übersponnen.

Die gewöhnlichsten Arten sind: *Palaububu*, ein flaches, oben 4–5, am unteren Ende 6–7 Cm. breites Stück Hartholz, wie eine Latte, und der *Birimbirika*, ein runder, häufig an dem einen Ende spitz zulaufender Kampfstock von 1½ M. Länge und 4–6 Cm. Durchmesser. Alle diese Holzkeulen und Knüppel sind ohne Schnitzerei und werden höchstens mit Flechtwerk, Schnüren mit Diwara und gelegentlich Blättern und Cacatufedern verziert.

Sehr eigenthümlich sind dagegen:

Palau (Nr. 763, 764, 765, 3 Stück, Taf. IV [2], Fig. 5, 6), einfache, runde, nach unten spitz zulaufende Stöcke von Hartholz, die mit einem durchbohrten runden Steinring bewehrt sind und somit eine wuchtige Schlagwaffe abgeben. Fig. 5 zeigt den Steinknauf von der Seite mit *a* dem Bohrloch, ferner den Stock, der oben 7 Cm. vorragt und stumpf abgeschnitten ist, unten 1·20 M. lang in eine stumpfe Spitze ausläuft; Fig. 6 zeigt die Hälfte eines Steinknaufes von oben: *a* das Bohrloch, dasselbe rundum einfassend eine Verzierung aus Diwara, auf einen schwarzen Kitt aufgeklebt.

Diese *Palau* gehören schon wegen ihres isolirten Vorkommens mit zu den interessantesten Erzeugnissen der melanesischen Steinzeit, denn sie finden sich meines Wissens in ähnlicher Weise nur noch an der Südostküste von Neu-Guinea wieder. Die von Powell (l. c. S. 161) abgebildeten Steinkeulen stammen jedenfalls von dort und nicht von Blanche-Bai her.

Die an derselben Stelle beschriebene Fabrikationsweise der Steinringe mittelst Tropfen von Wasser auf den glühend gemachten Stein ist mit grosser Vorsicht aufzunehmen. Wahrscheinlich werden oder wurden die Bohrlöcher, in ähnlicher Weise wie dies in Neu-Guinea geschieht, mit anderen Steinen ausgepickt und geschliffen, aber ein zuverlässiger Beobachter hat wohl nie Gelegenheit gehabt, dies zu sehen. Diese *Palau* werden verschwunden sein, ehe man über die Anfertigung noch genau unterrichtet ist, denn sie sind jetzt schon so selten, dass ich 1885 keine mehr erlangte.

Ebenfalls im Untergang begriffen ist eine andere, für Blanche-Bai eigenthümliche Art Waffe, die Streitaxt, *Aibane*, welche erst nach Einführung eisener Aexte erfunden wurde und sich aus der flachendigen Holzkeule (wie z. B. Nr. 766, oben) entwickelte. Schon aus diesem Grunde beansprucht sie besonderes Interesse. Man befestigte eine der gewöhnlichen Beilklingen, wie sie unter dem Namen »Fan-tail hatchet« in den Handel kommen und 35–40 Pf. kosten, an eine besondere Art Stiele:

Arram (Nr. 775, 776, 128 Cm. lang, 2 Stück), wovon Taf. VI (4), Fig. 10 eine Darstellung des breiten, mit etwas Schnitzerei und Malerei verzierten Endes (von Nr. 775) gibt. Blau findet hierbei häufig Anwendung, ist aber von Europäern erhandeltes Waschblau. Als weitere Verzierung des Stielknaufes dienen Schnüre mit Diwara, Glasperlen und zuweilen Schweinsborsten. Gewisse Kerben in diesen Axtstielen bezeichnen häufig die Zahl der Kämpfe, welche sie mitmachen halfen, aber nicht immer die Erschlagenen.

1881 gehörte *Aibane* noch mit zu den Hauptwaffen in Matupi und jeder Mann von Ansehen trug eine solche bei sich, 1884 sah ich kaum eine mehr, sie waren aus der Mode, fast jeder Kanaker besass eine Muskete, die Häuptlinge Snider-Rifles.

Wie erwähnt kommen in Blanche-Bai Bogen und Pfeile nicht vor, und ich will noch hinzufügen, dass auch Schilde und Knochendolche fehlen.

Jagd. Wie in ganz Melanesien der Mangel an Wild keine Jägerstämme ermöglichte, so die Thierarmuth Neu-Britanniens, welches im Ganzen nur circa 26 Arten Säugethiere (darunter 17 Arten Flugthiere) besitzt, im Besonderen. Wildschweine und eine kleine Art Känguru (*Macropus lugens* Scl.), *Aukin*, sind die einzigen grösseren Säugethiere, die aber nicht zur Jagd reizen, da sie von den Eingeborenen nicht gegessen werden. Schlingen- und Fallenstellen ist unbekannt, und man begnügt sich mit der gelegentlichen Erbeutung fliegender Hunde *(Pteropus)*, *Anganau*, des *Among* (Beuteldachs, *Perameles doreyanus*), des *Angirau (Arum, Phalangista orientalis)*, sowie der übrigen kleinen Säuger. Casuare *(Murrup)* werden nicht gejagt. Seit Einführung von Schiessgewehren haben sich einzelne Kanaker auf die Jagd von verwilderten Schweinen verlegt, um solche an Schiffe zu verkaufen.

Kommt somit Jagd kaum in Betracht, so spielt eine um so wichtigere Rolle im Leben der Eingeborenen die **Fischerei**, welche mit zu den hauptsächlichsten Beschäftigungen zählt und einen nicht unbedeutenden Theil der Nahrung liefert. Man bedient sich dazu vorzugsweise der Netze und Fischkörbe.

Als Material zu den Netzen wird:

Amakum (Nr. 142, 1 Probe), die Faser einer Schlingpflanze verarbeitet, welche getrocknet und dünn gespalten, mit der angefeuchteten Hand auf dem Schenkel zu Bindfaden *(Akuare)* von verschiedener Dicke und Güte gedreht wird, eine Arbeit, die beide Geschlechter verstehen, die aber vorherrschend dem weiblichen überlassen bleibt. Dagegen werden die Netze selbst nur von Männern gestrickt, und zwar bedient man sich dazu als Filetnadeln dreier dünner Stäbchen *(Aviuajare)* aus den Rippen der Blattfaser des Blattes der Cocospalme, auf welche der Faden gewickelt wird.

Die Netze sind natürlich von sehr verschiedener Grösse, oft so kolossal, dass die Männer eines ganzen Dorfes gemeinschaftlich an denselben arbeiten. Mit grosser Mühe kaufte ich ein solches von circa 600 Fuss Länge, denn es war Gemeindeeigenthum und wurde nur weggegeben, weil es anfing schadhaft zu werden. Mit solchen Netzen wird, wie bei den russischen Artells, gemeinschaftlich gefischt und der Fang getheilt. Die oft in ungeheuren Schwärmen in Blanche-Bai vorkommenden Makrelen bilden das Hauptobject des Fischfanges, der nur im stillen Wasser von Baien und Buchten betrieben wird. Kleine Netze, höchst sinnreich in ein Blatt eingewickelt, wie das folgende

Aubene (Nr. 165, 1 Stück), Fischnetz in Originalverpackung, sind ein Tauschartikel der Eingeborenen unter sich.

Die Fischnetze haben übrigens Stücke leichten Holzes als Schwimmer, *Diwai* (= Holz), angebundene Steine, *Awat* (= Stein), dienen als Senker.

Die gebräuchlichsten Fischkörbe (*A wup* genannt), meist von bedeutender Grösse, oft über 3 M. lang, in Form wie grosse, walzenförmige Ballons, werden sehr geschickt aus gespaltenem Bambu und Rottan gefertigt. Sie werden an zwei schweren Steinen verankert, und mit einem Stück Baumstamm oder Bündeln dicker Bambu als Buoje *(Aumbar)* versehen, Abends ausgelegt und am frühen Morgen aufgeholt. Sie liegen oft ein paar englische Meilen von der Küste in beträchtlich tiefem Wasser und sind häufig durch an der Buoje befestigte Stangen markirt. Als Tau *(Kwola)* dient ein Rottan.

Aumut heisst eine sinnreiche Fischfalle in Form eines konischen Körbchens aus einem Schlinggewächs mit rückwärts gekrümmten, sehr scharfen Dornen. Am Boden dieses mit Schwimmer und Senker versehenen Fischereigeräths wird ein kleiner

Fisch als Köder befestigt. Indem nun ein Raubfisch mit dem Kopf in den Korb fährt, um die Beute zu erlangen, bleibt er mit den Kiemen an den Dornen hängen.

A kuhr, Fischspeere, aus einem 2—3 M. langen Bambu mit einem Kranz von 5—7 eng zusammengebundenen spitzen Holzstacheln, sind sehr gebräuchlich. Der Speer wird deshalb aus Bambus gefertigt, damit er nicht untersinken kann.

A bia heisst auf den Herzog York-Inseln ein besonderes Fischgeräth, eine Hairassel,[1]) die mir sonst noch auf Trobriand und Teste-Insel vorkam. Es ist dies ein Reifen von Bambu, an welchen querdurchgeschnittene Cocosschalen aufgereiht sind, welche beim Bewegen ein klapperndes Geräusch hervorbringen und dadurch den Hai anlocken. In Blanche-Bai scheint diese Rassel schon deshalb nicht üblich, weil für die Marewot auch Haifischfleisch koscher ist; sie heisst hier wie der Hai *Among*.

Fischhaken sind im Ganzen wenig im Gebrauch und bereits stark durch eiserne verdrängt, aber sehr eigenthümlich, wie die folgende Nummer zeigt:

Aibo (Nr. 154, 1 Stück), Fischhaken (Taf. IV [2], Fig. 11); sehr spitzer Haken aus dem Rückenstachel *(Ageo)* eines Fisches, der durch feinen Bindfaden befestigt ist, welcher gleich in die Fischleine ausläuft.

Fischhaken aus Schildpatt und Perlschale, wie sie Powell (l. c., Seite 178) abbildet, sind mir niemals vorgekommen. Der im Katalog des Museums Godeffroy (Seite 66) angeführte Angelhaken aus Perlmutter ist von den Salomons.

Zum Betriebe der Fischerei sind **Canus** erforderlich, welche mit zum Reichthum, namentlich der Häuptlinge, gehören. Sie bestehen aus einem ausgehöhlten Baumstamme und erhalten durch den hohen schnabelförmigen Aufsatz an beiden Enden eine für Blanche-Bai und die Herzog York-Gruppe eigenthümliche Form, welche die folgende Nummer

Avange (Nr. 178, 1 Stück), Modell eines Canu, veranschaulicht. Obwohl von Eingeborenen angefertigt, ist es nicht correct, z. B. im Verhältniss zur Höhe zu kurz und sollte statt mit zwei Querstöcken, an welchen der Auslegerbalken *(Hamen)* befestigt ist, mit sechs versehen sein. Die weissangemalten Aestchen dienen nur als Verzierung, die hauptsächlich in Bemalung besteht und bei welcher kein Schnitzwerk[2]) Anwendung findet. Nur selten (z. B. beim Dugdug-Canu) sind an den senkrechten Aesten und Stäben des Auslegergestells sehr rohe bildliche Darstellungen von Vögeln, häufig dagegen Federschmuck angebracht, meist aus weissen Flaumfedern vom Haushuhn *(Anuruh)*. Das Canu selbst wird weiss, zuweilen mit etwas bunter Verzierung bemalt. Das oft copirte Bild bei Powell (l. c., Seite 168), jedenfalls nach einem solchen Modell entworfen, gibt eine sehr unrichtige Vorstellung. Die Dimensionen eines sehr grossen von mir gemessenen Canus waren folgende: Länge 10½ M., Breite in der Mitte 54 Cm., Tiefe 67 Cm. Der Auslegerbalken (Balancier), welcher das Umschlagen übrigens keineswegs verhindert, wie meist irrthümlich angenommen wird, wurde von 14 Querstangen gehalten. Kleine Canus *(A natineik)* sind so schmal, dass man nicht beide Füsse nebeneinander, sondern voreinander hineinsetzen muss. Im Ganzen gehören die Canus von Blanche-Bai zu den minder kunstvollen. Aus sehr leichtem Holz gebaut und lotterig zusammengebunden, sind sie leicht vergänglich. Nach dem Gebrauch hält

1) Die besondere Art, welche Powell (l. c., Seite 274) abbildet, und die von ihm hier beschriebene Methode, Haifische zu fangen, habe ich niemals gesehen oder davon gehört; die Eingeborenen von Blanche-Bai fürchten sich vielzusehr vor dem Hai, um sich auf so gewagte Experimente einzulassen, und fangen den Hai an Haken.

2) Die Localitätsangabe »Neu-Britannien« für die im Katalog des Museums Godeffroy (Seite 64) beschriebenen »Bootsverzierungen« sind jedenfalls irrthümlich.

man sie daher an Land und bedeckt sie sorgfältig mit Matten, weil das Holz in der Sonnengluth leicht platzt. Segel besitzen diese Canus nicht und werden nur mit schlechten Rudern (Paddeln), die sich durch keinerlei Schnitzerei oder dergleichen auszeichnen, fortbewegt. Sie eignen sich daher nur zu kürzeren Fahrten längs der Küste, die sich höchstens bis Mioko, eine Entfernung von 17 Seemeilen, erstrecken.

Die Fertigstellung eines Canus gibt Gelegenheit zu einer Festlichkeit der Männer, wobei viel Geschenke (namentlich Diwara) vertheilt werden und der ich noch 1881 auf Matupi beiwohnte. Die Canus wurden damals bereits mit eisernen Werkzeugen gearbeitet und werden jetzt wahrscheinlich kaum mehr gemacht.

E. Musik, Tanz und Todtenverehrung.

Musik, soweit von solcher bei einem Naturvolke überhaupt die Rede sein kann, steht bei den Bewohnern von Blanche-Bai auf einer besonders hohen Stufe der Entwicklung und wird für dieselben ethnologisch charakteristisch. Neben Lärminstrumenten zum Taktschlagen gibt es solche, auf denen wirkliche Melodien hervorgebracht werden, deren Wiedergabe in Noten aber, trotz der anscheinenden Einfachheit derselben, sehr schwierig ist. Auch in der Musik konnte ich bei meinem letzten Besuch (1885) den erheblichen Verfall an Originalität beobachten. Von den circa 13 verschiedenen Instrumenten, welche ich 1881 noch sammelte, waren nur noch einzelne im Gebrauch und bereits durch eiserne Maultrommeln, Blechpfeifen und Mundharmonikas verdrängt. Die nachfolgenden Nummern der Sammlung enthalten die hervorragendsten Instrumente aus der guten alten Zeit.

Blasinstrumente. Am weitesten und wohl über die ganze Südsee verbreitet ist die:

A taburu, *Tawur* (Nr. 597, 1 Stück), Muscheltrompete aus einem grossen Tritonshorn *(Triton tritonis)*, in deren obere Mündung ein Loch geschlagen ist, in welches geblasen wird. Sie gibt einen weithin hörbaren, dem Hirschruf ähnlichen Ton und dient nicht als Kampfruf, wie dies meist angenommen wird, sondern bei besonderen Gelegenheiten. So verkündet man den Tod eines Häuptlings, die Ankunft von Canus u. s. w. mit der Muscheltrompete, die nicht als Musikinstrument dient. Auch beim Austreiben von Krankheiten wird sie zum Lärmmachen benützt.

Ein wirkliches Musikinstrument ist dagegen die Rohrflöte, *A kaur*, der stete Begleiter der Männer, auf welchen sie zwar einfache, aber ganz artige Weisen hervorzubringen wissen, die namentlich Abends sehr angenehm tönen. Die Rohrflöte besteht aus einem, selten zwei dünnen Bambu *(= A kaur)* von etlichen 20 bis etlichen 60 Cm. Länge. Am oberen Rande (Taf. V [3], Fig. 5) ist gewöhnlich eine rundliche Kerbe eingeschnitten, in welcher der Spieler die Unterlippe ansetzt, am unteren Ende meist ein bis zwei Schalllöcher zum Fingern. Die Rohrflöten werden öfters mit hübschen eingebrannten oder eingeritzten Mustern verziert, die mit zu den besten Kunstleistungen der hiesigen Eingeborenen gehören. Die Haupttypen enthält die Sammlung in folgenden Stücken:

A kaur (Nr. 580, 1 Stück), Rohrflöte (Taf. V [3], Fig. 5), 48 Cm. lang, mit fein eingravirtem Muster (ohne Löcher zum Fingern).

A kaur (Nr. 582, 1 Stück), Rohrflöte aus zwei Röhren.
» (» 581, 1 »), » glatt mit zwei Löchern.
» (» 583, 1 »), » mit zierlichem eingebrannten Muster.
» (» 584, 1 »), » glatt, sehr dünn.

Panflöten, wie eiserne Maultrommeln und Mundharmonika ebenfalls *A kaur* genannt, sind bei den Männern weniger gebräuchlich, übrigens ganz so wie solche von Neu-Irland (Taf. V [3], Fig. 4).

Sehr verbreitet ist dagegen die

Hangap (Nr. 585, 1 Stück), Maultrommel, ein sehr sinnreich erfundenes Instrument. Es besteht (vergl. Taf. V [3], Fig. 1, 2, 3) aus einem circa 20 Cm. langen, flachen Stück Bambu, das nach unten spitz zuläuft, hier zusammengebunden ist und in der Mitte durch zwei feine Längsschnitte in eine Zunge gespalten wird. Seitlich derselben ist häufig ein feines Muster, wie Fig. 2, eingravirt; durch das Loch am breiten Ende ist ein Bindfaden befestigt; hier werden häufig als Schmuck Federbüschel (meist zerschlissene Federn von *Centropus* und *Eudynamis*), Blätter und aufgereihte Samenkerne (von *Coix lacryma*) angebracht. Die Methode des Spielens erläutert Fig. 3. Der Spieler drückt mit den Fingerspitzen der Linken das spitze Ende des Instruments sanft an die etwas geöffneten Zähne und zupft, indem er Luft ein- und ausathmet, mit der Rechten an dem Bindfaden, wodurch die Zunge ähnlich wie bei unseren Maultrommeln vibrirt und brummende und summende Töne, aber keine eigentliche Musik hervorbringt.

Diese Art Maultrommeln war früher sehr häufig und namentlich bei jungen Leuten beliebt, welche man beständig eine solche, am Halsstrickchen im Nacken befestigt, bei sich tragen sah. 1884 war es damit vorbei, ebenso mit dem folgenden Instrument:

A wuwu (= Wind, Luft) (Nr. 591, 2 Stück), Blasekugel (Taf. V [3], Fig. 7). Dieselbe besteht aus einer innen hohlen, kugelförmigen Fruchtschale, in der Grösse einer grossen Aprikose, in welche vier runde Löcher eingeschnitten sind. In das grössere Mittelloch wird mit den zugespitzten Lippen geblasen, auf den drei kleineren Löchern gefingert, wodurch einige Töne, aber keine eigentliche Melodie entsteht.

Das *A wuwu* wurde nur vom weiblichen Geschlecht gespielt, besonders auf dem Wege nach den Plantagen.

Schlaginstrumente, die keine eigentliche Melodie hervorbringen, sondern meist zum lärmenden Taktschlagen dienen, waren früher (1880) mannigfach vertreten, werden aber gegenwärtig durch Blechgefässe ersetzt, welche sich (von der Sardinenbüchse bis zum Blechkasten für Petroleum oder Biscuit) überall bei den Stationen der Weissen finden und den Zweck mühelos effectvoller erfüllen. Früher gebräuchlich waren:

Belalialia (Nr. 590, 1 Stück), Nautilusmuschel, die wie:

A tidirr (Nr. 589, 1 Stück), flaches Stückchen Bambu, mit einem kurzen Stöckchen geschlagen, einen hellen Klang geben. Letztere wurden bei den Gesängen der Weiber, *Angára*, zum Taktschlagen benutzt, die sich dazu auch über einen Meter langer Stücke Bambu, *Abua*, bedienten, mit welchen auf den Boden gestampft wurde.

Ein in seiner Art sehr vervollkommnetes und für Blanche-Bai eigenthümliches Schlaginstrument repräsentiren die folgenden Nummern:

Angramut (Nr. 595, 596, 2 Paar), Schlaghölzer (nebst zwei Paar Schlägeln).

Sie bestehen aus zwei 75 Cm. bis 1 M. langen und circa 15 Cm. breiten, flachen, seitlich sanft abgerundeten Stücken Hartholz, die an den Enden im Feuer gehärtet und ungleich lang sind, weshalb sie verschieden tönen.

Der Angramutspieler (Fig. 5) macht zunächst ein Loch in den Sand, über welches er sich mit ausgespreizten Beinen setzt, wodurch in sinnreicher Weise Resonanz entsteht; er legt dann die beiden Schlaghölzer quer über seine Schenkel und bearbeitet sie mit zwei kurzen, runden hölzernen Schlägeln. Das *Angramut* klingt wie unsere Holzinstrumente, und geschickte Spieler wissen grosse Abwechslung in diese nicht übel tönende Trommelei zu bringen.

Auf der oberen Seite des *Angramut* ist eine flache Vertiefung ausgehöhlt, welche *Aleane (= Vulva)* heisst, weshalb das Instrument für Weiber *tabu* ist und von solchen gar nicht gesehen werden darf. Es wird meist erst nach Einbruch der Dunkelheit gespielt, und die Männer suchen damit ihren Schönen zu gefallen. Die Exemplare, welche ich kaufte, wurden mir stets sorgfältig in Blätter eingehüllt oder um Abend gebracht. Auch diese Art Schlaghölzer werden bald gänzlich abkommen.

Mit Eidechsenhaut von *Monitor (A palei)* überspannte Holztrommeln *(A kudu)* in der weit verbreiteten sanduhrförmigen Form, wie wir sie in Neu-Guinea kennen lernen werden, waren früher üblich und wurden von beiden Geschlechtern zur Begleitung der sogenannten Tänze, *Maldukene,* mit der Hand geschlagen. Sie sind meist glatt oder nur mit sehr unbedeutender Schnitzerei verziert, die keinerlei künstlerische Bedeutung hat.

Fig. 5.

Angramutschläger von Blanche-Bai, Neu-Britannien.

Sehr selten sind grosse, schwere Holztrommeln, ebenfalls *Angramut* genannt, wovon Taf. V (3), Fig. 8 und 8 *a* Abbildungen geben. Solche Holztrommeln sind nur im Besitze von Häuptlingen und bestehen aus einem an 1 M. langen und 40–50 Cm. hohen, länglichrunden Stammstück, seitlich mit rohen Handhaben, und werden gewöhnlich roth oder weiss bemalt. Oben ist ein Schlitz und hier das Instrument ausgehöhlt. Es wird mit einem *Abua*, einem circa 1 M. langen Bambu geschlagen, und zwar in der Weise, dass der Schläger, neben dem Instrument knieend, den Stock durch die linke Hand gleiten und auf die etwas unterhalb des Schlitzes befindliche Stelle niederfallen lässt. Dieses Instrument ist *tabu* und schon bei der Anfertigung herrschen gewisse Gebräuche. So wird z. B. jedes Spänchen sorgfältig aufgehoben und verbrannt; die Verfertiger dürfen ihre Weiber nicht besuchen u. s. w. Das Instrument dient überall zu Signalen der verschiedensten Art, ruft die Männer zu Festlichkeiten oder zum Kampf, verkündet Todesfälle, dient hauptsächlich zu Todtenklagen und ist in der Stille der Nacht sehr weit hörbar. An der Seite ist zuweilen eine Erhöhung mit einem Schlitz, Fig. 8 *a*, geschlitzt, welche ebenfalls *Aleane (= Vulva)* heisst. Derartige Signaltrommeln finden sich weit über Neu-Guinea, ja ganz Melanesien verbreitet.

Saiteninstrumente kommen bei den Völkern der Südsee wohl überhaupt kaum vor. Wenigstens lernte ich nur eines[1]) kennen, welches nur von den Weibern von Blanche-Bai gespielt wurde und für dieses Gebiet eigenthümlich ist, wie die folgende Nummer zeigt:

[1]) Sehr ähnlich scheint das von Guppy (»The Solomon-Islands« Seite 142) erwähnte Instrument der Weiber von Treasury-Island.

Pangolo (Nr. 576, 1 Stück), Saiteninstrument (Fig. 6). Dasselbe besteht:

a) aus einem circa 60—70 Cm. langen, im Feuer gehärteten, etwas gekrümmten Stock, der

b) mit zwei Saiten aus Bindfaden bespannt ist, von denen die eine

c) durch eine Schlinge mit dem Stock verbunden ist und dadurch loser und straffer gespannt werden kann.

Die Spielerin setzt den Bogen mit einem Ende an die Lippen, spannt mit dem Daumen der Linken die eine Saite und spielt mittelst einen kurzen dünnen Stäbchens mit der Rechten auf den Saiten, die nur einen sehr leisen Ton, ähnlich einer kleinen Kindergeige, hervorbringen.

Fig. 6.

Pangolospielerin von Blanche-Bai, Neu-Britannien.

Dieses eigenthümliche Instrument war 1881 noch sehr üblich, als ich aber drei Jahre später darnach fragte, erhielt ich zur Antwort: »Pangolo die; yewsharpe make him kill!« (Pangolo ist todt, die Maultrommel [eiserne] tödtete es!).

Das von Powell (l. c. Seite 73) abgebildete sonderbare Saiteninstrument von Blanche-Bai ist mir niemals vorgekommen.

Sehr vergnügungssüchtig und heiteren Temperaments lieben die Eingeborenen neben der Musik auch Gesang und Tanz, zu deren Begleitung, wie wir gesehen haben, besondere Instrumente unumgänglich nothwendig sind. Noch weniger als die Musik ist aber der **Tanz** als solcher in unserem Sinne aufzufassen. Denn es handelt sich hiebei nicht blos um Hüpfen und Springen, sondern um regelmässige Bewegungen, die mehr turnerischen Freiübungen ähneln und wobei sowohl Beine als Arme, wie der Körper in Thätigkeit kommen. Bald werden die Füsse ein paar Schritte vorwärts-, bald zurückgesetzt, die Arme erhoben oder gesenkt, der Körper vorgebeugt, eine Kniebeuge gemacht, in dieser gehüpft u. s. w. Da gewöhnlich eine grosse Anzahl von Theilnehmern diese Bewegungen und gleichzeitig ausführen, so nehmen sie sich sehr hübsch aus und werden durch verschiedene Schwenkungen und Gruppirungen noch wirkungsvoller. Diese sogenannten Tänze dienen fröhlichen wie ernsten Festlichkeiten und werden nur von einem Geschlecht ausgeführt, während das andere von Weitem zusieht.

In besonders feierlicher Weise finden solche Aufführungen zum Andenken Verstorbener statt, können daher leicht als eine Art Todtencultus aufgefasst werden, bei dem es sich aber hauptsächlich um Diwara und Schmausereien handelt.

Die Theilnehmer, bald Männer, bald Frauen, und zwar jung wie alt, erscheinen dabei im höchsten Festschmuck, d. h. grotesk bemalt (Seite 95) und mit Büscheln von bunten Draceen- und Crotonblättern und feinen Farrenwedeln geschmückt. Ein Blätterbüschel wird vorn, das andere hinterseits mit einem Strick um den Leib gebunden; diese, übrigens nur sehr primitive, Verhüllung der Schamtheile kommt also nur als Putz zum Ausdruck. Im Nacken oder um den Hals werden ebenfalls Blätterbüschel oder Kränze befestigt, während die Weiber auch das Haar mit Blättern schmücken.

Bei diesen Aufführungen wird eine monotone Weise gesungen und wie bei allen Gesängen mit taktschlagenden Instrumenten begleitet, wobei die sanduhrförmigen Trommeln, *A kudu* (Seite 111), besonders in Thätigkeit kommen. Um den Rhythmus in Takt wie Bewegung zu erhöhen halten die Tanzenden gewisse, eigenthümliche **Tanzgeräthe** in den Händen, mit welchen die Bewegungen begleitet werden und wovon die Sammlung die gebräuchlichsten Stücke enthält.

Aiwun a mumúr (Nr. 607, 1 Stück), Tanzstäbchen, circa 30 Cm. lang, mit einem Büschel von Schwanzfedern des *Mumúr (Trichoglossus subplaceus)* geschmückt.

Ainabe (Nr. 608, 1 Stück), desgleichen, aus einer Anzahl zusammengebundener, gelbgefärbter Grashalme oder gespaltener Rohrstäbchen, die mit Mumurfedern, weissen Hühnerdunen und schwarz und weiss bemalten Klümpchen Kalk verziert sind.

Beide Arten werden hauptsächlich von Frauen benützt, aber auch von Männern, wie überhaupt in Ermangelung von derartigen Tanzstäbchen grüne Zweige aushelfen müssen.

Alemin heissen sehr primitive Tanzstöckchen, die aus einem kurzen Stück Holz bestehen, in welches einige schwarze Striche eingebrannt sind.

Den Männern allein kommt die kunstvollste Sorte zu, welche die folgenden Nummern repräsentiren:

Mapinakulau (Nr. 609 und 610, 2 Stück), Tanzbretter (Taf. VII [5], Fig. 8, Nr. 610). Flache, dünne, paddelförmige, circa 1 M. lange Bretter, durchbrochen geschnitzt, bemalt und am Stiel häufig mit feinfiederigen Farrenkrautbüscheln geziert.

Diese Art Tanzbretter sind für die **Frauen** *tabu* und dürfen von ihnen nicht gesehen werden. Sie kommen übrigens mehr und mehr ab und damit geht das Beste unter dem Wenigen was die hiesigen Eingeborenen in Schnitzereien leisten, vollends verloren.

In der Herzog York-Gruppe bedient man sich ganz anderer Tanzgeräthe, wovon die folgende Nummer eine Probe gibt.

Tanzbrett (Nr. 611, 1 Stück) von Mioko.

Dasselbe besteht aus einem circa 1 M. langen, schmalen, dünnen, an beiden Enden sanft aufwärtsgebogenen Brett mit bunter Bemalung, das an der Rückseite einen Griff besitzt, an welchem es von dem Tanzenden mit den Zähnen festgehalten wird.

Die folgende Nummer betrifft das seltenste Tanzgeräth:

Alor (= Schädel) (Nr. 620, 1 Stück), Schädelmaske (Taf. VII [5], Fig. 7).

Sie ist aus der vorderen Hälfte eines menschlichen Schädels verfertigt, an welchen die Fleischtheile durch eine aufgeklebte Masse ersetzt sind. Das auf diese Weise hergestellte Gesicht wird in der üblichen Weise des Festschmuckes bemalt und häufig mit natürlichem Kopf- und Barthaar besetzt. An der Rückseite ist ein Querholz angebracht, mit welchem der Tanzende die Maske mit den Zähnen vor sein Gesicht hält.

Diese Art Masken wurden früher aus den Schädeln Angehöriger angefertigt und dienen der **Todtenverehrung.**

Die Schädel der in und vor den Hütten oder in eigens dazu errichteten Grabhäusern, *A pal a imat* (Haus des Todten oder Todes), bestatteten Todten, sowohl Männern als Frauen, sofern sie zu den Reichen gehörten, werden nämlich circa nach Jahresfrist oder früher oder später wieder ausgegraben, und dies gibt Gelegenheit zu einem grossen Feste, das oft länger dauert und feierlicher begangen wird als das Begräbniss *(A punangia)* selbst. Wie bei letzterem die aufs höchste geschmückten Leichen, sowohl von Männern als Frauen, selbst Kindern, zur Parade *(Dimaria)* ausgestellt wurden, so geschieht es jetzt mit den festlich, d. h. roth bemalten Schädeln, wovon ich 1881 auf Matupi noch Zeuge war. Diese Feste werden von den Angehörigen des Verstorbenen gegeben, wohl weniger aus innerem Drange, sondern hauptsächlich um den Reichthum zu zeigen. Denn es wird selbstredend viel Diwara vertheilt, es finden, wie nach dem Begräbniss grosse Schmausereien *(A paluka)* und von Männern wie Frauen gesonderte Tanzaufführungen *(Agu* und *Orokira)* statt, die aber wie bei fröhlichen Gelegenheiten unter dem Collectivnamen *Malànkene* zusammenzufassen sind. Klagegeheul *(A tinangi)*, wie bei Begräbnissen, kommt dabei nicht vor, aber man errichtet die (Seite 100) beschriebenen Gedächtnisszäune *(A bogil)*.

Die Sitte Todtenschädel aufzubewahren ist bekanntlich weitverbreitet und wird gewöhnlich auf Cannibalismus oder Menschenjägerei, zur Erbeutung von Schädeln als Trophäen (Koppensnellen), zurückgeführt. Beides kommt für die Eingeborenen Neu-Britanniens nicht in Betracht, denn die im Kriege erschlagenen Feinde werden eben verzehrt, und da das Gehirn als der feinste Leckerbissen gilt, geht der Schädel verloren. Beim Rösten zwischen heissen Steinen springen die Näthe, und die abgenagten Knochen werden sorgfältig weggeworfen, wie ich selbst beobachten konnte. Ich sah auch einen Erschlagenen, der deshalb nicht gegessen wurde weil er mit einer Hautkrankheit behaftet war, an einem Steine ins Meer versenken, ohne dass man den Kopf als Trophäe zurückbehielt. Und in gleicher Weise wurde mit erschlagenen Weissen verfahren. Die Schädel, welche man daher in Hütten von Cannibalen durch reinen Zufall sieht, da sie gewöhnlich sorgfältig verhüllt aufbewahrt werden, sind meist nicht solche von Erschlagenen, wie Reisende gewöhnlich wähnen, sondern solche Angehöriger, nicht Zeichen der Menschenfresserei, sondern werden zum Andenken verwahrt. Es hält daher meist sehr schwer Schädel von Eingeborenen zu kaufen, da Anerbietungen in dieser Richtung gewöhnlich zurückgewiesen werden. Freilich ist ein hoher Preis für die Eingeborenen sehr verlockend, aber Keiner will aus Furcht vor den Anderen der Erste sein, nicht, dass er deshalb ein Leid zu erwarten hätte, aber es genirt ihn. Hat aber erst Einer den Anfang gemacht Schädel seiner Angehörigen, die ja ohnehin nicht von Generationen aufbewahrt werden, zu verkaufen, dann findet er schnell Nachfolger. So habe ich während meines achtmonatlichen Aufenthaltes nicht weniger als 167 Schädel kaufen und an Geheimrath Virchow nach Berlin schicken können. Alle diese Schädel wurden mir sorgfältig in Blätter eingepackt, im Geheimen gebracht und eben so sorgfältig von mir versteckt, denn nur durch Verschwiegenheit konnte ich das Vertrauen der Eingeborenen gewinnen und erhalten. Unter allen diesen Schädeln war kein einziger, der Spuren eines gewaltsamen Todes oder Cannibalismus zeigte; die meisten waren sichtlich frisch ausgegraben und beim Reinigen fanden sich nicht selten ein paar Diwara in der Nasenhöhle. Die Zähne fehlten sehr häufig ganz oder theilweise, weil sie ausgefallen waren, aber sie werden nicht etwa zu Halsketten oder dergleichen verwendet. Bei fast allen Schädeln wurde der Unterkiefer, bei einzelnen auch dazugehörige Knochen (Becken, Schulterblätter, Schenkel- und Armbeine) gebracht und der Name des oder der Verstorbenen angegeben. Sie gehörten eben nahen Verwandten, und zwar geringerer Leute an, deren Gebeine überhaupt begraben bleiben, weil keine Mittel für grosse Festlichkeiten vorhanden sind. Es werden also nur Schädel von Wohlhabenden wieder ausgegraben, zum Andenken aufbewahrt und solche nur in seltenen Fällen verkauft.

Wie gut den Eingeborenen alle solche Andenken bekannt sind, wird der folgende Fall zeigen. Dem Häuptlinge Tauropale war ein Schädel gestohlen und, wie er richtig vermuthete, an mich verkauft worden. Er bat mich deshalb meine Schädelsammlung ansehen zu dürfen, und griff sogleich den richtigen heraus, den seiner verstorbenen Frau Jetangi, für welchen er mir freiwillig einen Faden Diwara gab. Gegen Rückerstattung der Begräbnisskosten in Diwara würde er mir ohne Bedenken den Schädel gelassen haben. Man wird aus den angeführten Beobachtungen den Schluss ziehen, dass von eigentlichem Todtencultus bei den Neu-Britanniern nicht die Rede sein kann, und dass das Aufbewahren von Schädeln jeder religiösen Anschauung entbehrt.

Schädelmasken sah ich 1881 nicht mehr in Gebrauch, sie waren vielleicht schon abgekommen und schon damals äusserst rar; 1884 konnte ich überhaupt keine mehr erlangen. Aber die Intelligenz der Eingeborenen hatte sich bereits zu plumpen Falsificaten aus Holz aufgeschwungen, welche früher ganz unbekannt waren, jetzt aber bei der gesteigerten Nachfrage nach Curiositäten gute Abnahme fanden und lediglich zum Handel dienten.

In die Kategorie der eigentlichen Maskenfeste mit Mummenschanz gehört der **Dugdug**, wobei eigenthümliche Masken und Anzüge aus Blättern für einzelne Theilnehmer zur Anwendung kommen und den Glanzpunkt des Festes bilden, das in erster Linie den Zweck hat von der leichtgläubigen Menge Diwara einzuheimsen und Schmausereien zu halten. Deshalb ist der Dugdug in geheimnissvolles Dunkel gehüllt, und nur solche, welche sich in den Dugdug eingekauft haben (wozu ich auch gehörte), dürfen an demselben theilnehmen, können aber noch Knaben sein. Die Hauptsache bleibt immer Einkaufen mit Diwara, und schon aus diesem Grunde können nicht alle Männer dem Dugdug angehören. Das weibliche Geschlecht ist, wie bei allen Festlichkeiten der papuanischen Männerwelt, ausgeschlossen und wird, damit jene ungestörter sind, unter dem Zauber eines Tabu in Furcht gehalten. Das für den Dugdug bestimmte Land, wo die Festlichkeiten stattfinden, liegt abseits von den Dörfern und darf von Keinem, der nicht zum Bunde gehört, betreten werden. Die unter Tabu stehenden Dugdugplätze ersetzen in gewissem Sinne die Versammlungshäuser der Männer, wie wir sie sonst in Melanesien finden. Die Grenzen des Dugduglandes sind zuweilen durch Merkzeichen an Bäumen, roh gemalte Gesichter oder dergl. bezeichnet.

Wie beim Dugdug hat das **Tabu** auch sonst nichts mit Religion zu thun, sondern dient hauptsächlich praktischen Zwecken. So ist das Tabu auf Cocospalmen (*Aiwiri* genannt) eine sehr nützliche Einrichtung, um den Ertrag der Palmen durch eine Schonzeit zu erhöhen. Auch die Mission zog Vortheil aus dieser Sitte und stellte die Kirchen als unverletzlich unter den Tabu der Eingeborenen, wusste also den »heidnischen« Gebrauch zum Besten der Kirche klugerweise auszunützen. Dass der Eingeborene eine »Kirche«, die meist nicht besser ist als ein grosses Eingeborenenhaus, nicht für »heilig« hält, ist wohl selbstverständlich.

Religion. Falls man nicht die beschriebenen Todtenfeste als Religion betrachten will, kann von solcher überhaupt bei den hiesigen Eingeborenen nicht die Rede sein. Sie besitzen weder Götzen noch Tempel oder Priester, fürchten sich aber vor Geistern, die unter dem gemeinschaftlichen Namen *Toberan*[1]) sehr verschieden und zum Theile Verstorbene, ja selbst Sternschnuppen *(Tulungane)* sein können.

Wie noch so häufig in Europa fürchtet man das Wiederkommen Verstorbener *(Toberan)*. Aber es gibt keine eigentlichen Geisterbeschwörer, wohl aber Regenmacher, Leute, welche Krankheiten beschwören, also eine Art Zauberer, die von Leichtgläubigen

[1]) Die von Parkinson (»Im Bismarck-Archipel«, Seite 130) abgebildeten Figuren aus Holz, Warbat genannt, haben ebenfalls auf Toberane Bezug und sind keine Idole.

profitiren, wie Kartenlegerinnen bei uns. Mit dem Aberglauben der Neu-Britannier ist es daher im Ganzen nicht schlimmer als anderwärts.

Die Eingeborenen haben übrigens für alle Naturerscheinungen, z. B. den zunehmenden wie abnehmenden Mond, Namen, wenn sie auch keine Erklärung derselben geben können; aber auch bei uns gibt es noch Viele, die nicht wissen, wodurch eine Mondesfinsterniss entsteht. Beim Neumond *(Angai)* wird oft ein Brüllen (Freudengeschrei) erhoben, weil er als glückbringend gilt, wie bei uns ja die Sitte herrscht, beim ersten Anblick des Neumondes ein Geldstück zu berühren. Die Eingeborenen knüpfen übrigens keinen Aberglauben an Naturerscheinungen, fürchten sich aber, wie wir, vor dem Blitz, *Malamalapang* (der nach ihnen von Donner, *A kurung*, gemacht wird) und vor Erdbeben *(Anguria)*, weil sie Schaden anrichten können. Von Sternen *(A tongul)* unterscheiden sie nur die Venus *(gewengewen kawawur)*.

In Verbindung mit Besprechen von Krankheiten und Derartigem kommen gewisse **Talismane** in Anwendung, von denen die folgende Nummer den gebräuchlichsten repräsentirt.

Aur (auch *Kinakinan*; Nr. 666, 1 Stück), Talisman für Diebe (Taf. VII [5], Fig. 9).

In Form und Grösse ganz einem grossen Vorlegeschloss ähnelnd, aus Rinde oder dergleichen geschnitzt oder zusammengekittet und roth, zuweilen mit einem menschlichen Gesicht bemalt. Die Form des Schlosses ist, da man solche natürlich nicht kannte, nur eine zufällige und nicht etwa Symbol der Verschwiegenheit, wie wir zu einer solchen Deutung geneigt sein würden.

Der Dieb oder überhaupt solche, die etwas im Stillen, dabei aber stets im Dunkel der Nacht, ausüben wollen, halten den Talisman an dem Bügel mit den Zähnen fest und glauben sich dadurch zwar nicht unsichtbar, aber doch gesicherter vor dem Entdecktwerden, kurzum an einen guten Einfluss des Talisman. Auch bei uns wird ja noch an einen solchen geglaubt.

Heilkunde ist natürlich sehr gering entwickelt und wird äusserlich ausgeübt. Das Hauptmittel bleibt für alle Fälle Blutlassen, durch kleine Einschnitte, früher mit Stein-, jetzt mit Glassplittern, an der kranken Stelle, *A kotto* genannt, die dann mit Kalk eingerieben wird. Hat Jemand z. B. Kopfschmerzen, so werden an der Stirne Einschnitte gemacht, die hier *Dilauorria*, am übrigen Körper *Dité* heissen. Fast an jedem Kanaker kann man solche *A kotto*-Narben sehen, die aber nicht mit den absichtlich gemachten Ziernarben (Seite 96) zu verwechseln sind. Bei Epidemien macht man *A Wupagále*, d. h. versucht durch gemeinschaftliches Lärmmachen den bösen Geist, die Krankheit, zu vertreiben, was ich öfters auf Matupi gesehen habe. — Als sichtbares Zeichen von gewissen Krankheitsbesprechungen wird ein circa 1 M. langer Bindfaden mit einigen Diwara am Haar befestigt, dies heisst *Averkumba*.

Innerliche Heilmittel sind mir nicht bekannt geworden, von äusserlichen nur das folgende:

A Tonn (Nr. 882, 1 Probe), Rinde eines Baumes, welche pulverisirt auf offene Wunden gestreut wird und bei der tonischen Eigenschaft derselben unter Umständen nützlich sein kann, obwohl ich niemals eine nennenswerthe Wirkung beobachtete.

Wunden werden wenig beachtet, nur wenn sie schlimm sind, mit Bananenblatt verbunden, wie dies auch bei Knochenbrüchen geschieht. Man legt dann wohl auch Schienen an, und wenn es sich nur um einen gewöhnlichen Knochenbruch handelt, kommen die meisten durch, gewöhnlich bleibt aber das Glied schief. Im Ganzen sind Knochenbrüche selten und rühren meist von Schleudersteinen her. In ganz Matupi gab es nur einen Lahmen, der von einer Cocospalme gefallen war und den Fuss gebrochen hatte, der infolge der unzulänglichen Verbandmethode erklärlicher Weise schief angeheilt war.

Die chirurgischen Operationen, wie sie Powell (l. c. Seite 165[1]) beschreibt, hat er wohl selbst nie beobachtet. Aber freilich er sah auch »einen Mann mit neuen künstlichen Zähnen von Perlmutter« (!?).

Auf eine Beschreibung der Beschwörungs- und Besprechungsmethoden näher einzugehen, würde zu weit führen und muss einer anderen Gelegenheit vorbehalten bleiben.

Dasselbe gilt für die **Spiele**, von denen es mehrere gibt, die sich indess für Sammlungen nicht eignen, da meist keine Geräthe dazu nöthig sind. Das folgende heisst:

Tongala-up (Nr. 627, 1 Stück), Luftkreisel, als Spiel der Kinder, zuweilen auch Frauen.

An einem circa meterlangen dünnen Bambu ist an einem langen Bindfaden ein kurzes, flaches, zugespitztes, blattförmiges Stück Bambu befestigt. Dasselbe bringt durch schnelles Schwenken des Stockes ein lebhaftes Sausen von überraschender Wirkung hervor.

b. Willaumez,

die grösste Insel[2]) an der Nordküste ist gebirgig und bis auf die Spitzen der Berge (darunter ein ansehnlich hoher Kegel, jedenfalls erloschener Krater) dicht bewaldet. Wir fanden längs der Nordküste, die nur selten freiere Uferstreifen zeigt, blos wenige kleine Niederlassungen und hatten nur einmal Gelegenheit mit Eingeborenen zu verkehren. Sie kamen unter fortwährendem, nicht unübel klingendem Singen in Canus ab, wahrscheinlich um sich Muth zu machen, und waren sehr scheu. Wahrscheinlich hatten sie noch nicht oft mit Schiffen verkehrt, denn sie machten sich nichts aus Beilen und kannten Tabak gar nicht. Sie glichen ganz Bewohnern von Blanche-Bai, gingen wie diese total nackt und schienen meist beschnitten. Von Weitem sahen sie sehr hell aus, wie sich aber beim Näherkommen zeigte, infolge Anstriches von rother und gelber Ockerfarbe. Manche waren ganz roth bemalt, wie auch ihr Haar, das sonst keine besondere Pflege verrieth. Die Männer hatten meist kurzgeschnittene Bärte; einzelne waren durch Ziernarben *(A kotto)* ausgezeichnet; Tätowirung fehlte.

An Waffen besassen sie nur gewöhnliche Speere mit wirklichen und imitirten Knochen am Ende, ganz wie die von Blanche-Bai (Nr. 729, 730, Seite 104), und Diwara schien hier eine ebenso grosse Rolle zu spielen als dort. Im Uebrigen war das, was sie an sich trugen und besassen, meist von den in Blanche-Bai gebräuchlichen Sachen verschieden und zeigte die grösste Uebereinstimmung mit Neu-Guinea. So sah ich schöne aus *Tridacna* geschliffene Nasenkeile (ganz wie solche von Port Moresby), Brustschmuck aus abnorm gebogenen Eberhauern (der aber nicht verkauft wurde), Brust-Kampfschmuck[3]) aus zwei *Ovula*-Muscheln, Kalebassen zu Kalk, Mattensäcke, filetgestrickte

1) »In the case of a broken leg or arm the flesh is cut open to the bone (mit einem Stück Obsidian, Glas oder Haifischzahn!!), which is drawn into position and a piece of bamboo inserted next to the bone to keep it in its place, and the wound is then bound up«. Das »Stück Bambu« eitert dann ganz reinlich wieder aus wird hinzugefügt! Nicht wahr, wunderbar! wer's glaubt!

2) Nach den neuesten Untersuchungen des Herrn von Schleinitz keine Insel, sondern Halbinsel! (vergl. Nachricht. der N. G. Comp. 1888, Seite 34).

3) Ueber »Kampf-Brustschmuck« vergl.: Finsch, Original-Mittheilungen aus der ethnologischen Abtheilung des königlichen Museums zu Berlin (I. Jahrg., 1886, Heft 2 und 3, Seite 102, 103, Taf. I und II). Dieser für Neu-Guinea eigenthümliche »Kampfschmuck«, für gewöhnlich an einem Band oder Strick um den Hals getragen, wird beim Kampfe vom Krieger im Munde, d. h. mit den Zähnen festgehalten, um dadurch dem Gegner fürchterlicher zu erscheinen.

fein verzierte Tragbeutel, fein geflochtene, mit Diwara verzierte Armbänder, Haarschmuck aus Casuarfedern, Ohrringe aus Schildpatt, aber auch einige eigenthümliche Machwerke, die wir im Folgenden kennen lernen. Einige Männer hatten das Fesselgelenk bis fast zur halben Wade herauf dicht mit, oft rothgefärbtem, Rottan umwunden.

Die Canus, übrigens von gewöhnlicher Bauart und ohne Schnitzwerk und sonstige Verzierungen, glichen am meisten denen von Neu-Guinea und waren sehr verschieden von solchen in Blanche-Bai.

Schmuck.

Stirnschmuck.

Stirnbinde (Nr. 417, 1 Stück), aus einem Bande rothgefärbten Schilfes, ganz wie solches in Blanche-Bai (Seite 97) verwendet wird; waren am häufigsten.

Stirnbinde (Nr. 426, 1 Stück), aus Muschelgeld, ganz wie das Diwara von Blanche-Bai, das auch hier jedenfalls als Münze dient. Nach den Bestimmungen von Professor von Martens ist die Muschel aber eine andere Species: *Nassa callospira.*

Stirnbinde (Nr. 427, 1 Stück; Taf. III [1], Fig. 17), eigenthümlich, besteht aus zwei Reihen flach geschliffener, sehr kunstvoll zusammengebundener Diwara und wird in längeren Stücken auch zu Leibschnüren benutzt.

Hals- und Brustschmuck.

Halsschmuck (Nr. 493, 1 Stück), Taf. III [1], Fig. 10. Lange Schnur aufgereihter halbdurchschnittener Samenkerne von *Coix lacryma* und Abschnitten eines dunklen Pflanzenstengels. Diese Halsketten waren am häufigsten und sind durch das Verwenden der Pflanzenstengel eigenthümlich.

Halsschmuck (Nr. 512, 1 Stück), aus einem Doppelbüschel schmaler, langer Blätter oder Pflanzenstoff bestehend, das an den Halsstrick befestigt, über den Nacken herabhängt.

Halsschmuck (Nr. 492, 1 Stück), sehr fein und eigenthümlich; sechs Reihen fein geflochtener Schnüre zum Theile dicht mit Muscheln (Diwara) besetzt; als Anhängsel vier Schnüre halbdurchschnittener *Coix*-Samen (Taf. III [1], Fig. 9) mit *Cypraea moneta.*

Hals- und Brustschmuck (Nr. 491, 1 Stück; Taf. III [1], Fig. 9, 13, 15, 16), sehr fein und eigenthümlich. An drei sehr fein geflochtenen, schmalen (5 Cm. breiten) Bändchen und zwei Schnüren aufgereihter durchschnittener Samenkerne von *Coix lacryma*, mit einigen Beutelthierzähnen (Fig. 16) sind als Anhängsel acht 12 Cm. lange Schnüre von Querschnitten von *Coix*-Samen (Fig. 9) befestigt, von denen vier in zierliche Breloques aus einer längsdurchschnittenen Fruchtschale mit zwei Hundezähnen (Fig. 15) enden (ganz wie solche in Neu-Guinea gemacht werden). An der Verbindungsstelle der Halsschnüre und des Anhängsels sind zwei Scheiben, von der Spitze eines *Conus* geschliffen (Fig. 13), befestigt.

Hals- und Brustschmuck (Nr. 490, 1 Stück; Taf. III [1], Fig. 18), sehr fein und eigenthümlich. An einer Doppelreihe von je fünf dünnen feinen Bindfaden hängt ein halbmondförmiger Schild von Perlmutter (Fig. 18); am Ende vereinigen sich die Bindfaden zu einer 9 Cm. langen Wulst, auf die drei Längsreihen von Diwara aufgeflochten sind; als Anhängsel für den Nacken sind zwei Büschel getrockneter Blätter, ein Ferkelschwanz und ein feiner, circa 9 Cm. langer Kamm aus zehn dünnen, an der Basishälfte fein zusammengeflochtenen Stäbchen befestigt.

Armschmuck.

Armband (Nr. 382, 1 Stück), dünner Reif aus gespaltenem Rottan.

Armbänder (Nr. 383, 2 Stück), aus gleichem Material, roth gefärbt, aber breiter und in eigenthümlicher Weise halbrund geflochten.

Armband (Nr. 384, 1 Stück), eigenthümlich (Taf. III [1], Fig. 21). Fein geflochtenes Band (Umfang 26 Cm.) aus buntgefärbter Pflanzenfaser (gelb, schwarz und roth), wohl von einer Schlingpflanze, und oben und unten mit einem Rande von Diwara besetzt.

Armband (Nr. 398, 1 Stück), aus Schildpatt (ganz wie Nr. 397, Seite 99).

Geräthschaften.

Perlmutterschale (Nr. 32, 1 Stück), als Instrument zum Schneiden und Schaben und überall gebräuchlich.

Schaber (Nr. 46a, 1 Stück), aus Perlmutter (Taf. IV [2], Fig. 7 und 8, Seitenansicht), sauber gearbeitet (oben durchbohrt); zum Schaben hauptsächlich von Cocosnuss.

Fasermaterial (Nr. 141, 1 Probe), zu Bindfaden; ganz dasselbe, wie es sonst in Neu-Britannien und Neu-Guinea verwendet wird.

Musik.

Panflöte (Nr. 578, 1 Stück), ganz wie von Neu-Irland (Nr. 577).

Rohrflöte (Nr. 579, 1 Stück; Taf. V [3], Fig. 6, von oben), aus zehn Röhren, die mit fein gespaltenem Rohr zusammengebunden sind; das längste Rohr ist 58 Cm., das kürzeste 26 Cm. lang.

Kommt ganz ähnlich in den Salomons vor.

c. French-Inseln,

eine Gruppe kleiner, bergiger, vulcanischer Inseln westlich von Willaumez, die ziemlich bevölkert zu sein scheint. Ich lernte nur Eingeborene von Forestier-Insel kennen, die aber in Folge des Besuches eines Arbeiterwerbeschiffes (*Labourtrader*) so scheu und vorsichtig waren, dass sich nur mit Mühe Einiges erlangen liess.

Die Leute glichen ganz Neu-Britanniern von Blanche-Bai und gingen wie diese total nackt (ohne Tätowirung); es gab viele von lichterer Hautfärbung. Ihre Canus waren von gewöhnlicher Bauart, ohne allen Schmuck, und sind für weitere Seefahrten jedenfalls nicht geeignet. In dem einen, übrigens ganz überladenen Canu sassen 15 Mann, die, wie die übrigen, vor Furcht zitterten und sich nicht längsseits des Dampfers wagten. Sie kannten keinen Tabak und brachten einige Cocosnüsse, *Niu* genannt, ein polynesisches Wort, das aber auch an der Nordküste von Neu-Guinea, wenn auch nicht überall, angewendet wird.

Von Waffen sah ich nur Speere, ganz wie solche mit imitirten Knochen am Fusse von Blanche-Bai. Die Leute hatten meist gewöhnliche Kalebassen zu Kalk, ich bemerkte aber keine filetgestrickten Beutel.

Wie die Canus und Kalebassen, zeigten auch die Schmucksachen neuguineisches Gepräge und sind meist mit solchen identisch. So der eigenthümliche Kampfschmuck aus zwei *Ovula*-Muscheln und die Armbänder (Taf. III [1], Fig. 20), welche für die Ostküste Neu-Guineas ganz besonders charakteristisch werden. Die meisten trugen übrigens gewöhnliche, geflochtene schwarze Armbänder. Im Uebrigen notirte ich: Haarkämme, aber keinen Federschmuck, als Ohrschmuck grüne Blätter, Nasenkeile von Rohr, gespaltene Rottanstreifen um Hand- und Fesselgelenk, einzeln aus *Tridacna* geschliffene Scheiben als Brustschmuck, Halsketten aus Diwara und eine mit feiner Gravirung ornamentirte Cocosschale. Ein Mann besass eine Axt, an welcher ein Stück Flacheisen als Klinge befestigt war, verkaufte dieselbe aber nicht.

Die folgenden Stücke sind von Forestier-Insel:

Armbänder (Nr. 366, 3 Stück) aus *Trochus niloticus* geschliffen. Wie die Laleis von Blanche-Bai und Neu-Irland (Nr. 371), aber nicht so zierlich, daher ganz mit solchen von der Nordküste Neu-Guineas übereinstimmend.

Armband (Nr. 393, 1 Stück), Taf. III (1), Fig. 20, sehr fein und in der für Neu-Guinea charakteristischen Form mit zwei blattförmigen Schneppen. Umfang 27 1/2 Cm.; *a* feines Flechtwerk aus gespaltenem rothgefärbten Rohr oder Rottan, *b* noch feineres aus Pflanzenfasern, *c* Randverzierung aus Diwara (*Nassa callospira*), in der Mitte sechs solcher Reihen.

d. Cap Raoul,

an der Nordwestküste, schien eine ziemlich bevölkerte Gegend. Etwas östlich vom Cap sahen wir zuerst drei grössere Dörfer, deren Bewohner sich in ihren Canus durch die Brandung arbeiteten und längsseit, aber nicht an Bord kamen, da die meisten vor Furcht zitterten. Diese Eingeborenen waren echte Papuas, gingen, bis auf einzelne, die einen schmalen, schlechten Schamschurz aus Tapa trugen, total nackt und waren alle beschnitten. Die meisten Männer hatten Voll- und Schnurrbärte, das Haar ohne Frisur, nur mit rother Farbe eingeschmiert, daher zuweilen verfilzte Zotteln. Keine Tätowirung, aber Einzelne mit rothen Strichen über Nase und Backen. Die Canus waren zum Theil ansehnlich gross, bis 30 Fuss lang; ein solches trug 19 Mann, wovon allein 12 auf der Plattform hockten. Im Uebrigen zeichneten sich nur ein paar Canus durch eingebrannte rohe Verzierungen aus, wie auch die eigenthümlichen Ruder. Diese Leute besassen keine Wasserschöpfer und schöpften mit den Händen aus. Ich sah keinerlei Waffen, noch Diwara oder filetgestrickte Beutel; die Leute trugen ihre Habseligkeiten in Mattensäcken. Sie kannten keinen Tabak, nahmen aber Glasperlen, rothes Zeug, vor Allem aber Flacheisen (*Gari*).

Der Ausputz dieser Eingeborenen zeigt die grösste Uebereinstimmung mit Neu-Guinea; namentlich der charakteristische Kampf-Brustschmuck (Taf. III [1], 23) und die Armbänder (Taf. III [1], 20), darunter solche aus gebogenem Schildpatt (Taf. III [1], 22).

An sonstigen Gegenständen beobachtete ich: Kopfputz aus Casuar- und Cacatufedern (keine Kämme und Nasenpflöcke), breite Schildpattohrringe (doch hatten die meisten die Ohren undurchbohrt); gewöhnliche schwarze und rothe Grasarmbänder; Brustschmuck aus *Tridacna* geschliffen; Stirnschmuck aus *Cymbium* (keinen Schmuck aus Schweine- oder Hundezähnen, keine Diwaraschnüre); Kalkkalebassen, darunter solche mit einem Mundstück von einer *Conus*-Muschel, am Halse mit schöner Verzierung von aufgeklebten *Nassa*-Muscheln und rothen *Abrus*-Bohnen (ganz wie sie in Neu-Guinea, z. B. Finschhafen, vorkommen). Ein Mann trug einen Reif von Rottan um das Handgelenk, was vermuthen lässt, dass diese Eingeborenen vielleicht Bogen besitzen. Es wurden keine Fischhaken angeboten.

Schmuck.

Armband (Nr. 385, 1 Stück), aus einer Art Gras oder Liane geflochten; gewöhnliche Form, wie sie überall vorkommt (z. B. von Port Moresby, Nr. 378).

Armband (Nr. 399, 1 Stück), aus Schildpatt (ganz wie Nr. 397 von Luën und Nr. 398 von Willaumez).

Armband (Nr. 400, 1 Stück), breiter Reif von Schildpatt, mit eingekratzten Rillen (ganz ähnlich von Ruk, Nr. 411).

Armband (Nr. 401, 1 Stück), von Schildpatt (Taf. III [1], Fig. 22), mit eingravirter Zeichnung, Umfang 22$^1/_2$ Cm.

Derartige Armbänder sind an der Ostküste von Neu-Guinea sehr häufig und die Sammlung enthält mehrere Exemplare daher. Die vorhergehenden beiden Stücke zeigen am besten, wie verschieden die Ornamentirung an derselben Localität sein kann.

Sehr feiner **Kampf-Brustschmuck** (Nr. 529, 1 Stück; Taf. III [1], Fig. 23, rechte Hälfte) in der für die Nordostküste Neu-Guineas eigenthümlichen und charakteristischen Form. Das Stück besteht aus zwei *Ovula*-Muscheln *(a)*, die durch einen mit gespaltenem Rottan umwickelten Riegel *(b)* verbunden sind, an dem ein blattförmiger Anhang befestigt ist, aus feinem Flechtwerk, mit Randbesatz von Diwara *(c)*, in der Mitte drei Längsreihen. — Ganz ähnlich ist ein solcher Schmuck von Huon Golf (Nr. 530).

Geräthschaften.

Perlschale *(Margarita margaritifera)* (Nr. 31, 1 Stück), als Schneid- und Schabinstrument.

Muscheln bilden überall das gewöhnlichste Instrument zum Schneiden, und zwar hauptsächlich bivalve Flussmuscheln. Mit einer Schale von *Cyrene papua* sah ich einen hiesigen Eingeborenen sein Grasarmband abschneiden, wobei er ein Stück Holz unterlegte.

Schaber (Nr. 46b, 1 Stück) für Cocosnuss, aus Perlschale gearbeitet.

Axt (Nr. 120, 1 Stück; Taf. IV [2], Fig. 4), *a* Holzstiel, *b* Futter, aus zwei Holzstücken, in welche die Klinge *c*, aus *Tridacna*-Muschel geschliffen, eingeklemmt und mit Bindfaden *d* festgebunden ist; *e* Verbindung des Holzstieles mit dem Futter durch fein gespaltenen Rottan.

Ich sah nur so kleine Aexte mit Muschelklingen; die meisten waren viel roher und bestanden nur in einem Stück ***Hippopus***-Muschel, das ganz in der Weise mit dem Stiele verbunden war wie die Steinaxt von Neu-Hannover (Taf. IV [2], Fig. 3). Ganz gleiche Aexte mit Muschelklinge werden wir in Neu-Guinea kennen lernen (Nr. 121) von Hatzfeldthafen.

e. Hansabucht

nannte ich eine Bucht an der Südwestküste von Neu-Britannien, welche zwischen dem Südcap und Roebuk-Point der Karten liegt und mit dem Dampfer »Samoa« entdeckt wurde. Die Gegend schien mehr als sonst bevölkert, obwohl die Häuser meist nur zu 3 bis 4, selten so viel als 10 beieinander standen, und es kamen eine Menge Canus mit Eingeborenen ab, die sich aber erst nach vielen Bemühungen längsseit wagten. Die Canus waren sehr roh, aus einem Baumstamm mit rohem Auslegergeschirr und trugen bis 16 Mann; auch diese Canus sind nur für Localverkehr geeignet.

Die Leute selbst waren echte Papuas und alle mit einem schlechten Mal aus zum Theile buntbemalter *Tapa* bekleidet, welcher die Geschlechtstheile suspensoriumartig einhüllte. Die meisten trugen das Haar in der üblichen Weise am Hinterkopfe rasirt, andere in besonderen Scheerfrisuren oder im Nacken durch Schmutz verfilzte Zottelstränge, ganz wie die Gatessi in Astrolabe-Bai. Ich sah verschiedene Männer mit Vollbart, aber die meisten hatten das Gesichtshaar ausgerissen. Die oft auffallend zurückfliehende Stirn und der lange Kopf gaben diesen Eingeborenen ein eigenthümliches Aussehen, schienen aber eine Folge künstlicher Deformation. Bei einigen Männern bemerkte ich Tätowirung, nur 2—3 Längslinien aus Querstrichelchen über die Stirn und Querlinien über die Wangen. Um den Kopf trugen manche eine Binde von einer Art Heede, wie ich sie sonst nur noch bei Festungshuk in Neu-Guinea sah.

Sie brachten einige Cocosnüsse, Taro, Hunde, getrocknete Tabakblätter, Betelnüsse, kannten aber keinen Tradetabak und nahmen wie überall am liebsten Bandeisen.

Sie führten keinerlei Waffen, aber sonst mancherlei mit sich. Ich notirte: Kopfputz aus Cacatu- und weissen Hahnenfedern (keine Casuarfedern und Kämme); im Septum ein Stückchen Rohr; gewöhnliche geflochtene Grasarmbänder; grobe *Trochus*-Armbänder (wie die Lalei, Seite 99, aber gröber), kleine filetgestrickte Brustbeutel, schöne grosse Fischnetze mit Senkern von *Arca*-Muschel (keine Fischhaken); Panflöten aus 6—7 Röhren (ganz wie sonst z. B. von Neu-Irland); Scheiben von *Conus*-Muschel zu Hals- und Brustschmuck; ich beobachtete keine breiten gravirten Armringe (wie Nr. 401, Seite 121) von Schildpatt, keinerlei Stein- oder Muschelwerkzeuge, nur die gewöhnlichen Brecher aus Knochen, welche im Armband getragen wurden. Die meisten Gegenstände stimmen also mit solchen aus Neu-Guinea überein, darunter besonders die charakteristischen Armbänder (Taf. III [1], Fig. 20) und Brust-Kampfschmuck (ganz wie von Cap Raoul). Diwara schien hier eine grosse Rolle zu spielen, ebenso Schweinezähne (ich bemerkte keine Hundezähne), die wir mit anderem eigenthümlichen Schmuck in den folgenden Stücken kennen lernen.

Schmuck.

Schnur-Muschelgeld (Nr. 629, 1 Stück).

Stimmt ganz mit dem Diwara von Blanche-Bai (Taf. III [1], Fig. 1) überein und schien in derselben Weise als Geld zu dienen, da es fadenweise verkauft, sowie zu Halsketten wie sonst verwendet wurde. Das Material ist ebenfalls eine *Nassa*, aber nach Dr. Reinhardt *Nassa callospira*, übrigens in derselben Weise als in Blanche-Bai bereitet und aufgereiht.

Ohrringe (Nr. 321, 2 Stücke; Taf. III [1], Fig. 12), eigenthümlich.

Sie bestehen in einem flachen Ringe aus Schildpatt *(a)*, auf dessen Rande mittelst Pflanzenfaser Diwaramuscheln *(b)* befestigt sind. Sie werden durch den Schlitz *(c)* in den durchbohrten Ohrlappen gezwängt und oft in so grosser Anzahl getragen, dass das Ohr tief herabhängt.

Fig. 7.

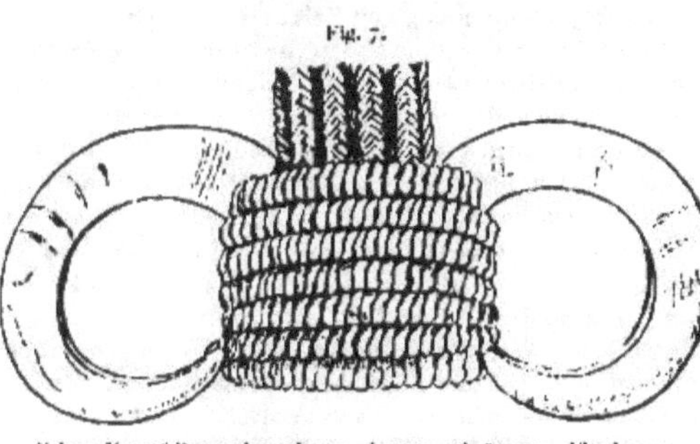

Feiner Kampf-Brustschmuck aus abnorm gekrümmten Eberhauern, von Hansabucht, Neu-Britannien.

Armband (Nr. 396, 1 Stück) von Schildpatt (ganz wie Nr. 399, Seite 120), von Cap Raoul.

Halskette (Nr. 496, 1 Stück; Taf. III [1], Fig. 11), aus *a* Diwara und *b* Abschnitten der Primärschwingen des Casuar (vermuthlich *Casuarius Bennetti*).

Sehr werthvoll und in ähnlicher Weise an der Südostspitze Neu-Guineas in Gebrauch (wie Nr. 487 von Milne-Bai).

Kampf-Brustschmuck (Nr. 528, 1 Stück) (Fig. 7), eigenthümlich. Besteht aus zwei abnorm gewachsenen zirkelrunden Eberhauern, die mit sieben Reihen Diwara verbunden sind und an einem 34 Cm. langen, eigenthümlich aus Pflanzenfaser geflochtenen

Tragbande hängen; ausserdem hier noch eine 35 Cm. lange Schnur aufgereihten Diwaras. Derartigen Schmuck habe ich nur hier angetroffen. Er erhält durch die Verwendung der zirkelrunden Eberzähne, deren Erzeugung[1]) die Eingeborenen also verstehen müssen, eine besondere Bedeutung und hohen Werth.

---

2. Neu-Irland,

neuerdings »Neu-Mecklenburg«[2]) genannt, eine bedeutend kleinere Insel als Neu-Britannien (Flächeninhalt 11.690 Quadratkilometer), aber von gleicher Formation: vulcanisch, bergig bis gebirgig, dicht bewaldet, im Nordwesten niedriger; Form ähnlich Neu-Britannien, langgestreckt aber schmäler. Der Rev. George Brown gelangte von dem Küstendorfe Kalil an der Westküste, in der Nähe von Rossel-Bai, gegenüber den Herzog York-Inseln, ohne Mühe an die Ostküste. Nachdem das sehr steile, ca. 2500 Fuss hohe Küstengebirge erklettert worden war, kam man auf hübsches Tafelland, das sich allmälig bis zur Ostküste abflachte. Die Breite der Insel, welche nirgends mehr als 20 Seemeilen überschreitet, beträgt hier gar nur wenige englische Meilen; an einem anderen nicht weit von Kalil gelegenen Platze, Koromud oder Kurumul genannt, nach dem Rev. Brown kaum eine halbe englische Meile. — Ausser der eben erwähnten Landreise Brown's ist wohl noch keine andere gemacht worden und Neu-Irland ebenso oder noch mehr unbekannt als Neu-Britannien. In früheren Zeiten pflegten Wulfischfahrer an der Südspitze (im Port Carteret) vorzusprechen, um Wasser und Holz einzunehmen, weshalb die Eingeborenen hier etwas Englisch radbrechen. Im Jahre 1876 errichtete die Wesleyanische Mission eine Station in Kalil, später noch ein paar in der Nähe, die sich aber ebensowenig entwickelten als der Handel, welcher hier nur die unbedeutende Station Kurass[3]) zum Ankauf von Copra besitzt. Einen weit bedeutenderen Aufschwung nahm dagegen, in Folge des Reichthums an Cocospalmen, der Handel an der äussersten Nordwestecke der Insel. Unter der energischen Leitung von Friedrich Schulle errichtete das Hamburger Haus Hernsheim & Co. hier 1879 und 1880 von Nusa bis Lagunebange, einem Küstenstriche von circa 25 Seemeilen Länge (in der Luftlinie), an ein Dutzend Stationen, die aber mit mancherlei Schicksalen zu kämpfen hatten und von denen 1883 nur noch zwei bestanden. Uebergriffe seitens der Trader (Aufkäufer), namentlich aber der Werbeschiffe *(Labourtrader)* haben hier viel Unheil angerichtet und zum Theile blutige Conflicte mit den Eingeborenen herbeigeführt. So wurde 1883 die schon 1879 errichtete Hauptstation auf Nusa niedergebrannt, im folgenden Jahre durch Friedrich Schulle aber wieder aufgenommen und ist seitdem das Centrum des Handels für Neu-Irland geblieben. Ausserdem gibt es an der Küste vielleicht noch zwei oder drei andere Stationen, die übrigens sehr wechseln. Was unsere Museen besitzen ist in erster Linie diesen Handelsniederlassungen zu verdanken, und die meisten mit »Neu-Irland« bezeichneten ethnologischen Gegenstände stammen entweder von der Nordwestecke oder dem erwähnten kleinen District an der Südwestküste. Beide Gebiete besitzen aber gewisse höchst charakteristische Eigenthümlichkeiten, die sich z. B. in den sogenannten Götzen-

---

[1]) Vergl. Finsch: »Abnorme Eberhauer, Pretiosen im Schmuck der Südseevölker« in Mittheilungen der Anthropologischen Gesellschaft in Wien, Bd. XVII (1887), Taf. VI.

[2]) Die Benennung »Tombara« ist den Eingeborenen, die für die Gesammtinsel überhaupt keinen Namen haben, unbekannt.

[3]) Dieses Dorf liegt in der Gegend von Rossel-Bai, ist aber, wie die vorhergenannten Plätze, auf keiner Karte verzeichnet.

bildern aus Holz im Nordwesten und solchen meist aus Kalk im Südwesten so frappant markiren, dass es zweckmässig erscheint, diese Gebiete gesondert zu behandeln. Eingehendere ethnologische Studien sind in Neu-Irland noch nicht gemacht worden. Es gibt daher hier noch einige sogenannte Räthsel von besonderem Interesse zu lösen, die aber wie so manches anfangs wunderbar Scheinende durch vorurtheilsfreie Beobachter sehr leichte Erklärung finden werden. Eile scheint hierbei mehr als anderwärts geboten, denn bald wird es zu spät sein. Nicht allein, dass die Werbeschiffe eine grosse Anzahl Eingeborener als Arbeiter weggeführt, ja gewisse Gebiete fast entvölkert haben, so sind durch den zersetzenden Einfluss der Civilisation die Eingeborenen nicht mehr dieselben geblieben. Im Jahre 1880 noch über Glasscherben, Stückchen Bandeisen und ähnliche Kleinigkeiten erfreut, sind sie jetzt mit gewöhnlichen Beilen nicht mehr zufrieden und verlangen bereits nach Feuerwaffen. Der reichliche Besitz von eisernen Werkzeugen hat, wie überall, auch hier die Eingeborenen fauler gemacht und ihre Arbeiten sind statt besser, schlechter geworden. Dies zeigt sich namentlich an den Schnitzereien, die durch theilweise Wiedergabe europäischer Erzeugnisse (Hüte u. dergl.) bereits an Originalität verloren haben und zum Theile nur noch für den Handel gemacht werden, da der gesteigerte Schiffsverkehr ja immer Abnahme sichert.

Ich selbst habe Neu-Irland, sowohl im äussersten Süden als Norden, fünfmal besucht, aber immer nur auf zu kurze Zeit, um eingehendere Studien machen zu können. Die Bevölkerung, wenigstens an der ganzen Westküste, welche ich wiederholt von Cap St. George bis zur Steffenstrasse und Nusa befuhr, schien überall äusserst spärlich und schon aus dem Mangel grösserer Bestände von Cocospalmen, sowie der ausserordentlichen Steilheit der Gebirge, die im Südwesten meist bis ins Meer herabsteigen, erklärlich.

A. Eingeborene.

Dieselben sind echte Papuas (vergl. Anthropologische Ergebnisse Seite 58) und, abgerechnet die bekannten Nuancirungen, wie sie sich allenthalben in Melanesien finden, sowohl im Süden als Norden durchaus als Rasse gleich. Die Isolirtheit der Wohnsitze hat, wie überall, eine grosse Verschiedenheit der Sprachen hervorgebracht und der Verkehr der verschiedenen Stämme ist bei dem Mangel grosser Segelcanus ein sehr beschränkter und meist nicht friedlicher. Nur die Bewohner der Herzog York-Inseln kommen zuweilen an die gegenüberliegende Küste, entweder um zu fechten oder Muschelgeld einzutauschen. Auch die Neu-Britannier am Nordrande der Mutter sollen Neu-Irland, das sie »*Lau-uru*« nennen, zuweilen besuchen. Die Matupiten lernten das kaum 20 Seemeilen entfernte Neu-Irland erst durch Handelsschiffe kennen und nennen die Eingeborenen »*Kaput*«, ein Wort, das sie so häufig von ihnen hörten, denn es bezeichnet Band- oder Flacheisen.

Die Neu-Irländer sind sehr fröhliche, aufgeweckte Menschen, die im Verkehre mit Weissen einen sehr guten Eindruck machen, und längst nicht so schlimm als ihr Ruf. Der Rev. Brown besuchte unbewaffnet Plätze, die vorher nie von Weissen betreten worden waren, und obwohl sich oft ein paar Hundert Bewaffnete um ihn sammelten, wurde er doch stets gut behandelt und ihm kein Haar gekrümmt. Der längere Verkehr mit Weissen ändert solche Verhältnisse gar bald. Dies gilt namentlich auch in Bezug auf die Keuschheit der Frauen, die in Neu-Irland an manchen Plätzen schon sehr gelitten haben soll; aber die Frauen scheinen überhaupt in Neu-Irland minder streng als in Neu-Britannien gehalten zu werden.

Wie dort leben die Eingeborenen in kleinen Gemeinden, von denen nur die benachbarteren zusammenhalten, und nähren sich in erster Linie nur von dem Ertrage ihrer sorgfältig angelegten Plantagen. Aber es gibt Häuptlinge von bedeutendem Ansehen und grösserer Macht als in Neu-Britannien, schon deshalb, weil die Neu-Irländer viel kriegerischer sind als die Neu-Britannier und für ihre stetigen Fehden Anführer bedürfen. Romilly, der 1883 in Kapsu einem grossartigen Kampfe beiwohnte, schätzt die Anzahl der dort versammelten Menge auf 1500, die der Gegenpartei auf 1000 Krieger. Das ist seitdem anders geworden; denn Werbeschiffe haben einen grossen Theil der besten Männer (über 2000 allein aus dem Gebiete von Nusa) weggeführt, von denen nur die wenigsten zurückkehrten.

Eng mit dem Kriege verbunden ist der **Cannibalismus**, welcher in Neu-Irland noch heute in voller Blüthe steht. Ich sah von Nusa 15 Canus abgehen, um ein benachbartes Küstendorf zu überfallen, lediglich um Menschen zum Essen zu erbeuten, woraus gar kein Hehl gemacht wurde. An den Festivitäten nimmt Alles, Alt wie Jung, Männer wie Frauen theil, da Menschenfleisch als besonderer Leckerbissen gilt und dem von Schweinen vorgezogen wird. Der Mangel an animalischer Nahrung ist keineswegs die Ursache dafür, denn im Wesentlichen leben alle Südseestämme nur von Pflanzenkost, und es gibt weite Gebiete, wo Menschenfresserei unbekannt ist. Auch da wo sie herrscht bildet sie keinen Antheil an der Ernährung der Menge, sondern nur eine Festzugabe, von der jeder Theilnehmer eben nur sehr wenig erhält. Die einzige und zugleich beste Beschreibung der schauerlichen Sitte gibt Romilly,[1]) ausser Friedrich Schulle wohl der einzige Europäer, der einem grossartigen Cannibalenfeste in Neu-Irland beiwohnte. Er bestätigt meine Beobachtung, dass die Schädel nicht als Trophäen bewahrt, sondern dem Schmause mit geopfert werden, da das Gehirn als das Feinste gilt. Die »Oefen«, welche Romilly erwähnt, sind keine solchen in unserem Sinne, sondern nur die Aufhäufung von Steinen, wie sie auch sonst zum Kochen benutzt werden. Ich selbst sah in Neu-Irland auf dem Festlande, Nusa gegenüber, nur einmal einen Schädel an einem Baume hängen, der einer Frau angehört hatte, die verzehrt worden war. Mit freundlichem Lächeln bestätigten niedliche Mädchen, auf Befragen, ohne Scheu, dass sie an dem Mahle theilgenommen. Der Rev. Brown sah in einem Versammlungshause an der Ostküste 35 menschliche Unterkiefer neben solchen von Schweinen, als Erinnerung an die abgehaltenen Schmausereien, aufgehangen, und in einem anderen Dorfe an dem Stamme einer Cocospalme 76 Kerbe eingehauen, von denen jede ein erschlagenes oder aufgezehrtes Opfer bezeichnete. Wie mir Schulle erzählte war Cannibalismus, namentlich in früheren Jahren, etwas Gewöhnliches in Nusa. Nicht selten wurden Gefangene umgebracht, die man an Händen und Füssen gefesselt, oft stundenlang im Canu mitgeschleppt hatte, und zuweilen wurden diese unglücklichen Opfer noch gequält. So sah Schulle einem Gefangenen die Hände abhacken, ehe man ihn tödtete, weil der Mann ein gefährlicher Dieb gewesen war. Auch Weiber sahen solchen Brutalitäten nicht nur gleichgiltig zu, sondern betheiligten sich zuweilen dabei. Dennoch ist Grausamkeit nicht ein vorherrschender Zug im Charakter der Neu-Irländer, sondern nur Einzelner, und man wird diese sogenannten »Wilden« milder beurtheilen, wenn man an die scheusslichen Martern der Folter bei uns zurückdenkt. Es gibt auch in Neu-Irland humane Sitten und Menschen. So können sich Gefangene nicht selten freikaufen, und ich erlebte einen Fall, wo ein Nusamann an der Küste von den Männern übel zugerichtet,

[1]) »The Western Pacific and New Guinea« (London 1887), hier Cap. III »Cannibalism in New Ireland« eines der interessantesten des ausgezeichneten Buches, bei dem Jeder nur die Kürze beklagen wird, mit der der Verfasser, einer der besten Kenner des Pacific, über manche hochwichtige Beobachtungen hinwegeilt.

durch deren energische Weiber gerettet wurde, die den schwer Verwundeten nach Nusa brachten.

Die ethnologischen Eigenthümlichkeiten der Neu-Irländer stimmen in manchem mit denen der Neu-Britannier (Seite 91) überein. Doch kennt man keine durchbohrten Steinwaffen, Diwara und Dugdug, dagegen Versammlungs- oder sogenannte Tabuhäuser und Kokonon (Muschelgeld). Vor Allem verdienen aber die hohe Entwicklung von kunstvollen Holzschnitzereien und Leichenverbrennung als besondere ethnologische Charakterzüge genannt zu werden.

Die vorstehenden Bemerkungen beziehen sich auf das

a. Nordende,

das riffreiche Inselgebiet von der Steffenstrasse bis zur Insel Nusa und der entsprechenden Küste des Festlandes; die Sammlungen stammen zum Theile weiter östlich aus den Küstendörfern bis Kapsu hin her. Neu-Hannover scheint, nach dem was ich von dort zu sehen bekam, ethnologisch aufs innigste mit diesem Gebiete übereinzustimmen.

B. Körperausputz.

Bekleidung fehlt bei den Männern ganz, wie in Neu-Britannien. Während dort aber auch die Frauen nicht mehr bedeckt sind als Eva im Paradiese, gleichen die Neu-Irländerinnen der Menschenmutter nach dem Sündenfall. Sie befestigen nämlich in einem Leibstricke vorder- und hinterseits ein Büschel frischer Blätter. Selbst ganz kleine Mädchen vom vierten oder fünften Jahre an gehen nie völlig nackend, sondern tragen ein *Hibicus*-Blatt, wie Eva das Feigenblatt, das die schlanken braunen Bronzegestalten sehr gut kleidet und an die Antike mahnt.

Besonders fein ist der:

Mauropi (Nr. 245, 1 Stück), eigenthümliche Bekleidung einer Frau, bestehend in einem Büschel rothgefärbter Pflanzenfaser, das mittelst eines Leibstrickes festgebunden wird. — Nusa. — Ein solcher *Mauropi* wie dieser wird nur bei besonderen festlichen Gelegenheiten getragen und bildet den Ausputz heiratslustiger Mädchen. Zuweilen sind wohlriechende Kräuter mit eingebunden.

Ich sah aus Neu-Irland auch Schamschürzen der Weiber aus circa 30 Cm. langen, fein gedrehten Stricken aus Pflanzenfaser, wahrscheinlich von Banane.

Verheiratete Frauen zeichnet eine Neu-Irland eigenthümliche Kopfbedeckung aus, die:

Karua (Nr. 246, 1 Stück), Kappe, aus *Pandanus*-Blatt genäht, in Form einer phrygischen Mütze und recht kleidsam. — Nusa.

Diese Kappen werden besonders auf Szelambiu (Mausoleum-Insel) angefertigt und von hier aus verhandelt.

Ganz übereinstimmend mit Neu-Britannien ist die

Tapa (Nr. 251, 1 Probe), grober, aus geschlagenem Baumbast hergestellter Stoff. — Festland gegenüber Nusa.

Wie das Material ist auch die Benutzung eine gleiche, indem diese *Tapa* nur zum Tragen der Säuglinge Anwendung findet. In einem langen, auf der Brust zusammengeknoteten, Stück wird das Kind in der Weise auf dem Rücken getragen, dass Arme, Beine und Kopf freibleiben. Trotz dieser anscheinend unbequemen Lage sind die Kinderchen sehr zufrieden und schlafen in derselben, so schön als unsere im weichsten Steckkissen.

Eigenthümlich ist eine besondere Art Matten, die mit zur Bekleidung gerechnet werden können:

Karua (Nr. 247, 1 Stück), Regenmantel, aus zwei, je an einer Längs- und Schmalseite zusammengenähten Matten aus *Pandanus*-Blatt bestehend; zum Schutz gegen Sonne wie Regen, namentlich bei Canufahrten. — Festland gegenüber Nusa.

Diese Matten sind zuweilen an der oberen Kante mit durchbrochener Näharbeit in hübschen Mustern kunstvoll verziert, wie solche auch an der Hinterseite der Kappen in Anwendung kommen. Die Kenntniss gewisser, wenn auch primitiver Näharbeiten verdient ethnologisch besondere Beachtung, da solche in Melanesien sehr isolirt vorkommen.

Schmuck und Zieraten werden im Wesentlichen aus dem gleichen Material als in Neu-Britannien hergestellt und frischer Blätterschmuck nimmt wie dort die erste Stelle ein. Rothgefärbten Schilf habe ich nicht gesehen, ebenso keine Schweinezähne; Hundezähne nur sehr beschränkt, Menschenzähne gar nicht. Sie finden bei Cannibalenstämmen überhaupt keine Verwendung, wie so häufig irrthümlich geglaubt wird. Die Seite 93 erwähnten Beutelthierzähne *(Angul)* sind mir nicht vorgekommen und stammen von der Südwestküste. Eigenthümlich sind die kleinen, aus Muschel gefertigten Plättchen oder Perlen, Kokonon genannt. Im Ganzen ist Schmuck spärlicher als in Neu-Britannien, aber meist viel kunstvoller gearbeitet; übrigens wie dort bereits durch Glasperlen ziemlich verdrängt, die jetzt einen wesentlichen Theil des Schmuckes ausmachen.

Unentwerthet durch Glasperlen und andere europäische Erzeugnisse ist aber das **Kokonon** oder Muschelgeld der Eingeborenen geblieben, welches noch heute bei den Eingeborenen eine ebenso bedeutende Rolle spielt als das Diwara (Seite 94) in Neu-Britannien. Von der Steffenstrasse bis nach Langunebange, wahrscheinlich auch längs dem grössten Theile der Westküste, ist Kokonon das gangbarste Tauschmittel, welches den eigentlichen Reichthum bildet, mit dem man in Neu-Irland Alles erreichen kann. Während sich Diwara in Neu-Irland keinen Eingang verschaffte, ist, wie wir gesehen haben, Kokonon in Neu-Britannien beliebt und wird oder wurde wegen seiner Feinheit gern zu Schmuckgegenständen verwendet. In der That sind die sauber und accurat geschliffenen kleinen Muschelplättchen, mit einem so kleinen Loche, dass zum Auffädeln eine feine Nähnadel gehört, wohl die zierlichsten dieses in der Südsee weitverbreiteten Genres. Leiden wissen wir trotz der Häufigkeit über die Anfertigung dieses Muschelgeldes nichts und kennen nicht einmal das Material genau.

Da es sich um kleine Perlen handelt, von denen 48—50 Stück der feinsten Sorte erst 3 Cm. messen, und von denen jedes Stück wahrscheinlich besonders geschliffen und gebohrt wird, so muss man den Fleiss und die Geduld der Eingeborenen, die sich gerade in der Verfertigung so winziger Objecte zeigen, wahrhaft bewundern.

Es gibt drei Sorten Muschelgeld:

Kokonon luluai (Nr. 635, 1 Schnur; Taf. III [1], Fig. 3), Muschelgeld gewöhnlichster Sorte, aus rundlichen, hirsekorngrossen, schwarzen Perlen aus Cocosnussschale[1]) und abwechselnd weissen Perlen, von circa 3 Mm. Durchmesser, aus Muschel geschliffen, bestehend. — Nusa.

Diese Sorte dient im gewöhnlichen Verkehr und wird meist zum Friedenstiften benutzt. Die Eingeborenen pflegen Schnüre dieses Muschelgeldes, am Kopfhaare ange-

[1]) Nicht zweifellos sicher, aber jedenfalls pflanzlich, da diese Perlen langsam im Feuer verkohlen.

bunden, bei sich zu führen, um kleine Einkäufe zu bestreiten oder eventuell sich bei einem Ueberfalle freizukaufen.

Kokonon (Nr. 634, 1 Schnur; Taf. III [1], Fig. 4; zur rechten Seite ein Stück im Durchmesser), Muschelgeld zweiter Sorte, besteht aus hellfarbigen, elfenbeinweissen Muschelscheibchen von kaum 3 Mm. Durchmesser. — Nusa.

Diese Sorte ist werthvoller als die vorhergehende, wird hauptsächlich zum Kaufen von Frauen benutzt und gilt vorzugsweise im Nusa-Archipel westlich bis zur Mausoleum-Insel (Szělůmbiu).

Kokonon (Nr. 633, 1 Schnur; Taf. III [1], Fig. 5; zur rechten Seite ein Stück im Durchmesser), Muschelgeld feinster Sorte, besteht aus dünnen, rundlichen, sehr feinen röthlichen Muschelscheibchen von kaum 4 Mm. Durchmesser. — Nusa.

Diese Sorte ist die werthvollste, und zwar um so mehr, je mehr röthliche mit weissen Streifen abwechseln; sie wird besonders zum Kauf von Frauen, Canus u. s. w. benützt und gilt an der ganzen Nordwestküste.

Diese drei Sorten Kokonon, besonders aber die gewöhnlichste, werden zu allerlei Schmuck verwendet, wie wir in der Folge sehen werden.

Als Körperzier ist **Bemalen** sehr üblich und geschieht in ähnlicher Weise und mit demselben Farbenmaterial als in Neu-Britannien (vergl. Seite 95 und Fig. 1 auf Seite 95, Gesicht). Ausser Schwarz, Weiss und Roth kennt man noch Ockergelb, das aber zum Bemalen von Schnitzereien verwendet wird, wie eingeführtes Waschblau. — Bei den Frauen beobachtete ich häufig künstlich gefärbte Zähne (vergl. weiter zurück: Betel).

Tätowirung ist unbekannt, dagegen sind Ziernarben nicht selten, besonders bei Frauen. Sie werden aber nicht durch Einschnitte, wie in Neu-Britannien, sondern durch Brennen oder besser Auflegen glühender Kohlenstückchen hervorgebracht. Sie bilden auf Oberarm, Brust und Rücken rundliche Male, die sich aber nur selten zu rohen Mustern gruppiren und weit hinter dem feinen *Akotto* in Neu-Britannien (Seite 96) zurückstehen.

Besonderen **Haarschmuck** habe ich nicht kennen gelernt, auch nicht die Seite 97 erwähnten Kalagi gesehen, höchstens Blätter oder Schnüre Kokonon im und am Haar befestigt. Schmuckstücke sind auch insofern überflüssiger, weil bei den Männern häufig wirkliche Haarfrisuren die Stelle versehen. Gewöhnlich wird das Haar ziemlich kurz gehalten, am Hinterkopf und bis zum oberen Ohrrande abgeschoren und bildet einen dichten wolligen Pelz, gleich einer Pelzkappe. An der Südspitze sah ich aber auch verfilzte Haarzotteln, ganz wie in Neu-Britannien, aber wie hier niemals aufgezauste Haarwolken *(Mop)*, da die Neu-Britannier wie Neu-Irländer ja überhaupt auch keine Kämme besitzen. Bemalen des Kopfhaares mit Kalk und rother Farbe ist in Neu-Irland die gewöhnlichste Verzierung und kommt ganz besonders bei der eigenthümlichen Frisur der Männer zur Geltung. Dieselbe besteht gewöhnlich darin, dass das ganze Haar bis auf einen Mittellängsstreif von der Stirn bis zum Hinterkopfe abgeschoren wird, so dass hier eine hohe Haarwulst gleich einem Raupenhelm entsteht. Dieser Helm erscheint dann in der natürlichen Farbe löwengelb, die Seiten dunkel, da das Haar durch den unausgesetzten Gebrauch mit Kalk, vom Säuglingsalter an, eine blonde Farbe erhält und nur an der Basis dunkel bleibt. Nicht selten wird die eine geschorene Kopfseite weiss, die andere schwarz oder roth bemalt, ganz wie dies die der Wirklichkeit nachgebildeten Tanzmasken zeigen.

Auf das Barthaar wird viel weniger Sorgfalt als in Neu-Britannien verwendet. Gewöhnlich wird es ausgerissen oder nur ein Rand rings um das Gesicht stehen gelassen und dieser zuweilen so dicht mit Kalk eingeschmiert, dass kleine Klümpchen und Zacken entstehen. Häufig sieht man übrigens auch Vollbärte. Hinsichtlich des Schamhaares herrscht keine Mode wie in Neu-Britannien; beide Geschlechter lassen es meist wachsen oder reissen es zuweilen aus.

Kopfschmuck aus Federn sah ich nicht, und dieser Mangel ist schon dadurch erklärlich, weil in Neu-Irland keine Kakatus vorkommen. Haushühner erinnere ich mich nicht gesehen zu haben. Auch **Stirnschmuck** ist mir nicht vorgekommen, ebensowenig besonderer **Ohrschmuck**. Gewöhnlich wird, und zwar bei beiden Geschlechtern, nur der eine Ohrlappen, seltener beide, durchbohrt oder dreieckig ausgeschnitten und dann durch einen schmalen Ring aus einem Streifen von grünem *Pandanus*-Blatt ausgespannt, oft so bedeutend, dass das Ohrläppchen nur einen schmalen Hautrand bildet. Diese Mode findet sich in Neu-Britannien nicht und erinnert am meisten an die Marshalls-Inseln. Die früher gebräuchlichen Ohrbommeln aus Scheibchen von Cocosnussschale oder Muschelgeld sind durch Glasperlen fast ganz verdrängt worden.

Nasenschmuck habe ich nicht gesehen und finde in meinen Notizen nur bemerkt, dass die Eingeborenen in Likelike an der Südspitze die Nasenflügel, aber nicht das Septum durchbohrt hatten.

Halsschmuck. Für gewöhnlich genügt ein Strickchen, an dem Blätter, Schnüre, Muschelgeld oder Glasperlen befestigt sind, oder die auch in Neu-Britannien beliebten

Klingeln aus *Oliva*-Muscheln (Nr. 484, 1 Stück), die oben abgeschliffen und zum Theile mit einem Klöpfel aus Hundezahn versehen sind, welche beim Gehen tönen. Festland gegenüber Nusa. — Halsschnüre aus *Coix lacryma*-Samen sind durch Glasperlen schon sehr verdrängt worden, dagegen jetzt noch sehr beliebt Schnüre von Muschelgeld oder wie die folgende Nummer:

Halsschnur (Nr. 485, 1 Stück, Taf. III [1], Fig. 7), aus einer Reihe Muschelgeld der gewöhnlichen Sorte (Nr. 635), mit eilf kleinen durchbohrten, an der Spitze abgeschliffenen Muscheln *(a)* der *Oliva carneola*. — Nusa.

Eigenthümlich ist die folgende:

Halsschnur (Nr. 483, 1 Stück), sehr dünner, zierlich mit schwarzgefärbter Pflanzenfaser übersponnener Bindfaden, welcher beim ersten Anblick ganz an die Haarschnüre der Gilberts-Insel erinnert; sehr selten. — Nusa.

Halskragen (Seite 98) und die eigenthümlichen kostbaren Halsbänder (Seite 98) kommen in Neu-Irland nicht vor.

Brustschmuck beschränkt sich fast nur auf Glasperlen, und es gibt, wie in Blanche-Bai, keinen Kampf-Brustschmuck.

Das einzige, was ich an Brustschmuck kennen lernte, ist das folgende Stück, zugleich eine der zierlichsten Arbeiten des Kunstfleisses überhaupt:

Brustschmuck (Nr. 486, 1 Stück, Taf. III [1], Fig. 14), eigenthümlich, sehr selten. Besteht aus einem herzförmigen Mittelstück, anscheinend der Oberkiefer einer Schildkröte, das von einem inneren Rande aus schwarzen Cocosperlen und einem äusseren aus Muschelperlen (Muschelgeld, Fig. 5) eingefasst ist. Diese Randverzierung aus Perlen ist in geschickter Weise zwischen dünnen Pflanzenstengeln mittelst feinen Fadens befestigt. — Kapsu.

Als Mittelstück wird am häufigsten die halbmondförmige Längshälfte einer harten Fruchthülse benützt, als Tragband Schnüre Muschelgeld, als Anhängsel Klingeln aus *Oliva carneola* (Fig. 7), grösserer *Oliva*-Muscheln mit Klöpfeln von Hundezähnen.

Armschmuck. Für gewöhnlich genügt ein Strickchen um den Oberarm oder aus Gras (vielleicht einer Liane) geflochtene schmale Bänder, meist schwarz, seltener mit gelbem Muster, wie der Leibgurt Nr. 553.

Dünne, sehr zierlich gearbeitete Ringe aus Querschnitten von *Trochus niloticus*, ganz wie die Laleis (Seite 99) in Neu-Britannien, aber feiner, sind ebenfalls beliebt, wie die folgenden Nummern:

Armringe aus Trochus (Nr. 371, 6 Stück), 8 Cm. Durchmesser und

» » » (Nr. 372, 4 Stück), 6 Cm. Durchmesser; Festland gegenüber Nusa.

Schnüre Glasperlen um das Handgelenk werden jetzt häufig getragen, eben solche als **Leibschmuck**, der sonst wenig angewendet wird und früher meist in Schnüren Muschelgeld oder den eigenthümlichen dünnen Schnüren (Nr. 483) bestand.

Sehr selten ist:

Leibgurt (Nr. 553, 1 Stück) aus einem schwarzen, gelb gemusterten Bande (3 Cm. breit und 64 Cm. lang), fein aus Gras oder Liane geflochten und dasselbe Material als zu den Armbändern.

Beinschmuck ist nicht in Gebrauch.

C. Häuser und Siedelungen.

Wie in Neu-Britannien fehlen Pfahlbauten und die Häuser stehen meist auf der Erde, sind aber in der Bauart ganz verschieden von denen in Blanche-Bai und noch unansehnlicher. Am häufigsten sah ich ziemlich roh aus Ried oder Gras gebaute Hütten, die eigentlich in einem bis zum Erdboden herabreichenden sanftgebogenen Dache bestehen und nur in der etwas zurückstehenden Giebelfront einen niedrigen Thüreingang besitzen. Häuser mit Seitenwänden und schrägem gradfirstigen Dache sind ebenfalls häufig, übrigens ebenso lotterig gebaut als die Hütten. Die Häuser haben im Innern zuweilen Abtheilungen, mitunter ein kleines Gemach für die Weiber, enthalten aber im Uebrigen sehr wenig. In Blättern eingepackte Bündel mit den wenigen Habseligkeiten oder Speeren, einige Matten aus Cocospalmblatt als Unterlage beim Sitzen und Schlafen und die Feuerstelle aus etlichen Steinen sind ungefähr Alles.

Die Siedlungen bestehen meist aus wenigen Hütten, die gewöhnlich von einem freien, sauber gehaltenen Platze umgeben sind, der mit buntblättrigen Crotons bepflanzt, oft von solchen oder nur durch eine Schnur eingezäunt ist. Solche freie Plätze finden sich auch häufig abseits, weit von den Dörfern und dienen für die Festlichkeiten. Sie sind zuweilen in geschmackvoller Weise mit oft bäumchengrossen Blattpflanzen bepflanzt, so dass das Material für den hauptsächlichsten Schmuck gleich bei der Hand ist.

Nach weitverbreiteter melanesischer Sitte gibt es auch in Neu-Irland **Versammlungs- oder Clubhäuser** der Männer, die wie überall für die Frauen streng *tabu* sind, wie Alles was sie enthalten. Romilly beschreibt dasjenige in Kapsu leider zu oberflächlich. In einer Ecke des freien Platzes »was a very complicated labyrinth, which surrounded a house containing some most grotesque carvings«. Das Versammlungshaus, welches ich auf Kapaterong kennen lernte, unterschied sich von den übrigen Hütten durch nichts als bedeutendere Grösse und einige Schnitzereien (Nr. 689—693) an beiden Seiten der Thür. Im Inneren befanden sich nur Schlafstätten, denn dieses Haus diente — wie die Junggesellenhäuser in Neu-Guinea — als Schlafhaus für die unverheirateten jungen Männer und fremde Freunde, die hier empfangen werden. Schnitzereien fehlten in demselben und waren vermuthlich schon verkauft worden. Neben dem Hause stand auf Pfählen ein gerüstartiges, vorn offenes, überdachtes Vorrathshäuschen, in dem Schnitzereien und Lebensmittel geborgen waren, unter denselben eine grosse Holztrommel (wie Taf. V [3], Fig. 8). Dieses Clubhaus stand ganz frei, und ich sah

Weiber nur in gebückter Stellung, selbst kriechend in einiger Entfernung passiren. Die Vermuthung liegt daher nahe, dass die labyrinthartigen Umzäunungen, wie sie Romilly in Kapsu erwähnt, wohl hauptsächlich den Zweck haben, diese Häuser den Augen der Frauen zu entziehen; vielleicht dienen die überdeckten Gänge auch bei den Maskenfesten gewissen Zwecken.

Wie diese Männer- oder Tabuhäuser gewöhnlich als Tempel gedeutet werden, so die inneren und äusseren Verzierungen an Holzschnitzarbeiten als Götzen. Beides ist unrichtig, denn diese Schnitzereien sind eben nichts Anderes als Verzierungen, wie wir sie anderwärts in anderer Weise wiederfinden, wofür ich eine Menge Beispiele aus meinen eigenen Erfahrungen anführen könnte.

Diese **Holzschnitzereien** sind ethnologisch für Neu-Irland charakteristisch, aber nur für das hier behandelte beschränkte Gebiet, denn wie weit sie östlich[1]) vorkommen, wissen wir nicht, wohl aber ihr Fehlen im Südwesten. Sie stehen durch die schwungvolle Ornamentik und groteske Zusammenstellung wohl unter allen Holzschnitzereien Melanesiens einzig da und repräsentiren mit die bedeutendsten Leistungen in diesem Genre. Das ist zum grossen Theile mit auf Rechnung des Materials zu bringen, ein weiches Holz, welches sich viel leichter schneidet als z. B. Linde oder Weide und dessen Bearbeitung selbst Muschel- und Steinwerkzeugen nicht entfernt die Schwierigkeiten bereitet, wie gewöhnlich angenommen wird. Mit scharfen Muschelstücken, Steinsplittern, Bambu und Rochenhaut lässt sich da ohne sonderliche Anstrengung viel erreichen, denn das Holz ist häufig so weich, dass man mit einem harten Gegenstande Furchen ziehen kann. Ein solches Material ermöglichte daher auch die schwungvoll durchbrochen gearbeiteten grösseren Schnitzereien, die aber begreiflicher Weise sehr zerbrechlich sind, wie das Material selbst bald dem Verderben, namentlich durch Wurmfrass, unterliegt. Aus diesem Grunde verwahrte man in Kapaterong die Schnitzereien auf dem hohen Gerüst, um sie so besser gegen die weissen Ameisen zu schützen. Gewiss ist, dass solche Bildwerke auch in den Tabuhäusern nicht lange vorhalten und stets durch neue ersetzt werden müssen.

Schon darin liegt ein Grund zu der grossen Verschiedenheit der Stücke, sowie der Hinweis, dass dieselben nur bei gewissen feierlichen Gelegenheiten, Festen der Männer, als Decoration des Tabuhauses dienen, aber keine religiöse Unterlage haben. Freilich ist der Culturmensch stets geneigt, alles, was er an absonderlichem Schnitzwerk bei sogenannten »Wilden« sieht, namentlich also figürliche Darstellungen, ohne Weiteres für Fetisch- und Götzensymbole zu halten, und die Missionäre sind in der Verbreitung dieser Ansicht stets vorangegangen. Da wird jedes Fratzengesicht auf einem Kalkspatel für eine heidnische Gottheit erklärt und in jeder Figur ein »mächtiger Götze« erblickt. Wenn ich in Neu-Guinea sicher zu der Ueberzeugung gelangte, dass die mancherlei oft sehr grossen und plumpen menschlichen Figuren auf Ahnen zu beziehen sind, so scheint mir dies in Bezug auf die gleiche Kategorie von Bildwerken in Neu-Irland nicht so gewiss. Aber Götzen, denen man eine gewisse Verehrung zollt, opfert u. dergl., sind auch diese Figuren, im Allgemeinen »Kulap« genannt, nicht; eher dürften sie mit Geisterglauben, ähnlich dem Toberan in Neu-Britannien (Seite 115), im Zusammenhange stehen. Doch genug davon! Das Richtige wird doch erst durch ruhige, nüchterne Beobachter ergründet werden können, die bis jetzt noch fehlen und vielleicht überhaupt zu spät kommen, denn die neue Aera des Eisens wird diesen Kunstwerken der Steinzeit bald ein Ende machen.

---

[1]) Nach Romilly werden die götzenähnlichen Figuren auf der Vischer-Insel gefertigt.

Die Holzschnitzereien zerfallen im wesentlichen in zwei Kategorien: 1. in Bretter oder Leisten mit Relief- oder durchbrochener, seltener eingravirter Arbeit oder nur bemalt; 2. in figürliche Darstellungen von Menschen, sowohl Männern als Frauen, in Verbindung mit gewissen Thiergestalten und Ornamenten, beide Kategorien mit oft sehr zierlicher Bemalung in Schwarz, Roth und Weiss und beide demselben Hauptzwecke dienend: Ausschmückung des Tabuhauses von innen wie aussen.

Die nur mit Wasser angeriebenen Farben sind leicht verwischbar, übrigens dieselben Stoffe als in Neu-Britannien (Seite 95, 96). Als Pinsel werden Federn benutzt, als Farbenäpfe Cocosnussschalen.

Die menschlichen Figuren sind, wie überall, Nachbildungen Eingeborener, mit oft recht gelungenen Köpfen, an denen die hiesige charakteristische Haarfrisur durch eingeklebte Pflanzenstengel, Fasern o. dergl. gut imitirt ist und die durch die Verwendung der Deckel *(operculum)* von *Turbo petholatus* als Augen einen besonderen Ausdruck erhalten. Die eigenthümliche Färbung dieser *Turbo*-Deckel ähnelt gar sehr einem Glasauge und die ingeniöse Verwendung derselben wird für Neu-Irland charakteristisch. Die Gesichter sind daher, bis auf die sehr beliebten monströsen Ohren, meist viel proportionirter, als dies bei ähnlichen Figuren, z. B. in Neu-Guinea der Fall ist, die übrigen Körperformen wie überall verfehlt und verzerrt. Brüste und Geschlechtstheile kommen meist zur Darstellung, indess ohne Unanständigkeiten, sind auch zuweilen bedeckt, z. B. bei der weiblichen Figur (Taf. VII [5], Fig. 3).

Unter den Thiergestalten kommen fast nur Vögel und Fische vor. Säugethiere, an denen Neu-Irland ohnehin sehr arm ist, finden sich höchst selten wiedergegeben, in rohen Nachbildungen des Cuscus, zuweilen auch des Delphin. Schlangenbilder sind ebenfalls selten. Das Krokodil, welches in Neu-Guinea ein oft benutztes Vorbild liefert, erinnere ich mich nicht in Neu-Irland als solches verwendet gesehen zu haben, ebenso nicht die grossen Warneidechsen *(Monitor)*, wahrscheinlich weil beide sehr selten sind. Die Vögel werden meist fliegend dargestellt, und von Species lassen sich fast nur Hahn und Nashornvogel erkennen, von denen der letztere die Hauptfigur bildet. Dies ist schon deshalb leicht erklärlich, weil der Nashornvogel *(Buceros ruficollis)* überhaupt den grössten Vogel Neu-Irlands (das z. B. keinen Casuar und Cacatu besitzt) repräsentirt und durch seine Stimmlaute, das auffallende Rauschen beim Fliegen und seine Lebensweise ohnehin die hervorragendste Stellung in der Fauna einnimmt. — Ich sah eine Schnitzerei, einen Nashornvogel, welcher ein Nest plündert, darstellend, also ein ganz aus dem Leben gegriffenes Motiv. Sehr beliebt ist eine Bastard-Vogelgestalt von einem Hahn mit *Buceros*-Schnabel.

Von Fischen lassen sich auch nur wenige durch auffallende Formen charakteristische Arten *(Diodon, Acanthurus, Scomber* und wie erwähnt Delphine, *Phocaena)* erkennen; Haifische sind mir nicht erinnerlich, aus anderen Thierclassen nur der Scorpion (Taf. VII [5], Fig. 5*b*). Sehr häufig reihen sich in den Schnitzereien abwechselnd Fisch und Vogel aneinander, oder ein Fisch hält einen Vogel im Maul. Nicht minder häufig sind verschiedene Thiere unter sich oder mit Menschenfiguren in phantastischer Verbindung, wie die folgenden Schnitzereien zeigen: 1. (klein): ein Fischkopf hält den Kopf eines Nashornvogels am Halse in den Zähnen; 2. (klein): eine Fruchttaube *(Carpophaga)* hält einen Fisch in den Klauen, um ihn mit einer Betelnuss zu füttern; 3. (gross, an 5 Fuss hoch): menschliche Figur bis zum Bauch (ohne Geschlechtstheile), hier in Blattwerk ausgehend, hält einen Vogel in den Händen *(Dicranostreptus megarhynchus)*, der mit der Schnabelspitze das Kinn berührt und von einer Schlange am Schwanz festgehalten wird; 4. (gross, circa 5 Fuss hoch): menschliche Figur, vom Rumpf an in einen

Delphin *(Phocaena)* übergehend und hier korkzieherartig von einer Schlange umwunden, deren Kopf das Kinn berührt; 5. (klein): eine weibliche Figur, in hochschwangerem Zustande, steht mit den Füssen auf den geöffneten Schwingen eines Vogels, der mit dem geöffneten Schnabel anscheinend den Accoucheur spielt.

Diese Beispiele liessen sich bis ins Unendliche ausdehnen und die Beschreibung neuirländischer Schnitzereien würde ein Buch füllen, denn nicht zwei sind vollständig gleich. Gerade in dieser Verschiedenheit, wie der meist phantastischen und grotesken Darstellung, liegt aber die Charakteristik derselben, die sich auch in der übrigen Ornamentik und namentlich der eigenthümlichen Bemalung ausspricht. Mit Ausnahme gewisser blumen- und blattähnlicher Motive herrscht auch hier eine phantastische Zusammenstellung der Ornamentik, in der jedoch meist gebogene Linien mit Zacken vorkommen, aber auch die Kreuzform vertreten ist. Dass diese wilde Ornamentik beredtes Zeugniss für die gleichartige Phantasie der Verfertiger bekundet, unterliegt keinem Zweifel und findet in den nicht minder grotesken Masken weitere Bestätigung. Ein tieferer Gedanke, wie ihn der Culturmensch so gern herauslesen möchte, liegt aber diesen Bildnereien nicht zu Grunde. Die grosse Verschiedenheit derselben, innerhalb des oben angedeuteten Rahmens des Ideenkreises der Eingeborenen, ist in der Individualität der Verfertiger und Zufälligkeiten aller Art leicht erklärlich. Würde zehn Personen bei uns, unabhängig voneinander, die Aufgabe zufallen, einen Mann oder eine Frau in Verbindung mit gewissen Thieren darzustellen, so würden diese Darstellungen auch alle verschieden werden. Wie viel nicht mehr bei Naturmenschen, die keinerlei Hilfsmittel und nur die primitivsten Werkzeuge besitzen, wo Jeder nach der mehr oder minder entwickelten Phantasie nur nach seinem Augenmass arbeitet. Schon daraus müssen sich eine Menge Abweichungen der Symmetrie ergeben, wie im Verfolg der Arbeit selbst. Da hat vielleicht Einer einen *Taun* (Mann) angefangen, die Arbeit aber nicht vollenden können oder ist inzwischen zu einer anderen Idee gekommen und schnitzt nun einen Fisch daran, vielleicht weil dies leichter war oder das Stück Holz gerade besser passte.

Die Eingeborenen arbeiten ja nicht wie Culturmenschen unausgesetzt an einem Stücke, bis es fertig ist, sondern je nach Lust und Zeit, nicht nach einer Vorlage, sondern nur nach Phantasie und Laune. Derselbe Mann, welcher soeben die schwungvollste Schnitzerei vollendete, ist nicht im Stande, sie nur in rohen Umrissen auf dem Papiere wiederzugeben. Diese Naturkünstler suchen ja nicht in ihren Bildnereien tiefere Ideen mit symbolischer Bedeutung zum Ausdruck zu bringen, sondern ihre Grundgedanken gehen über einen Mann *(taun)*, eine Frau *(papini)*, Vogel *(manu)* oder Fisch *(aigent)* nicht hinaus, das Uebrige entwickelt sich dann bei der Arbeit, je nach Laune und zufälligen Eingebungen, von selbst. Häufig mag es vorkommen, dass ein Stück, von dem Einen angefangen, von dem Andern vollendet oder bemalt wird, oder dass Zwei gemeinschaftlich an einem Stücke arbeiten und bei dem Mangel von Modellen oder Vorlagen schon dadurch verschiedene Ideen zum Ausdruck bringen. Eine Beschränkung des Geschmacks auf gewisse stets wiederholte Motive, wie z. B. an der Nordostküste Neu-Guineas, fällt in Neu-Irland eben weg, denn hier ist gerade die individuelle Auffassung charakteristisch und bildet den Hauptzug dieser Art von Kunstleistungen. Wie schon erwähnt, gibt die Mannigfaltigkeit und Variation der Masken die beste Erklärung auch für die gleichen Principien bei den Schnitzereien. Wie sich Jedermann bemüht, bei den Festen in einem möglichst originellen Aufputze zu erscheinen, und wie man sich hier in Phantasterei und Groteske überbietet, so geschieht es auch bei den Bildwerken. Jeder sucht hier innerhalb des Ideenkreises etwas Neues, Nochnichtdagewesenes, Mögliches oder Unmögliches zu schaffen, was bei den Anderen Aufsehen, Bewunderung erregt und natürlich in sehr verschiedener Weise gelingt. Denn wie bei uns gibt es ja auch unter diesen Wilden kleine und grosse Künstler, und Jeder versucht sein Bestes in seiner Weise. Da wird man sich also über die grosse Verschiedenheit der Leistungen nicht zu wundern brauchen, ebensowenig über das Hineinziehen neuer, durch die Bekanntschaft mit dem weissen Manne entstandener Motive. So habe ich in Form wie Färbung trefflich gelungene Nachbildungen europäischer Aexte gesehen, die für den Eingeborenen ja keinerlei Zweck hatten und lediglich dem Nachahmungstriebe entsprangen. Der Mann besass noch keine eiserne Axt und wollte wenigstens mit einer Imitation paradiren und bei seinen Freunden Bewunderung erregen.

Die Berührung mit Weissen ist auch für diese Schnitzereien nicht ohne Einfluss geblieben, natürlicher Weise nur zur Verschlechterung. So werden statt der schönen *Turbo*-Augen nicht selten Augen aus Flaschenscherben benützt, man verwendet auffallende farbige Etiquetten von Conservebüchsen und sucht europäische Motive, Hüte und Gesichter von Weissen, bei den Schnitzereien anzubringen. Originalität geht daher ihrem Untergange entgegen, um so rascher, je mehr der Verkehr mit Weissen zunimmt. Bereits haben die Eingeborenen angefangen Schnitzereien für den Handel anzufertigen, und dass dieselben viel nachlässiger und flüchtiger ausfallen, ist selbstverständlich, wie überall wo der Naturmensch seine primitiven Geräthe weglegt und mit eisernen arbeitet.

Die nachfolgenden sehr instructiven Stücke der Sammlung werden durch die beigegebenen Abbildungen am besten veranschaulicht und zeigen vor Allem auch den eigenthümlichen Charakter der Bemalung, welche für diese Bildwerke so charakteristisch ist und zum besseren Verständniss derselben wesentlich beitragen wird.

Giebelverzierungen, die übrigens nur an Tabuhäusern, nicht an gewöhnlichen Wohnhäusern vorkommen, bestehen meist aus flachen, schmalen Brettern oder Leisten, die an der Frontseite neben der Thür reihenweise angebunden werden. Wie verschieden dieselben an ein und demselben Hause sein können, werden die nachfolgenden fünf Stücke vom Tabuhause auf der Insel Kapaterong am besten beweisen, zugleich aber auch meine vorhergehenden Erörterungen belegen, dass diesen Verschiedenheiten individuelle Auffassung und Ausführung zu Grunde liegt.

Giebelleiste (Nr. 691, 1 Stück; Taf. VII [5], Fig. 5, 5a und 5b). Schmale Leiste (9·5—11·5 Cm. breit und 164 Cm. lang) mit drei erhaben geschnitzten Larven oder Gesichtern in Profil (Fig. 5a mit *Turbo*-Auge und Kreuz auf Wange) und einem Scorpion (Fig. 5b).

Giebelleiste (Nr. 690, 1 Stück; Taf. VI [4], Fig. 2 und 2a). Schmale (13—15·5 Cm. breite und 124 Cm. lange) Leiste, durchbrochen gearbeitet, mit Darstellung von Vögeln und zwei Gesichtern; in der Mitte eine durchbrochene Schnitzerei als Aufsatz, Fig. 2a, angebunden.

Giebelleisten (Nr. 689, 692, 2 Stück), ähnlich der vorhergehenden, ebenfalls durchbrochen gearbeitet, aber verschieden in Schnitzerei und Bemalung.

Giebelleiste (Nr. 693, 1 Stück), schmale, 15 Cm. breite, 85 Cm. lange Leiste, mit eingravirtem Muster und bunter Bemalung.

Das folgende Stück stammt vom Festlande gegenüber Nusa und stand wohl nicht vor, sondern in einem Tabuhause, da es unten einen Zapfen zum Einsetzen in ein entsprechendes Loch einer Bodenleiste besitzt. Es zeichnet sich auch dadurch aus, dass beide Seiten in Schnitzwerk ausgeführt sind.

Grosse **Hausverzierung** (Nr. 688, 1 Stück; Taf. VI [4], Fig. 1). Flaches, oben abgerundetes Brett (107 Cm. lang und 40 Cm. breit) mit reicher phantastischer, durchbrochener Schnitzerei, wie Blattwerk und Vogelschnäbel, mit *Turbo*-Augen verziert; sehr kunstvoll und dabei eine treffliche Darstellung der verworrenen Phantasie und Ideen neuirländischer Eingeborenenkunst.

Holzschnitzerei (Nr. 694, 1 Stück; Taf. VI [4], Fig. 3), Haushahn mit *Buceros*-ähnlichem Schnabel, in ganzer Figur, die seitlich abstehenden Schwanzfedern plastisch ausgearbeitet. — Nusa. Ich kaufte das Stück von einem Eingeborenen, der es nur aus Liebhaberei, ohne einen bestimmten Zweck geschnitzt hatte.

Die folgenden Stücke betreffen sogenannte **Kulap** oder menschliche Figuren, die im Innern der Tabuhäuser aufgestellt und nach der gewöhnlichen Auffassung meist als Götzenbilder gedeutet werden. Sie stammen aus dem Dorfe Kapsu, dessen Bewohner sich besonders durch Schnitzereiarbeiten auszeichnen, und werden die grosse Verschiedenheit zeigen, welche auch in dieser Richtung herrscht. Romilly sah in dem Tabuhause von Kapsu ausser »some six or seven hideous painted figures, between three and four feet high, innumerable small carvings of birds and fishes« und einige der grotesken Helmmasken, was am besten beweist, dass alle diese Machwerke den Festen der Männer dienen.

Unsere Bildertafel erspart eine weitere Beschreibung.

Kulap (Nr. 643, 1 Stück; Taf. VII [5], Fig. 1), männliche Figur (222 Cm. hoch), aus einem Stück geschnitzt, mit schwungvollen Verzierungen in durchbrochener Arbeit; Bart aus Pflanzenfaser angeklebt; die Bemalung noch unvollendet. Eines der längsten und grössten Stücke, welche ich sah.

Kulap (Nr. 644, 1 Stück; Taf. VII [5], Fig. 2), weibliche Figur (107 Cm. hoch); die Arme sind mit angeschnitzten Zapfen in Löcher des Rumpfes eingekittet; das Haar aus Pflanzenstengeln hergestellt; zwischen den Beinen ein Fisch.

Kulap (Nr. 645, 1 Stück; Taf. VII [5], Fig. 3), weibliche Figur (68 Cm. hoch), mit Kappe und Schamschurz, in hübschem Schachbrettmuster.

Kulap (Nr. 646, 1 Stück), männliche Figur (38 Cm. hoch), ziemlich rohe Darstellung eines Anfängers oder minder begabten Künstlers.

Wie in Neu-Britannien bildet **Ackerbau** die Hauptbeschäftigung und Nahrungsquelle der Bewohner. Vorzugsweise wird Taro *(aopai)* angebaut und Bananen *(aun)*, weniger Yams *(akau)* und süsse Kartoffeln *(akau)*. Cocosnüsse *(alemass)* und Arrowroot liefern ebenfalls einen beträchtlichen Theil der Nahrung. Eine nicht sonderlich gute Art Brotfrucht und deren Kerne werden vielfach benutzt, nicht minder die kastaniengrosse, doppelkernige Nuss eines Baumes, *Savai* genannt (Nr. 885). Zuckerrohr erinnere ich mich nicht gesehen zu haben; es mag aber vorkommen.

Hunde und Schweine werden in beschränkter Zahl gehalten und sind die einzigen Hausthiere.

D. Geräthschaften und Werkzeuge.

Im wesentlichen gilt auch hier das bei Neu-Britannien Gesagte (Seite 101) und Hausrath ist ebenso unbedeutend und kaum der Rede werth als Kochgeräth, da auch hier Töpfe[1]) und Holzgefässe fehlen. Die Methode des Feuerreibens habe ich nicht kennen gelernt. Das Kochen geschieht in derselben Weise wie Seite 101 beschrieben; auch kennt man kein Salz.

Zum Schneiden und Schaben dienen:

[1]) Romilly (l. c., Seite 54) erwähnt »large pots« von Kapsu; es dürfte hier wohl aber ein Irrthum zu Grunde liegen.

Muschelschalen (Nr. 25, 2 Stück, von *Cyrene eximia* Dunker) — Kapaterong — wie man dazu am liebsten bivalve Süsswassermuscheln (z. B. auch *Batissa*) benutzt. Fleisch wird mit Bambu geschnitten, und Romilly sah (l. c., Seite 125) in Kapsu noch 1883 Menschen damit schnell und geschickt ausschlachten. Auf Nusa sah ich höchst einfache Schaber für Cocosnuss (*Ta* genannt) aus einer Muschel (*Arca granosa*), an einem Stückchen Brett befestigt.

Gewerbekunde ist so wenig als in Neu-Britannien entwickelt. Von Matten bereitet man nur die gewöhnlichen aus Cocospalmblatt. Zum Tragen bedient man sich Körbe aus gleichem Material; Frauen tragen die Lasten auf dem Kopfe oder in Körben an einer Stange auf der Schulter. Filetgestrickte Beutel sind mir nicht vorgekommen; die Eingeborenen führen ihre wenigen Habseligkeiten in länglichen Taschen, kunstlos aus *Pandanus*-Blatt geflochten, mit sich.

Genussmittel. Vor Ankunft der Europäer kannten die Eingeborenen nur Betel, der in derselben Weise wie in Neu-Britannien (Seite 103) gegessen wird und ebenso allgemein beliebt ist. Trotz Betelessen zeichnen sich die Neu-Irländer meist durch schöne weisse Zähne aus, weil sie dieselben nach dem Genusse mit Sand abreiben. Bei den Frauen gelten dagegen durch Betel gefärbte Zähne als Schönheit, und zwar in der Weise, dass die zwei mittelsten Vorderzähne ganz schwarz, der nächste jederseits braun, die übrigen weiss gehalten werden.

Zum Aufbewahren des pulverisirten Kalks bedient man sich meist:

Täschchen (Nr. 894, 1 Stück), länglich, fein geflochten und mit *Pandanus*-Blatt ausgelegt. — Nusa. — Ich sah auch Cocosnussschalen, zum Theile mit eingravirter Zeichnung, als Kalkbehälter.

Romilly machte mich auf das Erdeessen in diesem Theile Neu-Irlands aufmerksam, aber ich habe mich an Ort und Stelle vergebens darnach erkundigt; auch Friedrich Schulle wusste nichts darüber. Vermuthlich hat sich Romilly in Bezug auf den Stoff geirrt und einen andern für Erde angesehen.

Tabak ist erst seit 1879 durch Europäer eingeführt worden. Ich konnte selbst noch beobachten, wie die Eingeborenen aus purer Nachahmungssucht, trotz der üblen Folgen, sich an das neue Genussmittel zu gewöhnen versuchten, das sich jetzt bereits in der bekannten Form (Seite 102) als gangbarer Tauschartikel Bahn gebrochen hat. Ein solcher sind auch Tabakspfeifen aus Thon geworden, da die Eingeborenen nur aus solchen rauchen.

Werkzeuge. Mit Steinäxten ist es in diesem Theile von Neu-Irland ziemlich vorbei, da die Eingeborenen zur Genüge mit Bandeisen und nach und nach mit Beilen und Aexten versehen sind. Ein Stück Flacheisen, an einem Stiele in der Weise wie auf Taf. IV (2), Fig. 3 befestigt, wird gewöhnlich von Eingeborenen den Aexten vorgezogen, im Anfange stets. Dennoch sah ich 1855 auf der Insel Nusalik den Häuptling Metango, der viele Aexte besass und eine solche neben sich liegen hatte, mit dem alten Geräth an einem Canu zimmern. Er bediente sich dazu einer kleinen Axt in der Form wie Taf. IV (2), Fig. 3, aber mit einer Klinge aus *Mitra*-Muschel, die wie bei Fig. 4, Taf. IV (2) mit dem Stiele verbunden war. Sie eignet sich wegen der halbkreisförmigen Schneide, die einem Hohlmeissel entspricht, zum Aushöhlen (wobei kein Feuer benützt wird) viel besser als unsere Beile, und solche Aexte stehen höher im Werthe als eiserne. Deshalb waren alle lockenden Anerbietungen, mir diese Axt zu verkaufen, erfolglos. Ich musste mich daher mit

Spähnen (Nr. 20) begnügen, welche zeigen werden, dass eine Muschelaxt gar kein so elendes Geräth ist, wie meist geglaubt wird. Die Aussenseite des 25 Fuss langen

Canu war mit einem eisernen Beile gezimmert worden, das Aushöhlen geschah nur mit der Muschelaxt. Ein solches Canu wird von einem Manne in drei Monaten hergestellt, der aber bei Weitem nicht die ganze Zeit daran arbeitet, sondern, ganz nach Kanakermanier, wenn es ihm passt.

Waffen. Bogen und Pfeil fehlen wie in Neu-Britannien in ganz Neu-Irland, ebenso Schilde.[1]) Die Schleuder scheint ebenfalls nicht in Gebrauch; ich erinnere mich wenigstens nicht, solche gesehen zu haben, auch nicht mit Knochen verzierte Speere, die aber nach Romilly aus solchen verzehrter Feinde gemacht, aber nur zur Ausschmückung von Tabuhäusern verwendet werden.

Speere sind in diesem Theil Neu-Irlands die Hauptwaffe, und zwar ohne alle Widerhaken oder Einkerbungen in folgenden beiden Hauptformen: glatte Wurfspeere wie die folgenden Nummern:

Wurfspeere (Nr. 742, 743, 2 Stück), der geringsten Sorte, dünne, circa 196 Cm. lange, von der Rinde entblösste, zugespitzte und hier im Feuer gehärtete Stecken, Nusa; oder glatte

Wurfspeere (Taf. VII [5], Fig. 6) aus Holz und Bambu, von denen die 8 Stück der Sammlung (Nr. 734—741) eine hübsche Serie in allen Grössen (von 180—249 Cm. Länge) repräsentiren. Die schwachen Speere (Nr. 739—741) werden von der Jugend gebraucht, die auch schon am Kampfe theilnimmt.

Diese Art Speere zählen zu den vollendetsten Waffen der Südsee und zeichnen sich durch besondere accurate Arbeit aus, die wohl einer Beschreibung werth ist.

Der Spitzentheil eines solchen Speeres von üblicher Grösse besteht aus einem 1·60 M. langen Stück harten Holzes, wohl von der Cocospalme, das noch besonders im Feuer gehärtet ist. Dasselbe ist rund und circa 70 Cm. vor der ganz allmälig zulaufenden schlanken Spitze am dicksten (2 Cm. Durchmesser). Weiter gegen den Bambutheil, oberhalb der eigentlichen Mitte des ganzen Speeres, ist gewöhnlich eine etwas abgeflachte Stelle und hier eine spitzwinkelige Nute eingeschnitten (wie an Nr. 734—738). Die Basis des Holztheiles steckt 30 Cm. tief in dem 1·30 M. langen Endtheil aus Bambu, der hier ganz dünn ausgearbeitet und auf eine Länge von 20 Cm. mit einer 2 Mm. breiten und 560 Cm. langen Pflanzenfaser, wohl Liane oder Rottan, so fest und sauber umwickelt ist, dass dadurch keine Erhöhung entsteht; Holz- und Bambutheil verfliessen daher ineinander und bilden einen Speer, wie er als Wurfwaffe nicht vollkommener sein, und den kein Europäer accurater und besser machen kann. Zu der Haltbarkeit kommt das geringe Gewicht, denn ein Speer, wie der obige von 2·60 M. Gesammtlänge, wiegt nur 350 Gramm, wovon auf den an der Basis 3 Cm. Diameter messenden Bambutheil circa 100 Gramm kommen. Der letztere ist gewöhnlich mit Kalk geweisst, um das Auffinden zu erleichtern, sehr häufig aber noch ausserdem mit schwarzen Mustern verziert. Diese Muster bewegen sich meist (wie Fig. 6, Taf. VII [5] von Nr. 734 zeigt) in zierlichen, ausserordentlich feinen Ovallinien mit dazwischen liegenden grösseren schwarzen Feldern und werden dadurch charakteristisch. Diese Muster ähneln am meisten solchen auf den runden Kalkkalebassen in den d'Entrecasteaux-Inseln. Obwohl alle Speere nach derselben Hauptpaterne verziert sind, zeigt doch jeder kleine Verschiedenheiten des Musters und kaum zwei sind vollkommen gleich. Das rührt jedenfalls mit von der Herstellungsmanier her, die leider noch nicht bekannt ist. Gewöhnlich wird angenommen, dass diese Muster eingebrannt werden, allein das scheint mir nicht der Fall, und ich glaube, dass sie aufgemalt sind. Leider hatte ich bei meinem Besuche auf

[1]) Romilly erwähnt solche (L. c., Seite 47) von Kapsu.

Szelumbiu Wichtigeres zu thun und konnte mich an Ort und Stelle nicht informiren. Denn gerade diese Insel (Mausoleum-Insel von d'Entrecasteaux) ist ein Hauptplatz für Anfertigung dieser Speere, welche von hier aus im Handel weite Verbreitung längs der Nordwest- und Nordostküste finden, sowie nach Neu-Hannover. Im Süden Neu-Irlands scheinen sie nicht vorzukommen.

Trotz ihres unscheinbaren Ansehens sind diese Speere weit gefährlicher als die mit Wiederhaken versehenen, die den Laien am meisten erschrecken. Vermöge ihrer Leichtigkeit ermöglichen sie eine viel grössere Sicherheit im Treffen als die meisten derartigen Wurfgeschosse, und es kann daher nicht verwundern, wenn die Neu-Irländer mit zu den besten Speerwerfern gehören. Jedenfalls sind es die besten, welche ich kennen lernte. Da auch die Waffenleistungen Eingeborener so häufig übertrieben geschildert werden, will ich hier die Resultate der von mir veranstalteten Preis- und Wett-Speerwerfen geben. Das Werfen geschieht mit wenigen Schritten Anlauf und anscheinend ohne alle Anstrengung. Der Werfer wiegt den Speer erst in der Hand, wobei derselbe, wenn schadhaft, namentlich an der Verbindung mit dem Bambu, zuweilen bricht. Dann wird der Basistheil des Bambu mit den Zähnen zerbissen, so dass sich die Splitter beim Wurf gleich einem Rädchen drehen, was möglicher Weise Kraft und Schnelligkeit erhöht. Die meisten warfen mit der Rechten, einige mit der Linken. Von 14 kräftigen jungen Kerlen, notorischen Raufbolden, die schon manchen »fight« mitgemacht hatten, warfen mehrere 143, nur Einer 200 Fuss (Rheinl.) weit,[1]) trafen aber kein Ziel. Erst auf 46 Fuss (nicht Schritt!) Entfernung trafen von 34 Speeren 20 einen Palmstamm, davon einmal fünf hintereinander. Cocosnüsse, d. h. ein Bündel derselben, in 38 Fuss Höhe, wurden von den meisten getroffen oder doch nur sehr nahe vorbeigeschossen. Da der Stamm einer Cocospalme weniger als eine Mannsbreite beträgt, so ergibt sich hieraus, dass die neuirländischen Speerwerfer nicht zu verachten sind. Die Speere drangen meist so tief in das harte Palmholz, dass sie mit Leichtigkeit einen nackten Menschen durchbohren mögen. Widerhaken können dabei wenig mehr thun und sind meist nichts als Ornament. Die steten Fehden halten die Neu-Irländer übrigens in guter Uebung. Sehr häufig schicken die jungen Leute eines Dorfes eine Herausforderung nach einem anderen. Der Kampf wird meist am Strande ausgefochten und die Sieger nehmen die etwa dabei Getödteten mit, um sie aufzuessen. Die Eingeborenen halten von diesen Speeren Unmassen auf Lager. Beim Gefecht werden sie bündelweise von Knaben und Weibern den Kriegern nachgetragen. Im Ganzen sind aber auch hier die Fehden nicht besonders blutig und gegenseitiges Ausschelten und wüstes Gebrüll die Hauptsache. Die beste Schilderung einer förmlichen Schlacht bei Kapsu gibt Romilly (l. c., Seite 48); obwohl nach seiner Schätzung nahezu 2500 Mann gegeneinander kämpften, eroberte die siegende Partei doch nur sechs Todte! Freilich wird es eine Menge Verwundeter gegeben haben.

Da die meisten Kämpfe mit Wurfspeeren ausgefochten werden und es nur selten zum Handgemenge kommt, sind Keulen weniger gebräuchlich; solche mit durchbohrtem Steinknauf fehlen ganz. Auch im Uebrigen unterscheiden sich die Keulen von Neu-Irland von den neubritannischen theils durch vorherrschend pritschenförmige Form, wie durch eingravirte Verzierungen. Letztere kommen an den runden Knüppeln, wie Nr. 770 und ähnlich dem Birimbirika (Seite 106) vor und werden gewöhnlich mit Kalk eingerieben. Charakteristisch ist die Form der beiden folgenden Stücke:

[1]) Mein Matupiknabe (circa 16 Jahre alt), warf 160, einmal 200 Fuss weit; Eingeborene der Cap York-Halbinsel mit dem Wurfstock (*Wumera*) 170—190, nur Einer 270 Fuss weit.

Keule (Nr. 768, 1 Stück) aus Hartholz (103 Cm. lang), flach, an beiden Seiten pritschenförmig verbreitert; Nordküste, und

Keule (Nr. 769, 1 Stück) aus Hartholz (circa 120 Cm. lang), an der Basis schmal abgerundet, am Ende pritschenförmig verbreitert. — Nordküste.

Die geringe Benützung der Keulen ist wohl Ursache, dass mit Einführung eiserner Beile in Neu-Irland nicht eine ähnliche Streitaxt wie die *Aibane* (Seite 106) von Neu-Britannien erfunden wurde.

Jagd kommt bei der armen Fauna Neu-Irlands vollends nicht in Betracht. Kängurus fehlen; doch gibt es wilde Schweine, die vielleicht auch gejagt werden.

Fischerei wird anscheinend minder lebhaft als in Neu-Britannien betrieben. So fehlen z. B. die kolossalen Fischkörbe (*A wup*, Seite 107) bestimmt. Merkwürdiger Weise sind mir keine Fischhaken vorgekommen, die es höchst wahrscheinlich gibt. Ich beobachtete nur

Fischnetze (Nr. 165, 1 Stück), sehr feinmaschig und fein filetgestrickt. — Nusa.

Das Material ist ein anderes als das Seite 107 erwähnte *Amakum* Neu-Britanniens und Bananenfaser. Ich sah auch grosse, an 50 Fuss lange Netze, mit Senkern aus Muscheln (*Arca* oder *Hippopus*) oder Corallsteinen und triangelförmig geschnittenen Holzschwimmern, wodurch sie sich von den neubritannischen unterscheiden.

Canus werden in vortrefflicher Weise angefertigt, eigenthümlich in Form wie Auslegergeschirr. Sie bestehen nur aus einem ausgehöhlten, langen, schmalen und niedrigen Baumstamme, sind am oberen Rande gerade, an beiden verschmälerten Enden mit etwas, meist durchbrochener Schnitzerei in Form eines Henkels verziert, sonst glatt und führen keine Segel. Auf dem Auslegergerüst sind zwei Heck angebracht, zum Aufbewahren der Speere, da die Canus häufig zu kriegerischen Expeditionen benützt werden. Nusaleute pflegen übrigens selten weiter als bis zur Insel Szelambiu oder dem Küstenplatze Butbut zu gehen. Die Eingeborenen sind sehr geschickt in der Handhabung dieser Canus, die sie mit Paddeln von gewöhnlicher Form sehr schnell fortzubewegen wissen. Bei vier Meilen Fahrt pflegten uns Canus auf weite Strecken zu begleiten. Ein Canu *(Tambul)* von 7·30 M. Länge, wie ich es dem Berliner Museum complet mitbrachte, trägt vier Mann. Es gibt aber auch kleine für nur einen Mann und grosse, an 50 und mehr Fuss lange, die *Kati* heissen und 16—18 Mann tragen. Romilly erwähnt (l. c., Seite 52) grosse Kriegscanu, die 30—50 Krieger führen und von anderer Bauart zu sein scheinen, denn er beschreibt die Querhölzer so breit, dass zwei Mann nebeneinander sitzen können, wogegen in einem gewöhnlichen Canu nur ein Mann Platz findet und dabei noch einen Fuss vor den anderen setzen muss. Romilly gedenkt auch der feinen Schnitzarbeiten an den Querhölzern und Seiten dieser Canus, aber keiner besonderen figürlichen Aufsätze. Die im Katalog des Museums Godeffroy (Seite 62—65) als »Bootverzierungen« aufgeführten Stücke sind gewiss keine solchen, sondern Schnitzereien aus den Tabuhäusern.

E. Musik, Tanz und Todtenverehrung.

Musik scheint in Neu-Irland hauptsächlich in Gesang zu gipfeln. Wenigstens sind die Weisen, wenn auch immerhin einfach, melodiöser als in Neu-Britannien und Gesangssinn überhaupt entwickelter. Jedenfalls besitzen diese Eingeborenen ein treffliches musikalisches Gehör. So dirigirte ich einmal einen Gesangsverein in Matupi, bei dem wir als Chor nur Neu-Irländer brauchen konnten, die in kurzer Zeit den Refrain gewisser deutscher Lieder (z. B. »Als die Römer frech geworden«) sehr gut lernten und richtig einzufallen wussten.

Mit Musikinstrumenten scheint es dagegen — was vielleicht kein Schaden ist — schlechter bestellt als in Neu-Britannien. So glaube ich, dass die gewöhnliche Rohrflöte (*A kaur*, Seite 109) ganz fehlt; sie ist mir wenigstens nie vorgekommen. Ebenso nicht die eigenthümlichen Schlaghölzer (*A tidirr*, Seite 110 und *Angramut*, Seite 111). Dagegen gibt es, wie überall, Trompeten aus *Tritons*-Muscheln, die, wie wir durch Romilly erfahren, auch zum Kampfe ertönen. Trommeln scheinen sehr beschränkt und sind sehr primitiv aus einem Bambu (circa 80 Cm. lang und circa 11 Cm. Diameter) mit *Monitor*-Haut überspannt hergestellt. Grosse Holztrommeln (wie Taf. V [3], Fig. 8) kommen in derselben Form wie in Neu-Britannien vor und werden zu denselben Zwecken, hauptsächlich zum Signalgeben benützt. Sie sind Eigenthum des Versammlungshauses, werden schon unter besonderen Tabugebräuchen (z. B. innerhalb eines mit Matten verdeckten Raumes) angefertigt und sind unverkäuflich. Nur durch Zufall (Abbrennen des Hauses) erhielt ich das schöne Stück, welches sich jetzt im Berliner Museum befindet. Diese Trommeln sind ohne Schnitzerei und nur mit Roth und Weiss bemalt. — Unter allen Musikinstrumenten scheint am häufigsten die:

Panflöte (Nr. 577, 1 Stück), Taf. V (3), Fig. 4, aus 14 Rohrstengeln, von abnehmender Grösse. — Nusa.

Dieses schon im Alterthume bekannte Instrument, welches noch heute bei rumänischen Zigeunercapellen eine hervorragende Stelle einnimmt, zeigt am besten wie an ganz verschiedenen Orten der Welt, unabhängig von einander, dieselbe Erfindung gemacht werden kann.

Identisch mit dem gleichen Instrument in Neu-Britannien ist die

Maultrommel (Nr. 586, 1 Stück), Taf. V (3), Fig. 1, 2, 3 (vergl. Seite 110); Nusa, und

Maultrommel (Nr. 587, 1 Stück) mit fein eingravirten Schachbrettmustern und oben rechtwinkelig abgeschnitten. — Kapsu.

Ein wohl in der ganzen Welt einzig dastehendes Streichinstrument ist das

Kulepaganeg (Nr. 594, 1 Stück), Taf. V (3), Fig. 9. — Kapsu.

Dasselbe besteht aus einem 40 Cm. langen, 14 Cm. breiten Stück weichen Holzes, an den Seiten sanft bauchig, mit drei durchgehenden Oeffnungen, von denen die erste, grösste, an beiden Innenseiten, die beiden anderen nur an der Hinterseite sanft concav ausgehöhlt sind, um in ingeniöser Weise die Resonanz zu erhöhen. Das Instrument wird auf der 10 Cm. breiten Oberfläche mit der angefeuchteten Hand gestrichen und gibt drei nicht eben melodische quitschende Töne (in 1, 3, 6).

Tanz habe ich nicht genügend kennen gelernt und muss mich auf die vorliegenden Stücke der Sammlung beschränken, die nur bei grossen Festen der Männer in Anwendung kommen. Diese Tanzgeräthe sind von den in Neu-Britannien gebräuchlichen (Seite 113) ganz verschieden; Masken aus Menschenschädeln (Seite 113) fehlen durchaus.

Am häufigsten ist ein Ornament in Form eines:

Buceros-Kopf (Nr. 614, 1 Stück), Taf. VI (4), Fig. 9, aus Holz geschnitzt, mit bunter Bemalung (das Blau Waschblau) und Augen von *Turbo*-Deckel. — Nusa.

Weit seltener, schon wegen der schwierigen Erlangung des ausserordentlich scheuen Vogels:

Buceros-Kopf (Nr. 615, 1 Stück), natürlicher im Rauch getrockneter Kopf und Hals eines Nashornvogels (*Buceros ruficolis*). — Festland gegenüber Nusa.

Ich habe auch *Buceros*-Köpfe aus Holz geschnitzt mit aufgeklebten Federn gesehen und andere zum Theile combinirte Thiergestalten (z. B. einen Fisch, der einen Vogel im Rachen hält u. s. w.), mit einen Wort, es herrscht auch in dieser Richtung eine Verschiedenheit grotesker Zusammenstellung, wie sie für alle Schnitzereien Neu-Irlands so charakteristisch ist. Alle derartigen Tanzornamente sind an der Basis hinterseits mit einem Zapfen (Fig. 9) oder einem Hänge versehen, an welchen sie mit den Zähnen des Tanzenden festgehalten werden können, und kommen in dieser Weise zur Benützung. Die zahllosen Schnitzereien von Vögeln und Fischen, welche Romilly im Tabuhause von Kapsu sah, sind alles solche Tanzornamente, welche hier aufbewahrt werden. Wer bei den Festen nicht im Stande ist in einer Maske zu erscheinen, muss sich eben mit diesem geringeren Ausputze begnügen. Wenn unter denselben der Nashornvogel so häufig vertreten ist, so habe ich die Gründe dafür schon Seite 132 angedeutet. Es erscheint aber auch nicht unwahrscheinlich, dass dieser merkwürdige Vogel vielleicht überhaupt bei manchen sogenannten Tänzen als Motiv dient, wie dies z. B. in Sibirien in Bezug auf andere Thiere (Bär, Elen, Kranich) der Fall ist; ich sah hier sogar von Russen den »Birkhahntanz« aufführen.

Die beiden folgenden Stücke dienen nicht in der Weise wie Nr. 614 und 615 als Tanzornamente, sondern sind Verzierungen (Ohren) zu Tanzmasken, aber als fein ausgeführte Schnitzereien bemerkenswerth.

Flaches Brett (Nr. 612, 1 Stück), Taf. VI (4), Fig. 7 (68 Cm. lang, 15 Cm. breit), durchbrochen gearbeitet, am Rande mit Hahnenfedern verziert; Nusa, und

Flaches Brett (Nr. 613, 1 Stück), Taf. VI (4), Fig. 8, ähnlich dem vorigen, aber ganz verschieden; unter den Farben kommt das im Ganzen seltene Ockergelb vor. Nusa.

Besonders charakteristisch für diesen Theil Neu-Irlands sind die *Talowa* oder **Tanzmasken**, welche fröhlichen Festen der Männer, dem eigentlichen Mummenschanz dienen und in Form wie phantastischer Ausstattung zu den originellsten und vollkommensten der ganzen Südsee gehören.

Die Grundform dieser Masken und am häufigsten vertreten ist der Kopf des Eingeborenen. Das Gesicht bildet eine aus weichem Holz geschnitzte Larve, ähnlich den unseren, mit Nase, Augen- und Mundöffnung, die in zierlicher Weise roth, schwarz und weiss bemalt ist; gewöhnlich sind noch *Turbo*-Deckel als Augen eingesetzt. Die Gesichtsmaske ist meist gegenüber der übrigen Kopfmasse zu klein, die gewöhnlich aus einem Gestell von gespaltenem Bambu, mit allerlei Stoffen überzogen, besteht. Diese Hauptform der Masken erinnert an einen kleinen Kopf mit einem mächtigen Helme, dem aber nicht etwa europäische Motive in den beliebten ersten Spaniern, sondern die (Seite 128) erwähnten eigenthümlichen Haarfrisuren als Modell dienten. Die geschorenen Kopfseiten werden in entsprechender Weise imitirt, ebenso der raupenhelmartige Kamm, und zwar durch gelbe Bananenfaser, welche die natürliche Haarfärbung am besten wiedergibt. Gute Typen dieser häufig vertretenen Art sind die folgenden beiden Stücke:

Talowa (Nr. 616, 1 Stück), Taf. VI (4), Fig. 4 und 4a, Nusa, welche durch die Abbildungen am besten erläutert wird und die Verschiedenheiten beider Seiten zeigt, von denen die eine fein bemalt ist, während die andere mit dem weissen Mark einer Binse besetzt erscheint. Ebenso die folgende:

Talowa (Nr. 618, 1 Stück) mit Kamm aus gelbgefärbter Bananenfaser, die eine Seite ist bemalt, während die andere in origineller Weise durch kurze Pflanzenstengel imitirtes Haar zeigt. — Kapsu.

Schon von derartigen Masken gibt es kaum zwei ganz gleiche Stücke und Bemalung wie groteske Ausstaffirung sind ausserordentlich verschieden. Für die letztere werden mancherlei Stoffe geschickt und zuweilen in der originellsten Weise benützt und fast stets ist die Arbeit eine saubere und zeigt von grossem Fleiss. Da werden Bärte aus Cocos- oder Bananenfaser, Flechten und anderen Pflanzenstoffen angesetzt, mehr oder minder phantastische Ohren aus Holz oder pflanzlichem Material, fühlhörnerartige Ansätze, buntgefärbte Troddeln und Fransen, Wimpern aus Fischzähnen, die Kopfseiten mit schwarzen Bindfaden bezogen, bemalt, mit Kalk beschmiert, mit Federn beklebt, Pflanzenstengel oder Binsenmark eingesetzt (aus letzteren zuweilen auch der Kamm), aber stets sind beide Seiten verschieden, zuweilen versteigt man sich zu Hörnern und besonderen häufig durchbrochen gearbeiteten Aufsätzen. Ausputz von Federn kommt übrigens kaum in Betracht, weil Vögel überhaupt selten und für die Eingeborenen zu schwierig erlangbar sind.

Sehr abweichende Formen zeigen die folgenden beiden Stücke:

Talowa (Nr. 617, 1 Stück), Taf. VI (4), Fig. 5, mit durchbrochen gearbeitetem Nasenaufsatz, langen bemalten Ohren; Bart und das vorspringende Kopfgestell aus schwarzer Pflanzenfaser; Kapsu, — und

Talowa (Nr. 619, 1 Stück), Taf. VI (4), Fig. 6, mit Seitenflügeln in durchbrochener Schnitzarbeit und Troddeln aus Bananenfaser; das Kopfgestell ist aus Bambu, innen mit Tapa ausgekleidet und an der einen Seite das Etiquett einer Conservenbüchse aufgeklebt, welches damals (1881) bei den Eingeborenen als neu Bewunderung erregte. — Festland gegenüber Nusa.

Wie die Maske Nr. 617 einen kleinen Nasenaufsatz zeigt, so gibt es auch solche mit sehr grossen, meist Vögel und Fische darstellend, darunter nicht selten den *Buceros*. Die Masken geben auch häufig einen Tänzer wieder, der ein Tanzornament (wie z. B. Nr. 614, Seite 140) im Munde hält. So will ich nur eine Maske erwähnen, bei der die Gesichtslarve einen grossen, aus Holz geschnitzten Fisch (*Histiophorus*) im Munde hielt, eine andere mit einem circa 1 M. hohen Nashornvogel. Ich sah auch aus Zeug (Tapa) gefertigte Masken mit Malerei (darunter als nicht seltene Figur das Malteserkreuz), solche aus Tapa mit Nasenaufsätzen, wie aus Holz und Tapa und sogar solche, an denen die 75 Cm. langen phantastischen Ohren mittelst Bindfaden bewegt werden konnten. Noch mehr wie bei den Schnitzereien liessen sich daher mit der Beschreibung neuirländischer Tanzmasken Bücher füllen, denn gerade in diesem Genre scheint die wilde Phantasie der Eingeborenen unerschöpflich, und zwar aus leicht begreiflichen Gründen, die sich aus dem Zwecke dieser Masken ganz von selbst erklären. Bei den Festen der Männer, welche nicht wie die »Teufelsmasken mit Hörnern und Ohren« vielleicht deuten lassen, zu Ehren von Götzen, sondern zur Verherrlichung grosser Schmausereien veranstaltet werden, spielen **Maskeraden** eine wichtige Rolle. Wie bei den unseren kommt es hauptsächlich darauf an unerkannt zu bleiben, nebenbei durch die Maske zu brilliren, und Jeder bemüht sich daher in der Stille dies Ziel zu erreichen, um die Anderen durch möglichst groteske, womöglich neue, Darstellungen zu überbieten. Da sich diese Hauptfeste ungefähr nur alle Jahre wiederholen und eine grosse Menge der leicht vergänglichen Masken inzwischen durch Wurmfrass u. s. w. unbrauchbar geworden sind, so muss schon deshalb Neues geschaffen werden. Man bessert die alten, in den Tabuhäusern verwahrten, Masken aus oder macht ganz neue, zu denen sich inzwischen bisher nicht dagewesene Motive gefunden haben oder in der, ganz den Festfreuden zugewandten, ohnehin reichen Phantasie der Eingeborenen erdacht wurden. Das ist die einfache Erklärung dieser Masken, die übrigens auch zum Festputze bei Leichenverbrennungen in Benützung kommen. Wie so manches Andere werden sie vielleicht verschwunden sein, ehe noch eine gute Beschreibung der betreffenden Festlichkeiten, die bis jetzt noch fehlt, vorliegt. Freilich die Feste, die bleiben gewiss noch lange, wenn auch keine Masken mehr gemacht werden. Aber sie werden ohne dieselben auch viel an Originalität verlieren, denn meist bleibt nichts übrig als eine Esserei mit Getrampel und Lärm. Ich kenne das aus Erfahrung von Torresstrasse. Dort wurden vor kaum 12—15 Jahren für Festlichkeiten und Tänze höchst originelle und kunstvolle Masken aus Schildpatt gefertigt, die häufig Fische und Vögel darstellten. Ich kam aber 1883 schon zu spät, da gab es keine Masken aus Schildpatt mehr. Tänze fanden freilich noch statt, aber man machte dazu rohe Masken aus den dünnen Blechgefässen, wie sie bei allen Stationen von Weissen umherliegen. Das ersparte viel Arbeit, sowie das mühevolle Fangen der Schildkröten, deren Schale sich überdies jetzt viel besser in Schnaps verwerthen liess.

Todtenverehrung findet in ganz anderer Weise als in Neu-Britannien und zwar durch Leichenverbrennung der Verstorbenen statt, eine Sitte, die meines Wissens in ganz Melanesien, vielleicht der Südsee überhaupt, nur in diesem Gebiete vorkommt. Dabei finden je nach dem Range grosse Feierlichkeiten statt, die Leiche wird roth bemalt und reich mit Glasperlen geschmückt, die Asche grosser Häuptlinge *(Taman)* gesammelt. Ich verdanke diese Nachrichten Friedrich Schulle, dem besten Kenner dieses Theiles von Neu-Irland, der verschiedenen Leichenverbrennungen beiwohnte und mir versicherte, dass alle Leichen verbrannt werden. Durch ihn erfuhr ich auch, dass bei diesen Festlichkeiten, die ich hier nicht näher beschreiben will, den Tanzmasken eine Rolle zufällt.

Spiele. Es war mir interessant das bekannte Abheben eines zwischen den Fingern ausgespannten Fadens, welches bei uns vielerwärts bei Mädchen beliebt ist, auch in Neu-Irland zu finden. Ziemlich grosse Burschen beschäftigten sich damit, wussten sehr hübsche Figuren abzuheben und sangen eine nicht unüble Melodie dabei.

b. Südwestküste.

Dieses Gebiet ist noch viel weniger bekannt als das der Nordspitze und der Rev. Brown wohl der Einzige, welcher gewisse Küstenpunkte in der Gegend von Rossel-Bai, sowie von hier aus die Ostküste besuchte. Ich selbst habe zwar eine Anzahl Eingeborener an der Südspitze gesehen, die sich anthropologisch in nichts von der übrigen Bevölkerung unterschieden, aber an Land selbst keine Beobachtungen machen können. Zwar besitzen unsere Museen gerade aus dem Küstengebiete, den Herzog York-Inseln gegenüber, eine Menge Gegenstände, aber von eingehender ethnologischer Kenntniss kann keine Rede sein. Eine gründlichere Untersuchung wird sehr interessante Resultate liefern, denn schon aus dem Wenigen, was bis jetzt aus diesem Gebiete und über seine Bewohner vorliegt, ergeben sich bedeutende Verschiedenheiten, und es lassen sich bereits bestimmte ethnologische Charakterzüge erkennen.

Die wenigen Stücke der Sammlung liefern dafür schon Belege.

Muschelgeld (Nr. 636, 1 Probe), Taf. III (1), Fig. 6 (rechts im Durchmesser gezeichnet), aus violettbräunlichen, auf der entgegengesetzten Seite weissen, sehr dünnen Muschelscheiben und mit grösserem Bohrloch; eigenthümlich. Ausser dieser Art gibt es an der Südwestküste auch feinere Sorten, ähnlich dem Kokonon (Taf. I, Fig. 4).

Waffen.

Wurfspeer (Nr. 731, 1 Stück), 225 Cm. lang, aus hartem Holz mit glatter Spitze, das etwas verdickte Fussende mit Querrillen, wie gedrechselt. — Kurass.

Wurfspeer (Nr. 733, 1 Stück), 2·33 M. lang, ähnlich dem vorigen, mit Querrillen um Fussende und roth, weiss und schwarz bemalt. — Kurass.

Wurfspeer (Nr. 732, 1 Stück), 178 Cm. lang; vor der Spitze sanft verdickt, am Fussende eine vierkantige Erhöhung, hinter derselben jederseits verdünnt. — Kurass.

Keule (Nr. 767, 1 Stück) aus schwerem Holz, 141 Cm. lang, rund, an beiden Enden mit kegelförmig verdickter, scharf abgesetzter Spitze. — Kurass.

Keule (Nr. 770, 1 Stück), runder, 114 Cm. langer Knüppel mit eingravirtem, weiss eingeriebenem Muster. — Kurass.

Keule (Nr. 771, 1 Stück), 1·30 M. lang, jederseits abgeflacht mit stumpf gerundeten Kanten. — Kurass.

Von diesem Platze, sowie aus der Nachbarschaft, gelangen namentlich Waffen nach der Herzog York-Gruppe und von hier nach Blanche-Bai, was eine Menge irrthümlicher Localitätsangaben zur Folge hat, die um so mehr zu bedauern sind, als jedes Gebiet gewisse Eigenthümlichkeiten besitzt.

Zu denen der Südwestküste gehören vor Allem die folgenden beiden Nummern, **sogenannte Götzenbilder:**

Figur eines Mannes (Nr. 647, 1 Stück), Taf. VII (5), Fig. 4, und

Figur einer Frau (Nr. 648, 1 Stück), je 53 Cm. hoch, aus weissem Kalk geschnitzt (nicht gebrannt) und bemalt, sehr schwer und leicht zerbrechlich. — Kurass.

Von diesen Figuren habe ich sehr viele gesehen, die alle mehr oder minder mit der Abbildung übereinstimmen und in sehr roher Weise nackte Männer und Frauen repräsentiren, mit glattem Gesicht, meist auf der Brust gefalteten Händen und abstehenden affenartigen Ohren. Zuweilen ist eine helmartige Frisur angedeutet oder eine Kopfbedeckung, die einer bis auf die Schulter reichenden Weiberkappe entspricht. An sonstigem Körperputz ist zuweilen eine Leibschnur oder ein Armband, auch *Trochus*-Ring kenntlich. Die Geschlechtstheile sind stets unbedeckt, meist übertrieben, der Penis niemals erotisch dargestellt. Die Bemalung ist sehr einfach und besteht meist in Linien oder Punkten, meist in Roth und Gelb, neuerdings auch in (eingetauschtem) Blau. Diese Figuren werden in sehr verschiedener Grösse angefertigt; die grösste, welche ich sah, hatte 1·50 Cm. Höhe, die meisten sind bedeutend kleiner. Es kommen an dieser Küste auch roh aus Holz geschnitzte Figuren vor, die in den Formen ganz denen aus Kalk gleichen, sich also mit den phantastischen Figuren an der Nordspitze gar nicht vergleichen lassen. Die Kalkfiguren werden hauptsächlich von dem Küstenplatze Kurass angebracht, aber nicht hier, sondern weiter im Innern gemacht, in dem Dorfe Punam. So sagten mir wenigstens die eingeborenen Missionslehrer, die mit »Götzen« öfters nach Mioko kommen, um sie zu verkaufen.

Was Powell (l. c., Seite 248) über diese Kalkfiguren sagt, beruht jedenfalls nur auf Hörensagen, und die Abbildung (Titelbild) einer »Morturary Chapel« mit solchen Figuren ist reine Erfindung. Der einzige weisse Mann, welcher diese Kalkfiguren an Ort und Stelle zu sehen bekam, ist wohl der Rev. Brown. Der Häuptling des Küstendorfes Kalil führte ihn in eine nahe dem Dorfe gelegene Umzäunung, welche einen oblongen, sehr rein gehaltenen, circa einen Viertelacre grossen Platz umschloss, an dessen Ende ein grosses Haus stand. Dieses Haus enthielt zwei grosse Kalkfiguren, ein Mann und eine viel kleinere Frau; der Mann war mit einer grossen konischen Kopfbedeckung und einer Halskrause dargestellt, beide Figuren, sowie die Hauspfosten bemalt. Brown konnte den Zweck dieser Figuren nicht erfahren, deutete dieselben aber keineswegs als Götzenbilder, wie dies Missionäre sonst meist zu thun pflegen. Jedenfalls dienen Haus wie Platz, die für die Frauen streng *tabu* waren, den Festen der Männer und die Figuren sind vielleicht Ahnen, wie solche in Neu-Guinea häufig dargestellt werden.

Grosse Versammlungshäuser traf Brown auch an der Ostküste und bezeichnet sie ausdrücklich als Häuser, in welchen die unverheirateten Männer und Fremde schlafen; sie entsprechen also ganz den tabuirten Junggesellenhäusern, wie sie überall in Melanesien vorkommen. Ein solches Haus, welches Brown in Ratama, circa 7 englische Meilen im Innern der Ostküste, besuchte war an 40 Fuss lang und 12 Fuss hoch und stand auf drei Pfeilern. Die Wände bestanden aus dichtem Ried, im Innern waren Bänke zum Schlafen, ausserdem eine Menge Unterkiefer von Schweinen und Menschen, auch andere menschliche Körpertheile (z. B. eine im Rauch getrocknete Hand) aufgehangen, als Erinnerung an gehaltene Festmahle. Schnitzereien oder Kalkfiguren werden nicht erwähnt.

Sehr merkwürdig ist das **Jungfrauenhaus**, welches Brown an demselben Platze kennen lernte. Es war 25 Fuss lang, ähnlich dem Junggesellenhause und stand in einer Umzäunung von Bambu, über dessen Thor als Tabuzeichen ein Bündel Gras hing. Der Häuptling selbst wagte nicht das Haus zu betreten und liess eine alte Frau holen, die allein die Thüren (aus Cocosmatten) öffnen darf und dies nur mit Widerstreben und auf Befehl des Häuptlings that. Im Innern des Hauses waren drei kegelförmige Abtheilungen, circa 7—8 Fuss hoch und 12 Fuss im Umfange, in welchen ein Mensch sich kaum ausstrecken und nur gebückt sitzen konnte. In diesen dunklen Käfigen wird je ein Mädchen oft noch im Kindesalter für lange Zeit eingesperrt, die Eingeborenen sagten 4—5 Jahre! was aber wohl auf einem Irrthum beruhen mag. Die Mädchen werden täglich nur einmal auf kurze Zeit herausgelassen, dürfen aber mit den Füssen den Boden nicht betreten und man breitet deshalb Cocosmatten aus. Das Haus enthielt nichts, die Käfige nur Bamburohre mit Wasser zum Trinken. An der Westküste soll dieselbe Sitte herrschen, welche keinen andern Zweck hat, als die Mädchen gut zu verheiraten, wobei ein grosses Fest gegeben wird (Brown). Und diese Erklärung trifft jedenfalls das Richtige, da solche Mädchen, die natürlich zu den Ausnahmen gehören, einen hohen Kaufpreis erzielen und wahrscheinlich nur für Häuptlinge bestimmt sind. Dieser sonderbare Gebrauch findet sich in der ganzen Südsee nur hier, steht aber wohl nicht vereinzelt da. Ich erinnere mich, etwas Aehnliches gelesen zu haben, muss aber für diesmal das Nachsuchen Anderen überlassen.

3. Admiralitäts-Inseln.

Diese von mir nicht besuchte Gruppe besteht aus einer grösseren Insel (Taui) und zahlreichen, meist riffreichen kleineren Inseln, die zwischen 1° 50' und 3° s. Br. liegen und dem deutschen Schutzgebiete mit einverleibt wurden.

Die im Ganzen spärliche Bevölkerung gehört der Papuarasse an, unterscheidet sich aber ethnologisch, trotz der unbedeutenden Entfernung von dem benachbarten Neu-Hannover im Osten (120 Seemeilen) und dem Festlande Neu-Guineas im Südwesten (150 Seemeilen), durch einige hervorragende Eigenthümlichkeiten.

Die Bewehrung der Speere mit Spitzen aus Obsidian steht darunter obenan und wohl überhaupt in der ganzen Südsee, trotz des Vorkommens dieser Lava anderwärts, isolirt da. Aus diesem durch Klopfen leicht zu bearbeitenden Material werden auch Dolche angefertigt, die wie die Speerspitzen durch die messerscharfen Bruchflächen besonders gefährliche Waffen liefern.

Sehr merkwürdig und einzig dastehend ist die Schambekleidung der Männer, welche nur in einer Eiermuschel (*Ovula ovum*) besteht, in deren etwas erweiterte, kaum 15 Mm. breite, Oeffnung der Penis gesteckt wird. Diese Schambedeckung findet in den

Kalebassen von Humboldt-Bai und Nachbarschaft ein Analogon. Einen hervorragenden ethnologischen Zug dieser Inselgruppe bilden auch die kunstvollen Schnitzarbeiten in Holz, welche neben menschlichen, verschiedene Thierfiguren (darunter auch das Krokodil) darstellen und am vollkommensten in, zum Theile sonderbar geformten, Schüsseln und Schalen, oft von bedeutender Grösse, repräsentirt werden. Diese Schüsseln erinnern, wie so manches Andere, an ähnliche Erzeugnisse der Salomons-Inseln, darunter namentlich auch die eigenthümlichen Brust- und Stirnschmucke aus einer rundgeschliffenen *Tridacna*-Platte mit aufgelegter durchbrochener Schildpattarbeit. Mit Ausschluss der ziemlich rohen Steinäxte, die in Form wie Befestigung am meisten denen des Bismarck-Archipels ähneln, zeigen die übrigen Erzeugnisse, namentlich auch die mannigfachen Schmuck- und Ziergegenstände neuguineisches Gepräge, nicht zu vergessen die sorgfältig gearbeiteten und gebrannten Töpfe, welche ganz mit denen von Neu-Guinea übereinstimmen. Dasselbe gilt in Bezug auf die grossen, trefflichen, mit Ausleger, Plattform, Segeln und vorzüglicher Schnitzarbeit versehenen Canus.

Neben den Salomons- gehören die Admiralitäts-Inseln mit zu den am wenigst bekannten Gruppen und empfehlen sich einer gründlichen wissenschaftlichen Untersuchung ganz besonders. Sie sind bisher im Ganzen nur sehr wenig besucht worden, aber einzelne unternehmende Tripangfischer, welche längere Zeit unter den Eingeborenen lebten, haben bewiesen, dass sich mit Letzteren wohl auskommen lässt.

Die folgenden Stücke stammen von der westlichsten Insel der Gruppe Jesus Maria, welche gelegentlich von Neu-Britannien aus von kleinen Handelsfahrzeugen besucht wird. Stationen für Handel und Mission gibt es noch nicht.

Schmuck.

Schambekleidung (Nr. 902a, 1 Stück) eines Mannes aus einer Eiermuschel. Dieselben sind zuweilen mit eingravirtem Muster verziert.

Brustschmuck (Nr. 480, 1 Stück), bestehend aus einer glattgeschliffenen, fast polirten Perlmutterschale (*Avicula* sp.) von 15 Cm. Diameter.

Geräthschaften.

Schöpflöffel (Nr. 59, 1 Stück) aus Cocosnuss mit senkrecht befestigtem, roh geschnitztem (circa 22 Cm. langem) Holzstiele.

Holzschüssel (Nr. 83, 1 Stück), rund, flach (33 Cm. Durchmesser), mit Randverzierung, auf der Unterseite mit vier sehr kurzen Füssen.

Flaschenförmige Kalebasse (Nr. 897, 1 Stück), 26 Cm. lang, mit eingebranntem zierlichen Muster; für pulverisirten Kalk zum Betelgenuss.

Diese Art Kalkbüchsen sind auf den Hermites ein sehr beliebter Tauschartikel, dessen sich Handelsschiffe bedienen.

Kalkspatel (Nr. 910, 911 und 920, 3 Stück) zum Betelgenuss; rundliche, circa 30 Cm. lange Holzstöckchen mit etwas verbreiterter Spitze. Die mit den Lippen angefeuchtete Spitze wird in die Kalebasse gesteckt, so dass der pulverisirte Kalk daran hängen bleibt, und so zum Munde geführt.

Waffen.

Wurfspeer (Nr. 744, 1 Stück) aus Rohr, circa 1·75 M. lang, mit breiter, langer Obsidianspitze, die in einen mit eingravirter und bemalter Ornamentirung verzierten Knauf eingekittet ist.

Wurfspeere (Nr. 745, 746, 747, 748, 4 Stück) aus Rohr mit Obsidianspitze.

Ich füge hier drei Stücke an von den

Hermit- und Anachoreten-Inseln.

Kalkspatel (Nr. 921, 1 Stück) aus Holz, mit 48 Cm. langem runden Stiel, dessen um 5 Cm. verbreitertes, 15 Cm. breites Ende in kunstvoller Weise mit durchbrochener Schnitzarbeit in geschmackvollem Muster verziert ist. — Hermites.

Mit das Schönste von Schnitzarbeiten der Südsee überhaupt.

Tauwerk (Nr. 139, 1 Probe), feinste Seilerarbeit des Pacific. — Anachoreten.

Wurfspeer (Nr. 703, 1 Stück) aus Palmholz, circa 3 M. lang, rund, das circa 1 M. lange Ende vierkantig, mit 10 scharfen, spitzwinklig eingeschnittenen Kerben, vor der circa 25 Cm. langen runden, sehr schlank zulaufenden Spitze. Um die letztere vor dem Abbrechen zu schützen, pflegen die Eingeborenen eine runde Frucht auf die Spitze zu stecken. — Anachoreten.

Die Form dieser Speere ist sehr abweichend von denen in Neu-Guinea und ähnelt am meisten der in Ruck und früher auf den Marshalls gebräuchlichen.

---

4. Salomons-Inseln,

sieben grössere und eine Menge kleinerer Inseln, alle gebirgig, vulcanisch, dicht bewaldet und sehr fruchtbar, mit zusammen 44.000 Quadratkilometer Flächeninhalt und angeblich 175.000 Bewohnern. Die nordwestlichen Inseln: Ysabel, Choiseul und Bougainville sind seit 13. December 1886 dem deutschen Schutzgebiete einverleibt, die übrigen England zugefallen, doch befinden sich bis jetzt nur im letzteren Gebiete einige wenige Handels- und Missionsstationen, namentlich auf Ugi.

Die Eingeborenen gehören zu den dunkelsten der Südsee und ähneln am meisten echten Negern; doch kommen auch hellere Farbennuancirungen (vergl. Finsch, Anthropologische Ergebnisse, Seite 60) und einzeln schlichtes Haar vor, welches ich z. B. bei Boukaleuten, sonst den schwärzesten von allen, beobachtete.

Schon bei dem ersten Auftreten der Spanier unter Mendana übel behandelt, hatten die Eingeborenen keinen Grund sich des weissen Mannes zu freuen, und diese Verhältnisse sind in diesem Jahrhundert durch das ruchlose Treiben der Arbeiterschiffe nicht gebessert worden. Man darf sich daher über die häufigen Massacres gerade in den Salomons nicht verwundern, und der Verkehr mit ihnen erfordert daher besondere Vorsicht. Noch jetzt werden in den meisten Fällen die »freiwilligen« Arbeiter einfach durch Kauf von den Häuptlingen erworben, wobei bislang Feuerwaffen den hauptsächlichsten Kaufpreis bildeten. Diese Arbeiterverdingung hat mit ihren zersetzenden Folgen, worunter die der verheerenden Syphilis obenan stehen, die Bevölkerung sehr vermindert und ist hauptsächlich die Ursache der üblen und hinterlistigen Gesinnungen der Eingeborenen gegenüber Weissen.

Der zwei Jahrhunderte lang vermisste und erst nach und nach wiederentdeckte Archipel der Salomons-Inseln zählt noch heute zu den unbekanntesten[1]) Gebieten der Südsee. Er ist einer gründlichen wissenschaftlichen Durchforschung am meisten bedürftig und verdient dieselbe umsomehr, als gerade die Salomons eine eigene ethno-

[1]) Eine wesentliche Lücke ist seit Kurzem durch Guppy's treffliches Werk: »The Salomon-Islands and their Natives« (London 1887) ausgefüllt worden. Vergl. Finsch, Deutsche Colonialzeitung 1888, Seite 16.

logische Provinz bilden, die, reich an Eigenthümlichkeiten, eine besonders lohnende Ausbeute verspricht. Sehr viele Erzeugnisse des Eingeborenenfleisses zeichnen sich durch besonders accurate Arbeit und einen bedeutenden Kunstsinn der Ornamentirung aus, welcher dieselben zu den vollendetsten der Südsee erhebt. Als besondere Eigenthümlichkeiten der Salomons muss vor Allem die reizende und geschmackvolle Verzierung der Waffen mit kunstvollem farbigen Flechtwerk erwähnt werden, wie die raffinirt erdachte Bewehrung der Lanzen und Pfeile mit Widerhaken (übrigens früher ähnlich auf gewissen Carolinen-Inseln), wodurch ihre Wirkung eine wahrhaft scheussliche wird. Dabei mag aber bemerkt sein, dass Pfeil- und Speerspitzen nicht vergiftet werden. Die kunstvoll geflochtenen Schilde stehen einzig da. Auch die Schmucksachen sind geschmackvoller und von besserer Arbeit als im Bismarck-Archipel. So zeichnen sich auch die schönen aus *Tridacna*-Muschel geschliffenen Armringe aus, Brust- und Stirnscheiben aus gleichem Material, mit aufgelegter durchbrochener Schildpattschnitzerei (wie Nr. 420); abnorm gewachsene Eberhauer sind der kostbarste Schmuck. Sie stammen aber vom Schwein und nicht dem Babyrussa *(Porcus babyrussa)*, wie im Katalog des Museum Godeffroy gesagt wird, denn bekanntlich fehlt die letzte Gattung in der Südsee überhaupt und ist der Fauna von Celebes eigen. Ein weiterer charakteristischer Zug der ethnologischen Erzeugnisse ist die eingelegte Arbeit, hauptsächlich in Perlmutter, welche bei verschiedenen Holzschnitzereien in wahrhaft geschmackvoller Weise die höchste Vollendung dieses Genres bei den Naturvölkern der Südsee erreicht. Die mit Perlmutter eingelegten Canus bilden das Schönste dieser Art. Von Perlmutter sind auch die Fischhaken, die in der Form ganz den polynesischen gleichen, was beachtenswerth ist. — Cannibalismus wird noch heute auf allen Salomons-Inseln wie vor Jahrhunderten geübt.

Ich selbst konnte nur die herrlichen Küsten einiger der Salomons-Inseln sehen, aber nicht betreten; doch sind die nachfolgenden Stücke von durchaus sicherer Herkunft. Trotz der geringen Zahl derselben beweisen sie, wie z. B. die Pfeile von Malayta und Sir Charles Hardy-Inseln, die ethnologische Uebereinstimmung ihrer Bewohner, mit denen auch die der kleinen Inseln St. Jones und Green identisch sind. Bogen und Pfeile von diesen Inseln bilden einen hervorragenden Tauschartikel an vorbeipassirende Schiffe und sind deshalb in Sammlungen nicht selten.

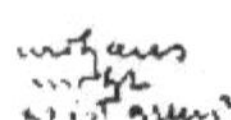

Schmuck.

Sessele (Nr. 481, 1 Stück), Halskette aus längsdurchschnittenen braunen Fruchthülsen, wie dieselben auch in Neu-Guinea benutzt werden. — Insel Savo.

Stirnschmuck (Nr. 420, 1 Stück), bestehend aus einer flachen, runden, aus *Tridacna* geschliffenen Scheibe mit aufgelegter, durchbrochener Schildpattarbeit. — Insel Bougainville.

Diese Art Schmuck gehört mit zu den vorzüglichsten Kunstleistungen der Südseevölker und findet sich meines Wissens ganz in derselben Weise nur noch auf den Admiralitäts-Inseln und ähnlich an der Südwestküste Neu-Guineas wieder (vergl. Nr. 423).

Durch angeworbene Arbeiter gelangen solche Stücke nach den Inseln des Bismarck-Archipels und sind daher zuweilen irrthümlich mit »Neu-Britannien« oder »Neu-Irland« bezeichnet.

Geräthschaften.

Poke (Nr. 897, 1 Stück), Büchse aus Bambu mit sauber eingravirter schwarzer Zeichnung; dient zum Aufbewahren des pulverisirten Kalks für Betelgenuss. — Insel Savo.

Paraka (Nr. 686, 1 Stück), feingestrickter kleiner Netzbeutel als Behälter für Betelnüsse und andere Kleinigkeiten, welche die Männer stets bei sich führen. — Insel Savo.

Waffen.

Potul (Nr. 706, 1 Stück), Wurflanze, 326 Cm. lang, mit hübsch verzierter Spitze und Widerhaken aus Fischknochen. — Insel Bouka.

Potul (Nr. 707, 1 Stück), Wurflanze, 277 Cm. lang, ohne Widerhaken; die Spitze hübsch mit gelbem Stroh umflochten. — Bouka.

Bogen (Nr. 814, 1 Stück), 207 Cm. lang, mit Sehne aus Pflanzenfaser gedreht. — Sir Charles Hardy-Island.

Diese Bogen gehören mit zu den am saubersten gearbeiteten der Südsee.

Von der gleichen Localität sind die drei folgenden **Pfeile**:

Nr. 815, 1 Stück, von Rohr (131 Cm. lang), mit glatter weisser Holzspitze, daher;

Nr. 816 und 817, je 1 Stück, gleiche Länge.

Die drei folgenden **Pfeile** stammen von der Insel Malayta:

Nr. 818, 1 Stück, glatt (142 Cm. lang), ganz wie die vorhergehenden von Sir Hardy.

Nr. 819, 1 Stück (159 Cm. lang), mit zierlich bunt (roth und gelb) umflochtener, glatter Holzspitze und

Nr. 820, 1 Stück (144 Cm. lang), wie vorher, aber mit neun Längsreihen dichtanliegender scharfer Widerhaken aus Knochen.

Uebereinstimmend damit ist:

Pfeil (Nr. 821, 1 Stück), 139 Cm. lang, von der Insel Rubiana.

Die folgenden **Pfeile**:

Nr. 822, 823, 824 (3 Stück), »Iliu« genannt, 136—142 Cm. lang, mit glatter Spitze, und

Nr. 825, 826, 827 (3 Stück), »Warrau« genannt, 135—144 Cm. lang, mit Widerhaken, sind von der Insel Bouka.

Inhaltsverzeichniss.

	Seite
Vorwort von Franz Heger	[1] 83
Einleitung	[4] 86

I. Bismarck-Archipel.

	Seite
1. Neu-Britannien	[6] 88
a. Blanche-Bai	[6] 88
A. Eingeborene	[7] 89
Cannibalismus	[8] 90
B. Körperausputz und Bekleidung	[10] 92
Bekleidung	[10] 92
Tapa	[10] 92
Schmuck und Zierraten	[11] 93
Diwara	[12] 94
Bemalen	[13] 95
Tätowirung	[14] 96
Haarschmuck	[14] 96
Stirnschmuck	[15] 97
Ohrschmuck	[15] 97
Nasenschmuck	[15] 97
Halsschmuck	[16] 98
Brustschmuck	[17] 99
Armschmuck	[17] 99
Leibschmuck	[17] 99
Beinschmuck	[17] 99
C. Häuser und Siedelungen	[18] 100
Ackerbau	[18] 100
D. Geräthschaften und Werkzeuge	[19] 101
Haushaltungsgeräthe	[20] 102
Gewerbskunde	[20] 102
Korbflechterei	[20] 102
Genussmittel	[20] 102
Werkzeuge	[21] 103
Waffen	[21] 103
Jagd	[25] 107
Fischerei	[25] 107
Canus	[26] 108
E. Musik, Tanz und Todtenverehrung	[27] 109
Musik	[27] 109
Tanz	[30] 112
Todtenverehrung	[31] 113
Dugdug	[33] 115
Religion	[33] 115
Heilkunde	[34] 116
Spiele	[35] 117
b. Willaumez	[35] 117
Schmuck	[36] 118
Geräthschaften	[37] 119
Musik	[37] 119
c. French-Inseln	[37] 119
d. Cap Raoul	[38] 120
Schmuck	[38] 120
Geräthschaften	[39] 121
e. Hansabucht	[39] 121
Schmuck	[40] 122
2. Neu-Irland	[41] 123
A. Eingeborene	[42] 124
Cannibalismus	[43] 125
a. Nordende	[44] 126
B. Körperausputz	[44] 126
Bekleidung	[44] 126
Schmuck und Zierraten	[45] 127
Kokonon-Muschelgeld	[45] 127
Uebriger Schmuck	[47] 129
C. Häuser und Siedelungen	[48] 130
Versammlungshäuser	[48] 130
Holzschnitzereien	[49] 131
D. Geräthschaften und Werkzeuge	[53] 135
Werkzeuge	[54] 136
Waffen	[55] 137
Canus	[57] 139
E. Musik, Tanz und Todtenverehrung	[57] 139
Musik	[57] 139
Tanz	[58] 140
Tanzmasken	[59] 141
Todtenverehrung	[61] 143

	Seite
b. Südwestküste	[61] 143
Waffen	[61] 143
Götzenbilder (sogenannte)	[62] 144
Versammlungshäuser	[63] 145
3. Admiralitäts-Inseln	[63] 145
Schmuck	[64] 146
Waffen	[64] 146
Hermit- und Anachoreten-Inseln	[65] 147
4. Salomons-Inseln	[65] 147
Schmuck	[66] 148
Geräthschaften	[66] 148
Waffen	[67] 149

Verzeichniss der Textillustrationen nebst Erklärungen.

				Seite
Fig. 1.	—	Eingeborner von Blanche-Bai mit Nasenschmuck aus Glasperlen und Gesichtsbemalung	[13]	95
» 2.	($^1/_3$)	Schleuder von Blanche-Bai	[23]	105
» 3.	($^2/_3$)	Schleuderstein von Blanche-Bai	[23]	105
» 4.	—	Hantirung der Schleuder	[23]	105
» 5.	—	Angramutschläger von Blanche-Bai	[29]	111
» 6.	—	Pangolospielerin von Blanche-Bai	[30]	112
» 7.	($^1/_2$)	Feiner Kampf-Brustschmuck aus abnorm gekrümmten Eberhauern von Hansabucht, Neu-Britannien	[40]	122

Erklärung zu Tafel III (1).

Bismarck-Archipel. Schmuck.

Fig. 1.	(1/1) Muschelgeld (Diwara), Neu-Britannien, Blanche-Bai	Nr. 628,	Seite 94
» 2.	(1/1) Falsches Muschelgeld, daher	» 631,	» 95
» 3.	(1/1) Muschelgeld (Kokonon), gewöhnliche Sorte, Neu-Irland, Nusa	» 635,	» 127
» 4.	(1/1) Desgl., zweite Sorte, daher	» 634,	» 128
» 5.	(1/1) Desgl., feinste Sorte, daher	» 633,	» 128
» 6.	(1/1) Muschelgeld, Neu-Irland, Südwestküste	» 636,	» 143
» 7.	(1/1) Halskette aus Oliva, Neu-Irland, Nusa	» 485,	» 129
» 8.	(1/1) Halskette aus Coix lacryma, Neu-Britannien, Blanche-Bai	—	» 99
» 9.	(1/1) Desgl., aus Querschnitten von Coix, Neu-Britannien, Willaumez	» 492,	» 118
» 10.	(1/1) Desgl., aus Coix und Pflanzenstengeln, daher	» 493,	» 118
» 11.	(1/1) Halskette aus Diwara und Casuarschwingen, Neu-Britannien, Hansabucht	» 489,	» 122
» 12.	(1/1) Ohrring aus Schildpatt, daher	» 321,	» 122
» 13.	(1/1) Scheibe zu Schmuck aus Conus, Willaumez	» 491,	» 118
» 14.	(1/1) Brustschmuck, Neu-Irland, Nusa	» 486,	» 129
» 15.	(1/1) Reisszahn vom Hunde zu Schmuck, Willaumez	» 491,	» 118
» 16.	(1/1) Zahn vom Beutelthier zu Schmuck, daher (»Angut« von Blanche-Bai)	» 491,	» 118
» 17.	(1/1) Stirnbinde, Neu-Britannien, Willaumez	» 427,	» 118
» 18.	(1/2) Brustschmuck aus Perlmutter, daher	» 490,	» 118
» 19.	(1/1) Nasenstift von Dentalium, Neu-Britannien, Blanche-Bai	» 301,	» 97
» 20.	(1/2) Feines, geflochtenes Armband (linke Hälfte), Neu-Britannien, Forestier-Insel	» 393,	» 120
» 21.	(2/3) Feines, geflochtenes Armband, Willaumez	» 384,	» 119
» 22.	(2/3) Armband aus Schildpatt, Neu-Britannien, Cap Raoul	» 401,	» 121
» 23.	(1/2) Feiner Brust-Kampfschmuck, daher	» 529,	» 121

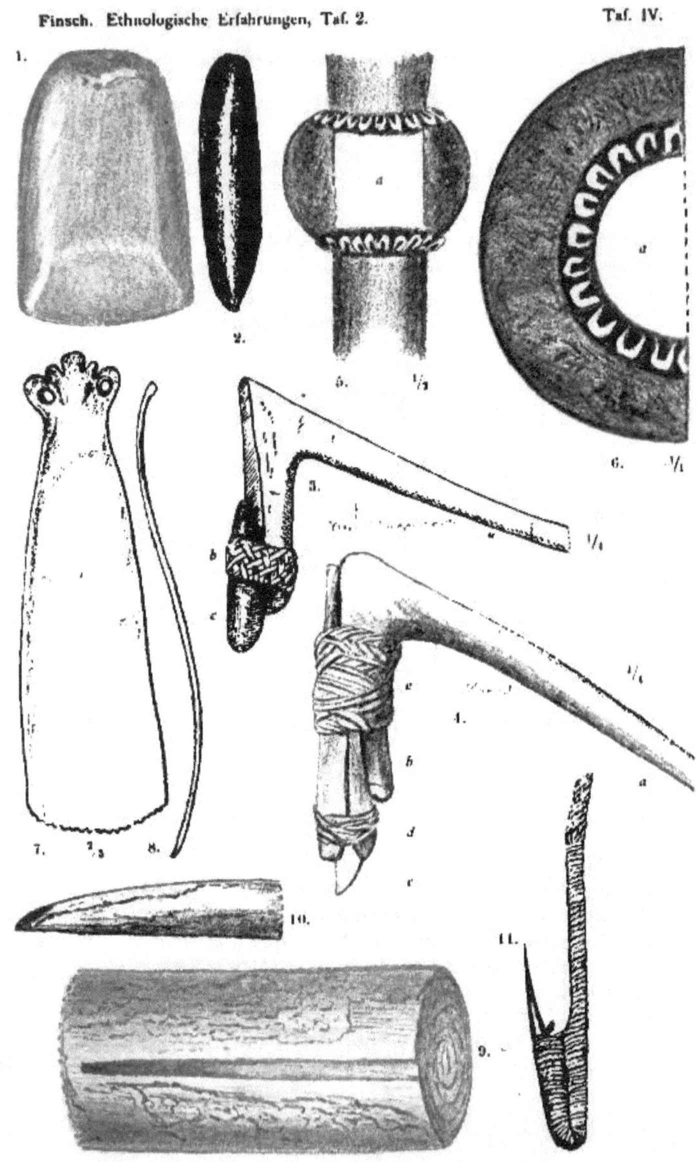

E. Finsch gez.

Tafel VI (4).

Bismarck-Archipel. Schnitzereien.

Erklärung zu Tafel VI (4).

Bismarck-Archipel. Schnitzereien.

Fig. 1. (1/6) Feine Holzschnitzerei aus einem Tabuhause, Neu-Irland, bei Nusa . . . . Nr. 688, Seite

» 2. (1/6) Giebelleiste, daher, Insel Kapsterong . . . . . . » 690, »

» 2a. (1/3) Aufsatz derselben . . . . » 690, »

» 3. (1/6) Geschnitzter Hahn, daher, Nusa . . . . » 694, »

» 4. (1/6) Tanzmaske, daher, Nusa . . . . » 616, »

» 4a. (1/6) Dieselbe, andere Seite . . . . » 616, »

» 5. (1/6) Tanzmaske, daher, Kapsu . . . . » 617, »

» 6. (1/6) Desgl., daher, bei Nusa . . . . » 619, »

» 7. (1/6) Holzschnitzerei zu Maske, Nusa . . . . » 612, »

» 8. (1/6) Desgl., Nusa . . . . » 613, »

» 9. (1/6) Tanzgeräth (Buceroskopf), Nusa . . . » 614, »

» 10. (1/6) Axtstiel, Neu-Britannien, Blanche-Bai » 775, »

Tafel VII (5).

Bismarck-Archipel. Schnitzereien.

Erklärung zu Tafel VII (5).

Bismarck-Archipel. Schnitzereien.

Fig. 1. (1/6) Kulap, grosse männliche Figur, Neu-Irland, Kapsu . Nr. 643, Seite 135
» 2. (1/6) Desgl., weibliche Figur, daher . . . . » 644, » 135
» 3. (1/6) Desgl., weibliche Figur, daher . . . . » 645, » 135
» 4. (1/6) Desgl., männliche Figur, daher, Südwestküste . . . » 647, » 144
» 5. (1/6) Giebelleiste, Neu-Irland, Kapaterong . . . . » 691, » 134
» 5a. (1/3) Kopf von derselben . . . . » 691, » 134
» 5b. (1/3) Scorpion von derselben . . . . » 691, » 134
» 6. (1/1) Muster von einem Speer, daher, Nusa . . . . . . » 734, » 137
» 7. (1/6) Schädelmaske, Neu-Britannien, Blanche-Bai . . . . » 620, » 113
» 8. (1/6) Tanzbrett, daher . . . . » 610, » 113
» 9. (1/6) Talisman für Diebe, daher . . . . » 666, » 116

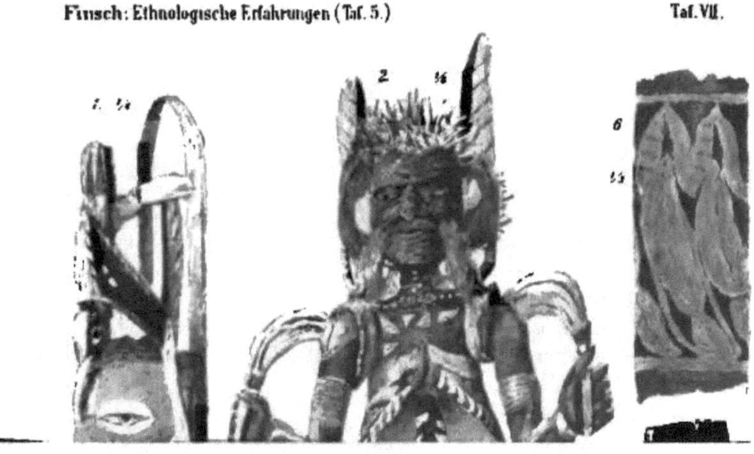
Finsch: Ethnologische Erfahrungen (Taf. 5.)
Taf. VII.

Ethnologische Erfahrungen und Belegstücke aus der Südsee.

Beschreibender Katalog einer Sammlung im k. k. naturhistorischen Hofmuseum in Wien.

Von

Dr. O. Finsch
in Bremen.

Zweite Abtheilung: Neu-Guinea.

Mit zwölf Tafeln (Nr. XIV—XXV) und 36 Abbildungen im Texte.

Neu-Guinea, neben Borneo und Madagascar die grösste Insel der Welt, mit einem Flächenraume von über 785.000 Quadratkilometer (mehr als 14.000 deutsche geographische Quadratmeilen), ungefähr so gross als Spanien und Italien zusammen, zählt noch immer zu den unbekanntesten Gebieten des Erdrundes. Schon seit Anfang dieses Jahrhunderts bis zum 141. Meridian von Holland beansprucht, ist die etwas grössere östliche Hälfte im Jahre 1884 zwischen England und Deutschland getheilt worden.

I. Englisch-Neu-Guinea

umfasst das Festland östlich vom 141. Meridian, nördlich bis zum 8. Grade südlicher Breite (Mitrafels), die Inseln vor der Ostspitze nebst dem Louisiade-Archipel, die d'Entrecasteaux-Gruppe, mit Einschluss von Trobriand und Woodlark, als östlichste Grenzinseln. Bei einem Flächeninhalt von 233.038 Quadratkilometer, also nur wenig kleiner als Gross-Britannien, ist dieses ungeheure Gebiet ethnologisch nur sehr lückenhaft bekannt und das Material noch zu gering, um ein ethnologisches Gesammtbild zu entwerfen. Aber schon jetzt lassen sich gewisse ethnologische Provinzen unterscheiden, die bei eingehenderer Kenntniss ohne Zweifel eine engere Begrenzung nothwendig machen werden. Als eine solche ethnologische Provinz betrachte ich zunächst die

a. Südostküste,

und zwar das Gebiet von Torresstrasse (142. Grad) bis Keppel-Bai (148. Grad). Obwohl geographisch längs der Küste gut erforscht und kartirt, ist unsere Kenntniss des Innern immer noch sehr beschränkt und lückenhaft. Denn nur auf den grossen Wasserstrassen des Flyflusses und der benachbarten Ströme sind Expeditionen mehrere hundert Meilen (englisch) vorgedrungen, während die zu Land erreichten Distanzen, in der Luftlinie gemessen, kaum mehr als 40 Meilen (englisch) überschreiten. Der Grund dieser geringen Erfolge liegt, wie überall in Neu-Guinea, nicht an der Wildheit und Feindseligkeit der Eingeborenen, sondern an der ungenügenden Ausrüstung der bisherigen Expeditionen, in erster Linie an dem Mangel von Trägern. Die Eingeborenen kennen ihre Heimat ja nur auf gewisse, sehr beschränkte Gebiete, und nur zu Wasser werden zwischen gewissen Küstenpunkten regelmässige Handelsreisen unternommen. Die grosse Sprachverschiedenheit, welche auch in diesem Theile Neu-Guineas herrscht, hat nicht wenig zur Isolirtheit der einzelnen Stämme beigetragen und erschwert bei dem Mangel an Dolmetschern selbstverständlich den Verkehr nicht wenig. Die häufig in Fehde lebenden Eingeborenen fürchten sich meist über die Grenzen ihres Gebietes oder das der befreundeten Dörfer hinauszugehen, kurzum es zeigen sich Schwierigkeiten aller Art, wie ich aus eigener Erfahrung kennen lernte. Das Haupthinderniss bleibt aber vor Allem der Mangel an Trägern. Die Eingeborenen sind überhaupt wenig dafür geeignet, und nur mit Hilfe importirter geschulter Träger werden daher Inlandexpeditionen Aussicht auf Erfolg haben. Vergessen wir auch nicht, dass Neu-Guinea ein sehr spärlich bevölkertes Land ist, ohne natürliche Hilfsquellen zur Ernährung einer grösseren Anzahl Reisender, und dass in Folge dessen ausreichend für Proviant gesorgt werden muss. Lastthiere würden sich übrigens allenthalben genügend ernähren lassen und namentlich Esel oder Maulthiere ganz besonders zu empfehlen sein. Wie bei allen Reiseunternehmungen spielt auch für Neu-Guinea die Geldfrage die Hauptrolle, und derjenige, welcher die Verhältnisse kennt, wird sich nicht wundern, dass selbst geschulte und gut ausgerüstete Pioniere, wie James Chalmers, verhältnissmässig nur auf unbedeutende Entfernungen vorzudringen im Stande waren.

Die Spärlichkeit exportwerther Naturproducte hat den Handel von diesem Gebiete bisher ferngehalten, und erst in den letzten Jahren ist mit der Ausfuhr von Cedernholz und etwas Kopra begonnen worden, wofür übrigens nur sehr beschränkte Districte mässige Erträge liefern. Dagegen haben die kleinen Fahrzeuge der Tripangfischer[1]) schon seit Jahrzehnten innerhalb des Barrier-Riffs die Küsten besucht, aber in den meisten Fällen den friedlichen Verkehr mit den Eingeborenen nur erschwert, nicht selten Ausschreitungen zur Folge gehabt. Plantagenwirthschaft wird in diesem Theile Neu-Guineas nicht betrieben oder ist noch nicht über gewisse erste Versuche hinausgekommen; weisse Ansiedler fehlen noch.

Die Erschliessung des Gebietes für die Civilisation ist daher in erster Linie der Londoner Missionsgesellschaft zu verdanken, die ohne die Gegenströmung des Handels, wie sie sich in anderen Gegenden meist nachtheilig bemerkbar macht, noch bis heute das Feld allein behaupten konnte und den grössten Einfluss besitzt. Die Mission begann im Jahre 1871 Stationen zu errichten und mit farbigen Lehrern (Teachers) zu besetzen. Es sind dies Eingeborene aus Ost-Polynesien (Hervey-Gruppe u. s. w.) oder von den Loyalitäts-Inseln, und diesen braunen und schwarzen Sendboten hat die Mission und Civilisation das Meiste zu verdanken. Sie waren die eigentlichen Pioniere, welche sich zuerst unter den sogenannten »Wilden« niederliessen und fast ausnahmslos dauernd freundliche Beziehungen anzuknüpfen verstanden. Englische Missionsvorsteher residiren nur auf Erub (Darnley-Island) in der Ost-Torresstrasse, sowie in Port Moresby, das, zugleich Sitz der Regierung, als eigentliche Hauptstadt von Englisch-Neu-Guinea zu betrachten ist. Im Ganzen besitzt die Mission etwa zwanzig Stationen, die, mit Ausnahme einiger wenigen in der Gegend des Flyflusses, sich zwischen Hall-Sund und Keppel-Bai vertheilen. Die Stationen im Innern mussten in Folge der spärlichen Bevölkerung, die überdies häufig mit ihren Wohnplätzen wechselt, aufgegeben werden,

[1]) Ueber Tripang und andere Naturproducte vergl. meine Abhandlung: »Ueber Naturproducte der westlichen Südsee« (Berlin, Deutscher Colonialverein, 1887, Seite 16).

obwohl die Mission überall die freundlichste Aufnahme fand. Zur Eröffnung und Fortsetzung einer dauernden Freundschaft mit den Bewohnern des Inlandes haben die wiederholten Reisen der Naturaliensammler Goldie, Hunstein und deren Gefährten nicht wenig beigetragen. Sie drangen zuerst in manche vorher unbesuchte Gegenden in der Richtung des Owen-Stanley, sowie des Astrolabe-Gebirges vor und eröffneten überall friedlichen und freundlichen Verkehr, was hier in dankenswerther Anerkennung erwähnt sein mag.

Wenn wir ethnologisch vom äussersten Westen, also der Südküste, westlich von Torresstrasse bis zum 141. Grad, kaum etwas wissen, so ist auch unsere Kenntniss der weiter östlich gelegenen Gebiete um den Papuagolf noch eine sehr mässige und beschränkt sich zumeist auf die Sammlungen, welche durch Expeditionen auf dem Fly und seinen Nachbarströmen gemacht wurden, die grösstentheils in Australien blieben.

Mit Freshwater-Bai erweitert sich unsere ethnologische Bekanntschaft nach Osten und erreicht ihren Höhepunkt in Port Moresby, das in Sammlungen daher meist als Localität für die Südostküste figurirt. Als Centrum des Tauschhandels der Eingeborenen, wie des Fremdenverkehrs überhaupt, werden aus verschiedenen Gegenden, selbst von der Ostspitze Neu-Guineas, Gegenstände nach Port Moresby gebracht, aber nur noch Weniges hier selbst verfertigt. Unter dem jahrelangen Einfluss der Mission ist daher bereits viel Originalität verschwunden, wenn auch anerkennend erwähnt werden muss, dass die Londoner Gesellschaft viel toleranter gegenüber Sitten und Gewohnheiten der Eingeborenen ist als z. B. die amerikanische Mission in Mikronesien.

Durch einen mehr als fünfmonatlichen Aufenthalt (1882) lernte ich die Verhältnisse genauer kennen, indem ich die Küste von Hall-Sund bis Keppel-Bai besuchte und eine Zeitlang meine Hütte unter den Koiäri des Innern am Laloki- und Goldieflusse aufschlug, um so umfassend als möglich Sammlungen und Beobachtungen[1]) zu machen. Wenn in diesem Gebiete auch eine Anzahl verschiedener Stämme in Betracht kommen, deren jeder gewisse Eigenthümlichkeiten besitzt, so lassen sich doch schon jetzt einige ethnologische Charakterzüge aufstellen. Als solche sind zu betrachten: Tätowirung,

---

1) Aus dem reichen Material meiner schriftlichen Aufzeichnungen publicirte ich bisher das Folgende:

1. »Reise nach Neu-Guinea« in: Zeitschrift für Ethnologie (Anthropologische Gesellschaft in Berlin), 1882, Seite 309—313 (mit Skizze: Papuamädchen).

2. »Töpferei in Neu-Guinea«, ibid., Seite 574—576.

3. »Ueber weisse Papuas«, ibid., 1883, Seite 205—208.

4. »Aus dem Pacific. XIII. Neu-Guinea« in: Hamburger Nachrichten, 1882, Nr. 241 (11. October), Nr. 242 (12. October), Nr. 243 (13. October), Nr. 244 (14. October) und 245 (15. October).

5. »Waffen aus der Südsee« in: Schorer's Familienblatt, 1883, Nr. 17 (April), Seite 268, 269 (mit Illustration).

6. »Ein Besuch in einem Papuadorfe auf Neu-Guinea« in: Gartenlaube, 1885 (Nr. 3), mit Bild.

7. »Ueber Bekleidung, Schmuck und Tätowirung der Papuas der Südostküste von Neu-Guinea« in: Mittheilungen der Anthropologischen Gesellschaft in Wien, 1885 (Band XV), 23 Seiten mit 39 Abbildungen.

8. Dasselbe in französischer Uebersetzung in: Revue d'Ethnographie (Paris), 1886, Seite 49—116.

9. »Hausbau, Häuser und Siedelungen an der Südostküste von Neu-Guinea« in: Mittheilungen der Anthropologischen Gesellschaft in Wien, 1887 (Band XVII), 15 Seiten mit 16 Abbildungen.

10. »Abnorme Eberhauer, Pretiosen im Schmuck der Südseevölker« in derselben Zeitschrift, 1887 (Band XVII), 7 Seiten mit einer Tafel (VI) in Buntdruck.

11. »Bemerkungen über eine Tanzmaske von Südost-Neu-Guinea« in: Zeitschrift für Ethnologie (Berlin), 1887, Seite 423—425 (mit Skizze).

12. »Tätowirung und Ziernarben in Melanesien, besonders im Osten Neu-Guineas« in: Joest, Tätowiren etc., 1887 (Berlin, A. Asher & Co.), Seite 36—42, Tafel II.

Pfahlbauten, Baumhäuser, Töpferei, durchbohrte Steinwaffen, ein besonderes Rauchgeräth *(Baubau)*. Kunstvollere Holzschnitzereien, wie Schnitzarbeiten überhaupt, sind wenig entwickelt, am geringsten bei den Motu. Im Vergleich mit Neu-Britannien ist die geringere oder doch minder prunkhaft hervortretende Todtenverehrung bemerkenswerth. Wie weit diese ethnologischen Eigenthümlichkeiten, die ohnehin schon selten an einer Localität vereint vorkommen, sich östlich von Keppel-Bai verbreiten, vermag ich nicht mit Bestimmtheit anzugeben. Wie es scheint, fangen aber schon mit Cloudy-Bai die ethnologischen Verhältnisse an sich zu verändern. Aber der ganze Küstenstrich ostwärts von Keppel-Bai bis Südcap (Stacy-Island) ist ethnologisch noch sehr ungenügend und weniger bekannt als der Westen.

Das letztere Gebiet, von den Inseln der Torresstrasse bis zum Flyfluss, zeichnet sich durch einige ethnologische Charakterformen aus, unter denen ich nur die besondere Bauart der Canus (mit jederseits einem Ausleger), Bogen aus Bambu, Harpunen zum Fange des Dugong (Halicore), die besondere Form der Trommeln, Mumificirung der Verstorbenen und künstliche Deformation des Schädels anführen will. Vieles ist auch hier bereits im Untergange begriffen oder ganz verschwunden, namentlich auf den Inseln der Torresstrasse, die im Ganzen noch etwa 500 Bewohner zählen. Die phantastischen Masken aus Schildpatt, Fische und andere Thiere darstellend, oft von bedeutender Grösse, welche diesem Gebiete früher eigenthümlich waren, erhielt ich zur Zeit meines Aufenthaltes (1881 und 1882) nicht mehr. Durch den regen Verkehr der Perlfischer waren die Eingeborenen bereits in jenem Stadium der Civilisation, welche fast alle Originalität vernichtet, und verfertigten zu ihren Festlichkeiten rohe Masken aus Blech, das sich in Form weggeworfener Gefässe ja bei jeder Station reichlich findet.

A. Eingeborene.

Bezüglich der äusseren Erscheinung verweise ich auf die ausführlichen Mittheilungen in meinen »Anthropologischen Ergebnissen«[1]) etc., Seite 38—52. Darnach sind die Bewohner dieser Küsten, wie des Inlandes echte Papuas und gehören zu derselben Rasse als die Eingeborenen Neu-Guineas überhaupt. Hautfärbung und Haar variiren ausserordentlich und mehr als sonst in Melanesien. So ist schwachgekräuseltes, flockiges, lockiges, welliges, selbst ganz schlichtes Haar (vergl. Fig. 1)[2]) nicht selten, hinsichtlich der Färbung bei Kindern natürlich blondes Haar häufig. Die helle Hautfärbung (Nr. 29—30, selbst 31), welche sich vereinzelt fast allerwärts in Neu-Guinea, wie Melanesien überhaupt, findet, ist an der Südostküste viel häufiger verbreitet als sonst, tritt dabei aber sehr localisirt auf. So wird in manchen Küstendörfern die grosse Anzahl

[1]) Unter denselben nimmt die auf meinen Reisen zusammengebrachte Sammlung von Gesichtsmasken jedenfalls die hervorragendste Stelle ein. Sie zählt im Ganzen 104 Individuen, die, alle nach dem Leben abgegossen und colorirt, ohne Zweifel die beste Darstellung dieser Völker geben. Die schöne Serie von 85 Melanesiern (darunter 24 Bewohner Neu-Guineas und 35 Neu-Britannier), zeigen mit einem Blicke die erheblichen Abweichungen in Physiognomie wie Hautfärbung, welche sich nur schwer beschreiben lassen, und ist ganz besonders geeignet, die Kenntniss dieser Menschenrasse zu fördern. Obwohl ich es mir angelegen sein liess, dieses als Lehrmittel der Anthropologie wichtige Material allgemein zugänglich zu machen, indem selbst kleine Sammlungen (durch Gebrüder Castan in Berlin, Panopticum) bezogen werden können, so hat dasselbe bis jetzt seitens der Museen und Lehranstalten nur geringe Theilnahme gefunden.

[2]) Dieselbe stellt, in eben nicht sehr getreuer Wiedergabe, meine Skizze von Kabadi, eines Motumädchens von Port Moresby (nicht von Hula, wie Seite 16 unrichtig angegeben ist) dar. Sie hatte schlichtes Haar und war sehr hell (circa Nr. 30), ihre typisch dunkel (Nr. 29) gefärbten Eltern dagegen typisches Papuahaar (vergl. Anthropologische Ergebnisse, Seite 46).

hellgefärbter Individuen auffallend und hat zu der Annahme der Vermischung mit eingewanderten malayischen oder polynesischen Völkerstämmen verleitet, eine Ansicht, die schon der gründliche Papuakenner Miklucho-Maclay als irrthümlich zurückweist, worin ich mich ihm nur anschliessen kann. Nach meinen Untersuchungen sind auch die spärlichen Reste der Bewohner der Inseln der Torresstrasse echte Papuas und zeigen keinerlei Vermischung mit den Eingeborenen des australischen Festlandes, die einer sehr distincten Rasse angehören, welche von den »Papuas« mehr abweicht als letztere von Negern. Mit Ausnahme gewisser Districte ist die Bevölkerung an der Südostküste im Ganzen eine spärliche und wird es im Binnenlande noch mehr. Wie überall in Melanesien herrscht grosse Sprachverschiedenheit, welche eine Zersplitterung in viele kleine Stämme, von denen allein an dieser Küste etliche zwanzig zu unterscheiden sind, herbeiführte, die alle eines engeren Zusammenhanges entbehren. Port Moresby ist das Centrum des Stammes der Motu, der von Redscar-Bai östlich bis Kapakapa siedelt und circa 2000 Köpfe zählt. Mit den Motu zusammen leben die Koitapu, welche eine ganz andere Sprache sprechen. Sie bewohnten früher das Binnenland, bis sie von einem andern Stamme, dem der Koiäri, nach der Küste vertrieben wurden. Im Gegensatz zu den Motu, welche, ausser Landbau, hauptsächlich Fischfang betreiben, scheuen die Koitapu die See und sind mit Vorliebe Jäger. Es ist dadurch ein gegenseitiger Tauschverkehr entstanden, der sich nicht blos auf Producte des Landes, sondern auch auf gewisse Erzeugnisse erstreckt und sich allenthalben längs dieser Küste findet. Aber überall bleibt Ackerbau die vorherrschende Beschäftigung, und die Erträge desselben liefern die Hauptnahrungsmittel. Aermere Districte, wie z. B. der von Port Moresby, sind auf Zufuhr von anderwärts angewiesen, und die Motu unternehmen daher als geschickte Canuschiffer weite Handelsreisen. Das Haupttauschmittel seitens der Motu sind ausser *Toias* (Armringe von Conusmuschel) und *Mairis* (Brustschilde von Perlmutter) Töpfe *(Uro)*, für welche Port Moresby an der ganzen Südostküste das Centrum der Fabrikation und des Handels bildet. Schon aus diesem Grunde wird Port Moresby regelmässig von Handelsflotten, namentlich aus dem Westen (Freshwater-Bai) besucht, welche Sago *(Rabia)* einführen, sowie von Bergbewohnern des Innern, die hier ausser Töpfen auch Schildpatt und Muscheln zu Schmuck eintauschen. Port Moresby bietet daher bei längerem Aufenthalt gute Gelegenheit, auch andere Stämme kennen zu lernen.

Fig. 1.

Motumädchen mit schlichtem Haar.[1]

Mit geringen Ausnahmen ist auch in diesem Theile Neu-Guineas die Machtstellung der Häuptlinge[2]) eine sehr unbedeutende und tritt nur bei Fehden, grösseren Jagden,

[1]) Die Clichés für die Textfiguren dieser Abtheilung sind von der Wiener Anthropologischen Gesellschaft freundlichst zur Verfügung gestellt worden.

[2]) Ein solcher Häuptling von bedeutendem Einfluss ist z. B. Gospäna von Maupa, den ich (citirte Abhandlung Nr. 6) und Anthropologische Ergebnisse (Seite 49) beschrieb und dessen Gesichtsmaske ich mitbrachte (Sammlung Nr. 179).

Handelsreisen und Festen stärker hervor. Wenn auch die Keuschheit der Mädchen nicht so streng zu sein scheint als in Neu-Britannien, so ist die Ehe um so reiner, das Familienleben sehr entwickelt und, wie bei allen diesen sogenannten Wilden, ganz besonders die Kinderliebe. Im Allgemeinen herrscht Monogamie. Nur Reiche sind im Stande, mehrere Frauen zu nehmen, da diese einen hohen Brautpreis erfordern, in welchem Toias, Mairis, Halsketten von Hundezähnen *(Totoma)* und Muschelschnüre *(Tautau)* die hervorragendsten Gegenstände sind. Im Westen (Freshwater-Bai) ist kein Brautpreis üblich.

Die Stellung der Frauen ist bei Weitem keine so niedrige und bedauernswerthe, als meist angenommen wird. Sie erfreuen sich im Allgemeinen guter Behandlung und nehmen zuweilen sogar an den Berathungen der Männer theil, wie ich im Streit mit Keulen bewaffnete Mädchen in der ersten Reihe der Kämpfenden thätig sah. Im Nara-District bei Port Moresby herrscht sogar Koloka als Königin.

Die Motu und andere Küstenstämme, welche länger im Verkehr mit Weissen stehen, sind vom Hange zum Stehlen nicht freizusprechen, aber die Bewohner des Innern scheinen denselben nicht zu kennen. Wenigstens ist mir hier nie das Geringste entwendet worden, obwohl eine Menge sehr verführerischer Sachen oft gänzlich unbewacht in meinem Lager umherstanden. Trunksucht und Syphilis sind, auch in diesem Theile Neu-Guineas, glücklicherweise noch unbekannt. Mord kommt im Ganzen selten vor, ebenso Ehebruch, der meist mit Verstossen der Frau bestraft wird. Anerkennend zu erwähnen ist die strenge Schamhaftigkeit, welche gerade bei sogenannten Naturvölkern streng geübt wird und bekanntlich durch geringe Bekleidung oder völlige Nacktheit keine Einbusse erleidet. Massacres sind erst in Folge der Ausschreitungen Weisser verübt worden, unter denen namentlich Tripangfischer durch schlechte Behandlung und Uebervortheilung der Eingeborenen ihr Schicksal selbst provocirten. In den 17 Jahren, dass die Mission an diesen Küsten siedelt, hat dieselbe nur den Mord zweier eingeborenen Lehrer auf Bampton-Insel, nahe der Mündung des Flyflusses, und zwölf zur Mission gehöriger Farbiger in Kalau, in Hood-Bai (März 1881) zu beklagen, wobei besondere Verhältnisse die Schuld trugen. Dasselbe gilt bezüglich der Ermordung von Dr. James und Thorngreen bei Jule Island, dessen Bewohner durch den Aufenthalt von d'Albertis eben keine freundschaftlichen Erinnerungen und Gefühle für Weisse bewahrt haben mochten. Alles in Allem dürfen die Eingeborenen, namentlich die Bergbewohner weiter im Innern, als friedliche Menschen bezeichnet werden, und die gefürchteten Bewohner von Cloudy-Bai, welche allgemein als notorische Räuber gelten, sind wahrscheinlich auch nicht so schlimm als ihr Ruf.

Cannibalismus kommt, wenigstens soweit es die Motu und die Stämme von Hall-Sund bis Keppel-Bai, sowie die des Innern betrifft, ganz bestimmt nicht vor und war niemals Sitte. Die Eingeborenen im Eläma-District von Freshwater-Bai und weiter westlich sollen Cannibalen sein, und nach dem, was Chalmers[1]) berichtet, ist wohl kaum daran zu zweifeln, wenn er auch selbst niemals Augenzeuge war.

B. Körperausputz und Bekleidung.

Mit Ausnahme der Districte des Papuagolfes, westlich von Maclatchie-Point, wo wenigstens die Männer völlig nackt gehen, pflegen alle Bewohner der Südostküste die Geschlechtstheile zu verhüllen, wenn dies auch bei den Männern meist sehr ungenügend

1) »Pioneering in New-Guinea« (London, 1887), Seite 59.

geschieht und nach unseren Begriffen nicht als **Bekleidung** bezeichnet werden kann. Für gewöhnlich genügt ein Stück Strick, Bast oder Liane in der Weise um den Leib gebunden, dass ein Ende zwischen den Schenkeln durchgezogen und hinterseits festgeknüpft wird (Fig. 2). Die Hoden bleiben dadurch meist mehr oder minder sichtbar, ebenso der mit der Vorhaut in den Leibstrick eingeklemmte Penis. Diese nothdürftige Bekleidung, *Tikini (Tiki oder Tserikini)* genannt, gilt bei Papuas ebenso decent als die unsere; mit dem Tikini erscheinen sie selbst in der Kirche, und bei zufälligem Herabfallen des Leibstrickes wird sich jeder für so nackt halten als wir ohne Beinkleider. Die Ansichten über Schamhaftigkeit sind eben sehr verschieden. So pflegen die Motu von ihren nacktgehenden Rassegenossen im Westen als von »nackten Wilden« zu sprechen.

Fig. 2.

Motuhäuptling in vollem Staate.

Feine Tikini bestehen aus langen Streifen geschlagenen Baumbastes oder Tapa, die zuweilen in ziemlich rohen Mustern orange und schwarz bemalt sind, wie die folgenden Nummern der Sammlung:

Tikini[1]**, Tiki oder Tserikini** (Nr. 250 und 251, 2 Stück), Schambinden aus grober Tapa (2 M. lang, 5, resp. 6 Cm. breit) von Port Moresby und Kapakapa, einem Motudorf etwas östlich von Port Moresby. Derartige feine Tikinis werden nur bei festlichen Gelegenheiten, namentlich von jungen Stutzern getragen und sind besonders in der Gegend zwischen Port Moresby und Keppel-Bai in der Mode. Als besonders fashionabel gilt es, den Tikini so eng als möglich zusammenzuschnüren, so dass das Bauchfleisch zu beiden Seiten weit über die Einschnürung hervorquillt (vergl. Fig. 3). Männer von 1½ M. Körperhöhe erhalten dadurch eine Taille von nur 58 Cm. Umfang, und selbst ein Hüne wie Goapäna (Seite 297) hatte bei 1·81 M. Körperhöhe nur 85 Cm. Bauchumfang. Dieses enge Zusammenschnüren und Wegpressen der Geschlechtstheile hat häufig gesundheitsschädliche Folgen. Orchitis und Phimose sind, selbst bei Kindern, nicht selten. Knaben, welche bis zum achten oder zehnten Jahre meist völlig nackt gehen, pflegen erst mit dem dreizehnten oder vierzehnten Jahre den Tikini permanent zu tragen und treten dann unter die Jünglinge ein.

[1]) Die Eingeborenennamen sind, wo es nicht anders bemerkt ist, die der Motusprache, in welcher, wie in fast allen melanesischen Sprachen, *r* und *l* gleich sind.

Knaben, welche zum ersten Male den Tikini tragen, werden bei dieser Gelegenheit, die gleichsam eine feierliche ist, besonders fein ausgeputzt, wie der junge Bursche auf der Abbildung (Fig. 3).

Westlich von Hall-Sund in Maiva und Motumotu tragen die Männer einen breiteren Schamgurt, der die Geschlechtstheile vollständig verhüllt. Häufig hängt hinterseits ein langes Ende schwanzartig herab, was auch hier die Mythe von »geschwänzten Menschen« erfinden liess.

Fig. 3. Motuknabe von Anuapata in vollem Staate.

Fig. 4. »Iru«, Frau von Hula, Hood-Bai.

Schon von früher Jugend an, in dem Alter, wenn ein Kind laufen kann, trägt das weibliche Geschlecht um die Lenden sogenannte Grasröcke oder Schürzchen, die auch in unserem Sinne als Bekleidung gelten dürfen. Es ist dies der *Lami* (oder *Rami*), ein von den Hüften bis fast zu den Knieen reichender Rock, der rings um den Leib schliesst oder doch nur an der rechten Hüfte einen Theil der Schenkel freilässt (Fig. 4). Das Material zu diesen Lamis sind Blattfasern, und zwar breitere von der Cocospalme oder sehr schmale von der Sagopalme, von denen erstere die Alltags-, letztere die Feiertracht bilden. Weiter östlich, namentlich von Hood- bis Keppel-Bai, wird ein anderes Material zu Alltags-Lamis verwendet, Kapa genannt; das sind die circa 1 M. langen und 15 Cm. breiten Blätter einer hohen, krautartigen, aloëartig aussehenden Pflanze. Diese Blätter werden getrocknet und in 2—3 Cm. breite Streifen gespalten, die wie breite, blassgelbe Bänder aussehen. Diese Art Lamis zeigt die folgende Nummer:

Tzilikä-u (Hood-Bai-Sprache), Nr. 234, 1 Stück, Weiberrock von Hula in Hood-Bai.

Feinere Lamis werden aus *Imudi*, d. h. der Blattfaser der Sagopalme, gefertigt, die man mittelst eines scharfkantigen Muschelstückes (meist Pinna) in sehr dünne, kaum 1—2 Mm. breite Fasern spaltet. Sie sind entweder Naturfarben, wie die folgende Nummer

Lami (Nr. 235, 1 Stück), Weiberrock von Port Moresby, oder buntgefärbt wie:

Lami (Nr. 236, 1 Stück), sehr feinfaseriger Weiberrock, mit gelben, kirschbraunen und schwarzen Querstreifen von Port Moresby.

Da die Sagopalme im Gebiet von Port Moresby nicht vorkommt, so bilden Imudi wie fertige Lamis einen Tauschartikel der Weiber untereinander. Sie erhalten dieselben meist von Manumanu in Redscar-Bai, sowie weiter westlich, wo schmalfaserige Lamis sehr häufig sind, dagegen breitblättrige aus dem Osten von Hood-Bai. Von hier wird noch eine besondere Sorte bezogen, *Räwa* genannt, die namentlich in Hood-Bai heimisch ist. Diese Räwa bestehen aus Blattfasern dreier verschiedener Pflanzen. Die Unterlage bilden die 6–9 Cm. breiten Blattstreifen (wohl von Pandanus), Räwa genannt, in Naturfarbe, über welche feingespaltene Fasern der Sagopalme, schön roth gefärbt, daher *Ramikaka* (*kaka* = roth), zuweilen noch gelbe Fasern geknüpft sind. Als Garnirung werden Streifen von Kapa, gleich blassgelben Bändern, hinzugefügt, mit denen der obere Rand des Lami meist in doppelter Reihe besetzt ist. Diese buntgefärbten, garnirten Staatslamis werden vorzugsweise von der heiratsfähigen Jugend getragen und kleiden in der That sehr artig. Ueberhaupt wissen die Papuafrauen, und namentlich Mädchen, im Lami eine gewisse Koketterie zu entfalten. So entsteht durch Uebereinandertragen von zwei bis drei dieser Kleidungsstücke eine reiche Fülle, welche beim Gehen namentlich die hintere Partie, unterstützt durch ein künstliches Wackeln, in lebhaftes Hin- und Herschwenken bringt, was als schön gilt. Auf Reisen pflegen Frauen stets feine Lamis mitzuführen und legen dieselben an, d. h. binden sie über den alten, wenn sie sich ihrem Bestimmungsorte nähern, um hier in voller Toilette zu erscheinen.

Im District von Freshwater-Bai und weiter westlich kleidet sich das weibliche Geschlecht nicht so decent und begnügt sich mit der

Nare (Motumotu, Nr. 237, 1 Stück), Doppelschürzchen aus fein gespaltener, buntgefärbter Blattfaser der Sagopalme von Motumotu. Das längere Schürzchen wird vorne, das kürzere hinten getragen.

Tapabereitung (vergl. I, Seite 92) ist bekannt; das Material wahrscheinlich ebenfalls die Rinde einer *Broussonetia*, welche einen ziemlich groben Stoff:

Dabua (Nr. 257, 1 Stück als Probe) liefert, der übrigens nur untergeordnet als Bedeckung benutzt wird. Bei kühlem, regnerischem Wetter, in der Morgenfrische, oder wenn sie sich krank fühlen, pflegen die Papuas ein grosses Stück Tapa togaartig um den Körper zu schlagen. Auch Frauen hüllen sich zuweilen in Tapa, bedienen sich aber bei Regenwetter meistens eines Lami, der nach Art einer Mantille um die Schultern geschlagen wird. Die Motu von Port Moresby verstehen keine Tapa zu bereiten, sondern beziehen sie aus dem Westen, wo sie, namentlich im Maiva- und Eläma-District, häufiger verfertigt wird und bei den Motumotu »*Putu*« heisst. Feine und mit Malerei verzierte Tapa (wie z. B. Nr. 263 und 264 von Neu-Britannien, I, Seite 93) ist mir in Neu-Guinea nicht vorgekommen.

Europäische Kleidung kommt, um dies noch zu erwähnen, im Grossen und Ganzen noch nicht für die Eingeborenen in Betracht, die derartige Kleidungsstücke nur als Staat, aber nicht als Bedürfniss betrachten. Die Missionszöglinge tragen meist einen »*Lavalava*« (Lendentuch), sogenannte Aelteste der Kirche hemdartige Gewänder, namentlich Sonntags, der an den Missionsstationen die wunderlichsten Trachten entwickelt, besonders in Port Moresby. Papuafrauen mit Grasrock, Kattunjäckchen und blumengarnirten Strohhüten sind dort nichts Seltenes und sehen ebenso possirlich aus als solche in Kleidern mit Volants und Schleppe.

Schmuck und Zieraten sind, auch hinsichtlich des Materials, mannigfacher als im Bismarck-Archipel und dabei zum Theile in kunstvollerer Bearbeitung vertreten. Perlmutter und Schildpatt finden häufiger Anwendung, ebenso *Tridacna*-Muschel (zu Nasenkeilen Nr. 304). Von anderen Conchylien werden hauptsächlich benutzt: eine Art kleine *Cypraea* oder *Cassidula* (Taf. XIV [6], Fig. 6), *Conus*, *Oliva (carneola)*, *Cymbium* und *Spondylus*.

Zähne vom Känguru, Hund und Schwein (letztere zum Theile bearbeitet) sind sehr geschätzt, zum Theile Kostbarkeiten von höchstem Werthe, wie z. B. abnorm gewachsene, fast zirkelrunde Eberhauer (vergl. Seite 295, Abhandlung 10,[1]) Menschenzähne finden keine Benutzung; merkwürdigerweise auch nicht die des Dugong (*Halicore*), die als Jägertrophäen für Eingeborene doch geschätzt sein sollten, wie z. B. Eckzähne des Hirsches bei unseren Nimrods. *Cuscus*-Zähne (Angut, I, Seite 93, Taf. III [1], Fig. 16) bleiben trotz des häufigen Vorkommens dieser Beutelthiere (*Phalangista* [*Cuscus*] *maculata* und *orientalis*) unbenutzt.

Dagegen ist Federschmuck sehr mannigfach und wird in verschiedenen, zum Theile kunstreichen Arbeiten (vergl. Taf. XXII [14], Fig. 1) hergestellt, die durchaus von den wenigen im Bismarck-Archipel (I, Seite 97) üblichen abweichen. Am häufigsten verwendet man Federn vom Casuar, Paradiesvogel (*Paradisea Raggiana*) und gewisser Papageien. Von letzteren werden besonders Kakatus (*Cacatua Triton*) und Edelpapageien (*Eclectus polychlorus*) hauptsächlich der Federn wegen gehalten, die man ihnen von Zeit zu Zeit ausrupft, wobei Kakatus ihre Hauben-, Edelpapageien ihre Schwanzfedern hergeben müssen. Hahnenfedern wie Blätterschmuck findet minder häufige Anwendung als im Bismarck-Archipel (I, Seite 97 und 98). Meist wird ein Büschel wohlriechender Kräuter oder buntfarbiger Crotonblätter im Armband getragen, und zwar von beiden Geschlechtern, von denen das weibliche in manchen Gegenden noch mit besonderer Vorliebe das Haar mit eingesteckten rothen *Hibiscus*-Blumen ziert.

An Samenkernen benutzt man, wie im Bismarck-Archipel, keine rothen *Abrus*-Bohnen, sondern nur die von *Coix lacrymae* (Taf. III, Fig. 8), eine besondere Art glänzend schwarzer Fruchtkerne, *Gudduguddu* (Taf. XIV [6], Fig. 1 c), und verfertigt aus Cocosnussschale oder runde flache Rinde-Plättchen oder Perlen.

Eine besondere Art Schmuck sind feine Flecht- oder Knüpfarbeiten aus dünnen Bindfaden, die wie gewebt aussehen und für gewisse Gebiete dieser Küste charakteristisch werden.

Wie die meisten Zieraten und Schmuckgegenstände als Tauschmittel Verwendung finden, so ganz besonders einige, welche das hiesige **Geld** repräsentiren, wenn auch nicht in so ausgebreiteter Weise wie Diwara (I, Seite 94) oder Kokonon (Seite 127) im Bismarck-Archipel. Dem Diwara entspricht am meisten das *Tautau* (Taf. XIV [6], Fig. 6), ebenfalls eine kleine Muschel, deren wissenschaftlicher Name noch nicht festgestellt ist, die aber keiner *Nassa*, sondern einer Art *Cassidula* oder *Cypraea* angehört und fast über ganz Neu-Guinea Verbreitung findet. Durch Abschlagen des Rückenstückes entstehen zwei Löcher (Taf. VI, Fig. 3 *b*), durch welche die Muscheln aufgeflochten werden und sich dadurch leicht von dem einlöcherigen Diwara (Taf. III [1], Fig. 1 *c*) unterscheiden.

Bedeutend werthvoller und gleich grossem Silbergeld sind Hundezähne zu betrachten, und zwar wie stets nur die Eckzähne (Taf. III [1], Fig. 15), wovon jeder Hund bekanntlich nur vier besitzt. Sie spielen im Kaufpreis der Frau eine wichtige Rolle, wie *Toias* (Taf. XV [7], Fig. 1), d. h. Armringe aus dem Querschnitt eines *Conus millepunctatus* und *Mairis*, d. h. halbmondförmig geschliffene Stücke Perlmutterschale, die das werthvollste Tauschobject repräsentiren. Flache runde Muschelplättchen (ähnlich Taf. III [1], Fig. 4 und 6) kommen in diesem Gebiet nur vereinzelt vor, ebenso solche von rothem *Spondylus* (Taf. XIV [6], Fig. 1 *a*), die von der Ostküste eingeführt, aber nicht selbst verfertigt werden.

[1]) Hier ist auch (Seite 7) die richtige Erklärung über die Entstehung dieser abnormalen Zahnbildung gegeben, die in meiner früheren Abhandlung (Seite 295, Nr. 7, Seite 11) unrichtig war.

Obwohl Glasperlen, »*Akáu'a*«, und zwar kleine rothe, im Verkehr mit Weissen eine hervorragende Rolle spielen und sehr begehrt sind, so sieht man solche doch im Ganzen wenig verwendet, am meisten noch zu Ohrbommeln. Der reiche Ausputz des weiblichen Geschlechts mit zahlreichen Schnüren Glasperlen um Hals, Brust und Hüfte, wie er in Neu-Britannien üblich ist (Seite 99 und Fig. 6, Seite 112) fällt hier fast ganz weg. Wie überall in Melanesien, schmückt sich das weibliche Geschlecht viel weniger als das männliche, mit Ausnahme der **Tätowirung**.

Fig. 5.

»Ebohila«, Motufrau von Anuapata.

Sie ist hauptsächlich bei den Motu, hier *Räwaräu'a* (= zeichnen, schreiben) genannt, üblich und wird lediglich im Sinne der Verschönerung als Körperzier angewendet, mit der sich selbst das Auge des Fremden bald befreundet. Die hiesige Tätowirung zeichnet sich durch den schriftartigen Charakter der Zeichen aus, die wie Buchstaben К, N, V Σ ∿ aussehen. Doch herrscht grosse Verschiedenheit, und das Andreaskreuz im dunklen Felde ⊠, sowie das Malteserkreuz ✠ werden häufig angewendet. Gewöhnlich wird schon im Kindesalter mit Tätowiren begonnen, meist im Gesicht (vergl. Fig. 6), auf dem Bauche oder den Armen und damit je nach Laune oder Gelegenheit fortgefahren. Bestimmte Satzungen und Vorschriften gibt es nicht, und die Tätowirung ist weder an ein gewisses Alter, noch Zeit oder Zeichen gebunden, mit Ausnahme des *Gato*. So heisst der doppelte, latzartige Bruststreif (Fig. 5), welcher für die Motofrauen charakteristisch wird und eigentlich die Verheiratete kennzeichnet. Deshalb wird der innere Streif *Natuna* (Kind), der äussere *Sinana* (Mutter) genannt. Aber meist lassen sich verlobte Mädchen schon den Gato tätowiren, den sie dann behalten müssen, wenn auch die Verlobung zurückgeht, wie dies vorzukommen pflegt (und z. B. bei Iru, Seite 300, Fig. 4, der Fall war). Da die Tätowirung zu verschiedenen Zeiten und meist von anderen Personen ausgeführt wird, so entsteht daraus die grosse Verschiedenheit in der Zeichnung und der Mangel an Symmetrie, welche sich namentlich in der Motu-Tätowirung finden.

Fig. 6.

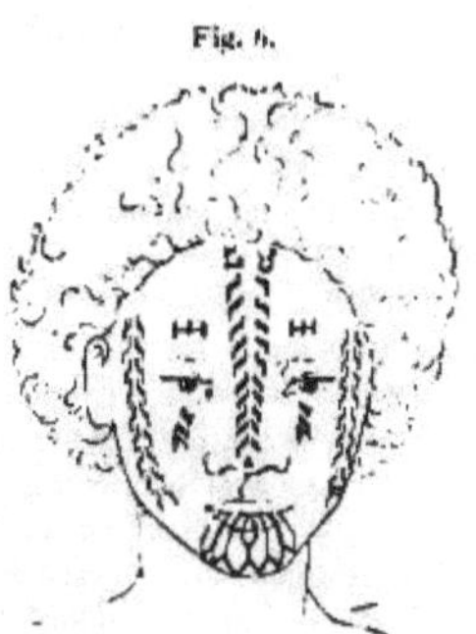

Gesichtstätowirung eines Mädchens von Hula.

Die beigegebenen Abbildungen von Ebohila (Fig. 5 und 7, Vorder- und Rückseite) werden dies am besten zeigen.

Die Procedur des Tätowirens ist im Ganzen eine sehr einfache. Mittelst eines zündholzstarken Hölzchens wird die Zeichnung mit schwarzer Farbe, *Lamanu*, aus Russ von gebrannten Cocosnussschalen auf die Haut gezeichnet und dann mit einer

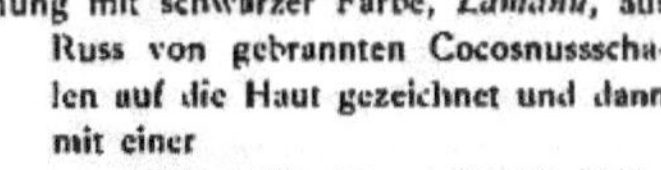

Gihni (Nr. 374, 1 Stück), Nadel eingeschlagen, die aus einem rechtwinklig abgeschnittenen Dorn eines Strauches besteht (Fig. 8). Zum Einschlagen bedient man sich eines

Fig. 7.

Rückseite von »Ebohila«.

Fig. 8.

Tätowirnadel.

Iboki (Nr. 375, 1 Stück), Klopfer aus Hartholz (21 Cm. lang), der an dem etwas verdickten Ende mit Bast umwickelt ist, um den Schlag zu mildern. Durch sanftes Klopfen dringt die Spitze des Dornes durch die Oberhaut und erzeugt eine prickelnde, keineswegs sehr schmerzhafte Empfindung, wie auch der Heilprocess meist ein sehr rascher ist und ohne Entzündung vorübergeht. Der »Gato« wird gewöhnlich in einer Sitzung von 2 bis 3 Stunden tätowirt. Fast jede Mototrau versteht zu tätowiren, ohne ein Gewerbe daraus zu machen. Doch gibt es Künstlerinnen, die sich eines besonderen Rufes erfreuen, höher bezahlen lassen und zuweilen besondere Zeichen, gleichsam ihre eigene Marke, mit in Anwendung bringen. Die Frauen der Koitapu tätowiren sich ganz in denselben Mustern als die Motu. Bei den Koiäri im Innern, wie westlich von Redscar-Bai, ist Tätowirung kaum mehr Sitte und wird nur von Einzelnen in wenigen Strichen angewendet, wie auch Motufrauen in sehr verschiedenem Grade tätowirt sind. Aber die Weiber der Motumotu, welche mit der Sagoflotte aus Freshwater-Bai nach Port Moresby kommen, lieben es, gleichsam zur Erinnerung an die grosse Reise, sich hier tätowiren zu lassen. Im District von Hood-Bai ist Tätowirung noch sehr im Schwange und, bis auf geringfügige Abweichungen, dieselbe als bei den Motu (vergl. Fig. 4). Mit Keppel-Bai scheint das Tätowiren an der Südostküste die östlichste Grenze zu erreichen, und wir finden sie dann erst auf Dinner-Insel wieder. Die Tätowirung in Keppel-Bai weicht (wie die Skizze einer jungen Frau von Maupa, Fig. 9, zeigt) durchaus von der bei den Motu üblichen ab und unterscheidet sich von dieser vor Allem durch den Mangel des Gato, das Vorkommen von Bogenlinien und die symmetrische Vertheilung des Musters. Im Ganzen wird Tätowirung in Keppel-Bai wenig geübt, und man sieht nur vereinzelt reich damit verzierte Frauen, die dann gewöhnlich Häuptlingsfamilien angehören. So ist die Figur 9 dargestellte Frau eine Schwester des »grossen Häuptlings Goapäna« (Seite 297). Bei Männern ist Tätowirung sehr selten, kommt aber einzeln längs der ganzen Südostküste vor. Bei den Motu lassen sich junge Leute zuweilen das Gesicht, mit Ausschluss des Kinns, in ähnlicher Weise wie die Frauen und als Verschönerung tätowiren. Tätowirung auf anderen Körpertheilen, namentlich der Brust, gilt meist als sichtbares Zeichen verrichteter Heldenthaten des Betreffenden, kennzeichnet also den siegreichen Krieger. Derselbe braucht übrigens nur an einem Kampfe theilgenommen und nicht selbst einen Feind erschlagen zu haben, ja gewisse Zeichen vererben sich von Vater auf Sohn. Die Muster der Tätowirung bei Männern sind meist sehr einfache (vergl. Fig. 10) und werden vorzugsweise auf Brust, Schulter und Schenkel, seltener auf den Armen angebracht. Der grosse Häuptling Goapäna von Maupa hatte auf jeder Schulter ein Zeichen (Fig. 11 *a*), eines auf dem linken Arme, zwei auf der Vorderseite des Oberschenkels (Fig. 11 *b*) und auf dem Gesäss.

Fig. 9.

Junge Frau von Maupa, Keppel-Bai.

Eine ausführliche, durch 24 Abbildungen illustrirte Darstellung der Tätowirung an dieser Küste gibt die Abhandlung Seite 295 (Nr. 7).

Fig. 11 *a*

11 *b*.

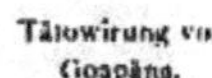

Tätowirung von Goapäna.

Fig. 10.

Tätowirte Brust eines Mannes.

Ziernarben erinnere ich mich nicht gesehen zu haben; sie mögen aber trotzdem vorkommen.

Bemalen wird nicht in dem Masse als Verschönerung des Körpers angewendet wie im Bismarck-Archipel, aber die Farben (Seite 95) sind dieselben, nämlich Schwarz *(korrema)*, Weiss *(kurrokurro)* und Roth *(kaka)*. Dabei bezeichnen diese Wörter die Farben und sind nicht, wie in Neu-Britannien, identisch mit dem Material. So heisst z. B. der zum Bemalen benützte rothe mineralische Stoff »*Paira*«, gegenüber *kaka*, im Farbensinne. Zum Schwarzbemalen verwendet man gern:

Lagoa (Nr. 624, 1 Stück), ein Mineral (Eisenerz oder Mangan), das aus dem Innern von Redscar-Bai im Tausch an die Küste gelangt, wie *Nadiumu*, ebenfalls ein Mineral, das dem gleichen Zwecke dient. Man reibt diese Stoffe auf einem Stein und malt sich mit dem Pulver einen Längsstrich über Stirn und Nase und je einen Querstrich unter das Auge. Roth und Weiss werden vorzugsweise bei festlichen Gelegenheiten und von den Männern benützt, die zuweilen den ganzen Oberkörper roth bemalen.

Schwarzmalen des Gesichtes, oft des ganzen Körpers, mit Russ, *Lamanu*, aus gebrannter Cocosnussschale und Cocosöl gilt an dieser ganzen Küste, wie im Innern, als Zeichen der Trauer, der beim Tode eines Häuptlings das weibliche Geschlecht oft wochenlang Ausdruck geben muss. In gewissen Gebieten, z. B. in Hood- und Keppel-Bai, herrscht eine besondere Trauertracht, in Kopfbinden, Gürteln und Ohrbommeln (meist aus Samen von *Coix lacrimae*) bestehend, die sehr eigenthümlich kleidet (vergl. Seite 295, Abhandlungen Nr. 7, Seite 13 und 14).

Kopfschmuck. Das Kopfhaar erfreut sich bei fast allen Stämmen dieser Küste besonderer Sorgfalt und Pflege, soweit es die Jugend beider Geschlechter betrifft. Es wird mit einem mehrzinkigen hölzernen Instrument, einem sogenannten Kamm, sorgfältig aufgezaust und bildet in Folge dessen, bei der spiraligen Kräuselung, welche für das melanesische Haar eigenthümlich ist, eine umfangreiche künstliche Wolke (*Mop*) (Seite 303, Fig. 6), welche je nach Bedürfniss chignonartig aufgebunden wird. Schlichthaarige Personen (wie z. B. Seite 297, Fig. 1), oder solche mit lockigem Haar vermögen diese so sehr beliebte Haartour nicht zu erzielen, die überhaupt nur Männer und Mädchen ziert. Bei den Motu tragen verheiratete Frauen kurzes Haar (Seite 303, Fig. 5) oder rasieren den Kopf (mit Obsidiansplittern, jetzt mit Glasscherben) völlig. Im Westen (Freshwater-Bai) sah ich sowohl bei Männern als Frauen höchst groteske eigenthümliche Frisuren und Haartrachten, darunter den einem bairischen Raupenhelm ähnlichen Haarwulst, wie wir ihn bei den Neu-Irländern (I, Seite 128) kennen lernten. Die Männer des Innern, besonders die Koiäri, hüllen das Kopfhaar in ein Stück feiner, ungefärbter Tapa turbanartig ein, was für diese Stämme charakteristisch wird. Die Koiäri lieben es auch, Stückchen Muschel, namentlich rothe *Spondylus*, im Haar zu befestigen, meist in der Weise, dass durch ein Loch in dem Muschelstück ein Haarbüschel gezogen wird. Diese Sitte stammt von der Küste, woher die Koiäri auch die Muscheln im Tausch (meist gegen Paradiesvögel) erhalten, und ist namentlich in Hood-Bai heimisch. Klingeln aus Muscheln, wie in Neu-Britannien (I, Seite 98) habe ich an dieser Küste nicht bemerkt. Aber die Koiäri pflegen Nussschalen im Nackenhaar zu befestigen, die beim Gehen ebenfalls ein klapperndes Geräusch hervorbringen.

Fig. 12. Fig. 13.
Haarkämme.

Die Instrumente zum Aufzausen des Haares bestehen meist aus mehreren zusammengebundenen Stäbchen und haben die beistehende Form (Fig. 12, 13). Als Kopfzierde werden sie nur von Männern, vorzugsweise jungen Leuten, getragen, und zwar ins Stirnhaar gesteckt, so dass der lange Stiel wagrecht vorragt. Letzterer ist selten mit geringer Schnitzerei, dagegen häufig mit aufrechtstehendem oder herabhängendem Federschmuck verziert. In der Regel genügen zwei Schwanzfedern der weissen Fruchttaube (*Carpophaga spilorrhoa*), bei den Motu »*Pone*« genannt, ein paar gelbe Haubenfedern des Cacatu (*Cacatua Triton*), oder rothe und blaue Papageifedern (von *Eclectus*); zuweilen befestigt man nur einen herabhängenden Streif, plisséartig gefaltetes Pandanusblatt oder europäischen Zeuglappen, der vor dem Gesicht hin- und herflattert. Junge Leute, die nur mit dem Tikini (Seite 299) nothdürftig bekleidet in die Kirche kommen, dürfen in derselben keinen Kamm tragen, wahrscheinlich, weil die Mission denselben identisch mit Kopfbekleidung betrachtet. Kämme sind über das ganze Gebiet, sowohl an der Küste, wie im Innern verbreitet und bilden einen wesentlichen Schmuck, sowie nothwendiges Geräth des Mannes, der mit Aufzausen seines Haares oft Stunden verbringt.

Iduarri (Nr. 282, 1 Stück), dreizinkiger Kamm, in Bambu eingesponnen, am Ende mit Federschmuck (rothen und blauen von *Eclectus polychlorus*). Port Moresby.

Iduarri (Nr. 283, 1 Stück), fünfzinkiger Kamm, fein in Bindfaden eingesponnen. Port Moresby.

Iduarri (Nr. 284 *a*, 1 Stück), fünfzinkiger Kamm, sehr lang (40 Cm.), aus einem Stück geschnitten, der Stiel mit eingeschnittenen Randverzierungen, an der Spitze Federschmuck (rothe Federn von *Eclectus*-Weibchen), von Kaire, etwas östlich von Port Moresby.

Als Schmuckhalter für Federn benützt man auch Knochenstücke, *Jabi* vom Schwein, *Hägatu* vom Casuar und

Kobi (Nr. 284, 1 Stück), gespaltener, zweizinkiger Känguruknochen. Port Moresby. Die Federn werden in die Oeffnung, der Knochen ins Haar gesteckt. Ebenfalls nur Männerschmuck.

Bemalen des Kopfhaares ist ebenfalls üblich, aber seltener als im Bismarck-Archipel, ebenso die Benützung bunter Blätter (meist von Crotons) als Haarschmuck, die meist nur von jungen Leuten beiderlei Geschlechts getragen werden.

Sehr mannigfach ist der Ausputz des Kopfhaares mit Federschmuck, wofür die Ornis des Landes ja reicheres Material liefert als im Bismarck-Archipel.[1]) Aller derartiger Schmuck wird nur vom männlichen Geschlecht und meist bei besonderen festlichen Gelegenheiten getragen, so dass er im Alltagsleben nur eine untergeordnete Rolle spielt und wenig hervortritt. Ein sehr beliebter Kopfputz ist der

Turúbu (Nr. 337, 338, 339, 340, 4 Stück), Binde aus dicht aneinandergebundenen Federn des Casuar *(Kokok)*. Port Moresby.

Diese Binden sind sowohl in Port Moresby (wo die Federn aus dem Innern eingetauscht werden), als an der ganzen Küste beliebt und werden in der Weise auf dem Vorderkopfe befestigt, dass der Federstreif, entweder aufrechtstehend, eine Art Sonne, oder herabhängend, eine Art Schirm bildet, was mehr phantastisch als schön kleidet. (Vergl. Abbildung 2, Seite 299.)

Ganz in derselben Weise dient der:

Lokóhu (Nr. 341, 1 Stück), Binde aus den langen rothen Brustseitenfedern des männlichen Paradiesvogels *(Paradisea Raggiana)*. Port Moresby.

Die Federn oder vielmehr die schlecht präparirten Bälge bilden einen lebhaften Tauschhändel aus dem Innern nach der Küste, da im Litorale von Port Moresby keine Paradiesvögel vorkommen. Kapakapa, Tupuzelé wie Manumanu sind Hauptplätze für Paradiesvogelfedern, deren Bewohner sie von denen des Innern eintauschen, meist gegen Muscheln.

---

[1]) Wenn in der auf Seite 295 unter Nr. 7 angeführten Abhandlung (Seite 9) der Federschmuck der Neu-Britannier als schöner bezeichnet wird, so beruht diese Bemerkung auf einem Versehen, denn gerade das Gegentheil sollte gesagt werden.

Uhbi (Nr. 343, 1 Stück), Stirnbinde (30 Cm. lang) aus Papageienfedern (Taf. XXII [14], Fig. 1). Schwanzfedern einer *Trichoglossus*-Art, die mit *Trichoglossus subplacens* verwandt ist; *a* die obere Rüche besteht aus Brustfedern derselben Art. Port Moresby. Die Federn sind mühsam an Bindfaden und vier Reihen Federn übereinander befestigt.

Diese Art Stirnbinden werden nicht mehr in Port Moresby gemacht, sondern aus dem Westen (Maiva, Kabadi) eingetauscht und zählen zu den kunstvollsten Federarbeiten in diesem Gebiete, wie in Melanesien überhaupt.

Prachtvolle Stirnbinden aus Federn des seltenen *Xanthomelus aureus* sah ich aus dem Kabadi-District.

Totoro heisst ein kronenartiges Diadem aus gelben Haubenfedern des Kakatu, das bei besondern Gelegenheiten von Motuburschen getragen wird (vergl. Seite 300, Fig. 3).

Die Männer des Innern bedienen sich zuweilen einer Kopfbinde, wie die folgende Nummer:

Vaura (Nr. 344, 1 Stück), Binde aus *Cuscus*-Fell (*Vaura* = *Cuscus*, eine Art Beutelthier), Lalokifluss im Innern von Port Moresby (Stamm der Koiäri), sowie das:

Mumúria (Nr. 351, 1 Stück), Schmuck für Männer aus schmalen Streifchen *Cuscus*-Fell, die am Ende mit *Trichoglossus*-Federn verziert sind. Wird mit einem Bindfaden ans Haar befestigt, so dass der Schmuck auf den Rücken herabfällt (Seite 300, Fig. 3). Lalokifluss.

Ausführliches über Kopfschmuck, darunter verschiedene Arten aus Federn findet sich in meiner Seite 295 citirten Abhandlung (Nr. 7, Seite 8 und 9).

Auf das Engste mit dem Haar- und Kopfschmuck ist der sehr mannigfaltige **Stirnschmuck** verbunden, welcher ebenfalls nur von Männern und vorherrschend bei festlichen Gelegenheiten getragen wird. Die Sammlung enthält alle hieher gehörigen typischen Stücke, mit Ausnahme der Stirnbinde aus Eckzähnen des Hundes, die im Port Moresby-District so hoch gehalten wurden, dass ich keine erlangen konnte. Diese Binden stimmen übrigens ganz mit der Taf. XIV [6], Fig. 11 und 12 dargestellten von der Nordküste überein, nur dass die Zähne etwas abweichend befestigt sind.

Am häufigsten und verbreitetsten ist folgende Sorte:

Tautau (Nr. 424, 1 Stück), Stirnbinde aus kleinen Muscheln (Tautau, Seite 302, Taf. XIV [6], Fig. 6, 7), an jeder Seite eine Bommel aus rothen Glasperlen mit schwarzen Fruchtkernen (*Gudduguddu*). Port Moresby. Wird mit Vorliebe von jungen Burschen getragen, wie die folgende Nummer:

Waake (Nr. 425, 1 Stück), Stirnband (2 Cm. breit, 30 Cm. lang), sehr feine Knüpfarbeit aus Bindfaden, mit Muster, ganz wie gewebt aussehend. Port Moresby. Diese Art Bänder, darunter auch viel breitere und sehr kunstvolle, werden nicht von den Motu, sondern im Westen (Freshwater-Bai) verfertigt und von dort eingetauscht. Man beschmiert diese Bänder gewöhnlich mit rother Farbe.

Für den Port Moresby-District und bei den Koiäri des Innern sind die folgenden beiden Sorten beliebt und werden gegeneinander ausgetauscht:

Pariri (Nr. 421, 1 Stück), Stirnbinde (Taf. XIV [6], Fig. 8) aus kleinen Muscheln (*Oliva carneola*), deren Spitze abgeschliffen und die auf eine Schnur (*a*) festgebunden sind. Port Moresby.

Totoma (Nr. 422, 1 Stück), Stirnbinde (Taf. XIV [6], Fig. 9) aus Vorderzähnen des Känguru (*Macropus crassipes*). Nr. 422, eine Probe solcher Zähne als Material. Dieselben sind durchbohrt, durch feines Flechtwerk aus Bindfaden (*a*) verbunden und auf einen dickeren Strick (*b*) geflochten. Eine 31 Cm. lange Schnur zählt 85 Zähne. Port Moresby.

Beliebt als Stirnschmuck, namentlich bei den Motu, sind kleinere weisse *Cypraea*- oder *Ovula*-Muscheln, wie das folgende Stück:

Lokoru (Nr. 527, 1 Stück), Stirnmuschel von Port Moresby. Als besonders fein gelten solche Muscheln, die (wie Fig. 14) mit einem punktirten Muster verziert und dessen Vertiefungen mit schwarzer Farbe eingerieben sind. Solche Muscheln werden, gewöhnlich mit einigen Schnüren rother Glasperlen verziert, an einem Strickchen auf der Stirne festgebunden. In Hood-Bai, namentlich Hula, sind Stirnbinden aus rundlichen, unbearbeiteten rothen *Spondylus*-Stücken beliebt.

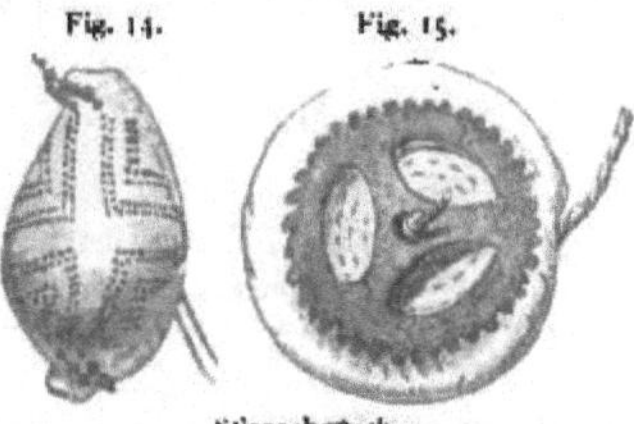
Fig. 14. Fig. 15.
Stirnschmuck.

Im Westen (Freshwater-Bai) verfertigt man kunstvolleren Stirnschmuck, der für dieses Gebiet eigenthümlich ist und an ähnlichen, aber viel schöneren in den Salomons (I, Seite 148, Nr. 420) erinnert. Es ist dies der:

Korrokorro (Nr. 423, 1 Stück), Stirnschmuck (Fig. 15) aus einer runden Scheibe von *Conus* mit aufgelegter durchbrochener Arbeit von Schildpatt. *Kerāma* in Freshwater-Bai, bei den Motumotu *Hawā* genannt. Ich sah derartige Muschelscheiben (von *Tridacna*) von 8 Cm. Durchmesser, die aber als kostbarer Schmuck nicht verkäuflich waren. Sowohl im Westen, wie östlich bis Hood-Bai wird zuweilen auch »*Boborro*«, d. h. der Oberschnabel des Nashornvogels (*Buceros ruficollis*) als phantastischer Stirn- oder Kopfputz, namentlich von jungen Leuten bei festlichen Tänzen benützt.

Nasenschmuck. Die Sitte, die Nasenscheidewand zu durchbohren und in der Oeffnung irgend einen, meist rundlichen Gegenstand als Zierat zu tragen, ist über ganz Neu-Guinea und hier mehr als anderwärts in Melanesien verbreitet. Das Septum wird schon in früher Jugend mit einem spitzen Hölzchen durchstochen und zunächst ein sehr dünnes Stückchen Holz von Zündholzdicke darin getragen, breit genug, um die Nüstern auszudehnen; allmälig werden dickere Gegenstände hineingesteckt. Nasenschmuck ist vorzugsweise bei den Männern in Gebrauch; in gewissen Gebieten, z. B. Kabadi im Innern von Redscar-Bai, auch bei den Frauen, welche dicke Nasenkeile aus *Tridacna* tragen, die jederseits fast bis zum Ende der Backen reichen.

Der häufigste Nasenschmuck der Motu sind:

Daikuku (Nr. 304, 4 Stück) Pflöcke oder Stifte, 5—7 Cm. lang, circa von Bleistiftstärke, aus *Tridacna* geschliffen; Port Moresby.

Käma (Nr. 305, 1 Stück), Material zu Nasenkeilen: Muschelstücke vom Schlosstheil der *Tridacna gigas*; Port Moresby.

Für gewöhnlich werden diese werthvolleren Nasenpflöcke durch einfache runde, kurze Stückchen Holz oder Rohr ersetzt, namentlich bei den Stämmen des Innern, den Koiäri. Im Westen, im Gebiet von Freshwater-Bai, erreichen diese Holzpflöcke, »*Omera*« genannt, oft eine ansehnliche Dicke (13—16 Mm.) und dehnen in Folge dessen das Septum gewaltig aus. Ich glaube hier auch dicke Nasenkeile, aus Quarz geschliffen, gesehen zu haben.

Mokoro heissen andere, weit werthvollere Arten Nasenkeile aus *Tridacna*-Muschel oder Rippen von Schweinen oder Känguruhs geschliffen. Erstere sind bis 20 Cm. lang und bis 12 Mm. dick, rund, an beiden Enden zugespitzt (Fig. 16) und der werthvollste Nasenschmuck dieses Gebietes überhaupt. Mokoros aus Knochen sind dünner, gekrümmt (Fig. 17) und weit minder werthvoll. Beide Arten werden vor der Spitze an zwei bis drei Stellen etwas eingekerbt und hier mit einem feinen Ringe aus Menschenhaar umflochten. Mokoros werden hauptsächlich in Hood-Bai verfertigt und finden von hier aus den Weg weiter nach Osten bis in den Aroma-District und westlich bis Redscar-Bai.

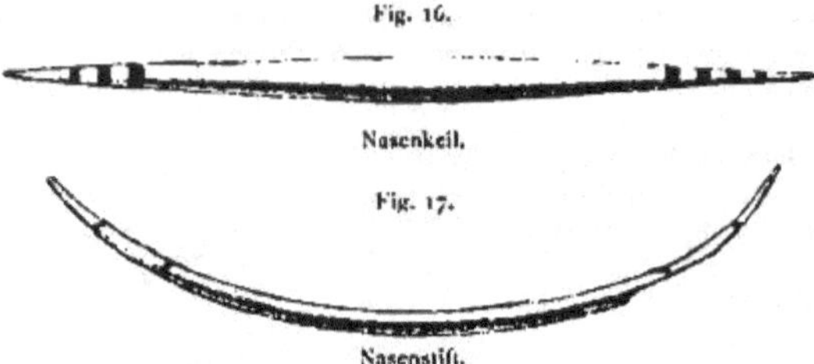

Fig. 16. Nasenkeil.

Fig. 17. Nasenstift.

Ohrschmuck findet in dem ganzen Gebiete häufige Verwendung. Gewöhnlich werden die Ohrläppchen, und zwar nur mässig durchlöchert, um die Oeffnung mit buntfarbigen Blättern oder gewissen wohlriechenden trockenen Kräutern zu schmücken. Diese Art Schmuck ist der häufigste, und zwar bei beiden Geschlechtern. Indess traf ich auch Männer sowohl als Frauen, welche jeden Ohrputz verschmähten, aus Furcht vor der Operation.

Nicht selten wird der Ohrrand durchbohrt, oft mit sechs Löchern, in die dann Schnüre rother Glasperlen, am Ende mit einem schwarzen, glänzenden *Gudduguddu*-Fruchtkern (vergl. Taf. XIV [6], Fig. 1c) verziert, befestigt werden. Diese Ohrbommeln sind vorzugsweise bei den Motu Sitte, sowohl bei jungen Burschen als Mädchen, und heissen *Gewa (Akäva* = Glasperlen). Schwänzchen von Ferkeln, mit etwas rothen Glasperlen und den genannten schwarzen Fruchtkernen verziert, sind bei den Motu ebenfalls beliebt und dienen als Tauschmittel gegen Betelnüsse nach dem Westen. Im Hood-Bai-District gibt es eine andere Art sehr zierlicher Ohrbommeln aus kleinen, dünnen, runden, abwechselnd schwarzen und weissen Muschelscheibchen, am Ende mit einem Stückchen rother *Spondylus*-Muschel verziert, die ebenfalls im Ohrrand befestigt werden. Rothe *Spondylus*-Stückchen sind auch bei den Koiäri des Innern beliebt.

Im Westen (Hall-Sund bis Freshwater-Bai) ist der Ohrlappen bei beiden Geschlechtern oft ausserordentlich weit ausgedehnt und wird, in ähnlicher Weise wie bei den Gilberts-Insulanern, durch einen Streifen *Pandanus*-Blatt oder gespaltenen Rohres kreisförmig ausgespannt. Die Weiber befestigen zuweilen auch weite Ringe aus Rohr im Ohrlappen, die Männer den Abschnitt eines Bambu, häufig mit eingravirtem Muster verziert, welcher zugleich als Tabaksbehälter dient.

Zu den werthvollsten Ohrzieraten, die an der Südküste im Ganzen nicht viel bedeuten und weit hinter denen der Nordostküste zurückstehen, gehören die folgenden Nummern der Sammlung:

Kokokoko (Nr. 320, 1 Stück), Ohrring, aus der hornartigen, bartlosen ersten Schwinge des Casuar *(Kokok)* gebogen. Port Moresby.

Diese Sorte ist hier wenig üblich und wird meist aus dem Westen (Freshwater-Bai) eingetauscht, wo sie im Eläma-District häufig ist und »*Oriri*« heisst.

Geborre (Nr. 322, 4 Stück), Ohrschmuck, aus Schildpatt geschnitzt (wie Fig. 18).

Kerāma, eine andere beliebte Form, zeigt Fig. 19. Diese aus Schildpatt *(Geborre)* gefertigten Plättchen werden durch einen aufbiegbaren Spalt der Oeffnung auf den Rand des Ohrlappens gereiht, und zwar meist in grosser Anzahl (50—60), so dass ihr Gewicht den Ohrlappen weit herabzieht. Noch mehr ist dies der Fall mit runden

Scheiben von Schildpatt, deren Rand mit Muschelscheibchen verziert ist und die deshalb sehr dem Ohrschmucke von der Südküste Neu-Britanniens (I, Seite 122, Taf. III [1], Fig. 12) gleichen. Auch diese Art Ohrschmuck gehört dem Westen (District von Freshwater-Bai) an.

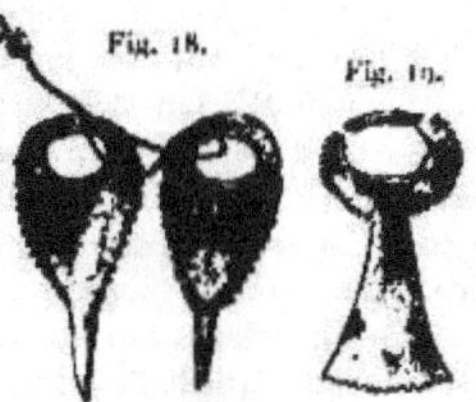
Fig. 18. Fig. 19.
Ohrschmuck.

Ein für die Motu (wie auch für die Koiäri) eigenthümlicher, übrigens nicht häufiger Ohrschmuck ist der

Togo (Nr. 323, 2 Stück), Ohrring (Taf. XVII [9], Fig. 8), aus einer spiralig gewundenen Pflanze bestehend. Port Moresby. In diesem Gebiete (und bis Hood-Bai) werden zuweilen auch Ohrgehänge von Schnüren halbdurchschnittener, aufgereihter *Coix*-Samen, »*Iwowe*« genannt, getragen, die für beide Geschlechter zum Trauerschmuck gehören.

Brust- und Halsschmuck. Eigentlicher Halsschmuck, wie z. B. die steifen Halsbänder aus *Cuscus*-Zähnen (Seite 98, Taf. III, Fig. 16) und die breiten Halskragen aus *Diwara* (Seite 98) in Neu-Britannien, kommt in diesem Theile Neu-Guineas nicht vor, und das womit der Hals geschmückt wird, ziert in den meisten Fällen auch die Brust, für welche indess einige Stücke speciell dienen.

Engschliessende gewöhnliche Halsstrickchen, wie sie fast jeder Neu-Britannier trägt, sind in diesem Theile Neu-Guineas nicht üblich, wie Hals- und Brustschmuck überhaupt höchstens von Stutzern und heiratslustigen Mädchen alltäglich benutzt wird. Eine der gewöhnlichsten Arten heisst:

Uhbo (Nr. 495, 1 Stück), Halskette, 1 M. 25 Cm. lang, aus einer Doppelreihe kleiner, rundlicher, nicht sehr regelmässiger Rindenplättchen bestehend, die auf eine Schnur gereiht sind. Port Moresby.

Wird hier vorzugsweise vom weiblichen Geschlecht getragen. Für Kinder verwendet man gern:

Mairi (Nr. 514 *b*, 1 Stück). Halsschmuck aus fünf kleinen, an eine Schnur befestigten Muschelschalen. Port Moresby.

Diese Muscheln, wahrscheinlich einer Bivalve angehörend, erhalten durch Abschleifen der Oberfläche einen perlmutterähnlichen Glanz, daher *Mairi* = Perlmutter.

Sehr beliebt bei beiden Geschlechtern sind:

Boo (Boho, Nr. 513, 4 Stück), Scheiben aus *Conus* geschliffen. Port Moresby.

Sie werden in der Weise wie die Stirnmuscheln (Seite 309), mit eingravirtem, schwarz eingelassenem Punktmuster (Fig. 20) verziert und einzeln oder in beliebiger Anzahl als Halsband oder Brustschmuck (zuweilen auch auf der Stirn) getragen und dienen als Tauschartikel für die Bewohner des Innern. Weit werthvoller als Tauschmittel sind dagegen, wie bereits (Seite 302) erwähnt, Schnüre aufgereihter Muscheln:

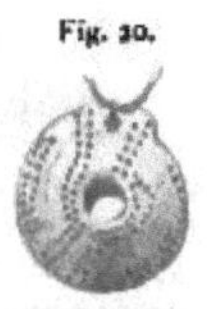
Fig. 20.
Halsschmuck.

Tautau (Nr. 494, 1 Stück), Halskette, 1 M. 30 Cm. lang (Taf. XIV [6], Fig. 6, 7). Port Moresby.

Die Länge dieser Muschelschnüre bestimmt ihren Werth. Sie werden vorzugsweise von jungen Leuten beiderlei Geschlechts getragen und eng um den Hals geschlungen (vergl. Seite 297, Fig. 1 und Seite 300, Fig. 3). Diese Art Schmuck ist hauptsächlich in Hood-Bai und bei den Motu beliebt.

Tautau bildet zugleich ein beliebtes Tauschmittel nach dem Westen, wo für eine klafterlange Schnur ein ansehnliches Gefäss mit Sago als Gegenwerth gilt. Aus dem Westen kommen dagegen feingeflochtene Schnüre, wie die folgende Nummer:

23*

Halsschnur (Nr. 496, 1 Stück), 110 Cm. lang, 8 Mm. breit, roth angestrichen. Eläma in Freshwater-Bai.

In diesem Gebiet werden, in der Knüpfmanier wie die Stirnbinden (»*Waake*«, Seite 308), breite Halskragen aus feinem Bindfaden verfertigt, die oft sehr kunstvoll und für den Westen charakteristisch sind. Solche Halskragen, sowie breite Bänder, kreuzweise über die Brust befestigt, werden sowohl von Männern als Frauen getragen, von ersteren zuweilen auch Halskragen von Casuarfedern, die sehr gut kleiden. Ein anderer, diesem Gebiet eigenthümlicher Brustschmuck heisst »*Binbio*« und besteht in einer (circa 10 Cm. langen) Steincocosnuss, die mit eingravirtem Muster verziert ist, das, mit Kalk eingeschmiert, weiss hervortritt. In gleicher Weise werden auch grössere »*Korrokorro*« (Seite 309, Fig. 15) auf der Brust getragen. Längs der ganzen Südostküste gilt als werthvollster Brustschmuck für beide Geschlechter eine halbmondförmig geschliffene Perlmutterschale:

Mairi (Nr. 514 *a*, 1 Stück), klein, 7 Cm. Durchmesser, Port Moresby, deren Werth sich nach der Grösse richtet und mit dieser unverhältnissmässig steigt. Grosse Perlmutterschalen von 20 bis 24 Cm. Durchmesser sind daher das werthvollste Tauschobject, und der Streit über eine solche kostete Dr. James (Seite 298) das Leben.

Mairis zählen mit unter die hervorragendsten Tauschmittel zwischen dem Osten und Westen, wofür in letzterem besonders Sago eingehandelt wird. Leute, die keine echten Mairis erschwingen können, tragen imitirte aus *Nautilus*-Muschel. Sie sind namentlich im Hood-Bai-District Mode; hier auch Halsketten und Brustschmuck aus roh bearbeiteten Scheiben und Platten rother *Spondylus*-Muscheln.

Der kostbarste Brustschmuck für die Südostküste, wie Neu-Guinea überhaupt, ist ein abnorm gewachsener, zirkelrunder Eberhauer, »*Doa*« (Seite 295, Abhandlung Nr. 10 wie Nr. 516 von der Nordküste). Solche Eberhauer werden von Hand zu Hand aus dem Osten eingetauscht und gelangen nur äusserst selten bis Hood-Bai und weiter westlich. Ich sah nur zwei solcher Eberhauer, und zwar bei Goapäna und dem ersten Häuptling von Keräpuno, die diesen Schmuck als eine Art Hoheitszeichen zu betrachten schienen.

Zieraten aus Eberzähnen sind im Ganzen selten. Zuweilen sieht man die folgende Form:

Doa (Nr. 524, 1 Stück), Brustschmuck aus zwei aneinandergebundenen Eberhauern (Fig. 21). Port Moresby.

Die Motu erhandeln diesen Schmuck gelegentlich aus dem Westen, wo er, namentlich im District von Freshwater-Bai, häufiger ist und auch in der Form wie Fig. 22 vorkommt. Im Innern von Redscar-Bai wird auch Brustschmuck aus einer Doppelreihe längsgespaltener »Eberzähne« verfertigt, der interessante Analogien mit ähnlichen Formen an der Nordostküste bietet und wahrscheinlich mit in die besondere Kategorie des **Brust-Kampfschmuckes** gehört, wie die folgende Nummer:

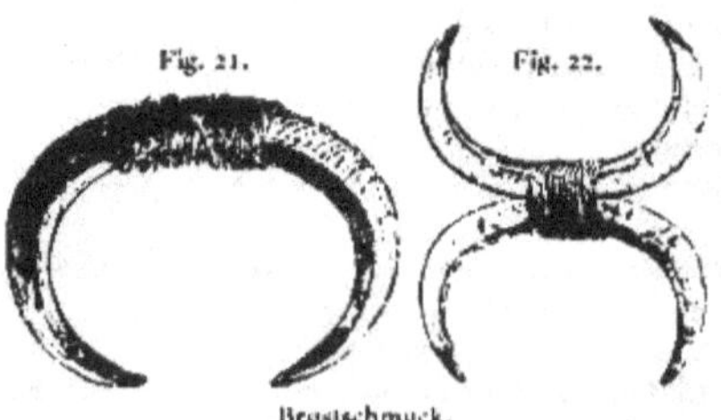

Fig. 21. Fig. 22.

Brustschmuck.

Musikaka (*kaka* = roth), Taf. XVI [8], Fig. 1, ½ n. Gr.), Kampfschmuck aus dem Innern von Port Moresby. *a* Platte aus Schildpatt, mit *b*, Randbesatz von dünnen Längsschnitten von Eberhauern, die mittelst gebohrter Löcher festgebunden sind, der Raum zwischen den Eberzähnen ist mit rothen und blauen *Abrus*-Bohnen verziert, die in einer Art Kitt aus Harz festgeklebt sind, in der Mitte zwei Ringe aus Querschnitten von *Conus*-Muschel geschliffen; der untere Rand *c* ist mit einem Doppelstreif von Bast von der Blattbasis der Sagopalme geschmückt und dient dazu, allerlei kleine Zieraten: Federn, aufgereihte *Coix*-Samen u. dergl. zu befestigen. Oben, in der Mitte, *d*, ist eine breite Oese aus Bindfaden, welche dazu dient, den Schmuck mit den Zähnen festhalten zu können, was beim Kampfe geschieht, um den Gegner herauszufordern und fürchterlicher zu erscheinen. Neben der Oese ist ein Strick befestigt, an welchem der Musikaka gewöhnlich auf dem Rücken getragen wird.

Diese Art Kampfschmuck, Attribut des waffenfähigen Mannes, ist für ein beschränktes Gebiet an der Südostküste, zwischen Redscar- und Hood-Bai eigenthümlich und durch seine Form charakteristisch. In Port Moresby sind Musikaka nicht mehr in Gebrauch und überhaupt sehr in der Abnahme begriffen; ich sah bereits Nachbildungen dieses Schmuckes aus Blech, mit *Abrus*-Bohnen beklebt. Musikaka werden hauptsächlich von den Koiäri, den Bergbewohnern des Innern von Port Moresby, in der Richtung des Owen-Stanley und des Astrolabe-Gebirges verfertigt, welche von den Küstenstämmen Schildpatt und Ziermuscheln eintauschen. In der Form stets gleich, zeigen die Musikaka grosse Verschiedenheit im Ausputz, so z. B. das Fig. 23 abgebildete Stück in der Mitte einen Ring von *Conus*, jederseits davon eine Scheibe von Perlmutter (die dunkle Punktirung bezeichnet blaue Bohnen, die hellen Querstreifen rother Bohnen von *Abrus praecatorius*).

Fig. 23.

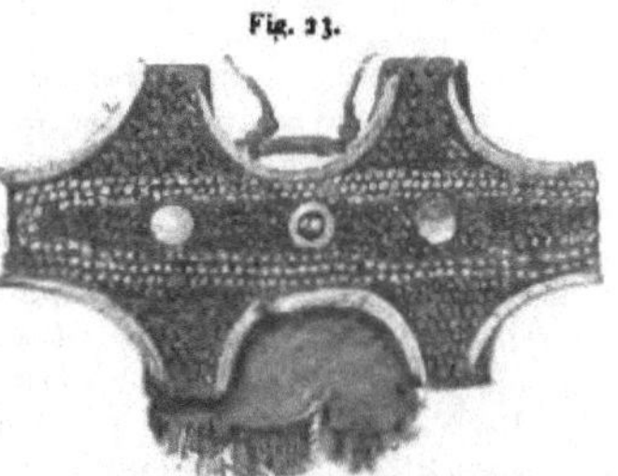

Brust-Kampfschmuck.

In die Kategorie des Kampfschmucks gehört der »*Gadiwa*«, bestehend aus der Längshälfte eines circa 22 Cm. langen Stückes Bambu, mit eingebranntem Muster verziert, in der Mitte mit Federschmuck, klappernden Nussschalen *(Taräko)* u. dergl. Auch dieses Geräth wird mit den Zähnen gehalten, um die wilden Grimassen des Kriegers zu erhöhen, und ist, wie der Musikaka, ein Fabrikat der Koiäri des Inlandes.

Ein besonderer Brustschmuck der Stämme im Westen (Freshwater-Bai) ist der »*Koio*«, d. h. der schalenförmige Abschnitt einer *Cymbium*-Muschel, in dessen Mitte meist eine durchbrochene Arbeit aus Schildpatt oder Cocosnussschale, eine Vogelklaue u. dergl. angebracht ist, und die ganz einem ähnlichen Kampfschmuck entspricht, den wir an der Nordostküste (Nr. 536) kennen lernen werden.

Armschmuck. Wie bei allen Melanesiern, sind auch bei den Bewohnern dieser Küste Armbänder ein unumgänglich nothwendiges Stück des Ausputzes, das wie der Tikini (Seite 299) und Lami (Seite 300) in gewissem Sinne zur Bekleidung gerechnet werden darf. Die Sammlung enthält eine schöne Reihe dieser:

Gaarna (Nr. 378, 13 Stück), Armbänder, aus Pflanzenfasern geflochten (Port Moresby), von der schmalsten (5 Mm. breiten) bis zur breitesten (6 Cm. breiten) Sorte. Diese Armbänder werden meist schwarz gefärbt, bei den Motu mit Vorliebe mit rother Erde angestrichen; zuweilen ist ein artiges Muster in Gelb eingeflochten. Derartige Armbänder sind an der ganzen Südostküste, sowie im Innern verbreitet und werden einzeln oder zu mehreren an einem, oft an beiden Armen, und zwar dem Oberarm, von beiden Geschlechtern und in jedem Alter getragen oder vielmehr gleich um den Arm geflochten, daher oft so fest, dass sie tief ins Fleisch einschneiden. Sie dienen auch praktischen Zwecken, um Stückchen Tabak, Betelnussbrecher und andere kleine Dinge hineinzustecken. Am häufigsten geschieht dies aber mit farbigen Blättern (von *Crotons*), wohlriechenden frischen, wie getrockneten Kräutern und Pflanzen, die als Schmuck dienen und namentlich von der Jugend benützt werden. Die Motu-Burschen und Mädchen befestigen auch gern schmale, oft künstlich, plisséartig gefaltete Streifen von *Pandanus*-Blatt (ähnlich Nr. 412) im und am Armband, die gleich Bändern im Winde flattern.

Die Koiäri und andere Stämme des Innern begnügen sich meist mit gewöhnlicheren Armbändern der folgenden Sorte:

Ohro (Nr. 379, 1 Stück), schmales Armband, aus gespaltenem Rotang geflochten. Kaire.

Die werthvollsten Armbänder werden aus einer grossen Kegelschnecke:

Toia (*Conus millepunctatus*, Nr. 365, 1 Stück), verfertigt, eine Arbeit, die ich in Port Moresby noch selbst verrichten sah. Durch Abschleifen der Basis und Spitze auf einem Stein wird ein anfangs roher Ring hergestellt und dann vollends zurechtgeschliffen. Man bedient sich dabei, unter Anwendung von Sand und Wasser, eines primitiven, aber ganz praktischen Apparates, der im Wesentlichen aus dem Aststück einer grobkörnigen Koralle besteht. Die folgende Nummer zeigt die fertige Arbeit:

Toia (Nr. 364, 1 Stück), Muschelring. Port Moresby.

Der Werth der Toias richtet sich nicht nur nach der Grösse, sondern auch nach dem besonderen Ausputz. Gewöhnlich sind als solcher einige schwarze Fruchtkerne und rothe Glasperlen angebracht, oder statt der letzteren rothe *Spondylus*-Plättchen, wie dies besonders im Osten üblich ist (vergl. Taf. XV [7], Fig. 1). Hier verfertigt man auch einen andern sehr zierlichen Armbandschmuck:

Riuriu (Nr. 414, 1 Stück), Kettchen aus kleinen *Spondylus*-Scheibchen (5 Mm. Durchmesser), am Ende mit drei kleinen Muschelplättchen und schmalen *Pandanus*-Bändern verziert. Port Moresby. Wie die Motu derartigen *Spondylus*-Schmuck aus dem Osten einhandeln, um ihre Toias auszuputzen, so vertauschen sie die letzteren andererseits nach dem Westen. Die Sagoflotte, welche alljährlich aus Freshwater-Bai nach Port Moresby kommt, nimmt als Gegengabe hauptsächlich Toias mit nach Haus. Zur Zeit meines Aufenthaltes wurden für eine gute Toia 300 bis 350 Pfund Sago bezahlt. Da grosse *Conus*-Muscheln selten sind und um Port Moresby nicht in genügender Anzahl gefunden werden, so beziehen die Motu einen guten Theil Toias aus Hood-Bai, wo sie ebenfalls angefertigt werden und »*Uhli*« heissen.

Armringe aus *Trochus*-Muscheln (wie die »*Laleis*« in Neu-Britannien, I, Seite 99) sind mir an dieser Küste nicht vorgekommen.

Fingerschmuck, der bei Melanesiern kaum in Betracht kommt, ist in diesem Gebiete zuweilen vertreten, und zwar in Form von Fingerringen aus dem Querschnitt von einem Känguru- oder *Cuscus*-Schwanz, die ich namentlich bei Weibern aus Freshwater-Bai sah.

Leibschmuck. Die mannigfachen Arten von Gürteln, Schnüren u. s. w., welche wir an der Nordostküste als Schmuck kennen lernen werden, kommen an dieser Küste fast ganz in Wegfall. Nur die Koiäri pflegen zuweilen schmale, aus Rotang geflochtene Leibbinden zu tragen. Dagegen sind im Westen (Freshwater-Bai) 8—16 Cm. breite Gürtel (Fig. 24) aus einer Art fester Baumrinde üblich, die sich in ähnlicher Weise auch an der Nordostküste wiederfinden. Die gewöhnliche Sorte zeigt die folgende Nummer:

Gaawa (Nr. 568, 1 Stück), Leibgürtel. Port Moresby.

Diese Gürtel werden aus dem Westen eingetauscht und hier zuweilen in kunstvoller Weise mit eingravirtem Muster verziert (Fig. 25), wie:

Fig. 24.

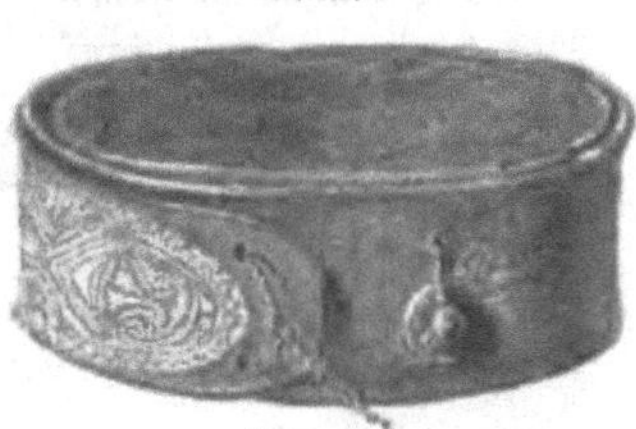

Leibgürtel.

Gaawa (Nr. 569, 1 Stück), Leibgürtel von Kerâma in Freshwater-Bai.

Das mit rother und weisser Farbe eingeriebene und dadurch vortheilhaft hervortretende Muster ist nur mit Steinwerkzeugen hergestellt und repräsentirt einen der besten Typen des Kunstfleisses jener Periode. Diese Leibgürtel schnüren den Bauch noch mehr ein als die Tikini (Seite 300) und sind ohne Zweifel noch gesundheitsschädlicher als diese.

Fig. 25.

Leibgürtel.

Beinschmuck ist im Ganzen nicht häufig und beschränkt sich meist auf ein Strickchen, Liane, Blattstreif von Pandanus oder ein Stück gespaltenen Rotang, das unter dem Knie festgebunden wird, wie zuweilen noch ein zweites, aus gleichen Materialen, um das Fesselgelenk. Im Westen wird das letztere manchmal bis zur halben Wade herauf mit feinem Flechtwerk eingestrickt. Hier sind auch breitere Kniebänder, fein aus Bindfaden in der Weise geknüpft, wie die Stirnbänder (*Waake*, Seite 308) üblich, die zuweilen von Motus erhandelt werden, wie das folgende Stück:

Ropo (Nr. 543, 2 Stück), fein geknüpftes Knieband (15 Mm. breit), mit rother Farbe bemalt. Port Moresby.

Eine besondere Art heisst:

Ruburubu (Nr. 340 a, 1 Stück), Kniebinde aus Halsfedern vom Casuar. Port Moresby.

Wird zuweilen auch ums Fesselgelenk getragen und ist ebenfalls ein Schmuck, der sich mehr im Westen findet und nur gelegentlich von Motu benützt wird.

C. Häuser und Siedelungen.[1])

Im Gegensatz zum Bismarck-Archipel (I, Seite 100) ist für Neu-Guinea Pfahlbaustyl ethnologisch charakteristisch und wird es auch für diese Küste, deren Häuser ausnahmslos auf Pfählen stehen. Der Hausbau, wie die Anlage der Dörfer führt daher in

[1]) Eine ausführliche Darstellung findet sich in der Seite 295 citirten Abhandlung (Nr. 9), der auch die hier eingefügten Clichés entlehnt sind, deren Wiedergabe leider Manches zu wünschen übrig lässt, die aber immerhin eine bessere Vorstellung als die blosse Beschreibung geben.

unsere eigene prähistorische Zeit zurück, die man an diesen modernen Pfahlbauten, sowohl auf dem Lande, wie im Wasser erst richtig verstehen lernt. Der Eindruck, welchen Pfahlbauten machen, ist gewöhnlich kein sehr vortheilhafter und entspricht unseren Vorstellungen im Ganzen wenig. Nur bei Pfahlhäusern auf dem Lande handelt es sich zuweilen um »Pfähle« in unserem Sinne, d. h. solide, etwas behauene Stammstücke. In der Regel sind die Pfähle aber nichts als unbehauene, häufig schiefe und krumme Stämmchen, die, namentlich bei den im Wasser erbauten Häusern, meist zu dünn erscheinen. Wie verschieden aber auch diese meist primitiven Bauten sein mögen, stets sind Fleiss und Kunstfertigkeit zu bewundern, mit welchen der Mensch der Steinzeit sich Wohnungen schafft, die immerhin den Namen »Häuser« verdienen.

Fig. 26.

Haus in Maupa.

Die stattlichsten Häuser finden sich in Hood- und Keppel-Bai. In dem Aroma-District der letzteren ist Maupa das grösste Dorf, vielleicht das grösste an dieser ganzen Küste, denn es zählt an 250 Häuser mit einer Bevölkerung von 1200—1500 Seelen. Als ich die niedrige Dünenkette überschritt, welche das Dorf vom Strande aus verdeckt, war ich erstaunt, fast eine kleine Stadt vor mir zu sehen. Denn einen solchen Eindruck machte dieser dichte und geregelt angelegte Complex von Häusern, deren hohe, spitze Giebel und Grasdächer (Fig. 26) an gewisse kleinere, alte Landstädtchen daheim erinnerten. Um das Bild vollständig zu machen, fehlte nur ein alter, wettergebräunter Kirchthurm. Die Häuser stehen mit der Giebelfront einander zugekehrt, zum Theil dicht aneinander und bilden neun mehr oder minder gerade Längsstrassen,[1]) die durch eine Menge Quergassen und Gässchen verbunden sind, in denen die Reinlichkeit nichts zu wünschen lässt. Die Häuser in Maupa stehen auf soliden Pfosten aus etwas behauenen Baumstämmen und haben Seitenwände von Mattengeflecht, das sich versetzen lässt. Wie die Diele besteht die Decke aus dicken Planken, die zuweilen in bis 8 Cm. hohen Kerbzähnen (Fig. 27) ausgezimmert sind, eine Leistung für Steinäxte, die besondere Anerkennung verdient. Von der Diele führt eine schmale Leiter auf den Bodenraum oder Söller, der als Schlafstelle oder zum Aufbewahren von Provisionen, Waffen u. dgl. dient. In der Mitte der Hausdiele befindet sich in üblicher Weise die Feuerstelle, mit einer Horde darüber zum

Fig. 27.

Deckenverzierung.

[1]) Vergl. den unter Nr. 6 (Seite 295) citirten Aufsatz mit einem sehr anschaulichen Bilde.

Aufbewahren von Lebensmitteln. An der einen Längsseite des Hauses läuft eine Stellage, auf der weiteres Hausgeräth: hölzerne Schüsseln, Töpfe, Pandanusblatt als Material zu Matten, Lebensmittel in Bananenblätter eingepackt, geräucherte Känguruschinken u. s. w. ihren Platz finden. Die vorderen Pfeiler, welche die Träger der Decke bilden, sind häufig mit Schädeln von wilden Schweinen verziert, und hier hängen, sorgfältig in Tapa oder Cocosblattbast eingehüllt, die Schilde, vielleicht noch eine Trommel oder dergleichen. Im Hause Goapänas war hier dessen mit einem cirkelrunden Eberhauer gezierte Staatskette aufgehangen, gewiss ein gutes Zeugniss für die Ehrlichkeit der Bewohner oder des Respectes derselben gegenüber ihrem Häuptlinge. Ein eigenthümlicher Schmuck der Häuser in Maupa sind die Verzierungen der Giebelspitze (Fig. 28), die zum Theil an Wappenschilder erinnern oder an die Pferdeköpfe an den niedersächsischen Bauernhäusern. Diese Giebelschilder, übrigens weder mit Schnitzerei noch Malerei versehen, haben, nach meinen Erkundigungen, nichts mit Hausmarken zu thun, sondern gehören zu jenen Verzierungen, wie sie so häufig der Laune der Papuas entspringen. Besondere durch Grösse und eigene Bauart ausgezeichnete Häuser gibt es in Maupa nicht, wohl aber in Keräpuno, einem der grössten Dörfer in Hood-Bai. Die beigegebene Skizze (Fig. 29) zeigt ein solches Haus, das sich durch einen an 10 M. hohen, thurmspitzenartigen Aufbau der Giebelfront auszeichnet. Ein anderes Haus war mit zwei Thurmspitzen versehen und zeigte auf der Dachfirste rohe Puppen aus Blattfasern, einen Mann und eine Frau darstellend. Die Eckpfosten des Hauses sind solide, behauene Pfähle, von denen einzelne 1·65 M. Umfang messen und bereits mit etwas eingravirter und erhabener Schnitzerei (Fig. 30) verziert. Auch die Enden der Träger-

Fig. 28.

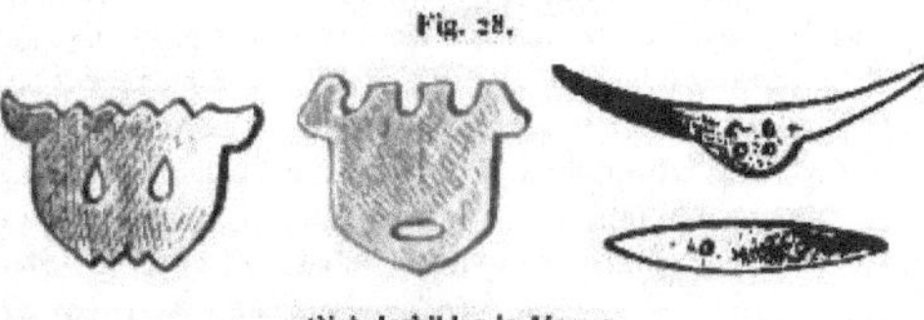

Giebelschilder in Maupa.

Fig. 29.

Haus mit Thurmspitze in Keräpuno.

balken des Daches zeigen solche, und zwar rohe Darstellungen von Crocodilköpfen. Die Dörfer der Koiäri, welche ich im Innern von Port Moresby kennen lernte, sind sehr klein und ärmlich, wie die Häuser selbst. Selten zählt ein Dorf mehr als 10 bis 15 Häuser und solche mit 20 werden schon als grosse gerechnet. Die Eingeborenen dieses Stammes lieben es, sich auf zerklüfteten Felsenbergen anzusiedeln, die eine natürliche Festung bilden und zuweilen fast uneinnehmbar sind. Die Häuser kleben hier zuweilen wie Schwalbennester an den Felsen. Bei der Unebenheit des Terrains sind die Stangen und Pfähle, auf denen sie stehen, von sehr ungleicher Höhe. Das Dach, aus einem langen, schilfartigen Grase, hängt tief an den Seiten herab, die wie die Hinter- und Vorderseite aus gespaltenem Bambus oder Stäben bestehen. Von demselben Material ist die schwache, mit einiger Vorsicht zu betretende Diele. Vor der Thür ist über die ganze Breite des Hauses ein mehr oder minder breiter Sitz angebracht, unterhalb desselben eine niedrige Plattform aus Brettern oder Stangen.

Fig. 30.

Holzschnitzerei eines Hauses in Keräpuno.

Fig. 31.

Pfahlhaus in Anuapata.

Zuweilen geht mitten durch das Haus der Stamm des Baumes, auf dessen Wipfel das »*Kohoro*« oder Baumhaus gebaut ist. So heissen bei den Koiäri und Koitapu jene besondere Art kleiner Häuser mit Vorplatz und Diele, welche mit wunderbarer Geschicklichkeit im Gezweige oder den Wipfeln grosser Bäume, oft in 50 Fuss Höhe und mehr, errichtet werden. Sie dienen als Ausguck und Feste, in welche sich bei einem feindlichen Ueberfalle die Bewohner des Dorfes zurückziehen. Diese Kohoros werden mittelst einer rohen Leiter aus Lianen und Querhölzern bestiegen, was nicht immer leicht ist. Im Innern enthalten sie Vertheidigungsmaterial, mächtige Bündel Speere und grosse Haufen Steine, mit denen die Angreifer empfangen werden, aber auch eine Feuerstelle und mit Wasser gefüllte Töpfe.

Eine besondere Art Pfahlbauten sind die im Wasser errichteten, wie sie namentlich bei den Motu und verwandten Stämmen vorkommen, für welche diese Art Baustyl charakteristisch wird, wie für diese Küste überhaupt. Die Pfahldörfer in Port Moresby säumen in einer langen Häuserreihe das Ufer in der Weise, dass sie bei Ebbe auf dem Trockenen, bei Fluth im Wasser stehen. Da die letztere allen Schmutz mit wegspült, so empfiehlt sich diese Art Baustyl schon aus Reinlichkeits- und Gesundheitsrücksichten. Wie die rohe Skizze eines Hauses in Anuapata (Fig. 31) zeigt, gehören die Pfahlhäuser der Motu mit zu den primitivsten Bauten, und der Besitz eiserner Werkzeuge, deren sich gerade die Bewohner von Port Moresby am längsten erfreuen, hat darin keinerlei Verbesserungen herbeigeführt.

Wie bei allen Häusern der Steinperiode sind Sparrenwerk, Dach, überhaupt alle Theile des Hauses mittelst gespaltenem Bambu, Rotang, Bast oder Lianen verbunden und befestigt, wodurch übrigens grosse Haltbarkeit erzielt wird. Fast alle Pfähle, auf denen das Haus ungefähr 2—3 M. hoch steht, sind ungleich, zuweilen krumm und auffallend dünn, da sie selten mehr als Armdicke erreichen. Die vier Eckpfähle, welche bis unter das Dach reichen, sind stets dicker als die übrigen, welche meist nur bis zur Diele reichen und in ein Gabelende auslaufen, in dem die Längsträger ruhen.

Vorderfront eines Hauses in Kaire.

Das Haus wird der Länge nach von vier, in der Breite von drei Reihen Pfählen[1]) getragen, die Diele von acht Querstangen; Balcon und Plattform ruhen ebenfalls auf Querstangen, die auf Pfählen stehen.

Etwas abweichend sind die Pfahldörfer Tupuselé, Kaire (Kaile), Kapakapa und Hula in Hood-Bai, die 200—300 Schritt vom Ufer auf Corallriff errichtet sind und auch bei Ebbe nur mit Canus erreicht werden können. Die Abbildung (Fig. 32) zeigt die Bauart eines solchen Pfahlhauses, das aus Missverständniss des Zeichners leider aufs Trockene und auf viel zu kräftige, dicke Pfähle gesetzt worden ist. Die Häuser dieser permanenten Wasserdörfer besitzen eine sehr breite Plattform, da dieselbe ja als Hauptaufenthaltsort der Bewohner dient. Sie besteht aus Brettern oder Stangen, und hier sieht man auch Schweine und die nie fehlenden Hunde; letztere sind im Erklettern der Leitern sehr geschickt. Die Häuser stehen zuweilen so nahe aneinander, dass man von einer Plattform auf die andere treten kann; meist sind sie aber etwas von einander entfernt und dann durch sehr primitive, leiterähnliche Stege, oft nur einen unbehauenen Baumstamm verbunden. Diese halsbrecherischen Stege, für Europäer kaum practicabel, machen den Eingeborenen keine Schwierigkeiten. Nicht selten sieht man schwangere Weiber mit einem grossen Topfe oder dergleichen auf dem Kopfe, ein Kind auf dem Rücken, von einem Hause zum andern balanciren. Kleine Kinder, die noch nicht laufen

[1]) Die Abbildung Fig. 31 steht damit im Widerspruch; aber der Zeichner hat eben nur die Hauptpfähle angegeben, aus Versehen aber die vielen kleinen vergessen.

können, spielen sorglos am Rande der Plattform, ohne dass sich die Mütter im Mindesten ängstigen, wie dies bei uns der Fall sein würde. Ich habe auch nie gehört, dass ein Kind ins Wasser gefallen und ertrunken wäre, da sie ja ohnehin sehr früh schwimmen lernen und mit dem Wasser bald vertraut werden. Nicht selten sieht man Eingeborne eine Schüssel voll Essen auf einem Brette schwimmend an ihren Bestimmungsort dirigiren.

Wie die Skizze Fig. 33 zeigt, hat sich auch die Mission mit Schule und Kirche in diesen Pfahldörfern eingerichtet. Das grösste derselben, Hula in Hood-Bai, zählt an 100 Häuser, deren Bewohner sich hauptsächlich mit Fischfang beschäftigen, aber auch Plantagen auf dem Festlande besitzen. Hier liegen auch die eigenthümlichen galgenartigen Gerüste mit erhöhter Plattform, »*Dubu*« genannt, welche das Centrum der Festlichkeiten bilden. Fig. 34 gibt die Darstellung eines solchen Dubus in Tupuselé,[1]) das wegen der Schnitzerei der Pfahlenden für die Baukunst der Papuas dieser Küste als besonderes Kunstwerk gelten muss. Die Plattform des Dubu dient als Ehrenplatz für Häuptlinge und andere hervorragende Männer, sowie für die Lebensmittel, welche selbstredend bei den Festen eine Hauptrolle spielen. An den Querstangen der Dubus werden auch die sorgfältig geputzten und verzierten Schädel erschlagener Feinde als Trophäen aufgehangen, wovon ich an dem in Maupa allein neunzehn zählte. — Dubus in der abgebildeten Form scheinen hauptsächlich von Keppel-Bai bis Port Moresby üblich, kommen aber in letzterer Localität selbst nicht mehr vor.

Fig. 33.

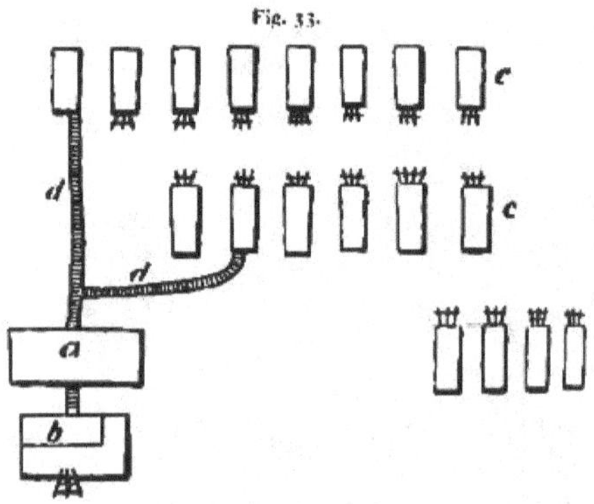

Plan des Pfahldorfes Kaire.

Die Mission hat die »heidnischen Feste« ohnehin sehr beschränkt, und die wenigen festlichen Belustigungen werden auf dem breiten Sandufer vor den Dörfern abgehalten. Die Dubus versehen in diesem Theile der Küste die Versammlungs- oder Tabuhäuser der Männer, wie sie im Westen (Maiva, Eläma und weiter westlich) vorkommen und überall in Neu-Guinea, wie Melanesien überhaupt, in Gebrauch sind. Chalmers[2]) beschreibt einige dieser Häuser von ungewöhnlicher Länge (bis 200 Fuss) und erklärt sie für »Heidentempel«, weil sich zuweilen Holzschnitzereien von menschlichen Figuren, Crocodilen u. s. w. darin vorfinden. Aber was er im Uebrigen von diesen Dubus sagt, beweist deutlich, dass sie Versammlungshäuser der Männer sind, in welchen diese zum Theil schlafen, ihre Feste feiern und Fremde empfangen, ganz wie ich dies an der Nordostküste Neu-Guineas fand. Das isolirte grössere Haus in Deräni (Deleni), welches ich (Abhandlung Nr. 9, Seite 4) beschrieb, gehört ebenfalls zu diesen Tabuhäusern.

Ackerbau bildet auch für die Bewohner dieser Küste die Hauptquelle des Unterhaltes und der Ernährung und bezieht sich auf dieselben Producte als im Bismarck-

[1]) Chalmers (»Pioneering in New Guinea«, Seite VIII) bildet ein anderes der vier Dubus in Tupuselé ab mit der Bezeichnung »heathen temple«.

[2]) »Pioneering in New Guinea«, Seite 3, 40, 50, 52, 59, 66 und 180.

Archipel (I, Seite 100). Doch kommen mehr als dort Fischerei und Jagd für gewisse Gebiete zur Geltung.

Die Urbarmachung und Bearbeitung des Bodens geschieht ohne besondere Werkzeuge. Die Männer besorgen die grobe Arbeit, das Fällen und Roden der Bäume (zum Theile mit Hilfe von Feuer), wobei die grossen Stämme liegen bleiben, bis sie verwittern, während die Weiber das Land vollends klären und den Boden umgraben. Dies geschieht in sehr primitiver Weise mittelst eines zugespitzten Stockes, der das Erdreich nur sehr oberflächlich auflockert. Die Pflanzungen erfordern viel Mühe und Arbeit, worunter das Einzäunen derselben nicht die geringste ist, um sie gegen die Verwü-

Fig. 34.

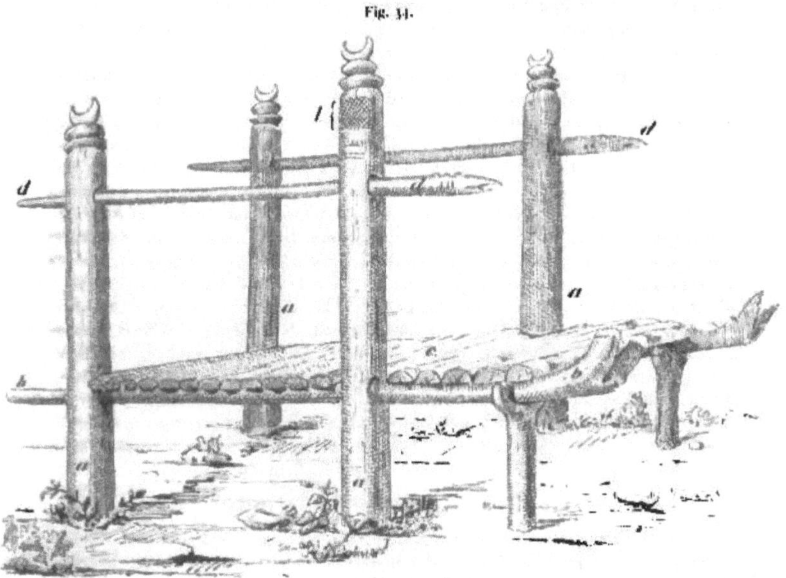

Dubu in Tupuselé.

stungen der Wildschweine (und Kängurus) zu schützen. Der Aufbau der Zäune geschieht vorzugsweise durch die Männer, während die Frauen das Ausjäten des Unkrautes besorgen. Sache der Männer ist es dagegen wiederum, Stangen für die rankenden Jamspflanzen und Pfähle für die Bananen zu schaffen. Auch müssen die jungen Fruchtbündel der Bananen, wie später die reifenden Früchte derselben, gegen die Verheerungen der Vögel (namentlich Papageien) und fliegenden Hunde geschützt werden, die sonst grossen Schaden anrichten. Es werden daher in den Plantagen besondere Hütten und kleine Häuser errichtet, in welchen die Familien während der Erntezeit wohnen. Um Ueberfällen feindlicher Nachbarn zu begegnen, ziehen die Männer stets bewaffnet nach den Plantagen, die fast ausnahmslos weitab von den Dörfern liegen.

Steile Abhänge sind bevorzugte Localitäten zur Anlage von Pflanzungen, namentlich bei den Bergbewohnern des Innern.

Ausser Brotfrucht und Sago *(Rabia)*, welcher für einige Gebiete Neu-Guineas, namentlich die Küsten von Freshwater-Bai von Bedeutung und selbst ausgeführt wird, kommen nur wenige wildwachsende Früchte, meist nussartige, aber alle nur untergeordnet als Nahrungsmittel in Betracht. Wie in ganz Melanesien, werden alle Speisen, sowohl vegetabilische als animalische, nur in gekochtem Zustande genossen.

Die obige Skizzirung des Ackerbaues ist in den Grundzügen für ganz Melanesien massgebend. Doch finden sich locale Abweichungen. So sind z. B. die Bewohner von Port Moresby, wegen der Armuth des Bodens, auf Zufuhren von auswärts angewiesen und müssen sich in Zeit von Mangel mit Surrogaten von wenig Nährstoff, z. B. den nur durch Maceration geniessbaren, pflaumengrossen Früchten von *Cycas* und *Mangrove*, grünen Stämmen der Banane u. s. w. nähren.

Hausthiere in unserem Sinne gibt es nicht. Die einzigen Thiere welche gezähmt gehalten werden, sind Wildschweine (wovon Neu-Guinea zwei eigenthümliche Arten: *Sus papuensis* und *Sus niger* Finsch, Proc. Zool. Soc., London, 1886, pag. 217, besitzt) und Hunde, letztere eine eigenthümliche kleine, dingoartige Rasse, welche nicht bellt, sondern nur heult. Beide Arten Thiere werden mit grosser Liebe, hauptsächlich von den Weibern aufgezogen, die sie nicht selten an ihren Brüsten im Verein mit Kindern säugen. Nur bei festlichen Gelegenheiten kommen Schweine und Hunde auf die Tafel; Fleischnahrung bildet also im Leben der Papuas nur die Ausnahme. Kleinere Säugethiere, wie Cuscus, Beuteldachse *(Perameles)*, fliegender Hund *(Pteropus)*, werden gerne gegessen, nicht minder Crocodile und grosse Schlangen. Läuse und Flöhe sind, wie in der ganzen Südsee, eine beliebte Leckerei. Haushühner sieht man nicht selten, aber stets vereinzelt um die Häuser der Eingeborenen. Sie sind halbverwildert, zeitigen ihre Jungen im Busch und werden hauptsächlich der Federn wegen gehalten, da Hahnenfedern, namentlich weisse, als Kopfputz der Männer allen anderen vorgezogen werden. Zu gleichem Zweck, nämlich der Federn wegen, hält man gewisse Papageienarten gezähmt, vorzüglich Kakatus *(Cacatua Triton)* und Edelpapageien *(Eclectus polychlorus)*, denen man die Federn ausrupft; vor Allem sind die gelben Haubenfedern des Kakatu beliebt.

D. Geräthschaften und Werkzeuge.

Hausrath in Form von Kisten, Kasten und Derartigem fehlt, und die wenigen Habseligkeiten (vergl. Seite 317) werden in Blätter oder Bast *(Tapa)* eingehüllt, oder auf besonderen Stellagen und Horden im Innern der Hütte oder auf dem Vorplatze aufgehangen. Ein eigenthümliches Geräth im Haushalte der Motu ist der

Ikini (Nr. 187, 1 Stück), Wiegenhalter. Port Moresby. Derselbe besteht aus einer Scheibe von Cocosnussschale, an welcher ein Strick zum Aufhängen befestigt ist. An diese Cocosnussscheibe wird nun das Tragband eines weitmaschigen Tragbeutels (z. B. ähnlich Nr. 186) aufgehangen, welcher als Wiege dient. Das Kind liegt in derselben gekrümmt, mit eingezogenen Beinen, und wird in solchen Beuteln auch von der Mutter auf der Wanderung mitgeschleppt.

Kopfunterlagen, aus Holz geschnitzt, sogenannte *Kopfkissen* (wie Taf. XVIII [10], Fig. 1—3), kommen an diesem Theil der Küste nicht vor, aber im Westen (Freshwater-Bai).

Nicht so ärmlich als in Bezug auf Hausrath ist es mit **Kochgeräthschaften** bestellt, und darin überragen die Bewohner dieser Küste, wie Neu-Guineas überhaupt, die des Bismarck-Archipel bei Weitem. Während man dort ohne Wasser kocht, bedient man sich in Neu-Guinea überall Töpfe, deren Fabrikation dem Papua Neu-Guineas allein schon eine höhere Stufe der Gesittung anweist.

Die Art der Nahrungsmittel haben wir bei Ackerbau (Seite 320), Jagd und Fischerei (Seite 333) kennen gelernt und daraus ersehen, dass auch die Bewohner dieses Theiles Neu-Guineas vorzugsweise Vegetarianer sind. Das Kochen wird von beiden Geschlechtern verstanden und besorgt und kein Salz dabei gebraucht. Letzteres ist aber bei den Bewohnern des Innern (Koiări) sehr beliebt und gilt bei denselben als besondere Leckerei, die man sich jedoch nur selten verschaffen kann. Salz bildet daher für jene Gebiete ein willkommenes Tauschmittel.

Mit Ausnahme der wenigen Missionsstationen, wo sich bereits Zündhölzer Eingang verschafft haben, ist **Feuerreiben** noch gang und gäbe.

Die Methode, Feuer zu reiben, wie ich sie bei den Koiări im Innern von Port Moresby sah, ist ganz verschieden von der in Neu-Britannien (I, Seite 102). Das Hauptinstrument, *Newăta* genannt, ist ein kurzes, von der Rinde entblösstes Aststück, an einem Ende längsgespalten und mittelst eines eingeklemmten Steinchens klaffend gehalten. Der Eingeborene nimmt eine Handvoll trockenes Gras, reibt es, ballt es zusammen und legt es unter das Holzstück, auf welches er mit den Füssen tritt, um es festzuhalten. Mit einem langen Streifen gespaltenen Bambus, *Ana* genannt, das durch den klaffenden Spalt gesteckt wird, fängt er nun an, mittelst Hin- und Herziehen zu reiben, wodurch häufig schon in 30 Secunden das Gras in Brand geräth. Den Ana trägt jeder Eingeborene bei sich, Holz findet sich überall, da jedes trockene Stück genügt.

Weitere unentbehrliche Requisiten, welche sich in dem Tragbeutel jedes Mannes finden, sind die folgenden Stücke:

Pako (Nr. 922, 923, 2 Stück), meisselartiges Instrument aus Knochen (meist vom Schwein), das zum Schaben und Aufbrechen dient. Port Moresby.

Bedi (Nr. 62, 63, 64, 3 Stück), Löffel mit Stiel aus Cocosnussschale. Port Moresby.

Diese Löffel sind zuweilen mit hübschen, eingravirten Mustern, die mit Kalk eingerieben werden, verziert und zählen mit zu den besten Kunstleistungen der Motu.

Eigentliche Gabeln fehlen, doch werden nicht selten die (Seite 307) erwähnten Kobi als solche benützt, sowie auch Pfriemen aus Känguruknochen (Dinika, Nr. 42).

Zum Schneiden von Fleisch und festerer Speisen bedient man sich scharfkantiger Bambuleisten oder Muschelschalen. Als Stampfer werden passende Steine, *Muninga*, benutzt, die zuweilen etwas bearbeitet sind, ausnahmsweise sogar Querrillen zeigen.

Wie überall in der Südsee, gebraucht man als Behälter für Trinkwasser:

Bio (Nr. 70, 1 Stück), eine Cocosnussschale. Port Moresby.

Diese Art Gefässe sind im Port Moresby-District zuweilen mit einfachen Randverzierungen versehen; in anderen Küstengegenden, z. B. Aroma sah ich ausserordentlich kunstvoll in Reliefarbeit verzierte Cocosschalen.

Die Bergbewohner im Innern von Port Moresby bedienen sich, da die Cocospalme hier nicht mehr vorkommt, langer Bamburohre als Wasserbehälter, aus denen zugleich auch getrunken wird, was für den Unkundigen allerdings mit Schwierigkeiten verknüpft ist.

Ein weiterer Fortschritt im Haushalt der Papuas dieser Küsten wird durch Holzschüsseln bekundet, von welchen die folgende Nummer eine Probe gibt:

Dihu (Hood-Bai-Sprache, Nr. 79, 1 Stück), länglich-ovale Holzschüssel (36 Cm. lang) mit etwas Randverzierung. Hula in Hood-Bai. Eigenthümlich in der Form. Diese Art Holzschüsseln werden nicht in Port Moresby, sondern in Hood-Bai (namentlich

Hula und Keräpuno) und weiter östlich gefertigt, wo sie die Stelle der aus Thon gebrannten vertreten und zugleich einen Handelsartikel bilden.

In der **Gewerbskunde** bildet **Töpferei** für gewisse beschränkte Gebiete einen bedeutenden Fabrikationszweig und eines der wichtigsten Tauschmittel für den Handel und den Verkehr der Stämme untereinander. An der Südostküste Neu-Guineas wird Töpferei nur von Hall-Sund, und zwar dem Dorfe Deräni (Deläni) gegenüber, Jule-Insel (Laval), bis etwa nach Keppel-Bai östlich betrieben, aber nirgends so lebhaft als in Port Moresby, welches den Centralpunkt für die Töpferei dieser Küste bildet.

Dabei mag bemerkt sein, dass dieses Gewerbe ausschliessend vom weiblichen Geschlecht betrieben wird, das dadurch einen wesentlichen Antheil am Wohlstande nimmt.

Die Sammlung gibt eine schöne Darstellung dieses Gewerbszweiges, vom Material bis zum fertigen Fabrikat.

Das Material ist sorgfältig gereinigter und zubereiteter Lehm, »*Raro*«, von welchem folgende Sorten unterschieden werden:

Raro koroto (Nr. 92, 1 Probe), hellfarbiger Lehm, welcher das Hauptmaterial bildet;

Raro duba (Nr. 93, 1 Probe), dunkelfarbiger Lehm;

Raro kaka (*kaka* = roth, Nr. 94, 1 Probe), rother Lehm.

Der mit Wasser geschlemmte und sorgfältig geknetete Lehm wird mit

Rario (Nr. 91, 1 Probe), feinem Sand, gemengt und damit zur Verarbeitung fertig. Die Töpferei ist eine wegen ihrer Einfachheit höchst interessante, da bei derselben nur zwei Instrumente angewendet werden: ein flacher, runder Stein, *Nadi*, von circa 6 Cm. Durchmesser, und

Japatu (Nr. 96, 1 Stück), hölzerner, flacher, peitschenförmiger Schlägel, circa 25 Cm. lang, am Ende 10 Cm. breit.

Die Frau macht eine Kugel aus Lehm, die sie mit den Fingern ausweitet und dann vollends mittelst Stein und Schlägel zu einem Topfe formt. Indem sie mit der linken Hand den Stein an die Innenseite hält, treibt sie mit dem Schlägel in der Rechten die Lehmmasse in der gewünschten Form aus; die Arbeit ist also gewissermassen eine getriebene. Die Geschicklichkeit und das scharfe Augenmass verdienen hierbei ganz besonders Bewunderung, wie die Erzeugnisse der Töpferei in der That eine beachtenswerthe Culturstufe bekunden. Ich habe öfters die Oeffnung fertiger Töpfe mit dem Cirkel nachgemessen und die tadelloseste Kreisform gefunden. Bei dem sehr oberflächlichen Brennprocess verwerfen sich die Töpfe leicht. Das Brennen geschieht, indem um die fertigen, im Schatten getrockneten Töpfe, vielleicht 4—6 Stück, leicht brennbares Feuerungsmaterial (trockene Blätter, Rinde, kleine Aeste u. dgl.) angehäuft und dieses angezündet wird. Die Töpfe werden während des Brennens, das circa 15 Minuten erfordert, mit einer langen Pincette aus Bambu gewendet, damit alle Seiten möglichst in Gluth kommen, dann aus dem Feuer genommen und noch glühend mit *Arara*, d. h. einem Absud von Mangroverinde in Seewasser, bespritzt und bestrichen. Sie werden hierauf nochmals auf kürzere Zeit (10 Minuten) einem heftigen, hellen Feuer ausgesetzt und sind dann fertig.

Die folgenden Nummern repräsentiren Proben der Töpferkunst von Port Moresby:

Hodu (Nr. 86, 1 Stück), Wassertopf;

Kaiwa (Nr. 87, 1 Stück), Kochtopf;

Oburo (Nr. 88, 1 Stück), Napf;

Nao (Nr. 89, 1 Stück), Schüssel.

Die zwei vorzüglichsten Topfsorten, welche namentlich auch für den Tauschhandel fabricirt werden, sind erstens *Hodu*, Wassertöpfe, fast kugelförmig, mit enger

Oeffnung, nur so weit, um die Hand der Töpferin einzulassen (wie Nr. 86), besser gebrannt, 30—40 Cm. Durchmesser, und zweitens *Uro*, Kochtöpfe, mit weiter Oeffnung (18—25 Cm. weit); sie gleichen ganz Nr. 87 *(Kaiwa* oder *Kaike)*, nur sind sie meist grösser und ohne den breiten Rand. Bei der Benützung werden den Töpfen Steine untergelegt, um sie vor dem Umfallen zu sichern.

Schüsseln und Näpfe (wie Nr. 88 und 89) sind im Ganzen wenig im Gebrauch, ebenso jene ungeheuren Gefässe in *Uro*-Form, *Tohă* genannt, welche zum Aufbewahren von Sago, Arrowroot u. s. w. benutzt und wegen ihrer Zerbrechlichkeit meist in Rohr eingeflochten werden. Ich mass einen solchen Tohă von 1·41 M. Umfang.

Geschickte Töpferinnen erringen sich ein Renommé, das weithin bekannt ist und ihren Fabrikaten besondere Nachfrage verschafft. Es ist daher bei den Weibern in Port Moresby Brauch, ihre Töpfe mit einem besonderen Zeichen, *Igeri* genannt, zu versehen, Zeichen, die wir meist als Anfänge von Ornamentik ansprechen, die aber in der That Handels- oder Schutzmarken bedeuten.

In der Nr. 2 citirten Abhandlung (Seite 295) habe ich eine ausführliche Beschreibung der Töpferei in Port Moresby gegeben.

Flechtarbeit ist bei den Bewohnern dieser Küste nur sehr schwach entwickelt und beschränkt sich auf gröberes Mattenwerk aus Cocos- oder *Pandanus*-Blatt, welches zu Segeln oder Schlafmatten benutzt wird. Eine Probe solcher Flechtarbeit gibt die folgende Nummer:

Gähda (Nr. 113, 1 Stück), flaches viereckiges Täschchen. Port Moresby. Dient zum Aufbewahren kleiner Geräthschaften des täglichen Gebrauchs (Schneidemuscheln, Knochenmeissel, Betelnüsse etc.) und wird von den Männern im Tragbeutel mitgeführt.

Ein nicht selten benütztes Naturproduct ist:

Nudu (Nr. 265, 1 Probe), bastartiges Gewebe, welches an der Basis des Blattes der Cocospalme wächst. Keräpuno, Hood-Bai.

Aus diesem Material werden namentlich im Maiva-District von Freshwater-Bai und in Hood-Bai Beutel und Säcke genäht; auch wird dasselbe zum Einhüllen besserer Gegenstände, wie Schilde u. dgl., verwendet, und die Motumotu verfertigen die kolossalen Segel ihrer Canus aus diesem Stoffe.

Gegenüber der geringen Entwicklung von Flechtarbeiten stehen **Strickarbeiten** in Filetmanier in hoher Blüthe, und die Erzeugnisse dieser Handfertigkeit ersetzen die Körbe, wie sie z. B. in Neu-Britannien (I, Seite 102) allgemein gebraucht werden.

Die Weiber der Motu und anderer Stämme an der Südwestküste, welche allein das Tragen von Lasten besorgen, an welches sie schon von frühester Jugend gewöhnt werden, bedienen sich dazu Tragbeutel oder Säcke *(Kiapa)* von oft bedeutender Grösse. Sie schleppen darin die Erzeugnisse der Plantagen, Feuerholz, Wasser in Töpfen *(Hodu)*, Kinder, ganz in der Weise, wie dies in Neu-Britannien geschieht (I, Seite 102). Wie bedeutend der Einfluss dieses beschwerlichen Geschäftes unbeschadet der Gesundheit sein kann, zeigt der Abguss einer alten Motufrau meiner Sammlung von Völkertypen (Nr. 164), an deren Vorderkopf man deutlich den Eindruck des Tragbandes fühlen kann.

Die Männer bedienen sich meist kleinerer Tragbeutel (671, Seite 326) welche auf der Schulter getragen werden, indem der eine Arm durch das Tragband gesteckt wird.

Besondere Verzierungen und Schmuck der Tragbeutel sind mir an dieser Küste Neu-Guineas nicht vorgekommen.

Das Material zu den Strickarbeiten ist:

Lakwa (Nr. 140, 1 Probe), d. h. die durch Klopfen zubereitete Faser einer auf der Erde rankenden, grossblättrigen Schlingpflanze, derselben, welche überall in Neu-Guinea und dem Bismarck-Archipel (vergl. I, Seite 107) als Hauptmaterial benutzt wird.

Aus diesem Material bereitet man:

Lakwa (Nr. 145, 1 Probe), Bindfaden, indem die fein gespaltene Faser, mit Speichel angefeuchtet, auf dem Schenkel gedreht wird, ganz in ähnlicher Weise, als wie dies die Samojeden und Ostiaken mit Renthiersehne auf der Backe thun.

Sowohl Männer als Weiber sind geschickt in der Anfertigung des Bindfadens, wie Strickarbeiten, zu denen man sich einer Art Filetnadel, *Diwa*, ähnlich der unseren bedient, sowie des:

Geborre (Nr. 162, 2 Stück), Maschenmass. Port Moresby. Dieses Geräth besteht aus schmalen, flachen Stücken Schildpatt *(Geborre)* von verschiedener Grösse (6 bis 11 Cm. lang, 25 Mm. bis 4 Cm. breit), welche die Weite der Maschen bestimmen.

Die folgenden Nummern zeigen das fertige Fabrikat in den beiden gebräuchlichsten Formen:

Kiapa (Nr. 672, 1 Stück), Tragbeutel der Frauen (49 Cm. breit, 29 Cm. hoch) in hübschem Grecmuster. Port Moresby.

Waiina (Nr. 671, 1 Stück), Tragbeutel der Männer; wie vorher, aber kleiner, buntgemustert. Port Moresby.

Genussmittel sind dieselben als im Bismarck-Archipel (I, Seite 102) und auch hier ist Betel, die Frucht einer Arecapalme, das beliebteste, und zwar für beide Geschlechter. Diese schöne Palme zeitigt grosse, traubenförmige Bündel einer grünlichen oder gelben Frucht von der Grösse einer Mirabelle, welche in einer faserigen Hülle einen muscatnussgrossen Kern, die eigentliche Betelnuss, enthält. Zum Aufbrechen der äusseren Hülle bedient man sich eines kurzen Knochenmeissels (*Pako*, Seite 323), welchen jeder Mann in seinem Tragbeutel mit sich führt. Die Betelnuss hat einen säuerlichen Geschmack, wirkt zusammenziehend auf das Zahnfleisch und wird mit pulverisirtem, aus Corallen gebranntem Kalk *(Ahu)* und Blättern oder Früchten einer rankenden Pfefferpflanze zusammen gegessen. Betel wirkt erfrischend, aber in keiner Weise betäubend oder berauschend. Betel färbt Lippen, Zunge und Zähne, sowie den Speichel roth, bei längerem Gebrauch, ohne Reinigung, die Zähne braun bis schwarz. In Port Moresby wo die Betelpalme nur in beschränkter Zahl wächst, sind Betelnüsse ein beliebter Tauschartikel, der namentlich mit der Sagoflotte aus dem Westen (Motumotu) angebracht wird. Betel gilt hier, wie überall, auch als Friedens- und Freundschaftszeichen.

Zum Betelgenuss bedarf man in Neu-Guinea gewisser Requisiten, nämlich eines Behälters zum Aufbewahren des Kalkes und sogenannter Kalklöffel. Letztere haben keine Aehnlichkeit mit Löffeln, sondern sind vielmehr lange, spatelförmige Instrumente aus Holz oder Bein, deren meist etwas abgeflachte Spitze, im Munde angefeuchtet, in den Kalk gesteckt und dann abgeleckt wird. Beide Arten Geräthschaften werden in gewissen Gebieten Neu-Guineas reich verziert, und wir werden kunstvoll geschnitzte Kalkspatel von der Ostspitze kennen lernen. Von hier aus gelangen solche Spatel zuweilen bis Port Moresby, wo sie sehr gesucht sind, da die Motu wenig Kunstfleiss besitzen und sich mit geringeren Erzeugnissen begnügen, wie sie die Sammlung in den folgenden Nummern zeigt:

Ahu (Nr. 898, 1 Stück), Kalkcalebasse aus Flaschenkürbis. Port Moresby. (Taf. XIX [11], Fig. 2); das dunkle Muster ist eingebrannt. Als Spatel dient ein 19 Cm. langes, dünnes, rundes Stöckchen von Palmholz mit einigen roh eingeschnittenen Absätzen am Basistheile.

Eni (Nr. 917, 1 Stück), Kalkspatel, aus einem 19 Cm. langen schmalen Stück Knochen. Port Moresby.

Eni (Nr. 918), wie vorher, 21 Cm. lang, am Ende etwas geschnitzt. Port Moresby.

Nächst dem Betel bildet **Tabak** *(Kuku)* bei Männern wie Frauen, Alt und Jung ein fast unentbehrliches Genussmittel. Die Tabakspflanze ist ohne Zweifel auch an dieser Küste Neu-Guineas eigenthümlich, und ihre Cultur wurde längst vor Ankunft der Europäer in der Weise betrieben, wie ich dies noch bei den Koiäri im Innern und anderwärts an der Küste sah. An den Missionsstationen hat sich bereits amerikanischer Stangentabak (I, Seite 102) eingeführt und ist im Verkehr das beliebteste Tauschmittel geworden, ja hat an manchen Orten, wie z. B. Port Moresby, den eingebornen Tabak gänzlich verdrängt. Dagegen haben sich europäische Tabakspfeifen keinen Eingang verschafft, sondern man bedient sich allgemein des:

Baubau (Nr. 930, 1 Stück), Rauchgeräth, bestehend aus einer 1·4 M. langen Röhre aus Bambu, an der einen Seite offen, an der anderen vor dem Ende mit einem kleinen Loche; mit eingebranntem und eingravirtem Muster. Maiva-District.

Dieses eigenthümliche Rauchgeräth ist an der ganzen Südostküste Neu-Guineas, von Torres-Strasse bis Ost-Cap, gebräuchlich und für dieses Gebiet charakteristisch. Der Gebrauch ist folgender: Der in eine kleine Düte aus Baumblatt gestopfte, grob zerpflückte Tabak wird in die kleine Oeffnung des Baubau eingesetzt und nun mit dem Munde am breiten, offenen Ende gesogen, bis die Röhre voll Rauch ist. Dann nimmt man das Dütchen heraus, hält die Endöffnungen zu und saugt aus dem kleinen Loche den Rauch ein. Jeder nimmt ein paar Züge und gibt den Baubau seinem Nachbar, worauf das Vollsaugen der Röhre aufs Neue beginnt. Diese Rauchmethode hat eine ausserordentlich starke Wirkung, wird trotzdem aber schon von Kindern leidenschaftlich geübt. Die schönsten Baubau kommen aus Freshwater-Bai und sind durch ihre reichen Verzierungen in zierlichen eingebrannten oder eingeritzten Mustern oft beachtenswerthe Producte papuanischen Kunstfleisses.

Werkzeuge. Mit Ausnahme von Port Moresby, wo Steinäxte bereits gänzlich abgekommen und durch eiserne verdrängt wurden, hat die Steinaxt in diesem Theile Neu-Guineas noch ihr altes Recht behalten, ja wird an gewissen Plätzen theilweise noch gebraucht, wo man bereits eiserne Werkzeuge reichlich besitzt.

Die Steinklingen stimmen mit solchen aus Neu-Britannien (Taf. 2, Fig. 1, 2) überein, wie die der folgenden Reihe:

Ira (*Ila*, Nr. 9, 8 Stück), Steinklingen in verschiedenen Grössen (9—13 Cm. lang und 4½—10 Cm. breit) von Port Moresby.

Ira (Nr. 11, 3 Stück) noch unfertige Steinklingen, um Material und Bearbeitung zu zeigen. Port Moresby.

Eine schmälere (bis circa 3 Cm. breite) Sorte Steinklingen, die übrigens ganz so wie die grossen geschaftet wird, heisst:

Godi (Nr. 11, 3 Stück), Steinmeissel (Taf. XX [12], Fig. 3). Port Moresby.

Mit diesen kleinen Steinäxten werden feinere Arbeiten ausgeführt. Aber *Ira* und *Godi* gehen so ineinander über, dass die Eingeborenen häufig selbst beide Formen nicht zu unterscheiden wissen.

Fertige Steinäxte zeigen die folgenden Nummern:

Ira (Nr. 132, 133, 2 Stück), Steinäxte gewöhnlicher Sorte, von Redscar-Bai (etwas westlich von Port Moresby). Schon diese gewöhnlichen Aexte zeichnen sich gegenüber den in Neu-Britannien gebräuchlichen (Taf. IV [2], Fig. 3) durch sorgfältigere Schäftung aus, die zuweilen zu einer sehr kunstvollen wird, wie in der folgenden Nummer:

Ira (Nr. 131, 1 Stück), Steinaxt schwerster Sorte mit Holzstiel, von Kapakapa bei Round-head, nahe Port Moresby. Der hölzerne Stiel *(a)* (vergl. Fig. 35), *Harara*, ist aus einem passenden knieförmigen Aststück hergestellt und an dieses die Steinklinge *(b)* mittelst eines feinen Geflechtes *(Laha)* von gespaltenem Rotang *(c)* befestigt. Wie bei den meisten Steinäxten steht die Schärfe der Klinge quer zum Stiel, also ganz wie bei den Aexten der Schiffszimmerleute. Es gibt Steinäxte in den verschiedensten Grössen und Dicken, darunter so schwere, dass sie mit beiden Händen geführt werden müssen.

Fig. 35.

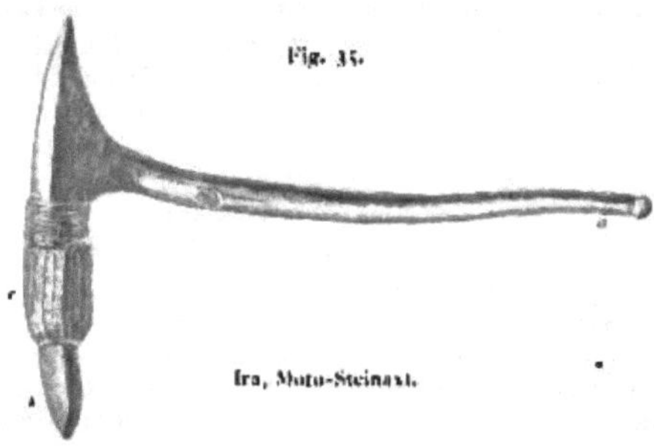

Ira, Motu-Steinaxt.

Eine besondere Art Steinaxt heisst in Hood-Bai:

Lachela (Nr. 130, 1 Stück), Steinaxt mit drehbarer Klinge von Keräpuno in Hood-Bai.

Diese Art Steinäxte finden sich nur in dem genannten Districte und Dorfe, das sich vorzugsweise mit Canubau beschäftigt. Ich selbst sah hier noch 1882 Eingeborene mit diesen Steinäxten zimmern, obwohl sie gute amerikanische eiserne Aexte neben sich liegen hatten. Die in einem besonderen Einsatzstück (vergl. Fig. 36, *b*) befestigte Steinklinge *(e)* ist nämlich drehbar und kann in verschiedener Richtung verstellt werden, was namentlich beim Aushöhlen der Canu sich als sehr praktisch erweist.

Fig. 36.

Lachela, Steinaxt von Kerapuno.

Die charakteristische Eigenthümlichkeit dieser Art Steinäxte findet sich an gewissen Localitäten der Nordostküste wieder (vergl. Nr. 124 von Finschhafen), was von hohem Interesse ist.

Die Keräpunoleute besitzen auch Steinäxte der gewöhnlichen Form (wie Nr. 132), welche hier »*Kanapi*« heissen. Die Arbeit mit Steinäxten geht viel flotter, als man glauben sollte. Aexte mit halbcirkelförmigen Klingen von Terebra und Mitra (vergl. I, Seite 136) habe ich in diesem Theile Neu-Guineas nicht gesehen, wie überhaupt keine Muschelklingen.

Dagegen findet sich ein anderes eigenthümliches Werkzeug:

Ibudu (Nr. 35, 1 Stück), Drillbohrer mit Feuersteinspitze. Port Moresby. Wird mittelst des Querholzes in eine quirlende Bewegung gesetzt und zum Bohren kleiner Löcher benutzt. Für gewöhnlich bedient man sich zum Bohren auch spitzer Muschelstücke, wie z. B. der Arme von *Pteroceras*-Muscheln, doch kommt Bohren im Ganzen wenig in Anwendung.

Ein weit verbreitetes Werkzeug ist die:

Iri (Nr. 38, 1 Stück), Raspel, aus einem Stückchen Bambu mit Rochenhaut überzogen. Port Moresby. Mit solchen Raspeln, die in Port Moresby übrigens mehr und mehr abkommen und durch Glasscherben Ersatz finden, werden die feineren, mit Stein- und Muschelsplittern angefertigten Arbeiten, namentlich Schnitzereien und Gravirungen geglättet.

Dinika (Nr. 42, 4 Stück), Pfriemen aus Känguruknochen. Port Moresby. Dienen bei Flechtarbeiten zum Löcherstechen und werden auch als Gabel benutzt, um festere Speisen (Fleisch) aus dem Topfe zu holen.

Waffen und Wehr. Feuerwaffen sind bis jetzt an dieser Küste, wie in Neu-Guinea überhaupt, nicht in Gebrauch bei den Eingeborenen, die, im Gegensatz zu den Neu-Britanniern von Blanche-Bai, sich noch vor Gewehren und deren Knalle fürchten. Der Grund für diese erfreulichen Verhältnisse liegt darin, das ausser gelegentlichen Tripangfischern keine Händler an dieser Küste dauernd Fuss fassten, sondern nur die Mission. Und diese hat natürlich Alles gethan, um den Verkauf von Waffen zu verhindern, wie sie selbst niemals mit solchen den Eingeborenen strafend gegenübertrat. Im Vergleich mit dem blutigen Vergeltungskriege der Wesleyanischen Mission in Neu-Britannien (1880) verdient diese echt christliche Handlungsweise der Londoner Gesellschaft ehrenvolle Anerkennung.

Die gebräuchlichste und allgemein verbreitete Waffe ist, wie fast überall, der Wurfspeer, wozu in gewissen Gebieten noch Bogen und Pfeil kommen. Schleuder und Stein (I, Seite 105) sind mir in diesem Gebiet, wie in Neu-Guinea überhaupt nicht vorgekommen.

a. Geschosse:

I-o (Nr. 716, 1 Stück), Wurfspeer von Palmholz (255 Cm. lang), glatt, am Fussende sehr schmal, gewöhnliche Form. Port Moresby.

I-o (Nr. 717, 1 Stück), desgl., mit fünf Kerbsägezähnen an der Spitzenkante; daher

I-o (Nr. 718, 1 Stück), desgl., mit acht Kerbzähnen. Port Moresby.

I-o (Nr. 719, 1 Stück), desgl. (267 Cm. lang), mit zahlreicheren, ganz verschiedenen Zahnkerben an der einen Seite des kantigen Spitzentheiles, vor der Spitze ein Ring aus Menschenhaar. Port Moresby.

I-o (Nr. 720, 1 Stück), desgl. (267 Cm. lang), mit neun Doppelreihen Kerbzähnen an jeder Kante des an einer Seite abgeflachten Spitzentheiles. Kaire.

I-o (Nr. 721, 722, 2 Stück), schwere Wurfspeere (253 und 257 Cm. lang), mit drei, respective fünf Kerbzähnen an der einen Kante der Spitze. Kaire.

I-o (Nr. 723, 1 Stück), sehr schwerer und langer Wurfspeer (306 Cm. lang), mit Kerbzähnen wie vorher. Kaire.

Die vorliegende Reihe repräsentirt die hauptsächlichsten Formen dieser Waffe, wie sie nicht nur bei den Motu, sondern überhaupt an dieser Küste gebräuchlich ist. Die Verzierung des Spitzentheils mit Säge- und Kerbzähnen (nicht eigentlichen Widerhaken) ist sehr verschieden und dient mehr der Ausschmückung als praktischen Zwecken. Charakteristisch für diese Verzierung scheint, dass der seitlich etwas abgeflachte, daher etwas kantige Spitzentheil meist nur an der einen Kante mit Säge- oder Kerbzähnen versehen ist. Zuweilen ist eine Seite der Spitze abgeflacht (wie Nr. 720), der Spitzentheil erscheint daher etwas dreikantig. Diese Speere werden mit dem Arm geworfen und bilden für die Motu, wie die meisten Bewohner des Innern wie der Küste, die gebräuchlichste und fast einzige Waffe. Sie dient vorzugsweise beim Kampf, aber auch bei der Jagd auf Känguru und Wildschweine.

Bogen und Pfeil sind keine allgemein üblichen Waffen und wie überall in Melanesien auf gewisse, oft engbegrenzte Gebiete beschränkt. An der Südostküste findet sich diese Art Geschosse nur im Westen, von Maiva an längs den Küsten von Freshwater-Bai und des Papua-Golfes, woher sie von den Motu eingetauscht wird, die mit dieser Waffe nur schlecht umzugehen verstehen. Die Bewohner des Innern, wie die Stämme östlich von Port Moresby, sind unbekannt mit Pfeil und Bogen.

Päwa (Nr. 789, 1 Stück), Bogen (188 Cm. lang) aus dem Holz der Betelpalme *(Boatau)* mit Sehne *(Maura)* aus einem circa 1 Cm. breiten Streifen aus gespaltenem Rotang. Eläma-District; hier »*Apo*« genannt, bei den Maiva »*Honu*«. Die kürzesten Bogen, welche ich mass, hatten 1·60 M. Länge, die längsten massen über 2·30 M.

Diba (Nr. 790—795, 6 Stück), Pfeile aus Rohr, das Spitzendrittel aus Hartholz mit verschiedenartigen, meist seichten Einkerbungen. Eläma; bei den Maiva »*Paki*«, bei den Motumotu »*Parita*« genannt.

Die Bewohner von Freshwater-Bai, namentlich die Motumotu, sind sehr geschickte Bogenschützen und bedienen sich dieser Waffe meist beim Kampfe. Die Länge der Pfeile variirt von circa 1—1½ M., wovon circa ein Drittel auf den hölzernen Spitzentheil kommt. Die Pfeile sind gewöhnlich glatt, ohne besonderen Schmuck. Häufig ist die Spitze schwarz oder roth bemalt, zuweilen mit eingravirten einfachen Mustern verziert. Pfeile mit tief eingeschnittenen Kerbzähnen, oft nur an einer Kante, die also eigentliche Widerhaken bilden, sind im Ganzen selten, die Pfeile daher weit minder gefährlich als die der Salomons-Inseln (vergl. I, Seite 149) und in gewissen Gebieten der Nordküste Neu-Guineas (vergl. Nr. 821).

Eine besondere Art Pfeil zeigt die folgende Nummer:

Matanika-Diba (Nr. 796, 1 Stück), Pfeil (151 Cm. lang) von dünnem Rohr, mit 27 Cm. langer und circa 3 Cm. breiter, lanzettförmiger, sehr scharfrandiger Spitze aus Bambu. Eläma. »*Kairi*« der Motumotu.

Diese Art Pfeile, welche sich überall in Neu-Guinea wiederfindet, soll hauptsächlich zur Jagd von Känguru benützt werden. Der rothe Farbanstrich dient hauptsächlich dazu, das Auffinden der verschossenen Pfeile zu erleichtern. Auch diese Art Pfeile gelangt häufig durch Tausch aus dem Westen nach Port Moresby.

Im äussersten Westen an den Mündungen des Fly und anderer Flüsse werden die Bogen nicht aus Holz, sondern aus Bambu verfertigt; die Sehne ebenfalls aus gespaltenem Rotang. Solche Bogen finden ihren Weg durch Tausch bis auf die Inseln der Torresstrasse. Die Pfeile zu diesen Bogen weichen in nichts ab, wie die folgende Nummer zeigt:

Pfeil (Nr. 797, 1 Stück) aus Rohr mit glatter Spitze aus gehärtetem Holz. Insel Saibai.

Diese Pfeile gewinnen dadurch ein besonderes Interesse, dass sie vergiftet sein sollen, aber weder in diesem Gebiet, wie in ganz Melanesien überhaupt konnte bisher **Pfeilgift** oder überhaupt Vergiften der Pfeile auf zuverlässiger wissenschaftlicher Grundlage nachgewiesen werden. Das Vergiften soll in der Weise geschehen, dass man die Pfeilspitzen in einen verwesenden Leichnam steckt; das Gift selbst wäre also Leichengift. So wird von verschiedenen Seiten, z. B. dem Missionär Mac Farlane, behauptet, aber Niemand hat das Vergiften selbst gesehen. Die Eingeborenen von Saibai erzählten mir die gleiche Geschichte und warnten mich sehr vor den gefährlichen Spitzen dieser Pfeile, die sie selbst mit Scheu betrachteten. Die Saibaileute stehen im

Tauschverkehr mit den Eingeborenen der Küste, besonders denen an der Mündung des Katauflusses, von denen sie auch Pfeil und Bogen erhalten. Die Männer des Mawatstammes am Katau tauschen diese Waffen aber wiederum von den Bewohnern weiter im Innern ein, und diese sollen es nun sein, welche das Vergiften der Pfeile besorgen, das bei genauer Nachfrage keiner der Saibuimänner mit eigenen Augen gesehen hatte.

Bekanntlich wird das Vergiften der Pfeile für die Neu-Hebriden allgemein als zweifellos angenommen, und der betrauernswerthe Fall von Commodore Goodenough als Beweis angeführt. Sicher ist, dass der Genannte in Folge eines Pfeilschusses an Tetanus starb, aber es wurde nicht ausgemacht, ob dieser Pfeil vergiftet war. Ich erhielt in Mioko von einem direct aus den Neu-Hebriden kommenden Schiffe Pfeile, deren Spitze mit irgend einem Stoffe, im Aussehen wie getrocknetes Blut, beschmiert war und der, wie mir versichert wurde, tödtliches Gift sein sollte. Experimente mit diesem Gifte ergaben das Gegentheil. Der Giftstoff wurde sorgfältig abgekratzt und Hühnern eingeimpft, welche keinerlei Symptome zeigten und sich nach der Operation ebenso wohl befanden als vor derselben.

Ganz ebenso erwies sich ein anderes Gift einer Pflanze, »*Tuha*« genannt, vor dem man mich in Port Moresby Seitens der weissen Missionäre warnte. Nach deren Aussagen sollten die Eingeborenen die Bereitung dieses Giftes in raffinirter Weise, um schnell oder langsam zu tödten, verstehen und sogar eingeborene Lehrer (Teacher) damit vergiftet haben. Ich liess das Gift von den Eingeborenen unter meiner Aufsicht bereiten und experimentirte damit an Hunden, bei denen es keine andere Wirkung als Erbrechen hervorbrachte.

Ein nothwendiges Requisit des Bogenschützen ist das folgende:

Aukorro (Nr. 380, 1 Stück), breite Handmanschette, aus gespaltenem Rotang geflochten. Maiva. Wird am Fesselgelenk der linken Hand getragen zum Schutz gegen den Rückschlag der scharfen Bogensehne.

b. Schlag- und Hauwaffen. (Keulen).

Karewa (Nr. 754, 1 Stück), schwere, 185 Cm. lange, flache Keule aus Palmholz. Port Moresby

Diese Art lattenförmiger, schwerer Keulen, bis über 2 M. lang, sind besonders bei den Motu gebräuchlich.

Karewa (Nr. 752, 1 Stück), 132 Cm. lange, flache Holzkeule, unten verbreitert, mit rundlichem Stiel und etwas eingravirtem Muster verziert. Kaire.

Diese Art Keulen, bei den Motumotu »*Pohtzi*« genannt, repräsentiren die gewöhnlichste Form, welche sich überall ähnlich wiederfindet. Die eingravirten Verzierungen sind selten reich und bewegen sich meist in sehr einfachen Mustern.

Zu den hervorragendsten Waffen in diesem Theile Neu-Guineas gehören die mit durchbohrtem Steinknauf bewehrten Keulen, welche nur in den Palau (I, Seite 106, Taf. 2, Fig. 5, 6) im Gebiete von Blanche-Bai in Neu-Britannien in ähnlicher Weise sich wiederholen. Diese in der Form verschiedenen und eigenthümlichen Steinkeulen, die oft sehr kunstvoll ausgearbeitet und bis 12 Cm. lang durchbohrt sind, finden sich hauptsächlich im Westen (Freshwater-Bai). Sie sollen hier von den Küstenbewohnern selbst angefertigt werden, da diese keinen Verkehr mit denen des Innern haben. In Port Moresby und der Nachbarschaft macht man keine Steinkeulen, sondern tauscht sie von den Bergbewohnern des Innern, in der Richtung des Owen-Stanley und des Astrolabe-Gebirges, hauptsächlich dem Stamme der Koiäri, ein. Ausser den im Nachfolgenden beschriebenen Formen gibt es noch solche in Triangelform und in Gestalt von fünfbis achtarmigen Sternen, die zuweilen mit bewundernswerther Accuratesse gearbeitet und wohl das Schönste von Steingeräthen der Steinzeit sind.

Das Bohrloch dieser Keulen wird sicher nicht mittelst Tropfen von Wasser auf den glühend gemachten Stein (vergl. I, Seite 106), sondern durch Klopfen, und zwar in der Weise hergestellt, dass man, nachdem die äussere Form im Rohen hergestellt ist, an beiden Seiten beginnt. Man bedient sich dazu eines Steines, der härter ist als der Stein, aus welchem die Keule gemacht wird. Wie Fig. 8, *a*, Taf. XX [12] zeigt, ist das Bohrloch oben weiter und verjüngt sich konisch nach der Mitte zu. Die innere Fläche des Bohrloches wird dann mittelst Schleifen geglättet, durch letzteres auch die äussere Form hergestellt, eine Arbeit, die ungeheure Geduld und viel Zeit erfordert.

Die Verbreitung dieser bewundernswerthen Waffen, die in Port Moresby nicht mehr vorkommen und bald ganz verschwunden sein werden, scheint sich östlich kaum weiter als Keppel-Bai zu erstrecken. Anderwärts habe ich Steinkeulen nirgends in Neu-Guinea angetroffen.

Gahi (Nr. 757, 1 Stück), Steinkeule (Taf. XX [12], Fig. 6) vom Astrolabe-Gebirge. Ein circa 70 Cm. langer Stock, an dem eine flache, runde, scharfkantige Steinscheibe (? Basalt) von 14 Cm. Durchmesser und 16 Mm. Dicke (Fig. 6, *a*) befestigt ist. Gewicht 550 Gramm. Diese Form ist, weil am leichtesten anzufertigen, die häufigste. Gewöhnlich beträgt der Durchmesser 10 Cm., die grösste von mir gemessene hatte 18 Cm. Diameter.

Gahi (Nr. 758, 1 Stück), Steinkeule (Taf. XX [12], Fig. 7), Inneres von Port Moresby, mit 5 Cm. tief durchbohrtem Stein (? Basalt) in Form eines vierarmigen Morgensternes. Gewicht 450 Gramm. Der Stock ist am oberen Ende mit Federbüschel (gelbe Kakatuhaubenfedern und rothe *Eclectus*-Schwanzfedern) verziert, wie dies häufig geschieht. Diese Form ist weit seltener als die vorhergehende und findet sich bei den Bergvölkern im Innern von Port Moresby.

Gahi (Nr. 759, 1 Stück), Steinkeule (Taf. XX [12], Fig. 8) von Kerāma in Freshwater-Bai, in der für dieses Gebiet charakteristischen Form des Steinknaufs, der zehn vierreihig übereinanderstehende, gerundete Buckel zählt und dadurch in der Gestalt an gewisse Seeigel erinnert (Gewicht 600 Gramm). Das Bohrloch hat eine Tiefe von circa 7 Cm. und ist (Fig. 8, *a*) in der Mitte verengt. Das Material ist anscheinend ein grober Basalt.

Gahi (Nr. 756, 1 Stück), Steinkeule (Taf. XX [12], Fig. 9) vom Astrolabe-Gebirge, mit kugelförmigem, glatten Steinknauf, der bei einem Querdurchmesser von 8½ Cm. in der Längsachse circa 7 Cm. (Fig. 9 bis *a*) durchbohrt ist (Gewicht 650 Gramm). An der einen Seite ist, wahrscheinlich in Folge von Aufschlagen auf einen Stein, ein Stück ausgesprungen, welches unebene Bruchfläche zeigt. Das Material ist von den vorigen verschieden und ein gemengtes Gestein, das an Granit erinnert und der näheren Untersuchung werth scheint. Der Stock, an welchen dieser Knauf gesteckt ist, hat eine Länge von circa 1·25 Cm. Diese Form, welche am meisten mit den Palau von Neu-Britannien (I, Seite 106) übereinstimmt, ist äusserst selten, und es sind mir nur wenige Stücke vorgekommen. Die Sammlungen in der Colonial-Exhibition in London (1886) enthielten nur ein derartiges Stück.

c. Stichhandwaffen sind mir an dieser Küste nur aus dem Gebiete von Freshwater-Bai bekannt, und zwar Dolche aus Kasuarknochen, bei den Motumotu »*Haurai*« genannt. Sie stimmen ganz mit solchen von der Nordküste (vergl. Nr. 787 vom Sechsstrohfluss) überein, sind aber glatt, ohne eingravirte Muster.

d. Wehr (Schilde).

Käs (Nr. 834, 1 Stück), Schild aus Holz (Taf. XXIV [16], Fig. 6), mit feingespaltenem Rotang überflochten und reichem Federnschmuck (hauptsächlich aus rothen Federn des Weibchens von *Eclectus polychlorus*). Keräpuno in Hood-Bai; hier »*Geh*« genannt.

Diese schon in der Form eigenthümlichen Schilde sind nur von Hood- bis Keppel-Bai verbreitet und für dieses Gebiet charakteristisch. Die feine Umstrickung mit Rotanggeflecht dient hauptsächlich zur grösseren Haltbarkeit, da das weiche Holz sonst sehr leicht durch einen kräftigen Speer zerschmettert wird.

Eine andere Form zeigt die folgende Nummer:

Käs (Nr. 835, 1 Stück) (Schild, Taf. XXIV [16], Fig. 4), ganz aus Holz, mit reichem, vertieft gearbeitetem Muster, das mit weisser, schwarzer und rother Farbe ausgeschmiert ist. Kerräma in Freshwater-Bai; hier »*Lana*« genannt.

Diese Art Schilde sind für den Westen (Maiva- und Eläma-Districte) eigenthümlich und namentlich durch die sehr verschiedene, äusserst schwungvolle, vertiefte Schnitzarbeit ausgezeichnet, welche mit zu den besten mit Stein- und Muschelwerkzeugen verfertigten Kunstarbeiten zählt. Der rechtwinklige Ausschnitt am oberen Rande wird für die Form dieser Schilde charakteristisch und ist für den linken Arm freigelassen, da der Schild an dem an der Rückseite befestigten Bande (Fig. 4 *a*) über die linke Schulter getragen wird.

e. Besondere Waffen.

Ein sehr eigenthümliches und in seiner Art einzig dastehendes Kriegsgeräth ist der:

Kora (Nr. 828, 829, 2 Stück), Menschenfänger, bestehend aus einem langen Stock, der in eine Spitze ausläuft und in einen weiten Ring aus Bambu gebogen endet (vergl. die gute Abbildung, Fig. 4, in der unter Nr. 5 citirten Abhandlung, Seite 295). Hula, Hood-Bai.

Dieses merkwürdige Geräth ist nur im Hood-Bai-District und dessen Nachbarschaft üblich und dafür eigenthümlich, soll sich aber auch im Westen (Freshwater-Bai) finden, wo es bei den Motumotu »*Ssäwape*« heisst. Der Kora wird dem fliehenden Feinde über den Kopf geworfen, der durch den Stachel zum Stillstehen gebracht, vielleicht getödtet wird. Aber kein Weisser hat wohl je dieses Geräth wirklich in Anwendung gesehen, und Bilder wie die aufregende Scene bei Chalmers (»Work and adventures in New Guinea«, Titelbild) sind eben nichts als Darstellungen irgend eines Zeichners, der »Life in New Guinea« nur nach seiner Phantasie kennt.[1])

Jagd kommt nur untergeordnet und für gewisse Zeiten in Betracht und wird hauptsächlich von den Bergbewohnern des Innern, den Koiäri betrieben; eigentliche Jägerstämme fehlen. Pfeil und Bogen werden zur Jagd kaum benutzt, noch eher der Speer zur Erlegung von Wildschweinen *(Boroma)* und Känguruş *(Makani)*, welche nebst Casuaren *(Gockgock)* die hervorragendsten jagdbaren Thiere bilden. Zur Zeit, wenn das dürre Gras angezündet wird, finden systematische Jagden, Treibjagden, statt, bei denen man sich grosser Stellnetze, »*Waro*«, bedient, in welche das Wild getrieben und hier mit Speeren und Keulen getödtet wird. Es kommt hierbei noch ein besonderes Jagdgeräth in Anwendung:

1) Die sonderbaren Schamschürzen dieser Krieger beweisen dies allein schon.

Ora (Nr. 830, 1 Stück), Schweinefänger, bestehend in einem länglichrunden Reif aus Bambu, der mit einem Netz aus dicken Stricken überzogen ist, ähnlich einem grossen Fänger beim Federballspiel. Keräpuno in Hood-Bai.

Dieses Geräth wird dem im Stellnetz gefangenen oder mit Speeren verwundeten Wildschwein über den Kopf geworfen, damit es sich im Netz verwickelt und somit am Beissen verhindert ist. Man benützt es auch zum Fange der gezähmten Schweine, indem man eine solche Ora über dasselbe wirft, wodurch es sich in dem Netzwerk verwickelt und so zum Fall kommt. Im Gebiet von Port Moresby sind die Koitapu eifrige Jäger und geschickt im Aufspüren kleinen Wildes, wie Beuteldachse *(Perameles)*, Cuscus *(Phalangista)*, des »Migu« *(Echidna Lawesi)* u. A., die als grosse Leckerbissen gelten. Die Motu bekümmern sich weniger um die Jagd der genannten Thiere, da sie ohnehin reichlich Schweine züchten, betreiben dagegen den Fang des »Rui oder Lui« *(Halicore australis)*, eines grossen Meeressäugethieres, mit Vorliebe. Sie stellen dazu kolossale Netze aus dickem Tauwerk im Meere auf, die schon unter Beobachtung gewisser Tabuformen gestrickt werden, wie später solche beim Fange selbst herrschen.

Fallenstellen ist unbekannt, aber die Bewohner des Innern wissen Paradiesvögel[1] *(Paradisea Raggiana)* in Schlingen zu berücken. Während der Fortpflanzungszeit pflegen sich nämlich die männlichen Paradiesvögel auf gewisse Bäume zu versammeln und auf besonderen kahlen Aesten derselben ihre Balztänze aufzuführen. Auf diese Aeste legen dann die Eingeborenen Schlingen, in welche sich die Vögel mit den Füssen fangen.

Fischerei wird überall von den Küstenstämmen lebhaft betrieben, und zwar vorzugsweise mit Netzen, wie die folgenden:

Räke (Nr. 166, 167, 2 Stück), Fischnetze kleinerer Sorte, mit Schwimmern *(Uhto)* aus leichtem Holz oder Baummark und Senkern *(Kiri)* von durchbohrten Muscheln (meist *Arca*). Port Moresby.

Das Stricken der Netze geschieht in derselben Weise als bei uns und ist ausschliessend Arbeit der Männer, die dabei, wo es sich um besonders grosse Netze, wie z. B. zum Fange des Dugong handelt, unter gewissem Tabu stehen, unter Anderem während der Zeit nicht sprechen dürfen.

In einigen Gegenden, wie z. B. in Hood- und Keppel-Bai, hat sich die Fischerei zu einem Gewerbe ausgebildet, das von gewissen Dörfern ausschliessend betrieben wird, welche die Nachbardörfer täglich mit frischen wie geräucherten Fischen versorgen.

Als eine Art Gewerkzeichen oder zur Erinnerung an einen besonders reichen Fischfang findet man zuweilen an den Häusern getrocknete Schwänze grosser Fische als Zierat aufgehängt, wie:

Dahudahu (Nr. 174, 1 Stück), Makrelenschwanz. Port Moresby.

Ein besonderes Fischereigeräth ist der

Uhto (Nr. 173, 1 Stück), Holzschwimmer mit Schlinge. Port Moresby.

An einem circa 1 M. langen Stock aus leichtem Holz ist eine 3—4 M. lange Schnur befestigt, welche in eine nicht zusammenziehbare Doppelschleife endet und mit einem Senker aus Muschel beschwert ist. In jeder Schlinge wird ein kleiner lebender Fisch als Köder angebracht. Indem nun ein grosser Fisch nach dem kleinen schnappt,

[1]) Nach Chalmers (»Work and adventure in New Guinea«, Seite 246) werden von den Eingeborenen des Binnenlandes Paradiesvögel auch mit Pfeilen geschossen. Aber diese Notiz scheint schon deshalb mehr als zweifelhaft, weil die Binnenländer ja gar nicht Pfeil und Bogen besitzen. Das beigegebene Bild einer solchen Jagdscene ist wohl nichts Anderes als eine freie Bearbeitung desselben Sujets in der Reise von Wallace (Titelbild zu Band 2), der diese Jagd (Seite 364) aber von den Aru-Inseln beschreibt.

bleibt er mit den Kiemen in der Schleife hängen und wird so zur Beute. Ein Canu führt etwa zehn solcher Uhto mit sich, die sorgfältig beaufsichtigt werden müssen, weil der gefangene Fisch mit dem Uhto oft weit weggeht.

Fischkörbe und Fischhaken habe ich an dieser Küste nicht gesehen, sie kommen aber im Westen vor. Eiserne Angelhaken sind daher ein sehr beliebter Tauschartikel.

Tintenfische, Krebse und eine Menge von Schalthieren, die meist zur Ebbe auf dem Riff gesucht werden, darunter hauptsächlich *Nerita*, *Natica*, kleine *Conus*, sowie Bivalven, sind sehr beliebt und bilden einen nicht unwesentlichen Theil der Nahrung. Aale werden nicht gegessen.

Canus. Schiffahrt ist bei den Motu, wie an der ganzen Küste lebhaft im Betriebe, beschränkt sich aber meist auf Küstenfahrten innerhalb des Barrieriffs. Man baut zweierlei Canus, kleinere: *Vanaka* und grosse: *Lakatoi*. Letztere sind oft an 50 Fuss und mehr lang, führen ein bis zwei mächtige Segel (aus Nudu, Nr. 265, Seite 325) in eigenthümlicher Form, die an eine Hummerscheere erinnert, und mit ihnen werden die regelmässigen Handelsfahrten (mehr als 100 Seemeilen weit) unternommen. Die grossen Baumstämme zu den Lakatois, die zum Theile mit Hilfe von Feuer ausgehöhlt werden, kommen aus Freshwater-Bai, da es in und um Port Moresby keine so grossen Bäume gibt. Auch die Vanaka führen Segel (aus Mattengeflecht). Da sich die Canufahrten meist innerhalb des Barrieriffs halten, so werden die Canus vorzugsweise durch Staken mittelst langer Stangen fortbewegt. Ruder *(Hodä)* sind daher wenig in Gebrauch, von der gewöhnlichen paddelförmigen Form und, wie die Canus, ohne nennenswerthe Verzierung in Schnitzarbeit. Für die grossen Canus dient ein besonders grosses, am Ende breites (nicht spitzes) Paddel als Ruder, als Anker grosse, in Rotang eingebundene Steine, wie Rotang als Tauwerk benutzt wird.

Im äussersten Westen, am Kataufluss und Saibai werden sehr schöne grosse Canus verfertigt, die im Tausch bis auf die Inseln von Torresstrasse gelangen (vergl. Seite 296).

E. Musik und Tanz.

Musik. Die Papuas dieser Küste, wie überhaupt in Neu-Guinea, sind minder musikalisch als die Neu-Britannier und besitzen deshalb auch weniger Musik- oder besser Spectakelinstrumente.

Wie überall in Melanesien ist die Trommel eines der gebräuchlichsten, in der bekannten Form (vergl. XXI [13], Fig. 1) wie die folgenden zwei Stücke:

Gapa (Nr. 605, 1 Stück), Trommel von Port Moresby, aus einer 53 Cm. langen, ausgehöhlten Holzröhre (13 Cm. Durchmesser), mit flachkantigen Längsstreifen, die undeutlich quergemustert sind; Henkel und Fuss mit etwas Schnitzerei; an der untern Hälfte mit zwei erhabenen Längsleisten, durch welche einige Löcher gebohrt sind. Sie dienen dazu, um *Spondylus*-Scheibchen, Fransen von Pflanzenfaser und dergleichen Zierat zu befestigen, sowie halbdurchschnittene Fruchtschalen; letztere haben den Zweck, um durch ihr Geklapper den Lärm zu verstärken. Wie stets ist nur eine Seite, und zwar mit Eidechsenhaut *(Monitor)* bespannt.

Gapa (Nr. 604, 1 Stück), Trommel von Port Moresby, wie vorher, aber glatt, wie dies meist der Fall ist.

Diese Art Trommeln werden in Port Moresby selbst nicht mehr gemacht und gebraucht, da die Mission den Eingeborenen das Tanzen verboten hat. Sie werden aber sonst allenthalben an der Küste wie im Innern benutzt, hauptsächlich zur Begleitung des einförmigen Gesanges bei den Tänzen, »*Mavdru*«, die hauptsächlich von den Männern aufgeführt werden. Die Trommel wird mit der einen Hand am Henkel gehalten und mit den vier Fingern der andern Hand geschlagen, wobei die Tänzer oft in den wildesten Sätzen umherspringen. Bei Kriegszügen, Krankheit, Ankunft von Canus, Fremden u. s. w. ertönt die Gapa ebenfalls, ist also zum Theile auch Signalinstrument. Die grossen, schweren Signaltrommeln, wie sie sonst in Neu-Guinea und dem Bismarck-Archipel (Taf. III, Fig. 8, Seite 111) üblich sind, habe ich an dieser Küste nicht gesehen. Für gewöhnlich sind die Tanztrommeln in diesem Theile der Südostküste wenig durch Schnitzwerk verziert, was weiter im Westen (Freshwater-Bai) schon häufiger Anwendung findet. Hier zeichnen sich die Trommeln, wie dies ausnahmsweise auch bei denen der Motu vorkommt, durch zwei tiefe Ausschnitte an der untern Hälfte aus, die noch weiter westlich, in Saibai, den Rachen eines Thierkopfes darstellen (vergl. die citirte Abhandlung Nr. 5, Fig. 7) und die auch sonst mit mancherlei Schnitzerei wie Ausputz von Casuarfedern verziert sind. Diese Trommeln werden am Kataufluss gemacht und finden, wie so manches Andere (z. B. die schönen Canus), ihren Weg über die ganze Torresstrasse, wo ich sie noch auf Prince of Wales-Island (Morilug) sah.

Da die Anfertigung von Holztrommeln, schon des Aushöhlens wegen, viele Mühe macht, dieses Instrument daher im Ganzen selten ist, so bedienen sich Aermere eines Substituts:

Ssadä (Nr. 593, 1 Stück), Schlaginstrument von Port Moresby, bestehend aus einem circa 1 M. langen Bambu, in das an einem Ende durch zwei Einschnitte eine Zunge geschnitzt ist, auf welche mit einem Stöckchen geklopft wird, wodurch ein heller Klang entsteht.

Ich fand dieses Instrument auch an der Nordostküste bei Cap de la Torre.

Kibi (Nr. 598, 1 Stück), Muscheltrompete aus *Tritonium*. Port Moresby. Wird ganz in derselben Weise gebraucht wie in Neu-Britannien (vergl. I, Seite 109) und anderwärts.

Ausser den oben angeführten Instrumenten beobachtete ich nur noch: *Kiko*, Maultrommel von Bambu, ganz wie von Neu-Britannien (Nr. 585, Seite 110), aber kleiner, und *Iriliku*, eine Art Flöte aus dünnem Rohr mit zwei Löchern (ähnlich Nr. 584, Seite 109), die meist mit der Nase geblasen wird und einen sehr schwachen Ton gibt. Beide Instrumente sind aber überhaupt selten. Panflöten (wie Taf. III, Fig. 4) scheinen ganz zu fehlen, wenigstens erlangte ich keine, sie sollen aber, und zwar an der ganzen Küste von Fly-Fluss bis Südcap vorkommen.

Tanz. Wie erwähnt, ist in Port Moresby und anderen Missionsplätzen dieses Vergnügen unterdrückt worden, spielt aber sonst eine ebenso wichtige Rolle im Leben dieser Stämme, als in Melanesien überhaupt. Besondere Tanzgeräthe sind mir nicht vorgekommen, aber im Westen im Gebiete von Freshwater-Bai werden Feste ausser durch Tanz auch durch Maskeraden gefeiert, wobei höchst groteske, zuweilen enorm grosse Masken in Anwendung kommen (vergl. Seite 295 die unter Nr. 11 citirte Abhandlung). Diese Masken sind nicht aus Holz verfertigt, sondern bestehen aus hohen, mit Tapa bekleideten Gestellen, die bunt bemalt und mit Federn und Pflanzenfaser verziert sind. Nach Beendigung der Feste werden die Masken meist verbrannt, zuweilen aber auch in den Tabuhäusern aufbewahrt. Chalmers zählte in dem Tabuhause in Meka nicht weniger als 80 Masken.

Die feierlichen Tänze zur Verehrung Verstorbener, wie dieselben in Neu-Britannien Sitte sind (I, Seite 113), kommen bei den Bewohnern dieser Küste nicht vor. Die Todten werden meist vor oder in den Hütten begraben, in gewissen Districten auf Gerüsten in ekelhafter Weise der Verwesung anheimgegeben, zuweilen später die

Knochen an den Hütten oder Bäumen aufgehangen. Die Angehörigen Verstorbener, zuweilen das ganze Dorf, ehren das Andenken durch gewisse Zeichen der Trauer, die oft in eigenthümlichem Ausputz bestehen (vergl. Seite 306).

Religion fehlt bei den Motu, die wie die Neu-Britannier den Toberan (I, Seite 115), einen andern bösen Geist »Wattewatte« fürchten, der besonders in der Nacht sein Wesen treibt, sowie ausserdem an aller Art Aberglauben kein Mangel ist. Die Koitapu, welche unter den Motu siedeln, stehen besonders im Rufe, Zauberer und Geisterbeschwörer zu sein, und werden deshalb mit Scheu betrachtet, nicht selten beschenkt, um böse Einflüsse des Wattewatte abzulenken.

Im Westen, in Freshwater-Bai, stellt man in den Tabuhäusern wie an den Hütten aus Holz geschnitzte menschliche Figuren auf, die nach Chalmers Götzen sind und den grossen Geist Semese repräsentiren, vielleicht aber, wie an der Nordostküste, mit Ahnencultus in Verband stehen.

Tabu ist in verschiedenen Formen und für verschiedene Lebensverhältnisse verbreitet und findet sich, wie überall in Melanesien, auch bei den Bewohnern dieser Küste. Grosser Beliebtheit erfreuen sich auch

Talismane, als welche gewisse Naturproducte gelten, denen für gewisse Zwecke besondere segenbringende Kräfte zugeschrieben werden, Gebräuche, die ja auch bei den gebildetsten Völkern noch heute nicht ganz verschwunden sind.

Die Motu verwenden mit Vorliebe natürliche Steine, meist gewöhnliche, vom Wasser abgeschliffene Rollsteine mit ziemlich glatter Oberfläche, wie:

Kawabu (Nr. 660, 1 Stück), Talisman aus einem 11 Cm. langen und 5 Cm. breiten, abgeflachten, an beiden Enden zugerundeten Rollsteine. Port Moresby.

Bevorzugt sind solche Steine, welche sich durch Eindrücke oder irgend eine andere Besonderheit auszeichnen, wie:

Kawabu (Nr. 661, 1 Stück), Talisman (Taf. XXIII [15], Fig. 6), Rollstein mit einer natürlichen Längsrille. Port Moresby.

Diese Kawabu gelten als segenspendende Talismane für die Pflanzungen und werden beim Stecken des Jams und anderen Feldfrüchten mit eingegraben, ganz in der Weise wie die Maoris früher ähnliche Steine beim Pflanzen der Kumara (süssen Kartoffeln) benutzten.

Diese Talismane haben insofern Werth für die Motu, da sie aus Basalt bestehen, der bei Port Moresby nicht vorkommt, und die daher aus dem Westen bezogen werden müssen. Eine andere Art Talisman heisst:

Kopikopi (Nr. 664, 1 Stück) von Port Moresby und besteht aus einem Stückchen Rinde *(Massoi)*, das an einem Strickchen um den Hals befestigt getragen und als heilkräftig betrachtet wird, wie die Papuas verschiedene andere Dinge als Talismane mit sich führen. So unter Anderem eine wohlriechende Wurzel, *Tohni* genannt, ein Harz, *Tomäna*, das für die unter Tabu stehenden Verfertiger der grossen Dugongnetze bedeutsam wird, u. a. m. Die runden, wie abgeschliffenen Kiesel, welche sich zuweilen im Magen der Kronentaube *(Goura)* finden, werden, wie andere besondere Steinchen, Casuarklauen u. dgl., gern von Jägern verwahrt und als glückbringend in ihren Tragbeuteln oder besonders eingestrickt am Halse oder Oberarm befestigt getragen.

Heilkunde besteht, aber auf einer so niedrigen Stufe, dass sie nur mit Unrecht diesen Namen verdient. Da nach Annahme der Motu Krankheiten von bösen Geistern verursacht werden, so sucht man dieselben durch Lärmschlagen (mit Trommeln, Seite 335) zu verscheuchen, ganz ähnlich wie dies bei den Neu-Britanniern geschieht. Wie bei den Letzteren, besteht die Haupttheilmethode in Blutlassen, indem man mit einem scharfen Steine Einschnitte an der schmerzhaften Stelle macht. Die Motu bedienen sich dazu noch eines besonderen Instrumentes, das, als das einzige mir bekannte auf dem Gebiet der Heilkunde Neu-Guineas und der Südsee überhaupt, Erwähnung verdient. Dasselbe heisst *Ibassi* und besteht in einem Miniaturbogen von circa 7 Zoll Länge, mit einem daran befestigten Pfeil von entsprechender Grösse. Der letztere trägt eine äusserst scharfe, feine Spitze, die jetzt gewöhnlich aus einem Glassplitter hergestellt wird. Indem man nun den kleinen Bogen anspannt und den Pfeil abschnellt, dringt der letztere in die Haut, so dass Blut fliesst.

Spiele verschiedener Art erfreuen, wie bei uns, namentlich die Jugend. Tauspringen ist bei den Mädchen beliebt, während sich die Knaben gern mit kleinen Canus vergnügen, die sie, mit Segeln versehen, treiben lassen, ein Spiel, an dem sich nicht selten Erwachsene betheiligen. Windmühlen, die, in der Hand gehalten, sich beim schnellen Laufen drehen und aus zusammengebogenen Blattstreifen verfertigt werden, sind gebräuchlich. Ein sehr beliebtes Spiel von Knaben und Mädchen ist Ballschlagen *(Pohtzi)*, wozu man sich aufgeblasener Fischblasen als Bälle bedient.

—

Inhaltsverzeichniss

für die II. Abtheilung, Abschnitt I a.[1])

II. Neu-Guinea.

Seite

1. Englisch-Neu-Guinea [79] 293
a. Südostküste . . . [79] 293
A. Eingeborene . . . . [82] 296
Cannibalismus . . . . [84] 298
B. Körperausputz und Bekleidung . . . . [84] 298
Bekleidung . . . . [85] 299
Schmuck und Zieraten . . . . [87] 301
Geld . . . . [88] 302
Tätowirung . . . . [89] 303
Ziernarben . . . . [91] 305
Bemalen . . . . [91] 305
Kopfschmuck . . . . [92] 306
Stirnschmuck . . . . [94] 308
Nasenschmuck . . . . [95] 309
Ohrschmuck . . . . [96] 310
Brust- und Halsschmuck . . . . . . [97] 311
Brust-Kampfschmuck . . . . [98] 312
Armschmuck . . . . [99] 313
Fingerschmuck . . . . [100] 314
Leibschmuck . . . . [100] 314
Beinschmuck . . . . [101] 315
C. Häuser und Siedelungen . . . [101] 315
Ackerbau . . . . [106] 320
Hausthiere . . . . [108] 322
D. Geräthschaften und Werkzeuge . . . . [108] 322
Hausrath . . . . [108] 322

Seite

Kochgeräthschaften . . . . [108] 322
Feuerreiber . . . . [109] 323
Töpferei . . . . [110] 324
Flechtarbeit . . . . [111] 325
Strickarbeiten . . . . [111] 325
Genussmittel . . . . [112] 326
Tabak . . . . [113] 327
Werkzeuge . . . . [113] 327
Waffen und Wehr . . . . [115] 329
a. Geschosse . . . . [115] 329
Speere . . . . [115] 329
Pfeile . . . . [116] 330
Pfeilgift . . . . [116] 330
b. Schlag- u. Hauwaffen (Keulen) [117] 331
c. Stichhandwaffen . . . . [118] 332
d. Wehr (Schilde) . . . . [119] 333
e. Besondere Waffen . . . . . . [119] 333
Jagd . . . . [119] 333
Fischerei . . . . [120] 334
Canus . . . . [121] 335
E. Musik und Tanz . . . . [121] 335
Musik . . . . [121] 335
Tanz . . . . [122] 336
Religion . . . . [123] 337
Tabu . . . . [123] 337
Talismane . . . . [123] 337
Heilkunde . . . . [123] 337
Spiele . . . . [124] 338

[1]) Leider war es dem Autor nicht möglich, den Rest der II. Abtheilung, Neu-Guinea betreffend, bis zum Schlusse der Redaction dieses Heftes der Annalen auszuarbeiten, so dass dieser in dem nächsten Jahrgange nachgeliefert werden wird, in welchem auch mit der III. Abtheilung der Schluss der ganzen Arbeit erscheinen soll.

Die Redaction.

Verzeichniss der Textillustrationen nebst Erklärungen.

			Seite
Fig. 1. —	Motumädchen mit schlichtem Haar	[83]	297
» 2. —	Motuhäuptling in vollem Staate	[85]	299
» 3. —	Motuknabe von Anuapata in vollem Staate	[86]	300
» 4. —	»Iru«, Frau von Hula, Hood-Bai	[86]	300
» 5. —	»Ebohila«, Motufrau von Anuapata	[89]	303
» 6. —	Gesichtstätowirung eines Mädchens von Hula	[89]	303
» 7. —	Rückseite von »Ebohila«	[90]	304
» 8. —	Tätowirnadel	[90]	304
» 9. —	Junge Frau von Maupa, Keppel-Bai	[91]	305
» 10. —	Tätowirte Brust eines Mannes	[91]	305
» 11 a, b.	Tätowirung von Gospäna	[91]	305
» 12. (1/2)	Haarkamm aus Holz	[92]	306
» 13. (1/3)	Haarkamm aus Holz	[92]	306
» 14. (1/2)	Stirnschmuck aus Muschel	[95]	309
» 15. (1/2)	Stirnschmuck aus Muschel	[95]	309
» 16. (1/2)	Nasenkeil aus *Tridacna*	[96]	310
» 17. (1/2)	Nasenstift aus Knochen	[96]	310
» 18. (1/1)	Ohrschmuck aus Schildpatt	[97]	311
» 19. (1/2)	Ohrschmuck aus Schildpatt	[97]	311
» 20. (1/2)	Halsschmuck aus Muschel	[97]	311
» 21. (1/2)	Brustschmuck aus Eberhauern	[98]	312
» 22. (1/2)	Brustschmuck aus Eberhauern	[98]	312
» 23. (1/4)	Brust-Kampfschmuck	[99]	313
» 24. (1/6)	Leibgürtel aus Rinde	[101]	315
» 25. (1/6)	Leibgürtel aus Rinde, aufgerollt	[101]	315
» 26. —	Haus in Maupa	[102]	316
» 27. —	Deckenverzierung	[102]	316
» 28. —	Giebelschilder in Maupa	[103]	317
» 29. —	Haus mit Thurmspitze in Keräpuno	[103]	317
» 30. —	Holzschnitzerei eines Hauses in Keräpuno	[104]	318
» 31. —	Pfahlhaus in Anuapata	[104]	318
» 32. —	Vorderfront eines Hauses in Kaire	[105]	319
» 33. —	Plan des Pfahldorfes Kaire	[106]	320
» 34. —	Dubu in Tupuselē	[107]	321
» 35. —	Ira, Motu-Steinaxt	[114]	328
» 36. —	Lachela, Steinaxt von Keräpuno	[114]	328

Tafel XIV (6).

Neu-Guinea. Schmuck.

Erklärung zu Tafel XIV (6).

Neu-Guinea. Schmuck.

Fig. 1. (1/1) Halskette aus Muschelscheiben: *a* rothe von *Spondylus*, *b* weisse, *c* schwarze Samenkerne; Teste-Insel . . . . Nr. 488
» 2. (1/1) Halskette aus Abschnitten von Casuarschwingen *(a)* und *Spondylus*-Scheibchen *(b)*, von Milne-Bai . . . . » 487
» 3. (1/1) Muschelgeld aus *Cassidula?* Finschhafen . . . . » 630
» 4. (1/1) Muschelgeld aus Muschelsplittern geschliffen, Huongolf . . . » 638
» 5. (1/1) Leibgürtel aus *Septaria*-Muschel, Astrolabe-Bai . . . . » 555
» 6. (1/1) Muschelgeld aus *Cassidula*, Port Moresby . . . . » 632
» 7. (1/1) Desgl. von unten, um die Art des Aufflechtens zu zeigen . . . » 632
» 8. (1/1) Stirnbinde aus Muscheln *(Oliva carneola)*, Port Moresby . . » 421
» 9. (1/1) Desgl. aus Känguruzähnen, Port Moresby . . . . » 422
» 10. (1/1) Desgl. aus *Cassidula*, Venushuk . . . . » 433
» 11. (1/1) Desgl. aus Hundezähnen und *Cassidula*, Venushuk . . . . » 556
» 12. (1/1) Dieselbe von der Rückseite, um die Flechtarbeit zu zeigen . . » 556
» 13. (1/1) Leibgurt aus *Cassidula* und Cocosnussperlen, Angriffshafen . . » 560
» 14. (1/1) Leibschnur aus Muscheln *(Cypraea moneta)*, Insel Guap . . » 558
» 15. (1/1) Binde aus *Conus*-Ringen und *Cassidula*, Hansemannküste . . » 357
» 16. (1/1) Schmuck aus Fruchtschale und Hundezähnen, Finschhafen . . » 509
» 17. (1/1) Theil eines reich verzierten Backenbartes, Krauel-Bai . . » 276

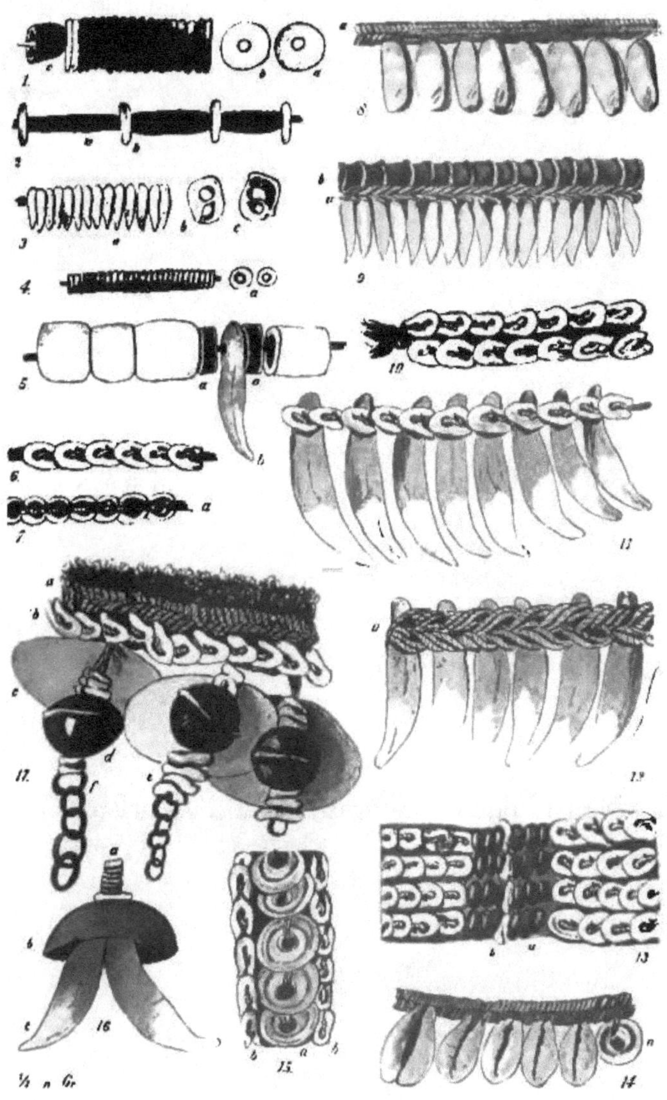

½ n Gr

E. Finsch gez.

Tafel XV (7).

Neu-Guinea. Schmuck (und Wurfstock).

Erklärung zu Tafel XV (7).

Neu-Guinea. Schmuck (und Wurfstock).

Fig. 1. (1/1) Armring aus *Conus*-Muschel, Weihnachtsbucht, Normanby . . Nr. 362
» 2. (1/1) Nasenschmuck aus Perlmutter, Venushuk . . . . » 311
» 3. (1/1) Eingravirtes Muster eines Armbandes von Schildpatt, Astrolabe-Bai . . . . » 403
» 4. (1/1) Haarkamm aus Holz mit Flechtwerk und Zierrat, Hammacherfluss . . . . » 291
» 5. (1/4) Wurfstock aus Bambus mit Schnitzerei, Venushuk . . . . . » 753

E. Finsch gez.

Tafel XVI (8).

Neu-Guinea. Schmuck.

Tafel XVI (8).

Neu-Guinea. Schmuck.

Erklärung zu Tafel XVI (8).

Neu-Guinea. Schmuck.

Fig. 1. (1/3) »Musikaka«, Kampfschmuck, Südostküste, Inneres von Port Moresby . . . . Nr. 541

» 2. (1/3) Brust-Kampfschmuck (rechte Hälfte), Nordostküste, Sechstrohfluss . . . . » 540

» 3. (1/1) Brustschmuck, Angriffshafen . . . » 526

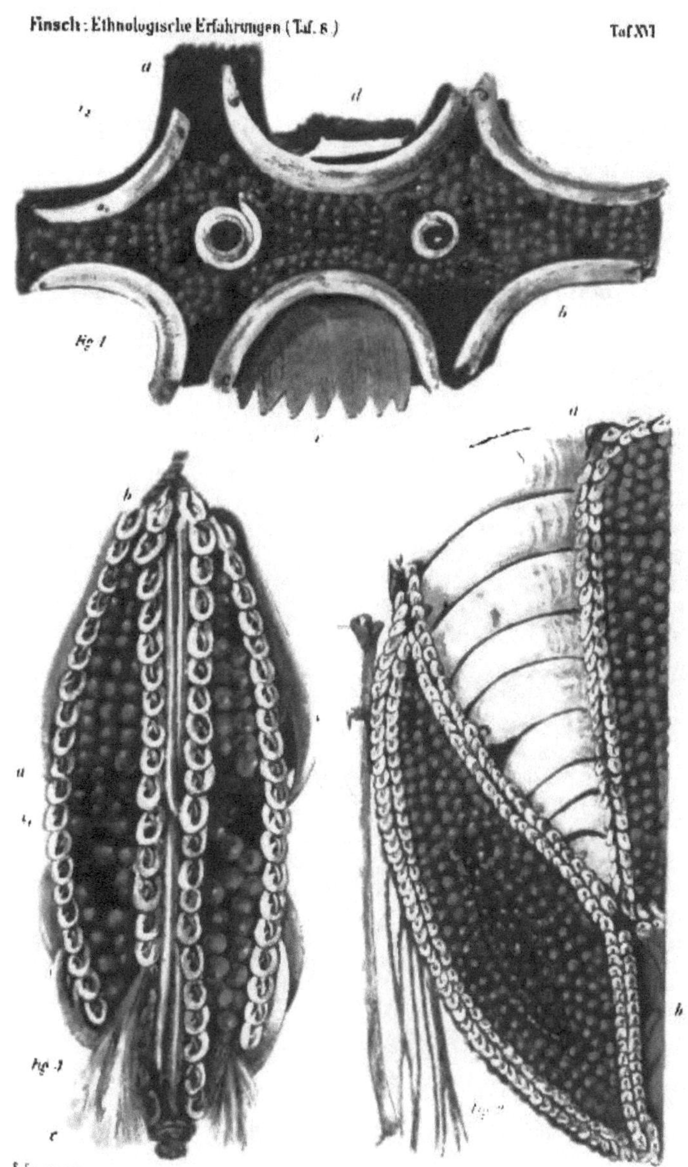

Annal. des k.k. Naturhist. Hofmuseums Band III 1888.

Tafel XVII (9).

Neu-Guinea. Schmuck.

Erklärung zu Tafel XVII (9).

Neu-Guinea. Schmuck.

Fig. 1. (1/2) Brust-Kampfschmuck aus Eberhauern und Muscheln, Insel Guap Nr. 537
» 2. (1/2) Desgl. von Grager, Friedrich Wilhelmshafen . . . . » 533
» 3. (1/2) Kinnbart mit reicher Verzierung, Dallmannhafen . . . . . » 274
» 4. (1/2) Binde zu einem Haarkörbchen, Flechtwerk mit Muscheln und Schildpatt, Krauel-Bai . . . . » 356
» 5. (1/1) Eingravirtes Muster von einem Armring aus *Trochus*, Friedrich Wilhelmshafen . . . . » 374
» 6. (1/1) Desgl. daher . . . . » 374a
» 7. (1/1) Muster einer Ohrspange von Schildpatt, Insel Guap . . . . » 327a
» 8. (1/1) Ohrring aus Pflanzenstengel, Port Moresby . . . . » 323

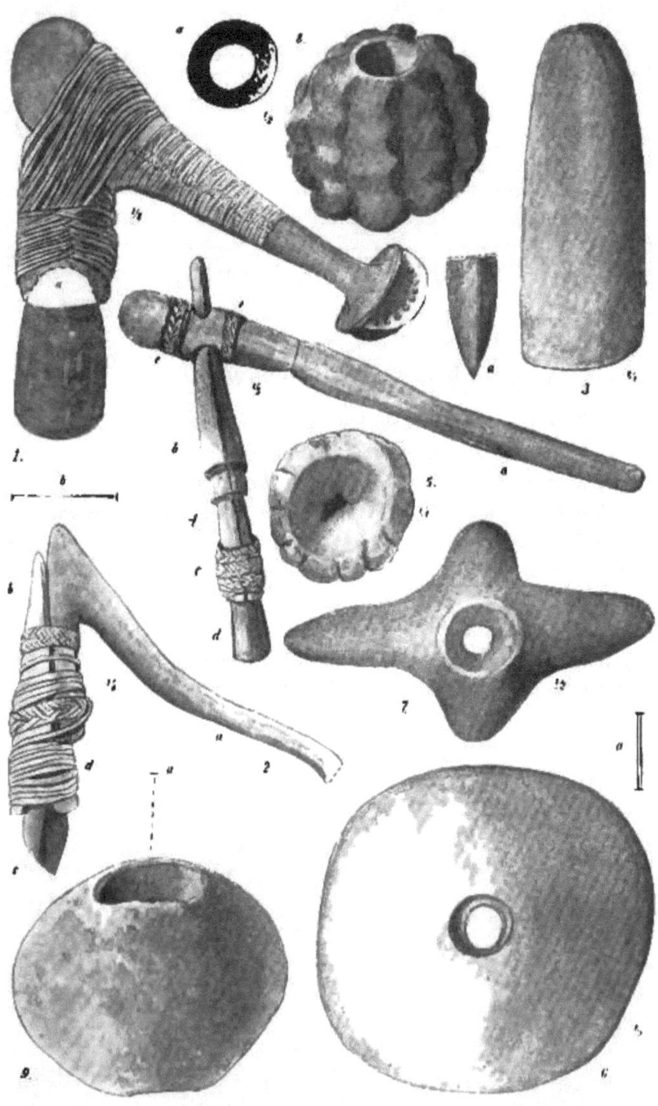

E. Finsch gez.

Tafel XXI (13).

Neu-Guinea. Kunstschnitzereien.

Erklärung zu Tafel XXI (13).

Neu-Guinea. Kunstschnitzereien.

Fig. 1. (1/4) Hölzerne Trommel mit Eidechsenhaut überspannt, Huongolf . Nr. 601

» 2. (1/2) Canuverzierung, aus Holz geschnitzt (eine Hälfte), Insel Fergusson, d'Entrecasteaux . . . . » 182

» 3. (1/1) Muster eines Armbandes von Schildpatt (obere Hälfte), Finschhafen . . . . » 404

4. (1/1) Muster eines Ohrringes von Schildpatt, Friedrich Wilhelmshafen » 326

E. Finsch gez.

Tafel XXII (14).

Neu-Guinea. Verschiedene Kunstarbeiten.

Finsch: Ethnologische Erfahrungen (Taf. I4)
Taf. XXII
Annal. des k.k. Naturhist. Hofmuseums Band III 1888.

Erklärung zu Tafel XXII (14).

Neu-Guinea. Verschiedene Kunstarbeiten.

Fig. 1. (2/3) Stirnbinde aus Papageifedern, Port Moresby . . . . Nr. 343
» 2. (1/1) Nasenkeil aus *Hippopus*-Muschel, Normanby-Insel, d'Entrecasteaux . . . . » 306
» 3. (1/1) Leibgürtel, aus Pflanzenfasern geflochten, Finschhafen » 554
» 4. (1/3) Canuschnabel, feine Holzschnitzerei, Angriffshafen . . . . . . » 185
» 5. (1/3) Maske aus Holz, mit Bemalung und Bart aus Menschenhaar, Dallmannhafen . . . . » 621

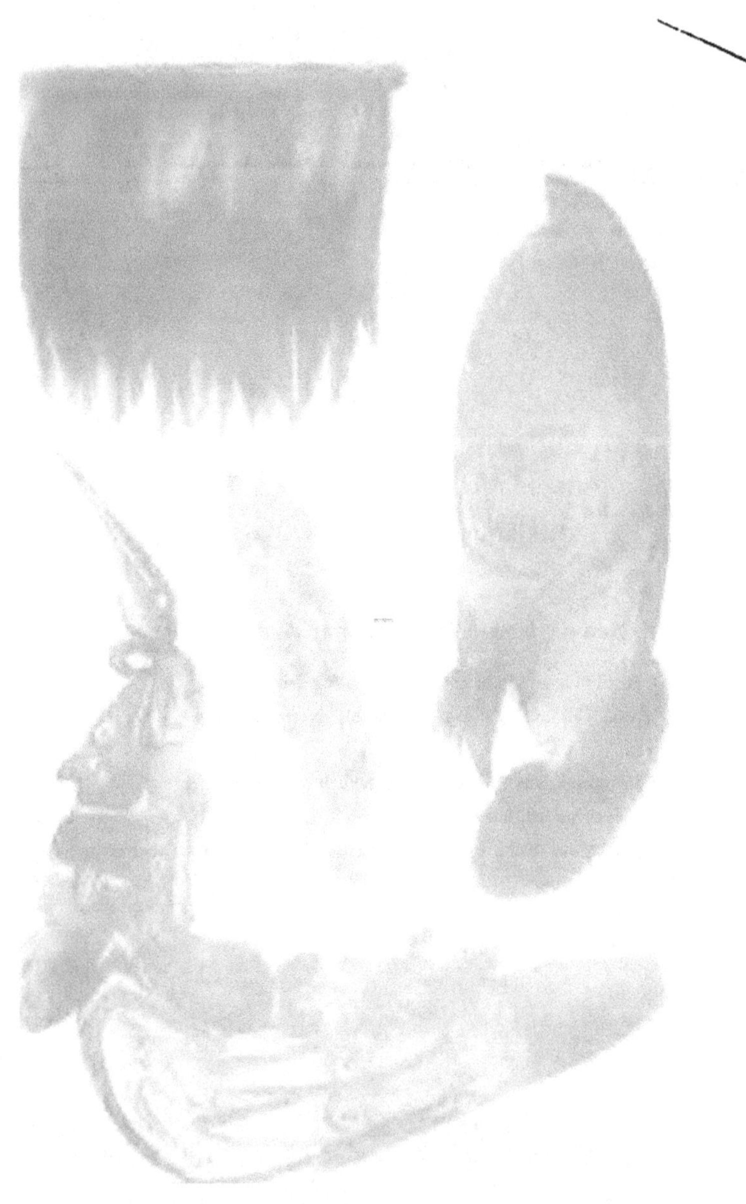

E. Finsch gez.

Tafel XXIII (15).

Neu-Guinea. Talismane.

Erklärung zu Tafel XXIII (15).

Neu-Guinea. Talismane.

Fig. 1. (1/1) Talisman oder sogenannter Götze, Figur eines Mannes aus Holz geschnitzt mit Haarkörbchen, Insel Guap . . . . Nr. 652
» 2. (1/1) Desgl., Insel Guap . . . . » 656
» 3. (1/2) Desgl., Dallmannhafen . . . . » 651
» 4. (2/3) Desgl. aus einer Art ziemlich festen Kalkthones geschnitzt, Bongu in Astrolabe-Bai, en profile . . . . » 659
» 5. (2/3) Dieselbe Figur en face . . . . » 659
» 6. (ca. 1/1) Kawabu, Stein als Talisman, Port Moresby . . . . » 661

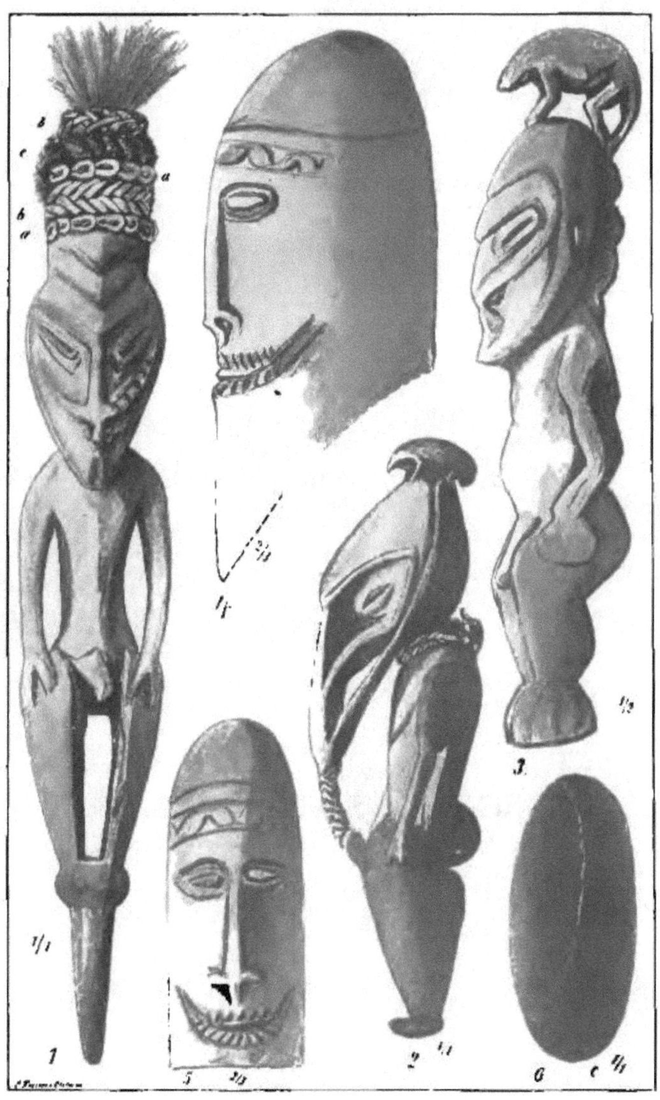

E. Finsch gez.

Tafel XXIV (16).

Neu-Guinea. Schilde und Kürass.

Erklärung zu Tafel XXIV (16).

Neu-Guinea. Schilde und Kürass.

Fig. 1. (1/8) Schild, Finschhafen . . . . Nr. 838
» 2. (1/8) Schild, Friedrich Wilhelmshafen . . . . » 839
» 2a. (1/8) Griff auf der Rückseite des vorigen . . . . » 839
» 3. (1/8) Schild von Milne-Bai . . . . » 839
» 3a. (1/8) Griff auf der Rückseite des vorigen . . . . » 839
» 4. (1/8) Schild von Freshwater-Bai . . . . » 835
» 4a. (1/8) Griff auf der Rückseite des vorigen . . . . » 835
» 5. (1/8) Schild von Trobriand . . . . » 841
» 5a. (1/8) Griff auf der Rückseite des vorigen . . . . » 841
» 6. (1/8) Schild von Hood-Bai . . . . » 834
» 6a. (1/8) Griff auf der Rückseite des vorigen . . . . » 834
» 7. (1/8) Kürass von Angriffshafen . . . . » 844
» 7a. (1/4) Detail des Rohrgeflechtes beim vorigen Stück . . . . » 844

Tafel XXV (17).

Neu-Guinea. Schilde.

Erklärung zu Tafel XXV (17).

Neu-Guinea. Schilde.

Fig. 1. (1/8) Schild von Angriffshafen . . . . Nr. 840
» 2. (1/8) Schild von Teste-Insel . . . . » 836
» 2a. (1/4) Detail der geschnitzten Verzierung beim vorigen Schilde . . . » 836

Finsch. Ethnologische Erfahrungen, Taf. 17. Taf. XXV.

2 a

1 ½

Ethnologische Erfahrungen und Belegstücke aus der Südsee.

Beschreibender Katalog einer Sammlung im k. k. naturhistorischen Hofmuseum in Wien.

Von

Dr. O. Finsch

in Delmenhorst bei Bremen.

Zweite Abtheilung: Neu-Guinea.

I. Englisch-Neu-Guinea.

(Fortsetzung und Schluss von Bd. III, 1888, S. 364 [150].)

---

b) Ostspitze mit den d'Entrecasteaux-Inseln.

Einleitung.

Das Gebiet umfasst die Ostspitze des Festlandes, östlich vom Südcap (Stacy Island), mit den vorgelagerten Inseln östlich der Chinastrasse und der Gruppe d'Entrecasteaux, lässt sich aber jetzt noch nicht ethnologisch in seinen Grenzen genau feststellen. Muthmasslich erstrecken sich dieselben westlich bis Orangerie-Bai, nordwestlich bis Cap Vogel und östlich bis auf die Louisiade-Gruppe mit Woodlark-Insel.

Ich selbst lernte innerhalb dieses Gebietes nur einige Punkte von Normanby- und Fergusson-Insel der d'Entrecasteaux, Dinner- und Teste-Insel, Milne-Bai und die Festlandsküste vom Ostcap bis zum deutschen Gebiete (Mitrafels) kennen.[1])

---

1) Meine bisherigen Publicationen aus diesem Gebiete sind die folgenden:

1. »Aus den Berichten des Dr. Finsch über die im Auftrage der Compagnie nach Neu-Guinea ausgeführten Reisen« in: Nachrichten über Kaiser Wilhelms-Land und den Bismarck-Archipel (herausgegeben von der Neu-Guinea-Compagnie in Berlin) 1885, Heft III, S. 7—10 und Heft IV, S. 3 und 4.

2. »Catalog der ethnologischen Sammlung der Neu-Guinea-Compagnie, ausgestellt im königl. Museum für Völkerkunde (Berlin 1886),« I, S. 28—39 und II, S. 39—42.

3. »Die ethnologische Ausstellung der Neu-Guinea-Compagnie im königl. Museum für Völkerkunde« in: Originalmittheilungen aus der ethnologischen Abtheilung der königl. Museen zu Berlin, Jahrg. I, 1886, S. 99—103.

4. »Ueber Canus in den d'Entrecasteaux und der Südostspize Neu-Guineas« in: Verhandl. der Berliner anthropolog. Gesellsch., 15. Januar 1887, S. 29.

5. »Entdeckungsfahrten des deutschen Dampfers Samoa« in: Gartenlaube Nr. 21, 23. Mai 1886 (III, d'Entrecasteaux, Ostcap bis Mitrafels, mit 5 Abbild.); Nr. 18, 13. April 1887 (IV, Milne-Bai und Moresby-Archipel, mit 4 Abbild.).

6. »Tätowirung und Ziernarben in Melanesien, besonders im Osten Neu-Guineas« in: Wilhelm Joest, Tätowiren, Narbenzeichnen und Körperbemalen (Berlin, A. Asher & Co., 1887, S. 36—42, Taf. II, S. 116.

In letzterem Küstenstriche kam ich nur wenig mit Eingeborenen in Berührung; schon westlich von Chads-Bai wohnen sie hauptsächlich hoch in den Gebirgen, während die Küste nur eine höchst spärliche Bevölkerung aufweist. Dasselbe gilt von den d'Entrecasteaux und von dem grössten Theil der Südostküste zwischen Keppel-Bai und Chinastrasse, die (nach Chalmers) von Aroma bis Cloudy-Bai und von Table- bis Amazons-Bai gänzlich unbewohnt ist. Wie schon aus diesen Andeutungen erhellt, ist die ethnologische Kenntniss dieses Gebietes eine sehr unvollständige und beschränkt sich auf einige Punkte der d'Entrecasteaux, in Milne-Bai und wenige andere mehr. Aber was ich an Erzeugnissen des Eingeborenenfleisses aus diesem Gebiete kenne, berechtigt zu der Annahme, dass dasselbe eine eigene ethnologische Provinz bildet. Davon konnte ich mich schon 1882 in Port Moresby am besten überzeugen bei Ansicht der reichen Sammlungen, welche Goldie von einer Reise aus diesem östlichen Gebiete heimbrachte, die aber leider in alle Winde verstreut wurden, ehe sie zu wissenschaftlicher Bearbeitung gelangten. Ich bekam damals mehr Gegenstände aus diesem Gebiete (namentlich den d'Entrecasteaux) zu sehen als später bei meinen eigenen Besuchen in demselben oder in irgend einem Museum. Charakteristische Eigenthümlichkeiten dieser ethnographischen Provinz sind: kunstvolle Holzschnitzereien (vgl. z. B. Taf. XXI, Fig. 2) in eigenthümlichen, zuweilen an den Maoristyl erinnernden Mustern, die häufige Verwendung von Menschenhaar und feingearbeiteten Scheibchen aus rother *Spondylus*-Muschel zu Schmuck und Zieraten; besondere Form (kugelrunde) der Calebassen zu Betelkalk mit eigenartigen kunstvollen Mustern; grosse Mannigfaltigkeit in Kalkspateln; eigenthümliche Bekleidungsmatten der Männer, aus Pandanusblatt genäht; besondere Form der Steinäxte (Taf. XX, Fig. 1); die in Form wie Technik eigenartige Töpferei; der Mangel von Bogen und Pfeilen, sowie Steinkeulen; Catamarans oder flossartige Fahrzeuge, daneben aber auch vorzüglicher seetüchtiger Segelcanus, die in Bauart wie Ornamentirung mit zu den vollkommensten in ganz Neu-Guinea gehören, ja vielleicht die besten sind.

Diese Canus vermitteln den Verkehr zwischen den Bewohnern dieses Gebietes, bald zu friedlichem Tausch, bald zu räuberischen Ueberfällen. Ein Hauptcentrum des Handels ist die kleine Insel Chas oder Vaure (Teste), die südöstlichste des Moresby-Archipels, und zwar wegen ihrer Töpferei, deren Erzeugnisse weithin bis Südcap und die d'Entrecasteaux verführt werden. Mit der letzteren Gruppe, Duau genannt, namentlich Kulala oder Normanby-Insel, scheint ein besonders lebhafter Tauschverkehr stattzufinden. Die Teste-Insulaner beziehen von dort, wie aus Milne-Bai, hauptsächlich Sago und früher Steinäxte (zum Theil unfertige Klingen), Waffen, Holzschüsseln, Schmucksachen, die sie wiederum auf die Inseln vor und bis Milne-Bai verhandelten. Auch mit der Woodlark-Insel, wo besonders schöne Steinäxte, Waffen, Holzschüsseln etc. angefertigt werden, scheinen Handelsbeziehungen zu bestehen, denn man sprach auf Teste viel von Mulua (Murua), worunter diese Insel gemeint ist. Die Woodlark-Insulaner besuchen wiederum mit ihren ausgezeichneten seetüchtigen Canus die nahegelegene Laughlan-Gruppe, so dass Erzeugnisse von Woodlark eine weite Verbreitung finden.

Aus diesen Andeutungen ergibt sich zur Genüge, dass es eines längeren Aufenthaltes bedürfen würde, um diese so interessanten Verhältnisse der Beziehungen der

7. »Samoafahrten. Reisen im Kaiser Wilhelms-Land und Englisch-Neu-Guinea etc.« (Leipzig. Ferd. Hirt & Sohn, 1888), sechstes Capitel. S. 191—287. Hiezu wissenschaftlicher Theil:

»8. Ethnologischer Atlas. Typen aus der Steinzeit Neu-Guineas« (Leipzig, Ferd. Hirt & Sohn, 1888), 24 Tafeln mit Text in deutscher, englischer und französischer Sprache; enthält eine Menge für dies Gebiet charakteristischer Typen.

verschiedenen Inselbewohner untereinander nur annähernd klarzustellen. In vielen Fällen würde dies überhaupt nicht mehr möglich sein, da in manchen Gebieten durch den Verkehr mit Weissen bereits alle Originalität verschwunden oder im Verschwinden begriffen ist. So namentlich an den von der Mission besetzten Plätzen wie Dinner-Insel (Samarai), Teste-Insel (Chas) und drei bis vier anderen Plätzen in Milne-Bai und Südcap. Trepangfischer, Kriegsschiffe, vor Allem aber Arbeiterwerbeschiffe (Labourtrader) haben Vieles weggeführt, so dass an solchen Plätzen kaum noch etwas zu erlangen ist, wenn auch immerhin noch eine Menge anderer Localitäten übrig bleiben, die ohne Zweifel reiche Ausbeute liefern werden. So besonders die d'Entrecasteaux, Louisiade und vor Allem Woodlark-Insel, die noch von keinem wissenschaftlichen Sammler besucht worden zu sein scheint.

An den von mir besuchten Plätzen war ethnologisch wenig mehr zu holen und ich konnte, wie z. B. auf Teste- und Dinner-Insel, die ganz unter Commando eingeborener Missionslehrer stehen, nur noch letzte Reste sammeln. Die Stücke gewinnen dadurch ein erhöhtes Interesse, die beifolgenden Notizen, trotz bedauernswerther Lücken, vielleicht ebenfalls. Denn aus einem Gebiete, über das wir bisher nur durch Capt. Moresby[1]) magere Kunde erhielten, muss am Ende eine zusammenhängende und ausführlichere Mittheilung doppelt willkommen sein.

Die Localitäten, an denen gesammelt wurde, soweit sie die nachfolgende Abhandlung betreffen, lasse ich in alphabetischer Reihe folgen (sie sind meist auf dem Uebersichtskärtchen der »Samoafahrten« — S. 9 — eingetragen):

Aroani, eine kleine Insel der Killerton-Gruppe am Eingange von Milne-Bai; früher unbewohnt, jetzt Sitz einer Station der Londoner Missionsgesellschaft, die hier einen farbigen Lehrer (teacher), ausserdem nur noch eine Station in Milne-Bai hält.

Bentley-Bai (von Moresby benannt) liegt circa 15 Seemeilen westlich von Ostcap und ist ziemlich bevölkert. Die Eingeborenen sind in Sitten und Gewohnheiten ganz übereinstimmend mit denen von Milne-Bai, wohin Verkehr zu Land besteht. Da die Bewohner von Bentley-Bai keine grossen Canus besitzen, so können sie keine grossen Seereisen machen, werden aber von den Handelscanus der d'Entrecasteaux-Gruppe besucht.

Blumenthal; so wurde eine 1885 von mir errichtete Handelsstation benannt, die in der Hihiaurabuchtung, etwas östlich von Bentley-Bai, liegt. Die Bewohner stehen in Verkehr mit denen der letzteren und Milne-Bai.

Fergusson; von dieser grössten Insel der d'Entrecasteaux-Gruppe kommt hier ein Dorf in Betracht, dessen Namen ich nicht erfuhr und welches am östlichen Ausgange von Dawsonstrasse liegt.

Goulvain (Ulebubu der Eingeborenen), eine kleine vulcanische, ziemlich bevölkerte Insel am Ostende von Dawsonstrasse, d'Entrecasteaux.

Higibā, ein Dorf an der Nordküste von Milne-Bai.

McInlay (von Moresby), Maivara der Eingeborenen von Dinner-Insel; eine kleine Insel in Chinastrasse.

[1]) »Neu-Guinea and Polynesia. Discoveries and Surveys in New Guinea and d'Entrecasteaux Islands« (London 1876). Ihm verdanken wir die geographische Aufnahme dieses ganzen Küstengebietes und der d'Entrecasteaux-Inseln, die vorher durch d'Entrecasteaux (1793) nur sehr unvollkommen und unrichtig dargestellt waren. So erwies sich die bisher als Ostcap angenommene Spitze Neu-Guineas als eine Insel (Stacy Island), und Moresby blieb es vorbehalten, das eigentliche Ostcap mit Chinastrasse zu entdecken und die schwierigen Verhältnisse des Moresby-Archipels und der d'Entrecasteaux-Inseln klarzulegen.

Samárai (Dinner-Insel von Moresby), eine kleine Insel in Chinastrasse zwischen Sáriba (Hayter-Insel) und Rogia (Heath-Insel), die früher unbewohnt war. Seither Sitz einer Missionsstation (Londoner Gesellschaft) unter Führung eines farbigen Lehrers (teacher), mit circa 50 christianisirten Eingeborenen (meist von Rogia). Die Insel wird häufig von Bewohnern der Nachbarinseln wie des Festlandes besucht.

Teste-Insel (Chas, Uare oder Vaaro der Eingeborenen) die südlichste des Moresby-Archipels. Die circa 300 Eingeborenen der kleinen, fruchtbaren Insel sind dem Namen nach Christen und leben unter Aufsicht eines farbigen Lehrers (teacher) der Londoner Missionsgesellschaft.

Weihnachtsbucht, eine Nebenbucht der tiefeinschneidenden Nordbucht der Insel Normanby, d'Entrecasteaux, in welcher die »Samoa« Weihnacht 1884 ankerte.

A. Eingeborene.

Was die Bewohner dieses Gebietes anthropologisch, als Race, anbetrifft, so sind sie ausnahmslos echte Papuas oder Melanesier, und das, was ich von den Bewohnern der Südostküste (II, S. 296, 297) sagte, gilt auch für diese. Wie bei allen Papuas finden sich in Hautfärbung wie Haarbildung erhebliche Schwankungen und eine oft sehr auffallende individuelle Verschiedenheit, namentlich auch hinsichtlich der Kopf- und Gesichtsbildung[1]) (Physiognomie). Im Allgemeinen sind die Bewohner dieses grossen Gebietes minder kräftig gebaute, mehr schwächliche Menschen, deren Hautfärbung sich in den Farbentönen der Broca'schen Tafel Nr. 28—30, meist zwischen 29 und 30, bewegt und für welche die von mir gegebene farbige Abbildung einer Frau von Rogia (Heath-Island) in Chinastrasse (in Joest: Tätowiren, Taf. II) als Norm gelten darf. Aber allenthalben finden sich, oft ziemlich zahlreich, heller gefärbte Individuen; in Chads-Bai sah ich einen Mann fast so hellgefärbt als ein sonnverbrannter Europäer. Eigentliche Albinos sind mir in diesem Gebiete nicht vorgekommen. Dagegen fand ich nur innerhalb dieses Gebietes, als seltene Ausnahme, Individuen (im Ganzen drei, und zwar in Normanby und in Milne-Bai) mit natürlich rothem Haar, das, was man bei uns einen »Rothkopf« nennt, wie mir solche sonst nirgends in Melanesien begegnet sind. Kinder haben häufig blondes Haar, ganz wie dies an der Südostküste der Fall ist. Wenn auch das typische, spiralig gekräuselte Papuahaar vorherrscht, so sind doch Lockenköpfe ziemlich häufig und ebenso traf ich allenthalben, wenn auch immer vereinzelt, Individuen mit durchaus schlichtem Haar. Meine auch aus diesem Gebiete mit heimgebrachte ansehnliche Sammlung von Haarproben[2]) gibt ausreichende Belegstücke und hinreichendes Beweismaterial für Solche, welche noch immer an der Existenz

---

1) In dieser Beziehung verhalten sich Farbige gerade so als Weisse, wofür meine Sammlung von Gesichtsmasken, nach Lebenden abgegossen (vgl. I, S. 296, Anm. 1), die besten Belegstücke liefert. Dasselbe dürfte auch bezüglich der Schädel gelten, soweit sich nach blosser Betrachtung derselben urtheilen lässt, namentlich bei Vorlage eines Materials, wie ich es aus der Südsee heimsandte, denn es zählt nicht weniger als 336 Schädel, davon allein 167 (die meisten mit genauen Geschlechtsangaben) aus Blanche-Bai in Neu-Britannien. Mit Ausnahme einer sehr geringen Anzahl ruht dieses reiche Material noch heute zum grössten Theil unbenutzt und unbearbeitet in Berlin, denn meines Wissens sind von Geheimrath Virchow nur folgende Publicationen gemacht worden: »Schädel- und Tibienformen von Südsee-Insulanern« (Verhandl. der Berl. Anthropol. Gesellsch., 1880, S. 112) und »Ueber mikronesische Schädel« (Sitzungsber. der königl. Akademie der Wissensch., Berlin, 3. December 1881, S. 1113).

2) Das reiche von meinen Reisen mitgebrachte Material, 232 Nummern zählend, liegt nun, nach acht Jahren, noch immer unbenützt in Berlin und würde doch höchst wahrscheinlich manche interessante Aufschlüsse liefern, da wohl keine ähnlich umfassende Sammlung bisher aus der Südsee vorliegen dürfte.

schlichthaariger Papuas zweifeln sollten. Dass die Bewohner der Inseln mit denen des Festlandes anthropologisch durchaus übereinstimmen, mag hier noch besonders hervorgehoben sein.

Sprachlich herrscht, wie überall in Melanesien, grosse Verschiedenheit. Doch war es mir auffallend, in der Ostcapsprache eine Menge mit Motu identischer Wörter wiederzufinden. Nach Chalmers, unbestritten mit dem besten Sprachkenner dieses Theiles von Neu-Guinea, ist die Ostcapsprache identisch mit dem Districte Daui oder Dauni, der sich von Orangerie-Bai bis zur Chinastrasse erstreckt.

Cannibalismus scheint, mit Ausnahme der wenigen Missionsplätze, so ziemlich in dem ganzen Gebiete geübt zu werden, wenn auch darüber nur ein paar positive Nachweise vorliegen. So sah Hunstein, an dessen Zuverlässigkeit nicht zu zweifeln ist, auf Basilisk-Insel (Urapotta) frisch gekochte, in Blätter eingepackte Menschenschädel und Chalmers[1]) wurde auf Stacy-Island ebenfalls Fleisch von erschlagenen Feinden angeboten. Die so liebenswürdigen Bewohner von Teste-Insel machten kein Hehl daraus, dass sie »früher« (vielleicht vor kaum zehn Jahren) ebenfalls notorische Menschenfresser waren, und auf Goulvain (in Dawsonstrasse) liessen mich gewisse Anzeichen schliessen, dass auch hier diese barbarische Angewohnheit noch im Schwunge ist. Alle Schädel, welche ich hier wie auf Fergusson erhielt (zusammen 20), haben nämlich das Hinterhaupt zertrümmert, was mit ziemlicher Sicherheit hindeutet, dass sie von Erschlagenen herrühren, die verzehrt wurden. Manche Schädel sind zum Theil bemalt, mit einem Loch versehen oder in Lianen derart eingestrickt, dass sie aufgehangen werden können, um als Trophäen zu dienen, wie das folgende Stück:

Buruburu[2]) (Nr. 667, 1 Stück), Menschenschädel von Ulebubu (Insel Goulvain), d'Entrecasteaux.

Auf Fergusson sah ich an einem Hause ein menschliches Becken aufgehangen, was ebenfalls für Cannibalismus zu sprechen scheint, wenn ich solche Anzeichen auch noch keineswegs als positive Beweise betrachte, wie das meist zu geschehen pflegt. Findet da ein Reisender bei oder in einem Hause irgend ein paar Gebeine oder Schädel, so heisst es gleich: hier wohnen Menschenfresser! Das braucht nun aber thatsächlich noch lange nicht der Fall zu sein, denn diese Ueberreste können ebensowohl von erschlagenen Feinden herrühren, die nicht verzehrt wurden, als gar von Anverwandten. So wissen wir von den Koiäri, den Bergbewohnern der Südostküste, dass sie die Leichen der Verstorbenen auf Gerüste legen, bis das Fleisch abgefault ist, und dann die Knochen sammeln und in ihren Hütten aufhängen.

Charles Lyne (»New Guinea«, London 1885), der viel von Cannibalismus und Cannibalenfesten (S. 167, 187 und 198) schreibt, aber ebensowenig davon als Augenzeuge zu sehen bekam als Romilly in seinem neuesten interessanten Buche,[3]) erwähnt (S. 168) von Stacy-Island besonderer Steinflure vor den Häusern, welche dazu dienen sollen, um die Körper der Erschlagenen, die verzehrt werden, hier niederzulegen und zu zertheilen. Ich erwähne dies, weil ich in Bentley-Bai vor den Häusern flache Steinplatten, ähnlich wie Schieferplatten, sah, die mir sonst nicht vorgekommen waren,

[1]) »Work and Adventure in New Guinea 1877—1885« (London 1885), S. 62, übrigens die einzige Stelle in Chalmers' Büchern, wo ein positiver Beweis beigebracht wird, da sich die anderen auf Cannibalismus bezüglichen Stellen (»Cannibalism of Stacy Island«, S. 48 und »Cannibal feast«, S. 61) nur in Annahmen bewegen.

[2]) Die Eingeborenennamen sind stets die der betreffenden Localitäten und so, wie ich sie aussprechen hörte, geschrieben.

[3]) »From my Verandah in New Guinea« (London 1890).

auf denen aber die Männer gemüthlich Ruhe zu halten pflegten. Immerhin mögen sie auch dem oben angedeuteten Zwecke dienen.

Wenn auch somit über den thatsächlichen Cannibalismus in diesem Gebiete (nach Chalmers östlich von Baxterhafen = Farm-Bai) kein Zweifel sein kann, so fällt ebenso gewiss ein Theil der auf Cannibalismus gedeuteten Anzeichen in ein ganz anderes, gerade entgegengesetztes Gebiet, das der **Todtenverehrung.**

Wie in Neu-Britannien (I, S. 114) herrscht nämlich die Sitte, die Schädel Verstorbener nach gewisser Zeit auszugraben, aber nur den Unterkiefer als theures Andenken zu verwahren, ganz in derselben Weise, wie dies durch Maclay aus Astrolabe-Bai zweifellos nachgewiesen ist.

Ein solches Stück liefert die nächste Nummer:

Gaiagaia (Nr. 331*a*, 1 Stück), Armband aus einem menschlichen Unterkiefer; Teste-Insel.

Diese Armbänder sind sehr werthvoll und nur durch Zufall zu erlangen. Sie werden in verschiedener Weise mit Streifen von *Pandanus*-Blatt und einer besonderen Art Klappernuss *(Kapua)* verziert. Derartige Armbänder finden sich auch auf den d'Entrecasteaux. Hier sah ich von Normanby auch eine Kalkkalebasse, die mit drei menschlichen Unterkiefern verziert war.

Ob dieselben ebenfalls von verstorbenen Anverwandten herrührten, wage ich nicht zu behaupten. Ebenso enthalte ich mich eines bestimmten Urtheiles über jene menschlichen Halswirbel, welche man zuweilen, übrigens sehr selten, als Zierrath am Zopfe von Männern angebunden findet und die gewöhnlich als Cannibalentrophäen gedeutet werden. Solche Zöpfe, mit einem Atlasknochen vom Menschen verziert, erhielt ich in Bentley-Bai und auf Dinner-Insel, hier »*Romaroma*« genannt. Häufiger als Wirbelknochen vom Menschen fand ich solche vom Schwein und Dugong (*Halicore*—»*Luni*« auf Dinner-Insel), sowie auch seltene Fischgebisse als Breloques an den Haarzöpfen befestigt. Es sind offenbar Erinnerungszeichen guter Jagden, respective Mahlzeiten, während die Halswirbel vom Menschen, nach meiner Ansicht, wie die Armbänder aus Unterkinnladen, ebenfalls von Angehörigen herrühren. Die Pietät gegen Verstorbene ist gerade in diesem Gebiete sehr entwickelt und zeigt sich oft in rührender Weise. So sah ich eine Frau auf Teste-Insel ein besonderes Souvenir — »*Sapisapi*« genannt — auf der linken Brust tragen. Es war ein an einem Bindfaden befestigtes kleines Polster aus Menschenhaar, zierlich mit *Spondylus*-Scheibchen garnirt. Die Haare waren die der verstorbenen Schwester der Trägerin, die dies theure Andenken um keinen Preis verkaufte. Die Schädel, welche ich mit grosser Mühe auf Dinner- und Teste-Insel erhielt (im Ganzen 11 und wohl die letzten), wurden von den verkaufenden Eingeborenen zwar als die von erschlagenen und verzehrten Feinden bezeichnet, aber dies war sicher blos Prahlerei und sie gehörten ruhig entschlafenen Stammesgenossen, vielleicht Anverwandten an. Alle Schädel zeigten keinerlei Verletzung, nur auf der Schädelmitte ein sauber gebohrtes rundes Loch, um einen Strick zum Aufhängen darin zu befestigen.

Gräber habe ich überall (Normanby, Teste-Insel, Bentley-Bai) in pietätvoller Weise gehalten gesehen; meist in Form einer Umzäunung, in die hübsche Blattpflanzen gepflanzt worden waren, oder in Form eines Miniaturhauses wie auf Teste (vgl. »Samoafahrten«, Abbild., S. 280). In Weihnachtsbucht sah ich auch in den Gabelzweigen zweier blühender Bäume, etwa 4 Fuss über dem Erdboden, eine Röhre aus den Blattscheiden der Sagopalme, welche sechs Schädel enthielt, die aber nicht verkauft wurden. Dies gibt einen Beleg zu dem, was vorher gesagt wurde, nämlich, dass die Todten erst begraben, später aber die Schädel wieder ausgegraben und besonders verwahrt werden, nachdem man die Unterkiefer in anderer Weise verwendet hat.

B. Körperausputz und Bekleidung.

In der **Bekleidung** herrscht in diesem Gebiet viel grössere Decenz als an der Südostküste, die namentlich beim männlichen Geschlecht vortheilhaft hervortritt. Dasselbe bedient sich meist eigenthümlicher Matten, wie die folgende:

Gigi (Nr. 244, 1 Stück), Bekleidungsmatte der Männer, aus zusammengenähten Streifen von *Pandanus*-Blatt in eigenthümlicher Weise gemustert; Normanby-Insel (Weihnachtsbucht).

Diese Art Matten sind in dem ganzen Gebiet, bis Teste- und Dinner-Insel (hier »*Dam*«, in Bentley-Bai »*Ahra*«, in Milne-Bai »*Barutta*« genannt) gebräuchlich und für dasselbe charakteristisch. Das hübsche Muster wird in dem frischen Blatte durch Eindrücken hervorgebracht und ähnelt Moiré. Diese Matten kleiden sehr hübsch und machen von Weitem ganz den Eindruck kurzer Badehosen. Für gewöhnlich genügt ein Streif von *Pandanus*-Blatt, auch wohl (namentlich in Bentley- und Chads-Bai) Schnüre und Stricke bis dicke Wülste von Menschenhaar um den Leib, durch welchen zwischen den Beinen ein breites Stück *Pandanus*-Blatt gezogen wird (vgl. Finsch, Ethnol. Atlas, Taf. XVI, 6, Chads-Bai). »*Tupa*« ist mir in diesem Gebiete nicht vorgekommen, dürfte aber gefertigt werden.

Die Frauen bekleiden sich wie an der Südostküste (II, S. 300) mit einem Faserschurz oder Röckchen, dem

Nogi (Nr. 239, 1 Stück), feiner Lendenschurz, grau und gelb längsgestreift, sehr schwer und dicht (64 Cm. breit, 49 Cm. lang) aus fein gespaltenen Blattfasern der Sagopalme; Higibü, Milne-Bai.

Nogi (Nr. 243, 1 Stück), Lendenschurz aus gleichem Material, sehr fein, vorherrschend roth mit einigen gelben Streifen (76 Cm. breit, 50 Cm. lang); Insel Maivara (Mc Inlay-Insel), in Chinastrasse.

Die obigen Stücke repräsentiren besonders feine Lendenschurze, besser Röckchen zu nennen, da sie rings um die Hüften reichen. Sie werden nur bei feierlichen Gelegenheiten und meist von heiratslustigen Mädchen oder jungen Frauen getragen. Sehr niedliche und kokett kleidende »*Nogi*«, in Volants, findet man auf Teste-Insel (vgl. Finsch, Ethnol. Atlas, T. XVI, 8); auf Normanby eigenthümlich grau und naturfarben gestreifte, die von hier wohl im Tausch nach Teste-Insel gelangen, wo ich dieselbe Art sah, da auf Teste keine Sagopalmen vorkommen.

Für gewöhnlich werden auch in diesem Gebiet schwere ungefärbte schmal- und breitblätterige Lendenschurze aus Blattfasern der Cocospalme getragen (vgl. S. 300).

Schmuck und Zierrathen. Die häufige Verwendung von rothen *Spondylus*-Scheibchen erinnert lebhaft an das gleiche Material, welches im Putz der Mikronesier (hauptsächlich Karolinier) eine so hervorragende Rolle spielt und wird für dieses Gebiet besonders charakteristisch, denn an der ganzen übrigen Nordostküste sind *Spondylus*-Scheibchen unbekannt. Auch Menschenhaar, nicht in den fein geflochtenen Schnüren, wie z. B. in den Gilberts (vgl. Nr. 546), sondern in groben Strickchen und Wülsten, der natürlichen Beschaffenheit des Papuahaares entsprechend, wird häufig zu Schmuck

2*

verarbeitet und ethnologisch von Bedeutung. Auffallend war mir der Mangel von Hundezähnen und der an der Südostküste (bis Hood-Bai) so gebräuchlichen Muschelschnüre (Tautau, Taf. XIV, Fig. 6).

Wie fast überall dienen die aufgereihten Muschelscheibchen[1]) oder Plättchen zugleich als Tauschmittel im Sinne von **Geld.** Ausser rothen Muschelscheibchen von *Spondylus* (Taf. XIV, Fig. 1 *a*) sind auch solche aus einer weissen Muschel geschliffen (Taf. XIV, Fig. 1 *b*) beliebt. Als werthvollere Tauschmünzen gelten Armringe aus *Conus*-Muschel (Taf. XV, Fig. 1) und aus Muschel geschliffene Nasenkeile, von denen die aus einer *Hippopus*-Art am werthvollsten sind (Taf. XXII, Fig. 2). Die sonst überall beliebten Samenkerne von *Coix lachryma* sind mir in diesem Gebiete nicht vorgekommen, dagegen werden häufig die schwarzen Fruchtkerne »*Gudduguddu*« (Taf. XIV, Fig. 1 *c*) verwendet, sehr beschränkt auch die von *Abrus precatorius.*

Tätowirung. Bemerkenswerth und von ungewöhnlichem Interesse ist, dass wir inmitten dieses Gebietes einen kleinen Bezirk, gleichsam eine Oase, finden, in welchem Tätowirung der Frauen, und zwar in sehr eigenthümlicher Paterne als Körperzier beliebt ist. Das eigenartige Muster zeigt die farbige Abbildung einer Frau von Rogia (Heath-Island) in Joest (Tätowirung etc., Taf. II) und Finsch (Samoafahrten, S. 278) Diese Tätowirungsoase beschränkt sich nur auf die Inseln östlich der Chinastrasse von Dinner- bis Teste-Insel, deren Bewohner übrigens echte Papuas und genau derselben Menschenrace angehören als die des Festlandes. Auf letzteren, sowie den d'Entrecasteaux ist Tätowirung unbekannt, soll aber wiederum auf Südcap (Stacy-Island) geübt werden. Krieger pflegen sich zuweilen als Erinnerung an erfolgreiche Kämpfe gewisse Zeichen auf der Brust einzuritzen, ganz ähnlich wie solche an der Südwestküste vorkommen (vgl. II, S. 305, Fig. 10 und 11). Ich sah solche Zeichen einige Male bei Männern in Bentley- wie Milne-Bai. **Ziernarben** sind mir nicht vorgekommen.

Bemalen des Körpers ist (ausser bei Trauer) im Ganzen selten. Auf Normanby und in Bentley-Bai begnügte man sich mit einigen schwarzen Strichen im Gesicht; Kindern hatte man Kreuze auf die Stirn gemalt; zuweilen lief rings um den Mund ein schwarzer Strich, oder die eine Wange war roth, die andere schwarz bemalt.

Schwarzmalen des Gesichtes, wie des ganzen Körpers, gilt auch hier als vorherrschende Form der **Trauer.** Doch gibt es, wie an der Südostküste, auch in diesem Gebiete **Trauerschmuck,** der in einigen sehr eigenthümlichen Formen auftritt, die besondere Beachtung verdienen und zu denen auch das vorher (S. 18) erwähnte »*Sapisapi*« zu gehören scheint. Am häufigsten wird eine Art Brustlatz aus kunstvoll aneinander geknüpfter Bindfaden (in Bentley-Bai »*Nerawandi*« genannt), und zwar von beiden Geschlechtern getragen. In Bentley-Bai waren für beide Geschlechter breite, aus Gras geflochtene Bänder, die kreuzweis über Brust und Rücken laufen, Zeichen der Trauer. Häuptlingsfrauen, und nur diese allein, durften sich hier noch eines besonderen Trauerschmuckes, »*Diadiro*« genannt, bedienen. Derselbe besteht in einem Reifen, so gross als von einem kleinen Fass, an dem weisse Eiermuscheln *(Ovula)* befestigt sind und der über die Schulter getragen wird. Beiläufig mag bemerkt sein, dass derartige Gegenstände nur durch Zufall erworben werden können.

Kopfschmuck. Das Haar wird von jungen Leuten, in derselben Weise aufgeputzt, in einer mächtigen Wolke getragen, als an der Südküste, Bentley-Bai (vgl. Finsch,

[1]) Mein bereits (I, S. 127) ausgesprochenes Bedauern, dass über die Anfertigung der so verschiedenen Arten Muschelscheibchen nichts Sicheres bekannt ist, muss ich hier wiederholen. Möglicherweise geht diese Kunstfertigkeit mit dem Steinzeitalter verloren, ohne dass wir über dieselbe genaue Kunde besitzen.

»Samoafahrten«, S. 235). Ausserdem bilden bei beiden Geschlechtern künstlich verfilzte, durch Einschmieren mit Russ und anderen Stoffen unentwirrbare Stränge oder Strähne eine beliebte Haartour (vgl. Finsch, »Samoafahrten«, S. 283, Teste-Insel), ähnlich den »*Gatessi*«, wie wir sie in Astrolabe-Bai wiederfinden werden. Diese Haarstränge zieren hauptsächlich den Nacken der Männer, welche hier auch nicht selten einen an 6 Zoll langen, dicht verfilzten Haarzopf stehen lassen, an welchen Muscheln (*Cypracaea* oder *Ovula*), Halswirbel (vom Menschen, Schwein oder Dugong), zuweilen seltene Fischgebisse als Zierrath befestigt werden. Aehnliche Haarzöpfe, mit besonderem Ausputz, werden wir im Westen von Kaiser Wilhelms-Land kennen lernen.

Ueberhaupt ist Haarputz im Allgemeinen selten, auch die sogenannten »Kämme« (auf Dinner-Insel »*Ssuari*«, in Bentley-Bai »*Dine*«, in Milne-Bai »*Diäme*« genannt), welche bekanntlich nicht zum Kämmen, sondern mehr zum Aufzausen des Haares der Männer dienen und nur von diesen getragen werden. In der Form ähneln die Haarkämme dieses Gebietes denen der Südostküste (II, S. 306), wie die folgende Nummer zeigt:

Haarkamm (Nr. 296, 1 Stück), bestehend aus acht dünnen, 39 Cm. langen, runden Bambusstäbchen, die an der Basis 20 Cm. lang verdünnt und mit zierlichem Flechtwerk aus Bindfaden verbunden sind; in der Mitte mit fünf aufgeklebten *Abrus*-Bohnen, schwarzen Fruchtkernen (*Guddugudda* auf Dinner-Insel) und einer grossen blauen Glasperle verziert; Insel Normanby (Weihnachtsbucht).

Die Kämme sind seltener mit Federn, sondern mehr mit frischen Blättern oder dem für dieses Gebiet eigenthümlichen Schmuck aus *Spondylus*-Scheibchen verziert. Einen sehr schönen langen, sechszinkigen Kamm, aus einem Stück Schildpatt gearbeitet, mit geschmackvoller Gravirung, sah ich auf Teste-Insel.

Haarputz aus Federn scheint ebenfalls selten zu sein.

Kopfputz (Nr. 342, 1 Stück), von Seitenfedern des Paradiesvogels (»*Hiai*«, *Paradisea Raggiana*); Bentley-Bai.

Federn vom Casuar werden ebenfalls verwendet, ebenso Federnschmuck vom Cacadu, der in Bentley-Bai »*Tegora*« heisst.

Kopfzier (Nr. 350, 1 Stück) aus einem über ein Stöckchen gezogenen Schwanzfell eines Flugbeutlers (*Belideus ariel*); Bentley-Bai.

Einen eigenthümlichen Kopfschmuck der Männer, angeblich aus Milne-Bai herstammend, sah ich in der Colonial-Exhibition 1886 in London. Dieser Kopfschmuck bestand in einer Art Hutkrempe aus Holz, mit Schnitzerei und bunter Bemalung und erinnerte lebhaft an die Perlkragen in Neu-Britannien (I, S. 98, Nr. 441).

Nasenschmuck, und zwar nur durchs Septum, ist bei beiden Geschlechtern Sitte. Am häufigsten sind kurze runde Keile bis zur Dicke eines Bleistiftes aus Holz, Rohr oder Coralle; in Bentley-Bai sah ich dünne, feine Rottanringe durchs Septum gezogen; in Normanby und auf Dinner-Insel auch einige aufgereihte *Spondylus*-Scheibchen.

Der werthvollste Nasenschmuck dieses Gebietes und charakteristisch für dasselbe ist:

Nasenkeil (Nr. 306, 1 Stück) aus dem Schlosstheile der *Hippopus*-Muschel (II, S. 358 [144], Taf. XXII [14], Fig. 2) geschliffen; Normanby (Weihnachtsbucht).

Diese Nasenkeile, in Milne-Bai »*Hiddo*«, auf Dinner-Insel »*Panaiate*« genannt, ähneln denen aus *Tridaena* (II, S. 96) von Port Moresby, zeichnen sich aber durch die gelbe bis orange Färbung aus. Sie sind besonders beim weiblichen Geschlecht beliebt, und ich sah auf Teste-Insel ein kaum zehnjähriges Mädchen, welches bereits einen solchen Keil von Bleistiftstärke in der Nase trug. Solche Nasenkeile dienen als Tauschmittel und sind sehr schwer zu erlangen. Ich beobachtete diese Art Nasenschmuck nur in den d'Entrecasteaux und am Ostende Neu-Guineas (Milne- und Bentley-Bai).

Ohrschmuck. Auf dem Festlande dient ein Streif aufgerolltes *Pandanus*-Blatt, in Bentley-Bai »*Tanigata*« genannt, als häufigste Ohrzier. Es weitet den Ohrlappen sehr aus und wird, wenigstens in Bentley-Bai, nur von Männern getragen. Auf den Inseln und in den d'Entrecasteaux sind rothe *Spondylus*-Scheibchen, zuweilen an Schildpattringen befestigt, sowie zahlreiche runde, flache Ringe aus Schildpatt als feiner Ohrschmuck bei beiden Geschlechtern beliebt, aber im Ganzen selten.

Hals- und Brustschmuck. Halsstrickchen (in Bentley-Bai »*Maura*«) sind ein gewöhnlicher Schmuck, dagegen habe ich keinen von kleinen Muscheln *(Cassidula)* oder von Zähnen gesehen und besonders solchen von Hundezähnen vermisst, da diese Thiere sowohl in den d'Entrecasteaux als auf dem Festlande in ziemlicher Anzahl gehalten werden.

Die Sammlung enthält indess einige hervorragende und besonders werthvolle Stücke.

Waiatutta (Nr. 687, 1 Stück, Halskette aus runden geschliffenen und durchbohrten Scheibchen (Taf. XIV, [6], Fig. 1 *b*) einer weissen Muschel, an jedem Ende mit einem schwarzen Fruchtkern (*Guddnguddu* auf Dinner-Insel). Chas (Teste-Insel).

Sehr beliebter und weitverbreiteter Schmuck, aber seltener als die folgende Nummer. Ganz ähnliche weisse Muschelscheibchen finden sich in den Gilberts-Inseln wieder.

Samakupa (Nr. 488, 1 Stück), Halskette (II, S. 342 [128], Taf. XIV, [6], Fig. 1), 29 Cm. lang, aus Scheibchen von rother *Spondylus*-Muschel *(a)*, am Ende ein paar weisse Muschelscheiben *(b)* und ein schwarzer Fruchtkern *(c)*. Daher.

Sehr werthvoll. Ich sah solche Halsketten auch auf Normanby, konnte sie aber nicht erwerben. Ganz ähnlicher Schmuck findet sich in den Marshall-Inseln, aber in hellerer Färbung und wahrscheinlich von einer andern Species der Gattung *Spondylus* herrührend.

Halskette (Nr. 487, 1 Stück) (II, S. 342 [122], Taf. XIV, [6], Fig. 2) aus Abschnitten *(a)* von ersten Schwingen des Casuar und rothen *Spondylus*-Scheibchen *(b)*; Aroani, Killerton-Inseln, Milne-Bai.

Diese sehr zierlichen und eigenthümlichen, oft mehr als 2 Meter langen Halsketten, auf Teste-Insel »*Dibi*« genannt, werden vom Festlande eingetauscht, wo allein Casuare vorkommen, und sind deshalb sehr werthvoll. Sehr ähnliche Halsketten finden sich im Westen von Neu-Britannien (I, S. 122, Taf. III, Fig. 11).

Dona (Nr. 516, 1 Stück), kostbarer Brustschmuck, bestehend aus einem circa 40 Cm. langen Bande aus Bastgeflecht, an welchem 80 oblonge (22 Mm. lange) *Spondylus*-Plättchen *(Bakiau)* angeflochten sind; als Anhängsel dient ein abnormal gekrümmter Eberhauer *(Dona)*, fast kreisrund und 65 Mm. im Lichten messend. Von Dinner-Insel (Samarai), aber nach dort von den d'Entrecasteaux eingetauscht.

Ueber die Entstehungsweise der abnormen Krümmung solcher Eberhauer und ihren hohen Werth als Südseepretiosen vgl. die Abhandl. Nr. 10 (II, S. 295).

Bei der grossen Seltenheit werden derartige Eberhauer auch imitirt, wie das folgende Stück:

Dona (Nr. 517, 1 Stück); Brustschmuck, bestehend aus einem Bande, auf welches 86 viereckige *Spondylus*-Scheibchen aufgeflochten sind; in der Mitte ist ein künstlich aus *Tridacna* geschliffener nicht ganz kreisrunder Eberhauer (6 Cm. im Lichten) befestigt, der mit sechs Scheiben aus *Conus*-Scheiben, vier Schnüren rother Glasperlen, die je in einem schwarzen Fruchtkern (wie Taf. XIV, 1 *c*) enden, verziert ist; an der Rück-

(Nacken-) Seite ist eine *Ovula*-Muschel *(Dunari)* befestigt. Von Dinner-Insel (Samarai), aber vom Festlande herstammend.

Brustkampfschmuck (II, S. 312) dürfte diesem Gebiete ebenfalls nicht fehlen. So sah ich in Milne-Bai Kreisabschnitte grosser *Cymbium*-Muscheln, »*Doru*« genannt, die vielleicht in ähnlicher Weise dienen, als wie dies im Westen von Kaiser Wilhelms-Land der Fall ist.

Armschmuck. Armbänder aus feinem, meist schwarzgefärbtem Flechtwerk (Gras oder Pflanzenfaser, ganz wie Nr. 378, II, S. 312) von Port Moresby und anderwärts, sind auch in diesem Gebiete, sowohl auf dem Festlande als den Inseln am häufigsten und werden von beiden Geschlechtern getragen. Auf Normanby trägt man sehr breite Armbänder, fast so breit als der halbe Oberarm. In Bentley-Bai sah ich sehr schön aus Pflanzenfaser geflochtene mit schwarz und gelben Muster, die aber nicht verkauft wurden. Sie heissen hier »*Ohama*« und »*Milimili*«. Ziemlich grobe Armringe aus *Trochus niloticus*, »*Kakati*« genannt (ganz wie Nr. 367 von der Nordküste), sind hier ebenfalls vertreten, wie auch in Milne-Bai. Ein besonderer, aber seltener Armschmuck besteht aus mehreren aneinandergebundenen *Ovula*-Muscheln *(Dunara)* und heisst in Bentley-Bai »*Bunidoga*«; derartiger Schmuck wird, wie auf Normanby, auch unterm Knie befestigt, als Knieband von Männern getragen.

Einen werthvollen Armschmuck, den wir als eine Art Geld unter dem Namen »*Toia*« schon von Port Moresby kennen (II, S. 314), repräsentirt die folgende Nummer:

Armring (Nr. 362, 1 Stück), aus Muschel (II, S. 344 [130], Taf. XV, [7], Fig. 1), ein 4 Cm. breiter Querschnitt vom Spitzenende eines *Conus millepunctatus* (750 Mm. Durchmesser im Lichten), mit Verzierung von *(a)* halbdurchschnittenen schwarzen, glänzenden Fruchtkernen und *(b)* weissen Muschelscheibchen (wie Taf. XIV, Fig. 1 *b*); Normanby, Weihnachtsbucht.

Armring (Nr. 363, 1 Stück), wie vorher; Chas (Teste-Insel).

Diese Art Armringe, auf Dinner-Insel »*Massuoru*« genannt, werden hauptsächlich auf den d'Entrecasteaux-Inseln angefertigt wie auch in Milne-Bai und finden im Tausch ihren Weg auf die Inseln und längs der Küste weit nach Westen.

Bakibakiri (Nr. 386, 1 Stück), sehr grosses Armband (7 Cm. breit), aus gespaltenen, schwarzgefärbten Rottang geflochten (10 Cm. Diameter); Bentley-Bai.

Diese schon durch ihre ungewöhnliche Grösse alle anderen Armbänder übertreffende Sorte scheint für die Ostspitze charakteristisch. Ich sah sie nur in Milne-Bai und nördlich bis Chads-Bai, sowie auf Normanby, aber nicht auf den übrigen Inseln. Die Hohlkehle der Innenseite wird mit wohlriechenden Kräutern und Pflanzen ausgestopft und dient zum Aufbewahren von Kleinigkeiten.

Nach einer Notiz bei Moresby wäre diese Art Armbänder als Trauerschmuck zu betrachten, von welchen die Eingeborenen nichts verkauften. Aber ich selbst hatte keine Schwierigkeiten, solche Armbänder zu erlangen, und bemerkte nichts, was auf Trauerschmuck hindeutete. Der sonderbaren Armbänder aus einem menschlichen Unterkiefer habe ich bereits im Vorhergehenden (S. 18) als charakteristisch für dieses Gebiet gedacht.

Wie bei den Motu (II, S. 100) ist für junge Leute beiderlei Geschlechts noch besonderer **Armbandschmuck** beliebt, wie die folgenden zwei Nummern zeigen.

Päropöru (Nr. 412, 1 Stück), Armbandschmuck aus einem 84 Cm. langen, spitz zulaufenden Streif von *Pandanus*-Blatt genäht, an der Basis bemalt und am Ende mit einem 45 Cm. langen Büschel feiner Pflanzenfaser verziert; Bentley-Bai.

Armbandschmuck (Nr. 413, 1 Stück), aus gleichem Material, aber plisséartig in Falten gelegt; Weihnachtsbucht, Normanby.

Der (Nr. 414, II, S. 314) von Port Moresby erwähnte Schmuck für die Conusarmringe aus kleinen *Spondylus*-Scheibchen wird in diesem Gebiete ebenfalls getragen und meist hier verfertigt. Als Armbandputz ist auch ein Büschel Casuarfedern geschätzt, ausserdem allerlei buntfarbige Blätter, namentlich von *Croton*, die allgemein üblich sind. In Bentley-Bai wurde häufig ein Badeschwamm im Armband getragen, wie dies auch in Normanby vorkam.

Leibschnüre aus ineinander verfilzten zottigen Haarstricken bilden einen charakteristischen Schmuck der Männer. Sie sind besonders in Bentley-Bai Mode, wo sie »*Apara*« heissen, kommen aber auch in Milne-Bai, auf den d'Entrecasteaux und den Inseln (Dinner und Teste) vor. Häufig erhalten diese Leibwülste einen besonderen Schmuck in einer an der Hüftseite herabhängenden Troddel, ebenfalls aus Menschenhaar, an der drei bis vier *Ovula*-Muscheln befestigt sind (vgl. Finsch, Ethnol. Atlas, Taf. XVI, Fig. 6, Chads-Bai). »*Turituri*« heissen auf Dinner-Insel fein geflochtene schwarze und gelbe Schnüre aus Pflanzenfaser, häufig mit *Spondylus*-Scheibchen verziert, die, auch von Frauen, als Leib- und Brustschmuck benützt werden und mir sonst nirgends vorkamen.

C. Häuser und Siedelungen.

Ich will nur erwähnen, dass auch in diesem Gebiete Pfahlbauten allgemein üblich sind, die aber stets auf dem Lande, niemals im Wasser errichtet werden. Die Häuser selbst sind wesentlich von denen der Südostküste (II, S. 316—319) verschieden und repräsentiren nach den Localitäten mehrere sehr abweichende Baustyle, von denen die hauptsächlichsten in meinem Reisewerk (»Samoafahrten«) dargestellt sind (S. 217, Weihnachtsbucht auf Normanby; S. 227 Fergusson; S. 237 Bentley-Bai; S. 250 Hihiaura; S. 280 Teste-Insel). Die Baukunst ist im Allgemeinen gut, an manchen Orten hervorragend entwickelt. Schnitzerei habe ich nur an Häusern auf Teste-Insel gefunden, auf Fergusson Bemalung der Giebelfront.

Besondere Beachtung verdienen die Schuppen zur Aufbewahrung der grossen Canus, von denen jedes Dorf meist nur einen besitzt. Diese Canusschuppen (vgl. »Samoafahrten«, S. 224, Goulvain) scheinen in gewissem Sinne als Versammlungs-, respective Tabuhäuser der Männer, welche in diesem Gebiete fehlen, zu dienen. Hier werden die grossen Trommeln und Kampfschilde aufbewahrt und die Eingeborenen lieben es nicht, dass Fremde diese Canusschuppen betreten. Baumhäuser kommen in diesem Theile Neu-Guineas ebenfalls vor (vgl. »Samoafahrten«, S. 272, Milne-Bai). In Bentley-Bai wie auf Teste-Insel heisst Haus *Numa*, identisch mit dem *Ruma* oder *Luma* der Motusprache.

Ackerbau. Was darüber von der Südostküste (II, S. 320) gesagt wurde, gilt in erhöhtem Masse auch von diesem Gebiete. Selten wird man in Neu-Guinea so schöne und ausgedehnte Flächen cultivirten Landes treffen als gerade in diesem Theile. Ganz besonders überraschen die Inseln von Ostcap mit zahlreichen bepflanzten Hängen, die sich schon von Weitem, je nach der Jahreszeit, als braune oder grüne, regelmässige Felder abheben. Weit ausgedehnter sind diese »Culturflecken« in den d'Entrecasteaux, wo sie dem Landschaftsbilde einen heimatlichen Charakter verleihen, mit dem freilich die anscheinend äusserst spärliche Bevölkerung wenig im Einklange steht. In Goodenough-Bai liessen sich mit dem Fernrohr noch in Höhen von 4000—5000 Fuss wohlgepflegte Plantagen der Eingeborenen erkennen, wie meist mit Vorliebe an den steilsten Stellen angelegt. Der Grund, weshalb gerade solche beschwerliche Localitäten bevorzugt werden, ist mir nie recht klar geworden, mag aber hauptsächlich mit darin zu suchen sein, dass an solchen Stellen die heftigen Niederschläge tropischer Regenschauer schneller abfliessen, in derartigen Plantagen auch die Ueberfälle feindlicher Nachbarn bedeutend erschwert werden.

Wie alle Melanesier sind auch die Bewohner dieses Gebietes vorherrschende Vegetarianer, die den Hauptheil ihrer Ernährung aus dem Anbau von Culturgewächsen (ganz besonders Yams, Taro, Bananen und Zuckerrohr) gewinnen.

Die **Hausthiere** sind dieselben als an der Südostküste (II, S. 322) und das in jenem Abschnitt Gesagte gilt auch für dieses Gebiet. Beiläufig mag hier erwähnt sein, dass ich 1885 zuerst europäische Hausthiere, und zwar Rindvieh und Schafe in diesem Theile Neu-Guineas (bei Bentley-Bai) einführte, von denen die letzteren bald eingingen, die ersteren sich aber verwildert noch heute erhalten und vermehrt haben dürften.

D. Geräthschaften und Werkzeuge.

Ueber die Art des **Feuerreibens** habe ich mich nicht unterrichten können. Uebrigens sind an mehreren Plätzen bereits Streichhölzer als Tauschartikel eingeführt.

Unter den kleineren Geräthschaften des täglichen Gebrauches finden wir auch hier als **Schab- und Schneidinstrument** Stückchen Knochen oder Muschelschalen vertreten, wie die folgenden beiden Nummern:

Perlmutterschalen (Nr. 28 und 29, 2 Stück), Bentley- und Chads-Bai (circa 10 Seemeilen westlich von Bentley-Bai). Die Perlmuscheln dieses Gebietes gehören zu der im Handel als »schwarzrandige« bezeichneten Sorte *(Meleagris margaritifera)*, die zum Theil recht brauchbares (bis 500 Gramm schweres) Perlmutter liefern. Am häufigsten ist dasselbe in Chinastrasse und auf den Riffen um die Inseln, indess wirthschaftlich doch nicht von Bedeutung.

Obsidian (Nr. 21, 1 Stück); Fergusson-Insel, d'Entrecasteaux. Splitter dieser glasartigen Lava wurden früher mit Vorliebe zum Rasiren benützt, sind aber jetzt meist durch Glasscherben verdrängt worden. Das Material stammt vermuthlich von Goodenough-Insel, wo es noch jetzt thätige Vulcane gibt, und wird zum Theil jetzt noch weit verhandelt; so sah ich auf Teste-Insel noch Obsidianstücke.

Ein sehr eigenthümliches Instrument zeigen die folgenden Nummern:

Käginiss (Nr. 47, 48, 2 Stück), Spatel aus Muschel *(Pinna nigra)* mit kugelförmigen Handgriff aus einer Kittmasse (vgl. Finsch, Ethnol. Atlas, Taf. VI, Fig. 5); Chas (Teste-Insel).

Dieses, in Material wie Fassung, sehr eigenthümliche Instrument habe ich nur hier angetroffen. Es dient dazu, Farbe in die vertieften Schnitzereien, hauptsächlich der Canusverzierungen, zu schmieren, vielleicht auch zum Dichten (Kalfatern) der Canus selbst.

Als Trinkgefässe bedient man sich, wie fast überall, mit Vorliebe der Cocosnussschalen, die auch zu Löffeln verarbeitet werden.

Knake (Nr. 65 und 66, 2 Stück), Cocosnussschalen als Löffel, respective Trinkschale benutzt; Station Blumenthal bei Bentley-Bai.

Löffel (Nr. 61, 1 Stück) aus Cocosnussschale (sehr gross, 18 Cm. Diameter), mit feiner Gravirung. Insel Normanby (Weihnachtsbucht).

Laro (Nr. 60, 1 Stück), Löffel aus Muschel (Perlmutter). Chas (Teste-Insel).

Gaiba *(Gaiwa)* (Nr. 84, 1 Stück), flache runde Holzschüssel (43 Cm. Durchmesser) mit hübscher Randverzierung (vgl. Finsch, Ethnol. Atlas, Taf. III, Fig. 3). Chas (Teste-Insel). Auch in Bentley-Bai *Gaiba* genannt.

Diese Schüsseln werden hier nicht gefertigt, sondern kommen von »*Tekatcka*« (wohl = Tekatua oder Butchard-Insel der Engeneer-Gruppe). Diese Art Schüsseln, in der Form denen der Admiralitäts-Inseln gleichend, stehen den letzteren an kunstvoller Verzierung (mit eigenthümlichen Mustern) nicht nach und gehören mit zu den besten derartigen Erzeugnissen der Südsee überhaupt. Ich mass eine solche Schüssel von 84 Cm. Durchmesser. Sie sind kaum mehr zu haben, ebenso wie die kolossalen, ruderförmigen, an 6 Fuss und mehr langen Rührlöffel, auf Teste *Kolopale* genannt, deren Stiel zuweilen mit sehr kunstvoller durchbrochener Schnitzerei, in Maori-Motiven, verziert ist. Sie kommen wohl von Normanby, wo Rührlöffel (zu Sago und Arrowroot) in sonderbaren Formen zu den ethnologischen Eigenthümlichkeiten gehören.

Töpferei. Wie bereits erwähnt, bildet Chas (Teste-Insel) das Haupt- und, wie es scheint, einzige Centrum der Töpferei, die hier in Technik wie Form der Fabrikate durchaus verschieden von der in Port Moresby (II, S. 324) betrieben wird. Das Material liefert ein trefflicher Wackenthon, der durch Verwitterung des reichlich mit Schörl gemengten Basalts, aus welchem die Insel besteht, entstanden ist. Wie überall liegt die Topffabrikation ausschliessend in den Händen der Frauen, die frühzeitig sich schon darin üben und zuweilen eine staunenswerthe Geschicklichkeit erreichen. Die Methode ist noch viel einfacher als die in Port Moresby (II, S. 324) übliche und erfordert eigentlich gar keine Geräthschaften. Die Töpferin rollt mit der flachen Hand runde, wurstförmige, circa 6 Zoll lange Wülste (Ethnol. Atlas, Taf. IV, Fig. 8) und baut dieselben spiralig,[1]) wie das Gewinde einer Schnecke auf. Zum Glattstreichen bedient man sich einer kleinen

Muschel (Nr. 97), wohl *Tellina*-Species.

Die Töpfe, *Urewa* oder *Gurewa* (in Bentley-Bai *Nau*) genannt, erhalten daher nicht die eigentliche melanesische Topfform, sondern sind oben offen und ähneln mehr einem tiefen Napfe (vgl. Finsch, Ethnol. Atlas, Taf. IV, Fig. 6). Am Rande wird mittelst dem

Kulikulikoto (Nr. 97*a*, 2 Stück), flaches Stückchen Bambus mit verschieden geformten, gabelförmigen Zinken (vgl. Finsch, Ethnol. Atlas, Taf. IV, Fig. 9) eine Verzierung, meist in rechtwinkeligen Mustern (z. B. Finsch, Ethnol. Atlas, Taf. IV, Fig. 10) eingravirt, die wie bei den Töpfen von Port Moresby lediglich als **Handelsmarke** dient. Das Brennen geschieht in einer etwas abweichenden Weise (vgl. Finsch, Ethnol. Atlas, Taf. IV, Fig. 7).

Teste-Insel versorgt das ganze Gebiet bis Südcap und die d'Entrecasteaux, vermuthlich auch die Louisiade, mit Töpfen, die allenthalben gesucht sind und ein beliebtes Tauschmittel bilden. Teste-Töpfe sah ich in Bentley-Bai, auf Normanby und Fergusson.

Flecht- und Strickarbeiten sind wenig entwickelt. Ausser zu Segeln und groben Fussbodenmatten sah ich kein anderes Mattengeflecht. Das Material zu diesen Flechtarbeiten besteht, wie meist, aus gespaltenem *Pandanus*-Blatt. Filetgestrickte Beutel, in Bentley-Bai *Goba (Gobe)* genannt, kommen selten und nur als kleine Brustbeutel der Männer vor. Die Weiber benützen keine solchen gestrickten Beutel, sondern tragen die Lasten in grossen, roh aus Palmblatt verfertigten Körben meist in der Weise wie in Port Moresby (d. h. an einem Bande, das auf dem Vorderkopf ruht) oder auf dem Kopfe, wie in Normanby. Statt filetgestrickter Beutel benützen die Männer meist fein geflochtene Körbchen, wie die folgende Nummer (aber grössere).

[1]) In ganz gleicher Weise werden auf den Andamanen Töpfe gemacht, dagegen in Dorch (an der Nordküste von Neu-Guinea) in derselben Weise als in Port Moresby. Auf den Salomons sind beide Methoden der Technik bei Verfertigung eines Topfes vereinigt.

Körbchen (Nr. 895, 1 Stück), aus Pflanzenfaser (wohl *Pandanus*) geflochten, 6 Cm. lang, in eigenthümlicher Form, wie ein Hauskäppchen, oben mit 11 Cm., unten mit 44 Cm. langen Fasern troddelartig verziert. Normanby-Insel (Weihnachtsbucht).

Ich erhielt diese Beutel auch auf Teste-Insel und ganz gleiche von Savo (Salomons), wo sie »*Tondo*« heissen und von jedem Manne am Oberarm getragen werden.

Statt grosser filetgestrickter Tragbeutel bedienen sich die Männer einer besonderen Art Tragkörbe, die für dieses Gebiet charakteristisch werden. Sie sind rund, höher als breit, sehr sauber aus Pflanzenfaser (einer Art Gras) geflochten, enthalten zwei bis drei Einsätze und werden an einem breiten, hübsch geflochtenen Band über die Schulter getragen. Sie werden überall auf dem Festlande, sowie in den d'Entrecasteaux gemacht und nach den Inseln verhandelt. Auf Dinner-Insel (Samarai) heissen diese Tragkörbe »*Kirakira*«, in Bentley-Bai »*Au-utu*«.

Als Material zu **Stricken und Bindfaden**, sowie daraus gefertigten Strickarbeiten in Filet wird in diesem Gebiete die zubereitete Faser der Luftwurzeln des *Pandanus* benützt. Sie gibt einen ausgezeichneten, äusserst haltbaren Faden von einer Länge bis 2 Meter und würde werthvoll für Ausfuhr sein, wenn sich dieses treffliche Fasermaterial in genügender Menge beschaffen liesse.

Reizmittel. Unter den Reizmitteln steht auch hier Betel obenan. Die dafür benutzten Geräthe und Gefässe bilden in Form, wie der reichen Verzierung einen charakteristischen ethnologischen Zug dieses Gebietes. Die Calebassen zu Kalk, in Bentley-Bai *Ragum (Lagum)*, auf Teste- und Dinner-Insel *Haligiu* genannt, zeichnen sich durch Kugelform, besonders schwungvolle, schnörkelförmige, kunstreich eingebrannte Muster und fein umsponnene Stöpsel aus. Calebassen sah ich auch in Milne-Bai und auf Trobriand. Sie werden an allen diesen Localitäten nicht selbst gefertigt, sondern auf den d'Entrecasteaux und hauptsächlich auf Woodlark-Inseln (Murua) und sind überall ein beliebtes Tauschmittel. Zum Aufbewahren von Betelnüssen bedient man sich auch kleiner fein geflochtener Körbchen oder Säckchen wie Nr. 895.

Ein sehr eigenthümliches Geräth für Betelgenuss sind kleine, zum Theil sehr fein mit Schnitzerei verzierte Mörser aus hartem Holz, die zum Zerstampfen der Betelnuss dienen für alte Leute, die keine ordentlichen Zähne mehr besitzen. Ich sah sie von den d'Entrecasteaux unter Goldie's Sammlungen, erhielt aber selbst keine mehr.

Zu den charakteristischen Eigenthümlichkeiten dieser ethnologischen Provinz gehören die Kalkspatel oder sogenannten Kalklöffel, in welchen hier ein förmlicher Luxus herrscht. Diese Kalkspatel, meist aus Hartholz (zuweilen Ebenholz) verfertigt, ähneln gewöhnlich in der Form einem Falzbeine, zeigen aber grosse Mannigfaltigkeit sowohl in der Form als Verzierung, wobei unter letzteren beachtenswerthe kunstvoll eingravirte Muster obenan stehen, wie schon die nachfolgende Reihe zeigt. Die schönsten Kalkspatel sollen von Woodlark-Insel kommen. Sie bilden einen beliebten Tauschartikel und finden als solcher weite Verbreitung; einzelne aus dem Osten stammende Kalklöffel sah ich in Port Moresby und erhielt solche von den Laughlands.

Gähm (Nr. 903, 1 Stück), Kalkspatel (II, S. 352 [138], Taf. XIX [11], Fig. 3) von Milne-Bai; aus hartem schweren Holz (wohl Ebenholz), in eigenthümlicher Form, 3 Cm. dick, an beiden Seiten flach mit tief eingravirtem, schwungvollen Muster (auf der entgegengesetzten Seite mit ganz gleichem). Die zugerundete flache Spitze wie in Fig. 7*a*.

Gähm (Nr. 905, 1 Stück), Kalkspatel (II, S. 352 [138], Taf. XIX, [11], Fig. 7 und 7*a*) von Milne-Bai, in der am häufigsten vorkommenden falzbeinartigen Form, aus hartem Holz (wohl Ebenholz). Das 25 Mm. dicke Stielende ist mit einem 4 Mm. breiten und 8 Cm. langen Längsspalt durchstochen gearbeitet; die beiden Seiten sind mit eingravirtem Muster verziert, und zwar auf jeder Seite verschieden. Das vertiefte Muster wird mit Kalk eingeschmiert und tritt daher (wie auf der Abbildung) weiss hervor. Das auf der Zeichnung fehlende Mittelstück zwischen *b* und *c* hat eine Länge von 12 Cm.

Das erhabene Muster des Griffes dieser Kalkspatel dient auch dazu, um mit Kalk bepudert, als weisse Verzierung auf die Backe gedruckt zu werden.

Aehnliche Formen und Muster von Kalkspateln kommen in den d'Entrecasteaux vor (vgl. Finsch, Ethnol. Atlas, Taf. V, Fig. 2, 3 von Normanby).

Kalkspatel (Nr. 912, 1 Stück), von Ulebubu (Insel Goulvain, d'Entrecasteaux-Gruppe), II, S. 352 [138], Taf. XIX [11], Fig. 4); eigenthümliche Form, 43 Cm. lang, aus Hartholz (Ebenholz?) mit eingravirtem Muster; der Stiel *a* (vom Ende der Zeichnung noch 16½ Cm. lang) ist circa 150 Mm. dick und in vier Hohlkehlen ausgearbeitet. Das auf der Zeichnung zwischen *b* und *c* fehlende Mittelstück hat eine Länge von 6 Cm.

Boaboa (Nr. 904, 1 Stück), Kalkspatel (II, S. 352 [138], Taf. XIX [11], Fig. 5, 5*a* und 6) aus Hartholz, in eigenthümlicher gekrümmter Form, der Stiel Schnitzarbeit, einem grotesken Thierkopfe ähnelnd (letzterer in Fig. 6 von oben gesehen); Fig. 5*a* das spatelförmige Ende. Hihiaura in Bentley-Bai.

Kenä (Nr. 906, 1 Stück), Kalkspatel aus hartem Holz geschnitzt; der Griff eine fratzenhafte menschliche Figur[1]) (abgeb. Finsch, Ethnol. Atlas, Taf. V, Fig. 4) darstellend. Chas (Teste-Insel). Auch auf Dinner-Insel werden hübsche Kalkspatel aus Holz geschnitzt und heissen hier »*Genai*«.

Kalkspatel (Nr. 908, 1 Stück); Insel Normanby (Weihnachtsbucht).

Kalkspatel (Nr. 909, 1 Stück), bestehend aus einem kurzen Stiele von Ebenholz mit reichem Schmuck aus zwei Ketten von runden *Spondylus*-Scheibchen mit Perlschalstückchen, einer Schnur blauer Glasperlen und einer eigenthümlichen sehr seltenen Muschel (ähnlich einer grossen *Patella*) verziert. Insel Normanby (Weihnachtsbucht).

Tabak wird im ganzen Gebiet gezogen und geraucht. Sehr begehrt ist der bekannte amerikanische Stangentabak (*Twist*), als Tauschmittel, wie sich an einigen Plätzen auch Thonpfeifen eingeführt haben; ja auf Teste-Insel verlangte man bereits Holzpfeifen mit Beschlag.

Der »*Baubau*« (II, S. 327, Nr. 930), das sonderbare Rauchgeräth der Motu, findet sich auch auf Teste- und Dinner-Insel, hier »*Kirä*« genannt, aber nicht auf dem Festlande oder den d'Entrecasteaux. Die Art des Rauchens zeigt das Bild S. 268 in Finsch' »Samoafahrten«.

Werkzeuge. Zu den charakteristischen Formen der Ostspitze Neu-Guineas als ethnologische Provinz gehören auch die Steinäxte, und zwar hauptsächlich durch die besondere Schäftung und namentlich den Einsatz der Steinklinge mit dem Stiel. Im Allgemeinen sind die Steinklingen flacher, breiter und sauberer gearbeitet, wie die folgenden Nummern zeigen:

Gune (Nr. 13, 1 Stück), Steinaxtklinge, sehr gross (28 Cm. lang, 14 Cm. breit). Chas (Teste-Insel).

Ich erlangte hier nur noch wenige, zum Theil unfertige Klingen zu Steinäxten, da diese längst durch eiserne verdrängt sind. Das Material besteht in einem sehr fein-

[1]) Wenn schon derartig unschuldige Schnitzereien, die mit Religion absolut nichts zu thun haben, von Missionären als Götzenbilder bezeichnet werden (vgl. Chalmers & Gill, »Work and adventure in New Guinea«, S. 329), so erhellt daraus am besten, welchen Werth diese Deutungen ethnologisch haben, und mahnt bei wissenschaftlicher Verwerthung derartiger Citate zu ernstester Vorsicht.

körnigen, dunkelgrünen bis schwärzlichen Schiefer (?), der muscheligen Bruch zeigt und häufig Nephrit ähnelt. Das Material wurde von den d'Entrecasteaux-Inseln eingetauscht.

Kila *(Kira)*, (Nr. 14, 1 Stück), Steinaxtklinge, wie vorher, etwas kleiner (22 Cm. lang, 12 Cm. breit). Dorf Higibä, Milne-Bai.

Kila (Nr. 15, 1 Stück), Steinaxtklinge, klein, aber sehr sauber gearbeitet. Milne-Bai.

Diese Steinklingen sind im Gegensatz zu den meisten sonst üblichen Steinbeilen (vgl. II, S. 328, Fig. 35) nicht wie bei diesen quer mit dem Stiele, sondern in gleicher Flucht mit demselben eingefügt, also ganz wie bei unseren eisernen Aexten und Beilen, wie dies die folgenden Nummern zeigen:

Kiram *(Kilam)*, (Nr. 129, 1 Stück), Steinaxt mit Holzstiel; Milne-Bai.

Kiram (Nr. 128, 1 Stück), Steinaxt (eigene Form), der Stiel mit etwas Schnitzwerk verziert. Milne-Bai.

Die Holzstiele der Steinäxte dieses Gebietes, das sich bis Bentley-Bai und Südcap (Ssuau), über die d'Entrecasteaux bis Woodlark-Insel und die Louisiade erstreckt, sind breit und flach, aus einem Stück Holz (ohne besonderes Futter) gearbeitet und waren früher häufig durch feines, oft durchbrochenes Schnitzwerk verziert, das jetzt wohl kaum mehr gemacht wird. Ich sah nur noch wenige Holzstiele mit Schnitzerei (wie z. B. Ethnol. Atlas, Taf. I, Fig. 8, von Normanby, einen Vogel darstellend). In Weihnachtsbucht (Normanby-Insel) wie Bentley-Bai gab es fast nur ganz roh gearbeitete Holzstiele, die mit eisernen Klingen aus eingetauschtem Bandeisen (vgl. Ethnol. Atlas, Taf. I, Fig. 8) versehen und so häufig waren, dass fast jeder grössere Knabe eine solche Axt besass.

Eine besondere, nur bei feierlichen Gelegenheiten als Staats- oder Ceremonienzeichen benützte Steinaxt repräsentirt das folgende seltene Stück:

Ira *(Iram* oder *Ilam)* (Nr. 127, 1 Stück), Steinaxt (II, S. 354 [140], Taf. XX [12], Fig. 1) von Weihnachtsbucht, Normanby-Insel. Die 29 Cm. lange, 14½ Cm. breite, 21 Mm. (Fig. 1*a*) dicke, an 1½ Kilo schwere Klinge ist sehr sauber gearbeitet und besteht aus einem dunklen, heller gestreiften Schiefer von serpentinähnlichem Aussehen. Diese Klinge steckt bis *a* (Fig. 1) in dem eigenthümlichen, aus einem Stück gefertigten Holzschafte aus Hartholz, der 82 Cm. lang, flach (nur 25 Mm. dick) und dicht mit fein gespaltenem Rottang umwickelt ist. Der Handgriff ist rundlich und endet in eine runde querstehende Platte von 15 Cm. Durchmesser, mit zwei halbkreisförmigen, vertikal gestellten, aus einem Stück gearbeiteten, dünnen, flachen Ansätzen, die mit einer Reihe Löcher durchbohrt sind. Diese Löcher dienten dazu, um allerlei Zierat (Kettchen von *Spondylus* etc.) zu befestigen; der Holzstiel selbst war mit rother Farbe bemalt. Diese Art kolossaler Steinäxte, welche früher bis Südcap vorkamen, sind wohl jetzt kaum mehr zu haben und werden bald ebenso selten sein als die eigenthümlichen Ceremonienäxte von Mangaia. Ich sah ein Exemplar, das von Teste-Insel herstammte, aber hieher durch Tausch von den d'Entrecasteaux gelangt war.

Waffen und Wehr. Bogen und Pfeile, sowie Keulen mit Steinknauf scheinen dem Gebiete zu fehlen. Ebenso kamen mir keine Schleudern vor; ich sah aber solche (ganz so wie die von Neu-Britannien, aber gröber) bei Goldie, der sie aus den d'Entrecasteaux mitgebracht hatte. Auch an den Schilden von Bentley- und Milne-Bai lassen sich deutlich Spuren von Schleudersteinen erkennen.

Wurfspeer (Nr. 712, 1 Stück), aus Palmholz, glatt, dünn, circa 2·65 M. lang, an beiden Enden schlank. Maivara (Mc Inlay-Insel), Chinastrasse.

Womari (Nr. 713, 1 Stück), Wurfspeer, glatt, dünn, mit verdickt abgesetzter Basis (Fuss). Chas (Teste-Insel).

Womari (Nr. 714, 1 Stück), desgleichen, schwerer, an der Spitze mit fünf Sägekerbzähnen (ganz wie Nr. 717, II, S. 329 von Port Moresby). Samarai (Dinner-Insel).

Da die Bewohner der beiden letztgenannten Inseln christianisirt sind und keine Kriege mehr führen, so bedürfen sie keiner Waffen mehr. Die wenigen Stücke, welche ich erhielt, sind jedenfalls vom Festlande eingetauscht, da sich auf den Inseln selbst schon kein passendes Holz findet.

Gita (Nr. 715, 1 Stück), Wurfspeer, dünn, schlank (ganz wie Nr. 713). Normanby-Insel (Weihnachtsbucht).

Wurfspeere bilden auch für dieses Gebiet die Hauptwaffe. Auf den d'Entrecasteaux sind sie zuweilen sehr schwer (aus Ebenholz), 7—8 Fuss lang und mit kunstvoll eingravirtem Muster verziert, das für diese Inselgruppe charakteristisch wird. Die Speere sind vorherrschend glatt und zeichnen sich durch Schlankheit aus. Doch gibt es solche mit verschiedenartigen Kerbzähnen an einer, zuweilen an beiden Seiten. Dagegen kommen sehr kunstvoll geschnitzte Spitzen an Speeren vom Festlande vor (vgl. Fig. 5 in der unter Nr. 5 citirten Abhandlung, II, S. 295).

Handkeule (Nr. 760, 1 Stück), flach, aus hartem Holz, eigenthümliche Form, am Rande mit Sägezahnkerben. Insel Fergusson, d'Entrecasteaux.

Handkeule (Nr. 761, 1 Stück), gewöhnliche Form mit fein eingravirtem Muster. Insel Fergusson, d'Entrecasteaux.

Diese Art Keulen, in der charakteristischen Form eines kurzen breiten Schwertes (Finsch, Ethnol. Atlas, Taf. XI, Fig. 4, Normanby), werden hauptsächlich in den d'Entrecasteaux und auf Trobriand (hier häufig aus Ebenholz, daher sehr schwer) gemacht und nach den Inseln verhandelt, wo sie auf Dinner- und Teste-Insel *Kerăpa (Kelepa)* heissen. Das tief eingravirte und mit weissem Kalk eingeschmierte Muster (vgl. Finsch, Ethnol. Atlas, Taf. XI, Fig. 5) ist oft äusserst schwungvoll und wie alle ähnlichen derartigen Holzschnitzereien für dieses Gebiet charakteristisch. Auf Normanby fand ich den Griff zuweilen mit drei bis vier *Ovula*-Muscheln an Haarsträngen verziert. Die gleichen Handkeulen und Speere (bis 15 Fuss lang) aus Ebenholz kommen nach Romilly auch in der Louisiade vor.

Bossim (Nr. 786, 1 Stück), kurze, flache Handkeule aus Knochen (Unterkiefer des Potwal, *Physeter*). Chas (Teste-Insel). Abgebildet in Finsch, Ethnol. Atlas, Taf. XI, Fig. 6.

Eine in Form wie Material sehr merkwürdige und höchst seltene Waffe, von der ich nur wenige, offenbar sehr alte Stücke sah, die, wie man mir sagte, von Ssuau (Südcap) herstammen sollen. Die Form zeigt eine auffallende Uebereinstimmung mit den *Meri* der Maori. Die Randlöcher dienen zur Befestigung von Zierat, besonders von *Spondylus*-Plättchen.

Jessi, Schild (Nr. 836, 1 Stück), aus schwerem Holz (II, S. 364 [150], Taf. XXV [17], Fig. 2), rechteckig, etwas concav, mit feiner Schnitzarbeit in Relief (Fig. 2*a*). Chas (Teste-Insel). Diese schönen Schilde sind nicht mehr zu haben; sie wurden früher vom Festlande eingetauscht oder doch das Holz zu denselben und vielleicht auf der Insel selbst geschnitzt.

Schild (Nr. 837, 1 Stück), aus Holz, andere Form (II, S. 362 [148], Taf. XXIV [16], Fig. 3), länglich-oval, aussen mit feiner Schnitzarbeit und Bemalung, innen mit einer in eigenthümlicher Weise befestigten Handhabe (Fig. 3*a*) aus Holzstücken mit Strickwerk verbunden. Higibil in Milne-Bai.

Beide Arten Schilde repräsentiren eigenthümliche, für die Ostspitze des Festlandes charakteristische Formen, von denen die erstere (Nr. 836) aber viel seltener und in

Bezug auf die Schnitzerei bei Weitem werthvoller ist. Ich beobachtete Schilde nur in Milne- bis Bentley-Bai, hier *Ragena* genannt, und in Chads-Bai, von wo sie früher ihren Weg nach den Inseln fanden. Es ist ethnologisch von Bedeutung, dass auf den d'Entrecasteaux Schilde unbekannt zu sein scheinen, dagegen wieder auf Trobriand vorkommen, und zwar in eigenthümlicher Form, die wir im Nachfolgenden kennen lernen werden.

Jagd spielt auch in diesem Theile Neu-Guineas eine untergeordnete Rolle und wird nur gelegentlich betrieben. Am häufigsten werden Casuare und Wildschweine bei grossen Treibjagden in Stellnetzen gefangen. Zur Erinnerung an erfolgreiche Jagden dient das folgende Stück:

Poru (= Schwein) (Nr. 688, 1 Stück), Unterkiefer eines Schweines. Bentley-Bai.

Die Sitte Schädel oder Unterkinnladen von Schweinen als Jagdtrophäen oder zur Erinnerung an grosse Schmausereien in den Häusern aufzuhängen, ist weit über Melanesien verbreitet. Ich erhielt auf Dinner-Insel auch den Schädel *(Uwonnu)* einer kolossalen Schildkröte *(Poturo)*. Auf Rogia (Heath-Island) sollen übrigens Wildschweine *(Boroke* oder *Buruka)* vorkommen; wohl vom Festlande eingeführt und verwildert. Ob die Bewohner des Moresby-Archipels sich auch mit dem Fange des Dugong, *Halicore*, beschäftigen, konnte ich nicht in Erfahrung bringen. Jedenfalls ist ihnen das Thier bekannt, das auf Dinner-Insel »*Luni*« heisst, also sehr ähnlich dem »*Lui* oder *Rui*« der Motusprache. In Bentley-Bai erhielt ich Kalkspatel, die aus einer Dugongrippe bestanden.

Fischerei wird überall, vorzugsweise mit Netzen (in Bentley-Bai *Akita*) betrieben, die namentlich auf Normanby schön verfertigt werden (ganz wie Nr. 168 von Trobriand). Die hölzernen Schwimmer der Netze sind oft mit Schnitzwerk verziert (vgl. Finsch, Ethnol. Atlas, Taf. IX, Fig. 2). In Hihiaura erhielt ich ziemlich schmackhaft geräucherte kleine Fische, ähnlich Sprotten. Das Material zu Bindfaden (wie Stricken) besteht, wie erwähnt, vorzugsweise in der präparirten Faser der Luftwurzel des *Pandanus* (ganz wie Nr. 143 von Finschhafen) und heisst auf Teste-Insel *Ino*.

Wuba heisst eine originelle und sinnreich erfundene Fischfalle mit Senkstein *(Weku)* und ausgespanntem Netz *(Gube)*, welches zusammenklappt, wenn ein Fisch den Köder berührt (abgebildet in Finsch, Ethnol. Atlas, Taf. IX, Fig. 1). Ich sah diese Fallen auf Dinner- und Teste-Insel, sowie in Bentley-Bai, hier *Mahaba* genannt. Auf Dinner-Insel beobachtete ich auch die eigenthümlichen, aus Cocosnussschalen gefertigten Fischrasseln, *Waduwadu* genannt, welche dazu dienen sollen, Haifische anzulocken und die auch auf Normanby, Trobriand und in Neu-Britannien vorkommen (I, S. 108). Fischhaken und Fischkörbe sah ich nicht; doch mag es welche geben. Fischspeere, in der bekannten Form, werden überall benützt; auf Normanby sah ich solche mit eigenthümlicher Doppelspitze.

Schifffahrt steht, wie bereits erwähnt, auf einer hohen Stufe der Entwicklung. Die grossen, bis 60 Fuss langen seetüchtigen Segelcanus gehören nicht allein in ihrer Leistungsfähigkeit, sondern auch in der Technik zu den vollkommensten Fahrzeugen von Naturvölkern. In der Bauart erheben sie sich vor Allem dadurch über das gewöhnliche Canu, dass ein grosser ausgehöhlter Baumstamm mehr als Kiel dient, dem, mittelst Kniehölzer (Rippen), hohe Borde aus Brettern aufgelascht sind (vgl. Finsch, Ethnol. Atlas, Taf. VI, Fig. 3, Querschnitt eines Canu von Fergusson), so dass die Bauart dieser Fahrzeuge sehr an die unserer Kähne erinnert. Charakteristisch für die Canus ist der ungeheuer dicke Auslegerbalken (Finsch, l. c., Taf. VI, Fig. 4 von Teste) und die schmale Plattform, die aber so lang als das Canu ist. Diese Canu führen ein grosses Segel (vgl. Finsch, l. c., Taf. VIII, Fig. 8 und 9) von eigenthümlicher fast ovaler Form aus groben Mattengeflecht von *Pandanus*-Faser. Die grossen Canus, um Ostcap *Wem*, in Milne-Bai *Wage* genannt, sind Gemeindeeigenthum oder gehören den Häuptlingen und jedes Dorf besitzt, wenn überhaupt, nur eins oder ein paar. Sie werden in besonderen auf dem Lande errichteten grossen Schuppen untergebracht, um sie vor der Sonne zu schützen (vgl. Finsch, »Samoafahrten«, S. 224, Goulvain).

Die folgende Nummer veranschaulicht ein in allen Theilen correctes

Modell (Nr. 179, 1 Stück) eines grossen Segelcanu von der Insel Ulebubu (Goulvain) d'Entrecasteaux.

Diese grossen Fahrzeuge werden hauptsächlich in den d'Entrecasteaux und in Milne-Bai (*Wagawaga* in Discovery-Bay) gefertigt und finden ihren Weg im Tauschhandel über die Inseln. Bentley-Bai besass kein solches Canu, dagegen aber Hihiaura-Buchtung. Auf Chas (Teste-Insel) sah ich zwar an solchen Canus arbeiten, allein zum vollständigen Bau fehlt es schon an dem nöthigen Baumaterial. Wie mir gesagt wurde, werden diese Canus von Mulua, womit Woodlark-Insel gemeint ist, bezogen. Beiläufig bemerkt, besitzt man in der Louisiade nur schlechte kleine Canus, die zu weiteren Seereisen ungeschickt sind.

In der Weihnachtsbucht auf Normanby gab es nur kleine, circa 3 M. lange Canus (vgl. Finsch, »Samoafahrten«, S. 214), übrigens in der Form und Bauart ganz wie die grossen, welche nur einen Erwachsenen zu tragen vermögen. Ebensolche kleine Canus sah ich auf Fergusson. In Chinastrasse und auf Samarai (Dinner-Island) benutzte man auch grosse ausgehöhlte Baumstämme, ohne Ausleger, »*Gebo*« genannt, und kleine Canus mit Auslegergeschirr, *Kokea*, die mit Rudern von der gewöhnlichen Form, *Usse* genannt, fortbewegt werden.

Neben grossen, in jeder Weise vortrefflichen Fahrzeugen zeichnet sich dieses Gebiet auch durch höchst primitive, sogenannte *Catamarans*, aus. Sie bestehen nur aus drei bis vier behauenen, circa 10—12 Fuss langen und je einen Fuss breiten aneinandergebundenen Baumstämmen, bilden also eine Art Floss und tragen ein bis zwei Personen (vgl. Finsch, »Samoafahrten«, S. 232). Die Eingeborenen wissen diese so leicht zum Umschlagen geneigten Fahrzeuge äusserst geschickt zu führen und üben z. B. mit solchen Netzfischerei aus.

Die grossen Canus sind meist reich, namentlich mit Schnitzwerk, an den Schnäbeln, Seitenborden der Plattform, ja selbst am Mast verziert. So sah ich von den d'Entrecasteaux einen Kloben, durch welchen das Seil für das Segel geht, in Gestalt einer menschlichen Figur aus Holz geschnitzt. Die oft sehr schwungvollen Muster der vertieft gearbeiteten Schnitzereien werden mit rother und weisser Farbe ausgeschmiert, wozu man sich eines besonderen Instrumentes (vgl. Nr. 47, S. 25) bedient.

Die folgenden Nummern geben Proben dieser Schnitzarbeiten:

Canuverzierung (Nr. 182, 1 Stück), (II, S. 356 [142], Taf. XXI [13], Fig. 2, Hälfte), sehr kunstvolle Holzschnitzerei aus einem 56 Cm. langen und 17 Cm. breiten, am Ende abgerundeten Brett bestehend, dessen zwei Hälften in der Mitte *(a)* handgriffartig verbunden sind. Die tief eingravirte, zum Theil durchbrochen gearbeitete Schnitzerei (bei *b* einen Vogel darstellend) gehört mit zu den schwungvollsten Typen der für dieses Gebiet eigenthümlichen und charakteristischen Ornamentik. Beide Seiten sind in übereinstimmendem Muster geschnitzt; die vertieften Stellen werden mit rother und weisser Farbe ausgeschmiert. Fergusson-Insel, d'Entrecasteaux.

Canuverzierung (Nr. 183, 1 Stück), ein 77 Cm. langes und 13 Cm. breites Brett, Seitenbord der Plattform, mit schwungvollem Muster in Relief, roth und schwarz bemalt, die Vertiefungen mit weisser Farbe (Kalk) eingeschmiert. Fergusson.

Canuverzierung (Nr. 184, 1 Stück), einen aus Holz ziemlich roh geschnitzten Vogel *(Manu)* darstellend. Blumenthal in Hibiaurabucht.

Weitere Canuverzierungen bildete ich in meinem ethnologischen Atlas der »Samoafahrten« ab (Taf. VII, Fig. 6 von Trobriand und Fig. 7 und 8 von Fergusson-Insel).

E. Musik.

Unter den **Musikinstrumenten** findet sich nichts Eigenthümliches. Am weitesten ist die Holztrommel und wohl über das ganze Gebiet verbreitet. In Bentley-Bai wie auf Normanby (hier mit feiner Schnitzerei) hatten diese Trommeln die gewöhnliche sanduhrförmige Form, während die Trommeln von Teste-Insel etwas abweichen, indem sie, wie die Trommeln von Südcap, eine gerade Röhre aus Holz bilden. Sie zeichnen sich durch besondere Schnitzerei, sowie reichen Putz von *Pandanus*-Blattstreifen aus. In Bentley-Bai sah ich Panflöten in der bekannten Form (I, Taf. V, Fig. 4) und kleine Nasenflöten aus Rohr, hier *Pikoräre* genannt, eben solche auch auf Normanby, aber alle diese Instrumente waren selten und die einzigen, welche ich ausser der Muscheltrompete beobachtete. Auf Normanby wird statt *Tritonium* auch *Cassis cornuta* zu Trompeten verwendet.

Kinderspiele. In Bentley-Bai waren dicke Stricke an Baumästen befestigt und dienten ganz in derselben Weise wie bei uns als Schaukeln, mit denen sich Alt und Jung belustigte. Das auch bei uns bekannte Spiel der Kinder, gegenseitig einen auf die ausgespreizten Finger beider Hände gespannten Faden abzuheben, um dabei stets neue Figuren zu erzielen, wurde in Bentley-Bai eifrig geübt (wie ich dies auch im Bismarck-Archipel beobachtete (vgl. I, S. 143).

Idole, Talismane u. dgl. sind mir nicht vorgekommen, werden aber jedenfalls vorhanden sein, wie ich auch in Bezug auf **Religion** nichts in Erfahrung brachte. Aber die **Tabusitte** herrscht auch hier.

c. Trobriand,

eine noch sehr wenig bekannte, niedrige, kleine Insel, circa 50 Seemeilen nördlich von Fergusson und circa 90 Seemeilen nordwestlich von Woodlark-Insel, mit deren Bewohnern ich nur vom Dampfer aus verkehren konnte. Sie sind hell und haben meist schwarzes, schlichtes Haar, so dass sie darnach zur Race der Oceanier (Polynesier) zu zählen sein würden. Allein es findet sich entschieden melanesische Beimischung und einzelne Individuen mit echtem Papuahaar, zuweilen im Nacken in Gestalt verfilzter Strähne, wie sie in Neu-Guinea Mode sind, wusste ich nicht von Melanesiern zu unterscheiden. Auch bezüglich der Ethnologie herrscht melanesisches Gepräge vor und die grösste Uebereinstimmung mit den d'Entrecasteaux und Woodlark-Insel.[1]) Die Bewohner der letzteren Inseln besuchen mit ihren seetüchtigen Fahrzeugen Trobriand, wo ich nur kleinere, nicht zu weiten Seereisen geeignete Canus (ohne Segel) sah, die sich übrigens durch

[1]) Die Bewohner dieser Insel besitzen treffliche seetüchtige Canus, mit denen sie weitere Reisen unternehmen, unter Anderem auch die Laughland-Inseln besuchen. Wenn z. B. Goldie von den letzteren Inseln besonders schöne Canus erwähnt, so waren es eben solche von Woodlark (Mulua), da die Laughland-Insulaner nur kleinere Fahrzeuge besitzen.

besondere Bauart auszeichnen (vgl. Finsch, Ethnol. Atlas, Taf. VII, Fig. 6). Jedenfalls besteht ein Tauschverkehr mit den Nachbarinseln. So sah ich schöne kugelförmige Kalkkalebassen, ganz so wie sie auf den d'Entrecasteaux gemacht werden, und die gleichen Speere und schwertförmigen Handkeulen (wie Nr. 761, S. 30) wie von dorther, mit Gravirung in gleichem Muster verziert. Derartige Waffen waren zuweilen aus Ebenholz, das (nach Romilly) übrigens in grosser Menge auf Trobriand wachsen soll. Die eigenthümlichen Bekleidungsmatten (Nr. 244, S. 19) fand ich auch auf Trobriand. Gewöhnlich trugen die Männer aber nur einen Strick um den Leib, an welchem, zwischen den Beinen durchgezogen, ein Blattstreif von *Pandanus* befestigt war. Haarschmuck und *Spondylus*-Scheibchen beobachtete ich nicht; im Ganzen nur wenig Körperzierat (Tätowirung nur höchst unbedeutend); von Federschmuck nur einzelne Cacadufedern, von *Cacatua Triton*, der Art Neu-Guineas. Gewöhnliche Halsstrickchen und schwarze Grasarmbänder waren am häufigsten, seltener Armringe aus *Trochus*, wie *Ovula*-Muscheln als Armschmuck. Eine Halskette aus einer besonderen, mir neuen, weissen Muschel sah ich nur hier. Durch das Septum der Nase wurden meist kleine Schildpattreifen getragen; der Ohrlappen war undurchbohrt; Haarkämme fehlten. Steinäxte kamen mir nicht zu Gesicht, sondern die Eingeborenen hatten nur einige schlechte Aexte mit Stemmeisen als Klinge, ganz in der gewöhnlichen Weise befestigt, also sehr abweichend von denen der d'Entrecasteaux. Die Eingeborenen begehrten übrigens nur Hobel- oder Bandeisen, *Toke*, das sie fertigen eisernen Beilen vorzogen, und verschmähten merkwürdiger Weise Tabak, da sie offenbar nicht zu rauchen scheinen, was zu den seltenen Ausnahmen bei den Südseevölkern gehören würde. Obwohl kleinere Handelsschiffe Trobriand zuweilen anlaufen, um Yams einzuhandeln, der in vortrefflicher Qualität (ich kaufte bis 17 Pfund schwere Knollen) und reichlich zu gewissen Zeiten zu haben ist, so verstanden die Eingeborenen nur wenige englische Wörter und mit *tomahawk* (Beil), *knife* (Messer) und *beads* (Glasperlen) war ihr fremder Sprachschatz ungefähr erschöpft. Arbeiterwerbeschiffe scheinen hier also noch nicht gehaust zu haben, wie Händler (Trader) schon deshalb der Insel fernblieben, weil die Insel gar keine Cocospalmen aufweist. Die Betelpalme scheint ebenfalls zu fehlen und deshalb schon ist Verkehr mit den Nachbarinseln nothwendig, ebenso im Hinblick auf Steinwerkzeuge, da die Insel offenbar nur aus Corallformation besteht. Holzarbeiten, zum Theil mit kunstvoller Schnitzerei, scheinen auf Trobriand sehr heimisch zu sein, darunter Holzschüsseln, Wasserschöpfer (in derselben Form als in Finschhafen) und eigenthümliche kleine (nur 28 Cm. lange) Holztrommeln (in der Form ganz wie von Chas. Teste-Insel).

Fischfang wird stark betrieben. Ausser sehr schön gearbeiteten Netzen (vgl. Nr. 168) erhielt ich kolossale hölzerne Haifischhaken (vgl. Finsch, Ethnol. Atlas, Taf. IX, Fig. 9), ähnlich solchen von den Gilberts-Inseln und der Ellice-Gruppe, sowie Haifischrasseln, sah aber keine kleinen Fischhaken, wie solche aus Eisen überhaupt verschmäht wurden. Die Insel schien wenigstens an der Westseite ziemlich gut bevölkert, aber ich vermochte von den Eingeborenen keinen Namen für dieselbe zu erfahren. *Kebole* oder *Kaibol*, wie die Eingeborenen sprachen, dürfte wohl nur ihr Heimatsdorf bezeichnen. Die Insel soll nach Meinicke *Kirvirai* heissen, wie mir Goldie sagte *Jarab*, was jedenfalls richtig sein wird. Ueber meinen Besuch von Trobriand vgl. Finsch, »Samoafahrten« Englisch-Neu-Guinea, I, Trobriand, S. 205—210.

Die wenigen Stücke, welche ich sammeln konnte, enthalten einige charakteristische:

Perlmutterschale (Nr. 30, 1 Stück), als Schneide- und Schabinstrument.

Holzschüssel (Nr. 85, 1 Stück), flach, rund, 39 Cm. Durchmesser.

Kalkspatel (Nr. 907, 1 Stück), flach falzbeinartig aus Schildpatt.

Tauwerk (Nr. 137, eine Probe), aus einer Art Bast.

Fischnetz (Nr. 168, 1 Stück), sehr fein gestrickt, mit hölzernen Schwimmern und Senkern aus Muschel *(Arca)*.

Ruder (Nr. 177, 1 Stück), in sehr eigenthümlicher Form, die ich nur hier antraf.

Schild (Nr. 841, 1 Stück), aus leichtem Holz (II, S. 362 [148], Taf. XXIV [16], Fig. 5), in sehr eigenthümlicher, für diese Insel charakteristischer Form. Der Griff (5*a*) auf der Rückseite ist aus Rottang und für unsere Hände zu eng.

Diese Schilde sind zuweilen auf weissem Grunde mit rother und schwarzer, sehr feiner Malerei in eigenthümlichen Mustern verziert (vgl. Finsch, Ethnol. Atlas, Taf. XII, Fig. 2) verziert, derartige Schilde aber kaum mehr zu haben. Nach den Schilden zu urtheilen, müssen die Insulaner ziemlich kriegerisch sein, denn ich fand in einem Schilde sechs, in einem anderen sogar elf abgebrochene Speerspitzen. Pfeil und Bogen sind unbekannt.

Inhaltsverzeichniss.

Zweite Abtheilung: Neu-Guinea.

I. Englisch-Neu-Guinea.

	Seite	
b. Ostspitze und d'Entrecasteaux-Inseln	[151]	13
Einleitung	[151]	13
Gebiet	[151]	13
Ethnologische Eigenthümlichkeiten	[152]	14
Sammel-Localitäten	[153]	15
A. Eingeborene	[154]	16
Racenstellung	[154]	16
Cannibalismus	[155]	17
Todtenverehrung	[156]	18
Gräber	[156]	18
B. Körperausputz und Bekleidung	[157]	19
Bekleidung	[157]	19
Matten	[157]	19
Frauenröcke	[157]	19
Schmuck und Zieraten	[157]	19
Geld	[158]	20
Tätowirung	[158]	20
Trauerschmuck	[158]	20
Kopfschmuck	[158]	20
Nasenschmuck	[159]	21
Ohrschmuck	[160]	22
Hals- und Brustschmuck	[160]	22
Armschmuck	[161]	23
Leibschmuck	[162]	24
C. Häuser und Siedelungen	[162]	24
Ackerbau	[162]	24
Hausthiere	[163]	25
D. Geräthschaften und Werkzeuge	[163]	25
Feuerreiben	[163]	25
Schneideinstrumente	[163]	25
Löffel	[163]	25
Schüsseln	[163]	25
Töpferei	[164]	26
Flecht- und Strickarbeiten	[164]	26
Reizmittel	[165]	27
Kalkspatel	[165]	27
Werkzeuge	[166]	28
Steinäxte	[166]	28
Waffen und Wehr	[167]	29
Speere	[167]	29
Keulen	[168]	30
Schilde	[168]	30
Jagd	[169]	31
Fischerei	[169]	31
Schifffahrt	[169]	31
Canus	[169]	31
Catamarans	[170]	32
Canuverzierungen	[170]	32
E. Musik	[171]	33
Instrumente	[171]	33
Spiele	[171]	33
Talismane	[171]	33
c. Trobriand	[171]	33

Abbildungen.

Die zu diesen Abschnitten gehörigen sind die folgenden und erschienen im Band III der »Annalen« 1888.

					Seite
Taf.	XIV [6].	Fig. 1.	Halskette aus Muschelscheibchen, Teste-Insel	[160]	22
»	» »	» 2.	» » Abschnitten von Casuarschwingen, Milne-Bai	[160]	22
»	XV [7].	» 1.	Armring aus Conus, Normanby	[161]	23
»	XIX [11].	» 3.	Kalkspatel, Milne-Bai	[165]	27
»	» »	» 4.	» Goulvain	[166]	28
»	» »	» 5. 6.	» Hihiaura	[166]	28
»	» »	» 7.	» Milne-Bai	[165]	27
»	XX [12].	» 1.	Steinaxt, Normanby	[167]	29
»	XXI [13].	» 2.	Canuverzierung, Fergussun	[170]	32
»	XXII [14].	» 2.	Nasenkeil, Normanby	[159]	21
»	XXIV [16].	» 5.	Schild, Trobriand	[173]	35
»	» »	» 3.	» Milne-Bai	[168]	30
»	XXV [17].	» 2.	» Teste-Insel	[168]	30

Ethnologische Erfahrungen und Belegstücke aus der Südsee.

Beschreibender Katalog einer Sammlung im k. k. naturhistorischen Hofmuseum in Wien.

Von

Dr. O. Finsch

in Delmenhorst bei Bremen.

Zweite Abtheilung: Neu-Guinea.

II. Kaiser Wilhelms-Land.

Einleitung.

Kaiser Wilhelms-Land oder Deutsch-Neu-Guinea

umfasst die Nordküste von der Grenze des niederländischen Antheiles, dem 141. Grade östl. L. (von Greenwich), bis zu dem Punkte in der Nähe von Mitre Rock, wo der 8. Grad südl. Br. die Küste schneidet. Das Areal beträgt (nach Friedrichsen), ohne die vorgelagerten, meist vulcanischen Inseln, 179.250 Quadratkilometer (= 3255 deutsche geographische Quadratmeilen), nach dem Gothaer Hofkalender 181.650 Quadratkilometer (wohl mit den Inseln), ist also grösser als die Hälfte des Königreichs Preussen.

Diese ausgedehnte Küste gehörte bislang mit zu den unbekanntesten Theilen der ganzen Insel. Nur von Wenigen erschaut, war sie blos an ein paar Punkten überhaupt besucht worden, nachweislich zuerst von Willem Schouten und Jacob le Maire. Diese berühmten Seefahrer entdeckten am 6. Juli 1616 die noch heute brennende Insel »Vulcanus«, Hansa- (Vulcan-) Insel und mussten ein paar Tage später, durch Mangel an Wasser und Nahrungsmitteln gezwungen, an die Küste laufen, wo sie zwei Tage (9. und 10. Juli) mit ihrem Schiffe »de Eendracht« (die Eintracht) ankerten und friedlichen Verkehr mit den Eingeborenen unterhielten. Das war in einer Bucht, die später »Cornelis Kniers-Bai« benannt wurde, welche sich aber nicht mehr mit Sicherheit feststellen lässt. Nach meinen Untersuchungen muss sie circa 50 Meilen West von Cap de la Torre liegen. Abel Tasman hat (1643) einen Theil dieser Küste ebenfalls gesehen, denn von ihm wird die kleine Aris-Insel nahe bei Hansa-Vulcan erwähnt, sowie die Auswässerung grosser Flüsse in der Nähe. Tasman scheint aber ebensowenig gelandet zu haben als Dampier (1700), von dem das nicht mehr sicher auszumachende »Cape King William« in der Nähe von Festungshuk herrührt. Dampier segelte nördlich von den Inseln Wagwag (Rich-Insel) und Karkar (Isle Brûlante, später nach Dampier benannt), damals ein noch thätiger Vulcan, und ausserhalb der Le Maire- (Schouten-) Inseln westwärts. D'Entrecasteaux' Recognoscirungen der Küste (1793) beziehen sich hauptsächlich auf das Südostende Neu-Guineas und streifen unser Gebiet nur in Huongolf.

Die erste Küstenaufnahme geschah erst viel später, und zwar 1827 durch Dumont d'Urville mit der französischen Corvette »Astrolabe« (der umgetauften »Coquille«). Von dieser für diesen Theil der Küste Neu-Guineas ersten bedeutungsvollen Reise rühren die französischen Benennungen her, welche wir auf den Karten von Astrolabe- bis Humboldt-Bai eingetragen finden. An Astrolabe-Bai vorübersegelnd, hielt das Schiff von Cap Croissilles längs der Küste westwärts, bis das trübgefärbte Wasser der »Anse aux eaux trouble« bei Venus Point nöthigte, ostwärts der Le Maire- (Schouten-) Inseln abzuhalten, in einer Entfernung, wo wenig mehr von der Küste zu sehen ist. Daraus erklären sich auch leicht mancherlei Versehen, namentlich dieses Theiles der Küstenaufnahme. So fanden wir, um nur ein paar Beispiele anzuführen, die auf den bisherigen Karten sehr markant bezeichneten Punkte »Passir Point«[1]) und das 12 Meilen lange »Karan Riff« überhaupt nicht. Die Astrolabe-Expedition hatte an dieser ganzen Küste niemals gelandet und auch Humboldt-Bai, mit ihrem leicht kenntlichen Eingange, war nur von ihr gesichtet und benannt worden. Die Reise des englischen Kriegsschiffes »Sulphur« unter Sir Edward Belcher (1840) machte uns mit Victoria-Bai an der Westseite von Kairu (D'Urville-Insel) bekannt, scheint aber die Küste selbst nirgends berührt zu haben. Die Holländer der neuen Zeit sind auf unserem Gebiete nicht thätig gewesen und besuchten erst 1858, mehr als 30 Jahre nach der Entdeckung, die östlichste Grenze ihres Besitzthumes in Neu-Guinea, Humboldt-Bai, mit dem Regierungsdampfer »Etna«. Aber 1871 sehen wir das russische Kriegsschiff »Vitias«, als das erste überhaupt, in Astrolabe-Bai, um den ersten Weissen, Nicolaus v. Miklucho-Maclay, an dieser Küste zu dauerndem Aufenthalt zu installiren. Im folgenden Jahre wurde der Forscher durch die Corvette »Isumrud« wieder abgeholt und 1883[2]) traf derselbe abermals mit einem russischen Kriegsschiffe, der Corvette »Skobeleff«, zu kurzem Besuche hier ein. Von dem Aufenthalte der russischen Kriegsschiffe rühren einige Aufnahmen in Astrolabe-Bai her, sowie die Auffindung eines Hafens, Port Alexis, am Westende des Archipels der zufriedenen Menschen. Weit wichtiger für unser Gebiet wurde die Reise des Capitän Moresby (1874) mit dem englischen Kriegsschiffe »Basilisk«, der wir die, wenn auch flüchtige, Aufnahme von Huongolf zu verdanken haben. Von hier ging der Dampfer ausserhalb der Le Maire- (Schouten-) Inseln westwärts, ohne die Küste zu berühren.

Dies war der Stand der geographischen Kenntniss, als ich im Jahre 1884 im Auftrage der Neu-Guinea-Compagnie in Berlin mit dem Dampfer »Samoa« unter Führung von Capitän Dallmann nach jenem Theile Neu-Guineas aufbrach. Die »Samoa« stand vor grossen Aufgaben, die, soweit es die Verhältnisse gestatteten, nach besten Kräften zu lösen versucht wurden. Sie befuhr die ganze Küste[3]) vom Mitrafels bis Humboldt-Bai und konnte dabei die gefahrlose Schiffbarkeit des vorher unbekannten Theiles zwischen Broken Water- und Humboldt-Bai, einer Strecke von 255 Seemeilen,

[1]) Dieser Punkt ist auf der englischen Admiralitätskarte (Nr. 2764) als eine circa zwei Seemeilen lange Spitze eingezeichnet, wie sie an der ganzen Küste nicht vorkommt. Von den »extensive lagoon-reefs«, welche Powell von dieser angeblichen Localität erwähnt, haben wir nichts gesehen, im Gegentheil die ganze Küste rifffrei gefunden.

[2]) Maclay lebte aber zwischen dem noch circa 17 Monate (vom 28. Juni 1876 bis 10. November 1877) in Astrolabe-Bai.

[3]) Nach seinem Vortrage »Visits to the Eastern and North eastern Coasts of New Guinea« in der geographischen Gesellschaft zu London (Proceed., vol. V, Nr. 9, September 1883, S. 505—514) hat Wilfred Powell, anscheinend im Jahre 1879, die ganze Küste (von Chinastrasse bis Cap Durville) bereits befahren. Der sehr allgemein gehaltene kurze Bericht, ohne alle und jede Daten, der nicht einmal den Namen des Fahrzeuges nennt, enthält nichts, was der »Samoa« Prioritätsrechte nehmen könnte, dagegen verschiedene sehr irrige Angaben, die zu ernstesten Bedenken berechtigen.

nachweisen. Ihr blieb es vorbehalten, den grossen Fluss,[1]) dessen meilenweit hin das Meer trübende Auswässerungen schon Tasman aufgefallen waren, aufzufinden, sowie eine Reihe brauchbarer Häfen und schliesslich, in stets friedlichem Verkehr mit den Eingeborenen, das ganze ausgedehnte Schutzgebiet »Kaiser Wilhelms-Land« für Deutschland zu sichern. Es darf dabei nicht vergessen werden, dass die »Samoa« nur ein kleiner Dampfer von 111 Tons reg. mit 35 Pferdekraft war, der weder Dampfbarkasse noch Kanonen besass und im Ganzen nur 13 Mann an Bord führte.

Im Auftrage der Neu-Guinea-Compagnie sind seitdem eine Reihe eingehender geographischer Aufnahmen gemacht worden, um die sich in erster Linie der frühere Landeshauptmann Baron v. Schleinitz grosse Verdienste erworben hat. Denn hauptsächlich verdanken wir ihm die Aufnahme von Huongolf und der Küste bis zum Kaiserin Augustafluss, wobei eine Menge Buchten, Häfen und Flüsse entdeckt wurden. Weiter westlich vom Augusta wurde bisher nur von der »Samoa« vorgedrungen. Grössere Inlandsreisen sind, um dies noch zu erwähnen, in Kaiser Wilhelms-Land bisher noch nicht gemacht worden. Hugo Zöller und seine Begleiter kamen, von Constantinhafen aus, meist dem Laufe des Kabenauflusses folgend, etwa 100 Kilometer weit ins Finisterre-Gebiet und erreichten hier eine Höhe von 2330 Meter; die Entfernung vom Meere in der Luftlinie beträgt aber nur circa 30 Kilometer. Die grosse wissenschaftliche Expedition unter Dr. Schrader, welche die Hauptaufgabe hatte, ins Innere, »womöglich bis zu den Grenzen des englischen Gebietes vorzudringen und das gesammte Gebiet allmälig aufzuschliessen«, hat die Aufgabe in diesem Sinne nicht entfernt zu lösen vermocht, wie das im Voraus zu erwarten war. Sie machte nur kleinere Excursionen in der Umgegend von Finsch- und Constantinhafen, sowie bei Bagili nördlich von Alexishafen und gelangte allerdings auch tief ins Innere, aber per Dampfer auf dem Kaiserin Augustafluss. Hier bezog die Expedition (unter 142° 7' östl. L. und 4° 18' südl. Br.) ein Lager, wo sie circa 2½ Monate verweilte, aber wegen Feindseligkeiten mit den Eingeborenen bald den Verkehr mit den letzteren ganz abbrechen musste.

Was nun die ethnologische Kenntniss[2]) anbelangt, so lagen ausser einigen dürftigen Notizen von Belcher, Moresby und Romilly (der 1881 mit dem englischen Kriegsschooner »Beagle« Astrolabe-Bai besuchte), nur die Arbeiten Miklucho-Maclay's vor. Sie sind in nicht leicht zu erlangenden Zeitschriften publicirt, schwer zugänglich, somit ziemlich unbekannt geblieben und beziehen sich fast nur auf Bemerkungen über die Eingeborenen der Umgebung von Constantinhafen während seines ersten fünfzehnmonatlichen Aufenthaltes. Und doch war Maclay mehr als irgend Jemand dazu berufen, über Land und Leute einer Küste zu berichten, die seinen Namen trägt, unter und mit deren Bewohnern er in dreimaligem Aufenthalte zusammen 32 Monate lebte, ihrer Sprachen und Sitten vollkommen mächtig, und die er besser kannte und kennen lernte als irgend ein weisser Mann vor oder nach ihm. Seinen Namen hörte ich von Cap Teliata bis Karkar überall, wo wir mit Eingeborenen zusammentrafen, als den eines Freundes nennen, und wo man uns einen Melonenbaum *(Carica)*, einen Kürbis, eine Wassermelone *(Arbuse)* zeigte, gleich hiess es »Maclay«, denn er hatte diese

[1]) Kaiserin Augusta von mir benannt und nicht nur der grösste schiffbare Fluss im deutschen Schutzgebiete, sondern nächst dem Flyflusse der grösste von ganz Neu-Guinea überhaupt. Ueber die Befahrung dieses Stromes (380 englische Meilen weit mit Dampfer) geben die »Nachrichten aus Kaiser Wilhelms-Land« ausführliche Berichte.

[2]) Die »Nachrichten aus Kaiser Wilhelms-Land« bringen im Ganzen sehr wenig über Ethnologie, immerhin aber manche bemerkenswerthe Notizen, auf die ich, soweit sie Neues bringen, Bezug nehmen werde.

Früchte eingeführt. Ist es auch wenig, was der Forscher,[1]) der lediglich zum Studium der Eingeborenen hieher kam, hinterlassen hat, zwei Abhandlungen von im Ganzen 56 gedruckten Octavseiten, so wiegt dieses Wenige doch schwerer als mancher dicke Band und gehört zum Besten was über Papuas überhaupt geschrieben wurde. Ich darf mir dieses Urtheil erlauben, denn ich konnte an Ort und Stelle Maclay's Berichte prüfen und mich von ihrer Gründlichkeit überzeugen, Berichte, deren Vollständigkeit überhaupt nur durch einen so langen Aufenthalt und innigen Verkehr mit den Eingeborenen möglich war.

Als Leiter einer Expedition, deren Hauptaufgabe in Landerwerb lag und die nichts mit ethnologischer Forschung zu thun hatte, konnte ich der letzteren nur meine freie Zeit widmen und habe dieselbe, im alten Eifer für diese am meisten bedürftige Wissenschaft, nach besten Kräften, oft unter recht schwierigen Verhältnisen auszunutzen versucht. Als sichtbares Resultat brachte ich eine reichhaltige Sammlung[2]) mit, deren Hauptheil, 2128 Stück, (wie der aller meiner Sammlungen), dem königl. Museum für Völkerkunde in Berlin durch Kauf von der Neu-Guinea-Compagnie zuging.

Wenn es mir leider nicht vergönnt war, meine nach Berlin gelangten Sammlungen (in ihrer Gesammtheit 4000 Stück aus der Südsee überhaupt) zu bearbeiten, so freut es mich, wenigstens hier einen Theil meiner Erfahrungen und Beobachtungen aus Kaiser Wilhelms-Land[3]) mittheilen zu können. Sie betreffen neue, für Ethnologie besonders

---

1) Ausführlich über denselben, seine Reisen, Arbeiten und Schriften in Finsch, »Nicolaus v. Miklucho-Maclay, Reisen und Wirken« in »Deutsche geographische Blätter« (Bremen), 1888, S. 270—309.

2) Miklucho-Maclay, der während seines ersten Aufenthaltes in Astrolabe-Bai grundsätzlich nicht sammelte, hat in dieser Richtung im Ganzen nur wenig geleistet, trotz denkbar günstigster Verhältnisse. Der 1886 in Petersburg erschienene Katalog seiner Südsee-Sammlungen verzeichnet nur 198 Nummern.

3) Meine bisherigen Publicationen aus diesem Gebiet, über welche ich wiederholt zu referiren haben werde, sind die folgenden:

1. »Aus den Berichten des Dr. Finsch über die im Auftrage der Compagnie nach Neu-Guinea ausgeführten Reisen« in: Nachrichten über Kaiser Wilhelms-Land und den Bismarck-Archipel. Herausgegeben von der Neu-Guinea-Compagnie in Berlin, Jahrg. I (1885), Heft 1 (Juni), S. 3—9, Heft 3 (September), S. 2—10, Heft 4 (October), S. 3—19. Mit Uebersichtskarte von Kaiser Wilhelms-Land (Astrolabe- bis Humboldt-Bai) von Dr. O. Finsch.

Der letzte Bericht nebst Karte auch abgedruckt in: »Deutsche geographische Blätter« (Bremen), 1885, S. 354—372.

2. Katalog der ethnologischen Sammlung der Neu-Guinea-Compagnie, ausgestellt im königl. Museum für Völkerkunde (Berlin 1886), I, S. 7—27; II, S. 7—38.

3. »Die ethnologische Ausstellung der Neu-Guinea-Compagnie im königl. Museum für Völkerkunde« in: »Original-Mittheilungen aus der ethnologischen Abtheilung des königl. Museums zu Berlin«. Herausgegeben von der Verwaltung, Jahrg. 1 (1886), Heft 2 3, S. 92—101.

4. Daselbst: »Brustkampfschmuck, S. 102, 103, Taf. II, III.

5. »Entdeckungsfahrten des deutschen Dampfers Samoa« in: »Gartenlaube«, I. Astrolabe-Bai bis Festungscap (Nr. 5, 1. Februar 1886, S. 83—86 und 111, 112, mit 3 Abbild. und 1 Karte); II. Vom Mitrafels bis Finschhafen (Nr. 11, 14. März 1886, S. 192—195, mit 6 Abbild.); V. Längs der vorher unbekannten Nordostküste (Nr. 28, 1887, S. 460—462, mit 4 Abbild. und 1 Karte) und VI. Schluss (Nr. 33, 14. August 1887, S. 541—543, mit 6 Abbild.).

6. Katalog der Ausstellung für vergleichende Völkerkunde der westlichen Südsee, besonders der deutschen Schutzgebiete. Mit Erläuterungen von Dr. O. Finsch (Bremen 1887, 26 S., 8°).

7. »Unsere Südsee-Erwerbungen: Kaiser Wilhelms-Land« in: »Ueber Land und Meer«, Deutsche illustrirte Zeitung, Nr. 19, 12. Februar 1888, S. 415—418 (mit 5 Abbild.).

8. »Bemerkungen über die Wasserverhältnisse in Neu-Guinea und dem Bismarck-Archipel« in: »Revue coloniale internationale« (Amsterdam 1887), S. 47—49.

9. »Samoafahrten. Reisen in Kaiser Wilhelms-Land und Englisch-Neu-Guinea in den Jahren 1884 und 1885« (Leipzig, Ferd. Hirt & Sohn, 1888), Cap. 2, 3, 4, 5 und 7.

interessante Gebiete und bilden unter Bezugnahme des Sammlungsmaterials immerhin eine Grundlage, die trotz zahlreicher Lücken schon jetzt gewisse allgemeine Schlüsse erlaubt. Wenn ich in der nachfolgenden Arbeit öfters auf meine »Samoafahrten« und den »Ethnologischen Atlas« derselben verweise, so wird dies das bessere Verständniss nur erleichtern und dürfte willkommen sein.

Bezüglich des ethnologischen Charakters von Kaiser Wilhelms-Land, so ist im Vergleich mit dem der Ostspitze als ein Hauptzug derselben das Fehlen jeglichen Schmuckes aus rothen Muschelplättchen *(Spondylus)*, sowie Armbändern aus Conusmuscheln (Taf. XV, Fig. 1) zu betrachten. Als weitere charakteristische Eigenthümlichkeiten dieses Gebietes können gelten: häufige Verwendung von Hundezähnen, Eberhauern, kleinen Muscheln *(Nassa)*, Schildpatt, Samen von *Coix* und *Abrus* als Materialien zu Gegenständen des Schmuckes, grössere Mannigfaltigkeit in Bearbeitung und Eigenart derselben (Arbeiten aus gelbgefärbter Pflanzenfaser, Brustkampfschmuck, fein gravirte Schildpatt- und *Trochus*-Muschelarmbänder), sehr feine Strick- und Knüpfarbeiten, besondere Arten Haar- und Bartputz, sorgfältigere Bekleidung der Männer, höhere Entwicklung in Holzschnitzarbeiten (Kopfruhebänke, kleine und grosse sogenannte Götzen, Masken, Verzierungen an Canus und Häusern, besondere Art Waffen (Wurfstock, Kürass), zum Theil hoch entwickelte Geschicklichkeit in Haus- und Canubau (besondere Versammlungshäuser der Männer).

Soweit sich nach dem bis jetzt vorliegenden Materiale urtheilen lässt, darf man das Gesammtgebiet von Kaiser Wilhelms-Land ethnologisch in drei Sectionen scheiden, deren zahlreiche Stämme durch gewisse ethnologische Eigenthümlichkeiten ihre Zusammengehörigkeit bekunden, die aber weit minder scharf ausgeprägte ethnologische Provinzen bilden, als dies z. B. mit der Südostküste und Ostspitze Neu-Guineas der Fall ist.

Diese drei ethnologischen Sectionen umfassen die folgenden Gebiete:

1. Mitrafels bis Cap Croisilles und Karkar, nebst den übrigen Inseln (Long, Rook), die French-Inseln, sowie das ganze westliche Neu-Britannien (I, S. 117, 120 und 121) mit Ausschluss der Gazelle-Halbinsel. Charakteristisch für dieses östliche Gebiet sind: besondere Form und Verzierung gewisser Armbänder (Taf. III, Fig. 20, 21) und Brustschmuck (Taf. III, Fig. 23); Haarkämme von Bambu; häufige Verwendung von Hundezähnen; eigenthümliche Flechtarbeiten aus gelbgefärbter Pflanzenfaser (Taf. XXII, Fig. 3); besondere eigenthümliche Kopfbedeckung (Tapa- und Haarmützen); viel Holzschnitzerei (Kopfruhebänke, Taf. XVIII, Fig. 1, 2); besondere Art Schilde (Taf. XXIV, Fig. 1, 2); wenig Nasenzier; breite zum Theil sehr kunstvoll gravirte Armbänder aus Schildpatt.

2. Von Cap Croisilles bis vor Dallmannhafen, mit den Le Maire- (Schouten-) Inseln. Ausgezeichnet durch: Haar und Bartputz (Haarkörbchen, dichte wagrecht stehende Zöpfe, verzierte Backen- und Kinnbärte, Taf. XIV, Fig. 17 und Taf. XVII, Fig. 3); besondere Art Haarkämme (Taf. XV, Fig. 4); kunstvoll geknüpfte Brustbeutel, Verwendung von *Cymbium*-Muscheln (auch zu Brust- [Kampf-] Schmuck); eigenen Nasenschmuck (Taf. XV, Fig. 2); häufige Durchbohrung des Ohrrandes; Wurfstock (Taf. XV, Fig. 5).

3. Von Dallmannhafen bis zur Humboldt-Bai: Haarkörbchen und Bartschmuck selten; Verwendung von rothen *Abrus*-Bohnen zu Schmucksachen; besonderer Brustkampfschmuck (Taf. XVI, Fig. 2), sowie Haarkämme; eigenthümliche Kopfruhe-

10. Hiezu wissenschaftlicher Theil: »Ethnologischer Atlas«, Typen aus der Steinzeit Neu-Guineas in 154 Abbildungen auf 24 lithographirten Tafeln gezeichnet von O. und E. Finsch (56 S., 4°, in Deutsch, Englisch und Französisch), Leipzig, Ferd. Hirt & Sohn, 1888.

gestelle (Taf. XVIII, Fig. 3); sonderbare Holzmasken (Taf. XXII, Fig. 5) und sogenannte Götzen (Taf. XXIII); Schamkalebassen (Taf. XVIII, Fig. 5); schön verzierte Bogen und Pfeile; besondere Art Schilde (Taf. XXV, Fig. 1) und Kürasse (Taf. XXIV, Fig. 7).

Nach Allem zu urtheilen, stehen die Bewohner von Kaiser Wilhelms-Land höher als die der Südostküste und auf einer Stufe der Entwicklung, die sich nicht allein durch bemerkenswerthen Fleiss auszeichnet, sondern auch in künstlerischer Begabung und Ausführung verschiedener Arbeiten als eine hohe bezeichnet werden muss.

Zur Zeit meiner Anwesenheit lebte die Bevölkerung von Kaiser Wilhelms-Land noch völlig unberührt von Cultur, und ich hatte das seltene Glück, mit Menschen des unverfälschten Steinzeitalters verkehren zu können. Alle meine Sammlungen haben daher den besonderen Werth, aus dieser Periode herzurühren. Ausser einigen russischen Wörtern in Constantinhafen habe ich nirgends an der ganzen Küste irgend ein Wort einer europäischen Sprache erwähnen hören, auch nicht in Humboldt-Bai, wo Powell »Englisch« gehört haben will. Die Eingeborenen hier verstanden oder sprachen nicht einmal eine Silbe Holländisch, wie meine Versuche lehrten, und europäischer Tabak, den sie nach Powell sehr gern nahmen, schien ihnen unbekannt. Aber die Eingeborenen in Constantinhafen verlangten gleich nach solchem, denn sie kannten Stangentabak noch von Maclay her sehr wohl. Im Uebrigen war hier von europäischen Sachen wenig mehr zu bemerken als einige russische Uniformenknöpfe, alte Blechkasten, Fässchen und ein paar Hobeleisen. Glasperlen sah ich einzeln in Humboldt-Bai, sowie je einmal in Huongolf und Angriffshafen. In den Tragbeuteln, welche die Eingeborenen in der Eile nicht selten mit dem Inhalt verkauft hatten, fand ich später bei näherer Untersuchung, in einem solchen von Dallmannhafen, acht rothe Glasperlen, sorgfältig in Blätter eingepackt. Ein anderer Tragbeutel von Venushuk enthielt ein Stückchen Bandeisen, 2 Cm. breit und 7 Cm. lang. Dasselbe war jedenfalls sehr alt, total von Rost zerfressen und zu nichts mehr brauchbar, zeigt aber, wie sorgfältig die Eingeborenen jedes, auch das kleinste fremde Stück aufbewahren. Wie die paar Glasperlen in Huongolf (die ein Mann in der Nase trug), so mochte auch dies Stückchen Eisen vielleicht noch von Maclay herrühren und durch viele Hände im Tausch hierher gelangt sein. Auf Guap sah ich ein paar Stücke Eisen (anscheinend alte Meissel o. dgl.). Sie waren nach Eingeborenenweise an Axtstielen als Klingen befestigt und rührten wahrscheinlich noch von Belcher's Besuch auf Kairu (d'Urville-Insel) her; ich konnte sie aber nicht erlangen. Im Allgemeinen kannten die Eingeborenen Eisen nicht, und ich musste ihnen häufig erst die Benutzung von Beilen und Messern pantomimisch andeuten. Am Sechstrohfluss erhielt ich ein paar Bruchstücke grosser, sehr schöner Mosaikemail-Glasperlen, altvenetianischen Ursprunges, die jedenfalls noch aus den Zeiten der ersten spanischen oder portugiesischen Seefahrer herstammen und beweisen, dass dieser Theil Neu-Guineas schon vor drei Jahrhunderten den Europäern bekannt war. Diese alten Glasperlen gehören in die Kategorie der Kalebukubs oder des sogenannten Palaugeldes, d. h. jener Emailglasperlen, die auf Palau noch heute einen hohen Werth haben und denen dort eine mythische Herkunft zugeschrieben wird. Kubary[1]) hat diese Kalebukubs zuerst als »natürliche Emaillen« erklärt, ein grober Irrthum, der aber häufig gedankenlos nachgeschrieben wurde.

[1]) »Journ. d. Mus. Godeffroy«, Heft IV, S. 49, Taf. II. Diese Kalebukubs sind auf Palau in beschränkter Zahl verbreitet und jedes einzelne Stück bekannt. Kubary besass eine ziemliche Anzahl (16 Stück), die ich seinerzeit bei ihm sah, darunter waren auch gewöhnliche unbearbeitete Stücke Glasfluss, aber in Betreff der europäischen Herkunft konnte kein Zweifel sein, denn diese Eingeborenen haben niemals hyalurgische Kenntniss besessen.

Was die Eingeborenen Weissen anzubieten vermögen, ist ausser ihren Geräthschaften etc. gewöhnlich äusserst wenig und beschränkt sich meist auf ein paar Cocosnüsse, Betelnüsse, vielleicht ein paar Taro oder Yams. An ein paar Orten im Westen wurden uns auch geräucherte Fische, in sonderbarer Zubereitung, offerirt.

Europäischer Tand (Glasperlen etc.) und namentlich eiserne Geräthe, als hauptsächlichstes Zahlungsmittel im Verkehr mit Eingeborenen, werden jetzt jedenfalls in Kaiser Wilhelms-Land eine weitere Verbreitung gefunden und damit die Originalität der Eingeborenen sehr benachtheiligt haben. Denn überall, wo der weisse Mann Eisen hinbringt, verschwinden die Erzeugnisse des Eingeborenenfleisses sehr schnell oder verschlechtern sich, so dass schliesslich kaum etwas übrig bleibt. Freilich ist bis jetzt von Colonisation in Kaiser Wilhelms-Land noch nicht entfernt die Rede gewesen. Im Ganzen mögen an 40 Weisse in Kaiser Wilhelms-Land leben, alle Beamte der Neu-Guinea-Compagnie, welche als Herrin des Landes seit 1885 zwischen Finsch- und Hatzfeldthafen fünf Stationen zu Versuchen von Culturen gründete (Finschhafen, nahe dabei Butaueng, Constantinhafen, Stephanort [Bogadschi] und Hatzfeldthafen). Auch die Mission besitzt einige wenige Stationen, hat aber, wie dies nicht anders zu erwarten, bis jetzt noch keine Erfolge zu verzeichnen. Westlich von Hatzfeldthafen sind noch keinerlei Stationen errichtet worden.

Zum Schluss dürften Erläuterungen derjenigen Localitäten, welche für die gesammelten Gegenstände dieser Abhandlung in Betracht kommen, nicht unwillkommen sein, die ich in alphabetischer Reihe folgen lasse. Mit wenigen Ausnahmen sind diese Localitäten auf der Uebersichtskarte der »Samoafahrten« (S. 9) und dem Kärtchen S. 290 eingetragen.

Angriffshafen, »anse de l'attaque«, von d'Urville am 11. August 1827 mit der Corvette »Astrolabe« gesichtet, aber zuerst mit der »Samoa« (15. Mai 1885) besucht.

Astrolabe-Bai (Karte »Samoafahrten«, S. 30), von Dumont d'Urville 1827 gesichtet, aber zuerst (1871) von dem bekannten russischen Reisenden N. v. Miklucho-Maclay besucht, der hier wiederholt und auf längere Zeit lebte. Die meisten der gesammelten Gegenstände stammen aus der Umgegend von Constantinhafen (Dorf Bongu) und dem Dorfe Bogadschi, etwas weiter westlich, wo die Neu-Guinea-Compagnie seit ein paar Jahren die Versuchsstation »Stephanort« gründete.

Bilibili, eine kleine, sehr gut bevölkerte und reiche Insel im Norden der Astrolabe-Bai.

Caprivifluss, westlich von Cap de la Torre, in der ausgedehnten, zuerst mit der »Samoa« besuchten und benannten »Krauel-Bucht«.

Dallmannhafen, unter 3° 28' südl. Br., 149° 32' östl. L., am 1. Mai 1885 mit der »Samoa« entdeckt; die meisten Gegenstände stammen aus Dörfern, die an der »Gaussbucht«, östlich von Dallmannhafen liegen.

Finschhafen (Karte in »Samoafahrten«, S. 163), etwas nördlich von Cap Cretin, am 23. November 1884 von mir entdeckt und gegenwärtig Centralpunkt für Kaiser Wilhelms-Land.

Friedrich Wilhelmshafen (Karte »Samoafahrten«, S. 93), am 19. October 1884 mit der »Samoa« entdeckt; nördlich von Astrolabe-Bai in dem von Miklucho-Maclay gesichteten »Archipel der 30 Inseln oder der zufriedenen Menschen«, dem »Archipelago of useless idle men« von Romilly. Hier auch die Inseln Bilia (Eickstedt) und Tiar (Aly I.).

Gourdon, Cap (von d'Urville benannt), westlich von Karkar (Dampier-Insel, »Isle Brûlante« von Dampier).

Gráger, Insel (Fischel-Insel der deutschen Admiralitätskarten), begrenzt im Norden die Dallmann-Einfahrt zum vorhergehenden Hafen.

Guap, Insel, etwas westlich von Dallmannhafen, eine kleine, aber sehr stark bevölkerte Insel, nahe bei Kairu (d'Urville Insel) und östlich von Aarsau (Pàris-Insel von d'Urville).

Hammacherfluss, circa 10 Seemeilen westlich von Cap de la Torre.

Hatzfeldthafen, unter 4° 24' südl. Br., 145° 9' östl. L., westlich von Cap Gourdon, am 23. Mai 1885 mit der »Samoa« entdeckt.

Huon-Golf (vgl. Kärtchen »Samoafahrten«, S. 143), 1793 von d'Entrecasteaux gesichtet und nach Huon Kermadec benannt. Die gesammelten Gegenstände stammen von Parsihuk (Parsee-Point von Moresby) und etwas westlich davon.

Massilia, an der Finschküste, circa 50 Seemeilen westlich von Berlinhafen und 27 Seemeilen östlich von Angriffshafen.

Potsdamhafen, erste Buchtung östlich von Laing-Insel, am 21. Mai 1885 von der »Samoa« gesichtet, aber nicht untersucht und erst später von v. Schleinitz besucht und benannt.

Sechstrohfluss, wenige Seemeilen östlich von der Grenze des holländischen Antheiles von Neu-Guinea (dem 141. Meridian) und circa 7 Seemeilen östlich vom Eingange zur Humboldt-Bai, am 16. Mai 1885 mit der »Samoa« entdeckt und von mir nach dem ersten Officier des Dampfers benannt. Ethnologisch herrscht die vollständigste Uebereinstimmung mit Humboldt-Bai, welche von der »Samoa« ebenfalls besucht wurde.

Tagai, eine grosse Siedelung an der Finschküste, circa 3 Seemeilen westlich vom Albrechtflusse und circa 15 Seemeilen östlich von Berlinhafen.

Venushuk (von d'Urville benannt), in Broken Water Bay (»Anse aux eaux trouble« von d'Urville), westlich der grossen Hansa- (Vulcan-) Insel; nicht weit davon wurde mit der »Samoa« die Mündung des grossen Prinz Wilhelmflusses gesichtet.

Die Eingeborenennamen sind so niedergeschrieben, wie ich sie an Ort und Stelle aussprechen hörte, doch dürften aus mancherlei Gründen Irrthümer in der richtigen Bezeichnung keineswegs ausgeschlossen sein, was ich hier besonders bemerken möchte.

A. Anthropologie.

Race. Wie die Bewohner von ganz Neu-Guinea gehören auch die von Kaiser Wilhelms-Land zur Race der Papuas oder Melanesier und stimmen anthropologisch ganz mit den Eingeborenen der Südostküste und Ostspitze (vgl. II, S. 296 und vorne S. 16) überein. Maclay kam zu denselben Resultaten zwischen den Bewohnern der Westküste (Kowiay) und der entgegengesetzten südlicheren Maclayküste im Osten. Meine Bemerkungen basiren, wie ich wohl kaum zu bemerken brauche, auf zahlreichen an Ort und Stelle gesammelten Aufzeichnungen, von denen ich hier nur eine kurze Zusammenstellung des Wissenswerthesten geben kann. Ausser an den in dieser Abhandlung besprochenen 18 Localitäten bin ich noch an anderen mit Eingeborenen zusammengetroffen, so dass ich im Allgemeinen von den Bewohnern der ganzen Küste von Mitrafels bis Humboldt-Bai sprechen darf. Bergbewohner sah ich nur wenige aus den dem Constantinhafen angrenzenden niedriggelegenen Bergdörfern und fand hier ebensolche Menschen als die Küstenleute, ganz wie dies an der von mir besuchten Südostküste der Fall war und wie A. B. Meyer dies für die Küstenbewohner der Geelvinks-Bai und des Arfakgebirges schon früher darlegte.

Statur. Wie alle übrigen Papuas sind auch die von Kaiser Wilhelms-Land im Allgemeinen gut entwickelte, nicht allzu kräftige Menschen von Mittelgrösse. Der höchste von mir gemessene Mann hatte 1·700 M. Höhe; gewöhnliche Grösse 1·500—1·600 M. Frauen sind, wie fast stets, ansehnlich kleiner.

Physiognomie. Sie ist, wie bei allen Melanesiern, sehr verschieden, aber im Ganzen weniger negroid als bei Neu-Irländern und Salomons-Insulanern. Im Allgemeinen herrscht der Motutypus von der Südostküste vor, aber man findet häufig echte Judengesichter und Individuen, die so gut proportionirte Verhältnisse in Mund- und Nasenbildung zeigen, dass sie, mit Ausnahme der Hautfärbung, sich kaum von Europäern unterscheiden. Ein allgemein giltiger Typus für Papuas lässt sich eben nicht angeben. Wenn Wallace z. B. die grosse Nase der Papuas als besonders charakteristisch hervorhebt, so mag dies vielleicht für die Bewohner von Doreh zutreffen, aber als Charakter für die Race jedenfalls nicht. Ich habe wenigstens in ganz Melanesien niemals besonders grosse, wohl breite und platte Nasen gesehen. Beim weiblichen Geschlecht kommt der negerähnliche Typus mehr zur Geltung als bei Männern. Unter Kindern sind, wie bei allen Melanesiern, hübsche Gesichter gar nicht selten.

Hautfärbung. Im Allgemeinen herrscht ein Dunkelbraun, ähnlich wie Nr. 29 der Broca'schen Farbentabelle oder zwischen Nr. 28 und 29 vor, neigt aber häufig zu einem Farbentone wie zwischen Nr. 29 und 30 und selbst zu noch helleren Nuancen, wenn auch die helle Farbenvarietät im Ganzen nicht so häufig als an der Südostküste vorzukommen scheint. Dunklere Individuen (wie Nr. 28 und 43) finden sich ebenfalls. Es zeigt sich also auch hier wieder, was ich schon wiederholt betonte, dass die Hautfärbung kein bestimmtes Kennzeichen zur Charakterisirung für Papuas, wie anderen farbigen Völkern,[1] bietet. Es finden sich innerhalb ein und derselben Dorfgemeinschaft hellere und dunklere Individuen, wenn auch für die Mehrzahl häufig eine gewisse Färbung massgebend ist. So erscheinen die Bewohner des einen Dorfes zuweilen heller (wie zwischen Nr. 29 und 30), die eines anderen dunkler (wie zwischen Nr. 28 und 29), ohne deswegen verschiedene Stämme zu bilden. Dass diese Nuancirungen der Hautfärbung lediglich individuelle sind, wird am besten dadurch bewiesen, dass man bei dunklen Eltern hellere und dunklere Kinder beobachten kann. Albinismus habe ich nur einmal beobachten können, und zwar an einem Manne in Krauelbucht. Seine Hautfärbung entsprach Nr. 25, die Gesichtsfarbe Nr. 23; die Augen waren grünlichgrau, etwas blöde und lichtempfindlich. Hierbei will ich bemerken, dass ich in Bongu einen dunkelfarbigen Mann (Haut Nr. 29) mit graublauen Augen (gleich Nr. 14 bei Broca) beobachtete, der einzige Fall dieser Art, der mir überhaupt bei Melanesiern vorgekommen ist. Die Augen sind sonst stets dunkelbraun bis schwarz.

Hautkrankheiten, welche die Hautfärbung so sehr beeinflussen, sind sehr häufig und weit verbreitet, Schuppenkrankheit (*Ichthyosis*) und Ringwurm (*Psoriasis*) finden sich überall. Letzterer ist (wie wir durch Maclay wissen) erblich, belästigt aber die davon Befallenen anscheinend ebensowenig als *Elephantiasis*, die im Ganzen selten ist.

---

[1]) Ganz ähnlich verhalten sich die sogenannten Weissen. Auch hier finden sich innerhalb der »weissen« Hautfärbung Nuancirungen vom blendendweissen bis brünetten Teint, die fast ebenso erheblich sind als diejenigen bei Farbigen. Aber es ist stets sehr schwierig, diese verschiedenen Farbentöne sicher zu bezeichnen und Bezugnahme auf irgend eine Farbentabelle, selbst einer so unvollkommenen als der von Broca, unbedingt nothwendig. Wenn z. B. Hauptmann Dreger von den Eingeborenen von Huongolf sagt: »die Hautfarbe ist hellroth, an gebrannten Ocker erinnernd«, so ist dies jedenfalls eine sehr schlecht gewählte Bezeichnung. Ich notirte für die Eingeborenen hier: Nr. 28 und 29, mehr zu 29 hinneigend.

Pockennarben habe ich von Constantinhafen bis Humboldt-Bai an verschiedenen Localitäten beobachtet, bei Personen die in den vierziger Jahren stehen mochten, aber in Bongu auch bei einem Mädchen von circa 16 Jahren. Nach Maclay's Erkundigungen haben die Pocken etwa im Jahre 1860 in Bongu grassirt und viele Eingeborene weggerafft, aber nach dem obigen Mädchen zu urtheilen, muss die Krankheit auch noch später aufgetreten sein. Sie war damals von Nordwesten gekommen, was mit meinen Beobachtungen übereinstimmt. Syphilis war glücklicherweise noch unbekannt.

Haar. Dasselbe ist echt melanesisch, d. h. kräuslig, wird aber schon von frühester Jugend an in der verschiedensten Weise künstlich behandelt (siehe weiter hinten), dass man von natürlichem, durch die Kunst unberührten Haare kaum sprechen kann. Aber auch an dieser Küste traf ich, wenn auch seltener, Individuen mit schlichtem Haare, das nicht durch Auskämmen, sondern von Natur diese Beschaffenheit besass. Langes Papuahaar, von denen das einzelne eine korkzieherartig gewundene Spirale darstellt, wird nämlich durch Gebrauch des Kämmens schwach gewellt, fast schlicht. Ich habe dies bei christianisirten Papuamädchen der Missionsstationen, welche ihr Haar nach unserer Weise behandeln, häufig beobachten können. Nach den Untersuchungen von Miklucho-Maclay »unterscheidet sich das Papuahaar von jedem anderen gelockten Haare (auch eines Europäers) nur durch seine enge Ringelung. Mikroskopisch zeigen die Papuahaare (bei Männern) ungefähr die Stärke eines mitteldicken europäischen Haares.« Die Färbung des Haares ist meist dunkel bis fast schwarz, wird aber durch Behandlung mit Kalk und Asche, namentlich bei Kindern häufig bedeutend heller, bis löwengelb. Graues und weisses Haar ist so schon deshalb seltener zu beobachten, weil es meist mit Farbe bedeckt wird.

Augenbrauen wie Bartwuchs sind voll und reichlich entwickelt, werden aber durch Kunst sehr beeinflusst (siehe weiter hinten).

Sprachverschiedenheit, wie sie überall in Melanesien herrscht, findet sich auch an der Küste von Kaiser Wilhelms-Land; auf unserer Fahrt längs derselben hörten wir manchmal an einem Tage mehrere ganz verschieden klingende Sprachen. Nach Maclay werden in Astrolabe-Bai mehrere Sprachen gesprochen, wie sich dies schon bei Vergleichung verschiedener Wörter[1]) von Bongu, Bogadschi und den Archipel der zufriedenen Menschen zeigt. Polynesische Anklänge (z. B. in den Wörtern: *Niu* = Cocosnuss, *Manu* = Vogel u. a. m.) sind ebenfalls vorhanden und werden mitunter als Beweis für die polynesische Herkunft der Papuas gedeutet. Warum nicht in umgekehrter Weise? Denn jedenfalls wird das Uebereinstimmen gewisser Wörter ungemein überschätzt. Weit bedeutungsvollere Winke für die Herkunft der Papuas geben das Halten einer Art Haushund und des Haushuhnes, das überall in Neu-Guinea, selbst tief im Innern des Augustaflusses, beobachtet wurde. Für beide Arten Hausthiere bietet die Fauna aber keine Form, von der sich nur im Entferntesten eine Abstammung herleiten liesse. Die Annahme, dass die Papuas aus Ländern einwanderten, wo diese Hausthiere heimisch waren, hat daher Berechtigung.

[1]) So heisst z. B. Yams in Bongu *Aijan*, auf Grager *Dabel*; Banane: *Moga* (Bongu), *Fud* (Grager); Cocosnuss: *Munki* (Bongu), *Niu* (Grager); Bogen: *Aral* (Bongu), *Fi* (Grager); Betel: *Pinang* (Bongu), *Jeb* (Grager). Maclay beherrschte mit ungefähr 400 Wörtern die Bongusprache fast vollständig und nimmt an, dass diese Sprache im Ganzen etwa 1000 Worte besitzt.

B. Ethnologie.

I. Bevölkerung.

1. Erster Verkehr mit Eingeborenen.

Bei meinen Erfahrungen im Umgange mit sogenannten »Wilden« habe ich überall im besten Einvernehmen mit ihnen verkehrt, auch in Angriffshafen, das deshalb von d'Urville diesen Namen erhielt, weil ein Pfeil nach dem Schiffe abgeschossen wurde. Das Betragen von Eingeborenen, die nie Weisse gesehen, ist übrigens sehr verschieden: an dem einen Orte wird man freundlich, ja zutraulich aufgenommen, an einem anderen, vielleicht ganz nahe gelegenen, mit Misstrauen betrachtet, oder die Eingeborenen ergreifen selbst die Flucht. Es mag hierbei bemerkt sein, dass vor meinen Reisen die Küsten von Kaiser Wilhelms-Land noch niemals von den unheilvollen Arbeiterwerbeschiffen (Labourtradern) heimgesucht waren, die stets solche Eindrücke hinterlassen, dass die Eingeborenen meist ausreissen, sobald sie einen Weissen sehen. Im Allgemeinen betrugen sich die Eingeborenen[1]) überall sehr anständig und ruhig, und wir erhielten sogar Beweise von Gastfreundschaft. Neu waren mir gewisse Friedenszeichen, welche uns von Broken Water Bai westwärts verschiedene Male überreicht wurden. Sie bestehen in Blattstreifen, in welche Knoten geknüpft werden, wie das folgende Stück:

Friedenszeichen (Nr. 669, 1 Stück) vom Caprivifluss in Krauelbucht. Dasselbe besteht in einem Streifen den ein alter Mann von der Seitenfahne eines Cocosblattes abriss und mir in feierlicher Weise überreichte, nachdem er mehrere Knoten hineingeknüpft hatte. Zuweilen wurden auch zwei längere Streifen Cocosblatt benutzt, wovon die Eingeborenen den einen behielten und an den Mast ihres Canus anbanden. Winken mit grünen Zweigen, sowie Anbieten von Betelnüssen sind auch hier Zeichen freundschaftlicher Gesinnungen. In Humboldt-Bai wurde uns Wasser und gekochte, noch warme Yams angeboten.

Am lärmendsten und aufdringlichsten zeigten sich die Bewohner von Humboldt-Bai und wir hatten alle Mühe, uns ihrer Diebsgelüste zu erwehren. Die kleine »Samoa« mit ihren 13 Mann Besatzung war hier von etlichen 70 Canus mit zusammen an 600 bis 700 Eingeborenen, die alle ganze Bündel Waffen mit sich führten, umlagert, denen das kleine Fahrzeug durchaus nicht imponirte. Sie kannten bisher nur grosse Kriegsschiffe,[2]) wo man ihnen so viele Freiheiten erlaubt hatte, selbst Stehlen. Dass sie Pfeil und Bogen auf uns anlegten, nahmen wir ihnen nicht übel, denn es war nicht so schlimm gemeint.

2. Dichtigkeit der Bevölkerung.

Wie ganz Neu-Guinea, ist auch Kaiser Wilhelms-Land im Allgemeinen sehr schwach bevölkert, wie dies die Beschaffenheit des Landes wie seiner Bewohner be-

[1]) Das Betragen der Eingeborenen haben wir niemals so gefunden, wie es Powell schildert, wonach die Eingeborenen sich einem Schiffe schreiend, singend und mit kampflustigen Geberden nähern, als wenn sie sagen wollten: »wir sind zum Kampfe bereit«. Im Gegentheil zeigten sich die Eingeborenen stets furchtsam bis misstrauisch und hatten in den meisten Fällen ihre Waffen verborgen, die geringste Bewegung auf dem Schiffe brachte sie häufig zur Flucht.

[2]) Es waren die folgenden: 1858 (23. Juni bis 3. Juli) holländ. »Etna«; 1871 (8. bis 11. October) holländ. »Dasoon«; 1874 (23. Mai) engl. »Basilisk«; 1875 (23. und 24. Februar) engl. »Challenger«; 1875 (18. bis 21. December) holländ. »Soerabaja«; 1881 (29. und 30. März) holländ. »Batavia«; 1883 (5. und 6. September) holländ. »Sing-Tjin«. Die »Samoa« war (1885) das erste Handelsschiff und das erste unter deutscher Flagge, welches die Humboldt-Bai besuchte.

dingt.[1]) Das erstere ist vorherrschend gebirgig, die letzteren sind sogenannte Naturmenschen, die noch heute im Stadium der Steinzeit unserer Vorfahren leben. Der Naturmensch hat aber überall einen schweren Stand im Kampfe ums Dasein, und seine Vermehrung wird in mancher Richtung erschwert. Dazu gehört in Neu-Guinea, trotz allerdings beschränkter und gemässigter Polygamie, der geringe Kindersegen, das zeitige Verblühen der Frauen und die im Allgemeinen beschränkte Lebensdauer. Der Naturmensch besitzt auch wenig Widerstandskraft und selbst geringfügigere Krankheiten raffen Viele dahin, wie ich dies in Neu-Britannien erlebte.

Wenn auch der grösste Theil der Küste unbewohnt erscheint, so kann dies doch sehr erheblich täuschen, denn gewöhnlich liegen die Siedlungen hinter dem dichten Urwaldsgürtel des Strandes versteckt, und so erschien z. B. Astrolabe-Bai völlig unbewohnt. Im Allgemeinen sieht man längs der Küste dampfend sehr wenig von Dörfern. Am dichtesten fanden wir Siedelungen von Hatzfeldthafen bis zur Hansa- (Vulcan)-Insel und dann wieder an einigen Küstenstrichen zwischen Dallman- und Berlinhafen. Kleinere, nahe der Küste gelegene Inseln, wie Bilibili, Guap Sanssouci besitzen wegen ihrer geschützten Lage ebenfalls eine verhältnissmässig zahlreichere Bevölkerung. Bis jetzt liegen nur von ein paar Districten Schätzungen vor, und zwar Astrolabe- und Humboldt-Bai, die aber sehr verschieden lauten. Nach v. Miklucho-Maclay (1871) beträgt die Bevölkerung des Astrolabe-Golf 3500–4000, nach Dr. Schneider (1887) nur 1400. Für Humboldt-Bai gibt die »Etnareise« (1858) 5000 Bewohner an, eine Zahl, die Beccari (1875) auf 3000 herabsetzt und die nach meiner Schätzung (1885) schon mit 1500 reichlich hoch angeschlagen ist. Diese erheblichen Schwankungen beruhen nicht auf Abnahme der Bevölkerung, sondern mehr auf Verschiedenheit der Schätzung. Immerhin kann auch Verminderung der Siedelungen, respective der Bevölkerung stattfinden. So haben nach Maclay Erdbeben an der Maclayküste die Bevölkerung erheblich geschädigt. Wir selbst fanden hier eine Anzahl verlassener Dörfer und von den grossen Siedelungen, die Moresby noch 1874 von Hercules-Bai erwähnt, keine Spur mehr. Die Gebirge sind, wie sich dies leicht erklären lässt, spärlicher bevölkert als die Küsten. Maclay bemerkt dies schon für die Port Constantin begrenzenden Berge und die Expedition nach dem Finisterre-Gebirge fand dasselbe fast unbewohnt. Für das Innere, über welches nur die Berichte vom Augustafluss vorliegen, gestalten sich die Verhältnisse kaum günstiger. Denn wenn auch tief im Inneren einige ansehnliche Siedelungen angetroffen wurden, so verzeichnet die Karte doch für den ganzen, 380 engl. Meilen langen Stromlauf nur 26 Siedelungscentren.

Jedenfalls gibt es in Kaiser Wilhelms-Land keine grossen Reiche. Die Eingeborenen leben nur in kleineren Stämmen zusammen, die meist über einige benachbarte Dörfer nicht hinausgehen und mit weiter entfernteren häufig in Fehde stehen. Die Häuptlinge scheinen, wie meist, nirgends grossen Einfluss zu besitzen. Sclaverei[2]) ist mir, wie überhaupt in Melanesien, nirgends vorgekommen. Der Tauschhandel vermittelt auch an dieser Küste den friedlichen Verkehr der Eingeborenen, und es gibt, wie überall, gewisse Centralpunkte. Ein solcher ist z. B. die kleine Insel Bilibili mit ihrer hervorragenden Töpferei. Wie die Bilibiliten einerseits weite Handelsreisen zum Vertriebe ihrer Fabrikate bis Karkar und Cap Telista unternehmen, so werden sie anderer-

[1]) Der Gothaer Hofkalender kennt die Einwohnerzahl ganz genau und gibt sie rund auf »circa 109.000« an! Nun das wird dann wohl richtig sein, wenn auch selbstredend Solche, die das Land einigermassen an ein paar Stellen kennen, kaum eine Schätzung wagen würden.

[2]) Powell lässt gleich die prächtigen Culturen auf dem Terrassenlande von »Sclaven« bearbeiten.

seits auch von den Bewohnern jener Gegenden besucht, Verhältnisse, die sich in ganz ähnlicher Weise an der Südostküste und Ostspitze wiederfinden. In Finschhafen verkehren Canus von der Rook-Insel. Im Ganzen ist die Heimatskunde der Eingeborenen eine sehr beschränkte und erstreckt sich nur längs den Küsten per Segelcanu bis auf höchstens 100 Seemeilen, geht aber nach dem Inlande meist nicht über die benachbarten Dörfer hinaus.

3. *Siedelungen.*

So grosse Dörfer wie z. B. Maupa an der Südostküste habe ich in Kaiser Wilhelms-Land nicht gesehen. Aber nach den Berichten der Expeditionen auf dem Kaiserin Augustafluss gibt es hier im Innern einige ansehnliche Dörfer. So wird Malu auf 1000 Einwohner geschätzt. Gewöhnlich sind die Dörfer meist klein, bestehen aus 10 bis 20 Hütten, die in einzelne Gruppen, oft versteckt von einander vertheilt sind und zählen 40 bis 80 Bewohner. Solche mit 30 Häusern, wie z. B. Bongu, und 100—150 Einwohnern dürfen schon als gross gelten. In dem berühmten Pfahldorfe Tobadi in Humboldt-Bai zählte ich 32 Häuser (Beccari gibt 40 an, die »Etna«-Expedition 90!) und schätzte die Bevölkerung auf 250. Bei Weitem kleiner und unansehnlicher sind nach den übereinstimmenden Berichten die Gebirgsdörfer, die oft nur aus 4 bis 6 Hütten bestehen, und wo ein Dutzend solcher schon eine ansehnliche Siedelung ausmachen.

II. Lebensunterhalt und Bedürfnisse.

1. *Landbau und Hausthiere.*

Landbau liefert die vorherrschende, fast kann man sagen ausschliessende Nahrung der Eingeborenen, denn auch in diesen Tropengegenden wächst dem Menschen nichts in den Mund und er kann nicht ernten, ohne gesäet zu haben. Und da muss man wieder den ungeheuren Fleiss dieser meist als »faul« gescholtenen »Wilden« bewundern. Das Ausroden und Urbarmachen eines Stückes Urwald ist in der That eine gewaltige Arbeit und lässt sich nicht blos mit Niederbrennen bewältigen. Unzählige, oft ziemlich dicke Bäume müssen gefällt werden, und man begreift kaum, wie dies mit Steinäxten möglich ist.

Als Spaten dienen an 2 M. lange zugespitzte Stöcke (*Udscha* in Constantinhafen) mit denen die Männer das Erdreich aufbrechen, während die Weiber mit einer Art hölzerner Schaufel (*Udscha-Sab*) die Schollen zerkleinern und zum Schluss die Kinder mit den Händen die Erde vollends zerreiben, Steine auslesen etc. Zum Schutz gegen die Verwüstungen der Wildschweine muss die Plantage noch mit einem hohen Zaune eingefriedigt werden, was ebenfalls ein schweres Stück Arbeit ist. Diese Einzäunungen werden in verschiedener Weise gemacht. In Constantinhafen benutzt man Schösse des wilden Zuckerrohres (*Tura*), die schnell ausschlagen und eine dichte Hecke bilden. Alle diese Arbeiten werden gemeinschaftlich verrichtet und jede Familie erhält dann in der Plantage ein gewisses Stück Land zur Bearbeitung. Die Plantagen liegen meist abseits von den Dörfern mitten im Urwalde, oder mit Vorliebe an steilen Berghängen. Blosseville-Insel ein circa 1200 Fuss hoher, mitten aus dem Meere aufsteigender, jetzt todter Vulcankegel, zeigte an den ganz ausserordentlich schroff abfallenden Abhängen ausgedehnte Plantagen, am Kraterrande ein hübsches Dorf (vgl. Abbild. »Samoafahrten«, S. 365); kaum begreiflich, wie da Menschen hinaufgelangen konnten.

Künstliche Bewässerung, wie sie Powell[1]) vom Terrassenlande beschreibt, ist mir weder hier noch anderswo in Neu-Guinea vorgekommen; auch die, welche nach mir das Terrassenland besuchten, bemerkten davon nichts.

Culturgewächse. Die Hauptculturpflanzen der Eingeborenen von Kaiser Wilhelms-Land, wie aller Papuas, sind Taro (*Bau*, Constantinhafen), Yams (*Ajan*) und Banane (*Moga*) in verschiedenen Abarten, ausserdem süsse Kartoffeln, Zuckerrohr (*Deu*), eine Art kleiner Bohne (*Mugar, Flagellaria indica*) und ganz besonders die Cocospalme (*Munki* in Constantinhafen), welche in ganz Kaiser Wilhelms-Land überall beschränkt[2]) und nur cultivirt vorkommt. Sago (*Bom*) wird bei dem localisirten Auftreten dieser Palme nur in gewissen Districten von hervorragender Bedeutung und in solchen, wie dies an der Südostküste der Fall ist, Mittel zum Tauschhandel. Brotfrucht (*Artocapus incisa*, »*Boli*«, Constantinhafen) spielt im Haushalt der Papuas dieser Küste keine grosse Rolle, wie dies für einige andere wildwachsende[3]) Früchte und Nüsse (z. B. die einer *Canarium*-Art — »*Kengar*« in Constantinhafen — vgl. »*A galib*«, I, S. 100) gilt. Wurzeln von Ingwer und Curcume habe ich öfters bei den Eingeborenen beobachtet, aber nicht von ihnen essen sehen, doch mag es geschehen; jedenfalls aber nicht in der Form als Zuthat beim Essen wie unsere Gewürze. Tabak und andere Reizmittel werden später erwähnt werden. Wie die wilden Früchte in verschiedenen Monaten des Jahres reifen, so auch die cultivirten, deren Anbau daher abwechselt und deren Pflege dieselbe Sorgfalt erheischt, als wie dies (II, S. 321) bereits mitgetheilt wurde. Die von Maclay zuerst in Constantinhafen eingeführten Früchte: Kürbis und Wassermelonen (»*Arbusen*«), Mais (»*Kukurus*«), die unter ihrem russischen Namen bei den Eingeborenen bekannt sind, haben im Ganzen wenig Beifall gefunden, aber eine zum Theil ziemlich weite Verbreitung. Ganz besonders gilt dies für den Melonenbaum (*Carica papaya*). Einen Maiskolben (als Haarputz benutzt) erhielt ich einmal bei Venushuk.

Hausthiere, in gewissem Sinne, sind Hund (*Ssa* in Constantinhafen) und Schwein.[4]) Ersterer eine kleine dingoartige Race, mit spitzen Ohren (Abbild. »Samoafahrten«, S. 53) und stark gekrümmtem Schweif, die in allen möglichen Farben (auch weiss, weiss und schwarz gefleckt) vorkommt; letztere Abkömmlinge der beiden Neu-Guinea eigenthümlichen Arten (*Sus papuensis* und *S. niger* Finsch, vgl. Abbild. »Samoafahrten«, S. 52). Hühner (*Tutu* in Constantinhafen) finden sich überall, aber nicht zahlreich und werden eigentlich nur der Federn wegen gehalten; nach v. Maclay aber auch deshalb, weil die Papuas den Hahnenschrei als Verkünder des Morgens lieben. Der Federn halber werden auch gewisse Papageien gehalten, die man jung aus dem Nest nimmt und aufzieht. Im Ganzen habe ich aber nur wenige Male *Eclectus polychlorus* und

[1]) »They use also a system of irrigation, by means of pipes made of bamboo joined together with gum, obtaining the water from the numerous streams that flow from the montains above.«

[2]) So namentlich auch an der ganzen Küste westlich von Berlinhafen. Aber Powell beschreibt sie: »with plenty of coco-nut-palm groves and wild ‚nutmeggs' (!)«.

[3]) Nach Dr. Hollrung: Früchte von drei *Jambosa*-Arten, *Pandanus*, *Tabernaemontana*, zweier *Bassia*, *Citrus*, *Owenia*, *Averhoa Blimbi*, *Eugenia*, *Mango*, Beeren von *Rubus mollucanus*, Samen von *Nelumbium speciosum*, Fruchtkapseln von *Nymphaea*. Am Augusta wird auch eine Meldenart (*Amarantha Blitum*) in den Plantagen als Gemüse cultivirt.

[4]) Beachtenswerth ist die merkwürdige Aehnlichkeit des Wortes für Schwein in verschiedenen Papuasprachen, die auf einen gemeinsamen Ursprung schliessen lässt und wobei bemerkt werden muss, dass *r* und *l* meist gleich sind. Schwein heisst: *Boroma* (in Motu, Port Moresby), *Boroke* oder *Buruka* (Dinner-Insel), *Poru* (Bentley-Bai, Chads-Bai), *Poro* (Humboldt-Bai), *Bor* (Friedrich Wilhelms-Hafen, Caprivi, Tagai), *Bol* (Bilia), *Bo* (Finschhafen), *Bulbul* (Bongu), *Amburro* oder *Amberreu* (Blanche-Bai), *Boa* (Salomons, Bugainville).

Cacatua Triton gezähmt bei den Hütten gesehen. Aber es war mir dabei interessant, z. B. am Caprivíflusse ganz dieselbe ingeniöse Weise der Befestigung mittelst einer Cocosschale zu beobachten, als wie in Kerräpuna an der Südostküste. Im Uebrigen gilt das von dort Gesagte (II, S. 322) auch für diese Küste.

Erwähnt mag noch sein, dass v. Miklucho-Maclay 1883 an Bord des russischen Kriegsschiffes zuerst Rindvieh, und zwar der grossen Zeburasse von Java, nach Bongu (hier nach dem Russischen »*Ilika*« genannt) einführte, wovon ich einen Bullen und eine Kuh 1884 noch sah. Die zu gleicher Zeit mitgebrachten Ziegen waren eingegangen und der humanistische Zweck überhaupt nicht erfüllt worden. Die Rinder waren für die Eingeborenen, wie sich erwarten liess, kein Segen, sondern eine Last geworden, indem sie ihre Plantagen gegen die Verwüstungen derselben kaum zu schützen vermochten. Jetzt sind ausser Rindern auch Pferde in beschränkter Zahl eingeführt worden und gedeihen gut, wie dies schon längst von den in Port Moresby eingeführten Pferden nachgewiesen war. An der Ostspitze Neu-Guineas wurden Rinder und Schafe zuerst durch mich eingeführt (s. vorne S. 24).

2. *Jagd und Fischerei.*

Jagd. Bei der bekannten Armuth Neu-Guineas an Säugethieren kommt Jagd nur untergeordnet in Betracht und erklärt das Fehlen eigentlicher Jägerstämme von selbst. Die Fauna, ganz mit der Australiens übereinstimmend, besitzt vorwiegend Beutelthiere *(Marsupialia)*, eine ziemliche Anzahl Flederthiere (darunter grosse fruchtfressende fliegende Hunde), wenige kleine Nager (leider auch verheerende Mäuse), kein einziges Raubthier, von grösseren Säugern nur zwei Arten Wildschweine[1]) (s. vorn S. 50). Es sind dies alles Thiere von vorwiegend nächtlicher Lebensweise, so dass man von ihnen mit Ausnahme fliegender Hunde, deren Kreischen häufig die Stille der Nacht unterbricht, und den Spuren der Verwüstungen der Wildschweine kaum etwas sieht und hört. Kängurus sind mir niemals vorgekommen, aber ich habe den Namen des Thieres in Astrolabe-Bai nennen hören. Merkwürdiger Weise erwähnt v. Maclay das Känguru selbst nicht, sondern beiläufig nur Knochen desselben. Dennoch wird die eine oder andere Art Känguru auch in Kaiser Wilhelms-Land nicht fehlen und diese Thiere sind bisher wohl nur übersehen worden, da manche derselben, wie ich aus Erfahrung weiss, im Dickicht des Urwaldes eine sehr versteckte Lebensweise führen, z. B. *Dorcopsis luctuosus*, das ich im Inneren von Port Moresby jagte.

Ueber die Jagdweise der Eingeborenen habe ich keine Beobachtungen machen können. Aber Maclay erwähnt Treibjagden, die im Juli und August stattfinden, und bei denen in systematischer Weise das dürre Gras angezündet wird, also ganz so, wie dies an der Südostküste geschieht. Die durch das Feuer aus ihren Schlupfwinkeln aufgejagten Thiere, meist kleine Beutler,[2]) aber auch »viele Wildschweine«, werden mit

[1]) Wenn Dr. Hollrung meint, dass diese sowie das Wallabi in Kaiser Wilhelms-Land »dem Aussterben nahe sind,« so ist dies eine ebenso unbegründete Annahme als die der muthmasslichen Ausrottung von grossen Thieren (»wie Tiger, Leopard, Elephant, Rhinoceros, Affe, Hirsch«) durch die »nichts schonenden Eingeborenen«. Ganz abgesehen, dass dafür die Letzteren viel zu wenig zahlreich und schlecht bewaffnet sind, so ist die Säugethierfauna von Neu-Guinea doch so gut bekannt, dass man auch in Kaiser Wilhelms-Land keine der genannten Thierarten (die alle der indo-malayischen Fauna angehören) erwarten durfte.

[2]) Hauptsächlich eine Art Bandikut oder sogenannter Beuteldachs (*Brachymeles Garagassi*, Maclay), in Astrolabe-Bai »*Abana*« genannt.

Speeren und Knitteln getödtet. In Finschhafen sah ich auch grosse Netze, »*Uh*«[1]) genannt, zu Treibjagden auf Wildschweine, ganz wie solche an der Südostküste gebraucht werden; ebensolche in Humboldt-Bai. In den »Nachrichten aus Kaiser Wilhelms-Land« werden auch Fallgruben für Wildschweine erwähnt. Im Fallenstellen besitzen die Papuas wenig oder kaum Kenntniss, wie bei ihnen Pfeil und Bogen zum Jagen nur von untergeordneter Bedeutung sind. Das Hauptjagdgeräth bleibt der Wurfspeer. Nach der Häufigkeit von Casuarfedern zu urtheilen, müssen Casuare an der ganzen Küste vorkommen. Vermuthlich werden sie auch hier, wie im Südosten, in grossen Stellnetzen bei Treibjagden gefangen. Crocodile (in Finschhafen »*Oa*« genannt), im Ganzen nicht häufig, scheinen nur selten erlegt zu werden; ich sah an der ganzen Küste nur drei Schädel und doch verwahrt man solche so gern als Erinnerungszeichen in den Gemeindehäusern.

Fischerei wird überall betrieben und nimmt einen nicht unwesentlichen Antheil an der Ernährung, namentlich der Küstenbewohner. Sehr geschickt angelegte Fischwehre, welche durch Flickelwerk kleinere Buchten abschlossen, habe ich in Finschhafen und dem Archipel der zufriedenen Menschen gesehen, und wie von den Bergbewohnern berichtet wird, betreiben diese in gleicher Weise Fischfang in Flüssen und Bächen. Fischnetze, oft sehr gross und accurat gearbeitet, mit Holzschwimmern und Senkern von Muschel (meist *Arca*), in Finschhafen »*Uassang*« genannt, habe ich an der ganzen Küste beobachtet. Ebenso die bekannten Fischspeere (I, S. 108), in Constantinhafen »*Jur*« genannt, aus einem an 3 M. langen Bambu mit vier bis neun kranzförmig geordneten Holzspitzen. Sie werden mit der Hand geworfen, die ganz ähnlichen, aber viel kleineren Fischpfeile (vgl. Nr. 813) mit dem Bogen geschossen. Nach v. Maclay werden die Fischspeere zu nächtlichen Fischereien bei Fackelschein benutzt. Fischkörbe, aber bedeutend kleiner und anders construirt als in Neu-Britannien (I, S. 107, »*A wup*«) sah ich in Finschhafen (hier »*Nemo*« genannt) und in Astrolabe-Bai (»*Nenir*« in Bongu); ebenso Fischhamen, im Uebrigen kein anderes Fanggeräth. Am häufigsten sind Fischhaken, wie die folgenden Stücke:

Fischhaken (Nr. 155, 4 Stück) aus einem 6 bis 9 Cm. langen, runden, aus *Tridacna* geschliffenen Stiel, an dem mittelst feinem Bindfaden ein flacher, an der Basis breiter Haken aus Schildpatt sehr kunstreich befestigt ist. Finschhafen, hier »*Ing*« genannt, der Stiel aus *Tridacna* »*Ping*«, der Haken aus Schildpatt »*Sai*«. In Friedrich Wilhelms-Hafen heisst Fischhaken »*Aule*«.

Desgleichen (Nr. 156, 1 Stück), wie vorher, aber der Haken aus Knochen gearbeitet. Daher.

Diese Fischhaken stimmen in ihrer eigenthümlichen Form am meisten mit denen von Banaba (Ocean Isl., Nr. 147) überein und sind häufig wahre Muster accurater Arbeit und zuweilen mit Schnitzerei in durchbrochener Arbeit. Der bis 16 Cm. lange Stiel ist meist aus *Tridacna*-Muschel (Ethnol. Atlas, Taf. IX, Fig. 3, 4), seltener aus *Hippopus* (ibid. Fig. 5), zuweilen, wie der Haken, aus Knochen.[2]) Häufig ist der ganze Haken aus einem Stück Schildpatt verfertigt (Ethnol. Atlas, Taf. IX, Fig. 7, 8), oder noch häufiger ein solcher an ein längliches bearbeitetes Muschelstück festgebunden (wie Ethnol. Atlas, Fig. 6). Perlmutter habe ich nie verwendet gefunden. Die meist ziemlich dünne, aber aus sehr haltbarer Faser (wohl von *Pandanus*) verfertigte Fischleine (in Finsch-

[1]) Dasselbe Wort bedeutet in Bongusprache »*Penis*«.

[2]) Da diese Knochenstücke zuweilen eine Dicke von 14 Mm. im Durchmesser haben, so können sie wohl nur von Walthieren herrühren, da unter den Landthieren keines mit so dicken Knochen vorkommt.

hafen »*Gam*«) ist nicht mittelst eines Loches, sondern in einer sehr seichten Einkerbung oder Rille an der Basis des Stieles festgebunden. Obwohl die Befestigung anscheinend keine sichere ist, so wird die Praktik der Eingeborenen auch hier das Richtige getroffen haben. Die Grösse dieser Fischhaken ist sehr verschieden. Ein kleines geflochtenes flaches Täschchen von 10 Cm. Länge und 5 Cm. Breite, welches ich in Finschhafen kaufte, enthielt acht Fischhaken, darunter den kleinsten von nur 28 Mm. Länge, aus einem Stück Schildpatt gearbeitet, welchen ich sah.

Diese Fischhaken dienen nicht zum Angeln, das der Papua nicht kennt, sondern werden in der Weise wie die Haken beim Makrelenfange angewendet, d. h. an einer Leine einem schnellsegelnden Canu nachgezogen. Der weisse glänzende *Tridacna*-Stift dient dabei als Köder, auch mag solcher in anderer Form (Blattstreifen o. dgl.) befestigt werden. Fischhaken, stets in den gleichen Formen wie oben beschrieben, habe ich von Huongolf bis in Friedrich Wilhelms-Hafen sehr häufig erhalten, weiter westlich keine mehr, obwohl solche auch hier vorhanden sein werden. Wie innig die Küstenbewohner mit Fischerei verbunden sind, zeigt die häufige Darstellung von Fischen in rohen Malereien an den Canus, wie in oft recht gelungenen Holzschnitzereien, die in dem figürlichen Schmuck der Gemeindehäuser hauptsächlich vertreten sind (vgl. Abbild. »Samoafahrten«, S. 74 und S. 358).

3. *Schifffahrt.*

Die Eingeborenen der Küsten von Kaiser Wilhelms-Land stehen auf einer hohen Stufe der Entwicklung im Canubau, und ihre Erzeugnisse in dieser Richtung gehören mit zu den bewundernswerthesten des Steinzeitalters. Die grossen, zuweilen zweimastigen Segelcanus, wie ich sie z. B. auf Long-Insel und in Finschhafen sah, sind in trefflicher Ausführung und Segeltüchtigkeit den Fahrzeugen an der Ostspitze kaum nachstehend. Grosse doppelmastige Canus in Finschhafen (hier »*Uang*« genannt), haben eine Länge von 50 Fuss; aber der Baumstamm, welcher den Kiel bildet, ist nur 2½ Fuss breit; die Höhe des Mastes (»*Jamu*«) mag 20 Fuss betragen. Da sich derartige Gegenstände[1]) mit einem kleinen Schiffe wie die »Samoa« nicht mitbringen lassen, so musste ich mich mit Aufzeichnungen begnügen, aus denen ich hier nur einen kurzen Ueberblick geben kann. Bezugnahme auf meinen Ethnologischen Atlas wird zum besseren Verständniss beitragen, da blosse Beschreibungen durchaus unzureichend bleiben.

Wie die meisten Canus bestehen auch die an diesen Küsten im Wesentlichen aus einem ausgehöhlten Baumstamme, wohl meist vom Brotfruchtbaume, mit Ausleger an einer Seite und einer Plattform in der Mitte, wie dies der Grundriss (Ethnol. Atlas, Taf. VI, Fig. 1) von Bongu zeigt. Auf den Baumstamm ist seitlich ein Brett (selten zwei) aufgebunden (vgl. Ethnol. Atlas, Taf. VI, Fig. 2), an jedem Ende ein schmäleres, das zuweilen geschnitzt, selbst durchbrochen gearbeitet ist. Ein derartiges Brett, wie es z. B. der Ethnologische Atlas (Taf. VI, Fig. 7) von Bongu darstellt, und das in der Form wie ausgesägt aussieht, ist ohne Säge, allein mit Steinaxt gefertigt, eine mühevolle Arbeit und gibt einen Begriff, was erst die Herstellung eines ganzen Canu bedeutet. Dieser Typus von Canus findet sich von Huongolf bis nach Karkar. Die Enden des Canu sind zuweilen hübsch geschnitzt (in Finschhafen meist mit einem menschlichen Gesicht oder einer Schlange in Haut-relief), die Seitenborde mit eingravirten oder be-

[1]) Aus Neu-Irland brachte ich ein Canu mit allem Zubehör von 7·50 M. Länge mit, und ein anderes seetüchtiges Canu erhielt das Berliner Museum früher durch mich von den Marshalls-Inseln.

malten Mustern verziert (wie Taf. VII, Fig. 9 von Huongolf). Kleine Canus tragen 2 bis 3 Erwachsene und werden mit Rudern fortbewegt, grössere ein Dutzend und mehr und führen einen bis zwei Masten, die dann divergirend schief nach vorn und hinten gerichtet sind. Der Mast ist meist ohne besondere Verzierung und das viereckige fast quadratische Segel (vgl. Taf. VIII, Fig. 6 von Huongolf) ist aus groben Mattengeflecht aus *Pandanus*-Blatt gefertigt oder mit dem eigenthümlichen zeugartigen Bast von der Basis des Cocospalmblattes zusammengenäht. Grosse Canus tragen auf der Plattform einen kastenartigen Aufbau, aus Stäben, wie ein Käfig, auf diesem zuweilen noch eine zweite Plattform, wie auf Bilibili (vgl. »Samoafahrten«, S. 84). Ich zählte hier 14 grosse Canus am Strande. Sie zeichnen sich durch einen gebogenen Schnabelansatz an beiden Spitzen aus, an dem Faserbüschel als Schmuck befestigt sind, wie solche an den Segelstangen. Die lange vorragende Spitze des Canu ist, wie die des Mastes, mit Vorliebe mit rothbemalten *Nautilus*-Muscheln verziert, hier zuweilen auch eine Holzschnitzerei, einen Vogel o. dgl. darstellend, angebracht. Sehr reichen Ausputz zeigten die Canus von Long-Insel (vgl. Ethnol. Atlas, Taf. VI, Fig. 6, Taf. VIII, Fig. 1 und 2).

Einen abweichenden Typus in Bauart wie Ausputz zeigen die Canus westlich von Karkar. Sie zeichnen sich durch hübsche Schnitzereien der beiden verschmälerten Endtheile aus, die meist einen Menschen- oder Crocodilkopf darstellen (wie Ethnol. Atlas, Taf. VII, Fig. 4 von Dallmannhafen und Taf. VII, Fig. 5 von Venushuk) oder ein ganzes Crocodil (vgl. Abbild. »Samoafahrten«, S. 292). Diese Figuren sind nicht aufgesetzt, sondern aus dem Ganzen des Canuendes gezimmert und werden für dieses Gebiet charakteristisch. Das viereckige Segel ist aus Mattengeflecht (Taf. VIII, Fig. 5 von Hammacherfluss) oder Bast von der Basis des Blattes der Cocospalme, die Mastverzierungen oft sehr originell, meist Faserbüschel und Figuren aus Tapa o. dgl. gefertigt, z. B. in Form eines Kreuzes (Ethnol. Atlas, Taf. VIII, Fig. 3 von Venushuk) oder eine Vogelgestalt aus Federn (Taf. VIII, Fig. 4, Fregattvogel, daher). Am Caprivifluss waren am Mast lange aus Gras geflochtene Ketten befestigt. Auf der breiten Plattform grosser Canus, die bis 16 Mann tragen, ist an jeder Seite ein hoher, schmaler, käfigartiger Kasten, meist mit Waffen gefüllt. Von Caprivifluss bis Guap westlich ist die Plattform auf Stützen tischartig erhöht, so dass sich diese Canus schon von Weitem als besondere auszeichnen (vgl. Ethnol. Atlas, Taf. VIII, Fig. 10, von Guap, hier mit Ruderern, auf dem Aufbau der Häuptling mit dem mit Casuarfederbüschel verzierten Staatsspeer und Taf. VIII, Fig. 7, mit gesetztem Segel vom Hammacherfluss). Wie Bilibili für Astrolabe, so scheint Guap für dieses westliche Gebiet ein Centrum der Schifffahrt; ich zählte am Strande der Insel nicht weniger als 37 Canus.

Westlich von Guap ist ein senkrecht stehender Schnabel, der an die Gondeln Venedigs erinnert, charakteristisch (vgl. Ethnol. Atlas, T. VI, Fig. 2*a* und Taf. VII, Fig. 3 von Tagai), wenigstens für die grossen Canus, die oft 20 Mann fassen, wovon allein 14 auf der Plattform Platz finden. Die Mastspitze ist zuweilen mit einem grossen Büschel Casuarfedern verziert, das viereckige Segel aus Cocosblattbast. Weiter westlich in Mussilia habe ich diesen Schnabelaufsatz nicht beobachtet, aber die Seiten des Canu zeichneten sich durch reiche Figurenverzierung aus (Taf. VII, Fig. 1, mit Fischen, eingebrannt). In ähnlicher Weise waren auch die Canus in Angriffshafen (Taf. VII, Fig. 2) ornamentirt, ausserdem aber noch durch besondere kunstvolle Schnitzereien, die an jedem Ende angebunden werden, ausgezeichnet, wie die folgende Nummer:

Canuschnabel (Nr. 185, 1 Stück) · II, S. 358, Taf. XXII (14), Fig. 4 — aus einem Stück zum Theil durchbrochen geschnitzt, groteske Fische darstellend, die Spitze einen Vogelkopf; die meisten Partien der Abbildung sind vertieft gearbeitet.

Diese Schnitzereien werden mit der Basis *(a)* in die Spitze der Canu eingesetzt und festgebunden. Manche Canus tragen an beiden Enden solche geschnitzte Schnäbel. Obwohl gleich in der Form, sind derartige Schnitzereien doch in der Anordnung der figürlichen Darstellung sehr verschieden und finden sich in derselben Weise auch am Sechstrohfluss und in Humboldt-Bai, selbstredend nicht an jedem Canu. Auch die Plattform ist zuweilen mit kunstvollen, buntbemalten Schnitzereien, plastische Darstellungen von Fischen und Vögeln, verziert, die Mastspitze nicht selten mit einem Casuarfederbüschel. Das viereckige Segel[1]) besteht gewöhnlich aus Mattengeflecht von *Pandanus*-Blatt. Grosse Canus tragen 8 bis 10 Menschen.

Canus ohne Auslegergeschirr, d. h. nur aus einem Baumstamme bestehend, sind mir nur in Dallmannhafen vorgekommen. Nach den Berichten vom Augusta ist dies aber dort die einzige Form; auch werden reiche Verzierungen derselben in Holzschnitzarbeit erwähnt. Sehr primitive Wasserkutschen sah ich in Massilia, wo junge Burschen auf mehreren zusammengebundenen Blattstielen von Palmen knieend herausgerudert kamen (vgl. Bild »Samoafahrten«, S. 323). Am Sechstroh genügten Baumwurzeln an ein paar Stücken Bambu festgebunden (»Samoafahrten«, S. 344).

Das Tauwerk besteht zuweilen aus

Strick (Nr. 138, 1 Probe), von Finschhafen (hier »*Lepa*« genannt), von der Dicke eines kleinen Fingers, zweidrähtig, sehr accurat gedreht, aus einer Art Bast (wohl von *Hibiscus tiliaceus*). Meist aus gespaltenem Rottang aus Lianen verfertigt. Als Ankertau wird ebenfalls ein langer Rottang benutzt, als Anker krumme Wurzel- oder Aststücke mit einem grossen Steine oder mehreren kleineren, die mit Rottang eingeflochten sind.

Da Canus stets undicht sind und fortwährenden Schöpfens bedürfen, so sind besondere Geräthe erforderlich. Zuweilen bedient man sich nur der Hände, einer *Triton*-Muschel oder eines Stielabschnittes der Nipapalme (Hatzfeldthafen, Tagai). Im Osten, von Huongolf bis Astrolabe, beobachtete ich meist aus Holz geschnitzte Schöpfer, in sehr praktischer Form, zuweilen mit hübschem Schnitzwerk.

Als Feuerstätte, schon wegen des Rauchens unentbehrlich, dient gewöhnlich ein mit Sand gefüllter Topfscherben oder ein Stück Blattbast der Sagopalme mit einer Lage Sand oder Corallgeröll.

Zum Rudern werden 2 bis 3 M. lange Padel benutzt, in der allgemein üblichen Form mit rundem langen Griff und lang-lanzettförmigem Blatt, wie ich dieselbe an der ganzen Küste beobachtete. Die Ruder, oft aus hartem Holz und mit reicher Schnitzarbeit am Griff, seltener auf dem Blatte verziert, sind die besten welche ich in Neu-Guinea sah, wie die folgenden Nummern zeigen:

Ruder (Nr. 175, 1 Stück), mit Schnitzwerk. Huongolf.

Desgleichen (Nr. 176, 1 Stück), mit feiner Schnitzarbeit. Finschhafen, hier »*Oo*«[2]) genannt.

Zum Steuern dient meist ein gewöhnliches Ruder, grosse Canus führen zuweilen ein grösseres und schwereres in der gleichen Form, aber am Ende abgestutzt (wie Ethnol. Atlas, Taf. IV, Fig. 8 von Bongu), das in einer Schlinge von Strick befestigt ist.

[1]) Die merkwürdige Form der Segel »ähnlich den Flügeln eines fliegenden Fisches«, wie sie Powell aus dem westlichen Gebiete zwischen Passier Point und Humboldt-Bai, ohne Angabe einer bestimmten Localität beschreibt, habe ich weder hier noch sonst in Neu-Guinea beobachtet und doch stets Canus meine besondere Aufmerksamkeit zugewandt.

[2]) In Bongusprache heisst dies Wort »*Vulva*«.

Nicht alle Küstenbewohner von Kaiser Wilhelms-Land besitzen übrigens Canus, sondern zuweilen fehlen dieselben in einzelnen Strichen ganz, einmal weil die Bewohner den Bau nicht verstehen, oder weil sich das Landen der Brandung wegen von selbst verbietet. Zu den besten Canus gehören die von der Insel Bilibili, mit denen die Eingeborenen Handelsreisen bis an 100 Seemeilen unternehmen. Auch Canus von Rook-Insel besuchen Finschhafen und umgekehrt. Aber die Eingeborenen sind keine eigentlichen Seefahrer, gehen nie aus Sicht des Landes und nur dann aus, wenn Wind und Wetter günstig scheinen. Und im Allgemeinen ist es ja an diesen Küsten ruhig, für Segelschiffe oft zu ruhig.

4. Häuser und Hausrath.

Häuser. Obwohl ich eingehendere Studien nur in beschränktem Masse machen konnte, so zeigen dieselben doch, dass jedes Gebiet einen besonderen Baustyl besitzt, wie eine Vergleichung typischer Häuser in den »Samoafahrten« (Bongu S. 46, Tiar S. 101, Finschhafen S. 176, Dallmannhafen S. 308, Humboldt-Bai S. 352) am besten lehrt. Diese Häuser weichen von denen der Südostküste (II, S. 316—319) meist erheblich ab und sind im Ganzen besser gebaut, ja zum Theil sehr stattliche Bauwerke (wie z. B. auf Bilibili und Dallmannhafen). Für Astrolabe-Bai werden gewisse tischartige Gerüste aus gespaltenem Bambu charakteristisch, die sich fast vor jedem Hause befinden (vgl. »Samoafahrten«, S. 46). Sie heissen in Constantinhafen »*Barla*« und dienen nur zum Aufenthalt der Männer, die hier unbelästigt von Schweinen, Hunden und Kindern essen oder schlafen. Ich beobachtete solche Sitzgestelle auch in Finschhafen. An verschiedenen Theilen der Küste (z. B. Hercules-Bai, am Caprivifluss) beobachteten wir nur sehr primitive Hütten, die nichts mehr als ein auf den Erdboden gesetztes Dach schienen, ganz wie dies aus dem Finisterre-Gebirge berichtet wird. Im Allgemeinen sind aber die Häuser mehr oder minder über der Erde erhoben, auf Pfählen errichtet. Eigentliche Pfahlhäuser wie in Port Moresby (II, S. 318, Fig. 31) habe ich nur wenige Male an der Küste des Terrassenlandes (Singor, Village-Insel) gesehen, die aber auf dem kahlen Corallfels und nicht im Fluthgebiet des Meeres erbaut waren. Die wenigen Häuser, welche ich an der Mündung des Augustaflusses sah, schienen ebenfalls Pfahlbauten und, soweit sich erkennen liess, ebenso die Siedelungen in der Lagune an der Mündung des gleichnamigen Flusses, westlich von Berlinhafen. Hier schienen grössere Dörfer, dicht Haus an Haus, vollständig im Wasser erbaut, ganz wie dies in Humboldt-Bai der Fall ist. Aber hier zeigen wenigstens einige Häuser einen sehr eigenthümlichen Baustyl, wie ich ihn sonst nirgends beobachtete (vgl. »Samoafahrten«, S. 352). Derartige grosse Häuser wurden von je vier Familien bewohnt (vgl. Grundriss, Ethnol. Atlas, Taf. II, Fig. 2). Baumhäuser, d. h. in dem Gezweige von hohen Bäumen errichtete Hütten (vgl. »Samoafahrten«, S. 272), die als Warten und Vesten dienen, kommen hauptsächlich in den Bergdörfern ebenfalls vor. Häuser in »Bienenkorbform«, wie sie Powell vom Terrassenlande[1]) beschreibt, habe ich weder hier noch irgendwo anders in Neu-Guinea gesehen. Schnitzwerk an Häusern ist mir kaum vorgekommen, wohl aber Malerei an den Brettern der Seitenwände, die aber in solchen Fällen meist von

1) »This curious formation of country leads in this way terrace by terrace up to the immediate base of the Finisterre Mountains (13.000 feet)«, so beschreibt Powell das merkwürdige Terrassenland, aber so im Widerspruch mit der Wirklichkeit, dass man fast glauben möchte, er könne nicht aus eigener Anschauung sprechen. Denn die Terrassen reichen nur im Küstengebirge vielleicht ein paar Tausend Fuss hoch, haben aber mit dem Finisterre-Gebirge gar nichts zu thun.

alten Canus herrühren. Solche Bretter in Finschhafen massen an 20 Fuss. Den Grundriss eines Hauses hier gibt der Ethnol. Atlas, Taf. II, Fig. 3.

Eine besondere Art Bauten sind die **Gemeindehäuser**, welche wegen ihrer Grösse und des Schmuckes an Schnitzwerk, häufig menschliche Figuren darstellend, von Uneingeweihten für Tempel, die Bilder für »Götzen« gehalten werden. Diese Häuser, in Constantinhafen »*Buambramra*« genannt, scheinen in ganz Kaiser Wilhelms-Land vorzukommen und sind im Vergleich mit der Südostküste eine ethnologische Eigenthümlichkeit dieses Gebietes. Manche derselben zeichnen sich durch bedeutende Grösse aus und zählen zu den grossartigsten Bauwerken der Steinzeit. So z. B. das Dschelum auf Bilibili (Abbild. »Samoafahrten«, S. 74), mit einer an 25 Fuss hohen Mittelsäule, die, aus einem Stück geschnitzt, plastisch, sechs übereinanderstehende Papuafiguren (vier männliche und zwei weibliche) zeigt. Diese Säule (»Samoafahrten«, S. 73), »*Aimaka*« genannt (was offenbar mit »*Ai*« = Festlichkeit der Männer, in Verbindung steht), wird noch übertroffen durch zwei circa 4 Fuss hohe Männerfiguren, die aus dicken Balken (Längsträger des Gebäudes) in der Weise ausgehauen sind, dass sie, wie das Glied einer Kette, an diesen hängen. Wahrhaft bewundernswerth ist das Gemeindehaus im Dorfe Tobadi, in Humboldt-Bai, die grösste Pfahlbaute im Wasser, welcher mir vorkam, mit reichem Schmuck an Schnitzwerk, Friese mit menschlichen Figuren und plastische Thiergestalten darstellend (abgebildet in »Samoafahrten«, S. 358).[1]) Dasselbe war keineswegs ein »Tempel«, wie das merkwürdige Gebäude in der »Etnareise« bezeichnet wird, sondern nichts Anderes als das Versammlungshaus der Männer, in welchen die unverheirateten schlafen, Fremde beherbergt und Feste gefeiert werden. Alle diese Gemeindehäuser sind, wie das Meiste von ihrem Inhalt für das weibliche Geschlecht streng *tabu* und dürfen von diesen nicht betreten werden. Das Gemeindehaus in Tobadi (vgl. Grundriss im Ethnol. Atlas, Taf. II, Fig. 1) enthielt nichts als Feuerstätten, Kopfstützen, einige Töpfe mit Wasser, grosse Trommeln und Flöten. Die sorgfältig aus gespaltenem Holz der Betelpalme hergestellte Diele diente zum Schlafen. An den Wänden waren Schädel von Schweinen, wohl ein paar Hundert befestigt, als Erinnerungszeichen der hier abgehaltenen Schmausereien, wie dies stets geschieht. In Astrolabe pflegt man nur die Unterkiefer der verzehrten Schweine aufzuhängen, ausserdem auch Anderes: Köpfe grosser Fische, Schildkröten, Körbe mit Ueberbleibsel von Essen u. dgl. Auch die Schnitzereien von Thieren, welche ausser- oder innerhalb der Versammlungshäuser angebracht sind, dienen jedenfalls nur als Erinnerungszeichen besonders grosser Festlichkeiten, wobei die betreffenden Thiere (meist Fische, seltener Eidechsen, Schildkröten oder Vögel) eine Hauptrolle spielten, und haben nichts mit religiösen Anschauungen zu thun. Derartige Figuren finden sich fast an allen Gemeindehäusern und oft so naturgetreu dargestellt, dass manchmal die Gattungen zu erkennen sind. So liessen sich unter den Fischen Makrele, *Hemiramphus*, *Chaetodon* und *Pagrus* unterscheiden, wenigstens der Form nach, denn die Bemalung ist meist sehr grell in Roth und Weiss; bemerkenswerther Weise auch Grün unter den Farben vertreten. In Friedrich Wilhelms-Hafen erhielt ich auch Fischfiguren, von denen ein grosser Fisch (eine 1·45 M. lange Makrele) einen kleinen im Maule hält; sowie die Darstellung eines Fisches, der in einen Menschenkopf beisst. Neben dem Gemeindehause auf Tiar waren an langen Bambu befestigt eine ganze Reihe derartiger Fischschnitzereien (vgl. Abbild. »Samoafahrten«, S. 103), oft von bedeutender Grösse (1·80 M. lang) aufgestellt. Andere befanden sich im Innern (Ethnol. Atlas, Taf. XV, Fig. 3), hier auch die Figur eines Delphin *(Phocaena)* und anscheinend

[1]) Ein Vergleich dieser nach der Natur gezeichneten Abbildung mit der im Reisewerk der »Etna-Expedition (T. FF.) publicirten wird die unbegreifliche Unrichtigkeit der letzteren zeigen.

eines Hundes oder vielmehr Hündin (Ethnol. Atlas, Taf. XV, Fig. 2). Bemerkt mag noch sein, dass ich nie eine Darstellung von Schweinen sah, aber für die Erinnerung an solche dienen ja die Schädel zur Genüge. Die Gemeindehäuser in Astrolabe, welche nicht gedielt sind, enthalten als nie fehlendes Geräth eine erhöhte Plattform zum Schlafen, grosse und kleine Trommeln, zuweilen Waffen (namentlich grosse Schilde). In Bongu waren noch einige heilige Andenken an den »*Kaarem Tamo*«, den »Mann aus dem Monde«, wie Maclay bei den Eingeborenen allgemein genannt wurde, aufbewahrt: ein altes Fässchen und ein verrostetes Petroleum-Blechgefäss. Gewiss ein schöner Beweis der Pietät der Eingeborenen, von der ich mich selbst überzeugen konnte. So war die deutsche Flagge, welche ich den Häuptlingen des Dorfes auf der Insel Bilia geschenkt hatte, sorgfältig eingepackt im »*Sirit*« verwahrt worden.

Auch als Werkstätten dienen die Gemeindehäuser, denn es gibt Gegenstände, z. B. die grossen Trommeln, welche Frauen nicht einmal in der Bearbeitung sehen dürfen. So wurde im Gemeindehause von Tobadi gerade an einem grossen Balken geschnitzt. Eine besondere Art Versammlungshaus sah ich in Dallmannhafen (Abbild. »Samoafahrten«, S. 308). Das grosse Haus in dem Dorfe Ssuam in Finschhafen (»Samoafahrten«, S. 173 und 174) schien ebenfalls das Versammlungshaus zu sein und die mit einer nach unseren Begriffen höchst mangelhaften Leiter zugängliche obere Etage als Schlafstätte der unverheirateten Männer zu dienen.

Hausrath ist für Menschen, welche den grössten Theil des Tages ausserhalb ihrer Hütten zubringen, kaum nöthig. Das Innere einer solchen (vgl. Grundriss Etnol. Atlas, Taf. II, Fig. 3) enthält daher ausser einer Feuerstelle, die auch nicht immer benutzt wird, hauptsächlich Lagerstätten, erhöhte breite Bänke aus gespaltenem Bambu, in Constantinhafen »*Barla*« genannt, auf welchen die Männer schlafen. Ausserdem sind meist noch Töpfe, Schüsseln, Waffen und Fischnetze in der Hütte untergebracht. Sonstige Habseligkeiten (wie Schmuckgegenstände, Federn etc.) und Esswaaren werden in Körben und Bündeln in Tapa oder Blätter sorglich eingepackt an den Dachsparren der Hütte aufgehangen oder in besonderen Horden, die kaum in einer Hütte fehlen. Zum Schutze gegen die Verheerungen der Mäuse werden diese Horden mit einem überstehenden Dache aus Bambu versehen oder mit einer runden Scheibe aus der Blattbasis der Sagopalme. Zum Aufhängen benutzt man an Stricken befestigte Haken, meist aus einem gebogenen Aste hergestellt, zuweilen aber auch wahre Kunstwerke der Holzschnitzkunst, wie ich solche in Finschhafen erhielt (vgl. Ethnol. Atlas, Taf. III, Fig. 2). Derartige Erzeugnisse des Papuafleisses verdienen umsomehr Beachtung, als sie, stets im Dunkel der Hütte hängend, eigentlich nie zur Ansicht und Geltung gelangen und somit den hervorragend entwickelten Kunstsinn der Papua bekunden.

Nahezu gleich verhält es sich mit den sogenannten Kopfkissen, Ruhebänkchen oder Stützen, welche als Unterlage des Kopfes beim Schlafen dienen. Sie werden nur von Männern benutzt und scheinen nicht überall üblich. In Bilibili sah ich sehr einfache Kopfstützen, die nur aus einem Aststück mit vier Zweigabschnitten als Beine bestanden, aber in Huongolf und Finschhafen erhielt ich sehr kunstvoll geschnitzte, wie die folgenden Nummern:

Palim (Nr. 102, 1 Stück), Kopfstütze (II, S. 350, Taf. XVIII [10], Fig. 2); fein durchbrochen gearbeitete Schnitzerei aus einem Stück Hartholz; die untere Hälfte jederseits zeigt die Figur eines Papua in der charakteristischen verkrüppelten Gestalt; die vertieft gearbeiteten Linien sind mit Kalk eingerieben. Breite der sanft eingebogenen glatten Oberfläche 65 Mm. Von Finschhafen (Dorf Ssuam).

Desgleichen (Nr. 101, 1 Stück, II, S. 350, Taf. XVIII [10], Fig. 1), kunstreiche durchbrochen gearbeitete Schnitzerei aus einem Stück Hartholz (Cocospalme), in besonderer eigenthümlicher, seltener Form; jederseits in der Mitte eine carrikirte Papuafigur; der untere Theil (7 Cm. breit) stellt ein auf vier Füssen stehendes Oval dar, das auf der einen Seite (Abbildung) circa 4 Cm. concav ausgearbeitet, auf der entgegengesetzten bauchig ist, hier mit einem sternförmigen Ornament (Fig. 1 *a*); Breite oben 70 Mm. Von Finschhafen.

Ein anderes sehr interessantes Stück von derselben Localität (einen auf dem Bauche liegenden Papua darstellend) ist im Ethnol. Atlas, Taf. III, Fig. 1, abgebildet.

Weiter westlich kommt eine besondere Form von Kopfstützen, eine Art Bänkchen vor, welche das folgende Stück repräsentirt:

Kopfstütze (Nr. 100, 1 Stück, II, S. 350, Taf. XVIII [10], Fig. 3, 4). Dieselbe besteht aus einem flachen (70 Mm. breiten) Brettchen aus Hartholz (Cocospalme), das auf vier (15 Cm. hohen) Beinen ruht, von denen jedes Paar aus einem gebogenen Stück Bambu besteht; die beiden jederseits über die Beine vorragenden 13 Cm. langen Enden des Brettchens sind in Papuagesichter, mit durchbohrter Nase und durchbrochenem Bart geschnitzt Fig. 4 (*a* das Bambubeinstück). Insel Guap. Derartige Kopfstützen erhielt ich auch in Dallmannhafen und beobachtete solche in Humboldt-Bai. Die Schnitzereien sind wie bei allen diesen Stücken sehr verschieden; statt des Papuagesichtes war zuweilen ein Crocodilkopf dargestellt. — Matten zum Daraufschlafen sind mir nicht vorgekommen; es mag aber solche geben.

5. Ess- und Kochgeräth.

Obwohl Papuas keine Küchen besitzen, sondern auf besonderen Feuerstätten in den Hütten oder häufiger im Freien kochen, so besitzen sie doch eine Menge hierher gehöriger Gegenstände, die an dieser Küste mannigfacher und kunstvoller sind als an der Südostküste. Obenan stehen Holzschüsseln, die mit zum Reichthum eines Haushaltes zählen und überall ein beliebtes Tauschmittel sind.

Tabir (Nr. 80, 1 Stück), Holzschüssel; gewöhnliche Sorte, länglich-oval, an jeder Seite etwas zugespitzt, 42 Cm. lang, 20 Cm. breit, künstlich geschwärzt, mit drei Randrillen. Constantinhafen, Bongu.

Desgleichen (Nr. 81, 1 Stück), wie vorher, 42 Cm. lang, 22 Cm. breit, etwas tiefer. Daher.

Dschu (Nr. 82, 1 Stück); sehr feine Holzschüssel, 66 Cm. lang und 28 breit, länglich-oval, mit einem Mineralstoff (ähnlich Graphit oder Eisen) geschwärzt, matt glänzend, an jeder Seite eine hübsche Schnitzerei, mit weiss und rother Farbe eingerieben. Finschhafen.

Hier wie im Archipel der zufriedenen Menschen waren derartige Schüsseln sehr häufig und ich erhielt wahre Prachtstücke mit äusserst kunstvoller Schnitzerei (vgl. Ethnol. Atlas, Taf. III, Fig. 3), bis 80 Cm. lang und 29 Cm. breit. Auch in Huongolf sah ich schöne Schüsseln in gleicher Form. Die Holzschüsseln in Constantinhafen waren weniger kunstvoll gearbeitet; hier erhielt ich aber auch runde Holzschüsseln und hölzerne Näpfe in Form unserer Töpfe. Im Westen (Insel Guap) bekam ich ähnliche, tiefe, aber ovale Näpfe und runde, flache Schüsseln, zum Theil mit Schnitzerei (darunter eine einen fliegenden Hund darstellend).

Nur die Männer und deren Gäste essen aus solchen Holzschüsseln und meist nur bei Festlichkeiten. Für gewöhnlich wird aus Cocosschalen oder von Blättern gegessen, die als Teller dienen.

Besondere Küchengeräthe, und zwar »*Ssaku*«, eine Art schaufelförmiger Rührlöffel, darunter solche mit kunstvoller Schnitzarbeit (auch die bekannte Papuafigur darstellend), erhielt ich in Finschhafen. Hier auch hölzerne Mörser, »*Porrom*« genannt, deren Zweck mir nicht ganz klar wurde. Zum Zerstampfen von Betelnuss (wie S. 27 erwähnt) schienen sie zu gross.

Die **Essgeräthe**, welche Jeder in dem Brustbeutel bei sich trägt, sind überall dieselben, wie wir solche bereits kennen lernten. Zum Schneiden, respective Schaben von Früchten, z. B. Cocosnuss, die nur in geschabtem Zustande genossen wird, bedient man sich häufig kleiner Perlmutterschalen oder daraus gefertigter, am unteren Ende meist mit Kerbzähnen versehener Schaber (vgl. I, Taf. IV, Fig. 7) wie die folgenden Nummern:

Schaber (Nr. 46*c*, 1 Stück), aus Perlschale. Festungshuk.

Desgleichen (Nr. 46*d*, 1 Stück), aus *Nautilus*. Finschhafen, hier »*Kiki*« genannt. Abgebildet: Ethnol. Atlas, Taf. V, Fig. 8.

In Westen sind mir derartige Perlschalen oder Schaber daraus, in Constantinhafen »*Karur*« genannt, nicht vorgekommen. Statt derselben scheinen hier zu gleichem Zwecke gewisse zweischalige Brackwassermuscheln benutzt zu werden:

Batissa violacea (Nr. 23, 3 Stück) von Venushuk.

Batissa angulata (Nr. 24, 3 Stück) von Angriffshafen.

Diese sehr scharfrandigen Muscheln dienen auch als Schneidinstrumente und fanden sich in dem Brustbeutel jedes Mannes vor. In Neu-Britannien sah ich mit einer Schale von *Cyrene papua* ein Armband abschneiden. In Humboldt-Bai wurden Schulterblattknochen (wohl vom Schwein) als Schaber benutzt.

Ebenso wichtig als die vorhergehenden Instrumente ist ein anderes, meist sehr unscheinbares, wie die folgenden Nummern.

Brecher (Nr. 924, 1 Stück) aus einem vorne flach und meisselartig abgeschliffenen Knochen (wohl vom Schwein). Constantinhafen, Bongu (hier »*Schiliupa*« genannt, in Bogadschi »*Sorrop*«, auf Grager »*Schilup*«).

Desgleichen (Nr. 295, 1 Stück), wie vorher. Finschhafen (hier »*Kamata*« genannt).

Desgleichen (Nr. 926, 1 Stück), aus einem längsdurchschliffenen Schweineknochen, 17 Cm. lang, mit fein eingravirtem Muster; die Basis (der Gelenkskopf) mit zwei schmalen Ringen aus gespaltenem Rottang umflochten, an denen drei Schmuckbüschel von einigen Seitenfedern des Paradiesvogels und einige rothe Papageifedern befestigt sind. Angriffshafen.

Dieses ausnahmslos aus Knochen (vom Casuar oder Schwein) verfertigte Instrument (vgl. Ethnol. Atlas, Taf. V, Fig. 7) fehlt bei keinem Papua und wird gewöhnlich im Armband eingesteckt getragen. Die Benützung ist eine sehr verschiedene, theils zum Aufbrechen (z. B. von Betelnüssen), theils als Messer zum Schaben. Zum Aufbrechen der Hülle der Cocosnuss bedient man sich grober zugespitzter Hölzer. Auch die Knochendolche (siehe Waffen) werden wahrscheinlich nicht blos als Waffe benutzt, sondern wohl mehr als Instrument zum Spalten und Aufbrechen von Früchten.

Löffel (in Constantinhafen »*Kai*«) sind ähnlich denen an der Südostküste (II, S. 323) meist aus Cocosnussschale, seltener aus einem Stück Muschel (*Nautilus*) verfertigt; doch sah ich keine mit Verzierungen. Bambumesser, aus einem scharfkantigen Stück Bambu, die ausserordentlich scharf schneiden, werden nicht beim Essen benutzt, sondern hauptsächlich beim Ausschlachten und Zertheilen von Fleisch. Gabeln sind mir nicht vorgekommen, aber Maclay erwähnt solche aus einem circa 20 Cm. langen zugespitzten Stückchen bestehend, oder man bedient sich einfach der mehrzinkigen Kopfkratzer, sogenannten Kämme (wie Nr. 287). Als Trinkgefässe werden, wie überall, Cocosnussschalen benutzt, als Wassergefässe lange Bambusrohre, wie ich sie in Constantinhafen sah, oder eine besondere Art Töpfe, ähnlich denen an der Südostküste (II, S. 324, Nr. 86 »*Hodu*«). Zu Stampfern oder Klopfern (z. B. zum Aufklopfen der ausserordentlich harten Canariumnüsse) benützt man passende Steine, doch sah ich keine bearbeiteten wie an der Südostküste (S. 323). Ein sehr eigenthümliches Geräth zeigt die folgende Nummer:

Sagoklopfer (Nr. 55, 1 Stück — II, S. 354, Taf. XX [12], Fig. 4, 5). Der rund bearbeitete, 60 Cm. lange Holzstiel *(a)* ist am Ende mit einem Loche durchbohrt, in welchem das 36 Cm. lange, in zwei Hälften gespaltene Futter *(b)* steckt, das durch Ringe von feinem Flechtwerk aus gespaltenem Rottang *(c)* die Steinklinge *(d)* festhält. Letztere ist circa 11 Cm. lang, rund, an der Basis etwas konisch verschmälert, an der Spitze rechtwinkelig abgeschnitten und ausgehöhlt (Fig. 5). Um dem Spalten des Stieles vorzubeugen, sind jederseits vom Bohrloch Ringe aus Rottang *(e)* fest umgeflochten. Um dem Geräth grössere Festigkeit zu verleihen, ist von der Basis des Steines bis zur Mitte des Stieles ein Band aus Bast befestigt. Vom Sechstrohfluss.

Steinklinge (Nr. 56, 1 Stück) zu einem solchen Klopfer. Daher.

Ich erhielt dieses Geräth nur am Sechstroh, es findet sich aber auch in Humboldt-Bai und mag im Westen noch weiter verbreitet sein. Beim ersten Anblick erinnert dieses Geräth sehr an die in jenen Gegenden üblichen Steinäxte (vgl. Nr. 126) und wird in der »Etnareise« (Taf. YY, Fig. 3) in der That als eine solche abgebildet. Aber man braucht nur die runde Fläche des Steines zu betrachten, um einzusehen, dass das Geräth unmöglich ein Schneidinstrument sein kann. Ausser zur Bereitung von Sago dient es wahrscheinlich noch zu anderen Zwecken des Haushaltes, vielleicht zum Klopfen von *Arrowroot* u. dgl. Das Material zu den Steinen dieser Klopfer ist ein von dem der Steinäxte ganz verschiedenes, hartes, feinkörniges Gestein. Die Stiele dieser Klopfer sind zuweilen mit Schnitzwerk verziert.

Als **Kochgeräth** dienen einzig und allein aus Thon verfertigte und gebrannte **Töpfe**, in deren Herstellung die Eingeborenen dieser Küste eine beachtenswerthe Geschicklichkeit entwickeln. Die Sammlung gibt ein Belegstück dafür:

Topf (Nr. 90, 1 Stück) von Bilibili, und

Thon (Nr. 95, 1 Probe) von der Insel Bilia in Friedrich Wilhelms-Hafen.

Ich habe an der ganzen Küste von Kaiser Wilhelms-Land, überall, wo ich mit Eingeborenen zusammentraf, das Vorhandensein von Töpfen beobachtet, wenn auch zuweilen nur in Gestalt von Scherben, die, mit Sand gefüllt, als Feuerstätte auf den Canus dienten. Wie an der Südostküste sind die Töpfe auch an dieser Küste unterseits halbkugelförmig, also rund, und wie dort scheinen fast überall zwei Hauptformen, eine mit weiter Oeffnung: Kochtöpfe, und eine andere mit enger Oeffnung: Wassertöpfe vorzukommen. Die Töpfe von Huongolf und Finschhafen (hier »*Ku*« genannt) sind ähnlich denen von Teste-Insel, tief napfförmig, oben weit und gerade abgeschnitten (vgl. Ethnol. Atlas, Taf. IV, Fig. 5). Die Töpfe in Astrolabe-Bai (»*Wab*« in Constantinhafen, Bogadschi und Grager) ähneln denen von Port Moresby, d. h. sind kugelförmig oben verschmälert (ähnlich Ethnol. Atlas, Taf. IV, Fig. 3). Auf Bilibili gibt es solche mit weiter *(Jo)* und enger Oeffnung *(Bodi)*; zuweilen haben die weiten Töpfe einen schief nach oben stehenden schmalen Rand; auch sah ich hier sehr kunstvolle mit

Buckeln wie sonst nirgends. Die Töpfe am Caprivifluss stimmten in der Form ganz mit solchen von Astrolabe überein, sehr ähnlich waren die von Dallmannhafen (Ethnol. Atlas, Taf. IV, Fig. 3, 4), Angriffshafen (enge mit 16 Mm. Durchmesser der Oeffnung, weite mit 240 Mm.) und vom Sechstrohfluss (Ethnol. Atlas, Taf. IV, Fig. 1, 2). In Humboldt-Bai fand ich dieselbe Form von Töpfen, auch sehr grosse (mit 63 Cm. Durchmesser der Oeffnung) zum Aufbewahren von Lebensmitteln, ähnlich den »*Tohá*« von der Südostküste (II, S. 325). Manche Töpfe zeichneten sich durch rohe Bemalung, Figuren von Vögeln und Fischen in schwarzer, weisser und rother Farbe aus, eine Verzierungsweise, die ich sonst nirgends beobachtete. Dagegen sah ich an den meisten Töpfen von Huongolf und Astrolabe gewisse einfache Randmuster, die vielleicht in ähnlicher Weise als Handelsmarke dienen, wie dies an der Südostküste und Ostspitze der Fall ist. Die einfachen Randmuster, eigentlich nur gewisse Eindrücke, der Töpfe auf Bilibili waren alle verschieden. Töpfe in Finschhafen zeigten am oberen Rande zuweilen erhabene, reihenweise angeordnete Knötchen (Ethnol. Atlas, Taf. IV, Fig. 5).

Wie in ganz Neu-Guinea wird Töpfemachen nicht überall verstanden, z. B. nach v. Maclay nicht in den Bergdörfern des Astrolabegolfes, die ihre Töpfe daher von den Küstenbewohnern eintauschen müssen, Verhältnisse, wie ich sie in gleicher Weise an der Südostküste kennen lernte. Es gibt daher auch in Kaiser Wilhelms-Land gewisse Centren der Töpferei, die dadurch auch zugleich für den Tauschverkehr der Eingeborenen von grosser Bedeutung werden. In Finschhafen sah ich nichts von Töpferei und vermuthe, dass die Bewohner ihre Töpfe von wo anders her beziehen, aber die Insel Bilibili ist ein bedeutendes Centrum der Töpferei und deren Fabrikat wird weit an der Maclayküste bis Cap Teliata verhandelt. Leider konnte ich mich an Ort und Stelle wegen Zeitmangels nicht so genau unterrichten und kann daher über die Technik nicht positiv sprechen. Sie scheint aber die gleiche zu sein als in Port Moresby (II, S. 324), d. h. die Töpfe werden mit einem hölzernen Klopfer aus einem Klumpen Lehm getrieben (vgl. Abbild. »Samoafahrten«, S. 82). Ich sah eine Menge unterer, napfartiger Topfhälften. Es ist daher möglich, dass die Fertigstellung der oberen Hälfte in anderer Weise geschieht, durch spiralig gewundenen Aufbau von gerollten Thonwülsten (Ethnol. Atlas, Taf. IV, Fig. 8), eine Technik, die aus den Salomons bekannt ist. Zum Schluss mag noch erwähnt sein, dass das Töpfereigewerbe lediglich in Händen des weiblichen Geschlechtes liegt, die sich schon in früher Jugend darin üben.

Feuerreiben. Die Methode dafür habe ich nicht in Erfahrung gebracht; sie wird aber von v. Maclay genau mitgetheilt und ist ganz so, wie ich sie bei den Koiäri im Inneren von Port Moresby sah und beschrieb (II, S. 323). Nach Maclay dauert aber das Verfahren viel länger, als wie ich dies beobachtete, und es erfordert zuweilen eine halbe Stunde Arbeit, ehe der Zweck erreicht wird. Bemerkenswerth ist auch die Mittheilung von v. Maclay, dass zu seiner Zeit die Küstenbewohner von Constantinhafen überhaupt kein Feuer zu machen verstanden, sondern es (wohl der Bequemlichkeit halber) aus den nahegelegenen Bergdörfern holen mussten, wenn es etwa einmal fehlte. Dies dürfte aber nur höchst selten vorkommen, denn in Papuahütten und -Dörfern pflegt das Feuer nie auszugehen. Auch im Canu wie auf dem Marsche nach den Plantagen werden stets glimmende Holzstücke mitgeführt.

6. Kochen, Nahrung und Reizmittel.

Die **Kochkunst** der Eingeborenen dieser Küste eingehender zu behandeln, würde mich zu weit führen. Ich will nur erwähnen, dass sie in ähnlicher Weise betrieben wird als an der Südostküste (II, S. 323). Mit Ausnahme weniger wildwachsender Früchte wird alle Nahrung in gekochtem Zustande genossen. Das Kochen geschieht vorzugsweise in Töpfen, aber man versteht auch in heisser Asche zu rösten, z. B. Stücke Fleisch oder Fische, die dazu in ein Stück Bananenblatt sauber eingeschlagen werden. Der Küchenzettel der Papuas ist keineswegs so einförmig, als man gewöhnlich bei sogenannten »Wilden« annimmt, und enthält, ganz wie bei uns, besondere Festgerichte.

Die Zubereitung der Nahrungsmittel ist keine unreinliche. **Salz** ist unbekannt, Gewürze werden nicht verwendet. Kochen wird von beiden Geschlechtern verstanden und betrieben und selbst kleine Knaben sind darin bereits geübt. Männer und Frauen (mit den Kindern) essen gesondert, wie die Männer bei ihren besonderen Festlichkeiten (die v. Maclay trefflich beschreibt) für sich kochen.

Nahrungsmittel. Wie alle Papuas sind auch die Bewohner dieser Küste Vegetarianer, die sich vom Ertrage ihrer Plantagen ernähren, deren Erzeugnisse wir im Nachfolgenden kennen lernen werden. Fleischnahrung kommt kaum in Betracht, und zwar hauptsächlich das von Schweinen und Hunden. Beide Hausthiere werden aber nur bei Festen und nur von den Männern gegessen. Auch hohen Gästen zu Ehren wird zuweilen ein Schwein geschlachtet. Die praktische Manier des Festbindens von Schweinen mittelst Lianen behufs lebenden Transportes zeigt die Abbildung in den »Samoafahrten« (S. 327; die auf S. 53 ist aus Versehen des Zeichners nicht ganz richtig). Dabei mag bemerkt sein, dass die sogenannten zahmen Schweine der Papuas sich meist sehr störrisch geberden. Crocodile, grosse Eidechsen *(Monitor)* und Schlangen sind ebenfalls beliebt, wie Casuare und die verschiedenen Arten Beutelthiere, unter denen namentlich die fetten Beuteldachse *(Perameles)* als Leckerbissen gelten. Aber alle derartigen Thiere kommen nur selten auf den Tisch des Papua, häufiger Fische, die man auch zu räuchern versteht. Eigenthümlich geräucherte Fische erhielt ich in Dallmannhafen, Massilia und Angriffshafen. Die von Massilia waren ringförmig gebogen, so dass die Schwanzspitze den Mund berührte, an zwei Stöcken derart übereinander befestigt, dass die Fische von Weitem einer Rolle Kautabak ähnelten. Schalthiere und Krebse werden von den Küstenbewohnern ebenfalls gern gegessen. Von Venushuk an westlich schienen namentlich zweischalige Brackwassermuscheln *(Batissa violacea* Lam., *angulata* Reinh. und *Finschii* Reinh.) beliebt, in Dallmann- und Angriffshafen kleine *Neritina (Petitii, Recluz* und *rhytidophora, Tapp. Canefri)*, die gekocht gegessen werden. Am Caprivifluss zeigten mir die Eingeborenen grosse, schmutzigbraune Holothurien, die anscheinend auch zum Essen dienten.

Reizmittel besitzen die Papuas mehr als wir und ausser Tabak und Betel, die von beiden Geschlechtern leidenschaftlich begehrt sind, kommt an der Küste von Kaiser Wilhelms-Land noch Kawa hinzu.

Tabak. Dass die Tabakspflanze Neu-Guinea eigenthümlich ist und war, haben die Expeditionen auf dem Augustaflusse wiederum auf das Unwiderleglichste nachgewiesen. Denn hier wurden tief im Inneren überall Tabakculturen der Eingeborenen gefunden, so dass sich nicht wohl annehmen lässt, diese Culturpflanze sei durch Einführung hieher gelangt. Viel wahrscheinlicher dürfte die Annahme sein, dass die Papuas bei ihrer Einwanderung einst, wie Hund und Haushuhn, auch Tabak mitbrachten, vielleicht auch die Betelpalme.

Tabak (in Constantinhafen und auf Grager »*Kas*« genannt) in Blätterform, unfermentirt, zuweilen in hübsch aufgemachten Bündeln, habe ich an der ganzen Küste gesehen und von vielen Localitäten (Huongolf, Finschhafen, Bongu, Long-Insel,

Karkar, Dallmannhafen, Tagai, Massilia und Angriffshafen) mitgebracht. Die Sammlung enthält:

Tabakprobe (Nr. 927) von Long-Insel und

Desgleichen (Nr. 928) von Tagai.

Ein besonderes Rauchgeräth wie an der Südostküste (II, S. 327, Nr. 930, »*Baubau*«) kennt man in Kaiser Wilhelms-Land nicht, sondern raucht die zusammengerollten oder etwas zerpflückten Blätter in Form einer Cigarette von der Dicke gewöhnlicher Cigarren bei uns. Als Decker nimmt man ein grünes

Baumblatt (Nr. 929), von Astrolabe-Bai, in welches der Tabak ziemlich lose eingewickelt wird. Als Decker (in Finschhafen »*Kaupo*« genannt) werden gewöhnlich die Blätter von *Hibiscus tiliaceus* verwendet. Selbstverständlich brennen diese Art Cigaretten sehr schlecht. Aber der Papua ist kein anhaltender Raucher, sondern nimmt nur wenige, aber heftige Züge und die Cigarre wandert wie der »*Baubau*« von Mund zu Mund. Frauen und Kinder rauchen mit derselben Leidenschaft als an der Südostküste.

Tabakblätter führen die Männer gewöhnlich in ihren Brustbeuteln immer bei sich, verwahren dieselben aber auch öfters in besonderen Behältern, wie die folgende Nummer:

Tabakbehälter (Nr. 931, 1 Stück) aus einer Büchse von Bambu vom Sechstrohfluss. Derartige Tabakbüchsen aus Bambu (in Friedrich Wilhelms-Hafen »*Aduk*« genannt), zuweilen mit hübsch eingravirten oder eingebrannten Mustern verziert, habe ich allenthalben an der Küste beobachtet (Finschhafen, Festungshuk, Astrolabe-Bai, Venushuk, Angriffshafen). An letzterem Orte erhielt ich auch eine Cocosnussschale mit kunstvoll eingravirtem Muster, die als Tabakbehälter diente.

Betel. Das im Vorhergehenden (II, S. 326) Gesagte [1]) gilt auch für Kaiser Wilhelms-Land. Auch hier habe ich die Betelpalme nie wildwachsend gesehen und sie scheint, wie überall in Neu-Guinea, ein Culturgewächs, das die Papuas vermuthlich mitbrachten. Betelpalmen kommen im Allgemeinen nur spärlich vor und deren Nüsse (»*Pinang*« in Constantinhafen, »*Jeb*« auf Grager, »*Bu*« in Finschhafen) bilden daher ein beliebtes Tauschmittel, z. B. aus den Bergdörfern, wo diese Palme häufiger ist, nach den Küstendörfern von Astrolabe-Bai. Die Sammlung enthält Alles, was zum Betelgenuss gehört.

Betelnüsse (Nr. 889, 2 Stück, und Nr. 890, 2 Stück) von Finschhafen.

Kalk (Nr. 888, 1 Probe) aus gebrannter und pulverisirter Coralle (von Finschhafen) wie derselbe zum Betel gegessen wird, ebenso das zweite Ingredienz:

Betelpfeffer (Nr. 891, 1 Probe) von Finschhafen (heisst in Constantinhafen »*Jau*«.)

Ferner die zum Betelgenuss nothwendigen Requisiten, die wie überall dieselben sind.

Kalkbehälter (Nr. 899, 1 Stück — II, S. 352, Taf. XIX [11], Fig. 1) aus einem gestreckten Flaschenkürbis (Calebasse), 30 Cm. lang, mit reicher Verzierung, das Mundstück besteht aus einem Conusringe und ist unterhalb *(a)* mit Nassa verziert, die auf einem schwarzen Kitt aufgeklebt sind; der untere Theil des Halses ist mit einem feingeflochtenen Ringe *(b)* umgeben, an den sich ein langzipfeliges feines Geflecht *(c)* aus feinem Bindfaden anschliesst. Finschhafen, hier »*Nob* oder *Ngob*« genannt.

[1]) Guppy fühlte sich nach dem Genuss einer Betelnuss wie betrunken, sein Puls stieg von 62 auf 92 Schläge in der Minute und seine Augen wurden verschleiert; er schreibt daher dem Genusse von Betelnuss eine berauschende Wirkung zu. Ich selbst habe nie eine ganze Betelnuss gekostet, aber von kleineren Stücken nie die geringste Wirkung verspürt. Für die Eingeborenen ist sie keinesfalls ein Berauschungsmittel, denn Betel wird selbst von Kindern leidenschaftlich verzehrt, ohne dass sich irgendwelche schädlichen Symptome zeigen.

Flaschenkürbis wird zur Herstellung dieser Kalkbehälter eigens in Neu-Guinea gezogen, oft in eigenthümlichen Formen, mit ausserordentlich langem dünnen Halse, wie ich solche beim Festungscap erhielt. Diese Art Kalkbehälter scheint im Osten, von Huongolf bis Friedrich Wilhelms-Hafen (hier »*Kau*« genannt) die vorherrschende Form, ebenso wie für dieses Gebiet die Verzierungsweise meist die gleiche und ähnlich wie bei dem beschriebenen Stücke ist. Dieselbe besteht meist in *Nassa*-Muscheln, die um die Oeffnung geklebt sind, und in einem Mundstück aus einem Conusring. In Huongolf waren zuweilen auch *Abrus*-Bohnen aufgeklebt, in Friedrich Wilhelms-Hafen seltene Fischgebisse, in Finschhafen und Huongolf sogar schlechte unedle Perlen (vgl. Ethnol. Atlas, Taf. V, Fig. 1). Kalkkalebassen mit eingravirter oder eingebrannter Zeichnung habe ich nur einige Male (so bei Festungshuk) gesehen, sowie in Massilia. Hier wie im ganzen Westen, von Venushuk an, beobachtete ich keine mit *Nassa* verzierten Kalkkalebassen. Dieselben waren meist glatt und auch in der Form etwas abweichend, von Venushuk bis Tagai mehr birnförmig, von Massilia bis Humboldt-Bai mehr langgestreckt, cylindrisch. Hier auch solche mit schönen eingebrannten Mustern. Als Besonderheit mag noch erwähnt sein, dass ich bei Venushuk Kalkkalebassen mit angeflochtenen Handhaben und Oesen erhielt, die, an einem Stricke befestigt, umgehangen getragen wurden. Die westliche Form zeigen die folgenden Nummern:

Kalkbehälter (Nr. 900—902, 3 Stück) aus Kalebasse von Angriffshafen.

In Kalkspateln, sogenannten Kalklöffeln, d. h. Instrumenten, die dazu dienen, den Kalk aus dem Behälter zu stippen, wird in diesem Gebiete wenig Luxus getrieben. Gewöhnlich genügen mehr oder minder langgestreckte, dünne Stückchen Holz oder Knochen (meist von Casuar), wie ich solche an der ganzen Küste beobachtete, ähnlich den folgenden Stücken:

Kalkspatel (Nr. 919, 1 Stück), aus einem 31 Cm. langen Knochen (Casuar). Sechstrohfluss.

Kalkspatel (Nr. 913, 1 Stück), aus Holz, 32 Cm. lang, rund, bearbeitet (mit Rillen, wie gedrechselt), mit rothgefärbtem Stroh umwunden. Huongolf.

Wenige Male erhielt ich reich verzierte Kalkspatel; in Bogadschi aus Holz mit kunstvoller Schnitzarbeit in geometrischen Figuren, in Huongolf aus Casuarknochen mit eingravirtem Muster und gelber Schnur *(Ssemu)* umflochten, in Guap aus Casuarknochen mit reicher Verzierung aus Flechtwerk und *Nassa*, am Caprivi aus Schweineknochen mit Schweinezähnen und von Holz mit Schnitzerei und reicher Verzierung von *Nassa*, feingeflochtenem Kettchen und einer Klingel aus *Oliva*-Muschel.

Eine besondere Art spatelförmiges Instrument, über dessen Benutzung ich nicht ganz klar wurde, repräsentiren die folgenden Nummern:

Spatel (Nr. 914, 1 Stück), aus Bambu, 30 Cm. lang, 3 Cm. breit, flach, an beiden Seiten zugespitzt, mit eingravirtem Muster. Insel Grager.

Desgleichen (Nr. 915, Stück), wie vorher, aber nur 18 Cm. lang, 17 Mm. breit. Daher.

Desgleichen (Nr. 916, 1 Stück), wie vorher, 35 Cm. lang, ohne Gravirung. Daher.

Ich erhielt diese eigenthümlichen Instrumente (abgebildet Ethnol. Atlas, Taf. V, Fig. 5, 6) nur in Friedrich Wilhelms-Hafen, wo sie »*Tonde*« genannt wurden, und glaubte sie als Brecher für Betelnüsse ansprechen zu müssen. Es scheint mir aber richtiger, sie unter die Kalkspatel zu stellen, wenn ich darüber auch keine positive Gewissheit erhielt. Auf Bilia waren diese Spatel, sorglich in Tapa gehüllt, im Versammlungshaus verwahrt; die Eingeborenen schienen sie mit einer *tabu*-artigen Scheu zu betrachten und erlaubten kaum das Anfassen. Vermuthlich dienen diese Spatel bei den Festen der Männer, die zum Theil im Versammlungshaus stattfinden, zum Bemalen und sind deshalb *tabu*.

Kawa, ein Pfefferstrauch *(Piper methysticum)*, aus dessen Wurzeln (auch Blättern und Zweigen) in verschiedenen Inseln Polynesiens und Micronesiens eine Art berauschendes Getränk bereitet wird, das aber nur die Beine wackelig macht und den Kopf frei lässt, wächst auch in Kaiser Wilhelms-Land und dient als Genussmittel. v. Miclucho-Maclay berichtet über das »*Keu*-Trinken« in Constantinhafen und über die dabei herrschenden Gebräuche ausführlich. Die Wurzel wird, wie in Polynesien, (aber von Knaben) gekaut und in ähnlicher Weise wie dort bereitet. *Keu* kommt nur bei grossen Festlichkeiten als besonderer Hochgenuss des Nachtisches zur Geltung und darf nur von älteren Männern getrunken werden. Ich selbst konnte über Kawatrinken keine Beobachtungen machen, dazu gehört eben ein längeres Zusammenleben mit den Eingeborenen, wie es eben Maclay möglich war. Da die Kawapflanze überall in Kaiser Wilhelms-Land wild wächst, so lässt sich annehmen, dass Kawatrinken auch weiter verbreitet und nicht blos auf die Umgebung von Port Constantin beschränkt sein wird. Wie mir ein Missionslehrer (teacher) versicherte, wird Kawa auch von den Eingeborenen an der Südküste am Maikassarflusse getrunken. Eine Probe der echten Kawawurzel enthält die Sammlung (Nr. 932) von der Insel Niuafu.

7. *Körbe und Beutel.*

Wie nirgends in Neu-Guinea steht Mattenflechten auch hier auf keiner hohen Stufe und derartige Arbeiten finden, ausser zu Segeln, kaum Verwendung. Mehr Geschick und Fertigkeit zeigen die Flechtarbeiten in Körben und Mattenbeuteln. Gewöhnliche, rasch aus dem grünen Blatt der Cocospalme geflochtene Körbe dienen auch hier, wie überall, zu mancherlei Haushaltszwecken, zum Aufbewahren von Lebensmitteln u. dgl. Sie sind in der Regel flach und länglich mit einem Henkel zum Aufhängen oder Tragen. Zuweilen werden sie auch als Handkörbe benutzt und sind dann nicht selten hübsch verziert. So sah ich derartige Körbe in Angriffshafen und am Sechstroh, an denen bemalte Tapastreifen befestigt waren, an einem ein sehr kunstvoller Schmuck mit *Abrus*-Bohnen beklebt (wie Taf. XVI, Fig. 3). Am Sechstroh erhielt ich sehr zierliche kleine Körbchen in Hutform, sehr dicht aus dünn gespaltenem Rottang geflochten, die in Technik und Material ganz mit solchen von Neu-Britannien (vgl. I, S. 102, Nr. 114. »*Aéni*«) übereinstimmten. Grosse runde, sehr weitmaschig aus Rottang geflochtene Körbe sah ich in Humboldt-Bai. Runde Tragkörbe mit Deckel und Einsätzen, wie an der Ostspitze (S. 27) sind mir nicht vorgekommen. Von Venushuk bis zum Caprivi erhielt ich wiederholt sehr eigenthümliche, längliche, flache Tragkörbe. Sie sind aus einer Art Binsen sehr fein und dicht in bunten Mustern geflochten. Diese Muster stellen quadratische Felder dar, aus buntgefärbter Faser der Sagopalme, die gleich eingeflochten sind und durch Kurzscheeren ein plüschähnliches Aussehen erhalten. Ausserdem haben manche dieser Körbe Verzierungen in aufgenähten oder aufgeflochtenen *Nassa*-Muscheln. Ein solcher Korb ist in »Samoafahrten«, S. 317, dargestellt, aber aus Versehen des Künstlers einem Manne von Guap in die Hand gegeben. Derartige feine Körbe sind mir im Osten von Kaiser Wilhelms-Land nicht vorgekommen, hier wohl aber (von Huongolf bis Astrolabe) länglich-viereckige aus Blattfaser (wohl Cocos, vielleicht auch *Pandanus*) geflochtene, flache Beutel, die zuweilen bunt bemalt waren (wie von Festungshuk). Alle diese feinen Tragkörbe und Beutel sind nur für die Männer; die Frauen müssen sich auch in dieser Richtung mit Geringerem begnügen. Sie bedienen sich filetgestrickter Säcke — *Naugeli-Gun* = Frauensäcke in Bongusprache — ganz in derselben Weise und zu denselben Zwecken, als wie dies an der Südostküste (vgl. II, S. 325) geschieht. Dasselbe gilt auch für die Beutel der Männer, in deren Anfertigung die letzteren eine geradezu erstaunliche Fertigkeit, fast kann man sagen Kunst, entwickeln und in denen ein förmlicher Luxus getrieben wird. Ausser Filetstricken, ganz wie an der Südostküste (II, S. 326), verstehen die Papuas von Kaiser Wilhelms-Land noch eine andere Strick- oder Knüpfmethode. Die in derselben hergestellten meist kleineren Beutel sind so dicht als Strümpfe gearbeitet, aber nach dem Urtheile von in Handarbeiten erfahrenen Damen ist es keine eigentliche Strickarbeit. Ich selbst konnte betreffs der Technik keinen Aufschluss erlangen.

Bei dem Mangel an Kleidertaschen gehört daher ein Täschchen zum unumgänglich nothwendigen Ausputz fast eines jeden Papuas. Es wird an einem Strickchen um den Hals getragen und enthält die nothwendigsten Sachen, wie Tabak, Betelnüsse, vielleicht etwas Muschelgeld u. dgl.

Brustsäckchen (Nr. 510, 1 Stück), ein sehr fein in Filet gestricktes Säckchen, 18 Cm. lang, aber sehr schmal, das dicht mit Hundezähnen besetzt ist (längs der Aussenkante 35 Stück, im Uebrigen noch 41 Stück). Die Hundezähne sind gleich mit eingeflochten, daher eine sehr kunstvolle Arbeit. Huongolf, Parsihuk.

Dieses Stück ist sehr werthvoll, da allein die Zähne von 19 Hunden dabei verarbeitet sind, und darf ebensowohl als feiner Brustschmuck gelten. Ein ähnliches Stück ist in den »Samoafahrten« (S. 179) von Finschhafen abgebildet. In Astrolabe ist eine andere Sorte gebräuchlich, wie die folgende Nummer:

Brusttäschchen (Nr. 676, 1 Stück), klein, 10 Cm. breit, 6 Cm. lang, sehr enggeknüpft, auf der Vorderseite mit einem Muster von dicht stehenden, halbdurchschnittenen Coixkernen eingeflochten, Anhängseln von Bindfaden und zwei kleinen Schweinezähnen. Von Bogadschi, hier »*Gumbutu*« genannt, in Constantinhafen »*Jambi*«, in Finschhafen »*Abimbi*«.

Ausser diesen kleinen Täschchen oder Säckchen, die ich an der ganzen Küste beobachtete, bedarf der Papua noch eines grösseren Sackes oder Beutels, der über der linken Schulter getragen wird. Derselbe enthält gar Vielerlei, was der Eingeborene stets bei der Hand haben muss, wie der nachfolgende Inhalt solcher Beutel zeigt, wie ich ihn selbst auskramte. Ein Beutel von Venushuk enthielt: einen sehr feinen Nasenschmuck (wie Taf. XV, Fig. 2), eine Zierat aus Hundezähnen und *Nassa*, Geld (grosses: aufgereihte Hundezähne, und kleines: aufgereihte *Nassa*), einen Pfriemen aus Knochen zum Löcherstechen, eine Raspel aus Rochenhaut, einen geflochtenen Ring zu einer Steinaxt, ein Stück grauer Erde zum Bemalen, Pfefferblüthen zu Betel, Tabak und Deckblätter zu Cigaretten, einen kleinen Stein (Talisman), sorgfältig eingewickelt.

Ein anderer Beutel von Dallmannhafen enthielt: einen Löffel aus Cocosnussschale, einen Schaber aus Perlmuschel, eine Muschelschale *(Bivalve)* zum Schneiden, einen geflochtenen Ring zu einem Speer, Betelnüsse, Tabak und Deckblätter.

Der benutzte Bindfaden ist übrigens aus sehr haltbarem Material, musterhaft gearbeitet, wie die eigentliche Filetstrickerei selbst. Gewöhnlich sind die Tragbeutel bunt längs- oder quergestreift, oder in Greemuster (wie Ethnol. Atlas, Taf. X, Fig. 2 von Finschhafen), also ganz übereinstimmend mit solchen von der Südostküste, aber die Muster von Kaiser Wilhelms-Land sind schöner und farbenreicher. Ausser der hellen Naturfarbe des Garns und den allgemein üblichen Farben, düsteres Blau und Kirschbraun, kommen hier noch dunkles Grün, zuweilen fast Schwarzgrün, Braun, Gelb

5*

und eine Art Mennige hinzu, manche Beutel sind in vierfarbigem Muster gestrickt. Die gewöhnliche Sorte, wie die folgenden Nummern, beobachtete ich längs der ganzen Küste.

Tragbeutel (Nr. 186, 1 Stück), gross, weitmaschig, mit einzelnen düsterblauen und kirschbraunen Querstreifen. Finschhafen, hier »*Abelung*« genannt, in Constantinhafen »*Gun*«.

Desgleichen (Nr. 673, 1 Stück), gross, 69 Cm. breit, 42 Cm. lang, bunt gemustert in Kirschbraun, Blau und Naturfarben; das breite geflochtene Tragband mit schlangenförmigem Muster aus zwei Reihen *Nassa* und Agraffen von Hundezähnen verziert. Finschhafen.

Desgleichen (Nr. 675, 1 Stück), 25 Cm. breit, 19 Cm. lang, in abwechselnd naturfarbenen und kirschbraunen Querstreifen. Huongolf.

Im Osten (von Huongolf bis zum Terrassenland) bilden Hundezähne den werthvollsten Ausputz, wie das folgende Stück:

Tragbeutel (Nr. 674, 1 Stück), reich mit Hundezähnen decorirt, die gleich mit eingeflochten sind. Finschhafen.

Häufiger werden aber Coixsamen und *Nassa*-Muscheln zur Verzierung verwendet und damit hübsche Muster hergestellt (vgl. Ethnol. Atlas, Taf. X, Fig. 3, von Huongolf in Greemuster, mit *Nassa* und Hundezähnen). Aehnlich sind die folgenden Nummern, bei welchen halbdurchschnittene Coixsamen verwendet sind.

Tragbeutel (Nr. 677, 1 Stück), 20 Cm. breit, 9 Cm. lang, mit halbdurchschnittenen Coixsamen in Schachbrettmuster eingeflochten. Insel Guap.

Desgleichen (Nr. 678, 1 Stück), gross, 53 Cm. breit, 52 Cm. lang, kirschbraun und schwarzgrün quergestreift, mit Querstreifen von halbdurchschnittenen Coix und langen Troddeln aus Bindfaden, die mit eingeflochten sind; als Zierat eine Muschelschale *(Placuna)* angebunden. Guap.

Derartige Beutel (dargestellt Ethnol. Atlas, Taf. X, Fig. 4) beobachtete ich von Venushuk bis Guap; als besondere Verzierung sind Platten aus *Cymbium* sehr beliebt. Eine andere Art Beutel, die nicht auf der Schulter, sondern auf der Brust getragen werden, zeichnen sich durch verschiedene Technik der Strickarbeit, reichen und eigenthümlichen Schmuck und abweichende Form aus, wie die folgenden Nummern:

Brustbeutel (Nr. 679, 1 Stück), sehr feine Knüpfarbeit aus naturfarbigem Bindfaden, 34 Cm. breit, 20 Cm. lang, auf der Vorderseite mit dichtstehenden Reihen kleiner *Nassa*-Muscheln, die mit eingeknüpft sind, und geschmackvoller Garnirung aus drei geflochtenen, mit *Nassa* bordirten Anhängseln, wie Schleifen, die in der Mitte roth oder schwarz bemalt sind; sehr fein geflochtenes Tragband mit vier Conusringen. Vom Caprivifluss.

Desgleichen (Nr. 681, 1 Stück), 34 Cm. breit, 13 Cm. lang, wie vorher, aber die schleifenartigen Anhängsel einfacher. Potsdamhafen.

Desgleichen (Nr. 680, 1 Stück), 27 Ctm. breit, 13 Cm. hoch, wie vorher, ebenfalls mit drei schleifenartigen Anhängseln, die mit *Nassa* bordirt sind, aber quer über die Mitte des Beutels ein breiter brauner Streif ohne eingeflochtene *Nassa*. Venushuk.

Desgleichen (Nr. 682, 1 Stück), 18 Cm. breit, 17 Cm. lang, mit dichten Reihen von *Nassa* auf der Vorderseite, ähnlich Nr. 679, aber mit viel reicherem Ausputz; an den schleifenartigen Anhängseln, von denen drei die Mittellinie zieren, sind längliche oder rundliche Scheiben von *Cymbium*-Muscheln (bis 6 Cm. im Durchmesser), ausserdem solche am unteren Rande angebunden, am oberen Rande zwei weisse Cypraeen und zwei *Ovula*; eine der Muschelplatten trägt auf der Innenseite eine durchbrochene

Schildpattarbeit aufgelegt; das Tragband ist an der Basis mit aufgeflochtenen Conusscheiben und *Nassa* verziert (wie Taf. XIV, Fig. 15). Von Potsdamhafen.

Diese Art Tragbeutel gehören zu den schönsten und kunstvollsten der ganzen Küste. Sie sind ausserordentlich dicht gestrickt oder geknüpft, wie die schleifenartigen oder rundlichen Anhängsel, welche für diese Art Tragbeutel charakteristisch werden. Diese Anhängsel haben einen Randbesatz von *Nassa* und die Oberseite des Beutels, dessen unterer Rand breiter als der obere ist, zeigt zuweilen *Nassa*-Muscheln so dicht eingeflochten, dass sich dieselben dachziegelartig decken. Mein Ethnol. Atlas, Taf. X, Fig. 1, gibt eine gute Darstellung eines solchen hochfeinen Brustbeutels (von Potsdamhafen) mit reicher Verzierung von Hundezähnen, *Cymbium*-Scheiben, feingeflochtenen Graskettchen und schwarzen Fruchtkernen. Ausser derartigem Ausputz fand ich zuweilen noch andere, zum Theil Gebrauchsgegenstände an den Tragbeuteln angebunden, wie: Bambumesser, Kalkkalebasse, Muschelklingel (aus *Oliva* mit Klöpfel aus einem Stückchen Coralle), Nasenschmuck aus Perlmutter (wie Taf. XV, Fig. 2) und Bartschmuck aus Eberhauern (Taf. XVII, Fig. 3*e*). Man ersieht hieraus, dass der »nackte Wilde« keineswegs der bedürfnisslose Mensch ist, wie man ihn sich gewöhnlich vorstellt, sondern allerlei Nützliches und Unnützes mit sich trägt, wie wir dies auch thun.

Derartige in Form und Verzierung charakteristische Brustbeutel (wie die vorhergehenden Nummern) habe ich nur von Hatzfeldthafen bis Guap beobachtet, weiter westlich die gewöhnlichen, aber in anderer Weise verziert, wie die folgenden Nummern:

Brustbeutel (Nr. 684, 1 Stück), 30 Cm. breit, 16 Cm. lang, filetgestrickt (wie Nr. 673 von Finschhafen), in naturfarbenen, blauen und kirschbraunen, schmalen Querstreifen, der untere Rand mit zwölf 13 Cm. langen Troddeln aus zerschlissenem Faserstoff. Von Tagai.

Desgleichen (Nr. 683, 1 Stück), 23 Cm. breit, 17 Cm. lang, bunt gemustert, in Naturfarben, Kirschbraun und Schwarzgrün, mit Fadentroddeln und Behang von neun *Cymbium*-Platten (eine 95 Mm. lang und 60 Mm. breit) und einem schönen aus *Tridacna* geschliffenen Ringe (55 Mm. im Durchmesser, 35 Mm. im Lichten). Von Massilia.

Ganz ähnliche Tragbeutel erhielt ich in Angriffshafen und am Sechstroh. Für dieses westliche Gebiet werden die Fadentroddeln charakteristisch. Zuweilen sind am Ende der Troddeln kleine Rollen eines stark nach Moschus riechenden Blattes eingeknüpft; in Angriffshafen auch einzelne Federn aus den Seitenbüscheln des Paradiesvogels; hier auch Schnüre von *Nassa* mit Hundezähnen als Bommeln. Auch Conusringe sind als Anhängsel beliebt.

8. Werkgeräth.

Aexte. Das wichtigste, man kann sagen fast einzige Geräth des Steinzeitalters war und ist die Steinaxt,[1]) jenes unscheinbare Werkzeug, von welchem aus prähistorischer Zeit uns meist nur die Klingen erhalten blieben. Sie bestehen fast ausnahmslos aus mehr oder minder bearbeiteten Steinen, die sich in der Form ziemlich ähneln und denen nicht im Entferntesten anzusehen ist, was damit geleistet werden kann. Einen besseren Begriff als lose Steinklingen geben fertig geschäftete Aexte. Sie zeigen die staunenswerthe Erfindungsgabe, mit welcher sich der Naturmensch, von der Civilisation so gern, aber mit Unrecht, als »Wilder« bezeichnet, überall ein mehr oder minder treffliches, zuweilen

[1]) Dieselbe ist keineswegs eine Waffe, wofür sie häufig gehalten wird. So konnte ich es z. B. selbst leider nicht mehr verbessern, dass der Künstler dem Bilde von einer meiner Skizzen, einen Krieger von Massilia darstellend (»Gartenlaube« Nr. 33 vom 14. August 1887), irrthümlich eine Steinaxt in kampfbereiter Haltung in die Hände gab.

in seiner Eigenart als vollkommen zu bezeichnendes Werkzeug herzustellen wusste. Zum volleren Verständniss des Werthes der Steinaxt gelangt man aber erst bei sorgsamer Vergleichung derjenigen Gegenstände, welche allein mittelst Steinäxten verfertigt wurden. Die Sammlung enthält deren ein reiches Material der verschiedenartigsten Gegenstände, zum Theil wahrer Kunstleistungen, aber es sind doch Alles nur kleinere Sachen, da sich die grossen eben nicht anders als bildlich mitbringen lassen. Ich meine damit jene zum Theil oft kolossalen Schnitzereien, wie sie noch besprochen werden sollen, und die oft gewaltigen Bauwerke in Form von Häusern und Fahrzeugen. Sie alle, alle entstanden nur mit Hilfe von Steinäxten, deren Bedeutung als Werkgeräth man erst an Ort und Stelle, bei den »Wilden« selbst, in ihrem vollen Umfange würdigen und bewundern lernt. Welch eine Arbeit ist es nicht allein schon mit der Steinaxt einen Baum von 65 Cm. Stammstärke im Durchmesser zu fällen und zu behauen! Aber freilich wird die Steinaxt nur in der Hand des Eingeborenen zu dem, was sie sein soll, denn der Mann der Civilisation würde mit einer solchen wohl kaum Etwas zu schaffen vermögen. Der Papua dagegen versteht mit der kaum 5 Cm. breiten Schärfe seiner Steinaxt sowohl Bäume von fast einem halben Meter Durchmesser zu fällen, wie mit demselben Instrument selbst feinere Holzbildnereien zu verfertigen.

Schon die Steinaxtklinge an und für sich ist in ihrer Herstellung eine bewundernswerthe Leistung. Nicht allein dass das passende Gesteinsmaterial[1]) nicht überall zu finden und daher meist selten ist, so muss durch Schlagen doch erst die Form hergestellt und dann die Schärfe, zuweilen die ganze Klinge noch geschliffen werden, die oft in einer politurartigen Glätte erscheint. Jedenfalls eine sehr mühsame und langwierige Arbeit. Muschelstücke von *Tridacna gigas*, seltener *Hippopus* werden ebenfalls mit Vorliebe zu Axtklingen verarbeitet und steinernen vorgezogen, da sie weniger spröde sind und nicht so leicht abspringen; sie kommen aber im Ganzen nur sehr selten vor. Halbrunde Axtklingen aus *Mitra* oder *Terebra* habe ich in Kaiser Wilhelms-Land nicht gesehen, doch mag es solche geben. Steinbeilklingen von besonderer Grösse, wie z. B. die 28 Cm. langen von Teste-Insel (S. 28), sind mir nicht vorgekommen; die grössten dürften 9 Cm. Breite der Schärfe nicht überschreiten.

Axtklinge (Nr. 5, 1 Stück), aus Muschel (*Hippopus*), 7·8 Cm. lang, 3·2 Cm. breit. Von Hatzfeldthafen.

Desgleichen (Nr. 16, 1 Stück), aus Stein, grössere Sorte, 19·5 Cm. lang, 8 Cm. breit. Finschhafen.

Desgleichen (Nr. 18, 1 Stück), aus einem nephritähnlichen Steine, 6 Cm. lang, 4 Cm. breit. Massilia.

Desgleichen (Nr. 17, 1 Stück), aus einem nephritähnlichen Steine, ziemlich gross, 12 Cm. lang, 6 Cm. breit, und eine kleinere (Nr. 17*a*, 1 Stück). Vom Sechstrohfluss.

Axtklinge (Nr. 19, 1 Stück), aus nephritähnlichem Steine, in dem 25 Cm. langen runden Einsatzstück aus Holz befestigt. Sechstrohfluss.

Wie sich die Steinaxtklingen mehr oder weniger alle gleichen, so auch die fertigen Aexte selbst, namentlich im Hinblick auf den Stiel, der fast allemal aus einem

[1]) Dasselbe ist stets ein sehr feinkörniges, hartes Gestein, ähnlich Diorit (kein Basalt oder Kiesel), das zuweilen an Nephrit erinnert. Eine unzweifelhafte Nephritklinge erhielt ich in Massilia, aber auch alle anderen Steinklingen von hier bis zum Sechstroh schienen Nephrit zu sein. Leider scheint Prof. Arzruni, der von diesen wie anderen Localitäten Proben zur mikroskopischen Untersuchung erhielt, mit den Bestimmungen noch nicht fertig geworden zu sein. Die Steinklingen von Bongu erklärte Prof. Roth für Dioritporphyr; ich erhielt hier aber auch noch solche aus einem anderen hellen Gestein, ähnlich Jadeit.

knieförmigen Holzstück verfertigt ist, und auf die Stellung der Klingenschärfe zum Stiel, die in den meisten Fällen wie bei dem Texel der Schiffszimmerleute, d. h. quer zum Stiele steht, nicht in gleicher Flucht wie bei den meisten Beilen.

Steinaxt (Nr. 122, 123, 2 Stück — II, S. 354, Taf. XX [12], Fig. 2) mit dem knieförmig aus dem Abschnitt eines Astes und Stammstückes gefertigten, circa 30 Cm. langen Holzstiele *(a)*, an dessen abgeflachter Vorderseite (dem kürzeren circa 18 Cm. langen Schenkel aus dem Stammstücke) in einem Futter *(b)* aus zwei circa 22 Cm. langen Stücken Holz (oder Bambu) die Steinklinge *(a)* festgeklemmt und mittelst zweier Ringe aus gespaltenem Rottang befestigt und mit gleichem Material *(d)* fest umwickelt ist. Die Steinklinge selbst besteht aus einem grünlichschwarzen Dioritporphyr, ist 95 Mm. lang, 60 Mm. breit und 22 Mm. dick. Von Constantinhafen, Dorf Bongu; hier wie ich glaube »*Angam*« genannt.

Die Befestigung der Steinklinge mit dem Holzstiele ist im Ethnol. Atlas, Taf. I, Fig. 3, sehr deutlich dargestellt, hier auch eine Steinklinge der gewöhnlichen Grösse (Fig. 1 von oben, 2 von der Seite). Diese Form repräsentirt die gewöhnliche, wie sie am häufigsten vorkommt und die z. B. fast ganz mit der Steinaxt von Cap Raoul (Taf. IV, Fig. 4)[1]) übereinstimmt. Ganz ähnlich, vielleicht in etwas anderer Weise mit Rottang befestigt, waren die Steinäxte welche ich in Friedrich Wilhelms-Hafen (hier »*Ihr*« genannt), Finschhafen und Huongolf (hier »*Ki*« genannt) erhielt. Die Steinklingen von letzterer Localität waren geschlagen *(chipped)*.

In Finschhafen erhielt ich noch eine andere Art

Steinaxt (Nr. 124, 1 Stück), mit 62·5 Cm. langem Holzstiel; die Steinklinge steckt in einem besonderen rundlichen, 24·5 Cm. langen Holzfutter und ist mittelst eines breiten Bandes aus Flechtwerk von fein gespaltenem Rottang mit dem rechtwinkeligen Ende des Holzstieles befestigt, also drehbar und stimmt diese Art Axt daher ganz mit der »*Lachela*« (II, S. 328, Fig. 36) von der Südostküste überein. Finschhafen, hier »*Ki* oder *Kis*« genannt.

Eine derartige Steinaxt ist im Ethnol. Atlas, Taf. I, Fig. 4, abgebildet. Verschieden in der Art der Befestigung ist die folgende Nummer:

Axt (Nr. 121, 1 Stück) mit Muschelklinge (von einem Schalenstücke von *Hippopus*), die in sehr einfacher Weise mittelst gespaltenem Rottang am Ende des rechtwinkeligen Abschnittes des Holzstieles befestigt ist. Hatzfeldthafen.

Die Form und Befestigung dieser Aexte, von denen ich auch welche mit hübscher Schnitzarbeit des Stieles erhielt (vgl. Ethnol. Atlas, Taf. I, Fig. 6), stimmt ganz mit solchen von Neu-Hannover (I, S. 103, Taf. IV, Fig. 3) überein, nur dass letztere roher gearbeitet sind.

Eine abweichende Form Steinäxte erhielt ich am Caprivifluss und später auf Guap, wie die folgende Nummer:

Steinaxt (Nr. 125, 1 Stück), der 65 Cm. lange, dicke Holzstiel ist an seiner vorderen, rechtwinkelig abgesetzten Fläche mit dem seitlich abgeflachten, 28 Cm. langen, unten verbreiterten Holzfutter mittelst fein gespaltenem Rottang dicht umflochten; in dem Futter steckt die 11 Cm. vorragende und 8 Cm. breite Steinklinge, die durch drei aus gespaltenem Rottang geflochtene Bänder befestigt ist. Insel Guap.

Ein klares Bild dieser Art Steinäxte gibt der Ethnol. Atlas, Taf. I, Fig. 7. Die Stellung der Klinge weicht von der sonst üblichen dadurch erheblich ab, dass dieselbe mit ihrer Schneide in gleicher Flucht mit dem Stiele steht, also ganz wie bei unseren

[1]) I, S. 121 aus Versehen mit der Axt von Hatzfeldthafen verglichen: es sollte »Astrolabe-Bai« heissen.

Beilen und der Steinaxt von Normanby (Taf. XX, Fig. 1). Indess ist diese Eigenart nicht constant für Guap, denn ich erhielt auch Steinäxte in der üblichen Querstellung der Klinge, wie bei unseren Schiffszimmeräxten. Manche Holzstiele von Guap zeigten schönes Schnitzwerk (unter Anderem ein Papuagesicht darstellend). Ich erhielt hier auch Aexte mit *Tridacna*-Klingen. Obwohl die Einstrick- oder Flechtarbeit aus Rottang zuweilen sehr geschickt gemacht ist, so habe ich doch in dieser Richtung nie so kunstvolle Arbeit als an der Südostküste gesehen (vgl. II, S. 308, Fig. 35).

Sehr abweichend sind die Steinäxte vom Angriffshafen bis Humboldt-Bai, indem hier das sonst übliche knieförmige Holzstück als Stiel fehlt.

Steinaxt (Nr. 126, 1 Stück), mit Holzstiel vom Sechstrohfluss. Der hölzerne Stiel und das durch ein Bohrloch desselben rechtwinkelig eingesetzte Futter stimmen ganz mit dem (S. 61, T. XX, Fig. 4) beschriebenen Sagoklopfer überein, nur dass statt des runden Steines eine richtige Steinklinge (aus nephritähnlichem Gestein) befestigt ist. Genau abgebildet Ethnol. Atlas, Taf. I, Fig. 5.

Sonstige Werkzeuge kommen eigentlich kaum in Betracht. Sägen kennt das Steinzeitalter Neu-Guineas nicht. Als Hammer braucht man passende Steine. Bohrer wie die von der Südostküste (II, S. 328, Nr. 35 »*Ibudu*«) sind mir in Kaiser Wilhelms-Land nicht vorgekommen, wohl aber Raspeln aus Rochenhaut (ganz wie II, S. 329, Nr. 38) und Feilen aus einem rundlichen Stück fein granulirter Coralle, sowie Pfriemen und Nadeln aus Knochen. Filetnadeln dürften keinesfalls fehlen. Wie Maclay berichtet, werden all die feineren Schnitzereien und Gravirungen nur mit Hilfe von scharfkantigen Stein- oder Muschelstücken verfertigt, die nicht eigentlich bearbeitet sind, keine bestimmte Form haben und deshalb nicht im Sinne unserer Werkzeuge gelten. In Humboldt-Bai wurde die feinere Ausarbeitung von Holzfiguren mit *Batissa*-Schalen gemacht. Wie wenig wird von derartigen interessanten Werkzeugen der Steinzeit noch übrig sein, wenn diese verschwunden ist. So konnte ich 1880 in Blanche-Bai keine vollständige Steinaxt mehr erhalten und in Finschhafen und anderen Niederlassungen Weisser in Kaiser Wilhelms-Land wird es bald ebenso sein. Obsidian habe ich in Kaiser Wilhelms-Land niemals gesehen. Ich bemerke dies deshalb, weil Powell den mannigfachen Gebrauch dieser Lava bei den Eingeborenen des Terrassenlandes ausdrücklich hervorhebt.[1]) Soweit ich das letztere kennen lernte, besteht es aus gehobenen Corallenformationen. Auch würde sich die glasartige Lava wegen zu grosser Sprödigkeit wenig zu Holzschnitzereien eignen.

9. *Waffen und Wehr.*

Wenn meine Beobachtungen insofern unvollständig bleiben mussten, als ich nicht an allen Orten Waffen zu sehen bekam, so bestätigen sie doch die früher gemachten Erfahrungen, dass der Wurfspeer überall die Hauptwaffe und entschieden die gefährlichste des Papua bildet. Interessant für Kaiser Wilhelms-Land ist der Nachweis einer Art Wurfstock, ein Geräth, wie es bisher nicht bekannt war, und einer eigenthümlichen Form von Kürassen.

a. Geschosse.

Schleudern habe ich nirgends beobachtet. Auch v. Maclay erwähnt sie nicht, wohl aber »Wurfsteine«, die im Kriege gebraucht werden. In der Regel besitzen alle Papuas eine grosse Geschicklichkeit im Steinwerfen.

1) »The Natives use obsidian for a great number of purposes, such as for shaving their heads and faces, carving wood etc.«

Speere, die mit der Hand geworfen werden, sind gewöhnlich aus Holz, meist von Palmen, am liebsten von der Betelpalme, rund, 2—3 M. lang, an beiden Enden zugespitzt, glatt, ohne Widerhaken und Verzierungen, wie die folgende Nummer:

Wurfspeer (Nr. 708, 1 Stück) aus Astrolabe-Bai.

Derartige gewöhnliche Speere (in Constantinhafen »*Schatka*«, in Bogadschi »*Galgul*«, auf Grager »*Embeb*« genannt), finden sich an der ganzen Küste. Ziemlich roh waren die circa 3 M. langen Speere von Long-Insel gearbeitet, die in Finschhafen und Bongu kaum besser, aber in Bogadschi und dem Archipel der zufriedenen Menschen erhielt ich schon sehr fein verzierte Speere. Sie sind hier gewöhnlich über 3 M. lang, an beiden Enden zugespitzt und am Fussende mit eingeschnittenen Rillen, wie gedrechselt. Aehnliche glatte Speere aus Palmholz, 2·60—3 M. lang, zum Theil mit eingravirten Mustern und vor der Spitze mit einem Büschel Casuarfedern verziert, beobachtete ich von Potsdamhafen bis Guap. Auf letzterer Insel schienen derartig decorirte Speere Auszeichnung für Häuptlinge zu sein.

Zuweilen sind die Speere sehr lang und reich verziert wie das folgende Stück:

Speer (Nr. 711, 1 Stück), über 3 M. lang, aus hartem Holz, die 60 Cm. lange, etwas abgeplattete Spitze an beiden Kanten mit rückwärts gestellten Sägezähnen, an der Basis der letzteren eine Schnitzerei (ein Papuagesicht darstellend) und mit Ringen aus Menschenhaar und aufgeflochtenen *Nassa* verziert. Vom Hammacherfluss (abgebildet Ethnol. Atlas, Taf. XI, Fig. 1).

Derartige Speere erhielt ich auch in Hatzfeldthafen, hier auch noch eine andere Sorte:

Speer (Nr. 710, 1 Stück), 3·40 M. lang, aus Bambu, die circa 1 M. lange, etwas breite Spitze aus hartem Holz (wohl Palme), glatt, ohne Kerbzähne. Hatzfeldthafen.

Ausser dem gewöhnlichen Haupttypus glatter Wurfspeere aus Holz ist noch ein zweiter zu unterscheiden, nämlich Speere aus Holz mit einer breiten lanzettförmigen Spitze aus Bambu, wie die folgende Nummer:

Speer (Nr. 709, 1 Stück), aus Palmholz, vor der breiten lanzettförmigen Bambuspitze mit feinem, rothgefärbten gespaltenen Rottang umflochten und mit eingravirtem Muster. Friedrich Wilhelms-Hafen.

Diese Art Speere, in Constantinhafen »*Sermaru*« genannt, sind aus hartem, meist Palmholz, gefertigt, von 2½ bis über 3 M. lang, wovon 30—65 Cm. auf die circa 6 Cm. breite Bambuspitze kommen. Die letztere ist häufig roth, zuweilen roth und grün bemalt, vor derselben mit roth und gelb gefärbtem gespaltenen Rottang umflochten und nicht selten mit Federn (von Hahn, Cacadu und Casuar) verziert. Derartige Speere erhielt ich in Astrolabe-Bai und Friedrich Wilhelms-Hafen; auf Grager auch solche, die circa 25 Cm. unterhalb der Spitzenbasis zierliches Flechtwerk zeigten, mit Schnüren aufgereihter Coixsamen, an denen Cacadufedern befestigt waren. In Hatzfeldthafen dienten Streifen von Cuscusfell und Federn als Verzierung; im Uebrigen stimmten die Speere mit denen von Friedrich Wilhelmshafen (Nr. 709) überein, die Bambuspitze zeigte aber zuweilen eingravirtes Muster. Die Verzierung der Speere von Venushuk bestand in Schnitzerei (Papuagesicht) und Schnüren aus Menschenhaaren und *Nassa*, ganz in der Weise wie an dem Speere Nr. 711 vom Hammacherfluss. Zuweilen ist die Bambuspitze durchbrochen gearbeitet.

Ich beobachtete diesen Typus Wurfspeere mit Bambuspitze westlich bis Guap; sie mögen aber auch noch weiter verbreitet sein. An der Südostküste scheinen sie zu fehlen. Im Gebrauch ist diese Art Speere weit gefährlicher, da die Bambuspitze sehr scharf ist und häufig in der Wunde abbricht.

Speer- und Pfeilspitzen aus Obsidian habe ich in Kaiser Wilhelms-Land nie beobachtet, aber Powell glaubt solche in Broken-Water-Bai gesehen zu haben, allerdings in 200—300 Schritt Entfernung, wo sich selbstredend nichts mehr mit Sicherheit feststellen lässt. Die Eingeborenen zeigten sich nämlich hier ganz ausserordentlich scheu; wir beobachteten gerade das Gegentheil.

Wurfstock (Nr. 753, 1 Stück — II, S. 344, Taf. XV [7], Fig. 5), besteht aus einem 84 Cm. langen Stück Bambu, das an der Basishälfte längsgespalten ist, um bei *a* den Speer einsetzen zu können; *b* durchbrochen geschnitzter hölzerner Handgriff, durch feines Flechtwerk *(c)* mit dem Stock verbunden; *d* geflochtener Ring, um das leichte Spalten des Bambu zu verhindern. Von Venushuk.

Ich erhielt diese eigenartige Hilfswaffe nur hier und am Hammacherfluss; sie mag aber auch weiter verbreitet sein.

Als Speere, die mit dem Wurfstock geschleudert werden, betrachte ich die folgenden, obwohl ich mir darüber nicht volle Gewissheit verschaffen konnte. Sie sind von Rohr, 1·60—2·40 M. lang, wovon auf die Spitze 40—80 Cm. kommen. Sie ist aus hartem oder in Feuer gehärtetem Holz, seitlich etwas abgeflacht, zum Theil glatt oder mit Kerbzähnen an einer oder beiden Kanten, wie die folgenden Nummern:

Wurfspeer (Nr. 749, 1 Stück), glatt, aus Rohr mit Holzspitze. Venushuk.

Desgleichen (Nr. 751, 1 Stück), wie vorher. Hammacherfluss.

Desgleichen (Nr. 752, 1 Stück), wie vorher, die Basis der abgeflachten Holzspitze knaufartig erweitert. Hammacherfluss.

Desgleichen (Nr. 750, 1 Stück), wie vorher, aber die nach der Basis zu verbreiterte Holzspitze mittelst gespaltenem Rottang befestigt und am Spitzendrittel an beiden Seiten mit Kerbsägezähnen. Venushuk.

Ein solcher Wurfspeer ist im Ethnol. Atlas, Taf. XI, Fig. 2, abgebildet. Am Hammacherfluss erhielt ich auch derartige Wurfspeere (2·70 M. lang, davon die Holzspitze 80 Cm.), die sich dadurch auszeichnen, dass in der Mitte der Spitze ein Wirbelknochen vom Casuar[1]) festgesteckt ist, vielleicht als Erinnerungszeichen an glückliche Jagden. Auf Guap erlangte ich Speere von Rohr mit feingeschnitzten Widerhaken und Kerbzähnen an den Seiten der Holzspitze, die ebenfalls für den Wurfstock dienen mögen. Eine andere Art Wurfspeere von Guap sind (2·80 M. lang) aus hartem Holz mit glatter Spitze und zeichnen sich durch einen fest angeflochtenen Dornfortsatz in der Mitte des Speeres aus, der vielleicht zum Einsetzen in den Wurfstock dienen mag. Den letzteren selbst bekam ich hier nicht zu Gesicht, wohl aber Bogen. Indess ist die Möglichkeit nicht ausgeschlossen, dass vielleicht beide Arten Geschosse hier vorkommen.

Mit Ausnahme des Gebietes von Venushuk bis zum Caprivifluss habe ich fast an allen Küstenplätzen Bogen und Pfeile beobachtet, am zahlreichsten und schönsten im Westen von Tagai bis Humboldt-Bai.

Die Bogen sind ausnahmslos aus hartem Holz (wohl aus Betelpalme), 1·70 bis 1·80 M. lang, mit Sehne aus einem Streif gespaltenen Rottang und stimmen ganz mit denen der Südostküste (II, S. 330, Nr. 789, »*Päwa*«) überein, wie das folgende Stück:

Bogen (Nr. 809, 1 Stück) von Astrolabe-Bai.

Diese Art einfacher Bogen ohne alle Verzierung beobachtete ich von Finschhafen bis Dampier-Insel (Karkar). Sie heissen in Constantinhafen »*Aral*«, in Bogadschi »*Manembu*«, in Friedrich Wilhelms-Hafen »*Fi*«, in Finschhafen »*Talam*«. Die Bogen von Guap zeichnen sich durch kunstvolle Knotung der Sehnenenden aus und werden weiter

[1]) Die in den »Nachrichten aus Kaiser Wilhelms-Land« erwähnten Speere vom Augustaflusse »mit menschlichen Wirbelknochen« sind wohl nur diese.

westlich noch schöner und reicher verziert, ganz besonders in Tagai. Die Bogenfläche zeigt hier Felder mit hübschem eingravirten Muster, sowie breite, zierlich aus gespaltenem Bambu aufgeflochtene Ringe, die dem Bogen zugleich mehr Festigkeit verleihen, ausserdem eine besondere Verzierung. Sie besteht aus einem feingeflochtenen Bindfaden, halb so lang als der Bogen, an welchen einzelne schön rothe Federn eines Papagei *(Dasyptilus Pesqueti)* befestigt sind. Auf der Mitte des Bogens ist zuweilen ein Papageienkopf (von *Eclectus* oder *Lori*) befestigt; die Verpackung besteht in sorgfältigen Blatthüllen. Die folgenden Nummern zeigen solche Bogen:

Bogen (Nr. 804, 1 Stück) von Tagai, und

Desgleichen (Nr. 803, 1 Stück) von Massilia. Hier wie in Angriffshafen sind die Bogen kaum verschieden. Auch die am Sechstroh und in Humboldt-Bai sind ganz ähnlich, nur fehlt ihnen Schnitzerei und statt Federn sind Schnüre aufgereihter Coixsamen als Ausputz befestigt.

Bogen (Nr. 798, 1 Stück) vom Sechstrohfluss.

Pfeile. Dieselben sind ausnahmlos aus dünnem Rohr, 1·25—1·50 M. lang, wovon auf den Spitzentheil 25—60 Cm. kommen, und zerfallen in Bezug auf den letzteren, wie die Wurfspeere, in zwei Hauptformen: 1. Pfeile mit Spitze aus hartem oder im Feuer gehärtetem Holz, und 2. solche mit breiter lanzettförmiger Spitze aus Bambu. Hiezu kommt noch eine dritte Sorte:

Fischpfeil (Nr. 813, 1 Stück) von Astrolabe-Bai. Sie sind ebenfalls von Rohr, haben aber wie die Fischspeere (I, S. 108) eine mehrzinkige Spitze aus dünnen, scharf zugespitzten Holzstäbchen. Sie heissen in Constantinhafen »*Saran*«.

Die gewöhnliche Sorte Pfeile mit glatter runder Holzspitze zeigen die folgenden Nummern:

Pfeile (Nr. 811 und 812, 2 Stück) von Astrolabe-Bai.

Sie sind 1·25—1·55 M. lang, wovon auf die Holzspitze 40—55 Mm. kommen, und heissen in Finschhafen »*Subürre*« oder »*Sob*«, in Constantinhafen »*Aral-ge*«, in Friedrich Wilhelms-Hafen »*Tu*«. Zuweilen, aber nur sehr selten, ist die Spitze aus Knochen (wohl von einem Vogel) gefertigt. Am Sechstroh sah ich auch Pfeile, in deren Holzende als eigentliche Spitze ein Knochen eingesetzt war, und solche mit Knochenspitze und hölzernem Widerhaken in derselben. Pfeile mit den gefährlichen rückwärts gerichteten Widerhaken aus Knochen, wie in den Salomons (I, S. 149), sind mir in Neu-Guinea nicht vorgekommen.

Von der gewöhnlichen Sorte Pfeile erhielt ich in Astrolabe auch solche, deren Spitze aus einer besonderen, an der Basis knaufartig verdickten Art Holz bestand. Im Westen zeichnen sich die Pfeile durch eigenthümliche Bemalung aus, wie die folgende Nummer:

Pfeil (Nr. 805, 1 Stück), von Tagai.

Ganz ähnliche Pfeile beobachtete ich in Massilia, die vom Sechstroh zeichneten sich durch die schwarz bemalte Spitze aus.

Die zweite Hauptform Pfeile zeigen die folgenden Nummern:

Pfeil (Nr. 810, 1 Stück), von Rohr, mit lanzettförmiger scharfkantiger Spitze aus Bambu. Astrolabe-Bai.

Diese Art Pfeile (in Constantinhafen »*Palom*«, in Bogadschi »*Kolle*« genannt), welche ganz mit denen an der Südostküste (II, S. 330, Nr. 796) übereinstimmen, sind weit gefährlicher als die mit einfacher Holzspitze. Ich fand diese Art Pfeile an der ganzen Küste. Eigenthümlich ist die folgende Nummer:

Pfeil (Nr. 808, 1 Stück), aus Rohr mit Bambuspitze, auf dem Blatt der letzteren erhabene Muster aus einer Art Wachs oder Kitt aufgeklebt. Tagai.

Diese Wachsmuster dienen wohl mehr zur Verzierung, denn am Sechstrohfluss erhielt ich Pfeile mit Bambuspitze, die auf der Innenseite des Blattes erhaben eingravirte hübsche Muster zeigten.

Wie die Pfeile aus Kaiser Wilhelms-Land im Allgemeinen die von der Südostküste an sauberer Arbeit und Ausführung überragen, so auch in Betreff der Schnitzereien der Spitze in Kerbzähnen und Widerhaken. Wenn die letzteren auch zweifellos den Zweck haben, eine gefährlichere Wunde beizubringen, so sind derartige Schnitzereien doch auch zum guten Theile im Sinne von Verzierungen aufzufassen. Dabei kommt es, wie bei allen Arbeiten, hauptsächlich auf die Geschicklichkeit und den Geschmack des Individuums an, und daraus resultiren die verschiedenartigsten Formen, welche nicht durch Beschreibung, sondern nur durch Abbildungen zu veranschaulichen sind. So erhielt ich am Sechstrohfluss allein 16 in Ausschmückung und Form des Spitzentheiles verschiedene Pfeile. Wenn sich daher die Pfeile des einen oder anderen Gebietes durch gewisse, oft unbedeutende Eigenthümlichkeiten auszeichnen, so lassen sich für die letzteren doch schwer sichere Charaktere aufstellen, und ohne die genaue Localitätsangabe bleibt die Bestimmung doch in den meisten Fällen durchaus zweifelhaft. Im Allgemeinen machte ich die Wahrnehmung, dass im Osten von Kaiser Wilhelms-Land die Pfeile minder kunstvoll mit Schnitzereien der Spitze verziert werden als im Westen. In Finschhafen und Astrolabe-Bai sind Pfeile mit Kerbzähnen und Widerhaken im Ganzen selten, aber von Guap an westlich derartige sehr häufig. Sehr kunstvoll sind die folgenden Nummern:

Pfeil (Nr. 806, 1 Stück), aus Rohr, mit fein geschnitzter Holzspitze, die an der Verbindung mit dem Schaft knaufartig umwickelt und hier elegant mit Coixsamen und bunten Federn beklebt ist. Von Tagai.

Desgleichen (Nr. 807, 1 Stück), wie vorher, aber die Spitze besteht nicht aus Holz, sondern aus einem schmalen Stück Bambu, das mit kunstvoll durchbrochen gearbeiteten Widerhaken versehen ist. Tagai.

Derartige durchbrochen gearbeitete Pfeilspitzen aus Bambu erhielt ich auch in Wanua und am Sechstrohfluss, sie sind aber selten und die Spitze, wie gewöhnlich, meist aus Holz. Die Sägezähne und Widerhaken sind zuweilen äusserst kunstvoll geschnitzt, aber ausserordentlich verschieden. Dagegen wird die knaufartige Verdickung an der Spitzenbasis und die besondere Verzierung der letzteren mit aufgeklebten Coixsamen und Federn für die Pfeile von Guap und Tagai charakteristisch, wenn sich diese Verzierung auch keineswegs an allen Pfeilen von diesen Localitäten findet. Am Sechstroh beobachtete ich keine derartigen Verzierungen, aber die Pfeile von hier zeichneten sich durch mehrere (meist fünf) schwarz gemalte Ringe auf dem Rohre aus, sowie dass der erste Absatz des Rohres unterhalb der Spitze meist mit hübschen eingebrannten Mustern verziert ist. Die Pfeile haben eine Länge von 1·45—1·80 M., wovon 40—46 Cm. auf die Holzspitze kommen. Die Schnitzarbeit der letzteren in Kerbzähnen und Widerhaken ist zuweilen äusserst geschickt und kunstvoll, aber, wie bereits erwähnt, ausserordentlich verschieden. Die folgenden Nummern der Sammlung geben schöne Proben:

Pfeile (Nr. 799—802, 4 Stück) vom Sechstrohfluss.

Wie erwähnt, sind Pfeile, mehr zum Kriege als zur Jagd benutzt, weit weniger gefährlich als Wurfspeere, weil sie sehr leicht sind, unruhig fliegen und ihre Treffähigkeit, zwischen 30—50 Schritt, eine beschränkte ist. Und soweit reicht auch ein kräftig geworfener Speer. Dass der letztere häufiger in Anwendung kommt, zeigen auch die Wundnarben, welche man nicht selten am Körper von Eingeborenen sieht.

Zum Schlusse sei noch erwähnt, dass auch den Papuas dieser Küste das Vergiften von Pfeil- und Speerspitzen unbekannt ist (vgl. auch II, S. 331).

b. Schlag- und Stichwaffen.

Keulen scheinen weniger in Gebrauch als an der Südostküste, und solche mit Steinknauf (II, S. 332) sind mir nicht vorgekommen. Aber Capt. Rasch versicherte mir, solche gesehen zu haben, und Dr. Hollrung bemerkt: »Die Steinkeule ist jetzt schon sehr selten geworden.«

Ausser runden Kampfknütteln (ähnlich dem »*Birimbirika*«, I, S. 106, von Neu-Britannien), die ich in Finsch- und Constantinhafen beobachtete, sah ich nur eine Art Keulen, wie die folgende:

Keule (Nr. 762, 1 Stück), aus einem flachen Stück Hartholz (wohl Palme) in schwertähnlicher Form, mit einfacher Gravirung und roth bemalt. Finschhafen, hier »*Ssing*« genannt.

Diese Art Keulen, 1·10—1·20 M. lang, stimmen in der Form ganz mit der gewöhnlichen Sorte von der Südostküste (II, S. 331, Nr. 752, »*Karewa*«) überein.

Steinäxte sind, wie bereits (S. 69) erwähnt, keine Waffen und werden nie als solche gebraucht, wenn auch Powell kampflustige Eingeborene »*tomahawks*« schwingen lässt.

Eine andere Waffe, oder beziehentliche Waffe, da sie auch friedlichen Zwecken (S. 60) dient, repräsentiren die folgenden Nummern:

Dolch (Nr. 787, 1 Stück), 30 Cm. lang, aus Casuarknochen, an der Basis mit eingravirtem Muster. Sechstrohfluss.

Desgleichen (Nr. 788, 1 Stück). Daher.

Diese Dolche werden meist aus der Tibia, seltener aus dem Tarsometatarsus des Casuar hergestellt, in der Weise, dass die eine Hälfte der Länge nach flach und am Ende spitz zugeschliffen wird, und liefern in dieser Form eine für den Einzelkampf nackter Menschen recht gefährliche Waffe. Sie wird, oft zu zweien, im Armband des rechten Armes getragen (Abbild. »Samoafahrten«, S. 334). Die eingravirten Muster gehören in künstlerischer Ausführung und Zeichnung mit zu den besten Leistungen der Papuakunst (vgl. Ethnol. Atlas, Taf. XI, Fig. 7, mit durchbrochen geschnitzter Arbeit). Die Muster sind übrigens sehr verschieden, meist arabeskenartig, zuweilen aber auch Darstellungen von Thieren (Crocodil und Frosch), wie ich solche am Sechstroh erhielt. Die Oberfläche ist zuweilen durch langes Tragen so glatt wie polirt. Auf den Randkanten der Innenseite finden sich zuweilen Querstriche eingekratzt, die wohl Erinnerungszeichen, nicht gerade der erlegten Feinde, sondern mitgemachter Kämpfe sein mögen. Als weitere Verzierung werden an den Dolchen zuweilen Streifen von Cuscusfell befestigt. Knochendolche sind mir erst von Hatzfeldthafen an westlich häufiger vorgekommen, namentlich in Angriffshafen bis Humboldt-Bai.

c. Wehr.

Schilde scheinen an der ganzen Küste von Kaiser Wilhelms-Land in Gebrauch und im Ganzen häufiger zu sein als an der Südostküste. Ich erhielt solche nur an drei Localitäten, die verschiedene Typen darstellen und alle in der Sammlung repräsentirt sind.

Schild (Nr. 838, 1 Stück — II, S. 362, Taf. XXIV [16], Fig. 1) aus einem concav gebogenen Stück Holz, mit doppelter Handhabe für Arm und Hand aus Rottang. Finschhafen.

Diese Schilde, in Finschhafen »*Lauta*« genannt, repräsentiren die eigenthümlichste Form, welche ich in Neu-Guinea kennen lernte. Sie sind 1·60—1·80 M. lang und 40 Cm. breit, so dass sie einen Mann ziemlich decken, dabei nicht zu schwer. Zuweilen zeigen diese Schilde originelle Muster in bunter Bemalung, darunter auch menschliche Figuren (vgl. Abbild. »Samoafahrten«, S. 178). In Adolfshafen sah ich sehr ähnliche Schilde, lang, schmal, an einer Seite abgerundet, an der anderen gerade, mit Schwarz und Weiss bemalt.

Schild (Nr. 839, 1 Stück — II, S. 362, Taf. XXIV [16], Fig. 2) aus hartem Holz, rund, mit erhaben geschnitztem Muster und bunt bemalt. Auf der Rückseite des Schildes sind aus dem Ganzen gearbeitet zwei Buckel mit Bohrloch, durch welches ein Strick gezogen wird, der als Handhabe dient (Fig. 2*a*). Friedrich Wilhelms-Hafen, Insel Grager, hier »*Gubir*« genannt, auf Bilibili »*Dimu*«.

Diese Schilde, aus den Wurzelstreben hoher Bäume gezimmert, sind eine bedeutende Leistung für Steinäxte, da sie einen Durchmesser von 80—92 Cm. haben. Doch sah ich auch kleinere Schilde von nur 40 Cm. Durchmesser, die, in einen Netzbeutel eingestrickt, an diesem getragen wurden. Besonders mühevoll ist die erhabene Ornamentik, die in der Regel in der Mitte ein Kreuz, aber doch an jedem Stücke Verschiedenheiten zeigt (vgl. Ethnol. Atlas, Taf. XII, Fig. 1). Zur Bemalung ist Roth, Weiss und Schwarz verwendet. Diese Schilde sind für den Archipel der zufriedenen Menschen und die Insel Bilibili eigenthümlich, finden sich nach v. Maclay aber auch auf Jambom. Wegen ihrer Schwere, bis 10 Kilo, eignen sie sich weniger um im Kampfe mitgeführt zu werden, sondern mehr gegen Angriffe des Dorfes, weshalb sie auch meist in den Gemeindehäusern aufbewahrt werden.

Vom Kaiserin Augustaflusse werden auch »grosse Schilde« erwähnt.

Schild (Nr. 840, 1 Stück — II, S. 364, Taf. XXV [17], Fig. 1), aus hartem Holz, oblong, mit kunstvoller, erhaben gearbeiteter Schnitzerei, Spiralen und zwei menschliche Figuren darstellend. Als Handhabe ist ein Bast- oder Tapastreif durch zwei Löcher in der Mitte des Schildes befestigt. Angriffshafen.

Diese Schilde stimmen in der Form mit denen von der Südspitze überein (Taf. XXV, Fig. 2), zeichnen sich aber durch eine Art Handgriff am oberen Rande aus. Sie sind 1·10 M. lang und 48 Cm. breit, schwer, und die erhabene Schnitzarbeit, die an jedem Schilde verschieden ist, gehört mit zu dem Besten, was die Steinzeit leistet.

Einen besonderen Schutz des Kriegers zeigt die folgende Nummer:

Kürass (Nr. 844, 1 Stück — II, S. 362, Taf. XXIV [16], Fig. 7), feine Korbflechtarbeit aus gespaltenem schwarzgefärbten Rottang. Fig. 7*a* Detail des Rohrgeflechtes. Angriffshafen.

Ich beobachtete diese eigenthümlichen Panzer nur an dieser Localität, vielleicht finden sie sich auch anderwärts. Die Taillenweite des unteren Randes, 77—83 Cm., ist reichlich eng, wenigstens durchschnittlich für Europäer nicht ausreichend, und doch mass ich in Angriffshafen Männer von 1·70 M. Höhe. Die Panzer müssen nämlich über die Hüften gezogen werden, derart, dass die höhere hintere Seite den Nacken deckt, und werden mit zwei Bändern über die Schulter befestigt. Abbildung von Kriegern von Angriffshafen mit Panzer und Schild geben die »Samoafahrten« (S. 337); doch hat der Künstler die Befestigungsweise aus Versehen vergessen.

10. *Rohmaterial und Verwendung.*

Wie alle Naturvölker besitzen auch die Eingeborenen dieser Küste eine gute Kenntniss der Naturerzeugnisse und unterscheiden eine grosse Anzahl derselben, selbst Blumen und Schmetterlinge, durch Eigennamen. Bewundernswerth ist es, wie sie aus der Fülle von Material gerade die für besondere Zwecke geeigneten Rohstoffe herauszufinden und in entsprechender Weise zu bearbeiten wissen. Für die Ethnologie ist dies ein leider noch sehr dunkles Capitel, zu dessen Verständniss noch gar sehr Vieles gethan werden muss, ehe wir tiefer in die Industrie der Steinzeit blicken können. Bis jetzt sind wir in den meisten Fällen noch nicht über die generelle Bestimmung der verarbeiteten Materialien, als Holz, Steine, Knochen, Pflanzenstoffe u. dgl. hinausgekommen, und wissen nur selten, von welchen Species diese Materialien herrühren, von der Art der Bearbeitung aber fast so gut als nichts. Nur ein längerer Aufenthalt und enger steter Verkehr mit den Eingeborenen wird in dieser Richtung erwünschte Aufklärung geben können. Der meine war zu kurz, und so muss ich mich auf wenige Beobachtungen und hauptsächlich darauf beschränken, Anregung zu geben, damit die vielen noch vorhandenen Lücken ausgefüllt werden.

a. **Aus dem Pflanzenreiche.** Ganz abgesehen von Nahrungszwecken stehen die Producte desselben jedenfalls für die Lebensbedürfnisse der Eingeborenen obenan und liefern die meisten Materialien für Nutzgegenstände. Aber ethnologisch wissen wir kaum mehr darüber als vielleicht, dass Bogen aus Holz der Betelpalme, dieser oder jener Gegenstand aus Holz der Cocospalme oder aus Rottang verfertigt ist. Und doch benutzt der Eingeborene allein schon an Hölzern für verschiedene Zwecke sehr verschiedene Bäume, je nach ihrer Brauchbarkeit, Leichtigkeit der Bearbeitung u. s. w. Schon beim Bau eines Hauses oder Canus kommen eine ganze Reihe Rohproducte zur Verwendung, ebenso für Waffen, Haushaltungszwecke u. s. w. Ganz besonders hervorzuheben ist dabei die ungemein vielseitige Anwendung von Bambu, das sowohl beim Bau von Häusern, als zu den feinsten Kunstgegenständen benutzt wird. Nebenbei mag bemerkt sein, dass Bamburohr keineswegs überall wächst. Nächst dieser gewaltigen Grasart findet wohl die Cocospalme die mannigfachste Verwendung, vom Stamm bis zur Fieder des Blattes. Dasselbe gilt annähernd für den Schraubenbaum (*Pandanus*), dessen Blätter zu sehr verschiedenen Zwecken verwendet werden und der auch in der folgenden Nummer wichtig wird.

Fasermaterial (Nr. 143, 1 Probe), aus der Luftwurzel von *Pandanus* bereitet. Finschhafen.

Dieses vorzügliche Material, das eine äusserst haltbare, bis $1^1/_2$ M. lange Faser liefert, wird an der Küste zur Verfertigung von Bindfaden und Stricken benutzt. In gleicher Weise findet auch der Bast eines *Hibiscus* (nach Hollrung *H. tiliaceus*) Verwendung, wie sonst zum Binden und Befestigen, z. B. beim Hausbau. Ob der an der Südostküste gebräuchliche Faserstoff (II, S. 326, Nr. 140, »*Lakwa*«) auch in Kaiser Wilhelms-Land verwendet wird, vermag ich nicht zu sagen. Vermuthlich werden aber noch andere Faserstoffe benutzt, da Bindfaden und Bindematerial bei Menschen, die noch keine Nägel kennen, eine wichtige Rolle spielen. Erwähnung verdient, dass der Nutzwerth der Faser der Banane den Papuas auch an dieser Küste unbekannt ist. Aus Baumbast wird durch Wässern und Klopfen ein zeugartiger Stoff, Tapa, bereitet, der zur Bekleidung und vielen anderen Zwecken dient. Nach Dr. Hollrung liefert eine *Ficus*-Art das Rohmaterial, wahrscheinlich aber noch andere Bäume. Für die Bekleidung des weiblichen Geschlechtes sorgen Cocos- und Sagopalme, aus deren fein gespaltener Blattfaser zierliche, meist buntgefärbte Röcke und Schürzchen verfertigt werden. Die Blattfaser der Sagopalme dient aber auch noch zu mancherlei Putzzwecken. Im Uebrigen ist die wissenschaftliche Bestimmung[1]) der zu Zieraten verwendeten pflanzlichen Stoffe eine äusserst mangelhafte, schon deshalb, weil diese Stoffe sich in der Verarbeitung, dazu häufig gefärbt, nicht mehr bestimmen lassen. So wissen wir z. B. noch nicht, welche Pflanzen das Material zu den allgemein gebräuchlichen sogenannten »Grasarmbändern« (II, S. 313, Nr. 378 »*Gaarna*«) liefern. Nach Guppy wird in den Salomons ein Farn der Gattung *Gleichenia* dafür benutzt. Wie zu so viel Anderem scheint aber auch für Kunstflechtarbeiten das Blatt von *Pandanus*, welches sich in ausserordentlich schmale Streifen spalten lässt, das hauptsächlichste Material zu sein. Jedenfalls ist es aber schon für den Laien ersichtlich, dass im Ganzen nur wenige Pflanzen in Betracht kommen, denn fast überall finden sich dieselben Rohstoffe wieder. Das in Neu-Britannien viel zu Stirnbinden u. dgl. benutzte Material, ähnlich rothgefärbten Schilfstreifen (»*Akanda*«, I, S. 97 und 118) erinnere ich mich in Kaiser Wilhelms-Land nicht gesehen zu haben, doch mag es vorkommen. Dagegen sind fein oder gröber gespaltene, meist roth gefärbte Streifen eines Rohres, im Archipel der zufriedenen Menschen, wie die daraus gefertigten Armbänder, Leibgurte, Kniebinden etc., »*Ari*« genannt, sehr verbreitet, wie spanisches Rohr (Rottang) überall und in der mannigfachsten Weise verwendet wird. Ein besonderes Fasermaterial wird zu Armbändern, Gürteln u. dgl. ebenfalls häufig verarbeitet. Es besteht aus harten, etwas brüchigen, glänzend schwarz gefärbten, runden Fasern (vgl. Ethnol. Atlas, Taf. XXIV, Fig. 8) und rührt wahrscheinlich von einer Liane her. Sehr eigenthümlich und von hervorragender Schönheit sind zierlich geflochtene Schnüre (Taf. XXII, Fig. 3), in Finschhafen »*Ssemu*« genannt, die hochgelb gefärbt wie Goldbrocat aussehen und im östlichen Theile (Huongolf bis Astrolabe) häufig zu hübschen Schmucksachen verwendet werden.

Von Samen, Fruchthülsen oder Fruchtkernen finden die von *Coix Lachryma* (in Finschhafen »*Kapukin*« genannt) ganz (Taf. III, Fig. 8) oder halbdurchschnitten (Taf. III, Fig. 9) längs der ganzen Küste die häufigste Verwendung, sowohl zur Verzierung von allerlei Schmuck, als auch in gewissen Gebieten namentlich von Tragbeuteln (Ethnol. Atlas, Taf. X, Fig. 4). Die schönen rothen kleinen Bohnen von *Abrus precatorius* (Taf. XVI), eines weit verbreiteten, längs der ganzen Küste vorkommenden Strauches, finden nur im äussersten Westen häufigere Verwendung, und zwar stets mittelst Aufkittens. Hier auch eine ganz gleiche Bohne, die aber statt roth schön stahlblau gefärbt ist (Taf. XVI); eine gleich grosse, sehr ähnlich geformte gelbe Bohne erhielt ich einmal am Sechstroh. Hier benutzt man auch die schön kirschbraunroth gefärbten linsenförmigen und linsengrossen Samen von *Adenanthera pavonina* (Ethnol. Atlas, Taf. XXIV, Fig. 6*a*), einer Mimose. Im Westen werden ausserdem auch kleine runde schwarze Samenkerne (Ethnol. Atlas, Taf. XXIV, Fig. 7*a*) verwendet, die wie schwarze Perlen aussehen, sowie eine grössere Art schwarzer Perlen (Taf. XIV, Fig. 13*a*). Sie scheinen künstlich gearbeitet zu sein und stimmen fast ganz mit den Perlen aus Cocosnussschale überein, welche in den Carolinen so häufig zu allerlei Schmuck verwendet werden. Die sonderbaren Pflanzentheile, wie Abschnitte von Stengeln (Taf. III, Fig. 10) sind mir in Kaiser Wilhelms-Land nicht vorgekommen, wohl aber jene längsdurchschnittenen halbirten Fruchtschalen wie Taf. XIV, Fig. 16*b*, die auch in Neu-Irland (I, S. 129) und in den Salomons (vgl. »*Sessele*«, I, S. 148, Nr. 481) verwendet werden.

[1]) Die »Nachrichten aus Kaiser Wilhelms-Land« und Schumann und Hollrung: »Die Flora von Kaiser Wilhelms-Land« (Berlin 1889) geben in dieser Richtung, ausser über einige Nährpflanzen der Eingeborenen, nur sehr wenig Aufklärung.

Die im Südosten gebräuchlichen kleinen, glänzend schwarzen Fruchtkerne, *Guddugudda* (Taf. XIV, Fig. 1*c* und Taf. XV, Fig. 1*a*), sind mir in Kaiser Wilhelms-Land nicht vorgekommen. Statt derselben wird häufig ein weinbeerengrosser, glänzend schwarzer Kern (Taf. XIV, Fig. 17*d* und Taf. XV, Fig. 4*a*) verwendet, der wie eine gedrechselte Kugel aussieht. Am Sechstroh erhielt ich noch eine ähnliche grössere Art schwärzlichen Fruchtkernes oder Nuss (Ethnol. Atlas, Taf. XXIV, Fig. 2*b*), mehr als kirschengross, zuweilen mit Gravirung, den ich sonst nirgends beobachtete.

Gedenken wir zum Schluss noch des Blätterschmuckes, der für beide Geschlechter zum gewöhnlichen, fast täglichen Ausputz gehört, in erhöhtem Masse bei feierlichen Gelegenheiten. Einzelne Blätter oder Büschel werden ins Haar gesteckt, sowie in die Armbänder, auch am Halsstrickchen befestigt und die Pflanzen deshalb eigens in besonderen Gärtchen bei den Hütten oder in den Plantagen cultivirt. Nach Maclay werden zu Blätterschmuck besonders Gewächse aus der Familie der Euphorbiaceen verwendet, nach Hollrung hauptsächlich das wohlriechende *Ocymum sanctum* und eine *Evodia.*[1]) Für Armbänder ist auch die nach Anis riechende *Clausena anisata* geschätzt. Die Lieblingsblumen sind *Celosium* und die hochrothen von *Hibiscus rosa sinensis*, welche letztere meist im Haare getragen werden.

b. **Aus dem Thierreiche.** Zu Gegenständen des nützlichen Gebrauches (z. B. S. 60 Brecher, S. 77 Dolche) finden eigentlich nur Knochen Verwendung, und zwar fast nur solche vom Schwein, Hund und Casuar. Wenigstens lassen sich diese Thierarten zum Theil annähernd richtig bestimmen, während dies für kleinere Gegenstände aus Knochen, wie Pfriemen, Nadeln u. dgl., nicht möglich ist. Knochen, anscheinend von (wahrscheinlich gestrandeten) Walthieren (vgl. S. 52) kommen vor. Am häufigsten werden jedoch Zähne, und zwar ausschliessend die vom Hunde und Schweine, zu Gegenständen des Schmuckes verwendet und zum Theil bearbeitet. Im östlichen Theile von Kaiser Wilhelms-Land sind es hauptsächlich Hundezähne,[2]) und zwar die Eckzähne (Taf. III, Fig. 15 und Taf. XIV, Fig. 5*b*, 16*e*, 11), welche zur Verzierung von allen möglichen Schmuckgegenständen, auch Tragbeuteln (vgl. Ethnol. Atlas, Taf. X, Fig. 3) verwendet werden. Schneidezähne vom Hund habe ich nur einmal benutzt gesehen. Schweinezähne, d. h. fast nur die Hauer von Wildschweinen (s. vorne S. 50) oder deren gezähmten Abkömmlingen, die im Werthe viel höher als Hundezähne stehen, scheinen besonders im Westen häufig. Durch Kunst hervorgebrachte, fast cirkelrund gebogene Eberhauer (I, S. 122, Fig. 7 und Ethnol. Atlas, Taf. XXI, Fig. 2) sind auch in Kaiser Wilhelms-Land die höchsten Werthstücke und bilden den kostbarsten Brustschmuck. Der Länge nach gespaltene und dünn geschliffene Eberhauer werden zu Nasen- und Bartschmuck (Taf. XVII, Fig. 1 und 3*e*) verarbeitet, Stücke von solchen zu Brustschilden (Taf. XVI, Fig. 1*b* und 2*a*). Zähne von Kängurus (Taf. XIV, Fig. 9*a*) sind mir nicht vorgekommen, solche von anderen Beutelthieren (*Phalangista*) nur einmal, obwohl *Cuscus* sehr häufig sind. Crocodilzähne sah ich nur einmal in einem Brustschmuck am Sechstroh verwendet. Menschenzähne fand ich nie benutzt, wohl aber in gewissen Gebieten Menschenhaar in Form von grobgeflochtenen Schnüren.

Felle von Säugethieren, aber ungegerbt, da die Papuas nicht zu gerben verstehen, finden zu allerlei Kopfschmuck und anderem Putz vielfach Verwendung. Nach den

[1]) Nach Guppy werden in den Salomons besonders folgende Schmuckpflanzen cultivirt: *Moschosma polystachum*, *Ocymum sanctum* und *Evodia hortensis*.

[2]) Wie überall in Melanesien noch heute, so fanden Hundezähne in gleicher Weise in unserer prähistorischen Zeit Verwendung (vgl. unter Anderen Nehring: Verhandl. der Berliner anthropologischen Gesellschaft, Sitzung vom 16. Januar 1886, S. 39, Fig. 3).

Rudimenten lassen sich die verwendeten Species nicht immer sicher bestimmen. *Cuscus maculatus* (in Constantinhafen »*Mab*« genannt) scheint am häufigsten zu sein, ausserdem aber auch noch andere Species benutzt zu werden. Am Sechstroh erhielt ich das Fell eines sehr merkwürdigen Beutelthieres, das einer neuen Art angehören dürfte. Zum Bespannen der Handtrommeln dient allgemein die Haut grosser Eidechsen (*Monitor*). Rochenhaut wird zu Raspeln und Feilen benutzt, dazu auch passende Corallstücke. Hier mag auch noch der häufigen Verwendung von Schildpatt gedacht sein, äusserst wichtig für Fischhaken, und der zum Theil äusserst kunstvollen Arbeiten, namentlich Armbändern (Taf. XV, Fig. 3 und Taf. XXI, Fig. 3) aus diesem nicht leicht zu bearbeitenden Material.

Bezüglich des Schmuckes aus Federn verhält es sich wie mit dem aus Muscheln, nämlich trotz des grossen Artenreichthums der Vogelwelt Neu-Guineas werden auch in Kaiser Wilhelms-Land nur wenige Arten Vögel benutzt. Die häufigste Verwendung finden Federn von Casuaren (»*Mui*« in Finschhafen, »*Tuar*« auf Grager) und gewisser weit verbreiteter Papageienarten. Unter den letzteren werden ganz besonders benutzt: die grünen und rothen Federn von *Eclectus* (»*Kabrai*« und »*Kabrai guang*« in Bongu), von *Lorius erythrothorax* (»*Läng*« in Bongu), *Trichoglossus* (wohl *Massenae* und *subplacens*, einer *Charmoyna*) und namentlich die gelben Haubenfedern vom Cacadu (*Cacatua Triton*, »*Regi*« in Bongu). Weiter im Westen sind die rothen Federn von *Dasyptilus Pesqueti* häufig, die ich übrigens auch in Finschhafen erhielt. Paradiesvögel (*Paradisea Finschi*) wurden mir zuerst auf Grager (hier »*Do*« genannt) angeboten, später ziemlich häufig im Westen (Tagai). Haubenfedern der Kronentaube (*Goura*, in Bongu »*Gori*«) sind überall geschätzt, aber selten, im Uebrigen Federn der so artenreich in Neu-Guinea vertretenen Ordnung der Tauben (»*Buna*« in Bongu) wenig benutzt. Am beliebtesten und längs der ganzen Küste verbreitet sind Hahnenfedern, und zwar ganz besonders weisse Schwanzfedern. Haushühner finden sich zwar an der ganzen Küste, aber nur in beschränkter Zahl und werden fast nur der Federn wegen gehalten. Federn anderer Vögel habe ich kaum verwendet gefunden; nur ein paar Mal die mittelsten Schwanzfedern einer *Tanyiptera*, einmal die Haubenfedern von *Microglossus*. Dagegen werden die fahnenlosen hornartigen Schwingen vom Casuar hin und wieder benutzt, z. B. Abschnitte derselben zu Halsketten (Taf. III, Fig. 11 und Taf. XIV, Fig. 2*a*), sowie am Sechstroh auch Vogelknochen, wohl von *Buceros* (Ethnol. Atlas, Taf. XXIV, Fig. 2*a*). Erwähnen wir zum Schlusse noch der gelegentlichen Verwendung von Fischgebissen und Fischwirbeln (Taf. XIV, Fig. 5*a*) und Theilen von Krebsbeinen und Krebsscheeren (Taf. XVI, Fig. 3*a*).

Weit wichtiger als Knochen, Zähne und Federn sind im Leben der Papuas Conchylien, weniger zu nützlichen Gegenständen als zu solchen des Schmuckes und Verzierung des letzteren. Wie bereits angedeutet, muss hervorgehoben werden, dass trotz des ungeheuren Reichthums an Arten nur einige wenige Meeresmuscheln in Betracht kommen, und zwar fast ausnahmslos überall dieselben Species in derselben Bearbeitung und Benutzung.

Zu Geräthschaften finden am häufigsten Perlmutterschalen (*Margarita margaritifera*, seltener *Avicula*) als Schaber Verwendung und Verarbeitung (I, Taf. IV, Fig. 7), zuweilen auch *Nautilus*. Demnächst als Instrumente zum Schneiden einige Arten bivalve Brackwassermuscheln der Gattung *Batissa* (*B. violacea* Lam., *B. Finschii* und *angulata* Reinh.), seltener eine *Cyrene* (*papua* Less.). Zu Netzsenkern werden fast nur Muscheln verwendet und wie überall meist *Arca*-Arten (besonders *A. granosa* L. und *holosericea* Reeve). Tritonshörner (*Triton tritonis*) dienen allgemein, wie in der ganzen

Südsee, auch hier als Blasinstrument, zum Signalgeben, werden auch zuweilen als Schöpfer für Conus benutzt. Sehr wichtig ist die Riesenmuschel *(Tridacna gigas)*, deren Schlosstheile das Material zu Axtklingen liefert, die seltener und höher geschätzt als solche aus Stein sind. Zu gleichem Zwecke finden zuweilen auch Stücke von *Hippopus* (Ethnol. Atlas, Taf. I, Fig. 6*b*) Verwendung. Aus *Tridacna* (seltener *Hippopus*) werden auch Stiele zu Angelhaken (Ethnol. Atlas, Taf. IX, Fig. 1*a*) geschliffen.

Sehr mannigfach ist die Verwendung von Conchylien zu Schmuckgegenständen, hier aber in Folge Bearbeitung die wissenschaftliche Bestimmung der Arten so ausserordentlich erschwert, dass sich in den meisten Fällen nur die Gattungen feststellen lassen. Wie bereits erwähnt, wird *Spondylus* in ganz Kaiser Wilhelms-Land nicht benutzt, von künstlich geschliffenen Muschelplättchen nur eine Art (siehe Nr. 638).

Die weiteste Verbreitung und Verwendung findet eine kleine Cypraeen ähnliche Muschel (Taf. XIV, Fig. 3 und 10, die dem Aussehen nach identisch mit dem »*Tautau*« (Taf. XIV, Fig. 6) von der Südostküste scheint, aber nach den Untersuchungen von Reinhardt[1]) einer *Nassa*-Art angehört. Von Huongolf bis Humboldt-Bai wird man diese kleine zierliche Muschel kaum an einem Schmuckgegenstande vermissen. Schnüre dieser Muschel heissen in Finschhafen »*Ssanem*«; aber auch für viele mit diesem Material verzierte Gegenstände wurde mir dieser Name angegeben, der vielleicht eben nur für die Muscheln gelten sollte.

Nächst dieser *Nassa* dienen Theile gewisser Kegelschnecken *(Conus)* allenthalben als beliebter Ausputz für Gegenstände des Schmuckes. Aus den Spiren derselben, sogenannte *Conus*-Boden, werden zuweilen sehr kunstvolle Ringe und Scheiben geschliffen (vgl. Taf. III, Fig. 13 und Taf. XIV, Fig. 4*a* kleine; Taf. XIV, Fig. 15*a* und Taf. XVI, Fig. 1 grössere; Ethnol. Atlas, Taf. XXI, Fig. 5 gross). *Cypraea moneta*, die im Leben afrikanischer Völker als »*Kauri*« eine so grosse Rolle spielt bleibt trotz ihrer Häufigkeit fast unbenutzt und ich habe sie nur wenige Male verwendet gesehen (vgl. Taf. XIV, Fig. 14 und Taf. XVII, Fig. 1). Mehr beliebt sind dagegen eine oder ein paar andere Arten *Cypraea* zu Brustschmuck (Taf. XVII, Fig. 2), sowie *Ovula*-Arten (namentlich O. *ovum*, Taf. XVII, Fig. 1). Ausserordentlich werthgeschätzt in gewissen Gebieten sind schalenförmige Kreisabschnitte von *Cymbium*- *(Meloë-)* Arten (Taf. XVII, Fig. 1 und Ethnol. Atlas, Taf. XXIII, Fig. 1) zu Brustschmuck, die hier solche aus grossen Perlmutterschalen *(Avicula)* an der Südostküste (vgl. II, S. 312, Nr. 514*a* »*Mairi*«, ähnlich I, Taf. III, Fig. 18) zu vertreten scheinen. Kleinere Scheiben und Platten von *Cymbium* dienen hauptsächlich zu Behang von Tragbeuteln (Ethnol. Atlas, Taf. X, Fig. 1*c*). Zu letzterem Zwecke wird zuweilen auch eine *Placuna*-Art benutzt. Kleinere ovale Muschelplatten (wie Taf. XIV, Fig. 17*c*) scheinen ebenfalls aus *Cymbium* geschliffen.

Im ganzen Gebiet verbreitet, wenn auch im Ganzen nicht häufig, sind (ähnlich den »*Lalei*« von Neu-Britannien, I, S. 99, Nr. 370) Armringe aus dem Basisquerschnitt von *Trochus niloticus* geschliffen (Ethnol. Atlas, Taf. XVIII, Fig. 5), zuweilen mit kunstvoller Gravirung. Sie gehören mit zu den hervorragendsten Arbeiten der Papuakunst, wie des Steinzeitalters überhaupt und werden vielleicht nur übertroffen durch jene bewundernswerthen Schleifarbeiten aus dem Schlosstheile der Riesenmuschel, *Tridacna gigas*, unter denen Brust- und Armringe obenan stehen (vgl. Ethnol. Atlas, Taf. XXI, Fig. 3). Ein mir vorliegender Ring von 10 Mm. Dicke und 85 Mm. Durchmesser im Lichten ist so sauber und accurat geschliffen, dass seine Herstellung europäischer Kunst

[1]) »Eine kleine *Nassa*-Art aus der Gruppe *Arcularia* Link (vielleicht *N. callospira* A. Ad.), die deshalb schwierig zu bestimmen ist, weil der Hauptheil des Gehäuses sammt der ganzen Spira abgeschliffen ist.« (Sitzungsber. d. Gesellsch. naturf. Freunde, Berlin, 20. April 1880, S. 57.)

6*

Ehre machen würde. Aus *Tridacna* werden auch schöne Nasenkeile (Ethnol. Atlas, Taf. XX, Fig. 3 und 7) geschliffen, zu Nasenschmuck auch Perlmutter (Taf. XV, Fig. 2) und *Nautilus* verwendet. Letztere Muschel (und zwar *Nautilus pompilius*) diente auf Bilibili auch zum Ausputz der Canus. In Astrolabe-Bai sind Leibschnüre aus *Septaria*, wohl *arenaria* (Taf. XIV, Fig. 5) hochgeschätzt. Des Weiteren kommen andere Muschelarten kaum oder doch nur ausnahmsweise in Betracht. So habe ich *Cypraea lynx* und *Oliva* (zu Klingeln) nur einzeln benutzt gesehen, ebenso *Patella*; von Landschnecken nur einmal eine *Helix*-Art (vgl. Nr. 504 der Sammlung) und *Nanina aulica* Pfr. Deckel von *Turbo (pentolarius)*, als Augen für Masken in Neu-Irland so häufig benutzt (vgl. I, Taf. VI), fand ich zu gleichem Zweck einmal auf Guap verwendet.

c. **Aus dem Mineralreiche.** Hinsichtlich der Unkenntniss der verwendeten Gesteinsarten vergleiche im Vorhergehenden »Aexte« (S. 70).

d. **Tauschmittel.** Wenn alle hier aufgezählten Materialien und die daraus gefertigten Gegenstände mehr oder minder als Tauschmittel im Verkehr der Eingeborenen zu betrachten sind, so dürften doch ganz besonders einige wenige im engeren Sinne als überall gangbare Münze, im Sinne von **Geld** bei uns, gelten. Konnte ich mir auch nicht völlige Gewissheit darüber verschaffen, so glaube ich nicht fehlzugehen, wenn ich die folgenden Nummern auch für dieses Gebiet als Eingeborenengeld anführe. Als häufigste Sorte, gleich unseren Scheidemünzen, findet längs der ganzen Küste am meisten Verwendung:

Ssanem (Nr. 630, 1 Probe — II, S. 342, Taf. XIV [6], Fig. 3), Muschelgeld aus einer *Nassa*, *a* aufgereihte Muscheln, *b* Muschel von der Unterseite, *c* desgleichen von der Oberseite. Finschhafen. In Astrolabe-Bai (Bogadschi) heissen solche Muschelschnüre »*Darram*«.

Die Vergleichung mit dem »*Tautau*«, dem Muschelgeld der Südostküste (Taf. XIV, Fig. 6), lässt kaum einen Unterschied erkennen. Aber das *Tautau* soll einer *Cassidula* angehören, während »*Ssanem*«, nach der Bestimmung von v. Martens, unzweifelhaft eine *Nassa* und ziemlich sicher *N. callospira* ist. Leider habe ich die unverletzte Muschel nicht erlangen können, wie mir dies bei dem *Diwara* (Taf. III, Fig. 1) von Blanche-Bai möglich war, das von v. Martens als *Nassa callosa* var. *camelus* (Taf. III, Fig. 1*a*) festgestellt wurde. Die Bearbeitung von *Ssanem* ist ganz ähnlich wie bei *Diwara*, d. h. der Mantel wird abgeschlagen, aber die Bruchfläche abgeschliffen, daher die Stücke dünner sind. Auch zeigt *Diwara* nur eine Oeffnung, *Ssanem* dagegen zwei (vgl. Taf. III, Fig. 1*c* und Taf. XIV, Fig. 3*c*). Eine zweite, bei Weitem werthvollere Sorte ist:

Muschelgeld (Nr. 638, 1 Probe — II, S. 342, Taf. XIV [6], Fig. 4), kleine, dünne, runde, aus einer hellfarbigen, fast weisslichen Muschel geschliffene Scheibchen von circa 4—5 Mm. Durchmesser (Fig. 4*a*). Huongolf.

Diese einzige Art künstlich geschliffener Muschelscheibchen, welche mir in Kaiser Wilhelms-Land vorkam, fand ich nur von Huongolf bis zum Festungscap, sie mag aber auch weiter verbreitet sein. Im Ganzen waren diese Art Muschelscheibchen sowohl zu Schmucksachen verarbeitet, als auf Schnüre gereiht, sehr selten und wurden von den Eingeborenen besonders hochgehalten. In Finschhafen heissen Schnüre dieses Muschelgeldes »*Ssanem*«, also ganz wie die aus *Nassa*; doch ist eine irrige Auffassung meinerseits nicht ausgeschlossen.

Nach v. Martens sind diese Scheibchen höchst wahrscheinlich aus einem kleinen *Conus* (wohl *musicus*) gearbeitet, nach meinem Vermuthen vielleicht aus Muschelsplittern, wie sich solche am Strande finden. Genau so grosse, man kann sagen fast identische Muschelscheibchen kommen auf Bonaba (Ocean-Island) vor, ganz ähnliche in Neu-Irland (I, S. 28, Taf. III, Fig. 4).

Als dritte und werthvollste Sorte Geld dürften, wie für die Südostküste, auch hier Hundezähne zu betrachten sein.

Hundezähne (Nr. 500*a*, 1 Probe), durchbohrt, 49 Stück, die auf eine 35 Cm. lange Schnur gereiht sind. Huongolf.

Schnüre aufgereihter Hundezähne heissen in Astrolabe-Bai (Bogadschi) »*Hongala*« und sind häufig von Huongolf bis Astrolabe-Bai. Hier, sowie von Astrolabe westlich bis zum Hammacherfluss werden Hundezähne auch ausserordentlich häufig zur Verzierung von allerlei Gegenständen des Putzes verwendet. Weiter westlich fiel mir der Mangel von Hundezähnen auf, die ich zuerst in beschränkter Zahl wieder in Angriffshafen beobachtete.

Das werthvollste Tauschmittel sind, wie erwähnt, abnorm gekrümmte, fast cirkelrunde Eberhauer.

11. Körperausputz.

Wie bei allen Papuas schmückt sich das männliche Geschlecht bei Weitem mehr als das weibliche; alle im Nachfolgenden beschriebenen Gegenstände sind daher fast ausnahmslos für Männer bestimmt.

A. Bekleidung.

Unter **Bekleidung** haben wir auch hier nur die zuweilen nothdürftige Bedeckung der Schamtheile zu verstehen, wofür im Allgemeinen für Männer ein Tapazeugstreif, für Frauen ein Faserschurz genügt. Völlig unbekleidet sah ich nur Männer in Adolphhafen und Humboldt-Bai (hier als Regel) und nach den Berichten von Dr. Schrader gehen auch die Männer im Inneren, am Augustaflusse, meist nackt.

Dasselbe gilt im Allgemeinen auch für die männliche Jugend bis circa zum 10. oder 12. Jahre, aber ich habe öfters (z. B. in Finschhafen) noch kleine Knaben bereits mit der üblichen Schambinde bekleidet gesehen.

Tapa, d. h. Zeug aus geschlagenem Baumbast (vgl. I, S. 92), wird an der ganzen Küste verfertigt, und zwar in verschiedenen Sorten. Gewöhnlich ist die Tapa ziemlich grob und von bräunlicher Naturfarbe. Grössere Stücke solcher Tapa pflegen die kälteempfindlichen Papuas auch als eine Art Tücher zu benutzen, in welche sie bei kühler Temperatur, namentlich in der Morgenfrische, ihren Oberkörper einhüllen. Tapastreifen zu Schambinden werden häufig gefärbt, meist mit rother Farbe eingerieben, wie das folgende Stück.

Tapa (Nr. 258, 1 Stück), mit feinen cannelirten, eingedrückten Querstreifen. Insel Grager.

Solche Schambinden färben ab und verlieren ihr schönes Aussehen sehr bald. Andere in waschechter, meist rother Farbe,[1]) zuweilen in recht hübschen Mustern bemalt, halten sich länger, aber im Allgemeinen machen diese Schambinden doch einen sehr armseligen und lumpigen Eindruck.

Für gewöhnlich genügt ein Stück ordinärer Tapa, das an einem Baststrick befestigt ist und zwischen den Beinen durchgezogen, die Geschlechtstheile suspensoriumartig verhüllt (wie Taf. XVI, Fig. 4 und 5 meines Ethnol. Atlas von Huongolf). Hier wie in Finschhafen und auf Long-Insel ist aber häufig nur der Penis in den Tapastreif ein-

[1]) Das Färbemittel ist die Abkochung von Mangrovenrinde und ein sehr haltbarer Färbestoff.

gewickelt, so dass das Scrotum sichtbar bleibt. In Astrolabe-Bai und weiter westlich werden breite und lange Streifen Tapa oft zweimal um den Leib geschlungen, so dass vorn ein Ende schürzenartig herabhängt. Diese meist bunt (roth) gefärbten Lendenbinden (vgl. Ethnol. Atlas, Taf. XIV, Fig. 1 Bilia, und Fig. 2 Venushuk, und »Samoafahrten« S. 55) kleiden sehr decent und hübsch.

Die folgende Nummer repräsentirt einen feinen

Mal *(Bonguspr)* (Nr. 248, 1 Stück), Leibbinde aus Tapa. Das Tapastück ist 5·6 M. lang und bildet eine oben 32 Cm., unten 10 Cm. breite Röhre, die in ihrer ganzen Länge von dem betreffenden Baume abgezogen wurde. Das breite Ende ist in gefälligem Greemuster waschecht roth bemalt und der Länge nach mit 14 rothen Streifen. Von Bogadschi (Astrolabe-Bai).

Sehr schöne Tapa in gefälligen Mustern sah ich unter Anderem auch auf Guap.

Junge Leute, die putzsüchtiger als die alten sind, tragen häufig unter der Leibbinde von Tapa noch einen 10—16 Cm. breiten Gürtel aus feinem Geflecht, meist roth gefärbt, der gleich um den Leib geflochten ist und diesen unnatürlich einschnürt (vgl. II, S. 300, Fig. 3), was auch hier als fashionabel gilt. Die Taillenweite eines jungen, circa 27 Jahre alten Mannes von Grager betrug in Folge dieses Einschnürens nur 65 Cm., bei einem anderen gar nur 60 Cm. Die Gürtel mussten, wie immer in solchen Fällen, abgeschnitten werden. Diese Art Leibgürtel sind hauptsächlich im Archipel der zufriedenen Menschen und weiter westlich Mode (vgl. Ethnol. Atlas, Taf. XVI, Fig. 3 von Hatzfeldthafen). Sie werden in Astrolabe wie gewisse Armbänder »*Ari*« genannt, wohl nach dem Material. Um dem Grasgürtel mehr Festigkeit zu geben, dient häufig ein breiter Rindenstreif als Unterlage oder wird gleich unter der Tapaleibbinde getragen wie das folgende Stück:

Leibgurt (Nr. 570, 1 Stück), aus Rinde. Massilia.

Ich beobachtete solche Rindengürtel von Astrolabe bis Angriffshafen. Sie werden vorzugsweise von jungen Leuten getragen und sind zuweilen kunstlos roth und schwarz bemalt. Fein gravirte Gürtel wie an der Südostküste (II, S. 315, Fig. 24 und 25) sah ich nicht.

Ein besonders feines Stück ist die folgende Nummer:

Schamschurz (Nr. 249, 1 Stück), von Venushuk. Ein 3·6 M. langes, oben 22 Cm., unten 11 Cm. breites naturfarbenes Stück Tapa, mit reicher Verzierung aus Flechtwerk, *Nassa*-Muscheln und Menschenhaar. An dem breiten Ende ist eine 49 Cm. breite Kante aus feinem Bindfaden geknüpft, in deren Mitte ein Querstreifen aus rothgefärbtem gespaltenen Rottang, jederseits mit einer Schnur aus Menschenhaar und einer Reihe *Nassa* bordirt. Der untere Rand der Kante endet in neun Bögen, die mit *Nassa* besetzt sind und an denen ebensoviel 48 Cm. lange Streifen befestigt sind, welche am Ende länglich-runde Scheiben tragen; Alles ist reich mit Muscheln *(Nassa)*, Menschenhaar, schwarzen runden Fruchtkernen und Abschnitten von Cacadufedern verziert.

Diese Art Binden, welche ich nur bei Venushuk beobachtete, gürten den Leib, während die reich verzierte Kante vorne schürzenartig herabfällt (vgl. »Samoafahrten« Abbild., S. 292), was sehr originell und geschmackvoll kleidet.

Eine höchst originelle Schambekleidung der Männer findet sich zuerst in Angriffshafen und von da weiter westlich, wie die folgenden Nummern.

Schamkalebasse (Nr. 900, 1 Stück — II, S. 350, Taf. XVIII [10], Fig. 5), aus einem getrockneten Flaschenkürbis (Calebasse), von bauchiger Form, 21 Cm. Umfang, mit hübschem eingebrannten Muster verziert; die Oeffnung (in welche der in die Vorhaut zurückgezogene Penis gesteckt wird) sehr eng, nur 20 Mm. Durchmesser (Fig. 5 *a*). Vom Sechstrohfluss.

Desgleichen (Nr. 901, 1 Stück), längliche Form, 11 Cm. lang; von Angriffshafen, mit eingebrannter Zeichnung, Oeffnung 30 Mm. weit.

Desgleichen (Nr. 902, 1 Stück) daher, länglich 16 Cm. lang und circa 5 Cm. im Durchmesser; mit eingebrannter Zeichnung, darunter sehr erkennbar die einer Eidechse (Taf. XVIII, Fig. 5 *b*), Oeffnung 37 Mm. weit. In der Kalebasse befinden sich noch Blätter, die zum Schutze des Penis oder zur Verstärkung desselben dienen, damit beim Gehen die Schamkalebasse nicht abfällt.

Die Schamkalebassen bilden die häufigste, aber nicht ausschliessende Bekleidung der Männer von Angriffshafen und weiter westlich, denn manche bedienen sich statt derselben des üblichen Tapastreifs. Die Mehrzahl der Männer in Humboldt-Bai, wo ich diese Penisbekleidung ebenfalls beobachtete, ging übrigens völlig nackt einher. Die Art, wie diese Kalebassen getragen werden, zeigt Taf. XVI, Fig. 7 in meinem Ethnol. Atlas.

Das weibliche Geschlecht ist schon von frühester Jugend an mit einem Faserschürzchen bekleidet und nur in Humboldt-Bai sah ich, das erste Mal seit Neu-Britannien, junge mannbare Mädchen vollständig nackt. Die Frauen hier schlagen ein breites, meist gemustertes Stück Tapa sarongartig um die Hüften (Abbild. »Samoafahrten«, S. 354), aber auch in Humboldt-Bai bemerkt man Faserschurze, wie dies für die ganze übrige Küste gilt. Diese Schürzchen oder Röcke stimmen ganz mit den *Lami* (II, S. 300) an der Südostküste überein und sind wie diese für gewöhnlich aus gröberer Blattfaser (von Cocospalme) verfertigt, die besseren Sorten aus der feingespaltenen Blattfaser der Sagopalme und wie dort bunt[1]) (schwarz und kirschbraunroth oder schwarz, roth und gelb) gestreift. Diese Faserschurze der Frauen, in Bongu auch »*Mal*« genannt, reichen meist bis zum und über das Knie und rings um den ganzen Leib. Mädchen pflegen aber meist nur ein Doppelschürzchen zu tragen wie die folgenden Nummern:

Schürzchen (Nr. 241, 1 Stück), aus Blattfasern der Sagopalme, mit rothen und naturfarbenen Längsstreifen; am oberen Rande mit zierlicher Bogenkante aus Bindfaden. Das längere Schürzchen, welches über das Gesäss herabhängt, ist 39 Cm. lang und 19 Mm. breit, das vordere nur 31 Cm. lang. Finschhafen.

Desgleichen (Nr. 242, 1 Stück) schwarz und roth, zweitheilig; das vordere Schürzchen ist 28 Cm., das hintere 45 Cm. lang. Friedrich Wilhelms-Hafen.

Diese Schürzchen bestehen zuweilen aus drei volantartig übereinander gelegten Faserbüscheln (wie Abbild. »Samoafahrten«, S. 108) und werden an manchen Orten auch von Frauen getragen, z. B. in Dallmannhafen (Ethnol. Atlas, Taf. XVI, Fig. 9). Sehr schöne mit Muscheln *(Nassa)* und Federn verzierte Faserröcke erhielt ich in Broken Water-Bai. Auf Bilibili scheint die Verfertigung von Weiberröcken lebhaft betrieben zu werden und sie gehören mit zu den Tauschartikeln, welche die Männer auf ihren Handelsreisen mitnehmen.

Besondere Bekleidung der Frauen beobachtete ich einige Male in Finschhafen und Huongolf. Dieselbe bestand in einem ausserordentlich grossen, sackartigen Ueberwurf aus feiner Filetarbeit (bis 1·5 M. lang und 1·25 M. breit), welchen die Frauen über den Kopf trugen und sich darin einhüllten. Solche Ueberwürfe heissen in Finschhafen »*Audun*«, wie die kleinen filetgestrickten Weiberkappen. In Finschhafen pflegten Frauen statt

[1]) Die Färbemittel für Schwarz und Roth sind Abkochungen von Mangroverinde, für Gelb höchst wahrscheinlich Curcumé.

des Faserschürzchens einzeln auch filetgestrickte Beutel vorder- und hinterseits in den Leibstrick zu befestigen.

B. Schmuck und Zieraten.

a. Hautverzierung.

Tätowirung. Während wir dieselbe in reicher Ausbildung im Südosten (II, S. 300—305), sowie an der Ostspitze kennen lernten, fehlt sie an dieser ganzen Küste durchaus. Ich war daher überrascht, zuerst wieder in Humboldt-Bai tätowirte Frauen zu sehen, und zwar in neuen charakteristischen Mustern (vgl. Abbild. »Samoafahrten«, S. 362). Am Sechstrohfluss hatte ein Mann auf der Stirne vier undeutliche Ringe tätowirt, der einzige Fall, welcher mir vorkam. Dagegen waren **Ziernarben** auf Achseln und Brust, meist in sehr erhabenen Schnörkeln, zuweilen förmliche Figuren bildend (vgl. Abbild. »Samoafahrten«, S. 334), nicht selten bei Männern westlich von Astrolabe-Bai, ganz besonders von Angriffs- bis Humboldthafen. Hier bemerkte ich auch häufig bei Frauen stark hervortretende Ziernarben, die, wie in Neu-Britannien (I, S. 96) als Schönheit gelten.

In Astrolabe-Bai (Bongu) beobachtete ich bei beiden Geschlechtern auf Schultern und Armen kleine **Brandwunden**, reihenweise angeordnet, ganz wie dies in den Gilberts-Inseln Sitte ist.

Bemalen des Körpers ist an der ganzen Küste üblich, es würde mich aber hier zu weit führen, in Details zu gehen. Rothe Farbe spielt auch hier die Hauptrolle; schwarz scheint, wie überall, Zeichen der Trauer zu sein. Zu den allgemein üblichen Farben Roth, Schwarz, Weiss, die aus denselben Stoffen bereitet werden wie überall (z. B. Neu-Britannien, I, S. 95, 96), kommt in gewissen Gebieten von Kaiser Wilhelms-Land noch Gelb und Grau. Erstere Farbe ist eine gelbe Ockererde, die ich zuerst in Dallmannhafen verwendet sah und die ganz besonders im Inneren des Augustaflusses benutzt wird.

Das folgende Stück:

Graue Erde (Nr. 933, 1 Probe), flacher, runder Fladen von 20 Cm. Durchmesser, in der Mitte ein Loch, um ein Band zum Tragen hineinzuknüpfen. Vom Sechstrohfluss. Dient, wie ich seither belehrt worden bin, ebenfalls zum Bemalen und ist nicht, wie ich irrthümlich annahm, »essbare Erde« (Kat. II, S. 11 und 35; Kat. der Austell. Bremen, S. 9; »Samoafahrten«, S. 295 und 346). Ich erhielt diese Erde zuerst bei Venushuk, sie wurde aber nach Westen häufiger und namentlich am Sechstrohfluss zum Kauf angeboten. Die Eingeborenen schienen anzudeuten, dass sie diese Erde essen, und mir schien dies glaublich, weil sie kleine Proben davon genossen. Auch sah ich hier keine graue Bemalung des Körpers. Wohl war mir dieselbe aber vorher bei Tagai aufgefallen, wo einzelne Männer breite, grau gemalte Streifen über Brust und Rücken zeigten (vgl. »Samoafahrten«, S. 325, Abbild.); aber hier erhielt ich zufälligerweise nicht das Färbungsmaterial selbst.

Wenn Bemalen in der Toilettenkunst der Papuas obenan steht, so besitzen die der Küste von Kaiser Wilhelms-Land noch besondere **Toilettenmittel.** Dazu gehört eine Art **Zahnpulver,** anscheinend eine mergelartige graue Erde in Pulverform. Sie heisst in Finschhafen »*Gasu*« und wird zuweilen in hölzernen Büchschen (aus einem markleeren Stückchen Zweig) oder solchen aus Bambu, *Da* genannt, aufbewahrt. Durch das Abreiben der Zähne mit diesem Pulver werden dieselben, trotz des Betelgenusses, weiss erhalten.

Ausserdem erhielt ich ein wohlriechendes Harz (z. B. in Friedrich Wilhelms-Hafen), das die Männer häufig in Form kleiner Kugeln in ihren Brustbeuteln mit sich führen. Nach Hollrung wird das Harz mit dem wohlriechenden *Ocymum sanctum* zusammengeknetet.

b. Frisuren und Haarschmuck.

Wenn wir zunächst das **Haar** selbst betrachten, so unterliegt dasselbe bei Papuas in noch höherem Masse künstlicher Behandlung als bei uns. Schon von der zartesten Jugend an wird es mit Farbe, Russ, Erde u. dgl. eingerieben, rasirt, aufgezaust, zu besonderen Frisuren gruppirt, wie wir dieselben zum Theil schon im Vorhergehenden (II, S. 306) kennen lernten. Bei der Fülle von Material, welches ich über Haar, dessen Behandlung und Ausschmückung in Kaiser Wilhelms-Land sammelte, muss ich mich hier auf allgemeine Bemerkungen beschränken. Da mag zunächst erwähnt werden, dass Männer viel grössere Sorgfalt auf das Haar verwenden als Frauen, und ferner dass die verschiedene Behandlung des Haares vom Lebensalter sehr beeinflusst wird, wie schliesslich vom Individuum selbst. Denn auch unter den Papuas gibt es Personen mit schwachem Haarwuchs, der sich selbst bis zur Glatze steigert, obwohl solche im Ganzen sehr selten sind. Kinder beiderlei Geschlechts tragen meist kurzes Haar oder haben häufig den ganzen Kopf rasirt, was schon aus praktischen Gründen geschieht, da das Einschmieren mit feuchter Asche zur Ausrottung der Läuse nicht ausreicht. Angesichts des sauber rasirten Kopfhaares, wie es nicht blos bei Kindern, sondern auch Frauen vorkommt, muss man staunen, wie diese Procedur ohne eiserne Werkzeuge möglich ist. Aber die scharfe Kante einer Steinbeilklinge oder eines Stückchen Bambu schneidet gar nicht so schlecht, und mit solchen »Messern« wird die Haarfülle abgeschnitten, wie ich selbst beobachten konnte. Zum Rasiren werden (wie Maclay lehrt) gewisse scharfrandige Gräser benutzt, das Barthaar meist durch Ausreissen entfernt, wie ich dies in Neu-Britannien oft sehen konnte.

Junge Leute pflegen das Haar meist an der Basis des Hinterkopfes abzurasiren und lassen es im Uebrigen länger wachsen, so dass es in seiner Gesammtheit den Kopf ähnlich wie eine kurze dichte Pelzkappe bedeckt (vgl. II, S. 300, Fig. 4, und Abbild. »Samoafahrten«, S. 323, Bursche von Tagai, und S. 284, Mädchen von Teste-Insel). Diese Art Haartracht ist am häufigsten und von mir längs der ganzen Küste beobachtet worden, ebenso jene, welche bei etwas längerem Haare diese zu Zotteln verfilzt. In Folge der spiraligen Structur ist das Papuahaar ohnehin sehr geneigt, sich zu Klümpchen zu verschlingen, und Einreibungen von Erde, Farbe, geschabter Cocosnuss (nicht Oel) etc. thun ein Uebriges, um Zotteln zu bilden, wie sie namentlich auch für das weibliche Geschlecht zur Regel werden (vgl. »Samoafahrten«, S. 40, Weiber von Bongu). Junge Mädchen und Frauen, die mehr Sorgfalt anwenden, pflegen häufig das Haar in dünnen, bleistiftdicken, zusammengedrehten Strähnen zu tragen, die vorne bis auf die Augen, hinten bis in den Nacken herabhängen, mit rother Farbe eingerieben werden und sehr artig kleiden (vgl. Abbild. »Samoafahrten«, S. 108, Mädchen von Grager, und S. 362, Frau von Humboldt-Bai). *Mop*, d. h. jene durch Aufzausen künstlich hergestellten Haarwolken, wie sie namentlich bei den Motumädchen an der Südostküste (vgl. II, S. 303, Fig. 6) so beliebt sind, habe ich in Kaiser Wilhelms-Land beim weiblichen Geschlecht nicht gesehen, wohl aber bei jungen Burschen, die am putzsüchtigsten sind. Diese Haarwolken (vgl. Abbild. »Samoafahrten«, S. 333, Massilia) sind übrigens, dick mit rother oder schwarzer Farbe eingeschmiert oder bepudert, blos Festschmuck und gelten nicht für alltags. Haarwolken kommen hauptsächlich in Astrolabe-Bai und Friedrich Wilhelms-Hafen vor. Hier bedienen sich die jungen Leute (*Malassi* in Bongu) noch einer besonderen Art zierlicher Bändchen, die ich sonst nirgends angetroffen habe, wie die folgenden Nummern.

Dedal (Nr. 278—280, 3 Stück), Haarbänder von Grager, circa 10—15 Mm. breit und circa 25—30 Cm. lang, aus sehr dünner Pflanzenfaser (*Pandanus*-Blatt?), äusserst zierlich, durchbrochen geflochten und mit Kalk weiss bemalt, so dass sie wie fein gehäkelt aussehen (Ethnol. Atlas, Taf. XVII, Fig. 7, 8) und sehr geschmackvoll kleiden. Jede Seite des Bandes endet in eine hölzerne Nadel zum Feststecken, und das Band dient dazu, das Haar (vgl. Abbild. »Samoafahrten«, S. 87) niederzuhalten. Zu diesem Zwecke werden auch kunstlose, circa 3 Mm. breite Reifen aus gespaltenem Rottang benutzt. Von Massilia westlich ist mir bei jungen Leuten zuweilen eine besondere Haarfrisur aufgefallen: der Kopf war bis auf einen Mittellängsstreif rasirt, wie dies in Neu-Irland (I, S. 128) so häufig geschieht.

Erwachsene Männer (*Tamo* in Bongu) tragen keinen *Mop*, dagegen eine andere Art Haartracht, die in Constantinhafen »*Gatessi*« heisst und für einen grossen Theil dieser Küste charakteristisch wird. Die Haare am Hinterkopfe lässt man nämlich wachsen, so dass sie im Vereine mit eingeriebener Erde u. s. w. lange gedrehte Strähne bilden, die oft bis tief in den Nacken herabhängen (vgl. »Samoafahrten«, S. 283) und zuweilen so lang sind, dass sie vorne über die Schulter gelegt werden können. *Gatessi* sind der Stolz der Männer, werden aber bei Weitem nicht von allen getragen. Sie sind in Astrolabe-Bai am häufigsten; ich beobachtete sie aber auch in Huongolf und vereinzelt bis Dallmannhafen.

In Huongolf sah ich ein paar Mal Männer, welche das ganze Kopfhaar in dünne Stränge gedreht hatten, die längs der Scheitelmitte abgetheilt, an jeder Seite tief herabhängen, wie die folgende Probe:

Längste Haarsträhne (Nr. 271) eines Mannes von Parsihuk. Dieselbe hat 18 engl. Zoll Länge und reichte bis über die Brustwarze hinaus (vgl. Abbild. »Samoafahrten«, S. 157). Der Träger schien ein hoher Herr zu sein und schnitt mir Proben dieses Haares, wie ich sonst nie wieder in Neu-Guinea zu sehen bekam, mit einem Steinbeile ab. Als Gegensatz zu dieser künstlichen Haarbildung kann die folgende Nummer dienen.

Nackenhaar (Nr. 270) eines Mannes von Tagai. Dasselbe bildet eine dicke, dichte, filzartige Masse, die über den ausrasirten Hinterkopf tief in den Nacken herabreichte (vgl. Abbild. »Samoafahrten«, S. 325).

Ich sah derartig abnormes Haar nur von Tagai bis Angriffshafen, und zwar sehr vereinzelt, so dass dasselbe möglicher Weise als Auszeichnung besonders hoher Häuptlinge gelten mag.

Wie im Osten *Gatessi*, so werden im Westen (von Hatzfeldthafen bis Tagai) **Zöpfe** charakteristisch. Ich meine damit nicht Zöpfe, wie sie in der darnach benannten Zeit Mode waren, sondern eine Vereinigung des gesammten Haares des Hinterkopfes. Dasselbe bildet dann eine dichte, bis 0·24 M. lange Masse, die wagrecht absteht, mit Blattstreifen o. dgl. umbunden (vgl. Abbild. »Samoafahrten«, S. 299) oder in besonderen Haarkörbchen getragen wird, wie die folgenden Nummern:

Haarkörbchen (Nr. 352, 1 Stück), ein 24 Cm. langer, an der Basis 9 Cm., am Ende 6 Cm. Durchmesser haltender, daher etwas konischer Cylinder von feinster Korbflechtarbeit, über Bambusstäbe, mit reichem Muster von *Nassa* besetzt; an der Basis eine 2 Cm. breite Binde aus rothem Geflecht, mit *Nassa* bordirt, und einem Conusring; am Ende eine breite Binde aus fuchsrothem Cuscusfell; ausserdem vier Anhängsel aus schwarzen Fruchtkernen und feinen Kettchen, am Ende der letzteren ist je eine abgeschnittene Feder (wohl von *Eudynamis*) angebunden. Vom Caprivifluss in Krauel-Bai.

Diese Anhängsel sind oft sehr zierlich wie das folgende Stück:

Schmuck für Haarkörbchen (Nr. 515, 1 Stück), bestehend aus einem 45 Cm. langen, sehr fein aus Pflanzenfaser (Art Gras) geflochtenen Kettchen, an welches einige *Nassa* und ein runder schwarzer Fruchtkern befestigt sind (ähnlich wie die Kettchen an dem Haarkörbchen im Ethnol. Atlas, Taf. XVIII, Fig. 1 *d*). Vom Hammacherfluss. Diese Art Kettchen werden häufig auch zum Ausputz von *Cymbium*-Brustschmuck (siehe weiter zurück Nr. 536) benutzt.

Haarkörbchen (Nr. 353, 1 Stück), ähnlich dem ersten, feine Flechtarbeit mit Endborte von Cuscusfell. Von Potsdamhafen.

Desgleichen (Nr. 354, 1 Stück), nur 11 Cm. lang, gröberes, rothgefärbtes Geflecht, an der Basis mit Strick von Menschenhaar, *Nassa* und vier Conusringen verziert. Von Venushuk.

Die Haarkörbchen werden mit den vorragenden Enden des Gestelles oder besonderen Nadeln aus Bein im Haar festgesteckt, das die Männer, welche Haarkörbchen tragen, meist von der Stirn bis zur Scheitelmitte abrasiren. Moresby gedenkt der Haarkörbchen zuerst kurz von Lesson-Insel. Ich fand sie von Venushuk bis zum Caprivifluss am häufigsten, aber keineswegs von allen Männern getragen. Sie dürften daher ebenfalls Auszeichnung für Reichere, vielleicht Häuptlinge sein. Ein reich verziertes Haarkörbchen ist im Ethnol. Atlas, Taf. XVIII, Fig. 1, abgebildet, die Art, wie sie getragen werden, in den »Samoafahrten«, S. 292 von Venushuk, S. 302 vom Caprivi. Sehr beliebt als Schmuck der Haarkörbchen sind lange Streifen Cuscusfell (wie sie der Mann der letzteren Abbildung zeigt), Wülste von Casuarfedern, wie ich sie einzeln bei Tagai sah, sowie besondere, oft äusserst kunstvolle Binden, wie die folgenden Nummern:

Schmuckbinde für ein Haarkörbchen (Nr. 357, 1 Stück — II, S. 342, Taf. XIV [6], Fig. 15, Theil derselben), 25 Cm. langes, sehr feines Flechtwerk von Bindfaden mit Ringen von *Conus (a)*, die jederseits *(b)* von einer Reihe *Nassa* bordirt sind; in der Mitte ist ein 6 Cm. langer Stiel aus rothem Flechtwerk (rothen Lederstreifchen ähnelnd) befestigt mit zwei grösseren *Conus*-Ringen, als Halter einer 29 Cm. langen Feder (wohl vom Hahn). Vom Hammacherfluss an der Hansemannküste.

Desgleichen (Nr. 355, 1 Stück), aus fünf Reihen aufgeflochtener *Nassa*, in der Mitte ein Aufsatz aus sechs Hundezähnen, die jederseits mit *Nassa*, Schnur aus Menschenhaar und rothgefärbten gespaltenen Rottang bordirt sind. Daher.

Desgleichen (Nr. 356, 1 Stück — II, S. 348, Taf. XVII [9], Fig. 4), 40 Mm. breiter Streif aus Bindfaden in kunstreicher Knüpfmanier hergestellt, in welchen zwei Reihen *Nassa* und eine Längsreihe kleiner *Conus*-Ringe eingeflochten sind und der *(a)* in 20 Cm. lange Bindebänder endet. Die Mitte ziert eine dünne Schildpattplatte mit Gravirung und durchbrochener Arbeit, die an der Basis mit einer Reihe *Nassa* und einer Schnur aus Menschenhaar *(b)* eingefasst ist. Vom Caprivifluss in Krauel-Bai.

Eine den Haarkörbchen ähnliche Kopfzier bildet die folgende Nummer:

Haarcylinder (Nr. 358, 1 Stück) von Dallmannhafen; eine 31 Cm. lange Röhre von 17 Cm. Durchmesser, aus gebleichtem *Pandanus*-Blatt, sehr sauber verfertigt (genäht), die mit langen beinernen Nadeln im Haar festgesteckt wird und sehr auffallend kleidet (vgl. Abbild. »Samoafahrten«, S. 306 und 317).

Ich sah diese merkwürdigen Röhren nur in Dallmannstrasse, namentlich auf Muschu (Insel Gresspien). Die sonderbare Kopftracht der Eingeborenen des nahegelegenen Kairu (d'Urville-Insel), welcher Belcher gedenkt, bezieht sich wahrscheinlich auf diese Röhren, aber die Länge ist mit 18 Zoll entschieden übertrieben angegeben.

Eine andere Art Kopfcylinder, aus einer Röhre von Baumrinde bestehend, bemalt und reich mit *Nassa* und Hundezähnen verziert, erhielt ich einmal in Finschhafen. Derartige Cylinder ohne Verzierung dienen auch als Unterbau für die Tapamützen.

Wenn die vorhergehenden Stücke nur scheinbare **Kopfbedeckungen** repräsentiren, so kommen doch auch wirkliche vor. Von Huongolf bis zur Küste des Terrassenlandes (Cap Teliata) pflegen die Männer nämlich den Kopf mit Stücken Tapa (meist 1·5 M. lang und 50 Cm. breit) zu umwickeln. Zuweilen entsteht dadurch eine förmliche Mütze, wie das folgende Stück:

Tapamütze (Nr. 359, 1 Stück) eines Mannes von Huongolf.

Die Tapa (*Obo* in Finschhafen) ist meist roth[1]) oder roth und weiss gefärbt, sehr fein und wird zuweilen in Form einer hohen, oft spitzen (vgl. Abbild. »Samoafahrten«, S. 155) Mütze getragen, welche Moresby mit der bei den Parsen üblichen vergleicht und deshalb den Namen »*Parsee-Point*« creirte. Die Bergvölker des Inneren von Port Moresby pflegen das Haar auch mit Tapastreifen, aber turbanartig, zu umhüllen (II, S. 306). In Finschhafen sah ich auch hohe, oben runde Tapamützen *(Obo)*, die über ein Gestell aufgebaut waren (Abbild. »Samoafahrten«, S. 179), sowie solche von Menschenhaar, über ein Holzgestell befestigt (*Parung* genannt), genau in der Form von Derwischkappen. Derartige Kopfbedeckungen scheinen Auszeichnung der Häuptlinge *(Abumtau)* zu sein, denn sie sind im Ganzen selten. Beiläufig mag noch bemerkt sein, dass ich bei Iris-Point einen Mann sah, der sein Haar in einem filetgestrickten Netzbeutel trug, ähnlich wie dies die Weiber in Finschhafen zuweilen thun. Solche filetgestrickte Weiberkappen heissen hier »*Audun*«. Bei Festungshuk (wie an der Südwestküste von Neu-Britannien, Hansabucht) trugen Männer zuweilen eine Binde um den Kopf, die aus einem Faserstoff (ähnlich Hede) zu bestehen schien.

Im Sinne von Kopfbedeckung sind auch gewisse Felle zu betrachten, wie die folgende Nummer:

Kopfbedeckung (Nr. 360, 1 Stück) eines Mannes, bestehend aus dem Fell eines *Cuscus*-Beutelthieres *(Phalangista)* von Venushuk.

Derartige Felle werden vorzugsweise von solchen Personen benutzt, die ihren spärlichen Haarwuchs damit verdecken und verbergen wollen, man sieht sie deshalb nicht häufig. Ich beobachtete sie einzeln vom Herculesflusse bis Dallmannhafen. In Hatzfeldthafen erhielt ich sehr schöne Kopfbedeckungen aus dem Fell eines weissen *Cuscus*. Der Kopf fehlte, aber Klauen und der lange Schwanz waren erhalten, an den Krallen Schnüre von Coixsamen als Zier befestigt. Am Hammacherflusse sah ich reich mit Federn (Hahn, gelbe Cacaduhaubenfedern und Papagei, *Eclectus*) verzierte Cuscusfelle. Derartige Cuscusfelle werden zuweilen auch als Schmuck über den Haarkörbchen getragen.

Bart. Wie bei den Papuas im Allgemeinen, so ist auch bei den Bewohnern dieser Küste Bartwuchs nicht besonders beliebt, wenn auch immerhin mehr als anderwärts, z. B. an der Südostküste, was ich in meiner Abhandlung (II, S. 306) zu bemerken vergass. Jüngere Leute entfernen fast ausnahmslos das Barthaar durch Rasiren oder Ausreissen und erst Männer in vorgerückten Jahren lassen den Bart wachsen, beschneiden ihn aber. Am häufigsten sieht man Kinn- und Backenbärte (wie die Abbild. »Samoa-

[1]) Nach Dr. Hollrung wird dies Roth in einer Abkochung der Rinde von *Bruguiera gymnorhiza* und *Rhizophora* hergestellt.

fahrten«, S. 135, 179, 306 und 325), seltener solche im Vereine mit Schnurbärten; letztere allein sind mir nie vorgekommen.

In gewissen Strichen von Kaiser Wilhelms-Land (von Hatzfeldthafen bis Guap) wird aber der Bart besonders gepflegt und zuweilen in auffallender Weise verziert, wovon die Sammlung in den folgenden Nummern sehr charakteristische Belegstücke aufweist.

Backenbart (Nr. 275, 1 Probe), an den Spitzen mit angeklebten Thonklümpchen verziert. Von Hatzfeldthafen.

Obwohl im Ganzen genommen selten genug, sieht man diese einfachste Art, den Bart zu verzieren, noch am häufigsten. Weit seltener ist die folgende Form:

Backenbart (Nr. 276, 1 Stück) eines Häuptlings vom Caprivifluss (Krauel-Bai) (II, S. 342, Taf. XIV [6], Fig. 17) mit reichem Ausputz: *a* in die Haare eingeflochtenes Flechtwerk von Bindfaden, in welches *(b)* eine Reihe *Nassa* geflochten sind, als Anhängsel sieben Reihen, bestehend je aus einem Muschelplättchen *(c)*, einer runden schwarzen Fruchtschale *(d)*, die ober- und unterseits *(e)* mit *Nassa*-Muscheln garnirt ist und in ein fein geflochtenes Kettchen *(f)* endet.

Ich sah so reichen Bartausputz nur wenige Male und gehe wohl nicht fehl, wenn ich die Träger solcher Bärte als Leute von hohem Range betrachte. Zuweilen dienen ausser Muschelstückchen auch Hundezähne als Bartanhängsel (Abbild. von Eingeborenen mit verzierten Bärten in »Samoafahrten«, S. 299, von der Hansemannküste und S. 317 von Guap). Wie Kinnbärte mit zu den seltensten Bartformen gehören, so ganz besonders verzierte, wie die folgende Nummer:

Kinnbart (Nr. 274, 1 Stück — II, S. 348, Taf. XVII [9], Fig. 3) aus röthlich-blondem, zum Theil dunkel gemischtem Haar, eine 37 Cm. lange spitze Röhre bildend, die reich verziert ist: *a* Schnüre von *Nassa*-Muscheln, *b* von rothgefärbtem Rottang; der untere Theil des Bartes, *c*, ist sorgfältig mit gespaltenem Rottang eingeflochten; *d* kleine *Conus*-Scheiben; zwei längsgespaltene dünngeschliffene Eberhauer *(e)* sind am Ende eingeknotet. Dieses Unicum eines Kinnbartes gehörte Wulim, einem alten Häuptlinge des Dorfes Rabun in Dallmannhafen, der mir denselben schenkte. Es ist anzunehmen, dass bei der enormen Länge dieser Bart nicht nur aus dem eigenen Haar besteht, sondern dass fremdes mit eingebunden ist, was aber erst durch Auflösen des Bartes festzustellen wäre. Ein werthvolles Stück ist die folgende Nummer:

Bartzierat (Nr. 277, 1 Stück), bestehend aus zwei der Länge nach gespaltenen und dünngeschliffenen Eberhauern. Dallmannhafen. Diese Eberhauer (welche auch als Nasenzierat dienen) werden am Ende des Bartes befestigt, wie Taf. XVII, Fig. 3 (vgl. auch Abbild. »Samoafahrten«, S. 292 von Venushuk, und S. 302 vom Caprivifluss).

Die beim Papua meist gut und reichlich entwickelten Augenbrauen werden, um dies noch zu bemerken, auch von den Bewohnern dieser Küste, namentlich der Jugend, entfernt, d. h. abrasirt oder ausgerissen.

Kämme sind auch in diesem Gebiete sehr beliebt. Sie werden nur von Männern und nicht, im Sinne unserer Kämme, alltäglich gebraucht, sondern dienen mehr als Schmuck bei festlichen Gelegenheiten, namentlich für die Jugend. Die hier gebräuchlichen Formen weichen nicht unerheblich von den an der Südostküste ab.

Am eigenthümlichsten ist derjenige Typus von Kämmen, wie ich denselben von Huongolf bis zur Dampier-Insel (Karkar) verbreitet fand und der für dieses Gebiet charakteristisch zu sein scheint. Diese Kämme (vgl. Ethnol. Atlas, Taf. XVII, Fig. 1) ähneln mehr den von unseren Frauen gebrauchten Einsteckkämmen, sind wie diese vielzinkig und aus einem Stück Bambu gearbeitet. Sie sind oft sehr kunstreich mit durchbrochener Arbeit und zierlicher Gravirung, wie das folgende Stück:

Supoa (Nr. 290, 1 Stück), Haarkamm aus Finschhafen, sehr fein mit sieben Zinken, am Endrande durchbrochen und fein gravirt; als besonderer Schmuck ist ein aufrechtstehender Busch Casuarfedern (»*Mui*« genannt) an diesem Kamme befestigt.

Haarkamm (Nr. 286, 1 Stück), von Friedrich Wilhelms-Hafen (Insel Bilia); wie vorher, 23 Cm. lang und 9 Cm. breit, mit 14 Zinken, der 7 Cm. breite Endrand durchbrochen gearbeitet, mit Gravirung und roth bemalt.

Desgleichen (Nr. 288, 1 Stück), daher (Insel Grager); wie vorher, zwölfzinkig, mit Casuarfederbüschel verziert.

Desgleichen (Nr. 289, 1 Stück), daher, wie vorher; zwölfzinkig, mit rothgefärbtem Farrenbüschel und einer weissen Hahnenfeder verziert.

Desgleichen (Nr. 285, 1 Stück), daher, wie vorher; achtzinkig, mit Pflanzenbüschel geschmückt.

Kämme dieser Art, in Bongu »*Gatiassem*«, auf Bilibili »*Kodeng*« genannt, werden, wie die vorhergehenden Nummern zeigen, gewöhnlich noch besonders verziert, wie sie überhaupt zum Festschmuck gehören. Junge Leute pflegen den Kamm meist mit Blättern und einer Feder zu zieren (wie Nr. 289), Männer mit Federn, besonders vom Casuar (wie Nr. 290) oder rothen Papageien *(Eclectus)*. Die Kämme werden von vorne oder von hinten ins Haar gesteckt, zuweilen auch seitlich hinter den Ohren (wie der junge Mann von Grager, »Samoafahrten«, S. 87).

In Astrolabe-Bai, ganz besonders aber Friedrich Wilhelms-Hafen, bedienen sich junge Leute noch einer anderen Art Kämme als Haarputz wie:

Haarkamm (Nr. 287, 1 Stück), Insel Grager (hier »*Szi*« genannt), besteht aus vier Stäbchen, deren zusammengebundenes Ende einen circa 70 Mm. langen Stiel bildet, der abwechselnd mit je zwei rothen, gelben und schwarzen Streifen aus gefärbter Pflanzenfaser (einer Art Stroh) umwickelt, am Ende mit einer *Nassa* verziert ist.

Eine andere Form von Kämmen ähnelt mehr den an der Südostküste gebräuchlichen (II, S. 306, Fig. 12) und besteht im Wesentlichen aus mehreren, am Ende zusammengebundenen langen Stäbchen, meist von Holz, die aber in ganz anderer Weise mit eigenthümlichem Schmuck verziert sind, wie in der folgenden Nummer:

Haarkamm (Nr. 291, 1 Stück — II, S. 344, Taf. XV [7], Fig. 4, 1/1 n. Gr.), besteht aus vier hölzernen runden Stäbchen, die mit Bindfaden verbunden, am Stielende mit rothgefärbtem feingespaltenen Rottang umflochten sind, an dieses Geflecht ist *(a)* ein Knopf aus einer runden schwarzen Nuss befestigt, *(b)* mit einer Reihe *Nassa*-muscheln bordirt und an welchen *(c)* ein feingeflochtenes Kettchen befestigt ist. Vom Hammacherfluss.

Ich fand derartige Kämme von Hatzfeldthafen westlich bis Dallmannhafen, indess stets sehr vereinzelt, da in diesem Gebiete die Haare viel in dichte Zöpfe zusammengebunden in Haarkörbchen (S. 90 vorher) getragen werden, Kämme also weniger zur Geltung kommen. Einen hierher gehörigen Kamm mit besonders reichen Schmuck von Zieraten (Kettchen mit *Nassa*, schwarzen Fruchtkernen, Federn) habe ich im Ethnol. Atlas, Taf. XVII, Fig. 2, abgebildet.

Von Dallmannhafen westlich bis Humboldt-Bai tritt eine dritte Art Kämme auf, wie immer lediglich als Kopfputz der Männer dienend, die ebenfalls aus zusammengebundenen langen Stäbchen besteht, wie die folgende Nummer:

Haarkamm (Nr. 295, 1 Stück), von Massilia, besteht aus sieben dünnen, runden, 26 Cm. langen Stäbchen von hartem schwarzen Holz (wohl Ebenholz), die zusammengebunden sind, am Ende ist eine Betelnuss befestigt; als Ausputz dienen wohlriechende Blätter und eine 18 Cm. lange Brustflosse eines Fisches (wohl *Bonite = Scomber*).

Desgleichen (Nr. 292, 1 Stück) von Angriffshafen; wie vorher, aus sieben Stäbchen bestehend, die fein miteinander verflochten sind, besonders hübsch vor den Zinken; am Ende ist eine Art Betelnuss befestigt.

Desgleichen (Nr. 293, 1 Stück), daher; wie vorher, siebenzinkig, am Ende eine Betelnuss und ein Haarbüschel (runder Ball) aus Cuscusfell.

Desgleichen (Nr. 294, 1 Stück), daher, bestehend aus acht dünnen, runden, 42 Cm. langen Stäbchen aus Hartholz, die in der Mitte, 8 Cm. lang, durch äusserst feines abwechselnd schwarz und hell gemustertes Flechtwerk aus Zwirn verbunden sind; an der Spitze eine Betelnuss, ausserdem als Anhängsel vor derselben zahlreiche bis 40 Cm. lange Fäden, an deren Basis halbdurchschnittene Coixsamen und blaue *Abrus*-Bohnen aufgereiht sind, die sehr elegant, wie Schmelzperlen aussehen, sowie einzelne Paradiesvogelfedern.

Charakteristisch für diese Art Kämme, die ich hauptsächlich in Angriffshafen fand, ist die feine Flechtarbeit, welche die Stäbchen verbindet, und das Anhängsel am Ende, das zum Theil aus einer kunstreich gearbeiteten Bommel von *Nassa*, kleinen schwarzen Samenkernen, Coixsamen, nicht selten Hundezähnen besteht (vgl. Ethnol. Atlas, Taf. XVII, Fig. 3). In den Troddeln solcher Kämme von Angriffshafen fand ich ein paar Mal grössere blaue und weisse Emailperlen eingeflochten, die einzigen europäischen Erzeugnisse, welche mir hier vorkamen. Ein Kamm von Angriffshafen war mit einer bunt bemalten Holzschnitzerei, ein Säugethier darstellend, an der Spitze verziert, sowie mit einem feingeflochtenen Graskettchen; als Behang auch einige Stückchen Massoirinde.

Bei Tagai fand ich eine Art Kämme aus einem langen, schmalen, dünnen Stück Holz verfertigt, mit Federschmuck (Haubenfedern der Krontaube, *Goura*) am Ende, die über die Stirn vorragend im Haare stecken (vgl. Bild »Samoafahrten«, S. 325), also ganz gleich wie die Haarkämme an der Südostküste getragen werden.

Kopfputz aus Federn, nur von Männern getragen, werden wir, in der schönen Reihe dieser Sammlung, zum Theil in sehr schönen Stücken und neuen Formen kennen lernen.

Federkopfputz (Nr. 349*d*, 1 Stück), aus weissen Hahnenfedern, die an einem mit buntem Stroh umflochtenen Stöckchen befestigt sind, wie der Stiel des Haarkammes (S. 94, Nr. 287). Vom Friedrich Wilhelmshafen, Insel Grager (hier »*Kalun*« genannt).

Desgleichen (Nr. 345, 1 Stück), von Tagai, grosses Büschel aus weissen zerschlissenen Flügelfedern vom Cacadu, mit einzelnen Haubenfedern des schwarzen Cacadu (*Microglossus*), das lange schmale Spitzenende aus rothen Papageifedern (von *Dasyptilus Pesqueti*) und einigen gelben Cacaduhaubenfedern.

Desgleichen (Nr. 349, 1 Stück), daher; besteht aus zwei weissen Flügelfedern vom Cacadu, mit einigen gelben Haubenfedern desselben Vogels und rothen Papagei-Schwanzfedern (vom weiblichen *Eclectus*) mit zwei langen Mittelschwanzfedern eines Eisvogels (*Tanysiptera*), die an einem mit roth- und schwarzgefärbter Pflanzenfaser (Art Gras) umwundenen Stiel befestigt sind.

Desgleichen (Nr. 346, 1 Stück), daher; 60 Cm. lang, rund, cylindrisch, aus rothen Papageifedern (*Dasyptilus*), mit einzelnen weissen Hahnenfedern, an der Spitze ist eine lange weisse Hahnenschwanzfeder, an diese eine grüne Schwanzfeder von Papagei (männlichen *Eclectus*) befestigt.

Desgleichen (Nr. 347, 1 Stück), daher; ein langes, schmales Stück Bambu, auf welches abwechselnd rothe *(Dasyptilus)* und weisse Cacadufedern aufgebunden sind, in der Mitte und am Ende gelbe Cacaduhaubenfedern.

Desgleichen (Nr. 348, 1 Stück), daher; ein kürzeres schmales Stück Bambu, auf welches rothe Papageifedern (von *Dasyptilus*) gebunden sind; am Ende eine gelbe Cacaduhaubenfeder.

Desgleichen (Nr. 349*b*, 1 Stück), daher; wie vorher, aber am Ende eine weisse Feder.

Desgleichen (Nr. 349*a*, 1 Stück), daher; wie vorher, aber aus grünen Papageifedern (von *Eclectus*-Weibchen); am Ende eine weisse Cacadufeder.

In Finschhafen erhielt ich auch schöne Federbüschel aus Casuar- und *Dasyptilus*-Federn, »*Tambol*« genannt.

Federschmuck wird eigentlich nur bei festlichen Gelegenheiten getragen, von jungen Leuten meist nur eine oder wenige Federn (meist weisse Hahnenfedern), von Männern gewöhnlich complicirterer Federputz, wie die vorhergehenden Stücke. Am beliebtesten für Männer sind Kopfbinden aus Casuarfedern, die indess meist von den an der Südostküste üblichen (vgl. II, S. 307) dadurch abweichen, dass sie aus dicht zusammengebundenen, häufig geschorenen Federn bestehen, also zum Theil bürstenartige Wülste bilden. Ich sah derartigen Federkopfschmuck am häufigsten im Westen von Venushuk bis zum Sechstrohfluss. Kopfbinden aus den Federbüschen von den Brustseiten des männlichen Paradiesvogels, wie die »*Lokohu*« an der Südostküste (II, S. 307), habe ich in diesem Theile Neu-Guineas nicht bemerkt, wohl aber die ganzen Seitenbüschel im Haar tragen sehen (wie der Mann von Tagai, »Samoafahrten«, S. 325). Von den zahlreichen Paradiesvogelarten Neu-Guineas sah ich nur eine Art mit gelben Seitenbüscheln, *Paradisea Finschii*, benutzt. Ich erhielt sie zuerst in Friedrich Wilhelm-Hafen (hier »*Do*« genannt), später in ziemlicher Menge im Westen, wie das folgende Stück:

Paradiesvogel (Nr. 349*c*, 1 Stück), von den Eingeborenen präparirter Balg (mit Kopf und Füssen). Von Tagai.

Kunstvolle, farbenprächtige Kopfbinden aus Papageischwanzfedern (meist von *Trichoglossus* und *Lori*), die ganz mit denen an der Südostküste (Taf. XXII, Fig. 1) übereinstimmen, erhielt ich in Finschhafen. Sie heissen hier »*Mo-o*«, mögen aber auch anderwärts vorkommen. Zum Aufbewahren von Federschmuck bedient man sich Bamburöhren (zuweilen 75 Cm. lang) oder weiss dieselben sehr geschickt in Blätterhüllen einzuschlagen.

Am Hammacherfluss erlangte ich einen originellen Haarschmuck, aus dem Kopfe eines grünen Papagei *(Eclectus polychlorus)* mit einem Ringe von *Nassa* bordirt. Ein anderer merkwürdiger Haarputz stammt von Angriffshafen. Er besteht in einem 90 Mm. langen Kegel aus einer Art Pflanzenmark, auf den Längsreihen von *Nassa* befestigt sind, die Zwischenräume sind mit rothen und blauen *Abrus*-Bohnen beklebt, als weitere Verzierung dienen einzelne Federn von Brustbüscheln des Paradiesvogels. Das Ganze ist an einem Stöckchen befestigt zum Einstecken ins Haar.

c. Stirnschmuck,

lediglich als Festschmuck der Männer, ist viel formreicher als an der Südostküste, aber wie dort bilden Schnüre aufgereihter *Nassa*-Muscheln, die ganz dem »*Tautau*« (II,

S. 308, Taf. XIV, Fig. 6) entsprechen, das häufigste Material, wie die folgenden Nummern:

Schnur (Nr. 433, 1 Stück — II, S. 342, Taf. XIV [6], Fig. 10), circa 50 Cm. lang, aus einer Doppelreihe *Nassa*, die auf Bast, ähnlich dem der Linde (und wohl von *Hibiscus*) aufgeflochten sind. Von Venushuk.

Desgleichen (Nr. 437, 1 Stück), ähnlich der vorhergehenden, aus einer Doppelreihe aufgeflochtener *Nassa*. Von Angriffshafen.

Nicht selten werden aus *Nassa* und Hundezähnen Schmuckgegenstände verfertigt, wie die folgenden Nummern:

Stirnbinde (Nr. 432, 1 Stück), bestehend aus 26 durchbohrten Hundezähnen, die auf eine Schnur von Bindfaden aus braunem Bast sehr fein aufgeflochten und oberseits von einer Reihe *Nassa* bordirt sind. Von Venushuk.

Stirnbinde (Nr. 556, 1 Stück — II, S. 342, Taf. XIV [6], Fig. 11 von oben, und Fig. 12 von unten, um die Flechtarbeit zu zeigen), bestehend aus 76 Hundeeckzähnen, die sehr kunstreich (Fig. 12*a*) mit dünner Schnur aufgeflochten und oberseits mit einer Reihe *Nassa* bordirt sind, Länge 69 Cm. Von Venushuk. Sehr werthvoll, da für das Zähnematerial allein 19 Hunde erforderlich waren; auch als Leibschnur verwendet.

Eigenthümliche Formen, wie ich solche an der Südostküste nicht antraf, zeigen die folgenden Nummern:

Stirnbinde (Nr. 438, 1 Stück), bestehend aus einer Reihe *Nassa*, an welche unterseits eine Reihe kleiner Ringe aus *Conus* befestigt sind. Massilia.

Stirnbinde (Nr. 439, 1 Stück), zwei 43 Cm. lange zusammengeflochtene Stricke aus Bindfaden, dick mit rother Farbe beschmiert, in welche neun sehr grosse *Conus*-Ringe (bis 5 Cm. Durchmesser, 3 Cm. im Lichten) eingeflochten sind. Von Massilia.

Während wir an der Südostküste nur schmälere, künstlich geknüpfte Bänder als Stirnschmuck angewendet finden, wie die *Waake* (II, S. 308), begegnen wir hier zum Theil ausserordentlich kunstvoll geknüpften Stirnbändern, mit reicher Verzierung von Muscheln und Hundezähnen, wie die folgenden Stücke:

Stirnbinde (Nr. 435, 1 Stück), eine Reihe Ringe von *Conus*-Boden, jederseits mit einer Reihe *Nassa* bordirt, auf ein Band geflochten, das in der Mitte einen Aufsatz von Flechtwerk aus rothgefärbtem Stroh, mit Menschenhaar und *Nassa* trägt. Vom Hammacherflusse. Die gleiche Arbeit als die Binde (S. 91, Taf. XIV, Fig. 15).

Stirnbinde (Nr. 429, 1 Stück), von Finschhafen; 30 Cm. lang und 3 Cm. breit, äusserst feine Knüpfarbeit aus feinem Bindfaden, in eigenthümlicher Manier so dicht geflochten, als wäre das Band gewebt, zum Theil roth bemalt, mit dichtem Randbesatz von *Nassa;* in der Mitte und an jedem Ende ist das Band ober- wie unterseits ausgebogt verbreitert und hier je mit einer mit *Nassa* bordirten Agraffe aus Hundezähnen verziert.

Stirnbinde (Nr. 434, 1 Stück), ein 46 Cm. langer, circa 2 Cm. breiter Streif, aus drei sehr fein übersponnenen Schnüren, mit Randbesatz von *Nassa*, in der Mitte eine Agraffe aus fünf Hundezähnen, mit *Nassa* bordirt und jederseits mit einem *Conus*-Ringe verziert; die untere Seite der Agraffe tritt schneppenartig vor und trägt ein Anhängsel aus feinem Flechtwerk mit *Nassa* und feinem Kettchen, an das eine schwarze Frucht befestigt ist. Von Venushuk.

Desgleichen (Nr. 436, 1 Stück), daher, bestehend aus einem 26 Cm. langen und 3 Cm. breiten Streif, aus feinem, rothgefärbten Strohgeflecht, an einer Seite mit *Nassa* bordirt, an den beiden Enden je mit zwei grossen Ringen aus *Conus*.

Derartige kunstvolle Stirnbinden aus Flechtwerk, mit sehr mannigfachen Verzierungen aus Muscheln und Hundezähnen (zuweilen auch dünngeschliffenen Eberhauern) sind mir besonders westlich von Venushuk bis Dallmannhafen vorgekommen; in diesem Gebiete werden auch häufig Schnüre aus Menschenhaar geflochten über die Stirne und den meist abrasirten Vorderkopf getragen. Weiter westlich von Dallmannhafen bis zum Sechstrohfluss sind Streifen aus Fell (von *Cuscus*) als Stirnschmuck nicht selten.

Im östlichen Theile von Kaiser Wilhelms-Land wird häufig ein Material, das ich schon (S. 80) erwähnte, benutzt, wie die folgende Nummer:

Ssemu (Nr. 431, 1 Probe), Schnur, circa 4—5 Mm. breit, etwas abgeplattet, aus lebhaft hochgelb gefärbter Pflanzenfaser, in sehr schmalen, kaum 2 Mm. breiten Streifen, wie Stroh, über zwei Schnüre aus anderem Fasermaterial (wahrscheinlich aus der Luftwurzel von *Pandanus*) geflochten. Finschhafen.

Dieses *Ssemu* (vgl. Taf. XXII, Fig. 3) wird zu allerlei Schmuck (Armbändern, Leibgürteln etc.) verarbeitet und ist von Huongolf bis Long-Insel und Astrolabe verbreitet, weiter westlich mir aber nicht mehr vorgekommen.

Stirnbinde (Nr. 430, 1 Stück), aus Flechtwerk von sieben Reihen *Ssemu*, mit zwei Querriegeln, von je einer Doppelreihe *Nassa* besetzt. Von Finschhafen.

Derartige Stirnbinden sind zuweilen äusserst kunst- und geschmackvoll mit *Nassa* und Hundezähnen besetzt. Ich erhielt solche namentlich in Finschhafen und Huongolf.

Eine besonders eigenthümliche Form repräsentirt das folgende Stück:

Stirnbinde (Nr. 440, 1 Stück), 41 Cm. langer, in der Mitte 65 Mm. breiter Streif, aus sechs Reihen sehr grosser (10—12 Mm. langer) Coixsamen (Taf. III, Fig. 8), die sehr kunstreich auf Bindfaden gezogen sind und sich seitlich bis auf eine Reihe verschmälern. Von Angriffshafen.

Hier erhielt ich auch eine andere Art Kopfbinde, wie sie mir in ähnlicher Weise sonst nicht vorkam. Sie bestand aus einem breiteren Streif von Flechtwerk mit *Nassa* besetzt, die Zwischenräume waren mit rothen *Abrus*-Bohnen auf einer Art Kitt oder Wachs beklebt.

d. Nasenschmuck.

Die Mode des Durchbohrens der Nasenscheidewand (Septum) herrscht auch an dieser Küste, aber nicht alle Männer huldigen ihr und für das weibliche Geschlecht kommt sie kaum in Betracht. Gewöhnlich wird ein dünnes, circa 4—6 Mm. dickes, rundes Stückchen Holz, Rohr, Knochen, Abschnitte von Casuarschwingen oder ein aus Muschel oder Coralle geschliffener Stift durch die Oeffnung getragen, wie ich dies längs der ganzen Küste unseres Gebietes beobachtete. In Finschhafen heissen solche Nasenkeile aus Knochen »*Bo*«, aus *Tridacna* »*Ping*«, aus Casuarschwinge »*Temtem*«. In Huongolf und Tagai sah ich einige Male dünne Schildpattringe (oft an ein Dutzend) im Septum befestigt, in Huongolf auch Ringe aus aufgereihter *Nassa* (Abbild. »Samoafahrten«, S. 155) und ein Mann trug einen Ring aus *Conus*-Boden (12 Mm. breit, 50 Mm. Durchmesser, 20 Mm. im Lichten) in der Nase. Ein anderer hatte zwei Ringe aufgereihter, grüner und krystallweisser kleiner Glasperlen durchs Septum gezogen, der (wie oben, S. 42, bemerkt) einzige Fall des Vorkommens eines europäischen Erzeugnisses in Huongolf. In Friedrich Wilhelms- und Finschhafen tragen junge Leute zuweilen zwei Hundezähne in der Nase (Abbild. »Samoafahrten«, S. 87).

Im Osten unseres Gebietes ist Nasenschmuck im Allgemeinen wenig üblich und in Finschhafen konnten 8—10 Cm. lange Knochenstifte schon als etwas Besonderes angesehen werden. Aber im äussersten Westen, von Massilia bis Humboldt-Bai, waren dicke Nasenkeile nicht selten, meist wie die folgenden Nummern:

Nasenkeil (Nr. 307, 2 Stück), Abschnitt eines Stück Rohr. Massilia.

Desgleichen (Nr. 308, 1 Stück), wie vorher, aber mit eingebrannter Verzierung an jedem Ende. Angriffshafen.

Ein derartiges Stück ist in meinem Ethnol. Atlas (Taf. XX, Fig. 4) abgebildet; hier auch einer jener kunstvoll aus *Tridacna*-Muschel geschliffenen Keile (Fig. 3), welche zuweilen die monströse Grösse von über 10 Cm. Länge bei 20 Mm. Durchmesser und ein Gewicht von 70 Gr. erreichen. Die Art, wie solche Nasenkeile das Gesicht verunzieren, zeigen Fig. 1 und 2 des Ethnol. Atlas (Taf. XX). Nicht minder entstellend wirkt im Gebrauch die folgende Nummer:

Nasenzierat (Nr. 312, 1 Stück), von Angriffshafen; aus zwei längsdurchschnittenen, dünngeschliffenen Eberhauern, die an der Basis zusammengebunden sind und durch das Septum getragen werden (vgl. Ethnol. Atlas, Taf. XX, Fig. 8 und Abbild. »Samoafahrten«, S. 333). Diese eigenthümliche Form, auch als Bartschmuck benutzt (vgl. S. 93, Nr. 274 und Taf. XVII, Fig. 3*e*), beobachtete ich nur im Westen, von Massilia bis Humboldt-Bai. Hier auch imitirte, kunstvoll aus *Tridacna*-Muschel geschliffene Eberhauer (vgl. Ethnol. Atlas, Taf. XX, Fig. 7). Von Hatzfeldthafen bis Guap (einzeln auch im Archipel der zufriedenen Menschen) war, ausser dünnen Nasenstiften, eine andere Form dieser Art Schmuck ziemlich häufig, wie die folgenden Nummern:

Nasenzierat (Nr. 311, 2 Stück — II, S. 344, Taf. XV [7], Fig. 2), schnalenförmig aus Perlmutter gearbeitet. Venushuk.

Desgleichen (Nr. 310, 1 Stück), vom Hammacherfluss; ähnlich dem vorhergehenden (übereinstimmend mit Taf. XX, Fig. 5 des Ethnol. Atlas).

Desgleichen (Nr. 309, 2 Stück), von Tagai; ähnlich den vorhergehenden, aber an einer Seite in eine lange Spitze ausgehend (wie Ethnol. Atlas, Taf. XX, Fig. 6).

Diese Art Nasenschmuck, aus Perlmutter oder *Nautilus*-Muschel gefertigt, gehört schon wegen der Härte des Materials mit zu den hervorragenden Arbeiten des Kunstfleisses der Papua. Gewöhnlich werden mehrere (2—5) Stück übereinander gelegt, durch das Septum getragen, in der Weise, dass die Enden nach vorn kommen.

In dem zuletztgenannten Gebiete wird ausser dem Septum auch häufig ein Nasenflügel durchbohrt und ähnlich wie in Neu-Britannien (I, S. 97) ein dünnes Hölzchen, eine Feder, ein grünes Blatt oder ein Pflanzenstengel in das nur enge Loch gesteckt (siehe Abbild. »Samoafahrten«, S. 299). Dass es auch möglich ist, die Nasenspitze zu decoriren, habe ich nur einmal beobachtet, und zwar bei einem kleinen Knaben in Wanua, der ein streichholzdickes kurzes Hölzchen longitudinal in einem Loche der Nasenspitze trug.

e. Ohrschmuck.

Derartiger Putz ist auch an dieser Küste sehr beliebt und mannigfach. Gewöhnlich wird das Läppchen des einen Ohres durchbohrt, seltener von beiden Ohren, aber es gibt auch Viele, welche diese Mode überhaupt nicht mitmachen. Als Ohrschmuck dienen in Ermangelung von etwas Besserem Blumen, bunte Blätter, Blattrollen, häufig ein oder mehrere *Conus*-Ringe, Hundezähne oder aufgereihte *Nassa*, zuweilen Zierat aus allen drei Materialien. Derartiger Schmuck ist besonders im Osten (Huongolf bis Hatzfeldthafen) gebräuchlich, einzeln aber auch im Westen (Albrechtfluss). In Huongolf und Finschhafen sah ich nicht selten flache, rundliche Platten aus Schildpatt (wie Ethnol. Atlas, Taf. XVII, Fig. 5 und 6), die in grosser Zahl (oft 60 und mehr) in einem

7*

Ohre aufgereiht, das Läppchen sehr ausdehnen und herabziehen. In diesem Theile sind daher weit ausgedehnte Ohrläppchen häufiger als anderwärts. Ein Mann in Huongolf hatte einen tief herabhängenden Ohrzipfel, an dem die eine Hälfte abgeschnitten war (siehe Abbild. »Samoafahrten«, S. 155). In Finschhafen und an der Küste des Terrassenlandes werden zuweilen Büschel eines Faserstoffes, ähnlich Hede, im Ohre befestigt. Weiter im Westen, von Hatzfeldthafen bis Tagai, durchbohrt man minder häufig das Läppchen als den Rand des Ohres, nicht selten mit fünf bis sechs Löchern, in denen aufgereihte Coixsamen, dünne Schildpattreife, Federn, Büschel Cuscusfell oder frische grüne Blattstiele (vgl. Abbild. »Samoafahrten«, S. 299) befestigt werden. Sehr originell sind runde Bälle aus Cuscusfell, die mir im äussersten Westen, von Massilia bis zum Sechstrohfluss, auffielen. Ohrringe aus einer gebogenen Casuarschwinge (ganz wie II, S. 310, Nr. 320, von Port Moresby) sah ich am Hammacherfluss.

Am häufigsten von allen ist jedoch Ohrschmuck aus Schildpatt in Form von Spangen und Reifen, wovon die Sammlung ein hübsches Sortiment in den nachfolgenden Stücken aufweist.

Ohrspange (Nr. 326, 1 Stück — II, S. 356, Taf. XXI [13], Fig. 4); ein 50 Cm. breiter Reif (45 Mm. Diameter), aus einem Stück Schildpatt gebogen, mit hübscher Gravirung und rother Farbe bemalt. Friedrich Wilhelms-Hafen, Insel Grager, hier »*Damala*« genannt (in Finschhafen »*Salassa*«).

Desgleichen (Nr. 326*a*, 1 Stück), wie vorher (40 Mm. Diameter), mit eingravirtem Muster. Daher.

Diese Ohrspangen enden jederseits in eine accoladeförmig abgesetzte Spitze (wie dies Fig. 4, Taf. XVII meines Ethnol. Atlas zeigt), denn nur dadurch wird es möglich, diese breiten Ringe in das Loch des Ohrläppchens einzuschieben (vgl. Abbild. »Samoafahrten«, S. 87). Derartige breite Schildpattspangen, zuweilen mit hübsch eingravirten Mustern oder besonderen Anhängseln (Hundezähnen, *Conus*-Ringen, Coixsamen, *Nassa*) verziert, sind besonders im Osten (Huongolf bis Friedrich Wilhelms-Hafen) gebräuchlich, kommen aber einzeln auch westlich bis Guap vor, wie das folgende Stück:

Ohrspange (Nr. 327, 1 Stück), wie die vorhergehenden, 45 Mm. breit, 90 Mm. Durchmesser, ohne Gravirung. Insel Guap.

Desgleichen (Nr. 327*a*, 1 Stück — II, S. 348, Taf. XVII [9], Fig. 7), wie vorher, aber nur 20 Mm. breit (80 Mm. Durchmesser), an beiden Enden allmälig spitzzulaufend (nicht rechtwinkelig abgesetzt), mit Gravirung in eingekratzten feinen Strichelchen. Insel Guap.

Desgleichen (Nr. 328, 1 Stück), wie vorher, schmal (20 Mm.) und ohne Gravirung. Caprivifluss in Krauel-Bai.

Desgleichen (Nr. 324, 1 Stück), wie vorher, 20 Mm. breit, aber nur 40 Mm. im Durchmesser. Von Huongolf, Parsihuk.

Desgleichen (Nr. 325, 1 Stück), ganz wie vorher, aber mit eingravirtem, einfachem Muster. Daher.

Westlich von Guap sind mir breite Schildpattohrspangen nicht mehr vorgekommen, dagegen werden für dieses Gebiet schmale, 4—5 Mm. breite Reife, von 20—70 Mm. Durchmesser, sehr charakteristisch, glatt oder mit langen Büscheln von Bindfaden und Coixsamen verziert, wie die folgenden Nummern:

Ohrreif (Nr. 331, 2 Stück), schmale, enge Ringe aus Schildpatt. Massilia.

Desgleichen (Nr. 332, 1 Stück), wie vorher, 4 Mm. breit, 40 Mm. Diameter, als Anhängsel ein 24 Cm. langes, fein aus Pflanzenfaser geflochtenes Kettchen (wie auf Taf. XV, Fig. 4c). Daher.

Desgleichen (Nr. 330, 2 Stück), wie vorher. Von Angriffshafen.

Desgleichen (Nr. 329, 1 Stück); 5 Mm. breit, 65 Mm. Durchmesser, mit einer Troddel aus 13 Cm. langen Fäden, an deren Basis Coixsamen eingeknüpft sind. Daher.

Diese Art Schildpattreifen werden sowohl im Ohrrande als Ohrläppchen getragen, oft in grosser Anzahl, dehnen aber bei ihrer geringen Schwere das Ohr nicht weit aus. Man pflegt diese schmalen Ringe ineinander zu hängen, und die Weiber in Humboldt-Bai waren mit solchem Ohrschmuck überladen (vgl. Abbild. »Samoafahrten«, S. 362). Dies gehört insofern zu den Ausnahmen, als das weibliche Geschlecht sonst, gegenüber dem männlichen, auch in Bezug auf Ohrzierat sehr ärmlich bedacht ist. Gewöhnlich genügen einige Hundezähne oder Ringe aus *Conus* für sie, wie ich dies bei den Frauen in Bongu und Dallmannhafen sah, die ausserdem im oberen Ohrrand einige derartige Schmuckgegenstände trugen.

f. Hals- und Brustschmuck.

Schmuck dieser Art spielt im Ausputz der Eingeborenen dieser Küsten eine hervorragende Rolle, besonders bei Festlichkeiten und vorzugsweise für das männliche Geschlecht. Wie überall genügt für gewöhnlich ein einfaches Halsstrickchen, an welches vorne ein Paar *Conus*-Ringe oder Hundezähne, hinterseits, im Nacken herabhängend, mit Vorliebe grüne oder bunte Blätter befestigt werden (siehe Abbild. »Samoafahrten«, S. 306), ein Ausputz, mit dem die Frauen im Allgemeinen Vorlieb nehmen müssen. In Finschhafen trägt man als Zier des Halsstrickchens gern ein Büschel bunt gefärbter Faser — *Ssegum* — (wohl vom Blatt der Sagopalme), das im Nacken herabhängt; besonders bei jungen Leuten beliebt.

Charakteristisch für den Osten ist die folgende Form:

Halsstrickchen (Nr. 507, 508, 2 Stück), bestehend aus acht dünnen Bindfaden, die vorne derart in einen Knoten geschlagen sind, dass das Ende über die Brust herabhängt. Finschhafen.

Desgleichen (Nr. 508, 1 Stück), acht dünne, sehr fein geflochtene Schnüre (50 Cm. lang), blau und kirschbraun gefärbt, die hinterseits mit rothem Geflecht, vorderseits mit gelber Schnur *(Ssemu)* zusammengebunden sind. Finschhafen.

Die hübsche Färbung verliert sich schnell im Gebrauche und Halsstrickchen werden bald derart schmutzig und unansehnlich, dass sie sich für Sammlungen kaum mehr eignen. Und dennoch sind derartige unscheinbare Dinge manchmal sehr schwer zu erlangen, wie das folgende Stück:

Halsstrick (Nr. 506, 1 Stück), ein circa fingerdicker Strick, dessen Enden vorne in zwei Knoten geschlagen sind. Finschhafen. Wurde von einem anscheinend hervorragenden Manne getragen, der sich diesen Schmuck nur sehr ungern und gegen gute Bezahlung abschneiden liess. Auch auf Bilia schienen derartige Stricke Auszeichnung der Häuptlinge zu sein. Halsschnüre aus Bindfaden, von Huongolf bis Long-Insel, ohne jede weitere Verzierung, bilden den fast nie mangelnden Ausputz des Mannes. Zuweilen wird derartiges Strickwerk kreuzweis über Brust und Rücken getragen, ich konnte aber keine Auskunft erlangen, ob dies vielleicht ein Zeichen der Trauer ist, in ähnlicher Weise wie an der Ostspitze (vorne S. 20).

Besonderer **Trauerschmuck** ist mir nicht bekannt geworden, wird aber jedenfalls vorhanden sein.

Brustbänder aus Flechtwerk, ähnlich den an der Südostküste üblichen (II, S. 312, Nr. 496) habe ich nur im Westen gesehen, wie:

Brustband (Nr. 562, 1 Stück), ein 15 Mm. breites und 74 Cm. langes, äusserst fein aus Pflanzenfaser geflochtenes oder geknüpftes Band (wie gewebt aussehend), auf das schiefe Querreihen von Spitzenabschnitten von Coixsamen gleich eingeflochten sind. Angriffshafen.

Derartige Bänder werden kreuzweise, auch von Knaben, über die Brust getragen, zuweilen auch um Leib und Stirn. Ich erhielt solche auch weiter westlich am Albrechtsflusse bei Wanua.

Halsschnüre von aufgereihten Samenkernen sind ebenfalls vertreten, hauptsächlich im Westen. Am häufigsten sind solche von *Coix Lachryma*, ganz wie wir sie aus Neu-Britannien kennen (I, S. 99 und 118, Taf. III, Fig. 8). Ich beobachtete derartige Schnüre einzeln von Huongolf bis zum Sechstroh. Zuweilen werden *Conus*-Ringe daran befestigt, wie ich dies bei Mädchen auf Grager sah. Hieher gehört auch das folgende Stück:

Halskette (Nr. 500, 1 Stück), 30 Cm. lang, aus halbdurchschnitten aufgereihten Coixsamen, mit acht Hundezähnen. Von Huongolf.

Im Westen werden kleine, runde, schwärzliche Samenkörner (vgl. Ethnol. Atlas, Taf. XXIV, Fig. 3*a*), die vielleicht auch künstlich hergestellt sind, zu Halsschmuck verwendet, wie die folgende Nummer:

Halskette (Nr. 501, 1 Stück), von Tagai.

Halskette (Nr. 498, 1 Stück), lange Schnur mit abwechselnd mehreren schwarzen Samenkörnern und je einem Coixsamen aufgereiht. Von Massilia. Abgebildet Ethnol. Atlas, Taf. XXIV, Fig. 7.

Desgleichen (Nr. 499, 1 Stück), 49 Cm. lang, aus zwei verschlungenen Schnüren schwarzer Muschelperlen (die wie schwarze Perlen aussehen) und zwei Ringen aus *Conus*-Boden eingeflochten. Massilia. Abgebildet Ethnol. Atlas, Taf. XXIV, Fig. 3.

Schnüre aus gleichem Material und eingeflochtenen *Nassa* erhielt ich am Sechstroh. Hier auch eine andere elegante Form:

Halskette (Nr. 503, 1 Stück), 1·5 M. lang, aus aufgereihten Samenkernen von *Adenanthera pavonina*. Sechstrohfluss.

Desgleichen (Nr. 502, 1 Stück), wie vorher, 1·5 M. lang, aber je ein *Adenanthera*-Samenkern wechselt mit zwei bis drei halbdurchschnittenen Coixsamen ab. Sechstrohfluss. Abgebildet Ethnol. Atlas, Taf. XXIV, Fig. 6.

Die so schönen, glänzend rothen Samen von *Abrus precatorius* habe ich nirgends aufgereiht zu Ketten verwendet gesehen. Dagegen am Sechstroh originelle Halsketten aus aufgereihten Abschnitten langer Krebsbeine, abwechselnd mit einzelnen *Nassa*.

An Muschelmaterial findet *Nassa*, wie fast überall, häufige Verwendung. Schnüre von solchen Muscheln sah ich in Finschhafen, Constantinhafen und Venushuk (hier ganz wie die Stirnbinden Taf. XIV, Fig. 10). Hierher gehört auch die folgende Nummer:

Halsschnur (Nr. 497, 1 Stück), eine 1·4 M. lange, gedrehte Schnur, in die einzelne *Nassa* eingeflochten sind. Vom Hammacherfluss.

Halsketten aus *Nassa* mit *Conus*-Ringen (ganz wie die Stirnbinde Nr. 438, S. 97) erhielt ich in Dallmannhafen, solche aus *Nassa* und Hundezähnen an verschiedenen Orten zwischen Finschhafen und Venushuk. Dünne Schnüre aus geschliffenen Muschelscheibchen (wie Taf. XIV, Fig. 4) sah ich in Huongolf tragen, hier auch Ketten aus aufgereihten Hundezähnen (vgl. vorne S. 97, Nr. 556), die sehr werthvoll sind und mir einzeln auch in Finsch- und Friedrich Wilhelms-Hafen vorkamen.

Ein eigenthümlicher Halsschmuck ist der folgende:

Halskette (Nr. 504, 1 Stück), Strickchen, an dem 15 Landschnecken (*Helix spec?*) aufgereiht sind. Sechstrohfluss. Ich sah sonst nirgends Landschnecken zu Schmuck verwendet.

Zur Verzierung von Halsstrickchen, wie zu vielem anderen Schmuck dienen auch

Ringe aus Conus (Nr. 514, 4 Stück) geschliffen. Von Angriffshafen.

Derartiger Schmuck (in Finschhafen »*Kekum*« genannt), findet sich längs der ganzen Küste; ich habe hier aber niemals die punktirten Muster gesehen, wie solche für die Südostküste charakteristisch sind (vgl. II, S. 311, Fig. 20). Weit verbreitet, aber überall selten, sind flache aus dem Schlosstheile von *Tridacna gigas* geschliffene Ringe, die mit zu den bewundernswerthesten Arbeiten des Steinalters zählen. Sie dienen zuweilen, in Imitation (vgl. Ethnol. Atlas, Taf. XXI, Fig. 3) als Ersatz der cirkelrunden Eberhauer und kommen im Werth diesen am nächsten. Sie werden meist einzeln am Halse oder auf der Brust getragen. Auf Grager sah ich aber einmal einen Brustschmuck aus zwei künstlich aus *Tridacna* geschliffenen, sehr gut nachgeahmten Eberhauern, *Sual* genannt, der jedoch nicht verkauft wurde.

Halsschmuck (Nr. 522, 1 Stück), ein 20 Mm. breiter *Tridacna*-Ring, 5 Cm. im Lichten, der an einem grobgeflochtenen Bande (aus Pflanzenfaser, ähnlich Stroh) befestigt ist; das letztere mit *Nassa* bordirt. Von Venushuk (ganz gleiche Technik wie das Armband Nr. 395).

Brustring (Nr. 519, 1 Stück), aus *Tridacna* geschliffen, 18 Mm. breit, 8 Cm. im Lichten (als Imitation eines cirkelrunden Eberhauers). Von Dallmannhafen.

Desgleichen (Nr. 520, 1 Stück), wie vorher, 20 Mm. breit, 7 Cm. im Lichten. Vom Caprivi.

Desgleichen (Nr. 521, 1 Stück), wie vorher, schmäler, 6 Cm. im Lichten. Von Tagai.

Sehr geschätzt als Brustornament sind Eberhauer (in Finschhafen »*Jabo*«, in Constantinhafen »*Bul-Ra*« genannt), einzeln oder zu zweien an einem Stricke um den Hals befestigt, wie die folgende Nummer:

Brustschmuck (Nr. 523, 1 Stück) aus zwei grossen Eberhauern, die an der Basis durchbohrt und mit Bindfaden zusammengebunden sind (ganz wie II, S. 312, Fig. 21 von der Südostküste). Friedrich Wilhelms-Hafen, Insel Grager.

Ganz ähnlichen Schmuck beobachtete ich auf Willaumez, in Finschhafen und in Astrolabe-Bai. Hier erhielt ich in Bogadschi ein Brustornament aus zwei Eberhauern, die auf eine Scheibe aus *Cymbium* befestigt waren.

Halsring (Nr. 525, 1 Stück), aus zwei kolossalen Eberhauern (längs dem Aussenrand der Krümmung gemessen 230 Mm.), die an der Basis zusammengebunden sind; sie messen 9 Cm. im Diameter, schliessen also eng um den Hals und werden hinterseits festgebunden. Vom Sechstrohfluss; nur hier und in Humboldt-Bai beobachtet. Ein ähnliches Stück ist im Ethnol. Atlas, Taf. XXI, Fig. 1 abgebildet; es misst 12 Cm. im Lichten.

Der kostbare Brustschmuck, wie ihn die Sammlung von der Ostspitze (S. 22, Nr. 516) bereits besitzt, ist aus diesem Gebiet durch ein noch schöneres Stück vertreten:

Brustschmuck (Nr. 516*a*, 1 Stück), aus einem abnorm gekrümmten, fast cirkelrunden Eberhauer; derselbe misst fast 70 Mm. im Lichten, längs der Krümmung des Aussenrandes 250 Mm.; Basis und Spitze stehen 40 Mm. entfernt von einander; an einer Schnur aus grobem Bastgeflecht befestigt. Friedrich Wilhelms-Hafen.

Derartige Eberhauer (Ethnol. Atlas, Taf. XXI, Fig. 2) gelten auch an dieser Küste als die grösste Kostbarkeit und ich habe sie nur an wenigen Plätzen (Finschhafen, Astrolabe, Venushuk, Hammacherfluss) zu sehen, noch weniger zu kaufen vermocht, schon deshalb, weil die Eingeborenen solchen Schmuck ängstlich zu verbergen pflegen. Der grösste derartige Eberhauer den ich sah, stammte, um dies beiläufig zu bemerken, von Neu-Irland. Er war fast kreisrund, die Spitze reichte weiter als die Basis und war von dieser nur 20 Mm. entfernt, die Länge war längs der Aussenkante der Krümmung gemessen 335 Mm., die Weite im Lichten 80 Mm.

Bei der grossen Seltenheit verfertigen die Eingeborenen auch Falsificate, wie das folgende:

Brustschmuck (Nr. 518, 1 Stück), aus einem cirkelrunden Eberhauer, dessen Spitzentheil aber angesetzt ist, welcher Fehler durch feines Flechtwerk aus rothgefärbtem Stroh verdeckt wird. Vom Hammacherfluss.

Einen eigenthümlichen Brustschmuck sah ich in Huongolf; er bestand in einem länglichen Flechtwerk, in das jederseits drei Eberhauer befestigt waren und das unterseits in ein längliches filetgestricktes, reich mit Hundezähnen garnirtes Säckchen endete. Das Ganze erinnerte in der Form an einen Krebs.

In Huongolf und Finschhafen werden Hundezähne häufig und zuweilen in originellen Formen zu Schmuck verarbeitet, wie z. B. das folgende Stück:

Brustschmuck (Nr. 511, 1 Stück), Rosette von 12 Cm. Durchmesser aus feinem Flechtwerk, auf welche etliche 70 durchbohrte Hundezähne, in vier concentrischen Ringen gruppirt, aufgeflochten sind. Von Parsihuk in Huongolf.

Derartige Rosetten erhielt ich auch in Finschhafen. Sie heissen hier »*Aiumata*«, sind sehr selten und kostbar, wie gewisser Brustschmuck aus Flechtwerk in Triangelform, mit Hundezähnen besetzt (vgl. Abbild. »Samoafahrten«, S. 87), in Astrolabe-Bai.

Ich erwähne hier noch eine andere Art Brustschmuck, der aus mehreren sternförmig zusammengebundenen *Ovula*-Muscheln bestand. Ich sah solchen Schmuck einmal am Herculesfluss und sonst überhaupt nicht diese Muschel in ähnlicher Weise verwendet.

Im Westen, wo Hundezähne selten verwendet werden, ist in anderer Weise für Brustzierat gesorgt, wie das folgende Stück zeigt:

Brustschmuck (Nr. 526, 1 Stück — II, S. 346, Taf. XVI [8], Fig. 3), eigenthümliche Form, besteht aus einem länglich-ovalen Stück Mark eines Baumes, mit einem Randbesatze *(a)* von eigenthümlichen Krebscheeren, von denen vier Stück auch den Mittelstreif bilden; diese Krebsscheerstreifen sind mit einer Reihe *Nassa (b)* bordirt und der Zwischenraum jeder Hälfte mit aufgekitteten rothen und blauen *Abrus*-Bohnen verziert; am unteren Ende *(c)* sind zwei, an der Basis mit rothen Papageifedern beklebte Büschel von Seitenfedern vom Paradiesvogel *(Paradisea Finschii)* befestigt, ausserdem zwei Hundezähne. Von Angriffshafen.

Derartige Schmuckstücke, von welchen ich nur wenige Exemplare zu sehen bekam, waren einzelne Male auch an den eigenthümlichen Handkörbchen der Männer angebunden, wahrscheinlich nur zufällig und nicht als eigentlicher Ausputz der Körbe. In Angriffshafen beobachtete ich noch eine andere eigenthümliche Art von Halsschmuck. Derselbe bestand aus einem breiten halbmondförmigen Streifen Flechtwerk, der mit bunten Streifen bemalt und unterseits mit Troddeln aus Bindfaden und Coixsamen besetzt war. Derartige Halskragen haben gewisse Aehnlichkeit mit den an der Südostküste gebräuchlichen fein geknüpften (II, S. 312) aus Freshwater-Bai.

Von **Brust-Kampfschmuck**, der an der Südostküste in einer charakteristischen Form (vgl. Taf. XVI, Fig. 1) vorkommt, besitzt Kaiser Wilhelms-Land an vier verschiedene Typen, die in der Sammlung schön vertreten sind. Es mag hierbei bemerkt sein, dass derartiger Schmuck nicht ausschliesslich beim Kampf gebraucht wird, um, mit den Zähnen festgehalten, den Gegner herauszufordern, sondern überhaupt als werthvoller Ausputz der Männer zu betrachten ist. Er bildet gleichsam das Attribut des waffenfähigen Kriegers, mit dem sich derselbe auch bei festlichen Gelegenheiten zeigt.

Die am weitesten verbreitete Form dieses Brustschmuckes besteht aus zwei Muscheln (meist *Ovula*, seltener *Cypraea*), die durch einen Querriegel verbunden sind, der entweder nur mit Strickwerk oder gelbgefärbten Schnüren *(Ssemu)* umwunden ist, oder an den ein herz- oder blattförmiges feines Flechtwerk aus dünnem Bindfaden befestigt ist, mit mehr oder minder reichem Randbesatz von *Nassa*-Muscheln. In der S. 40 (Anmerkung) unter Nr. 4 verzeichneten Abhandlung und im Ethnol. Atlas der »Samoafahrten« (Taf. XXII) habe ich eine reiche Auswahl dieses Brustschmuckes abgebildet (von Neu-Britannien: Willaumez, Cap Raoul, Hansabucht, French-Inseln, Long-Insel, Huongolf, Finschhafen, Festungshuk und Astrolabe-Bai) und lasse hier (Taf. XVII, Fig. 2) eine weitere bildliche Darstellung folgen, um diese so charakteristische Form zu veranschaulichen. Ich fand sie von Huongolf westlich bis Dampier-Insel (Karkar), sowie an den im Westen von Neu-Britannien besuchten Localitäten bis auf die French-Inseln.

Ohne blattförmigen Ansatz, also nur einfache Riegel mit jederseits einer Muschel (wie Ethnol. Atlas, Taf. XXII, Fig. 5) sind die folgenden Stücke:

Brustschmuck (Nr. 532, 1 Stück), ein 19 Cm. langer, mit gelben Schnüren *(Ssemu)* umwickelter Riegel, jederseits eine *Ovula*. Long-Insel.

Desgleichen (Nr. 531, 1 Stück), wie vorher, aber der mit Rohrgeflecht umwickelte Riegel nur 11 Cm. lang und jederseits eine kleine *Cypraea*. Finschhafen.

Desgleichen (Nr. 534, 1 Stück), wie vorher, mit rothgefärbtem Rottang umwickelt, jederseits eine *Cypraea*. Friedrich Wilhelms-Hafen, Insel Grager.

Mit blattförmigem Mittelstück aus Flechtwerk versehen sind die folgenden Stücke:

Brustschmuck (Nr. 533, 1 Stück — II, S. 348, Taf. XVII [9], Fig. 2). Die triangelförmige Schneppe aus feinem Flechtwerk ist buntbemalt und reich mit *Nassa* bordirt, jederseits eine *Cypraea*. Bei *a* ist eine geflochtene Oese zum Festhalten mit den Zähnen, *b* das aus dicken Bindfaden geflochtene Tragband. Von Friedrich Wilhelms-Hafen, Insel Grager, hier »*Darr*« genannt.

Desgleichen (Nr. 530, 1 Stück), der 13 Cm. breite Riegel ist mit gelber Schnur *(Ssemu)* umwickelt, jederseits eine kleine *Cypraea*; an den Riegel ist ein dreiblätteriger Ansatz aus feinem Flechtwerk befestigt, mit Randbesatz und Rippen von *Nassa*, die Mittelrippe aus einer Doppelreihe von *Nassa* ist an der Basis jederseits mit einem *Conus*-Ringe verziert. Finschhafen, hier »*Ssanim*« genannt.

Westlich von Dampier-Insel (Karkar) ist mir diese Art Brustschmuck nicht mehr vorgekommen, dagegen tritt hier eine andere sehr charakteristische Form auf, die sich westlich bis Dallmannhafen zu verbreiten scheint, wie das folgende Stück:

Brustschmuck (Nr. 536, 1 Stück), besteht aus einer flachen länglichen Schale ($16^1/_2$ Cm. lang und 10 Cm. breit), Abschnitt von einer *Cymbium-(Meloë-)* Muschel, mit feingeflochtenem Tragstrick aus einer Art Bast, der auf der Mitte der Muschel in einen dicken Knoten endet, der mit Schnüren aus Menschenhaar, *Nassa*-Muschel und Flechtwerk umwunden ist. An diesen Knoten schliesst sich ein 4 Cm. langes rundes Flechtwerk aus rothgefärbtem, gespaltenen Rohr an, mit einem Ringe aus *Nassa*, an dem ein 24 Cm. langer Streif von fuchsrothem Cuscusfell befestigt ist. Vom Hammacherfluss.

Abbildungen dieser Art Brustschmuck, der ebenfalls im Sinne von Kampfschmuck, mindestens als Auszeichnung des Kriegers dienen dürfte, geben die »Samoafahrten« (S. 299) und Ethnol. Atlas (Taf. XXIII, Fig. 1) und zeigen den reichen und mannigfachen Ausputz. Derselbe besteht aus *Conus*-Ringen, schwarzen Fruchtkernen, feingeflochtenen Graskettchen, immer aber und der Hauptsache nach in kunstvollen Schnüren mit Besatz von *Nassa* und Menschenhaar. Aehnlicher Brustschmuck aus *Cymbium* findet sich auch an der Südwestküste (vgl. »*Koio*« II, S. 313) und Ostspitze (Milne-Bai, S. 23). In Astrolabe-Bai sah ich auch einige Male Brustschmuck aus kleineren *Cymbium*-Abschnitten mit Schildpattverzierung; in Bogadschi »*Koambim*« genannt.

Eine dritte Form dieser Art Brustschmuck zeigt die folgende Nummer:

Brustschmuck (Nr. 537, 1 Stück — II, S. 348, Taf. XVII [9], Fig. 1). Derselbe besteht aus einem 16 Cm. breiten Querholz *(a)*, an welchem jederseits eine Eiermuschel *(Ovula ovum)* befestigt ist, sowie vier schmale Streifen Bambu *(b)*, die ein Gestell bilden, welches spitz nach unten läuft und in der Mitte durch Flechtwerk aus grobem Bindfaden verbunden ist, das jederseits von einer Reihe von acht Muscheln *(Cypraea moneta)* begrenzt wird; letztere wiederum seitlich durch eine Reihe von 13, respective 12 der Länge nach gespaltenen und flach geschliffenen Eberhauern; am unteren Ende ist ein schalenförmiger Abschnitt einer *Cymbium*-Muschel (12 Cm. Längsdurchmesser) befestigt. Von der Insel Guap.

Diese höchst eigenthümliche Form bildet einen Uebergang von den östlichen Formen aus Flechtwerk und Muscheln (Nr. 530—534) und *Cymbium*-Abschnitten (Nr. 536) zu der westlichen aus Eberhauern (Taf. XVI, Fig. 2). Ich erhielt diese Art Brustschmuck nur auf der Insel Guap, und zwar in ein paar Exemplaren und habe ihn sonst nirgends zu sehen bekommen.

Von Guap an westlich tritt eine neue charakteristische Form auf, wie die folgenden Nummern:

Brustschmuck (Nr. 540, 1 Stück — II, S. 346, Taf. XVI [8], Fig. 2), rechte Hälfte. Als Unterlage dient ein herzförmiges Gestell, 30 Cm. lang und 23 Cm. breit, aus kunstvollem Flechtwerk von feingespaltenem Rottang. In diesem Gestell ist von oben jederseits eine Reihe von neun der Länge nach gespaltenen, gewaltigen Eberhauern *(a)*, die sich nach unten zu verkürzen und so einen spitzwinkeligen Keil bilden, durch gebohrte Löcher festgebunden. Der Mittelstreif und die beiden blattförmigen Seitenfelder sind von einer Doppelreihe *Nassa* bordirt und die dadurch gebildeten drei Felder mit rothen *Abrus*-Bohnen, auf einer Art Harz, ausgekittet, die Seitenfelder in der Mitte noch mit blauen Bohnen; die untere Hälfte des Mittelstreifes *(b)* zwischen den beiden Seitenfeldern ist mit grünen Papageifedern (von *Eclectus polychlorus*) beklebt; an jeder Seite sind zahlreiche Bindfaden, gleich Troddeln, angebunden, sowie ein Vogelknochen *(c)*, wohl von *Buceros*, das Ganze wird an einem festen Strick um den Hals getragen. Vom Sechstrohfluss.

Desgleichen (Nr. 539, 1 Stück), ähnlich dem vorhergehenden, mehr schildförmig, 23 Cm. lang, 22 Cm. breit, jederseits neun Stücke von Eberhauern und die Verzierung von *Nassa* und *Abrus*-Bohnen in ganz verschiedenen Mustern. Von Angriffshafen.

Desgleichen (Nr. 538, 1 Stück), 21 Cm. lang, 23 Cm. breit, jederseits sieben Stücke von Eberhauern; die Form des Schildes und der mit *Abrus*-Bohnen beklebten und mit *Nassa* bordirten Felder sehr abweichend von den beiden vorhergehenden Stücken. Von Angriffshafen.

Diese Art ebenso kunst- als geschmackvollen Brustschmuckes kam mir zuerst auf Guap zu Gesicht, wurde aber erst weiter westlich häufiger, besonders in Angriffshafen und am Sechstroh bis Humboldt-Bai. Er kleidet sehr originell und elegant (vgl. Abbild. »Samoafahrten«, S. 333). In der Ornamentirung herrscht eine grosse Abwechslung, und ich habe trotz der grossen Zahl nicht zwei völlig übereinstimmende Exemplare gesehen, was, wie bei allen Kunstarbeiten von Naturvölkern, sich in der individuellen Begabung der Künstler leicht erklärt. Die Troddeln an den Seiten dieser Brustschilde dienen nicht nur zur Verzierung, sondern zum Anbinden von allerlei Kleinigkeiten (Vogelknochen, Stückchen Massoirinde, Ingwerwurzel, kleinen sogenannten Holzgötzen etc.), die wahrscheinlich als glückbringende Amulete oder Talismane oder Erinnerungszeichen für den Besitzer von hohem Werthe sind. An dem einen Brustschilde vom Sechstroh fand ich einen verräucherten menschlichen Humerus befestigt, vermuthlich ein Erinnerungszeichen, aber ohne cannibalische Tendenz. Die (S. 42) erwähnten altvenetianischen Glasperlen oder besser Hälften derselben, welche ich am Sechstroh erhielt, waren zwischen den *Abrus*-Bohnen solcher Brustschilde aufgeklebt. Wie sich später ergab, gehörten die beiden von verschiedenen Brustschildern abgenommenen Hälften zusammen und bildeten eine Perle, die einzige derart, welche ich überhaupt erhielt.

Am Sechstroh beobachtete ich noch eine andere, bisher nicht gesehene Art Brustschmuck aus einem ovalen Schilde von Bast, mit rothen und blauen *Abrus* beklebt und rings mit Zähnen (wohl vom Schwein) eingefasst. Ein anderer schildförmiger Brustschmuck war mit kleinen gelben Fruchtkernen beklebt, der Rand (mit Ausnahme des oberen) mit Crocodilzähnen besetzt, der einzige mir vorgekommene Fall von Verwendung dieses Materials.

g. Armschmuck.

Die gewöhnlichen aus Pflanzenfaser (Art Gras) geflochtenen Armbänder, die in der Sammlung von der Südostküste (vgl. Guarna II, S. 313) so reichlich vertreten sind, bilden auch an der ganzen Küste von Kaiser Wilhelms-Land den unumgänglich nothwendigen Ausputz für beide Geschlechter, und was ich dort (l. c.) bereits darüber sagte, gilt auch für hier. Schmale, aus gespaltenem Rottang geflochtene Armreife (wie Nr. 379, II, S. 314 von Kaire und Nr. 382, I, S. 118 von Neu-Britannien) habe ich auch an dieser Küste (Finsch- und Hatzfeldthafen) beobachtet, dagegen niemals Armringe aus *Conus*-Muschel (vgl. Taf. XV, Fig. 1) gesehen, wohl aber sehr kunstvoll aus *Tridacna*-Muschel geschliffene (auf Guap und Tagai), ähnlich solchen von den Salomons-Inseln (I, S. 148).

Armringe aus Basisquerschnitten von *Trochus niloticus*, ähnlich den »*Lalei*« des Bismarck-Archipels (I, S. 99, Nr. 370) finden sich ebenfalls an dieser Küste. Grob gearbeitete, schwere, wie von den French-Inseln (I, S. 120) sind im Westen (von Massilia bis Humboldt-Bai) nicht selten, wie die folgende Nummer:

Armring (Nr. 367, 1 Stück), 12 Mm. dick, 9 Cm. Durchmesser, von Massilia. Sie werden oft zu mehreren (6—8 Stück) am linken Oberarm getragen und dienen unter Anderem zum Festhalten des Knochendolches (vgl. Abbild. »Samoafahrten«, S. 334).

Im Westen (von Huongolf bis Friedrich Wilhelms-Hafen) sind diese Armringe (»*Hi*« in Finschhafen) durchgehends zierlicher, wie die folgenden:

Armring (Nr. 373, 1 Stück) von Friedrich Wilhelms Hafen und

Desgleichen (Nr. 375, 2 Stück) von Finschhafen, zuweilen mit eingravirtem Randmuster wie

Armring (Nr. 374 und 374*a*, 2 Stück — II, S. 348, Taf. XVII [9], Fig. 5 und 6), aus *Trochus*, circa 8 Mm. dick und 60, respective 70 Mm. Weite im Lichten. Friedrich Wilhelms-Hafen, hier »*Bio*« genannt.

Von derartigen Armringen sind oft an ein Dutzend mit rothgefärbtem Rottang zusammengebunden und bilden einen Schmuck des Oberarmes. Die kleinen Ringe (wie mit 6 Cm. Weite) sind wohl für Kinder. Die Randmuster sind nicht blos eingravirt, sondern zuweilen erhaben herausgearbeitet (vgl. Ethnol. Atlas, Taf. XIX, Fig. 4, hier das Weisse erhaben). Im Hinblick auf die bedeutende Härte des Materials ist es kaum zu begreifen, wie eine so kunstreiche Bearbeitung ohne eiserne Werkzeuge überhaupt möglich ist, und derartige Stücke stehen unter den mancherlei bewundernswerthen Arbeiten des Kunstfleisses der Steinzeit jedenfalls obenan. Kaum minderwerthig als Kunstleistungen müssen jene breiten Ringe aus gebogenem Schildpatt betrachtet werden, die wir zuerst im Westen von Neu-Britannien (I, S. 121, Taf. III, Fig. 22) kennen lernten. Nach sachverständigem Urtheil erfordert es bei unseren Hilfsmitteln schon einen geschickten Arbeiter, um aus einem Stück Schildpatt eine regelmässig runde Manschette zu biegen. Wenn daher bei »nackten Wilden« schon diese Technik volle Anerkennung verdient, so müssen wir ihre künstlerischen Leistungen der Ornamentirung vollends bewundern. Die zum Theil sehr tief eingravirten, ja zuweilen durchbrochen gearbeiteten Muster stellen sich in regelmässiger schwungvoller Zeichnung nicht selten europäischen ebenbürtig zur Seite. Es braucht wohl nicht erst bemerkt zu werden, dass nicht jeder Papua Schildpatt zu bearbeiten versteht und Meisterschaft darin besitzt, sondern dass es wie bei uns nur gewisse Künstler gibt. Deshalb sind die Kunstleistungen auch sehr verschieden, wie dies durch die nachfolgende Reihe am besten illustrirt wird.

Armband (Nr. 409, 1 Stück), ein 5 Cm. breiter Ring aus Schildpatt, 6 Cm. Durchmesser, mit sechs eingravirten Längsrinnen. Parsihuk in Huongolf. Einfachste Form (ganz wie von Neu-Britannien, I, S. 120, Nr. 400 und von Ruk, Carolinen).

Desgleichen (Nr. 408, 1 Stück), daher; 7 Cm. breit, 8 Cm. Durchmesser, mit Muster in eigenthümlicher Strichelung eingravirt.

Desgleichen (Nr. 407, 1 Stück), daher; 7 Cm. breit, mit eingravirtem Muster.

Desgleichen (Nr. 406, 1 Stück), von Finschhafen; nur 3 Cm. breit, mit schöner Gravirung.

Desgleichen (Nr. 404, 1 Stück — II, S. 356, Taf. XXI [13], Fig. 3), 12 Cm. lang und 750 Mm. Durchmesser; das eingravirte Muster besteht aus geraden Linien und bedeckt gleichmässig das ganze Armband. Daher.

Desgleichen (Nr. 402, 1 Stück), mit Gravirung. Von Friedrich Wilhelms-Hafen.

Desgleichen (Nr. 403, 1 Stück — II, S. 344, Taf. XV [7], Fig. 3), 13 Cm. breit, 8 Cm. Durchmesser, mit tief eingravirtem schwungvollen Muster in Bogenlinien. Dasselbe ist mit Kalk weiss eingerieben und tritt daher im Gegensatz zur Abbildung weiss (statt wie auf dieser schwarz) hervor. Von Bilibili in Astrolabe-Bai.

Desgleichen (Nr. 405, 1 Stück), 10 Cm. lang, 8 Cm. Durchmesser, aus dickem Schildpatt sehr gleichmässig rund gebogen, mit sehr schwungvollem gravirten Muster, das sich geschmackvoll um acht durchbrochen gearbeitete Felder gruppirt; besonders feines Stück. Von der Insel Grager in Friedrich Wilhelms-Hafen.

Desgleichen (Nr. 410, 1 Stück), 7 Cm. breit, mit eigenthümlichem eingravirten Muster (Schnörkel und W-förmige Figuren), das mit einem röthlich gefärbten Kalk eingerieben ist. Vom Caprivifluss in Krauel-Bai.

Breite Schildpattarmbänder, in Finschhafen »*Simassim*«, in Astrolabe »*Suar*« genannt, fand ich im Osten von Huongolf bis Friedrich Wilhelms-Hafen am häufigsten, aber noch so weit westlich als Guap. In Bezug auf die Muster herrscht grosse Verschiedenheit, und ich habe trotz der grossen Anzahl kaum zwei völlig gleiche gesehen. Sehr hübsche Muster sind in meinem Ethnol. Atlas, Taf. XIX, Fig. 1, 2, 3, abgebildet.

Die Schildpattarmbänder werden zuweilen noch mit besonderem Schmuck in Form von Anhängseln verziert, wie das folgende Stück:

Armbandschmuck (Nr. 509, 1 Stück — II, S. 342, Taf. XIV [6], Fig. 16), bestehend aus *(a)* sechs circa 10 Cm. langen Schnüren Muschelgeld, an welche je die Längshälfte einer Fruchtschale *(b)* und zwei Hundezähne *(c)* befestigt sind. Von Finschhafen. Derartiger Schmuck wird auch zur Verzierung anderer Gegenstände benutzt, z. B. als Anhängsel an Leibgürtel.

Aus Gras oder Pflanzenfaser geflochtene Armbänder, in Bongu »*Sagiu*« genannt, reich mit Muscheln ornamentirt, sind sehr mannigfach und deren Hauptformen auch in der Sammlung vertreten. Im Osten, von Huongolf bis Friedrich Wilhelms-Hafen, ist jene Form vorherrschend, welche wir schon von den French-Inseln (Taf. III, Fig. 20) kennen und für welche zwei blattförmige Ansätze charakteristisch sind, wie die folgende Nummer:

Armband (Nr. 391, 1 Stück), aus Flechtwerk, mit Randbesatz von *Nassa*. Finschhafen, hier »*Ssanim*« genannt (in Bogadschi »*Dschula*«, auf Grager »*Ari*«). Sehr ähnlich wie Fig. 4, Taf. XVIII, des Ethnol. Atlas.

Ein besonders feines und kunstvolles Stück in diesem Genre repräsentirt die folgende Nummer:

Armband (Nr. 392, 1 Stück), 10 Cm. breites Band aus rothgefärbtem Strohgeflecht, mit zwei blattförmigen Schneppen und reicher Verzierung von *Nassa*, *Conus*-Ringen und Hundezähnen in geschmackvoller symmetrischer Anordnung. Insel Grager, Friedrich Wilhelms-Hafen. Ein ähnliches reichverziertes und kostbares Armband von dieser Localität ist Ethnol. Atlas, Taf. XVIII, Fig. 3, abgebildet.

Aus den (S. 80) beschriebenen gelben Schnüren, *Ssemu* genannt, werden in Huongolf und Finschhafen auch hübsche Armbänder geflochten, die sehr elegant aussehen, wie das folgende Stück:

Armband (Nr. 389, 1 Stück), aus *Ssemu*, 4 Cm. breit, 20 Cm. Umfang; am unteren Rande mit einem bogenförmigen Ansatze. Finschhafen. Die Art und Weise, wie solche Armbänder am Oberarm getragen werden, zeigt die Abbild. »Samoafahrten«, S. 179.

Im Westen treten andere Formen geflochtener Armbänder auf, wie die folgenden:

Armband (Nr. 394, 1 Stück), 25 Mm. breites Band (28 Cm. Umfang) aus rothgefärbtem Strohgeflecht, beiderseits mit *Nassa* bordirt, in der Mitte ein bogiger Ansatz aus feinem Bindfadenflechtwerk, der dreireihig mit *Nassa* bordirt ist und in eine mit gleichem Material besetzte Rosette endet. Hatzfeldthafen.

Armband (Nr. 395, 1 Stück), schmales Band von rothem Strohgeflecht, mit einem grossen, schönen Ringe aus *Tridacna*-Muschel geschliffen, lose eingeflochten. Venushuk.

Armband (Nr. 390, 1 Stück), ein circa 35 Mm. breites, ziemlich grobgeflochtenes Band aus schwarzer Pflanzenfaser (siehe Liane vorne S. 80) mit zahlreichen bis 30 Cm. langen Fäden aus demselben Material, die zu Strähnen verflochten sind, an deren Enden *Conus*-Ringe befestigt. Finschhafen.

Aehnliche Stücke aus gleichem Material erhielt ich auch in Huongolf und Humboldt-Bai.

Armband (Nr. 387, 1 Stück), schmales, nur 1 Cm. breites Band (27 Cm. Umfang) aus gleichem Material als vorher, mit einer Reihe *Nassa* aufgenäht. Von Angriffshafen.

Armband (Nr. 388, 1 Stück), daher; 7 Cm. breites, feingeflochtenes Band, dicht mit *Nassa* besetzt und einige *Abrus*-Bohnen aufgeklebt.

Eine besondere Art Armband, die ich einige Male am Sechstrohfluss beobachtete, mag hier zum Schluss noch erwähnt sein. Diese Armbänder bestanden aus einem spiralig gewundenen Ring, anscheinend aus einer elastischen Liane.

Ausser bunten Blättern und wohlriechenden Pflanzen, die bei festlichen Gelegenheiten in die Armbänder eingesteckt werden, gibt es auch noch besonderen Armbandschmuck. In Finschhafen werden eigenthümliche, roth und gelb gefärbte Büschel einer Pflanzenfaser, *Ssegum* genannt, wohl vom Blatt der Sagopalme, benutzt, weiter im Westen, von Hatzfeldthafen bis Guap, tritt eine andere Art auf, wie die folgenden Nummern:

Armbandschmuck (Nr. 416, 1 Stück), bestehend aus einem 84 Cm. langen, runden, über Pflanzenfaser befestigten Streif von weiss und goldbraunem Beutelthierfell *(Cuscus)*; an der Basis fein umflochten und mit Menschenhaar und *Nassa* besetzt. Venushuk.

Desgleichen (Nr. 415, 1 Stück), wie vorher, aber kürzer, aus rothem Cuscusfell, unverziert. Insel Guap.

Um das **Handgelenk** werden, ähnlich wie um das Fesselgelenk, zuweilen Bänder, meist von grober Pflanzenfaser, manchmal feiner und roth gefärbt, umflochten, wie ich dies von Finsch- bis Hatzfeldthafen notirte. An letzterem Platze, sowie am Caprivi erhielt ich auch Manschetten aus groben Flechtwerk von gespaltenem Rottang, zuweilen mit reicher Verzierung von *Nassa*, *Conus*-Scheiben und Menschenhaar, ähnlich den »*Aukoro*« von der Südostküste (II, S. 331, Nr. 380). Ob dieselben, wie dort, zum Schutz gegen den Rückschlag der Bogensehne dienen, vermochte ich nicht auszumachen. Am Sechstroh hatten die Männer zuweilen, vielleicht zu demselben Zwecke, ein Strickchen um das Handgelenk gebunden, an welchen zwei *Conus*-Ringe befestigt waren.

h. Leibschmuck.

Wir haben (S. 86) bereits unter Bekleidung gewisse Arten von geflochtenen und Rindengürteln kennen gelernt, die nur in Verbindung mit den Tapaschambinden als zur Bekleidung gehörig betrachtet werden können, eigentlich aber zum Ausputz gehören. Lediglich als solcher sind die nachfolgenden Stücke aufzufassen, welche die vorzüglichsten Formen von Leibschmuck in Kaiser Wilhelms-Land repräsentiren, darunter sehr kunstvolle und originelle Arbeiten. Im Allgemeinen ist derartiger Körperausputz selten, wird hauptsächlich bei festlichen Gelegenheiten und fast nur von Männern getragen, denn nur in Humboldt-Bai sah ich eine gewisse Art Leibschnüre (Nr. 564) auch bei Frauen.

Leibgürtel (Nr. 554, 1 Stück — II, S. 358, Taf. XXII [14], Fig. 3), 1·7 M. lang, geschmackvoll verschlungene Flechtarbeit aus *Ssemu*-Schnüren (S. 80). Finschhafen.

Ich erhielt hier auch sehr reich mit *Nassa* und Hundezähnen verzierte Leibgürtel aus diesem Material, darunter einen mit Bommeln aus Fruchtschalen und Hundezähnen (wie Taf. XIV, Fig. 16), auch ganz einfache (wie Ethnol. Atlas, Taf. XXIV, Fig. 5). Ausserdem sind mir Gürtel aus gleichem Material nur noch in Huongolf vorgekommen.

In Astrolabe-Bai erhielt ich eine andere sehr eigenthümliche Form, die ich sonst nirgends antraf.

Gogu (Nr. 555, 1 Stück), Leibschnur (II. S. 342, Taf. XIV [6], Fig. 5) aus Abschnitten der natürlichen Röhren einer *Septaria*-Muschel, abwechselnd mit einzelnen Fischwirbeln *(a)* und Hundezähnen *(b)*. Bogadschi.

Diese Art Schmuck, welche in Friedrich Wilhelms-Hafen »*Popok*« heisst, gilt als äusserst werthvoll und wird höher geschätzt als Hundezähne.

In Brocken Water-Bai (Venushuk) sah ich Schnüre von *Nassa* (ganz wie Fig. 10, Taf. XIV) um den Leib gebunden, auch Leibgürtel von Hundezähnen und *Nassa*, wie Taf. XIV, Fig. 11, aber auch kunstvollere Arbeiten aus diesen Materialien, im Ganzen aber wenig derartigen Schmuck.

Weiter nach Westen wird solcher häufiger und formenreicher. Ein besonders kunstvolles Stück repräsentirt die folgende Nummer:

Leibgürtel (Nr. 557, 1 Stück), ein 3 Cm. breiter und 52 Cm. langer Streif aus rothgefärbten Rottangstreifen geflochten, an beiden Seiten mit einer Reihe *Nassa* bordirt, in der Mitte des Gürtels ist eine Schneppe aus feinem Bindfadenflechtwerk angebracht, mit einer Agraffe aus neun Hundezähnen und jederseits einem *Conus*-Ringe, die Spitze der Schneppe endet in einem Querriegel von gleichem Flechtwerk mit *Nassa* bordirt und in ein Kettchen mit einem schwarzen Fruchtkerne (wie Taf. XIV, Fig. 17 *d*); an jeder Seite des Gürtels ist eine Doppelschneppe, kleiner als die der Mitte, aber in gleicher Weise verziert, angebracht; der Gürtel endet jederseits in einen äusserst geschickt geflochtenen Strick. Vom Caprivifluss in Krauel-Bai.

Sehr einfach ist die folgende Nummer:

Leibschnur (Nr. 588, 1 Stück — II, S. 342, Taf. XIV [6], Fig. 14), eine 46 Cm. lange, aus sehr gut gedrehten Bindfaden gefertigte Schnur, an welcher eine dicht stehende Reihe *Cypraea moneta* angeflochten ist, sowie einzelne *Conus*-Ringe *(a)*. Der Mantel der Muscheln ist abgeschlagen und abgeschliffen. Von der Insel Guap. Ich fand diese eigenthümliche Form, die schon wegen der Benutzung von *Cypraea moneta* von Interesse ist, nur hier, wie sonst überhaupt in Neu-Guinea keine *Cypraea moneta* zu Schmuckzwecken benutzt.

Eigenartig sind die folgenden Nummern:

Leibgürtel (Nr. 560, 1 Stück — II, S. 342, Taf. XIV [6], Fig. 15), ein circa meterlanger und 25 Mm. breiter Baststreif, auf den vier Längsreihen *Nassa*-Muscheln genäht sind; mit drei Querriegeln aus schwarzen runden Perlen *(a)* von Cocosnussschale, in der Mitte eine Reihe *Cassidula (b)*. Von Angriffshafen.

Leibgürtel (Nr. 561, 1 Stück), ein 3 Cm. breiter und 56 Cm. langer Streif aus schwarzer Pflanzenfaser, wohl Liane geflochten, mit zum Theil lang abstehenden Fasern und Besatz von *Nassa* in symmetrischen Mustern; der Gürtel endet jederseits in eine Oese aus Rottang und wird mit dünnen Baststreifen festgebunden. Angriffshafen.

Hier erhielt ich auch kunstvolle, über gespaltenen Rottang mit *Conus*-Ringen verzierte Leibgürtel (wie Ethnol. Atlas, Taf. XXIV, Fig. 8) und sehr zierliche, wie die folgende Nummer:

Leibschnur (Nr. 559, 1 Stück), aus aufgereihten Coixsamen mit abwechselnd vier kleinen schwarzen Perlen aus Rinde (wohl Cocosnussschale). Angriffshafen. Abgebildet Ethnol. Atlas, Taf. XXIV, Fig. 7.

Von Angriffshafen bis Humboldt-Bai kommt ein eigenthümliches Material vielfach zur Verwendung, wie die folgende Nummer:

Pflanzenfaser (Nr. 566, 1 Probe), äusserst fein gespalten und hübsch kirschbraunroth gefärbt; wahrscheinlich Blattfaser der Sagopalme und dasselbe Material, aus dem die Weiberschürzchen (S. 87) hergestellt werden. Sechstrohfluss.

Leibschnur (Nr. 563, 1 Stück), daher; bestehend aus 15 sehr dünnen Schnüren, so fein wie Haarschnüre und aus obigem Material geflochten.

Desgleichen (Nr. 564, 1 Stück), daher; wie vorher, aber mit einzelnen Coixsamen eingeflochten. Derartige Schnüre sah ich in Humboldt-Bai auch Frauen über den Tapaschurz tragen.

Ein sehr originelles Stück ist das folgende:

Leibgürtel (Nr. 565, 1 Stück), 45 Cm. lange Doppelreihe aus je 40 sehr feingeflochtenen dünnen Schnüren aus obigem Material; in der Mitte und an jeder Seite sind zahlreiche dünne, bis 30 Cm. lange Bindfaden aus naturfarbenem Garn angebunden, an deren Basis zum Theil halbdurchschnittene Coixsamen aufgereiht, während am Ende zahlreiche dünne Ringe aus Napfmuscheln *(Patella)* eingeknüpft sind; am Gürtel selbst sind ausserdem Büschel einzelner Seitenfedern des Paradiesvogels angebunden. Von Angriffshafen.

Leibschmuck (Nr. 567, 1 Stück), auf eine Schnur gereihte Abschnitte von Vogelknochen (wohl von *Buceros*); in der Mitte vier grosse, runde, dunkle Fruchtkerne, zum Theil mit Gravirung und einige schmale Querschnitte von Knochen (wohl vom Schwein). Sechstrohfluss.

Diese eigenthümliche Form (abgebildet Ethnol. Atlas, Taf. XXIV, Fig. 2) fand ich nur hier; statt Vogelknochen waren häufiger Abschnitte der langen Glieder von Krebsbeinen verwendet. Eine andere Art Leibschnüre von dieser Localität bestand in aufgereihten Samenkernen von *Adenanthera* und Coix (vgl. Ethnol. Atlas, Taf. XXIV, Fig. 6).

i. Beinschmuck.

Aehnliche Bänder aus feinem Flechtwerk von Gras oder Faser, wie um den Oberarm, werden nicht selten unter dem Knie getragen, d. h. fest umgeflochten, wie ich dies von Huongolf bis Venushuk beobachtete. Diese Kniebänder, in Constantinhafen »*Samba Sagiu*« genannt, sind häufig roth gefärbt und zuweilen mit ein paar *Conus*-Ringen verziert, wie bei jungen Mädchen auf Grager (vgl. Abbild. »Samoafahrten«, S. 108). In Finschhafen sah ich auch schmale Ringe aus gespaltenem Rottang unterm Knie umgeflochten, aber auch sehr feinen Schmuck, wie die folgende Nummer:

Knieschmuck (Nr. 542, 1 Stück), ein 16 Cm. langer und 24 Cm. breiter zweitheiliger Streif aus feinem Flechtwerk von gespaltenem, mit rothgefärbtem Stroh übersponnenem Rottang, unterseits mit zwei je 55 Mm. langen bogenförmigen Ansätzen, die durchbrochen gearbeitet sind; die oberen Hälften mit kunstvollem Besatz von *Nassa* in Form einer Spirale; an den seitlichen Enden sind zwei Bänder zum Festbinden. Finschhafen.

Sehr kunstvolle Arbeit. Festschmuck der Männer, nur hier von mir beobachtet. Ein ähnliches sehr schönes Stück ist in meinem Ethnol. Atlas, Taf. XVIII, Fig. 2, abgebildet.

Schmuck ums Fesselgelenk ist mir nur wenige Male vorgekommen. So trugen einzelne Männer in Finschhafen grobgeflochtene Ringe aus gespaltenem Rottang um die Fessel und in Grager und Hatzfeldthafen war zuweilen das Bein vom Knöchel bis fast zur halben Wade mit rothen Flechtwerk eingestrickt, ganz wie ich dies auf Willaumez beobachtete (I, S. 118).

III. Sitten und Gebräuche.

Bei der Kürze meines Aufenthaltes konnte ich in dieser Richtung nur in sehr beschränkter Weise Notizen sammeln. Aber wir haben darüber, soweit es die Eingeborenen von Astrolabe-Bai betrifft, durch v. Miklucho-Maclay ausführliche und ausgezeichnete Nachrichten, die im Grossen und Ganzen dieselben Verhältnisse zeigen, als wie ich dieselben an der Südostküste fand. So in Betreffs der **Moral**, die namentlich in Bezug auf das eheliche Leben eine sehr strenge ist, wie fast bei allen Stämmen papuanischer Race, so lange dieselben noch unberührt blieben. Der Verkehr mit Weissen ändert diese Verhältnisse indessen häufig sehr bald. So boten mir 1884 in Neu-Irland Männer bereits ihre Frauen an, wobei ich bemerken will, dass derartige Offerten noch keineswegs als Zeichen der herrschenden Unsittlichkeit gelten dürfen. In den meisten Fällen sucht der Eingeborene ein Stück Tabak als Vorausbezahlung zu erlangen, und das ist Alles. In Kaiser Wilhelms-Land zeigten sich die Frauen durchgehends scheu, und es hielt häufig schwer, sie überhaupt zu sehen. Nach v. Maclay herrscht übrigens an der Maclayküste Monogamie.

Cannibalismus ist bis jetzt nicht aus Kaiser Wilhelms-Land nachgewiesen. Maclay erwähnt an einer Stelle »Der Menschenfresser Krempi« ein Gebiet, das er selbst nicht, sondern nur vom Hörensagen kannte. Dasselbe liegt zwischen Juno-Insel und Cap Croisilles und wurde von der wissenschaftlichen Expedition der Neu-Guinea-Compagnie vielfach durchstreift. Sie hielt sich hier fünf Wochen auf, aber in den Berichten wird nichts von dieser Unsitte erwähnt, dagegen an ein paar anderen Stellen in den »Nachrichten aus Kaiser Wilhelms-Land«. So sah Herr v. Schleinitz an den Häusern am Prinz Wilhelmfluss Menschenschädel in Bündeln aufgehangen und glaubt deshalb, auf Cannibalismus schliessen zu dürfen. Hauptmann Dreger bemerkt von den Eingeborenen in Huongolf: »dass die Erschlagenen gegessen werden, daraus wurde kein Hehl gemacht«. Aber dies genügt nach meiner Ansicht noch nicht, um daraufhin Cannibalismus als zweifellos bestehend anzunehmen.

Namengebung und Heiratsgebräuche. Darüber berichtet v. Maclay. Es besteht auch eine Art Pathenschaft und v. Maclay wurde öfters gebeten, Neugeborenen seinen Namen zu geben. Ein circa 16 Jahre altes Mädchen, das von ihm benannt war, bekamen wir in Bongu zu sehen. Spätere Besucher haben dasselbe gedankenlos als Maclay's Frau oder Kind bezeichnet; es war aber nur sein Pathenkind.

Beschneidung wird zuerst von v. Maclay aus Astrolabe-Bai erwähnt und ist von mir auch nur hier beobachtet worden, ausserdem noch im Westen von Neu-Britannien (I, S. 120). Nach v. Maclay ist diese Sitte übrigens nicht in allen Dörfern von Astrolabe üblich. Die Operation wird, wie bei den alten Juden, mittelst eines scharfen Steines verrichtet, und zwar im 13. bis 14. Jahre. Sie hat übrigens mit Pubertät nichts zu thun, denn ich sah in Bongu beschnittene Knaben, die kaum älter als 6 bis 7 Jahre sein mochten.

Bestattung. Die Pietät gegenüber Verstorbener bekundet sich schon in den Gräbern, wie ich solche in Astrolabe-Bai, Friedrich Wilhelms- und Finschhafen beobachtete. Man findet im Ganzen wenig Grabstätten, weil die Verstorbenen häufig in der Hütte begraben werden, wie Maclay berichtet, also ganz ähnlich, wie ich dies in Neu-Britannien wahrnahm. Die Gräber in Bongu, auf Tiar und Bilia bestehen meist aus einem Plankenzaun, in welchen bunte Blattpflanzen, zuweilen Betelpalmen gepflanzt werden. In Finschhafen bezeichnet ein viereckiger flacher Holzrahmen, der mit weissem

Sande ausgeschüttet ist (Abbild. »Samoafahrten«, S. 176), die Grabstätte, oder es ist, ähnlich wie auf Teste-Insel, ein kleines Häuschen errichtet (»Samoafahrten«, S. 173) und um dasselbe eine Einfriedung von Corallstücken oder Cocosnüssen gelegt. Die Gebräuche beim Begräbnisse selbst beschreibt v. Maclay ausführlich. Dr. Hollrung kannte diese wichtigen Nachrichten gewiss nicht, wenn er unter Anderem sagt,[1]) »dass man noch nicht einmal weiss, ob die Todten begraben, verbrannt oder gar verspeist (!) werden.«

Andere Bestattungsgebräuche der Bergbewohner werden in den Berichten der Expedition nach dem Finisterregebirge mitgetheilt, die ich hier nicht übergehen will. Der Ort der Mittheilungen ist das Bergdorf Kadda, das circa 30 Kilometer von Constantinhafen in einer Höhe von 360 Meter (etwas über 1000 Fuss), also keineswegs sehr hoch liegt. Hugo Zöller, der Chef der »Neu-Guinea-Expedition der Kölnischen Zeitung«, schreibt in diesem Blatte (Nr. 53 vom 22. Februar 1889) über den Besuch in Kadda unter Anderem das Folgende: »Es war ein grosses und volkreiches Dorf (!), das wir, begrüsst von den Angesehenen und Wohlhabenden (!), betraten. Wir wurden gebeten, nicht hier, sondern in einem etwa eine Viertelstunde weiter gelegenen Dorfe, das ebenfalls Kadda heissen sollte, unser Lager aufzuschlagen. Die Hütten glichen auf ein Haar der in Dschongu zuerst gesehenen Schablone des hochdachigen Berghauses. Wohl aber fiel uns das am Ende des Dorfes gelegene, mit Gesichtsmasken (!), Schädeln (!), Thierknochen und ähnlichem Plunder phantastisch aufgeputzte Haus des Zauberers (!), sowie eine andere grössere Hütte auf, von der man erzählte, dass sie der Zauberer bei der Vorführung seiner Kunststücke benütze (!). Des Weiteren fand sich bei Besichtigung der rauchgeschwärzten Hütten, dass an deren Decken zahlreiche (!), meist schon nicht mehr übelriechende Leichen herunterbaumelten (!), so dass wir die Nacht in einem wahren und wirklichen Todtendorfe verbracht hatten.«

Es ist ein Glück für die Wissenschaft, dass sich bei der Expedition noch andere, nüchterne Beobachter befanden, deren Berichte die feuilletonistische Ausschmückung auf das richtige Mass zurückführen. Die Herren Dr. Hellwig und Winter schreiben (»Nachrichten aus Kaiser Wilhelms-Land«, 1889, Heft I, S. 7) über den Besuch in Kadda wie folgt: »Das Dorf wurde, nachdem der steile Abhang erklommen war, nach ungefähr 40 Minuten erreicht und nach weiteren 10 Minuten ein zweites zu demselben gehöriges Dorf. Beide sind äusserst armselig und bestehen nur aus wenigen Hütten, von denen der grösste Theil, besonders in dem letzten Dorfe, in welchem übernachtet wurde, sich in sehr baufälligem Zustande befand. Die Einwohner waren nur mit Mühe zu bewegen, im Dorfe zu bleiben (am anderen Morgen übrigens sämmtlich verschwunden). Bei näherer Untersuchung der Hütten fand sich, dass vielleicht nur zwei bis drei bewohnt sein konnten. In jeder von ihnen waren ein bis zwei Todte aufgestellt; dieselben befanden sich in sitzender Stellung, die Knie hochgezogen und an den Leib gedrückt, in Matten eingehüllt.«

Es handelt sich also hier um eine Art Mumificirung, wie sie in ähnlicher Weise früher auf den Inseln der Torresstrasse üblich war. Der Unterschied mit den an der Küste herrschenden Gebräuchen besteht nur darin, dass die in Bündel gepackten Leichen, wie es scheint, nicht begraben werden, sondern in den Hütten verbleiben.

Todtenverehrung bekundet sich nicht allein in Bestattungsgebräuchen, sondern auch im Verwahren von Andenken an die Verstorbenen. In ähnlicher Weise, wie ich dies in Neu-Britannien beobachtete (I, S. 113), werden nach v. Maclay in Astrolabe-

[1]) In: »Nachrichten aus Kaiser Wilhelms-Land«, 1888, Heft IV, S. 227.

Bai nach Verlauf von circa einem Jahre die Ueberreste wieder ausgegraben und davon die Unterkinnlade als theures Andenken verwahrt. Nicht selten wird aus dem Unterkiefer ein Armband verfertigt, wie wir diese Sitte bereits (S. 18) von der Ostspitze kennen lernten. Deshalb hielt es so schwer, Schädel zu erlangen. Maclay erhielt in 15 Monaten nur 10, davon nur 2 mit Unterkiefer. Ich selbst habe nur einmal an einem Hause in Bongu ein paar Menschenschädel bemerkt, sonst nie in einem in ganz Kaiser Wilhelms-Land. Aber ich sah zwei menschliche Unterkiefer,[1]) die künstlich an Stäbchen befestigt waren und jedenfalls sehr lange im Rauch der Hütte aufbewahrt gewesen sein mussten, denn sie waren ganz geschwärzt. Dieses Erinnerungszeichen, welches aus Bongu herstammte, bestätigt also vollkommen die Nachrichten Maclay's, wenn dieselben überhaupt der Bestätigung bedürften.

Musik. Die ausführlichen Nachrichten v. Maclay's zeigen ungefähr dieselben Verhältnisse als anderwärts, nämlich dass es sich auch bei den Eingeborenen dieser Küste in erster Linie weniger um Musik, als um Lärmmachen handelt. Was die Instrumente selbst anbelangt, so sind es, mit Ausnahme einer Art Rassel, dieselben, welche wir bereits aus Neu-Britannien und von der Südostküste kennen lernten. Die meisten Instrumente konnte ich selbst sammeln. Obenan stehen Trommeln in der bekannten Sanduhrform, aus einem Stück Hartholz gearbeitet und die eine Oeffnung mit Eidechsenhaut *(Monitor)* überspannt. Die Sammlung enthält davon hervorragende Stücke in den folgenden Nummern:

Trommel (Nr. 601, 1 Stück — II, S. 356, Taf. XXI [13], Fig. 1), 62 Cm. lang, 15 Cm. Durchmesser, mit kunstvoller erhabener Schnitzerei, davon der aus einem Stück gearbeitete Henkel, eine Eidechse *(Monitor)* darstellend; die Schnörkellinien auf der oberen Hälfte sind eingravirt. Die Oberseite ist mit Monitorhaut bespannt. Von Parsihuk in Huongolf.

Desgleichen (Nr. 600, 1 Stück); sehr gross, 70 Cm. lang, 19 Cm. Durchmesser, mit feiner Schnitzarbeit; der durchbrochen geschnitzte Henkel endet jederseits in eine Eidechse. Von Huongolf.

Desgleichen (Nr. 602, 1 Stück), 64 Cm. lang, 17 Cm. Durchmesser, ausserordentlich feines Stück, mit kunstvoller Schnitzerei: zwei Medaillons in Reliefarbeit, Gesichter darstellend. Von Finschhafen, hier »*Ong*« genannt, am Festungshuk »*Onge*«.

Die interessante Schnitzarbeit dieser Trommel ist im Ethnol. Atlas, Taf. XIII, Fig. 4, abgebildet, sowie (Fig. 3) das folgende Stück:

Trommel (Nr. 603, 1 Stück), 55 Cm. lang, 10 Cm. Durchmesser, mit kunstvoll durchbrochen gearbeitetem Henkel und eingravirtem Muster. Insel Grager, hier »*Dubuag*« genannt, in Constantinhafen »*Okam*«.

Die eigenthümliche Schnitzarbeit des Henkels wird für die Trommeln von Friedrich Wilhelms-Hafen charakteristisch (vgl. auch Ethnol. Atlas, Taf. XIII, Fig. 2). Wenn man bedenkt, welche Mühe es machen muss, ohne eisernes Geräth ein 70 Cm. langes Stück harten Holzes allein nur auszuhöhlen, so wird man, ganz abgesehen von der oft sehr kunstreichen und geschmackvollen Schnitzarbeit, diese Trommeln mit unter die besonders hervorragenden und bewundernswerthen Leistungen der Papuakunst rechnen müssen. Auch das ideale Streben des Menschen der Steinzeit verdient dabei volle Würdigung.

---

1) Ein ganz ähnliches Stück ist »Museum Godeffroy, Taf. XIV, Fig. 4« von den Hermites abgebildet, aber keinesfalls ein Erinnerungszeichen an »einen erschlagenen Feind«, sondern an einen lieben Freund oder Anverwandten, wie dies schon die Haarlocken beweisen.

Diese Art Trommeln habe ich an der ganzen Küste bis Humboldt-Bai beobachtet. Gewöhnlich sind sie ohne bemerkenswerthe Verzierung in Schnitzarbeit. Sie dienen zur Begleitung beim Tanzen und werden von dem Tanzenden selbst bearbeitet, der sie mit der Linken am Henkel hält und mit den Fingern der Rechten den Tact schlägt. Trommeln dieser Art dürfen von den Frauen gesehen werden, während die grossen trogähnlichen Signaltrommeln (vgl. I, S. 111, Taf. V, Fig. 8) streng *tabu* sind, ja deren Klang schon genügt, Weiber und Kinder zu verjagen. Diese Art Trommeln, in Constantinhafen »*Barum*« genannt, beobachtete ich ebenfalls an der ganzen Küste von Kaiser Wilhelms-Land, und zwar meist in den Gemeindehäusern. Sie sind oft, wie z. B. in Humboldt-Bai, von colossaler Grösse, nicht selten hübsch mit Schnitzarbeit verziert und werden mit einem Knüppel geschlagen. Im Ethnol. Atlas (Taf. XIII, Fig. 1) habe ich die grosse Trommel *(Do)* im Gemeindehause *(Dasem)* auf der Insel Tiar in Friedrich Wilhelms-Hafen abgebildet.

Ein dem »*Awuwu*« von Neu-Britannien (I, S. 110, Taf. V, Fig. 7) sehr ähnliches Instrument zeigt die folgende Nummer:

Blasekugel (Nr. 592, 1 Stück), eine sehr kleine, kugelrunde Steincocosnuss, mit einem Loche zum Hineinblasen und Löchern zum Fingern. Constantinhafen, Dorf Bongu, hier »*Munki-ai*« genannt. Gehört nach v. Maclay zu den Lärminstrumenten, deren Anblick für die Frauen *tabu* ist, während die Blasekugeln in Neu-Britannien gerade nur vom weiblichen Geschlecht benutzt werden.

Ausser den angeführten Instrumenten beobachtete ich nur noch Rohrflöten (in Constantinhafen »*Tiumbin*« genannt), ähnlich denen von Neu-Britannien (I, Taf. V, Fig. 5), aber ohne Verzierung, wovon ich eine aus dem Gemeindehause in Tobadi im Ethnol. Atlas (Taf. XIII, Fig. 5) abbildete, ein Schlaginstrument aus Bambu am Hammacherfluss, ganz wie das von Port Moresby (II, S. 336, Nr. 593 »*Ssadi*«) und ein anderes Bambuinstrument auf der Insel Grager. Dasselbe, hier »*Gadu*« genannt, besteht aus einer einfachen 46 Cm. langen Bamburöhre, in welche Sprünge gemacht sind, um den Ton zu verstärken. Ganz ähnlich ist das von v. Maclay aus Bongu beschriebene »*Ai-Kabrai*«, eine Bamburöhre, die ebenfalls nur zum Lärmmachen dient. Nach v. Maclay werden lange Bamburohre auch zum Taktstampfen benutzt, ganz wie ich dies in Neu-Britannien beobachtete, aber aus Versehen (I. S. 109) anzuführen vergass. Panflöten (I, Taf. V, Fig. 4) und Maultrommeln aus Bambu (Taf. V, Fig. 1) sind mir in Kaiser Wilhelms-Land nicht vorgekommen, aber ich beobachtete die bekannten Signaltrompeten aus Tritonmuschel.

Festlichkeiten. Ich konnte mich mit den Eingeborenen von Constantinhafen bereits so gut verständigen, dass sie uns auf mein Ersuchen, einen »*Mun*«, Tanz, zum Besten gaben. Die Vorstellung bot für mich durchaus nichts Neues, denn sie bestand nur in dem üblichen Lärmmachen, wilden Springen und Trampeln, wie dies überall bei derartigen Papuaaufführungen der Fall ist. Aber die Leute hatten keine Vorbereitungen treffen können und improvisirte Festlichkeiten Eingeborener sind allemal ein mehr oder minder kläglicher Abklatsch der wirklichen. Die letzteren beschreibt v. Maclay am besten, der einmal drei Tage und zwei Nächte lang ununterbrochen Zuschauer dabei war. Die Feste der Männer heissen in Constantinhafen »*Ai*«, wie Alles, was damit verbunden ist, und werden meist auf einem freien Platze, »*Ai*«, im Urwalde abgehalten. Eine grossartige Schmauserei, wobei Schweine geschlachtet werden und eine Kawabowle den Schluss bildet, ist der Kernpunkt des ganzen »*Ai*«, und schon aus diesem Grunde das letztere und Alles, was damit verbunden ist, für Frauen und Kinder streng *tabu.*[1]) Die letzteren dürfen aber beim »*Sel-mun*« zusehen, eine Festlichkeit der Männer, die im Dorfe abgehalten wird. Die Verhältnisse sind also ziemlich ähnlich als wie in Neu-Britannien.

Masken. Mit den *Ais* der Männer sind zuweilen auch grosse Maskeraden verbunden und v. Maclay zeigte mir unter seinen Skizzen die phantastischen, thurmartigen Aufbaue, meist aus Federn, bunten Blättern u. dgl., welche die Männer dann auf dem Kopfe tragen. Die gleiche Art Masken beschreibt Dr. Hollrung von Finschhafen. Sie finden sich in ähnlicher Weise an der Südostküste (II, S. 336) wieder und im »*Dugdug*« Neu-Britanniens (I, S. 115). Eine sehr eigenthümliche Art Masken erhielt ich im Westen von Kaiser Wilhelms-Land:

Maske (Nr. 621, 1 Stück — II, S. 358, Taf. XXII [14], Fig. 5) in Form einer aus Hartholz geschnitzten Larve, auf der Rückseite 40 Cm. in der Länge und 20 Cm. breit, ein Gesicht mit langer spitzer Nase darstellend, auf rothem Grunde mit weissen und ockergelben symmetrischen Linien bemalt, Augen, Mund und Nasenlöcher sind durchbohrt gearbeitet, in den letzteren ein Blattstreifen von Cocospalme festgebunden, am Kinn ein Bart aus Menschenhaar. Dallmannhafen.

Desgleichen (Nr. 622, 1 Stück), wie vorher, aber kleiner, 18 Cm. in der Länge, 7 Cm. breit, roth, schwarz und weiss, und mit gelben Punkten bemalt; rings um das Gesicht ist eine Wulst von Blattfaser als Imitation des Bartes befestigt. Dallmannhafen.

Ich erhielt diese Masken in Dallmannhafen und auf der Insel Guap, darunter bis 50 Cm. lange und mit langer, spitzer, vogelschnabelartiger Nase (Ethnol. Atlas, Taf. XIV, Fig. 2), auf Guap aber auch eine solche mit gekrümmter Judennase. Diese Masken sind sehr verschiedenartig bemalt und verziert. So an den Nasenlöchern mit *Nassa* und Faserstreifen oder Blattbüscheln (Ethnol. Atlas, Taf. XIV, Fig. 1) oder imitirten Nasenschmuck in Nasenkeilen und Schmuck aus Perlmutter (wie Taf. XV, Fig. 2). Einer Maske von Guap waren Augen aus Deckeln von *Turbo (pentolarius)* eingesetzt.

Von derartigen Masken gibt es auch Nachbildungen en miniature, wie die folgende Nummer:

Maske (Nr. 660, 1 Stück), ein Gesicht darstellend, aus Holz geschnitzt, circa 140 Mm. lang. Dallmannhafen.

Diese kleinen Masken (vgl. Ethnol. Atlas, Taf. XIV, Fig. 3 und 4) fand ich zuweilen an den Brustbeuteln der Männer als Schmuck befestigt. Es sind vermuthlich Erinnerungszeichen an grosse Maskenfeste, Talismane o. dgl.

In einer Hütte in Bongu, in welche die Frauen nicht Eintritt hatten, entdeckte ich eine verstaubte und verkommene Holzschnitzerei, welche als »*Aidogan*« bezeichnet wurde. Es war ein ziemlich langes Stück Balken, in welchen mehrere Figuren, übereinanderstehend, geschnitzt waren, ganz ähnlich dem »*Aimaka*« von Bilibili (S. 57), aber viel kleiner. Ich konnte keinen Aufschluss über die Bedeutung dieser Schnitzerei erhalten, finde denselben aber bei v. Maclay. Nach diesem Beobachter spielen nämlich diese »*Aidogan*« bei den Maskenaufzügen des »*Ai-mun*«, der Festlichkeit der Männer, welche oft mehrere Tage dauert, eine grosse Rolle und sind natürlich für die Frauen ebenfalls *tabu*.

Ahnenfiguren und Talismane. Wie die Gemeindehäuser (S. 57) keine Tempel, so sind die mannigfachen Holzsculpturen, meist in der Form menschlicher Figuren,

[1]) Dies scheint jedoch nicht überall der Fall zu sein. So wird in den »Nachrichten aus Kaiser Wilhelms-Land« (1889, S. 37) ein grosses Fest in der Umgegend von Finschhafen beschrieben, bei dem gerade die Frauen, besonders die jungen Mädchen, eine Hauptrolle spielten. In ähnlicher Weise sind mir Feste von der Südostküste (*Kerapuna* in Hood-Bai) bekannt.

jedenfalls keine Idole, wenn sie auch mehr oder minder mit dem geistigen Leben der Papuas zusammenhängen mögen und werden. Selbst der beste Kenner der Papuas, v. Mäclay, vermochte kein klares Verständniss über den Zweck und die Bedeutung dieser Bildwerke zu erlangen, die in Astrolabe-Bai, »*Telum* oder *Tselum*« genannt, sehr häufig sind und alle durch Eigennamen unterschieden werden. Ich selbst lernte verhältnissmässig nur wenige Telums kennen, darunter den merkwürdigen überlebensgrossen »*Telum Mul*« in Bongu (abgebildet »Samoafahrten«, S. 49), eine Riesenleistung in Bildhauerarbeit der Steinzeit. Die Figur stellt einen Mann, und zwar nach dem hier üblichen Brauch, beschnitten dar, mit unverhältnissmässig grossen Genitalien. Dies findet sich übrigens bei den meisten Telums nicht selten in der Weise, dass die Spitze des errecten Penis sich mit der lang ausgestreckten Zunge vereint. Aber nur die Darstellung der letzteren wird für die Telums von Astrolabe-Bai charakteristisch (vgl. Ethnol. Atlas, Taf. XV, Fig. 1), jedoch nicht als ausnahmslose Regel. Manche *Telums* sind nämlich ohne Zunge, wie dies im Westen stets der Fall ist. Im Uebrigen ist der Penis zuweilen sehr klein dargestellt, oder die Geschlechtstheile bleiben überhaupt unkenntlich. Auch weibliche Holzfiguren, ebenfalls Telum genannt, kommen vor, wenn auch seltener als männliche; ich erhielt unter Anderem eine solche, fast $1\frac{1}{2}$ M. hoch, auf Bilibili. Die Telums sind übrigens meist bemalt, und zwar in Roth, Schwarz und Weiss. Am interessantesten und kunstvollsten sind die Kolossalfiguren in dem Dorfe Ssuam in Finschhafen (abgebildet »Samoafahrten«, S. 176), schon deshalb, weil sie aus noch mit den Wurzeln in der Erde stehenden Bäumen ausgehauen wurden, der einzige derartige Fall, welcher mir vorkam. Jede Figur stellt einen Mann in vollem Staate (mit Tapamütze, Ohrschmuck etc.) dar, aber ganz ohne Geschlechtstheile (vgl. »Samoafahrten«, S. 175), auf der Rückseite (daselbst S. 176) mit einem Crocodil in ganzer Figur. Die Bildwerke wurden »*Abumtau Gabiang*«[1] genannt; vermuthlich zur Erinnerung an einen berühmten Vorfahren dieses Namens, da das Wort »*Abumtau*« Häuptling bedeutet. Nach meiner Ansicht stehen nämlich alle diese grossen Telums mit Ahnen und Verehrung derselben in engstem geistigen Verbande. Sie sind wahrscheinlich Denkmäler der Geschichte der verschiedenen Papuastämme und ihre richtige Erklärung würde vielleicht Licht über die Herkunft derselben geben können. Hochbedeutsam in dieser Richtung ist ein Telum, den Maclay beschreibt: eine menschliche Figur, welche eine mit verschiedenen Zeichen bedeckte Tafel in den Händen hält, welche, wie sich bei näherer Erkundigung ergab, einen alten Telum darstellte. Höchst wahrscheinlich werden gewisse Telums besonders und im Sinne von etwas Heiligem (?) verehrt, aber jedenfalls nicht als Götzenbilder unter den Begriffen, die wir in unserer Vorstellung daran knüpfen.

Mit Ausnahme von Humboldt-Bai, wo ich im Vorplatze des Gemeindehauses zwei kleine, anscheinend aus Cycaspalme roh geschnitzte Figuren (Ethnol. Atlas, Taf. XV, Fig. 8) sah, habe ich Telums nie in diesen Häusern beobachtet. Sie werden meist in oder bei den Hütten aufgestellt, oder die ganz grossen in besonderen kleinen Hütten, wie dies bei dem »*Telum Mul*« in Bongu der Fall war.

Wenn die grossen Telums Ahnenfiguren darstellen oder mit solchen in Beziehung stehen, so wird man die viel häufigeren mittelgrossen und kleinen vielleicht als Nachbildungen derselben im Sinne von Talismanen zu betrachten haben. Wenigstens scheint mir dies vorläufig die einzig richtige Deutung, denn dass alle diese kleinen Figürchen

[1]) Diese Figur, wie die des »Telum Mul« hatte ich in genauen Nachbildungen in natürlicher Grösse in der Handelsausstellung in Bremen (1890) ausgestellt, wo sie allgemeine Aufmerksamkeit fanden.

keine Götzenbilder sind, darüber kann kein Zweifel herrschen. Die Sammlung enthält im Nachfolgenden eine hübsche Reihe hierher gehöriger Belegstücke.

Telum (Nr. 659, 1 Stück — II, S. 360, Taf. XXIII [15], Fig. 4 und 5), ein 18 Cm. langes und circa 6½ Cm. breites, jederseits flaches, geschnitztes Stück Kalkthon mit dem Gesicht eines Mannes (Fig. 4 en profile, Fig. 5 en face), Stirnbinde (diese roth bemalt) und Bart deutlich erkennbar; Nase nicht durchbohrt. Constantinhafen, Dorf Bongu.

Kleine aus Holz geschnitzte Telums erhielt ich in Astrolabe-Bai nicht, dagegen sehr viele in Dallmannhafen und auf der Insel Guap.

Talisman (Nr. 651, 1 Stück — II, S. 360, Taf. XXIII [15], Fig. 3), Holzfigur, circa 30 Cm. lang, aus weichem Holz geschnitzt, mit rother Farbe bemalt, sehr roh, einen Mann darstellend; Ohren und Nase durchbohrt, Füsse und Hände ohne Andeutungen von Zehen und Fingern; auf dem Kopfe ein nicht näher zu bestimmendes Thier, am wahrscheinlichsten einen Cuscus *(Phalangista)* darstellend, am Hinterkopf eine lange Zopfwulst. Dallmannhafen.

Derartige roh aus weichem Holz geschnitzte Figuren erhielt ich auch auf Guap und Pàris-Insel (Aarsau). Zwei sehr schlanke Figuren, 90 Cm. lang, mit gelben Längsstreifen, waren mit der Figur einer schwarz und weiss bemalten Eidechse und einer nicht zu enträthselnden Thiergestalt zusammen in eine Hülle aus Bast der Sagopalme gepackt. Ein Palmblatt enthielt drei ähnliche Figuren. Eine Figur von Aarsau stellte einen auf dem Kopfe stehenden Mann, hinterseits ein Crocodil dar (ähnlich dem *Gabiang* von Finschhafen, S. 118).

Talisman (Nr. 652, 1 Stück — II, S. 360, Taf. XXIII [15], Fig. 1), Holzfigur, 19 Cm. lang, einen Mann darstellend, aus weichem Holz geschnitzt, roth angestrichen. Zeigt das eigenthümliche Haarkörbchen mit Binden: *a* von natürlichen Muscheln *(Nassa)*; *b* von feingeflochtenem gespaltenen Rottang, *c* von Menschenhaar; am Ende mit einem Büschel Casuarfedern, hinterseits einige dünne Bindfaden als Zierat. Die Hände zeigen nur vier Finger; die Nase ist durchbohrt. An der Basis endet die Figur in einen Stiel zum Einstecken. Guap.

Desgleichen (Nr. 653, 1 Stück), 19 Cm. lang, ähnlich dem vorhergehenden, aber eine Frau mit hohem Kopfaufsatz darstellend. Guap.

Desgleichen (Nr. 654, 1 Stück), männliche Figur mit hohem Haarkörbchen, an der Basis in einen langen Stiel endend, daher im Ganzen 27 Cm. lang. Guap.

Das zugespitzte Ende, welches solche Figuren zuweilen haben (vgl. auch Ethnol. Atlas, Taf. XV, Fig. 7) dient dazu, um sie irgendwo einstecken zu können; vielleicht auch in die Erde, da diese Art Figuren (ähnlich den »*Kawabu*« von der Südostküste II, S. 337) vermuthlich dem Gedeihen der Pflanzungen glückbringende Talismane sind. Den meisten Figuren fehlt übrigens ein solcher Stiel, wie den folgenden:

Talisman (Nr. 656, 1 Stück — II, S. 360, Taf. XXIII [15], Fig. 2), Holzfigur, 125 Mm. lang, aus weichem Holz geschnitzt, mit rother Farbe bemalt, einen Mann darstellend, der eine Maske trägt; auf dem Kopfe ein roh geschnitztes Thier (wohl Frosch?), Nase durchbohrt, Nasen- und Penisspitze verbunden und mit feinem Flechtwerk umstrickt; um den Hals ein Strickchen aus Pflanzenfaser, die rechte Hand mit vier, die linke mit drei undeutlich angedeuteten Fingern. Von Guap.

Eine ähnliche Holzfigur mit Maske, aber die Hände ans Kinn legend, ist in meinem Ethnol. Atlas (Taf. XV, Fig. 6) abgebildet, eine andere mit hohem Haarkörbchen daselbst (Fig. 5), sowie eine dritte mit fast flachem Kopfe (Fig. 4).

Talismane (Nr. 655), drei circa 14 Cm. lange Figuren zusammengebunden, davon nur die eine als männliche erkennbar. Guap.

Diese Holzfiguren werden gewöhnlich von den Männern in ihren Tragbeuteln mitgeführt, andere kleinere an denselben als Zierat angebunden, wie die folgenden:

Talismane (Nr. 657 und 658, 2 Stück), 7 Cm. lang. Von Guap.

Auch an den Brustschilden (Taf. XVI, Fig. 2) fand ich zuweilen solche Holzfiguren befestigt.

Die vorstehend beschriebene Reihe zeigt schon, dass fast jede dieser Holzfiguren Verschiedenheiten bietet. In der That habe ich unter zahlreichen von mir untersuchten Stücken nicht zwei gleiche gefunden, wie dies stets bei Arbeiten der Papuakunst vorkommt. Charakteristisch für die Holzfiguren aus dieser Gegend ist besonders die häufige Nachahmung von Haarkörbchen oder diesen entsprechender Haarfrisur, sowie die Wiedergabe der eigenthümlichen Masken.

An und in den Beuteln findet sich nicht selten eine andere Art:

Talisman (Nr. 663, 1 Stück), ein 14 Cm. langes Stück Rinde, wohl Massoi.[1]) Von Guap.

Derartige Rindenstückchen, sowie Stückchen Ingwerwurzel, Curcumé, wohlriechendes Harz (vgl. S. 89) scheinen beim Papua sehr hochgeschätzt zu sein, vielleicht auch als Medicin benutzt zu werden. Jedenfalls findet man derartige Sächelchen, zum Theil hübsch eingestrickt, allenthalben mit unter den Raritäten der Eingeborenen, nicht selten auch kleine Steine u. dgl. als Talismane, ganz wie ich diese Verhältnisse an der Südostküste kennen lernte und beschrieb (II, S. 337).

[1]) Nach Dr. Vorderman in Batavia stammt die echte Massoirinde von *Sassafras goesianum* und nicht von *Cinnamomum Kiamis*.

Inhaltsverzeichniss.

Zweite Abtheilung: Neu-Guinea.

II. Kaiser Wilhelms-Land.

Seite

Einleitung . . . . [175] 37
Geographische Lage und Umfang [175] 37
Bisherige geographische Kenntniss [175] 37
Samoafahrten . . . . [176] 38
Bisherige ethnologische Kenntniss [177] 39
Ethnologische Charakterzüge . . [179] 41
» Sectionen . . . . [179] 41
Unberührtes Steinzeitalter . . . [180] 42
Sammellocalitäten . . . . [181] 43

A. Anthropologie.

Race . . . . [182] 44
Statur . . . . [183] 45
Physiognomie . . . . [183] 45
Hautfärbung . . . . [183] 45
Hautkrankheiten . . . . . [183] 45
Haar . . . . [184] 46
Sprachverschiedenheit . . . . . [184] 46
Herkunft der Papuas . . . . . [184] 46

B. Ethnologie.

I. Bevölkerung . . . . [185] 47
1. Erster Verkehr mit Eingeborenen . . . . [185] 47
Friedenszeichen . . . . [185] 47
2. Dichtigkeit der Bevölkerung [185] 47
3. Siedelungen . . . . [187] 49

II. Lebensunterhalt und Bedürfnisse . . . . . . [187] 49
1. Landbau und Hausthiere . . [187] 49
Landbau . . . . [187] 49
Urbarmachen . . . . [187] 49
Ackergeräth . . . . [187] 49
Plantagen . . . . [187] 49
Culturgewächse . . . . [188] 50
Eingeführte Pflanzen . . . . . [188] 50
Hausthiere . . . . [188] 50
Eingeführte . . . . [189] 51
2. Jagd und Fischerei . . . . [189] 51
Jagd . . . . [189] 51
Wild . . . . [189] 51
Jagdmethoden . . . . . . [189] 51
Fischerei . . . . [190] 52
Fanggeräth . . . . [190] 52
Fischhaken . . . . [190] 52

3. Schifffahrt . . . . [191] 53
Canu . . . . [191] 53
Verschiedene Bauart . . . . . [191] 53
Tauwerk . . . . [193] 55
Ruder . . . . [193] 55
4. Häuser und Hausrath . . . [194] 56
Häuser . . . . [194] 56
Verschiedenheit im Baustyle . . [194] 56
Gemeindehäuser . . . . [195] 57
Schnitzwerk derselben . . . . [195] 57
Hausrath . . . . [196] 58
Inneres einer Hütte . . . . [196] 58
Haken . . . . [196] 58
Kopfstützen . . . . [196] 58
5. Ess- und Kochgeräthe . . . [197] 59
Schüsseln . . . . [197] 59
Rührlöffel . . . . [198] 60
Mörser . . . . [198] 60
Essgeräthe . . . . [198] 60
Schaber . . . . [198] 60
Schneidemuscheln . . . . . [198] 60
Knochenbrecher . . . . . [198] 60
Löffel . . . . [198] 60
Bambumesser . . . . [198] 60
Trinkgefässe . . . . [199] 61
Stampfer . . . . [199] 61
Sagoklopfer . . . . [199] 61
Kochgeräthe . . . . [199] 61
Töpfe . . . . [199] 61
Töpferei . . . . [200] 62
Feuerreiben . . . . [200] 62
6. Kochen, Nahrung und Reizmittel . . . . [200] 62
Kochkunst . . . . [200] 62
Nahrungsmittel . . . . [201] 63
Animalische Kost . . . . . . [201] 63
Conserven . . . . [201] 63
Reizmittel . . . . [201] 63
Tabak . . . . [201] 63
Betel . . . . [202] 64
Kalkbehälter . . . . . [202] 64
Kalkspatel . . . . . . [203] 65
Kawa . . . . [204] 66
7. Körbe und Beutel . . . . . . [204] 66
Mattenflechten . . . . [204] 66
Körbe . . . . [204] 66

	Seite	
Filetstricken	[205]	67
Brustsäckchen	[205]	67
Inhalt derselben	[205]	67
Tragbeutel	[206]	68
Feine Brustbeutel	[206]	68
Aeusserer Schmuck derselben	[207]	69
8. Werkgeräth	[207]	69
Aexte	[207]	69
Leistungsfähigkeit derselben	[208]	70
Steinklingen	[208]	70
Muschelklingen	[208]	70
Aexte mit Stiel	[209]	71
Sonstige Werkzeuge	[210]	72
9. Waffen und Wehr	[210]	72
a. Geschosse	[210]	72
Schleudern	[210]	72
Speere	[211]	73
Wurfstock	[212]	74
Wurfspeere	[212]	47
Bogen	[212]	74
Pfeile	[213]	75
Kein Vergiften	[215]	77
b. Schlag- und Stichwaffen	[215]	77
Keulen	[215]	77
Dolch	[215]	77
c. Wehr	[215]	77
Schilde	[215]	77
Kürass	[216]	78
10. Rohmaterial und Verwendung	[217]	79
Unkenntniss darüber	[217]	79
a. Aus dem Pflanzenreich	[217]	79
Bambu	[217]	79
Cocospalme	[217]	79
Fasermaterial	[217]	79
Tapa	[217]	79
Für Putzzwecke	[218]	80
Samen und Fruchtschalen	[218]	80
Blätter und Blumen	[219]	81
b. Aus dem Thierreiche	[219]	81
Knochen	[219]	81
Zähne	[219]	81
Felle	[219]	81
Schildpatt	[220]	82
Federn	[220]	82
Conchylien	[220]	82
Perlmutter	[220]	82
Tridacna	[221]	83
Nassa	[221]	83
Cymbium	[221]	83
Trochus	[221]	83
c. Aus dem Mineralreiche	[222]	84
d. Tauschmittel	[222]	84
Muschelgeld	[222]	84
Hundezähne	[223]	85
11. Körperausputz	[223]	85
A. Bekleidung	[223]	85
Tapa	[223]	85
Schamkalebassen	[224]	86
Weiberschürzchen und Röcke	[225]	87
B. Schmuck und Zierraten	[226]	88
a. Hautverzierung	[226]	88
Tätowirung	[226]	88
Ziernarben	[226]	88
Brandwunden	[226]	88
Bemalen	[226]	88
Toilettemittel	[226]	88
b. Frisuren und Haarschmuck	[227]	89
Haar	[227]	89
Rasiren	[227]	89
Frisuren	[227]	89
Haarbinden	[228]	90
Gutassi	[228]	90
Abnorme Haare	[228]	90
Zöpfe	[228]	90
Haarkörbchen	[228]	90
Schmuckbänder dafür	[229]	91
Haarcylinder	[229]	91
Tapamützen	[230]	92
Bärte und Bartschmuck	[230]	92
Kämme	[231]	93
Kopfputz aus Federn	[233]	95
c. Stirnschmuck	[234]	96
Stirnbinden	[235]	97
d. Nasenschmuck	[236]	98
Nasenkeile	[236]	98
Eberhauer	[237]	99
Aus Perlmutter	[237]	99
e. Ohrschmuck	[237]	99
Materialien dazu	[237]	99
Ohrspangen	[238]	100
Ohrreifen	[238]	100
f. Hals- und Brustschmuck	[239]	101
Halsstrickchen	[239]	101
Brustband	[240]	102
Halsketten	[240]	102
Muschelringe	[241]	103
Eberhauer	[241]	103
Brustschmuck	[241]	103
Brust-Kampfschmuck	[243]	105
g. Armschmuck	[245]	107
Grasarmbänder	[245]	107
Muschelringe	[245]	107
Schildpattarmbänder	[246]	108
Armbandschmuck	[247]	109
Geflochtene Armbänder	[247]	109
Schmuck aus Fell	[248]	110
Handgelenkschmuck	[248]	110
h. Leibschmuck	[248]	110
Leibschnüre und Gürtel	[248]	110
Fasergürtel	[249]	111
Vogelknochen	[250]	112

	Seite	
l. Beinschmuck	[250]	112
Kniebinden	[250]	112
Fesselbinden	[250]	112
III. Sitten und Gebräuche	[251]	113
Moral	[251]	113
Cannibalismus	[251]	113
Namengebung u. Heiratsgebräuche	[251]	113
Beschneidung	[251]	113
Bestattung	[251]	113
Gräber	[251]	113
Mumien	[252]	114
Todtenverehrung	[252]	114
Musik	[253]	115
Trommeln	[253]	115
Sonstige Instrumente	[254]	116
Festlichkeiten	[254]	116
Tanz	[254]	116
Masken	[255]	117
Ahnenfiguren	[255]	117
Telum	[256]	118
Talismane	[257]	119

Abbildungen.

Die zu diesem Abschnitt der »Annalen« gehörigen sind die folgenden und erschienen bereits in Band III der »Annalen« 1888.

					Seite	
Taf.	XIV [6],	Fig.	3.	Muschelgeld aus *Nassa*, Finschhafen	[222]	84
»	»	»	4.	» Huongolf	[222]	84
»	»	»	5.	Leibschnur aus *Septaria*, Astrolabe-Bai	[249]	111
»	»	»	10.	Stirnbinde aus *Nassa*, Venushuk	[235]	97
»	»	»	11, 12.	Desgleichen aus Hundezähnen und *Nassa*, Venushuk	[235]	97
»	»	»	13.	Leibgürtel aus *Nassa* und Cocosperlen, Angriffshafen	[249]	111
»	»	»	14.	Leibschnur aus *Cypraea moneta*, Insel Guap	[249]	111
»	»	»	15.	Schmuckbinde aus Conusringen und *Nassa*, Hammacherfluss	[229]	91
»	»	»	16.	Armbandschmuck aus Fruchtschale und Hundezähnen, Finschhafen	[247]	109
»	»	»	17.	Theil eines reich verzierten Backenbartes, Caprivifluss	[231]	93
»	XV [7].	»	2.	Nasenschmuck aus Perlmutter, Venushuk	[237]	99
»	»	»	3.	Eingravirtes Muster eines Armbandes von Schildpatt, Bilibili	[246]	108
»	»	»	4.	Haarkamm mit Flechtwerk und Zierat, Hammacherfluss	[232]	94
»	»	»	5.	Wurfstock aus Bambu mit Schnitzerei, Venushuk	[212]	74
»	XVI [8].	»	2.	Brust-Kampfschmuck, Sechstrohfluss	[244]	106
»	»	»	3.	Brustschmuck, Angriffshafen	[242]	104
»	XVII [9].	»	1.	Brust-Kampfschmuck aus Eberhauern und Muscheln, Insel Guap	[244]	106
»	»	»	2.	Desgleichen, von der Insel Grager	[243]	105
»	»	»	3.	Kinnbart mit reicher Verzierung, Dallmannhafen	[231]	93
»	»	»	4.	Schmuckbinde zu einem Haarkörbchen, Caprivifluss	[229]	91
»	»	»	5. 6.	Eingravirte Muster von Armringen aus *Trochus*, Friedrich Wilhelms-Hafen	[246]	108
»	»	»	7.	Muster einer Ohrspange aus Schildpatt, Insel Guap	[238]	100
»	XVIII [10]	»	1.	Kopfstütze, durchbrochene Holzschnitzerei, Finschhafen	[197]	59
»	»	»	2.	Desgleichen, Finschhafen	[196]	58
»	»	»	3. 4.	Desgleichen, Insel Guap	[197]	59
»	»	»	5.	Schamkalebasse für Männer, Sechstrohfluss	[224]	86
»	XIX [11].	»	1.	Kalkkalebasse, Finschhafen	[202]	64
»	XX [12].	»	2.	Steinaxt, Astrolabe-Bai	[209]	71
»	»	»	4. 5.	Sagoklopfer, Sechstrohfluss	[199]	61
»	XXI [13].	»	1.	Hölzerne Trommel, Huongolf	[253]	115
»	»	»	3.	Muster eines Armbandes aus Schildpatt, Finschhafen	[246]	108

			Seite
Taf. XXI [13], Fig. 4.	Muster eines Ohrringes aus Schildpatt, Grager	[238]	100
» XXII [14], » 3.	Leibgürtel aus Pflanzenfaser, Finschhafen	[248]	110
» » » » 4.	Canuschnabel, Angriffshafen	[192]	54
» » » » 5.	Maske, Dallmannhafen	[255]	117
» XXIII [15], » 1.	Talisman, Insel Guap	[257]	119
» » » » 2.	» » »	[257]	119
» » » » 3.	» Dallmannhafen	[257]	119
» » » » 4, 5.	Telum, Bongu	[257]	129
» XXIV [16], » 1.	Schild, Finschhafen	[216]	78
» » » » 2.	» Friedrich Wilhelms-Hafen	[216]	78
» » » » 7.	Küras, Angriffshafen	[216]	78
» XXV [17], » 1.	Schild, »	[216]	78

Verzeichniss sämmtlicher Abbildungen

der ersten und zweiten Abtheilung:

Bismarck-Archipel und Neu-Guinea

in systematischer Reihenfolge.

		Seite	Tafel	Figur
	Fischerei.			
1.	Fischhaken aus Knochen, Neu-Britannien, Blanche-Bai	[26]	IV	11
	Schifffahrt.			
2.	Canuverzierung, feine Holzschnitzerei, Fergusson, d'Entrecasteaux	[170]	XXI	2
3.	Desgleichen (farbig), Neu-Guinea, Angriffshafen	[192]	XXII	4
	Häuser.			
4.	Plan des Pfahldorfes Kaire bei Port Moresby (*a*, *b* Mission, *d* Leitersteg zu den Häusern etc.)	[106]	—	33
5.	Pfahlhaus im Wasser, Kaire, bei Port Moresby	[105]	—	32
6.	» » » Port Moresby	[104]	—	31
7.	Haus in Maupa, Keppel-Bai	[102]	—	26
8.	» mit Thurmspitze, Keräpuno, Hood-Bai	[103]	—	29
9.	Holzsculptur an einem Hause, Keräpuno	[104]	—	30
10.	Geschnitzter Deckenbalken, Maupa	[102]	—	27
11.	Giebelschilder an Häusern, Maupa	[103]	—	28
12.	»Dubu«, Plattform für Festlichkeiten, mit Schnitzerei, Tupuselé bei Port Moresby	[107]	—	34
	Verzierungen von Häusern in Neu-Irland, kunstvolle Holzschnitzarbeiten (farbig).			
13.	Grosse Holzschnitzerei, durchbrochen gearbeitet, aus einem Tabuhause bei Nusa	[52]	VI	1
14.	Giebelleiste mit durchbrochener Schnitzarbeit, Gesichter und Vögel, Kapaterong	[52]	»	2
15.	Durchbrochen gearbeiteter Aufsatz derselben	[52]	»	2 *a*
16.	Giebelleiste in Relief, daher	[52]	VII	5
17.	Relief geschnitztes Gesicht von derselben	[52]	»	5 *a*
18.	» geschnitzter Scorpion von derselben	[52]	»	5 *b*
19.	Geschnitzter Hahn, Nusa	[53]	VI	3
	Hausrath.			
20.	Kopfstütze, durchbrochene Holzschnitzerei, Finschhafen	[197]	XVIII	1
21.	Desgleichen » » »	[196]	»	2
22.	» andere Form, Guap	[197]	»	3, 4
	Ess- und Kochgeräthe.			
23.	Feuerreiber, Neu-Britannien, Blanche-Bai	[20]	IV	9, 10
24.	Schaber aus Perlmutter, Neu-Britannien, Willaumez	[37]	»	7, 8
25.	Sagoklopfer mit Steinklinge, Sechstrohfluss	[199]	XX	4, 5
26.	Kalkbehälter aus Kalebasse, Port Moresby	[112]	XIX	2
27.	Desgleichen, mit feiner Flechterei, Finschhafen	[202]	»	1
28.	Kalkspatel mit feiner Schnitzerei, Milne-Bai	[165]	»	3
29.	Desgleichen » » » »	[165]	»	7
30.	» » » » Hihiaura	[166]	»	5, 6
31.	» » » » Goulvain	[166]	»	4

Nr.	Gegenstand	Seite	Tafel	Figur
	Stein- und Muschelächte.			
32.	Staats-Steinaxt mit Stiel, Normanby	[167]	XX	1
33.	Steinaxt mit Stiel, Astrolabe-Bai	[209]	»	2
34.	» » » »Ira«, Port Moresby	[114]	—	35
35.	» » drehbarer Klinge, Hood-Bai	[114]	—	36
36.	» » Stiel, Neu-Hannover	[21]	IV	3
37.	Axt mit Muschelklinge, Neu-Britannien, Cap Raoul	[39]	»	4
38.	Steinaxtklinge, Neu-Britannien, Blanche-Bai	[21]	»	1, 2
39.	» kleine, Port Moresby	[113]	XX	3
	Waffen und Wehr.			
40.	Eingravirtes Muster eines Speeres, Neu-Irland (farbig)	[55]	VII	6
41.	Wurfstock von Bambu, Venushuk	[212]	XV	5
42.	Schleuder, Neu-Britannien, Blanche-Bai	[23]	—	2
43.	Schleuderstein, Neu-Britannien, Blanche-Bai	[23]	—	3
44.	Hantirung der Schleuder, Neu-Britannien, Blanche-Bai	[23]	—	4
45.	Axtstiel mit Schnitzerei (farbig), Neu-Britannien, Blanche-Bai	[24]	VI	10
	Durchbohrte Steinknäufe zu Keulen:			
46.	Runder Knauf, Neu-Britannien, Blanche-Bai	[24]	IV	5, 6
47.	Kugelförmiger, Astrolabe-Gebirge	[118]	XX	9
48.	Seeigelförmiger, Freshwater-Bai	[118]	»	8
49.	Morgensternförmiger, Port Moresby	[118]	»	7
50.	Scheibenförmiger, Astrolabe-Gebirge	[118]	»	6
	Schilde aus Holz:			
51.	Langer, schmaler, concav, Finschhafen	[216]	XXIV	1
52.	Länglich-ovaler, Trobriand	[173]	»	5
53.	Eingebuchtet, übersponnen und mit Federschmuck, Hood-Bai	[119]	»	6
54.	Länglich-oval mit Schnitzerei, Milne-Bai	[168]	»	3
55.	Oblong, mit feiner Schnitzerei, Freshwater-Bai	[119]	»	4
56.	» » » » Teste-Insel	[168]	XXV	2, 2a
57.	» » » » Angriffshafen	[216]	»	1
58.	Rund, » » » Insel Grager	[216]	XXIV	2
59.	Kürass, Flechtarbeit, Angriffshafen	[216]	»	7
	Materialien zu Schmuck und Zieraten.			
	Aus Pflanzenstoffen:			
60.	Samen von *Coix Lachryma*	[218]	III	8
61.	» » » » Querschnitte	[17]	»	9
62.	» » *Abrus precatorius* (farbig)	[218]	XVI	
63.	» » » (blau)	[218]	»	
64.	Schwarzer Fruchtkern *(Guddugaddu)*	[219]	XIV	1c
65.	» »	[219]	XV	1a
66.	Grosser schwarzer Fruchtkern	[219]	XIV	17d
67.	Fruchthülse, halb durchschnitten *(Sessele)*	[218]	»	16b
68.	Schwarze runde Samen (wie bearbeitet)	[218]	»	13a
69.	Pflanzenstengel	[36]	III	10
70.	Gelbe Schnüre *(Ssemu)*, farbig	[236]	XXII	3
71.	Kettchen aus Pflanzenfaser	[231]	XIV	17f
72.	Desgleichen	[232]	XV	4e
	Zähne u. dgl.			
73.	Reisszähne vom Hunde	[219]	III	15
74.	Desgleichen	[219]	XIV	5b
75.	Desgleichen	[219]	XIV	16c
76.	Desgleichen	[219]	»	11
77.	Eberhauer, abnorm gekrümmt	[40]	—	7
78.	» flachgeschliffene	[219]	XVI	1b
79.	» »	[219]	XVII	1
80.	» »	[219]	»	3c

		Seite	Tafel	Figur
81.	Eberhauer, flachgeschliffene	[219]	XVI	2*a*
82.	Känguruzähne	[94]	XIV	9
83.	Beutelthierzähne *(Cuscus orientalis)*	[11, 36]	III	16
84.	Abschnitte von Casuarschwingen	[220]	»	11
85.	» » »	[220]	XIV	2*a*
86.	Fischwirbel	[220]	»	5*a*
87.	Krebsscheeren	[220]	XVI	3*a*
	Conchylien.			
88.	*Nassa callusa* var. *camelus*, Diwara	[12]	III	1*a*
89.	» » bearbeitet	[12]	»	1*b*, *c*
90.	» » aufgereiht	[12]	»	1*d*
91.	» *(callospira)*	[221]	XIV	3*a*, *b*, *c*
92.	» »	[221]	»	10
93.	» »	[221]	XVI	3*b*
94.	» » oder *Cassidula*, »*Tautau*«	[88]	XIV	6
95.	» *vibex*, falsches Muschelgeld	[13]	III	2*a*, *b*
96.	Perlschale	[98]	»	18
97.	*Cymbium*	[221]	XVII	1
98.	*Ovula*	[221]	III	23*a*
99.	»	[221]	XVII	1
100.	*Cypraea moneta*	[221]	XIV	14
101.	» »	[221]	XVII	1
102.	*Oliva carneola*	[47]	III	7
103.	» »	[94]	XIV	8
104.	*Septaria*	[222]	»	5
105.	*Dentalium*	[15]	III	19
	Muschelscheibchen (Geld).			
106.	Aus *Spondylus*	[158]	XIV	1*a*
107.	» weisser Muschel	[158]	»	1*b*
108.	*Kokonun*, Muschelgeld, gewöhnliches, Neu-Irland	[45]	III	3
109.	» » zweite Sorte, »	[46]	»	4
110.	» » feinste » »	[46]	»	5
111.	Muschelgeld, Neu-Irland	[61]	»	6
112.	» Huongolf	[222]	XIV	4
113.	Plättchen aus Muschel *(Cymbium?)*	[221]	»	17*c*
114.	Ringe und Scheiben aus *Conus*	[221]	III	13
115.	Desgleichen	[221]	XIV	14*a*
116.	»	[221]	»	15*a*
117.	»	[221]	XVI	1
	Bekleidung.			
118.	Mann mit Schambinde, Port Moresby	[85]	—	2
119.	Knabe » » » »	[86]	—	3
120.	Frau in Faserschürzchen, Hood-Bai	[86]	—	4
121.	Peniskalebasse mit eingebranntem Muster, Sechstrohfluss	[224]	XVIII	5
122.	Muster einer solchen, Sechstrohfluss	[225]	»	5*b*
	Körperausputz.			
123.	Boi-vagi, Häuptling von Port Moresby, in vollem Staate	[85]	—	2
	mit: Kopfschmuck aus Paradiesvogel, »*Lokohu*«	[93]		
	Nasenkeil, »*Mokoro*«	[95]		
	Armbändern	[97]		
	Kampfbrustschmuck, »*Musikaka*«	[99]		
	Steinkeule, »*Gahi*«	[118]		
124.	Lohia, ein Motuknabe von Port Moresby, in vollem Staate	[86]	—	3
	mit: Stirnbinde von Cacaduhaubenfedern, »*Totoro*«	[94]		
	Darunter Schnüre von *Nassa*, »*Tautau*«	[94]		
	Eine dritte Schnur von *Nassa* über den Augen	—		

Nr.		Seite	Tafel	Figur
	Gesicht roth und blau bemalt	—		
	Nasenkeil, »*Mokoro*«	[95]		
	Brust mit Schnüren von Hundezähnen	—		
	Hals mit Schnüren von *Nassa*, »*Tautau*«	[97]		
	Nackenschmuck vom Cuscusfell, »*Mumuria*«	[94]		
	Grasarmband mit Blättern, »*Gaarua*«	[99]		
	Enggeschnürte Schambinde, »*Tikini*«	[85]		
	Tätowiren und Bemalen.			
125.	Tätowirnadel, Port Moresby	[90]	—	8
126.	Tätowirtes Gesicht eines Mädchens, Port Moresby	[83]	—	1
127.	Desgleichen, Hula	[89]	—	6
128.	Reich tätowirte Motufrau, Vorderseite	[89]	—	5
129.	Dieselbe, Rückenseite	[90]	—	7
130.	Reich tätowirte Frau, Hula, Hood-Bai	[86]	—	4
131.	Desgleichen, Maupa, Keppel-Bai	[91]	—	9
132.	Tätowirung der Brust, Mann, Freshwater-Bai	[91]	—	10
133.	» » Schulter von Gospâna, Häuptling von Maupa	[91]	—	11 *a*
134.	» des Oberschenkels, von demselben	[91]	—	11 *b*
135.	Gesichtsbemalung eines Neu-Britanniers	[13]	—	1
	Haar und Kopfputz.			
136.	Mädchen mit aufgezaustem Kopfhaare (Wolke), Hula, Hood-Bai	[89]	—	6
137.	Gewöhnliche Frisur, Hula, Hood-Bai	[86]	—	4
138.	Schlichthaariges Motumädchen, Port Moresby	[83]	—	1
139.	Kurzgeschorene Motufrau, Port Moresby	[89]	—	5
140.	» » » »	[90]	—	7
141.	Bartfrisur eines Neu-Britanniers	[29]	—	5
142.	Reich verzierter Backenbart, Caprivifluss	[231]	XIV	17
143.	Desgleichen, Kinnbart, Dallmannhafen	[231]	XVII	3
144.	Schmuckbinde um Zopf oder Haarkörbchen aus Conusringen und *Nassa*, Hammacherfluss	[229]	XIV	15
145.	Desgleichen, wie vorher, mit Aufsatz von Schildpatt, Caprivifluss	[229]	XVII	4
146.	Kamm aus Holzstäbchen, Port Moresby	[92]	—	13
147.	Desgleichen mit Federschmuck, Port Moresby	[92]	—	12
148.	» » feinem Flechtwerk, Hammacherfluss	[232]	XV	4
	Stirnschmuck.			
149.	Gravirte Muschel *(Cypraea)*, Port Moresby	[95]	—	14
150.	Muschelscheibe mit durchbrochener Schildpattscheibe, Freshwater-Bai	[95]	—	15
151.	Aus Papageifedern (farbig), Port Moresby	[94]	XXII	1
152.	Binde aus *Cassidula*, »*Tautau*«, Port Moresby	[94]	XIV	6, 7
153.	» » *Nassa*, Venushuk	[235]	»	10
154.	» » » Neu-Britannien, Willaumez	[36]	III	17
155.	» » *Oliva carneola*, Port Moresby	[94]	XIV	8
156.	» » Känguruzähnen, » »	[94]	»	9
157.	» » Hundezähnen und *Nassa*, Venushuk	[235]	»	11, 12
	Nasenschmuck.			
158.	Glasperlenschnüre, Neu-Britannien, Blanche-Bai	[15]	—	1
159.	*Dentalium*, für Nasenflügel, Blanche-Bai	[15]	III	19
160.	Nasenstift aus *Tridacna*, Port Moresby	[96]	—	16
161.	» » Knochen, » »	[96]	—	17
162.	» » Muschel (farbig), Normanby	[159]	XXII	2
163.	Aus Perlmutter, Venushuk	[237]	XV	2
	Ohrschmuck.			
164.	Flacher Ring von Schildpatt, mit Rand von *Nassa*, Neu-Britannien, Hansabucht	[40]	III	12
165.	Ring aus Pflanzenfaser, Port Moresby	[97]	XVII	8
166.	Ohrbommeln aus Schildpatt, Port Moresby	[97]	—	18

		Seite	Tafel	Figur
167.	Ohrbommeln aus Schildpatt, Freshwater-Bai	[97]	—	19
168.	Eingravirtes Muster einer Ohrspange aus Schildpatt, Guap	[238]	XVII	7
169.	Desgleichen, Friedrich Wilhelms-Hafen	[238]	XXI	4
	Hals- und Brustschmuck.			
170.	Halskette aus Coixsamen, Neu-Britannien, Blanche-Bai	[17]	III	8
171.	» » Querschnitten von solchen, Willaumez	[17]	»	9
172.	» » Pflanzenstengeln und Coix, Willaumez	[36]	»	10
173.	» » aus Abschnitten von Casuarschwingen und *Nassa*, Neu-Britannien, Hansabucht	[40]	»	11
174.	» » Casuarschwingen und *Spondylus*-Scheibchen, Milne-Bai	[160]	XIV	2
175.	» » *Nassa (Tautau)*, Port Moresby	[97]	»	6, 7
176.	» » » Venushuk	[240]	»	10
177.	» » *Spondylus*-Scheibchen, Teste-Insel	[160]	»	1
178.	» » Muschelgeld, Huongolf	[222]	XIV	4
179.	» » » erste Sorte, Neu-Irland	[45]	III	3
180.	» » » zweite » »	[46]	»	4
181.	» » » dritte » »	[46]	»	5
182.	» » » Südwestküste von Neu-Irland	[61]	»	6
183.	» » » und *Oliva carneola*, Neu-Irland	[47]	»	7
184.	Schmuck an Halskette aus Conusscheibe mit Gravirung, Port Moresby	[97]	—	20
185.	Brustschmuck, herzförmiges Schild aus Knochen mit Randbesatz von Muschelgeld. Neu-Irland	[47]	III	14
186.	» Schild aus Perlmutter, Neu-Britannien, Willaumez	[36]	»	18
187.	» aus zwei Eberhauern, Port Moresby	[98]	—	21
188.	» » vier » Freshwater-Bai	[98]	—	22
189.	» » *Abrus*-Bohnen und Krebsscheeren (farbig), Angriffshafen	[242]	XVI	3
190.	Kampf-Brustschmuck aus zwei abnorm runden Eberhauern und *Nassa*, Neu-Britannien, Hansa-Bucht	[40]	—	7
191.	» aus Flechtwerk, mit *Nassa* und *Ovula*, Neu-Britannien, Raoul	[39]	III	23
192.	» wie vorher, Geager	[243]	XVII	2
193.	» aus Schildpatt, mit aufgeklebten *Abrus*-Bohnen und Schweinezähnen, »*Musikaka*« (farbig), Port Moresby	[98]	XVI	1
194.	» »*Musikaka*«, anderes Stück, Port Moresby	[99]	—	23
195.	» aus Eberhauern und zwei *Ovula*, Guap	[244]	XVII	1
196.	» Schild mit *Abrus*-Bohnen und Eberhauern (farbig) Sechstrohfluss	[244]	XVI	2
	Armschmuck.			
197.	Armband, feines Flechtwerk mit *Nassa*, Neu-Britannien, Willaumez	[37]	III	21
198.	» andere Form, Forrestier-Insel	[38]	»	20
199.	» aus Conus, reich verziert, Normanby	[161]	XV	1
200.	» aus Schildpatt mit Gravirung, Neu-Britannien, Raoul	[39]	III	22
201.	Eingravirtes Muster eines Schildpattarmbandes, Astrolabe-Bai	[246]	XV	3
202.	Desgleichen, Finschhafen	[246]	XXI	3
203.	Eingravirte Muster von Armringen aus *Trochus*, Friedrich Wilhelms-Hafen	[246]	XVII	5, 6
204.	Schmuck an ein Schildpattarmband aus Fruchtschale und Hundezähnen, Finschhafen	[247]	XIV	16
	Leibschmuck.			
205.	Schnur mit *Cypraea moneta*, Guap	[249]	»	14
206.	» aus *Septaria*-Muschel, Astrolabe-Bai	[249]	»	5
207.	» » *Nassa*, Venushuk	[249]	»	10
208.	» » » Neu-Britannien, Willaumez	[36]	III	17
209.	Gürtel aus *Nassa* und Cocosperlen, Angriffshafen	[249]	XIV	13
210.	Breiter Gurt aus Rinde, Freshwater-Bai	[101]	—	24
211.	Eingravirtes Muster desselben	[101]	—	25
212.	Gürtel aus gelben Schnüren (farbig), Finschhafen	[248]	XXII	3

		Seite	Tafel	Figur
	Musik und Tanz.			
213.	Rohrflöte mit Muster, Neu-Britannien, Blanche-Bai	[27]	V	5
214.	Desgleichen aus 10 Röhren, Neu-Britannien, Willaumez	[37]	»	6
215.	Panflöte, Neu-Irland	[58]	»	4
216.	Maultrommel aus Bambu, Neu-Irland	[58]	»	1
217.	Eingravirtes Muster derselben	[58]	»	2
218.	Hantirung der Maultrommel	[28]	»	3
219.	Blasekugel der Frauen, Neu-Britannien, Blanche-Bai	[28]	»	7
220.	Grosse Signaltrommel, » »	[29]	»	8
221.	Handtrommel mit Schnitzerei, Huongolf	[253]	XXI	1
222.	Holzinstrument, mit der Hand zu streichen, Neu-Irland	[58]	V	9
223.	Mann, Schlaghölzer schlagend, Neu-Britannien	[29]	—	5
224.	Frau, das Pangolo spielend, »	[30]	—	6
225.	Tanzbrett, durchbrochen gearbeitet (farbig), Neu-Britannien	[31]	VII	8
226.	Tanzgeräth (*Buceros*-Kopf), farbig, Neu-Irland	[58]	VI	9
	Masken.			
227.	Fein geschnitzte Tanzmaske, einen phantastischen Papuakopf darstellend (farbig), Neu-Irland, Nusa	[59]	»	4
228.	Dieselbe, von der anderen Seite (farbig)	[59]	»	4a
229.	Desgleichen, mit Ohren und Nasenaufsatz, durchbrochene Arbeit (farbig), Kapsu, Neu-Irland	[60]	»	5
230.	Desgleichen, mit Flügeln, durchbrochen gearbeitet (farbig), Nusa	[60]	»	6
231.	Ohr zu einer Tanzmaske, durchbrochen (farbig), Nusa	[59]	»	7
232.	Desgleichen, verschieden (farbig), Nusa	[59]	»	8
233.	Maske, ein Gesicht darstellend, bemalt, mit Bart (farbig), Dallmannhafen	[255]	XXII	5
234.	Schädelmaske (farbig), Neu-Britannien, Blanche-Bai	[31]	VII	7
	Sogenannte Idole und Talismane.			
235.	Männliche Figur, kunstvolle phantastische Holzschnitzerei in durchbrochener Arbeit (farbig), Neu-Irland, Kapsu	[53]	»	1
236.	Desgleichen, weibliche Figur mit Ohren und Fisch (farbig), daher	[53]	»	2
237.	» » » » Kappe (farbig), daher	[53]	»	3
238.	Männliche Figur aus Kalk (farbig), Südwestküste Neu-Irlands	[62]	»	4
239.	Holzfigur, Mann mit einem Thier auf dem Kopfe, Dallmannhafen	[257]	XXIII	3
240.	Desgleichen, mit Haarkörbchen, Guap	[257]	»	1
241.	» » Maske, Guap	[257]	»	2
242.	Telum, Figur aus Thon, Bongu	[257]	»	4
243.	Dieselbe en face, Bongu	[257]	»	5
244.	Kawabu, Stein als Talisman, Port Moresby	[123]	»	6
245.	Talisman für Diebe (farbig), Neu-Britannien, Blanche-Bai	[34]	VII	9

Ethnologische Erfahrungen und Belegstücke aus der Südsee.

Beschreibender Katalog einer Sammlung im k. k. naturhistorischen Hofmuseum in Wien.

Von

Dr. O. Finsch

in Delmenhorst bei Bremen.

Dritte Abtheilung: Mikronesien (West-Oceanien).

Mit 8 Tafeln (Nr. I—VIII [18—25]) und 65 Abbildungen im Texte.

Vorwort.

Wenn ich im Drange zwingender Verhältnisse zu meinem grössten Leidwesen zwischen dem Anfange und der Fortsetzung dieses Werkes[1]) einen ungebührlich langen Zeitraum von fast drei Jahren vorübergehen lassen musste, so gereicht es mir einigermassen zum Trost, den Schluss prompter folgen lassen zu können. Von Anfang an in der Art der Bearbeitung den Rahmen eines beschreibenden Kataloges in der üblichen Auffassung weit überschreitend, gestaltete sich gerade die letzte Abtheilung »Mikronesien« zum schwierigsten Theile des ganzen Werkes. Denn mehr als anderwärts hat der regere Verkehr mit der Aussenwelt gerade hier jene Originalität verwischt und zum Theil fast zum Erlöschen gebracht, über welche wir durch wenige der ersten Besucher meist nur unzureichende Kunde erhielten. Es war daher mitunter nothwendig, auf diese ersten Berichte zurückzugreifen, nicht um sie wie bisher kritiklos nachzuschreiben, sondern sorgsam zu prüfen, zu berichtigen, auf zweifelhafte Punkte hinzuweisen, die dringender Revision bedürfen, so weit dies überhaupt noch möglich ist. In kritischer Vergleichung damaliger Schilderungen mit eigenen Erfahrungen und diese ergänzend war es erst möglich, ein objectives Bild des Völkerlebens jener Gebiete zu skizziren, wie es unter stetem Rückblick auf vergangene Verhältnisse sich der Neuzeit mehr anpasst. Wenn mir bedauerlicherweise einige ältere Reiseberichte nicht zugänglich waren, so habe ich dagegen, unter Ausschluss aller compilatorischen Arbeiten, auf Originalmittheilungen aus anderen Gebieten der Südsee im Interesse vergleichender Ethnologie Bezug genommen. Ganz besondere Aufmerksamkeit verdiente der beschreibende Katalog des Museum Godeffroy,[2]) der gerade für Mikronesien äusserst wichtigen Nachweis

[1]) In »Annalen des k. k. naturhistorischen Hofmuseums, Wien (Alfred Hölder)«. Bd. III, 1888: Erste Abtheilung: Bismarck-Archipel, S. 83—160 [1—78], Taf. III—VII (Taf. 1—5). Zweite Abtheilung: Neu-Guinea. I. Englisch-Neu-Guinea, *a)* Südostküste, S. 293—364 [79—150], Taf. XIV—XXV (Taf. 6—17). Bd. VI, 1891: *b)* Ostspitze mit den d'Entrecasteaux-Inseln. II. Kaiser Wilhelms-Land, S. 13—130 [151—268], Taf. XIV—XXV (Taf. 6—17).

[2]) »Die ethnographisch-anthropologische Abtheilung des Museum Godeffroy in Hamburg. Ein Beitrag zur Kunde der Südseevölker von J. D. E. Schmeltz und Dr. med. R. Krause. Mit 46 Tafeln und einer Karte.« (Hamburg, L. Friedrichsen & Co., 1881.) Abgekürztes Citat: »Kat. M. G.«

liefert, aber, vorwurfsfrei für die Verfasser, doch mancher Berichtigung, namentlich bezüglich der Localitätsangaben, bedarf. Wie die nachfolgende Arbeit zu dem genannten Werke gleichsam als Commentar dienen kann, so zu einem anderen für Mikronesien wichtigen,[1]) dessen Einsicht ich der Güte meines Freundes Franz Heger verdanke, und das, wie ich von diesem erfahre, im Buchhandel nicht zu haben ist. Bei vollständiger Würdigung der hervorragenden Verdienste des erfahrensten Mikronesien-Reisenden Johann S. Kubary, liessen sich Hinweise auf gewisse Schwächen seiner Arbeiten nicht vermeiden. Neben empfindlichen Lücken und Widersprüchen erschwert zuweilen die in peinlichste Details ausgesponnene Darstellung das klarere Verständniss. Ueber das Wirken und die Werke des Reisenden gibt eine kurze biographische Skizze Auskunft, die wohl für die Meisten neu und vielleicht willkommen sein dürfte.

In den »Nachträgen und Berichtigungen« ist, soweit mir dies möglich war, eigener Mängel und Irrthümer gedacht worden.

Zum Schluss ist es mir eine angenehme Pflicht, den Herren Hofrath Ritter v. Hauer, Intendant des k. k. naturhistorischen Hofmuseums, und Franz Heger, Leiter der anthropologisch-ethnographischen Abtheilung, meinen besten Dank auszusprechen für die Bewilligung weiterer Tafeln, in deren naturgetreuen Ausführung meine liebe Frau mit künstlerisch begabter Hand sich wiederum als verständnissvolle Mitarbeiterin bewährte.

Wenn durch diese illustrativen Beigaben der eigentliche Zweck des Werkes, ein nützliches Nachschlagebuch für die systematische Völkerkunde der behandelten Gebiete der Südsee darzubieten, dem Ziele nähergerückt werden konnte, so darf ich dies als befriedigenden Lohn für eine ebenso anstrengende als zeitraubende Arbeit betrachten, welche allein für die Ethnologie Mikronesiens weit über ein Jahr kostete, und unter den mancherlei Opfern wissenschaftlicher Bestrebungen jedenfalls mein schwerstes war.

Delmenhorst bei Bremen, im December 1892.

Otto Finsch.

Einleitung.

Anthropologischer Ueberblick.

Das ausgedehnte Inselreich der Südsee (des grossen oder stillen Oceans) wird, abgesehen vom Festlande Australien, nur von zwei Menschenracen bewohnt: Oceaniern (hellfarbig, vorherrschend schlichthaarig) und Melanesiern oder Papuas (dunkelfarbig, mit vorherrschend kräusligem Haar), wie ich dies bereits auf Grund eigener Wahrnehmungen[2]) darstellte. Weitere Reisen in jenen Gebieten haben seitdem diese Erfahrungen nur bestätigt und neues Beweismaterial geliefert. Wenn es bei den sehr erheblichen individuellen Schwankungen zuweilen schon schwer hielt, obige beide Racen zu unterscheiden, so ist eine Trennung der Oceanier in weitere zwei Racen

[1]) »An Atlas of the weapons, tools, ornaments, articles of dress etc. of the Natives of the Pacific Islands. Drawn and described from Examples in public and private collections in England by James Edge-Partington. 1890, Pl. 167—188.« Die in einem ziemlich mittelmässigen Ueberdruckverfahren hergestellten, zum Theil recht skizzenhaften Abbildungen enthalten immerhin viel Interessantes und werden Ethnologen nützlich sein. Der manchmal recht unleserlich geschriebene Text gibt übrigens nicht mehr als zum Theil etwas ausführlichere Etiquetten.

[2]) Finsch: »Anthropologische Ergebnisse einer Reise in der Südsee und dem malayischen Archipel in den Jahren 1879—1882.« (Mit 26 physiognomischen Aufnahmen etc., Berlin 1884.)

vollends nicht durchführbar. Man wird daher wohl thun, die sogenannten Mikronesier als eigene Race ein- für allemal aufzugeben, denn in der That sind alle hellfarbigen Eingeborenen der Südsee anthropologisch nicht mehr verschieden als z. B. die Völker Europas untereinander.

Auch die craniologische Forschung[1]) hat bisher zu einer Sonderstellung von »Mikronesiern« kein Beweismaterial geliefert. Virchow ist geneigt, die Philippinen als »den Schlüssel zur Lösung der mikronesischen Frage« und deren einstige Bewohner als eine »prämalayische« Race zu betrachten. Die Untersuchung der in Grabeshöhlen gefundenen sehr alten Schädel zeigte nicht die mindeste Anknüpfung an solche der Negritos, die bekanntlich nichts als ein Zweig der melanesischen Race sind, dagegen auffallender Weise die grösste Uebereinstimmung mit althawaiischen Schädeln. »Mit Ausnahme von Neuseeland scheint in der ganzen Inselwelt der Südsee keine zweite Art von Menschen vorhanden zu sein, welche den Höhlenmenschen der Philippinen so nahe kämen wie eben die Kanaken, sagt Virchow, erwähnt unter Anderem aber auch eine gewisse Annäherung dieser Kanakenschädel von Hawaii zu den melanesischen Formen. Dagegen bestreitet der berühmte Forscher Krause's Annahme, dass in den Schädeln der Gilbert-Insulaner der papuanische Typus fortbestehe. Dabei wird a. O.[2]) mit Recht hervorgehoben, »dass Herr Krause seine allgemeinen Sätze viel zu früh aufgestellt habe. Damit schädigt man nur die kaum flügge Anthropologie. Es wird sonst noch lange dauern, bis die neue Disciplin sich ihren Rang in der Wissenschaft erkämpft und sie die officielle Vertretung erlangt, welche ihr gebührt (!).« Der Schädel eines Marshallanen erinnert Virchow mehr an Melanesier als an Negritos, während Krause nähere Beziehungen zu Caroliniern herausfindet. In Bezug auf die letzteren sind die Ansichten der beiden Forscher ebenfalls erheblich abweichend und beweisen, dass die Craniologie noch recht weit entfernt ist, zur Lösung der Racenfrage sichere und zweifellose Kennzeichen festzustellen. Wenn dies bei Benützung eines wenig zahlreichen Materials vielleicht noch eher aussichtsvoll erschien, so dürfte die Untersuchung grösserer Reihen vollends die Unmöglichkeit erweisen. Mir hat sich diese Ueberzeugung schon bei Vergleichung der lebenden Menschen jener Gebiete aufgedrängt, und daher gibt es für mich überhaupt keine »mikronesische Frage«.

In der That, wenn es kaum möglich ist, nach den am meisten in die Augen fallenden äusseren Kennzeichen (Hautfärbung, Haarbildung etc.) die verschiedenen Menschenracen in ihren ausserordentlich erheblichen Abweichungen diagnostisch sicherzustellen, so dürfte dies auf Grund eines einzigen Charakters, der Schädelbildung, vollends zu den Unmöglichkeiten gehören. Von dieser Wahrheit, die v. Miklucho-Maclay nach jahrelangem Studium freiwillig eingestand, längst durchdrungen, gereicht es mir zur besonderen Genugthuung, dass selbst Geheimrath Virchow auf dem Boden strengster Objectivität sein Urtheil über den Werth der Craniologie sehr modificirt und auf das richtige Mass zurückgeführt hat. Auf dem 23. deutschen Anthropologencongress zu Ulm im August d. J. (1892) hob dieser grösste Forscher über Menschenschädel unter Anderem hervor: »dass die Racenfrage durch die Betrachtung des Schädels allein nicht

[1]) Vgl. Virchow: »Schädel- und Tibiaformen von Südseeinsulanern«, Verhandl. Berliner Anthrop. Gesellsch., 1880, S. 112; Finsch: »Bericht über die Insel Oahu«, ib. 1879, S. 28—33, und Virchow: »Ueber mikronesische Schädel«, Sitzungsber. der königl. Akademie der Wissensch. Berlin vom 8. December 1881. An Oceanierschädeln sandte ich im Ganzen 71 von unzweifelhafter Herkunft an Prof. R. Virchow ein, und zwar 28 Hawaiier (aus alten Gräbern von Oahu), 7 Maoris, 8 Morioris (Chathaminseln), 8 Gilbert-Insulaner und 20 von der Ruk-Gruppe.

[2]) Verhandl. der Berliner Anthrop. Gesellsch., 1882, S. 162.

1*

entschieden werden könne, da man heute eben schon von der langgeübten Gewohnheit zurückgekommen sei, Raceneintheilungen nach Schädelbeschaffenheiten zu machen. Diese Versuche haben sich stets und allenthalben als nutzlos erwiesen. Mehr Beachtung verdienen die Farbe der Haut, deren Unterschiede kennzeichnend seien«. Ist diese letztere Annahme nun auch keineswegs in allen Fällen zutreffend, so unterliegt es doch keinem Zweifel, dass die Hautfärbung (im Verein mit Haarbildung) wichtigere Momente ergibt als die Schädelform. Auf dieser Grundlage müssen daher die hellfarbigen Bewohner der Südsee als die nächsten Verwandten der malayischen Race betrachtet werden, und zwar der heutigen Malayen. Denn die »prämalayische« oder »promalayische« Race, welche nach der Ansicht einiger Gelehrten zuerst die Südsee bevölkert haben soll, kennen wir nicht, und sie wird für immer ein Phantom bleiben.

Für diese Verwandtschaft bietet aber ganz besonders auch die Ethnologie wichtige Anhaltspunkte, die zugleich deutlich für eine Abstammung, respective Herkunft aus Westen sprechen. So vor Allem aus zoogeographischen Gründen das Vorkommen des Haushuhnes und Hundes (wenigstens auf Ponapé), sowie der Genuss von Betel (auf Pelau und Yap), während dagegen Kawa auf Osten hinweist. Von hervorragender Bedeutung für die Herkunft aus Westen[1]) ist ganz besonders auch die Webekunst der Carolinier. Interessante Momente würde vielleicht auch eine gründliche Studie über die Cocospalme liefern, die überall nur durch Cultur vorhanden, vermuthlich ebenfalls aus dem Westen mitgebracht wurde, wenigstens in unser Gebiet. Wenn es sich empfiehlt, für dasselbe die Bezeichnung Mikronesien beizubehalten, so ist dies allein aus geographischen Gründen zu rechtfertigen, zur Unterscheidung von Polynesien oder der grösseren östlichen Hälfte Oceaniens.

Mikronesien als geographisches Gebiet umfasst nur den nordwestlichen Theil, und zwar die Archipele der Gilberts, Marshalls, Carolinen und Mariannen, innerhalb der Grenzen, wie sie Gerland's Karte darstellt (in Petermann: »Geographische Mittheilungen«, 1872, Taf. 8, und »Anthrop. der Naturvölker«, 6. Theil). Sie verzeichnet bereits sehr richtig Niua[2]) (Ontong-Java) als eine oceanische Enclave inmitten melanesischen Gebietes, und hieher gehört auch die Stewartsinsel (Sikayana), die Laughlandinseln, sowie Yarab (Trobriand). Letztere Insel zeigt indess melanesische Beimischung (II, S. 33 [171]), wie dies zum Theil für die Bewohner der kleinen Inselgruppen Lub (Hermites), Kaniet (Anchorites) und Ninigo (Echequier) gilt, die indess, wenigstens anthropologisch, zu Mikronesien gehören.

Wenn auf der Karte zum Katalog des Museum Godeffroy die Bevölkerung von Ostmelanesien als durch »polynesische Einwanderung« gemischt markirt wird, so ist dies nur für gewisse Theile Fidschis richtig; im Uebrigen sind die Bewohner (von Fidschi bis auf die Salomons und bis zur Ostspitze Neu-Guineas) reine Melanesier oder Papuas.

Ethnologischer Ueberblick.

Allgemeine Züge. Bei den gleichartigen Verhältnissen, wie sie die Südsee in Bezug auf Klima und Lebensbedingungen bietet, ist es erklärlich, dass auch die Bewohner in ihren Lebensverhältnissen und Erzeugnissen grosse Uebereinstimmung zeigen, zumal

[1]) Nach Sittig wurde auch die Osterinsel von Westen aus bevölkert, und zwar von Rapa (Opara) aus, wo sich ähnliche Steinbilder finden; die Gallapagos waren unbewohnt.

[2]) Finsch: »Bemerkung über einige Eingeborene des Atoll Ontong-Java (Njua)« in »Zeitschr. für Ethnol.«, 1881, S. 110 (mit 9 Textbildern, meist Tätowirung) und »Hamburger Nachrichten«, Nr. 153, 30. Juni 1881.

da ihre Entwicklung ausnahmslos auf der ersten primitiven Stufe der Steinzeit steht, oder vielmehr stand. Denn diese Epoche ist für die meisten Gebiete der Südsee vorbei. Eisen hat sich, mit wenigen Ausnahmen, überall eingeführt und namentlich auch in unserem Gebiete zum Verfalle der Originalität beigetragen, die theilweise bereits verschwunden war, ehe die Wissenschaft genügendes Material sammeln konnte. Wenn die Trennung der Südseevölker in zwei Racen noch durchführbar ist, so bieten sich ethnologisch dafür keine durchgreifenden Momente.

Die Ethnologie Oceaniens ist vielmehr einem Mosaikbilde zu vergleichen, das sich aus vielen Steinen von gleicher Beschaffenheit zusammensetzt, von denen indess jeder neben gewissen sich stets wiederholenden Zeichen auch eigenthümliche besitzt, die öfters in etwas veränderter Form an entfernteren Stellen des Gesammtbildes vorkommen. Durchaus unabhängig von den künstlichen, aber zweckmässigen Grenzen der geographischen Eintheilung in Polynesien, Mikronesien und Melanesien haben diese Gebiete im Sinne von ethnologischen Provinzen keinen Werth, und deshalb gibt es auch keine specifische Ethnologie Mikronesiens. Denn auch diese zerfällt, wie wir dies bereits bei Melanesien gesehen haben, in verschiedene Gebiete oder Subprovinzen, deren sieben zu unterscheiden sind: Gilberts, Marshalls, Kuschai, Ponapé, Central-Carolinen, Yap und Pelau; die Mariannen bilden jedenfalls ein weiteres Gebiet, von dem wir jedoch nur sehr wenig wissen und das deshalb hier nicht in Betracht kommen kann. Jede dieser Subprovinzen besitzt gewisse charakteristische ethnologische Eigenthümlichkeiten, die sich indess gleich oder ganz ähnlich, theils in Polynesien, theils in Melanesien, oder in beiden zugleich, wiederfinden. Ohne Bezugnahme und Vergleichungen mit diesen letzteren sehr verwandten Gebieten und den noch näher stehenden eigenen lassen sich daher die ethnologischen Verhältnisse Mikronesiens nicht klarlegen, die unter sich kaum allgemein giltige Charakterzüge aufweisen.

Sitten und Gebräuche zu erörtern würde hier zu weit führen. Ich möchte nur hervorheben, dass Cannibalismus fehlt und fehlte, denn die für die Gilberts, Pelau und Yap angegebenen Einzelfälle sind sehr zweifelhaft und nicht entfernt zu einer Verallgemeinerung genügend. Dagegen herrschte diese vorwiegend melanesische Unsitte auch sporadisch in Polynesien, überall in Gebieten, die besonders reich an Lebensmitteln sind. Es ist daher ganz irrig, wenn Nahrungsmangel als Ursache des Entstehens dieser barbarischen Sitte angegeben wird, wie z. B. Dr. Gräffe (Journ. Mus. God. I, S. 31) dies sehr unzutreffend mit Hinweis auf Fidschi und Neu-Seeland zu begründen versucht. Denn verhielte sich das so, dann würden die Mikronesier, zum Theil mit die schlecht ernährtesten Bewohner der Südsee, jedenfalls Cannibalen und am ersten zu entschuldigen sein. Mertens erblickt schon in dem allerdings nicht appetitlichen, indess unschuldigen Läuseessen, übrigens eine fast kosmopolitische Sitte, die erste Stufe zum Cannibalismus.

Ernährung. Dieselbe ist über die ganze Südsee vorwiegend vegetabilisch, kärglich und auf wenige Producte beschränkt bei den Bewohnern der Atolle (von den Carolinen bis auf Paumotu), reicher und mannigfacher für die Bewohner der hohen Inseln, die, wie die Melanesier zum Theil, treffliche Ackerbauer sind. Fleischnahrung kommt, ausser Fischen und Seethieren, kaum in Betracht.

Hausthiere. Nur Ponapé besass Hunde und isst solche noch heute, wie dies in vielen Gebieten Melanesiens und ehemals in Polynesien (Tahiti, Hawaii) geschah. Das Schwein fehlt Mikronesien ganz, fand sich aber, wie noch jetzt in Melanesien (hier zum Theile wild), in gewissen polynesischen Gebieten (z. B. Samoa und Hawaii), als Hausthier vor, was auch für diese östlichen Inseln deutlich auf Einwanderung von Westen spricht, ein sehr bedeutsamer Hinweis, der bis jetzt aber wenig Beachtung gefunden zu haben scheint.

Nahrung und Reizmittel. Die Zubereitung der Speisen geschieht überall in derselben oder doch in sehr ähnlicher Weise, und zwar ohne Salz, das nur die alten Hawaiier bereiteten, die sogar Einsalzen verstanden. Unter den Reizmitteln findet sich der für Malayasien und Melanesien typische Betel (der aber auf Fidschi unbekannt ist) auch in den westlichen Carolinen (Pelau, Yap, Uluti, Uleai), hier auch, wie in vielen Gebieten Melanesiens, Tabak, der dem übrigen Oceanien fehlte. Kawa, vorwiegend polynesisch (aber auf Fidschi, den Neuen Hebriden, Salomons, vereinzelt in Neu-Guinea beliebt), wird auch in Mikronesien (aber nur Kuschai und Ponapé) getrunken.

Fischerei wird überall in derselben Weise, mit denselben Hilfsmitteln und Geräthen betrieben, die sich nur in Form und zum Theil im Material unterscheiden. Vereinzelte, auf gewisse Localitäten beschränkte eigenthümliche Fanggeräthe (wie z. B. die Aalschlinge der Gilberts) sind nur nebensächlich von Bedeutung und sinnreicher auch in Melanesien vertreten (z. B. in Neu-Britannien »Aumut«, I, S. [25] und Neu-Guinea »Uhto«, II, S. [120] und »Wuba«, II, S. [169]). Eigentliche Fischerstämme fehlen. Jagd verbietet sich bei dem Mangel von Wild von selbst und wird nur in den westlichen Carolinen (Pelau) auf den Dugong (Halicore) betrieben, wie in Torresstrasse und an der Südostküste Neu-Guineas (II, S. [120]).

Fahrzeuge. Die Südsee hat in diesen wichtigen Verkehrsmitteln einen so grossen Reichthum aufzuweisen, dass sich darüber allein ein ganzes Buch schreiben liesse. Bis jetzt fehlte es leider an eingehenden vergleichenden Studien, die jedenfalls auch für die Herkunft und Abstammung der Bewohner wichtige Aufschlüsse geben würden. Im Ganzen handelt es sich um einige wenige Grundtypen, die mit mehr oder minder erheblichen Modificationen und Abweichungen über die ganze Südsee (und weiter) verbreitet sind und sich an den entferntesten Localitäten wiederholen. Charakteristisch scheint namentlich die Form des Segels, welches, wenigstens in den von mir besuchten Theilen Melanesiens, niemals die dreieckige oder lateinische Form zeigt, wie sie in ganz Mikronesien und fast der ganzen Südsee (sowie darüber hinaus) allein vorkommt. Nicht unwesentlich weicht davon die Form des Segels der Canus von Tonga und der identischen von Fidschi ab, die sich merkwürdiger Weise am ähnlichsten im Papuagolfe der Südostküste Neu-Guineas wiederfindet (II, S. [121]). Auch die Fahrzeuge Mikronesiens haben in der Bauart mehrere charakteristische Formen aufzuweisen, darunter solche, die, wie die der Marshalls und Carolinen, in Bezug auf Construction und Seetüchtigkeit mit zu den besten Hochseefahrzeugen der Südsee gehören. Doppelcanus, wie in gewissen Gebieten Polynesiens (Hawaii, Paumotu, Tonga; nicht auf Samoa) und Melanesiens (Fidschi), fehlen in Mikronesien. Dagegen kommen Canus ohne Segel vor (auf Kuschai nur solche), wie auch anderwärts in der Südsee. So kennen Neu-Irland und die Salomons keine Segel; ja letztere besitzen sogar eine Art Canus ohne Ausleger. Bemerkenswerth für die Fahrzeuge Mikronesiens ist der fast gänzliche Mangel oder doch sehr geringe Schmuck. Der von Edge-Partington (Pl. 174, Fig. 5) abgebildete geschnitzte »staff fixed to the prow of a Canoe« ist sicher nicht mikronesischer Herkunft.

Häuser. Hinsichtlich der Wohnstätten herrscht überall locale Verschiedenheit, die namentlich in Mikronesien scharf ausgeprägt hervortritt. Auch hier gibt es (auf den Gilberts, auf Yap und Pelau) jene grossen Versammlungshäuser, wie sie hauptsächlich aus Melanesien bekannt sind, sich aber auch unter gleichem Verbot für Frauen überall in Polynesien finden. Die »Marai« der alten Hawaiier mit ihren sogenannten »Götzenbildern«,[1]) wie die »Runanga« der Maoris mit ähnlichem reichen Bilderschmuck entsprechen ganz den melanesischen »Tabuhäusern« auf den Salomons, Neu-Guinea u. s. w., deren phantastische Holzschnitzereien als Ahnenfiguren jedenfalls am richtigsten erklärt werden (II, S. [255]). Die »Maneap« der Gilberts ähneln am meisten den »Fale tele« auf Samoa und stehen in Mikronesien sehr isolirt. Eigentliche Pfahlhäuser fehlen Mikronesien wie Polynesien, gehören aber auch in Melanesien zu den Ausnahmen; dagegen sind die pfahlständigen Wachthäuser der Gilberts ein Analogon für die luftigen Baumhäuser der Melanesier. Bemerkenswerth, aber nicht eigenthümlich sind die Kolossalsteinbauten auf Kuschai und Ponapé, die aber der Vergangenheit angehören.

Hausrath und Kochgeräth zeigen, wie bei allen Naturvölkern, grosse Uebereinstimmung und wenig Eigenthümliches. Kleine Schüsselchen und flache Gefässe aus Schildpatt scheinen eine Specialität Pelaus zu sein, wie gewisse Deckelkisten und Kästen aus Holz für die Central-Carolinen (Nukuor, Lukunor etc.); letztere werden indess ähnlich auch in Polynesien angefertigt, und zwar auf Tockelau. Hier auch eigenthümliche, aus Holz geschnitzte Sessel, die sonst wohl nur auf Hawaii vorkamen. Das British Museum besitzt daher einen solchen in Form eines auf allen Vieren stehenden Menschen, aus einem Stück geschnitzt, von derselben Localität prachtvolle Kawabowlen (zum Theil mit Schnitzerei). Letztere sah ich sehr schön auch von Fidschi in der Colonialausstellung in London. Einiger besonders kunstvoll verzierter Holzgefässe von Pelau soll unter »Ornamentik« gedacht werden. Im Uebrigen hat Mikronesien nicht viel aufzuweisen, besonders gegenüber Melanesien, das in dem Genre durch Schnitzerei verzierter Holzgeräthe einen grossen Reichthum besitzt (so z. B. gewisse Gebiete Neu-Guineas in Schüsseln, Haken, Rührlöffeln etc.). Bemerkenswerth sind für Kuschai Stampfer aus Stein (Basalt), für Ruk ganz gleichgeformte aus Korallstein (Fig. 32, 33), die in ganz anderer Form auch in Polynesien (Hawaii, Tahiti), primitiver in Melanesien vorkommen.

Feuer wird auch in Mikronesien local nach den beiden üblichen Methoden: Reiben und Quirlen, erzeugt, sehr abweichend dagegen bei den Koiäri im Innern von Port Moresby (II, S. [109]). Erwähnenswerth hierbei ist die von Hudson gemachte Beobachtung, dass die Bewohner Fakaafos der Tockelaugruppe kein Feuer zu kennen scheinen (Wilkes V, S. 17), weil sie ganz einzig dasteht und daher der Bestätigung bedarf.

Werkzeuge und Geräth. Die wenigen hierher gehörigen Gegenstände sind, wie nicht anders zu erwarten, im Wesentlichen dieselben; eigenthümlich ist, und zwar nur für Mortlock, eine Hacke zur Feldarbeit aus Schildkrötenknochen (Fig. 55). Dagegen findet sich der marshallanische Drillbohrer genau in derselben Construction auf Neu-Guinea (Port Moresby) und auf der Tockelaugruppe (Fakaafo) wieder. Das unentbehrlichste Geräth der Steinzeit, die Axt, fehlt nirgends und hat auf allen Atollen, wegen Mangel an anderem Material, eine Muschelklinge (meist aus *Tridacna*, seltener *Terebra* und *Mitra*), wie solche auch sonst überall sehr geschätzt sind. Es ist aber bemerkenswerth, dass auch die hohen Inseln Mikronesiens, trotz trefflichem Steinmaterial (Basalt), fast ausnahmslos nur Muschelklingen[2]) gebrauchen, die mit zu den schwersten und plumpsten gehören. Die Schäftung zeigt, abgesehen von gewissen localen Verschiedenheiten, ganz denselben Grundtypus, als in Melanesien wie Oceanien überhaupt. Cere-

[1]) Vgl. Choris, Pl. V und Kotzebue II, S. 20.

[2]) Unter den zahlreichen Aexten und Axtklingen aus Mikronesien verzeichnet der Katalog des Museum Godeffroy nur eine Steinklinge, und zwar von Pelau (S. 420, Nr. 589). Die Bemerkung (S. 417), dass Aexte auch als »Waffe« benützt werden, ist nicht richtig; sie sind ausnahmslos nur Werkzeuge.

monienäxte, wie in einigen Gebieten Polynesiens (z. B. Mangaia), fehlen Mikronesien; dagegen findet sich eine analoge Form in Neu-Guinea (II, S. [167]).

Waffen und Wehr bieten nur in den eigenartigen Rüstungen und Helmen der Gilbert-Insulaner ein charakteristisches Gepräge, das aber insofern nur beziehentlich Eigenthümlichkeit beanspruchen kann, weil Kürasse oder Harnische, allerdings verschieden in Form und Material, auch auf Neu-Guinea vorkommen (II, S. [216]), sowie auf Borneo und Timor. Auch die mit Haifischzähnen besetzten Waffen[1]) der Gilbert-Insulaner sind zwar vorwiegend und sehr mannigfach, aber nicht ausschliessend hier vertreten. Eigenthümlich scheint dagegen für ein beschränktes Gebiet der Carolinen (Mortlock) eine besondere Waffe mit Rochenstacheln (Taf. II [19], Fig. 10), die sich in anderer Form auf Yap findet und dem Knochendolch der Melanesier (II, S. [215]) entspricht. Ein Schlagring von Mortlock (»Senjavin-Reise«, Pl. 29, Fig. 5) ähnelt ganz einer althawaiischen Waffe, wie Hawaii auch die eigenartige Kratzwaffe mit Haifischzähnen der Gilbertweiber besass. Die am weitesten verbreitete Waffe, der Speer, bietet in Mikronesien im Ganzen weit weniger Verschiedenheit, als in Polynesien, wo kunstreich geschnitzte Spitzen mit den formreichen Melanesiens wetteifern und zum Theil an Material und Bearbeitung die Localität erkennen lassen. Manche mikronesische Speere (wie z. B. auf Ruk) erinnern in der Bewehrung mit Rochenstacheln an die Salomons. Keulen sind im Ganzen selten in Mikronesien und bieten wenig Auffallendes. Bemerkenswerth ist aber die Aehnlichkeit in der Form der flachen Holzkeulen der Central-Carolinen mit jener in West-Melanesien, die sehr abweichen von den charakteristischen Formen Fidschis und Samoas. Ganz abweichend sind die zum Theil hübsch geschnitzten Keulen von Tonga, wie die neuseeländischen eigenartige Waffen. Auch die Kampfstöcke (zugleich Tanzstöcke) von Ruk und Mortlock ähneln solchen im Bismarck-Archipel, dagegen scheinen mit Steinknauf bewehrte Keulen nur in beschränkten Gebieten Melanesiens vorzukommen, ebenso Schilde.[2]) Einen solchen besitzt das British Museum mit der Angabe »Tahiti«. Bogen und Pfeil fehlen Mikronesien durchaus, werden dagegen auffallender Weise von Wilkes für Samoa erwähnt (II, S. 151). Die Schleuder, welche mit zu den gebräuchlichsten Waffen Mikronesiens zählt und mit Ausnahme der Gilberts fast auf allen Inseln vorkommt, ist auch in Melanesien vertreten, wie früher in Polynesien (z. B. Tahiti). Eigenthümlich für die Gilberts ist eine besondere Art Schlagstein (Taf. II [19], Fig. 15) und die Bola zum Fange des Fregattvogels (Fig. 1) auf Nawodo. Wenn Chamisso unter den Waffen von Yap nach Hörensagen ein »Wurfbrett« erwähnt, so scheint dasselbe keine Bestätigung gefunden zu haben. Aber nach Schmeltz würde auf Pelau eine Art Speere vorkommen, die mittelst eines »Wurfholzes« geworfen werden, die Kubary aber selbst nirgends erwähnt.

Musik- und Tanzgeräthe. Ein charakteristischer Zug der Ethnologie Mikronesiens ist das spärliche und sehr localisirte Vorkommen von sogenannten Musikinstrumenten, an denen namentlich Melanesien so reich ist. Die Trommel fehlt hier fast nirgends, ist aber in Mikronesien nur auf die Marshalls (Fig. 17) und Ponapé beschränkt, und zwar in einer etwas abweichenden Form, die übrigens durchaus melanesisches Gepräge trägt. Mit Haut bespannte Trommeln finden sich aber auch, mit localen Abweichungen, in Polynesien (Tockelau, Tonga, Samoa, Hawaii, Markesas). Hier auch jene trogförmige Art (auf Tockelau und Tonga), die ganz mit der von Fidschi übereinstimmt und sich in ähnlichen

[1]) Ein Analogon bieten gewisse australische Speere neueren Ursprunges, deren Spitzentheil beiderseits mit eingekitteten Glassplittern zahnartig bewehrt ist.

[2]) Die Schilde der hawaiischen Tänzer, wie sie Choris Pl. XII abbildet, sind nur Tanzschmuck.

Formen weit über Melanesien verbreitet (Neu-Guinea, Salomons, Bismarck-Archipel, Taf. V [3], Fig. 8). Taktschlägel (Taf. V [22], Fig. 11) und Tanzstöcke (Fig. 53), wie auf den Marshalls und Central-Carolinen, sind in verschiedener Weise auch in Polynesien und Melanesien vertreten.

Von den zahlreichen Blasinstrumenten der Südsee ist die allgemein verbreitete Signaltrompete (aus *Tritonium*) in ganz Mikronesien bekannt, im Uebrigen aber nur die Nasenflöte auf den Carolinen (Ponapé und Ruk). Dasselbe Instrument findet sich übrigens auch in Melanesien (Neu-Guinea) und Polynesien (Tahiti und Tonga), in beiden Gebieten auch Rohr- und Panflöten (letztere z. B. im Bismarck-Archipel, den Salomons und auf Samoa).

Die sogenannten Tänze und Gesänge, eigentlich pantomimisch-gymnastische Aufführungen, zeigen zwar auf allen Inselgruppen Mikronesiens zum Theil charakteristische Eigenthümlichkeiten; allein sie gehören sämmtlich zu derselben Gattung, die sich in zahlreichen Species und Subspecies über die ganze Südsee verbreitet, vom »Hula« der Hawaiier, »Haka« der Maoris bis zur »Malankene« in Neu-Britannien und dem »Mun« an der Küste vom Kaiser Wilhelmsland (Astrolabe-Bai). An Tanzgeräthen besitzt nur Ponapé eine besondere Art Tanzpaddel (Taf. V [22], Fig. 12), das vielleicht auch auf Pelau vorkommt, aber nicht eigenthümlich mikronesisch ist, da eine ähnliche Form auf der Osterinsel vorkam. Weit reicher und mannigfaltiger sind hierhergehörige Geräthschaften in Melanesien vertreten (I, S. [31]), und auch Polynesien scheint darin manches Eigenthümliche besessen zu haben (z. B. Hawaii geschmackvolle Tanzschilde aus Federn). Besonderen Tanzschmuck gibt es in Mikronesien nicht; derselbe ist vielmehr, wie fast überall, mit den sonst bei Festlichkeiten gebrauchten Schmuckgegenständen identisch. Der von Edge-Partington (Pl. 175, Fig. 1) abgebildete eigenthümliche Stab ist jedenfalls nicht mikronesischen Ursprungs, sondern wahrscheinlich ein melanesisches Tanzgeräth. Als letztere dürften auch die Ceremonienstäbe für Frauen von den Markesas zu betrachten sein (Kat. M. G., S. 245). Bemerkenswerth ist, dass nach der Abbildung von Wilkes (II, S. 134) die Tänzer auf Samoa bis auf ein kleines Faserschürzchen vorne ganz unbekleidet sind. Auf Hawaii war Tapa, namentlich von den Frauen graziös um die Hüften geschlungen, mit der hauptsächlichste Tanzschmuck (Choris, Pl. XII und XVI).

Ganz besonders charakteristisch ist aber das Fehlen von Masken, die nur von Mortlock (Kat. M. G., Pl. XXIX, Fig. 1) bekannt zu sein scheinen, und zwar in einer Form, die ganz an Fidschi erinnert (Wilkes III, S. 188). Polynesien scheint ebenfalls keine Masken zu besitzen, die dagegen sehr abwechselnd und in zum Theil äusserst phantastischen und grotesken Formen (namentlich auf Neu-Irland) für Melanesien charakteristisch sind. Sie zählen zum Theil zu den hervorragendsten Kunsterzeugnissen in Schnitzerei und Verzierung, darunter namentlich auch in der Bemalung (I, S. [59]). In einigen beschränkten Gebieten Melanesiens werden bei gewissen Festlichkeiten förmliche Maskenanzüge benützt, wie an der Südostküste (Freshwater-Bai) und Nordostküste (Astrolabe-Bai) von Neu-Guinea. Hierher gehören unter Anderem auch der »Dugdug« Neu-Britanniens und die »Clowns« von Fidschi (Wilkes III, S. 188).[1])

Ornamentik und Schnitzereien stehen in Mikronesien auf einer sehr wenig entwickelten Stufe im Vergleiche mit dem übrigen Oceanien, wo zum Theil selbst Gegenstände des täglichen Gebrauches originell verziert sind. Ich will hierbei nur an die Kopfstützen, Calebassen und Kalkspatel in gewissen Theilen Neu-Guineas (Taf. XVIII [10] und

[1]) Auch auf Neu-Caledonien kommen derartige Maskenanzüge vor. Anm. d. Red.

XIX [11]), an die unübertrefflich schön geschnitzten Kästen der Maoris, Ceremonienäxte und Axtstiele der Herveygruppe (Mangaia), sowie gewisse Geräthe der Markesas erinnern (Joest, »Tätowiren«, Taf. V und XII). Geschnitzte Canuverzierungen fehlen in Mikronesien ganz. Sie finden sich mannigfach in Melanesien vertreten und erreichten in Neu-Seeland ihre höchste künstlerische Vollendung. Dabei mag noch der trefflich geschnitzten Ceremonienpaddel der Herveyinseln gedacht sein, ein Genre, in dem Melanesien manches Beachtenswerthe, Mikronesien gar nichts leistet.

Bemerkenswerth sind gewisse Kunsterzeugnisse in eingelegter Arbeit aus Perlmutter und Muscheln altpelauscher Holzgefässe (Edge-Partington, Pl. 181 und 182), eine seltene Technik, die übrigens auch auf Samoa und den Salomons bekannt ist. Das British Museum besitzt von da wunderbar schöne Stücke, so unter Anderem einen enorm grossen, mit Conusscheiben eingelegten Holznapf von Guadalcanar und einen geflochtenen Schild mit Mosaikarbeit in aufgelegten zierlichen Muschelscheibchen, der alles Aehnliche übertrifft.[1])

Idole, welche mit Ahnenfiguren zu den hervorragendsten Schnitzarbeiten gehören (z. B. auf Neu-Irland I, S. [53] und Neu-Seeland), besitzt Mikronesien nur auf den Central-Carolinen (Ruk und Mortlock) in roh geschnitzten Vogelgestalten (Fig. 54) und menschlichen Figuren auf Pelau (nach Kubary) und Nukuor. Letztere (wie Kat. M. G., Taf. XXX, Fig. 1) erinnern an ähnliche primitive polynesische Schnitzarbeiten (Osterinsel, Hawaii, Tahiti, Markesas) und in gewissen engbegrenzten Localitäten Melanesiens (z. B. Neu-Guinea, Taf. XXIII [15]), und würden nach Wilkes auch auf den Gilberts (Tapiteuea) vorgekommen sein.

Religion gibt es eigentlich nicht, wohl aber Geisterglauben und als Folge desselben allerlei Aberglauben unter der Aegide von Wahrsagern, Sehern, Zeichendeutern, mit Besprechen von Krankheiten etc. Diese Leute bilden indess keine bestimmte Kaste und zeigen mancherlei Anklänge an das Schamanenthum Asiens. Ausser bestimmteren, mehr allgemeinen, aber localisirten Geistern gibt es viele persönliche, unter denen die Verstorbener eine wichtige Rolle spielen, indess ohne wirklichen Ahnencultus. In gewissem Zusammenhange damit steht die Verehrung besonderer Thiere, namentlich gewisser Fische (die deshalb nicht gegessen werden), wie lebloser Gegenstände (gewisser Steine, Bäume), denen hie und da, wie auch den unsichtbaren Geistern, geringe Opfer gebracht werden, so dass Alles in Allem die religiösen Anschauungen der Mikronesier auf einen rohen Fetischismus hinauslaufen.

Gewerbfleiss. Unter den Handfertigkeiten der Oceanier steht **Mattenflechterei** obenan und ist auf den Marshalls wie Gilberts ebenso hoch entwickelt, als in gewissen Gebieten Polynesiens, dabei in Muster wie Technik der Verzierung zum Theil wesentlich verschieden, aber nicht eigenartig. Kunstreich geflochtene Körbchen, die eine Specialität der Gilberts scheinen, finden sich ganz ähnlich auch auf Fidschi; analoge Arbeiten an der Ostspitze Neu-Guineas (Einsatzkörbe, II, S. [165]), sowie aus gespaltenem Bambus in Neu-Britannien (I, S. [20]) und localisirt in Neu-Guinea (II, S. [204]) und Fidschi. Bemerkenswerth sind auch ausserordentlich fein geflochtene Täschchen auf den westlichen Carolinen (Yap und Pelau).

Flechtarbeiten sind im Uebrigen in Melanesien, mit Ausnahme von Fidschi, wo man schöne Schlafmatten aus *Pandanus* fertigt, wenig vertreten. Dagegen wird hier

[1]) Ein ähnliches Prachtstück von den Salomon-Inseln befindet sich in der ethnographischen Sammlung des k. k. naturhistorischen Hofmuseums in Wien, Coll. der Novara-Expedition, Inv.-Nr. 3859. Anm. d. Red.

Filetstrickerei (in Form von Taschen, Beuteln etc.) für gewisse Gebiete (besonders Neu-Guineas) charakteristisch, eine Fertigkeit, die im übrigen Oceanien wenig, in Mikronesien nur in primitiver Weise auf einigen Inseln der Carolinen (Kuschai, Mortlock) geübt wird. Die verwendeten Materialien sind im Wesentlichen überall dieselben, bemerkenswerth aber, dass nur gewisse Gebiete Melanesiens den vortrefflichen Faserstoff aus der Luftwurzel von *Pandanus* kennen (II, S. [217]), da doch gerade die Mikronesier so hervorragend auf diesen Baum angewiesen sind.

Interessante Zweige oceanischer Industrie und von hervorragender Bedeutung sind **Weberei** und **Tapabereitung**, wovon wenigstens die erstere in Melanesien überhaupt fehlt. Mit Ausnahme der Anfertigung gewisser Zeugstoffe auf Neu-Seeland ist Weberei (übrigens ohne Hilfe eines Webstuhls) eine charakteristische Eigenthümlichkeit Mikronesiens, und zwar der Carolinen allein. Die meisten Insulaner hier verstehen aus Hibiscus- oder Bananenfaser Zeuge zu weben, die auf Kuschai sogar mehrfarbig sind, so dass hier auch eine Färberei auftritt, die in der Südsee einzig dastehen dürfte. Die Webekunst, übrigens durchaus spontan und nicht etwa durch spanische Missionäre eingeführt, bietet ebenfalls einen bedeutungsvollen Wink für eine Abstammung aus Westen her, namentlich im Hinblick auf die Benützung von Bananenfaser als Material. Die »Maro« der Männer von Njua, welche ich sah, hatten freilich das Aussehen von gewebtem Zeuge, waren wohl aber nur aus Tapa (Finsch, l. c., S. 111). Für Einwanderung aus Westen (Malayasien) spricht auch die Kunst des Buntdruckes, mit welcher die Polynesier ihre Tapa verzieren, wozu besondere, aus Holz geschnitzte Matrizen benützt werden. Bemerkenswerth ist, dass Tapabereitung auf Samoa erst durch Missionäre von Tonga eingeführt wurde (Wilkes). Im Uebrigen ist Tapabereitung, indess beschränkt und localisirt, auch in Mikronesien (Pikiram, Pelau, Ponapé) bekannt, dagegen in Melanesien weit verbreitet, auf Neu-Britannien sogar mit bunter origineller Bemalung (I, S. [11]).

Töpferei, ein vorwiegend melanesisches, aber sporadisch verbreitetes Gewerbe, war nur in den westlichen Carolinen (Yap und Pelau), aber auch auf den Mariannen bekannt, scheint aber im übrigen Oceanien ebenfalls zu fehlen. Im Gegensatze zu den ziemlich übereinstimmenden Formen der Töpfe Melanesiens, die übrigens in zwei ganz verschiedenen Methoden verfertigt werden (s. II, S. [110] und [164]), zeichnen sich die verschiedenartigen Trinkgefässe Fidschis durch besondere Kunst und bizarre Formen aus, die an gewisse keramische Arbeiten Amerikas mahnen.

Bekleidung. Mikronesien bietet in dieser Richtung verhältnissmässig mehr Verschiedenheit, als sonst in Oceanien. Gewebte Stoffe nehmen wenigstens in den Carolinen eine hervorragende Stelle ein und ersetzen hier die Tapa gewisser Gebiete Polynesiens. Beide Stoffe liefern Material zu dem hauptsächlichsten Bekleidungsstück der Männer, einer Art Lenden-, respective Schambinde, wie sie aus gewebtem Zeuge vorherrschend auf den Carolinen benutzt wird und als »Maro« über Polynesien, als »Mal« über Melanesien (hier meist aus Tapa) weit verbreitet ist. Die Faserröcke aus Bast, auf den Marshalls nur von Männern, auf Yap von beiden Geschlechtern getragen, finden sich ähnlich auch in gewissen Localitäten Polynesiens (z. B. Tockelau und Ellice, nur für Frauen). Dasselbe gilt für die zierlicheren Röckchen aus Blattfaser (meist Cocos) auf Ponapé (für Männer) und auf den Gilberts (für Frauen), welche auch in Melanesien die Hauptbekleidung des weiblichen Geschlechts bilden, besonders auf Neu-Guinea (hier aus Sagopalme und zum Theil bunt gefärbt). Für die Central-Carolinen sind ponchoartige Ueberwürfe charakteristisch, finden sich ähnlich aber auch in gewissen melanesischen Gebieten. Völlige Nacktheit, die ich als Regel nur auf Neu-Britannien (hier für beide Geschlechter) und Humboldt-Bai (Neu-Guinea) beobachtete, herrschte früher auch auf den Gilberts und auf Pelau, sowie auf Samoa (auf Tutuila, und zwar für beide Geschlechter; s. Kotzebue).

Kopfbedeckung in Form eigenthümlicher Hüte, die sehr an malayische Typen erinnern, findet sich nur auf den Carolinen (Lukunor, Mortlock, Nukuor, Yap); gewisse Kappen oder Mützen, für beide Geschlechter verschieden, auf den Gilberts, darunter besonders eigenthümliche, geflochtene Helme.

Putz und Zieraten sind in Mikronesien weit minder mannigfach und reich vertreten als in Melanesien, aber fast ausnahmslos auf dieselben Materialien angewiesen, wie sie mehr oder minder allenthalben in der Südsee und von Menschen verwendet werden, die keine Metalle kennen. Obenan stehen gewisse Conchylien, von denen einzelne Arten, in ähnlicher Weise wie in der Geologie, als »Leitmuscheln« betrachtet werden können. Bezeichnend für Mikronesien wie Oceanien überhaupt ist ganz besonders das Fehlen jener kleinen *Nassa*-Arten, die in Melanesien so häufig verwendet werden und vielerwärts zugleich als Geld eine hervorragende Rolle spielen, wie z. B. das »Diwara« Neu-Britanniens (I, S. [12]). Eine gleichwerthige »Leitmuschel« besitzt Mikronesien nicht, wohl aber sind hier andere Muscheln in mehr oder minder vollkommener Bearbeitung von Wichtigkeit. So vor Allem Scheibchen aus rother *Spondylus* oder *Chama*, namentlich auf den Marshalls und Carolinen (Taf. VIII [25]), aber nicht eigenthümlich, da sie ganz gleich auch auf Neu-Guinea, aber nur an der Ostspitze (II, S. [157]), sowie auf den Salomons vorkommen, in Polynesien dagegen sehr selten und nur von Hawaii bekannt zu sein scheinen. Wenig bearbeitete oder fast rohe *Spondylus*-Muscheln, schon von den vorgeschichtlichen Bewohnern Ponapés (Taf. V [22]) benutzt, sind auf den Gilberts sehr beliebt und zählen auf Fidschi zu den werthvollsten Erbstücken (hier auch als bemerkenswerthe Ausnahme die »Orange Cowry«, *Cypraea aurora*). Nicht minder wichtig sind geschliffene Scheibchen aus weissen Muscheln, die auf Schnüre gereiht, auch in Melanesien weit verbreitet sind und zum Theil Geld bedeuten (II, S. [160] und [222]). Sie werden in Mikronesien besonders für die Gilberts charakteristisch und bilden hier, im Verein mit schwarzen Scheibchen aus Cocosschale, die beliebten »Tekaroro-Schnüre« (Taf. VII [24]), die übrigens spärlich auch in Melanesien (Neu-Britannien, Neue Hebriden), sowie auf den Marshalls und Carolinen vorkommen. Für die letzteren, jedoch nur für Yap, ist das berühmte »Fe« merkwürdig, d. h. jene durchbohrten Scheiben aus dichtem Kalkstein (von Pelau) von Thaler- bis Mühlsteingrösse, welche die Kolossalform der verschiedenen Arten Muschelscheibchen in der Benützung als »Geld« darstellen. In ähnlicher Weise dienen grosse Ringe aus Kalkstein auf den Neuen Hebriden. *Tridacna*, in melanesischem Schmuck häufig zu kunstvollen Stücken verarbeitet, wird in Mikronesien nicht verwendet.

Unter den Materialien zu Schmuck fehlen, wie die Thiere, selbstredend auch die Zähne von Schweinen und Hunden, die namentlich in Melanesien sehr mannigfach verwendet werden, aber auch in gewissen Gebieten Polynesiens (wie z. B. auf Hawaii) den werthvollsten Schmuck bildeten.

Spermwalzähne, einzeln auch auf den Carolinen benützt, sind vorzugsweise für die Gilberts (Taf. V [22]) charakteristisch, noch mehr aber auf Fidschi geschätzt, wo man daraus auch kunstvolle Schmuckstücke schnitzt, die in ganz verschiedenen Formen auch auf den Marshalls (Taf. VIII [25]) und auf Hawaii vorkommen. Interessant ist, dass Spermwalzähne auch auf Borneo zu Schmuck verwendet werden. Delphinzähne, in Schnüren zu Hals- und Brustschmuck aufgereiht, sind in Mikronesien ebenfalls auf den Gilberts (Taf. V [22]) am häufigsten, aber auch in gewissen Gebieten Polynesiens werthvoller Schmuck, besonders auf den Markesas. Dasselbe gilt auf den Gilberts (wie Salomons und Fidschi) auch für Menschenzähne (Taf. V [22]), die im Uebrigen nur untergeordnet und vereinzelt Verwendung finden.

Menschenhaar ist ein für die Gilberts charakteristisches Material, das übrigens auch in Melanesien und Polynesien[1]) benutzt wird.

An **Federputz** ist Mikronesien sehr arm und hat ausser dem Putz der Tanzkämme auf Ruk (Fig. 65) wenig Bemerkenswerthes aufzuweisen. Fregattvogelfedern und die weit werthvolleren Schwanzfedern des Tropikvogels, früher auf den Marshalls beliebt, werden auch in Polynesien hie und da verwendet, so z. B. in den sogenannten Federhüten auf Mangaia, Markesas und Paumotu. Noch reicheren Federputz besass die Osterinsel und Neuseeland, aber Alles wurde von Hawaii überstrahlt, mit seinen kostbaren Mänteln aus Drepanis- und Mohofedern. Aber hier wurden auch Hahnenfedern verwendet, die fast über ganz Melanesien mit am beliebtesten sind, auffallender Weise in Mikronesien aber nur wenig benutzt werden, obwohl die Marshalls, noch häufiger die Carolinen, halbzahme und verwilderte Haushühner besitzen. Wie gewisse Muscheln bilden übrigens auch die Federn gewisser Vogelarten Merkmale, um die Herkunft zu erkennen, wenn dies auch häufig durch die theilweise Bearbeitung der Federn (durch Zerspalten, Zerschleissen etc.) selbst dem Fachmanne schwer fällt. So deuten Federn vom Fregatt- und Tropikvogel mit Sicherheit auf Oceanien hin, für Melanesien sind (mit Ausnahme gewisser Arten) Papageifedern nicht immer massgebend, dagegen Cacadufedern specifisch.

Schildpatt findet fast nur auf den Carolinen eine häufigere Verwendung, aber Scheiben daraus waren das Geld der alten Mariannen-Insulaner. Blätter und Blumen, zum Theil in Form artiger Kränze, sind, wie über die ganze Südsee, so auch in Mikronesien der häufigste Schmuck. Dagegen werden Samenkerne oder Bohnen, so häufig im melanesischen Schmuck (namentlich von *Coix lacryma* und *Abrus precatorius*), in Mikronesien nicht benutzt, wie auch in Polynesien nur *Coix*-Samen, und zwar auf Samoa Verwendung fand. Eigenthümlich für Ponapé sind Abschnitte der Stengel einer gewissen Grasart (Fig. 52), charakteristisch dagegen für die Carolinen die häufige Verwendung von Cocosnussschale, ein Material, das wir bei Ruk genau kennen lernen werden.

Hautverzierungen. Darunter steht **Tätowiren**, bereits stark in Abnahme begriffen, zum Theil völlig verschwunden (wie z. B. auf Kuschai), obenan und bildet einen hervorragenden Charakterzug der Ethnographie Mikronesiens. Die mikronesischen Tätowirungen gehören zum Theil mit zu den schönsten[2]) der Südsee und bilden weitere Glieder in der formenreichen Reihe oceanischer Hautzeichnungen, die in Melanesien am schwächsten und nur sehr sporadisch vertreten ist. An der ganzen Küste von Englisch- und Deutsch-Neu-Guinea fand ich nur drei Tätowirungscentren (Port Moresby: II, S. [89]; Ostcap: S. [158] und Humboldt-Bai: S. [226]). Tätowiren findet sich einzeln auch auf den Salomons, wird von den Frauen auf Vanua-Lava (Neue Hebriden) als hervorragend gerühmt, die den ganzen Körper damit bedecken, während die Fidschianerinnen nur die Schamtheile tätowiren (Wilkes).

1) Namentlich auf Savage-Island und den Markesas. Anm. d. Red.

2) Aber alle Südseetätowirung ist, mit Ausnahme der Markesas, nur stümperhaft gegenüber der Vollkommenheit, in welcher diese Hautverzierung, wahrhaft zur Kunst entwickelt, noch heute in Japan ausgeübt wird (Rosse: »Cruise of the St. Corwin«, 1881, S. 34, und Joest: »Tätowiren«, Taf. X und XI).

Im Vergleich mit Melanesien ist Tätowiren in Oceanien viel häufiger, weiter verbreitet, und wird vorherrschend vom männlichen Geschlecht angewendet, während in Melanesien gerade das umgekehrte Verhältniss stattfindet. Aber so wenig, als sich oceanische Tätowirung von melanesischer durch bestimmte Charaktere unterscheiden lässt, so ist dies noch weniger zwischen mikronesischer und polynesischer möglich. Einheitliche Normen zu einer systematischen Classificirung der Tätowirungen gibt es auch für Oceanien nicht, denn jede Inselgruppe besitzt eigenartige Muster. Die verschiedenen Bewohner der Südsee würden sich also nach der Tätowirung leicht erkennen lassen, wenn diese Sitte individuell so allgemein verbreitet wäre, wie meist angenommen wird. Aber es muss hier besonders hervorgehoben werden, dass dies nicht der Fall ist und dass tätowirte Personen gegenüber den nicht tätowirten überall die wesentlich geringere Minderzahl bilden. Soweit die immer noch lückenhafte Kenntniss reicht, werden wir im speciellen Theile an zehn verschiedene mikronesische Tätowirungscentren, davon allein circa acht auf den Carolinen kennen lernen. Interessant und beachtenswerth ist, dass, wenigstens für dieses Gebiet, Tätowirung- und Sprachverschiedenheit eine gewisse Uebereinstimmung zeigen, die sich indess nicht in gleicher Weise in Polynesien zu finden scheint.

Ueber diesen östlichen Theil Oceaniens ist das Füllhorn der Hautverzierungen noch reicher ausgeschüttet, als über den westlichen. Soweit Beobachtungen vorliegen, besitzt nicht nur jede Inselgruppe eine charakteristische Hautzeichnung, sondern sie unterscheidet zuweilen sogar die Bewohner nahegelegener Inseln, wie einige Beispiele zeigen werden. Auf Funafuti der Ellice-Gruppe werden die Arme, sowie der untere Theil des Rumpfes nebst dem oberen Theile der Schenkel ringsum tätowirt (Wilkes, V, S. 39, Abbild.), auf Nukufetau derselben Gruppe zuweilen auch der Rücken und die Beine bis zum Knie herab; hier auch bei Frauen in gleichem Muster. Ganz abweichend und eigenartig ist die Tätowirung auf Oatafu der Tockelau- oder Uniongruppe: Zwei Linienstreifen laufen vom Ohr über Backen und Nase; die Arme zeigen fischartige Zeichen, die Brust Figuren, die man als Schildkröten deuten kann; die Hüften concentrische Ringe. Mit Ausnahme der schildkrötenartigen Figuren auf der Brust ist die Tätowirung auf dem benachbarten Fakaafo (Bowditsch Isl.) ganz verschieden und namentlich durch die pfeilförmigen Zeichen im Gesicht eigenartig (Wilkes, V, S. 12). Die Tätowirung der Bewohner beider Inselgruppen ist trotz der sprachlichen Verwandtschaft wiederum total abweichend von der auf Samoa, welche die Männer sehr eigenartig, wie mit einer Kniehose bekleidet (Wilkes, II, S. 141, Abbild.), während die Frauen nur gewisse Zeichen, meist auf den Oberschenkeln, seltener auf den Händen einritzen. Dieselben erinnern an mikronesische Muster, weichen aber wiederum durch besondere Figuren in der Kniekehle schon dadurch ab, weil dieser Körpertheil in Mikronesien nie tätowirt wird. Die von mir gesehene und gezeichnete Tätowirung von Samoanerinnen zeigt zwar einen ganz ähnlichen Charakter, wie die Abbildungen (Kat. M. G., S. 480), aber wesentlich verschiedene Figuren.

Einen selbstständigen Typus bildet auch die von mir gesehene Tätowirung auf Niuë (Savage Isl.), zwischen den Tonga- und Hervey-Inseln. Die Männer bedecken hier den Hinterhals, von Ohr zu Ohr, mit ein oder zwei Reihen oblonger Zeichen. Sehr abweichend ist die Tätowirung auf Rarotonga (Hervey-Gruppe), wie sie die Abbildung von Gill (»Life in the Southern Isles«, S. 110) leider nur sehr undeutlich darstellt. Gleiche Verhältnisse von erheblicher Verschiedenheit in der Tätowirung auf nahegelegenen Inseln lehren Wilkes' Mittheilungen aus der Paumotu-Gruppe.

Auf Anaa oder Chaine Island werden Gesäss und Oberschenkeln mit besonders eigenartigen rosettenförmigen Zeichen, das Kreuz mit Querbinden tätowirt (Wilkes, I,

S. 326, Abbild.), auf Raraka Brust und Oberarm in Schachbrettmuster (I, S. 329, Abbild.), auf Aratika (Carlshoff) aber nur die linke Körperseite in Schachbrettmuster, dagegen die Schulter mit Querbinden (I, S. 333, Abbild.). Von Otooha derselben Gruppe lässt Wilkes Tätowirung unerwähnt und ihr Fehlen ist auf Tongarewa (Penrhyn) bestimmt nachgewiesen, wo man Ziernarben macht. Eine ähnliche Hautzeichnung als die von Aratika scheinen die alten Hawaiier besessen zu haben, nämlich ebenfalls eine Art Schachbrettmuster auf der linken Körperseite, aber auf dem Oberarm Querstreifen und auf der linken Gesicht- und Halsseite Längslinien (Choris, Pl. XII, mittlere Figur, die aber ganz abweicht von der auf Pl. XIX abgebildeten Tätowirung eines Häuptlings). Frauen scheinen sich auf Hawaii überhaupt nicht tätowirt zu haben (Choris, Pl. XVI). Sehr eigenthümlich ist die Tätowirung auf Rapanui (Osterinsel). Hier verzieren die Frauen namentlich die Beine und einen breiten Gürtel, der sich gebogen bis zur Mitte des Rückens hinaufzieht; besonders eigenartig sind Zeichen menschlicher Köpfe mit Kopfbedeckung unterhalb der Brüste, wie sie sonst nirgends vorkommen (vgl. Thomson: »Te Pito de Henua« in Report of the National Museum, Washington 1888—1889, S. 466, Fig. 4*a*, 4*b*, mit welchen Abbildungen die wahrscheinlich sehr unrichtigen von Choris, Pl. XI, wenig übereinstimmen; hier die Frau untätowirt, der Mann auch mit Längsstreifen im Gesicht).

Sehr eigenartig und von allen mir bekannten abweichend ist die Tätowirung auf Njua (Ontong-Java), in welcher als seltene Ausnahme auch Thierfiguren (Fische) und Zeichen im Gesicht vorkommen (Finsch: »Zeitschr. für Ethnol.«, 1881, S. 110, mit Abbild.).

Nach den kurzen Notizen in der »Novara-Reise« (II) besitzen auch die Bewohner des kleinen, circa 270 Seemeilen südöstlich von Njua gelegenen Atolls Sikayana (Stewart-Inseln) eine ganz eigene Tätowirung. Männer: »Fast alle am Oberarm vom Ellbogen bis zur Achsel tätowirt« (S. 435) — »die meisten Männer waren an Armen und Beinen tätowirt« (S. 443); Frauen: »Auf den Unterschenkeln und im Gesicht waren sie tätowirt, in letzterem indess nur mit einigen Querstrichen« (S. 445).

Einzig und unübertroffen ist die Tätowirung der Markesas, die in überaus reichen, phantasievollen und dabei durchaus symmetrischen Mustern den ganzen Körper (incl. Gesicht, Händen und Füssen) bedeckt und mit zu der schönsten gehört, welche nicht nur in der Südsee, sondern überhaupt vorkommt. Ganz abweichend schon durch die Technik vertiefter Linien, sind die Muster der Maori-Tätowirung[1]) Neu-Seelands, welche ebenfalls das Gesicht in eigenthümlichen Spiralen bedeckt, aber nur bei Männern, denn Frauen tätowirten nur einige Linien um die Lippen (wie die Markesas-Frauen) und auf das Kinn (vgl. Joest: »Tätowiren«, Taf. IV, V und VI). Zu meiner Zeit (1881) war Tätowiren auf Neu-Seeland schon fast ganz abgekommen und nur noch alte Leute damit verziert. Bemerkenswerth für die Tätowirung sowohl der Markesas-Insulaner als der Maori ist, dass die gleichen Muster auch in der Ornamentik der Schnitzereien (nicht Webereien) vorkommen, was sonst in der Südsee nicht der Fall ist.

Mit Ausnahme der Marshall-Inseln, wo gewisse Zeichen für die Häuptlingswürde bestehen, ist die Tätowirung in Mikronesien, wie Oceanien überhaupt, unabhängig von

[1]) Dieselbe wird daher auch durch Gypsabguss wiedergegeben, wie die Gesichtsmaske (Nr. 128 meiner Sammlung) des von mir abgegossenen Ngapaki-Puni, Häuptling des Ngatiawa-Stammes, zeigt. Auch die Photographie lässt Maori-Tätowirung deutlich erscheinen, nicht aber andere Tätowirung, wie sie sonst in der Südsee vorkommt. Da Beschreibungen wenig nützen, so können nur genaue Zeichnungen helfen, was sehr mühsam und zeitraubend ist, wie ich aus Erfahrung weiss, da ich dem Tätowiren besonderes Interesse zuwandte.

Rang, Alter, Geschlecht und Religion und dient in erster Linie dem Zwecke der Körperverschönerung.

Ziernarben, die in Melanesien,[1]) namentlich zur Verschönerung des weiblichen Geschlechts weiter verbreitet sind als Tätowirung, finden sich in Mikronesien nicht oder doch nur sehr untergeordnet auf Ponapé. Dagegen ist die vorwiegend melanesische Sitte der Brandmale (Fig. 14), besonders beim weiblichen Geschlechte, auch in einigen Gebieten Mikronesiens (den Gilberts, nach Kubary auch auf Pelau) sehr beliebt und häufiger als Tätowiren, ebenso auf Samoa (Wilkes).

Bemalen, eine fast in ganz Melanesien beliebte Sitte, findet sich nur auf den Carolinen, und zwar ist Gelb (Curcuma) die einzige angewendete Farbe und eine Körperverzierung, mit der auch der Todte geehrt wird. Bemalen mit Gelb wird übrigens auch auf Fidschi und Samoa von Frauen als Verschönerungsmittel angewendet. Sehr charakteristisch ist auch, dass das in Melanesien weit verbreitete Bemalen mit Schwarz, als Zeichen von Trauer, in Mikronesien nicht vorkommt.

Haartracht und Kopfputz. Charakteristisch für Mikronesien ist das in einen Knoten geschlungene Haar der Männer, eine Mode, die nur auf den Gilberts, Pelau und Yap fehlt, sich aber auch auf Njua findet. Im übrigen Oceanien scheinen derartige Zöpfe nicht vorzukommen, dagegen ist Melanesien sehr reich an mannigfachen, oft phantastischen Frisuren, sowie besonderem, zum Theil sehr originellem Haarschmuck. Hierher gehören fein geflochtene Körbchen (in gewissen Theilen Neu-Guineas, II, S. [228]) und ganz besonders sogenannte Kämme (II, S. [231]), die schon in dem verschiedenen Haarwuchs besseren Halt finden und mit auf diesen zurückzuführen sind. Oceanien ist darin ärmer, besonders aber Mikronesien, das nur auf den Carolinen charakteristische, zum Theil eigenthümliche Stücke besitzt. So die Haarnadeln (Fig. 64) und Tanzkämme der Central-Carolinen (Taf. VI [23], Fig. 5), zum Theil mit eigenartigem Federschmuck (Fig. 65), der im Uebrigen in Mikronesien fast fehlt. Künstliche Haarperrücken, in Mikronesien nur auf den Gilberts bekannt, sind auf Fidschi nicht selten. Die reiche Fülle verschiedenartigen, zum Theil sehr kunstvollen Schmuckes in Form von Stirn- und Kopfbinden, wie wir sie in Melanesien (zum Theil aus bunten Federn, Taf. XXII [14]) kennen lernten, ist in Mikronesien sehr schwach vertreten. Kränze aus Blättern oder Blumen sind am häufigsten; die Marshalls besitzen im Ganzen recht einfache Schnüre aus Muscheln (Taf. V [22]), Ponapé gewisse eigenthümliche, übrigens sehr modern angehauchte Kopfbinden; eigenthümlich sind dagegen zum Theil recht kunstvolle Kopfbinden für Ruk und Mortlock. Polynesien scheint ebenfalls nur arm an hierher gehörigem Schmuck; darunter bemerkenswerth hübsche Federkronen (zum Theil aus Hahnenfedern) von den Markesas und der Oster-Insel, eigenthümlicher Kopf- und Stirnschmuck von Samoa, und besonders die kostbaren Federhelme der alten Hawaiier, die mit zum schönsten und eigenartigsten Putz der Südsee gehören. Bartschmuck, charakteristisch für gewisse Localitäten Melanesiens (Neu-Guinea, Taf. XIV [6] und XVII [9]), fehlt in Mikronesien wie in Oceanien überhaupt, nicht etwa in Folge des kärglichen Bartwuchses, der im Gegentheil häufig so stark als bei Europäern entwickelt ist.

---

[1]) Ich beobachtete zum Theil kunstreiche Ziernarben auf Neu-Britannien (I, S. 14) an der Nordostküste Neu-Guineas (II, S. [226]), sowie bei Eingeborenen der Torres-Inseln, Espiritu Santo (Neue Hebriden), den Salomon-Inseln (Simbo), überall selten und häufiger bei Frauen als bei Männern (hier zuweilen im Gesicht) am häufigsten in Australien (Queensland). Von den Salomons erwähnt sie auch Guppy (»Salomon Isl.«, S. 136), hier zuweilen auch eine schwache Tätowirung, die aber ohne besondere Instrumente, wie in Oceanien, gemacht wird, was bemerkenswerth ist.

Ohrputz. Alle Mikronesier durchbohren die Ohrläppchen, deren monströse Ausdehnung (wie z. B. auf den Marshalls, Fig. 26) zuweilen an und für sich schon als Zier gelten darf. Durchbohren des Ohrrandes war nur auf den Marshalls als seltene Ausnahme üblich, findet sich aber auf Njua. Im Uebrigen sind Blumen und Blätter, wie überall, der häufigste Schmuck, und nur einzelne Inseln haben besondere Formen aufzuweisen. So für die Marshalls (früher) weite Rollen aus Schildpatt, für die Central-Carolinen aus Holz geschnitzte, zum Theil gravirte Klötzchen und Pflöcke, für Ponapé eigene Stöpsel aus Cocosnuss (Taf. VI [23]). Ganz besonders charakteristisch für die Central-Carolinen sind eigenthümliche, massige Bommeln aus Cocosnussperlen und Ringen, welche an Originalität allen übrigen Ohrschmuck Oceaniens und Polynesiens übertreffen. In letzterem Gebiet zeichnen sich namentlich die Markesas durch eigenartigen Ohrputz (aus Schildpatt, *Tridacna*, Menschenknochen, zum Theil geschnitzt) aus (Kat. M. G., S. 244).

Nasenschmuck, sehr charakteristisch und fast ausschliessend für Melanesien specifisch, kommt in Mikronesien eigentlich nicht vor. Allerdings wird auf Pelau wie Yap der Nasenknorpel durchbohrt (wie dies früher auf Kuschai vereinzelt vorkam), aber nur ein kleiner Holzstift eingesteckt (v. Miklucho-Maclay). Der im Katalog M. G. (S. 414, Nr. 896) von Pelau beschriebene Ohrschmuck, »vielleicht Nasenschmuck« aus Schildpatt bleibt bezüglich seiner Benutzung noch unklar. Dagegen hatten die Männer der mikronesischen Insel Njua (Ontong-Java, Lord Howe), welche ich sah, die Nasenflügel mit einem Schlitz durchbohrt und trugen darin sehr eigenthümlich geformten Schmuck aus Schildpatt geschnitzt (Edge-Partington, Pl. 175, Fig. 2. Kat. M. G., S. 115 »wahrscheinlich Andeutung irgend eines Götzen« (!?) und S. 116, einen Fisch darstellend [Taf. XXIV, Fig. 6]. Der S. 89 und 90 beschriebene Nasenschmuck von den Salomons [Taf. XXIV, Fig. 5] ist wohl nur zum Theil solcher). Auf Sikayana (Stewarts-Insel) wird weder Ohr- noch Nasenschmuck getragen (»Novara-Reise«, II, S. 443).

Hals- und Brustschmuck ist in Mikronesien, gegenüber Melanesien, ebenfalls nur sehr spärlich vertreten; so fehlt z. B. der für jenes Gebiet so charakteristische und formenreiche Kampfschmuck (Taf. XVI [8] und XVII [9]) ganz. Tekaroro- und Haarschnüre (letztere auch von den alten Hawaiiern benutzt) sind für die Gilberts charakteristisch, hier auch Schmuck aus Spermwal- und Delphinzähnen (Taf. V [22]), der übrigens zum Theil auch in Melanesien (Fidschi), sowie in Polynesien (Markesas) vorkommt. Halsketten aus Menschenzähnen (Taf. V [22]) sind auf den Gilberts (wie auf Fidschi und den Salomons) werthvoll. Scheiben aus *Conus* (Taf. VII [24]), so häufig im melanesischen Schmuck, finden fast nur auf den Gilberts, sowie auf den Carolinen Verwendung, auf den letzteren nur als Anhängsel, ein Schmuck, der auch in den Ruinenfunden auf Ponapé nachgewiesen wurde. *Spondylus*- oder *Chama*-Scheibchen sind hauptsächlich für die Marshalls und Carolinen charakteristisch und zum Theil eigenthümlicher Halsschmuck (Taf. VIII [25]). Dasselbe gilt für gewissen Schmuck aus Scheibchen, Perlen und Ringen aus Cocosnussschale, welcher besonders auf den Central-Carolinen häufig und zum Theil eigenthümlich ist, z. B. die schönen Halsketten aus Cocosringen (Taf. VII [24]). Gewisser Halsschmuck aus Schildpatt (Taf. VI [23], Fig. 12) gehört Kuschai eigenthümlich an. Im Uebrigen wird dieses Material nur nebensächlich meist zu Anhängseln verarbeitet, unter denen die grossen flachen Ringe oder Scheiben von Ruk und Mortlock besonders bemerkenswerth sind. Gleichen Zwecken dienen mehr oder minder bearbeitete Stückchen Perlmutter (sowie weniger anderer Conchylien), ein Material, das für Mikronesien nebensächliche Bedeutung hat. Eine durch ihre Grösse (115 Mm. Durchmesser, 73 Mm. Lichtweite) auffallende Scheibe aus »nacre de perl« ist im Atlas der »Senjavin-Reise« (Pl. 30, Fig. 6) abgebildet und das einzige mir bekannte, bemerkenswerthe Stück aus den Carolinen. Dagegen wird Perlmutter in Melanesien wichtig (z. B. Neu-Guinea, II, S. [97], Admiralitäts-Inseln, Salomons, Fidschi) wie in Polynesien (Tahiti, Markesas, hier mit bewundernswerther, durchbrochener, aufgelegter Schnitzarbeit aus Schildpatt: British Museum) und liefert die werthvollsten Schmuckstücke. Typisch melanesisch sind auch kunstvoll aus *Tridacna* geschliffene, zum Theil sehr grosse Ringe, die in verschiedenen Gebieten Neu-Guineas (II, S. [241]), wie den Salomons (hier auch in Form flacher Scheiben, zum Theil mit durchbrochener Schildpattarbeit verziert) sehr werthvolle Ornamente für Hals und Brust (wie Stirn) bilden, die in Mikronesien ganz zu fehlen scheinen. Der Katalog des Museum Godeffroy verzeichnet (S. 414, Nr. 1627) nur von Pelau eine »kreisrunde, dünne, in der Mitte durchbohrte Platte aus Muschel *(Tridacna)* von 4 Cm. Durchmesser«, wie es scheint ein Unicum, bei dem aber auch eine irrthümliche Localitätsangabe untergelaufen sein kann.

Armschmuck. Charakteristisch für Mikronesien ist das Fehlen geflochtener, sogenannter »Grasarmbänder«, die in Melanesien, am Oberarm befestigt, fast nirgends fehlen und zum Theil hervorragende Kunstarbeiten sind, wie auf Neu-Britannien und Neu-Guinea (Taf. I und S. [247]). Im Ganzen ist Armschmuck, meist um das Handgelenk getragen, nicht häufig in Mikronesien (wie Polynesien), bietet aber einzelne eigenthümliche Formen. So vor Allem breitere, aus Cocosperlen oder Scheibchen aufgereihte, mit *Spondylus*-Scheibchen verzierte Armbänder auf den Central-Carolinen (besonders Ruk und Mortlock), Materialien, die in gleicher Technik dort auch zu Leibgürteln verarbeitet werden. Eigenthümliche Handmanschetten aus *Conus millepunctatus* und *Nautilus pompilius* werden nur auf Yap und Pelau getragen, auf letzterer Insel auch Armringe aus Dugongwirbel nur als eine Art Orden von Häuptlingen. Armringe aus demselben seltenen Material wurden nach Virchow neben Knochenresten in alten Gräbern auf Luzon gefunden, und das Leidener Museum besitzt gleiche Schmuckstücke aus dem Epistropheus von Dugong, von Timorlaut, von Damma und Daai der Babbergruppe, zum Theil in Nachbildungen aus Holz. Serrurier ist deshalb geneigt, die Bewohner Pelaus von Timorlaut herstammen zu lassen, eine Annahme, die indess sehr bestreitbar ist. Interessant ist das gleichzeitige Vorkommen breiter Armspangen aus gebogenem Schildpatt auf Ruk und Mortlock, sowie auf Neu-Britannien und Kaiser Wilhelmsland, hier meist mit kunstvollen Gravirungen und zum Theil sogar durchbrochener Arbeit (Taf. III [1] und XV [7], sowie S. [246]). Breite Armspangen, aus *Conus millepunctatus* geschliffen, bisher nur von der Südostküste und Ostspitze Neu-Guineas bekannt (Taf. XV [7], S. [100]), waren früher auch auf Kuschai und den Marshalls) werthvoller Schmuck und sind in den Ruinen auf Ponapé nachgewiesen. Der weitverbreitete Typus von schmalen Armringen aus *Trochus niloticus* (nicht an der Südostküste Neu-Guineas, aber an der ganzen Nordostküste, hier zuweilen schön gravirt [Taf. XVI [9], Fig. 5 und 6], im Bismarck-Archipel, den Salomons und Fidschi) findet sich auch in Polynesien (Samoa) und in Mikronesien (Ruk, Pelau und Yap). Eigenthümlich für letztere Insel scheinen schmale Reifen aus Querschnitten von Cocosnuss, die an die ähnlichen aus Schildpatt auf Neu-Britannien erinnern (I, S. [17]).

Leibschmuck, so mannigfach und zum Theil kunstvoll in Melanesien, namentlich auf Neu-Guinea (II, S. [101] und [248]) bietet auch in Mikronesien bemerkenswerthe und zum Theil eigenthümliche Formen. Tekaroro-Muschelschnüre sind für die Gilberts charakteristisch, ebenso Haarschnüre, die gröber auch auf Neu-Guinea (II, S. [162]) und anderwärts vorkommen. Eigenthümliche, kunstvoll geflochtene Schnüre (Irik) besitzen die Marshalls; hier auch Gürtel (Kangr) aus *Pandanus*-Blatt, die früher mit zu den Kunstarbeiten gehörten. Fein in bunten Mustern gewebte Schärpen zeichnen Ponapé aus, finden jetzt aber in roheren Arbeiten, aus farbiger Wolle gestickt, Ersatz. Besonders charakteristisch und eigenthümlich sind aber die kunstvollen Gürtel aus Cocos- und Muschelscheibchen (Taf. VIII [25]) der Central-Carolinen (Ruk und Mortlock), ähnlich die von Uleai, während Pelau eine ganz andere Art Muschelschnüre (in denen auch *Spondylus*-Scheibchen verarbeitet sind) besitzt.

Beinschmuck kommt nicht vor, denn die Bandstreifen, welche die Gilbert-Insulaner zuweilen um das Fesselgelenk tragen, sind nicht als Schmuck zu betrachten, sondern dienen mehr zum Schutze. Aus demselben Grunde wird in verschiedenen Gebieten Melanesiens das Fussgelenk förmlich umsponnen, aber hier gibt es auch eigentlichen Fuss- und namentlich Knieschmuck (II, S. [250]). Das von Edge-Partington (Pl. 174, Fig. 3) ohne nähere Localitätsangabe aus Mikronesien abgebildete »Legornament of brown seeds« besteht aus »Sesseleschaalen« (I, S. [66] und II, S. [218]) und stammt von den Salomons. Wahrscheinlich ist es ein Tanzornament, analog den kostbaren Fesselbinden aus Hundezähnen der privilegirten Tänzer des alten Hawaii.

Besonderer **Trauerschmuck**, den Melanesien in einigen besonderen Formen aufzuweisen hat (II, S. [158]), fehlt in Mikronesien. Das British Museum besitzt aber ein hierher gehöriges Stück von Tahiti, bestehend in einem grossen Stück Tāpa mit aufgenähten Cocosscheiben.

I. Gilbert-Archipel.

Einleitung.

Entdecker. Die Denkwürdigkeiten der Entdeckungsgeschichte dieser östlichsten Provinz Mikronesiens haben keine hervorragenden Episoden zu verzeichnen. Wie Commodore Byron 1765 durch Zufall die erste Insel des Archipels (Nukunau) entdeckte, so seine Nachfolger Marshall und Gilbert, Commandeure der englischen Kriegsschiffe »Scarborough« und »Charlotte« 1788 auf der Reise von Port Jackson (Sydney) nach China sechs weitere (Arenuka, Kuria, Apamama, Tarowa, Maraki und Apaiang), bis Capitän Clerk 1827 die Reihe dieser zufälligen Entdeckungen mit der Insel Peru schloss. Durch diese Reisen war freilich kaum mehr als die Existenz der Inseln nachgewiesen, deren kartographische Aufnahme erst später wissenschaftlichen Forschungsexpeditionen zu danken ist. So zunächst der französischen mit der Corvette »La Coquille« unter Capitän Duperrey 1824, welche über sechs Inseln (Arorai, Tapiteuea, Nanutsch, Arenuka, Maiana und Tarowa) genauere Kunde gab und ganz besonders der amerikanischen »United States Exploring Expedition«, die, wie für so manche andere Gebiete der Südsee, auch für diesen Theil Ostmikronesiens Hervorragendes leistete. Capitän Hudson besuchte mit dem »Peacock« 1841 nicht allein die vorhergenannten sechs Inseln, sondern auch vier weitere (Kuria, Apamama, Apaiang und Makin), so dass sein Name mit der Aufnahme des von ihm »Kingsmill« benannten Archipels für immer ehrenvoll verbunden bleibt. Selbstredend ist trotz dieser grundlegenden Arbeiten die geographische Kenntniss des Gilbert-Archipels bei Weitem nicht abgeschlossen, und wer denselben besucht, wird sich von der Unzulänglichkeit der vorhandenen Karten überzeugen können.

Zur Literatur. »Narrative of the United States Exploring Expedition. During the years 1838—1842. By Charles Wilkes, U. S. N.«, 5 vol. (London), 1845. Im V. Bande (S. 45—75) beschreibt Capitän Hudson den Verlauf der Reise, Horatio Hale

2*

(Chpt. III, S. 80—104) »Manners and Customs of the Kingsmill-Islanders«, eine Arbeit, die noch immer Hauptquelle geblieben ist. Sie basirt auf den Aussagen zweier desertirter Walschiffmatrosen, die vom »Peacock« mitgenommen wurden, von denen John Kirby vier Jahre auf Kuria, John Wood sogar sieben Jahre auf Makin gelebt hatte, damals (1841) die ersten und fast einzigen Weissen. Entsprechend dem geringen Bildungsgrade der Betreffenden, die trotz ihres Sprachverständnisses doch Vieles missdeuteten und irrig auffassten, sind die nur nach der Erinnerung gegebenen Mittheilungen nicht immer zuverlässig, besonders in Bezug auf das geistige Leben der Eingeborenen. Die amerikanische Expedition selbst konnte nur flüchtige Beobachtungen sammeln, da im Ganzen blos auf vier Inseln kurze Besuche stattfanden, die auf Tapiteuea zu blutigen Conflicten führten. Dennoch enthalten die Berichte der Expedition eine Menge interessante Mittheilungen, die namentlich durch ihre Objectivität werthvoll sind.

Im Jahre 1879 war es mir vergönnt, einen Theil der nördlichen Inseln des Archipels, und zwar die Inseln: Butaritari, Maraki, Apaiang und Tarowa zu besuchen und mit den Eingeborenen derselben zu verkehren. Ich war aber ausserdem während meines längeren Aufenthaltes auf Dschalut fast täglich mit Eingeborenen von verschiedenen Inseln der Gruppe zusammen und hatte somit hinreichend Gelegenheit, mancherlei Erfahrungen zu sammeln, denen die nachfolgenden Mittheilungen zu Grunde liegen.

Ueber die Gilbertinseln publicirte ich bisher nur drei längere Artikel: »Aus dem Pacific III, Gilbertsinseln (Kingsmill)«, in »Hamburger Nachrichten«, Nr. 131, 132, 133 und 156 (3., 4., 5. Juni und 2. Juli 1880), kurze Notizen in »Verhandl. der Gesellsch. für Erdk. zu Berlin«, 1882, Nr. 10, S. 5 und 6.

Geographischer Ueberblick. Der Gilbert-Archipel[1]) besteht aus 16 Inseln oder Inselgruppen, die sich ungefähr von 3° S. bis 3° N. und zwischen 173—177° östl. L. über eine Meeresfläche von circa 420 Seemeilen Länge und 240 Seemeilen Breite vertheilen. Sämmtliche Inseln sind niedrige Korallbildungen, aber nur zehn Atolle oder Ringinseln mit mässig ausgedehnten Lagunen, von letzteren jedoch nur vier Schiffen zugänglich. Als isolirte Ausläufer gehören zum Gilbert-Archipel die Inseln Banaba (Ocean Isl.) und Nawodo[2]) (Onavera, Pleasant Isl.), merkwürdig durch die gehobene Korallformation.

Unter den physikalischen Eigenthümlichkeiten des Archipels verdienen die zuweilen orkanartig heftigen Stürme erwähnt zu werden, obwohl andererseits die Inseln innerhalb der »Doldrums« liegen, d. h. jenes Gürtels von Windstillen mit abwechselnden unregelmässigen Winden, die der Schifffahrt zuweilen ärgerlichen Aufenthalt verursachen. Oft sehr lange anhaltende Dürren wirken auf die ohnehin arme Vegetation äusserst nachtheilig und schädigen namentlich die Erträge der Cocospalme. Die letzteren sahen zur Zeit meines Besuches auf weite Strecken hin vergilbt, krankhaft und wie abgestorben aus, denn nach den Aussagen weisser Händler sollte es seit 18 Monaten nicht geregnet haben.

Flora. Die Atolle gehören mit zu den ärmlichsten Gebieten nicht nur der Südsee, sondern der Erde überhaupt. Durchaus Korallbildungen, in der Hauptsache aus dich-

---

[1]) Findlay's »Directory for the navigation of the North-Pacific-Ocean« etc. (London 1870) ist immer noch das beste Handbuch; die übersichtlichste Karte ist die von L. Friederichsen in »Verträge und Uebereinkunft des deutschen Reiches mit den Samoainseln« etc. (Hamburg 1879), Taf. V.

[2]) Ausführliche Nachrichten über diese damals noch wenig bekannte Insel, welche ich 1880 besuchte, publicirte ich: »Aus dem Pacific VI, Nawodo (Pleasant Isl.)« in »Hamburger Nachrichten« Nr. 286 vom 1. December 1880, vgl. auch Finsch, »Zeitschr. der Gesellsch. für Erdkunde«, Berlin (1882), S. 293 und 294.

tem, kalksteinartigen Korallfels, Trümmergestein, Geröll oder Sand aus Korallen bestehend, hat sich nur strichweise eine etwas dickere Humusschichte bilden können, die aber im günstigsten Falle kaum mehr als einen Fuss beträgt. Nur die Sonne der Tropen vermochte auf diesem armseligen Boden eine Pflanzenwelt zu erzeugen, die anscheinend in üppiger Fülle, doch nur aus wenigen Arten besteht, welche sich den physikalischen und geologischen Verhältnissen besonders anpassen. Die Cocospalme, der bescheidenste, aber zugleich nutzbarste Baum der Welt, der nur Seeluft bedürftig, gleichsam auf nacktem Korallgestein gedeiht, fällt am meisten ins Auge. Sie gruppirt sich aber nur in gewissen Strecken zu dichteren, fast waldartigen Hainen, die häufig mit Schraubenbaum (*Pandanus*[1]) durchsetzt sind; letzterer bildet den eigentlichen Hauptheil des Baumbestandes. Unterholz fehlt fast ganz, wie Buschwerk überhaupt nur spärlich vertreten ist. Mangrove (Eisenholz) erhebt sich selten zu ansehnlicher Höhe, sondern bildet meist dichtes Gebüsch. Auffallend war mir ein hoher Baum wegen seiner dunkelgrünen lorbeerartigen Blätter und reichen Blüthen, die in der Form an Apfelblüthe erinnern, der aber nirgends in grösseren Beständen vorkam. Ich fand ihn nur auf Butaritari, der reichsten Insel überhaupt. Rich verzeichnet von Makin grosse »*Pisonias*« und »*Tournefortias*«. Ganz besonders charakteristisch für die Gilbertinseln sind ausgedehntere Sandstrecken mit äusserst spärlichem Graswuchs. Blumen sieht man kaum; auch das auf den Marshall bemerkenswerthe lilienartige Gewächs ist viel seltener, als dort.[2])

Fauna. Mit der Armuth der Flora steht die der Fauna in vollem Einklange. Es gab nur ein Landsäugethier: eine Rattenart. Aber die Gilbertsee war noch bis in die Sechzigerjahre dieses Jahrhunderts ergiebiger Grund für den Fang des Spermwales oder Cachelot (*Physeter macrocephalus*). Ich bekam keinen mehr zu sehen, sondern begegnete nur einigemal sogenannten Schulen von zwei oder drei Arten Delphinen, darunter einer grösseren, an 15 Fuss langen Art *Orca*. An Vögeln[3]) beobachtete ich, einschliesslich pelagischer Arten, nur 19 Species im Ganzen, darunter nur einen Landvogel, einen weit über die Südsee verbreiteten Kukuk (*Urodynamis taitiensis*) als zufälligen Wandergast. Der weit über die Südsee verbreitete, bald schieferfarbene, bald weisse Reiher (*Ardea sacra*) brütet auch auf den Gilberts. Von Reptilien sammelte ich nur zwei Arten kleiner, hübscher Eidechsen (*Mabouia cyanura* und *Ablepharus poecilopleurus*), sowie zwei Gecko (*Gehyra oceanica* und *Platydactylus lugubris*). Frösche und Schlangen fehlen; Meeresschildkröten sind jetzt selten. Vom Reichthum des Meeres sieht man überhaupt wenig genug, da Fische nur gelegentlich und im Ganzen nur sehr spärlich zu haben sind. Unter den Krustenthieren machen sich besonders zwei Krabbenarten bemerklich, deren selbstgegrabene Schlupflöcher den Uferrand der Lagunen zu Tausenden durchsetzen. Im Uebrigen erhielt ich nicht viel; auffallend war die Seltenheit der sonst so häufigen Einsiedlerkrabben. In der sehr armen Insectenwelt sind Libellen (vielleicht 4—6 Arten) am häufigsten, dann zwei hübsche Tagfalter (*Hypolimnas Bolina* L. und *Junonia vellida* F.), von denen ich dem ersteren bis Ponapé, Neu-Guinea und Australien überall begegnete. Ausserdem sammelte ich nur noch drei

[1]) Kenntlich abgebildet in: Hernsheim, »Sprache der Marshallinseln«, S. 51.

[2]) Leider ist mein Südseeherbar, welches über 1000 Nummern (darunter über 200 aus dem Gilbert-Archipel) enthielt, durch den bekannten Botaniker Dr. F. Kurtz (damals in Berlin), dem ich es zur wissenschaftlichen Bearbeitung anvertraute, verschleppt und verzettelt worden.

[3]) Finsch: »Ornithological letters from the Pacific IV, The Gilberts-Islands«, in »The Ibis« 1880, S. 429 und »Vögel der Südsee«, Wien 1884, S. 50. Es verdient bemerkt zu werden, dass die Atolle der Carolinen Standvögel besitzen, darunter einen trefflichen Sänger (*Calamoherpe syrinx*). Eine verwandte Art (*C. Rehsei*) entdeckte ich auf der gehobenen Koralleninsel Nawodo (s. Ibis 1883, S. 142).

andere Lepidopteren (*Sesia mylas, Sphinx crotus* und *Utetheria pulchella*), sechs Arten Käfer,[1]) fünf Arten Spinnen (drei Arten neu) und eine Heuschreckenart (*Locusta*).

Areal und Bevölkerung. Mit der Armuth der Thier- und Pflanzenwelt steht die ungewöhnlich starke Bevölkerung in seltsamem Widerspruche, denn noch heute ist der Gilbert-Archipel das am stärksten bevölkerte Gebiet Mikronesiens, ja der Inselwelt Oceaniens überhaupt. So abweichend die Angaben in Bezug auf den Flächeninhalt des Archipels auch lauten (150 square miles: Findlay = 7 deutsche geographische Quadratmeilen; 661 Quadratkilometer = 12 deutsche geographische Quadratmeilen: Wagner und Behm 1878), jedenfalls handelt es sich um ein sehr beschränktes Gebiet, von dem ein beträchtlicher Theil überhaupt unbewohnbar und uncultivirbar ist und bleiben wird. Auf diesem Fleckchen Erde, oder vielmehr spärlich mit Humus bedecktem Korallengrund lebten, nach den ersten, gewiss sehr übertriebenen Angaben Kirby's, im Anfange der Vierzigerjahre 50.000—60.000 Eingeborene. Zählungen haben natürlich nicht stattgefunden, ausser 1878 auf Tapiteuea durch die Mission, welche auf dieser am stärksten bevölkerten Insel statt angeblich 10.000—15.000 nur 4538 Bewohner nachwies. Nach meinen Erkundigungen in 1879 betrug die Gesammtzahl circa 33.000; aber der Rev. Doane schätzte in demselben Jahre die gesammte Bevölkerung auf nur 25.000 und dürfte damit das Richtigere getroffen haben. Immerhin ergibt dies circa 40 Seelen auf den Quadratkilometer, also fast soviel als die Hälfte der Bevölkerungsziffern Deutschlands, für die Verhältnisse der Südsee eine unerreichte Höhe.

»Labertrade«, d. h. das sogenannte Anwerben »freier« Arbeiter, dieser Fluch der Südsee, hat auch die Gilberts heimgesucht und mehr als die stetigen Kriege zur Entvölkerung beigetragen. Denn dieser Arbeiterhandel[2]) führte die kräftigsten Leute weg, von denen sehr viele nicht zurückkehrten und diese, mit den Segnungen der Civilisation auf Fidschi, Samoa u. s. w., namentlich auch mit Schnaps, bekannt, taugten gewöhnlich nicht mehr viel. Wie schon Palmer sehr richtig bemerkt, sind die anscheinend kräftigen Gilbert-Insulaner infolge schlechter Ernährung und Ungewohntheit überhaupt für Plantagenarbeit durchaus ungeeignet. Schon in den Sechzigerjahren wurden die Plantagen auf Fidschi mit Arbeitern von hier, den sogenannten »Line-Islanders«, versorgt, und der Menschenhandel stand damals in voller Blüthe. Später recrutirten Werbeschiffe sogenannte »Auswanderer« für Tahiti, Hawaii und namentlich Samoa. Während meines kurzen Aufenthaltes auf Butaritari wurden (von circa 2000 Eingeborenen) allein 300 weggeführt, und allenthalben konnte man die böse Nachwirkung der »Labortrade« an entvölkerten Dörfern u. s. w. sehen. Da ich die Reise im Gilbert-Archipel an Bord eines solchen Werbeschiffes[3]) mitmachte, darf ich einigermassen aus Erfahrung sprechen. Erwähnt mag noch sein, dass in beschränktem Masse auch eine freiwillige Bewegung der

[1]) Von meinen reichen, an das königl. zoolog. Museum in Berlin gesandten Sammlungen sind nur die Käfer und Spinnenthiere von Hawaii, den Marshall und Gilbertinseln eingehender bestimmt und beschrieben worden. Von 43 Arten Käfern erwiesen sich 18, von 37 Arten Spinnen 17 als neu. Vgl. Karsch, Berliner entomol. Zeitschr., Bd. XXV, 1880, S. 1—16, Taf. I.

[2]) Ueber dieses schändliche Gewerbe, welches so viel Unheil anrichtete, gibt das interessante Buch von Capitän Palmer »Kidnapping in the South-Seas« (London 1871) zum Theil haarsträubende Facten.

[3]) Die deutsche Brigantine »Nicolaus«, 157 Tons, von der Hawaiischen Regierung gechartert, recrutirte 173 Eingeborene (Totalzahl 190 Personen an Bord) und entging später auf der Reise nach Honolulu (mit 193 Eingeborenen) nur mit knapper Noth einem tragischen Schicksale, um notorische Berühmtheit zu erlangen. Dabei war der »Nicolaus« noch viel besser ausgerüstet, als es sonst gewöhnlich bei »Labortradern« der Fall ist, wo zuweilen ein kleiner, 73 Fuss langer Schoner (von 48 Tons) 100 »Auswanderer« an Bord führte.

Bevölkerung stattfand. So lebten auf Butaritari, das als das Paradies der Gilberts gilt, an 250 Eingeborene von Apaiang, die aber mit einem europäischen Schiff herübergebracht waren.

Neuesten Zeitungsnachrichten zufolge haben in den letzten Jahren beträchtliche Werbungen auf den Gilberts für Nicaragua stattgefunden, was jedenfalls zur weiteren Entvölkerung beigetragen hat.

Handel. Wie in anderen Gebieten der Südsee ist die Erschliessung des Handels Walfängern zu verdanken, die schon in den Zwanzigerjahren den Archipel besuchten, der damals zu den ergiebigen Fanggründen gehörte, aber längst erschöpft ist. Deserteure von solchen Schiffen, welche bei den Eingeborenen freundliche Aufnahme fanden, die häufig schlecht vergolten wurde, waren die ersten Pioniere einer meist recht zweifelhaften Civilisation und nicht eben würdige Vertreter derselben. Im Jahre 1841 beglückten bereits sieben solche bedenkliche Abenteurer die Eingeborenen, unter denen einzelne selbst zu Häuptlingen avancirten, um als solche eben keinen heilsamen Einfluss auszuüben. Einen Vertreter dieser aussterbenden Species weisser Kanakas lernte ich noch in dem Veteranen Guzman kennen, der seit 37 Jahren meist auf Tapiteuea lebte und seine Muttersprache, Französisch, fast vergessen hatte. Im Anfang der Vierzigerjahre begründete Capitän Randall, ein Engländer, die erste ständige Station auf Makin zum Ankauf von Cocosnussöl, aus dem sich später der grössere Betrieb mit Copra entwickelte. Denn nur diese, d. h. der geschnittene und getrocknete Kern der Cocosnuss, bildet für die Gilberts, wie für die meisten Inseln der Südsee, das einzige Ausfuhrsproduct. Der Ertrag desselben ist infolge von Dürren und Stürmen ausserordentlich schwankend und beträgt in günstigen Jahren 2000—3000 Tonnen im Werthe von 400.000—600.000 Mark. Zur Zeit meines Besuches verliessen übrigens die meisten Trader (weisse Händler) den Archipel, weil die letzten zwei Jahre nur Missernten ergeben hatten. Der grösste Coprahändler war damals der König von Apamama, der mit einem neuseeländischen Hause in Verbindung stand, demnächst die chinesische Firma La Sing in Sydney. Deutschland hatte nur mässigen Antheil an dem Handel in den Gilberts, denn seine Schiffe holten damals nur Arbeiter und waren deswegen wenig beliebt. Schildpatt und Perlmutter sind ohne jede Bedeutung, Trepangfischerei erwies sich ebenfalls als erfolglos, wie der Handel ausserdem durch die Gefährlichkeit der Navigation wesentlich erschwert wird; fast jede Insel hat ein oder mehrere Wracks aufzuweisen.

Die Einfuhr ist bei der Bedürfnisslosigkeit der Bewohner natürlich nicht erheblich und bestand damals hauptsächlich in Schnaps (meist Hamburger Gin), Waffen und amerikanischem Stangentabak (Twist I, S. [20]); letzterer bildete zugleich die übliche Scheidemünze.

Mission. Das Bekehrungswerk hat seine Begründung in Ostmikronesien hauptsächlich einem Walfänger, Capitän Handy, zu verdanken. Er kannte die Gilbert- und Marshallinseln seit 17 Jahren und liess sich bereit finden, die ersten Sendboten der »Hawaiian Evangelical Association« 1855 von Honolulu aus auf einer Fahrt durch die Inseln mitzunehmen. Diese Gesellschaft, ein Zweig der Amerikanischen evangelischen Missionsgesellschaft in Boston, besass damals noch nicht ihr eigenes Schiff, den Schoner »Morning Star«, mit dem 1857 die erste Station auf Apaiang (unter Rev. Bingham) gegründet wurde. Im Jahre 1878 war die Mission mit 20 meist hawaiischen Lehrern auf neun Inseln gefestigt und mochte an 1500 Kirchenbesucher zählen, davon allein 800—900 auf Tapiteuea. Während meines Besuches hatte bereits ein bedenklicher Rückschlag stattgefunden, und eine grosse Anzahl Bekehrter, darunter sogenannte »Könige«, vorher »Diakonen«, waren abgefallen. So der König von Butaritari, wo die

Kirche statt früher 211 nur noch 10 regelmässige Besucher aufzuweisen hatte. Auch der mächtige König von Apamama zeigte sich im Anfang der Mission geneigt und nahe daran, Christ zu werden. Im Jahre 1878 erliess er drakonische Gesetze gegen Störung der Sonntagsruhe, aber kaum zehn Jahre später (1887) untersagte er den Sonntagsgottesdienst, und die meisten Christen fielen ab. So ist das Missionswerk, schwankend wie immer in seinen Erfolgen, mehr rück- als vorgeschritten und hat nach mehr als dreissigjähriger angestrengter Arbeit im Ganzen nur wenig erreicht. Einen grossen Theil der Schuld tragen daran freilich die vielen Kriege zwischen der christlichen und heidnischen Partei (vgl. den nachfolgenden Abschnitt »Fehden und Krieg«), zu denen in neuester Zeit, wenigstens auf Tapiteues, noch ernste Misshelligkeiten zwischen Katholiken und Protestanten nicht gerade erspriesslich wirkten.

Die besten Erfolge scheint die Londoner Missionsgesellschaft bei den Bewohnern der südlichen Inseln (Tamana, Onoatoa, Nukunau, Arorai und Peru) gehabt zu haben die durch die »Labortrade« am ärgsten heimgesucht, entmuthigt und eingeschüchtert, durch die Mission, wenigstens nach aussen hin, einigen Schutz fanden. Seit 1870 mit farbigen Lehrern von Samoa thätig, galten diese Inseln schon zehn Jahre später als völlig bekehrt.

In diesem Gebiete ist es daher mit den früheren Gebräuchen der Eingeborenen und ihren ethnologischen Eigenthümlichkeiten so ziemlich vorbei.

Schutzherrschaft. Durch Uebereinkunft zwischen Grossbritannien und Deutschland (vom 10. April 1886) gehört der Archipel in die Interessensphäre des ersteren Reiches, wogegen Nawodo (1888) in deutschen Besitz überging. Nach Zeitungsnachrichten von diesem Jahre (1892) hat das englische Kriegsschiff »Royalist« erst neuerdings auf den Gilberts die Flagge gehisst.

I. Eingeborene.

Aeusseres. In physischer Entwicklung nehmen die Gilbert-Insulaner unter den Mikronesiern entschieden die erste Stelle ein und gehören überhaupt mit zu den schönsten Völkern der Südsee. Beide Geschlechter haben mehr als anderwärts stattliche Erscheinungen aufzuweisen, namentlich unter den jungen Mädchen, die mit Recht als die hübschesten der Südsee gelten. Alte Frauen sind dagegen, wie stets bei wenig oder kaum bekleideten Menschen, hässlich, ja bisweilen geradezu abschreckend. Die geringere Verbreitung von Hautkrankheiten, unter denen Ringwurm *(Psoriasis)* seltener als sonst vorkommt, erhöht den vortheilhaften Eindruck. Elephantiasis erinnere ich mich nicht gesehen zu haben; aber Hudson verzeichnet diese Krankheit.

Wenn die Gilbert-Insulaner in dem amerikanischen Reisewerke (V, S. 45) als eine den Malayen sehr nahestehende Race, die Bewohner von Makin dagegen als eine davon ganz verschiedene bezeichnet werden, so ist das letztere jedenfalls nicht richtig, und das bessere Aussehen der Makiner lediglich auf die weit günstigeren Ernährungsverhältnisse zurückzuführen. Der abgebildete Makininsulaner mit langen Locken (S. 83) kann nicht als typisch gelten, wohl aber der junge Häuptling von Tapiteuea (S. 78). Dass die Gilbert-Insulaner unter sich nicht verschieden sind und zu derselben Race als alle übrigen Oceanier (Hawaiier, Samoaner, Marshalls u. s. w.) gehören, wird meine Sammlung von 22 nach dem Leben abgegossenen Gesichtsmasken (darunter drei Eingeborene von Makin) am besten zeigen. Im Uebrigen verweise ich auf meine ausführlichen ethnologischen Mittheilungen (Zeitschr. für Ethnol. 1884, S. 4—11). Hier auch (Taf. I) Typen von Gilbertphysiognomien nach photographischen Aufnahmen von mir.

Sprache. Dieselbe ist eine eigenthümliche und einheitliche, welche auf allen Inseln des Archipels verstanden wird, ebenso wie auf Banaba (Ocean Isl.), dagegen nicht auf Nawodo (Pleasant Isl.), welches eine besondere Sprache oder Dialekt besitzt. Davon, sowie von der totalen Verschiedenheit mit Marshallanisch, konnte ich mich selbst überzeugen. Bemerkenswerth und interessant ist, dass auf Nui (Eeg oder Netherland Isl.) der Ellicegruppe eine mit Gilbert ganz ähnliche oder übereinstimmende Sprache gesprochen wird, während die Eingeborenen der übrigen Inseln dieser Gruppe (z. B. Funafuti und Nukufetau) Samoanisch sprechen, das so ziemlich auch in der Tockelau- oder Uniongruppe verstanden wird. Da zwischen den Bewohnern der Gilberts und Ellice kein Verkehr besteht, die überhaupt keine Seefahrer sind, so darf man annehmen, dass Nui einst durch Verschlagene von den Gilberts besiedelt wurde.

Wie die meisten Südsee-Eingeborenen, können auch die Gilbert-Insulaner kein *l* aussprechen, das bei ihnen wie *r* klingt, wie *c* gleich unserem *t*, *v* wie *pau*; die Aussprache von *f* wird ihnen ebenfalls schwer, von *x* unmöglich.

Herkunft. Ich enthalte mich darüber jedes Urtheils, da dies nur in das Gebiet der Muthmassungen führen würde, muss aber hier eine irrige Auffassung Hale's berichtigen. Nach Wood's Mittheilungen glauben die Eingeborenen nämlich, dass ihre Vorfahren von »Baneba« und »Amoi«, einer anderen Insel im Süden, herkamen. Abgesehen von der Legende, dass die Amoileute nach wenigen Generationen von den Banebaleuten erschlagen wurden, lässt sich dagegen nichts einwenden, denn »Baneba« ist eben die stammverwandte Insel Banaba (Ocean Isl.) und »Amoi« identisch mit Arorai. Aber Hale deutet durchaus irrthümlich die erstere Insel mit Ponapé der Carolinen, die letztere mit »Samoa« und daraus entstand die »verbürgte« Annahme, als seien die Gilberts (Makin) durch Verschlagene aus den Carolinen bevölkert worden, eine Ansicht, die ohne weitere Kritik selbst in der neuesten Literatur Vertreter findet (z. B. Sittig in Petermann's Mittheil. 1890, S. 164).

Charakter und Moral. Die Gilbertinsulaner sind von lebhaftem Temperament, ziemlich laut, lärmend, leicht aufgeregt, aber fröhlich und lebenslustig und unterscheiden sich dadurch sehr von ihren durch Feudalwesen unterdrückten Nachbarn, den Marshallanern. Nach der Aufnahme, welche die ersten verlaufenen Weissen bei ihnen fanden, scheinen sie gutmüthiger Natur gewesen zu sein. Selbst Kirby rühmt die Gastfreundschaft und Freigiebigkeit der Gilbert-Insulaner, bezeichnet sie aber auch als unehrlich, diebisch, hinterlistig und grausam. Freilich waren diese ersten Ankömmlinge arme Teufel, welche die Habsucht nicht reizen konnten; aber diese friedlichen Verhältnisse änderten sich bald, als mehr Schiffe verkehrten. Wie überall, fanden Ausschreitungen statt, welche die Eingeborenen häufig an Unschuldigen zu vergelten suchten, und bald kamen die Gilbertinsulaner in jenen schlechten Ruf, den sie noch heute, und zum Theil mit Recht, verdient haben. Immerhin sind sie, trotz kriegerischer und kampflustiger Anlagen, nie so notorisch geworden als andere Südseeinsulaner, und Massacres an Weissen in grösserem Massstabe scheinen nicht vorgekommen zu sein, wenn auch verschiedentlich Versuche dazu gemacht wurden. Wie überall, ist das Betragen der Eingeborenen je nach den Verhältnissen ein sehr verschiedenes, und anscheinende Freundlichkeit schlägt häufig in das Gegentheil um, sobald sich die Eingeborenen überlegen glauben. In diesem Wahne und noch wenig bekannt mit der Wirkung von Feuerwaffen, traten die Bewohner des Dorfes Utiroa auf Tapiteuea (1841), nachdem sie einen Seemann zurückbehalten und wahrscheinlich ermordet hatten, selbst der Strafexpedition des amerikanischen Kriegsschiffes entgegen. Freilich hatten die Eingeborenen schon damals mit Weissen üble Erfahrungen gemacht, und Capitän Hudson citirt bereits den Fall mit dem englischen

Walschiffe »Offlay«, dessen Capitän (Leasonby) auf Peru sechs Mädchen gestohlen hatte. Viel ärger als Walfischfahrer, die schon wegen Furcht vor Desertion den Inseln möglichst fern blieben, hausten aber später die gewerbsmässigen Menschenfänger der Werbeschiffe,[1]) und man muss sich wundern, dass in Folge solcher Aufreizungen und Brutalitäten nicht mehr Weisse erschlagen wurden. Das Einzige, was die Eingeborenen im Verkehr mit den Letzteren profitirt hatten, war, wie Capitän Hudson sehr richtig bemerkt, »Tabak und Syphilis«, wozu später das noch viel grössere Uebel »Schnaps« hinzukam. Es ist sehr bemerkenswerth, dass die Gilbert-Insulaner bis zum Jahre 1841 noch kein berauschendes Getränk kannten, und man darf als gewiss annehmen, dass der berauschende »saure Toddy« (Palmsaft) ebenfalls erst durch Weisse eingeführt wurde. Zu Hudson's Zeit tranken die Eingeborenen bei ihren Festen nur harmlose Karawe (Palmsaftsyrup mit Wasser), als Bingham 1857 nach den Inseln kam bereits sauren Toddy, und zu meiner Zeit war Schnaps (Gin) das hauptsächlichste Tauschmittel, mit dem sich ungefähr Alles erreichen liess. Ein weisser Händler auf Butaritari, der in der Betrunkenheit aus Versehen eine Frau erschossen hatte, sollte die geringe Busse von fünf Flaschen Gin (à einen Dollar) bezahlen, verweigerte aber auch diese. Um sich Schnaps zu verschaffen, verkauften die Eingeborenen ihre Gewehre an die weissen Händler zurück (ein Gewehr von fünf Dollar für eine Flasche Schnaps), und wer gar nichts mehr besass, machte »Mongin« (sauren Toddy), der übrigens auch von Weissen keineswegs verschmäht wurde. Dass es bei diesen Saufgelagen, wie ich sie selbst mit ansah, nicht friedlich herging, lässt sich begreifen. Gewöhnlich arteten sie in eine solenne Schlägerei aus, an der sich auch die Weiber betheiligten, und nicht selten gab es Mord und Todtschlag, die zu blutigen Fehden führten. Wenn Hudson die Eingeborenen als eine dreiste, unverschämte Bande schildert, ohne Gesetz und Respect vor Alter und Würde, so waren sie zu meiner Zeit in Folge des Schnapses, der bereits ein Nationalübel bildete, womöglich noch schlimmer geworden. Dennoch haben mein Reisegefährte (Herr Rehse aus Berlin) und ich, nur mit einer Vogelflinte versehen, überall die Inseln durchstreift, ohne ernstlich belästigt worden zu sein, gingen aber freilich heiteren Trinkgesellschaften möglichst aus dem Wege. Und das war auf Inseln, wo die Mission damals gar keine Macht hatte, ebensowenig als sogenannte Häuptlinge.

Wenn schon zu Hudson's Zeiten Eingeborene hauptsächlich an das Schiff kamen, um Mädchen anzubieten, »was nicht sehr zum Lobe der Walfischfahrer spricht,« wie Hudson richtig bemerkt, so hatte sich die Moral der Insulaner inzwischen nicht gebessert; aber sie war auch nicht schlechter als in anderen Gebieten Mikronesiens, z. B. den Marshalls. Verheiratete Frauen sind übrigens treu, und Ehebruch kommt selten vor, wie mir von Weissen, die mit Gilbertfrauen lebten, versichert wurde. Freilich fällt ihnen die Trennung meist ebensowenig schwer als Frau Kirby, die sich mit dem Geschenk eines Matrosenmessers tröstete, denn seitdem sind Ehen mit Weissen etwas Gewöhnliches geworden. Aber wie die meisten Eingeborenen besitzen die Gilbert-Insulaner wenig Gemüth, wenn sie auch weder gefühl- noch schamlos sind. Was ihnen aber gegenüber anderen Eingeborenen sehr mangelt, ist Schicklichkeit. Nirgends habe ich natürliche Bedürfnisse von beiden Geschlechtern so ungenirt verrichten sehen als von den Gilbert-Insulanern. Auch in der Kirche herrschte weit weniger Aufmerksamkeit und Respect als

[1]) So stahl im Jahre 1869 ein Viti-Labortrader auf Peru nicht weniger als 280 Eingeborene, die im Drange der Selbstbefreiung den Capitän und einen Theil der Mannschaft erschlugen und ans Land zu schwimmen versuchten, das aber nur 30 in halbtodtem Zustande erreichten. Solche Tragödien werden dann in der Colonialpresse als »Massacres« und Schlächterei Seitens der »Savage-murderers« bezeichnet (vgl. Palmer, »Kidnapping«, S. 102).

anderwärts. Durch die Freiheit der socialen Verhältnisse an ein ungebundenes Leben gewöhnt, kommt das lebhafte Temperament bei den Gilbert-Insulanern häufig sehr heftig zum Ausdruck. Eifersucht führt unter den Weibern nicht selten zu Balgereien, die in Kämpfe ausarten, und ich sah selbst eine Frau, die in einer solchen Rauferei fast die Nasenspitze eingebüsst hatte. Dass die Männer in der Erregung noch ärgere Ausschreitungen begehen, lässt sich denken, und es mag wahr sein, dass in der Wuth des Kampfes Verstümmelungen von erschlagenen Feinden vorkommen, wie mir versichert wurde. In solchen Einzelfällen ist vielleicht sogar Menschenfleisch verzehrt worden, wie Kirby behauptet, aber deswegen darf man nicht das ganze Volk der Gilberts als Cannibalen brandmarken. Kirby, den die Kurianer, die ein grosses Feuer angezündet hatten, zunächst auszogen, glaubte, dass man ihn braten wolle; statt dessen wurde er aber freundlich aufgenommen und den »Wilden« durch Heirat verbunden. Mir selbst sind eine Menge Schauergeschichten[1]) erzählt worden; aber nie konnte ich einen Augenzeugen ausfindig machen, und selbst der hawaiische Missionär auf Tarowa hatte nur sagen hören, dass nach der grossen Eingeborenenschlacht im vorhergehenden Jahre von 34 Gefallenen einer verzehrt worden sei. Wenn übrigens versucht wird, Mangel an Fleischnahrung als Leitmotiv für Cannibalismus darzustellen, so müssten dieser Theorie zu Folge die Gilbert-Insulaner jedenfalls am ersten auf diese barbarische Sitte verfallen sein, namentlich wenn sie, wie Kirby meint, wirklich davon schon zu kosten angefangen hatten. Wäre dies der Fall gewesen, dann würde Cannibalismus wohl auch hier bleibend eingeführt worden sein. Aber dieser scheussliche Brauch ist eben unabhängig von den übrigen Ernährungsverhältnissen. Bekanntlich waren die in Ueberfluss schwelgenden Fidschianer noch in den Fünfzigerjahren die berüchtigsten Menschenfresser der ganzen Südsee.

Bemerkenswerthe gute Eigenschaften habe ich auch bei den Gilbert-Insulanern nicht kennen gelernt, und nur ein Verlassener wie Kirby hatte Ursache, von Gastfreundschaft und Freigebigkeit zu sprechen. Zu meiner Zeit fand sich davon keine Spur mehr, selbst ein »König« liess sich die anscheinend geschenkten paar Cocosnüsse bezahlen, nahm aber seinerseits gern Geschenke an. Im Ganzen waren die Gilbert-Insulaner damals nicht schlechter als andere Eingeborene, und wenn auch zuweilen etwas dreist und lärmend, liess sich doch mit ihnen verkehren, so lange sie nüchtern waren. Dass ihr Intellect gut entwickelt ist und sie in Bezug auf geistige Auffassung höher stehen als z. B. die Marshallaner, davon konnte ich mich öfters überzeugen. Zur Zeit des Walfischfanges waren Gilbert-Insulaner als Matrosen auf solchen Schiffen beliebt und erwiesen sich als recht brauchbare Seeleute. Ich selbst lernte verschiedene Gilbertleute kennen, die an Bord von Schiffen weite Reisen gemacht hatten und so gut zu erzählen wussten, als seinerzeit der berühmte »Kadu«. Dass die Gilbert-Insulaner als Arbeiter nicht viel taugen, habe ich bereits im Vorhergehenden (S. [290]) erwähnt. Im Arbeiterdepot auf Dschalut fanden verschiedene turbulente Scenen statt, und ich selbst schlug einst einem jungen Gilbertburschen das Messer aus der Hand, mit dem er einem weissen Aufseher zu Leibe gehen wollte. Aber diese Herren taugten auch nicht viel und waren eben keine glänzenden Vorbilder für Eingeborene, weder in Moral, noch Aufführung.

[1]) Ich will davon nur eine erwähnen, die kurz vor meinem Besuche auf Maraki passirt sein soll. Einige Eingeborene, welche einen andern erschlagen hatten, kochten von dessem Fleisch und brachten davon der Mutter des Ermordeten, indem sie versicherten, es sei von einem neuen delicaten Fische, weshalb die Frau das Geschenk auch ohne Zögern verzehrte und trefflich fand. — Was sich Chamisso auf Radak von den »Repith-Urur« (= Gilberts) erzählen liess, gehört in dieselbe Kategorie der Fabeln, die, einmal in die Literatur aufgenommen, nur schwer wieder auszurotten sind.

Wenn sich nach Kirby's Berichten die Gilbert-Insulaner täglich dreimal waschen, so wird man darnach auf grosse Reinlichkeit schliessen müssen. Allein damit wird es nicht sehr strict genommen, denn Waschen in unserem Sinne ist auch auf den Gilberts unbekannt, aber ich wunderte mich schon, wenn ich sah, dass sich Manche nach der Mahlzeit etwas Wasser über die Finger gossen und den Mund ausspülten, weniger über das Läuseessen. Diese Angewohnheit ist ja in der ganzen Südsee verbreitet, aber wohl nirgends dermassen im Schwange als gerade bei den Gilbert-Insulanern. Hier werden diese sonst meist lästigen Parasiten[1]) des Kopfhaares förmlich gezüchtet, und ich sah oft besonders grosse Exemplare durch Austausch von einem Kopfe auf den anderen wandern. Dass sich Liebende, oder Eltern den Kindern, gegenseitig solche fette Leckerbissen zuwandten, kam häufig vor; aber das hatte ich schon in Sibirien bei Ostiaken und Samojeden gesehen.

II. Sitten und Gebräuche.

(Sociales und geistiges Leben.)

1. Sociale Zustände.

Die Verhältnisse, wie sie Hudson 1841 auf Tapiteuea fand, wo Krieg, Unordnung und eine Art Faustrecht herrschte, welches dem Verwegensten und Stärksten den grössten Anhang verschaffte, waren auf den von mir besuchten Inseln noch genau dieselben und werden auf den Gilberts mehr oder minder wohl immer so gewesen sein. Auf Maraki und Apaiang gab es zwar Häuptlinge (»Tuaëa« oder »Nea«), aber sie besassen keine Macht und kein grosses Ansehen. Dem sogenannten »Könige« von Butaritari ging es nicht viel besser, und doch hatte sein Vorgänger gewaltige Bauten aufführen lassen, nur um sein Volk zu beschäftigen. Der einst mächtige Herrscher von Tarowa, der vor 20 Jahren einen Dieb noch mit eigener Hand erschlug, war ein Jahr zuvor im Religionskriege gefallen und hatte noch keinen Nachfolger gefunden, obwohl sonst die Häuptlingswürde erblich ist. Der einzige unumschränkte Gebieter war damals Binoka von Apamama, zugleich auch über Kuria und Arenuka, ein absoluter König und Tyrann, wie es deren wenige in der Südsee gegeben haben dürfte. Dieses dynastische kleine Königreich war von einem Vorfahren Binoka's, einem gewaltigen Eroberer, gegründet worden und bestand schon 1841 in der zweiten Generation. Hier herrschten daher auch die am meisten geregelten Zustände. Schnaps und Toddy waren streng verboten, aber kluger Weise erlaubte Binoka weder Werbeschiffe noch Trader und entfernte auch die Mission, als dieselbe ihm anfing, unbequem zu werden. »Diebstahl und Ehebruch« wurden mit dem Tode bestraft; »die Könige halten Gericht« u. s. w. heisst es in Berichten über die Gilberts, aber nur Häuptlinge wie Binoka durften sich solche Gewalt[2]) anmassen. Auf den übrigen Inseln herrschten mehr republikanische Zustände. Streitigkeiten wurden im Maneap verhandelt und von der Majorität entschieden, wobei Häuptlinge nicht immer den Ausschlag zu geben, ja oft so wenig Einfluss hatten, als Alter.

[1]) Die von mir an das Berliner Museum eingesendeten Exemplare dieser *Pediculus*-Art sind ununtersucht geblieben, dürften aber einer besonderen, durch dunkle Färbung ausgezeichneten Species angehören.

[2]) Wie sehr Binoka gefürchtet war, mag folgende Episode lehren. Ich traf auf Milli (Marshalls) sieben Eingeborene von Apamama, die über den König respectwidrig gesprochen hatten, deshalb entflohen und hieher verschlagen waren. Die angebotene Passage nach ihrer Heimat wurde dankend abgelehnt, denn hier hätte sie doch nur Todesstrafe getroffen.

Hudson war auf Tapiteuea Zeuge, dass die dem bejahrten Häuptlinge gegebenen Geschenke diesem sofort von Anderen entrissen wurden.

Dass Häuptlinge weder durch Tätowirung, noch sonst wie, am allerwenigsten aber durch hellere Färbung sich vom gewöhnlichen Manne (»Tiarmid«) auszeichnen, mag nur deshalb erwähnt werden, um irrthümlich verbreitete Ansichten zu berichtigen. Hoheitszeichen habe ich nirgends beobachtet, noch finde ich solche erwähnt, ausser im Katalog des Museum Godeffroy (S. 261, Taf. XXIX, Fig. 2, vermuthlich eine Waffe).

Stände. Nach Kirby gab es auf Kuria drei Stände: Häuptlinge (Nea), Landbesitzer (Katoka) und Sclaven (Kawa); aber diese Verhältnisse sind nicht für den ganzen Archipel giltig. Wie wir im Vorhergehenden gesehen haben, bedeutet schon die Macht der Häuptlinge nicht viel, und Wood berichtete von Makin, dass es dort nur Hohe und Niedere gebe. Denselben Eindruck habe ich auf allen von mir besuchten Inseln gewonnen. Jedes Familienhaupt besass Eigenthum in Land und Cocospalmen, bald mehr bald weniger, Verhältnisse, die durch die »Labortrade« viel Störungen erlitten und Ursache zu manchen Streitigkeiten und Fehden wurden. So vertheilten die hawaiischen Missionäre nach dem grossen Siege der christlichen Partei auf Tapiteuea die Ländereien der geschlagenen Heiden und behielten das Beste für sich. In ähnlicher Weise mag es bei den Kriegen der Eingeborenen hergehen, die bei ihrer Häufigkeit geregelte Zustände kaum aufkommen lassen. Sclaven (»Tebai«), die nach Kirby erbliches Eigenthum waren, gab es zu meiner Zeit nicht mehr, sonst würden die Häuptlinge unseren Werbern (Recruiters) gewiss welche verkauft haben. Wahrscheinlich bildeten Sclaven auch nie einen bestimmten Stand, sondern waren wohl Kriegsgefangene von anderen Inseln, oder Verschlagene. Letztere wurden auch gern von weissen Händlern als unbezahlte Arbeiter behalten, wie dies unter Anderem auf Nawodo mit angetriebenen Maianaleuten passirte.

Namensaustausch, von Hudson noch als häufig erwähnt, war zur Zeit meines Besuches kaum mehr Sitte. Aber es gab eine gewisse Bruderschaft, wenn auch nicht durch Bluttrinken besiegelt, und fast jeder Mann hatte seinen »Jibüm« (Bruder), der zuweilen auch ein Weisser war. Diese Bruderschaft geht aber nicht so weit, um dem Bruder als Gast die Frau für die Nacht zu überlassen, wie z. B. auf den Marshalls.

Die **Begrüssung** nahestehender Personen ist Berühren der Nasen, das sogenannte Nasenreiben. Frauen umarmen sich und berühren sich mit den Gesichtern, aber ohne Kuss.

Tauschmittel (Geld). Nach Kirby's wenig glaubwürdiger Angabe herrschte damals (auf Kuria) Gütergemeinschaft und mit Ausnahme von Sclaven konnte Jeder vom Anderen nehmen, was er wollte, selbst Häuser und Canus. Aber an einer anderen Stelle nennt Kirby den Preis, der für ein Canu zu zahlen war und in Lebensmitteln bestand. Ausserdem gab es aber gewiss auch noch andere Tauschmittel, und hierzu gehörten jedenfalls Tekaroro-Muschelschnüre (Taf. VII [24], Fig. 1—4), sowie Spermwalzähne (Textfig. 16). Letztere waren noch in den Fünfzigerjahren auf Fidschi das werthvollste Tauschmittel und wurden auch an die Bergbewohner verhandelt. Für einen grossen Spermwalzahn konnte man ein Mädchen als Frau erwerben, einen Mord sühnen oder für ein Paar ein grosses Canu bauen lassen. Spermwale waren damals freilich noch häufig im Fidschimeere, und noch 1840 war das Erscheinen einzelner dieser Thiere im Hafen von Levuka nichts Aussergewöhnliches. Selbstredend verstanden auch die Fidschianer nicht, die Walthiere zu jagen, und begnügten sich mit zufällig gestrandeten Exemplaren.

Verbot, d. h. Tabusitte, die so oft irrthümlich als »heilig« gedeutet wird, ist auch auf den Gilberts üblich und hat meist Nützlichkeitszwecke. So verbietet ein um eine

Cocospalme gebundenes Palmblatt das Abnehmen der Nüsse während einer gewissen Periode, um die Bäume zu schonen. Aber zu Zeiten des Mangels, wie während meines Besuches, wurde und konnte dieses Tabu nicht gehalten werden. Bei gewissen Gelegenheiten wird auch das Versammlungshaus für die Weiber »tabu« erklärt, wahrscheinlich weil die Männer allein und ungestörter kneipen wollen. Das Tabu kann sich auch auf andere Dinge, z. B. gewisse Speisen erstrecken, je nachdem es der Rath der Männer für gut befindet, wobei der Glaube an schädlichen Einfluss von Geistern oder Besprechungen zuweilen mit die Veranlassung sind.

2. *Stellung der Frauen.*

Wie überall herrscht Arbeitstheilung, wobei schwere Arbeiten von Männern verrichtet werden. Diese bauen Häuser, Canus, besorgen die Tarofelder und schleppen (nach Kirby) sogar die Früchte nach Haus, was sonst überall Sache der Frauen ist. Letztere sind meist häuslich beschäftigt, vor Allem mit Flechten der kunstvollen Matten, gehen aber auch aufs Riff fischen und ziehen nicht selten mit den Männern zum Kampfe. Der Verkehr zwischen beiden Geschlechtern ist daher auf den Gilberts viel minder beschränkt, als sonst gewöhnlich, die Stellung der Frauen keineswegs eine untergeordnete, ihre Behandlung im Allgemeinen eine sehr gute. Sie dürfen an den Festlichkeiten im Versammlungshause (Maneap) theilnehmen, und die Todtenklagen, welche ich beim Ableben einer Frau hörte, unterschieden sich in nichts von jenen beim Tode eines Mannes.

Mädchen geniessen volle Freiheit, und wenn auch auf den Gilberts Keuschheit nicht als Tugend gilt, so wurde mir doch versichert, dass es Mädchen geben soll, die bis zu ihrer Verheiratung Jungfrauen blieben. Gewöhnlich haben aber Mädchen mehrere Anbeter, und es war eine beliebte Praxis unserer Werbeagenten, Mädchen zu engagiren, von denen einige als Lockvögel dienten, weil dann junge Männer von selbst nachfolgten.

Nach einem anscheinend zuverlässigen Gewährsmanne von mir ist die erste Menstruation Anlass zu einer besonderen Festlichkeit. Das betreffende Mädchen wird lange Zeit (mehrere Monate?) unter einem Mosquitozelt gehalten und an dem festlichen Tage besonders geschmückt (vgl. Textfig. 13) im Versammlungshause präsentirt. Die Festfeier selbst besteht in den üblichen Tänzen und Gesang, verbunden mit Trinkgelagen; Abschliessung des weiblichen Geschlechts in besondere Häuser während der Periode findet nicht statt.

Ueber besondere Heiratsgebräuche habe ich nichts in Erfahrung gebracht, als dass den Eltern der Braut Geschenke gegeben werden; aber Kirby (l. c., V, S. 101) beschreibt dieselben ausführlich. Dass aber eine besondere Vermählungsceremonie unter Assistenz eines »Priesters« stattfindet, ist stark zu bezweifeln, aber mit den Festlichkeiten mag es seine Richtigkeit haben. Wood weiss von Ceremonien bei Verheiratungen auch nichts zu berichten, sagt aber, dass Kinder häufig noch sehr jung von ihren Eltern verlobt werden, was an ähnliche Gepflogenheit auf Neu-Britannien erinnert. Uebrigens finden ja Heiraten zwischen den Bewohnern verschiedener Inseln statt; auf Butaritari lernte ich Frauen kennen, die von Apaiang herstammten; noch häufiger sind Ehen zwischen den Bewohnern von Tarowa und Apaiang.

Die Ehen sind strenger als anderwärts, und Gilbertfrauen stehen wegen ehelicher Treue in besonders gutem Rufe. Weisse Händler nehmen deshalb gern Gilbertfrauen und lassen sich zuweilen von einem farbigen Missionär förmlich trauen, wenn die Ehe wegen Weggang des Gemahls oft auch nur eine kurze ist. Ich lernte aber dauernde Verhältnisse kennen, die so glücklich als möglich waren und wo, wie häufig bei uns, die farbige Frau das Regiment führte. Ueberhaupt sind die Gilbertfrauen sehr selbstständig, dabei eifersüchtig, Temperamentfehler, die ja auch bei uns nicht selten das gute Einvernehmen trüben. Wenn Männer auf den Gilberts ihre Frauen schlagen, so dürfen sie sich auf Gegenwehr gefasst machen und ich sah einen Mann mit einer Risswunde, die er der Eifersucht seiner Frau verdankte.

Polygamie gehört zu den seltenen Ausnahmen, und ich habe sie nur bei sogenannten »Königen« beobachtet, denn selbst Häuptlinge besassen nur eine Frau. Dagegen sah ich weisse Händler, die mit ihren vier Frauen ungeniert an Bord kamen. Der König von Butaritari hielt eine grosse Anzahl Weiber, und Binoka von Apamama soll sogar 19, nach Anderen etliche 40 besitzen, die in einem besonderen Harem gehalten werden, dem sich kein Mann nähern darf. Im Jahre 1881 halb und halb bekehrt, begnügte er sich eine Zeitlang mit zwei Frauen, nahm aber später, der Mission überdrüssig, seinen Harem wieder auf. Uebrigens gilt nur die erste Frau aus Häuptlingsblut als eigentliche, deren Kinder erbberechtigt sind. Nach Kirby dürfen Sclaven gar nicht, an anderer Stelle nur mit Bewilligung des Häuptlings heiraten. Noch unwahrscheinlicher klingt Wood's Angabe, dass Mädchen, die nicht gleich nach der Geburt verlobt wurden, überhaupt ledig bleiben müssen. Dies widerspricht denn doch den Anschauungen der Eingeborenen zu sehr, die heiraten, wenn sie können, d. h. die Mittel dazu besitzen. Aus Mangel an letzteren bleiben höchstens Männer ledig.

Eigenthümliche Ceremonien beobachtete ich bei der ersten Schwangerschaft einer jungen Frau, etwa im dritten Monate. Der Mond spielte dabei eine Rolle, wie auch gewisse Besprechungen mit Opfern von Stückchen Cocosnuss, die weggeworfen wurden, stattfanden. Bei dieser Gelegenheit beschenken sich die Gatten, aber der ganze Vorgang war verschieden von der Beschreibung Kirby's (V, S. 101), nach welcher im achten Monat der Schwangerschaft die Verwandten des jungen Paares Geschenke austauschen, dem letzteren aber nichts übrig lassen.

Ueber Feierlichkeiten bei Geburt und Namengebung habe ich nichts erfahren, aber Kirby beschreibt dieselben (V, S. 102), wobei der unvermeidliche »Priester« figurirt. Nach demselben Berichterstatter wird Kindesmord nicht geübt, wohl aber Aborticidium, wenn bereits zwei Kinder vorhanden sind. Alte Weiber besorgen die Sache in roher Weise durch Malträtiren des Unterleibes, was aber selten üble Folgen hat. Ledige Mädchen sollen sich in gleicher Weise im Schwangerschaftsfalle die Frucht abtreiben lassen. Wood bestreitet dies für Makin, und jedenfalls bedürfen diese Berichte der zweifellosen Bestätigung. Uneheliche Geburten sind ja bei allen Kanaka nicht unehrenhaft und schädigen weder den Ruf von Mutter noch Kind.

Säuglinge werden in einem Stücke Matte auf dem Arme getragen, etwas grössere Kinder auf dem Rücken oder auf der Hüfte der Mutter, gleichsam auf dem Rande des Faserschurzes reitend.

Wie alle Eingeborenen sind auch die Gilbert-Insulaner sehr kinderliebend, und Eltern lassen sich von ihren Sprösslingen Alles gefallen. Ich war wiederholt Zeuge, dass kleine Kinder, die schon recht heftig werden können, ihrer Mutter im Zorne ins Haar fielen, ohne dass diese sie strafte.

3. Vergnügungen.

Mit dem lebhaften Temperament steht der Hang zu Lustbarkeiten in vollem Einklange, bei denen es allerdings häufig etwas laut und lärmend zugeht. Musik verschönert diese Lustbarkeit und Feste nicht, denn das Fehlen von Musik-Instrumenten gehört mit zu den charakteristischen ethnologischen Merkmalen. Nur die Muscheltrompete aus *Tritonium tritonis* (auch aus *Cassis cornuta*, Kat. M. G., S. 273) ist bekannt, aber kein Musikinstrument, sondern dient nur zum Signalblasen. Ihr Ton hält die Canus zusammen, ruft zum Kriege, zu Versammlungen und Festlichkeiten im Manesp, wie auch der hawaiische Missionär auf Tarowa mit diesem heidnischen Instrumente die Gläubigen zum Gottesdienste aufforderte, freilich häufig mit wenig Erfolg.

Gesang oder Singen (»Aënene«) ist in Ermanglung von Instrumenten auf den Gilberts mehr und besser ausgebildet, als ich dies sonst in der Südsee antraf. Dies fiel mir zunächst auf, als ich beobachtete, dass Männer und Knaben, wenn sie Früh und Abends auf die Cocospalmen kletterten, um die mit Palmsaft (Toddy) gefüllten Cocosnussschalen herabzuholen, stets dabei in nicht übler Weise zu singen pflegten.

Gesang bildet auch die hauptsächlichste Begleitung zu den sogenannten Tänzen, die, wie der erstere, ebenso originell als wirkungsvoll, zu den besten Leistungen der Südsee gehören.

Charakteristische Eigenthümlichkeiten dieser gymnastischen Vorstellungen sind, dass beide Geschlechter gemeinschaftlich theilnehmen, dass die Gesänge, unter Leitung eines Vorsängers, viel abwechselnder als sonst, theilweise sogar melodiös sind, und dass die Begleitung nur in Händeklappen und Schlagen mit Taktstöcken besteht, der sich beide Geschlechter bedienen. Das widerliche Rollen und Verdrehen der Augen, welches auf den Marshalls eine Hauptrolle spielt, kommt auf den Gilberts nicht vor.

Als Taktschlägel[1]) habe ich nur gewöhnliche Stöcke benutzen sehen; sie sind circa 60 Cm. lang und an beiden Seiten etwas zugespitzt, um einen helleren Klang zu erzielen. Meist genügt dazu ein Stück Palmblattrippe.

Die Tänze (»Ruia«) verdienen diese Bezeichnung mehr, als dies sonst der Fall ist, und stehen, abgesehen vom Lärme, vielleicht auf derselben Stufe als die »Hora« der Bulgaren. Die vorwiegend gymnastischen Aufführungen finden sowohl im Sitzen als im Stehen und Gehen statt, immer in der Weise, dass die Darsteller Gruppen bilden von mindestens vier, oder sich in zwei Reihen gegenüber stehen oder sitzen. In letzterem Falle handelt es sich nur um Bewegungen der Arme, respective Finger, hauptsächlich aber um Klappen mit den Händen, das bei allen diesen Vorstellungen in hervorragender, äusserst geschickter, ja fast möchte man sagen kunstvoller Weise zum Ausdrucke gelangt. Die Theilnehmer schlagen mit der flachen Hand in grosser Präcision theils gegeneinander, theils auf die eigene Brust oder Schenkel, dass es taktmässig schallt, und entwickeln dabei Abwechslungen, der die Feder des Beobachters nicht zu folgen vermag. Nicht minder wechselvoll, aber bei Weitem graziöser und imposanter sind die gymnastischen Vorstellungen, bei welchen die Theilnehmer sich bald reihenweise, bald in Gruppen gegenüber stehen oder in verschiedenartigen Wandelgängen hübsche Figuren und Gruppirungen bilden, die an gewisse turnerische Uebungen bei uns erinnern, namentlich da, wo, wie bei den Freiübungen,[2]) gleichmässige Bewegungen der Arme ausgeführt werden. Auch die Beine sind nicht unthätig und führen mancherlei, zum Theil

[1]) Im Kat. Mus. God., S. 261, ist ein Tanzstab, mit *Natica Gambiae* besetzt, von den Gilberts erwähnt, der wohl aber von der Ellice-Gruppe herstammen dürfte. Hieher gehört vermuthlich auch der mit Muscheln *(Natica)* besetzte Stab, den Edge-Partington (Taf. 175, Fig. 8) von Ellice abbildet.

[2]) Die »Menari« oder Tänze der Malayen, wie sie von Joest trefflich beschrieben werden, haben so viel Uebereinstimmendes, dass man auf malayische Herkunft der Gilbert-Insulaner schliessen dürfte; aber im Menari kommen auch die Hock- und Springtouren vor, wie sie für Neu-Britannien (I, S. [30]) so charakteristisch sind.

graziöse Touren aus. So berühren sich zuweilen die Zehenspitzen der Gegenüberstehenden, oder die Beine werden so hoch nach rückwärts geworfen, dass die Fusssohle das Gesäss berührt. Klappen mit den Händen oder Aneinanderschlagen der meist mit beiden Händen gehaltenen Tanzstöcke, in sehr abwechselnder Weise, gibt den Takt zu den Bewegungen wie zum Gesange. Letzterer, meist von einem Vorsänger intonirt, besteht in verschiedenen Strophen, zum Theile Solovorträgen, die, gedämpft anfangend, zuweilen melodisch wie ein Kirchenlied ertönen, sich nach und nach immer lauter und heftiger steigern, bis sie in gellendem Schreien enden, was allerdings ziemlich wild klingt. Der Text besingt übrigens keine besonderen Episoden, sondern ist nur improvisatorisch über gleichgiltige Dinge. Nach Kirby, der übrigens eine sehr mangelhafte Beschreibung gibt (V, S. 100), betheiligen sich oft ein paar hundert Personen bei diesen Aufführungen, die aber keineswegs Kuria eigenthümlich sind. Ich sah sie von Eingeborenen von Makin, Tarowa, Maraki, Apaiang und Maiana gemeinschaftlich ausführen, wobei sich Männer, Frauen und Kinder mit gleichem Eifer betheiligten.

Nach Kirby (V, S. 99) finden jeden Monat zur Zeit des Vollmondes solche Festlichkeiten statt, zu denen sich die Bewohner ganzer Dörfer oft gegenseitig einladen und beiderseits Lebensmittel liefern. Dann beginnen die Gäste zuerst zu tanzen, die Gastgeber folgen dann nach und so abwechselnd beide Parteien, wobei jede die andere zu übertreffen bestrebt ist. Gegen Mitternacht ziehen sich die Dorfbewohner in ihre Häuser zurück, während die Gäste im Maneap schlafen. Solche Feste dauern oft mehrere Tage, wobei viel gegessen und getrunken wird, damals nur die unschuldige Karave. Zu meiner Zeit war man damit nicht mehr zufrieden, sondern verzapfte sauren Toddy, der die Köpfe bald erhitzte, so dass blutige Raufereien häufig den Schluss bildeten, wie dies bei Festlichkeiten in civilisirten Ländern auch zu geschehen pflegt. Ich sah Trupps von Eingeborenen zu solchen Festen marschiren, welche grosse Mengen sauren Toddy in Cocosschalen schleppten; dabei figurirten auch Bewaffnete, unter Anderen Mädchen, die geladene Pistolen unter dem Arme trugen. Ich war aber auch Zeuge, dass ältere, besonnenere Männer vor dem Zuvielgenusse von Toddy abriethen. Nach Wood wurde (1840) auf Butaritari jährlich ein grosses Fest gefeiert zum Andenken an Teouki, dem berühmtesten Häuptlinge der Insel und Grossvater des damaligen Königs.

Tanzschmuck. Der ganze Ausputz der mit Cocosöl eingeriebenen Tänzer war ein sehr einfacher und bestand in frischen Blumen und Blättern. Fast alle Theilnehmer hatten frische Blätter ins Ohr gesteckt und Blumenkränze um den Hals wie auf dem Kopfe, oder einzelne Blumen im Haare. Andere trugen Streifen von frischem *Pandanus*-Blatt kreuzweise über die Brust, solche als Binden um das Kopfhaar, oder grosse Halskragen von Blattfiedern der Cocospalme, zuweilen auch Schärpen aus diesem Materiale quer über die Brust. Im Uebrigen waren die Männer, wie gewöhnlich, mit Matten, die Frauen mit dem Faserröckchen bekleidet, dem manche noch ein zweites aus frischen, grünen Cocosblättern hinzugefügt hatten. Zum besonderen Fest-, also auch Tanzschmuck gehören aber auch fein geflochtene Mädchenkappen (Textfig. 13), Kopfbinden und eine Art Kragen aus Mattengeflecht, sowie alle unter Putz aufgeführten Gegenstände, namentlich Schnüre von Muschelscheibchen (Taf. VII [24], Fig. 1), Zähnen u. s. w. Solche Schnüre werden nach Kirby von Männern und Frauen um Hals und Leib, sowie um das Fesselgelenk getragen, Spermwalzähne quer über den Rücken nur von Männern. Letztere sollen auch Augenbrauen und Bart mit Kohle schwarz, die Backen mit feinem Korallsand weiss bemalen (V, S. 99). Das geölte Haar wird mit einem Stöckchen aufgebauscht, so dass es eine weitabstehende, papuaähnliche Wolke bildet; Kahlköpfige bedienen sich einer Perrücke.

Spiele sind sehr beliebt, und namentlich die Jugend vertreibt sich die Zeit mit derartigen harmlosen Belustigungen und benimmt sich dabei sehr anständig. Prügeleien, wie man sie doch bei solchen fröhlichen »Wilden« meist voraussetzt, habe ich nie gesehen; auch bettelten die Kinder um Tabak nicht mehr als anderwärts und waren dabei weniger zudringlich. Am beliebtesten ist Ballspiel nach Art des Fangballes bei uns. Man bedient sich dazu eines:

Dscham (Nr. 626, 1 Stück), Ball, würfelförmig, aus *Pandanus*-Blatt geflochten, Tarowa.

Ein anderes Kinderspiel ist eine Windmühle, ganz in derselben Weise, wie sie die Kinder aus Papier bei uns anfertigen. Hier werden vier Streifen Palmblatt zusammengefaltet und an ein Stöckchen aus der Rippe einer Blattfieder der Cocospalme befestigt.

Mit grosser Begeisterung wird von Kindern die Anfertigung von Miniaturcanus[1]) betrieben, die sie sehr primitiv, aber sinnreich aus dem Marke eines Baumes zu machen wissen und mit einem kleinen Mattensegel versehen. Solche Canus lässt man dann bei günstigem Winde auf der Lagune laufen, ein Spiel, an dem sich nicht selten Erwachsene betheiligen.

Kirby erwähnt die letztere Vergnügung ebenfalls (V, S. 100), ausserdem »Fussball« und »Drachensteigen«. Die Drachen sollen aus gespaltenem *Pandanus*-Blatt gemacht und sehr »hübsch geformt« sein, bedürfen aber noch dringend der Bestätigung durch andere zuverlässige Beobachter. Wahrscheinlich liegt hier eine Verwechslung mit Südpolynesien zu Grunde, wo Gill von der Herveygruppe Drachen »aus Tapa« und das Spiel mit solchen beschreibt (»Life in the Southern Isles«, S. 64). Auch auf Pelau (Kubary).

Ein eigenes Gesellschaftsspiel mit kleinen Korallstückchen sah ich öfters von Frauen eifrig betreiben, vermochte aber nicht die Regeln desselben zu ergründen. Durch den Verkehr mit Weissen, namentlich auf den Werbeschiffen, hatte sich aber bereits die »Civilisation« auch in ihren Spielen Eingang verschafft. Sowohl Dame, als auch Karten sah ich öfters von beiden Geschlechtern mit Leidenschaft spielen, wobei manche ihren ganzen Tabakvorrath verloren. Das Damenbrett wurde roh in den Sand gezeichnet; dunkle und helle Korallstückchen vertraten die Stelle der Steine.

Sport. Nach Kirby würde Schwimmen auf der höchsten Brandungswelle, wobei man sich, wie auf Hawaii (und den Herveyinseln), eines Brettes bedient, zu den Hauptbelustigungen der Gilbert-Insulaner gehören, was ja möglich ist. Aber wenn derselbe Berichterstatter sagt, dass die Gilbert-Insulaner Hahnenkämpfe sehr lieben (V, S. 67), so könnte dies höchstens für Kuria gelten, wenn mir auch diese Angabe überhaupt sehr zweifelhaft scheint, aus dem einfachen Grunde, weil kaum Hühner gehalten werden.

Ich füge hier einen eigenthümlichen Brauch ein, den ich auf Nawodo beobachtete. Hier wird nämlich der Steinwälzer *(Strepsilas interpres)*, der auf seinen Wanderzügen alle Inseln der Südsee besucht, in besonderen glockenförmigen Käfigen gehalten, um die Männchen (im Frühjahre) kämpfen zu lassen. Auf dieser Insel lernte ich noch einen anderen eigenthümlichen Sport kennen, den Fang von Fregattvögeln *(Tachypetes aquila)*, der zur Zeit meines Besuches (Juli), wohl zugleich auch die Zugzeit dieses imposanten Fliegers des Meeres, mit grossem Eifer betrieben wurde. Man bediente sich dazu eines besonderen Geräthes, einer Art:

Bola oder Schleuder (Textfig. 1), bestehend aus einen konischen Gewicht, aus *Tridacna gigas* geschliffen, welches an der zugespitzten Basis durchbohrt ist, um die

[1]) Das im Kat. Mus. God., S. 269, Nr. 2604, beschriebene »Canoe-Modell« gehört in die Reihe der Spielzeuge und ist einem europäischen Boote nachgebildet, da Canus keinen »Klüverbaum« haben.

sehr lange Fangleine zu befestigen. Letztere, 70—80 Fuss lang, ist sehr fein aus Cocosfaser gedreht und endet in einen 40 Mm. breiten Fingerring, der, aus Schaftenden von *Tachypetes*-Federn, mit Faden aus Cocosfaser umsponnen ist und vom Vogelfänger am Daumen oder kleinen Finger der Rechten befestigt wird. Das obige Exemplar war aus Eisen geschliffen, andere aus dem festen Kalkgesteine (Arragonit), identisch mit dem gleichen von Banaba, aus welchem hier Stiele zu Fischhaken (wie Nr. 148) verfertigt werden.

Zum Fange der Fregattvögel waren nahe am Ufer besondere laubenartige Gerüste gebaut, und auf diesen sassen zahme Fregattvögel, um die Wildlinge anzulocken, während der Vogelfänger sich unter der Laube verborgen hielt. Wenn sich nun ein wilder Fregattvogel in weiten Kreisen allmälig zu seinem zahmen Genossen herabsenkte, niedrig genug, um von der Bola erreicht werden zu können, warf der Vogelfänger blitzschnell das Geschoss senkrecht in die Höhe, die Bola wickelte sich um den Vogel und brachte denselben unverletzt zur Erde. Nur Häuptlinge betrieben diesen eigenthümlichen Sport und hielten dafür besonders geschickte Vogelfänger. Es handelte sich darum, eine möglichst grosse Anzahl Fregattvögel zu fangen, wahrscheinlich wegen der späteren Benutzung der Federn (vergleiche Finsch: »Hamburger Nachrichten«, Nr. 286, 1. December 1881 und »Ibis«, 1881, S. 247).

Fig. 1.

Vogelbola, Nawodo Natürl. Grösse.

4. Fehden und Krieg.

Unter den Völkern Mikronesiens sind die Gilbert-Insulaner jedenfalls am streit- und kampflustigsten, eine Folge der unverhältnissmässig zahlreichen Bevölkerung der früheren Zeit. Kriege zwischen Dörfern und Districten einer Insel, wie zwischen Nachbarinseln waren von jeher an der Tagesordnung und haben im Leben dieser Eingeborenen stets eine bedeutsame Rolle gespielt; Kriegführen gehörte gleichsam mit zu den Beschäftigungen der Männer. Es ist daher nur leeres Geschwätze, wenn Wood behauptet (V, S. 93), auf Makin habe damals (1840) seit »100 Jahren« Frieden geherrscht und Waffen habe man überhaupt nicht besessen. Denn derselbe Berichterstatter sagt, sich selbst widersprechend, dass die von den Tarowaern verjagten Apaianger (1500 Köpfe stark) auf Makin freundliche Aufnahme fanden, aber hier eine Verschwörung anzettelten und in Folge dessen sämmtlich von den Makinern erschlagen wurden. Man sieht, wie wenig zuverlässig diese ersten, unfreiwilligen Autoritäten sind, deren Aussagen häufig der Bestätigung bedürfen. Aber es ist gewiss richtig, dass die Gilbert-Insulaner früher mit ganzen Canuflotten Ueberfälle auf Nachbarinseln ausführten, ja sogar einzeln Eroberungen machten. Wie wir gesehen haben, wurden Kuria und Arenuka unter die Botmässigkeit Apamamas gebracht; ja Binoka, der Herrscher dieses Reiches, versuchte in den Achtzigerjahren sogar Maiana zu unterjochen, woran ihn nur ein englisches Kriegsschiff hinderte. Gewöhnlich handelt es sich aber bei diesen Kämpfen weder um Politik, noch Eroberungen, sondern die Ursachen sind häufig sehr geringfügige, wie Eifersucht, Liebeshändel, Untreue u. dgl. In der Regel fordern sich einzelne Raufbolde mit ihrem Anhange heraus, ohne dass es zum Kampfe kommt, wie dies im Kat. M. G., S. 268, sehr amusant geschildert wird; zuweilen entstehen aber auch langwierige, blutige Fehden, die für die Eingeborenenverhältnisse noch am ersten als »Krieg« bezeichnet werden dürfen. Dabei haben die Gilbert-Insulaner bisweilen sogar einen Muth gezeigt,

3*

wie solcher selten bei Eingeborenen der Südsee vorkommt. Die Bewohner Utiroas traten der amerikanischen Strafexpedition mit einem Heere von circa 600 Kriegern, in drei Treffen getheilt, entgegen, liessen sich durch einzelne Schüsse, darunter von Raketen, nicht schrecken, und erst als eine allgemeine Salve die vernichtende Wirkung der Feuerwaffen zeigte, ergriffen sie die Flucht. Das in Brand gesteckte Dorf Utiroa (300 Häuser mit einem grossen Maneap) wurde gleich von den Bewohnern des Nachbardorfes Eta geplündert, die sich über die Niederlage ihrer Feinde freuten, und diese Episode gibt ein anschauliches Bild der Gilbert-Kriegsführung. Bei den Kämpfen nimmt übrigens das weibliche Geschlecht nicht selten lebhaften Antheil; so fand der Missionär Bingham unter den Gefallenen auf dem Schlachtfelde von Apaiang (1858) die Leichen von sechs Frauen.

Es ist eine für die Civilisation und christliche Gesittung beschämende Thatsache, dass der Eintritt dieser Aera die Kriege der Eingeborenen nicht vermindert, sondern vermehrt hat. Und daran ist das Missionswerk, selbstverständlich durchaus unbeabsichtigt, zu nicht geringem Theile mit Schuld gewesen. Allenthalben wo sich die Mission auf den Gilberts festigte, entwickelten sich politische Zerwürfnisse zwischen christlichen und nicht übergetretenen Königen, es bildeten sich Parteien, von denen jede die Oberhand zu gewinnen strebte, bis man zu den Waffen griff. Nicht selten arteten diese Streitigkeiten in Kriege aus, die als Religionskriege bezeichnet werden können, wenn auch auf beiden Seiten andere Interessen mitsprachen. Kaum drei Monate nach der ersten Niederlassung der Mission auf Apaiang (im Februar 1858) griffen Eingeborene von Tarowa die christliche Partei an, welche zwar siegte, aber den ersten getauften »König« verlor. Aehnliche Vorkommnisse ereigneten sich fast auf allen Inseln und hatten zum Theile das zeitweise Aufgeben der Mission zur Folge. Nach zwanzigjähriger Thätigkeit entbrannte (1878) auf Tarowa, wo die Mission fest begründet zu sein schien, Krieg zwischen Christen und »Heiden«, es kam zum Kampfe, in welchem 34 fielen, darunter der christliche König »David« Tekurapia. Auf Onoatoa siegte dagegen wieder die christliche Partei. Am schlimmsten ist es auf Tapiteuea zugegangen, welches schon 1878 eine christliche Gemeinde von 800—900 Seelen besass. Hier schien, nach dem blutigen Kriege von 1879, der Friede für immer gesichert; hatten doch die Eingeborenen ihre Waffen (300 Speere, Lanzen etc., viele Kürasse, 79 Musketen) freiwillig der Mission zum Verbrennen eingeliefert. Aber schon im folgenden Jahre entstand aufs Neue Krieg, und am 15. August wurde wohl die grösste Schlacht geschlagen, welche die Geschichte der Gilberts kennt, ein grossartiger Sieg der Christen über die Heiden, wobei über 300 (nach Anderen viel mehr) der Letzteren, darunter eine Menge Frauen, fielen. In diesem Kriege und an seinen Ursachen haben die hawaiischen Missionäre (die Pastoren Kapu und Nalimu) eine sehr zweifelhafte Rolle gespielt; sie sollen nicht nur dem Kampfe ruhig zugesehen, sondern zu demselben ermuthigt und schliesslich grosse Strecken Land der Besiegten für sich behalten haben. Diese schweren, gegen diese farbigen Missionsprediger erhobenen Anklagen hat die Oberleitung in Honolulu leider nicht zu entkräften vermocht, zum Theile sogar zugestehen müssen. Die Ruhe war übrigens bis 1887 auf dieser Insel nicht hergestellt, und auch auf anderen kam es hin und wieder zu blutiger Fehde. Aber in allen diesen Kämpfen ist kein einziger der christlichen, meist farbigen Missionäre zum Märtyrer geworden, was zum Lobe der Eingeborenen besonderer Erwähnung verdient.

Auch zur Zeit meines Besuches herrschten auf allen Inseln Kriegszustände, aber ich habe davon nicht mehr gesehen, als hie und da bewaffnete Banden, zum Theil in recht possierlichem Aufzuge. Jetzt dürften englische Kriegsschiffe, wirksamer als die Mission, wohl bessere Ruhe und Ordnung geschafft haben.

5. *Waffen und Wehr.*

Moderne Waffen, schon durch die ersten Händler[1]) eingeführt, waren damals bereits ziemlich verbreitet und mindestens grosse Messer in der Hand jedes Eingeborenen. Letztere spielten im Streit eine grössere Rolle und waren im Ganzen gefährlicher als Feuerwaffen, mit denen die Eingeborenen zum Theil nur Lärm machten, um sich zu schrecken. Vor den Maneaps oder Häusern der Häuptlinge lagen nicht selten Böller als nutzloses Vertheidigungsmittel, aber Musketen und Reiterpistolen bildeten Hauptartikel des Tauschhandels. Besonders beliebt waren Bajonnets, die, an einem langen Stocke befestigt, am meisten den einheimischen Waffen entsprachen.

Eingeborene Waffen waren daher zum Theil äusserst selten und sind seitdem, wie ich später durch einen auf den Gilberts ansässigen Händler erfuhr, so gut als vollständig verschwunden. Eine Ausnahme machen diejenigen Waffen, welche noch auf einigen südlichen christianisirten Inseln eigens für den Tauschhandel mehr als Spielereien gefertigt werden.

Die Hauptwaffen der Gilbert-Insulaner bestehen in Speeren, kurzen Keulen und verschiedenen kleineren Handwaffen. Eine weitere ethnologische Eigenthümlichkeit sind Rüstungen in Form von Helm, Kürass und Hosen, die zuweilen den ganzen Körper decken und aus sehr kunstvollem Flechtwerk aus Cocosnussfaser bestehen.

Ganz besonders charakteristisch für die Waffen der Gilbertinseln ist die häufige Verwendung von Haifischzähnen (»Tetaba« der Eingeborenen) als Material zur Bewehrung. Sie finden sich äusserst selten an alten Marshallspeeren, sonst nur bei kleineren Handwaffen der alten Hawaiier und in der Ellicegruppe (Funafuti). Der auf den Gilberts so lebhaft betriebene Haifischfang mag zu der Benutzung dieses Materials geführt haben. Es werden hauptsächlich die Zähne von drei Arten Haifischen verwendet, deren wissenschaftliche Bestimmung ich zum Theile der Güte von Herrn Dr. Hilgendorf (Berlin) verdanke.

Am häufigsten verarbeitet werden **Zähne von Galeocerdo Rayneri**, Mac Donald et Barron (Taf. II [19]). Fig. 11, ein sehr grosser Zahn der rechten Seite der Unterkinnlade von der Innenseite, mit einem Loch durchbohrt (*a* Dicke); Fig. 12, ein sehr grosser Zahn von der linken Seite des Unterkiefers von der Aussenseite, mit zwei Bohrlöchern (*a* Dicke).

Ein vor mir liegender Unterkiefer dieser Haifischart von Nukunau zählt fünf aufeinander liegende und sich deckende Zahnreihen von je 16—20 Zähnen, von denen die seitlichen jederseits, sowie eine Mittelreihe an der Verbindung der beiden knorpelartigen Unterkieferhälften sehr klein, übrigens in der Form gleich sind, im Ganzen also circa 100 Zähne, so dass dieselben zur Bewehrung einer grossen Lanze (wie z. B. Nr. 701) nicht ausreichen würden. Diese Art scheint weit verbreitet zu sein, denn ich fand Zähne derselben bei alten Waffen von Hawaii und Tonga benutzt.

Zahn von Carcharias lamia, Risso, var.[2]) (Taf. II [19]), Fig. 13 (*a* Dicke), Randsaum mit äusserst feinen, dichtstehenden Sägezähnchen. Wird meist zu kleineren, namentlich zu Handwaffen verwendet. Eine dritte Sorte ist:

Zahn (Taf. II [19], Fig. 14) einer noch unbestimmten Haifischart, sehr klein, mit äusserst feinen, sägeartigen Randzähnen.

[1]) Die circa 1500 Eingeborenen auf Nawodo lieferten bei der deutschen Besitzergreifung dem Kanonenboote »Eber« nicht weniger als 750 moderne Gewehre ab, die sie meist von deutschen Händlern gekauft hatten.

[2]) »Die Färbung etwas abweichend und die Brustflosse nicht ganz so schlank als bei Typus« Hilgendorf« in litt. nach von mir eingesandten Exemplaren aus den Marshalls.

Diese Art findet hauptsächlich auf den südlichen Inseln der Gruppe Verwendung. Ich sah derartige Zähne auch an althawaiischen Waffen.

Fig. 2.

Haifischzahn. Tonga.

Zur Ergänzung sei hier der sehr eigenthümlichen Zähne einer anderen, nicht bestimmten Haifischart gedacht, die ich zwar nicht an Waffen von den Gilberts, aber bei solchen von Tonga[1]) (im Hofmuseum) benützt fand. Die beigegebene Skizze (Textfig. 2) zeigt nur den Umriss, ohne Detail der Randbezähnelung.

Die grossen Haifischzähne, welche noch heute bei den Maoris als Ohrbommel beliebt sind, gehören, wie ich hier anfügen will, zu *Carcharias Rondeletti*, einer Art, die auch im Mittelmeere vorkommt.

Weitere Materialien zur Bewehrung von Speeren sind:

Rochenstacheln (Nr. 783) und

Rochenhaut (Nr. 784), erstere für die Spitze, letztere als Umhüllung der Parirstange (vgl. Taf. I [18], Fig. 4) verwendet.

Nicht alle Waffen der Gilbertinseln sind mit Haifischzähnen besetzt, sondern es gibt auch glatte Speere, die sich aber in Museen selten finden, weil Reisende gewöhnlich nur die interessanteren, mit Haifischzähnen besetzten Waffen mitbrachten.

a) **Speere** (Lanzen).

aa) Ohne Haifischzähne.

Die gewöhnlichste Waffe der Gilbert-Insulaner ist oder war ein glatter Speer — auf Tarowa »Tetaboa« oder »Tetabu« genannt — rund, an beiden Enden zugespitzt, aus Cocospalmholz; 2·80—3·36 M. lang, also ganz ähnlich, aber schwerer als die gleichartige Waffe der Marshallaner. Sehr häufig ist in der Mitte eine Schlinge aus Schnur von Cocosnussfaser angebunden, als Handhabe, da diese Speere wahrscheinlich geworfen werden. Sehr verschieden ist der:

Tetara (Taf. II [19], Fig. 6, Spitzentheil), Wurfspeer aus Cocospalmholz, circa 2 M. lang, der Schaft etwas vierkantig, der circa 79 Cm. lange Spitzentheil an beiden Seiten mit eilf eingeschnitzten Widerhaken, von denen die zehn ersten mit der Spitze nach abwärts, die letzten drei mit der Spitze nach aufwärts gehen. Ich erhielt von diesen sehr eigenartigen Wurfspeeren nur noch ein Stück, und zwar auf Tarowa.

Hudson erwähnt unter den Waffen von Tapiteuea auch Speere, deren Spitze mit 5—6 Rochenstacheln bewehrt war. Hierher gehören die von »Tockelau« und »Ellice« verzeichneten Wurfspeere (Kat. M. G., S. 222), früher mit der Angabe »Kingsmill«. Nach Hudson sind die Speere der Ellicegruppe einfache zugespitzte Stöcke von Palmholz, und auf Tockelau fehlt diese Waffe ganz. Dagegen waren die Speere der Samoaner mit Rochenstacheln bewehrt, wie solche auch früher auf den Marshalls vorkamen. Glatte oder mit geschnitzter Spitze versehene Speere besassen die Hawaiier noch 1841 (abgebildet bei Choris, Pl. XI, Fig. 11, 12 und 13), wie sie die einzige Waffe auf Tongarewa (Penrhyn) waren (Choris, Pl. XI, Fig. 3 und 4); die Form der geschnitzten Spitzen der hier abgebildeten Speere ist sehr verschieden von den von mir dargestellten von den Gilberts und Marshalls (Taf. II [19], Fig. 1 und 6).

bb) Mit Haifischzähnen.

Die Wirkung derartiger Waffen wird meist sehr übertrieben geschildert und ist im Ganzen weit weniger gefährlich, als ihr Aussehen. Mit einer haifischzahnbesetzten Handwaffe in Form eines kurzen Schwertes lässt sich nicht in »ein paar Minuten der

[1]) Die angeführten Waffen, aus der Cook'schen Sammlung herrührend, stammen wahrscheinlich nicht von Tonga, sondern von Hawaii. Anm. d. Red.

Kopf eines Menschen absäbeln«, wie ein Berichterstatter versichert (Gill, »Life in the Southern-Isles«, S. 307). Aber immerhin können hässliche Wunden entstehen, die freilich meist Fleischwunden sind und daher im Ganzen wohl leicht heilen. Ich beobachtete, namentlich auf Brust und Rücken, bei einer ziemlichen Anzahl Eingeborenen Wundnarben, die sich durch das zackig-zerrissene Aussehen der Ränder bemerkbar machten. Ein Mann von Onoatoa trug besonders auffällige Zeichen der Tapferkeit an seinem Körper: auf der linken Schulter eine 15 Cm. lange, blattähnlich aussehende Wundnarbe, auf der rechten Rückenseite eine 20 Cm. lange, auf der linken Bauchseite eine 12 Cm. lange, ausserdem sechs grössere Wundnarben auf dem rechten Arm, vier Ratsche am Kinn und viele andere kleinere Kratzer. Gewiss ein Beweis, dass Gilbertkrieger nicht immer gewappnet in den Kampf ziehen.

Unter den mit Haifischzähnen besetzten Waffen nehmen ausserordentlich schwere und lange Speere oder Lanzen die erste Stelle ein. Ich beschreibe ein altes Stück von Maraki:

Donu (Taf. I [18]), Kriegsspeer aus Holz der Cocospalme mit Haifischzähnen: Fig. 1, mittlerer Theil, grösste Breite; Fig. 2, äusserster, schmälster Spitzentheil; Fig. 3, Querschnitt, *a* Basis des Zahnes, der *b* durch Bindfaden, welche durch Bohrlöcher, *c*, gezogen sind, befestigt ist; Fig. 4, mittlerer Theil von der Schmalseite gesehen, *a* Parirstange, *b* Umhüllung mit stachliger Rochenhaut.

Die Länge des Speeres beträgt 4·38 M., wovon der runde, dicke, an der Basis stumpf zugespitzte Basistheil 2·30 M. misst, bei 4 Cm. Durchmesser; der 2·80 M. lange Spitzentheil (an der Spitze nur 16 Mm. Durchmesser) ist an jeder Seite zu einer sanften Hohlkehle ausgearbeitet (vgl. Fig. 3), so dass eine an der Basis 10, an der Spitze 2 Mm. hohe und 14 Mm. breite erhabene Kante entsteht, in welche in vertieft ausgearbeiteten Löchern die Haifischzähne (an der einen Seite 58, an der anderen 59) mit der Basis eingelassen und mittelst Bindfaden sehr sauber festgebunden sind. Der letztere besteht aus Faser von *Hibiscus*-Bast mit eingedrehtem Menschenhaar. Die Zähne, sämmtlich von einem Gebiss von *Galeocerdo Rayneri*, nehmen von unten nach oben an Grösse ab, und zwar so, dass die grössten in der Mitte des Basistheiles mit der Spitze nach unten (vgl. Fig. 1*a*), die kleinsten am Ende mit der Spitze nach oben gerichtet stehen (vgl. Fig. 2*a*). Einige der Zähne sind doppelt durchbohrt (vgl. Fig. 1 und 2*a*). Die eigentliche Spitze des Speeres besteht aus vier (14 Cm. langen) Rückenstacheln eines Rochen (je an der Basis 8 Mm. breit und an jeder Seite mit 56 äusserst feinen rückwärtsgebogenen Sägezähnen), die mit feinem Bindfaden aus *Hibiscus*-Faser und Menschenhaar festgebunden sind. Als Schmuck dienen einige Streifen *Pandanus*-Blatt, die gleich Bändern flattern, sowie unterhalb der Spitze zwei Büschel Menschenhaar (10 Cm. lang), wohl als Erinnerungszeichen an einen Kampf o. dgl. Da, wo die Haifischzähne anfangen, circa 2·20 M. von der Basis, ist eine etwas gekrümmte (20 Cm. lange) Parirstange aus Hartholz festgebunden, die mit einem 18 Cm. langen Stück von der körnigen, aber mit sehr spitzen Stacheln besetzten Haut einer Rochenart bekleidet ist.

Wenn schon die mustergiltige Bearbeitung der Stange aus hartem Holz volle Anerkennung verdient, so nicht minder die sehr accuraten, enggebohrten Löcher, wovon dieser Speer allein 117 durch Holz und ebensoviel durch die viel härteren Zähne erforderte, gewiss eine ebenso mühsame als schwierige Arbeit, von der man nicht begreift, wie und mit welchen Werkzeugen sie die Eingeborenen bewältigen konnten.

Donu (Nr. 701, 1 Stück), wie vorher; circa 4·16 M. lang. Tarowa.

Ich erhielt eine sehr mässige Anzahl dieser Speere auf Butaritari, Tarowa, Maraki und Maiana, sah aber keinen mehr machen, da es damals damit so ziemlich vorbei war.

Der längste Speer mass fast 5 M. und war beinahe bis zur Hälfte mit Haifischzähnen besetzt, ein Ueberfluss, der nur dadurch einigermassen Erklärung findet, weil die Waffe, wenn auch zum Stich geeignet, doch vorzugsweise hauend gehandhabt wird. Die Parirstange (übrigens zuweilen fehlend) dient zur Abwehr, respective zum Auffangen der feindlichen Waffe.

Die mit Haifischzähnen besetzten Waffen der südlichen Gilberts unterscheiden sich meist durch die ganz abweichende Befestigung der Zähne. Dieselben sind an der Basis zwischen zwei dünne Holzstäbchen, Rippen von den Blattfiedern des Blattes der Cocospalme, festgeklemmt und mittelst feinen Bindfadens festgebunden, der rings um das Holz und durch das Bohrloch des Zahnes läuft, also nicht durch Bohrlöcher im Holz (vgl. Taf. 171 von Edge-Partington). Die in dieser Weise verarbeiteten Zähne sind meist die kleineren von *Carcharias lamia* und der noch kleineren Art (Taf. II [19], Fig. 14).

Speere von der Länge der »Donu« werden auch auf den südlichen Inseln gefertigt (Hudson erwähnt 20 Fuss lange von Tapiteuea); gewöhnlich handelt es sich aber um viel leichtere Waffen, die in Form und Ausführung des Besatzes mit Haifischzähnen grosse Verschiedenheiten aufweisen.

Ein 3·20 M. langer Speer von Tapiteuea ist am Spitzentheile 60 Cm. lang mit vier Reihen Zähnen besetzt.

Ein anderer Speer, ganz wie vorher und von der gleichen Localität, ist in zierlichem Schachbrettmuster aus hellen *Pandanus*-Blattstreifen und schwarzem Menschenhaar umflochten.

Kleinere Speere (1·60 — 1·68 M. lang), vierkantig, mit vier Reihen feiner Haifischzähne besetzt, erhielt ich ausser von Tapiteuea auch von Arorai.

Ein anderer Speer (1·44 M. lang) von Banaba (Ocean Isl.) ist mit zwei Reihen Haifischzähnen besetzt, die sich spiralig um den runden Stock winden; eine sehr kunstvolle Arbeit.

Eine andere Art Speere zeichnen sich durch Querhölzer oder Seitenäste aus (vgl. Abbild. Wilkes, vol. V, S. 75), die ebenfalls mit Haifischzähnen besetzt sind, wie das folgende Stück:

Teraidai (Nr. 702, 1 Stück), dreigegabelte Waffe, längs des Hauptstammes, wie an den beiden Seitenästen mit Haifischzähnen besetzt. Tapiteuea.

Ein anderes Stück von derselben Localität, 2 M. lang, trägt in der Mitte ein halbmondförmig gebogenes Querholz (jederseits circa 30 Cm. lang), das, wie der mittlere gerade Spitzentheil, an jeder Seite mit einer Reihe Haifischzähnen besetzt ist. Andere derartige Stücke (0·9—1·1 M. lang) zeigten vier Reihen Zähne und gerade (nicht gebogene) Seitenäste mit ein oder zwei Reihen Zähnen. Sie heissen auf Tapiteuea »Te Pagoa«.

Eine ganze Reihe derartiger Waffen (darunter solche mit 2—3 zahnbesetzten Seitenästen) von den südlichen Inseln bildet Edge-Partington (Taf. 171) ab.

Bei allen diesen Waffen bestehen die Bindfaden, mit welchen die Zähne festgebunden sind, zum Theile oder ganz aus Menschenhaar, und häufig sind als Verzierung saubere Umwickelungen aus Haarschnüren, sowie an der Spitze Blattstreifen von *Pandanus* oder Haarbüschel angebracht. Ein grosser Theil dieser Waffen, ausgezeichnet durch weiches (eingeführtes) Holz, zierliche Arbeit und neues Aussehen des Nichtgebrauches, werden oder wurden eigens lediglich für den Tauschhandel mit Weissen angefertigt und nicht von den Eingeborenen gebraucht. Wenigstens war dies damals der Fall, und solche Phantasiewaffen, zum Theil Miniaturnachbildungen grosser Speere, wurden besonders auf den christlichen Inseln Arorai und Peru gemacht.

b) **Handwaffen** (säbel- und messerartige).

aa) Mit Haifischzähnen.

Die folgenden altgebrauchten Stücke können als Typen dieser Art Waffen gelten.

Tetaba; Handwaffe mit säbelartig gekrümmtem Blatt aus Hartholz, 58 Cm. lang, 55 Mm. breit; längs der Mittellinie mit erhabenem Kiel, an der Basis mit rundlichem Handgriff; die Schneide der einen Seite mit zehn, der anderen mit eilf Zähnen von *Galeocerdo Rayneri* besetzt, die ganz in der Weise einzeln durch Bohrlöcher im Holz festgebunden sind, wie bei den grossen Speeren (Taf. I [18], Fig. 1). Peru.

Ein anderes Stück mit gekrümmtem Blatt von derselben Localität ist nur 37 Cm. lang (davon der Handgriff 10 Cm.) und mit Zähnen von *Carcharias lamia* besetzt.

Solche säbelartige Haifischzahnwaffen sind abgebildet: Choris, Taf. II, Fig. 1 und Gill, »Life in the Southern-Isles«, S. 307.

Wie sich viele der im Vorhergehenden erwähnten Waffen dadurch unterscheiden, dass sie bis auf einen kurzen Handgriff an der Basis dicht mit Zähnen besetzt sind, so werden andere noch mehr zu kurzen schwert- oder messerförmigen, sägeartigen Handwaffen, wie das folgende Stück:

Handwaffe (Taf. I [18]) von Nawodo: Fig. 5 Basistheil, der flachgerundete Handgriff hinter *a* 12 Cm. lang; Fig. 6 Spitzentheil, die Länge des Mitteltheiles zwischen *a* und *b* (Fig. 5) beträgt 23 Cm., die ganze Länge 51 Cm.; die Zähne (von *Carcharias lamia*), 19 an der einen, 20 an der anderen Seite, sind mit der Basis in eine Nute eingelassen und durch sehr fein gedrehten Bindfaden aus Cocosfaser und Menschenhaar festgebunden.

Ein sehr ähnliches Stück ist

Handwaffe (Nr. 778, 1 Stück), kurz, messerförmig, jederseits mit Haifischzähnen besetzt.

Aehnlich sind die Handwaffen, welche Hudson (V, S. 39) von der Ellicegruppe (Funafuti) als »Messer« erwähnt. Sie bestehen aus einem circa fusslangen Stück Holz, an beiden Seiten mit kleinen Haifischzähnen besetzt, die aber nicht blos mit Bindfaden befestigt, sondern auch in eine Art Kitt eingeklebt sind.

Diese Art kleiner Handwaffen gehen allmälig über in die Kratzinstrumente, wie sie nur von Frauen gebraucht werden.

Tebutj (Nr. 780, 1 Stück, Taf. I [18], Fig. 7), Frauenwaffe, ein an beiden Enden zugespitztes Stück Holz von der Cocospalme, in welches eine Nute eingearbeitet ist, in welcher ein Haifischzahn (von *Galeocerdo Rayneri*) sauber eingelassen und mittelst zweier Bohrlöcher (eines durch den Zahn, das andere durch das Holz) mit Bindfaden festgebunden ist; eine feingeflochtene doppelte Schnur aus Cocosfaser *(a)*, welche eine Schlinge von 6 Cm. Länge bildet, dient als Handhabe. Tarowa.

Tebutj (Nr. 779, 1 Stück), wie vorher, aber mit zwei Haifischzähnen (von derselben Species) bewehrt, die mit einem Loche durchbohrt und mit vierfachem Bindfaden direct um den hölzernen (16 Cm. langen) Stiel festgebunden sind; der letztere ist ziemlich roh gearbeitet (aus *Mangrove*) und die Schlinge ein gewöhnlicher Cocosstrick. Tarowa.

Die Zahl der Haifischzähne wechselt von einem bis zu mehreren Stücken und darnach auch die Länge (bis 32 Cm.). Ich erhielt auch Exemplare, deren Stiel nicht aus Holz, sondern aus Walfischknochen gearbeitet war.

Ein sehr feines Stück aus der alten Zeit ist das folgende:

Frauenwaffe (Nr. 781, 1 Stück, Taf. I [18], Fig. 8), ein am Ende sanft gebogener, längs der Mittellinie flach gekielter (26 Cm. langer und 3 Cm. dicker) Holzgriff, mit einem Haifischzahn (von *Galeocerdo Rayneri*) bewehrt und in zierlichem, hellen und schwarzen Schachbrettmuster überflochten. Nawodo (Pleasant Isl.).

Der Haifischzahn ist mit dem Holz durch je zwei Bohrlöcher mittelst Bindematerial befestigt. Das letztere besteht nicht aus Pflanzenstoff, sondern scheint animalisch (ähnlich gespaltenem Fischbein?) zu sein; das durch die aussenständigen Bohrlöcher gezogene Material ist mit Menschenhaar umsponnen. Das helle Muster der Flechtarbeit des Handgriffs besteht aus gespaltener *Pandanus*-Blattfaser, das schwarze in der vorderen Hälfte aus schwarzgefärbtem *Hibiscus*-Bast, in der hinteren Hälfte aus Menschenhaar. Die 23 Cm. lange Schleife, welche als Handhabe dient, ist aus obigen Pflanzenmaterialien gedreht.

Ganz ähnlich sind althawaiische Handwaffen im British Museum und eine solche im kais. Museum in Wien (noch von Cook's Reisen her). Letztere besteht aus einem rechtwinkelig gebogenen, gleichschenkligen Holzstück, dessen dünneres, abgerundetes Ende den Handgriff bildet, während in das verbreiterte entgegengesetzte Ende ein Haifischzahn (von *Galeocerdo Rayneri*) eingesetzt ist.

Weiber pflegen häufig solche Handwaffen unter dem Faserschurz verborgen bei sich zu führen, um sich bei Ueberfällen damit zu vertheidigen, benützen dieselben aber

Fig. 3.

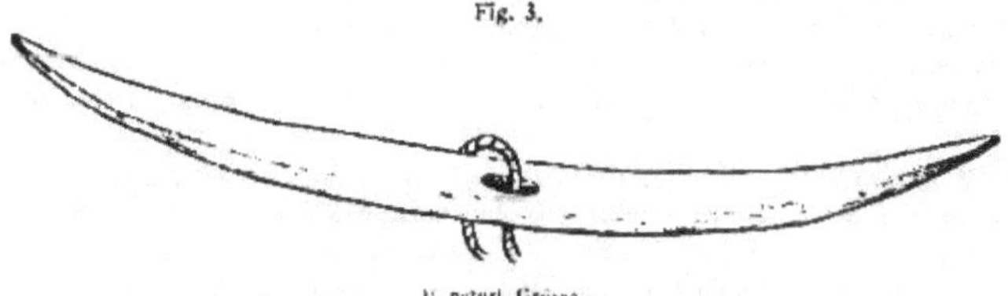

½ natürl. Grösse.

Stichwaffe aus Walknochen.

auch nicht selten bei Streitigkeiten untereinander, um sich gegenseitig zu zerkratzen. Die kleineren Kratzer (wie Nr. 780) werden mit den ersten zwei Fingern der Linken geführt, da ja die Schlinge zu klein ist, um die ganze Hand aufzunehmen. Das spitze Ende dient ausserdem zum Stossen, wie bei den meisten dieser zahnbesetzten Waffen, welche hauptsächlich zum Kratzen bestimmt sind.

Eine eigenthümliche Stichwaffe ist im Kat. M. G. (Taf. XXVIII, Fig. 3) von den Gilberts abgebildet. Sie besteht aus einem Griff aus Knochen (wohl Walfisch), an welchen sechs (bis 17 Cm. lange) Rochenstacheln mit Cocosschnur angebunden sind.

bb) Ohne Haifischzähne (Stilet, Keulen).

Ein Stück aus der alten Zeit ist das folgende:

Te karabino (Nr. 785, 1 Stück, Textfig. 3), stiletartige Handwaffe aus Walfischknochen, 26 Cm. lang, in der Mitte 20 Mm. breit und 15 Mm. dick, sehr unbedeutend gebogen, an beiden Enden zugespitzt, in der Mitte mit einem runden, sehr sauber gebohrten Loch, durch welches eine Cocosschnur als Handhabe befestigt ist. Tarowa.

Keulen sind niemals mit Haifischzähnen besetzt, sondern von sehr einfacher Form (vgl. auch Kat. M. G., Taf. XXVI, Fig. 9), wie die nachfolgend beschriebene, und waren damals die häufigst zu erlangende Waffe. Diese Keulen stimmen übrigens in der Form ganz mit den althawaiischen überein, wie ich sie im British Museum sah, fehlen aber auf den Marshall- und Ellice-Inseln.

Te batschirau (Nr. 772—774, 3 Stück). Keulen (Taf. II [19], Fig. 9), vierkantige, am Ende zugespitzte, an der Basis in einen runden Handgriff gearbeitete, schwere Knüppel aus Holz der Cocospalme; 63—81 Cm. lang; vor dem Handgriff ist ein Loch durchgebohrt und hier eine Schlinge aus feingeflochtener Cocosfaserschnur durchgezogen, welche um die Hand befestigt wird. Butaritari. Auch auf Makin, Maraki, Tarowa und Apaiang erhalten.

Eine in der Form ganz übereinstimmende Keule (79 Cm. lang), aber nicht aus Holz, sondern aus Walfischknochen (Unterkiefer vom Spermwal) gearbeitet, erhielt ich auf Maraki. Andere Keulen (bis 1·18 M. lang) weichen dadurch etwas ab, dass beide Enden zugespitzt sind. Nach Hudson dienen diese Keulen auch zum Abwehren der Speere. Rohe Holzkeulen finden sich auch auf der Ellicegruppe (Funafuti) und auf Otooha (Paumotu).

c) **Schlagstein** (? Schleuder).

Im Steinwerfen mit der Hand besitzen auch die Gilbert-Insulaner, wie alle diese Völker, grosse Geschicklichkeit, und namentlich sollen sich damit die Weiber beim Kampfe betheiligen. Eigentliche Schleudern finde ich aber nirgends erwähnt, erhielt auch selbst keine, wohl aber die nächstfolgende eigenartige Waffe:

Tedau (oder Tekadau) (Nr. 833, 1 Stück), Schlag- oder Schleuderstein (Taf. II [19], Fig. 15), eiförmig aus *Tridacna* geschliffen (Gewicht 125 Gr.), an der Basis mit einem Bohrloch versehen, in welches eine 18 Cm. lange Schnur aus Cocosnussfaser geknüpft ist, welche in eine Schlinge endet, weit genug, um die Hand durchzustecken. Tarowa.

Wahrscheinlich diente diese Waffe nach Art unserer Todschläger im Handgemenge zum Schlagen, wurde vielleicht aber auch geworfen. Als Bola zum Vogelfange (vgl. Textfig. 1, S. 35) sind diese Steine zu schwer. Ich erhielt nur noch sehr wenige Exemplare, darunter ein länglichspitzes, aus einem Stück Messing (wahrscheinlich Gewicht oder dergleichen) geschliffen, ebenfalls durchbohrt und mit einer Schnur zur Handhabung.

d) **Wehr.**

In Ermangelung geeigneten Holzes zu Schilden,[1]) hauptsächlich aber in Rücksicht auf die eigenthümlichen Waffen, kamen die Gilbertinsulaner wohl auf den Einfall, aus Cocosnussfaser Rüstungen zu verfertigen, die in ihrer Eigenart mit zu den ethnologischen Charakterzügen dieser Inselgruppe gehören. Wenn Kirby meinte, diese Rüstungen seien (1840) vor nicht langer Zeit eingeführt worden, so liegt dafür gar kein Beweis vor. Im Gegentheil zeigt das gleichzeitige Vorkommen dieser Wehrstücke auf Nawodo und Banaba die ethnologische Zusammengehörigkeit dieser Inseln mit den übrigen Gilberts. Diese Rüstungen sind äusserst kunstvoll und mühsam gearbeitet, indem circa 10—15 Mm. breite und dicke Wülste aus Cocosfaser mit feinem Bindfaden aus demselben Material dicht umstrickt und reihenweise so zusammengeflochten werden, dass sie ein anscheinend nur aus Bindfaden bestehendes, ausserordentlich dichtes Gewebe darstellen, welches für die eingeborenen Waffen fast vollständig Schutz gewährt. Ich sah freilich einen Harnisch, der durchbohrt war, aber wohl von einem Bajonnetstich.

---

[1]) Ich kenne nur einen Schild von den Gilberts im British Museum; derselbe besteht aus einer sehr grossen Knochenplatte, jedenfalls aus dem Schulterblatt des Spermwales gearbeitet, aus welchem Material ich Flechtbretter erhielt; vielleicht ist es ein solches.

Zur Rüstung gehört zunächst der

Te paringaru (Nr. 843, 1 Stück), Helm; halbkugelförmige Kappe aus einem spiralig aufgewundenen Wulst oder Strick aus Cocosfaser (in 20 Windungen), dicht mit Bindfaden eingestrickt. Tarowa.

Zuweilen sind solche Kappen noch mit Ohrenklappen versehen und stimmen dann in der Form ausserordentlich mit gewissen Formen eiserner Helme des Mittelalters überein und mit solchen, wie sie heute noch im Kaukasus[1]) vorkommen.

Ein solcher vor mir liegender Cocosfaserhelm misst 20 Cm. im Durchmesser, die Höhe der halbkugelförmigen Kappe 12 Cm., die Ohrenklappen sind 12 Cm. lang, an der Basis 15, am unteren Rande 10 Cm. breit, die Dicke beträgt 15 Mm. Ein solcher Helm deckt den ganzen Kopf bis über die Augen und kann manchen Schlag und Stoss aushalten. Das Exemplar zeigt auch verschiedene Ratsche durch Haifischzähne hervorgebracht, die aber wenig tief eindrangen.

Beliebt als Kopfbedeckung des Kriegers ist auch die aufgeblasene und getrocknete Haut eines Stachelfisches *(Diodon)*, die wie eine Kappe, zuweilen mit Ohrenklappen ausgeschnitten ist. Ich erhielt solche von Tapiteuea, hier »Te dautsch« genannt, wo sie zu Hudson's Zeit fast von jedem Krieger getragen wurden (Abbild. Wilkes V, S. 75).

Helme verschiedener Form bildet Edge-Partington (Taf. 170) ab, worunter der rechts unten dargestellte in seiner Flechtarbeit mit den oben beschriebenen übereinstimmt.

Das Hauptstück der Rüstung bildet der

Te dange (Nr. 842, 1 Stück), Kürass oder Harnisch mit Kopfschutz. Material und Flechtarbeit ganz wie bei dem vorherbeschriebenen Helm. Maraki.

Ein solcher Kürass von derselben Localität besteht aus zwei Theilen, wovon der eine die Brust, der andere den Rücken deckt und die, in einer Breite von 12 Cm. über die Achseln verbunden, aus einem Stück geflochten sind, wie der aufrechtstehende Schutz für den Hinterkopf nur eine Fortsetzung des Rückentheiles bildet. Der letztere zählt 40 Reihen mit Bindfaden dicht zusammengeflochtener Wülste oder Stricke aus Cocosnussfaser, das Kopfschutzstück 20. Die Masse sind folgende: Höhe vorne 52 Cm., hinten 72, davon der Kopfschutz 21, letzterer an der Basis 25, am oberen Rande 36 Cm. breit; Breite des Bruststückes über der Brust 38, am unteren Rande 70 Cm.; Breite des Rückenstückes über den Schultern 45, am unteren Rande 74 Cm.; Brust- und Rückenstück messen längs des inneren Randes 34 Cm., lassen also 12 Cm. hohe und 17 Cm. breite Armlöcher frei; die Oeffnung für den Kopf misst 21 Cm. im Längs-, 19 im Querdurchmesser, ist also ziemlich eng; es erfordert einige Gewalt, um einen europäischen Mannskopf durchzuzwängen. In der Mitte des Brusttheiles sind zwei circa meterlange, dicke, fein aus Cocosfaser geflochtene Schnüre befestigt, welche dazu dienen, die mit den Seitenwänden übereinandergelegten beiden Theile des Kürass festzubinden.

Da dieser Kürass, der noch nicht zu den schwersten gehört, bereits 4 Kilo 800 Gr. wiegt, der Helm 700 Gr., so ergibt dies immerhin das anständige Gewicht von zusammen 11 Pfund, was für einen Tropenkrieger gewiss recht reichlich ist.

Die Kürasse sind übrigens, auch in der Flechtarbeit, sehr verschieden, zuweilen ohne Kopfschutz, oder der letztere ist ansehnlich höher und dann häufig durch Stützen zum Geradehalten mit dem Achselstück verbunden.

Sehr eigenthümlich sind die enorm grossen und schweren Kürasse von Nawodo, bei denen der Kopfschutz rund herumläuft und so einen trichterförmigen Aufsatz oberhalb der Schultern bildet, welcher bei einer Höhe von 40—50 Cm. und einem Durch-

[1]) Bei den Chewsuren. Anm. d. Red.

messer bis zu 60 Cm. den ganzen Kopf einschliesst und denselben weit überragt. Ein Schlitz an der Vorderseite dieses Aufsatzes dient als Ausguck. Der ganze Kürass erhält dadurch eine becherartige Form. Ich erhielt nur noch ein solches Stück, das mit reichem Muster aus eingeflochtenem Menschenhaar verziert war, wie dies häufig bei Kürassen der Fall ist. (Vgl. auch Kat. M. G., Taf. XXVIII, Fig. 2.) Die gleiche Form der Kürasse soll übrigens auch auf Tapiteuea vorkommen, aber Hudson erwähnt sie nicht, sondern nur die gewöhnliche Form (Abbild. Wilkes, V, S. 75).

Zur Rüstung eines Gilbertkriegers gehören auch **Kriegshosen**. Dieselben sind nach unten zu ziemlich eng, aber lang und bis aufs Fussblatt fallend, aus grobmaschigem, netzartigen Flechtwerk aus Cocosfaser geflochten, reichen oberseits meist bis auf die Brust und werden durch Bänder über die Achseln festgehalten. Häufig ist mit solchen Hosen ein fein geflochtener Brust- und Rückenlatz verbunden (vgl. Kat. M. G., Taf. XXVIII, Fig. 6). Ich erhielt solche Kriegshosen auch auf Nawodo.

Aus grobmaschigem Cocosfasergeflecht verfertigt man auch **Jacken** und **Aermel**, die mit Bändern auf Brust und Rücken festgebunden werden. Die Figur eines solchen Kriegsmannes in voller Rüstung bei Edge-Partington (Taf. 170) ist jedenfalls besser als die bei Wilkes (V, S. 48) von Tapiteuea-Kriegern, von denen der links abgebildete Mann wie in Tricot gekleidet aussieht.

e) **Kriegsbauten.**

Die Kriegsführung der Gilbert-Insulaner kennt auch gewisse **Befestigungen**, die zur besseren Vertheidigung dienen. Ich beobachtete auf den nördlichen Inseln hie und da um grössere Häuser mauerartige Wälle, aus Korallsteinen erbaut, solche auch auf Nawodo. Das Haus eines alten Häuptlings hier war auf drei Seiten mit Schanzen umgeben und circa 3 Fuss dicken und 4—5 Fuss hohen Mauern aus Flechtwerk von Zweigen mit Korallgestein ausgefüllt, die gegen Flintenkugeln sicherten; die vordere offene Seite der Fortification war mit einem Böller armirt. Hudson fand das Dorf Utiroa auf Tapiteuea von einem Pallisadenzaune aus 8—10 Fuss hohen Pfählen umgeben; innerhalb dieser Pallisaden waren je 10 oder 12 Häuser wiederum besonders eingezäunt, so dass das Ganze für Eingeborene immerhin eine bedeutende Festung ausmachte.

Wachthäuser, wie sie Hudson von der letzteren Insel erwähnt, sah ich auch auf Maraki, Apaiang u. s. w. Es sind kleine Hütten, auf 2—2½ M. hohen Pfählen und mittelst einer rohen Leiter zugänglich, die aus einem mit Kerben versehenen *Pandanus*-Stamm besteht. Solche Pfahlhäuser finden sich einzeln, meist ziemlich entfernt vom Dorfe, auf dem Riffe der Lagune und sind auf einer kleinen Erhöhung von Korallsteinen errichtet, zum Schutz gegen die Fluth. Diese sonderbaren Bauten wurden als »Mückenhäuser« bezeichnet, in welchen man unbelästigt von Mosquitos (»Maninera«) nächtigt und die namentlich von Fischern benutzt werden, welche zeitig Reusen und Fischwehre revidiren. Das mag in Friedenszeiten wohl seine Richtigkeit haben, aber der eigentliche Zweck dieser Pfahlbauten ist ein kriegerischer, denn bei Unruhen sind hier Vorposten stationirt, die durch Rauchsäulen das Herannahen des Feindes anzeigen oder die Dorfbewohner allarmiren.

Aehnlich sind die »Mückenhäuser« auf Rotumah (Edge-Partington, Taf. 168), die wahrscheinlich gleichen Zwecken dienten.

6. Bestattung und Schädelverehrung.

Die Bestattungsweise der Gilbert-Insulaner zeigt melanesische Anklänge und weicht durch eigenthümliche, indess zum Theil äusserst widerliche Gebräuche sehr von der sonst in Mikronesien üblichen ab. Der Leichnam wird gewaschen (!?) und geölt auf einer Matte im Maneap zur Parade ausgestellt, wobei feierliche Tänze mit Gesängen zum Lobe des Verstorbenen stattfinden. Dies dauert oft acht Tage und länger, so dass bereits starke Verwesung eingetreten ist, ehe man die Leiche, in Matten eingenäht, meist im Hause eines nahen Verwandten mit dem Gesicht gegen Osten begräbt. Zuweilen wird aber auch das Leichenbündel auf dem Boden des Hauses verwahrt, bis alles Fleisch abgefault ist, und dann der Schädel, nachdem man ihn sorgfältig gereinigt und geölt hat, aufgehoben. Mit diesen Angaben Kirby's von Kuria stimmen die von Bingham über diese Gebräuche auf Apaiang fast ganz überein. Dort schläft die Witwe nicht selten wochenlang neben der Leiche ihres verstorbenen Gatten unter derselben Matte, und Leidtragende sollen sich mit dem Schaume vom Munde des Verstorbenen das Gesicht beschmieren etc. Aehnliches geschieht in gewissen Districten an der Südostküste Neu-Guineas (z. B. Hood-Bai), wo der Leichnam im Wohnhause liegen bleibt, bis er ganz zersetzt ist.

Wood's Angaben über die Gebräuche auf Makin, wonach der auf eine grosse Schüssel aus Schildkrötenschalen gelegte Leichnam von zwei bis vier Personen abwechselnd während einer Periode von vier Monaten bis zwei Jahren (!!) auf den Knieen gehalten wird (Wilkes, V, S. 103), und zwar nicht blos die Leichen von Häuptlingen, sondern auch solche von Sclaven, gehören einfach ins Gebiet der Fabel.

Ich selbst habe Gilbert-Eingeborene wenige Stunden nach dem Ableben begraben sehen, wobei der nur in eine Matte gewickelte Leichnam ohne weitere Ceremonien in das Grab gelegt wurde. Das letztere ist nicht deshalb so wenig tief, weil man den Aberglauben hat, dass sonst bald ein weiterer Todesfall folgen würde, sondern weil es bei dem Korallboden jener Inseln überhaupt schwer fällt, einigermassen tief zu graben. Ein Häuptling von Maiana, der in Folge des Genusses giftiger Fische auf Dschalut starb, war wie verschwunden; man habe ihn in der Stille beerdigt, hiess es. Als ich aber einige Tage später in die Hütte der Leute kam, veranlasste mich ein sehr starker Geruch zu Nachforschungen. Da fand ich die Leiche in einer kaum fusstiefen Grube liegen, mit einer Matte zugedeckt, um welche die Weiber hockten, und Alles schlief und ass in demselben Raume, in welchem auch gekocht wurde. Ohne Einschreiten würde der Leichnam, welcher bereits ziemlich in Verwesung übergegangen war, wohl noch lange nicht entfernt worden sein.

Die Gräber, welche ich auf den Gilberts sah, waren sehr nahe bei den Häusern und kennzeichneten sich als eine sorgsam mit weissen Korallsteinen bestreute Stelle des Erdbodens, ohne Erhöhung. Zuweilen waren Grabstellen mit flachen Korallplatten bedeckt und ein paar Cocospalmen dabei angepflanzt. Solche Plätze sind irrthümlich als »Aufenthalt der Götter« gedeutet worden.

Zum Andenken an den Verstorbenen werden übrigens, wie erwähnt, pantomimische Tänze abgehalten, wobei, wie ich nach eigener Beobachtung hinzufügen will, viel Schnaps getrunken wird. Bemalen des Körpers mit Schwarz als Trauerfarbe wie in Melanesien, oder irgend welchen Trauerschmuck habe ich nicht beobachtet.

Die Sitte, den Schädel verstorbener Anverwandten aufzubewahren, erinnert an den ähnlichen Gebrauch in Melanesien (Salomons, Neu-Britannien, Neu-Guinea) und war früher auch auf Samoa üblich, wo man den Schädel später ausgrub und als Andenken behielt, sowie auf der Oster-Insel. Die amerikanische Expedition sammelte hier Schädel mit eingravirten Schriftzeichen. Bingham sah auf Apaiang Witwen den Schädel ihres verstorbenen Gatten mit sich umhertragen, selbst bei Besuchen in benachbarten Dörfern.

Ich selbst konnte den Schädel des vorher erwähnten Häuptlings um keinen Preis[1]) erstehen; er wanderte mit der Witwe in die Heimat.

Diese Schädelverehrung bildet eine Art **Ahnencultus**, wie er besonders in Melanesien stark entwickelt ist, in Mikronesien aber in dieser Weise sonst nicht vorkommt. Nach Kirby werden die Schädel der Vorfahren als eine Art »Hausgötter« betrachtet, die man bei wichtigen Angelegenheiten hervorholt, einölt, mit Kränzen schmückt und ihnen Speise vorsetzt. Capitän Breckwoldt sah auf Banaba in einem Maneap Schädel aufgehangen (mündliche Mittheilung), und ich selbst entdeckte solche durch Zufall in einem besonderen Hause auf Nawodo. Dasselbe war jedenfalls, wie allerlei Geräth bewies, bewohnt; aber im hinteren Theile befand sich eine eigenthümlich aufgeputzte Abtheilung. Hier war aus Stäben eine Art Zaun gebildet, mit drei Reihen circa 1½ Fuss hoher, kreuzförmiger Stöcke, an denen lange Streifen *Pandanus*-Blatt gleich Bändern flatterten; an den Querhölzern der Stöcke hingen ausserdem etliche mit Cocosnussöl gefüllte Flaschen, die wohl als Opfergaben gedeutet werden konnten. Denn vor diesen geputzten Kreuzstöcken lag in einer Hamburger Ginkiste ein Todtenschädel, jedenfalls der würdigste Schrein für einen notorischen Trinker, wie es alle Bewohner der vergnüglichen Insel damals waren. Jim Mitchel, ein weisser Händler, erklärte denn auch den Schädel als den des Vaters seiner Hauptfrau, eines gewaltigen Häuptlings, dem sein Sohn Agua ardente Nachfolger werden sollte. Solche Schädel sind daher keineswegs »Trophäen« (Kat. M. G., S. 650) erschlagener Feinde, sondern Andenken verstorbener Anverwandten, wie in Melanesien, wo man aus solchen Schädeln sogar Masken und Armbänder (I, S. [31] und II, S. [156]) anfertigt. Vermuthlich gehören die Halsketten aus Menschenzähnen ebenfalls in die Kategorie der Andenken an Verstorbene, wenn auch Kirby behauptet, dass im Kampfe Gefallenen zuerst die Zähne ausgeschlagen werden. Abgesehen davon, dass dies mit den Werkzeugen dieser Eingeborenen nicht so leicht geht, verdient auch bemerkt zu werden, dass diese Halsketten fast stets nur aus Vorder- und Eckzähnen bestehen, welche leicht ausfallen. Die festsitzenden Backenzähne finden sich nur einzeln und sehr selten verwendet (wie z. B. in der Halskette Nr. 449 der Sammlung).

Ahnenfiguren, in Melanesien so häufig, scheinen auch auf den Gilberts vorzukommen. Ich sah im British Museum eine roh aus Holz geschnitzte menschliche Figur, einen sogenannten »Götzen«. Dieselbe ähnelt sehr althawaiischen Schnitzereien, ist aber durch Markirung von Tätowirung sehr merkwürdig und mit »Gilbert-Inseln« bezeichnet. Mir selbst ist niemals eine derartige Figur vorgekommen; aber Hudson erhielt auf Tapiteuea »carved images«, die alle für Tabak hergegeben wurden (V, S. 49), beschreibt dieselben aber leider nicht. Derselbe erhielt auch einmal auf Fidschi eine kleine Holzfigur, einen Menschen darstellend, die aber nicht verehrt wurde (III, S. 152).

7. *Geister- und Aberglauben.*

Ueber die im Leben von Naturvölkern am schwierigsten zu erkundenden Fragen, die des geistigen Lebens und der religiösen Anschauungen, haben wir bisher hauptsächlich nur durch Kirby und Wood Auskunft erhalten. Dieselben lebten ja allerdings

1) Ebenso ging es Rev. Damon, als er sich auf Tarowa die grösste Mühe gab, Schädel zu erlangen: »We visited a very Golgatha, where the skulls (wohl etwas übertrieben!) lay upon the ground thick as leaves in the valey of Vallombrosa, but the king would not allow us to take one away.« (Morning Star papers, Honolulu 1861, S. 49.)

lange genug als weisse Kanaka unter den Gilbert-Insulanern; indess sind sie doch nicht als Forscher zu betrachten und schon hinsichtlich ihrer Bildung gewiss nicht in dem Masse competent, als dies wünschenswerth sein würde.

Nach Kirby heisst die hauptsächlichste Gottheit »Wanigain« oder »Tabu-eriki« welche von der Mehrzahl des Volkes in Form besonderer Steine verehrt wird, wie in ähnlicher Weise »Itivini« und »Itituapea«, beides weibliche Gottheiten. Andere verehren gewisse Vögel, Fische oder die Geister ihrer Vorfahren, letztere die Makiner nur allein, die, nach Wood, keine Götter kennen. Zum Andenken berühmter Häuptlinge werden nicht allein Feste gefeiert (S. 33), sondern auch grosse Steine errichtet, die mit Cocosblättern geschmückt und bei denen Cocosnüsse niedergelegt werden. Auf Kuria sind solche Steine zum Theil in besonderen Häusern (»Ba-ni-mota« oder »Bota-ni-anti«) untergebracht, die sich von gewöhnlichen nur dadurch unterscheiden, dass das Dach auf Korallblöcken ruht und im Innern der Bodenraum fehlt. Solche Häuser erwähnt Hudson auch unter dem Namen »Teo-tabu« von Tapiteuea. Die circa $3^1/_2$ Fuss hohen Steine oder Pfeiler aus Korallsteinen haben in der Mitte eine Aushöhlung, an welche der »Iboya« oder »Boya«, Priester, sein Ohr legt, um die Eingebung des Gottes zu empfangen und darnach zu weissagen. Nach Wood gibt es auf Makin keine Priester, wohl aber Personen, welche vorgeben, mit den Geistern zu verkehren, und ebenfalls weissagen, sowie Zeichen deuten. Kirby erzählt auch von dem »Kainakaki« oder Elysium der Kurianer, das auf der Insel »Tavaira« (Maiana) liegen soll, wo die Seelen herrlich und in Freuden leben, das aber nur die von »Tätowirten« erreichen können und somit nur einer sehr geringen Minderzahl zugänglich sein würde. Abgesehen von diesem Unsterblichkeitsglauben, der sehr der näheren Bestätigung bedarf, reducirt sich die sogenannte Religion der Gilbert-Insulaner zu einer Art Fetischismus, in welchen die Ahnen eine hervorragende Rolle spielen, wie dies schon aus der Schädelverehrung hervorgeht. Die sogenannten »Priester« sind nichts Anderes als jene Art Weissager, wie sie sich bei so vielen Naturvölkern (z. B. in Asien als Schamanen) finden und entsprechen den »Drikanan« der Marshallaner.

Die Weissager bedienen sich auch gewisser Dinge als Orakel und betrachten mancherlei Zeichen als Omen für den günstigen oder ungünstigen Ausgang eines Unternehmens, einer Krankheit o. dgl., wie sie auch letztere besprechen, oder durch Zauberei Jemanden damit behaften, ja tödten können, Alles Vorgänge, die ähnlich sich überall wiederfinden. Nach Wood gelten auf Makin Sternschnuppen als Anzeichen des Todes eines Familiengliedes, und ich selbst war Zeuge, dass Vogelflug gedeutet wurde, nur wusste man nicht recht, welches Ereigniss eintreten werde, vermuthete aber die Geburt eines Kindes. Auch Windmacher gab es. Eine Frau versprach gegen Bezahlung einiger Stücke Tabak »guten Wind« zu machen; als derselbe ausblieb und ich den Tabak scherzweise wieder zurückforderte, wurde sie (und ich) von den Eingeborenen ausgelacht. Von der Geisterfurcht der Gilbert-Insulaner habe ich oft Proben erlebt. Schon der klagende Ruf des »Tscheggun« (Goldregenpfeifers, *Charadrius fulvus*), der bei den nächtlichen Wanderzügen vom Riff herübertönte, erschreckte zuweilen so, dass die Eingeborenen die Hütte nicht verliessen. Ganz besonders fürchteten sie aber »Tebe-rainimen«, einen anscheinend bösen Geist, ganz wie die Neu-Britannier den »Toberan« und die Koiäri den »Wattewatte« (I, S. [33] und II, S. [123]).

Sogenannte Steinfetische oder »Opferplätze« habe ich häufig auf allen von mir besuchten Inseln gesehen, aber immer als Gräber von hervorragenden Häuptlingen oder sonstige Erinnerungszeichen angesehen, was ja Wood's Angaben deckt. Gewöhnlich bestanden diese Denkmäler in Korallsteinen, kreisförmig hingelegt oder aufgerichtet, mit Cocosblättern oder Nüssen dabei, wie ein solches in Wilkes' Reisewerk (V, S. 110) abgebildet ist. Zuweilen war ein Stock in die Erde gesteckt, mit einem an zwei Stricken befestigten Querholz, das an jedem Ende mit einem Büschel Federn (vom Fregattvogel) oder *Pandanus*-Blattstreifen geschmückt war und »Teman« (= Vogel) hiess. Der Platz um diesen Stock war meist geebnet, zuweilen mit weissem Korallgrus bestreut und einigen Cocospalmen bepflanzt. Ein besonders merkwürdiges und eigenartiges Denkmal fand ich auf Tarowa. In der Mitte eines grösseren, rings mit Cocospalmen bestandenen, sorgfältig geebneten und mit Korallschutt bedeckten runden Platzes war eine kreisförmige Einfriedigung aus Platten von Korallfels errichtet, dessen Centrum der Schädel eines gestrandeten Walthieres bildete. Er stand aufrecht, mit dem Vordertheil eingegraben, so dass nur das Hinterhaupt hervorragte, und gehörte einer grösseren Art Delphin, wahrscheinlich *Orca*, an (die Breite über die Jochbeine mass 1·30 M.). Um diesen Schädel lagen unregelmässig einige Korallplatten, und es waren einige Cocospalmen angepflanzt. Vermuthlich galt dies Memento der glücklichen Erbeutung des betreffenden Thieres, dessen Strandung gewiss ein besonderes Ereigniss in dem einförmigen Leben dieser Menschen gebildet hatte. Die Cocosnüsse, welche an solchen Stellen niedergelegt werden, und mit denen übrigens keinerlei »Tabu« verbunden ist, dienen gewiss als Opfer, sollen aber häufig nächtlicher Weile von den Weissagern entfremdet werden.

Aehnliche Denkmäler, in Form mit Matten bekleideter Säulen, finden sich in der Tockelaugruppe und werden von Hudson als »Götzen« beschrieben und abgebildet (V, S. 14). Monsignore Elloy gedenkt »eines grossen Korallstückes, in Form eines Marksteines, umgeben von Matten und Cocosnüssen«, von Fakaafo.

In die Kategorie der Besprechungen fällt auch ein Theil der **Heilkunde** der Gilbert-Insulaner. Ein weisser Händler trug einen Streifen Palmblatt, in besonderen Zauberknoten geknüpft, um den Hals, als sichtbares Zeichen einer Heilmethode durch Besprechen, die seine Schwiegermutter geübt hatte, wie Knüpfen von Knoten in einen Blattstreif überhaupt mit Krankheiten Besprechen zu thun hat. Ich sah eine Wahrsagerin bei einem kranken Kinde thätig. Sie legte vier Steinchen in verschiedenen Figuren um das Lager des Kindes, um darnach den Ausgang der Krankheit vorauszusagen, ähnlich wie das Abreissen der Blüthenblätter einer Blume bei uns als Omen gedeutet wird. Ein anderer weisser Händler war von einem Eingeborenen glänzend von Rheumatismus in der Schulter curirt worden. Der »Doctor« hatte erst den »Knoten« als eigentlichen Sitz des Uebels aufgesucht, gefunden und dann mittelst Streichen und Drücken das Leiden entfernt, also eine Art Massage angewendet, die ja ganz gut gewesen sein kann. Brennen, d. h. Auflegen kleiner Stückchen glimmender Cocosnussschale, wird ebenfalls als Heilmethode angewendet.

III. Bedürfnisse und Arbeiten.

(Materielles und wirthschaftliches Leben.)

1. Ernährung und Kost.

Entsprechend der Armuth von Flora und Fauna (S. 20 [288] f.) kann auch die Ernährung der Bewohner der Korallinseln nur eine bescheidene sein. Die Natur bietet blos sehr wenige geniessbare Producte und auch diese zuweilen nur äusserst spärlich, so dass die Gilbert-Insulaner in der That mit zu den bedürfnisslosesten Erdenbewohnern gehören. Trotz der mageren Kost sind indess die Gilbert-Insulaner jedenfalls die am besten aussehenden, grössten und anscheinend stärksten von allen Mikronesiern, die unter guten Ernährungsverhältnissen ebenso zu Corpulenz hinneigen wie die Polynesier, z. B. Hawaiier. Ich sah solche Personen auf Butaritari, und Tekere, der König von Makin, war, wie sein College aufApamama, so dick, dass er der Stärke der Strickleiter nicht traute und deshalb nicht an Bord kam. Der jeweilige Grad der Ernährung übt ja überhaupt auf das Aussehen nicht blos der Eingeborenen, sondern überhaupt einen gewaltigen Einfluss aus, und so ist es erklärlich, dass Hale die gut genährten Makiner für eine besondere Race hielt. Auf den Gilberts lernte ich auch so recht kennen, mit wie unglaublich Wenigem der Mensch in jenen Himmelsstrichen auszukommen vermag; allerdings sind das Menschen, die nicht anstrengend arbeiten. Zur Zeit meines Besuches war ein grosser Theil der Bewohner von Maraki auf nichts Anderes als *Pandanus*, unreife Cocosnüsse, Palmsaft und kleine Fische angewiesen. Eine Handvoll der Letzteren, nebst einer Cocosnussschale voll Palmsaft, Früh und Abends, genügte zur Ernährung eines Erwachsenen. Von den grünen, unreifen Nüssen, die noch keinen Kern enthielten, wurde die dreikantige Spitze abgeschlagen, in vier Stücke gerissen und verzehrt. Obwohl der Mangel schon lange Zeit, über ein Jahr und vielleicht mehr, anhielt, war das Aussehen dieser Leute doch noch ein ziemlich erträgliches.

Freilich gab es damals auch klägliche Gestalten, aber sie waren nichts im Vergleiche mit den Bildern menschlichen Elends, wie ich sie auf Tarowa kennen lernte, und gar erst den Hungertypen von Banaba! Hier verliessen die wenigen Eingeborenen in Folge factischer Hungersnoth ihre arme Insel, Jammergestalten aus Haut und Knochen, wie sie entsetzlicher nicht gedacht werden können (Finsch, Anthrop. Ergebn., 1884, S. 11). Aber eine mir vorliegende Photographie nahezu verhungerter Indier während der grossen Hungersnoth in Bengalen zeigt freilich noch bei Weitem erbarmungswürdigere Wesen und die Wirkung des Hungers in der traurigsten und abschreckendsten Form.

So regelmässig, als Kirby das Leben der Gilbert-Insulaner schildert (Wilkes, V, S. 89), gestaltet es sich bei aller Einförmigkeit nirgends bei Eingeborenen, auch nicht bezüglich der Mahlzeiten. Die Letzteren richten sich eben nach dem Vorhandensein von Lebensmitteln, und diese sind, namentlich auf den Gilberts, nicht immer nach Wunsch vorräthig.

a) Pflanzenkost.

Die Gilbert-Insulaner sind wie alle Mikronesier und Bewohner der Südsee überhaupt vorherrschend Vegetarianer. Ihre Ernährung basirt in erster Linie auf dem Schraubenbaum *(Pandanus)*, »Tittu«, der auf diesen Inseln besonders üppig gedeiht und in mehreren Arten wild vorkommt. Dieses palmähnliche, baumartige Kolbenrohr zeitigt kolossale, runde, in der Form etwas an Ananas erinnernde Früchte,[1]) die an 20 Pfund und mehr wiegen. Jede Frucht setzt sich aus einer grossen Anzahl konischer, circa 8 Cm. langer, faseriger Kerne zusammen, die eine gelbe, süsse Flüssigkeit enthalten. Diese Kerne werden gewöhnlich ausgesaugt. Die holzige Faser findet sich daher in den Auswurfstoffen der Gilbert-Insulaner in ansehnlicher Menge. Der Saft wird aber auch ausgepresst, respective ausgeschabt und zu besonderen Conserven verarbeitet. Die beste Sorte heisst »Teduai«. Der an der Sonne zu einer zähen Masse getrocknete Saft wird in dünne Fladen ausgewalzt und diese dann in Rollen von circa 13 Cm. Diameter aufgerollt. Die Rollen werden zuerst in den gewebeartigen Stoff von der Basis des Cocospalmblattes eingeschlagen, dann in *Pandanus*-Blatt eingeschnürt, und diese Conserve hält sich sehr lange, wie man mir versicherte, jahrelang.

[1]) Correct abgebildet: Choris, »Voyage pittoresque« etc., Pl. VI und X, und Hernsheim: »Marshall-Sprache«, S. 53.

Zu Zeiten des Mangels, wie während meines Besuches, wo auch die *Pandanus*-Frucht sparsam war, bereitet man dagegen eine andere Conserve, »Kabubu« genannt. Sie besteht, wie die vorhergehende, ebenfalls aus *Pandanus*-Saft, aber mit zerstampfter und zerriebener Rinde[1]) dieses Baumes vermischt. Diese Masse wird in Wasser oder Syrupwasser aufgeweicht und bildete damals mit einen Hauptheil der Nahrung.

Dies ist alles, was ich über die Bereitung dieser Conserven erfuhr und zum Theile selbst beobachtete. Kirby, der drei Jahre lang ja von den Eingeborenen ernährt wurde, berichtet über dieses Capitel sehr ausführlich und jedenfalls mit besserer Sachkenntniss (Wilkes, V, S. 96, 97). Was mir als *Pandanus*-Rinde bezeichnet wurde, ist vielleicht nur der steinhart getrocknete Saft (Teduai), auf Kuria »Kabul« genannt, und die eigentliche Dauerwaare der Gilberts. Kirby's Mittheilungen lehren übrigens, wie vielerlei Conserven die Eingeborenen aus wenigen Nahrungsstoffen herzustellen verstehen und wie abwechslungsreich ihre Kochkunst ist.

Die Cocospalme (»Tinni«), wie überall ein Culturbaum und für die Ernährung auch auf den Gilberts überaus wichtig, rangirt in wirthschaftlicher Bedeutung doch hinter dem *Pandanus*. Die Cocosnuss (»Tibbin«) wird meist geschabt und in dieser Weise auch mit *Pandanus*-Conserven, ja mit Haifischfleisch, auf kaltem Wege zu besonderen Speisen, respective Conserven verarbeitet. Einen wesentlichen Theil der Ernährung, namentlich in Zeiten des Mangels, bildet »Takaru« oder Palmsaft, auf Kuria »Caraca« genannt (Kirby). Sehr zum Nachtheile des Baumes wird der Blüthenkolben desselben angeschnitten und der ausfliessende Saft in angebundenen Cocosnussschalen aufgefangen (ausführlich beschrieben bei Wilkes, V, S. 98). Früh und Abends erklettern Männer und Knaben, meist singend, die Palmen, um die gefüllten Schalen herunterzuholen, respective neue aufzuhängen, denn nach Kirby liefert eine Palme täglich 2—6 Pinten.

Das Erklettern[2]) der an 50—60 Fuss hohen Palmstämme geschieht mit Hilfe kleiner, in die Rinde eingehauener Kerben, die nur so gross sind, um die grosse Zehe einsetzen zu können, sehr schnell und geschickt. Wie ertappte Cocosnussdiebe bewiesen, hindert das Dunkel der Nacht keineswegs an der Ausübung dieser Kletterkunst.

Palmsaft ist ein sehr angenehmes, süssliches Getränk, aus dem sich ein trefflicher Syrup herstellen lässt, den aber nur die Besitzer vieler Cocospalmen bereiten können, da sehr viel Saft erforderlich ist. Ich sah auf Butaritari die königlichen Frauen mit der Fabrication von »Kamoimoi« beschäftigt. Eine länglich-viereckige, seichte Vertiefung im Korallboden war mit glimmenden Kohlen aus Cocosnussschale aufgefüllt, auf denen wohl ein paar hundert halbdurchschnittene Cocosschalen als Gefässe zum Einkochen dienten. Die Frauen hatten darauf zu achten, dass diese Gefässe nicht anbrannten und ihr Inhalt nicht überkochte. Mit Kellen aus Cocosnussschale (»Aila«, Nr. 57 und 58) schöpften sie den Schaum ab und gossen neuen Palmsaft auf, bis eine dickflüssige, braune Masse entstand, wovon bereits ein Vorrath von 50 Flaschen (Ginflaschen) bereitet war. Dieser Syrup ist ganz ausgezeichnet und hält sich jahrelang; Proben, welche ich mitbrachte, schmecken nach 13 Jahren noch vorzüglich; nur ist der früher helle Saft ganz dunkel, fast schwarz geworden. Dieser Syrup, mit Wasser vermischt, gleich dem

[1]) Nicht aus »Blättern«, wie im Kat. Mus. God., S. 275, gesagt wird. Hier auch (S. 276) eine genauere Beschreibung der Bereitung von »Teduai« unter dem Namen »Kabubo«, welche von der Darstellung Kirby's nicht unwesentlich abweicht.

[2]) In Neu-Britannien und Neu-Guinea hatte man eine andere Methode; man band die Füsse in geringem Abstande mit einer Liane zusammen und erkletterte die Palme, indem der Körper bald mit den Armen, bald mit den angestemmten Füssen gehoben wurde, eine Manier, die nach Bingham aber auch auf den Gilberts prakticirt wird (vgl. »Story of the Morning Star«, Boston 1866, Abbild. zu S. 50).

4*

»Ailing« Pelaus, bildete früher unter dem Namen »Karave« das Hauptgetränk bei Festlichkeiten, wurde in grossen Trögen servirt und aus Cocosschalen (oder nach Kirby in »Schalen aus Menschenschädeln«) getrunken. Vor 40 Jahren war dies noch der Fall, seitdem haben sich die Gilbert-Insulaner an »Mongin« gewöhnt, d. h. Palmsaft, der nach wenigen Stunden in Gährung übergeht und in zwei bis drei Tagen ein säuerliches Getränk liefert, den berüchtigten »sauren Toddy«. Er wirkt berauschender als Schnaps, und sein Genuss trägt, nächst dem von Gin, mit die Hauptschuld an der Verkommenheit und Demoralisation, die damals auf den Gilberts bei Eingeborenen und den meisten Weissen herrschte. Die Bewohner der Markesas-Inseln gehen in Folge von Toddytrinken auch dem Untergange entgegen.

Tabak ist nächst Schnaps das beliebteste Reizmittel der Gilbert-Insulaner und wurde zuerst durch die Walfischfänger eingeführt. Zu Hudson's Zeiten (1841) kannte man auf Tarowa noch keinen Tabak, aber auf den übrigen Inseln bildete er das beliebteste und begehrteste Tauschmittel. Tabak wurde damals aber nicht geraucht, sondern in der widerlichsten Weise gekaut und verschlungen. Jetzt raucht man allgemein in Thonpfeifen jenen amerikanischen Stangenkautabak (Twist), der für die ganze Südsee die gangbarste Scheidemünze bildet (vgl. S. [20] und [113]). Vom Kinde bis zum Greise sind alle Gilbert-Insulaner leidenschaftliche Raucher, und die Mission verlangt mit ihrem stricten Rauchverbote entschieden zu viel von den neuen Christen. Der alte gute Haina, ein hawaiischer Missionär auf Tarowa, zweifelte ernstlich an meinem Christenthume, als er mich die Pfeife anzünden sah.

Brotfrucht, oder die unter dem Namen Jackfrucht bekannte Abart derselben, kommt nur auf den nördlichen Inseln, aber so spärlich vor, dass sie als Volksnahrung wenig bedeutet. Brotfrucht wird zwischen heissen Steinen geröstet, aber nicht, wie sonst üblich, eine Dauerconserve (wie z. B. Pieru der Marshallaner) daraus bereitet.

Um so wichtiger war aber früher der Anbau von »Poipoi«, einer Taroart *(Arum cordifolium)*, des einzigen Culturgewächses, das die Gilbert-Insulaner kennen. Diese Pflanze, mit gewaltigen, mehrere Fuss langen Blättern, gedeiht nur im Wasser. Es wurden zu diesem Zwecke in dem Korallgerölle mühsam grosse, viereckige Gruben (an 8 Fuss tief, 20—30 breit und 50—60 lang) ausgegraben und mit einer Schichte Erde bedeckt, die oft weit in Körben herbeigeschleppt werden musste. In diese Erdschichte grub man je für eine Pflanze bestimmte Löcher, die sich wie ein das Gesammtfeld einfassender tieferer Graben von unten mit Wasser füllten. Die ausgegrabenen Korallträmmer, wie ich sie auf allen von mir besuchten Inseln sah, bildeten 10—12 Fuss hohe Geröllhaufen, die sich, zuweilen in mehreren Reihen hintereinander, kilometerweit hin erstreckten und für diese Inseln als Hügelreihen gelten durften. Hudson gedenkt dieser Taroculturen bereits von Tapiteuea und erwähnt, dass Bimsstein als »Dünger« benutzt wurde, den die Weiber am Aussenriff sammelten. Ich habe auf mehreren Inseln, namentlich Maraki, viel angetriebenen Bimsstein gesehen. Wenn ich mich (II, S. [187]) über den Fleiss der Papuas von Neu-Guinea in Urbarmachung und Cultur ihrer Plantagen bewundernd aussprach, so verdienen die Arbeiten der Gilbert-Insulaner entschieden ein noch höheres Lob. Sie geben Zeugniss von einem Fleiss, wie er jetzt leider nicht mehr existirt, denn die meisten Taropflanzungen, welche ich sah, waren verlassen und verkommen. Aber an diesem Verfalle waren nicht allein die stetigen Kriege der Eingeborenen schuld mit ihren Folgewirkungen, Aufhören von autoritativer Gewalt, sondern hauptsächlich auch die »Labortrade«, welche diesen Inseln einen grossen Theil der besten Arbeitskräfte entführt hatte.

Die verschiedenen Zubereitungsweisen der gerösteten Tarowurzel beschreibt Kirby ausführlich (Wilkes, V. S. 97), woraus hervorgeht, dass die Gilbert-Insulaner unter Anderem auch einen dem »Poi« der Hawaiier ähnlichen Kleister machten, der aber nicht mit den Fingern, sondern Spateln aus Bein (wenn auch nicht gerade menschlichen Rippen) gegessen wurde (vergleiche Textfig. 8 und 9).

b) Fleischkost.

Hausthiere fehlen und können wegen Mangel an hinreichender Nahrung überhaupt nur in beschränkter Zahl gehalten werden. Freilich sah ich auf Butaritari auch ein paar Kühe, die dem Könige gehörten, aber auch die Ballen gepressten Heues, die zur Fütterung von San Francisco angebracht waren. Der hohe Herr, der Schnaps entschieden der Milch vorzog, wird daher die kostspielige Liebhaberei wohl bald aufgegeben haben. Sonst wurden nur bei Missions- und Händlerstationen einige Schweine gehalten, um gelegentlich davon an Schiffe zu verkaufen. Bei den Eingeborenen sah ich dagegen nur, und dabei selten genug, Hunde (»Man« oder »Tekamia« = Thier), schlechte Köter europäischer Abkunft. Sie sollen nur bei Hungersnoth gegessen werden, aber die Zubereitung »Lebendigbraten«, wie mir ein Händler versicherte, ist natürlich nur eine jener Unwahrheiten, wie sie solche Leute so gern fremden Besuchern aufbinden. Kirby erzählt, dass von einem Schiffe während seines Aufenthaltes auf Kuria Schweine, Ziegen und türkische Enten ausgesetzt, aber aus Aberglauben von den Eingeborenen getödtet wurden, die selbst keine Hühner essen. Hudson erwähnt von Tapiteuea einen Hund, zwei oder drei Katzen und etliche Hühner. Ich selbst habe letztere nicht bei Eingeborenen halten sehen, wohl aber in halbwildem Zustande bei den Hütten auf Nawodo beobachtet, dessen Bewohner übrigens ebensowenig Hühner als Schweine essen. Die äusserst interessante Frage, ob die Gilbert-Insulaner schon vor der Ankunft Weisser Haushühner besassen, bleibt leider eine ungelöste.

Das einzige einheimische Säugethier, die Ratte (»Tekimurra« = Dieb) wird selbst in Zeit der Noth nicht gegessen. Auf Maraki beobachtete ich eine besondere Art Vogelfang. Männer, mit langen Stangen bewaffnet, deren Spitze mit einer klebrigen Masse, einer Art Vogelleim, bestrichen war, zogen damit junge schwarze Meerschwalben *(Anous stolidus)* aus den auf *Pandanus*-Bäumen stehenden Nestern, um sie zu verzehren.

2. *Fischerei und Geräth.*

Der Fischreichthum wird in Hinblick auf die grosse Anzahl von Arten meist überschätzt und liefert nur zu gewissen Zeiten grössere Mengen. So fingen zwölf Eingeborene, die mit europäischen Senkangeln in der Lagune von Maraki fischten, in der Zeit von vier Stunden kaum ein Dutzend mässig grosser Fische. Immerhin liefert die Meeresfauna den Bewohnern der Gilberts einen nicht unbeträchtlichen Theil der Ernährung und die einzige animalische Kost. Dabei kommen indess nicht lediglich Fische (Tika) in Betracht, sondern eine grosse Menge anderer Meeresthiere, besonders Conchylien, weniger Crustaceen. Octopoden habe ich ebenfalls essen sehen, aber niemals Holothurien, was Kirby behauptet; dies mag aber vorkommen.

Netzfischerei wird im Ganzen wenig und nicht im Sinne von Hochseefischerei, sondern auf den Lagunen betrieben, wie ich dies öfters sah. Zuweilen waren an ein Dutzend kleiner Canus beisammen, je mit zwei bis drei Fischern bemannt, die aber meist mit europäischen eisernen Fischhaken fischten. Man bedient sich aber auch grosser, grobmaschiger Netze, Tekara-un (an 100 und mehr Fuss lang, 7 Fuss hoch), aus Bindfaden von Cocosnussfaser gestrickt, mit Senkern von Muscheln und hölzernen Schwimmern, aus circa 16 Cm. langen Holzröhren von hohlen *Pandanus*-Zweigen. Solche grosse Netze waren damals schon sehr selten und schienen (wie z. B. in Neu-

Britannien, I, S. [25]) Gemeindeeigenthum. Wenigstens besass Tapiang, das grösste Dorf auf Tarowa, nur ein grosses Netz, das natürlich nicht verkauft wurde. Ich erhielt daher nur noch Reste wie das folgende Stück:

Tekara-un (Nr. 170, 1 Stück), Senkerleine eines grossen Fischnetzes; ein fingerdicker Strick aus Cocosfaser mit Senkern aus Muschel *(Arca granosa)*, »Teûini-buun«; auf 32 Cm. Stricklänge kommen sechs Muscheln. Tarowa.

In der **Hakenfischerei** steht der Haifischfang obenan und bildet eine Specialität der Gilbert-Insulaner,[1]) welche das Fleisch dieser Thiere ganz besonders lieben und es zum Theil zu einer Conserve zu verarbeiten wissen. Es handelt sich dabei aber selten um jene Meeresungeheuer, wie man sich dieselben meist vorstellt, denn der grösste Hai, welchen ich fangen sah, mass kaum über 2½ M. Von den verschiedenen Methoden des Haifischfanges, wie ihn Parkinson (Kat. M. G., S. 270) beschreibt, lernte ich nur den mit Haken kennen, der aber nicht vom Canu, sondern vom Lande aus betrieben wurde. Und zwar wählte man dafür mit Vorliebe die Oeffnungen des Riffs (Passage), zur Ebbezeit, als die ergiebigsten Fangplätze. Ich habe an einem solchen in wenigen Stunden sieben Haifische fangen sehen. Man bediente sich damals meist schon eiserner Haken, aber auch noch hölzerner, wie das folgende Stück:

Tingia (Nr. 158, 1 Stück), Haifischhaken (Taf. III [20], Fig. 14), Insel Tarowa. Besteht aus einem natürlich gewachsenen, spitzwinkelig gebogenen Aststück aus Hartholz (wohl Mangrove) gearbeitet, mit einem rechtwinkelig nach innen abstehenden Hakentheil (Fig. 14*a*) ebenfalls aus Holz, der mittelst Schnur aus Cocosfaser festgebunden ist. An der Aussenkante des Basistheiles sind zwei knotenförmige Erhabenheiten ausgearbeitet und hier mit Schnur aus Cocosfaser, der circa fingerdicke, rundgeflochtene Fangstrick aus gleichem Material befestigt. Dieser Strick hat eine Länge von circa 50 Cm. und endet in eine starke Oese, zur Befestigung einer zweiten, eigentlichen Fangleine.

Ich erhielt nur wenige solcher Haifischhaken, die damals schon sehr selten waren. Die Grösse ist sehr verschieden, ebenso die Krümmung des Endtheiles, welches den Haken bildet, da diese ja von der Krümmung der betreffenden Aststücke abhängt, die in der gewünschten Form nicht so leicht zu finden sind. Zuweilen sind diese Haifischhaken fast stumpfwinkelig gebogen und bestehen aus einem einzigen Aststück ohne angesetzten Spitzentheil. Ziemlich ähnlich in der Form sind die zum Theil kolossal grossen hölzernen Haifischhaken von der Insel Yarab oder Trobriand (II, S. [172] und Finsch, Ethnol. Atlas, Taf. IX, Fig. 9).

Sehr ähnlich ist die folgende Nummer, welche ich des Vergleiches halber hier einfüge.

Haifischhaken (Nr. 157, 1 Stück, Taf. III [20], Fig 15) von der Insel Nukufetau, Ellice- oder Lagunengruppe, südlich von den Gilberts. Ein mit dem Hakenende stumpfwinkelig gebogenes Aststück; das Hakenende innen und aussen abgeplattet, die Spitze stumpf abgestutzt. Die Fangschnur besteht aus sieben dünnen Stricken aus Cocosnussfaser, die an der Hakenbasis ziemlich kunstlos befestigt sind. Hudson gedenkt grosser hölzerner Haifischhaken auch von Funafuti derselben Gruppe und bildet einen solchen von Tongarewa (Penrhyn) ab (IV, S. 286). Derselbe ähnelt in der Form ganz den enorm grossen, in Bogen gekrümmten Haifischhaken, wie sie das British Museum von Hawaii besitzt, und die zuweilen eine Spitze aus Bein (Spermwalzahn) haben. Aehnlich abgebildet bei Choris, Pl. XIV, Fig. 4.

[1]) Dieselben stehen übrigens in dieser Specialität weit hinter den Bewohnern der Hervey-Gruppe zurück, die, wohl die besten Fischer der Südsee überhaupt, den Haifang mit unübertrefflicher Kühnheit und Waghalsigkeit betreiben, indem sie dem in submarinen Höhlungen schlafenden Hai tauchend eine Schlinge an der Schwanzflosse befestigen und denselben dann heraufziehen. Siehe »Shark-catching at Aitutaki« (Gill, »Life in the Southern Isles«, S. 303), eine spannende Darstellung, die, wie mir Rev. Chalmers versicherte, der lange auf dieser Insel lebte, durchaus auf Wahrheit beruht.

Kleinere Fischhaken, die Hudson von Kuria leider nur erwähnt, erhielt ich auf den Gilberts nicht mehr, da die selbstgefertigten wohl bereits total durch importirte eiserne verdrängt waren. Als Köder bediente man sich der Krabben, denen man die Beine abriss, sowie des Thieres von *Cypraea moneta*. Die Fischer führten deshalb auf der Plattform der Canus zwei Steine mit, um damit die Mundschale zu zerschlagen.

Fliegende Fische werden nach Kirby am Tage mit Haken gefangen, die am Stern der Canus befestigt sind, Nachts bei Fackelschein mit Hamen, in welche die Fische hineinfliegen.

Eine sehr eigenthümliche Art Fischhaken, die noch unbeschrieben sein dürfte, erhielt ich von Banaba (Ocean Isl.).

Fischhaken (Nr. 147, 1 Stück, Taf. III [20], Fig. 3) aus einem Schafte *(a)* von Kalkspath, mit Fanghaken *(b)* aus Knochen, der mittelst dünnen Fadens (Garn) festgebunden ist. Banaba.

Schaft (Nr. 148, 1 Stück) zu einem solchen Fischhaken, aus Kalkspath geschliffen. Ebendaher.

Sehr eigenthümlich in der Form wie im Material, besonders deshalb, weil sie sich bezüglich der ersteren am nächsten dem Typus von Kaiser Wilhelmsland (II, S. [190], Ethnol. Atlas, Taf. IX, Fig. 3—5) anschliessen. Wie dort, besteht der Schaft aus einem (6—10 Cm. langen) sehr sauber geschliffenem, fast runden Stück, aber nicht aus Muschel *(Tridacna)*, sondern einem kalkspathartigen Mineral, wohl Arragonit. Dasselbe ähnelt in der fahlbräunlichen Färbung auf den ersten Blick Feuerstein, ist aber stärker durchscheinend und gibt beim Anschlagen einen hellen Klang. Einzelne Stücke zeigen dunkle Querbinden und erinnern im Aussehen an gewisse Bandachate. Mit Säuren behandelt, braust das Mineral stark auf. Diese Schäfte oder rundlichen Stiele sind an der Basis sanft zugespitzt und hier mit einem feinen Loch durchbohrt, zum Anbinden der Fangleine. An der Innenseite des Endtheiles ist eine Längsrille ausgeschliffen, in welche der Fanghaken eingesetzt und mittelst feinen Garns befestigt wird. Dies geschieht ohne Anwendung von Bohrlöchern; dagegen ist am Ende des Stieles eine Rille eingeschliffen, welche dem Bindfaden Halt verleiht. Der sehr sauber gearbeitete Fanghaken (20—35 Mm. lang) besteht aus Knochen, mit ziemlicher Sicherheit Spermwalzahn. Manche dieser Fischhaken sind am Ende mit dem üblichen Köderbüschel (50—65 Mm. lang) aus rohem Bast von *Hibiscus* versehen. Die Fangleine ist sehr fein aus *Hibiscus*-Bast geflochten und zuweilen über 20 Fuss lang.

Diese Fischhaken sind nicht mehr zu haben und dürften wohl nur in wenigen Museen vertreten sein. Hierher gehört zweifelsohne das im Kat. M. G. (S. 294) mit »Schaft eines Angelhaken aus gelblichem Quarzgestein« beschriebene Stück, das irrthümlich mit »Ponapé« statt »Banaba« bezeichnet ist. Das Material dürfte übrigens auch auf Nawodo vorkommen, wo ich daraus geschliffene Bolas zum Vogelfange erhielt.

Rifffischerei, nach verschiedenen Methoden, wird bei Ebbezeit, wie auf allen Atollen, auch auf den Gilberts am häufigsten betrieben und liefert weitaus den grössten Theil des täglichen Bedarfes an Meeresthieren. Wenn zur Zeit der Ebbe das Aussenriff, oft auf weite Strecken hin, trocken läuft, bleiben noch immer kleinere und grössere Wassertümpel übrig, in welchen eine Menge Thiere zurückgehalten werden. Meist sind es recht kleine Fischchen, darunter besonders die munteren Arten der Gattung *Galaxias*, welche von einer Fluth zur anderen auf dem Trockenen leben können. Zu allen Ebbezeiten, bei Nacht nicht selten bei Fackelschein, sieht man daher die Eingeborenen auf dem Riff beschäftigt, wobei sich Frauen und Kinder lebhaft mit betheiligen.

Fackeln werden aus trockenen *Pandanus*-Blättern ohne weitere Zuthat hergestellt, geben einen sehr hellen Schein, brennen aber nicht länger als 5—6 Minuten.

Fig. 4.

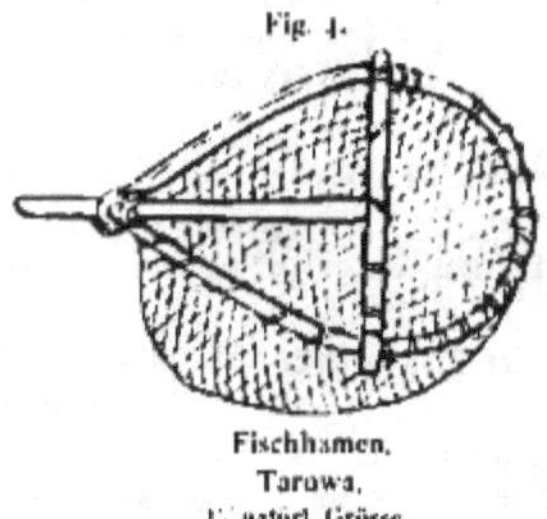

Fischhamen. Tarowa. ⅓ natürl. Grösse.

Frauen bedienen sich bei der Rifffischerei des **Tekao** (Nr. 161, 162, 2 Stück, Textfig. 4), kleiner Fischhamen; bestehend aus einem kurzen Stiel, an dem ein Reif aus den feinen Rippen der Blattfiedern der Cocospalme festgebunden ist, die vordere Hälfte des Reifes trägt einen 15—18 Cm. langen Netzbeutel, aus feinen Cocosfaserbindfaden sehr feinmaschig gestrickt. Tarowa.

Im seichten Wasser stehend, wird der Hamen mit der einen Hand hinter den Füssen auf den Grund gehalten; mit der andern Hand werden die Fischchen hineingejagt.

Fig. 5.

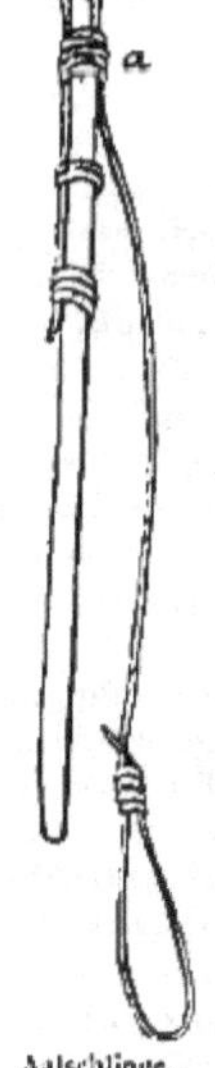

Aalschlinge. Tarowa. Circa ⅒ natürl. Grösse.

Männer bedienen sich grösserer Fischhamen (»Teriéna« genannt), mit rundem Netzreif (circa 32 Cm. im Durchmesser) an einem 60—70 Cm. langen Stiel befestigt.

Ein besonderes Fischereigeräth, das mir nur auf den Gilberts vorkam und ebenfalls nur bei Ebbe auf dem Riff benutzt wird, ist die:

Te kainekabobo (Nr. 172, 1 Stück, Textfig. 5), Aalschlinge, ein circa 60—80 Cm. langer Stock, mit einem etwas längeren Strick aus Cocosfaser, der am Ende des Stockes durch eine Schnurhülse *(a)* mit diesem in der Weise verbunden ist, dass sich die Endschlinge *(b)* auf- und zuziehen lässt. Tarowa.

Die Fangmethode ist eine sehr einfache, indem man dem Aal die Schlinge über den Kopf und diese dann fest zuzieht. Der Fänger entgeht dadurch den oft gefährlichen Bissen grosser Aale und kann sich mit einer solchen Schlinge auch leichter der Tintenfische *(Octopus)* bemächtigen, deren Tentakeln sonst schwer zu lösen sind.

Grosse im Meer verankerte Fischkörbe (wie in Neu-Britannien, I, S. [25]) habe ich auf den Gilbert-Inseln nicht gesehen, sondern nur:

To-û (Nr. 171, 1 Stück) Reuse. Tarowa.

Dieselben sind aus gespaltenen *Pandanus*-Stäben und Rippen aus Palmblattfiedern mit Bindfaden verflochten und ähneln in der Form einem länglichen Vogelkäfige. Die Länge beträgt circa 70—80 Cm., die Breite circa 50, die Höhe circa 32 Cm., die vier Seitenwände und der Boden sind gerade, die Oberseite etwas gewölbt. Sehr ausführlich beschrieben (Kat. M. G., S. 270), aber irrthümlich als aus Bambusrohr, das auf den Gilberts fehlt. Diese Reusen werden mit Steinen beschwert auf dem Riff aufgestellt, häufiger sind hier aber eigene **Fischwehre** eingerichtet. Aus Korallstücken baut man schmale, sich windende Gänge, welche bei Ebbezeit trocken laufen, und in denen Fische zurückbleiben, die dann mit den oben erwähnten kleinen Hamen herausgefangen werden.

Auf Butaritari sah ich ein Fischwehr in grossartigem Massstabe, eine lange, mehrere Fuss hohe Mauer, die der noch mächtige vorige König, der seine Unterthanen absichtlich beschäftigte, auf dem Riff der Lagune hatte bauen lassen. Solche Fischwehre dienen zum Massenfang periodischer Wanderfische (meist Makrelen), wie er allenthalben in der Südsee betrieben wird. So sah Hudson auf Tapiteuea Männer und Frauen eifrig damit beschäftigt, eine Schaar Fische in ein solches Wehr einzutreiben, wobei sie sich *Pandanus*-Blätter in ähnlicher Weise bedienten, wie ich dies bei den Marshalls beschreiben werde, und gedenkt derselben Methode auch von Raraka (Paumotu), Samoa und Fidschi.

Auf Kuria sind zwei geschlossene Lagunen mit Fischen besetzt und dienen als Fischteiche der Häuptlinge, wie ich dies auf Nawodo sah, wo die Eingeborenen in den Teich im Innern der Insel eine sehr schmackhafte Fischart, *Chanos salmoneus*, eingesetzt hatten.

Schalthiere bilden einen wesentlichen Theil der Ernährung. Das Riff liefert davon, wenn die Fischerei, wie so häufig, spärlich ausfällt, immer noch so viel, um satt werden zu können. Nach den Schalenresten zu urtheilen, die oft in grossen Haufen bei den Häusern liegen, kommen indess im Ganzen nur wenige Arten als **Nährmuscheln** in Betracht. Die von mir gesammelten, welche Herr Prof. v. Martens (Berlin) zu bestimmen die Güte hatte, sind die folgenden: *Cardium fragum* L. (»Tenigawiwi«) am häufigsten, *Lucina punctata* L. (»Tebu-un«), *Spondylus ducalis* Chem. (»Teoigoinadj«), *Arca (Anadara) uropygmelana* Berg., *Tridacna mutica* Lam. und *Tr. elongata* Lam.; die Riesenmuschel *(Tridacna gigas)* soll ebenfalls gegessen, und wie man mir sagte, jung in passenden Localitäten ausgesetzt werden.

3. Zubereitung und Geräth.

Die Kochkunst liegt nicht lediglich in den Händen der Frauen, sondern wird, wie bei allen Eingeborenen, je nach Bedürfniss, auch von den Männern ausgeübt. Da sich in Cocos- und Muschelschalen nur in beschränkter Weise kochen lässt, so kommt auch bei den Gilbert-Insulanern nur Rösten oder Garmachen in heisser Asche oder zwischen heissen Steinen in Betracht. Der sogenannte Ofen besteht, wie meist, aus einer mit Korallsteinen ausgesetzten Grube, in welcher fast stets glimmende Asche und Kohlen erhalten werden. In dieser werden Taro, Brotfrucht, Krustenthiere und auch Fische geröstet. Letztere legt man ungeschuppt und häufig unausgenommen auf glühende Kohlen oder zwischen heisse Steine, so dass sie gewöhnlich anbrennen. Eine besondere Kochmethode beschreibt Wood von Makin (Wilkes, V, S. 98).

Häufig werden auch grössere Fische roh verzehrt, und zwar in sehr unappetitlicher Weise, indem man mit den Zähnen und Fingernägeln die Schuppen abreisst und dann grosse Stücke abbeisst. Den kleinen, kaum mehr als 5 Cm. langen Fischchen, wie sie die Rifffischerei meist liefert, drückt man den Darminhalt durch den After heraus und verschlingt sie dann mit grossem Behagen. Tintenfische werden an einen Stein oder dergleichen geschlagen, dann die Tentakeln abgeschnitten und roh gegessen. Wie überall, versteht man Fische zu räuchern, die sich aber ohne Salz nicht lange halten. Bei reichem Fange von Haifischen bereitet man aus dem Fleisch eine haltbare Conserve in folgender Weise. Das Fleisch wird in Stücke zertheilt auf dem Feuer geröstet, vollends in der Sonne getrocknet, dann zerrieben und mit geschabter Cocosnuss verarbeitet.

Unter den Fischen der Gilbert-Meere scheinen übrigens weit weniger giftige zu sein, als in jenen der Marshall-Inseln. Von den Gilbert-Eingeborenen im Arbeiterdepot auf Dschalut erkrankten verschiedene, mehrere starben, am Genuss von Fischen, die in ihrer Heimat als unschädlich gelten und ohne Bedenken gegessen wurden; darunter war eine ihrer beliebtesten Haifischarten (wohl *Carcharias lamia*). Auch Kirby und Wood gedenken keiner giftigen Fische.

Salz ist unbekannt und findet nicht etwa, wie so oft irrthümlich gesagt wird, in Seewasser Ersatz, denn auf den Gilberts wird eben, wie noch anderwärts, ohne Wasser gekocht.

Küchengeräth, oder richtiger Geräthschaften, welche bei der Zubereitung von Speisen benutzt werden, wie aus dem Vorhergehenden erhellt, braucht man nur wenige.

Feuerreiben (»Tiai« — Feuer) habe ich nicht mehr gesehen, da die Eingeborenen bereits Streichhölzer eintauschten, besonders aber Stahl und Feuerstein. Als Zunder benutzten sie die angekohlte Hülle von Cocosnuss. Nach Damon und Bingham rieben die Gilbert-Insulaner ganz in der Weise Feuer, wie die alten Hawaiier, eine Methode, die ich unter Marshallinseln beschreiben werde.

Ein eigenthümliches Küchengeräth ist das folgende:

Tekamaredei (Nr. 68, 1 Stück). Sieb, bestehend aus einem runden Holzreif, circa 20 Cm. im Durchmesser, der mit einem sehr feinmaschigen Netzwerke aus Cocosfaserbindfaden überspannt ist. Tarowa.

Dient zum Durchsieben bei der Bereitung von *Pandanus*-Conserven (S. 51), sowie geschabter Cocosnuss und Tarowurzel.

Ein besonders primitives Geräth zum **Schaben** heisst »Tedueiroa«, bestehend aus einem flachen, dreibeinigen Gestelle, aus einer dreigabligen *Pandanus*-Wurzel verfertigt, auf welches ein flaches Schalenstück der Riesenmiesmuschel *(Pinna nigra)* festgebunden ist. Maraki.

Man reibt auf denselben Cocosnuss für grösseren Bedarf, benutzte aber jetzt meist alte Meissel oder Hobeleisen als Schaber. Für gewöhnlich genügt jedoch ein Stückchen geschärfte Cocosnussschale oder eine passende Bivalve, wie:

Tekadidi (Nr. 26, 1 Stück). Schaber aus einer Schale von *Tellina elegans*, Gray (auct. von Martens), Butaritari.

Derartige Muscheln wurden auch vor Einführung eiserner Messer, die jetzt ungefähr jeder Eingeborene besitzt, als **Messer** benutzt, ganz wie dies in Melanesien geschieht (vgl. S. [19], [54], [163], [198]). Aber ich sah auf den Gilberts keine derartigen Instrumente aus Perlschale (Taf. IV [2], Fig. 7), da diese selten ist, oder die in Melanesien so verbreiteten meisselartigen Brecher aus Knochen (Finsch, Ethnol. Atlas, Taf. V, Fig. 7).

Zum Abschälen der Hülle der Cocosnuss, die namentlich an jungen Nüssen sehr fest sitzt, habe ich weder hier, noch anderwärts in Mikronesien ein besonderes Geräth gesehen. Irgend ein zugespitztes Stück Holz, mit dem man die Hülle abstösst, genügt dem Zwecke vollständig. Der Kopf der Nuss wird dann mit einem Steine (Koralle) geschickt abgeschlagen, eine Hantirung, in der alle Eingeborenen selbstredend sehr bewandert sind.

Als **Reibeisen** verwendet man, wie so häufig auch anderwärts, flache Stücke Korallen, deren rauhe Oberfläche sich trefflich für diesen Zweck eignet.

Fig. 6.

Stampfer aus Holz, Tarowa. ¼ natürl. Grösse.

Stampfer waren damals noch ein wichtiges Geräth, meist in der Form wie das folgende Stück.

Tiggi (Nr. 54, 1 Stück, Textfig. 6), Stampfer, flaschenförmig, rund, aus einem Stücke Eisenholz roh bearbeitet. Tarowa. Die Grösse der erhaltenen Stücke variirt von 18—34 Cm. in der Höhe, der Durchmesser der unteren Fläche 8—18 Cm.; andere sind viel schmäler und dünner. Feiner bearbeitet sind die Stampfer wie Textfig. 7, ebenfalls aus schwerem Eisenholz *(Mangrove)*. Tarowa, Maraki.

Die Stampfer dienen sowohl zum Zerstampfen von Taro, Jackfrucht, *Pandanus* oder dessen Rinde, als auch zu anderen Zwecken (Klopfen von Cocosnussfaser u. dgl.).

Fig. 7.

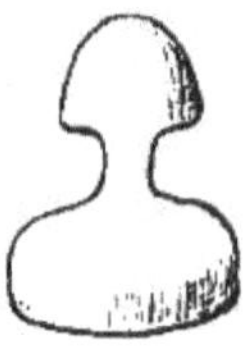

Stampfer aus Holz, Tarowa. ⅕ natürl. Grösse.

Essgeräth ist sehr primitiv. Als Schüsseln werden nicht selten grosse Schalen von *Tridacna gigas* benutzt, in denen ich auch Palmsyrup aufbewahren sah, sowie:

Tekadadj (Nr. 74, 1 Stück). Schale der Riesenmiesmuschel *(Pinna nigra)*. Tarowa. Grosse Exemplare (bis 42 Cm. lang und 26 Cm. breit) dienen als Schüsseln, kleinere als Teller (»Raurau«); als letztere genügen auch grosse Blätter, z. B. vom Brotfruchtbaume.

Von Holzgefässen, wie das folgende, erhielt ich nur wenige Stücke.

Tekumedj (Nr. 77, 1 Stück). Napf, trogförmig, länglich, an den Schmalseiten abgerundet und hier in der Mitte des oberen Randes mit einem kurzen Vorsprunge zum Anfassen, 36 Cm. lang, 9 Cm. breit. Tarowa.

Das grösste derartige Gefäss, eine Art Trog, war an den beiden Schmalseiten rechtwinkelig abgestuzt, 63 Cm. lang, nur 21 breit und 18 Cm. hoch; von Maraki.

Das Material zu diesen meist sehr roh und ohne alle Verzierung gearbeiteten Gefässen ist vorzugsweise Holz vom Brotfruchtbaume, zuweilen auch von der Cocospalme. Sie werden als Wassergefässe oder bei der Zubereitung von Teig aus gestampftem Taro verwendet, besonders aber als Bowle für »Karave« (Syrupwasser) oder »Mongin« (sauren Toddy).

Zum Einschlürfen dieses beliebten Getränkes bedient man sich zuweilen auch eines besonderen **Saugrohres**. Dasselbe besteht aus einer 17 Cm. langen Röhre aus einem dünnen, innen marklosen Zweigstücke von *Pandanus* und ist am unteren Ende mit einem Siebe (aus dem Bast von der Basis des Cocospalmblattes) versehen. Das für den Palmsafttrinker so nöthige Utensil wird häufig im Ohrlappen befestigt getragen.

Löffel (»Tiria«) aus Cocosnuss, wie in Melanesien (S. [109], [163] und [198]), sind mir auf den Gilberts nicht vorgekommen, wohl aber andere, sehr primitive Geräthe, die zum Essen von Taropappe dienen.

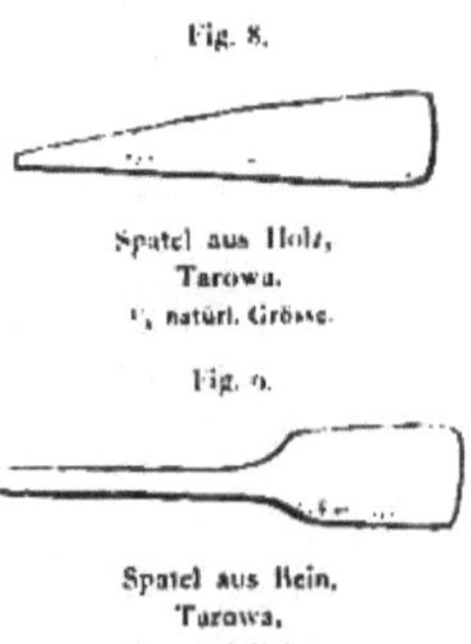

Fig. 8. Spatel aus Holz, Tarowa. ⅓ natürl. Grösse.

Fig. 9. Spatel aus Bein, Tarowa, ⅓ natürl. Grösse.

Te kanumoi (Textfig. 8). Flaches, spatelförmiges Holz (circa 21 Cm. lang). Tarowa. Hier auch ein Stück in anderer Form (Fig. 9), circa 18 Cm. lang, aus Walfischknochen. Ein anderes löffelartiges Geräth, von derselben Localität, war ebenfalls aus Walfischknochen, in der Form ähnlich wie Fig. 8, aber schmäler und 29 Cm. lang. Nach Kirby bedient man sich als Löffel »menschlicher Rippen«, wobei wohl aber eine Verwechslung mit Rippen von Walthieren vorliegt.

Ein anderes Geräth dient zum Schöpfen:

Aila (Nr. 57, 58, 2 Stück). Schöpfkellen, bestehend aus der Hälfte einer Cocosnussschale, die wagrecht an einen 20—30 Cm. langen Holzstiel mittelst Bindfaden befestigt ist. Tarowa.

Man gebraucht diese Schöpfkellen nicht beim Essen, sondern zum Wasserschöpfen oder besonders bei der Syrupkocherei aus Palmsaft (S. 51).

In ähnlicher Form, aber mit senkrecht stehendem Holzstiele, bereits von den Admiralitätsinseln (S. [64]) aufgeführt; sonst sind mir diese Art Schöpflöffel aber nicht in Melanesien vorgekommen.

Als Behälter für Flüssigkeiten, von denen auf den Gilberts weniger Wasser als Palmsaft, respective Cocosnussmilch in Betracht kommt, dient auch hier die weitverbreitete Schale der Cocosnuss.

Te tjimpa (Nr. 71, 1 Stück). Cocosnussschale als Wassergefäss. Tarowa.

Ein Bindfaden, am oberen Ende durch zwei Löcher befestigt, dient als Henkel zum Aufhängen, da in solchen Cocosnussschalen besonders der ausfliessende Saft der angebohrten Palme aufgefangen wird. Auch nimmt man sie, mit Wasser gefüllt, auf Seereisen mit.

Cocosnussschalen mit irgend einer Bearbeitung habe ich nie auf den Gilberts gesehen; gewöhnlich sind sie vom langen Gebrauche und Hängen im Rauche fast schwarz. Halbdurchschnittene Cocosschalen werden, ausser als Trinkgefässe, auch als **Lampen** (»Tetaura«) benutzt, in welchen man Cocosnussöl brennt; ich habe solche nur in den Maneap gesehen. Nach Kirby tranken die Kurianer auch aus Schalen aus menschlichen Schädeln, was vielleicht als seltener Ausnahmsfall vorgekommen sein mag.

4. *Wohnstätten.*

Siedelungen. Die Gilbertinseln sind das einzige Gebiet Mikronesiens, in welchem sich die menschlichen Wohnstätten zu wirklichen Dörfern (»Tekawa«) gruppiren, wie ich dies sonst nur in Melanesien sah (vgl. II, S. [102] und [194]). Das grösste Dorf auf Butaritari zählte etliche 40 Häuser, gewöhnlich sind die Dörfer aber kleiner und bestehen aus 10—20 Häusern; zuweilen nur aus drei. Nach Hudson bestand Utiroa, das grösste Dorf der Insel Tapiteuea, aus circa 300 Häusern und hatte an 1200—1500 Einwohner. Die Siedelungen, stets am Innenrande der Lagune errichtet, so dass sie von der See aus selten sichtbar werden, stehen ausserordentlich dicht beisammen und liegen oft kaum mehr als eine Viertelstunde von einander entfernt. An der Lagune von Maraki reiht sich Dorf an Dorf, die meisten mit einem Gemeindehause, das schon von Weitem durch besondere Grösse auffällt. Das gibt sehr hübsche Bilder, die an die Heimat mahnen; denn die grauen Blätterdächer sehen aus, als wären sie von Schindeln, und in der That fehlt dem Gemeindehause nur ein Thurm, um die Täuschung zu vervollständigen. Die Dörfer sind im Ganzen viel regelmässiger angelegt als sonst, und das Gemeindehaus bildet häufig den Mittelpunkt, um den sich die übrigen Häuser in Reihen gruppiren, wie in kleinen Städten bei uns um das Rathhaus. Dabei herrscht auch grössere Reinlichkeit, wie gewöhnlich; der Platz um das Gemeindehaus und andere Häuser ist häufig hübsch geebnet und mit weissem Korallgerölle bestreut. Längs der Wasserseite mancher Dörfer fand ich eine Mauer aus Korallsteinen errichtet, als Schutzwehr gegen feindliche Ueberfälle.

Häuser (»Tebata«) sind in einem für alle Inseln des Archipels giltigen eigenthümlichen Style und dabei viel sorgfältiger gebaut, als sonst. Zuweilen stehen die Häuser hart am Rande der Lagune auf einem Unterbaue aus Korallsteinen, der sie vor Ueberfluthen bei Hochwasser schützt. Als Material dient vorzugsweise *Pandanus*, dessen Blätter auch die Dachbedeckung liefern, doch wird auch Cocospalme verwendet. Die von Edge-Partington (Taf. 169) abgebildeten Gilbert-Häuser (aber auf Samoa von eingeführten Arbeitern aus den Gilberts gebaut) geben ein total falsches Bild. Die Häuser auf den Gilberts sind nämlich keine Pfahlbauten, sondern eigentlich nur grosse, auf niedrigen Pfählen ruhende Dächer aus *Pandanus*-Blatt, die in der Bauart am meisten mit den Häusern auf Oatafu der Tockelau-Gruppe (Wilkes, V, S. 1) übereinstimmen.

Aehnlich, aber schlechter, scheinen auch die Häuser auf Nukufetau der Ellice-Gruppe (Edge-Partington, Pl. 168). Da eine klare Vorstellung nur durch Abbildungen möglich ist, so muss ich mich auf eine kurze Beschreibung beschränken. Die Länge eines grossen Gilberthauses beträgt 7—9 M., die Breite circa 6—7 M., die Höhe bis zum Dachfirste vielleicht 4 M. Die Firste des Daches (Terau) läuft geradlinig und ist mit Matten bedeckt; die Giebel fallen in der oberen Hälfte fast gerade, in der unteren schräg vorspringend ab, zuweilen auch ganz senkrecht. Die Träger dieses grossen Daches sind nicht eigentlich Pfähle, sondern meist *Pandanus*-Stammstücke, mit drei bis vier Wurzelenden, die gleichsam als Fuss dienen, da sich bei dem steinigen Korallgrund Pfähle schlecht einrammen lassen. Die Seiten des Gebäudes sind offen, können aber je nach Bedürfniss mit gewöhnlichen Matten aus Cocosblatt verhängt werden. Da die Träger des Daches meist weniger als einen Meter hoch sind, so muss man sich sehr bücken, wenn man eintreten will. Im Innern der Hütte läuft etwa in 1¼ M. Höhe ringsum eine meterbreite Plattform oder erhöhter Flur, auf Querbalken von *Pandanus*, aus gespaltenen Stäben von gleichem Material errichtet. Dieser erhöhte Flur, welcher zum Schlafen oder für allerlei Geräth dient, nimmt zuweilen nur die eine Hälfte des Hauses ein, oder fehlt wohl auch ganz. Ueber dieser ersten Plattform ist in circa 1 M. Höhe häufig eine zweite errichtet, eine Art Bodenraum, aus sperrig gelegten *Pandanus*-Stäben, der zum Aufbewahren von allerlei Habseligkeiten und Materialien (Matten, Palmrippen, alten Cocosnüssen u. s. w.) benutzt wird. Das sind die zwei Stockwerke (!), wie sie von Gilbert-Häusern beschrieben werden. Das Sparrenwerk besteht grossentheils aus gespaltenen Palmblattrippen oder *Pandanus* und ist wie das ganze Gebäude mit Stricken aus Cocosfaser zusammengebunden. Der Fussboden, häufig auch die Umgebung des Hauses, werden mit Korallgrus bestreut, zuweilen auch um das Haus Platten von Korallfels, auf die hohe Kante gesetzt, aufgestellt. Eine Feuerstelle enthalten diese Häuser nicht, wie sie auch keinerlei Verzierung aufzuweisen haben. Zuweilen wird in besonderen kleinen Schuppen gekocht, oder die Feuerstelle liegt immer abseits des Hauses im Freien.

Die Bauart der Häuser auf Nawodo stimmt ganz mit der auf den Gilberts überein, ebenso die auf Banaba, die aber aus Mangel an *Pandanus* mit Cocospalmblättern gedeckt sind (mündliche Mittheilung von Capitän Breckwoldt).

Es gibt auf den Gilberts auch besondere auf Pfählen stehende kleine Nebenhäuser zum Aufbewahren von Vorräthen (*Pandanus*-Conserven in Rollen, geräucherte Fische etc.), die gelegentlich auch zum Schlafen dienen mögen.

Der König von Butaritari wohnte übrigens in einem von San Francisco importirten sehr hübschen Bretterhause mit Wellblechdach und war besser eingerichtet als die meisten weissen Händler. Er besass sogar eine eigene Flagge, ein Geschenk der amerikanischen Firma, mit der er in Verbindung stand. Bei Weitem opulenter soll sein College auf Apamama eingerichtet sein.

Ziergewächse, wie sie einzeln auf den Marshalls bei den Häusern gezogen werden, ganz besonders aber in Melanesien die Siedelungen verschönern, habe ich auf den Gilberts nicht gesehen. Charakteristisch für die letzteren sind dagegen trockene Sträucher, an deren Aesten Cocosschalen (mit Wasser und Toddy) aufgehangen werden und die fast bei keinem Hause fehlen.

Jedes Dorf besitzt auch einen sogenannten Brunnen, d. h. eine Grube, zuweilen mit Korallplatten ausgesetzt, in welcher sich Grund- oder Regenwasser sammelt, das aber meist schlecht schmeckt. Hudson sah auf Tapiteuea eine 15 Fuss tiefe Wassergrube, für die Kräfte der Eingeborenen immerhin ein bedeutendes Werk.

Gemeindehäuser (oder Versammlungshäuser), »Maneap«, wie sie fast die meisten Dörfer besitzen, gehören ebenfalls zu den charakteristischen Eigenthümlichkeiten der Gilbert-Inseln und mit zu den bemerkenswerthesten Bauwerken Mikronesiens überhaupt. Das Maneap stimmt in der Form und Bauart übrigens ganz mit einem Hause überein, nur fehlt die innere Einrichtung von Plattformen oder erhöhten Fluren, und die Dimensionen sind oft gewaltige. Das grosse Maneap in dem Dorfe Okianga auf Butaritari, welches ich mass, war 110 Fuss lang, 65 Fuss breit und 52 Fuss hoch, das im Dorfe Butaritari selbst sogar 250 Fuss lang und 114 Fuss breit. Von letzterem sah ich nur noch die Trümmer; der cyklonartige Sturm im Jahre 1876 hatte es umgeweht. Kein Wunder, denn auch diese gewaltigen Bauten verbindet kein Nagel, keine eingefalzten Balken, sondern nur Strickwerk aus Cocosfaser, und die Grundpfeiler und Träger des gewaltigen Daches sind nicht eingerammt. Das Dach ruht seitlich auf 1·44 M. hohen, circa 1 M. breiten und circa 20 Cm. dicken Platten von Korallfels, von welchen das Maneap in Okianga an der Längsseite neun, an der Schmalseite fünf zählte. Diese Platten bestehen aus einer Art Conglomerat und finden sich lose auf dem Aussenriff, so dass sie oft ziemliche Strecken weit transportirt werden müssen. Zwischen diesen Trägern aus Korallfels sind noch andere aus Balken, zum Theil in einen Fuss aus Korallfels eingesetzt, angebracht, meist natürlich gekrümmte Palmstämme, welche das etwas gewölbte Dach seitlich stützen, und, wie alles Balkenwerk, meist unbehauen. In der Mitte ruht das Dach auf Palmstämmen als Pfeiler. Das Maneap von Okianga bestand aus drei Reihen von je fünf Pfeilern oder Säulen, die den kunstvollen Dachstuhl trugen. Seitenstreben halten die Säulen untereinander und sind mit den Hauptträgern des Daches verbunden. Das letztere besteht, wie immer, aus *Pandanus*-Blatt und ist auf der Firste mit Cocospalmblättern belegt, die wegen ihrer Schwere besseren Schutz gegen den Wind gewähren.

Der Fussboden des Maneap besteht aus weissem Korallgrus; auch werden Matten zum Sitzen ausgebreitet. Als Schmuck sah ich nur Palmwedel und Eiermuscheln *(Ovula ovum)*, die Hudson auch von Tapiteuea erwähnt. Die Pfeiler des grossen Maneap waren hier schwarz, die desjenigen auf Tarowa roth angestrichen; letztere Farbe war aber importirt. Treffliche Abbildungen des Maneap auf Tapiteuea, ganz übereinstimmend mit denen, wie ich sie auf den nördlichen Inseln sah, gibt Wilkes (V, S. 52 von aussen und S. 56 von innen).

Wenn man die ungeheure Mühe bedenkt, welche allein das Herbeischleppen des Materials, darunter der gewaltigen Korallplatten verursachte, so wird man den Vorwurf der Faulheit, welcher diesen Eingeborenen so leicht gemacht wird, gewiss zurücknehmen. Ganz abgesehen von dem Fleiss und der hohen Entwicklung einer primitiven Baukunst, wird man vor Allem auch den Gemeinsinn und die Ausdauer dieser »Wilden« bewundern müssen. Freilich sind diese Riesenbauten zum Theil wohl mit unter dem Druck der Häuptlingsmacht entstanden, wie sie früher an manchen Orten herrschte. An dem Maneap von Okianga wurde vier, an dem eingestürzten Riesenmaneap, dem grössten des ganzen Archipels, sogar sechs Jahre gebaut, und man ging damit um, es wieder aufzubauen, da ja die Korallpfeiler noch standen. Wie verschwindend sind gegenüber diesen heidnischen Leistungen die Kirchenbauten der christlichen Eingeborenengemeinden, meist nicht mehr als ein grosser Schuppen oder Stall. Die Kirche auf Butaritari war 40 Fuss lang und 20 breit und die einzige aus Brettern gebaute im ganzen Archipel. An dem neuen Kirchlein aus Korallstein baute man schon drei Jahre, und ich fürchte, es wird nie fertig geworden sein.

Die Maneap haben nichts mit religiösen Zwecken zu thun, wofür sie die Mission so gern benutzt hätte, sondern dienen nur öffentlichen Angelegenheiten, Lustbarkeiten, zum Empfange und als Schlafstätte von Besuchern und Junggesellen. Mit dem Tritonshorn werden die Männer zu den Versammlungen über Gemeindeangelegenheiten ins Maneap gerufen, wo jeder seinen bestimmten Platz einnimmt. Auch unsere »Einwanderungsagenten« begaben sich stets zuerst ins Maneap, um »freie« Arbeiter anzuwerben, und es entwickelten sich dann Scenen, wie sie der Stahlstich in Wilkes' Reise (V, S. 56) sehr anschaulich darstellt. Weit lebhafter geht es bei den Festen zu, welche im Maneap zuweilen mehrere Hundert Personen beiderlei Geschlechts zu Tanz, Gesang und Trinkgelagen vereinen.

In grösseren Dörfern lernte ich übrigens eigene Versammlungshäuser für Frauen kennen, bedeutend kleiner als die Maneap, aber grösser als Wohnhäuser, in welchem das weibliche Geschlecht und Kinder, meist mit Mattenflechten, beschäftigt war.

Nawodo besitzt keine Maneap; wohl aber kommen solche, indess meist kleiner, auf Banaba vor (Capitän Breckwoldt). Sehr ähnlich den Maneap der Gilberts, aber durch oblonge Form verschieden, sind die »Tui-tokelau« der Union- oder Tockelau-Gruppe, wie ein solches Wilkes (V, S. 14) von Fakaafo abbildet, die aber mehr religiösen Zwecken zu dienen scheinen. In Mikronesien entsprechen nur hinsichtlich ihres Zweckes die »Bai« der Pelauer und »Fel« auf Mortlock den Maneap, unterscheiden sich aber durch ganz abweichenden Baustyl. Dasselbe gilt für die grossen Versammlungshäuser (Fale-tele«) auf Samoa, die »Rünanga« der Maoris und die verschiedenen Arten Junggesellen- oder Tabuhäuser in Melanesien (II, S. [195]).

Ich will hier noch besondere **Wasserbauten** erwähnen, die ich auf Butaritari sah und welche den früher herrschenden Fleiss bezeugen. Es waren nämlich hier an einigen Stellen von einer Insel zur anderen oft beträchtlich lange Dämme aus Korallsteinen und Geröll aufgeschüttet, so dass man auf denselben selbst bei Hochwasser trockenen Fusses von einer Insel des Atoll zur anderen kommen konnte.

5. *Hausrath*

ist nur gering und darunter trefflich geflochtene Matten (»Teki« oder »Tedjiet«) zum Schlafen, respective zum Zudecken, das nothwendigste Requisit.

Teka-unida (Nr. 194, 195, 2 Stück), Schlafmatte, feine Flechtarbeit aus sehr schmalen Streifen von *Pandanus*-Blatt. Tarowa.

Die Matte Nr. 194 ist noch nicht vollendet und äusserst instructiv, um die mühsame und geschickte Arbeit zu zeigen. Solche Matten sind von sehr verschiedener Grösse, zuweilen enorm gross (7 M. lang und 5 M. breit) und ebenso verschieden in Güte und Feinheit der Arbeit, erreichen aber nicht den Grad der Vollkommenheit gewisser polynesischer Erzeugnisse. Unter den letzteren stehen die oft riesig grossen Schlafmatten (aus *Pandanus*) von Rotumah obenan, welche in Sidney mit 20—30 Mark bezahlt werden. Aus gebleichten helleren und ungebleichten dunkleren Blattstreifen werden auch auf den Gilberts solche Matten zuweilen in carrirtem feinen Schachbrettmuster verfertigt. Die Basis der Blattstreifen bleibt häufig als Rand stehen und bildet eine mehr oder minder gefranste Kante.

Nach Weisser soll jede Insel ein eigenes Muster besitzen, aber ich möchte dies bezweifeln. Einmal sind die Muster überhaupt einfach und im Ganzen selten, und dann habe ich von derselben Frau verschiedene Muster flechten sehen. Es wird daher wohl kaum möglich sein, an dem Muster zu erkennen, ob eine Matte auf Tarowa oder Apainang u. s. w. verfertigt wurde.

Zum Aufbewahren von Matten sah Hudson grosse aus Latten von *Pandanus*-Holz gefertigte Deckelkisten, die den einzigen Hausrath im Maneap auf Tapiteuea ausmachten (vgl. Wilkes' Abbild., V, S. 156).

»Teka-maireri«, Matten zum Bedecken beim Schlafen, sind meist schmäler (circa 2 M. lang und bis 5 M. breit) und werden häufig von mehreren Schläfern gleichzeitig benutzt.

Selbstredend werden die Matten nicht blos in, sondern auch ausserhalb der Häuser und nicht blos zum Daraufschlafen, sondern auch zum Daraufsitzen benutzt. Sie sind daher namentlich in den Versammlungshäusern (»Maneap«) unentbehrlich, denn auf solchen Matten sitzend, werden die Rathsversammlungen abgehalten.

Zum Abfegen derselben bedient man sich:

Tedaubaré, Tauberi (Nr. 115, 1 Stück), Handbesen, circa 50 Cm. lang, aus den feinen Reisern, welche die Rippen (»Tenuk«) der Fiedern des Blattes der Cocospalme liefern, zusammengebunden. Tarowa.

Derartige Besen waren übrigens selten und wurden nur von einzelnen, anscheinend angesehenen Männern unter dem Arme getragen, die sorgfältig den Platz fegten, auf den sie sich setzen wollten, wurden aber auch als Fliegenwedel[1]) benutzt. Zu demselben Zwecke erwähnt Hudson auch Fächer von Tapiteuea.

Fig. 10.

Kopfunterlage.
Maraki.
1/4 natürl. Grösse.

Als Kopfkissen, die übrigens keine Nothwendigkeit sind, genügt gewöhnlich ein runder Stamm vom *Pandanus*-Baum, wie er sich in den meisten Häusern, auch in den Maneap findet, aber ich erhielt auch besondere **Kopfunterlagen** (wie Fig. 10) aus Brotfruchtbaumholz geschnitzt. Das Stück ist flach, sattelförmig ausgehöhlt, circa 45 Cm. lang, 24 Cm. breit, mit einer runden Handhabe an jeder Seite, hinten 12 Cm., vorne nur 2 Cm. hoch. Maraki.

Zum Verwahren von Esswaaren oder der wenigen Habseligkeiten werden Körbe benutzt. Dieselben sind sehr verschieden, wie die folgenden Nummern zeigen.

Tubeine (Nr. 106, 1 Stück), grosser Korb aus Cocospalmblatt geflochten. Tarowa.

Die Anfertigung derselben ist eine sehr einfache und macht wenig Mühe. Man spaltet ein Palmblatt in der Weise, dass ein schmälerer oder breiterer Rand der Mittel-

[1]) Sehr verschieden sind die Fliegenwedel von Samoa, die in der Form ganz mit den Fliegenwedeln aus Pferdehaar übereinstimmen, wie sie bei uns im Stall gebraucht werden. Sie bestehen aus einem circa 34 Cm. langen runden Stock, an dessem Ende ein dichtes Büschel Pflanzenfasern geflochten ist. Dieselben erreichen eine Länge von 36 Cm. (sind also für Cocosnusspalme zu lang) und an der Basis bündelweise (zu 20—30 einzelnen Fasern) sehr kunstvoll zusammengeflochten. Im Kat. M. G., S. 210, als »Hoheitszeichen des Häuptlings oder Redners« und im Anthrop. Album (Taf. 6, Fig. 238) in der Hand eines Mädchens, aber von Tonga, abgebildet. Diese Wedel werden in Samoa zum Abwehren der Fliegen und Fächeln auch gern von hier ansässigen Weissen benutzt.

rippe mit den daran festgewachsenen Fiedern erhalten bleibt, und flicht die letzteren kreuzweise ineinander, häufig so, dass in der Mitte oder seitlich ein Henkel angeflochten wird. Diese Körbe haben meist eine länglich-viereckige Form oder sind unten abgerundet, überhaupt sehr verschieden, ebenso in der Grösse, letztere oft bedeutend. Sie dienen den verschiedensten Zwecken (zum Tragen von Cocosnüssen, Fischen etc.) und halten nicht lange. Lasten werden übrigens, um dies noch zu bemerken, an einer Stange auf der Schulter zweier Personen getragen.

Filetgestrickte Beutel, wie sie in Melanesien jedem Manne unentbehrlich sind (vgl. II, S. [112] und [206]) kennen die Gilbert-Insulaner nicht; doch erhielt ich von Banaba ein kleines, aus Cocosgarn grobmaschig gestricktes Säckchen oder Täschchen — 9 Cm. lang (Nr. 685 der Sammlung). Bei den geringen Habseligkeiten tragen die Männer auch nur selten ein Handkörbchen mit sich, da für die nothwendigsten Requisiten, ein Stück Tabak und die Pfeife, ja die durchbohrten Ohrläppchen zum Unterbringen genügen.

Neben den groben Flechtarbeiten aus Palmblatt verstehen die Frauen ausserordentlich feine Deckelkörbchen zu flechten, wozu das feinere Material des *Pandanus*-Blattes benutzt wird, und die mit zu den charakteristischen Erzeugnissen der Ethnographie der Gilberts zählen.

Taping (Nr. 110—112, 3 Stück), Handkörbchen mit Deckel für Frauen; feine Flechtarbeit aus sehr schmalen Streifchen von *Pandanus*-Blatt. Tarowa.

Diese Körbchen gehören mit zu den besten Flechtarbeiten überhaupt und sind oft sehr kunstvoll. Mannigfach wie die äussere Form (viereckig, rund, viereckig-hoch, länglich-rund oder viereckig, dabei flach, oder unten viereckig und oben rund) ist die innere Einrichtung in besondere Fächer und Täschchen, wodurch diese Körbchen sich besonders auszeichnen und eine für die Gilbert-Inseln charakteristische Eigenthümlichkeit erhalten. Diese meist mit runden oder viereckigen Deckeln versehenen Körbchen sind den Necessaires unserer Damen zu vergleichen und dienen den Schönen der Gilbert-Inseln zu denselben Zwecken, um allerlei nützliche und überflüssige Kleinigkeiten aufzubewahren. Schnüre aus Cocosfaser, in die häufig, wie auch in die Körbchen selbst, das für die Gilbert-Inseln charakteristische Menschenhaar eingeflochten ist, verschliessen den Deckel und sind zugleich Tragbänder. Solche Körbchen werden auf allen Inseln der Gruppe verfertigt; ich erhielt welche von Butaritari bis Tapiteuea, sowie von Nawodo (Pleasant-Isl.), aber auch in diesem Genre verfertigt man verschiedene Formen auf ein und derselben Insel.

Ganz übereinstimmende Formen zeigen die Deckelkörbchen, wie sie Wilkes (III, S. 202) von Fidschi abbildet; die Vignette (V, S. 75) zeigt auch ein solches von Tapiteuea.

6. Werkzeug.

Aexte. Zu Hudson's Zeiten (1841) waren kleine Stückchen Bandeisen noch sehr begehrt, vierzig Jahre später besass fast jeder Eingeborene bereits eiserne Geräthschaften, und ich konnte von den eigenthümlichen Aexten der Eingeborenen — »Tidagagaro« grosse, »Waidebubu« kleine — auch nicht ein Fragment mehr erlangen. Wood und Kirby gedenken des wichtigsten Geräthes der Steinzeit mit keinem Worte; aber der letztere behauptet, dass in Treibholzstämmen Steine (Basalt) antreiben, welche von den Eingeborenen »zu verschiedenen Zwecken« benutzt werden (Wilkes, V, S. 105). Wenn die dicksten dieser Stämme bis zwei Fuss im Durchmesser angegeben werden, so ist wohl nicht gut möglich, dass nach einer Reise von Neu-Seeland (über 2000 Seemeilen), woher die Stämme kommen sollen, noch Steine von 8—10 Zoll Durchmesser zwischen den Wurzeln erhalten bleiben. Es könnte sich in einzelnen günstigen Fällen höchstens um sehr kleine Steine handeln, die auf diese Weise in den Besitz der Atollbewohner gelangen. Ich habe auf meinen Reisen viel Treibholzstämme gesehen und untersucht, aber sie waren immer von den Wellen so stark mitgenommen, dass sie wie bearbeitet aussahen und nur die grössten Wurzelständer zum Theil noch erhalten waren. Das British Museum besitzt allerdings Aexte mit Basaltklingen, in der Form fast ganz mit solchen von Tahiti und der Hervey-Gruppe übereinstimmend, die mit »Kingsmill« bezeichnet sind, aber diese Angabe ist jedenfalls unrichtig. Im British Museum sah ich dagegen Axtklingen aus *Tridacna* von den »Gilberts«, und das wird wohl correct sein. Aexte mit *Tridacna*-Klingen bekam ich auch von Nanumea (Ellice-Gruppe); Wilkes erwähnt solche von Otooha (Paumotu). Sonstige Werkzeuge aus der früheren Zeit erhielt ich nur wenige; sie waren wohl auch nie mannigfaltig.

Als **Hammer** benutzt man kurze, runde Knüppel von Eisenholz *(Mangrove)*, ohne besondere Bearbeitung; zum Bohren spitze Muschelstücke *(Pterocerus)*, wie auf den Marshalls. Ich erhielt nur ein hierher gehöriges Stück:

Bohrer (Nr. 34, 1 Stück) aus einem Stück Schildkrötenknochen (Tarowa), schon deshalb selten, weil Schildkröten auf den Gilberts nicht häufig vorkommen. Drillbohrer, wie die der Marshall-Inseln, habe ich auf den Gilberts nicht gesehen, doch mögen solche bekannt sein.

Raspeln, in der weitverbreiteten Form, wie wir dieselbe bereits aus Melanesien (II, S. [115]) kennen, finden sich auch auf den Gilberts.

Temino (Nr. 36 und 37, 2 Stück), Raspeln, bestehend aus einem schmalen flachen Stück Holz, das mit Rochenhaut überzogen ist. Tarowa.

Solche Raspeln sind bis 32 Cm. lang und 5 Cm. breit; übrigens sehr verschieden in Grösse. Die bis 1·30 M. lange dünne Schwanzflosse eines Stachelrochen, wie sie (Kat. M. G., S. 273, Nr. 1681) als »Raspeln« aufgeführt werden, sind keine solchen; dagegen sah ich die rauhschalige *Tellina rugosa* L. als solche benutzen.

Ein zum Dachdecken unentbehrliches Geräth ist:

Teju (Nr. 43, 1 Stück), Pfriemen aus Knochen (wohl vom Menschen), 29 Cm. lang. Tarowa.

Dient zum Durchstechen der *Pandanus*-Blätter, um diese auf ein dünnes Stäbchen zu reihen. Andere derartige Instrumente (nur 18 Cm. lang) bestanden aus anderem Material, anscheinend Rückenstachel eines Fisches. Einen circa 14 Cm. langen Pfriemen, wahrscheinlich aus Menschenknochen, erhielt ich von Banaba.

7. *Mattenflechten und Geräth.*

Die einzige Industrie, soweit von einer solchen überhaupt die Rede sein kann, besteht in der Anfertigung grosser Matten (S. 63 [331], Nr. 194), ein Gewerbe, das lediglich vom weiblichen Geschlecht betrieben wird und auf einer hohen Stufe der Entwicklung steht. Solche Matten bilden den hauptsächlichsten Tauschartikel im Verkehre mit Schiffen.

Das **Material** zu diesen Flechtarbeiten ist ausschliesslich *Pandanus*-Blatt (»Tebárniyáin«), und zwar für feinere Arbeiten junge Blätter.

Tëira (Nr. 190, 1 Stück), Probe zubereiteten *Pandanus*-Blattes; ein Streif in natürlicher Länge (bis 1·50 M. lang). Tarowa.

Die umständliche und mühevolle Zubereitung wird von Kirby (Wilkes, V, S. 94) ausführlich beschrieben, und ich werde in dem Abschnitte »Marshall-Inseln« davon zu sprechen haben. Hier sei nur noch erwähnt, dass die Gilbert-Insulaner nicht zu färben verstehen. Die Muster, welche zuweilen in Matten vorkommen, entstehen durch die Verschiedenheit des verwendeten Materials (braun von alten Blättern, gebleichte von jungen Blättern). Die schwarzen Muster kleinerer Flechtarbeiten sind aus Menschenhaar entweder eingeflochten oder aufgenäht (gestickt).

Geräthschaften gibt es sehr wenige, da bei der Flechterei nur zwei Geräthe nöthig sind, von denen das folgende kaum diesen Namen verdient:

Teburre (Nr. 191, 192, 2 Stück), Schneidemuschel (*Pinna vexillum* Born), deren dünne scharfe Schale (oder Längssplitter derselben) zum Spalten des *Pandanus*-Blattes benutzt wird. Tarowa.

Zum Flechten selbst gehört ein:

Te baba (Nr. 188, 1 Stück), Flechtbrett (Tarowa), welches dazu dient, die beiden Reihen von schmalgespaltenen *Pandanus*-Streifen auseinander zu halten.

Solche Flechtbretter, meist aus Holz des Brotfruchtbaumes gearbeitet, sind flach, länglich-viereckig oder länglich-oval, sanft gebogen, 64 Cm. bis 1 M. lang und meist nicht über 32 Cm. breit und 25—50 Mm. dick. Auf der einen Seite eines solchen Flechtbrettes war die Figur eines Schiffes (Schuners) eingeschnitten, was als einziger moderner Kunstversuch in Schnitzerei oder Gravirung hier erwähnt sein mag. Ein anderes Flechtbrett von Tarowa (92 Cm. lang und 32 Cm. breit) bestand aus Walfischknochen, und zwar dem dünnen und flachen Basistheil des Unterkiefers vom Spermwal *(Physeter)*, stammte also jedenfalls noch aus sehr alter Zeit her.

Seilerei ist vorzugsweise Männerarbeit. Als Material zu Stricken und Bindfaden wird benutzt:

Tekarai (Nr. 134, eine Probe), Bast von *Hibiscus* (Tarowa) oder noch häufiger (Tebanu) die Faserhülle der Cocosnuss, aus welcher zumeist die Stricke zum Hausbau, sowie die Fischnetze verfertigt werden. Die Fabrication von hübschen dichten und dicken Fussmatten aus Cocosfaser, die ganz wie solche bei uns gearbeitet sind, ist durch Seeleute auf einigen Inseln, namentlich Nawodo, eingeführt worden. Solche Fussmatten sind ebenfalls Gegenstand des bescheidenen Tauschhandels.

8. Fahrzeuge und Verkehr.

Die Fahrzeuge der Gilbert-Insulaner bilden einen eigenen Typus, wie ich ihn sonst nirgends in der Südsee angetroffen habe. In Bezug auf Construction und mühevolle Arbeit nehmen diese Fahrzeuge mit den ersten Platz ein und liefern, neben Hausbau und Tarocultur, einen weiteren Beweis von dem ungeheuren Fleiss und der Ausdauer, wie sie früher herrschten. Schon der Mangel an passendem Bauholz vermehrt die Schwierigkeiten, denn da der Brotfruchtbaum nur äusserst spärlich vorkommt und *Pandanus* gänzlich untauglich zum Schiffbau ist, musste man zu dem sehr harten Holze der Cocospalme greifen. Aber der schlanke Stamm dieses Baumes liefert keine grossen Kielstücke, wie sie sonst die Basis und mit einen Hauptheil der Canus bilden, sondern man muss ihn in Bretter spalten, von denen nach Hudson ein Stamm nicht mehr als zwei liefert. Wie diese Bretter verfertigt wurden, habe ich nicht in Erfahrung gebracht, aber da man keine Sägen, sondern nur Muscheläxte hatte, so lässt sich begreifen, wie enorm die Mühe und Arbeit der Verfertigung eines solchen Canu früher gewesen sein muss. Sehr gern werden Bretter von gestrandeten Schiffen, die auf den Gilberts jedenfalls häufiger sind als Treibholz, verwendet, aber ich habe solch fremdes Material doch im Ganzen selten gesehen und nur als geringe Zugabe des einheimischen. Zur Befestigung der Bretter sind Rippen erforderlich, wodurch sich die Fahrzeuge der Gilbert-Insulaner allein schon wesentlich von den sonst in Mikronesien gebräuchlichen unterscheiden und eine hochstehende Technik bekunden. Diese Rippen bestehen aus natürlichen, in einem spitzen Winkel gebogenen Aststück (wohl von Eisenholz) und ruhen auf einer dünnen Latte als Kielstück, mit der sie unten verbunden sind, wie oben mittelst Querhölzern. Auf diese Weise entsteht das Gerippe, welches nun mit Brettern verschiedener Grösse bekleidet wird. Zum Dichten der Fugen dienen Streifen von *Pandanus*-Blatt, zwischen die Nähte eingelegt. Diese Bretter sind meist aus Palmholz, 70 Cm. bis 1 M. lang, circa 30 Cm. breit und circa 15 Mm. dick. Die dem Ausleger entgegengesetzte Seite ist mehr oder minder flach, die andere mehr bauchig gebaut, aber diese Ungleichheit der beiden Seitenflächen tritt nicht so auffällig hervor als bei den Marshall-Canus, die überdies total verschieden sind, unter Anderem einen viel schwereren, ganz abweichend construirten Ausleger haben. Die Befestigung der Bretter, wie sämmtlicher Bestandtheile des Fahrzeuges, geschieht nur mittelst Stricken, die durch Bohrlöcher gezogen

Fig. 11.

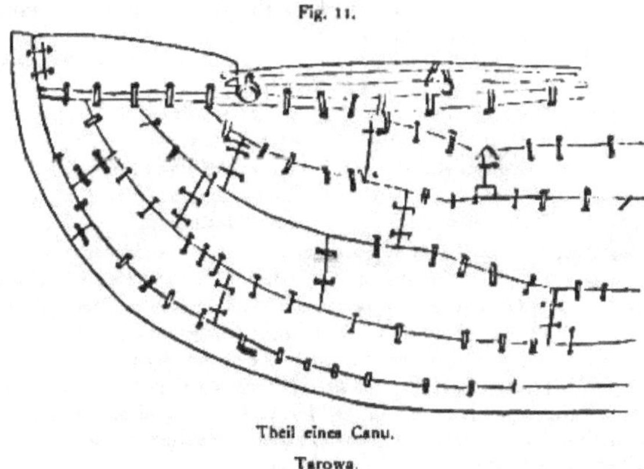

Theil eines Canu.
Tarowa.

und festgebunden werden. Die beigegebene Textfigur 11 wird dies veranschaulichen und zugleich eine Idee von der ungeheuren Menge von Bohrlöchern geben, die erforderlich sind.

Das Canu trägt in der Mitte ein Auslegergeschirr aus drei langen Querstangen mit einem parallel mit dem Schiffskörper laufenden langen Auslegerbalken, der an jedem Ende stumpf zugespitzt, unterseits kielförmig gezimmert ist. Die Querstangen, welche an der anderen Seite nicht über den Schiffsrumpf vorragen, sind an zwei- oder dreigabelige senkrechte Aststücke, letztere wiederum mit Strick an den Auslegerbalken festgebunden. An der Basis der Querstangen ist aus Brettern häufig eine Plattform errichtet, oder eine solche aus Leisten hergestellt, die über die ganze Länge der Canus laufen und so eine Art Seitendeck über das ganze Fahrzeug bilden. Der Mast (»Aniang«), zuweilen wegen Mangel an passendem Holz aus zwei bis drei Stücken zusammengebunden, wird in der Mitte des Canu in eine Nabe eingesetzt. Eine zweite Nabe ist am Ende desselben angebracht und dient zum Einsetzen eines Baumes (Ruae) für das Segel, das ausserdem noch durch einen zweiten Baum ausgespannt wird. Das Segel (»Tia«) ist ein sogenanntes lateinisches, also dreiseitig und besteht aus grobem Mattengeflecht von *Pandanus*-Blatt. Das Tau zum Hissen des Segels läuft durch ein Loch unterhalb der Mastspitze. Am hinteren Ende des Canu ragt ein gabeliges Aststück wagrecht vor, das zum Einlegen des Ruders dient. Das letztere ist ein Riemen von 2·10 M. Länge, mit flachem, 1·24 M. langem und 10 Cm. breitem Blatt.

Das Manövriren mit dem Segel geschieht übrigens ganz in der Weise wie überall und wie ich es bei den Marschall-Inseln beschreiben werde.

Diese grossen seetüchtigen Canus (»Baurua«) gehören mit zu den besten Erzeugnissen der Schiffsbaukunst[1]) Oceaniens und übertreffen in zierlicher Bauart selbst die berühmten Fahrzeuge der Marshallaner. Nach Wood gibt es auf Makin an 60 Fuss lange Canus; die grössten, welche ich sah, waren nur wenig mehr als halb so lang und ich lasse hier die Masse eines ziemlich grossen von Tarowa folgen:

	M.		M.
Ganze Länge	7.—	Entfernung derselben am Ende, wo sie mit dem Ausleger verbunden sind	0·98
Breite	0·565	Länge des Auslegerbalkens (Balanciers)	3·10
» innen (Lichtweite) . . .	0·54	Breite desselben	0·15
Höhe aussen	0·75	Dicke »	0·14
» innen	0·64	Länge der Plattform	2·10
Länge der Querhölzer des Auslegergerüsts	3·06	Breite derselben	0·67
Dieselben stehen an der Basis von einander entfernt	0·70	Höhe des Mastes	4·50

Solche grosse Canus, die an 30 Personen und mehr tragen und lediglich Kriegszwecken dienten, gibt es im Ganzen wenige. Hudson verbrannte in Utiroa auf Tapiteuea etwa ein Dutzend, und doch besass dieses stark bevölkerte Dorf (circa 1200 bis 1500 Einwohner) damals (1841) an 130 Fahrzeuge, einige für 10—15, die meisten für 4—5 Personen tragfähig. Diese letzteren sind die gewöhnlichen:

»Toa« oder Fischerfahrzeuge, wie sie meist auf der Lagune und in der Regel von drei Personen benutzt werden. Sie führen Mast und Segel, sind ganz so gebaut wie die grossen Canus, nur ist der Ausleger etwas hinter der Mitte eingesetzt.

Der Typus des vorher beschriebenen Canus ist auf allen Inseln des Archipels derselbe, ebenso auf Nawodo (hier aber ohne Segel) und weicht sehr von dem der Nachbargruppen ab. Die grossen Canus der Marshall-Inseln stimmen, wie erwähnt, fast ganz mit dem central-carolinischen überein. Das Fahrzeug der Ellice-Gruppe, wie es Hudson von Funafuti beschreibt (Wilkes, V, S. 38), besteht nur aus einem ausgehöhlten Baumstamm mit aufgelaschten Seitenborden und Ausleger. Die Canus hier führen kein Segel, wohl aber die von Nukufetau derselben Gruppe.

Ganz solche Canus fand ich auf Njua oder dem Atoll Ontong-Java (Finsch: Zeitschr. f. Ethnol., 1881, S. 114), hier ohne Segel, und ebenso beschrieb mir Capitän Breckwoldt die Canus von Banaba, die zwar ein kleines Mattensegel führen, aber nicht seetüchtig sind. Das Canu von Tikei (Romanzoff-Insel) der Paumotu-Gruppe besteht ebenfalls aus einem Baumstamme mit Ausleger (Choris, Pl. XI, Fig. 1).

[1]) Bei den damals herrschenden Wirren gelang es mir, auf Maraki ein schönes Canu mit allem Zubehör zu erwerben, das ich für das Berliner Museum bestimmt hatte. Leider konnte ich nicht verhindern, dass dasselbe in der Nacht heimlich zu Feuerholz zerhackt wurde, aus Mangel an Platz, wie es hiess, was ja bei der thatsächlichen Ueberfüllung des Werbeschiffes (s. S. 22 [290], Anm.) gewisse Berechtigung hatte. Ein Canumodell von Peru ist im Kat. M. G. (S. 269) verzeichnet.

Aus einzelnen Brettstücken zusammengebundene Canus finden sich übrigens nicht blos auf den Gilberts, sondern, wenn auch stets in abweichender Form, noch auf anderen Inseln. So auf Meschid der Marshall-Gruppe, auf Tongareva (Penrhyn), nach Wilkes (IV, S. 279) die grössten Canus von allen niedrigen Inseln, aber ohne Segel (abgebildet: Choris, Pl. XI); auf Samoa (Wilkes, II, S. 143, Abbild.), auf Fakaafo der Tockelau-Gruppe, die in Bauart ganz mit samoanischen übereinstimmen (Wilkes, V, S. 11, Abbild.); ebenso sind die Doppelcanus[1]) von Ootafu derselben Gruppe aus einzelnen Brettstücken zusammengebunden. Dieselbe Technik wird von den Canus der Oster-Insel beschrieben, deren eigenthümliche Bauart wir bildlich nur durch Choris kennen (Pl. X, Fig. 2 ohne Ausleger, Fig. 1 mit doppeltem Ausleger, einen an jeder Seite, was mir sonst in der ganzen Südsee nur in der Torresstrasse vorkam).

Nach Wood bildeten Zimmerleute damals eine hochansehnliche Zunft und standen meist im Dienst der Häuptlinge. Ein Canu für 6—10 Personen erforderte eine Bauzeit von 5—6 Monaten und wurde in »Teduai«, d. h. *Pandanus*-Conserve in Rollen (S. 51 [319]) bezahlt.

Die Ausrüstung der Canus besteht in sehr Wenigem, darunter als unumgänglich nothwendiges Geräth der:

Wasserschöpfer (Nr. 181, 1 Stück), schmal und lang, mit Handhabe (42 Cm. lang, 3½ Cm. breit) aus *Pandanus*-Holz. Tarowa.

Fig. 12.

Paddel. Apaiang.

Bei den vielen Näthen, die trotz der zwischengelegten Blattstreifen stets undicht bleiben, dringt natürlich viel Wasser ein, so dass fortwährendes Ausschöpfen erforderlich wird. Ausser Wasserschöpfern enthält das Canu meist weiter nichts als Wasservorrath in einigen Cocosnussschalen, ein paar Steine zum Zerschlagen der Ködermuscheln (für Fischer), einige Körbe zum Aufbewahren der Fische oder Lebensmittel und als moderne Zugabe eine (europäische) Holzkiste mit Sand zum Aufbewahren von Zunder.

Die **Paddel**, welche häufig zum Fortbewegen dieser kleinen Canus benutzt werden, zeichnen sich durch eigenthümliche Form aus. Sie sind nicht, wie sonst meist üblich, aus einem Stück, sondern das länglich-ovale Blatt (zu Hudson's Zeit zuweilen aus einer Schildkrötenschale, jetzt häufig aus dem Deckel einer Ginkiste), ist an einen Stock festgebunden, wie Textfig. 12 und Figur bei Wilkes[2]) (V, S. 49). Hier zugleich eine bis auf Einzelheiten des Auslegers correcte Skizze eines gewöhnlichen Canus von Tapiteuea, welche die vollständige Uebereinstimmung in Form und Bauart mit den Fahrzeugen der nördlichen Inseln zeigt.

Verzierungen fehlen den Canus der Gilbertinsulaner; zuweilen sind einige Eiermuscheln (*Ovula ovum*) am Bug, oder bei grösseren Fahrzeugen in Längsreihen an den Bordseiten angebracht, wie die gleiche Muschel zu dem gleichen Zwecke auch anderwärts benutzt wird. So z. B. auf Yap (Journ. M. G., Heft 2, S. 19, Taf. III), Fidschi und auf den Salomons.

1) Diese eigenthümlichen Canus, bei denen das eine kürzere Canu nur als Ersatz des sonst üblichen Auslegers zu betrachten ist, finden sich auf verschiedenen Inseln (Anaa oder Chaine-Isl. der Paumotu-Gruppe: Wilkes, I. S. 327, Abbild.; Tonga: ibid., III, S. 1, Abbild.; Hawaii: Choris, Pl. XIII) sind aber keineswegs specifisch polynesisch. So besass Samoa keine Doppelcanus, dagegen das melanesische Fidschi fast nur solche (Wilkes, III, S. 54, Abbild.), wovon ich schöne Modelle auf der Colonial-Ausstellung in London sah.

2) Das auf der Vignette S. 75 abgebildete Paddel ist nicht von den Gilberts, sondern von der Hervey-Gruppe (Mangaia).

Grosse Canus werden in besonderen niedrigen, mit *Pandanus*-Blatt gedeckten Schuppen untergebracht, deren Dach in der Mitte der einen Seite weit vorspringt, um auch den Ausleger gegen den schädlichen Einfluss der Sonne zu schützen. Der grösseren Schwere dieser Canu wegen erfordert es besonderer Vorkehrungen, um sie zu Wasser zu bringen. Es werden zu diesem Zwecke Matten und darauf in gewissen Abständen Abschnitte von Palmrippen gelegt, auf denen man das Canu ins Wasser der Lagune schiebt.

Der **Seeverkehr** der Gilbert-Insulaner untereinander ist nicht erheblich, da eigentliche Handelsreisen nicht unternommen werden, und beschränkt sich mehr auf die Nachbarinseln, die ja alle ziemlich nahe bei einander liegen. So beträgt die Entfernung zwischen Butaritari und Maraki, deren Bewohner sich zuweilen besuchen, nur 70 Seemeilen. Häufig ist aber die Veranlassung dieses Verkehrs keine friedliche, wie Apaiang und Tarowa (10 Meilen Distanz) meist in Fehde leben. Die Bewohner der südlichen Inseln haben keine Verbindung mit den nördlichen oder umgekehrt, kennen aber ihre Inseln zum Theil, so z. B. die Bewohner Arenukas Tapiteuea. Ueber den Archipel hinaus besteht kein Verkehr mit Nachbargruppen, obwohl die Entfernung von Onoatoa und Nanumea der Ellice-Gruppe nur 25 Seemeilen beträgt. Die Gilbert-Insulaner sind keine Seefahrer und haben weite Reisen immer nur unfreiwillig gemacht, und zwar in Folge Verschlagens. Solche Vorkommnisse mögen häufig genug passiren, werden aber nur in Einzelfällen bekannt. Ohne nautische Kenntnisse und Hilfsmittel sind die durch heftige Böen und Strömungen abgetriebenen Canus ganz den letzteren preisgegeben und hatten dann nur dem Glück ihre Rettung zu verdanken. Schon Chamisso liess sich von den verschlagenen »Repith-urur«[1]) auf Ratak erzählen, wo sie meist erschlagen wurden, und mir selbst kamen verschiedene Fälle zur Kenntniss. So wurden eine Anzahl Männer und Frauen von Maiana, die nach dem benachbarten, nur 25 Seemeilen entfernten Tarowa segeln wollten, nach Nawodo (Pleasant-Isl.), 360 Seemeilen, verschlagen. Drei Canus mit Eingeborenen von Arenuka flohen aus Furcht vor dem Könige nach Banaba (220 Seemeilen), das auch glücklich erreicht wurde. Da bei dem herrschenden Mangel nur die Insassen eines Canus aufgenommen werden konnten, beschlossen die übrigen die Rückreise nach den Gilberts. Das eine Canu wurde aber (450 Seemeilen) nach Milli in der Marshallgruppe, das andere nach Madjuru (480 Seemeilen) verschlagen, die Insassen des letzten Canus hier erschlagen. Die sieben auf Milli Geretteten sah ich hier selbst; sie behaupteten, drei Monate ohne Lebensmittel auf der See umhergetrieben zu sein, aber diese Angabe bleibt durchaus unglaubwürdig, da die Eingeborenen keine Zeit kennen. Der merkwürdigste Fall von Verschlagenwerden ist der von vier Frauen, die 1879 auf der Reise von Maiana nach Tarowa abtrieben und von dem französischen Schiffe »Dauphin« 840 Seemeilen weit von den Gilberts in halbtodtem Zustande aufgefischt wurden, während die vier oder fünf Männer den Strapazen erlegen waren. Sittig erwähnt in seiner Zusammenstellung (s. S. 25 [293]) unter Anderem das Verschlagen eines Mannes von Maraki (Gilberts) nach Ponapé (über 900 Seemeilen) im Jahre 1837. Dass Europäer zuweilen von ähnlichen Schicksalen betroffen werden, ist selbstverständlich. Ein hierher gehöriger interessanter Fall gelangte durch das deutsche Kriegsschiff »Alexandrine« zur Kenntniss. Im Jahre 1890 wollte ein Boot mit

[1]) »Reise um die Welt« (2, S. 239) Bezeichnung der Marshallaner für die Bewohner, nicht eine gewisse Gruppe der Gilbert-Inseln; eigentlich: »Dripit« von »Dri« (= Knochen, Mensch) und »Pit« (= Makin, Pit-Insel), also soviel als Leute von Pit, und »urur« = tödten, womit der gewöhnliche Ausgang des Schicksals dieser Verschlagenen deutlich genug bezeichnet wurde.

drei Weissen und elf Eingeborenen (darunter vier Mädchen) von Nawodo (Pleasant-Isl.) aus ein vor der Insel kreuzendes Schiff besuchen, vertrieb dabei aber nach Westen, und zwar nach Tatan (Gardener-Isl.), an der Nordküste von Neu-Irland, an 900 Seemeilen weit. Obwohl das Boot mit Hartbrot und Reis versehen war, starben die Weissen doch während der dreimonatlichen Irrfahrt an Entkräftung, die Männer wurden bei der Landung auf Tatan erschlagen, die Mädchen später durch das Kriegsschiff gerettet.

9. Körperhülle und Putz.

A. Bekleidung.

Der Einfluss der Civilisation hat in dieser Richtung nicht viel gewirkt. Europäische Kleider waren noch wenig beliebt, und selbst bei Kirchenbesuchern in sehr geringem Grade eingeführt. Nur Diakone, seltener Könige, pflegten Padjamas und Hosen, sowie einen Hut zu tragen, wie eingeborene Lehrer- oder Händlerfrauen Kattunkleider. Es herrschte also noch so ziemlich vollständige Ursprünglichkeit, und ich sah öfters Männer völlig nackt, wie dies zu Hudson's Zeit (1841) noch die Regel war. Nach Kotzebue gingen übrigens 1824 noch die Bewohner von »Maouna« (Tutuila) der Samoagruppe, und zwar in beiden Geschlechtern, vollkommen nackt; Tapabekleidung ist dort erst später durch die Mission von Tonga aus eingeführt worden. Allerdings kommt auf den Gilberts auch vollständige Bekleidung vor, wie sonst wohl kaum nirgends, sie betrifft aber nur den Krieger in voller Rüstung, eine Erscheinung vergangener Zeiten.

Kinder gehen nackt; Mädchen bis vielleicht zum vierten oder sechsten, Knaben bis zu 12 oder 14 Jahren. Im Uebrigen ist auch die Bekleidung Erwachsener höchst einfach, wie der ganze Ausputz. Männer binden ein Stück Mattengeflecht um die Hüften, Frauen ein Faserröckchen. Rechnet man hiezu noch ein paar Blätter ins Ohr, eine Schnur Glasperlen um den Hals, einen Blattstreif ums Fussgelenk hinzu, so hat man Gilbert-Eingeborene vor sich, wie sie damals waren. Alle Inseln zeigen darin völlige Uebereinstimmung, ebenso Nawodo und Banaba. Sehr abweichend ist dagegen die Bekleidung auf der benachbarten Ellice-Gruppe,[1] wo die Männer eine Art Maro (Lendenbinde) mit ein bis zwei Mattenstreifen darüber tragen (vgl. Wilkes, V, S. 39, Abbild.), die Frauen eine bis auf die Knie reichende Matte. In der Tockelau- oder Union-Gruppe sind die Männer nur mit einem Maro aus Mattengeflecht umgürtet, aber die Weiber tragen sehr schwere Röcke aus Blattstreifen (ähnlich wie auf Yap, Journ. M. G., Heft II, Taf. 7); in solchen bildet Edge-Partington (Pl. 168) aber auch Weiber von Nukufetau der Ellice-Gruppe ab.

Tekabajanuga (»Kapenuga«) (Nr. 206, 1 Stück), Bekleidungsmatte für Männer, ein circa 1·60 M. langes und circa 60 Cm. breites Stück feinen Mattengeflechts aus *Pandanus*, das mittelst eines Strikes um die Hüften festgebunden wird (vgl. Finsch in Joest: »Tätowiren«, Taf. III). Butaritari.

Diese Matten, sehr verschieden in Grösse und Feinheit der Flechtarbeit, bilden das einzige Bekleidungsstück der Männer. Zuweilen sind diese Matten so lang, dass sie von der Mitte der Brust bis zu den Knieen reichen. Ich sah übrigens auch öfters Männer mit einem Weiberfaserrock bekleidet. Zur Befestigung um den Leib wurden früher gern Stricke aus Menschenhaar benutzt.

[1] Hierher gehört der im Kat. M. G. (S. 253, Nr. 46) angeblich von den Gilberts stammende Schamschurz.

Bei Weitem feiner sind übrigens die Bekleidungsmatten, wie sie früher auf Samoa gemacht wurden und wovon die Sammlung (Nr. 198) noch ein Stück aus der guten alten Zeit besitzt. Sie sind ebenfalls aus *Pandanus*-Blatt, aber aus äusserst schmalen Streifen geflochten und daher, zum Theil auch durch den langen Gebrauch, so schmieg- und biegsam wie Zeug. In derartige Matten pflegte man zuweilen als besondere Verzierung einen Randsaum von rothen Papageienfedern (von *Coriphilus fringillaceus*) einzuflechten, wie dies ebenso auf Uëa (Wallis-Insel) Mode war. Die Bekleidungsmatten von hier kommen in feiner Arbeit und Weiche den altsamoanischen am nächsten, werden jetzt aber mit Kanten und Mustern aus rother und blauer Wolle verziert. Aeusserst feine Flechtarbeiten sind auch die eigenthümlichen sogenannten »Brautmatten«, wie sie früher auf Samoa gefertigt wurden, davon manche mit faseriger Oberseite, die dadurch das Aussehen eines grobhaarigen Vliesses erhält (vgl. Kat. M. G., S. 208, Nr. 972).

Poncho, aus einem Stück Mattengeflecht mit einem Schlitz zum Durchstecken des Kopfes, werden zuweilen von Männern getragen. Von solchen als besonderer Ausputz, namentlich beim Tanz, eine Art:

Schärpe, aus einem breiten Streif Mattengeflecht, zuweilen hübsch gemustert, an dem die Enden der Blattstreifen häufig stehen bleiben und am oberen Rande eine Art Fransenkante bilden. Solche Schärpen werden über die Schulter und quer über die Brust getragen, meist von jungen Stutzern, wie dies die Abbildung eines jungen Häuptlings bei Wilkes zeigt (V, S. 78).

Die einfache Bekleidung der Frauen ist das:

Tiridi (Teridin) (Nr. 233, 1 Stück), Röckchen aus fein gespaltener Blattfaser der Cocospalme, auf eine Schnur geflochten; Taillenweite 58 Cm., die Fasern 25 Cm. lang. Butaritari.

Diese rings um die Hüften reichenden Faserröckchen kleiden sehr hübsch und stimmen am meisten mit dem noch kürzeren »Titi« überein, noch 1841 der einzigen Bekleidung heidnischer Samoanerinnen. Der »Liku« der Frauen Fidschis (Wilkes, II, S. 355, Abbild.) ist ebenfalls sehr ähnlich, ebenso die Faserröcke auf Neu-Guinea (II, S. [86] und [225]), letztere aber schon wegen der lebhaften Farben weit schöner. Auf den Gilberts pflegen nur heiratslustige Mädchen zuweilen dunkel-, fast schwarzgrün gefärbte »Tiridi« zu tragen, wozu man den Saft einer Pflanze, sowie Syrup benutzt, eine Methode, die Kirby (Wilkes, V, S. 95) ausführlich beschreibt. Die Faserröckchen erhalten dadurch einen nach dortigen Begriffen angenehmen Geruch, den aber Hudson schon sehr treffend als wie nach Tabak und Syrup bezeichnet. Die Tiridi kleiner Mädchen von 5—10 Jahren sind sehr schmal (circa 8—10 Cm. lang), wie auf der Abbildung bei Wilson (V, S. 51), die übrigens der Wirklichkeit wenig entspricht. Trotz der Kürze kleiden diese Faserröckchen, die so geschickt getragen werden, dass sie auch beim Niedersetzen keine Blösse geben, durchaus decent.

Die Anfertigung der Tiridi geschieht in folgender Weise: die Frau schlingt sich zwei Schnüre aus Cocosfaser um den Leib, deren zu einer Schlinge vereinigte Enden sie mit der grossen Zehe festhält. In diese zwei Stricke, deren Enden als Bindebänder dienen, flicht sie nun breitere (circa 20 Mm.) Streifen aus den Fiedern des Blattes der Cocospalme, die dann, wenn dieselben trocken sind, mit einem scharfen Muschelsplitter (aus *Pinna*, S. 67 [335], Nr. 191) in äusserst schmale Fasern gespalten werden.

Bei festlichen Gelegenheiten pflegen Frauen und Mädchen zuweilen über den Grasschurz noch ein Stück feines Mattengeflecht zu tragen, das auf Maiana »Franigai« heisst.

Eine besondere Art kleiner viereckiger Matten, circa 28 Cm. lang und ebenso breit, aus Faser von *Pandanus*-Blatt, mit einfachem schwarzen Muster (aus *Hibiscus*-Bast) erhielt ich auf Nawodo. Wie mir versichert wurde, werden diese Art Matten nur von Frauen während der Schwangerschaft über dem Grasschürzchen getragen.

Kopfbedeckung ist häufiger als sonst. Auf den südlichen Inseln (Tapiteuea) tragen Männer dreieckige Kappen oder Mützen aus feinem Flechtwerk von *Pandanus*-Blatt, die auch auf Apaiang vorkommen und hier »Tebara« heissen. Häufig ist hier dagegen:

Teboani (Nr. 267, 1 Stück), Mütze, dreispitzig, aus Cocospalmblatt roh geflochten. Tarowa.

Solche kunstlose, im Gebrauchsfalle schnell gefertigte Mützen (abgebildet bei Wilkes, V, S. 46, von Tapiteuea) werden besonders von Fischern im Canu getragen, da das frische Palmblatt kühlt. Ich sah auch aus Segeltuch genähte Kappen.

Hüte nach europäischem Muster, in Form unserer Strohhüte, habe ich nur auf Nawodo gesehen, wo die Fertigkeit der Anfertigung solcher durch den Schiffsverkehr mit den Marshalls eingeführt war.

Wilkes erwähnt Mützen aus Mattengeflecht auch von Tockelau (Oatafu). Sehr merkwürdig sind auch die aus *Pandanus*-Blatt in hübschen Mustern geflochtenen Kappen der alten Hawaiier, wie sie Choris (Pl. XIV, Fig. 1 und 2) abbildet. Sie ähneln in der Form am meisten den Kriegskappen der Gilbert-Insulaner, haben aber sehr originelle Verzierungen.

Das weibliche Geschlecht bedient sich zuweilen eines Stückes feinen Mattengeflechts als Schutz gegen die Sonne. Eine solche Matte, circa 1·90 M. lang und 30 Cm. breit, wird gewöhnlich bei festlichen Gelegenheiten über den Kopf gehalten und heisst auf Tarowa »Terarange«.

Als besonderen Festschmuck junger Mädchen erhielt ich einige interessante Stücke kunstreicher Flechtarbeiten aus *Pandanus*:

Fig. 13.

Mädchenkappe. Maraki.

Terabaidoa (Fig. 13), kleines spitzes Käppchen, das auf dem Hinterkopfe getragen wird. Die schwarzen Querlinien sind zierlich aufgenähtes Menschenhaar. Von Maiana und Nukunau. Man sagte mir, dass derartige Käppchen nur bei den Festen, welche bei Gelegenheit der ersten Menstruation stattfinden, von dem betreffenden Mädchen getragen werden. Hierher gehört auch die aus Bast (?) geflochtene Mütze von »Ebon« (Kat. M. G., S. 255, Nr. 3353), die, wie schon die Verwendung von Menschenhaar beweist, sicher aus den Gilberts herstammt.

Diese Käppchen erinnern an die »Karua« der Frauen von Neu-Irland (vgl. I, S. [44] und Hernsheim: »Südsee-Erinnerungen«, Abbild. S. 104), die aber aus *Pandanus*-Blatt genäht sind.

B. Putz und Zieraten.

Die hieher gehörigen Arbeiten, obwohl zum Theil recht kunstreich, bieten im Ganzen wenig Auffallendes und beschränken sich meist auf Ausputz für Hals und Brust.

a) **Material.**

Dasselbe ist verschiedenartiger als sonst und wird durch die häufige Verwendung von Menschenhaar, gewissen Conchylien, die indess kaum eine eigenthümliche Art aufweisen, namentlich aber Zähnen charakteristisch. Hervorzuheben wäre das Fehlen von Schildpatt und Federputz, Beides erklärlich durch die Seltenheit des Vorkommens der betreffenden Thiere.

Unter den Zähnen nehmen die des Spermwal oder Cachelot *(Physeter macrocephalus)* den hervorragendsten Platz ein, ausserdem werden Zähne von ein paar kleinen Delphinarten *(Phocaena)* benutzt und schliesslich Menschenzähne, die gerade für die Gilberts besonders charakteristisch sind.

Wie überall ist die Zahl der benutzten Conchylienarten gering. Dieselben beschränken sich fast nur auf kleine weisse Scheibchen, aus einer noch unbekannten Species (wohl *Conus*) geschliffen, runde Scheiben aus den Spiren von *Conus* (meist *millepunctatus*), sogenannte *Conus*-Böden, oder aus Perlschale und auf rothe *Spondylus*- oder *Chama*-Muschel.[1]) Charakteristisch für die Benutzung der letzteren ist, dass auf den Gilberts nur ziemlich roh oder in Form von Plättchen bearbeitete Stücke (wie Taf. VIII [25], Fig. 15, 16 und 17), aber keine durchbohrten runden Scheibchen (wie Taf. [25], Fig. 1—5) vorkommen, die sich erst auf den Marshalls und von da weiter westlich finden. *Spondylus* wird auch auf Banaba verarbeitet, aber ich notirte das Fehlen auf Nawodo (Pleasant-Isl.).

Ausser Blättern und Blumen, welche am häufigsten Verwendung finden, wird an Materialien aus dem Pflanzenreich nur die Schale der Cocosnuss, wie das Holz dieser Palme, benutzt und daraus kleine runde Scheibchen oder Perlen verfertigt. Die kleinsten Cocosperlen (und zwar von Tarowa), sind nicht grösser als gewöhnliche Stickperlen, circa 3 Mm. im Durchmesser und noch kleiner als die kleinsten Cocosnussperlen von Ruk (Taf. [24], Fig. 6). Sie stimmen in der Grösse fast ganz mit den schwarzen Perlen des Muschelgeldes von Neu-Irland (»Kokonon«, I, S. [45], Taf. 1, Fig. 3) überein, sind aber im Ganzen sehr selten. Am häufigsten werden jene Grössen von Scheibchen von Cocosnussschale benutzt, wie sie Fig. 1—4*b* unserer Taf. [24] darstellen, und die sich im Allgemeinen dadurch von anderen Cocosscheibchen auszeichnen, dass sie so ausserordentlich dünn sind. Wenn diese Cocosscheibchen auch zuweilen für sich allein aufgereiht zu Schmuck Verwendung finden, so werden sie doch meist in Verbindung mit den weissen Muschelscheibchen verarbeitet und bilden dann die »Tekaroro-Schnüre«, wie sie Fig. 1—4, Taf. [24] darstellen.

Dies »Tekaroro« (vielleicht nur die aufgereihten Muschelscheibchen) bildete früher ein Tauschmittel, im Sinne von Geld, dessen Werth sich begreifen lässt, wenn man weiss, dass 9—21 Muschel- und ebensoviel Cocosnussscheibchen erst 3 Cm. messen, so dass zu einer 1 M. langen Schnur an 600—1400 Scheibchen gehören. Bei der mühevollen Arbeit, jedes Scheibchen einzeln zu durchbohren und zu schleifen, wird man dem früheren Fleisse der Eingeborenen gewiss volle Anerkennung zollen müssen. Zur Zeit meines Besuches war dieser Fleiss bereits entschwunden; man hielt Tekaroro allerdings sehr hoch und schätzte es vielleicht höher als ehedem, aber begnügte sich meist mit den mühelos zu erlangenden Glasperlen (»Teneremurra«). Von den letzteren sind besonders, als Imitation des Tekaroro, schwarze und weisse Emailperlen beliebt, und ich sah »Könige«, die einen solchen Halsschmuck nicht verschmähten. Statt dieser Glasperlen, wie sie jetzt Mode sind, verwendete man früher Tekaroro, wovon abwechselnd weisse und schwarze Scheibchen zwischen anderem Schmuckmaterial (Zähne vom Spermwal, Mensch, Delphin u. s. w.) aufgereiht wurden.

Ueber die Anfertigung des Tekaroro sagt Kirby nur, »dass alte Männer, die sonst nichts mehr thun können,« die Muschelscheibchen schleifen. Ich selbst konnte mir leider keinen Aufschluss mehr verschaffen und erlangte selbst nicht einmal das Rohmaterial der Muschel. Nach einer Notiz (Kat. M. G., S. 256) wäre dieselbe »*Conus sponsalis*«, aber nach anderer Angabe[2]) »*Coronaxis nanus* Brod.«.

[1]) Nach der hellrothen Färbung mancher Muschelstücke, die ganz mit solchen von den Marshalls übereinstimmt, dürfte auch *Chama pacifica* Brod. in Betracht kommen (vgl. das über Muschelscheibchen Gesagte bei Marshall-Inseln).

[2]) Journ. d. M. G., Heft II (1873), S. 17. Tetens und Kubary: Yap: »Eine fernere Halszierde, die man besonders auf den Ellice- (?) und Gilbert-Inseln antrifft und vielleicht von dort einführt, besteht aus schwarzen und weissen Scheibchen. Die weissen sind aus einer kleinen Kegelschnecke, *Coronaxis nanus*

Die Vollkommenheit der Bearbeitung der Muschelscheibchen ist übrigens, wie immer, verschieden; besonders kunstvoll solche, bei denen der Aussenrand jedes Muschelscheibchens geschliffen und polirt ist (wie Fig. 2—4, Taf. [24] von Banaba).

Was die Verbreitung des Tekaroro ausserhalb der Gilberts anbelangt, so findet sich das gleiche Material, aus abwechselnd weissen Muschel- und schwarzen Cocosnussscheibchen, auch anderwärts (z. B. auf Vate, Neue-Hebriden), aber meist nur neben anderen in beschränkter Menge verarbeitet, wie z. B. auf den Marshalls. Ich erhielt hier zwar eine lange Gürtelschnur aus Tekaroro von Maloelab, darf aber nicht mit Sicherheit behaupten, dass dieselbe hier gearbeitet wurde. Beachtenswerth sind auch die mit Tekaroro fast identischen »Pellä-Schnüre« von Neu-Britannien (s. Nachträge). An unbearbeiteten, blos durchbohrten Muscheln erhielt ich nur eine Halskette von *Natica lurida*, und zwar von Banaba. Aber der Kat. M. G. (S. 255 und 256) verzeichnet mit der Angabe »Gilberts« Schmuckstücke aus *Natica pes elephantis, N. mamilla, N. Gambiae, Ruma melanostoma* und *Cypraea moneta*, die aber wohl von der Ellice-Gruppe herstammen. Hudson erwähnt von den Gilberts ausser Tekaroro nur *Ovula*-Muscheln als gelegentlichen Tanzschmuck; von der Ellice-Gruppe: Muschel- und Perlmutterhalsbänder; von Tockelau: Halsbänder und Ohrringe aus Muscheln und Knochen; »Tekaroro« ist in beiden Gruppen unbekannt.

b) **Hautverzierung.**

Ich habe auf allen meinen Reisen diesem Gebrauche besondere Aufmerksamkeit zugewendet, wo ich konnte Erkundigungen eingezogen und mit Feder und Stift Aufzeichnungen gemacht, da ich weiss, wie wenig man sich blos auf das Gedächtniss verlassen kann und darf. Auf Grund dieser sorgfältigen Beobachtungen,[1]) deren Einzelheiten hier übergangen werden müssen, ergeben sich folgende Thatsachen, wie ich dieselben schon wiederholt mittheilte. (»Anthrop. Ergebnisse etc.«, S. 6 und in Joest: »Tätowiren«, S. 37 und 117.)

Brandmale, durch Auflegen eines mehr oder minder grossen Stückchens glimmender Kohle (meist Cocosschale) hervorgebracht, sind am häufigsten. Diese Wundmale haben eine rundliche, übrigens sehr unregelmässige Form und Grösse, sind mehr oder minder erhaben und markiren sich durch lebhaftere helle Färbung, schrumpfen aber in höherem Alter ziemlich ein. Man kann wohl sagen, dass es nur wenige Gilbert-Insulaner gibt, an deren Körper sich nicht wenigstens einige solcher Brandmale finden, obwohl ich auch solche Personen kennen lernte. Das erklärt sich dadurch, weil Brennen auch als Heilmethode angewendet wird. Zum Theile sind diese Brandmale, wie auf Samoa, auch Erinnerungszeichen beim Ableben eines Verwandten, und deshalb im Ganzen häufiger beim weiblichen Geschlecht als beim männlichen vertreten. Schliesslich werden Brandmale eingebrannt, um den persönlichen Muth zu zeigen, und ich sah junge Mädchen[2])

Brod gearbeitet, indem der ganze untere Theil weggeschliffen und nur das obere breite Ende, ein gekerbtes Scheibchen, mit einer runden regelmässigen Oeffnung in der Mitte übrig bleibt. Die schwarzen Scheibchen sind aus Cocosnussschale.« Die beigegebenen Abbildungen (Taf. IV, Fig. 6), namentlich die in natürlicher Grösse (Fig. 6a) stimmen so vollständig mit Tekaroro von den Gilberts überein, dass eine Verwechslung zu Grunde liegt.

[1]) Dieselben erstrecken sich nicht blos auf eine 30tägige Reise in der Gruppe, wie der Verfasser des Kataloges des Museum Godeffroy (S. 261) annimmt, sondern ich lebte auf Dschalut (damals das Hauptdepot der »Labortrade«) fast ein Jahr lang in unmittelbarer Nähe von Gilbertleuten (oft ein paar Hundert) und hatte somit reichlich Gelegenheit zu Beobachtungen.

[2]) Kubary berichtet in ganz ähnlicher Weise von Pelau: »dass sich die Mädchen untereinander mit glimmenden Cocosblättern eine Reihe runder Narben den Arm entlang einbrennen. Nicht selten geschieht dies im Zusammenhang mit den ersten Liebschaften.«

zum Spass sich selbst Brandmale beibringen. Sie zieren hauptsächlich die Arme, und zwar in der Mehrzahl der Fälle den linken Arm. Nur ausnahmsweise haben, besonders Frauen, einige grössere Brandwunden (bis 40 Mm. im Durchmesser) auf Schultern, Brust und selbst auf den Brüsten. Nicht selten finden sich Brandmale in grösserer Anzahl (bis 30 und mehr) meist auf dem Ober- oder Unterarme (oder auf beiden) eingebrannt, so dass sie eine mehr oder minder regelmässige Längsreihe bilden, die dann als Ziernarben betrachtet werden können. Die beigegebene Skizze (Fig. 14) gibt eine ungefähre Idee solcher Zierbrandnarben von Arrau-Tiduan, einem Häuptlinge der Insel Maiana. Der rechte Arm dieses im besten Alter stehenden Mannes war von der Mitte des Oberarmes bis zum Pulse herab mit solchen Brandmalen geziert, der linke Arm hatte nur einige aufzuweisen. Im Uebrigen zeigte dieser Häuptling auf jedem Arme zwei Längslinien tätowirt und konnte somit als Typus der Hautverzierung eines Gilbert-Insulaners gelten.

Fig. 14

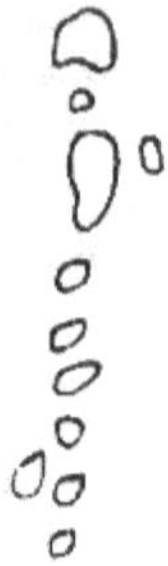

Brandnarben.

In ähnlicher Weise beobachtete ich Brandmale, besonders beim weiblichen Geschlecht und am meisten auf Armen und Brust, in Astrolabe-Bai (Neu-Guinea), Neu-Irland, bei Eingeborenen von den Salomons und Aoba (Neue-Hebriden), aber auch bei Mädchen von Fakaafo (Union-Gruppe). Auf den Admiralitätsinseln ist diese Hautverzierung auch häufig, die Sitte also vorherrschend, aber nicht ausschliessend über Melanesien verbreitet.

Tätowirung. »Bekanntlich hat sich hier die Tätowirung noch in einem hohen Grade der Vollkommenheit erhalten, und die Männer bedecken noch heute den ganzen Körper, und zwar auch die Extremitäten, damit.« Mit diesen Worten bezeichnet Kubary[1]) die Tätowirung der Gilbert-Insulaner und sucht zugleich einen Zusammenhang derselben mit jener der Bewohner der niedrigen centralen Carolinen-Inseln nachzuweisen. Diese Folgerung ist ebenso unzutreffend als die Darstellung der Gilbert-Tätowirung unrichtig, aber verzeihlich, da Kubary diese Inseln nicht aus eigener Anschauung kannte. Hudson, der der Tätowirung besondere Aufmerksamkeit schenkt, erwähnt dieselbe von den Gilberts nur von Makin und Tapiteuea, dabei als im Ganzen selten, also zu einer Zeit (1841), wo die Eingeborenen noch fast unberührt in voller Originalität lebten. Auf Grund eingehender und sorgfältiger Untersuchung von vielen hundert Gilbert-Insulanern kann ich diese Angaben nur bestätigen. In Wahrheit ist die Mehrzahl der Bewohner überhaupt nicht tätowirt; unter hundert Eingeborenen beiderlei Geschlechtes kaum zwanzig, und von diesen haben die wenigsten mehr als zwei bis drei Parallellinien längs den Armen, seltener ein paar Längs- oder Querstriche auf den Beinen aufzuweisen. Nur wenige Male beobachtete ich auch punktirte Linien, und zwar in einer Längsreihe am linken Arme einer Frau, deren rechter Arm das gewöhnliche Zeichen, zwei Parallellinien, zeigte.

Die spontane Tätowirung der Gilbert-Insulaner repräsentirt einen eigenthümlichen Typus, der in der Zeichnung durch vorwiegend gerade Linien charakteristisch wird. Das Muster besteht im Wesentlichen aus parallellaufenden Längslinien, die dicht mit querlaufenden Zickzacklinien oder schiefen Querstrichen ausgefüllt sind. Diese Querstrichelung steht zuweilen so dicht, dass sie ineinander verfliesst und dann schlagblaue Streifen und Felder bildet, wie dies durch Einschrumpfen der Haut bei alten Leuten

[1]) »Das Tätowiren in Mikronesien, speciell auf den Carolinen« in: Joest, »Tätowiren« etc. (Berlin 1887, S. 74—98, mit zahlreichen Abbildungen), eine Abhandlung, die den Gegenstand keineswegs so übersichtlich schildert, als zu wünschen wäre, da ja der Verfasser auch nur gewisse Theile des Gebietes kennen lernte.

meist von selbst eintritt. Der Rücken solcher Personen sieht dann aus wie mit einem blauen Lappen bedeckt. Dieses für die Gilbert-Insulaner eigenthümliche Muster bedeckt meist den Rücken von der Schultermitte bis auf die Hüften herab, zieht sich an den Seiten zuweilen bis unter die Arme und lässt meist einen Streif längs des Rückgrates frei. Als seltene Ausnahme beobachtete ich diese Tätowirung auch auf der Brust. Ganz gleiche, aber etwas nach innen gebogene Streifen zieren häufig die obere Hälfte des Oberschenkels, wo sie sich zuweilen bis fast zum Knie herabziehen. Das Unterbein unterhalb des Knies bis oberhalb des Knöchels ist in ähnlicher Weise mit Längsstreifen tätowirt, meist so, dass die Wade hinterseits freibleibt, aber es zeigen sich hier mancherlei Verschiedenheiten. Zuweilen ist jede Seite des Unterbeines mit zwei grösseren Längsfeldern versehen, die wie Beinschienen kleiden. Häufiger läuft rings unterm Knie ein Band, das an ein Strumpfband erinnert, während oberhalb des Knöchels mehrere Querstreifen eingeritzt sind, so dass das Unterbein ein Aussehen erhält, als wäre es mit einem Strumpfe bekleidet. Als seltene Ausnahme beobachtete ich (bei Männern wie Frauen) zwei Längsstreifen an der Hinterseite des Beines bis zur Achilles herab, häufiger aber nur bei Frauen, einfache Querstriche auf der Hand, sowie auf den Fingern. Individuen, die auf Rücken, Schenkeln und Unterbein in den oben beschriebenen Mustern tätowirt sind, kommen höchst selten vor. Ich sah alte Männer, die nur die eine Rückenhälfte, und alte Weiber, die nur das eine Schienbein tätowirt hatten. Kinder zeigten fast ausnahmslos keine Tätowirung, und selbst junge heiratsfähige Mädchen waren selten mit mehr als den bekannten Längsstreifen auf den Armen geziert. Tätowirung ist also nicht, wie in gewissen Gebieten Neu-Guineas (vgl. I, S. [91]), ein Verschönerungsmittel des weiblichen Geschlechtes, um leichter einen Mann zu erlangen.

Der von mir in Joest's vortrefflichem Werke (Taf. III) abgebildete Mann von Banaba (Ocean-Isl.) darf insofern nicht als Muster für Gilbert-Tätowirung gelten, weil er überhaupt der einzige war, bei dem ich, mit Ausnahme von Gesicht, Händen und Füssen, eine vollständige Tätowirung beobachtete. Durch die Dichtigkeit des Zickzackmusters erscheint der sonst auch für Banaba giltige Typus der Gilbert-Tätowirung so verändert, dass der Mann einen eigenen darzustellen scheint. Dasselbe gilt für den bei Wilkes (V, S. 73) abgebildeten Mann von Makin, der wegen seiner fast den ganzen Körper bedeckenden Tätowirung ebenfalls zu den Ausnahmen gehört.

Die Tätowirung der Gilbert-Insulaner kennt keine besonderen Zeichen als Rangunterschiede wie die der Marshallaner, ebensowenig hat sie religiöse Beziehungen, wie sie von Kirby angedeutet werden. Wenn nach dessen Mittheilungen der Unsterblichkeitsglaube der Gilbert-Insulaner nur Tätowirten den Eintritt ins bessere Jenseits erlaubt, so würde dasselbe den meisten verschlossen bleiben, selbst grossen Häuptlingen. Von letzteren lernte ich so manchen Untätowirten kennen, wie ich auch niemals bemerkte, dass Tätowirte irgend einen grösseren Einfluss besassen, als Untätowirte.

Ceremonien irgendwelcher Art kommen bei Tätowirung nicht vor, und Wood erwähnt nur, dass es damals auf Makin professionelle Tätowirer gab, die sich gut bezahlen liessen, wie dies überall der Fall ist. Nach meinen Erfahrungen verstanden übrigens die meisten Frauen zu tätowiren.

Die Tätowirung ist übrigens auf den Gilberts bei beiden Geschlechtern gleich, wird aber nach Wood mehr von Männern, als von Frauen angewendet; mir schien dies umgekehrt der Fall zu sein.

Auf Nawodo sah ich keine tätowirten Männer mehr und nur bei einigen wenigen Frauen ein paar Längsstriche auf den Schenkeln; auch Brandmale waren hier selten.

Wie von den nördlichen Nachbarn, den Marshallanern, weicht die Tätowirung der Gilbert-Insulaner auch von ihren südlichen in der Ellice-Gruppe durchaus ab.

Tätowirgeräth. Das Instrument zum Tätowiren, wie es Wood und Parkinson (Kat. M. G., S. 260) beschreiben, aus einem gezähnelten Knochen, ähnlich dem der Marshallaner, habe ich nicht mehr erhalten, dagegen ein anderes sehr abweichendes, welches »Tommaggi« heisst. Es besteht aus einem am Ende mit einem feinen, äusserst spitzen Stachel von *Pandanus*-Blatt bewehrten Stäbchen, erinnert also am meisten an die Tätowirnadel von Port Moresby (I, S. [90], Fig. 8). Ein längliches Stückchen Holz, ohne besondere Form, dient als Klopfer zum Einschlagen dieser Nadel und heisst »Tagaiberra«. Das Tätowiren selbst ist infolge der einspitzigen Nadel ziemlich langweilig, aber die Frauen, in deren Händen das Tätowiren liegt, wissen das Instrument sehr geschickt und schnell zu handhaben, und der sehr scharfe und spitze Stachel dringt leicht durch die Oberhaut. Als Farbe — »Tebareg« — gebraucht man Russ, aus Hülle der Cocosnuss gebrannt, der in dem Abschnitt einer Cocosschale angerührt wird. Wie immer, trägt man die Zeichnung mit einem dünnen Hölzchen auf und schlägt dann die Nadel ein. Da ich an mir selbst Tätowirversuche machen liess, darf ich versichern, dass der Schmerz nicht erheblich ist. Die vollständige Tätowirung kostet beiläufig einen Monat Zeit, wird aber wohl selten hintereinander ausgeführt.

Bemalen ist bei den Gilbert-Insulanern nicht Sitte, da sie überhaupt keine Farbstoffe noch Färben kennen. Aber das Einreiben des Körpers und Haupthaares mit Oel (Cocosnussöl) ist beliebt. Als Behälter benützte man:

Teadinibua (Nr. 73, 1 Stück), kleine (verkrüppelte) Cocosnuss (wie Fig. 60), als Behälter für Haaröl (Cocosnussöl) benutzt. Die Oeffnung wird mit einem Stöpsel aus *Pandanus*-Blatt verschlossen. Tarowa.

Ein Stück, das der Vergangenheit angehört, da Glasflaschen aller Art unter den Eingeborenen nichts Seltenes mehr sind. Derartige Cocosnüsse werden auf den Mortlock-Inseln als Behälter für Firniss benützt (Kat. M. G., S. 328, Nr. 831).

c) Frisuren und Haarputz.

Auf das vorherrschend schlichte, indess nicht selten auch wellige und feinlockige Haar — »Terenettu« — verwenden die Gilbert-Insulaner keine Sorgfalt, ebensowenig die Männer auf den meist gut entwickelten Bartwuchs. Gewöhnlich wird das Kopfhaar im Nacken und vorn auf der Stirn so abgeschnitten,[1]) dass es eine sogenannte Polkafrisur bildet (vgl. Finsch, »Anthrop. Ergebnisse«, Taf. I), nicht selten lassen aber Mädchen das Haar länger wachsen, so dass es wild um die Schultern flattert. Kindern wird, der vielen Läuse wegen, der Kopf häufig geschoren oder doch kurz im Haar gehalten; zuweilen lässt man eine Scalplocke auf dem Wirbel stehen.

Kämme gibt es nicht, aber man bedient sich häufig eines 30—40 Cm. langen, runden, an beiden Enden zugespitzten Stäbchens — auf Tarowa »Zero« genannt — theils um die Läuse in ihrer Arbeit zu stören, theils zum Aufzausen. Durch letzteres entsteht, namentlich bei Lockenköpfen, zuweilen eine weitabstehende Haarwolke, ganz wie bei Papuas (vgl. II, S. [89], Fig. 6).

Männer mit Glatze, die übrigens nur selten vorkommt, pflegen ausnahmsweise, aber nur bei den Festen im Versammlungshause (Maneap), eine selbstgefertigte Per-

[1]) Die Scheeren aus Haifischzähnen, wie sie Gill (»Life in the Southern Isles«, S. 307) beschreibt, mit denen Haarschneiden allerdings sehr schmerzhaft sein muss, dürften wohl nirgends existirt haben, wie Scheeren überhaupt unbekannt waren und auch als Tauschartikel wenig beliebt sind. Eine geschärfte Muschel genügt ja zum Haarabsäbeln sehr gut.

rücke[1]) zu tragen. Dieselbe besteht nur aus einem korbartigen Geflecht aus dünnen Reifen, an welches büschelweise Haare angebunden sind. Ich erhielt nur eine solche Perrücke, und zwar auf Butaritari.

d) **Kopfputz**

ist mir, ausser Kränzen aus bescheidenen Blumen und feinen Blättern, die namentlich bei jungen Mädchen beliebt sind, nicht vorgekommen. Das Museum Godeffroy (Katalog, S. 255, Nr. 795 und 796, Taf. XXVIII, Fig. 1) verzeichnet aber zwei »Kopfschmucke« aus Muscheln *(Natica gambiae)* von den Gilbert-Inseln, indess ohne Angabe des Sammlers, so dass die Richtigkeit der Herkunft nicht über alle Zweifel erhaben ist. Ich selbst erhielt nur ein hierhergehöriges Stück, eine Art Kopfbinde, aus einem 40 bis 50 Mm. breiten Streifen feinsten Geflechtes aus *Pandanus*-Blatt bestehend, reich mit Menschenhaar gestickt. Von Nukunau und hier »Tentoa-u« genannt. Solcher Kopfputz wird, wie die Käppchen, nur beim Menstruationsfeste von jungen Mädchen getragen.

e) **Ohrputz**

ist häufig, beschränkt sich aber nur auf Blätter und Blumen. Beide Geschlechter pflegen meist beide, zuweilen nur ein Ohrläppchen zu durchbohren und in die Löcher frische grüne Blätter oder Blumen zu stecken (vgl. Finsch, »Anthrop. Ergebnisse«, Taf. I, Fig. 1 und 2, mit Blüthenkolben von *Pandanus* im Ohr). Am häufigsten ist ein Ohrputz — auf Tarowa »Tekaburi« genannt — der einfach aus einer Rolle von einem schmalen Streifen frischen *Pandanus*-Blattes besteht und gern mit Blüthenduft von *Pandanus* parfümirt wird. Diese Blattrolle dehnt das Ohr übrigens nicht übermässig aus. Ohrläppchen, die »bis auf die Schultern hinabhängen«, wie sie Parkinson (Kat. M. G., S. 254) beschreibt, kommen auf den Gilberts nicht vor, und es liegt hier eine Verwechslung mit den Marshalls zu Grunde. Schnüre aufgereihter Glasperlen hatten sich damals bereits als Ohrschmuck zuweilen Eingang verschafft. Ich beobachtete übrigens auch Personen, und zwar nicht blos Kinder, welche die Ohren gar nicht durchbohrt hatten.

In der benachbarten Ellice-Gruppe werden kleine Ringe aus Schildpatt in den Ohren getragen, eine Zierart, die auf den Gilberts unbekannt ist.

f) **Hals- und Brustschmuck**

hatte damals bereits viel an Originalität verloren und Stücke aus der guten alten Zeit waren kaum mehr zu haben. Am häufigsten wird, und zwar von beiden Geschlechtern, ein Strickchen um den Hals getragen, oder ein Streifen frischen *Pandanus*-Blattes. Die Halsstrickchen sind meist fein aus Menschenhaar geflochtene Schnüre, wie die folgende:

Tedanadu (Nr. 546, 1 Stück), Halsschnur, sehr zierlich, aus sieben dünnen Schnürchen von Menschenhaar. Banaba.

Solche Schnüre werden ein- oder mehrreihig um den Hals getragen, sowie mit Vorliebe auch um den Leib. Zuweilen sind Haarschnüre über Cocosfaserschnüre geflochten, so dass sie eine dicke Wulst um den Hals bilden. Solche Haarwulste, mit »Fingernägeln« verziert, erwähnt Wilkes als einzigen Schmuck der Bewohner Tongarewas (Penrhyn). Halsschmuck aus Schnüren von Menschenhaar war auch bei den alten Hawaiiern sehr beliebt, und das British Museum besitzt solchen von den Salomons.

[1]) Sehr interessante Perrücken mit zum Theile gefärbten Haaren sind im Kat. M. G. (S. 145) aus dem Inneren von Viti-Levu beschrieben und bei Wilkes (III, S. 364) abgebildet.

Häufig werden Blumenkränze als Halsschmuck verwendet, ganz besonders eine weisse Blüthe, die über eine Cocosfaserschnur geflochten wird. Solche Kränze heissen auf Maiana »Dowanu-u« und sind bei Männern wie Frauen beliebt, müssen aber immer frisch angefertigt werden, da sie sehr bald verwelken. Blumen besitzen die Inseln übrigens äusserst wenige und meist unscheinbare Arten.

Ein kunstvolleres Stück ist das folgende:

Äebirak (Nr. 448, 1 Stück), Halskette, 43 Cm. lang, aus 10—15 Mm. langen, dichtstehenden Pflanzenstengeln (wahrscheinlich einer Art Farnkraut), auf eine dünne Schnur aus Cocosnussfaser geflochten. Maraki.

Das frische Pflanzenmaterial ist grün und kleidet sehr hübsch, vertrocknet aber bald und wird dann schwarzbraun. Häufig sind diese Art Halsbänder auf dünne Schnüre aus Menschenhaar geflochten, zuweilen parfümirt, und bei beiden Geschlechtern beliebt, müssen aber bei ihrer Vergänglichkeit öfters durch neue ersetzt werden.

Auf Nawodo beobachtete ich auch breitere Halsbänder aus weiss- und schwarzgefärbtem *Hibiscus*-Bast.

Bei derselben festlichen Gelegenheit, bei welcher die Mädchen die zierlichen Käppchen (siehe S. 74 [342], Textfig. 13) aufsetzen, werden sie auch mit einem besonderen Halsschmuck bekleidet, der »Terabaraba« heisst. Er besteht aus einem sehr kunstvoll geflochtenen, 25—80 Mm. breiten Streifen aus feinstem *Pandanus*-Blatt, häufig artig mit Menschenhaar gestickt, der gleich einem Kragen um den Hals getragen wird. Ich erhielt solche Kragen von Maiana und Nukunau.

Von Halsketten aus unbearbeiteten Muscheln erhielt ich nur das folgende Stück:

Halskette (Nr. 461, 1 Stück, Taf. V [22], Fig. 3), bestehend aus einer circa 50 Cm. langen dünnen Schnur, aus *Hibiscus*-Faser gedreht, auf welche lose 13 Stück einer schmutzigweissen Muschel (*Natica lurida* Phil., nach v. Martens) gereiht sind. Banaba.

Statt der Tekaroroschnüre (siehe S. 75 [343], die übrigens mit den nachfolgend verzeichneten Leibgürteln identisch sind), welche früher als werthvolle Halsketten[1]) von beiden Geschlechtern geschätzt waren, bedient man sich jetzt allgemein Schnüre aufgereihter Glasperlen. Gleichsam als Nachklänge an die Vergangenheiten werden an solche Schnüre Anhängsel aus einem Stückchen *Spondylus*, Scheiben aus *Conus* oder Perlschale, oder Zähne befestigt.

Die Sammlung enthielt eine schöne Reihe solch modernen Schmuckes, sowie einige gute alte Stücke.

Tentabo (Nr. 452, 1 Stück, Taf. VIII [25], Fig. 17), eine circa 50 Cm. lange Schnur aufgefädelter Glasperlen (meist blaue, sowie rothe und einzelne rosa und weisse), an welches ein längliches Stück rohbearbeiteter rother Muschel (*Spondylus* oder *Chama*) als Anhängsel befestigt ist. Tarowa.

Tebaia (Nr. 454, 1 Stück), Schnur rother Glasperlen mit einem Anhängsel aus *Spondylus*, ähnlich dem vorhergehenden, aber von hellerer Färbung (ähnlich Taf. [25], Fig. 1 *a*). Maiana.

Derartige Anhängsel aus *Spondylus* sind weitaus am beliebtesten und im Ganzen sehr wenig bearbeitet, zuweilen nur etwas zugerundet und von sehr verschiedener

[1]) Der Kat. M. G. verzeichnet einige interessante Tekaroro-Halsschmucke von ehemals (S. 256, Nr. 789, 788 und 1821), wie ich keine mehr erhielt, dagegen auch Halsschnüre aus Glasperlen mit *Spondylus*-Anhängsel von Fidschi (S. 150, Nr. 1008 und S. 152, Nr. 1156), die durchaus mit modernen von den Gilberts übereinstimmen.

Grösse. Das grösste Exemplar, welches ich erhielt, war 90 Mm. lang und 40 Mm. breit und galt als besonders werthvoll. Gewöhnlich begnügt man sich mit Stücken von 40 Mm. Länge und 20 Mm. Breite, ähnlich den folgenden Nummern:

Halsband-Anhängsel (Nr. 459, 1 Stück), aus einem Stück *Spondylus*. Maraki.

Das Exemplar gehört zu den am besten bearbeiteten Stücken, welche mir auf den Gilberts vorkamen, und stellt ein Triangel vor von 27 Mm. Länge, dessen gerader unterer Schenkel 23 Mm. misst. Aehnlich geformte Stücke erhielt ich auch von Banaba. *Spondylus* gehörte nach Wilkes auch zum werthvollsten Schmuck auf Fidschi. Am häufigsten auf den Gilberts sind *Spondylus*-Plättchen, die in Form wie Grösse ganz mit den (Taf. [25], Fig. 15) von Ponapé abgebildeten übereinstimmen und den prähistorischen, welche ich dort in den Ruinen (Taf. [25], Fig. 14) ausgrub. Eine gewöhnliche Form ist auch die folgende:

Halsband-Anhängsel (Nr. 459 *a*, 1 Stück, Taf. VIII [25], Fig. 16), aus einem rohbearbeiteten Stückchen *Spondylus*-Muschel. Tarowa.

Spondylus-Stückchen werden, weil am werthvollsten, meist von Männern benützt, indess auch von Frauen, die ihre Halsschnüre aus Haar gern mit einem solchen verzieren.

In früherer Zeit wurden aus *Spondylus*-Stückchen ganze Halsketten hergestellt. Einen solchen mir aus dem British Museum bekannten Halsschmuck bildet Edge-Partington (Taf. 173, Fig. 4) ab; er besteht aus 42 etwas bearbeiteten Stücken (in der Form Taf. [25], Fig. 17 ähnelnd), die von der Mitte nach den Seiten an Grösse abnehmen.

Die auch in Melanesien (vgl. II, S. [221]) so häufig zu Schmuck verwendeten runden Scheiben und Ringe, aus den Spiren gewisser Kegelschnecken *(Conus)* geschliffen, sogenannte *Conus*-Böden, sind auch auf den Gilberts sehr beliebt. Früher wurden daraus ganze Halsketten gefertigt, wie die folgende:

To-uba (Toba) (Nr. 460, 1 Stück, Taf. VII [24], Fig. 15 und 16), Halskette aus 27 sehr sauber geschliffenen flachen runden Scheiben aus *Conus (millepunctatus)*, die mittelst sehr feinem Bindfaden aus Cocosfaser kunstvoll auf eine Schnur geflochten sind, und zwar so eng aneinander, dass sich die Scheiben decken. Maraki.

Die Kette ist 18 Cm. lang und stellt nur die eine Hälfte dar; in der Mitte sind die grössten Scheiben (Fig. 15), welche nach den Seiten zu allmälig an Grösse abnehmen, so dass die äusserste (Fig. 16) die kleinste ist. Eine andere vollständige Kette (30 Cm. lang), ebenfalls von Maraki, besteht aus 70 kleineren *Conus*-Scheiben *(millepunctatus)*, die mittelsten so gross als Fig. 16, die seitlichen wie Fig. 17 (Taf. [24]). Aehnliche Halsketten bildet Edge-Partington (Taf. 174, Fig. 1 und 2) ab.

Ich erhielt nur noch wenige Stücke dieses werthvollen Schmuckes, der bald der Vergangenheit angehören dürfte, denn selbst einzelne *Conus*-Scheiben waren schon ziemlich selten, wenigstens so grosse Exemplare als das folgende:

Halsbandschmuck (Taf. VII [24], Fig. 18), aus einem kolossal grossen *Conus (millepunctatus)* von 85 Mm. Durchmesser, ausserordentlich sauber geschliffen. Banaba.

Aehnlich grosse Exemplare erhielt ich auf Tarowa; sie waren aber in der Mitte durchbohrt und bildeten einen 25 Mm. breiten flachen Ring, mit einer Oeffnung von 35 Mm. Lichtweite in der Mitte. Die grösste *Conus*-Scheibe mit fast 100 Mm. Durchmesser erhielt ich auf Nawodo.

Gewöhnlich sind kleinere Scheiben, wie das folgende Stück:

Halsbandschmuck (Taf. VII [24], Fig. 17), aus einer Scheibe von *Conus*. Banaba.

Solche *Conus*-Scheiben werden an einer Schnur befestigt um den Hals getragen, häufig aber an Schnüren aus Glasperlen, wie die folgende Nummer:

Halskette (Nr. 450, 1 Stück, Taf. VII [24], Fig. 19), aus einer Doppelreihe jederseits 16 Cm. langer Schnüre aufgereihter Glasperlen (3—6 blaue je mit einer rothen abwechselnd), die jederseits in einen 12 Cm. langen Bindfaden, aus *Hibiscus*-Faser gedreht, enden. In der Mitte als Anhängsel eine sauber geschliffene, in der Mitte durchbrochene Scheibe — »To-uba« — aus *Conus millepunctatus*. Tarowa.

Nächst Scheiben aus *Conus*, sehr selten aus *Ovula ovum*, sind solche aus Perlmutter[1]) (Beio) geschliffen als Halsbandschmuck sehr beliebt, deren primitive Anfertigung durch die folgenden Nummern illustrirt wird.

Perlmutterschale (Nr. 458, 1 Stück, Fig. 15), und zwar *Meleagrina margaritifera*, im ersten Stadium der Bearbeitung. Tarowa.

Ueber die in der Länge 14 Cm., in der Quere 12 Cm. messende, also für die Gilbert-Inseln schon ziemlich grosse Schale, ist auf der Rückseite quer über die Mitte eine Rille *(a a)* eingeschliffen.

Fig. 15.

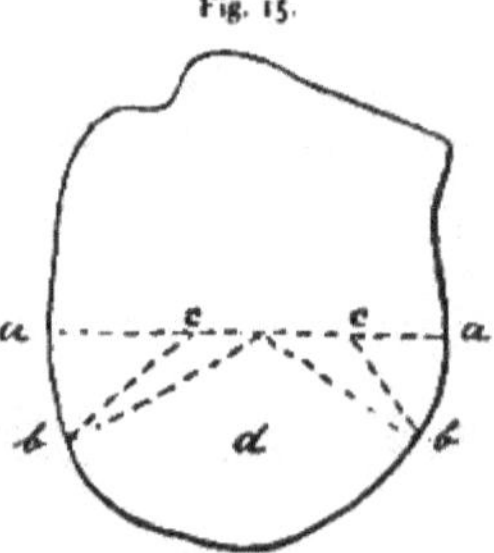

Perlmutterschale in Bearbeitung. Tarowa. 1/2 natürl. Grösse.

Dies geschieht mit der abgenützten Schneide eines jener (5—6 Zoll langen) Schlachtermesser, wie sie allgemein in der Südsee als Tauschartikel gebraucht werden. Ist die Rille ziemlich tief eingeschnitten, gleichsam gesägt, was viel Zeit erfordert, so wird die Schale abgeschlagen, wobei sie nicht selten in mehrere Stücke zerspringt. Geht die Sache glatt ab, so wird von dem unteren Stück jederseits der obere Rand schräg abgeschnitten (wie Fig. 15 *b* oder *c*). Es entsteht dadurch ein Stück ähnlich dem folgenden:

Halsbandschmuck (Nr. 457, 1 Stück, Fig. 15 *d*) aus Perlschale, im zweiten Stadium der Bearbeitung. Tarowa.

Indem nun von einem solchen Stück wiederum die seitlichen Ecken abgeschnitten werden, nähert sich dasselbe mehr der runden Form, die es schliesslich durch Abschleifen vollends erhält. Dies geschieht auf einem harten Korallenstück unter Anwendung von Wasser und Sand. In derselben Manier werden die mehr oder minder runden Scheiben dann oft sehr dünn geschliffen und schliesslich das Loch eingebohrt, wozu man sich einfach der Spitze des Messers als Bohrer bedient. Ich habe der Bearbeitung solcher Muschelscheiben oft zugesehen, wobei die Weiber meist mehr Fleiss entwickelten als die Männer. Die ungeheure Mühe und Zeit, welche die Herstellung eines solchen Schmuckstückes, wie z. B. das folgende, erfordert, wird man erst nach der obigen Darstellung zu würdigen verstehen.

Tebalja (Nr. 456, 1 Stück), kreisrunde Scheibe (circa 60 Mm. Diameter) aus Perlmutter (Aussenseite dunkel), als Anhängsel für ein Halsband. Tarowa.

Zuweilen werden auch Anhängsel aus Perlmutter in der Form eines länglichen Viereckes verwendet; ich erhielt solche unter Anderem von Banaba.

---

[1]) Die Halskette (S. 386, Nr. 3118 des Kat. M. G.) von »Ulea« trägt so ganz den typischen Gilbertcharakter, dass sie jedenfalls hierher gehören dürfte, ebenso die kreisrunde Scheibe aus Perlschale (S. 414, Nr. 1626) mit der Angabe »Carolinen«.

Tebalja (Nr. 455, 1 Stück), Halskette aus schwarzen und einzelnen weissen Glasperlen mit Anhängsel aus einer sehr dünn geschliffenen, ziemlich runden Scheibe aus hellfarbigem Perlmutter (so gross als Fig. 19, Taf. [24]). Tarowa.

Prachtvoll geschnitzte, kolossal grosse Perlmutterschalen, das Schönste, was ich in diesem Genre sah, beitzt das British Museum von den Markesas, und ebenso von Tahiti schönen Schmuck aus Perlschalen.

Tebalja (Nr. 454, 1 Stück), ähnlich dem vorhergehenden Stücke, mit hellfarbiger (gelblicher) Perlmutterscheibe (fast so gross als Nr. 456), die mit zwei Rundlöchern durchbohrt und an einer 32 Cm. langen Doppelschnur aus schwarzen Glasperlen befestigt ist, in welcher in regelmässigen Abständen jederseits fünf sehr zierliche Delphinzähne (Taf. V [22], Fig. 6) eingeflochten sind. Tarowa.

Die Delphinzähne sind von einer nicht bestimmten, mit *Delphinus delphis* verwandten Art und kommen sehr selten vor. Ich erhielt auf Tarowa auch Halsketten, aus kleinen Cocosnussscheibchen und abwechselnd einzelnen solcher Delphinzähnen bestehend.

Häufiger waren Zähne einer anderen Delphinart *(Phocaena)*, die früher zu ganzen Ketten verflochten wurden, wie das folgende Stück:

Tebuangi (Nr. 446, 1 Stück, Taf. V [22], Fig. 5 *a* bis *e*), Halskette; eine 60 Cm. lange, sehr fein geflochtene Schnur aus Cocosfaser, auf welche, 40 Cm. lang, eine Doppelreihe Delphinzähne sehr dicht durch Bohrlöcher aufgereiht sind. Butaritari.

Die Kette besteht aus mehr als 200 Zähnen, wovon die grössten (Fig. 5 *a* und *b*) in der Mitte, die kleinsten (Fig. 5 *d* und *e*) an der Seite stehen. Sie gehören sämmtlich ein und derselben Species *(Phocaena)* an, die sich aber nach den Zähnen allein wissenschaftlich nicht bestimmen lässt. Ein ähnliches Stück ist bei Edge-Partington (Taf. 172, Fig. 12) von der Insel Arorai abgebildet.

Diese Art Halsbänder, früher auch in langen (60—80 Cm.) Schnüren als Leibgürtel oder kreuzweise über die Brust getragen, sind sehr werthvoll und kommen nicht mehr vor. Im Kat. M. G. (S. 244) ist Stirnschmuck aus Delphinzähnen von den Markesas verzeichnet, welcher dort 40—80 Dollars kostete. Auf den Gilberts ist man jetzt froh, so viele Delphinzähne zu haben, um sie einzeln Halsbändern aus Glasperlen einfügen zu können (ähnlich Nr. 454).

Halskette (Nr. 451, 1 Stück), eine Schnur Glasperlen (schwarze und blaue, abwechselnd mit rothen), in der Mitte ein der Länge nach durchbohrter, schwach gebogener, stumpfgespitzter Zahn eines Fischsäugethieres (60 Mm. lang, 15 Mm. an der Basis breit), das sich wissenschaftlich nicht bestimmen lässt; vielleicht von einem jungen Spermwal. Tarowa.

Als Anhängsel zu einem Halsband erhielt ich auf Tarowa auch eine runde Knochenplatte, wahrscheinlich aus dem Wirbel eines Walthieres gearbeitet. Edge-Partington bildet (Taf. 172) aus dem British Museum einige mir bekannte Halsbänder von den Gilbert-Insulanern ab, die noch aus der guten alten Zeit herstammen und deshalb hier angeführt werden mögen, weil ich keine solchen Stücke mehr erhielt. Fig. Nr. 1 besteht aus einer Tekaroroschnur (vgl. S. 75 [343]), mit einem Zahn als Anhängsel, vermuthlich von Spermwal. Als Localität ist »Byrons Isl. Mulgrave Group« angegeben, aber nur die erstere giltig, also »Nukunau« der Gilbertinseln, da »Mulgrave«-Insel bekanntlich identisch mit Milli der Marshallinseln ist. Fig. Nr. 2 ist ganz wie das vorhergehende Stück, als Anhängsel dienen aber zwei kleinere Zähne irgend einer Delphinart. Fig. Nr. 4 besteht aus einer schwarz und weissen Schnur (wie Nr. 1), mit zwei Delphinzähnen (anscheinend gleich Taf. [22], Fig. 5 *a*), in der Mitte ein ziemlich roh bearbeitetes Stück *Spondilus*-Muschel (ähnlich Taf. [25], Fig. 16), rechts sind zwei andere undeterminirbare

Zähne (anscheinend menschliche) eingeflochten. Jedenfalls von den Gilberts und nicht »Lord Mulgrave Group« (= Milli). Ein altes Gilbertstück ist auch Nr. 943 (Kat. M. G., S. 385) angeblich von »Uleai«.

Weit werthvoller als die im Vorhergehenden besprochenen Schmuckstücke waren solche aus den Zähnen des Spermwales[1]) oder Cachelot *(Physeter macrocephalus)*, die in allen Grössen, sowohl einzeln als zu mehreren, unbearbeitet und bearbeitet, als hochgeschätzter Zierat für Halsbänder beliebt waren. Es gelang mir, noch einige hierher gehörige Stücke zu retten, die jetzt wohl kaum mehr zu haben sein dürften.

Fig. 16.

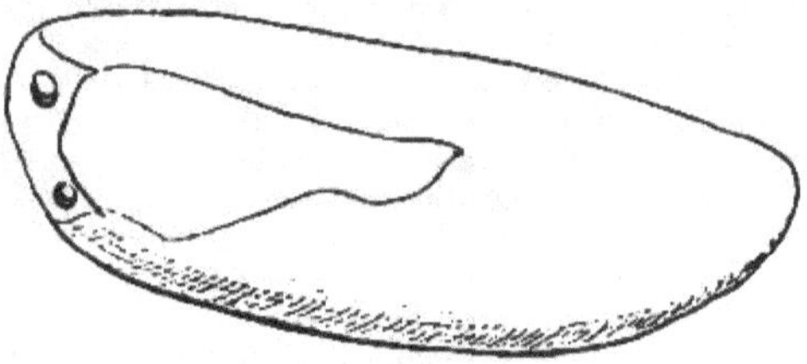

Halsschmuck (Spermwalzahn). Tarowa. ½ natürl. Grösse.

Tebuangi (oder Tebuonge) (Nr. 443, 1 Stück, Fig. 16), längsdurchschnittener Spermwalzahn von kolossaler Grösse; 18 Cm. lang, 65 Mm. breit und circa 20 Mm. dick; an der Basis zwei Löcher zum Befestigen einer Schnur aus Cocosfaser. Tarowa.

Das graue, matte Aussehen dieses Zahnes zeigt, dass er lange der Witterung ausgesetzt war und, wie alle diese Zähne, von einem gestrandeten Thiere herstammt.

Tebuangi (Nr. 442, 1 Stück), grosser (16 Cm. langer) Spermwalzahn, nicht stumpf, sondern mit zugespitztem Ende. Tarowa.

Solche Zähne sind oft von kolossaler Grösse. Ein vor mir liegender misst 24 Cm. in der Krümmung gemessen, 18 Cm. im Umfange und wiegt 750 Gramm. An der Rundbasis ist ein sehr kleines Loch gebohrt, durch welches nur ein sehr dünner Bindfaden befestigt werden konnte.

Tebuangi (Nr. 445, 1 Stück), Halskette aus fünf (circa 12 Cm. langen) an einer Schnur befestigten Spermwalzähnen, davon einer der Länge nach durchgeschnitten. Tarowa.

Ich erhielt eine Halskette, die aus 24 solchen Zähnen bestand.

Tebuangi (Nr. 444, 1 Stück, Taf. V [22], Fig. 7, *a* Dicke), Spermwalzahn, längs durchgeschnitten, als Schmuck für Halsband. Tarowa.

Die Abbildung zeigt die Innenseite, die Mittelleiste, dass das Durchschneiden des Zahnes von beiden Seiten aus geschah; das obere Bohrloch rechts ist noch nicht vollendet und geht nicht ganz durch.

Tebuangi (Nr. 444 *a*, 1 Stück, Taf. V [22], Fig. 8, *a* Dicke), wie vorher, aber der Zahn schmal. Tarowa.

Auch an diesem Stücke lässt sich deutlich erkennen, dass beim Durchschneiden an jeder Seite angefangen wurde. Das Stück ist mit drei Löchern durchbohrt.

[1]) Der Kat. M. G. verzeichnet derartigen Schmuck (S. 257) von den Gilberts, sowie von Fidschi (S. 181) und von den Markesas (S. 244). Der »Halsschmuck« (S. 41, Nr. 1164) von »?Neu-Britannien« ist sicher von den Gilberts. Wilkes bildet (III, S. 237) eine Fidschifrau ab, die einen Spermwalzahn um den Hals trägt.

Die verschiedenen Hals- oder Brustschmucke aus Spermwalzahn, welche ich erhielt, waren an gewöhnliche aus Cocosnussfaser gedrehte Schnüre befestigt, weil diese Art Schmuck bereits aus der Mode war. Früher wurden aber auch Tekaroroscheibchen (aus Muschel und Cocosnussschale[1]) zwischen die einzelnen Zähne gereiht, wie dies jetzt mit Glasperlen und Delphinzähnen geschicht.

Wenn die vorhergehenden Stücke keine andere Bearbeitung als Durchschneiden zeigen, so wurden doch aus Spermwalzahn auch kunstvolle Arbeiten verfertigt, wie das folgende kostbare Stück aus der guten alten Zeit:

Halsschmuck (Taf. VI [23], Fig. 4, *a* Breite an der Basis der Vorderseite), aus dünngeschliffenen, sanft gebogenen, in eine Spitze auslaufenden Zinken, Abschnitten von Spermwalzahn (Cachelot), die in der Form an lange Krallen erinnern. Der Schmuck besteht aus 27 solchen Zinken, von denen die längsten (140 Mm.) die Mitte, die kürzesten (85 Mm. lang) die seitlichen bilden, und die mittelst eines runden Bohrloches auf eine Schnur von Cocosnussfaser gereiht sind. Arorai.

Die gelbliche Färbung, ähnlich der von altem Elfenbein, bezeugt das hohe Alter dieses Stückes, das wahrscheinlich Generationen von Häuptlingen als kostbares Erbstück diente. Bei der bedeutenden Härte des Materials und der Unvollkommenheit der Werkzeuge muss die Bearbeitung in der That ganz ungeheure Schwierigkeiten gemacht und eine nicht mindere Geduld erfordert haben. Man begreift kaum, wie es den Eingeborenen möglich war, aus den kolossalen Zähnen, wie sie zur Anfertigung derartiger Zinken nöthig waren, dünne Streifen zu schneiden, respective zu schleifen.

Ganz gleicher Schmuck von Fidschi wird von Wilkes erwähnt und im Kat. M. G. verzeichnet (S. 149, Nr. 1033, 1132 und S. 150, Nr. 2225, Inneres von Viti-Levu); ausserdem abgebildet (Anthrop. Atlas M. G., Taf. 11, Fig. 533), Fidschianer und (Taf. 13, Fig. 202) ein Mann von Tanna mit solchem Halsschmuck. Dass das Material nicht aus »Zähnen des Hirschebers« *(Porcus babirusa)* besteht, habe ich bereits früher angegeben (Mitth. Anthrop. Gesellsch. Wien, XVII, 1887).

Halsschmuck aus Spermwalzahn geschnitzt war auch bei den alten Hawaiiern äusserst kostbar und wurden hier in sehr eigenthümlicher und charakteristischer Form an Schnüren aus Menschenhaar (vgl. Choris, Pl. XVII) getragen. Andere Formen werden wir im Schmuck der Marshallaner kennen lernen. Am kunstvollsten und mannigfachsten waren aber jedenfalls Arbeiten aus diesem Material auf Fidschi. Ausser den krallenförmigen Zinken wurden hier auch Brustschmucke, aus geschliffenen Spermwalzahnplatten zusammengesetzt, gefertigt, wie ich sie im British Museum sah und wie sie ähnlich der Kat. M. G. (S. 150, Nr. 1015, 2459—2462 und S. 151) verzeichnet.

Das Schönste und Kostbarste in diesem Genre sah ich aber seinerzeit in der Privatsammlung des früheren Gouverneurs der Fidschiinseln, Sir Arthur Gordon, damals Gouverneur von Neuseeland in Wellington. Es waren dies ganz aus Spermwalzahn geschnitzte Figuren. Die eine, ziemlich roh und unproportionirt eine menschliche Figur (ohne Sexus) darstellend, war circa 13 Cm. lang und hatte mit neun anderen gleichen oder ähnlichen Figuren als Halsband gedient. Die andere Schnitzerei, circa 10 Cm. lang, stellte zwei weibliche Figuren mit kolossalen Brüsten dar, die, mit dem Hintertheil aneinandergelehnt, auf einer runden, unten ausgezackten Scheibe standen; die Köpfe waren durch eine ausgeschnitzte Oese verbunden, mit einem Loche zum Aufhängen, Alles aus einem Stück geschnitzt. Denn auch dieses Unicum war nach der Versicherung Sir Arthurs, des gewiegten Kenners fidschianischer Ethnologie, kein Götze, sondern ein Halsschmuck. Darnach lässt sich annehmen, dass die aus »Walzahn« geschnitzten »Götzen« von Fidschi (Kat. M. G., S. 138) einst demselben Zwecke dienten.

---

[1]) Dieser Umstand lässt stark vermuthen, dass die (Kat. M. G., S. 384, Nr. 121—123) beschriebenen Halsketten von »Ucai« von den Gilberts herstammen, wofür auch der in Nr. 121 mitverwendete menschliche Schneidezahn besonders spricht. Die Halsschmucke (S. 221, Nr. 604 und 605) von der »Ellice-Gruppe« gehören jedenfalls auch hierher, wie Nr. 464 (S. 395) und Journ. M. G., Heft II, Taf. 4, Fig. 6 und 6a mit der Angabe »Yap« und Nr. 139 (S. 414) »Palau«.

In hohem Werthe standen auch Menschenzähne als Material zu Halsketten:

Te-ui (Nr. 447, 1 Stück, Taf. V [22], Fig. 4), Halskette aus Menschenzähnen, die an der Wurzel durchbohrt und auf eine feine Schnur aus Cocosfaser geflochten sind. Butaritari.

Die 40 Cm. lange Kette besteht aus 108 Zähnen, von vorzüglicher Beschaffenheit und von Individuen verschiedenen Alters, meist Eckzähnen (60 Stück) und Schneidezähnen (48 Stück), darunter einige von besonderer Grösse (vgl. z. B. den mittelsten der Abbildung, welcher der grösste ist).

Derartige Halsketten[1]) gehören der Vergangenheit an, und ich erlangte nur ein paar Exemplare. Häufiger waren Halsbänder aus Glasperlen mit einzelnen Menschenzähnen, wie das folgende Stück:

Halskette (Nr. 449, 1 Stück), aus einer Reihe blauer Glasperlen, dazwischen in regelmässigen Abständen acht Backenzähne. Tarowa.

Ich erhielt auch Halsketten aus Glasperlen mit abwechselnd einzelnen Menschenzähnen und Delphinzähnen (Taf. [22], Fig. 5) eingeflochten.

Eine sehr eigenthümliche Art Halsketten beobachtete ich auf Nawodo. Sie bestehen aus 30—40 halbkugelförmigen Perlen, von denen die grössten (mit circa 10 bis 12 Mm. Diameter) die Mitte bilden, um nach beiden Seiten an Grösse abzunehmen; sie sind durchbohrt und auf eine Schnur gereiht. Diese Perlen sind auf der Schnittfläche weiss wie Muschel, im Uebrigen gelblich-bräunlich bis schwärzlich marmorirt, hie und da mit unebener Oberfläche. Das Material war nicht auszumachen; nach Angabe der Eingeborenen soll es eine Muschel sein, wofür allerdings die bedeutende Schwere spricht. Ich sah übrigens nur ein paar solcher Ketten im Besitze von Häuptlingen, die sie aber nicht verkauften und selbst den Verlockungen von fünf Flaschen Gin widerstanden, wofür man sonst auf Nawodo ungefähr Alles haben konnte.

g) **Armschmuck**

wird nur bei besonderen feierlichen Gelegenheiten getragen, und zwar hauptsächlich in Form der Tekaroroschnüre, die ums Handgelenk gewunden werden. Zuweilen sind solche Schnüre aus weissen und schwarzen Scheibchen zu einem Armbande von 10 bis 12 Cm. Breite zusammengeflochten, wie dies die Figur (Nr. 7, Taf. 177) Edge-Partington's zeigt, der die Bemerkung hinzufügt: »ähnelt sehr Salomons-Insel-Arbeit«. Das Exemplar stammt aber ohne Zweifel von den Gilberts, wo ich selbst derartige Stücke auf Tarowa und Maiana erhielt. Solche Armbänder werden bei Tanzfesten von Frauen um den Oberarm getragen. Hier zuweilen auch bei der gleichen Gelegenheit ein paar *Ovula ovum*-Muscheln befestigt. Hiezu vgl. Tanzschmuck (S. 33 [301]). Schmale Streifen frischen *Pandanus*-Blattes werden häufig von beiden Geschlechtern um das Handgelenk gebunden, sind aber kaum als Schmuck zu betrachten.

h) **Leibschmuck.**

Beide Geschlechter, besonders aber die Frauen, pflegen mit Vorliebe oberhalb des Grasschurzes eine Schnur um die Hüften zu tragen, die gewöhnlich aus Menschenhaar geflochten ist, ganz wie die Halsschnur (Nr. 546, S. 80 [348]) und wie diese »Tedanadu« heisst. Zuweilen bestehen solche Leibgürtel nur aus 10—18 einzelnen Haarschnüren von 1 M. und mehr Länge.

[1]) Die im Kat. M. G. (S. 42, Nr. 1662 und 2094) beschriebenen und (Taf. X, Fig. 1) schlecht abgebildeten Halsketten aus Menschenzähnen stammen jedenfalls nicht aus Neu-Britannien, sondern von den Gilbertinseln. Im British Museum sah ich solche Ketten mit den Localitätsangaben Tonga und Salomons; Wilkes gedenkt ihrer von Fidschi.

Wie zu Halsketten sind auch als Gürtel lange Schnüre aufgereihter runder Scheibchen aus Cocosnussschale (wie Fig. 1 *b*, Taf. [24]) beliebt. Ich erhielt davon auch solche, die wegen ihrer Dicke nicht aus diesem Material, sondern aus Scheibchen von Cocospalmholz zu bestehen scheinen.

Besonders geschätzt sind aber solche Gürtel wie die folgenden Nummern:

Tekaroro (Nr. 549, 1 Stück, Leibschnur VII [24], Fig. 1) aus *a* runden weissen Scheibchen, aus einer Muschel geschliffen, und *b* schwarzen Scheibchen aus Cocosnussschale, die abwechselnd (ein weisses und ein schwarzes) auf eine Schnur aus Cocosnussfaser gereiht sind. Maraki. Die Schnur hat eine Länge von 1·70 M., reicht also doppelt um den Leib und zählt über 1100 Scheibchen. Die Scheibchen sind unegal in Breite und Dicke, zum Theil am Rande nicht abgeschliffen, so dass dann der fein gekerbte Rand der Unterseite der Muschel an der einen Kante bemerkbar ist, wie dies auch die Abbildung zeigt. Die Cocosnussscheibchen sind meist nur am Aussenrande schwarz und wie polirt in Folge des langen Tragens und Einreiben mit Oel.

Leibschnur (Nr. 548, 1 Stück, Taf. VII [24], Fig. 2), wie vorher *a* aus weissen Muschelscheibchen und *b* aus dunklen Cocosscheibchen, 1·70 M. lang. Banaba. Weit feiner als das vorhergehende Stück; die Muschelscheibchen sind sorgfältiger geschliffen und aussen polirt, die Cocosscheibchen so dünn, dass sie sich auf der Abbildung nur durch einen Strich markiren lassen.

Leibschnur (Taf. VII [24], Fig. 3, *a* Muschel, *b* Cocosnuss), wie vorher aber noch kleinere, ausserordentlich accurat bearbeitete Scheibchen. Banaba.

Leibschnur (Nr. 547, 1 Stück, Taf. VII [24], Fig. 4), wie vorher, *a* weisse Muschelscheibchen, *b* dunkle von Cocosnussschale; Länge 1·43 M. Banaba. Dies ist die feinste Sorte, bei der 21 Muschelscheibchen und ebenso viele von Cocosnuss erst 3 Cm. messen. Die Scheibchen sind meisterhaft gearbeitet, die von Cocosnuss ausserordentlich dünn, wie Papier.

Wenn die vorhergehenden Nummern von Banaba überhaupt nicht mehr zu haben sind, so werden Tekaroroschnüre wie Nr. 549 auch bald der Vergangenheit angehören. Schon damals begnügte man sich gern mit einer Schnur aus abwechselnd weissen und schwarzen Emailperlen, als Ersatz der theuren Muschelschnüre. Letztere wurden meist von Frauen getragen und gewöhnlich in einer Länge von 90 Cm., eben weit genug, um einen Arm durchzustecken und dann den geschlossenen Ring über die Brust zu zwängen.

Bedeutend werthvoller als Muschelschnüre waren Leibgürtel aus Delphinzähnen (wie Nr. 446, S. [352]) und Menschenzähnen (wie Nr. 447, S. [355]). Ein Gürtel aus kleinen weissen Muscheln, wie ihn Edge-Partington (Taf. 171, Fig. 1) von »Kingsmill« abbildet, ist mir hier nicht vorgekommen. Derselbe dürfte wohl von anderer Herkunft sein.

i) **Beinschmuck**

kommt kaum in Betracht, denn der schmale Blattstreif (aus *Pandanus* oder Cocosnuss), der nicht selten ums Fesselgelenk befestigt wird, ist nicht als solcher zu rechnen. Aber bei Tänzen sollen Frauen Tekaroro-Muschelschnüre oder ein paar *Ovula*-Muscheln ums Fussgelenk tragen.

Ethnologische Schlussbetrachtung.

Der Gilbert-Archipel mit Banaba und Nawodo bildet innerhalb der Ethnologie Oceaniens eine besondere Subprovinz,[1]) die sich durch verschiedene Eigenthümlichkeiten

[1]) Dieselbe ist in Museen im Ganzen nur schwach vertreten. Der Kat. M. G. verzeichnet circa 140 Nummern von hier; das Berliner Museum für Völkerkunde erhielt durch meine Reisen 260 Stück aus dieser Subprovinz.

auszeichnet. Hierher gehören: eigene Sprache, eigene pantomimische Tänze (an denen beide Geschlechter theilnehmen), eigene Tätowirung, eigener Baustyl der Häuser (die sich zu grossen Dörfern gruppiren), darunter kolossale Versammlungshäuser (Maneap), die mit zu den grössten Bauwerken der Südsee überhaupt zählen, eigene Bauart der Canus, mit die besten, grössten und kunstvollsten der Südsee, und ganz besonders die durch Verwendung von Haifischzähnen eigenthümlichen Waffen (darunter auch besondere glatte Holzkeulen und bearbeitete Schlagsteine aus Muschel), sowie vollständige Rüstungen, wie sie derartig nirgends mehr in der Südsee vorkommen. Unter den Fischereigeräthschaften scheint nur eine Aalschlinge (Fig. 5, S. 56 [324]) eigenthümlich zu sein. Die sonst in Mikronesien üblichen Stämme und Stände fehlen, wie überhaupt mit den Nachbarinseln kaum irgendwelche ethnologische Beziehungen vorhanden sind, was besonders in Bezug auf die nur 25 Seemeilen südlich gelegene Ellice-Gruppe auffallend erscheint. Mit Haifischzähnen bewehrte Kratzwaffen sind ähnlich auf Hawaii vertreten; die Hauptindustrie Mattenflechterei, wie überall in Händen der Frauen, findet sich in gleicher Vollkommenheit auch in anderen Gebieten Oceaniens (z. B. Samoa, Rotumah u. s. w.). In der Bekleidung fehlt die sonst übliche Lendenbinde (Maro) der Männer, die Faserröckchen der Frauen ähneln am meisten denen der Männer auf Ponapé, finden sich aber fast gleich auch vielerwärts in Melanesien, sowie ähnlich auf Fidschi, Samoa und Tockelau. Mehr eigenthümlich sind die aus Blättern geflochtenen Mützen der Männer, während die Perrücken derselben sich fast nur auf Fidschi wiederfinden. Mit den letzteren Inseln haben die Gilberts auch in gewissen Schmucksachen am meisten Beziehungen, so in der Werthschätzung von Spermwal- und Menschenzähnen, wie in der Frauenhandarbeit der zierlich geflochtenen Deckelkörbchen beide Inselgruppen wiederum die grösste Uebereinstimmung zeigen. Die Tekaroro-Schnüre, aus Muschelschalen- und Cocosnussscheibchen, sind zwar sehr charakteristisch, aber doch nicht ganz eigenthümlich für die Gilberts, die sich gegenüber den Marshalls durch das Fehlen von Scheibchen aus *Spondylus*-Muschel auszeichnen. Dagegen sind, wie auf Ponapé und Fidschi, roh bearbeitete *Spondylus*-Stückchen als Schmuck beliebt. In letzterem ist das Fehlen von Armbändern und Gegenständen aus Schildpatt bemerkenswerth. Die häufige Verwendung von Menschenhaar erinnert am meisten an Melanesien, war aber auch in Hawaii in ähnlicher Weise beliebt und kommt unter Anderem auf Penrhyn vor. Die auf den Gilberts so hoch entwickelte Verehrung der Schädel von Anverwandten ist ebenfalls ein vorwiegend melanesischer Brauch, der sich aber auch auf Samoa und der Oster-Insel findet. Aehnlich verhält es sich mit den so beliebten Brandwunden, die am meisten auf Melanesien hinweisen, aber auch auf Samoa und Pelau beliebt sind. Alles in Allem zeigen die Gilberts mehr Anklänge und Beziehungen zu Melanesien, als zu Polynesien und am wenigsten mit Mikronesien.

Tafel I (18).

Mikronesien. Waffen mit Haifischzähnen.

Erklärung zu Tafel I (18).

Mikronesien. Waffen mit Haifischzähnen.

Fig. 1.	(1/1) Mittlerer Theil eines schweren Kriegsspeeres (grösste Breite), mit Zähnen von *Galeocerdo Rayneri* besetzt; Maraki, Gilbert-Archipel		Seite	[307]	39
» 2.	(1/1) Desgl., äusserster Spitzentheil desselben Stückes		»	[»]	»
» 3.	(1/1) Desgl., Querschnitt desselben Stückes; *a)* Haifischzahn; *b)* Bindfaden, mit welchem dasselbe durch Bohrlöcher *c)* befestigt ist		»	[»]	»
» 4.	(1/4) Desgl., mittlerer Theil, von der Schmalseite gesehen, mit Parirstange (*a*) und Bewehrung (*b*) von Rochenhaut		»	[»]	»
» 5.	(1/1) Basistheil einer Handwaffe mit Zähnen von *Carcharias lamia* bewehrt, von der Unterseite; Nawodo (Pleasant Isl.)		»	[309]	41
» 6.	(1/1) Spitzentheil desselben Stückes; Zähne von der Oberseite		»	[»]	»
» 7.	(1/1) Kratzwaffe der Frauen mit Zahn von *Galeocerdo Rayneri*; Tarowa, Gilbert-Archipel	Nr. 780,	»	[»]	»
» 8.	(1/2) Desgl., mit kunstvoller Umflechtung, Zahn von derselben Species; Nawodo	» 781,	»	[»]	»

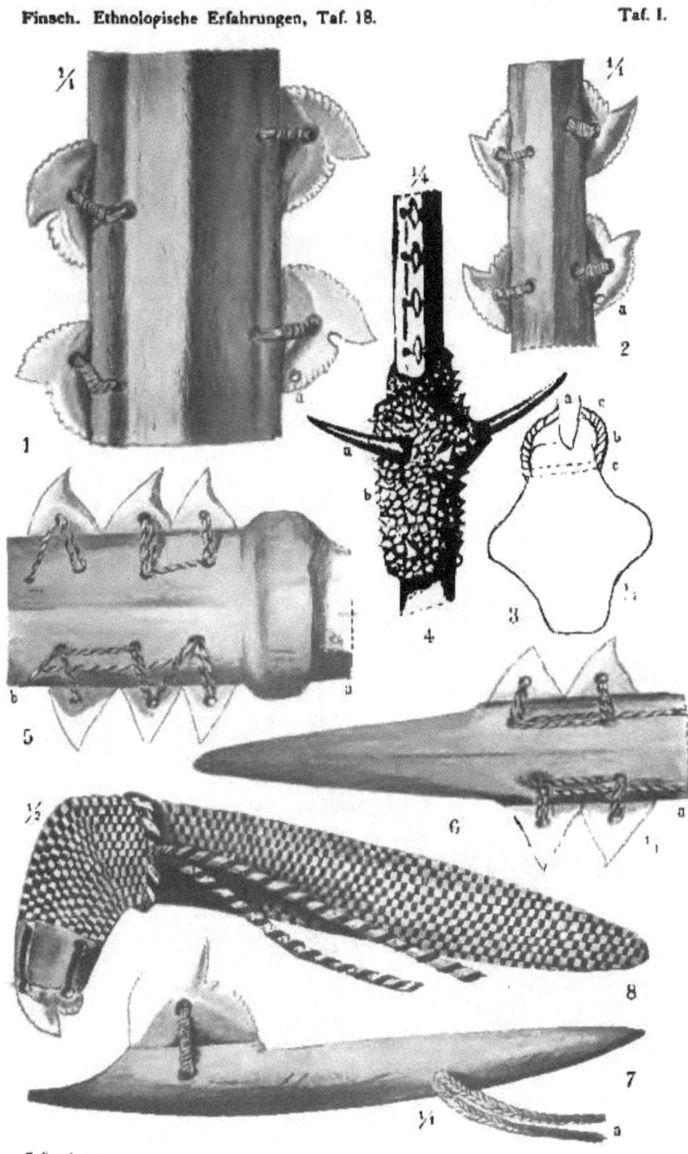

E. Finsch gez.

Tafel II (19).

Mikronesien. Waffen.

Erklärung zu Tafel II (19).

Mikronesien. Waffen.

Fig.			Nr.		Seite
Fig. 1.		Spitzentheil eines Speeres; Marshall-Archipel .			
» 2.		Desgl.; Ruk, Carolinen			
» 3.	(ca. 3/4)	Desgl.; Ruk, Carolinen			
» 3a.		Desgl., Durchschnitt desselben			
» 4.		Desgl.; Anchorites			
» 5.		Spitzentheil einer Lanze, mit (*a*) Rochenstacheln bewehrt; Ruk			
» 6.		Desgl., aus Palmholz; Tarowa, Gilberts . . .		Seite	[306] 38
» 7.		Flache Keule (*a* Handgriff); Ruk			
» 8.		Desgl. (*a* Handgriff); Ruk			
» 9.	(1/8)	Vierkantige Handkeule; Butaritari, Gilberts .	Nr. 772,	»	[311] 43
» 10.	(1/5)	Handwaffe, mit (*a*) Rochenstacheln; Mortlock-Insel, Carolinen			
» 11.	(1/1)	Haifischzahn zu Waffen (*Galeocerdo Rayneri*), Innenseite, mit einem Loch durchbohrt (*a* Dicke); Gilbert-Archipel		»	[305] 37
» 12.	(1/1)	Desgl., von derselben Species, Aussenseite, mit zwei Löchern durchbohrt (*a* Dicke); daher . . .		»	[»] »
» 13.	(1/1)	Desgl. (*Carcharias lamia*) (*a* Dicke); daher .		»	[»] »
» 14.	(1/1)	Desgl. (spec. ?); daher, Tapiteuea		»	[»] »
» 15.	(1/1)	Schlagstein, aus *Tridacna* geschliffen; Tarowa, Gilberts	» 833,	»	[311] 43
» 16.	(1/3)	Schleuderstein, aus Basalt geschliffen; Ruk, Carolinen	» 831 a,		
» 17.	(1/3)	Desgl.; Ruk, Carolinen			
» 18.	(1/3)	Desgl.; Ruinen auf Ponapé			

E. Finsch gez.

Tafel III (20).

Mikronesien. Fischhaken.

Erklärung zu Tafel III (20).

Mikronesien. Fischhaken.

Fig. 1.	(1/1) Schaft (*a*) aus Perlmutter, Fanghaken (*b*) aus Knochen und Köderbüschel (*c*); Marshall-Archipel	Nr. 150,		
» 2.	(1/1) Schaft (*a*) aus Perlmutter, Fanghaken (*b*) aus Schildpatt; Insel Satoan, Mortlock-Gruppe . . .	» 152,		
» 3.	(1/1) Schaft (*a*) aus Kalkspath, Fanghaken (*b*) aus Knochen; Banaba (Ocean-Isl.)	» 147.	Seite [323]	55
» 4.	(1/1) Prähistorisches Fragment aus Perlmutter; Ruinen von Nanmatal, Ponapé, Carolinen . . .	» 478,		
» 5.	(1/1) Fischhaken aus Perlmutter; Nukuor, Carolinen	» 153,		
» 6.	(1/1) Desgl.; Nukuor, Carolinen	» 153 a,		
» 7.	(1/1) Desgl.; Nukuor, Carolinen	» 153 b,		
» 8.	(1/1) Desgl.; Nukuor, Carolinen	» 153 c,		
» 9 a, b.	(1/1) Desgl., in Bearbeitung; Nukuor, Carolinen			
» 10.	(1/1) Desgl., aus Perlmutter; Nukuor, Carolinen .			
» 11.	(1/1) Desgl., aus Schildpatt; Ponapé, Carolinen . .	(3813)		
» 12.	(1/1) Desgl., aus Cocosschale, zum Fange fliegender Fische; Dschalut (Jaluit); Marshall-Archipel . . .	» 151,		
» 13.	(ca. 1/3) Desgl., aus Walfischknochen; daher . . .			
» 14.	(ca. 1/4) Haihaken aus Holz; Tarowa, Gilbert-Archipel	» 158,	» [322]	54
» 14 a.	Spitze des Fanghakens desselben . . .	» 158,	» [»]	»
» 15.	(1/4) Haifischhaken aus Holz; Nukufetau, Ellice-Gruppe	» 158,	» [»]	»

NB. Die unter Fig. 11, 12 und 13 abgebildeten Stücke gehören der Vergangenheit an.

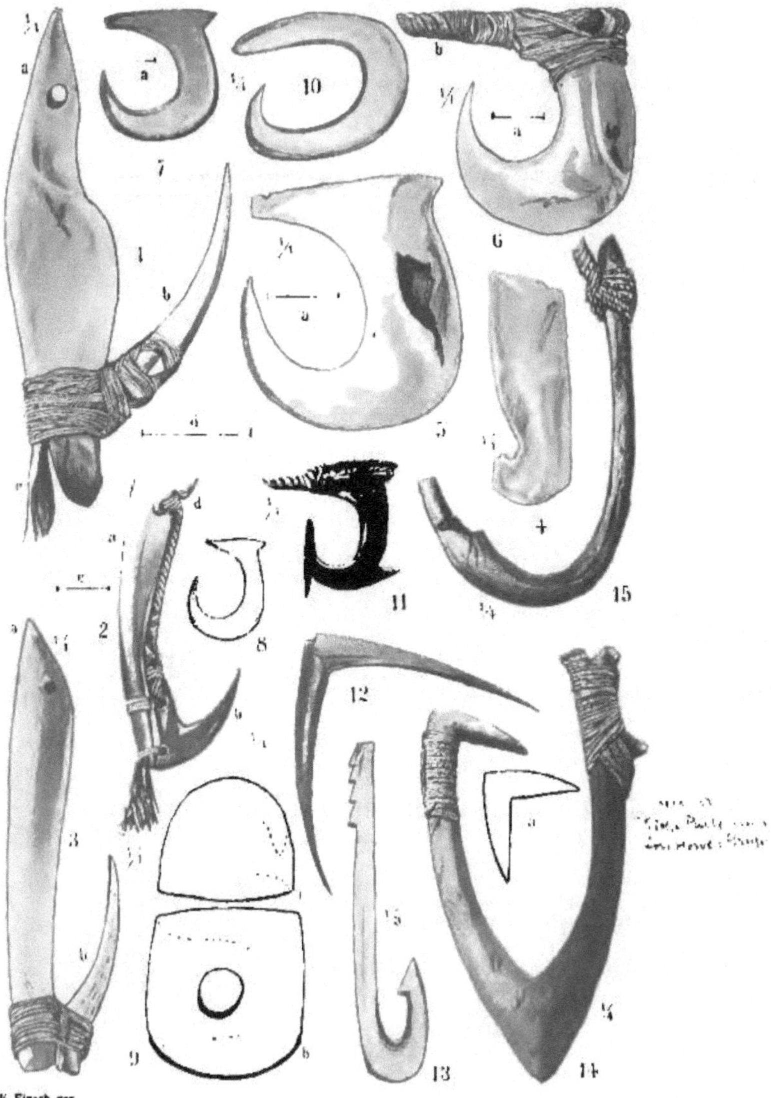

E. Finsch gez.

Tafel IV (21).

Mikronesien. Web- und Flechtarbeiten.

Erklärung zu Tafel IV (21).

Mikronesien. Web- und Flechtarbeiten.

Fig. 1. (1/1) Theil einer gewebten Lendenbinde »Toll«, 1/3 der Breite der einen Endkante; *a)* Fransen aus den zusammengeknüpften losen Kettfäden; Kuschai . . Nr. 226,

» 2. (1/1) Desgl., 1/3 der Breite der entgegengesetzten Endkante von demselben Stück . . . . » »

» 3. (1/2) Theil eines Randmusters einer geflochtenen Frauenmatte (ganze Breite); Marshall-Inseln . . .

Der helle Grund ist das eigentliche Flechtwerk aus *Pandanus*-Blatt; das Muster in Braun und Schwarz besteht aus *Hibiscus*-Bast und ist aufgenäht.

» 4. (1/1) Desgl. anderes Muster; daher . . . . » 199,

Wie vorher; *a)* zeigt die Art und Weise, wie der braune Streif aus *Hibiscus*-Bast mittelst feinen Bindfadens (»Oerr«) aufgenäht ist.

E. Finsch gez.

Annalen des k.k. Naturhist. Hofmuseums, Band VIII. 1893.

Tafel V (22).

Mikronesien. Schmuck und Verschiedenes.

Erklärung zu Tafel V (22).

Mikronesien. Schmuck und Verschiedenes.

Fig.				
Fig. 1.	$(^1/_1)$ Kopfbinde aus Muscheln *(Columbella versicolor)*; Marshall-Archipel	Nr. 428,		
» 1 a.	$(^1/_1)$ Unterseite derselben, um die Flechtarbeit zu zeigen	» »		
» 2.	$(^1/_1)$ Kopfbinde aus Muscheln *(Natica candidissima)*; daher	» 464,		
» 2 a.	$(^1/_1)$ Unterseite derselben, um die Flechtarbeit zu zeigen	» »		
» 3.	$(^1/_1)$ Halskette aus Muscheln *(Natica lurida)*; Banaba	» 461,	Seite [349]	81
» 4.	$(^1/_1)$ Desgl., aus Menschenzähnen; Butaritari, Gilberts	» 447,	» [355]	87
» 5.	$(^1/_1)$ Delphinzähne, Material zu Schmuck; daher .	» 446,	» [352]	84
» 5 a—e.	$(^1/_1)$ Verschiedene Grössen (*a* grösster, *e* kleinster Zahn)	» »	» [»]	»
» 6.	$(^1/_1)$ Delphinzahn (andere Art); Tarowa, Gilberts .	» 454,	» [»]	»
» 7.	$(^1/_1)$ Halsschmuck, längsdurchschnittener Spermwalzahn (*a* Dicke), daher	» 444,	» [353]	85
» 8.	$(^1/_1)$ Desgl. (*a* Dicke), daher	» »	» [»]	»
» 9.	$(^1/_2)$ Prähistorischer Halsschmuck; bearbeitete Muschelschale *(Spondylus flabellum)*; Ponapé . . .	» 473 a,		
» 10.	$(^1/_1)$ Erkennungsstab (Endtheil desselben); Ruk .			
» 11.	$(^1/_2)$ Taktschlägel für Frauen; Marshall-Archipel .	» 588,		
» 12.	(ca. $^1/_5$) Tanzpaddel für Männer, geschnitzt; Ponapé			
» 13.	(ca. $^1/_6$) Geschnitzter Kasten (in Form eines Fisches); Insel Satawal, Carolinen			
» 13 a.	Bodenhälfte desselben			
» 14.	$(^1/_1)$ Klinge zu einem Beitel oder Hohlbeil aus Muschel *(Mitra)*; Kuschai, Carolinen	» 6,		

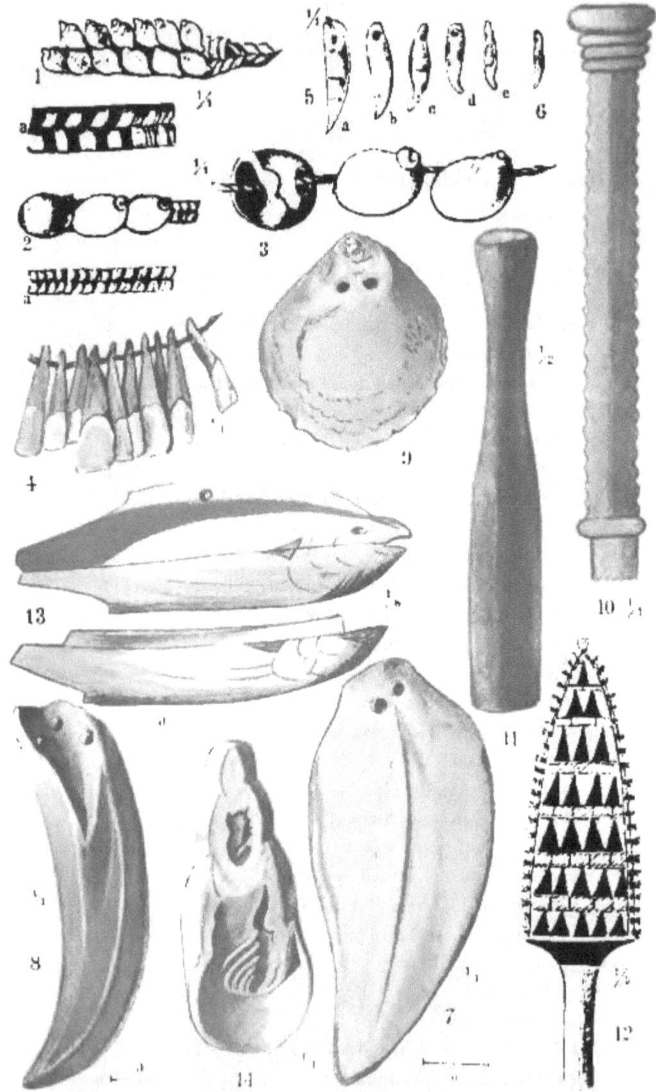

E. Finsch gez.

Tafel VII (24).

Mikronesien. Schmuck.

Erklärung zu Tafel VII (24).

Mikronesien. Schmuck.

Fig.					
Fig. 1.	(1/1) Schnur aus aufgereihten Scheibchen:				
» 1 a.	(1/1) weissen aus Muschel und				
» 1 b.	(1/1) schwarzen aus Cocosnussschale; Maraki, Gilberts	Nr. 549,	Seite	[356]	88
» 2.	(1/1) Desgl. (*a* und *b* wie vorher); Banaba . . .	» 548,	»	[»]	»
» 3.	(1/1) Desgl. » » » » . . .				
» 4.	(1/1) Desgl. » » » » . . .	» 547,	»	[»]	»
» 5.	(1/1) Desgl., aus Scheibchen von Cocosnuss; Ruk, Carolinen				
» 5 a.	(1/1) Ein Scheibchen von oben; Ruk, Carolinen .				
» 6.	(1/1) Desgl. aus Perlen von Cocosnuss; daher . .				
» 6 a.	(1/1) Eine Perle von oben; daher				
» 7—11.	(1/1) Ringe aus Cocosnuss, Material zu Schmuck (*a* Breite); daher	» 471,			
» 12 a.	(1/1) Desgl., mittelster Ring einer Halskette; daher	» 469,			
» 12 b.	(1/1) Desgl., Endring jederseits derselben Kette; daher	» »			
» 12 c.	(1/1) Mittelste Ringe derselben Kette, Vorderansicht; daher	» »			
» 12 d.	(1/1) Desgl., dieselben Ringe von der Rückseite, um die feine Flechtarbeit zu zeigen, in der die Kette zusammengeflochten ist; daher	» »			
» 13.	(1/1) Theil eines Halsbandes aus aufgeflochtenen Cocosperlen; daher	» 299,			
» 14.	(1/1) Prähistorischer Halsschmuck, Ring, aus *Conus* geschliffen; Ruinen auf Ponapé				
» 15.	(1/1) Theil einer Halskette aus Conusscheiben; Maraki	» 460,	»	[350]	82
» 16.	(1/1) Conusscheibe, kleinste seitliche derselben Kette	» »	»	[»]	»
» 17.	(1/1) Desgl., sehr klein, Halsbandschmuck; Banaba				
» 18.	(1/1) Desgl., sehr gross, Halsbandschmuck; daher .				
» 19.	(1/1) Desgl., mittlere Grösse, Halsbandschmuck; Tarowa	» 450,	»	[351]	83
» 20.	(1/1) Desgl., an Kette (*a*) aus Cocosringen, Theil eines Ohrgehänges; Ruk	» 319.			

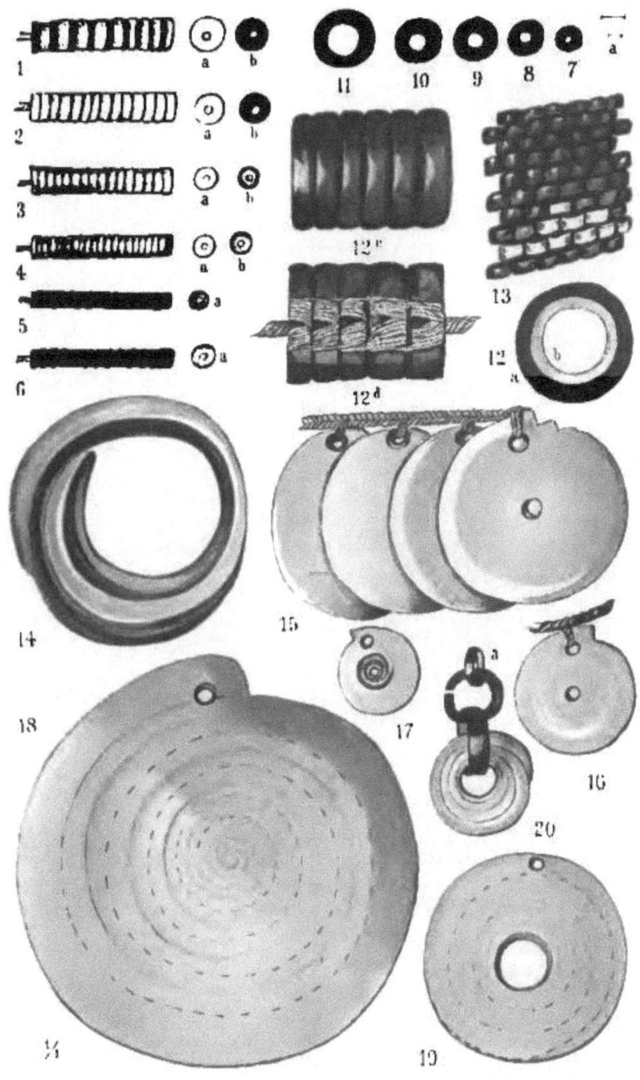

E. Finsch gez.

Tafel VIII (25).

Mikronesien. Schmuck.

Erklärung zu Tafel VIII (25).

Mikronesien. Schmuck.

Fig. 1. (1/1) Halskette aus *Spondylus*-Scheibchen; Marshalls Nr. 465,
» 1 a. (1/1) Scheibchen derselben von oben . . . . » »
» 2—5. (1/1) *Spondylus*-Scheibchen zu Schmuck; Ruk, Carolinen . . . . » 476,
» 5 a. (1/1) Dieselben, Seitenansicht; daher . . . . . » »
» 6. (1/1) Desgl. (*a* Seitenansicht); Normanby-Insel, d'Entrecasteaux, Neu-Guinea . . . .
» 7—13. (1/1) Prähistorische *Spondylus*-Scheibchen; Ruinen von Ponapé . . . . » 475,
» 13 a. (1/1) Dieselben, Seitenansicht . . . . » »
» 14. (1/1) Prähistorisches *Spondylus*-Plättchen; daher .
» 15. (1/1) Modernes *Spondylus*-Plättchen; Ponapé . .
» 16. (1/1) *Spondylus*-Anhängsel für Halsband; Tarowa » 459 a, Seite [350] 82
» 17. (1/1) Desgl.; daher . . . . » 452, » [349] 81
» 18. (1/1) Halskette aus *Spondylus*-Scheibchen und schwarzen Cocosperlen; Ruk . . . . » 472,
» 19. (1/1) Theil eines Ohrgehänges aus Cocosperlen und *Spondylus*-Scheibchen; daher . . . . » 318,
» 20. (1/1) Halskette aus (*a*) *Spondylus*, mit Anhängsel aus (*b*) schwarzen und weissen Muschelscheibchen, (*c*) Schildpattplättchen, (*d*) Schnur; Marshall-Inseln » 466,
» 21. (1/1) Desgl., wie vorher, aber (*b*) Glasperlen und Anhängsel . . . . » 467,
» 21 c. (1/1) Schnitzerei aus Spermwalzahn, (*d*) Schnur; daher . . . . » »
» 22. (1/1) Halsband aus frischen Blättern (*a*), in ein feingeflochtenes Band (*b*) geflochten; daher . . . . » 463,
» 23. (1/1) Leibgurt, mittelster Querriegel desselben; *a)* Schnüre aus Scheibchen von Cocosnuss und weissen Muschelperlen; *b) Spondylus*-Scheibchen, *c)* Querhölzer; Ruk . . . . » 552,
» 24. (1/1) Frauengürtel, Seitentheil desselben aus: *a)* schwarzen Cocos-, *b)* weissen Muschelperlen, *c)* hölzerne Querriegel, *d)* Flechtwerk mit Bindeschnur; daher . . . . » 550.

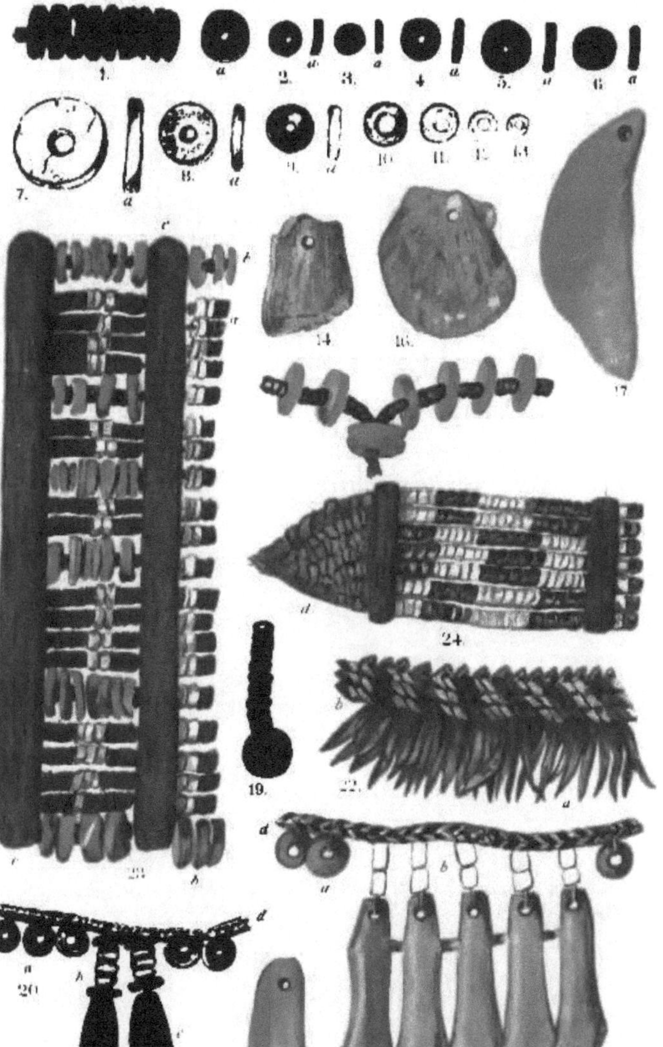

1/1 n. Gr.

E. Finsch gez.

Annalen des k. k. naturhist. Hofmuseums Band VIII, 1893

Ethnologische Erfahrungen und Belegstücke aus der Südsee.

Beschreibender Katalog einer Sammlung im k. k. naturhistorischen Hofmuseum in Wien.

Von

Dr. O. Finsch

in Delmenhorst bei Bremen.

Dritte Abtheilung: Mikronesien (West-Oceanien).

(Fortsetzung.)

II. Marshall-Archipel.

Einleitung.

Entdecker. Unzweifelhaft waren spanische Seefahrer die Ersten, welche diesen Archipel oder vielmehr gewisse, nicht mit völliger Sicherheit auszumachende Inseln desselben (1525 und 1655) sichteten. Mehr als hundert Jahre später (1767) gab der Engländer Wallis bessere Kunde von zwei Atollen (Rongerik und Rongelab), während die Zufallserfolge der Reise von Marshall und Gilbert (1788) den grössten Theil der Inseln der östlichen Ratakkette (Milli, Madschuru, Arno, Aur, Maloelab, Erikub, Wotsche, Likib, Jemo) entdeckten. Capitän Bond mit dem Schiffe »Royal Admiral« konnte 1792 vier Inseln (Namo, Ailinglablab, Namerik, Eniwetok) hinzufügen, das englische Schiff »Ocean« 1804 drei weitere (Kwajalein, Udschae und Lae) und Patterson 1809 das Atoll Dschalut (Jaluit, Bonham). Gebührt somit den Engländern das Verdienst der Entdeckungen, so sind es Russen, denen wir die genauere kartographische Aufnahme verdanken, unter welchen O. v. Kotzebue sich unbestritten die grössten Verdienste erwarb. Er entdeckte 1816 und 1817 (mit dem »Rurik«) die vier nördlichen Atolle von Ratak (Utirik, Taka, Meschid und Ailuk), legte diese ganze Kette fest (mit Ausnahme der drei südlichsten Inseln) und vervollständigte 1824 seine Aufnahmen durch vier nördliche Inseln der Ralikkette. Die französische Expedition unter Duperrey kartirte 1824 Theile der Lagune von Milli und Dschalut, der russische Flottencapitän Chramtschenko 1829 und 1832 weitere Atolle von Ralik, und Capitän Schantz von derselben Flotte beschloss 1835 die Reihe der Entdeckungen mit der Insel Wotto (Schantz). Seitdem ist Mancherlei zur besseren geographischen Kenntniss des Archipels, namentlich durch Deutsche,[1]) geschehen, aber immer bleiben noch Lücken auszufüllen, die übrigens bei

[1]) So unter Anderen Capitän Jakob Witt »Die Marshall-Gruppe« in »Ann. d. Hydrogr.«, 1881, Heft X, S. 525—535, mit Karte, welche die beste sein dürfte. Der Verfasser führte während meines Aufenthaltes den kleinen Handelsschuner »Jaluit« (15 Tons) der Firma Capelle und hatte somit mehr als Andere Gelegenheit, verschiedene Inseln des Archipels zu besuchen. Hoffentlich sind die Angaben zuverlässiger, als es sonst mit mündlichen Mittheilungen des Genannten der Fall zu sein pflegte.

dem geringen Interesse, welches die meisten Inseln bieten, keine schmerzlich empfundenen sind.

Zur Literatur. Otto v. Kotzebue: »Entdeckungsreise in die Südsee und nach der Beringsstrasse« etc. (1815—1818 auf dem Schiffe »Rurik«, 3 Bde, Weimar 1821) und »Neue Reise um die Welt« (1823—1826 auf dem Schiffe »Predpriatie«, 2 Bde, Weimar 1830); Louis Choris: »Voyage pittoresque autour du monde« etc. (Paris 1822); Adalbert v. Chamisso: »Reise um die Welt« (2 Bde, Leipzig 1836).

Die in den obigen Werken niedergelegten Ergebnisse der denkwürdigen Reisen unter russischer Flagge, vorzugsweise die mit dem »Rurik«, bildeten bisher die oft benutzte Hauptquelle der Kunde über den Marshall-Archipel und seiner Bewohner, oder vielmehr einer beschränkten Anzahl von Inseln. Denn Chamisso, der Naturforscher des »Rurik«, verkehrte 1816 und 1817 im Ganzen nur 39 Tage mit Eingeborenen von vier nördlichen Atollen der Ratakkette (Eilu = Ailuk, Otdia = Wotsche, Kaben = Maloelab und Aur), dazu meist vom Schiffe aus, so dass bei dem Mangel aller Sprachkenntnisse seine eigenen Beobachtungen nur lückenhafte bleiben konnten. Aber auf Aur nahm man Kadu, einen verschlagenen Carolinier, auf, der vier Jahre hier gelebt hatte, und erhielt von diesem Eingeborenen mancherlei Nachrichten. Chamisso hat dieselben zum Theil mit seinen eigenen verschmolzen (im 3. Bande von Kotzebue's Reise, S. 106—121, wörtlich abgedruckt im 2. Bande seines Werkes S. 202—239, sowie Bd. I, S. 235—290 und S. 359 bis 369) publicirt. Dies ist insofern zu bedauern, als Kadu bei aller Intelligenz doch nur ein Kanaka war, den Chamisso's begeisterte Philantropie zum unverdienten Range einer Autorität verhalf. Wie Chamisso's Objectivität aus Liebe zu den Eingeborenen öfters getrübt wird, so sind die Aussagen Kadus noch mehr der Kritik bedürftig, was im Nachfolgenden betreffenden Falls geschehen soll. Kotzebue's eigene Mittheilungen (im 2. Bande seines Werkes S. 39—96 und 117—123), die schon manche Fehler der Eingeborenen aufdecken, sind im Ganzen aphoristisch, namentlich betreffs seiner zweiten Reise (Bd. I, S. 163—189), welche ihn nur wenige Tage auf das schon bekannte Wotsche (Otdia) führte. Choris hat nur in 19 lithographirten Tafeln, die zum Theil sehr viel zu wünschen lassen, ein für die Ethnologie immerhin in vieler Hinsicht brauchbares Material gestiftet.

Diese ersten zum Theil sehr überschwänglichen Schilderungen werden durch neuere objective Beobachter auf das richtige Mass zurückgeführt. So verdanken wir Kubary, der 1871 mehrere Monate auf Ebon zubrachte, eine treffliche Skizze der Bewohner dieses Atolls (»Die Ebongruppe im Marshall-Archipel« in »Journ. d. M. G.«, Heft I, 1873, S. 33—39, Taf. 6), besonders aber Franz Hernsheim über Dschalut (Jaluit) (III, »Einiges über Land und Leute auf Jaluit« in »Beitrag zur Sprache der Marshall-Inseln«, Leipzig 1880, S. 33—101, mit 30 zum Theil brauchbaren Abbildungen, und »Jaluit« in »Südsee-Erinnerungen«, Berlin 1883, S. 75—93, mit 13 Bildern, meist Wiedergaben der vorhergehenden).

Bei dem geringen Schiffsverkehre gelang es mir nur drei Atolle (Dschalut, Arno und Milli) aus eigener Anschauung kennen zu lernen. Auf die ethnologisch bei Weitem interessantesten, wenig oder kaum besuchten nördlichen Inseln musste ich verzichten, denn dazu hätte es eines, wenn auch nur kleinen, aber eigenen Fahrzeuges bedurft, wofür mir leider die Mittel fehlten. Auf Dschalut, als dem Haupthandelsplatze, hatte ich übrigens während eines fast einjährigen Aufenthaltes in den Jahren 1879 und 1880 immerhin Gelegenheit, Eingeborene von verschiedenen Inseln kennen zu lernen und Erkundigungen über dieselben einzuziehen.

Meine Publicationen über die Marshall-Inseln sind die folgenden:

1. »Reise nach den Marshall-Inseln«, kurzer Bericht in: Sitzungsber. der Anthrop. Gesellsch., Berlin, 20. December 1879, S. 16.
2. »Aus dem Pacific. II. Marshall-Inseln« in: Hamburger Nachrichten Nr. 123 und 124 (25. und 26. Mai 1880).
3. »Bilder aus dem Stillen Ocean. I. Kriegsführung auf den Marshall-Inseln« in: »Gartenlaube« Nr. 42, 1881, S. 700—703. Mit Abbild. (Marshall-Insulaner im Kriege).
4. »Verhandl. d. Gesellsch. f. Erdkunde«, 1882, Nr. 10, S. 4 und 5 (kurzer Reisebericht).
5. »Deutschlands Colonialbestrebungen. Die Marshall-Inseln« in: »Gartenlaube«, Nr. 2, 1886, S. 37, 38 (mit 3 Abbild.).
6. »Canoes und Canoebau auf den Marshall-Inseln« in: Verhandl. d. Berliner anthrop. Gesellsch. (Sitzung vom 15. Januar 1887, S. 22—29, mit 8 Textbildern).
7. »Aus unseren neuesten Schutzgebieten. Canubau und Canufahrten der Marshall-Insulaner« in: Westermann, Illustrirte deutsche Monatshefte, Bd. LXII, 1887, S. 492—504 (mit 16 Textbildern).

Geographischer Ueberblick.

Die circa 30 Inseln des Archipels (unter circa 4—15° n. Br. und circa 161—172° ö. L.) bilden zwei grosse Längsreihen oder Ketten, eine östliche: Ratak (mit 15 Inseln) und eine westliche: Ralik (mit 16 Inseln). Sie sind von gleicher Formation und Beschaffenheit als die der Gilberts, aber von deutlicher ausgesprochenem Atoll-Charakter als die letzteren, mit zum Theil sehr ausgedehnten Lagunen, von denen nur acht für kleinere Schiffe zugängliche Passagen besitzen. Die physikalischen und klimatischen Verhältnisse sind sehr ähnlich, insofern aber auf den Marshalls günstiger, als diese weniger von Dürre zu leiden haben, obwohl auch solche auf gewissen Inseln vorkommt. Orkane scheinen ebenfalls seltener zu sein, dagegen sind die im October und November häufigen heftigen Böen für die Schifffahrt störend, zuweilen gefährlich. Frisches Wasser fehlt auf sämmtlichen Inseln und wird durch aufgefangenes Regenwasser ersetzt, aber Holz ist viel reichlicher als auf den Gilberts vorhanden.

Flora. Dieselbe ist im Wesentlichen gleich mit der im Gilbert-Archipel, aber trotz fast noch ärmlicherer Bodenbeschaffenheit doch anscheinend etwas reicher in Folge der günstigeren Regenverhältnisse. Selbst dem Laien erscheint der Baumwuchs üppiger und besser entwickelt, wenigstens an gewissen Stellen mancher Inseln. So fallen z. B. die mächtigen »Galgal«-Bäume der Insel Dagelab des Arno-Atolls, welche mit ihren dichtbelaubten Wipfeln die Kronen der Kokospalmen noch überragen, schon von Weitem auf. Chamisso gedenkt schon dieser »erstaunlich hohen« Bäume von Aur. Den Hauptheil des Baumwuchses bildet *Pandanus*, obwohl die Cocospalme, wie stets, am meisten hervortritt. Charakteristisch für die Flora sind zwei Schlingpflanzen, die eine auf dürren Sandstrecken des Strandes üppig wuchernd (wahrscheinlich *Triumphetta procumbens*), die andere an *Pandanus* windenartig in die Höhe rankend, mit rosarothen Blüthen, ähnlich denen unserer Bohnen, und ein lilienartiges Gewächs.[1]) Das letztere, eine meterhohe Staude, erinnert in der Form der breiten Blätter an Agave und hat eine zarte, stark duftende Blüthe, mit der sich die Eingeborenen gern schmücken, und dürfte ein *Cridum* sein. Auffallend auch für den Laien ist ein dickblätteriger, ungefiederter Farn, der parasitisch in Bäumen wuchert und auf allen von mir besuchten

[1]) Abgebildet: Hernsheim: »Marshall-Inseln«, S. 67 und 68.

Inseln beobachtet wurde; wahrscheinlich *Asplenium nidum*. Chamisso sammelte auf Ratak 52 Species wildwachsender Pflanzen, ich auf Ralik 60, die leider (vgl. S. 21 [289]) für die Wissenschaft verloren gingen.

Fauna. Die Eingeborenen-Ratte scheint durch die mit Schiffen eingeführten Ratten (*Mus rattus* und *M. decumanus*, davon die erstere am häufigsten) ziemlich verdrängt; sie war das einzige Landsäugethier vor Ankunft der Weissen. Von Meeressäugethieren beobachtete ich nur zwei bis drei Arten Delphine, welche zuweilen auch die Lagune besuchen. Vögel[1]) konnte ich im Ganzen 20 Arten nachweisen, darunter den Wanderkukuk *(Urodynamis taitiensis)*, »Urik« der Eingeborenen, und eine Fruchttaube *(Carpophaga oceanica)*. Letztere, die »Mulle« der Eingeborenen, der einzige Land- und Standvogel, kam nur auf drei Inseln vor und ist so ziemlich ausgerottet. Chamisso erwähnt schon diese Taube als »*Columba australis*«.

Von Reptilien sammelte ich fünf Arten Eidechsen (darunter die weitverbreitete *Mabouia cyanura*) und zwei Arten *Gecko* (dieselben als auf den Gilberts). Charakteristisch für die Thierwelt der Marshall-Inseln sind besonders zwei Arten grösserer Eidechsen, der »Gudildil«[2]) der Eingeborenen, und eine mit *Lygosoma smaragdina* verwandte Art oder Varietät, die man beide häufig an Baumstämmen, namentlich der Cocospalme, bemerkt, welche sie äusserst behend erklettern. Der Reichthum an Fischen ist ziemlich beträchtlich, aber ich erhielt trotz allen Eifers kaum mehr als 150 Arten. Unter den Krebsthieren fällt die ungeheure Menge von Einsiedlerkrabben *(Pagurus)* auf, die mit ihren Muschelgehäusen (meist *Turbo*) selbst die Sträucher beleben. Die Cocoskrabbe *(Birgus latro)* ist sehr selten. Im Ganzen sandte ich etliche 60 Arten Crustaceen (in 500 Exemplaren) an das Berliner Museum, die aber nicht bestimmt wurden. Die Insectenwelt[3]) enthält nur in einem hübschen Tagfalter (*Hypolimnas Bolina* L. = *Apatura Rarik* Eschsch. in Kotzebue's Reise, III, S. 208, Pl. V, Fig. 10) und dessen zahlreichen Varietäten auffällige Erscheinungen, da *Junonia vellida* äusserst selten ist. Gelegentlich sieht man eine schöne grosse Libelle (*Agrion* sp.?), häufig die kleine *Pantolaea flavescens*. Interessant ist das Vorkommen von Landconchylien, wovon ich sieben äusserst kleine und versteckt lebende, übrigens weit verbreitete Arten *(Truncatella pacifica, Stenogyra juncea, Pupina complanata, Helicopsis samoensis, Omphalotropis laevis, Assiminea nitida* und *A. societatis)* sammelte. Unter den zahlreichen niederen Meeresthieren kommt die herrlich dunkel rosenrothe Koralle *(Stylaster sanguineus)* nur in der Lagune von Ailinglablab vor. Hier auch nur allein und äusserst selten die »Orange Cowry« *(Cypraea aurantia)*.

---

1) Finsch: »Ornitholog. letters from the Pacific, III, Marshall-Islands« in: »The Ibis«, 1880, S. 329, und Finsch: »Vögel der Südsee«, Wien 1884, S. 50. Die häufigsten Strandvögel sind dieselben als auf den Gilberts, nämlich: *Charadrius fulvus, Actitis incanus, Strepsilas interpres* und *Ardea sacra*, letzterer allein Brut- und Standvogel. Als seltene Wandergäste erhielt ich: *Numenius femoralis, Calidris arenaria* und einmal sogar unsere Pfeifente *(Anas penelope)*.

2) Diese Art, sowie zwei Species *Mabouia* dürften noch heute neu für die Wissenschaft sein, da der grösste Theil meines so reichen Materials an Wirbelthieren noch heute unbeschrieben im Berliner Museum steht. Bedauerlich ist dies z. B. auch in Bezug auf die von mir mitgebrachte grosse Serie von Ratten, denn die Eingeborenen-Ratte ist nie zur wissenschaftlichen Untersuchung gelangt, und auch ihre Bestimmung wäre für die Frage der Herkunft der Eingeborenen nicht ohne Interesse gewesen.

3) Ich sammelte 14 Arten Lepidopteren (darunter *Utetheria pulchella, Sphinx erotus*, das Uebrige Motten und Spanner), 16 Arten Coleopteren (davon 3 neu), 2 Arten Orthopteren, 4—6 Arten Neuropteren, 5 Arten Dipteren, 2 Hemipteren, 7 Arten Spinnen (darunter 2 neue).

Areal und Bevölkerung. Der Flächeninhalt sämmtlicher Inseln des Archipels wird zu circa 400 Quadratkilometer = 7·28 deutsche geographische Quadratmeilen (gegen 35·5 deutsche geographische Quadratmeilen früherer Berechnungen) angegeben. Aber dieses feste Land vertheilt sich in unzählbaren kleinen Inselchen über eine ungeheure Meeresfläche von circa 660 Seemeilen (= 180 deutsche Meilen) Länge und circa 780 Seemeilen (= 190 deutsche Meilen) Breite. Die eigenthümliche Bildung der Atolle, Gürtel von Riff- und Inselstreifen, welche mehr oder minder eine stillere Wasserfläche, die Lagune, umschliessen, vermag nur eine Seekarte zu veranschaulichen. Ein Theil des Riffs und der Inseln werden bei Hochwasser überfluthet, nur die wenigsten sind überhaupt bewohnbar und der Verkehr ihrer Bewohner durch die beträchtliche Ausdehnung der Lagune erschwert. Die Lagune des Atoll Dschalut (Bonham) ist 27 Seemeilen lang und setzt sich aus 58 (nach Witt nur 45) Inselchen mit 90 Quadratkilometer Areal zusammen, von denen nur 6 bewohnt sind. Die grösste derselben, Dschabwor, bildet einen an 8 Seemeilen (= 2 deutsche Meilen) langen, aber kaum einige hundert Schritt breiten, grossentheils unfruchtbaren Inselstreif. Die grösste Lagune des Archipels, Kwajalein, hat eine Länge von 57 Seemeilen (circa 16 deutsche Meilen); ihr Riffgürtel zählt 81 Inselchen, von denen die grösste nur 4 Seemeilen lang und kaum 1 Seemeile breit ist.

Die vorstehenden kurzen Notizen werden zur Genüge zeigen, dass ein so zersplittertes und dabei ärmliches Inselgebiet nicht stark bevölkert sein kann, wie dies schon zu Chamisso's Zeiten der Fall war, der z. B. Meschid und Wotsche (Otdia) zu je 100 Eingeborenen veranschlagt.

Die späteren Schätzungen der Gesammtbevölkerung mit 10.000 Bewohnern sind zu hoch gegriffen und beruhen auf zum Theil ganz irrigen Angaben. So verzeichnet der Missionär Gulik für Jemo 200 Eingeborene, für Udschilong gar 1000. Aber Witt fand die erstere Insel ganz unbewohnt, auf der letzteren nur 6 Eingeborene. Das grösste Atoll Kwajalein zählt nur eine Bevölkerung von 220 Seelen, und nach Witt würde Madschuru mit 1500 das am stärksten bevölkerte Atoll sein. Kuhn gibt (1882) für Arno sogar 3000 Einwohner an, aber diese Angaben sind bei Weitem überschätzt. Zuweilen kommen auf einer Insel durch zufällige Anwesenheit einer Canuflotte viel mehr Eingeborene als für gewöhnlich zusammen. Eine wirkliche Volkszählung hat nur auf Dschalut stattgefunden, und zwar durch Hernsheim 1878, die 1006 Bewohner (darunter 335 Männer) ergab. Die Eingeborenen, selbst die »Könige«, kennen selbstverständlich, ebensowenig als ihr Alter, die Bevölkerungszahl ihrer Insel; »König Kaibuke« von Milli hatte keine Ahnung, aus wie viel Inseln sich sein »Atoll-Königreich« zusammensetze und rieth mir, selbst eine Zählung vorzunehmen.

Die Gesammtbevölkerung des Marshall-Archipels mit sechs überhaupt unbewohnten Atollen (Erikub, Jemo, Taka, Bigar, Ailinginae, Elmore) beträgt zwischen 7000 und 8000 (4000 auf Ratak, circa 3600 für Ralik), was circa 20 Seelen für den Quadratkilometer ergibt. Dabei ist zu erinnern, dass die Eingeborenen-Bevölkerung auch hier wie überall zurückgeht, woran aber hier der Arbeiterhandel (»Labortrade«) keine Schuld hat, der dem dünnbevölkerten Gebiete überhaupt fernblieb. Die Eingeborenen fangen eben an auszusterben, sobald sie in engeren Verkehr mit Weissen treten, eine Erscheinung, die sich überall in der Südsee wiederholt, aber schwer zu erklären ist. Eine Vermehrung in Folge der meist wilden Ehen zwischen Weissen mit eingeborenen Frauen findet nicht statt, denn diese Ehen sind selten productiv. Auch andere Ursachen tragen zur Verminderung der Bevölkerung bei. So waren die Atolle Rongelap und Rongerik früher von 80, respective 120 Eingeborenen bewohnt; Witt fand aber Ende der Achtzigerjahre nur 10, respective 18 Bewohner, jedoch verlassene Hütten für hundert. Die meisten Eingeborenen waren nämlich bei einer gemeinschaftlichen Canufahrt nach Süden verschlagen worden und umgekommen.

Wie alle Kanaker sind auch die Marshallaner keine langlebige Race. Die Frauen verblühen rasch, und die Männer treten schnell ins Greisenalter. Da die Eingeborenen ihr Alter selbstredend nicht kennen, lassen sich keine sicheren Zahlen angeben. Wenn daher z. B. Chamisso einen »80 Jahre« alten munteren Greis erwähnt, Kotzebue sogar einen »hundertjährigen«, so sind diese Schätzungen ohne Zweifel irrthümlich, denn gerade Eingeborene altern viel früher und rascher als Europäer.

Handel. Das Marshallmeer war dem Walfischfange nicht günstig, und deshalb verkehrten Fangschiffe hier selten. Aber der Führer eines solchen, Capitän Handy, eröffnete in den Fünfzigerjahren zuerst Handel mit den Eingeborenen Ebons, und 1857 liess sich die hawaiische evangelische Mission hier nieder. Die erste ständige Handelsstation wurde 1860 von der deutschen Firma Stapenhorst und Hoffschläger in Honolulu errichtet. Sie setzte Adolf Capelle (1864) auf Ebon ein zum Ankauf von Cocosnussöl, der später auf Dschalut eine eigene Firma gründete und den Eingeborenen zuerst Copra machen lehrte. Gegen Ende der Siebzigerjahre (1877) errichteten Hernsheim & Co. (Hamburg) auf derselben Insel eine Factorei, aus der 1889 die »Jaluit-Gesellschaft« (mit Sitz in Hamburg) hervorging. Der Handel der Marshall-Inseln ist also vorwiegend in deutschen Händen, das einzige Ausfuhrsproduct Copra,[1]) das übrigens nur eine geringe Anzahl Inseln producirt, auf denen deshalb kleinere Stationen für Tauschhandel bestehen (Dschalut, Ebon, Namurik, Madschuru, Milli, Arno, Ailinglablab). Um der Erschöpfung der Palmen, die etwa 50 Jahre lang tragfähig sind, vorzubeugen, ist mit der Anlage von Cocosplantagen begonnen worden, da die Eingeborenen in dieser Richtung kaum für sich selbst Vorsorge trafen. A. Capelle war wiederum der Erste, der darin vorging: er kaufte 1877 die Insel Likib und miethete bald darauf Udschilong; auch auf Arno soll mit Anpflanzungen begonnen sein. Stürme haben übrigens auch auf den Marshalls wiederholt grosse Verheerungen in den Cocospalmenbeständen angerichtet. So ein Orkan im Herbste 1874 auf Ailinglablab, von dessen üblen Folgen sich diese Insel sieben Jahre später noch nicht erholt hatte. Aus derselben Ursache wurde Kili von den wenigen Bewohnern verlassen. Die Einfuhr nach den Marshalls bestand früher besonders in Tabak (amerikanischem Twist), Waffen, Spirituosen, Baumwollenzeug, später kamen Lebensmittel (Reis und Schiffszwieback) hinzu. Bei der geringen Bevölkerung und der Bedürfnisslosigkeit derselben wird die Einfuhr übrigens immer eine beschränkte bleiben.

Mission. Durch Capitän Handy bei dem damals gewaltigen Häuptlinge Kaibuke aufs Beste eingeführt, begann die Mission 1857 ihre Thätigkeit, und zwar auf Ebon mit so gutem Erfolge, dass 1865 bereits 125, 1878 sogar 400 Eingeborene bekehrt waren. Im Ganzen besass die Mission auf sieben Inseln (Ebon, Namerik, Dschalut, Madschuru, Milli, Arno und Maloelab) Stationen, 6 Kirchen, 13 Lehrer und an 800 Bekehrte. Aber auch hier machte sich bald ein Rückschlag geltend, von dem ich mich selbst überzeugen konnte. Auf Dschalut kamen 1879 bei Gelegenheit der Anwesenheit des Missionsschiffes nur 20 Männer und 14 Mädchen, sonst kaum die Hälfte davon zur Kirche, auf Arno gab es nur 10 Christen und auf allen Marshall-Inseln zusammen 360 Kirchenbesucher.

[1]) Die Gesammtausfuhr schwankt je nach der Ernte zwischen 1500—2000 Tonnen (im Werthe von 300.000—500.000 M.). Ueber die wirthschaftliche Bedeutung der Cocospalme und Copra vgl. Finsch: »Ueber Naturproducte der westlichen Südsee« (Deutsche Colonialzeitung, 1887, S. 2—11).

Seitdem ist das Missionswerk wohl nicht vorgeschritten und die Erfolge, nach 35 Jahren, wie auf den Gilberts nur unbedeutend. Auf Grund der spärlichen Bevölkerung haben glücklicherweise keine Kriege stattgefunden, vielmehr erlangte die Mission, namentlich auf Ebon, ziemliche Herrschaft, die zu wiederholten Zerwürfnissen mit den weissen Händlern führte. So musste 1885 das deutsche Kanonenboot »Nautilus« auf Ebon einschreiten und der Mission eine Busse von 500 Doll. (— 2000 M.) auferlegen. Dabei war Ebon am weitesten in der Bildung voraus, denn hier konnte fast Jeder lesen, schreiben und rechnen,[1]) wie man es so nennt; trotz dieser Bildung war die Intelligenz aber auf keine höhere Stufe gestiegen, wofür ich nur ein Beispiel anführen will. Ein christlicher Ebonite liess sich in dem Kaufladen auf Dschabwor einen Dollar wechseln, diesen in zwei halbe, einen halben in zwei Quarter, einen Quarter in zwei Realen und kaufte sich dann für einen Real ein Fläschchen Haaröl!

Dass an den Missionsplätzen fast alle ethnologische Originalität verloren gegangen ist, brauche ich wohl nicht erst zu erwähnen. Schon äusserlich kennzeichnen sich die »Lovers of Jesus« oder »Dri-anitsch« (= Geistermenschen) durch das kurzgeschorene Haar.

Dem Vernehmen nach wollte eine deutsche rheinische Missionsgesellschaft das Bekehrungswerk auf den Marhalls fortsetzen oder hat bereits damit angefangen.

Schutzherrschaft. Das deutsche Reich schloss bereits im Jahre 1878 mit dem Häuptlinge Kabua (Lebon) von Jaluit einen Vertrag für Ralik ab und übernahm 1886 (6. April) die Schutzherrschaft über die ganze Marshall-Gruppe, einschliesslich der etwas isolirteren nordwestlichen Inseln Eniwetok (Brown Isl.) und Udschilong (Providence Isl). Dadurch ist der Einfuhr von Schnaps und Waffen hoffentlich Schranken gesetzt.

I. Eingeborene.

Aeusseres. Die Marshallaner stehen in körperlicher Bildung entschieden den Gilbert-Insulanern nach, sind im Allgemeinen kleiner,[2]) namentlich das weibliche Geschlecht, und von schwächlicherem Aussehen, im Uebrigen von der oceanischen Race nicht zu trennen (vgl. Finsch: »Anthropol. Ergebnisse« etc., 1884, S. 13—16). Auf Taf. II dieser Abhandlung sind zum Vergleiche typische Frauen von den Marshalls und von Samoa, nach meinen photographischen Aufnahmen, abgebildet. Ausserdem brachte ich 11 Gesichtsmasken[3]) (darunter die des ehemaligen »Königs« Kabua) von Marshallanern, nach Lebenden abgegossen, mit, so dass auch in dieser Richtung reiches Material vorliegt. Unter den fast durchgehends wenig brauchbaren Völkertypen Choris' ist der auf Pl. I abgebildete Rataker noch am gelungensten und verdient citirt zu werden; die übrigen taugen nichts. Wie Chamisso dazu kam, die »grössere Reinheit« der Haut dieser Eingeborenen hervorzuheben, ist nicht recht erklärlich, denn gerade hier sind Schuppenkrankheit *(Ichthyosis)* und Ringwurm (*Psoriasis*, »Gogo«) stark verbreitet. Ebenso unbegreiflich ist, wenn Kotzebue die Hautfärbung als »schwarz« bezeichnet.

Sprache. Ueber alle Inseln der Marshall-Gruppe, einschliesslich Eniwetok und Udschilong, wird ein und dieselbe Sprache gesprochen, die diesem Archipel eigenthüm-

[1]) Die Mission gab in Ebonsprache auch eine Arithmetik heraus: »Buk in Bwinbwin«, Mission Press, Ebon 1876, 156 S., kl. 8°.

[2]) Kotzebue gibt die Höhe eines Ratakers zu 7 Fuss (— 2·24 M.) an, der allerdings ein Riese gewesen sein muss; der längste von mir gemessene Gilbert-Mann, auch eine Ausnahme, mass 1·79 M.

[3]) Kubary hatte früher bereits drei Marshallaner abgegossen, die der Handelskatalog des Museum Godeffroy (V. 1874) verzeichnet.

lich und durchaus verschieden von der Gilbertsprache ist, wie von den carolinischen. Ueber die Sprache von Radak hat zuerst Chamisso (II, S. 95—111) ein Verzeichniss von circa 300 Wörtern gegeben, die allerdings zum Theil total verschieden sind von denen welche Kubary (l. c., S. 39—47 circa 400) und Hernsheim (l. c., S. 1—32; circa 700 Wörter) für Ralik verzeichnen.

Sind nun auch nach Hernsheim, jedenfalls dem besten Kenner der Marshallsprache, die Dialekte von Ralik und Ratak so verschieden, »dass sich selbst Eingeborene wechselseitig anfangs häufig nur schwer verstehen, so geht dieser Unterschied keineswegs über den gewöhnlichen Umfang der Dialekte hinaus.« Die grosse Anzahl abweichender Worte bei Chamisso (nur etwa 40 stimmen mit Hernsheim überein) rühren aber nicht allein von irrigen Auffassungen her, die ja für den, der eine derartige Sprache zuerst nach dem Gehör niederschreibt, unvermeidlich sind, sondern nach Hernsheim's gewiegtem Urtheil trägt hauptsächlich Kadu die Schuld, wie an so manchen Irrthümern, die auf seine Autorität durch Chamisso in die Literatur übertragen wurden. Ganz abgesehen, dass Chamisso seinen eingeborenen Freund und Sprachmeister wohl nicht immer richtig verstand, so hat Kadu andererseits jedenfalls da, wo ihm gerade das richtige Ralik-Wort nicht einfiel, irgend ein Wort aus seinem heimatlichen carolinischen Wortschatz angegeben, das Vocabulär Chamisso's ist deshalb mit grosser Vorsicht aufzunehmen. Mit der Aussprache unserer Buchstaben verhält es sich auf den Marshalls wie auf den Gilberts (S. 25 [293]).

Herkunft. Darüber wissen die Eingeborenen, soweit meine Erkundigungen reichen, absolut nichts.

Charakter und Moral. Chamisso hat von den Marshallanern ein so überschwängliches, reizendes Bild entworfen, dass die späteren Beschreibungen wie reine Verleumdungen erscheinen. Er nennt sie »lebhaft, wissbegierig, geistreich, tapfer, treu, gastfrei, schamhaft, ohne Falsch und Lüge«, rühmt »die Unschuld und Zierlichkeit der Sitten, die zarte Schamhaftigkeit, den sittigen Anstand, die ausnehmende Reinlichkeit« und findet »überall ein Bild des Friedens und der fortschreitenden Cultur«. Wären die Marshallaner wirklich jemals solche Mustermenschen gewesen, so müssten Civilisation und Christenthum erröthend ihre Ohnmacht, sogenannte »Wilde« erziehen und bessern zu können, eingestehen. Aber Chamisso's dichterische Begeisterung und Freude, endlich einmal unverfälschte und unverderbte Naturmenschen gefunden zu haben, beeinflusste eine objective Beurtheilung seiner neuen Freunde, die schon damals alle Fehler und die wenigen Tugenden der Kanaka besassen. Sie stahlen bereits, hielten nicht immer Wort und führten Kriege, wie selbst Chamisso zugestehen muss. Aber durch seinen Reisebegleiter Choris erfahren wir ausserdem, dass sie auch Talent zu Taschendieberei zeigten, und dass es mit der vielgerühmten Tugend des weiblichen Geschlechts schon damals nicht weit her war. »Schamhaftigkeit und Keuschheit sind den Anschauungen dieser Insulaner fremd; ohne etwas Unehrenhaftes zu finden, bietet der Mann seine Frau einem Anderen, der Vater seine Tochter dem Fremden an« und »die Frauen waren sehr bescheiden, aber ein Stückchen Eisen genügte, um die Tugend dieser Wildenschönheiten zu Fall zu bringen« sagt Choris jedenfalls auf Grund von Erfahrungen. Auch Kotzebue erzählt von dieser ersten Reise einen Vorfall, wo ein Matrose den Verlockungen einer braunen Schönen nicht zu widerstehen vermochte, hebt trotzdem aber die »Sittsamkeit der Frauen« hervor. Chamisso bezeichnet merkwürdiger Weise sogar das Ueberlassen der Ehefrau Seitens des Hausherrn an den Gast als »reine, unverderbte Sitte«. Für die Beurtheilung der Sittlichkeitsfrage gibt überdies die Sprache gewichtiges Zeugniss. Sie besitzt für obscöne Handlungen, deren verschiedene Stadien und Details, sehr bestimmte Bezeichnungen, die, von Allen gekannt, ohne Zweifel schon zu Chamisso's Zeiten existirten, ebenso wie der mehr als lascive Tanz »Krumm«. Das Wort »Dschirung« = Jungfrau hatte jedenfalls schon damals dieselbe Bedeutung, aber nicht in unserer Auffassung von »Unberührtsein«, denn häufig findet schon vor geschlechtlicher Reife Verkehr zwischen beiden Geschlechtern statt. Es wird daher Zeit, mit den in alle Lehrbücher übertragenen Mittheilungen Chamisso's in dieser Richtung zu brechen. Sie waren schon für die damalige Zeit nicht immer zutreffende, wenn auch der spätere Verkehr mit Weissen die bereits vorhandenen Untugenden leider nicht besserte, sondern eher vermehrte, wie z. B. in Betreff der Prostitution.

Meine Schilderung vom Jahre 1880: »faul, unwissend, sinnlich, indolent, zur Lüge und zum Diebstahl geneigt, ohne Gefühl für Dankbarkeit, Gastfreundschaft und Ehre in unserem Sinne, ohne Energie, theilnahmslos, wenig lebhaft, dabei aber freundlich, gutmüthig, nicht roh oder gefühllos, im Ganzen friedfertig, im Kriege ohne Muth und Tapferkeit« dürfte daher noch heute zutreffend sein, natürlich nur in gewissem Grade für gewisse Individuen. Denn auch auf den Marshalls habe ich sehr nette Eingeborene kennen gelernt, und im Ganzen lässt sich mit ihnen besser als mit den lebhaften und leicht aufgeregten Gilbert-Insulanern verkehren. Gegenüber den letzteren ist das ruhige, schweigsame, gedrückte Wesen der Marshallaner auffallend, aber erklärlich durch die Unterwürfigkeit dem Geburtsadel gegenüber. So beobachtete ich oft die Stille, welche bei Ankunft fremder Canus herrschte: schweigend hockt die Bevölkerung am Strande, schweigend werden die angekommenen Freunde begrüsst. Selbst die unvermuthete Zurückkunft der seit Monaten verschlagenen und längst verloren geglaubten Vertriebenen mit dem Schuner »Lotus« rief keine besondere Aufregung hervor, ein gellender Schrei der Weiber war Alles, dann folgte lautloses Umarmen, und erst Abends bei den sogenannten Tänzen ging es lebhaft her. Trunksucht war verhältnissmässig wenig verbreitet, denn nur Häuptlinge, als die einzige besitzende Classe, konnten diesem Uebel, das die Mission nicht auszurotten vermochte, huldigen, und thaten dies sehr gern. Zur Arbeit im Ganzen wenig geeignet, leisten doch Marshallaner auf kleinen Schiffen innerhalb ihrer heimischen Gewässer als Matrosen gute Dienste und erweisen sich als brauchbare Menschen, was Erwähnung verdient.

Gegenüber verbürgten Thatsachen, dass in den meisten Fällen Verschlagene von anderen Inselgruppen (Gilberts, Carolinen) todtgeschlagen wurden, darf die Friedfertigkeit der Marshallaner nicht zu sehr herausgestrichen werden. Später zog man es vor, Verschlagene am Leben und als eine Art Sclaven arbeiten zu lassen, wie ich solche (von den Gilberts) auf Milli sah.

In den Vierziger- und Fünfzigerjahren erlangten die Marshallaner sogar durch eine Reihe sicher nachgewiesener Ueberfälle auf Schiffe notorische Berühmtheit, besonders die Eboner unter dem gefürchteten Kaibuke. Noch im Jahre 1869 wurde auf Rongelab die Mannschaft des deutschen Schuners »Franz« erschlagen, das Schiff geplündert und verbrannt, ein Drama, bei welchem der spätere König von Dschalut »Kabua« stark mitbetheiligt gewesen sein soll. Wenn auch vermuthlich Uebergriffe und Rohheiten Seitens der Fremden zuerst die Rache der Eingeborenen herausforderten, so hat die Habsucht der Häuptlinge jedenfalls später eine nicht untergeordnete Rolle dabei gespielt. Selbst das Schicksal Kadu's bleibt unaufgeklärt und die Vermuthung, dass er wegen seines »Eisenreichthums« von den Freunden erschlagen wurde, berechtigt.

Reinlichkeit, von Chamisso besonders hervorgehoben, ist thatsächlich sehr wenig vorhanden. Von Waschen kann kaum die Rede sein, denn das Sitzen im Wasser, der Lagune oder in den Tümpeln, denselben, welche Trinkwasser liefern, dient mehr zur

Abkühlung. Badeschwämme, die in der Lagune von Ailinglablab in ziemlich guter Qualität vorkommen, blieben unbenutzt. Aber an Missionsplätzen haben sich zum Theil Kämme eingeführt, die Kopfparasiten aber nicht ausgerottet. Das gegenseitige Absuchen der Läuse (Kid) und Verzehren derselben war damals noch gang und gäbe.

II. Sitten und Gebräuche.

(Sociales und geistiges Leben.)

1. Sociale Zustände.

Sehr bezeichnend für dieselben ist das mittelalterliche Feudalsystem mit bestimmten, ziemlich scharf begrenzten Ständen:

1. Kajur oder Armidsch (= Mann), besitzlos und nur mit Land (d. h. Cocospalmen) belehnt.

2. Leotakatak, mit eigenem Besitz.

3. Burak, meist Söhne und Brüder des Häuptlings, zuweilen sehr reich und einflussreich.

4. Irodsch, Häuptling, muss wenigstens mütterlicherseits von Irodschblut abstammen, wenn sein Vater auch nur Burak war. Denn der Rang erbt nach der Mutter, nicht nach dem Vater, entsprechend der marshallanischen Anschauung, dass man von einem Kinde stets die Mutter kennt, aber nicht immer weiss, wer der Vater war. Heiratet z. B. ein Irodsch aus dem Burakstande, so werden die Kinder nur Burak, während umgekehrt im Heiratsfalle eines Burak mit einer Irodschfrau die Kinder dem letzteren Stande angehören. Kabua alias Lebon (Laban), der damalige »Irodsch-lablab« oder »grosse« Häuptling von Dschalut und Ebon, nur ein Leotakatak von dem nördlichen Atoll Rongelab, wurde Irodsch, als er Limokoa, die Witwe des grossen Kaibuke von Ebon, heiratete. Da diese Ehe kinderlos blieb, die anderen Kinder Kabua's von anderen Frauen aber nur dem Burakstande angehörten, so war Kabua's Stiefsohn Lemoro (alias Latablin, zuletzt »Nelu«), damals ein Jüngling von circa 20 Jahren, der zukünftige Irodsch-lablab, für den Kabua als Vormund waltete. Andere, viel ältere Kinder Kaibuke's, wie z. B. Lageri auf Dschalut, waren dem Stande der Mutter entsprechend nur Leotakatak, dagegen Lidauria, die Tochter Kaibuke's mit Limokoa, einer Irodschtochter, die höchste Person überhaupt. Im Falle ihrer Verheiratung mit einem Irodsch würde dieser Anrecht auf die Würde des Irodsch-lablab erlangt haben, die gewöhnlich nicht auf den Sohn, sondern den jüngeren Bruder übergeht. Man ersieht hieraus, dass die Verhältnisse der Erbfolge ziemlich verwickelt sind, aber sie werden oft durch Gewalt geregelt, indem man den einen Gegner aus dem Wege schafft. Der Vorwand wird dann in Hochverrath gesucht und gefunden, wobei natürlich die Hilfe der übrigen Irodsche erforderlich ist, die unter sich den Irodsch-lablab erwählen. Die Macht eines solchen war früher sehr bedeutend, er befehligte auf Seereisen wie im Kriege und entschied über Leben und Tod. Das Todesurtheil wurde nach Hernsheim durch Speeren oder Steinigen vollzogen, nach Kubary ertränkte man Frauen. Welche Vergehen die Todesstrafe nach sich zogen, ist nicht recht klar, da Mord z. B. kein Grund dafür war. Bestimmte Gesetze gab es eben nicht, und die Justiz und deren Ausführung hing ganz von der Willkür der Irodsche und deren jeweiligen Machtstellung ab. So war kurz vor meiner Ankunft auf Namurik ein Ehebrecher erschlagen worden, obwohl diese Sünde sonst sehr häufig begangen wurde und ungestraft blieb. Aber die christliche Partei wollte

ein biblisches Urtheil vollziehen, und der Mann sollte eigentlich gesteinigt werden. Als dem »Könige« von Arno in Folge einer Krankheit das Kopfhaar ausging, mussten alle Männer seinem Beispiele folgen und sich scheeren. Ein Ebon-Häuptling, der auf Dschalut einem betrunkenen weissen Schiffsführer einen goldenen Ring gestohlen hatte, wurde zur Lieferung von Holz verurtheilt. Wäre es ein Kajur gewesen, so hätte er wahrscheinlich die Ohren lassen müssen, denn Abschneiden der Ohren oder vielmehr der künstlich verlängerten Lappen scheint eine beliebte Strafe gewesen zu sein. Sie wurde noch 1878 auf Dschalut an einem Eingeborenen vollstreckt, der einen Weissen blutig geschlagen hatte und eigentlich aufgehangen werden sollte. Aber als ein »beachcomber« (bummelnder weisser Händler) dem »König« Kabua ohne allen Grund ein blaues Auge schlug, erkannten die Weissen nur auf Verbannung.

Auf Arno lernte ich übrigens einen weissen Händler kennen, dem in verdächtiger Weise der rechte Ohrlappen fehlte, erfuhr aber den Grund nicht. Wie Kabua seinerzeit noch Ohren abschnitt, tödtete der gefürchtete Kaibuke (der Ende der Siebzigerjahre starb) auf Ebon mit eigener Hand; ja sein Neffe, ebenfalls Irodsch, speerte zwei seiner Frauen. Von der äusserlichen Unterwürfigkeit, wie sie z. B. Kaibuke gegenüber herrschte, dem sich seine Unterthanen nur in demüthiger Haltung nahen durften, war bei Kabua nicht mehr die Rede. Der »Oberhäuptling und Herr von Ralik«, wie er im deutschen Vertrage euphonistisch genannt wird, genoss wenig Autorität und hatte höchstens auf Ebon, auf den übrigen Inseln kaum Einfluss. Auf Dschalut bestand zwar noch die alte Feudalwirthschaft, aber auch hier gelang es Kabua nicht immer, die nöthige Anzahl Arbeiter für die Weissen zu stellen. Es war viel, als er beim Baue eines Steindammes aus Korallstücken 30 Männer, 40 Frauen und 20 Kinder für circa eine Woche zusammenbrachte, für die er täglich einen »Bum« (d. h. ein Tabatièregewehr, damals dort im Werthe von 40 Mark) erhielt. Bald musste aber pro Kopf täglich ein Schiffszwieback beigelegt werden, weil Kabua sonst die Leute nicht ernähren konnte. Uebrigens gehörte Kabua die meiste Copra, soweit dieselbe nicht heimlich verkauft wurde, bei grossen Fischfängen erhielt er den Löwenantheil, er vermiethete seine Kajur auf Schiffe und zog deren Lohn ein, kurzum machte es ziemlich ebenso wie sein College auf Aur zu Chamisso's Zeit, der nach Weggang des »Rurik« alles vertheilte Eisen einforderte. Wegen ein paar Stückchen Eisen gab sich Kabua freilich keine Mühe, aber umsomehr war er dahinter, den Verdienst der Mädchen in blanken Dollars einzuheimsen, denn diese »sittsamen, keuschen, bekehrten« Mädchen waren oft sehr begehrt, und er schlug zuweilen mehr aus ihnen heraus, als aus seinen Matrosen. Der »König« hielt es daher nicht unter seiner Würde, nächtlicherweile die Hütten zu revidiren, ob die Eine oder Andere vielleicht fehle, und beanspruchte in einem solchen Falle den üblichen, je nach dem Range der Schiffsleute von 1—3 Dollar variirenden Obulus für sich.

Aeusserlich kennzeichnet sich der Häuptlingsrang durch einige auf die Backen tätowirte Längsstriche; nach Chamisso damals durch einen Bandstreif von *Pandanus*-Blatt um den Hals.

Namentausch findet noch, aber nur zwischen Eingeborenen statt; Weisse geben sich nicht mehr damit ab.

Begrüssung ist jetzt fast allgemein das durch die Mission eingeführte Handgeben. Die Begrüssungsformel »jokwejuk« entspricht ungefähr unserem »ich liebe Dich«. Freunde pflegen sich beim Wiedersehen zu umarmen und mit der Nase zu berühren, was »medschenmá« heisst, aber nicht blos, wie Chamisso sagt, unter Ehegatten üblich ist. Nach Hernsheim gibt es noch eine andere Liebkosung oder Ausdruck der Zärtlichkeit durch Berühren mit der Zunge (nicht unser Küssen), »lagomedschi« genannt.

Tauschmittel (Geld). Vermuthlich waren *Spondylus*-Scheibchen (»Aaht«) früher das eigentliche Eingeborenengeld. Im Uebrigen wurden hauptsächlich Nahrungsmittel, Matten und andere Erzeugnisse vertauscht, wie dies zum Theil jetzt noch stattfindet. Schon in den Siebzigerjahren bezogen die christlichen Eboniten alle Matten, Faserröcke, Fischhaken, Leinen etc. von den betriebsameren Bewohnern der nördlichen Inseln. Auf Dschalut war es zu meiner Zeit noch ähnlich, aber hier bereits wie auf anderen Inseln mit Handelsstationen Silbermünze, und zwar der chilenische Dollar (zu circa 3·60 Mark) eingeführt. Der Taglohn betrug 25 Cents (= circa 1 Mark) pro Tag, aber die durch die Mission mehr gebildeten Eboniten waren in dringenden Fällen, z. B. Löschen und Laden eines Schiffes, mit einem Dollar pro Tag kaum zufrieden.

Verbot (emó — tabu) besteht für gewisse Fälle und wird von den Häuptlingen angeordnet. Zur Zeit meines Besuches auf Arno war z. B. keine Cocosnuss zu haben. Als Tabuzeichen wird ein Cocosblatt der ganzen Länge nach, mit den Enden der Blattfiedern zusammengeknotet, um den Stamm geflochten, ganz in der Weise, wie es fast überall, auch in Melanesien geschieht, was allein schon das Erklettern sehr erschwert.

2. *Stellung der Frauen.*

Bei Besprechung der Stände ist bereits der durch Geburt bedingten hervorragenden Stellung der Häuptlingsfrauen gedacht worden, deren Wort unter Umständen auch für die Beschlüsse der Männer nicht ohne Einfluss ist. Schon Chamisso erwähnt einer Häuptlingsfrau auf Maloelab, die in besonders hohem Ansehen stand und auch Kotzebue gedenkt dieser »Königin«. Niedere Männer sollen mit einer Irodschfrau eigentlich nicht sprechen, und früher mussten alle Männer der zwei obersten Classen die Insel verlassen, wenn der Irodsch-lablab diese verliess. Da die Reisen mit Canus und meist zu mehreren geschehen, so folgten ja ohnehin die meisten Männer dem Häuptlinge. Aber auch die Frauen nehmen an Seefahrten wie am Kriege theil. Die Behandlung der Frauen ist im Ganzen eine gute, wenn sie auch der Willkür des Mannes ausgesetzt sind. Dass Mädchen durchaus freien Verkehr mit Männern pflegen und damit häufig schon vor erlangter Pubertät anfangen, ist schon im Vorhergehenden erwähnt worden. Deshalb finden auch bei der ersten Menstruation keine besonderen Feste statt, aber während der Periode haben Frauen und Mädchen in einer etwas abgesonderten, eigens dazu erbauten Hütte (»Dschukwen«) zu wohnen, wie dies nach Kubary auch auf Yap Sitte ist.

Besondere Heiratsgebräuche gibt es nicht, als dass den Eltern der Braut Geschenke gemacht werden; auch war früher für den niederen Stand die Einwilligung der Irodsche nothwendig. Die Ehen, für die Kajur laut Satzung monogamisch, sind ziemlich lax und ziemlich nahe Blutsverwandtschaft kein Hinderniss, denn beim Tode eines Irodsch muss der Bruder die hinterlassenen Witwen heiraten. Ehebruch ist von beiden Seiten nicht selten, war aber nur, wenn mit einer Häuptlingsfrau begangen, todeswürdig, ein Fall, der aber wohl nur selten vorkam. Aber der Irodsch hatte seine Frau dem ebenbürtigen Gaste während dessen Anwesenheit zu überlassen und konnte dem Kajur die Frau wegnehmen; der letztere durfte aber keine geschiedene Frau der höheren Stände heiraten oder überhaupt Umgang mit ihr pflegen. Ehescheidung ist häufig; gefällt dem Manne die Frau nicht, so schickt er sie einfach ihren Angehörigen zurück. Weisse, mit Eingeborenen verheiratete Händler pflegten es ebenso zu machen, auch wenn die Ehe durch einen farbigen Missionär eingesegnet und schriftlich beglaubigt war. Frauen, die ihrem Manne mehrere Kinder schenkten, durften nicht verstossen werden und mit ihrem Manne essen, wie Kotzebue schon die gemeinschaftlichen Mahlzeiten beider Geschlechter erwähnt. Meist halten sich aber die Weiber gesondert und hocken z. B. bei Ankunft von Canus in Gruppen für sich beisammen am Strande.

Die früheren Gebräuche bei Geburten waren damals schon stark in der Abnahme begriffen. Die Entbindung fand früher in einer besonderen Hütte unter Hilfe alter Frauen statt; zum Abschneiden des Nabelstranges bediente man sich einer scharfen Muschel. Gleich nach der Geburt wurde das Kind in dem natürlich lauen Regenwasser gewaschen, dann mit Cocosöl eingerieben und auf eine feine Matte gebettet; die Verwandtschaft und Freundschaft kam, um das Neugeborene anzusehen. Zugleich zündete man in der Hütte ein Feuer an, das drei Wochen lang, die Zeit, welche die Wöchnerin zu verweilen hatte, unterhalten wurde. Dieses Feuer sollte die bösen Geister fernhalten und wurde von einem Drikanan, Zeichendeuter oder Weissager, unter Hersagen von Segenssprüchen langsam mit Wasser ausgelöscht. Die Mutter durfte während der drei Wochen, mit Ausnahme gewisser Fische, Alles essen, aber während eines Monats keinen Umgang mit dem Manne pflegen. Wenn nach Ablauf der drei Wochen die Mutter mit dem Kinde nach ihrem Hause heimkehrte, fand grosser Tanz statt, zuweilen an mehreren Tagen, respective Abenden. Mit der Namensgebung war keinerlei Festlichkeit, kein Pathenwesen verbunden. Die Eltern gaben den Namen, wie es ihnen gerade einfiel, mit Vorliebe den einer hervorragenden Person. So nannte Launa, ein Irodsch von Kwajelein, seinen Sohn Ledschebuggi, nach einem alten bekannten Manne, ohne dass letzterer davon Mittheilung erhielt. Kinder werden wie bei allen Eingeborenen lange Zeit, oft bis ins dritte oder vierte Jahr gesäugt,[1]) ausserdem mit Cocosmilch, Palmsaft, später Arrowrootmehl aufgezogen. Uneheliche Kinder und deren Mütter trifft selbstredend nicht der geringste Tadel, da solche Fälle ja keine seltenen sind. Ohnehin kein fruchtbares Geschlecht, sterben ausserdem eine Menge Kinder während der Zahnperiode, wie überhaupt in den ersten Lebensjahren, so dass das Gesetz, welches einer Mutter nicht mehr als drei Kinder erlaubt, um Ueberbevölkerung vorzubeugen, wenn überhaupt jemals existirend, sehr unnöthig gewesen sein würde. Der Kindesmord, wie ihn Chamisso, nur auf Kadu's Zeugniss, in alle Lehrbücher einführte, darf daher mit aller Bestimmtheit bestritten und die Ehre der Marshallaner muss in dieser Richtung wieder hergestellt werden. Kabua war beim Tode seines kleinen Sohnes wie geknickt und weinte tagelang; dasselbe Gefühl und Kinderliebe findet sich aber bei dem geringsten Kajur. Selbstredend wachsen Kinder ohne jede Erziehung auf und haben ihren freien Willen, betragen sich aber sehr gut.

3. Vergnügungen.

So bedürftig und schweigsam die Marshallaner für gewöhnlich auch sind, um so lebendiger und beweglicher werden sie, sobald es sich um Lustbarkeiten, Feste (»gojegoi«) handelt. Weniger lärmend als auf den Gilberts, zeichnen sich diese Feste auch dadurch vortheilhaft aus, dass sie ohne Trunkenheit, Zank und Schlägerei durchaus friedlich verlaufen. Aber Musik wird natürlich gemacht, wenigstens Lärm geschlagen, und dazu bedient man sich hauptsächlich der:

Adscha (Nr. 599, 1 Stück, Fig. 17), Trommel; 66 Cm. lang, aus einem Stück leichten Holzes vom »Gning«-Baum gefertigt, in Form einer sanduhrähnlichen hohlen Röhre, das obere schmälere Ende (19 Cm. Diameter) mit der Kehlhaut (nach Anderen

[1]) Für »Milch« gibt Chamisso nach Kadu wieder einmal das Wort »Tall« der Uleaisprache an; im Marshallanischen heisst aber »Milch«: Dren in ningening = Kinderwasser.

Magenhaut) einer Haiart »Berro« bespannt. Dschalut. (Vgl. Abbild. Choris: Pl. II, Fig. 6; Hernsheim: »Beitrag etc.«, S. 95, und »Südsee-Erinnerungen«, S. 86; Finsch: Westermann's Monatshefte, 1887, S. 498, Fig. 3.)

Fig. 17.

Trommel.
Dschalut.

Die Trommel der Marshall-Inseln (und von Ponapé) bildet einen eigenen Typus und unterscheidet sich von der melanesischen (vgl. Taf. [13], Fig. 1) sehr erheblich durch die Ungleichheit der beiden Enden, von denen das untere breiter ist, und dadurch, dass sie keinen Henkel hat. Obwohl stets ganz glatt und ohne jede Verzierung in Schnitzerei, durch welche sich die melanesischen Trommeln oft als wahre Kunstwerke auszeichnen, gehören die Trommeln der Marshalls doch mit zu den hervorragendsten Erzeugnissen des Eingeborenenfleisses. Das isolirte Vorkommen dieses Schlaginstrumentes gerade in diesem centralsten Theile Mikronesiens (sowie nur noch auf Ponapé) ist ethnologisch ein ganz besonders interessantes und zeigt die spontane Entstehung gewisser Geräthe und Gebräuche an den entferntesten Localitäten. Die marshallanische Trommel schliesst sich in der Form zunächst der melanesischen (Neu-Guinea etc.) an, aber gleiche Lärminstrumente sind auch weit über Polynesien verbreitet. So verzeichnet Wilkes von Fakaafo der Tockelau-Gruppe ausser einer trogförmigen Trommel, die sich zunächst der ähnlichen auf Fidschi und Tonga und weiter den grossen in Melanesien (Taf. [3], Fig. 8) anschliesst, eine kleinere. Dieselbe besteht aus einer ausgehöhlten, mit Haifischhaut überzogenen Holzröhre und wird nicht mit den Händen, sondern zwei hölzernen Schlägeln geschlagen. Sehr ähnlich waren die Trommeln der alten Samoaner und Hawaiier, die Wilkes noch 1841 in Gebrauch sah. Die Hawaiier benutzten eine kleine Trommel aus einer Cocosnussschale, mit Haifischhaut überzogen, die mit einem hölzernen Schlägel geschlagen wurde (Choris: Pl. XI, Fig. 4 und 5 und Pl. XII). Ausser zum Taktschlagen dienen Trommeln auch anderen Zwecken. So erwähnt Kotzebue, dass die Bewohner von Otdia bei der Ankunft der Corvette die Trommeln rührten, »auf diese Art die Götter um Hilfe anriefen« und »dass diese religiöse (!) Handlung die ganze Nacht dauerte«. Selbstredend handelte es sich nur um Allarmiren und um sich gegenseitig Muth zu machen.

Ausschliessend von Frauen benutzt wird der:

Dimuggemuk (Nr. 588, 1 Stück, Taf. V [22], Fig. 11), Taktschlägel, 19 Cm. lang; kegelförmiges, rundes (wie gedrechseltes) Stück Hartholz (Mangrove, »Kinet«). Dschalut.

Ich erhielt nur noch wenige solcher alten Stücke, darunter eines, in welches einige Vertiefungen mit Blei ausgeschlagen waren, um das Gewicht zu erhöhen. Diese Taktschlägel werden bei gewissen Gesangsvorstellungen der Mädchen und Frauen benutzt, um durch gegenseitiges Anschlagen der Hölzer helle Töne hervorzubringen, welche zur rhythmischen Begleitung dienen. Aehnliche Taktschlägel aus Bambu finden sich auf Neu-Britannien (I, S. [28]); die hawaiischen Frauen bedienten sich kurzer Stöckchen. In derselben Weise wurden früher von den Männern runde, circa 1 M. lange Tanzstöcke aus Eisenholz (Mangrove) benutzt, die aber damals bereits, wie die Taktschlägel der Frauen, durch gewöhnliche unbearbeitete Knüppel und Holzstücke ersetzt waren.

Ein anderes sehr eigenthümliches Schlaginstrument der alten Hawaiier, aus einem in der Mitte ausgeschnittenen Stück Bambu (Choris: Pl. XI, Fig. 9 und 10) erinnert an ähnliche Geräthe zum Taktschlagen in Melanesien (Neu-Guinea II, S. [122] und [254]) und auf Samoa (Wilkes II, S. 134). Wie diese primitiven Instrumente in Polynesien bereits der Vergangenheit angehören, so wird dies auch bald auf den Marshalls der Fall sein. Zu meiner Zeit (1879) waren Trommeln auf Dschalut noch ziemlich vertreten, und ihre dumpfen Töne, die an entferntes Dreschen erinnern, konnte man oft hören. Die Trommel diente damals nur zum Taktschlagen bei Begleitung der Gesänge zu den pantomimischen und gymnastischen Vorstellungen, den sogenannten Tänzen, und wird nur vom weiblichen Geschlecht bedient. Die auf der Erde sitzende Trommlerin legt das Instrument mit dem vorderen Ende auf ihren Schoss und bearbeitet das Fell mit den Fingern beider Hände (vgl. Choris: Pl. XVI und XIX). Auf Seereisen werden Trommeln ebenfalls mitgenommen und bei Abfahrt wie Ankunft von den Weibern darauf Lärm geschlagen.

»Dschilil«, die bekannte Muscheltrompete aus *Tritonium tritonis*, war damals noch in Gebrauch, wie immer nur zum Signalblasen. Dafür ist sie bei Seereisen unentbehrlich, um die Canus während der Nacht zusammenzuhalten. Jeremia, der farbige Missionär auf Dschalut, blies freilich oft ziemlich erfolglos nach seinen Bekehrten, obwohl der Ton, ähnlich dem Brunfthirsche, sehr weit hörbar ist. Abbildungen der Muscheltrompete: Choris, Pl. II, Fig. 5 (ungenau); Finsch, Westermann's Monatshefte, 1887, S. 449, Fig. 4.

Gesang und Tanz, nach der alten Weise, hatten sich, trotz des Dagegeneiferns der Mission, noch damals in voller Blüthe erhalten und wurden bei jeder passenden Gelegenheit ausgeübt, besonders bei der Ankunft von Canus. Selbstredend handelt es sich nicht um Tanz in unserem Sinne, sondern um Vorstellungen, die Chamisso sehr passend mit »sitzende Liedertänze« bezeichnet. In der Hauptsache sind es Bewegungen der Arme, Verdrehen der Augen, seltener Trippeln der Beine, wobei gesungen, respective geschrieen und mit Trommeln, Stöcken und Händen Takt geschlagen wird. Beide Geschlechter haben ihre eigenen Vorstellungen, die indess insofern gemeinschaftlich sind, als die Frauen stets das Singen und Lärmmachen besorgen, also gleichsam die Kapelle bilden. »E-úb« wird nur von Weibern vorgetragen. Sie sitzen dabei in zwei Reihen einander gegenüber, zwischen sich eine Schlafmatte ausgebreitet, und halten in jeder Hand einen der vorher erwähnten Taktschlägel (»Dimuggemuk«). Ein Anfangs leiser, dann immer lauter und rascher tönender Gesang wird durch entsprechendes Anschlagen der Hölzer gegeneinander, wie auf die Matte begleitet und endet mit einem gellenden Schrei. Die Bewegungen und das Klappern mit den Hölzern ist sehr wechselvoll, nicht minder die Verdrehungen des Kopfes und namentlich der Augen, welche manche der Vortragenden am Schlusse jeder Vorstellung in der unnatürlichsten Weise zu verdrehen wissen. Bei diesem »E-úb« sah ich übrigens kleine, kaum sechs Jahre alte Mädchen mitwirken, die ihre Sache so gut als Erwachsene machten. Aehnliche Vorstellungen beschreibt Wilkes von Samoa, wobei die Mädchen ebenfalls mit Stöckchen auf einer Matte und mit Händeklatschen den Takt schlugen.

Sehr beliebt sind die Gesangsvorstellungen (»Elulu« = Gesang), welche meist Häuptlinge zum Besten geben und bei denen Kabua selbst häufig mitwirkte. Die Vortragenden, selten mehr als drei, sind glänzend mit Cocosöl eingerieben und besonders geschmückt mit Kopfbinden aus Muscheln (Taf. [22], Fig. 1 und 2), Blumenkränzen, Halsbändern und Federschmuck an Armen und Daumen, zuweilen im Haar (vgl. die unter Schmuck beschriebenen Gegenstände). Auf ausgebreiteten Matten sitzend und mit einer Matte so bedeckt, dass der ganze Körper frei bleibt, besteht die ganze Kunst in eigenartigen, wie durch einen Krampf hervorgebrachten Verdrehungen des Oberkörpers und ganz besonders der Arme und Augen, wobei leise eine eintönige Strophe gesungen wird. Diese Verzerrungen, Verdrehungen und Zuckungen müssen sehr anstrengend sein, denn die Darsteller gerathen gewaltig in Schweiss, den ihnen sorgsame Frauenhände am Ende jeder Tour abwischen. Die im Halbkreise um die Vortragenden sitzende weibliche Einwohnerschaft begleitet die Vorstellung mit Gesang, zu welchem Frauen mit Trommeln, die übrigen mit Händeklatschen den Takt schlagen. Der Gesang beginnt wie immer leise und langsam und endet in immer schnellerem Tempo in einem gellenden, grässlichen Schrei. Die in der »Gartenlaube« (1886, S. 37) nach meinen Skizzen entworfene Abbildung einer solchen Vorstellung ist durch künstlerische Freiheiten in den Details vielfach verfehlt, gibt aber immerhin eine gute Vorstellung. Eine durchaus exacte Vorlage übergab ich seinerzeit dem k. k. naturhistorischen Hofmuseum, die zu einem Wandgemälde, die Marshall-Insulaner darstellend, dienen sollte.

»Gjörräng« heisst eine Aufführung der Männer, die, bei Weitem am wirkungsvollsten, auch für europäische Augen ungemein interessant und anziehend wirkt, aber schon damals kaum mehr stattfand. Die Theilnehmer stehen sich dabei in zwei Reihen oder gruppenweise gegenüber und schlagen mit längeren Stöcken den Takt zum Gesange, der ausserdem von der Weiberkapelle mit Trommelschlag und Händeklatschen begleitet wird. Der »Gjörräng« ist reich an wechselvollen Touren; bald schlängeln sich die Theilnehmer wie bei unserer Polonaise, oder gerathen wie in wildem Kampfe durcheinander, oder einzelne produciren sich im Solo, wobei jeder durch zitternde Bewegungen des Oberkörpers und der Arme, die bis in die Fingerspitzen zu vibriren scheinen, nicht minder durch krampfhaftes Augenverdrehen und Trippeln der Beine zu excelliren sucht. Dabei wird von den Theilnehmern bald gedämpft, bald schrill und misstönend gesungen, und der Chor der Männer wechselt zuweilen mit dem der Weiber ab.

Die Theilnehmer des »Gjörräng« kleiden sich übrigens, soweit als möglich, in den feinsten Kriegsstaat, denn die ganze Vorstellung ist in der That Imitation eines Kampfes. Ein eigentlicher Kriegstanz ist es nicht, denn bei Gelegenheit der Kriegsunruhen auf Dschalut wurde der »Gjörräng« nicht aufgeführt, wie an demselben nicht blos Männer, sondern auch kleine, kaum zwölfjährige Knaben theilnahmen. Diese Vorstellung ist übrigens sehr anstrengend und die Theilnehmer am Schlusse derselben wie in Schweiss gebadet.

Kotzebue beschreibt (»Neue Reise«, S. 178) solche Tanzaufführungen, die im Wesentlichen mit den heutigen übereinstimmen; nur wurde die Muscheltrompete dabei geblasen, weil die Aufführung eben eine »Schlacht« darstellen sollte. Wenn Kotzebue in einer anderen Vorstellung (S. 182), bei welcher Mädchen mitwirkten, eine »Vermählungsceremonie« zu erkennen glaubte, so ist dies eine phantasievolle Deutung, die mit der Wirklichkeit nicht übereinstimmt. Solche Schmachtscenen kennen die Eingeborenen nicht; dagegen entspricht ihren sinnlichen Anschauungen eine lascive Vorstellung der Mädchen (»Rumm« genannt), welche aus Rücksicht auf die Mission damals nur unter besonders günstigen Verhältnissen zu sehen war und bisher unbeschrieben blieb. Die ausführenden Mädchen trugen als einzige Bekleidung eine Matte, von der ein Zipfel zwischen den Beinen durchgezogen, mit einem Strick um die Hüften befestigt war, liessen aber im Laufe der Vorstellung auch diese Hülle fallen und erschienen dann völlig nackt. Die sowohl sitzend als stehend, einzeln oder zu Mehreren vorgeführte Production bestand, ausser dem bekannten Augenverdrehen unter Begleitung von Gesang und Händeklatschen durch eine Damenkapelle, hauptsächlich in einer vibrirenden Bewegung der unteren Bauchpartie, Wackeln mit dem Gesäss, also einer Imitation des Coitus, wobei auch die Bewegung des Mannes zur Darstellung kam.

Ohne Zweifel wurden diese Vorstellungen schon von Chamisso's »züchtigen, keuschen, sittigen Jungfrauen« aufgeführt, und damals blieb es wohl nicht blos bei der Pantomime. Aehnliche ziemlich unanständige »Tänze« beschreibt Wilkes von Samoa (II, S. 134).

Wie die Gesänge (»Elulu«) nicht musikalisch, so sind die Worte zu denselben nicht poetisch, sondern behandeln in ermüdender Wiederholung gewisse Strophen die gewöhnlichsten Vorkommnisse. Kotzebue und Chamisso[1]) geben bereits Proben davon, und ich kann ein paar weitere hinzufügen. Ein Gesang, den ich auf Arno hörte, bezog sich nur auf Cocosnüsse. »Copra wird gemacht« sangen die Männer, »bringen in Coprahaus« die Weiber u. s. w. Eine andere Weise handelte nur vom Tabak: »Gib uns Tabak — wir verlangen sehr — wo ist er geblieben — der so weit — der Tabak, Tabak« u. s. w. Den nichtssagenden Text solcher Gesänge theilt auch Hernsheim mit (»Marshall-Sprache«, S. 32 und »Südsee-Erinnerungen«, S. 86).

Besondere Häuser zum Abhalten von Tanzvorstellungen gibt es auf den Marshalls nicht, aber auf Arno sah ich vor dem Hause des Königs einen sorgsam geebneten und mit weissem Korallsand bestreuten Tanzplatz. Die Vorstellungen fangen manchmal schon früh an und dauern fast den ganzen Tag, finden aber der Hitze wegen vorzugsweise gegen Abend oder noch lieber bei Mondenschein statt, dauern aber nicht Nächte lang, sondern enden, wie ich oft notirte, meist gegen Mitternacht. Für die ausserordentliche körperliche Anstrengung ist dies auch hinreichend.

Tanzschmuck ist im Vorhergehenden (S. [389]) erwähnt und im Nachfolgenden unter »Schmuck« eingehend beschrieben.

Spiele sind mir nicht bekannt geworden.

4. Fehden und Krieg.

Obwohl nicht sehr kriegerisch, haben die Marshallaner doch von jeher Streit untereinander gehabt und in Folge dessen Kriege geführt, die nicht selten Eroberungen galten. Schon Chamisso musste mit innigem Bedauern diese Thatsache zugeben. Denn Lamari, der Irodsch-lablab über Aur, Maloelab und Wotsche, wollte seine Feinde von Madschuru, Arno und Milli unter Latete angreifen und war bereits so schlau, sich von dem mächtigen Fremden mit dem Kriegsschiffe Hilfe zu erbitten. Capitän von Kotzebue gab ihm denn auch etliche Lanzen und Enterhaken, wofür er als Gegengabe sechs Rollen präservirten *Pandanus* erhielt. Die neuen Waffen hatten dann auch den Krieg in sechs Tagen beendet, von mehreren Hundert waren aber nur fünf gefallen. Als von Kotzebue 1824 zum zweiten Male die Marshalls besuchte, fand er Wotsche wiederum im Kriegsaufruhr, veranlasst durch Streitigkeiten von Häuptlingen, denen dann ja die niederen Stände Heerfolge leisten mussten. Chamisso hatte übrigens nicht Gelegenheit Kämpfen beizuwohnen, und seine einzige Quelle ist, wie so häufig, Kadu. Darnach ergibt sich, dass schon damals die Frauen mit in den Streit zogen, trommelten, Steine warfen, die Kämpfenden zu trennen versuchten, dass aber die Schlachten im Ganzen wenig blutige waren. Allerdings sollten in einem früheren Kriege 20 Krieger gefallen sein, aber die neuliche Schlacht auf Tabual (Atoll Aur) hatte nur vieren das Leben gekostet. Damals scheinen auch zwischen Ratak und Ralik Kriege stattgefunden zu haben, denn ein alter Mann des Ailuk-Atoll zeigte eine Wundnarbe, die er auf Ralik erhalten haben wollte. Ich selbst erinnere mich kaum, Marshallaner mit Wundmalen

[1]) Die in Band II, S. 112 mitgetheilten »Lieder von Radak« sind dichterische Uebertragungen, die der Wirklichkeit nicht entsprechen.

gesehen zu haben, machte aber den grossen Krieg auf Dschalut mit, den ich a. a. O. [1]) ausführlicher beschrieben habe, so dass ich aus Erfahrung mitsprechen darf. Dabei gab es nun zwar keine blutigen, aber um so lächerlichere Scenen, und von Tapferkeit und Heldenthaten konnte überhaupt keine Rede sein. Die Ursache des Krieges war ein unbedeutendes Stück Land auf Dschabwor, das der Irodsch-lablab Kabua diesmal nicht einem Weissen, sondern einem schwarzen Wirthe »black Tom« verkauft hatte und das sein Bruder Loiak beanspruchte. Darauf zog sich der letztere, auch ein Irodsch, mit seinen Leuten auf eine andere Insel des Dschalut-Atoll zurück, und Kabua rüstete, um dem Angriff tapfer standzuhalten. Da erschien er, wie seine Mannen denn allesammt, im Nationalcostüm, es wurde viel getrommelt, gemimt, Augen verdreht und alle alten Waffen, Speere, Walspaten etc. hervorgesucht. Endlich nahte die feindliche Flotte, 20 Canus stark, Kabua musterte sein Heer, Alles in Allem 85 Krieger, Greise, Krüppel und Knaben inbegriffen, und zog dem Feinde, mit Spencer-Riffle und Lanze bewaffnet, muthig entgegen; die tapferen Weiber mit. Sie trugen in Körbchen Lebensmittel, Cocosnüsse, aber auch Steine und »pain-killer«, eine amerikanische Universalmedicin, die sich bei den Eingeborenen bereits eingeführt hatte. Loiak landete mit seinen Truppen, etwa 150 Köpfe stark, die Weiber inbegriffen, aber Kabua durfte ihn nach Kriegsgebrauch noch nicht angreifen, da sein eigentliches Gebiet noch nicht verletzt war. In bewundernswerther Eile errichtete man aber eine Schanze, 4—5 Fuss hoch und ebenso breit, aus Korallsteinen, über die ganze Breite der Insel, an dieser Stelle allerdings nur ein paar hundert Schritt, denn dieses Verschanzen scheint ein eigenthümlicher Zug in der Kriegsführung der Marshallaner zu sein. Trotz Wachposten durften Soldaten des Feindes ruhig passiren, um ihre Weiber zu besuchen und bei dem weissen Händler Pulver und Blei zu kaufen. Abends beim Schein der Feuer, wenn die Weiber mit Trommeln und Gesang einen Höllenlärm machten, wurde aber viel und scharf geschossen, blindlings in das Dunkel der Nacht hinein, um den Feind zu schrecken und den eigenen Muth zu stärken. Aber bei aller der Schiesserei gab es keinen Verwundeten, und als beide Theile erschöpft waren, keine Patronen (à 20 Pf.) mehr auf Credit erhielten, nichts mehr zu leben hatten, da wurde, allerdings erst nach Monaten, Friede geschlossen. Kabua trat seine Domäne wieder an, fand auf den Inseln, wo Loiak gehaust hatte, zwar die Cocospalmen noch vor, aber keine Nüsse, denn diese hatte sein Gegner bereits in Form von Copra an die weissen Händler verkauft. Nach Chamisso wurden schon damals die Palmen aller Früchte beraubt (nach Kotzebue sogar die Palmen vernichtet?) und überdies die etwaigen männlichen Gefangenen erschlagen, aber »der Sieger nahm den Namen seines erschlagenen Feindes« an — sofern er ihn wusste.

Jedenfalls waren vor Einführung von Feuerwaffen die Kriege blutiger. Dies beweist das Nachspiel, welches der eben geschilderte Krieg später auf den zwei nördlichsten Inseln der Ralikkette, Rongerik und Rongelap, fand, die Kabua, respective Loiak gehörten. Kaum hatten die Eingeborenen dieser Inseln von dem Kriege auf Dschalut Kunde erhalten, als sie übereinander herfielen und ohne Feuerwaffen Kämpfe führten, wobei mehrere gefallen sein sollen.

Auf Arno sah ich auch gewaltige Schanzbauten in der Nähe des Königshauses, denn eben war erst ein zweijähriger Krieg beendet, in welchem auch viel Pulver verschossen, aber nur drei Leute verwundet wurden, obwohl beide Parteien oft an 900 Krieger, inclusive Frauen und Kinder, ins Feld stellten.

Seekriege, d. h. mit Canuflotten, wurden nicht geführt.

[1]) »Gartenlaube«, 1881, S. 700—703.

Streit unter Eingeborenen der gewöhnlichen Classen findet im Ganzen selten, höchstens in der Betrunkenheit statt und verläuft meist ohne blutige Köpfe. Die Raufbolde werden gewöhnlich von ihren Weibern oder Angehörigen festgehalten, bis sie sich in gegenseitigen Schmähungen ausgeschrieen haben. Es geht also bei Weitem friedlicher zu als auf den Gilberts.

5. *Waffen.*

Wie wir eben gesehen haben, waren die Eingeborenen bereits reichlich mit Feuergewehren versorgt, und die Dschaluter standen damals (1879) im Uebergangsstadium von den gewöhnlichen Percussionsgewehren (»Bu« genannt) zu Hinterladern, wovon die 1871 den Mobilgarden abgenommenen Tabatièregewehre damals zuerst eingeführt wurden. Erst während der Kriegsunruhen kamen die alten eingeborenen Waffen zum Vorschein, die sich übrigens auf den nördlichen Inseln noch allgemein erhalten hatten und, soweit ich mich unterrichten konnte, nur in Wurfspeeren und Schleuder bestanden. Chamisso erwähnt noch von Ratak einen »an beiden Enden zugespitzten Stab (»Gilibilip«[1]), der, im Bogen geschleudert, wie der Durchmesser eines rollenden Rades, sich in der Luft schwingt und mit dem Ende, womit er vorne fällt, sich einbohrt«. Diese Kampfwurfstöcke habe ich nicht mehr gesehen, vermuthe aber, dass sie mit den Tanzstöcken (S. [388]) identisch sind, wie solche ja auf den Carolinen (Ruk) auch gleichzeitig als Waffe und Tanzgeräth dienen.

Charakteristisch für die Waffen des Marshall-Archipel ist die äusserst seltene Verwendung von Haifischzähnen als Material zur Bewehrung. Chamisso erhielt auf Meschit »ein kurzes, zweischneidig mit Haifischzähnen besetztes Schwert« (Choris, Pl. II, Fig. 1), bemerkt aber ausdrücklich, dass er nur dies eine sah. Wahrscheinlich stammte es von einem verschlagenen »Repith-Urur« (Gilbert, s. S. [339] Anm.) her, die ja auf den Marshalls meist erschlagen wurden. Haifischzahnschwerter sind also unter die gebräuchlichen Waffen der Marshallaner nicht aufzunehmen, dagegen wohl aber mit Haifischzähnen besetzte Speere, die aber nach den Abbildungen bei Choris sehr erheblich von den gleichartigen Waffen der Gilbert-Insulaner abweichen. Die Spitze des einen Speeres (Pl. II, Fig. 3) ist nämlich mit sehr wenigen Haifischzähnen (im Ganzen 6) bewehrt, zeigt ausserdem aber auch ins Holz eingeschnitzte Widerhaken; der andere Speer (Fig. 4) hat eine Doppelspitze, die jederseits mit 10—12 Haifischzähnen besetzt ist. Ich möchte daher bezweifeln, dass der über 3 M. lange, ganz in der Gilbertweise mit Haifischzähnen bewehrte Speer, welchen ich auf Dschalut unter dem Namen »Rairat« oder »Raddirat« erhielt, wirklich auf den Marshalls gemacht wurde. Dieselben Zweifel gelten in Bezug auf die Echtheit des mit Haifischzähnen besetzten Speeres, den Hernsheim in der Hand von Kubu (»Südsee-Erinnerungen«, Taf. 9) abbildet. Dieser Speer ist allerdings nach Marshallmanier in zierlichem Muster mit *Pandanus*-Geflecht umsponnen, allein diese Verzierung ist wohl erst später auf Dschalut gemacht worden. Wie ich unter den Waffen der Eingeborenen noch Walspaten aus der Zeit des Walfischfanges sah, so mochten sich auch Waffen der Gilbert-Insulaner erhalten haben, die gar nicht so selten auf die Marshalls verschlagen wurden. Vermuthlich existiren auf Ratak noch heute Exemplare jener Waffe, die durch Kotzebue zuerst eingeführt wurde, nämlich eiserne Beile, deren Klingen die Eingeborenen auf lange Stöcke steckten und als Streitäxte benutzten. Dies erinnert an die ähnlich entstandene moderne Waffe in Neu-Britannien (I, S. [24], Taf. 4, Fig. 10).

[1]) Das Wort findet sich, wie so viele, nicht bei Hernsheim, dagegen »Gilikelik« = Dorn.

11*

Häufiger als mit Haifischzähnen besetzte Speere waren jedenfalls solche mit Rochenstachel (Choris, Pl. VIII, mit drei Stacheln), wie sie ähnlich auch auf den Gilberts und auf Samoa vorkamen. Von Otooha (Paumotu) erwähnt Wilkes Speere (einfache, 6—7 Fuss lange Stöcke), an der Spitze mit dem Unterkiefer eines Delphins bewehrt (I, S. 322, Abbild.).

Ich erhielt auf den Marshalls keine Speere mit Rochenstacheln, sondern nur gewöhnliche, d. h. schlanke, an beiden Seiten zugespitzte, 2 bis fast 3 M. lange Stöcke aus Holz der Cocospalme, wie die folgende Nummer:

Mari (Nr. 705, 1 Stück) Wurfspeer aus Palmholz. Dschalut.

Eine feinere Sorte ist:

Mari (Nr. 704, 1 Stück), wie vorher, aber der Speer bis auf ein jederseits circa 50 Cm. langes Ende dicht mit hellem *Pandanus*-Blatt und schwarzgefärbtem *Hibiscus*-Bast in zierlichem Schachbrettmuster umsponnen, die einzige Verzierung, welche mir bei Marshallspeeren vorkam.

Eine andere Sorte:

Bobug (Taf. II [19], Fig. 1, Spitzentheil), Wurfspeer, 2·25 M. lang, rund, aus Eisenholz *(Mangrove)*, mit einer in sieben abgesetzten Kerben geschnitzten Spitze, gehört der Vergangenheit an, und ich erhielt davon nur noch ein Stück.

Sehr abweichend sind die Widerhaken an der Spitze des von Choris (Pl. II, Fig. 2) abgebildeten Marshallspeeres.

Die **Schleuder** (»Buat«), wie sie damals wahrscheinlich noch auf den nördlichen Inseln, auf Dschalut aber bereits nicht mehr gebraucht wurde, ist eigenthümlich und wesentlich von der der Carolinen verschieden. Das Polster, auf welches der Stein gelegt wird, besteht aus einem viereckigen Stückchen Mattengeflecht aus *Pandanus*-Blattfaser, an welches zwei Stricke befestigt sind. Die Proben, welche mir im Steinwerfen mit der Schleuder vorgeführt wurden, bekundeten keine grosse Fertigkeit, wie dies schon Chamisso erwähnt. Dagegen verstand man sehr geschickt mit der Hand Steine (Korralltrümmer) zu werfen und prakticirte dies früher auch im Kriege.

6. Bestattung.

Die widerlichen Gebräuche der Gilbert-Insulaner in der Behandlung Verstorbener finden auf den Marshalls nicht statt, ebensowenig eine Verehrung der Schädel durch Aufbewahren derselben, wodurch sich die Bewohner beider Archipele, auch in dieser Beziehung wesentlich unterscheiden. Die frühere Bestattungsweise hatte durch den christlichen Einfluss an den Missionsplätzen zum Theil schon Einbusse erlitten, aber ich erhielt noch eingehende Kunde durch Kabua und einem Häuptling des Atoll Kwajalein. Beim Tode eines Häuptlings oder Angesehenen erhob sich zunächst ein grosses Geklage, hauptsächlich seitens der Weiber, dann fanden einen ganzen Tag und eine Nacht, oft zwei Tage lang Gesang- und Tanzaufführungen statt. Es waren dies aber keine besonderen, sondern dieselben wie sie im Vorhergehenden (S. [388]), namentlich unter »Elulu« beschrieben sind. In den Gesängen feierten weise Männer (Drikanan) das Leben und die Thaten des Verstorbenen, der übrigens nicht in Parade ausgestellt war. Inzwischen hatten Männer (sechs Männer!) das circa 3 Fuss tiefe Grab (»Uliej«: Kubary; »Lüp«: Hernsheim) gegraben, bei dem harten Grund und Boden ein mühsames Stück Arbeit. Die Leiche wird (aber nicht in »sitzender Stellung«, wie Chamisso sagt) in dicke Schlafmatten (Nr. 196) eingeschnürt und so ins Grab gelegt, dass der mit zwei Matten besonders bedeckte Kopf nach Sonnenuntergang liegt, mit dem Antlitz sich also nach Osten wendet. Als Gaben erhält der Todte einen Bastrock (Ihn), zwei Matten und sonstigen Schmuck, jetzt häufig auch eine wollene Decke, mit ins Grab. Die nächsten Anverwandten, besonders der Bruder des Verstorbenen werden bei der Gelegenheit von Allen beschenkt. Das Grab wird von den (sechs) Männern mit Sand gefüllt, ein flacher Hügel aus Korallträmmern aufgeschüttet, mit einer Einfassung von auf die hohe Kante gestellten Korallplatten. Zuweilen verwendet man auch kurze Stöckchen als Einfriedung und steckt am Kopfende des Grabes ein altes Ruder in die Erde, manchmal ein zweites am Fussende, wie ich dies beim Grabe des Königs auf Arno sah. Die (sechs) Todtengräber mussten drei Wochen lang am Grabe Wache und ein Feuer unterhalten, vermuthlich um böse Geister zu verscheuchen, und wurden während der Zeit verpflegt. Vornehme Frauen wurden ganz in derselben Weise wie Männer bestattet, aber mit Wenigbemittelten der niederen Stände machte man, wie überall, nicht viel Umstände, und begrub sie entweder in weniger tiefen Gräbern oder übergab sie (nach Hernsheim) in eine Matte gebunden, dem Meere. Nach Chamisso bezeichnete »ein eingepflanzter Stab mit ringförmigen Einschnitten das Grab der Kinder, die nicht leben durften«, also ein Kindergrab, wie ich es aber nicht zu sehen bekam. Der nur nominell bekehrte Kabua kaufte für sein gestorbenes, circa zwei Jahre altes Söhnchen eine lackirte chinesische Kiste mit Schloss als Sarg, in welchem die kleine Leiche mit reichen Geschenken von Baumwollenstoff u. s. w. noch lange über der Erde stehen blieb.

Die Gräber sind übrigens, um dies noch zu erwähnen, nicht in und bei den Häusern, wie auf den Gilberts, sondern abseits, meist an versteckteren Plätzen unter Cocospalmen angelegt, was mit der Geisterfurcht zusammenhängt. Auch werden keine Cocospalmen bei Gräbern gepflanzt, wie dies sonst, z. B. in Melanesien (II, S. [252]) Brauch ist.

7. *Geister- und Aberglaube.*

Durch die Mission ist zwar gar Manches im inneren Geistesleben der Eingeborenen verändert worden, aber selbst sogenannte Christen — »Dri-anitsch« (»Dri« = Knochen, Mensch; »anitsch« = Geist, Seele) hielten noch am alten Geisterglauben fest, und das wird wohl noch lange so bleiben. Werden doch auf Hawaii noch heutigen Tages im Stillen altheidnische Gebräuche gepflegt, und selbst bei uns haben sich Anklänge daran zum Theil in etwas veränderter Weise erhalten.

Die Marshallaner haben keine Religion, keine Priester, wohl aber existirt ein ziemlich roher Fetischismus, und es gibt Drikanan (»Dri« = Knochen, Mensch und »kanan« = weissagen), also Weissager, die aber keine bestimmte Zunft bilden, indess früher beim Volk sehr einflussreich gewesen zu sein scheinen. Das Wort »Jageach«, wie es Chamisso für »Gott« auf Ratak übersetzt, ist wenigstens auf Ralik unbekannt. Auch kann nicht von der »Verehrung eines unsichtbaren Gottes im Himmel« die Rede sein, sondern nur von Geistern (»Anitsch«), und deren gab und gibt es eine ganze Menge, höhere und niedere, ja jeder wird nach seinem Tode »Anitsch«. Damit ist aber nicht ein Glauben an ewiges Leben, Jenseits, nach christlicher Auffassung gedacht, sondern ein gewisses Geisterleben im Verbande mit der bestehenden Welt, im engbegrenzten geistigen Horizont des Marshallaners. Es gibt Menschen, welche die Geister, namentlich bei Nacht, hören, ja dieselben sehen und ganz wie unsere Spiritisten mit ihnen sprechen können; aber das sind deswegen nicht immer »Drikanan«. Bei Gelegenheit des Krieges auf Dschalut consultirte Kabua seinen »Anitsch«, der ihm den Sieg versicherte. Es gibt auch böse Geister, Gespenster (»Dschiteb«), weshalb die Gräber gewisser Verstorbener vermieden werden und Geisterfurcht herrscht. Ein Theil der geringfügigen

Opfergaben, meist Stückchen Cocosnuss, wird daher aus Furcht gebracht, wie die (S. [387]) erwähnten Feuer aus diesem Grunde angezündet werden. Götzenbilder irgendwelcher Art gibt es nicht, aber man betrachtet gewisse Stellen, Steine, Bäume, selbst Fische als den Sitz des Anitsch, ohne dieselben besonders zu verehren oder gar mit dem Begriff unseres »heilig« zu betrachten. Nicht einmal »tabu« ist mit solchen Stellen verbunden, denn schon Chamisso erwähnt, dass ein mit vier Balken eingefasster Platz um ein solche »heilige Cocospalme«, vermuthlich eine Grabstätte, unbehindert betreten werden durfte. Kabua zeigte mir die Stelle, wo früher ein alter Baumstumpf stand, der als grosser Anitsch galt. Hernsheim liess ihn unbewusst weghauen, aber die Eingeborenen waren deswegen nicht im Mindesten beleidigt. Auf Ebon gibt es einen anderen Stumpf eines alten »Bingebing«-Baumes, der aber noch etwas grünt, »Dscholobang« genannt, welcher ebenfalls Sitz eines Anitsch ist; die Leute pflegen kleine Steine dort niederzulegen. Auf dem Atoll Namo ist der grosse Stein »Luadonmul«, nach Kabua ein wirklicher Stein und kein Korallfels, nur für Irodsche; doch blieb es unausgemacht, ob Sitz nur für die Anitsche der Häuptlinge, oder ob blos für die letzteren zugänglich, denn es ist schwer, über Derartiges von Eingeborenen klare Auskunft zu erlangen. Sie sind schwerer von Begriffen als Ostiaken oder Samojeden. Auch auf Dschabwor des Dschalut-Atoll gibt es Steine »Ladschibundao«, die als Sitz von Geistern gelten; es war aber nicht auszumachen, ob diese Anitsch nicht blos als Aufenthalt Verstorbener, also von Seelen gelten. Auch Anitsch in Gestalt von Fischen sind bekannt, sie zeigen sich aber nur sehr selten, oft erst nach Jahren. Wer den grossen Fisch-Anitsch zuerst sieht, ruft »Ladschibunda-ó« und Alle eilen in Canus so schnell als möglich zur Stelle. Nach diesem Fische und der Anzahl kleiner, die mit ihm schwimmen (also wohl eine Art Hai), wird geweissagt, wie dies aber geschieht und zu welchem Zweck, davon wusste Kabua nichts.

Opferplätze waren aber solche Anitsch-Bäume, Steine u. dgl. nicht, doch werden n anderer Weise bei gewissen Gelegenheiten bescheidene Opfer gebracht. So gilt ein gewisser Platz im Hause, meist hinter dem Kopfende des Lagers, als »Anitsch-Stelle«, nach der man eigentlich nicht blicken darf und wohin man beim Beginn der Mahlzeit rückwärts einen Bissen wirft. Den begleitenden Spruch »Giedin Anis mne jeo« hat Chamisso wohl nur nach dem Gehör geschrieben, er muss nach Hernsheim »Kidschin (der Bissen) Anitsch (für den Geist) idschu« lauten. Bei dem »idschu« (»hier«) wird dabei mit dem Bissen nach der Stelle gedeutet, wo Anitsch helfen soll. Hat jemand z. B. Kopfschmerz, so hält er mit der Linken erst den Bissen an die schmerzende Stelle und wirft ihn dann hinter sich; bei Regenmangel deutet man mit dem Bissen nach den Wolken. Die Weissager (Drikanan) spielen bei solchen wichtigen Gelegenheiten selbstverständlich eine bedeutende Rolle, wie alle solche Leute, die ja auch bei uns noch nicht ganz verschwunden sind. Der »Drikanan« ist kein Wind- und Regenmacher, er weissagt nur den angeblichen Ausgang wichtiger Ereignisse und Vorgänge, wie Krieg und Friedenschliessen, Canufahrten, Dürre oder Regen, Krankheiten u. dgl. Zuweilen zog er sich deshalb wohl ein paar Tage fastend in seine Hütte zurück (denn Tempel gibt es nicht) und liess sich schliesslich in Cocosnüssen und Lebensmitteln gut bezahlen, während der Anitsch leer ausging. Denn »feierliche Opfer, bei denen man dem Gotte Früchte weihte«, wie dies Chamisso nach Kadu berichtet, fanden nicht statt. Die Geschichte von dem »blinden Gotte« auf Bigar hat ebenfalls keine andere Autorität als die Kadu's und ist mit Vorsicht aufzunehmen.

Kabua erzählte auch von einem grossen Feste oder vielmehr Esserei, die früher alljährlich im Juli auf Dschabwor stattfand, wie es scheint in Verbindung mit dem

Anitschglauben, aber das Warum und Wie blieb unklar. Seitdem ist dieses Fest nach dem christlichen Ebon verlegt worden, und dahin begeben sich dann die Männer auch vom Atoll Dschalut.

Heilkunde als solche existirt natürlich nicht, aber es gibt Aerzte (»Driuno«, von »Dri« = Knochen, Mensch und »uno« Farbe, Medicin), die aber nicht mehr verstehen als Blutlassen, mittelst Hauteinschnitten, ausserdem warmes Wasser (»Dren-buil) innerlich verordnen, wie bei Wunden Umschläge von frischen Blättern. Massage wird in ähnlicher Weise wie auf den Gilberts (S. [317]) prakticirt, häufig von alten Weibern, die wie bei uns noch auch hier kurpfuschen. Ich sah aber auch eine Zahnoperation, die allerdings in recht primitiver Weise vor sich ging. Ein hohler Zahn sollte entfernt werden. Der Patient legte sich flach auf die Erde, nahm eine Nuss zwischen die Zähne, um den Mund offen zu halten, und liess sich nun mit einem Holzstifte und Klopfer in etwa 20 Schlägen ohne Zeichen des Schmerzes die kranken Wurzeln herausmeisseln. Eigentliches Besprechen von Krankeiten scheint man nicht zu kennen, die »Drikanan« weissagen nur den muthmasslichen Ausgang und bedienen sich dabei zuweilen eines Orakels. Streifen von *Pandanus*-Blatt werden zusammengefaltet und je nach der Länge des letzten Stückes der Verlauf der Krankheit gedeutet. Ist z. B. das letzte Blattstück von gleicher Länge mit den vorhergehenden Umbiegungen, so gilt dies als günstiges Omen.

Im Hause des kurz vorher verstorbenen Königs auf Arno waren als Memento ein getrockneter fliegender Fisch, ein paar Streifen *Pandanus*-Blatt, in welche etwas eingewickelt war, und eine Flasche aufgehangen, wahrscheinlich im Zusammenhange mit »Anitschglauben«. Die Flasche hatte Medicin enthalten von einem weissen Händler und »Doctor med.«, seines Zeichens Barbier, den ein Schiff von S. Francisco mitbrachte, um den König zu heilen. Handelte es sich doch um eine Schiffsladung Copra als Honorar für glücklichen Erfolg, welche die Firma wie der »Doctor« indess nicht einheimsen konnten. Chamisso erwähnt übrigens auch bereits ähnlicher Andenken (gedörrte Fischköpfe, unreife Cocosnüsse, Streifen *Pandanus*-Blatt), die in Häusern von Häuptlingen aufgehangen waren.

Wie alle Kanaken, denen irgend etwas fehlt, gleichviel was es sein mag, bedienen sich auch die Marshallaner beim geringsten Unwohlsein eines Stockes zum Gehen.

Krankheiten sind übrigens im Ganzen selten, nach Hernsheim wird eine Art Influenza zuweilen verhängnissvoll. Syphilis ist schon lange durch den Schiffsverkehr eingeführt, bisher ohne verheerenden Einfluss.

III. Bedürfnisse und Arbeit.

(Materielles und wirthschaftliches Leben.)

1. *Ernährung und Kost.*

a) Pflanzenkost.

Von ebenso ärmlicher Bodenbeschaffenheit als die Inseln des Gilbert-Archipels, sind die Verhältnisse der Nahrung und Ernährung auch auf den Marshalls fast genau dieselben und fast ebenso kümmerliche. Wenn auch nicht gerade Hungersnoth, so herrscht doch zuweilen Mangel, wie z. B. zur Zeit meines Besuches auf Arno. Ein Sturm hatte die Brotfruchternte grossentheils und dadurch eine Hilfsquelle vernichtet, die sich nur schwer ersetzen liess. Die Cocosnüsse waren noch nicht reif, die Bevölkerung daher auf *Pandanus* angewiesen und auch dieser nur knapp vorhanden. Solche kärgliche Perioden sind von jeher vorgekommen und mit die Ursache des Canuverkehrs der Inseln untereinander, deren Bewohner auf den gegenseitigen Austausch zum Theil angewiesen sind.

Mit der neuen Aera der Copraausfuhr im Grossen, womit den Eingeborenen ein wesentlicher Theil ihrer bisherigen Nahrung entzogen wurde, musste daher durch Import Ersatz geschafft werden, wie dies schon lange auf Dschalut und Ebon der Fall ist. Hier haben sich die Eingeborenen bereits an fremde Nährstoffe gewöhnt, unter denen Reis und Schiffszwieback (Biscuit) obenanstehen.

Die natürlichen Hilfsquellen sind übrigens dieselben als auf den Gilberts und beschränken sich wie dort auf einige wenige Producte, doch kommt Brotfrucht etwas häufiger vor. Aber »Bob«, die Frucht des Schraubenbaumes *(Pandanus odoratissimus)*, liefert den Hapttheil der Ernährung. Die Eingeborenen unterscheiden nach den Früchten neun verschiedene (nach Chamisso 20!) Arten oder Varietäten, die nicht cultivirt werden, sondern wild wachsen und Allgemeingut sind. Für gewöhnlich werden die einzelnen Fruchtkerne ausgesaugt, aber zur eigentlichen Erntezeit eine Conserve bereitet, ähnlich dem »Teduai« (S. 51 [319]) der Gilberts. Die Bevölkerung des ganzen Dorfes betheiligt sich an dieser wichtigen Arbeit, und es herrscht freudige Betriebsamkeit, wie in der Ernte bei uns. Aber irgend eine Feier oder ein Fest zum Danke der »Götter« findet nicht statt, auch keine Tanzereien. Die Bereitung dieser Conserve »Dschenäguwe in Bob« ist folgende: Es wird eine grosse Grube (circa 10 Fuss lang, 4—5 Fuss tief und ebenso breit) gegraben, mit Korallplatten ausgelegt und in der Grube ein lebhaftes Feuer unterhalten, welches die Steine backofenartig erhitzt. Inzwischen sind die schweren Bobfrüchte gesammelt und in die einzelnen Fruchtkerne (abgeb. Choris, Pl. VI) getheilt worden, mit denen man die erhitzte Grube ausfüllt, abwechselnd eine Schicht Fruchtkerne auf eine Lage Blätter. Ist die Grube nahezu voll, so bedeckt man sie mit einer Blätterschicht, schüttet dann heissen Sand und heisse Korallsteine darauf und lässt die ganze Masse an zwei Tage zur Abkühlung stehen. Die Hitze hat den hochgelben, zähen Zuckersaft erweicht, der nun mittelst Schaben und Reiben vollends gewonnen wird. Mädchen und Kinder tragen die Fruchtkerne körbeweis den Männern zu, welche, vor einem Holzgestell knieend, mit Messern oder auf rauhen Korallsteinen schaben und reiben, wobei Alles monotone Weisen singt. Der Saft wird nun auf Holzgestellen an der Sonne in Form flacher Kuchen getrocknet und dann in lange runde Rollen gepresst, die in *Pandanus*-Blätter eingepackt und sorgfältig in Cocosstricke eingeschnürt werden, wie dies die folgende Nummer zeigt:

Dschenäguwe (Nr. 98, 1 Stück) Modell einer Rolle mit Conserve, wie sie in den Handel kommt. (Abbild. Finsch in: Westermann's Monatshefte, 1887, S. 498, Fig. 2.)

Diese Dschenäguwe-Rollen haben gewöhnlich eine Länge von einem Meter, bei 16 Cm. Durchmesser und wiegen, wenn ich nicht irre, 20—30 Pfund. Das Pfund kostete damals circa 20 Pfennige; aber das Product wurde, wie schon zu Chamisso's Zeit, der es »Mogan« (?) nennt, als sehr werthvoll betrachtet, und die Eingeborenen hatten selbst nicht genug. Die braune, schneidbare Masse schmeckt sehr angenehm süss, wie Feigen, mit einem Beigeschmack von Datteln, und hält sich, wie man sagt, selbst ein paar Jahre lang. Bob-Conserve bildet daher keine tägliche Nahrung, sondern dient hauptsächlich als Proviant bei Seereisen; auch beschenken sich Häuptlinge gegenseitig damit.

In Zeiten von Mangel wird der Bob-Conserve auch geraspelte Rinde von *Pandanus* zugesetzt und so eine Dauerwaare bereitet, welche »Tikaka« heisst, und mit Wasser zu einem Teig geknetet, in flachen Kuchen geröstet wird. Dies ist die »Speise aus gefaultem und pulverisirtem Cocosholz«, welche Kotzebue und Chamisso erwähnen.

Die Cocospalme (Ni) wird angebaut, doch geschah damals wenig in dieser Cultur. Nach Chamisso sollen nach den Nüssen 10 (!) verschiedene Arten oder Varietäten unterschieden werden, aber mir ist nur eine Art vorgekommen, ausser den merkwürdigen kleinen Nüssen von Udschae, hier »Bir« genannt, deren Kern (Berungar) nicht verhärtet, wovon aber auch nur eine kleine Anzahl Bäume dort wachsen. Takaru, Palmsaft (nicht »*Pandanus*-Saft«, wie Kotzebue meint) verstehen die Marshallaner auch abzuzapfen, aber das geschieht wohl nur selten, und von Bereitung von Syrup daraus oder dem berüchtigten, berauschenden sauren Toddy habe ich nichts erfahren. Die Marshallaner konnten damals genügend Schnaps (Hamburger Gin) kaufen und besassen früher, wie die Gilbert-Insulaner, kein Berauschungsmittel.

»Mä« (Brotfrucht oder Jackfrucht, kenntlich abgebildet: Choris, Pl. VII) kommt nach Chamisso in zwei Arten (*Arctocarpus incisca* und *integrifolia*) vor, aber überall recht spärlich und im Ganzen nur auf elf Inseln. Früchte mit Kernen (Kwelle), die geröstet wie Maronen schmecken, sind selten. Ueberhaupt ist die Qualität der hiesigen Brotfrucht gering; sie schmeckt in der gewöhnlichen Zubereitung, d. h. in der heissen Asche geröstet, ähnlich wie Kartoffeln. Aus Brotfrucht wird aber auch eine Dauernahrung bereitet, die mehr Volksnahrung ist als die obige aus *Pandanus*. Man schält die reife Brotfrucht, schneidet sie in Stücke, lässt sie ein paar Tage in Salzwasser wässern, stampft sie dann und verwahrt die säuerliche Masse, mit Brotfruchtbaumblättern (Bulik) zugedeckt, an einem schattigen Orte. Die weiche Masse wird dann durchgeknetet, nach Verlauf einer Woche zum zweiten Male und ist dann als die unter dem Namen »Piru« bekannte und beliebte, für unseren Geschmack aber fast ungeniessbare Nahrung fertig. Man verwahrt dieselbe in einer mit Korallsteinen und Blättern ausgelegten Grube oder in Körben aus Palmblatt, aus welchen der tägliche Bedarf geholt wird, oder verpackt sie in derselben Weise wie Bob in grosse, schwere, eingeschnürte Rollen, »Dschenäguwe in Mä« genannt, die sich mehrere (5—6) Monate halten sollen. Für einige wenige Inseln, wie z. B. Udschae, ist Piru ein Ausfuhrartikel.

»Mogemog« heisst ein aus den Knollen einer Taro- oder Arum-Art gewonnenes Mehl, welches von jeher von den nördlichen Inseln nach den südlichen vertauscht wurde. Es wird mit Wasser zusammen gerührt in Cocosschalen zu einem Brei gekocht oder mit geschabter Cocosnuss und bildet eine Lieblingsspeise. Nach Chamisso wird Mogemog aus *Tacca pinnatifida* hergestellt; ausserdem aber auch drei Arten Pfeilwurz (*Arum esculentum*, *sagittifolium* und *macrorhizon*) cultivirt. Diese liefern wohl das bei den Eingeborenen »Iradsch« genannte Arrowroot. Nach meinen Erkundigungen erzeugen nur acht Inseln (Madschuru, Bikini, Kwajalein, Udschae, Namerik, Ailinglablab, Aur und Maloelab) mässige Quantitäten Arrowroot. Aur führt circa 1000 Pfund jährlich aus; das Pfund kostete damals circa 4 Pfennige, ein Handel, bei dem sich auch Weisse betheiligten. In grossem Massstabe ist Taro auch früher nicht angebaut worden.

Noch interessanter als die Herkunft dieser Knollengewächse würde es sein, sicheren Nachweis darüber zu erhalten, woher die Eingeborenen die Banane (Käberang) bekamen, da dies zugleich einen Hinweis auf die eigene Herkunft geben könnte. Chamisso sah auf Kaben (Atoll Maloelab) einen Bananenbaum, anscheinend frisch gepflanzt, auf Aur einige Bäume mit Früchten. Seitdem pflanzt man auf Madschuru, Namerik und Ebon Bananen, überall in bescheidener Zahl und auf diesen Inseln, wie es scheint, erst durch Weisse eingeführt. Dasselbe gilt für den Melonenbaum (*Carica papaya*), »Kinapu« der Eingeborenen (Hernsheim »Momenpple« Fig.: S. 55 Baum, 59 Frucht,

61 Blatt, 63 und 65 Blüthe), der bei bescheideneren Ansprüchen besser gedeiht als die Banane. Aber auch diese Frucht ist für die Ernährung der Eingeborenen ohne jeden Werth geblieben, wie Alles, was der philantropische Eifer Chamisso's seinerzeit in dieser Richtung mit unendlicher Geduld und Ausdauer anstrebte. Ueberall, wo Chamisso landete, legte er Gärten an und steckte Samen nützlicher Tropengewächse von den hawaiischen Inseln, in deren Cultur sein Freund Kadu die Eingeborenen unterwies. Alle diese Mühen waren vergebens; die ungeheuren Mengen Kerne von Melonen, Wassermelonen u. s. w. hatten nicht eine Frucht gezeitigt. Als v. Kotzebue sieben Jahre später die Inseln wieder besuchte, fand er nur auf Wotsche noch den von ihm eingeführten Yams cultivirt, aber seitdem ist diese Nutzpflanze wieder verschwunden. Die Reben des Weinstockes rankten bis in die Wipfel der Bäume, aber sie waren abgestorben. Die geringe Regenmenge, der allgemeine Wassermangel und das Fehlen von Humus machen eben jede Cultur von Nutzgewächsen unmöglich. Freilich gediehen bei Hernsheim's Station auf Dschabwor Melonen, Gurken, Radieschen und zum Theil Bohnen gut, aber auf einer dichten Schicht trefflichen Bodens, der von Ponapé und Kuschai mitgebracht war, und unter der Pflege eines chinesischen Gärtners, der genug mit Giessen zu thun hatte. Uebrigens haben diese tropischen Melonen wenig Aroma und Zierblumen (wie Nelken und Rosen) keinen Duft. Ohne viele Mühe gedeihen an günstigen Stellen Tomaten, spanischer Pfeffer und unter besonderer Pflege auch Feigen und eine Art Orange *(Dodonaea viscora)*, letztere z. B. sehr beschränkt auf Ebon.

Tabak ist das einzige erst durch Weisse eingeführte Reizmittel, das den Eingeborenen bald unentbehrlich wurde. Trotz des strengen Verbotes der Mission raucht Kind wie Greis, und zwar in Thonpfeifen, auch Cigaretten in einer Hülle von Bananenblatt. Stangentabak ist aber nicht in der Weise Scheidemünze als auf den Gilberts (S. 52 [320]), da jeder in Geld bezahlt sein will.

b) Fleischkost.

Die menschenfreundliche Mission Chamisso's beschenkte die Inseln zuerst mit Hausthieren: Schweine, Ziegen, Hunde,[1]) Katzen, denn nur auf einigen Inseln (Wotsche, Maloelab) fand man das Haushuhn bereits verwildert vor. Nur auf Udirik wurden Hühner zuweilen gegessen; sonst hielt man hie und da bei den Hütten einen Hahn (Kaku) sorgsam angebunden, nach Chamisso nur der Federn wegen. Jetzt ist das Eingeborenen-Huhn schon dermassen mit anderen eingeführten vermischt, dass sich die ursprüngliche Race nicht mehr erkennen lässt; und doch wäre dies interessant gewesen, weil gerade das Huhn für die Herkunft der Eingeborenen vielleicht Winke hätte geben können. Jedenfalls ist es mitgebracht worden, und zwar aus dem Westen. Zahme Reiher *(Ardea sacra)* sah ich, wie zu Chamisso's Zeiten, gelegentlich bei den Hütten. Gegenwärtig werden auf einigen wenigen Inseln Hühner gehalten, auf Milli und Ebon sogar Enten (»Rak«, »Jejak«), und zwar Bisamenten *(Cairinia moschata)*. Aber die Eingeborenen essen dieselben ebensowenig als Eier (»Lip in lolo« = Hühnereier, »Lip in Jejak« = Enteneier) und verkaufen das Geflügel lieber an Fremde, wie dies die weissen Händler thun. Auf Rongerik und Lae sollen viel Hühner zu haben sein.

Mit den durch den »Rurik« eingeführten Hausthieren ging es übrigens wie mit den Culturgewächsen: auf Wotsche hatten sich nur verwilderte Katzen (Keru-Kidscherik = Rattenthier) erhalten, zur Verminderung der Ratten aber nicht geholfen. Alle übrigen Thiere waren eingegangen, wie dies bei dem Mangel an Frischwasser nicht anders sein

[1]) Chamisso irrt übrigens, wenn er meint, dass der Name des Hundes auf Ratak bekannt gewesen sei. »Giru« oder richtiger »Keru« bedeutet nur »Thier«.

kann. Hernsheim liess auf einer sehr versprechenden Insel der Dschalut-Atolls ebenfalls Ziegen aussetzen; wir fanden nach kurzer Zeit nur noch die Skelete. Gegenwärtig werden daher nur Schweine (Keru = Thier oder Bik = dem englischen Pig) in beschränkter Zahl an einigen Handels- und Missionsstationen gehalten, für Schiffsbedarf. Denn die Eingeborenen geben nichts um Fleisch und essen lieber Cocosnüsse, das einzige Futter für Schweine, welches die Inseln bieten. Auf Namurik, wo die Banane zahlreicher angebaut wird, gab man deshalb die Schweinezucht auf. Schafe lassen sich nicht halten, da das einheimische schlechte Schlinggras durchaus ungenügend zur Ernährung ist.

Die Ratte (»Kidscherik«), eine wissenschaftlich nicht untersuchte Art, die ich unter Anderem auf der unbewohnten Insel Dagelab auf Bäumen beobachtete, wo sie Vögeln *(Anous stolidus)* und deren Eiern nachstellte, wird nicht gegessen. Chamisso berichtet von Wotsche und Udirik das Gegentheil. Hier sollen die Frauen Ratten essen, aber er sah dies nicht selbst. Auch die eigenthümliche Art des Rattenfanges (nach Kadu), mittelst Feuergruben, ist mindestens sehr zweifelhaft und der weiteren Bestätigung bedürftig.

Nach Chamisso unternahmen die Rataker früher Reisen nach dem unbewohnten Bigar, um hier während einer gewissen Periode Vögel und Schildkröten zu fangen, deren Fleisch an der Sonne zu trocknen und als Vorrath mit heimzunehmen. Das dürfte jetzt wohl aufgehört haben, denn Schildkröten (»Wun«) sind bereits so selten, dass sie gar nicht als Nahrung in Betracht kommen. Hinsichtlich der Vögel kann es sich nur um wenige oceanische Arten *(Anous stolidus, Sula fusca,* vielleicht *Tachypetes)* gehandelt haben, die vermuthlich hier Brutplätze haben, so dass die Eingeborenen Junge in grösserer Anzahl erlangen konnten. Ich erhielt auf Dschalut einige Male lebende Vögel (»Gäguk« *Numenius uropygialis*; »Giri« *Actitis incanus;* »Äna« *Ardea sacra,* weiss; »Kabad« *Ardea sacra,* schieferfarben; »Käar-lab« *Sterna Bergii;* »Käar« *Sterna melanaachen;* »Dscheggar« *Anous melanogenys*), die offenbar in Schlingen gefangen waren, aber als Nahrung keine Bedeutung hatten. Knaben verstanden in Schlingen an einem Stöckchen sehr geschickt Eidechsen zu fangen, lediglich aber nur um mir ihre Beute zu verkaufen, denn gegessen wurden dieselben nicht.

2. *Fischerei und Geräth.*

Die Marshallaner scheinen nie eifrige und geschickte Fischer gewesen zu sein, denn Kotzebue bemerkt schon von ihnen: »Es ist auffallend, dass sie den Fischfang so ganz vernachlässigen«. Zu meiner Zeit war es noch ganz ebenso und von eigentlicher Fischerei nicht die Rede. Die wenigen Bewohner der nördlichen Inseln des Atolls brachten zuweilen mässige Quantitäten Fische zum Verkauf, aber die Eingeborenen von Dschabwor, der Hauptinsel des Dschalut-Atolls, freuten sich, wenn sie für eigenen Bedarf einige Fische erlangen konnten, die ihnen nur bei gewissen Gelegenheiten massenhaft zur Beute fielen. Dynamitpatronen waren sehr begehrt, und ich habe mit einer solchen Hunderte von *Dules argenteus* und einer *Mulloides*-Art tödten sehen, was freilich nicht in zu tiefem Wasser geschehen darf, denn den anscheinend unverletzten Fischen ist die Schwimmblase zersprengt, so dass sie sinken und deshalb tauchend herausgefischt werden müssen. Die Eingeborenen betheiligen sich daher gern bei diesem meist von Weissen betriebenen Fischfange, wobei sie nicht leer auszugehen pflegen, da sie einen guten Theil der Beute unterschlagen.

Chamisso irrt übrigens, wenn er die Lagune arm an Fischen nennt, oder es liegt hier nur eine zufällige Beobachtung zu Grunde. Gewöhnlich sieht man viel Fische, von

Bord eines ankernden Schiffes zuweilen erstaunliche Mengen, die ein farbenprächtiges Schauspiel gewähren. Aber diese herrlichen Fische beissen nicht gut und sind, wie wir im Nachfolgenden sehen werden, zum Theil sehr giftig, eine nicht eben angenehme Eigenthümlichkeit der Fische gerade des Marshallmeeres.

Netzfischerei und Fischnetze habe ich weder auf Dschalut, noch sonst auf den Marshalls gesehen, ebensowenig Haifischfang, da diese Fische, wenn ich nicht irre, überhaupt verschmäht werden. Chamisso verzeichnet in seinem Vocabular das Wort »Kabuil« für Fischnetz, Hernsheim »Ok«.

Hakenfischerei wurde wenig mehr und dann meist mit eisernen Haken betrieben, und zwar in der Weise wie beim Makrelenfange, d. h. man lässt den Haken hinter einem schnellsegelnden Canu laufen, so dass er bald etwas unter Wasser geht oder lustig auf den Wellen hüpft. Lebender Köder wird nicht benutzt, denn einmal lockt der Silberglanz des Perlmutterhakens die Fische an, oder man befestigt ein Stück weisses Zeug, helles *Pandanus*-Blatt oder Büschel *Hibiscus*-Bast am Haken als Köder, der je nach der Fischart verschieden ist. Zum Fange grosser Makrelen[1]) wird ein Streif frischen *Pandanus*-Blattes in der Weise angebunden, dass jederseits ein (circa 16 Cm. langes) Ende flügelartig absteht. Diese Enden sollen die Flügel eines fliegenden Fisches *(Exocoetus)* imitiren, welcher von jenen Makrelen mit Vorliebe gejagt wird.

Angelfischerei in unserem Sinne ist, wie überall in der Südsee, unbekannt und erst mit der Einführung europäischer Angelhaken in Mode gekommen.

Fischhaken nach der alten Weise wurden damals auf Dschalut nicht mehr gemacht, man bezog sie von dem benachbarten Namurik und Madschuru oder den nördlichen Inseln, wo sie seitdem wohl auch sehr abgenommen haben dürften.

Gāt (Nr. 149, 1 Stück), Schaft zu einem Fischhaken in Bearbeitung. Dschalut. Aus dem Schlosstheil der Perlmuttermuschel *(Meleagrina margaritifera)* gearbeitet, circa 115 Mm. lang und in der Form mit dem folgenden Stück übereinstimmend, aber ohne Bohrloch. Dagegen ist an dem einen Ende jederseits ein Randvorsprung ausgearbeitet, wohl zur Befestigung der Fangleine. Die Randkerben am entgegengesetzten Ende, welche zur Befestigung des Hakens mittelst Bindfaden dienen (vgl. Edge-Partington, Taf. 177, Fig. 10), fehlen an diesem Stücke noch. Derartige Schaftstücke, meist, aber nicht ausschliessend, von Perlmutter, bilden den Haupttheil eines Fischhakens, wie ihn das folgende Stück zeigt:

Gāt (Nr. 150, 1 Stück), Fischhaken (Taf. III [20], Fig. 1) aus Perlmutter *(a)* mit Fanghaken aus Knochen *(b)* und Köderbüschel *(c)*. Dschalut.

Das Perlmutterschaftstück hat auf der flachen Rückseite eine Breite von 22 Mm. (Fig. 1*d*) und ist an der Basis durchbohrt, um die Fangleine zu befestigen. Der sehr sauber aus Spermwalzahn (Cachelot) gearbeitete Fanghaken *(b)* ist gegen die Basis zu mit einem Bohrloch versehen, durch welches der feine Bindfaden (Art Zwirn) gezogen ist, welcher den Fanghaken mit dem Schaft verbindet und der durch zwei Randkerben des Schaftes grössere Festigkeit erhält. Das Faserbüschel *(c)* am Ende besteht aus 20 Mm. breiten und 50 Mm. langen Streifen hellen *Hibiscus*-Bastes und dient als Köder.

Der aus Spermwalzahn gearbeitete Fanghaken dieses Stückes deutet auf das hohe Alter desselben hin. Gewöhnlich ist der Fanghaken aus Perlmutter, zuweilen mit einem

[1]) Es sind dies die Bonite (*Thynnus pelamys* L.), bis 3 Fuss lang, und Albacore (*Thynnus germo* Lacep.), die bis 6 Fuss lang werden soll, welche am häufigsten am Haken gefangen werden und auch uns, wenn auch nicht allzu häufig, zur Beute wurden. Ein 80 Cm. langes Exemplar der letzteren Art wog 9 Kilo.

Widerhaken an der Innenseite (wie Edge-Partington, Taf. 177, Fig. 9), aber auch aus Schildpatt (Kat. M. G. S. 270, Nr. 856). Ganz aus Schildpatt gearbeitete Fischhaken, wie sie hier (Nr. 855) erwähnt werden (»mit Angabe: Mulgrave-Insel eingegangen«), sind mir auf den Marshalls nicht vorgekommen. Chamisso erwähnt »sehr kleine Fischangeln« von Ratak, ohne sie zu beschreiben, was bedauert werden muss. Zu meiner Zeit pflegte man übrigens mit Vorliebe starke eiserne Angelhaken an den Perlmutterschaft zu befestigen, um sich dadurch viel Mühe und Arbeit zu ersparen. Die im Kat. M. G. (S. 66, Nr. 1467) beschriebene »Fischangel« von »Neu-Britannien« gehört jedenfalls hierher und war wohl durch Tausch von den Marshalls nach dort gelangt.

Besonders eigenthümliche Formen von Fischhaken aus der alten Zeit sind die folgenden:

Gät, Fischhaken (Taf. III [20], Fig. 13) aus Walfischknochen (wohl Unterkiefer vom Spermwal). Dschalut. Ich erhielt nur das eine Exemplar für das Berliner Museum.

Fischhaken (Nr. 151, 1 Stück, Taf. III [20], Fig. 12) zum Fange fliegender Fische aus Cocosnussschale. Dschalut. Eine höchst originelle und wie es scheint den Marshalls eigenthümliche Form von Fischhaken, deren Bekanntschaft und Anfertigung ich einem alten Eingeborenen verdankte. Diese Haken wurden in der Mitte an einem langen Bindfaden befestigt und in grösserer Anzahl derart an das schnellsegelnde Canu befestigt, dass sie auf den Wellen hüpfend demselben folgten, um fliegende Fische (»Dschodscho«) zum Beissen zu veranlassen. Ob man sich dabei eines besonderen Köders bediente, ist mir nicht bekannt geworden, da diese Art Fischerei[1]) nicht mehr betrieben wurde. Fischhaken aus Cocosnussschale erwähnt Kubary von den Mortlocks, aber ohne jede Beschreibung.

Rifffischerei, und zwar vorzugsweise auf dem Innenriff der Lagune, lieferte die meisten kleinen Erträge des täglichen Bedarfs, hauptsächlich in Schalthieren, wurde aber nicht mit Hamen wie auf den Gilberts (S. 56 [324]) betrieben. Häufig beobachtete ich dagegen Fischspeeren, eine Beschäftigung, die so recht dem trägen Charakter der Eingeborenen entspricht, indem sie wenig Mühe, aber viel Zeit erfordert. Das Geräth besteht in einem Stocke, an welchem ein spitzgefeilter Draht als Spitze befestigt ist, mag früher wohl aber besser construirt gewesen sein (vgl. I, S. [26]). Diese Fischereimethode lieferte gewöhnlich herzlich wenig, um so ertragreicher waren dagegen die Resultate des Massenfanges bei Gelegenheit des periodischen Erscheinens gewisser Fischarten. Es sind dies eine kleine (circa 6—7 Cm. lange) Häringsart *(Clupea)*, ähnlich der Sardine, eine andere *Clupea*-Art, so gross oder grösser als unser Häring und ganz besonders eine circa 60 Cm. lange Makrelenart (wahrscheinlich *Thynus thunnina* Cuv.),[2]) die jede für sich zu gewissen Zeiten in die Lagunen kommen, um zu laichen. Sie schwimmen dann in ungeheurer Menge in so dichten Schaaren fast an der Oberfläche des Wassers, dass sie wie ein dunkler Fleck aussehen, der von kräuselnden Wellen bewegt wird. Zuweilen erhält dieser Fleck plötzliches Leben, wenn die ganze Masse

[1]) Hernsheim beschreibt (»Beitrag zur Sprache der Marshall-Inseln«, S. 45) dieselbe mit folgenden kurzen Worten: »Zum Fange des fliegenden Fisches wird in dunklen Nächten eine grosse Fackel auf einem schnellsegelnden Canoe abgebrannt. Die Fische fliegen nach dem hellen Schein und fallen entweder, gegen das Segel stossend, in das Canoe oder werden mit einem eigens geformten langstieligen kleinen Netze sehr geschickt aufgefangen.« Chamisso sagt vom Fange fliegender Fische nur: »Die Rataker stellen ihnen Nachts bei Feuerschein nach.«

[2]) Wahrscheinlich ist dies der »yellow-tail« (Gelbschwanz), dessen Fang Hernsheim in ähnlicher Weise (l. c., S. 46) beschreibt, aber nicht der »yellow-tail« der englischen Seefahrer. Letztere Art ist *Coryphaena equisetis* L., die Dorade und der »Delphin« der Schiffer.

wie mit einem Schlage hoch aus dem Wasser schnellt. Ich habe nicht erfahren, ob die Eingeborenen die Laichzeit dieser Fische kennen, aber beobachtet, dass zu gewissen Zeiten aus dem Wipfel einer Cocospalme Ausguck auf die Lagune gehalten wird. Zeigt sich ein Schwarm Fische, so ruft ein gewaltiges Freudengeschrei alle Dorfbewohner zusammen. Nicht selten werden in aller Eile ein paar Canus zu Wasser gebracht, die sich bemühen, die Fischschaar nach dem Ufer zu dirigiren. Ein zwischen beiden Fahrzeugen ausgespannter, auf dem Wasser schwimmender Strick leistet diese Treiberdienste und jagt den Fischschwarm allmälig in das seichtere Wasser des Riffs, wo es zunächst gilt, die Beute am Entweichen zu hindern. Vermuthlich bediente man sich dafür früher Netze, jetzt geschieht dies in primitiverer Weise. Zunächst genügt ein langes Tau, das von einer Anzahl Männer im weiten Bogen gehalten wird, die durch Schlagen aufs Wasser die Fische zurückschrecken, bis genügend Palmblätter herbeigeschleppt sind, um den immer enger gezogenen Halbkreis vollends zu schliessen. Inzwischen ist mit der Ebbe das Riff ziemlich abgelaufen, und nun beginnt der allgemeine Fang und Schlächterei, wobei sich unter ungeheurem Geschrei und Lärmen Alles, vom Kinde bis zum Greise, Männlein wie Weiblein betheiligt. Statt in Hamen werden die Fische in schnell gefertigten flachen Körben, Matten, Taschen, von Vielen auch nur mit der Hand gefangen, gespeert, kurzum Jeder sucht so viel einzuheimsen als möglich, um sich einmal an Fischen recht satt essen zu können. Solche Gelegenheiten, wo Tausende kleiner Sardinen oder Hunderte grosser Makrelen auf einmal gefangen werden, sind aber selten und daher ein besonderer Festtag der Insulaner.

Der oben beschriebene Massenfang findet sich übrigens in ähnlicher Weise allenthalben in der Südsee wieder, und an manchen Orten werden die Fische hinter eigens gebaute Dämme getrieben und hier bis zur Ebbezeit zurückgehalten. Die Samoaner suchten einen in dichter Masse schwimmenden Schwarm Zugfische mit Canus zu umzingeln und mit einem grossen Senknetze zu fangen.

Die **Reusen**, welche man damals in beschränkter Weise zum Fischfange benutzte, sind ganz verschieden von den auf den Gilberts (S. 56 [324]) gebräuchlichen und ähneln in der Form einer langen Röhre, aus Stäben mit Bast zusammengebunden, mehr unseren Aalkörben. Sie scheinen wegen der engen inneren Oeffnung auch hauptsächlich für Aale bestimmt, wie ich solche, zum Theil kolossal grosse, darin fangen sah.

Fischwehre, d. h. Dämme aus Korallsteinen, welche Fische bei sinkender Ebbe zurückhalten, sind mir auf den Marshalls nur sehr vereinzelt vorgekommen.

3. Zubereitung und Geräth.

Rösten ersetzt, wie auf den Gilberts, unser Kochen und heisst »Umum« (von »Um« = grosses Feuer), wenn auf Feuer erhitzten Steinen, oder »Kwanjen«, wenn auf glimmenden Kohlen, meist Hüllen oder Schalen der Cocosnuss. Beide Methoden werden, ausser bei Brotfrucht, eigentlich nur bei Fischen (Iek) angewendet und bei Krustenthieren, die übrigens selten sind, denn ich erhielt nur wenige Male Exemplare einer grossen Languste. Kleinere Fische, z. B. die oben erwähnten Sardinen, werden meist roh gegessen, ebenso Schalthiere, die übrigens weniger Volksnahrung sind als auf den Gilberts. Grössere Fische legt man, ungeschuppt und meist unausgenommen, in ein Blatt gehüllt auf heisse Steine oder direct in die Asche und verzehrt sie halbgar oder zum Theil angebrannt. Ich habe aber auch gesehen, dass grössere Fische aufgeschnitten wurden, doch nahm man nur die Eingeweide heraus und liess Rogen wie Leber darin. Ich glaubte die häufigen Fälle von Vergiftungen nach Genuss von Fischen auf diese primitive Zubereitung zurückführen zu müssen, denn wir kennen bei uns ja auch gewisse Fische (z. B. die Barbe), deren Rogen bei manchen Personen Vergiftungserscheinungen hervorbringt. Meine Tagebücher verzeichnen von den Marshalls aber so viele Fälle von Vergiftungen an Fischen, unter so verschiedenen Umständen, dass nicht die Zubereitung allein die Schuld tragen kann. Da vorkommenden Falls von dem betreffenden giftigen Fische sich nur noch Reste finden, so ist meist kaum die Gattung zu bestimmen. Und diese war so verschieden wie die Zubereitungsweise. Ich habe Leute an Genuss von gerösteten Aalen, der oben (S. 147 [403]) erwähnten trefflichen Makrele erkranken sehen, wie an gedörrtem Haifischfleisch (S. 57 [325]) *Chaetodon* u. A. Die Krankheitserscheinungen waren nicht nach der Fischgattung, sondern individuell sehr verschieden. Von Personen, welche von demselben Fische und ungefähr gleich viel gegessen hatten, empfanden manche nur geringes Unbehagen, andere erkrankten bedenklich, einzelne starben, zuweilen erst nach mehreren Tagen. Das Schlimmste ist, dass die Eingeborenen häufig selbst keine Kenntniss haben, ob ein Fisch giftig ist oder nicht; der Eine sagt: Er ist gut; der Andere: Man soll ihn jedenfalls wegwerfen. Ein solcher Streit entstand einst wegen eines grossen, eben frisch gefangenen *Serranus* (ich glaube *hexagonathus*) zwischen zwei Häuptlingen, schliesslich mochte ihn Niemand versuchen; ich auch nicht und der schöne Fisch wurde weggeworfen. Und das war gewiss sehr gut, denn Capitän Witt, der sonst gern übertreibt, sagt von den Fischen des Marshallmeeres nicht mit Unrecht: »Dreiviertel sind giftig!« An den Handelsstationen hält man gewöhnlich ein Brechmittel bereit, da Fälle von Vergiftung an Fischen, wie erwähnt, sehr häufig vorkommen. Unschädlich sind, ausser den oben (S. 147 [403]) erwähnten Arten, besonders *Theutis rostrata, Naseus Vlamingii, N. lituratus, Acanthurus hepaticus, Mulloides, Dules, Mesoprion* und einige andere Arten, davon die ersten vier Species sogar nach unserem Geschmack recht gut, aber die Zahl der unschädlichen Arten ist im Ganzen sehr gering und das Tropenmeer auch in dieser Richtung ein recht armes.

Erwähnt mag noch sein, dass die Eingeborenen bei grossen Fischfängen (S. 148 [404]) auch das Räuchern verstehen; die Waare hält sich aber nicht lange, denn **Salz** kennt man nicht.

Hinsichtlich des **Essens** wäre noch zu bemerken, dass die Marshallaner, wie fast alle Eingeborenen, keine regelmässigen Mahlzeiten innehalten. »Es liegt ganz beim Essbaren,« meinte ein alter Häuptling, womit er sagen wollte: »Es wird gegessen, wenn etwas da ist!« Ueberfluss herrscht freilich nie; sollte er durch irgend eine günstige Gelegenheit gerade einmal vorhanden sein, dann isst jeder so viel er kann. Vorräthe bleiben daher nicht lange erhalten, die Folge davon sind knappe Zeiten für das Gros der Bevölkerung.

Küchengeräth ist auch hier kaum nöthig, und das Wenige aus früherer Zeit war fast verschwunden. Aber eiserne Töpfe und Kessel hatten sich bereits, wenigstens auf Dschalut, eingeführt, denn man fing ja schon an Reis zu kochen. Uebrigens liegen meist bei allen Händlerstationen so viel leere Blechgefässe und Flaschen umher, dass sich die Eingeborenen mühe- und kostenlos mit allerlei nutzbaren Gefässen und Geschirr versehen können.

Feuerreiben verstand man zu meiner Zeit noch auf Dschalut, und ich konnte die dazu nöthigen Hölzer (Jetgitschek, von »Jet« = Reiben und »gitschek« = Feuer) noch erlangen. Sie bestehen aus einem Stück weichen Holzes, von einem hohen Strauch, »Wud« genannt, das mit einer Längsrille versehen ist, auf welchem gerieben wird, und einem kürzeren zugespitzten Stück Holz (»Dscholog«), mit dem gerieben wird. Die Methode des Feuererzeugens ist ganz wie die in Neu-Britannien gebräuchliche (I, S. [20],

Taf. IV [2], Fig. 9 und 10) und wie auf den Salomons (Guppy: »Solomons«, S. 65). Bei schnellem Hin- und Herreiben in der Rille bildet sich ein feiner Mulm, der bald anfängt zu glimmen und mittelst Anblasen zu Feuer angefacht wird, wozu circa fünf bis sechs Minuten erforderlich sind. Schon damals verstanden jüngere Leute nicht mehr die Kunst, Feuer zu reiben, da Streichhölzer, namentlich schwedische, bereits einen begehrten Tauschartikel bildeten.

Ein Hilfsgeräth zum Feueranmachen ist der:

Drell (Nr. 116, 1 Stück), Fächer, aus *Pandanus*-Blatt geflochten. Dschalut.

Diese Fächer werden auch aus Cocospalmblatt, und zwar dem Spitzentheil desselben, ziemlich roh geflochten (wie Choris: Pl. II, Fig. 7). Bei anderen bildet die Basis der Fiedern oder ein Theil der Blattrippe den Stiel. Die Form ist dann blattförmig, unten breit, nach der Spitze sanft gerundet zugespitzt (ganz wie die Abbildung bei Guppy: »Solomons«, S. 63, Treasury-Isl.). Manche Fächer von den Marshalls sind sehr zierliche Flechtarbeiten aus *Pandanus* mit schwarzgemusterter Randkante (vgl. Kat. M. G., S. 274, Ebon) und dienen mehr zum Staate. Der hauptsächliche Zweck der hiesigen Fächer besteht aber darin, glimmende Kohlen anzufachen.

Schaber. Chamisso erwähnt solche als »aus Perlmutter geschnitzte Messer« (»Bogebok«), wie wir sie bereits aus Melanesien (II, S. [198]) kennen. Aber die ohnehin sehr seltene Perlschale wurde nicht mehr verwendet, dafür erhielt man ja eventuell Eisen. Auch leistet ein Stück Cocosnussschale gute Dienste.

Fig. 18.

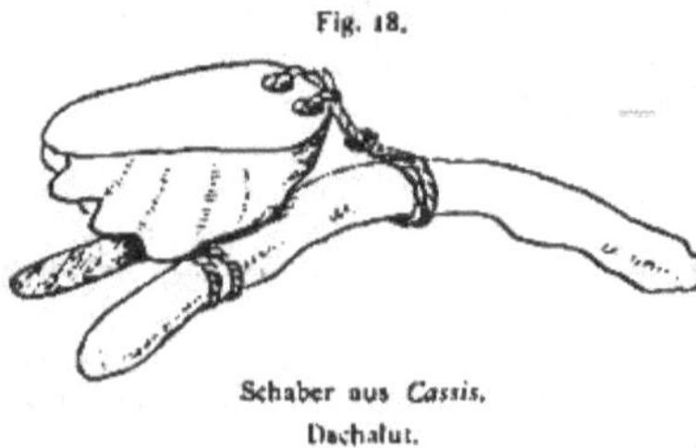

Schaber aus *Cassis*. Dschalut.

Ein sehr interessantes Schabgeräth (Fig. 18) heisst »Dschibuggebug« (= Fass) und ist aus *Cassis cornuta*[1]) (»Wuëgang«) verfertigt. Die Basis der Muschel wird abgeschliffen, so dass dieselbe eine Schale bildet, welche mittelst Bindfaden auf einem flachen Dreibein, aus einem gabeligen Wurzelstück von *Pandanus*, befestigt wird. Ich erhielt auf Dschalut noch zwei solche Stücke, die hier schon der Vergangenheit angehörten, aber auf den nördlichen Inseln noch in Gebrauch sein mögen. Gut abgebildet als »Speisebereitungsschüssel« in: Internat. Archiv für Ethnographie, Bd. I, 1888, S. 67, und hier als das »einzige Hausgeräth« bezeichnet.

Stampfer für Brotfrucht lernte ich nicht mehr kennen. Man benutzte einfach passliche Stücke Korallen, wie sie sich im Trümmergestein des Strandes ohne Mühe finden lassen.

Essgeräth. Löffel sind mir nicht vorgekommen. Aber Kotzebue erwähnt hölzerne, die durch Kadu, nach seiner Bekanntschaft mit Europäern, eingeführt waren, inzwischen wohl aber wieder abgekommen sind. Zum Essen genügen eben die Finger, als Teller Blätter (meist vom Brotfruchtbaum) oder flache Körbchen aus Cocosblatt, auf denen auch Speisen servirt werden, wie dies schon zu Kotzebue's Zeit der Fall war. Schalen von *Tridacna gigas* und Riesenmiesmuschel *(Pinna nigra)*, »Dol« (= Berg)

1) Nach Kubary werden auf Mortlock grosse Schalen dieser Muschel als Kochgeschirr benutzt (Kat. M. G., S. 328 und 377).

genannt, werden auch auf den Marshalls als Schüsseln, kleinere Exemplare der letzteren als Teller benutzt. Die grösste dieser *Pinna*-Schalen, welche ich erhielt, mass 50 Cm. in der Länge, 29 Cm. in der Breite. Früher verfertigte man auch aus Brotfruchtbaum hölzerne Essgefässe, die weit sorgfältiger als die der Gilbert-Inseln gearbeitet sind, von Chamisso aber nicht erwähnt werden.

Eine solche Holzschüssel, welche ich auf Milli erhielt, und für die man beiläufig bemerkt 6 Mark! forderte, ähnelt in der flachen kahnförmigen, an beiden Enden spitzen Form, am meisten ähnlichen Gefässen von den Carolinen (wie »Senjavin-Reise«, Pl. 29, Fig. 12), ist aber schmäler, 80 Cm. lang und nur 24 Cm. breit.

Als Trinkgefäss wird, wie üblich, eine halbdurchschnittene Cocosnussschale (»Lat«) benutzt.

Als **Wassergefässe** sah ich auf Milli ziemlich grosse, aber roh aus Brotfruchtbaum gezimmerte Tröge zum Auffangen von Regenwasser, sonst nur die übliche:

Midjirong (Nr. 69, 1 Stück), Cocosnussschale (»Boka«) als Wasserbehälter. Jaluit.

Solche Cocosnussschalen sind meist mit einem Bindfaden zum Tragen oder Aufhängen versehen, oder weitmaschig in ein Netz von Cocosschnur eingestrickt (wie »Senjavin-Reise«, Pl. 29, Fig. 18) und die Oeffnung mit einem Stöpsel aus aufgerolltem *Pandanus*-Blatt verschlossen. Ich erhielt auch vier solche Cocosnuss-Wassergefässe, die in einem länglichen Korb aus Geflecht von Cocosfaser als Behälter standen, ganz wie Choris (Pl. II, Fig. 8) einen solchen Korb mit sechs Cocosgefässen darstellt. Von verzierten Cocosnüssen bekam ich nur eine einzige, mit ziemlich unbedeutender Gravirung, die wohl noch aus früherer Zeit herstammte.

Ausser frischen noch grünen Nüssen bilden mit Wasser gefüllte Cocosnussschalen den Trinkvorrath für Canus auf Seereisen und werden in grosser Menge mitgenommen.

4. *Wohnstätten.*

Die Baukunst der Marshallaner unterscheidet sich durchaus von der der Gilbert-Insulaner und steht auf einer bedeutend niedrigeren Stufe; auch gibt es keine besonderen grossen Gemeindehäuser und keine zusammenhängenden grösseren Siedelungen. Die stets am Innenrande der Lagune, meist unter Cocospalmen gebauten Wohnstätten liegen sehr zerstreut und verdienen nicht die Bezeichnung Dorf. Dasselbe gilt für die liederlich und sehr kunstlos gebauten Häuser, eigentlich nur niedrige Schuppen, die höchstens den Namen Hütte verdienen. Ein solches Haus (»Im«) besteht im Wesentlichen aus einem auf circa 3—4 Fuss hohen Pfählen ruhenden, an den Giebelseiten sanft abgeschrägten Dache, etwa 25—30 Fuss lang, 10—12 Fuss breit und 10 Fuss hoch. Die Seiten sind meist offen oder haben an drei Seiten Wände (»Dudal«) aus Mattengeflecht von Palmblatt; aus gleichem Material sind an beiden Längsseiten drei bis vier Abtheilungen errichtet, welche als Lagerstätten (Babu) dienen. Das Material zu den Häusern sind meist unbehauene Stämme von *Pandanus*, mittelst Strick aus Cocosnussfaser zusammengebunden, zum Dach, »Duling«,[1]) trockene *Pandanus*-Blätter. Die 4—7 Fuss langen Blätter werden an der 8—10 Cm. breiten Basis 40 Cm. lang umgeschlagen und, so dass ein Blatt das andere deckt, über circa 4 Fuss lange Stäbe aus gespaltenen *Pandanus* oder *Hibiscus* befestigt. Es geschieht dies mittelst der dünnen, runden, circa 80 Cm. langen, sehr haltbaren Reiser, welche die Rippe der einzelnen Blattfiedern des Blattes der Cocospalme liefern. Ein Knochenpfriemen (Fig. 21) dient zum Durch-

[1]) Nach Hernsheim; nach Kubary »Katak«. Letzteres Wort heisst aber nach Hernsheim »lehren«.

stechen der Blätter, unterhalb des Längsstabes, so dass der umgeschlagene Endtheil jedes Blattes, wie die letzteren unter sich mit den Rippenstäbchen verbunden, circa 4 Fuss lange Blätterlagen bilden, zu welchen je circa 20 Blätter erforderlich sind. Die Anfertigung dieser Blätterlagen ist hauptsächlich Frauenarbeit, das Dachdecken selbst besorgen die Männer. Mit Ausnahme des Rüstbalkens und der Giebelbalken, besteht das ganze Sparrenwerk aus ziemlich dünnen Stecken und Stäben, die mit Stricken zusammengebunden werden. Beim Eindecken wird, wie überall, unten angefangen und die erste Blätterlage mit Strick festgebunden, circa 10 Cm. darüber folgt die zweite und so eine nach der anderen. Die Dachdecker stehen innen, um die einzelnen Blätterlagen festzubinden, die ihnen von aussen zugereicht werden. Erhebt sich das Dach höher, als ein Mann greifen kann, so dient ein an zwei Stricken befestigter Balken als Gerüst, und man reicht die Blätterlagen an langen Stöcken hinauf. Die Firste des Daches wird mit groben Matten aus Palmblatt oder letzteren bedeckt, um den Regen besser abzuhalten, gegen den diese Dächer überhaupt guten Schutz gewähren, denn sie dienen ja eigentlich nur als Unterschlupf bei schlechtem Wetter und für die Nacht. Die von Choris (Pl. XIV und XIX) abgebildeten Hütten entsprechen der Wirklichkeit, weniger die Darstellungen des Inneren (Choris, Pl. XVI, und in Kotzebue's Reise), welche viel zu geräumig sind. Sie zeigen aber einen durchgehenden Bodenraum, ähnlich wie auf den Gilberts, den ich nicht mehr beobachtete. Es gab im Inneren der Hütte nur Stellagen aus Balken, welche zum Aufbewahren der wenigen Habseligkeiten dienten. Die Diele der Hütte ist meist mit feinem weissen Korallgeröll bedeckt, als Feuerstelle dient eine mit Korallsteinen ausgelegte Grube. Dieselbe liegt zuweilen am vorderen offenen Eingange der Hütte, meist aber etwas abseits, häufig mit einem Dache überdeckt und heisst dann »Bellak«, soviel als Kochhaus. Eine besondere Art kleiner elender Hütten (»Dschukwen«) als Aufenthalt der Frauen und Mädchen während ihrer Periode erwähnte ich bereits (S. 130 [386]). Unverheirathete junge Männer pflegen in einer besonderen Hütte gemeinschaftlich zu nächtigen, ebenso sperrte Kabua die Mädchen zusammen ein, damit sie ihm nicht in der Nacht wegschleichen und somit eigenen Verdienst machen konnten.

Die elenden Hütten und deren schmutzige Umgebung, voll verfaulender Cocoshülsen, Blätter etc., wie sie Kubary von dem christlichen Ebon beschreibt, finden sich genau in derselben liederlichen Manier auch auf Dschabwor. Aber auf anderen heidnischen Inseln des Dschalut-Atolls, wie auf Milli und Arno, sah es bei Weitem reinlicher und besser aus; hier war die Umgebung der Hütten planirt und meist mit weissem Korallgrus bestreut.

König Kabua besass auf Dschabwor übrigens ein Bretterhaus und sogar einige Möbel (Tisch und Stühle).

In der Nähe der Hütten findet sich gewöhnlich ein Wassertümpel, meist ein künstlich gegrabenes Loch, in welchem sich Regenwasser (»Dren in wut«) sammelt oder bei Fluth Wasser von unten eindringt. Es ist meist recht schlecht, aber das einzige Trinkwasser für die Eingeborenen. Zuweilen sind diese Wassertümpel mit Korallsteinen ausgemauert, an Plätzen, wo Schweine gehalten werden, wohl auch mit einer Art Zaun eingefriedigt, damit die Thiere nicht so leicht hineinfallen und ertrinken können.

5. *Hausrath.*

Dem ärmlichen Aeusseren der Hütte entspricht das Innere, denn von eigentlichem Hausrath kann kaum die Rede sein. Auf Querstangen oder an solchen aufgehangen finden sich Körbe mit Brotfrucht (»Piru«), *Pandanus*, Material zu Flechtarbeiten, Flechtbretter, Hutformen, Cocosnüsse zu Wasser etc., hie und da eine alte Harpune oder lange Stöcke. Letztere erwiesen sich als Speere (S. 138 [394], dienten aber im Frieden dazu, um die Rattennester im Blätterdache zu zerstören. Leere Blechgefässe und Flaschen gab es in jeder Hütte, bei Reicheren meist ein oder die andere verschliessbare Holzkiste (»Dibedib«), als Zeichen der vorgeschrittenen Civilisation.

Die Abtheilungen zum Schlafen sind meist mit trockenen *Pandanus*-Blättern bedeckt, welche als Bett (»Babu« = liegen) dienen, während zwei dünne *Pandanus*-Stämme, der Länge nach auf den Erdboden gelegt, als gemeinschaftliches Kopfkissen benutzt werden. Es gibt aber auch solche primitive Kopfunterlagen für nur eine Person, wie das folgende Stück:

Bitt (Nr. 99, 1 Stück), Kopfkissen; Abschnitt von einem von der Rinde entblössten und geglätteten runden Stammstück vom *Pandanus*-Baum, 45 Cm. lang, 10 Cm. im Durchmesser. Dschalut.

Die grossen, schön geflochtenen *Pandanus*-Matten, wie sie auf den Gilberts (S. 63 [331]) zum Schlafen verwendet werden, verfertigt man auf den Marshalls nicht, dagegen aber gewöhnliche Matten zu gleichem Zwecke oder zum Daraufsitzen. Die gewöhnlichsten aus dem Blatt der Cocospalme (»Kimed«) heissen »Dschinai«, bessere aus *Pandanus*-Blatt heissen »Dschebegoa«, nicht »Mang«, wie Chamisso schreibt, da letzteres Wort nur das Material bezeichnet. Die feinste und wie es scheint für die Marshalls eigenthümliche Sorte repräsentirt das folgende Stück:

Dschägi (Nr. 196, 1 Stück), Schlafmatte aus *Pandanus*-Blatt. Dschalut.

Derartige Matten werden aus den Rippenstücken alter *Pandanus*-Blätter verfertigt und sind nicht geflochten, sondern in eigenthümlicher Manier mittelst durchgesteckter *Pandanus*-Streifen zusammengenäht. Eine solche Matte besteht aus zwei je circa 1·11 M. langen und 60 Cm. breiten Stücken, die an der einen Längsseite zusammengeflochten sind, und jedes Stück wiederum aus einer Doppellage von *Pandanus*-Blatt, so dass im Ganzen vier Blattlagen herauskommen, wodurch die Matte ziemlich dick und etwas weich wird.

In voller Originalität haben sich noch erhalten:

Ieb (Nr. 104, 105, 2 Stück), grosse Körbe, aus Cocospalmblatt geflochten. Dschalut.

Die gewöhnlichen Tragkörbe aus gleichem Material, dreiseitig, mit einem Henkel, oder flach und muldenförmig (ähnlich: Journ. M. G., Heft IV, Taf. 4, Fig. 16 von Pelau) mit einer Handhabe an jedem Ende, sind meist so flüchtig gemacht, dass sie nach kurzem Gebrauch meist weggeworfen werden. Einen gewöhnlichen Handkorb bildet Choris ab (Pl. II, Fig. 9).

Im Uebrigen ist die Anfertigung der Körbe ganz so wie auf den Gilberts (S. 64 [332]), ebenso die Benutzung derselben. In Körben werden z. B. auch die Cocosschalen getragen, in welchen man Wasser holt.

Statt der kleinen hübschen Deckelkörbe (S. 65 [333]), welche auf den Marshalls nicht gemacht werden, flicht man viereckige oder längliche flache Taschen (»Trauu«), die zuweilen in hübschen Mustern in Braun und Schwarz, wie die Bekleidungsmatten (Taf. IV [21], Fig. 4), benäht sind. Eine solche Tasche, »Korb eines Fischers«, bildet Edge-Partington (Taf. 177, Fig. 8) ab. Jetzt werden nur noch selten so hübsche Taschen für solche Zwecke verfertigt, und ich erhielt nur einige kleine »Büchertaschen« (»Boju in Buk«), in welchen die getauften Insulaner ihre Fiebel mit zur Kirche tragen. Solche Taschen verzeichnet der Kat. M. G. (S. 273 und 274) von Ebon.

6. Werkzeug.

Aexte. Wenn es mir auf den Marshall-Inseln auch nicht mehr gelang, eine vollständige Eingeborenenaxt zu erlangen, mit denen es schon damals für immer vorbei war, so bekam ich wenigstens die beiden Hauptheile einer solchen:

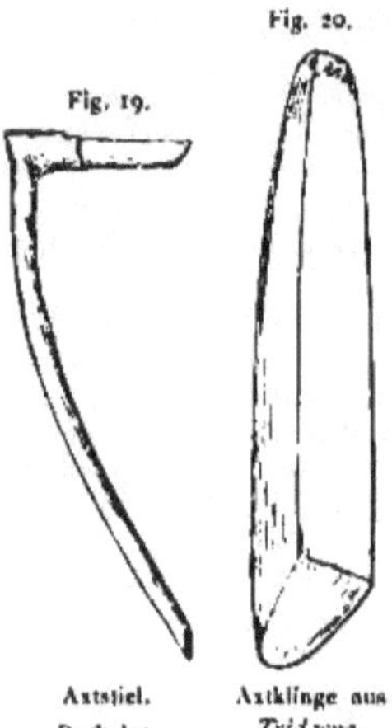

Fig. 19. Axtstiel. Dschalut.

Fig. 20. Axtklinge aus *Tridacna*. Dschalut. ½ nat. Grösse.

Axtstiel (Fig. 19) aus einem knieförmigen, natürlich gebogenen Aststück, an dessen flacher Vorderseite, in ähnlicher Weise wie bei den Carolinen-Aexten (Fig. 39) mittelst feiner Schnur aus Cocosnussfaser die:

Axtklinge (»Mälla«, Fig. 20) festgebunden wurde. Letztere ist aus »Medjenor«, dem Schlosstheil von *Tridacna gigas* geschliffen. Ich erhielt davon im Ganzen nur zwei Exemplare und ein Fragment auf Dschalut. Die grösste Klinge misst 20 Cm. in der Länge und 9 Cm. in der Breite und stimmt in der Form ganz mit *Tridacna*-Klingen von Kuschai überein. Das andere Exemplar von Dschalut ist 14 Cm. lang und 55 Mm. breit und gehört zu der dreiseitigen hohen Form (Fig. 20), wie sie ähnlich auch auf Kuschai und ganz so auf Nukuor vorkam. Die Schneiden dieser Klingen sind wie gewöhnlich so stumpf, dass man kaum begreift, wie die Eingeborenen damit etwas schaffen konnten.

Sonderbarer Weise gedenkt Chamisso dieses wichtigsten und interessantesten Werkzeuges der Marshalleaner nur mit den kurzen Worten bei *Chama (Tridacna) gigas*: »es werden auch Schneidewerkzeuge daraus verfertigt«, sagt aber an anderer Stelle: »Die Schätze unserer Freunde bestanden in wenigen zum Schleifen des Eisens brauchbaren Steinen, die das Meer auf ihre Riffe ausgeworfen, jene auf Schiffstrümmern, diese im Wurzelgeflecht ausgerissener Bäume.« Ueber die angeblich im Treibholz angeführten Steine habe ich mich schon (S. 66 [334]) ausgesprochen, bezweifle aber keineswegs, dass die Eingeborenen bereits aus Schiffstrümmern Eisen kannten. Der Name dafür »Mäl« ist derselbe, als für Muscheläxte, eiserne Aexte, Bandeisen etc., bezeichnet aber nicht eigentlich »Eisen«. Chamisso sah selbst am Strande ein angetriebenes Stück Holz[1]), in welchem einige Nägel steckten; solche Eisentheile dürften sich aber in den wenigsten Fällen zu Aexten geeignet haben. Chamisso scheint übrigens keine Muscheläxte gesehen zu haben, denn er sagt ausdrücklich: »Wir trafen bei den Eingeborenen, das Holz zu bearbeiten, keine anderen Werkzeuge an als das auf diesem Wege gewonnene kostbare Metall.« Aber Kotzebue, der übrigens eine eiserne Axt erwähnt, sagt, »dass die Böte nur mit Korallsteinen und Muscheln bearbeitet werden«. Der Mann auf dem Bilde von Choris (Pl. XVI rechts, bei Kotzebue links) scheint mit einer Eingeborenenaxt an einem Brette zu hantiren. Nach Eingeborenenmaxime ist die Annahme nicht ausgeschlossen, dass die schlauen Insulaner ihren neuen

[1]) Nach Chamisso »Gaithoga«, »Flössholz«, d. h. Treibholz »Gaimed«; Stein »Ragha«; Schleifstein »Ragaloll«; Nagel oder Meissel »Miré«, alles Worte, die wohl von Kadu herrühren und sich bei Hernsheim entweder gar nicht oder doch ganz verschieden finden. So heisst: »Rag« oder »Rak« Süden; »Ra« dagegen ein angetriebenes Brett oder Balken; »Alal« Baumstamm; »Oar« Stein (d. h. Korallfels); »Top« Schleifstein; »Dschedil« Meissel.

Freunden gegenüber die kostbaren Muschelâxte verheimlichten, denn dass letztere vorhanden waren, unterliegt keinem Zweifel. Auch auf den Marshalls gab es eine Zeit, wo keine Schiffstrümmer anspülen konnten, die ja ohnehin nur ein seltener Zufall brachte.

Eine interessante Uebergangsform von der Eingeborenenmuschelaxt zu der eisernen ist das folgende Stück:

Mälla oder »Mel« (Nr. 119, 1 Stück), Axt; an einem Holzstiel der alten Form (Fig. 19) ist ein Stemmeisen mittelst Cocosfaserschnur als Klinge festgebunden. Dschalut.

Derartige Aexte, ein Typus, der sich beim ersten Verkehr zwischen Eingeborenen und Weissen überall in derselben Weise entwickelt, waren noch sehr beliebt. Wo ich auch mit unberührten Naturmenschen der Steinzeit zusammenkam, immer wurden Stücke Flacheisen (Hobeleisen oder selbst nur Bandeisen von einer Kiste) fertigen europäischen Beilen bei Weitem vorgezogen, und zwar aus praktischen Gründen (vgl. »Samoafahrten«, S. 63, 315 und 345). Solche Eisenstücke werden ganz in der Weise wie die Stein- oder Muschelklingen an den Holzstielen eigener Arbeit festgebunden. Es entsteht dadurch ein Geräth, das in der Form (mit der Schneide quer zum Stiel gestellt) am meisten dem Texel unserer Schiffszimmerleute ähnelt und der Handhabung und den Zwecken des Eingeborenen am besten entspricht. Auf der Colonialausstellung in London war es mir interessant, unter den malayischen Schmiedearbeiten der Straits-Settlements Aexte zu sehen, deren flache, lange Eisenklingen ganz in der Weise der Südsee-Eingeborenen am Holzstiele mittelst gespaltenem Rottang befestigt waren.

Sonstige Werkzeuge eigener Arbeit waren bereits fast so selten, als die alten Aexte; ich konnte aber noch einige der wichtigsten Stücke retten; darunter den alten Schlägel oder Hammer, wie er früher zum Canubau gebraucht wurde, und eine der wichtigsten Geräthe dafür.

Luit (Nr. 40, 41, 2 Stück), Hammer aus Eisenholz. Dschalut.

Die eine Form ist blattförmig an beiden Seiten abgeflacht, das Ende stumpf zugespitzt, die Basis zu einem rundlichen, kurzen Handgriff verlängert, circa 32 Cm. lang (wie Finsch: Westermann's Monatshefte 1887, S. 504, Fig. 9). Die zweite Form ist mehr birnförmig, rund (wie Finsch: Verhandl. der Anthrop. Gesellsch. Berlin, 1887, S. 26, Fig. 7); übrigens sind beide Formen nicht constant, sondern jedes Stück zeigt kleine Abweichungen.

Bohrer. Die eigenthümlichste Sorte ist der »Dribal«, eine Art Drillbohrer, aus einem geraden Stock bestehend, in dessen Mitte eine runde Holzscheibe befestigt ist und der mittelst zweier Schnüre in quirlende Bewegung gesetzt wird, ganz in ähnlicher Weise wie der Drillbohrer der Uhrmacher. Als Spitze wurde früher in Ermangelung von Steinen ein Haifischzahn oder ein aus *Tridacna* geschliffener Stift benützt, sofern man nicht aus Schiffstrümmern einen eisernen Nagel erlangen konnte. Solche Drillbohrer dienten besonders zum Bohren von Löchern in die *Spondylus*-Scheibchen, Abbildungen bei Finsch in: Westermann, 1887, S. 503, Fig. 8 und Verhandl. der Anthrop. Gesellsch., S. 26, Fig. 8, sowie Wilkes, V, S. 17, und zwar von Fakaofo der Tockelau-Gruppe. Genau dieselbe Construction von Bohrern haben wir bereits von der Südostküste Neu-Guineas (II, S. [114]) kennen gelernt. Es verdient bemerkt zu werden, dass ein ganz gleiches Geräth, aber ohne Steinspitze oder dergleichen, von den Irokesen Canadas zum Feuerreiben benützt wird, so dass dieselbe Erfindung von den entferntesten Localitäten zu verzeichnen ist (vgl. Hough: »the methods of fire-making« in: Report of the National Museum Washington for 1890, Fig. 54).

»Aurak« biess ein Bohrer, aus der Spitze eines Schalenfragments einer *Pterocera*s-Art (wohl *lambis*), um Löcher in Holz vorzubohren, die durch Einschlagen eines Stiftes oder Keiles von Hartholz dann erweitert wurden. Wie diese Geräthe jetzt wohl nicht mehr zu erlangen sein dürften, so erhielt ich schon damals keine Raspel mehr, die ehemals ganz wie auf den Gilberts (S. 66 [334]) aus Rochenhaut verfertigt wurde und »Lä« hiess.

Eine andere Art Feile »Delal« war aus dem flachgeschliffenen Griffel eines Seeigels *(Acrocladia trigonaria)* verfertigt und diente zu feineren Arbeiten (s. Tätowirinstrumente). Ein ähnliches Werkzeug erwähnt Wilkes als »Bohrer« von Fidschi.

Pfriemen. Das einzige hierher gehörige Geräth, welches ich erhielt waren:

Fig. 21.

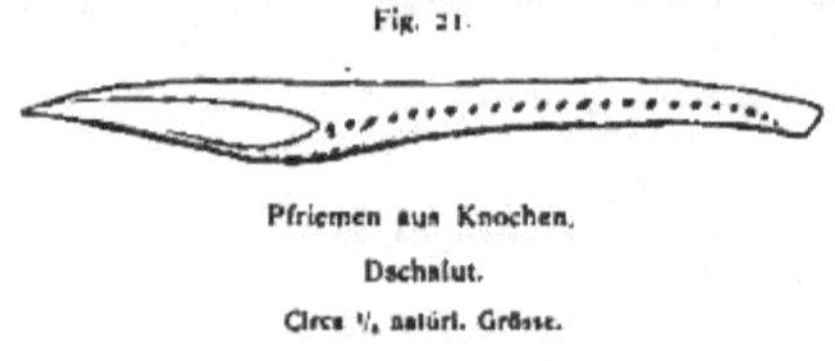

Pfriemen aus Knochen. Dschalut. Circa ¹/₃ natürl. Grösse.

Ii-inat (Nr. 44, 1 Stück), Pfriemen (Fig. 21) aus Knochen, 32 Cm. lang, zum Dachdecken benutzt (S. 152 [408]). Dschalut.

Das Material dazu ist der: **Unterkiefer eines Delphins**, *Phocaena* spec. (Nr. 45, 1 Stück), dessen Basistheil zu einer schiefen Spitze angeschliffen wird.

Pfriemen aus Menschenknochen habe ich auf den Marshalls nicht gesehen, sie mögen aber auch vorgekommen sein.

7. *Flechterei und Seilerei.*

Die Flechtarbeiten der Marshall-Inseln sind insofern verschieden von denen der Gilberts, als sie meist Bekleidungszwecken dienen, und erhalten durch die zum Theil sehr kunstreiche Verzierung in zweifarbigen Mustern, die aufgenäht (gestickt) werden, einen besonders eigenartigen Charakter (vgl. Taf. IV [21], Fig. 3 und 4).

Das Material zu Flechtarbeiten ist das gewöhnliche:

Mang (Nr. 193, 1 Stück), Probe von zubereitetem *Pandanus*-Blatt. Dschalut.

Die Zubereitung alter *Pandanus*-Blätter besteht in Trocknen und Klopfen; dann schneidet man breite Streifen, die zu Rollen »Jeljit« gewickelt, bis zum Gebrauch aufgehoben werden. Aus diesem Material verfertigt man Segel und gröbere Matten; zu feineren Flechtarbeiten kommen nur junge *Pandanus*-Blätter »Manginej« zur Verwendung, die man über Feuer trocknet, dann klopft und schliesslich zwischen den Händen reibt, um sie vollends geschmeidig und biegsam zu machen. Diese *Pandanus*-Streifen sind von verschiedener heller Färbung (gelblich bis graulich), werden aber nicht als solche gebleicht, sondern erst die fertig geflochtenen Matten, was durch wiederholtes Einweichen und Trocknen geschieht. Darnach beginnt die Arbeit des Einstickens der Muster.

Zum Schlagen von *Pandanus*-Blatt bedient man sich einfach passlicher Rollstücke von Koralltrümmergestein, wie sie sich am Strande so leicht finden lassen. Ich sah eine alte Frau mit einem solchen natürlichen Schlägel arbeiten, der die Form eines künstlichen hatte und wie mit einem Handgriff versehen aussah. Die ganze Mattenflechterei »Ect« sammt der Zubereitung und dem Färben des Materiales ist ausschliesslich Arbeit des weiblichen Geschlechtes.

Als Material für das braune Muster der Matten verwendet man:

»**Adaat**«, den braunen Bast einer Kriechpflanze (nach Chamisso *Triumphetta procumbens* Forst.: »aus der Familie der Linden«), die überall auf Sand wächst, sowie den Bast des »Lao« (Law)-Strauches *(Hibiscus populneus)*.

Die Zubereitung des letzteren, eines auch vielfach zu feineren Stricken verwendeten Materiales, geschieht auf folgende Weise. Man legt den abgehauenen Stamm circa eine Woche in Salzwasser, wodurch sich die Rinde (»Gill«, auch = Haut) löst, welche dann nicht selten mit den Zähnen abgerissen wird. Durch Klopfen mit einem Stück Holz oder Stein entfernt man dann die äussere Rinde und erhält somit den eigentlichen Bast, wie die folgende Nummer:

Gill (Nr. 201, 1 Probe), zubereiteter *Hibiscus*-Bast, wie er zum Benähen der Matten verwendet wird. Dschalut.

Dieser Bast wird zum Theil auch veredelt, denn die Marschallaner verstehen die ersten Anfänge der Kunst des **Färbens**, und zwar mit:

Dschong (Nr. 203, 1 Stück), längliche schmale Frucht (angeblich der Blüthenkolben von Eisenholz · Mangrove). Dschalut.

Diese Frucht wird mittelst eines geschärften Scherbens einer Cocosnussschale geschabt und gekocht, wozu man sich früher Cocosschalen oder grosser Muscheln (z. B. *Cassis*) als Gefäss bediente. In den Absud werden die präparirten *Hibiscus*-Baststreifen gelegt und durch Trocknen im Schatten schwarz (»kilmed«) gefärbt. Werden die Baststreifen im Sonnenschein getrocknet, so entsteht keine schwarze, sondern nur eine rothbraune (lohfarbene) Färbung, wie mir wenigstens von den Eingeborenen versichert wurde.

Gill-kilmed (Nr. 200, 1 Probe), schwarz gefärbter *Hibiscus*-Bast, zum Benähen der Matten, in circa 55 Mm. breiten, papierdünnen Streifen. Dschalut.

Eine dritte Sorte, zu dem gleichen Zweck benutzt, heisst »Gill-emear« (gelb) und ist hell bastfarben.

Ein anderer Färbestoff heisst »Ninn« und wurde als die Rinde von der Wurzel eines Baumes (? Mangrove) bezeichnet. Sie wird abgeschabt und gekocht, bis eine rothe breiartige Masse entsteht, welche ebenfalls einen lohfarbenen Ton (»emerrar« = roth[1]) erzeugt. Das Berliner Museum besitzt auch diesen Färbestoff durch mich, sammt der Cocosschale, die als Gefäss diente.

Zum Aufnähen der dickeren Randstreifen des Musters (vgl. Taf. IV [21], Fig. 4 *a*) wird verwendet:

Örr (Nr. 202, 1 Probe), sehr feiner, sauber gedrehter dünner Faden. Dschalut.

Das Material dazu ist die Faser einer »Armé« oder »Armiu« genannten Pflanze, nach Chamisso »Aromä«, »ein zu der Familie der Nesseln *(Boehmeria)* gehöriger Strauch, der nur auf feuchtem Grunde wächst und manchen Inseln fehlt, so z. B. Udirik und Ailiu, die ihren Bedarf von Ligip beziehen«. Dieses Material ist sehr haltbar und wurde besonders zu Fischleinen verwendet, die man jetzt meist bei weissen Händlern kauft.

---

[1]) Die zahlreichen Prüfungen über Farbensinn, respective Farbenbegriffe, welche ich bei Naturvölkern vornahm, zeigten auch bei den Marshallanern eine nach unseren Begriffen sehr mässige Entwicklung, sowie individuell verschiedene Auffassungen, die ja auch bei uns nicht selten sind. Im Allgemeinen unterschied man folgende Farben: »emudj« = weiss; »kilmed« = schwarz, womit aber auch das Grün des Gelaubes bezeichnet wurde; »maroro« = blau und grün, welche Farben meist gar nicht unterschieden werden; »emerrar« (= trocken) = roth, d. h. lohfarben, aber auch das zarte Roth der Koralle *(Stylaster)* und violett, für Roth übrigens auch: »kilmir« und »beroro«, indess ohne präcise Begriffe; denn ein Eingeborener bezeichnete die braune Farbe seiner Haut als »beroro« oder »bororo«; »emear« = gelb, womit auch nicht eigentliches Gelb, sondern eine lichte Bastfarbe bezeichnet wird. Ganz ähnlich verhält es sich mit dem Farbensinn der Gilbert Insulaner: »erraro« = schwarz; »mainaina« = weiss; »uraura« = roth, aber eigentlich braun und »maua« = grün und blau.

Geräthschaften zu Flechtarbeiten sind ungefähr dieselben, als auf den Gilberts. Zum Spalten (Schlitzen) von *Pandanus*-Blatt und *Hibiscus*-Bast benutzt man jetzt ein Stückchen Blech, früher aber Splitter einer Muschel *(Pinna vexillum)*, »Djebörr« genannt. Zum Flechten selbst dient ein:

Tigniët (Nr. 189, 1 Stück), Flechtbrett aus Holz des Brotfruchtbaumes. Dschalut.

Entsprechend den kleineren Arbeiten ist dies unentbehrliche Geräth auf den Marshalls-Inseln von geringerer Grösse, namentlich kürzer, von länglich-viereckiger Form, sanft gebogen (also die eine Seite concav, die andere convex). Gewöhnliche Grösse: 37 Cm. lang, 21 Cm. breit und 30 Mm. dick.

Zum Benähen (Sticken) der Matten bediente man sich früher Nadeln »Jän« von Bein (anscheinend schmale, spitze Knochen gewisser Fische), wovon ich noch einige (bis 24 Cm. lang) erhielt, jetzt allgemein eingeführter kupferner Nadeln.

In Folge der Anfertigung moderner Hüte ist ein weiteres Flechtgeräth nothwendig geworden, welches man früher nicht kannte:

Managedscham (Nr. 269, 1 Stück), Hutform aus Eisenholz. Dschalut.

Ein rundes, niedriges Stück Holz, das in der Form einem Hut ohne Krämpe entspricht, über welchem der obere Theil des Hutes geflochten wird.

Seilerei und Stricke. Die als Material zu feineren Bindfaden benutzten Faserstoffe: Adaat (*Hibiscus*-Bast) und Armé (*Boehmeria*-Faser) sind bereits auf der vorhergehenden Seite erwähnt worden. Es ist also hier nur noch der

Bueje (Nr. 135, 1 Probe), zubereiteten Cocosfaser zu gedenken, welche das Hauptmaterial für Seilerei liefert.

Die Faserhülle (»Büo«[1]) der Cocosnuss wird in grossen Längsstücken abgeschält, diese in Süsswasser geweicht und dann mittelst Klopfen von den holzigen Bestandtheilen gereinigt, so dass sich die einzelnen Fasern lösen. Dieselben sind nicht sehr lang (25 bis 27 Cm.,) aber je nach der Bearbeitung zum Theil sehr fein und liefern das Material zu dem weit über die Südsee unter dem Namen »Coir« bekannten Garn.

Als Geräth zur Zubereitung der Cocosnussfaser dient ein Schlägel (»Rüngräng«), der aus einem einfachen runden (circa 40 Cm. langen) Knüppel aus Eisenholz besteht, ein plumper Hammer (= S. [155]) oder auch nur ein handliches Stück Korallrollstein.

Die gewöhnlichste Sorte Stricke ist die folgende:

Kwall (Nr. 136, 1 Probe), Strick aus Cocosfaser. Arno.

Fig. 22.

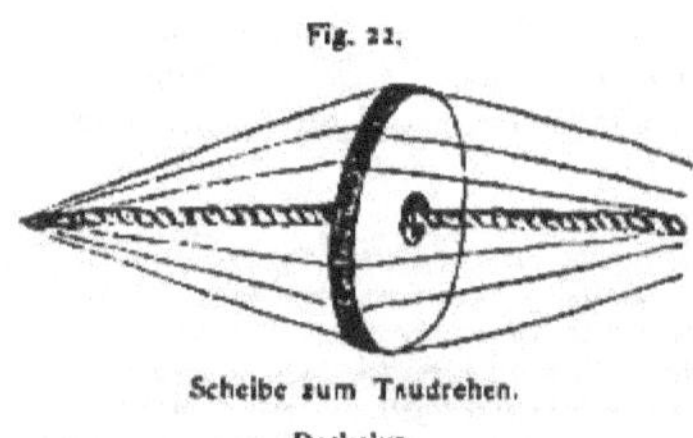

Scheibe zum Taudrehen.
Dschalut.

Diese gewöhnlich zum Hausbau verwendete Sorte wurde damals kaum mehr auf Dschalut (und Ebon) verfertigt und meist von den betriebsameren nördlichen Inseln bezogen, hier auch durch Schiffe mitgebracht. Aber aus solchen Stricken sah ich auf Dschalut noch dicke Taue für Canubedarf drehen (»bidebit« = Seil drehen) und damit eine der primitivsten Formen der Reepschlägerei kennen, wie sie auch in diesem abgelegenen Winkel der Welt bald verschwunden sein dürfte.

Als einziges Seilereigeräth diente eine runde hölzerne Drehscheibe (Fig. 22, von circa 32 Cm. Durchmesser), in der Mitte mit einem runden Loch, am Rande mit

[1] Chamisso schreibt »Aët«, was aber nach Hernsheim »schwimmen« heisst.

neun Kerbeinschnitten versehen. Durch das Loch dieser Scheibe lief ein starkes, circa vier Finger dickes Tau von 20 Schritt Länge, das mit dem einen Ende an einer Cocospalme festgeknüpft war, während das andere, um eine zweite Palme gezogen, von einem Manne straff gehalten wurde. Neun dünne Stricke, (wie der obige Nr. 136), an dem einen Ende mit dem Hauptttau an der ersten Cocospalme befestigt, zogen sich durch die Kerbeinschnitte der Scheibe und wurden am anderen Ende, (hier noch in grosse dicke Knäuel aufgerollt), von ebenso vielen Männern gehalten und bedient. Indem nun ein Mann die Scheibe stramm nach rechts drehte, hatten die übrigen Leute darauf zu achten, dass sich die neun dünnen Stricke gleichmässig abwickelten und ohne zu drilien auf das mittelste Haupttau aufwickelten. In dieser Weise entstand ein treffliches, sehr sauber gedrehtes Schiffstau, zu dessen Anfertigung allerdings eilf Männer nothwendig waren.

8. Fahrzeuge und Verkehr.

Die bewunderswertheste und grossartigste Leistung des Gewerbefleisses der Marshallaner ist ihre Geschicklichkeit im Bau seetüchtiger Fahrzeuge; die letzteren sind deswegen aber noch keineswegs die allerbesten der Südseevölker, wie gewöhnlich angenommen wird. Sie stehen jedenfalls in Technik und kunstvoller Ausführung weit hinter den grossen, zuweilen zweimastigen Fahrzeugen in Melanesien zurück (vgl. II, S. [169] und [191]), unter denen die Doppelcanus von Fidschi die erste Stelle einnehmen. Wilkes mass ein solches von über 100 Fuss Länge, das 200 Personen trug. Auch die gefälligen und schönen Fahrzeuge der Gilbert-Insulaner sind den marshallanischen vollauf ebenbürtig, besonders wenn man die ungeheuren Schwierigkeiten, die mit dem Mangel passenden Bauholzes verbunden sind, berücksichtigt.

Die Marshallaner besitzen besseres Material in dem ziemlich weichen und leicht zu bearbeitenden Holze des Brotfruchtbaumes, aus dem die Fahrzeuge gebaut werden, denn Treibholz und Schiffstrümmer können bei ihrer Seltenheit doch immer nur untergeordnet in Betracht kommen.

Das Marshall-Canu »U-a« (»O-a«: Chamisso; »Wa«:[1]) Hernsheim) gehört zu dem weitverbreiteten Typus eingeborener Schiffsbaukunst, bei welchem der Hauptheil des Fahrzeuges aus einem grossen Kielstücke besteht. Das letztere wird aus einem passenden Stamme vom Brotfruchtbaum gezimmert, respective ausgehöhlt, und ist massgebend für die Grösse des Fahrzeuges. Dem unterseits spitzen Kielstück wird vorne und hinten ein in eine lange Spitze (Schnabel) auslaufendes, vorderseits scharfes Bugstück angesetzt und diese wiederum mit dem Kiel durch Seitenborde verbunden, Planken oder Brettstücke, deren Grösse sehr verschieden ist und sich nach dem vorhandenen Holz und dessen Verwendbarkeit richtet. Gewöhnlich werden die flachen Wurzelstreben des Brotfruchtbaumes zu Seitenborden verarbeitet, die aber nur selten nach unseren Begriffen Bretter sind.

---

1) Nächst »Niu« = Cocosnuss, wohl das am weitesten über Oceanien und Melanesien verbreitetste Wort: »Waa«: Hawaii; »Vá-a«: Samoa; »Vaa«: Uluti, Carolinen; »Ua (Wa)«: Marshalls, Mortlock; »Wa«: Doreh, Neu-Guinea; »Waage«: Kunschai; »Waga«: Louisiade, Hayter-Insel; »Vaka«: Tonga, Maori; Südcap, Neu-Guinea; »Wakha«: Nukuor; »Wage«: Milne-Bay, Neu-Guinea; »Vanaka«: Port Moresby, Neu-Guinea; »A Vange«: Blanche-Bai, Neu-Britannien; »Wanja«: Rook-Insel; »Wonga«: Astrolabe-Bai, Neu-Guinea; »Uang«: Finsch-Hafen, Neu-Guinea; »Uän«: Bilibili, Astrolabe-Bai; »Wem«: Ostcap, Neu-Guinea; »Wuar«: Ponapé, und schliesslich malayisch »Prau« oder »Pra-hu«. Sehr abweichend sind dagegen: »Tambul«: Neu-Irland; »Obuna«: Salomons (Bougainville); »Amlai«: Pelau; »Mu«: Yap; »Baurua« (aber auch »Toa«): Gilberts.

Nach Kotzebue waren die nur kleinen Canus, ohne Mast und Segel, von Meschid »aus lauter kleinen Brettchen zusammengeflickt«, also ganz wie dies auf den Gilberts geschieht, wahrscheinlich wegen Mangel an Brotfruchtbaum. Die Abbildung von Choris (Radak, Pl. IV) zeigt ein solches kleines Canu von Meschid.

Charakteristisch, aber nicht eigenthümlich für die Marshall-Canus ist die Ungleichheit der Seiten. Während die dem Ausleger zugekehrte Seite sich sanft bauchig rundet, also convex gearbeitet ist, verläuft die entgegengesetzte fast gerade (vgl. Fig. 24). Ohne diese ingeniöse Einrichtung würde das Fahrzeug in Folge des einseitigen, weit abstehenden Auslegers nicht gerade, sondern in grossen Bogen laufen. Die einzelnen Theile des Canus sind mittelst Bohrlöchern und Stricken aus Cocosfaser zusammengebunden; zum Dichten werden Streifen *Pandanus*-Blatt zwischen die einzelnen Holztheile gelegt. Es ist mir nicht mehr erinnerlich, ob die Fugen auch noch mit Harz

Fig. 23.

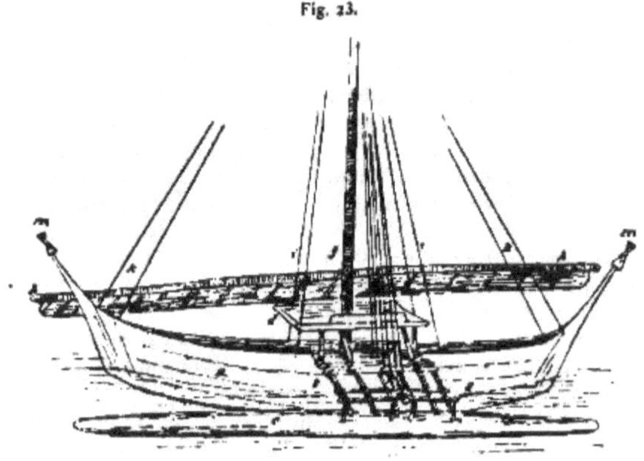

Segelcanu von den Marshall-Inseln, Seitenansicht.

Dschalut.

(»Ijur«) verschmiert werden, was ja der Brotfruchtbaum liefert. Das Canu trägt ein sehr schweres Auslegergeschirr mit einem schweren Auslegerbalken (Balancier) von der Länge des Kiels, der in eigenthümlicher Weise mit den sechs Querhölzern verbunden ist. Ueber die etwas höhere Mitte des Fahrzeuges läuft eine breite Plattform (»Bedak«, »Hängeboden«: Chamisso) aus Brettern, welche an der dem Ausleger gegenständigen Seite (»Rong«), wie beim centralcarolinischen Canu, ansehnlich weit übersteht und zuweilen so gross ist, dass an jeder Seite eine kleine Hütte errichtet werden kann. Sie wird aus *Pandanus*-Blatt gebaut und ist gross genug, um 5—6 Personen dicht zusammengedrängt nothdürftige Unterkunft zu gewähren. Das Canu führt einen Mast und ein grosses lateinisches Segel, das mit zwei Bäumen oder Raaen (»Rodschak«), meist aus Rippen des Blattes der Cocospalme bestehend, gespannt werden kann. Das Segel (»Wudschela«) wird aus circa 18 Cm. breiten Streifen von Mattengeflecht (»Irr in Wudschela«) aus *Pandanus*-Blatt zusammengenäht; ein solcher Streifen ist zuweilen 200 Fuss lang, und zu einem grossen Segel gehören 700 Fuss Mattenstreif. Als Ruder

(»Dschebwe«) dient ein langer Riemen, der in einer Schlinge aus Tauwerk befestigt ist. Anker (»Kauliklik«) sind mir nicht erinnerlich, mögen aber vorhanden sein. Gewöhnlich sind die Canus vorne am Schnabel mit einem Tau an einer Palme befestigt und werden bei Nichtgebrauch auf den Strand geholt, aber nicht in besonderen Schuppen untergebracht. Verzierungen sind keine anderen angebracht als Büschel zerschlissener schwarzer Federn (vom Fregattvogel) an der Mastspitze, den Haupttauen, welche den Mast halten, und am Ende des unteren Baumes oder Rase. Die Spitze jedes Buges ziert zuweilen eine Schnitzerei in Form eines Uhlanenhelmes. Diese Verzierung (»Bellik«), aus Holz geschnitzt oder Korbgeflecht, schwarz oder weiss bemalt, zuweilen mit Federbüschel geschmückt, ist ganz besonders charakteristisch für die Canus der Marshallinsulaner, findet sich aber nur an grossen und grösseren Canus. Abbildungen solcher geben Choris (Pl. XI: von der Seite und von vorne, XII: Grundriss und XIV: unter Segel) und Kotzebue (S. 80) immerhin kenntlich, wenn auch nicht in allen Einzelheiten correct. Durchaus richtig sind dagegen die nach meinen photographischen Aufnahmen gezeichneten Bilder von Dschalut-Canus in »Westermann's Monatshefte«, 1887, S. 492, 493, 496 und 497 (vgl. auch Hernsheim, »Sprache der Marshall-Inseln«, S. 97, 99 und 101, und »Südsee-Erinnerungen«, Taf. 7 und S. 92).

Fig. 24.

Segelcanu von den Marshall-Inseln, Vorderansicht. Dschalut.

Die beigegebenen Skizzen Fig. 23: Seitenansicht und Fig. 24: Vorderansicht (nach photographischen Aufnahmen von mir) werden besser als die ausführlichste Beschreibung zur genaueren Kenntniss beitragen und uns zugleich mit den einzelnen Theilen der Canus bekannt machen.

		A	B
		Maasse	
a, a	»U-a«, Rumpf oder eigentlicher Schiffskörper, Kiellänge	4·24	—
	Grösste Länge von Spitze zu Spitze	5·28	5·60
	» Breite in der Mitte	0·55	0·58
	» Höhe	0·77	—
b	»Ere«, Auslegergerüst und sechs Querhölzer, Länge derselben	3·32	3·68
c	»Kubak«, Auslegerbalken, Länge	4·34	—
d	»Bedak«, Plattform an der Auslegerseite, Länge	3·30	—

		A	B
		Masse	
e	»Rong«, Plattform, entgegengesetzte, ragt über	1·30	0·96
f, f	»Billebil«, kleine Hütten (ein oder zwei)	—	—
g	»Gidschu«, Mast, Höhe	4·97	6·24
—	»Rodschak«, unterer Baum (Raae), Länge	5·56	7·46
	oberer » » »	5·56	—
h	»Wudschela«, Segel (aufgerollt), Länge	5·28	—
i	»Do Kubak«, Tau vom Mast zum Ausleger	—	—
k	»Gäg«, Taue zum Segelhissen	—	—
l	»Man«, zwei Taue	—	—
m	»Bellick«, Verzierung der Bugspitzen	—	—

Die in Tabelle A gegebenen Masse (denen ich in B die von Chamisso — Reise, I, S. 242 — notirten beifüge) sind die eines mittelgrossen Canu, wie dieselben am häufigsten vorkommen. Es gibt aber auch, wie bereits erwähnt, kleinere, ohne Mast und Segel und ansehnlich viel grössere. Chamisso notirt 38 Fuss (über 12 M.) Länge für das grösste Canu, was richtig ist, Hernsheim sogar 50 Fuss (= 16 Meter), wohl nur nach Schätzung und deshalb reichlich überschätzt. Ein Canu wie das der Masstabelle A trägt 10—12 Personen, die gewöhnliche Zahl ist 6—10, für kleine noch weniger, für ganz grosse 15—20. Freilich habe ich auf letzteren zuweilen 30—40 Personen zusammen gesehen, aber die Hälfte davon waren Frauen und Kinder, und es handelte sich dann nur um eine Fahrt auf der Lagune. Bei der Schmalseite des Schiffskörpers, der eigentlich nur der Schwimmer für die Plattform ist, dient die letztere als Aufenthalt für die Passagiere, welche bei einer grösseren Anzahl hier dichtgedrängt wie die Häringe zusammenhocken.

Unter allen Fahrzeugen der Südsee stimmt übrigens das der Central-Carolinen (vgl. Choris, Pl. XVIII) am meisten mit dem der Marshalls überein und ist, abgesehen von gewissen geringeren Abweichungen, durchaus identisch in Bauart, Form und Takelung.

Canubau (»Digedik« = Holzhauen) war übrigens eine Kunst, die von Wenigen verstanden und geübt wurde, bildete also gewissermassen ein Gewerbe. Zu meiner Zeit gab es auf Dschalut nur noch ein paar alte Leute, die sich damit beschäftigten; grosse Fahrzeuge wurden aber nicht mehr gebaut. Die Zahl derselben war überhaupt nie eine bedeutende. Chamisso notirt von Airik, der grössten und volkreichsten von ihm besuchten Insel, sieben grosse Canus, ich von Dschalut etwa 33, von Ebon 13, von Milli 20. Seitdem dürfte sich die Zahl überall bedeutend vermindert haben, und ich freue mich, dass es mir noch gelang, ein seetüchtiges Marshall-Canu für das Berliner Museum zu retten, vermuthlich das einzige der Art, welches Sammlungen aufzuweisen haben.

Ein unentbehrliches Geräth bei allen Canufahrten bildet der Wasserschöpfer (»Limm«) aus Brotfruchtholz, länglich-oval, kahnförmig (circa 50 Cm. lang, 20 Cm. breit) mit ausgeschnitztem Griff an der Basis der Innenseite (vgl. Finsch: Westermann's Monatshefte, 1887, S. 495, Fig. 1). Bei der Undichtheit der Fugen lässt jedes Canu Wasser ein, so dass unaufhörlich ausgeschöpft werden muss, was übrigens bei gewöhnlichen Verhältnissen eine Person ohne Anstrengung zu bewältigen vermag.

Da das Segel nicht gerefft werden kann, so ist die Hantirung ziemlich umständlich. Der Mast steht nicht in der Mitte des Canus, sondern wird in die Höhlung einer mit Stricken festgebundenen Nabe auf der Plattform etwas über Bord der Auslegerseite (Leeseite) eingesetzt. Aehnliche Naben sind an jedem Ende (Schnabel) des Fahrzeuges angebracht und dienen zum Einsetzen der beiden Bäume (Raaen, »Rodschak«), welche das Segel halten. Soll nun gewendet werden, so muss das Segel von einem Buge nach dem entgegengesetzten getragen und hier eingesetzt werden, zugleich auch der Steuermann seinen Platz entsprechend wechseln. Wie ich aus eigener Erfahrung weiss, schlägt das Manöver nicht immer ein, und das Einsegeln in eine Passage macht oft viele Mühe. Dass der Auslegerbalken das Canu nicht vor Umschlagen bewahrt, kann nicht oft genug wiederholt werden, da jedes Buch das Gegentheil versichert. Häufig hebt sich der Auslegerbalken bedenklich aus dem Wasser, ein paar Fuss mehr und das Fahrzeug geht über Kopf, wie ich wiederholt beobachtete und was schon Kotzebue erwähnt. Freilich wissen die Eingeborenen, ausgezeichnete Schwimmer wie alle Insulaner, das Fahrzeug aufzurichten und schliesslich wieder flott zu kriegen, ja bei ruhigem Wetter etwaige leichte Schäden mit Stricken schwimmend auszubessern, aber die Sache ist keineswegs so leicht, als gewöhnlich angenommen wird. Für das richtige Gleichgewicht sorgt übrigens die Schiffsgesellschaft selbst, denn bald klettern ein paar auf die Querhölzer, um den Auslegerbalken niederzudrücken, wenn derselbe zu hoch über Wasser kommt, oder auf die vorspringende Plattform, Alles gewohnheitsmässige Manöver, die sich ganz von selbst, ohne besonderes Commando vollziehen. Das letztere wird übrigens bei Seefahrten von erfahrenen Männern, meist Häuptlingen, geführt, die gewisse Zeichen geben.

Die Segelfähigkeit dieser Canus wird meist überschätzt; sie laufen vor dem Winde ungefähr so schnell als ein gutes Boot, beim Kreuzen vielleicht etwas besser, aber 4—6 Seemeilen in der Stunde ist wohl die höchste Leistung und Angaben darüber hinaus (12—20 engl. Seemeilen) reine Uebertreibungen. Canus von Ebon pflegten nach Dschalut (80 Seemeilen) in 18—36 Stunden heraufzukommen, was einer Geschwindigkeit von circa $4\frac{1}{2}$ Seemeilen, respective $2\frac{1}{2}$ Seemeilen (oder Knoten) in der Stunde entspricht, und ganz so verhielt es sich bezüglich der Reise von Udschae nach Dschalut (270 Seemeilen), wozu zwei Tage und eine Nacht erforderlich sind. Zuweilen dauerte die Reise von Dschalut nach Ebon aber auch zweimal 24 Stunden, doch liess sich nicht ausmachen, wie lange man auf Kili verweilte, denn der Kanaker hat es selten eilig.

Wir haben bereits einzelne Papuastämme auf Neu-Guinea als geschickte, wenn auch nicht kühne Seefahrer kennen gelernt, die zum Vertriebe ihrer Fabricate (Töpfe) oder des Tauschhandels wegen überhaupt ansehnliche Reisen unternehmen, und ähnliche Verhältnisse finden sich in der ganzen Südsee wieder. In hervorragender Weise sind aber gerade die Marshallaner zur Schifffahrt gedrängt, ohne welche ein Verkehr nicht einmal zwischen den Bewohnern des eigenen Atolls möglich wäre. Bei der Spärlichkeit des Ertrages, je nach dem Ausfall der Ernte, sind die Atolle wieder unter sich aufeinander angewiesen, und grössere Tausch- und Handelsreisen waren behufs Ernährung schon von jeher eine Nothwendigkeit. So mussten sich die Marshallaner zu geschickten Seefahrern ausbilden, die jedenfalls unter den Südseevölkern mit die hervorragendste Stelle einnehmen, wenn sie auch den Caroliniern nachstehen. Ihre Leistungen sind in der That staunenswerth, besonders wenn man bedenkt, dass ihre astronomischen und geographischen Kenntnisse äusserst gering sind, und dass sie kein einziges nautisches Hilfsmittel besitzen. Denn die berühmten »Seekarten« sind, wie ich schon wiederholt bemerkte, sicherlich kein solches, sondern höchstens als »Inselkarten«, »Medu in ailing« (»ailing« = Insel), zu betrachten. Eine solche »Karte« besteht aus einem Gestell von zusammengebundenen Stäbchen (gerade, quer, schief, selbst gebogen), an welche kleine Muschel *(Cypraea, Melampus)* oder Korallsteinchen festgebunden sind.

Letztere bedeuten die verschiedenen Atolle, während die Stäbchen, wie behauptet wird, die Richtung der Wellen oder die Dünung angeben sollen, die je nach der Jahreszeit wechselt. Leider hat noch kein wissenschaftlicher Seemann, vielleicht überhaupt kein Weisser, je eine grössere Seereise mit einem Marshall-Canu gemacht, um den Werth dieser »Karten« zu prüfen, und so bleibt es bei gelehrten Deutungen, denn die Eingeborenen selbst wissen herzlich wenig über ihre Seekarten und deren Benutzung mitzutheilen. Ich selbst habe solche Karten von den erfahrensten und befahrensten Eingeborenen machen und mir erklären lassen, und dabei kam nicht mehr heraus als die individuelle geographische Kenntniss über die Lage einiger Inseln. Der Mann kannte Dschalut, Kili, Namurik, Ebon, Milli, Ailinglablab, die ungefähr richtig gelegt waren, was aber darüber hinausging, erwies sich als total unrichtig. Ein Blick auf die von Hernsheim (Marshall-Sprache, S. 88, mit richtiger Lage der Inseln S. 89) gegebenen Skizzen und auf die (Kat. M. G., Taf. XXXII) abgebildeten fünf verschiedenen »Medu« wird Jeden überzeugen, dass von einem nautischen Hilfsmittel nicht die Rede sein kann, und Friedrichsen (Kat. M. G., S. 272) erklärt, »nach eingehendem Studium keine nur einigermassen befriedigende Deutung geben zu können«. Fast scheint es, als wären diese »Inselkarten« überhaupt erst seit dem engeren Verkehr der Eingeborenen, und zwar Dschaluts mit weissen Seefahrern entstanden und vielleicht aus den Stricken hervorgegangen, die nach Gulik (wohl auf Ebon) »Seekarten« vorstellen sollten. Es sind dies Stricke, »welche, in bestimmten Knoten zusammengebunden, den Lauf der Strömungen bezeichnen« sollen, also jedenfalls noch primitiver als die »Seekarten« der Dschaluter aus Stäbchen. Kubary erwähnt von Ebon keine der beiden Formen, und wären sie ein altererbtes nautisches Hilfsmittel eigener Erfindung, so würde Kotzebue, der die Eingeborenen so viel über Seewesen ausfragte, ohne allen Zweifel schon damals einen »Medu« erhalten und darüber berichtet haben.

Mit der »astronomischen« Kenntniss der Marshallaner ist es auch nicht weit her, denn ich erfuhr auf Dschalut nur den Namen des Orion als »Lodde-lablab«.[1]) Aber es unterliegt keinem Zweifel, dass, wie der Stand der Sonne bei Tage, so gewisse Sterne bei Nacht diese Seefahrer leiten. So haben die Dschaluter einen »Leitstern« für die Fahrt nach Milli, Madschuru, Namurik, und der »Dschabrog«, ein Stern (»Iju«), der nur in gewisser Zeit im Süden sichtbar ist, führt nach Ebon. Selbstredend kennt man die vier Himmelsrichtungen (für die, beiläufig bemerkt, Chamisso ganz falsche, vermuthlich carolinische Namen angibt) und rechnet nach Monden (»Alin«), aber die Begriffe Jahr und Jahreszeiten sind unbekannt, vielleicht mit Ausnahme von Sommer (»Rak« = Süden, nicht = Stein: Chamisso).

Navigation verstehen die Marshallaner also nicht, wohl aber sich innerhalb gewisser Grenzen von einem Atoll zum anderen zurechtzufinden, und das ist bei dem eigenthümlichen Charakter der letzteren allerdings schon recht schwierig. Wenn Papuas in Bezug auf die Entfernung ähnlich weite Reisen unternehmen (z. B. Woodlark—Trobriand: 90 Seemeilen oder Moresby-Archipel—Woodlark: 130 Seemeilen), so haben sie immer hohe Berge als Landmarken und verlieren Land selten aus Sicht. Aber die Wipfel der Cocospalmen sind selbst vom Deck eines grösseren Schiffes (von 300 Tons) kaum weiter als 5, aus dem Mast vielleicht 8 Seemeilen weit sichtbar (vgl. Finsch: Westermann's Monatshefte, 1887, Abbild., S. 501); ein so niedriges Fahrzeug als ein Canu läuft daher Gefahr vorbeizusegeln, wie dies ja häufig passirt. Um dem vorzubeugen, haben die Marshallaner für weitere Seereisen besondere Navigirungsregeln, und

[1]) Chamisso verzeichnet nur den Polarstern als »Lemannemann« (?).

diese sind einmal: mit möglichst viel Canus zugleich auszugehen und dann: eine bestimmte Segelordnung einzuhalten! Die Canus bleiben in Sehweite, bei Nacht in Hörweite der Trommeln und Muscheltrompeten (S. 133 [389]) beieinander und bilden so eine oft viele Seemeilen lange Linie, innerhalb welcher es einem der Canus meist gelingt, Land zu sichten. Diese Regeln und die gerade für Seereisen in diesen Gewässern so wichtige Kenntniss der Monsune bilden die eigentliche Grundlage der Steuermannskunst der Marshallaner. Wenn noch heute in allen Büchern gesagt wird, »genaue Kenntniss des Archipels war Gemeingut aller Bewohner der Marshall-Inseln, der Männer wie der Frauen«, so sind dies Uebertreibungen, die nicht entfernt zutreffen. Wie nur Einzelne Canus zu bauen verstanden, so waren es wiederum nur Einzelne, welche bei weiteren Seereisen die Führung übernahmen. Solche Leute kennen ausser ihrem Heimatsatoll meist noch einige benachbarte und darüber hinaus vielleicht noch mehrere, letztere aber selten aus eigener Anschauung, sondern nach den Mittheilungen Anderer. So zeichnete Lagediak von Wotsche Kotzebue nicht allein die Inseln dieses Atolls auf, sondern wusste die Lage der meisten Inseln der Ratak-Kette anzugeben, die ein Häuptling von Maloelab aber unrichtig fand. Ein anderer Häuptling fügte die meisten Inseln der Ralik-Kette hinzu, auf welche Mittheilungen Kotzebue die seinem Reisewerke beigefügte Karte entwarf. Sie illustrirt in schlagender Weise die Unkenntniss der Eingeborenen über ihr Inselreich, das kein Marshallaner in seinem ganzen Umfange nur annähernd richtig kennt, und es wäre Zeit, nicht immer aufs Neue die Mittheilungen Kotzebue's und Chamisso's zu wiederholen. Wie sich schon damals erfahrene Häuptlinge in der Lage und namentlich der Entfernung zwischen den einzelnen Inseln irrten, so verhielt es sich noch zu meiner Zeit. So verzeichnete ein Häuptling die Entfernung zwischen Ebon und Kwajalein mit Dschalut als fast gleich, obwohl die letztere Insel noch einmal so weit von Kwajalein entfernt liegt als Ebon, und ich könnte noch viele ähnliche Beispiele anführen. Wie anderwärts nur mit den Nachbarinseln verkehrt wird, so kamen auch die Dschaluter meist nicht über Ebon, Namurik und Madschuru hinaus und besuchten nur selten Milli oder die nördlichen Inseln Rongerik, Rongelab und Bikini. Der Verkehr zwischen beiden Inselketten war, wie von jeher, nur sehr unbedeutend, in Folge dessen auch die gegenseitige Kenntniss höchst mangelhaft. Die so nahen Gilbert-Inseln (nur 40 Seemeilen zu Süd) kannten die Marshallaner nur nach den auf ihre Inseln gelegentlich von dort verschlagenen Eingeborenen (»Repith-urur«, S. 71 [339]). Der umgekehrte Fall des Verschlagens von Marshallanern nach den Gilberts ist, wegen der herrschenden westlichen Strömung, dagegen nur höchst selten vorgekommen, und diese Leute konnten keine Kunde bringen, da sie nicht wiederkehrten.

Die weitverbreitete Ansicht, als durchkreuzten Canus beliebig den ganzen Archipel, also z. B. von Dschalut bis Bikini, circa 420 Seemeilen, in einer Tour, ist nicht richtig, denn in Wahrheit handelt es sich in der Regel um bei Weitem geringere Distanzen. Ist nach oft wochenlangem Warten ein günstiger Wind eingetreten, so segeln vielleicht mehrere Canus von Dschalut nach Ebon, vereinigen sich mit der hiesigen Flotte und steuern dann gemeinschaftlich nach dem Norden. Dabei wird vielleicht noch Namurik angelaufen, dann Ailinglablab, Kwajalein u. s. w., so dass das jeweilige nächste Ziel meist nicht sehr weit (25—80 Seemeilen) entfernt liegt, denn die weiteste Reise, welche von Dschalut, und zwar höchst selten direct unternommen wird, nach Milli, beträgt nur 120 Seemeilen. Rechnet man hinzu, dass sich von einer Insel zur anderen Canus anschliessen, die dann für diese Strecken die Führung übernehmen, so wird dies die famosen Fahrten der Marshallaner und ihre nautischen Kenntnisse ins richtige Licht stellen. Da öfters längerer Aufenthalt gemacht werden muss, schon wegen

Reparaturen an den Canus, so vergeht oft sehr lange Zeit, ehe die Flotte nach ihren respectiven Heimatshafen zurückkehrt.

Die grosse Sicherheit, mit der die Marshallaner, »die besten Seefahrer Mikronesiens, ihr fernes Endziel stets richtig zu finden wissen«, wie in allen Büchern zu lesen ist, bleibt jedenfalls eine recht bedenkliche, und ich würde Niemandem anrathen, sich einer Canuflotte anzuvertrauen. Denn geht es auch oft, vielleicht in der Regel gut, so findet gar häufig das Gegentheil statt, und wenn überhaupt, landen die Canus an weit entfernten Inseln. Eine durch plötzlichen Sturm verschlagene und zerstreute Flotte versucht allerdings den Rückweg zu finden, aber das ist ebenso schwer, als es für eines unserer Schiffe ohne Compass und nautische Hilfsmittel sein würde. Oft erreichen Canus selbst ein sehr nahes Ziel nicht, wovon schon Chamisso einen Fall anführt, indem die Flotte von Ailuk das nur circa 50 Seemeilen entfernte Reiseziel Meschid verfehlte. Dieses Verschlagenwerden[1]) gehört keineswegs zu den Seltenheiten und hat den Marshallanern mit zu dem unverdienten Rufe, die besten Seefahrer der Südsee zu sein, verholfen. Auf solchen unfreiwilligen Fahrten erreichten manche Canus, 1856 sogar eine ganze Flotte, Kuschai (360 Seemeilen), aber eben aus Zufall, denn selbstredend besitzen die Marshallaner kein Hilfsmittel, um die Lage dieser Insel festzustellen und dieselbe mit Verständniss zu suchen. Winden, namentlich aber Strömungen überlassen, ist es lediglich Glückssache, wenn sie irgendwo landen, wie dies wiederholt auf den Carolinen (1500 Seemeilen), ja auf Guam (über 1700 Seemeilen weit) geschehen ist. Ein paar höchst eclatante Fälle passirten während meines Aufenthaltes. Einige Häuptlinge wollten mit dem von ihnen gekauften kleinen Schuner »Lotus« (18 Tons), trotz der Warnung weisser Seefahrer, ohne fachkundige Führung von Dschalut nach Ebon (80 Seemeilen) fahren. Wie zu erwarten, verfehlten sie das Ziel, segelten Ebon vorbei und landeten nach einer Fahrt von etlichen 20 Tagen auf Faraulap, einer der westlichen Carolinen (circa 1500 Seemeilen). Der andere Fall betrifft eine vereinte Flotte von Milli und Ebon, 18 Canus stark, die von Dschalut nach Ebon segeln wollte, nach 25 tägigem Umherirren aber auf der Wetterseite von Namurik (65 Seemeilen westlich von Dschalut) aufs Riff lief, wobei neun Canus zerschellten; vier waren ohnehin spurlos verschwunden. Ueber diese interessanten authentischen Seefahrten habe ich genauen Bericht gegeben (in: Westermann's Monatshefte, 1887, S. 500, und Verhandl. der Berliner Anthrop. Gesellsch., 1887, S. 24), ebenso über eine andere unfreiwillige Seereise von neun Amboinesen, die nach 38 tägiger Irrfahrt 840 Seemeilen weit in der Torres-Strasse landeten, wo ich auf Thursday-Island die Prau (übrigens ein sehr brauchbares Fahrzeug) sah und einen der Theilnehmer dieser Reise kennen lernte.

Den »Lotus«-Leuten hatte ein Sack Reis das Leben gefristet, von den Theilhabern der Canuflotte waren eine ansehnliche Zahl den Strapazen und an Hunger erlegen, denn die mitgeführten Vorräthe (einige Rollen Dschenäguwe, S. 142 [398]) sind sehr unbedeutend und reichen natürlich nicht lange aus. Fälle, wie sie Chamisso nach Aussagen Eingeborener wiedererzählt, wo Eingeborene acht und selbst neun (!!!) Monate, davon fünf ohne frisches Wasser (!!!), verschlagen umhertrieben, sollten daher ein- für allemal ins Reich der Fabel verwiesen und nicht immer aufs Neue citirt werden. Hierher

[1]) Vgl. auch Otto Sittig: »Ueber unfreiwillige Wanderungen im Grossen Ocean« in: Petermann's Mittheilungen, 1890, S. 161—166 und 185—188, Taf. 12. Eine dankenswerthe Zusammenstellung, die namentlich durch die beigegebene Karte der Windrichtungen und Strömungen übersichtliche Erklärung über die unfreiwilligen Fahrten (nicht Wanderungen) der Oceanier gibt. Leider ist das zuverlässige Material noch immer sehr unzureichend und einige authentische Fälle von Verschlagenwerden in dieser Arbeit unbeachtet geblieben.

gehört auch die famose fünftägige Reise einer Frau auf einem Bündel Cocos (?) von der unbekannten Insel »Bogha« nach Udirik (Chamisso II, S. 241), welche Sittig leider nochmals auftischt.

Sicherlich war Kadu von Ulea nach Aur (1680 Seemeilen weit) verschlagen worden, aber seine Zeitmasse haben, wie die jedes Eingeborenen, durchaus keinen Werth. Die Angabe, »dass mittelst Tauchen in Cocosschalen minder salziges Meerwasser aus grösseren Tiefen heraufgeholt wurde«, ist ebenso absurd, als dass sich Schiffbrüchige fünf Monate lang von den zufällig gefangenen Fischen ernähren könnten. Ueberdies würden vier Menschen ein Canu nicht acht Monate über Wasser zu halten vermögen, weil ja Tag und Nacht geschöpft werden muss, und schliesslich leistet kein Canu für so lange Zeit Seegang und Wellen Widerstand; es würde zerfallen. Schon nach jeder kürzeren Reise ist ein so gebrechliches Fahrzeug reparaturbedürftig. Lütke, der bereits die Zeitdauer von Kadus fabelhafter Seefahrt bezweifelt, sagt mit Recht, dieselbe würde bei acht Wochen schon merkwürdig genug sein.

Erfahrungen wie die der »Lotus«-Leute, hatten das Vertrauen der Eingeborenen zu ihren seemännischen Fähigkeiten natürlich bedeutend erschüttert. Schon 1879 wussten sie die Sicherheit europäischer Schiffsführung zu würdigen und zogen es vor, interinsulare Reisen mit »Wanbelli«, d. h. fremden Schiffen (von »Wa« = Canu und »Belli« = Fremder) zu machen, und bald wird es mit der Eingeborenen-Schifffahrtskunst auch hier vorbei sein.

9. *Körperhülle und Putz.*

A. Bekleidung.

Auf Dschalut (und Ebon) hatten sich damals zum Theil bereits europäische Kleider eingeführt, hauptsächlich in Folge des Einflusses der Mission. Männer pflegten das eine oder andere, meist geschenkte, Kleidungsstück zu tragen, kauften sich wohl auch einmal ein Hemd, während Häuptlinge nicht selten in Padjamas (Kittel und Hose) erschienen. Häuptlingsfrauen und Bekehrte überhaupt kleideten sich meist in jene langen taillenlosen Kattunröcke, die unter dem Namen »Nugenuk« bereits einen Handelsartikel bildeten (vgl. Zeitschr. für Ethnol., 1880, Taf. XI). Weniger Bemittelte blieben den alten Matten treu, denen häufig ein Kattunjäckchen hinzugefügt wurde. Auf den übrigen Inseln herrschte noch unverfälschte Nationaltracht, die selbst auf Dschalut bei Gelegenheit kriegerischer Ereignisse wieder zum Vorschein kam. Man sah damals alle Bekleidungsstadien, wie ich sie (»Gartenlaube«, 1881, S. 701) abgebildet und beschrieben habe.

Die eigentliche Tracht der Marshall-Insulaner ist bei beiden Geschlechtern verschieden und verdient unter allen Stämmen Mikronesiens mit am meisten die Bezeichnung »Bekleidung«. Die Sammlung enthält alle hierher gehörigen Stücke:

Ihn (Nr. 207, 1 Stück, Fig. 25 *b*), Faserrock für Männer, bestehend aus zwei dichten grossen Büscheln oder mehr Buschen, aus circa 1 M. langen, mehr oder minder fein zerschlissenen Fasern von *Hibiscus*-Bast, die an der Basis durch ein (circa 100 bis 140 Cm. langes und 9—12 Cm. breites) Band (Fig. 25 *c*) aus feinem *Pandanus*-Mattengeflecht verbunden sind. Dschalut. Das Band ist an der verbreiterten Basis häufig mit aufgenähtem schwarzen Muster verziert. Eine gute Abbildung des »Ihn« findet sich in: Journ. M. G., Heft I, 1873, Taf. 6, Fig. 8.

Das Material zu den Faserröcken (die Chamisso »Mudirdir« (!) nennt) ist »Adaat« und »Lao« (S. 156 [472]). Es gibt aber auch fast weisse, sehr feinfaserige Männerröcke

»Ihn jojo« genannt, wahrscheinlich aus »Armé« (S. 157 [413]) verfertigt, die früher nur von Häuptlingen getragen werden durften. Auf Dschalut (wie auf Ebon) machte man übrigens keine Ihn mehr, sondern bezog sie, wie die übrigen hieher gehörigen Stücke, von den nördlichen Inseln.

Zum Tragen des »Ihn« unumgänglich nothwendig ist der:

Kangr (Nr. 208, 1 Stück, Fig. 25 *a*), Gürtel aus *Pandanus*-Blatt. Dschalut.

Diese Gürtel bestehen aus einer grösseren Anzahl (20—30 und mehr) circa 6—9 Cm. breiter Streifen von *Pandanus*-Blatt (80—90 Cm. lang), die, aufeinander gelegt und an den Enden mit Bindfaden zusammengebunden, einen dicken Wulst bilden. (Vgl. die gute Abbildung in der oben citirten Abhandlung, Fig. 7.) Früher wurden diese Gürtel zuweilen mit hellen und dunklen *Pandanus*-Streifen in kunstvollem Muster umflochten (s. Hernsheim: »Beiträge«, Abbild. S. 87), wovon ich aber kein Exemplar mehr erhielt.

Der Gürtel (Kangr) dient dazu, um den Faserrock (Ihn) festzuhalten, wie dies die beigegebene Skizze (Textfig. 25) illustrirt: *a* Kangr, *b* Ihn, dessen beide Faserbündel durch das Band *c* verbunden sind. Dieses Band wird zwischen den Beinen durchgezogen, so dass der Gürtel das eine Bündel des Ihn vorne, das andere hinten festhält. Indem man nun die Fasern sorgsam ausbreitet, bilden dieselben einen fast rings um den Leib schliessenden Rock, der bis oder über das Knie reicht, weit absteht und daher ganz luftig ist. (Abbildungen von Marshallanern mit dem »Ihn« bekleidet s. Choris: Pl. I und VIII; Journ. M. G., Heft I, Taf. 6, Fig. 4; Hernsheim: »Südsee-Erinnerungen«, Taf. 9 [Lagadschimi]; Finsch: »Gartenlaube«, 1881, S. 701; eine Schleppe, wie sie der Mann am Ruder auf dem Bilde von Kotzebue, S. 80, trägt, ist Phantasie.)

Fig. 25.

Bekleidung für Männer. Dschalut.

Nach den Mittheilungen von Tetens und Kubary (Journ. M. G., Heft II, 1873) würde die Tracht der Männer auf Yap nur eine Wiederholung jener der Marshallaner sein. Wie (S. 16) beschrieben und (Taf. IV, Fig. 1) abgebildet, besteht dieselbe aus dem »Lit«, zwei langen Faserbüscheln aus dem Bast einer Malvacee, die ganz dem Ihn entsprechen und in derselben Weise befestigt werden, nur dass statt des »Kangr« ein Gürtel aus einem zusammengefalteten gewebten Zeugstreifen benutzt wird. Sonderbarer Weise gedenkt der Kat. M. G. des »Lit« nicht.

Unter dem »Ihn« wird häufig noch um den Leib als besonderer Schmuck getragen der:

Irik (Nr. 209, 1 Stück), Gürtelschnur. Arno. Dieselbe besteht aus einer dünnen Schnur aus Cocosnussfaser, welche mit sehr schmalen (nur 2 Mm. breiten) Streifchen aus *Pandanus*-Blatt und kaum so breiten Streifchen aus schwarzgefärbtem *Hibiscus*-Bast in der Weise äusserst kunstvoll umflochten ist, dass ein abwechselnd weisses und schwarzes zierliches Muster entsteht. (Das Muster von Nr. 209 stimmt vollkommen überein mit der oben citirten Taf. 6, Fig. 6 im Journ. M. G.) Die ganze Dicke der Schnur beträgt nur 5 Mm., die Länge derselben über 23 M. Dieses Stück ist daher ein besonders schönes und theures, da sich der Werth eines Irik nach der Länge richtet. Häuptlinge tragen daher zuweilen einen Irik von 60—70 M. Länge, den umzuwickeln allein ein Stück Arbeit ist. Der längste Irik, welchen ich erhielt, mass 57 M.

Die Muster der Iriks sind übrigens sehr verschieden und zuweilen weit geschmackvoller als an dem vorliegenden Stück (s. Hernsheim: »Marshall-Ins.«, Abbild. S. 87 und Edge-Partington, Taf. 177, Fig. 3).

Iriks werden übrigens nicht ausschliessend von Männern, sondern auch von Frauen getragen und gehören zum Ausputz einer Häuptlingsfrau.

Bei besonders festlichen Gelegenheiten binden Häuptlinge vorne über den Faserrock noch eine feine Matte (s. Choris, Pl. I, und Hernsheim, l. c., S. 77 und Taf. 9 »Kabua«) oder ein buntes Taschentuch. »König« Kabua von Dschalut im Feldherrncostüm hatte über den Ihn ein aus kleinen viereckigen Flicken zusammengenähtes Stück Zeug befestigt (s. Finsch: »Gartenlaube«, 1881, S. 701).

Während der Faserrock mehr von Männern getragen wird, bekleiden sich junge Burschen und Knaben vorzugsweise mit einer Matte (wie Nr. 204), die zwischen den Beinen durchgezogen und mittelst eines Strickes um die Hüften festgebunden, also in ganz anderer Weise getragen wird, wie die Bekleidungsmatten der Gilbert-Insulaner (S. 72 [340]). Knaben in den ersten Lebensjahren gehen unbekleidet, kleine Mädchen werden dagegen schon sehr früh mit einem Stück Matte bekleidet, wie solche Matten (»Nihr«) überhaupt die einzige Bekleidung des weiblichen Geschlechtes bilden. Kleinere Mädchen befestigen eine solche Matte mittelst eines Leibstrickes um die Hüften; grössere Mädchen und Frauen deren zwei. Diese beiden Matten, von denen meist die hintere seitlich schürzenartig über die vordere schlägt (zuweilen auch umgekehrt), bilden eine Art engen, bis auf die Füsse reichenden Rock, der sehr decent kleidet, da nur der Oberkörper frei bleibt. Wohlhabende wickeln über die Matten noch eine lange Irik-Schnur, was sehr hübsch aussieht. (Abbild. mit Matten bekleideter Frauen: Choris, Pl. V und IX [unrichtig durch falsche Colorirung], Kotzebue, S. 60, und Hernsheim, l. c. S. 83.)

Nihr (E-irr oder Nerir, Nr. 204, 1 Stück), Bekleidungsmatte für Frauen; feines Geflecht aus *Pandanus*-Blatt, mit braunem und schwarzem Muster aus Adaatbast (circa 86 Cm. breit und 90 Cm. lang). Dschalut.

Beiläufig bemerkt, gibt Chamisso sonderbarer Weise das Wort »Thibidja« für diese Matten an, dagegen »Nir« für Zahn; letzterer heisst aber »Ngi«.

Nihr (Taf. IV [21], Fig. 3), wie vorher; besonders schönes Randmuster einer solchen Matte von Dschalut.

Ein anderes geschmackvolles Muster zeigt das folgende Stück:

Kante eines feinen Mattengeflechts (Nr. 199, 1 Stück, Taf. IV [21], Fig. 4); die hellen Streifen bilden das eigentliche Geflecht aus schmalen Streifen von *Pandanus*-Blatt, die schwarzen und braunen Streifen sind aus Adaatbast und aufgenäht; der breitere braune Längsstreif *(a)* zeigt den Bindfaden (Örr), mit welchem derselbe aufgenäht ist. Dschalut. Der Kantenstreif ist 25 Cm. breit, davon das schwarze Muster *(b)* 18 Cm.

Ein hübsches Muster derartigen Mattengeflechts zeigt der Korb von Milli (Edge-Partington, Taf. 177, Fig. 8). Abbildungen ganzer Matten im Journ. M. G., Heft I, Taf. 6, Fig. 9; Hernsheim: »Südsee-Erinnerungen«, S. 91, und »Marshall-Inseln«, S. 71.

Die sehr mannigfachen, meist in Grecmanier gehaltenen Randmuster sind zuweilen wahre Typen geschmackvoller Composition und gehören nicht nur zu den besten Kunstleistungen der Marshall-Inseln, sondern der Südsee überhaupt. Technisch sind diese braunen und schwarzen Muster deshalb interessant, weil sie nicht eingeflochten, sondern aufgenäht (gestickt) werden. Im British-Museum sah ich geflochtene *Pandanus*-Matten, mit aufgenähten schwarzem Muster, mit der Angabe »Chain-Isl.« (= Anaa der Paumotu-Gruppe), die fast ganz mit denen der Marshalls übereinstimmten. Die Manier Muster aufzunähen ist auch auf Uleai und Kuschai bekannt. Die im Kat. M. G., S. 275, Nr. 91—97, aufgeführten Matten, aus einer »Grasart (?)« geflochten und mit

13*

blauer und rother Wolle verziert, sind nicht von den Marshalls, sondern von Uëa (Wallis-Isl.).

Wie überall, so ist auch auf den Marshalls die Mattenfabrication lediglich in den Händen der Frauen, die damals auf Dschalut noch Vorzügliches in diesem Gewerbe leisteten.

Kopfbedeckung kannten die Marshallaner nicht, machten sich dieselbe an den Missionsplätzen aber bald zu eigen, indem sie die Geschicklichkeit im Flechten von Matten auf einen neuen Industriezweig, der Verfertigung von Hüten nach dem Muster europäischer Strohhüte, übertrugen.

Ballinbaran (Nr. 266, 1 Stück), Hut, feine Flechtarbeit aus Faser des *Pandanus*-Blattes. Dschalut. Solche Hüte, in Façon und Aussehen ganz Panamahüten ähnelnd, werden namentlich auf Dschalut in vorzüglicher Feinheit angefertigt und sowohl von Eingeborenen getragen, als auch an Fremde verhandelt. Gute Hüte kosteten 8—10 Mark das Stück. Die Fabrication ist lediglich in Händen der Frauen.

B. Putz und Zierarten.

Da die meisten der hierher gehörigen Arbeiten bereits der Vergangenheit angehören, zum Theil verloren gegangen sind, so lässt sich kein klares Bild mehr entwerfen. Wie es scheint war auch früher kein besonderer Reichthum an Schmuckgegenständen vorhanden, was sich auch dadurch erklärt, dass die Anfertigung der eigenartigen und besonders sorgfältig gearbeiteten Bekleidungsstücke viel Mühe und Zeit beansprucht, so dass für Schmuck wenig übrig bleibt. Kopfbinden und Halsketten aus Muscheln, darunter besonders solche aus *Spondylus*-Scheibchen, bilden die hauptsächlichsten Stücke von Marshall-Schmuck. Die Aufmachung solcher Schmucksachen erhält dadurch ein charakteristisches Gepräge, dass die Schnüre meist in zierlichem weissen und schwarzen Muster zusammengeflochten sind.

a) **Material.**

So weit sich nach den noch vorhandenen Arbeiten urtheilen lässt, ist und war dasselbe nicht sehr mannigfaltig. Menschenhaar, Menschenzähne und Perlmutter wurden nicht benutzt; Spermwalzahn nur in beschränkter Weise (zum Theil zu sehr kunstvoll gearbeiteten Anhängseln für Halsbänder); dagegen kleine Conchylien, *Conus*, Delphinzähne und etwas Schildpatt; Federn nur zu Tanzschmuck. Gegenwärtig beschränken sich die zu Schmuck verwendeten Naturproducte, ausser Blättern und Blumen, auf einige Arten Conchylien (besonders *Natica* und *Columbella*), darunter vorzugsweise *Spondylus*. Aus letzterem Conchyl wurden die runden, in der Mitte durchbohrten Scheibchen »Aaht« (Taf. VIII [25], Fig. 1 *a*) verfertigt, die noch heute in hohem Werth stehen und früher wohl das Eingeborenengeld bildeten. Wenn darüber auch kein sicherer Nachweis vorliegt, so darf dies, im Vergleich mit anderen Verhältnissen, wie sie noch heute auf den Carolinen (z. B. Ruk) bestehen, ruhig angenommen werden.

Die wenigen, meist unvollkommenen Stücke roher Muscheln, welche ich als Material zu »Aaht« mit grosser Mühe erlangte, gehörten zu einer Art *Spondylus*, die sich nicht mehr mit Sicherheit bestimmen lässt. Eine ziemlich gut erhaltene untere Schale aus der Lagune von Madschuru wurde dagegen durch Güte von Prof. v. Martens (Berlin) als *Chama pacifica* Brod. festgestellt, eine Art, die in Sammlungen bei uns selten zu sein scheint. Die ziemlich dicke Schale dieses übrigens nicht grossen Exemplars (70 Mm. lang, 45 Mm. breit) zeigt auf der äusseren Hälfte der Innenseite und am Randsaume jene helle, ins Orangerothe oder Mennige ziehende Färbung, wie sie für Muschelscheibchen von den Marshall-Inseln charakteristisch ist und sich in ganz gleicher Weise auf den Carolinen (vgl. Taf. VIII [25], Fig. 2—5) wiederfindet. Uebrigens sind schon an diesem Exemplar Abstufungen in der rothen Färbung bemerkbar, wie dieselben fast an jedem einzelnen Muschelscheibchen hervortreten, die meist heller gefärbte Stellen, zuweilen fast weisse Streifen aufweisen. Wenn, nach der Färbung zu schliessen, auch *Chama pacifica* wohl am häufigsten benutzt wurde, so ist es doch unmöglich, Scheibchen aus *Chama* und *Spondylus* zu unterscheiden, da die Färbung beider häufig ganz übereinstimmt, und man wird in ethnologischen Beschreibungen sich mit der Bezeichnung »*Spondylus*-Scheibchen« begnügen müssen.

Beide Arten Conchylien leben übrigens festgewachsen in bedeutenden Tiefen, sind also nur mit grosser Mühe mittelst Tauchen zu erlangen und deshalb schon an und für sich werthvoll. Wenn man nun ferner in Betracht zieht, dass nicht die ganze Muschelschale, sondern nur gewisse Theile derselben brauchbar sind, so erhöht sich der Werth des Materials ganz erheblich.

Wie ich von einem lange Jahre auf Namurik ansässigen weissen Händler erfuhr, wäre das Material zu den »Aaht-Scheibchen« eine »solide rothe Koralle«, die in Platten gespalten und dann geschliffen wird. Aber diese Angabe ist durchaus irrthümlich, und ich führe sie nur an, um zu zeigen, wie leicht Irrthümer vorkommen, die dann meist schwer wieder auszurotten sind.

Auf Dschalut wurden keine Aaht-Scheibchen gemacht, und man soll hier überhaupt diese Kunst nicht verstanden, sondern die fertigen Scheibchen von Namurik und Madschuru bezogen haben, wahrscheinlich weil die Muschel in der Dschalut-Lagune nicht vorkommt.

Ich selbst sah daher keine Muschelscheibchen anfertigen und konnte nur das Folgende erfahren. Die Muschel wird zerschlagen und dann die passend gefärbten Stücke zu kleineren Stückchen zurechtgeklopft, die man auf einem besonderen Korallstein (»Buge«) eben und rund schleift. Zum Durchbohren bediente man sich früher eines Drillbohrers (S. 155 [411]) mit dem Zahne einer besonderen Haifischart (»Dschebegät« genannt), jetzt allgemein Eisen, am liebsten einer Segelnadel.

Bei der ungeheuren Mühe, welche, mit den früheren so primitiven Werkzeugen, die Anfertigung nur eines »Aaht-Scheibchens« verursachte, lässt sich der Werth eines ganzen Halsschmuckes, zu dem oft 200 solcher Scheibchen gehören, am besten ermessen. Ausser runden Scheibchen schliff man früher auch, als Anhängsel an Halsketten, pyramidenförmige Plättchen (ähnlich Taf. VIII [25], Fig. 15), die sich durch viel sauberere Arbeit von solchen der Gilbert-Insulaner unterscheiden. Aehnlich geformte Stückchen Schildpatt dienten dem gleichen Zwecke. Scheibchen aus weisser Muschel wurden früher auf den Marshalls ebenfalls gemacht, ebenso Scheibchen aus Cocosnussschale (wie dies schon Chamisso erwähnt), also ganz dem »Tekaroro« der Gilbert-Inseln entsprechend, aber es wurden davon wohl nie so lange Schnüre hergestellt als dort, und dieses Material fand nur gelegentlich, in Verbindung mit »Aaht-Scheibchen« Verwendung.

Die wenigen Arbeiten aus Spermwalzahn haben einen ganz anderen Charakter als solche der Gilbert-Inseln (S. 74 [342]) und zählen zu den kunstvollsten und mühsamsten Erzeugnissen der Schmuckindustrie der Eingeborenen (Taf. VIII [25], Fig. 21 *a*), gehören aber sämmtlich längstvergangenen Zeiten an.

b) **Hautverzierung.**

Brandmale und Ziernarben finden bei den Bewohnern der Marshall-Inseln keine Anwendung, aber Tätowiren war 1879 noch gebräuchlich, wenn auch bereits stark in der Abnahme begriffen. Wie die Gilbert-Insulaner, so besitzen auch die Marshallaner eine eigenthümliche Tätowirung, und zwar für jedes Geschlecht ein besonderes Muster, das sich über alle Inseln des Archipels verbreitet. Diese Tätowirung ist eine durchaus spontane, die sich durch sehr bestimmte charakteristische Merkmale von der auf den Gilberts und Carolinen gebräuchlichen unterscheidet. Diese charakteristischen Kennzeichen der Marshall-Tätowirung lassen sich kurz in Folgendem zusammenfassen: Bei Männern sind vorzugsweise Brust und Rücken, bei Frauen die Arme tätowirt; ausserdem besitzen Frauen besondere Zeichen quer über die Schulterhöhe. Das Muster besteht im Wesentlichen aus kurzen Strichelchen, die in Form und Anordnung als typisch gelten müssen. Diese Strichelchen stehen sehr dicht an einander und bilden Linien, die meist wagrecht, seltener longitudinal oder schief und noch seltener im Zickzack verlaufen. Wenn Chamisso einige Male das Zeichen des römischen Kreuzes bemerkte, so war dies rein zufällig. Bei Männern ist der Rücken von der Schulter an bis zur Hüfte herab mit dichtstehenden Querlinien aus Strichelchen bedeckt, die auf den oberen Theilen des Rückens (Schultern) schiefe Linien bilden; die Brust von den Schlüsselbeinen bis zur Brustmitte ist wie mit einem latzartigen Dreieck bekleidet, das von einem breiten Bande aus wagrechten Querlinien begrenzt wird, ebensolche bedecken die Mitte des Bauches, während die Seiten Längs- oder Zickzacklinien tragen. Ein vollständig tätowirter Mann sieht aus, als wie mit einem Panzerhemd bekleidet, wie schon Kotzebue treffend hervorhebt. Mit Ausnahme der einigermassen richtigen Darstellung auf Pl. VIII sind Choris' Abbildungen von Marshall-Tätowirungen aus der Reihe des Vergleichungsmaterials zu streichen, da sie ganz unrichtige Vorstellungen geben und die irrige Ansicht erwecken, als stimmten die Muster der Tätowirung und der Matten überein. Eine Vergleichung der Bilder von »Larik« (Choris, Pl. I) und »Rarik« (Kotzebue, S. 168), die ein und dieselbe Person darstellen sollen, zeigt, dass diese total verschiedenen Tätowirungen reine Phantasien sind. Anschauliche und correcte Skizzen von Marshall-Tätowirungen gibt Hernsheim (»Marshall-Inseln«, S. 91: Vorderseite und S. 93: Rückseite; reproducirt: »Südsee-Erinnerungen«, S. 78), und zwar von einem besonders reich tätowirten Manne. Derselbe zeigt nicht nur auf dem Halse Querstriche, sondern auch auf jedem Oberarme drei Parallelquerlinien. Ausnahmsweise ist bei Männern der Arm mit Längs- und Querlinien gezeichnet (wie Hernsheim: »Südsee-Erinnerungen«, Taf. 9, Kabua), ebenso der obere Theil des Oberschenkels und sogar der obere Theil des Gesässes (wie Hernsheim's Skizze S. 93); aber dies zählt zu den seltenen Ausnahmen. Gewöhnlich haben Männer keine andere Tätowirung auf den Beinen, als höchstens einige Zickzackquerlinien auf dem Oberschenkel oder ein paar Querstriche auf der Wade. Die Abbildungen von Kubary (in Joest: »Tätowiren«, S. 95) sind nicht sehr gelungen, namentlich ist die Rückenansicht im Detail verfehlt, welche durch die schiefen Querlinien mehr Gilbert-Charakter erhalten hat.

Das weibliche Geschlecht tätowirt vorzugsweise die Arme, und zwar oben (von der Schulter an) und unten (oberhalb dem Handgelenk) mit dichtstehenden, aus den erwähnten kurzen Strichelchen gebildeten Querlinien, auf dem übrigen Arme Längslinien, die meist rings um den ganzen Arm laufen. Diese Armtätowirung weicht ganz ab von der auf Ponapé und Pelau üblichen und ist eben so eigenthümlich, als die Tätowirung der Schulterhöhe, welche in dieser Weise nirgends vorkommt. Choris' im Uebrigen ganz verfehlte Darstellung der Tätowirung von Marshallanerinnen (Pl. V und IX) zeigt wenigstens diese charakteristischen Muster ziemlich richtig, ebenso Kotzebue (S. 60); aber die einzig correcten Vorlagen gibt wiederum Hernsheim (»Marshall«, S. 91 und Südsee, S. 78), nur treten die Muster nie so scharf hervor als auf diesen Skizzen.

Die vollständige Tätowirung einer Marshallanerin kleidet wie dichte Tricotärmel nebst einer Art Schulterumhang. Tätowirung der ganzen Hand nebst Fingern (Choris, Pl. IX), wie Kubary angibt, habe ich nie gesehen, sondern nur schmale Querlinien auf der Hand. Dagegen beobachtete ich einige Male Tätowirungen auf den Beinen, welche nach Kubary bei Frauen niemals vorkommen soll. Diese Beintätowirung besteht aber nur in ein paar Querstrichen oder Zickzacklinien auf dem Oberschenkel, weit seltener in ein paar gleichen Zeichen auf der Aussenseite der Wade. Ich sah auch junge Mädchen mit keiner anderen Tätowirung als ein paar Querstrichen auf den Schenkeln.

Die Tätowirung der Marshallaner ist keineswegs »über die Haut erhaben«, wie Chamisso angibt, sondern sieht nur erhaben aus. Ausser einzelnen Stellen, welche schlechter abheilten, sind die Zeichen nicht einmal fühlbar, wie dies fast als Regel gilt. Ueberhaupt zeigt Tätowirung meist etwas Verschwommenes und wird bei Personen mit Schuppenkrankheit, sowie in vorgerückten Jahren durch Einschrumpfen der Haut sehr undeutlich.

Charakteristische Züge für die Tätowirung der Marshallaner sind noch, dass dieselbe weit häufiger vom männlichen als vom weiblichen Geschlecht angewendet wird, und dass sie besondere Zeichen besitzt, welche nur Häuptlinge gebrauchen dürfen, wie dies sonst nirgends in Mikronesien vorkommt. Diese Abzeichen der grossen Häuptlinge (»Irodsch«) bestehen aber nur aus 4—6 Längslinien über das Gesicht, von den Schläfen bis zum Unterkiefer, das ist Alles, und Chamisso irrt, wenn er meint, dass nur Häuptlinge »die Lenden, den Hals oder die Arme, der gemeine Mann diese Theile aber nicht tätowiren dürfe«. Mit Ausnahme der Backenstriche ist es jedem erlaubt, sich so reich tätowiren zu lassen, als er will oder bezahlen kann, und wie überall gehören solche Individuen, welche vollständig tätowirt sind, zu den Ausnahmen, selbst unter den Häuptlingen. Viele begnügen sich nur mit einem Theile der Tätowirung, und vielleicht die Hälfte aller erwachsenen Eingeborenen ist überhaupt nicht tätowirt, wie dies für Kinder gilt. Kotzebue erwähnt bereits, dass auf Udirik und Taka gar nicht tätowirt wurde. Ich lernte hohe Chiefsfrauen kennen, die gar nicht tätowirt waren, und sah junge Burschen, die kaum Flaum auf der Oberlippe besassen, mit vollständiger Tätowirung auf Brust und Rücken. Kabua, von geringer Herkunft, war längst vollständig tätowirt, ehe er in Folge seiner Verheiratung (S. 128 [384]) die Backenstriche der Häuptlingswürde erhielt. Seine Tätowirung, von einem gewöhnlichen Manne ausgeführt, hatte »eling wonen« d. h. viel Werth (Cocosnüsse, Matten etc.) gekostet, wieviel wusste er aber nicht mehr anzugeben. Seinen Sohn Lailing (damals — 1879 — ein Knabe von circa 12 Jahren) wird Kabua selbst tätowiren; Lamoro, ein Jüngling von circa 20 Jahren und Thronfolger von Ebon, besass diese Auszeichnung des Häuptlings noch nicht, war im Uebrigen von Kabua, damals noch nicht Häuptling, tätowirt worden.

Wie die Tätowirung an kein bestimmtes Alter gebunden ist, das der Eingeborene ja ohnehin nicht kennt, so auch die Dauer der Operation selbst an keine bestimmte Zeit. Wenn daher zwei bis drei Monate als erforderlich angegeben werden, so darf dies nicht als feste Regel gelten, denn die Dauer der Operation richtet sich ja ganz nach dem Wunsche und der Widerstandsfähigkeit des Individuums. Ein junger Mann, der auf Brust und Rücken ringsum bis zum Halse herauf panzerhemdartige Tätowirung zeigte, war in 14 Tagen tätowirt worden, und zwar, um Ausgaben zu ersparen, von seiner Mutter. Die Operation würde auch in acht Tagen fertig gebracht worden sein, wäre die Entzündung nicht eine so heftige gewesen; denn selbstredend sind auch diese Nachwirkungen individuell sehr verschieden und können zuweilen recht bösartig werden, ja unter Umständen zum Tode führen. Die Eingeborenen, welche sich weigerten Chamisso zu tätowiren, wussten dies und wollten keine Verantwortung auf sich laden. Deswegen verschleppten sie stets die Ausführung des Versprechens, aber religiöse Bedenken oder dergleichen waren keineswegs die Ursache. Kabua bot mir wiederholt an mich sogar gratis tätowiren zu lassen, aber ich dankte für eine Auszeichnung, nach welcher Chamisso so sehr verlangte und die ihm später gewiss leid geworden sein würde.

Kabua, ein Mann im Alter von damals vielleicht 40 Jahren, der sich der Zeit sehr wohl noch erinnerte, wo die Eingeborenen unmolestirt von Civilisation und Christenthum ein zufriedeneres Dasein führten, wusste von besonderen Ceremonien, Opfern, göttlichen Zeichen, welche bei der Tätowirung stattfanden, nichts zu berichten. Nach seinen Mittheilungen durften sich Tätowirte nicht eher öffentlich zeigen, »ehe nicht Alles fertig«, d. h. der so sehr verunzierende Schorf abgetrocknet war. Auch glaubten die Leute, dass Tätowiren »stärkt«, womit wohl der Beweis des persönlichen Muthes im Ertragen der Operation gemeint sein soll. Im Uebrigen fanden allerdings in früheren Zeiten Festlichkeiten bei Gelegenheit von Tätowirung statt, aber es waren die gewöhnlichen pantomimischen Gesangsaufführungen mit Trommelbegleitung der Weiber (S. 133 [389]), wenn möglich mit Esserei verbunden. Jetzt hatte dies aufgehört und Tätowirung bedeutend an Ansehen verloren, sehr zum Bedauern der Häuptlinge und Weissager, die früher damit viel herauszuschlagen wussten, wie sie dies noch jetzt gern thun würden. Aber eine »religiöse Bedeutung« hatte Tätowirung auch damals nicht, und es wäre Zeit, mit den Anschauungen Chamisso's zu brechen und dieselben nicht immer aufs Neue in der Literatur weiter zu schleppen. Chamisso spricht ja eben nicht aus eigener Erfahrung, sondern nur aus dem Munde Kadus, den er gewiss oft recht missverstand.

Tätowir-Geräthschaften. Schon 1879 war es nicht so leicht, dieselben zu erlangen, wie ich sie im Nachstehenden beschreibe. Sie stimmen im Wesentlichen mit den auf den Carolinen gebräuchlichen überein, sind aber roher gearbeitet.

Ngnie (Nie = Zahn; Nr. 571, 1 Stück), Tätowirinstrument. Dasselbe besteht aus einem circa 26 Cm. langen runden Stäbchen (Abschnitt eines markhaltigen Zweiges), in dessen oberes Ende ein circa 40 Mm. langes und circa 7 Mm. breites, flaches Knochenstück rechtwinkelig eingelassen ist, das in 3—5 feine Kerbzähne endet. Der Knochen ist von einem Vogel (Fregattvogel oder Femur vom Haushuhn). Hiezu:

Dschib (Nr. 572, 1 Stück), Klopfer zum Einschlagen der Zähne des Kammes, aus einem einfachen, circa 25 Cm. langen, etwas abgeplatteten Stöckchen aus Hartholz bestehend.

Die Manipulation des Tätowirens (»Äo« genannt) wird in derselben Weise ausgeführt, wie dieselbe vorne (S. 79 [347]) beschrieben wurde. Sowohl Männer als Frauen verstehen zu tätowiren, doch wird die Fertigkeit nicht professionell betrieben, und Frauen tätowiren erforderlichen Falls auch Männer.

Um die feinen Kerbe in den Knochen einzuritzen, bediente man sich früher einer Art Feile, aus dem flach zugeschliffenen griffelartigen Stift von einem Seeigel *(Acrocladia trigonaria)* verfertigt. Zum Aufzeichnen des Musters auf die Haut wird ein Stück des fahnenlosen Schaftes von der mittelsten Schwungfeder des Tropikvogel (»Aak«, *Phaëton*) benützt, die zum festeren Halt in dem Kiele (Spule) einer Schwungfeder des Fregattvogels (»Dschi-ik«, »Tschik«, *Tachypetes aquila*) steckt. Die schwarze Farbe (»Mommudd«) wird aus Russ von verbrannter Hülle der Cocosnuss bereitet; als Farbennapf dient der Abschnitt einer Cocosnussschale. Ein weiteres beim Tätowiren verwendetes Utensil ist eine Art Pinsel aus Pflanzenfaser, um während der Heilung die tätowirten Stellen zu fächeln, dasselbe heisst »Kadschala«.

Bemalen ist auf den Marshalls, welche keine Gelbwurz produciren, nicht Sitte, dagegen liebt man es, sich mit Oel (»Binib«, das aus der Cocosnuss gepresst wird) einzureiben, wodurch auch die Tätowirung schärfer hervortritt. Dies Einölen (»kabit«) ist die einzige Hautpflege, wird aber nicht als solche und etwa täglich, sondern nur bei festlichen Gelegenheiten, namentlich Tanzvorstellungen angewendet.

c) **Frisuren und Haarputz.**

Der christliche Einfluss der Mission hat auch die ursprüngliche Haartracht der Eingeborenen umgewandelt und das lange Haar als unchristlich verboten. An Missionsplätzen wie Dschalut und Ebon tragen daher Männer das Haar meist nach europäischer Weise abgeschnitten, Mädchen und Frauen lassen es bis etwa zu den Schultern wachsen, scheiteln dasselbe, flechten aber keine Zöpfe (vgl. »Anthrop. Ergebnisse«, Taf. II, Fig. 1—4). Da, wo die Mission nicht hindrang, also auf allen nördlichen Inseln und Ratak, herrscht noch die alte Sitte und die eigenthümliche kleidsame Frisur, wie sie Choris correct darstellt. Frauen lassen das lange Haar über den Nacken herunterfallen oder knüpfen es im Nacken in einen Knoten, der mit einer langen Nadel befestigt wird.

Direb (Nr. 300 *a*, 1 Stück), Haarnadel, 19 Cm. lang, aus dem schlanken (nur 5 Mm. dicken) Flügelknochen *(Ulna)* des Fregattvogels *(Tachypetes)* gefertigt. Dschalut.

Männer tragen ebenso langes Haar als Frauen, das straff nach dem Wirbel zu aufgebunden und hier in einen Knoten geschlungen wird (vgl. Hernsheim: Beitrag etc., Abbild. S. 85, und Finsch: »Gartenlaube«, 1866, S. 38).

Putzkämme wie in Melanesien und auf Ruk (vgl. Taf. VI [23], Fig. 5) kennt man nicht, aber früher bediente man sich eines eigenthümlichen Toilettengeräthes, wie die folgende Nummer.

Kirebag (Nr. 281, 1 Stück), Haarbürste, bestehend aus einem 80 Mm. langen, 60 Mm. breiten und circa 15 Mm. dicken Stück Faserhülle der Cocosnuss (»Husk«), welches gleich einer Bürste zum Zurück- und Glattbürsten des Haares benutzt wurde. Dschalut.

Ich erhielt auf Dschalut auch einen Theil eines Fischgebisses, wie man solche früher als Kamm benützt haben soll. Zu meiner Zeit hatten sich aber bereits europäische Hornkämme Eingang verschafft, und runde Einsteckkämme (auch von Celluloid), zum Zurückhalten des Haares waren bei Frauen sehr beliebt.

Auf den Bart wird keine besondere Sorgfalt verwendet. Der Bartwuchs ist übrigens gut entwickelt, und man findet starke Vollbärte; doch pflegen junge Leute häufig das Barthaar auszureissen.

Zur Haarpflege gehört auch Einölen mit Cocosnussöl, das an Plätzen mit einer Handelsstation durch europäische Haaröle ersetzt wird, die in kleinen Fläschchen hier wie anderwärts in der Südsee schon damals ein Tauschartikel waren. Die Eingeborenen lieben nämlich Parfums sehr und bedienen sich als solcher für gewöhnlich der wohlriechenden Blüthen von *Pandanus*[1]) und eines lilienartigen Gewächses (nach Chamisso eine *Sida*- und *Cridum*-Art). Früher, das heisst noch vor etwa 30 Jahren, waren noch zwei andere Parfums hochgeschätzt, von denen es mir auf Dschalut noch gelang Proben zu erhalten:

---

1) Dass der Wohlgeruch von *Pandanus* den Seefahrern zuweilen die Nähe der Inseln zu erkennen gibt, ehe dieselben noch zu sehen sind, ist natürlich eine jener Uebertreibungen, die ohne Verständniss stets wiederholt werden.

Geörr, eine Art Harz[1]) oder Erdpech (übrigens kein Ambra), das sehr selten antreibt und das nur von Häuptlingen benutzt werden durfte, und

Aïk, eine Art Treibholz, das als sehr kostbar galt und geschabt in die Matten gelegt wurde, um diese zu parfumiren.

Die Proben befinden sich im Berliner Museum, sind aber ununtersucht geblieben.

d) **Kopfputz.**

Blumen, nach Chamisso hauptsächlich von *Guettardia speciosa* und *Volcameria inermis*, einzeln oder zu Kränzen vereint, bilden noch heute einen Hauptschmuck beider Geschlechter, der namentlich bei den Tanzvorstellungen nicht fehlen darf. Früher trug man aber bei solchen Gelegenheiten förmliche Diademe oder Kronen aus Pflanzenmark, wohlriechenden Blumen und Farnblättern, wie sie Choris (Pl. I und V) und Kotzebue (S. 60) darstellen, die im Verein mit Kopfbinden aus Muscheln gewiss sehr hübsch gekleidet haben mögen. Aber Kotzebue schmeichelt den Marshallanerinnen doch etwas zu sehr, wenn er meint, dass sie auf einem Balle mit ihrem Kopfputze Alles verdunkeln würden.

Federputz kommt kaum in Betracht. Hahnenfedern habe ich nie verwendet gesehen, aber Kotzebue erwähnt, dass Hühner nur der Federn wegen gehalten wurden, gedenkt aber keines Putzes aus solchen (aber Wilkes, V, S. 279, von Penrhyn). Am werthvollsten und höchsten geschätzt waren die rothen mittelsten Schwanzfedern des »Aak«, Tropikvogel *(Phaëton rubricauda)* und die weissen von *Phaëton aethereus*, sowie künstlich zerschlissene schwarze Federn des »Tschik«, Fregattvogels[2]) *(Tachypetes aquila)*. Sie werden einzeln oder büschelweise ins Haar gesteckt, wie ich dies selbst noch einige Male sah, sind aber lediglich Tanzschmuck oder Aufputz des Kriegers (s. Finsch: »Gartenlaube«, 1881, S. 701). Schwanzfedern vom Tropikvogel waren auch auf der Ellice-Gruppe (Fakaafo: Wilkes) beliebt.

Zum Festschmuck der pantomimischen Aufführungen oder Tänze gehörte auch Kopfschmuck wie die folgenden Nummern:

Kopfbinde (Nr. 428, 1 Stück; Taf. V [22], Fig. 2-*a*, Unterseite); auf zwei schmale Streifen *Pandanus*-Blatt, circa 56 Cm. lang, ist mittelst fein gespaltener *Pandanus*-Faser eine Reihe kleiner (durchbohrter) weisser Muscheln, 43 Stück (*Natica candidissima* Guillon, nach v. Martens) geflochten. Dschalut.

Choris bildet (Pl. III, untere Figur) eine Kopfbinde aus dieser Art Muschel kenntlich ab.

Diese Binden werden unmittelbar am Anfang des glatt zurückgestrichenen Haares befestigt, um das letztere zurückzuhalten, übrigens auch von Frauen getragen (s. Choris: Pl. I und IX).

Kopfbinde (Nr. 464, 1 Stück; Taf. V [22], Fig. 1-*a*, Unterseite), ähnlich dem vorhergehenden Stück (33 Cm., mit den Bindebändern 54 Cm. lang), aber aus zwei Reihen sehr kleiner weisser Muscheln (*Columbella versicolor* Sow., nach v. Martens), je

[1]) Kubary erwähnt (in Joest »Tätowiren«, S. 86) von Nukuor ein Harz, »Setoi« genannt, »das auf allen Carolinen von Osten antreibt und dessen Russ als Schwärze zum Tätowiren dient«.

[2]) Auf den Markesas trug man aus solchen Federn ganze Hüte, wie sie das British Museum besitzt, hier auch ähnlicher Kopfputz aus rothen Papageien- und *Phaëton*-Federn von Anaa (Chain-Isle) der Paumotu-Gruppe. Sehr phantastische Federhüte, mit vielen rothen Schwanzfedern des Tropikvogels, gehörten früher zum Hochzeitsschmuck des Erstgeborenen eines Häuptlings auf Mangaia, Hervey-Gruppe, wenn derselbe als Bräutigam geschmückt zur Trauung über die Leiber der Unterthanen nach dem Hause seines Schwiegervaters schritt (s. Gill: »Life in the Southern-Isles«, Abbild. S. 61). Reicher Federschmuck (darunter sogenannte Hüte) war auch auf der Oster-Insel sehr beliebt (vgl. Thomson: Pl. LIV und LV).

63 Stück, die auf zwei dickere, zusammengelegte Streifen von *Pandanus*-Blatt (vgl. Fig. 1 *a*) mittelst schmalen Streifen desselben Materials aufgeflochten sind. Dschalut.

Obwohl im Ganzen einfach genug zählte Schmuck, wie die vorhergehenden beiden Stücke doch bereits zu den Seltenheiten und wurde damals als werthvoll betrachtet. Eine Kopfbinde wie Nr. 428 war würdig eines Königs und wurde in der That von Kabua, dem ich sie abkaufte, bei Tanzvorstellungen getragen. Damals begnügte man sich meist mit Imitationen, Zeugstreifen mit Glasperlen benäht, die für beide Geschlechter als Kopfbinden beliebt waren, und jetzt dürften solche aus Muscheln wohl kaum mehr zu haben sein.

Choris bildet (Pl. III) solche Muschelschnüre ab, die ausser *Natica lurida* (zweite Figur von unten) noch zwei andere Muschelarten (? *Litorina obesa* Sow. oder ? *Engina*) kenntlich darstellen und sämmtlich einreihig sind. Hierher gehören auch die von Edge-Partington (Pl. 172, Fig. 8—11) von »Lord Mulgrave-Isle« (= Milli) abgebildeten Schmuckstücke. Dagegen sind die auf Taf. 175, Fig. 7 und 9 (Kopfbinde und Halsband) aus Muscheln (wohl ebenfalls *Columbella*) jedenfalls von anderer Herkunft und die Angabe »? Ellice-Group« vielleicht richtig. Sie unterscheiden sich in der Aufmachung sehr wesentlich dadurch, dass die Muscheln auf einen Reif geflochten sind, der aber gewiss nicht, wie angegeben, aus »Bambu« besteht, da solches wohl schwerlich auf diesen Koralleninseln vorkommt.

e) **Ohrputz.**

Eigentlichen Ohrschmuck gab es nicht mehr, aber im Sinne der Eingeborenen muss die beträchtliche Ausweitung der Ohrläppchen als solcher betrachtet werden. Dieselben sind zuweilen in wahrhaft monströser Weise dermassen ausgedehnt, dass sich die Hautschlinge, zu welcher der Ohrlappen dann deformirt wurde, über den Kopf ziehen lässt, wie ich selbst wiederholt zu sehen Gelegenheit hatte. Diese enorme Ausdehnung ist nur dadurch möglich, dass der bis zum Aeussersten ausgespannte Ohrlappen durch einen schmalen Streif Backenhaut künstlich verlängert wird. Das gleich einer dünnen Hautschlinge herabhängende Ohrläppchen beginnt daher mit seiner unteren Basis auf der Backe, wie dies die beigegebene Textfigur 26 zeigt, von Leman (Lehmann) einen Eingeborenen, den ich auf Milli zeichnete. Die Abbildung Kadu's von Choris (Pl. XVII) und Chamisso (II, Titelbild) ist für die Ausdehnung des Ohrlappens sehr typisch.

Fig. 26.

Abnorm ausgedehnter Ohrlappen, unausgespannt.

Fig. 26 *a*.

Durch Blattreif ausgespannter Ohrlappen.

Für gewöhnlich wird die schlappe Ohrlappenhautschlinge meist in einen Knoten geschlungen oder über die Ohrmuschel gehangen, bei festlichen Gelegenheiten aber ausgespannt. Dies geschieht, indem man einen schmalen Streif frischen *Pandanus*-Blattes (»Worr«) einlegt, welcher durch seine Elasticität die Hautschlinge gleich einem Reif (oft von 60—70, ja 100 Mm. Durchmesser) ausdehnt, wie auf der beigegebenen Skizze Fig. 26 *a* (s. auch Finsch: »Gartenlaube«, 1886, S. 38). Der innere Ring dieser Zeichnung ist der eingelegte Blattstreif, welcher früher, nach den Abbildungen von Choris (Pl. I, XIII) und Kotzebue (S. 60) zu urtheilen, viel breiter war. Zu jener Zeit trug man auch breite Rollen von Schildpatt im Ohr, und Chamisso erwähnt, dass Einzelne auch den Ohrrand durchbohrten (wie ich dies auf Njua fand), um Blumen einzustecken (vgl. Choris, Pl. I). Letztere, sowie frische Blätter werden von beiden Geschlechtern am häufigsten zur Ausschmückung der Ohren benützt. Besonders beliebt sind die zarten, dabei duftigen Blüthen eines lilienartigen Gewächses (Choris, Pl. V und Hernsheim, »Beitrag etc.«, S. 67, und 69 als »cactusartiges Knollengewächs«). Diese Pflanze, die Krone der Atoll-Flora, welche auch auf den Gilberts, sowie auf Kuschai vorkommt, würde nach Chamisso ein *Cridum* sein. Leider sind die von mir gesammelten Exemplare mit meinem ganzen Herbar für die Wissenschaft verloren gegangen (s. S. 122 [378]). Ein sehr beliebter und hübscher Ohrputz ist auch die weisse, sehr zarte innerste Haut des Blattes der Cocospalme, »Wondinemit« genannt, deren schmale Streifen ganz wie weisses Seidenpapier aussehen.

Frauen weiten die Ohren übrigens nicht entfernt in der kolossalen Weise als die Männer aus, wie dies schon die Bilder von Choris sehr richtig zeigen. Zerrissene Ohrlappenschlingen, wie sie bei Raufereien der Männer vorkommen, werden meist gut zusammengeheilt.

f) Hals- und Brustschmuck.

Frisches Pflanzenmaterial, Blätter und Blumen finden für Halsketten und Kränze am häufigsten Verwendung bei beiden Geschlechtern. Namentlich lieben die Frauen Halsketten aus den erwähnten kleinen weissen Blumen und Farnblättern, welche sie mit grosser Geschicklichkeit sehr schnell zu flechten verstehen. Manche Arbeiten in diesem Genre sind recht kunstvoll und bilden besonderen Festschmuck, wie das folgende Stück:

Halsband (Nr. 463, 1 Stück; Taf. VIII [25], Fig. 22), 46 Cm. lang, aus *(a)* schmalem, circa 15 Mm. langem Pflanzenmaterial (Abschnitten oder gespaltenen Blättern, wohl von Farnkraut) dicht auf eine dreireihige Schnur *(b)* aus schmalen Streifchen von hellem *Pandanus*-Blatt und abwechselnd schwarzgefärbten Fasern von *Hibiscus* geflochten, die jederseits in eine dünne Schnur als Bindebänder enden. Dschalut.

Das Exemplar wurde vom damaligen »König« Kabua getragen, von dem ich es kaufte, und hat sich in Folge sorgsamster Verpackung trotz seiner Zerbrechlichkeit ziemlich gut erhalten. Da derartiger Schmuck bald der Vergangenheit angehören wird und Beschreibungen nur eine schlechte Vorstellung geben, so freut es mich, eine farbige Abbildung beifügen zu können. Manche derartige Halsbänder sind breit, so dass sie den Hals wie eine Binde einschnüren, aus schwarz und weissen *Pandanus*-Streifen geflochten, oben und unten mit Randbesatz von grünen Farnblättern oder Stengeln. Frauen und Mädchen tragen solche Halsbänder besonders gern, zuweilen sind auch flache, wohlriechende Holzspähnchen eingeflochten, über deren Herkunft ich mich nicht unterrichten konnte. Vielleicht sind sie von dem oben (S. 176 [432]) erwähnten Treibholz »Aik«. Aus diesem Grunde waren wohl auch zu Chamisso's Zeit »Bleistiftsplitter« ihres Geruches wegen so begehrt. Häuptlinge pflegten damals einen in besonderer Weise um den Hals geschlungenen und geknoteten Streif von *Pandanus*-Blatt als Rangauszeichnung zu tragen (vgl. »Rarik« auf Pl. I bei Choris).

Wie die Bänder zu dem Blatt- und Blumenschmuck der Gilbert-Insulaner sich durch eingeflochtene Haare auszeichnen, so sind für die Marshallaner die weiss und schwarzen Schnüre charakteristisch.

Halsbänder aus Glasperlen, meist in zahlreichen Schnüren wulstartig zusammen geflochten, bildeten zu meiner Zeit den hauptsächlichsten Schmuck beider Geschlechter, und selbst »König« Kabua pflegte für gewöhnlich nur ein solches Collier zu tragen.

Zuweilen befestigt man ein Stückchen *Spondylus*-Muschel als Anhängsel (ganz ähnlich wie Taf. VIII [25], Fig. 15), aber ich habe nie solche Anhängsel aus Conusboden oder Perlmutter gesehen, wie sie auf den Gilberts so häufig sind. Auch die Abbildungen von Choris zeigen keinen derartigen Schmuck, wohl aber (Pl. III, obere Figur) einen Halsschmuck aus der alten Zeit. Er besteht aus einer Schnur, an welcher zwei längliche Plättchen aus Schildpatt, zwei desgleichen aus Spermwalzahn geschnitzt und zwei grössere *Spondylus*-Scheiben (circa 20 Mm. im Durchmesser) befestigt sind, ausserdem schwarze, weisse und rothe Muschelscheibchen (wie Taf. VIII, [25], Fig. 20 *b*) und einige kleine Delphinzähnchen (ähnlich Taf. V, [22], Fig. 6). Halsketten aus weissen Muscheln *(Natica* und *Columbella)*, wie sie früher von beiden Geschlechtern getragen wurden (Choris, Pl. VIII), waren zu meiner Zeit kaum mehr zu haben. Die werthvollsten Schmuckstücke aus rothen *Spondylus*-Scheibchen werden von Chamisso sonderbarer Weise mit keiner Silbe erwähnt, wohl aber von Kotzebue, als »mühsam aus rotheo Korallen bearbeitet«. Von derartigem Schmuck aus *Chama* oder *Spondylus* erhielt ich noch einige Exemplare aus der alten Zeit. Solche Halsbänder heissen »Maremar« und kommen in zwei Hauptformen oder Typen vor:

A. Halsketten aus aufgereihten *Spondylus*-Scheibchen — wie Taf. VIII, [25], Fig. 1 — meist ohne Anhängsel.

B. Halsketten aus *Spondylus*-Scheibchen, die einzeln (oder zu zwei übereinander) mit der Breitseite so aufgeflochten sind, dass sie flach liegen, wie Taf. VIII, [25], Fig. 20 *a* und Fig. 21 *c*; meist mit zum Theil sehr kunstvoll geschnitzten Anhängseln aus:

a) *Spondylus*-Plättchen,

b) Schildpatt (bearbeitet),

c) Spermwalzahn (bearbeitet),

oder allen dreien zusammen.

Die Schnüre zu den Halsketten der Form B sind meist zweifarbige hübsche, zum Theil äusserst zierliche Flechtarbeiten über einen dünnen Bindfaden aus Fasern oder Streifchen hellen *Pandanus*-Blattes und schwarzgefärbtem *Hibiscus*-Bast (wie Taf. VIII, [25], Fig. 20 und 21 *d*).

Halsschmuck-Typus A.

Maremar (Nr. 465, 1 Stück), Halskette (Taf. VIII, [25], Fig. 1) aus 113 rothen Muschelscheibchen (Fig. 1 *a*), die auf eine Schnur von Cocosnussfaser gereiht sind. Dschalut.

Dies ist die häufigste Form,[1]) aber wegen der grossen Menge von *Spondylus*-Scheibchen (oft an 200) besonders werthvoll. Hicher gehört Nr. 3256 (Kat. M. G., S. 385) »wahrscheinlich von Uleai« und ein Stück aus der alten Zeit (Edge-Partington Taf. 172, Fig. 3), bei welchen die rothen Muschelscheibchen durch sechs pfeilförmige Stücke aus weisser Muschel unterbrochen sind, mit einem Anhängsel aus *Spondylus*.

Halsschmuck-Typus B.

Die gewöhnlichste Sorte hat kein Anhängsel wie: Edge-Partington Taf. 173, Fig. 5 und Nr. 581 (Kat. M. G., S. 280) angeblich von »Pingelap« (Carolinen).

a) Mit Anhängsel aus *Spondylus*-Plättchen.

Ich erhielt eine Halskette von Maloelab mit Anhängseln aus sechs kurzen Schnüren abwechselnd weisser und schwarzer Scheibchen, die in eine länglich-viereckige Platte aus *Spondylus* enden (in der Form wie Fig. 5, Taf. 172, bei Edge-Partington). Hier-

[1]) Dieselbe findet sich in ganz ähnlicher Weise auf Yap wieder (Journ. M. G., Heft II, Taf. IV, Fig. 7 und Kat. M. G., S. 395, Nr. 465), nur dass die *Spondylus*-Scheibchen nicht dicht liegen, sondern weiter von einander abstehen. Ganz damit übereinstimmend sind althawaiische *Spondylus*-Ketten, die ich in der Sammlung von Dr. Arning sah.

her gehören Nr. 116 (Kat. M. G., S. 280) angeblich von »Pingelap«[1]) (früher mit »Kingsmill« bezeichnet) und »Kopfschmuck« Nr. 719 und 720 (ibid. S. 336), die trotz der Berufung auf Kubary gewiss nicht von »Nukuor«, sondern von den Marshalls herstammen.

b) Mit Anhängsel aus Schildpatt.

Maremar (Nr. 466, 1 Stück), Halsschmuck (Taf. VIII, [25], Fig. 20), besteht aus einer, über zwei dünne (48 Cm. lange) Bindfaden sehr fein in Schachbrettmuster geflochtenen Schnur (23 Cm. lang), an welche 30 *Spondylus*-Scheibchen *(a)* festgebunden sind; in der Mitte zwei Anhängsel aus *(b)* weissen Muschelscheibchen und schwarzen Cocosnussscheibchen, die mit einer rothen Muschelscheibe enden, daran je ein meisselförmiges Stückchen Schildpatt *(c)* befestigt. Dschalut.

Die schwarz und weissen Muschelscheibchen sind ganz so wie die von den Gilberts (Taf. VII, [24], Fig. 4), nur die Cocosscheibchen breiter. Hierher gehören Nr. 582 und 3513 (Kat. M. G., S. 280) angeblich von »Pingelap« und Nr. 114 (ibid. S. 395), »Marofa«, Halsschmuck, angeblich von »Yap«. Ebenso die Abbildungen von Edge-Partington Taf. 173, Fig. 2, mit der irrigen Angabe »Kingsmill« und Taf. 172, Fig. 6 mit »probably Lord Mulgrave-Isl.«, aber richtig von Milli; letzteres mit eigenthümlichen pfeilförmigen Anhängseln aus Schildpatt.

c) Mit Anhängseln aus bearbeitetem Spermwalzahn.

Maremar (Nr. 467, 1 Stück), Halsschmuck (Taf. VIII, [25], Fig. 21); wie vorher, aber als Anhängsel *(a)* eine kunstvolle gitterförmige Schnitzerei (»Ninigä«) aus einem Stück Spermwalzahn geschnitzt (40 Mm. lang und 55 Mm. breit). Maloelab.

Die ursprünglich wohl aus weiss und schwarzen Muschelscheibchen bestehenden Schnüre, an welchen die Schnitzerei angebunden ist, sind an diesem Stück schon durch grosse, bunt geschliffene Glasperlen (Fig. *b*) ersetzt.

Ein Stück aus der alten Zeit und mit das Schönste, welches die Schmuckindustrie der Marshall-Inseln leistete. Hierher gehören Nr. 716 (Kat. M. G., S. 336, Taf. XXX, Fig. 3), mit der irrigen Angabe »Nukuor«, wenn sich dieselbe auch auf Kubary und Holste beruft, und das schöne, mir aus dem British Museum wohlbekannte Stück, welches Edge-Partington abbildet (Taf. 173, Fig. 3), fälschlich mit »Kingsmill« bezeichnet.

Bei einem anderen Halsschmuck dieser Art von Maloelab ist das Spermwalzahn-Anhängsel in zehn Längsstäbe durchbrochen ausgeschnitzt und 95 Mm. breit. Derartige kunstvolle Schnitzereien werden weder von Chamisso noch Kotzebue erwähnt, denn die Eingebornen behielten solche wohl für sich selbst und waren nur mit den minderwerthigen freigebig. Der »künstlich gearbeitete Fischknochen«, welchen Kotzebue geschenkt erhielt, betrifft jedenfalls eine Schnitzerei aus Spermwalzahn, ebenso der Schmuck »aus Fischgräten, der die Stelle eines Ordens vertritt« (Kotzebue, II, S. 86). Aus Spermwalzahn geschnitzte Anhängsel wurden auch einzeln getragen; ich erhielt unter Anderem ein solches in Form eines kleinen Klöpfels. Der bei Kotzebue abgebildete Mann (S. 60 links) trägt einen Halsschmuck mit einer Schnitzerei aus Spermwalzahn und grösseren *Spondylus*-Scheibchen.

Ein anderes *Spondylus*-Halsband dieser Art von Maloelab hatte ein Anhängsel aus sechs Schnüren aus weissen und schwarzen Muschelscheibchen mit je einer länglich-viereckigen Platte von Spermwalzahn (wie: Edge-Partington, Taf. 172, Fig. 5 und Taf. 173, Fig. 1, letzteres mit der fälschlichen Angabe »Kingsmill«).

[1]) Die hier unter »Pingelap (Macaskill-Inseln)« ohne Angabe des Sammlers aufgeführten sechs Stücke stammen jedenfalls nicht von dieser kleinen Carolinen-Insel her, sondern von der zum Dschalut-Atoll gehörigen gleichnamigen Insel des Marshall-Archipels.

Von den vorhergehend aufgeführten Stücken dürfte gegenwärtig wohl kaum etwas mehr zu haben sein.

g) **Armschmuck.**

Armbänder irgend welcher Art sind mir nie vorgekommen, aber Chamisso erwähnt solche »aus der Schale einer grösseren einschaligen Muschel geschliffen« (II, S. 224), also vermuthlich aus Conus (wie die von Kuschai, Taf. VI, [23]. Fig. 1). Kotzebue erwähnt derartigen Schmuck übrigens nicht, ebensowenig ist er auf den Bildern von Choris zur Darstellung gebracht. Diese ersten Reisenden gedenken auch nicht des eigenthümlichen Federputzes, der bei den Tanzvorstellungen der Männer figurirt und jedenfalls schon damals benutzt wurde.

Rodschenebit (Nr. 606, 1 Stück), Federbüschel, aus künstlich zerschlissenen Federn des Fregattvogels *(Tachypetes)*. Dschalut.

Solche Federbüschel (Rodschenebit) werden am Oberarm, zuweilen am Unterarm festgebunden, sowie ein drittes am Daumen (s. Finsch: »Gartenlaube«, 1886, S. 37); letzteres heisst »Berio«. Da *Tachypetes*-Federn sehr werthvoll sind, so müssen sich Manche mit billigem Schmuck aus *Pandanus*-Blattstreifen begnügen.

Analog diesem Tanzschmuck ist ein anderer aus »schwarzen Federn« (wohl Fregattvogel), der auf den Markesas, aber um das Fussgelenk getragen wurde (Kat. M. G., S. 245).

h) **Leibschmuck.**

Das einzige hierher gehörige Stück ist die kunstvoll geflochtene Gürtelschnur (S. 168 [424]) für beide Geschlechter.

Eine Leibschnur aus weissen Muschelscheibchen und schwarzen Cocosnussscheibchen (ganz wie »Tekaroro« von den Gilberts S. 75 [343]) die ich von Maloelab erhielt, scheint mir bezüglich der Herkunft zweifelhaft, stammt aber möglicherweise noch aus alter Zeit her.

Ethnologische Schlussbetrachtung.

Wie die Gilberts, so bildet auch der Marshall-Archipel eine besondere ethnologische Subprovinz Oceaniens,[1]) die aber weniger charakteristische Eigenthümlichkeiten bietet. Als solche sind hervorzuheben: Eigene Sprache, eigene Tätowirung (nach den Geschlechtern verschieden, eigene Zeichen für Häuptlinge), eigener, sehr primitiver Baustil der Häuser (keine Versammlungshäuser), eigene pantomimische Vorstellungen (sogenannte Tänze, darunter ein lasciver der Mädchen), ein sehr entwickeltes Feudalwesen, aber keine Stämme; Rang vererbt nach der Mutter. Unter den Schmuckgegenständen ist Federputz bei den Tanzvorstellungen der Männer eigenthümlich, ebenso die besondere Form der Schnitzereien aus Spermwalzahn; die übrigen Zieraten schliessen sich mehr denen der Carolinen an, namentlich durch die häufige Verwendung von *Spondylus*-Scheibchen. Charakteristisch sind auch die enorm ausgedehnten Ohrlappen, ohne besonderen Schmuck. In der Bekleidung verdienen fein geflochtene Matten besondere Beachtung und erhalten durch kunstvoll aufgenähte Muster ein charakteristisches Gepräge. Eigenthümlich sind ferner die geschmackvoll geflochtenen Gürtelschnüre (»Irik«), sowie die Gürtel (»Kangr«) und Faserröcke der Männer. Kämme fehlen. Unter den Geräthschaften zeichnen sich ein besonderer Schaber aus *Cassis*, die Form der Fischreusen, eine Art Fischhaken aus Cocosnussschale aus, während sich ein Drill-

[1]) Das Berliner Museum erhielt von hier durch mich 180 Stücke; der Kat. M. G. verzeichnet nur 56 aus dieser Subprovinz.

bohrer ganz übereinstimmend auch in Polynesien und Melanesien findet. Dasselbe gilt in Bezug auf die übrigens in der Form eigenthümliche Trommel, das einzige Musikinstrument der Art, welches in Mikronesien nur noch Ponapé aufzuweisen hat. Hervorragend in der Baukunst seetüchtiger Fahrzeuge, wie als Seefahrer selbst, schliessen sich die Marshallaner hierin den Caroliniern innig an, mit denen sie ethnologisch überhaupt am nächsten verwandt sind und diesen näher stehen, als den näher benachbarten Gilbert-Insulanern.

— — —

III. Carolinen.

Einleitung.

Geographischer Ueberblick. Die im Laufe von drei Jahrhunderten in diesem westlichen Theile Mikronesiens gemachten Entdeckungen sind erst durch die denkwürdigen Reisen Lütke's mit der russischen Corvette »Senjavin« (1827 und 1828) recognoscirt, klar- und sichergestellt worden, nachdem Duperrey fünf Jahre zuvor (1823 mit der »Coquille«) dankenswerthe Vorarbeiten geliefert hatte. Welche Verwirrung vor diesen Forschungsreisen herrschte, lehrt Chamisso's Zusammenstellung der damaligen »Kenntniss der ersten Provinz des grossen Oceans« (Reise, II, S. 152—201) und eine Vergleichung der beigegebenen Kärtchen nach Cantova (1722) und Don Louis de Torres (1804) mit Lütke's Karten (»Atlas der Senjavin-Reise«). Bleibt bei dem Mangel einheitlicher Aufnahmen auch noch Manches zu berichtigen, so besitzen wir jetzt doch treffliche Karten, unter denen die von der englischen Admiralität herausgegebene (Nr. 980, 1872) wohl die beste ist,[1]) wenn sie auch noch zwölf Inseln mit unsicherer Lage zu verzeichnen hat. Sie gibt ein übersichtliches Bild der ungeheuren Ausdehnung dieser grössten mikronesischen Provinz.

Darnach erstreckt sich der Carolinen-Archipel (zwischen 1—10° nördl. Br. und 134—164° östl. L.) von Süden nach Norden über 540 Seemeilen, von Ost nach West über 1800 Seemeilen, seine Ausdehnung ist also bei Weitem grösser als die des Marshall-Archipels. Wie bei diesem besteht die Mehrzahl der Inseln (im Ganzen 34, wovon 4 unbewohnt) aus niedrigen Korallgebilden, Atollen, die aber durchgehends kleiner sind und minder ausgedehnte Lagunen aufzuweisen haben. Sehr abweichend und merkwürdig ist die Ruk-Gruppe durch eine Anzahl hoher Inseln innerhalb des Riffgürtels, und Faïs (Tromelin-Insel) als gehobene (circa 30 Fuss hohe) Koralleninsel. Die westlichsten Gruppen Yap und Pelau bestehen ebenfalls aus riffumschlossenen hohen Inseln, mit 1500—2000 Fuss hohen Bergen, ähnlich wie die östlichen basaltischen Inseln Kuschai und Ponapé, mit Barrier-Riff, die wir im Nachfolgenden kennen lernen werden.

Fauna. Wie die Flora ist auch die Fauna reicher als in Ost-Mikronesien. Ausser der überall verbreiteten Ratte (nach Kittlitz die indische *Mus setifer* [?]) kommen fliegende Hunde *(Pteropus)* sogar auf Atollen (Mortlock, Lukunor) und für jede Insel in eigenthümlichen Arten, sowie ein anderes Flederthier *(Emballonura)* vor, im Westen (Pelau) auch der Dugong *(Halicore)*.

Wie bezüglich der Säugethiere, dürfte auch die Artkenntniss der am besten erforschten Classe der Vögel so ziemlich als abgeschlossen zu betrachten sein und wenig

[1]) Für die Kenntniss der einzelnen Inseln empfiehlt sich Findlay's (S. 20 [288] citirtes) Werk (S. 734 bis 776), sowie: »Pacific Islands, vol. I, Western groups« (London 1885).

Neues mehr liefern. Die circa 70 bekannten Arten gehören der indo-malayischen Avifauna an und besitzen nur auf Pelau (in *Psamathia*) und Ruk (in *Metabolus*) eigenthümliche, indess wenig charakteristische Formen. Bemerkenswerth ist das Fehlen von Spechten. Verschiedene weitverbreitete Gattungen (wie *Halcyon*, *Collocalia*, *Myzomela*, *Calornis*, *Calamoherpe*, *Carpophaga*, *Phlegoenas*) finden sich auf mehreren Inseln zugleich, andere sind durch eigene vicariirende Arten auf einzelne Inseln beschränkt (so namentlich *Zosterops*, *Rectes*, *Volvocivora*, *Myiagra*, *Rhipidura*, *Aplonis* und *Ptilopus*). Nur Pelau besitzt eine eigenthümliche Eulenart (*Noctua podargina* H. & F.), sowie ein Scharrhuhn (*Megapodius senex* H.), deren Fehlen auf allen übrigen Carolinen-Inseln ebenso auffallend ist als das Vorkommen einer einzigen Papageienart (*Trichoglossus rubiginosus* Bp.) nur auf Ponapé. Die Carolinen besitzen in *Calamoherpe syrinx*, einem unserem Drosselrohrsänger nahestehenden Vogel, einen trefflichen Sänger. Zu den häufigsten Erscheinungen gehören die schwarzen Glanzstaare (*Calornis pacifica*), sowie ein prachtvoll roth und schwarz gefärbter Honigsauger (*Myzomela rubrater*). Eine grosse Fruchttaube (*Carpophaga oceanica*) ist auf den meisten, namentlich hohen Inseln häufig, die Mähnentaube (*Caloenas nicobarica*) dagegen nur auf Pelau beschränkt, das auch eine eigenthümliche Erdtaube (*Phlegoenas canifrons* H. & F.) besitzt, während eine andere Art dieser Gattung (*Phl. erythroptera*) wiederum nur auf Ponapé und Ruk vorkommt. Ueber eine auf mehreren Carolinen-Inseln vorkommende Hühnerart, die sich zumeist dem javanischen *Gallus Bankiva* anschliesst, wissen wir leider so wenig, dass es sich nicht ausmachen lässt, ob es sich hier um eine ursprünglich vorkommende oder nur eingeführte verwilderte Art handelt. Wilson fand auf Pelau bereits Wildhühner; ich erhielt von dort[1]) aber nur ein Weibchen zur Untersuchung, das allerdings sehr mit Exemplaren von Sumatra übereinstimmt. Die Untersuchung von carolinischen Hühnern würde jedenfalls sehr interessant sein und vielleicht wichtige Anhaltspunkte über die Herkunft der Bewohner liefern.

Reptilien kommen nur wenige Arten vor, meist weit verbreitete kleine Eidechsen (darunter namentlich *Mabouia cyanura* Less.), auf Yap eine grosse Warneidechse (*Hydrosaurus marmoratus*). Das indische Leistencrocodil (*Crocodilus biporcatus*) verirrt sich zuweilen bis Pelau, welche Inselgruppe auch als einzige Ausnahme für das ganze Gebiet, Landschlangen (drei Arten) und einen Frosch aufzuweisen hat.

Hausthiere besassen die Carolinier nicht, mit Ausnahme verwilderter Haushühner (die nach Kittlitz auf Ulea fehlen) und einer eigenthümlichen Hunderasse auf Ponapé. Von Guam aus waren aber Hunde und Katzen (»Gato« — spanisch: Katze) schon zu Anfang dieses Jahrhunderts nach Mogemog mitgebracht und von hier nach anderen Inseln (Ruk, Ulea, Pelau) verbreitet worden, wie später Schweine.

Areal. Da hinsichtlich des Flächeninhaltes nur die planimetrischen Berechnungen Friedrichsen's über Ponapé ($7^1/_2$ deutsche geogr. Quadratmeilen) und Yap 3·813 deutsche geogr. Quadratmeilen) vorliegen, so muss man sich einstweilen mit den Schätzungen Gulick's begnügen, der das ganze Areal der Carolinen auf 877 square milles (— circa 42 deutsche geogr. Quadratmeilen = circa 2400 Quadratkilometer) angibt. Dass davon bei dem eigenthümlichen Charakter der Atollbildungen nur ein kleiner Theil brauchbares und bewohnbares Land ist, braucht kaum erwähnt zu werden. Auch die hohen Inseln erweisen sich für Ansiedelung nicht günstig, obwohl die Steilheit der Berge papuanischen Gewohnheiten gerade entsprechen würde.

---

[1]) Vgl. »Proc. Zool. Soc. London«, 1872, p. 103 und Finsch: »Die Vögel der Palau-Gruppe« in Journ. M. G., Heft VIII, S. 29.

Bevölkerung. Bei Weitem unsicherer als bezüglich des Areals sind die Angaben hinsichtlich der Einwohnerzahl, die zwischen 20.000 und 30.000 schwanken und für einzelne Inseln ungeheuer weit auseinandergehen, [1]) wie dies ja nicht anders sein kann, da wirkliche Zählungen nur auf Kuschai und Nukuor stattfanden. Nehmen wir 20.000 als richtig an, so würde dies immerhin ein sehr dünn bevölkertes Gebiet mit nur circa zehn Bewohnern auf den Quadratkilometer ergeben. Dabei ist ein steter Rückgang unzweifelhaft; wenn sich derselbe auch nicht so rapid vollzogen hat, als aus gewissen Zahlen der beigegebenen Anmerkung erhellt. So fand Kubary 1877 auf Nukuor nur 124 Bewohner (die Kinder eingerechnet), aber 80 gute Fahrzeuge, was auf eine bedeutende Abnahme der Bevölkerung schliessen lässt. Nach Doane wäre die Unsitte des Fruchtabtreibens Schuld daran, wie Kubary überhaupt die bei den Carolinerinnen häufig vorkommende Unfruchtbarkeit als Hauptgrund für den Rückgang der Bevölkerung annimmt. Dies mag richtig sein, namentlich für Pelau mit seinem ausgebildeten Prostitutionswesen. Auch die »Labortrade« hat zur Entvölkerung der Carolinen mit beigetragen. So trieb, nach Rev. Doane, Anfang der Siebzigerjahre das berüchtigte australische Sclavenschiff »Carl«, blutigen Angedenkens, sein Unwesen und stahl Menschen.

Handel. Wie in Ost-Mikronesien der Walfischfang, so war es für dieses westliche Gebiet die Trepangfischerei, [2]) welche den ersten Verkehr zwischen Eingeborenen und Fremden anbahnte. Schon zu Ende des vorigen Jahrhunderts wurde dieses Gewerbe, in bescheidener Weise, durch Spanier von den Philippinen (Manilla) und Mariannen aus betrieben, wie die Eingeborenen der Central-Carolinen schon von jeher mit Guam in Verkehr standen. Kuschai und Ponapé waren später, von Mitte der Dreissiger- bis Sechzigerjahre, häufig von meist amerikanischen Walfängern besucht und gaben Veranlassung zur Niederlassung der amerikanischen Mission im Jahre 1852. Anfang der Siebzigerjahre errichteten Deutsche, zuerst auf Yap für Trepangfischerei (durch Godeffroy), ständige Handelsstationen, die bei der Unergiebigkeit dieses Artikels bald auf Coprahandel übergingen und sich (später auch durch das Hamburger Haus Hernsheim) auf Kuschai und Ponapé ausdehnten. Bei der allgemeinen Spärlichkeit der Cocospalme, die nur in gewissen Gebieten reichlich vorkommt, ist dieser Handel nie sehr bedeutend gewesen und ausserdem durch die weiten Entfernungen erschwert. Gegenüber der Arbeitsscheu der Eingeborenen und den ungünstigen Verhältnissen, wie sie selbst die sonst so fruchtbaren hohen Inseln bieten, darf an Plantagenbau nicht gedacht werden, er würde bei den erheblichen Unkosten kaum jemals Erfolg versprechen.

Schutzherrschaft. Wenn durch Schiedsrichterspruch des Papstes der Carolinen-Archipel an Spanien fiel (17. December 1885), so ist dies ebensowenig ein Verlust für Deutschland als ein Nutzen für die Krone Spaniens, die zu ihren grossentheils ohnehin wenig lucrativen Besitzungen wohl die aussichtsloseste hinzufügen konnte. Handelt es sich doch um ein Inselreich, das nur höchst unbedeutend zu exportiren vermag, und dessen beste Inseln 1800 Seemeilen weit von einander entfernt liegen. Wie unheilvoll übrigens die neue Schutzherrschaft wirkte, werden wir im Nachfolgenden bei Ponapé sehen, wo es bald zu blutigen Kämpfen kam, welche unter den Eingeborenen Verheerungen anrichteten, aber auch an Spaniern viele Opfer forderten.

[1]) Nach Semper soll Palau vor etwa 100 Jahren, wohl sehr übertrieben, 40.000—50.000 (?) Bewohner gehabt haben; Ende der Sechzigerjahre nur 10.000; nach Kubary 1874: 5000, zehn Jahre später nur 4000; Mortlock: 900 (Gulik), 3500 (Kubary); Ponapé: 5000 (Gulik), 2000 (1880); Ruk: 5000 (Gulik), 12.000 (Kubary).

[2]) Ueber Trepang vgl. Finsch: »Ueber Naturproducte der westlichen Südsee« in: »Deutsche Colonialzeitung«, 1887, S. 16.

Eingeborene. Dieselben gehören anthropologisch, wie alle Mikronesier und Polynesier, zu der oceanischen Rasse (vgl. Finsch: »Anthrop. Ergebnisse« etc., S. 16, 18 und 19). Auch die Bewohner von Pelau und Yap, die man wegen ihres selten schlichten, sondern meist feinlockigen Haares als »papua-malayische Mischlingsrasse« trennen zu müssen glaubte, dürfen ohne Bedenken als West-Oceanier eingereiht werden. Ich verglich Eingeborene von Yap, Uleai und Uluti,[1]) die ich von östlichen Mikronesiern nicht zu unterscheiden vermochte, und v. Miklucho-Maclay[2]) kam unabhängig von mir zu den gleichen Resultaten.

Sprachverschiedenheit. Die vorhandenen Sprachverschiedenheiten ändern an dieser Rassezusammengehörigkeit nichts, ihre Kenntniss würde aber jedenfalls wichtige Winke für ethnologische Eintheilung zu geben vermögen. Leider liegt in dieser Richtung, trotz der ausgedehnten jahrzehntelangen Missionsthätigkeit, wenig Material vor. Auf Kadu's nicht immer verlässliche Angaben gründet sich Chamisso's Vocabular der Sprachen von Uleai und Yap (Reise II, S. 96—111). Reicher, aber wahrscheinlich nicht gründlicher ist das »Vocabular der Yapsprache« (circa 900 Wörter) von Blohm und Tetens (Journ. M. G., Heft II, 1873, S. 28—50). Lütke gibt im zweiten Bande seiner Reise (S. 356—371) ein »Vocabulaire comparatif de quelques dialectes Carolinois«, das circa 250 Wörter von Kuschai, vielleicht ebensoviel von Lukunor und wenige von Ponapé und Fais enthält, also im Ganzen sehr mager ist. Dasselbe gilt in Betreff von Tetens »Kurzes Vocabular der Sprache der Mackenzie-Insulaner«, circa 140 Wörter (in: Journ. M. G., Heft II, S. 56—58). Ein kurzes Wörterverzeichniss der Ponapésprache findet sich in der »Novara-Reise« (Bd. II, Beilage III).

Kubary, der am meisten dazu berufen war, über die Sprache, respective Dialekte der Carolinier Auskunft zu geben, hat nur über die Sprache von Mortlock einen Beitrag geliefert. Leider enthält derselbe keine vergleichende Bemerkung zu anderen carolinischen Sprachen. Wie sich dieselben daher zu einander verhalten, bleibt vorläufig noch unklar, ebenso ihre Verwandtschaft mit Marshallanisch etc. Dass auf Kuschai und Ponapé zwei ganz verschiedene Sprachen, sei es auch nur Dialekte, gesprochen werden, davon konnte ich mich selbst überzeugen. Nach Tetens weicht die Sprache von Yap, gleich mit der von Ngoli (Matelotas), aber durchaus von der der Uluti-Gruppe (Mackenzie) ab, dagegen zeigt letztere Gruppe sowohl ethnologisch als sprachlich die grösste Uebereinstimmung mit Uleai (Wolea) und Fais. Dem widersprechen die Angaben Lütke's, nach welchen Floyd, ein Engländer, der lange auf Morileu (Hall-Inseln) gelebt hatte, wohl Uleai, aber nicht Uluti verstehen konnte. Vielleicht gleich mit Uleai, aber jedenfalls eigenthümlich scheint die Sprache der centralen Gruppen Ruk, Mortlock und Hall mit Namoluk, Losop und Nema (nach Logan). Auf der isolirten südlichen Gruppe Nukuor wird nach Capitän Bridge (1883) dagegen Ellice, also Samoanisch gesprochen. Kubary, der dieser Gruppe zweimal einen kurzen Besuch abstattete, erklärte die (124) Bewohner auch der Sprache nach für »Samoaner« und lässt sie vor 600 Jahren direct

---

[1]) Meine Sammlung enthält von dieser Gruppe zwei Abgüsse von Gesichtsmasken Eingeborener, und zwar von der Insel Mogemog, sowie die eines Yap-Insulaners (vgl. »Anthrop. Ergebnisse«, S. 19).

[2]) »Wenn auch das objective Betrachten des physischen Typus der Eingeborenen von Pelau eher für als gegen eine Papuabeimischung spricht, so hat diese Mischung schon vor so langer Zeit stattgefunden, dass längst die Bevölkerung in eine homogene Rasse übergegangen ist, deren Lebensweise, Gebräuche, Verfassung ganz mikronesisch sind.« Und dann »die Pelauer lassen sich von den Yap-Insulanern und überhaupt von den West-Mikronesiern (die ich gesehen habe, NB. Mogemog, Uleai und Fauripik) nicht trennen, mit denen sie jedenfalls eine und dieselbe Rasse bilden« (»Berliner Gesellsch. f. Anthrop.«, Sitzung vom 9. März 1878, S. 8).

14*

von Nukufetau[1]) der Ellice-Gruppe (beiläufig eine Distanz von 1600 Seemeilen) einwandern. Diese Tradition wird durch die ethnologischen Verhältnisse, abgesehen von der zufälligen Uebereinstimmung im Canubau, nicht unterstützt, denn auch die Tätowirung Nukuors weicht von der der Ellice-Gruppe (vgl. S. 14 [282]) durchaus ab. Und diese würde sich doch am ersten erhalten haben. Im Uebrigen konnten die Nukuorer auch nicht Webekunst aus Polynesien mitbringen.

Soweit sich bis jetzt urtheilen lässt, werden in den Carolinen sieben bis acht verschiedene Sprachen oder Dialekte gesprochen: 1. Kuschai; 2. Ponapé; 3. Central-Carolinen (Mortlock, Ruk, Hall, vielleicht auch Uleai und Fais); 4. Nukuor; 5. Uluti mit Ngoli; 6, Yap und 7. Pelau.

Ernährung. Dieselbe bietet ungleich günstigere Verhältnisse als in Ost-Mikronesien. Während dort *Pandanus* die Hauptnahrung liefert, ist es in den Carolinen vorzugsweise der Brotfruchtbaum. Andere Inseln sind mehr auf die Cocospalme angewiesen, während die hohen Inseln bereits in geregelter Plantagenwirthschaft Bananen, Zuckerrohr und Taro cultiviren. Letzteres Knollengewächs wird auch auf einigen Atollen angebaut, aber die Erträge sind oft sehr gering, und nicht selten tritt Mangel ein, der selbst zur Hungersnoth steigt, wenn Stürme die Brotfruchternte vernichten. Wie auf den Marshall-Inseln sind daher auch die Bewohner dieser Atolle schon der Ernährung wegen aufeinander angewiesen und zu Seereisen genöthigt, die übrigens auch des Tauschhandels wegen, zum Vertriebe gewisser Erzeugnisse unternommen werden und einen charakteristischen Zug im Leben dieser Menschen bilden.

Dies führt zu den **Seefahrten der Carolinier**, deren Kenntniss auch für die Ethnologie von grossem Interesse und wichtig ist, weil sie manche Eigenthümlichkeiten in die Beziehungen der Inselbewohner untereinander erklärt. Chamisso's flüchtige Worte, dass die kühnen carolinischen Seefahrer ihren Weg ostwärts bis auf die Marshalls (1680 Seemeilen), westwärts auf die Philippinen (1150 Seemeilen) und »wieder zurückfinden«, ihre Seereisen also über mehr als 2800 Seemeilen (fast die ganze Breite des atlantischen Oceans!) ausdehnen, sind daher nicht einfach zu wiederholen, wie dies bisher stets ohne Weiteres geschah. Bei derartigen weiten Fahrten handelte es sich nämlich (wie z. B. bei Kadu) lediglich um unfreiwillige Reisen Verschlagener. Als solche wurden Marshallaner und selbst Gilbert-Insulaner auf die Carolinen geführt, wie von Westen her Verschlagene von Celebes, Banka (1600 Seemeilen), wofür verbürgte Zeugnisse vorliegen. Bei kritischer Betrachtung verhält es sich mit den Fahrten der Carolinier also ähnlich wie mit denen der Marshallaner, d. h. sie erstrecken sich zwischen gewissen Inseln, wenn das Endziel zum Theil auch weiter entfernt ist. Unabhängig in ihren Ernährungsverhältnissen, sind die hohen östlichen Inseln Kuschai und Ponapé stets isolirt geblieben, während die westlichen Pelauer Besuche der östlichen Nachbarn empfingen, aber selbst keine Seereisen unternahmen. Ebenso scheint es auf der Rukgruppe zu sein, deren Reichthum an Gelbwurz ebenfalls einen Anziehungspunkt bildete, so unter Anderem für die Mortlocker, welche nur mit diesem Atoll und den Bewohnern seiner hohen Insel verkehrten. Aus dem gleichen Grunde besuchten die Eingebornen von Namonuito, den Hall-Inseln und Poloat die Rukgruppe, während die Bewohner der westlichen Inseln Uleai, Uluti, Ngoli sich dem näheren, ebenfalls Gelbwurz erzeugenden, Yap zuwandten. Da die Fahrten zwischen den eben angeführten Inseln zum Theil mit Berühren zwischenliegender

[1]) Nach Wilkes (V, S. 39) wird hier, wie auf Funafuti rein Samoanisch gesprochen, auf Ootafu und Fakaafo der Tokelau-Gruppe konnte der am Bord befindliche Samoaner dagegen die Eingeborenen nicht gut verstehen.

Inseln gemacht wurden, so überschreitet die directe Distanz selten mehr als 180 Seemeilen. Anders verhält es sich mit der ansehnlich weiteren Fahrt nach den Mariannen, mit deren Bewohnern die Carolinier von jeher in einem regelmässigen Verkehre standen, der vermuthlich auch umgekehrt stattfand. Mit dem Einzug der spanischen Eroberer hörte erklärlicher Weise diese Verbindung auf, denn bald gab es keine Chamorros oder Marianner mehr, die 1817 bereits vollständig ausgerottet waren. Die lange Zeit unterbrochenen Fahrten nach Waghal (Guam) wurden erst 1788 von Uleai aus unter Führung des eingeborenen Lootsen Luito wieder aufgenommen, aber auf der Rückreise ging die kleine Flotte total verloren, so dass nicht Einer die Trauerkunde in die Heimat bringen konnte. Hier nahm man natürlich Vernichtung durch die Spanier an und erst auf Einladung von Don Louis de Torres getrauten sich die Carolinier 1804 wiederum mit ihren Canus nach Guam zu segeln. An diesen jährlichen Fahrten betheiligten sich aber nur die westlichen centralen Inseln Poloat[1]) (Enderby-Isl.), die Schweden-Inseln (Lamotrek oder Namurek und Elato), Uleai und Faurolep. Für Namonuito (direct 370 Seemeilen von Guam) fehlt es an sicherem Nachweis. Die Sammelpunkte zur Ausreise gegen Ende des Ost-Monsuns im April waren besonders Uleai und die Schweden-Inseln. Die Canus der letzteren, namentlich von Elato, gingen zuerst nach dem unbewohnten West-Faio (40 Seemeilen), wo sie mit den über Satawal kommenden Canus von Poloat (etwas über 100 Seemeilen) zusammentrafen, um dann gemeinschaftlich nach Guam zu segeln, eine Reise von etwas mehr als 300 Seemeilen, die in circa acht Tagen zurückgelegt wurde; inclusive Aufenthalt brauchten die Poloater aber einen Monat. Die Uleaier gingen über Faraulep (80 Seemeilen) und mit der Flotte von hier vereint nach Guam (280 Seemeilen). Die Rückfahrt geschah mit Eintritt des West-Monsuns im Mai oder Juni. Auf Guam wurden hauptsächlich Eisengeräth (Messer), Glasperlen, Tücher etc. eingetauscht und damit wieder in der Heimat Zwischenhandel getrieben. So von Poloat aus nach Ruk, von Uleai über Sorol (180 Seemeilen) nach Yap (120 Seemeilen) und Uluti (240 Seemeilen). Die Yap-Leute besuchten ihrerseits wieder Uleai, sowie Uluti (40 Seemeilen) und westlich über Ngoli (65 Seemeilen) Pelau (160 Seemeilen), um hier von Weissen Eisen einzutauschen. Auf solchen Reisen mögen Yap-Eingeborene über Uleai nach Guam gekommen sein, wie Hernsheim anführt (»Südsee-Erinnerungen«, S. 20[2]), aber ein directer Verkehr hat wohl nie stattgefunden. Canus von Uleai und Elato waren im Anfang dieses Jahrhunderts auf Guam noch ein begehrter Artikel, da es an Fahrzeugen für den Zwischeninsel-Verkehr fehlte. Eingeborene der genannten Inseln standen daher förmlich im Dienste der spanischen Regierung und besorgten mit ihren Canus den geringen Verkehr der Mariannen, zwischen Guam, über Rota (50 Seemeilen) und Tinian (60 Seemeilen) nach Seypan (im Ganzen 120 Seemeilen). Kotzebue erwähnt unter Anderem, dass der Adjutant des Gouverneurs in Agaña sich eines carolinischen Canu bedienen musste, um an Bord des »Rurik« zu kommen. Das war 1817, aber Kittlitz fand zehn Jahre später noch dieselben Verhältnisse und traf Carolinier, welche geläufig spanisch sprachen, unter Anderen auch auf Faraulep. Diese Verhältnisse und Beziehungen dürften sich seitdem gewaltig verändert haben, denn nach Kubary unternahmen die Uleaier schon 1873 keine Fahrten mehr nach Guam, sondern verkehrten nur mit den Nachbarinseln.

[1]) Nach Kubary besteht dieses Atoll aus fünf Inseln mit circa 500 Bewohnern, die mit zu den besten Seefahrern der Carolinen gehören und hauptsächlich den Tauschhandel (mit Eisenwaaren) von den Mariannen nach den Central-Carolinen (Ruk) besorgten.

[2]) Wenn hier unter den Tauschwaaren der Uleaier auch »Walrosszähne« (wiederholt) angeführt werden, so sind damit natürlich »Spermwalzähne« gemeint.

Entsprechend den weiteren Reisen war auch die geographische Kenntniss der Carolinier ausgedehnter als bei den Marshallanern. Wenn aber z. B. ein Häuptling von Lukunor seinerzeit Lütke eine förmliche Karte der Carolinen und Mariannen mit Kreide auf Deck zeichnete, so ist das noch kein Beweis, dass er dieses grosse Gebiet aus eigener Anschauung kannte. Bei dem Zusammentreffen von Eingeborenen auf entfernteren Inseln wurden die Reiseerfahrungen ausgetauscht und so wechselseitig die geographische Kenntniss erweitert. Wie lückenhaft es mit derselben bestellt war und wie viel unrichtige Vorstellungen dabei unterliefen, wird am besten durch Kadu's Berichte bewiesen (Chamisso, II, S. 183—199), ganz besonders aber durch die Karte, welche Kotzebue nach den Aussagen Edak's zusammenstellte (S. 88). Sie verzeichnet von Nukuor nördlich bis Guam, westlich bis Pelau allerdings 20 Inseln, aber grösstentheils total falsch, namentlich bezüglich der Entfernungen, und zeigt, wie wenig Eingeborene im Stande sind, Distanzen und Zeit zu schätzen. Und doch war Edak erfahrener und kundiger als sein Gefährte Kadu, der unter Anderem die Dauer der Reise von Ulea nach Fais (circa 220 Seemeilen) auf 14 Tage angab. Lütke bemerkt daher bereits sehr richtig, dass die Angaben der Eingeborenen schon deshalb so verschieden und unrichtig sind und sein müssen, weil sie nur auf dem Gedächtniss beruhen. Um dem letzteren zu Hilfe zu kommen, werden verschiedene Zeichen tätowirt, von denen jedes eine Insel bedeuten soll. So trug ein Häuptling von Lukunor fast alle Inseln der Carolinen in Hautzeichnung auf seinem Körper, jedenfalls aber nur als Erinnerungszeichen an verschiedene Inseln, nicht aber als Memorandum.

Wie die Marshallaner, so verstehen auch die Carolinier keine Navigation in unserem Sinne; ihre Fahrten sind aber um so bewundernswerther, weil sie kein einziges nautisches Hilfsmittel besitzen, ohne welche selbst ein weisser Fachmann derartige Reisen nicht auszuführen im Stande sein würde. Man sieht, dass die famosen »Seekarten« der Marshallaner (S. 163 [419]) nicht nöthig sind, denn die ganze Nautik der Carolinier besteht in einer gewissen Kenntniss von Sternen, ganz besonders aber der Passate und Strömungen.

Kubary's Schilderung der »Seefahrten der Mortlocks« (l. c., S. 284—293), die er übrigens selbst nicht mitmachte, geben darüber den ausführlichsten und besten Nachweis und lehren zugleich, dass immer nur gewisse Personen (auf Mortlock »Pallúu« = Sternkenner genannt) so hervorragende Kenntniss besitzen, die sich von Vater auf Sohn vererbt. Am Tage steuert der »Pallúu« nach dem Winde, der Sonne und der Stromdünung. »Er kennt nicht nur die Strömung und ihre Dünung, sondern er braucht sie auch als Wegweiser und weiss die stetige durch Strom verursachte Dünung und eine Winddünung zu unterscheiden.« Nachts dienen dem »Pallúu« gewisse »Leitsterne« als Führer für gewisse Inseln, also ganz wie dies bei den Marshallanern der Fall ist. Aber die Sternkunde der Carolinier ist eine viel höher entwickelte. Lütke verzeichnet bereits die Windrose der Lukunorer (mit 28 Strichen) nebst 15 Sternbildern und Kubary für Mortlock sogar 30. Kubary gibt auch interessante Beispiele von der Benützung derselben auf der Fahrt nach Ruk und der schwierigeren zurück nach Mortlock. Im Uebrigen gilt die Segelordnung der Marshallaner: Möglichst viel Canus in langer Reihe, um das Auffinden des erwarteten Landes zu erleichtern.

Verschlagenwerden gehört zu den häufigen Schicksalen carolinischer Seefahrer, worüber schon von 1696 an eine Menge beglaubigter Fälle vorliegen. Neben der bereits erwähnten Reise Kadu's (S. 167 [423]) ist die unfreiwillige einiger Canus von Yap nach Ebon 1870 wohl mit die weiteste, da sie an 1800 Seemeilen beträgt. Der von Kubary (Kat. M. G., S. 342, und in Joest, »Tätowiren«, S. 93) erzählte interessante

Fall des Verschlagenwerdens eines Eingeborenen von Nukuor, der ganz allein in seinem Canu die Reise nach Ponapé (240 Seemeilen) wagte, aber statt hier auf dem Minto-Riff (ebenso weit von Nukuor als Ponapé) landete, darf nicht als Beweis für beabsichtigte und zielbewusste weite Seefahrten der Carolinier gelten. Der Mann hatte auf europäischen Schiffen manche Insel Mikronesiens, darunter auch Ponapé, kennen gelernt und riskirte die Reise nur aus Noth. Sie zeigt, wie oft carolinische Seefahrer ganz andere Ziele als die beabsichtigten erreichen.

Ethnologischer Ueberblick.

Eine vergleichende Ethnologie der Carolinen wäre eine ebenso verlockende als wünschenswerthe Aufgabe, für die aber bis jetzt wohl kein Museum[1]) genügendes und hinsichtlich der Localitäten zweifellos sicheres Material besitzen dürfte. Denn überall liegen nur von einer kleinen Anzahl, allerdings den grössten und bedeutendsten Inseln und Inselgruppen, Sammlungen vor. Es bleiben daher noch viele Lücken auszufüllen, sofern sich dies bei dem Verfall von Originalität überhaupt noch ermöglichen lässt. Für die Marianneo ist es dafür längst zu spät. Sie bilden eine Lücke, die um so schmerzlicher empfunden werden muss, weil gerade die Beziehungen mit diesen Inseln sehr innige und zum Theil gemeinsame waren, wie z. B. der Canubau, Weberei, Töpferei u. A. m. Auch auf Kuschai war 1880 wenig mehr übrig geblieben, und bald wird es auf anderen Inseln ebenso sein. Wie aus den vorhergehenden Bemerkungen über die Seefahrten der Carolinier (S. 186 [442]) ersichtlich ist, hat von jeher ein reger Verkehr zwischen den Bewohnern der nördlichen Inseln, westlich bis Yap und Pelau, bestanden, während die östlichen Inseln Ponapé und Kuschai, ausserhalb desselben, mehr isolirt blieben. Durch diesen Verkehr und den damit verbundenen Tauschhandel haben gewisse Erzeugnisse mancher Inseln, wie Gelbwurz, Schmucksachen, gewebte Zeuge u. s. w., eine weite Verbreitung gefunden, wie manche Bräuche auf Nachbarinseln übertragen wurden. So entlehnten die Uleuier den Betelgenuss von Yap, wie von letzterer Insel zum Theil wiederum Betelnüsse nach Pelau verhandelt werden. Bemerkenswerth im Vergleich mit Melanesien ist, dass die Topffabrication der westlichen Carolinen (Pelau und Yap) nie ein Artikel des mikronesischen Handels geworden ist.

Herrscht somit auch in mancher Hinsicht eine ziemlich weitverbreitete Uebereinstimmung, so ist doch eine allgemein giltige ethnologische Schilderung der Carolinen nicht möglich, und derartige Versuche (wie z. B. die Compilationen von Meinicke und Waitz) führen nur zu irrigen Vorstellungen und verwirren. Unter den fast für das ganze Gebiet massgebenden ethnologischen Charakterzügen stehen besonders obenan: Die Eintheilung in Stämme (Clans), die Benützung von gelber Farbe *(Curcuma)* zur Verschönerung des Körpers (übrigens auch bei den Frauen auf Fidschi und früher auf Samoa sehr beliebt) und ganz besonders die Webekunst.[2]) Letztere ist deshalb ethno-

[1]) Das frühere von Godeffroy in Hamburg, welches seinerzeit als das reichste der Südsee galt, enthielt aus den Carolinen im Ganzen etwas über 800 Stücke von 14 Inseln (Kuschai 4; Pingelap 6; Ponapé prähistorisch 25, modern 31; Nema 3; Losop 1; Mortlock 230, darunter allein 40 Speere; Nukuor 81; Pikiram 2; Ruk 135; Poloat 2; Ulea 72; Uliti 1; Yap 87, darunter 22 Speere; Pelau 142). Eine ziemliche Anzahl Gegenstände sind bezüglich der Localitätsangaben nicht ganz sicher. Weit reicher sind die Carolinen-Sammlungen des königl. Museum für Völkerkunde in Berlin, das mit Ausschluss älterer Bestände durch Kubary allein 751 Stück, durch mich 427 Stück erhielt.

[2]) Dieselbe scheint auf Pelau und Yap zu fehlen; die gewebten Stoffe der letzteren Insel werden von Uluti (Mackenzie) eingetauscht.

logisch von ganz hervorragender Bedeutung, weil sie in ganz Polynesien und Melanesien fehlt. Die Textilarbeiten der Maoris, namentlich die bewundernswerthen Muster der breiten Randkante gewisser Mäntel, werden nicht durch Weben, sondern in einer eigenthümlichen Technik hergestellt und übertreffen die carolinischen Webearbeiten zum Theil bei Weitem. Auch die geschmackvoll gemusterten (bis 25 Cm. breiten) Schamschurze der Neuen Hebridier, wie sie das British Museum unter Anderem von den Banks-Inseln besitzt, sind nicht eigentlich gewebt, sondern Flechtarbeit,[1]) welche im Aussehen übrigens ganz an die gewebten Stoffe aus Bananenfaser von Uleai erinnern. Auch die Weberei der Indianer in Neu-Mexico ist der carolinischen sehr nahestehend. Zeugstoffe aus geschlagener Baumrinde (Tapa), die in Polynesien vorzugsweise zur Bekleidung dienen, werden oder wurden in beschränkter Weise nur auf einigen Inseln (Pelau, Pikiram, früher Ponapé) angefertigt, sind aber auch in Melanesien nicht unbekannt. Die geringe Verbreitung von Musikinstrumenten, unter denen nur einige Inseln die Nasenflöte kennen, während die Trommel nur auf Ponapé vorkommt, verdient ebenfalls Erwähnung. Beachtenswerth ist auch das Vorkommen von geschnitzten Holzmasken (nur auf Mortlock) und Idolen (?). Für Schmuck und Zieraten ist die häufige Verwendung von Cocosnussschale, in Form von kleinen Perlen und Plättchen bis grossen Ringen, namentlich für die Central-Carolinen charakteristisch, die wir, wie einige wenige eigenthümliche Schmuckstücke, im Nachfolgenden genau kennen lernen werden. Dasselbe gilt hinsichtlich der Waffen, unter denen das Fehlen von Bogen und Pfeilen[2]) bemerkenswerth ist. Die in einem Handelskatalog von Umlauff in Hamburg notirten »Steinkeulen von Yap« stammen zweifellos von der Südostküste Neu-Guineas her. Wenn Serrurier behauptet, dass auch auf den Carolinen mit Haifischzähnen bewehrte Waffen vorkommen, so ist dies bis jetzt nirgends mit Sicherheit nachgewiesen. Zu den ethnologischen Charakterzügen der Carolinen gegenüber Ost-Mikronesien zählt auch die Holzindustrie, weniger in kunstvollen Schnitzereien als soliden Gegenständen des Hausgebrauches in Form von Deckelkisten, Trögen und Schüsseln, die übrigens auch die Tockelauer anfertigen. Eigenthümlich sind dagegen kleine Gefässe, aus Schildpatt gebogen, auf Pelau. Wie auf den westlichen Inseln (Pelau, Yap und Uleai) Betel auf Melanesien, so weist im Osten (Kuschai und Ponapé) Kawa auf Polynesien hin. Aber Kawagenuss ist auch keine ausschliessend polynesische Sitte, denn sie findet sich, ausser auf Fidschi, den Neuen Hebriden u. a. O., auch spontan auf Neu-Guinea (Astrolabe-Bai, II, S. [201]). Jedenfalls haben aber die westlichen Inseln Yap und namentlich Pelau am meisten melanesische Anklänge aufzuweisen, so im Anbau von Tabak, in der Kenntniss von Töpferei und in der Benützung primitivster Fahrzeuge in der Form von

[1]) Hierher gehören wahrscheinlich auch die Schamschurze der Männer von Sikayana (Stewart-Inseln), über welche die »Novara-Reise« (II) leider sehr widersprechend berichtet: »Um die Lenden hatten sie eine Art Schamgürtel, ein handbreites, von ihren Weibern gewebtes Band« (S. 443); »der Lendengürtel, das einzige Kleidungsstück, welches sie tragen, ist aus Baumrinde verfertigt; einige Webestühle, die sie besitzen, haben sie von Walfängern erhalten« (S. 446). Diese letztere Notiz klingt äusserst unwahrscheinlich und bedarf dringend weiterer Bestätigung. Der Nachweis von »Webekunst« auf diesem kleinen Atolle würde ethnologisch von höchstem Interesse sein, ist aber keinesfalls auf Einführung von Seiten der Walfänger zurückzuführen.

[2]) Schmeltz hat aus Kubary'schen Notizen nachträglich das Vorkommen dieser Waffen auf Pelau, schon von Jacquinot und Tetens beiläufig erwähnt, aufgefunden. »Die Bogen sind aus Mangroveholz, die Pfeile aus Rohr mit Holzspitzen, die mit Widerhaken versehen sind. Aber diese Waffen werden seit undenklichen Zeiten nur zur Taubenjagd und nie zum Kriege benutzt.« (»Internat. Archiv für Ethnol., 1888, S. 67.) Hier sind auch »Blaserohre« von Pelau angeführt, »die aber von Manilla eingeführt werden«.

Flössen[1]) (auf Pelau »Prer« genannt). Diese ethnologischen Beziehungen der Carolinen mit Melanesien und Polynesien, obwohl vereinzelt, sind immer noch erheblicher als die mit Ost-Mikronesien. Wie hier die Gilberts und Marshalls (S. 88 [356] und 181 [437]) jede für sich selbstständige ethnologische Gebiete oder Subprovinzen bilden, ebenso die Carolinen, nur dass die letzteren, minder einheitlich, in besondere Gebiete getheilt werden müssen. Beachtenswerth ist dabei, dass die vier hohen Inseln in Haus- und Canubau ganz verschiedene Typen zeigen, während die niedrigen Inseln darin so ziemlich übereinstimmen. Aber die letzteren besitzen keine einheitliche Sprache, von denen im Carolinen-Archipel, wie es scheint, sieben verschiedene gesprochen werden, deren Gebiete auffallender Weise nahezu mit denen der verschiedenen Tätowirungen zusammenfallen. Die letzteren werden wir im Nachfolgenden bei Schilderung der einzelnen Inseln genauer kennen lernen; hier mag nur erwähnt sein, dass die Hautzeichnung auch auf den Carolinen lediglich Verschönerungszwecken dient und nicht einmal besondere Rangzeichen besitzt. »Die Behauptung, dass das Tätowiren eine religiöse Bedeutung habe, konnte ich auf keiner der von mir besuchten Inseln finden. Die erste und hauptsächlichste Bedeutung der Tätowirung ist die eines persönlichen Schmuckes. Religiöse Bedeutung konnte ich auch bei den ihren heidnischen Gebräuchen noch mit voller Stärke anhängenden Yapern nicht entdecken,« sagt Kubary (in Joest: »Tätowiren«, S. 78, 82 und 89), aber auch, wie nicht selten, sich selbst widersprechend von Yap: »die Operation wird öffentlich und von Männern unter Beobachtung gewisser religiöser Ceremonien besorgt« (Kat. M. G., S. 397). Soweit sich nach dem vorhandenen lückenhaften Material urtheilen lässt, sind diese carolinischen Subprovinzen die folgenden:

1. Kuschai,

2. Ponapé,

3. Central-Carolinen: Ruk, Hall-Inseln, Losop, Namoluk, Mortlock, Lukunor und Nukuor, welche drei Gebiete im Nachfolgenden zur Bearbeitung kommen.

Unsicher bleibt die Stellung der westlichen kleinen niedrigen Inseln mit Ulea und Uluti, welche letztere am meisten in Verkehr mit Yap stehen, von denen aber das einigermassen bekannte Uleai ethnologisch jedenfalls näher mit Ruk verwandt ist, wie möglicherweise alle niedrigen Inseln zur dritten Subprovinz gerechnet werden müssen.

4. Yap und

5. Pelau.

Beide letztere Subprovinzen unterscheiden sich sowohl untereinander als von den übrigen Carolinen durch charakteristische Eigenthümlichkeiten in Sprache, Haus- und Canubau, Tätowirung, Verfassung, Sitten, Gebräuchen etc., auf die ich hier nicht näher einzugehen brauche, indem ich auf die ausführlichen Arbeiten Kubary's im Nachfolgenden (S. 193 [449]) verweise.

Wenn ich auf die Erforscher und Literatur der Carolinen hier selbstredend nicht eingehen darf, so kann ich es mir doch nicht versagen, an dieser Stelle eines Mannes zu gedenken, der jedenfalls mehr als irgend ein Anderer von diesem Archipel kennen lernte, nämlich

[1]) Hernsheim (»Südsee-Erinnerungen«, Taf. 3) bildet ein solches von Yap ab, und zwar mit jenem »Mühlsteingeld« beladen, das 200 Seemeilen weit von Pelau, aber in Canus und nicht auf solchen gebrechlichen Flössen aus Bambu herübergebracht wird. Analoge Fahrzeuge primitivster Art sind die sogenannten »Catamarans« an der Ostspitze Neu-Guineas (Finsch: »Samoafahrten«, Abbild., S. 232). Flösse werden nach Guppy auch auf den Salomons benützt.

Johann S. Kubary,

über dessen Reisen bisher nur wenig[1]) bekannt wurde, so dass einige zusammenhängende Mittheilungen vielleicht willkommen sein dürften. Johann Kubary ist in Warschau geboren und gehört mütterlicherseits unserer Nation an, denn seine Mutter war eine Berlinerin. Kaum mehr als 16 Jahre alt, aber wie er mir selbst sagte, bereits »Student der Medicin«, wurde K. 1863 in die Revolution seiner Landsleute väterlicherseits, der Polen, hineingezogen, gefangen genommen, aber auf Fürbitte zur Landesverweisung begnadigt. Er wandte sich nach Hamburg, kam hier mit Johann Cäsar Godeffroy in Berührung und wurde von diesem als sammelnder Reisender für sein Südsee-Museum engagirt, an dessen Bereicherung er während eines Decenniums so wesentlichen Antheil hatte. Im Alter von kaum 22 Jahren brach K. im April 1868 zum ersten Male nach der Südsee, und zwar Samoa auf, wo er nach flüchtigem Besuche auf Tonga im September oder October desselben Jahres in Apia eintraf. Von hier aus unternahm K. einen Ausflug nach Savaii und reiste schon 1870 nach Pelau, wo er aber erst am 1. Februar 1871 anlangte, da er auf der Hinreise circa drei Monate auf Ebon (Marshall-Inseln) und von September bis December auf Yap verweilt hatte. Auf Pelau blieb K. länger als zwei Jahre und wandte sich dann nach Ponapé, auf welcher Reise flüchtige Bekanntschaft mit Ngoli (Matelotas), Uluti (Mackenzie), Mortlock und Nukuor gemacht wurde. Nach einjährigem Aufenthalte auf Ponapé (August 1873 bis 30. August 1874) trat K. die Heimreise an, und zwar mit dem Godeffroyschen Schiffe »Alfred«, das am 19. September (1874) beim Einlaufen in die Passage von Dschalut scheiterte, wobei der grösste Theil der Sammlungen leider verloren ging. Ueber Samoa in Hamburg glücklich angelangt, musste K., nach einjährigem Besuche in der Heimat (1875), im Drange der Verhältnisse ein Neuengagement für das Museum Godeffroy annehmen. Er ging daher 1876 wiederum nach Samoa und von hier im folgenden Jahre (1877) nach Ponapé, das nun für längere Zeit sein Standquartier und seine zweite Heimat wurde. Von Ponapé aus machte K. einen zweiten flüchtigen Besuch auf Nukuor, verweilte (März bis Ende Mai 1877) auf Mortlock oder vielmehr dem Atoll Satoan und später volle 14 Monate auf Ruk (Mai 1878 bis August 1879). Im September des letzteren Jahres von August Godeffroy, dem damaligen Chef des Südseehauses, in rücksichtsloser Weise von seinem Verhältniss zum Museum entbunden, blieb K. auf Ponapé, um hier auf seiner Besitzung Mborap Plantagenbau zu betreiben, ein von vorneherein aussichtsloses Unternehmen, umsomehr als K. keine Mittel besass. Wie zu erwarten, konnte sich K. nicht lange halten, musste die mühsam erworbene schöne Besitzung verpfänden und im März 1882 Ponapé verlassen, um in Japan sein Heil zu versuchen, wo er im April in Yokohama ankam. Ein Engagement am Museum in Tokio währte nur drei bis vier Monate, und K. wandte sich zuerst nach Hongkong, von hier aus über Guam nach dem ihm wohlbekannten Pelau, um für das ethnologische Museum in Leiden zu sammeln. Nach zehnjähriger Abwesenheit traf er hier Mitte des Jahres 1883 zum zweiten Male ein, entblösst von allen Mitteln und nur auf seine »Kalebukubs«, d. h. die hier als Geld hochgeschätzten alten Glasperlen (s. II, S. 180) angewiesen, welche ihm bei den Eingeborenen freundliche Aufnahme verschafften. Leider erfüllten sich die auf das Leidener Museum gesetzten Hoffnungen nicht, und K. erwartete vergebens die versprochene Unterstützung. Aus dieser damals äusserst bedrängten Lage, über welche ich briefliche Mittheilungen K.'s besitze, erlöste ihn Geheimrath Bastian durch ein Engagement als Sammler für das ethnologische Hilfscomité des königl. Museums für Völkerkunde in Berlin. In Folge einer Kette von Widerwärtigkeiten, verursacht durch K.'s Hin- und Herreisen, wodurch die Correspondenz immer erst nach langer Zeit eintraf, war es K. nur möglich, die Insel Yap und vorübergehend Sorol, Merier (Warren Hastings) und St. David zu besuchen.[2]) Mitte des Jahres 1884 begab sich K. von Pelau nach Yap, von hier im März 1885 nach Hongkong, um im Mai desselben Jahres wieder nach Yap zurückzukehren, wo er, wie es scheint, bis September für das Berliner Museum thätig war. Zu jener Zeit kam nämlich das deutsche Kriegsschiff »Albatros« nach den Carolinen, um hier die Flagge zu hissen, und sicherte sich die ausgezeichneten Sprachkenntnisse K.'s, der als Dolmetsch die Rundreise von Yap über Pelau, Uleai, Ruk, Ponapé, Pingelap und Kuschai mitmachte, die übrigens eine sehr eilige war und keine Zeit für Sammlungen übrig liess. Wie es scheint mit demselben Kriegsschiff traf K. im October desselben Jahres (1885) auf Matupi in Neu-Britannien ein, übernahm hier Hernsheim's Handelsstation Kurakakaul an der Nordküste, bis Anfang 1887, von welcher Zeit an er als Stationsbeamter der Neu-Guinea-Compagnie dauernde Stellung in Kaiser Wilhelms-Land fand.

[1]) Ich selbst veröffentlichte kurze biographische Notizen in: »Hamburger Nachrichten«, Nr. 214, vom 8. September 1880.

[2]) Nach gütiger Mittheilung von Herrn Conservator E. Krause, dem ich auch einige andere Notizen über Kubary verdanke, erhielt das Berliner Museum als Ergebniss dieser Reisen: 277 ethnologische Gegenstände von Yap, 58 von Sorol, 8 von St. David, 21 von Merir und 56 ohne genaue Localität.

Von den circa 22 Jahren, die K. bisher in der Südsee lebte, fallen ungefähr 14 auf die Carolinen, die ihm somit fast zur zweiten Heimat wurden, namentlich Pelau und Ponapé, wo er zusammen über 12 Jahre zubrachte. Wie aus dem vorhergehenden kurzen Abriss seines wechselvollen Lebens erhellt, konnte K. selbstredend nicht diese ganze lange Zeit ausschliessend wissenschaftlichen Arbeiten widmen, sammelte aber, unterstützt durch Geläufigkeit in Sprachen der Eingeborenen, ein reiches Material in handschriftlichen Aufzeichnungen. Leider war es ihm bisher nicht vergönnt, dasselbe in seinem vollen Umfange zu veröffentlichen, ein Schicksal, das er mit so manchem unbemittelten Reisenden theilt. Im Nachfolgenden gebe ich eine Zusammenstellung seiner Publicationen, die mit Ausnahme der (s. Nr. 1) über Ebon citirten sich durchgehends auf die Carolinen, namentlich Pelau beziehen. Diese Arbeiten liefern ein sehr werthvolles, zum Theil fast zu sehr in Details gehendes Material, dessen Benützung durch die häufige Verwendung eingeborener Namen[1]) ziemlich erschwert wird. Ueberdies leitet K.'s sanguinisches Temperament ihn nicht selten von dem strengen Boden der Objectivität ins Gebiet der Speculation und zu Schlüssen, die zuweilen recht bestreitbar oder zum Theil, aus Mangel hinreichender Fachkenntniss, überhaupt irrthümliche sind, wobei ich nur an seine Deutung des Pelau-Geldes (s. II, S. 180) und der Schädelfragmente in den Ruinen von Nanmatal (s. im Nachfolgenden II, Ponapé) erinnern möchte.

Kubary's literarische Arbeiten.

1. »Die Ebongruppe im Marshall-Archipel« in: Journ. M. G., Heft 1 (1873), S. 33—47, Taf. 6.
2. »Die Carolinen-Insel Yap oder Guap« (nach A. Tetens und J. Kubary). Daselbst Heft II (1873), S. 12—53, Taf. 3—7.
3. »Die Ruinen von Nanmatal auf der Insel Ponapé (Ascension).« Daselbst Heft IV (1873/74), S. 123 bis 131, Taf. 5. (Dieser Aufsatz erschien bereits als Vortrag von L. Friederichsen in den Mittheilungen der Geograph. Gesellschaft in Hamburg über die Sitzung vom 1. October 1874.)
4. »Weitere Nachrichten von der Insel Ponapé (Ascension), Carolinen-Archipel« in: Journ. M. G., Heft VIII (1875). S. 129—135. (Mit 10 Holzschnitten.)
5. »Die Bewohner der Mortlock-Inseln (Carolinen), nördlicher grosser Ocean« in: Mittheilungen der Geograph. Gesellschaft in Hamburg (1878/79, S. 224—300. (Mit 8 Holzschnitten.)
6. »Die Pelau-Inseln in der Südsee« in: Journ. M. G., Heft IV (1873), S. 5—62, Taf. 2—4.
7. »Ethnographische Beiträge zur Kenntniss der carolinischen Inselgruppen und Nachbarschaft. Heft 1. Die socialen Einrichtungen der Pelauer.« Berlin 1885, S. 33—150.
8. »Die Todtenbestattung auf den Pelau-Inseln« in: Original-Mittheilungen aus der Ethnographischen Abtheilung der königl. Museen zu Berlin. Herausgegeben von der Verwaltung. 1. Jahrg., Heft 1, Berlin 1885, S. 4—11.
9. »Die Verbrechen und das Strafverfahren auf den Pelau-Inseln«. Daselbst Heft 2 und 3 (1886), S. 79—91. (Geschrieben auf Pelau, 20. März 1884.)
10. »Die Religion der Pelauer« in: Bastian, »Allerlei aus Volks- und Menschenkunde«, Bd. I, Berlin 1888, S. 1—69, mit 3 photogr. Taf. (Geschrieben auf Pelau im October 1883.)
11. »Das Tätowiren in Mikronesien, speciell auf den Carolinen« in: Joest, »Tätowiren«, Berlin 1887, S. 74—98. (Mit 25 Holzschnitten.)
12. »Ethnographische Beiträge zur Kenntniss des Carolinen-Archipels. Veröffentlicht im Auftrage der Direction des königl. Museums für Völkerkunde zu Berlin. Unter Mitwirkung von J. D. E. Schmeltz. I. Heft (mit 15 Tafeln), 1889 (Leiden). II. Heft (mit 13 Tafeln): Die Industrie der Pelau-Insulaner.« Erster Theil, 1892.

Ausserdem enthält der Kat. M. G. mancherlei Notizen von Kubary, namentlich über Mortlock, Nukuor, Ruk, Yap und Pelau.

1. Kuschai.

Einleitung.

Entdecker. Diese östlichste Insel des Carolinen-Archipels wurde 1804 von Crozer, einem amerikanischen Schiffscapitän, entdeckt und nach dem damaligen Gou-

[1]) Um nur ein Beispiel zu geben, citire ich folgende Stelle aus Opus 7 (S. 86): »In einem Falle sah ich den Aybadul von Korryor einem Kaldebekel einen Kalebukub Strafgeld zahlen, weil einer seiner Ngalcki unter dem IIlul Kabuy pflückte.«

verneur von Massachusetts »Strong-Island« benannt, unter welchem Namen sie später bei Walfischfahrern sehr bekannt war. Die Aufnahmen sind Capitän Duperrey (mit der »Coquille« 1824), ganz besonders aber der denkwürdigen Forschungsreise mit der russischen Corvette »Senjavin« (1827—1828) unter Führung von Capitän Friedrich Lütke zu verdanken. Mit Ualan (Oualan) bezeichnen die Eingeborenen nur den nordwestlichen Theil der Insel, um Mataniel-Hafen, während sie den östlichen, Lälla-Hafen, mit dem Festlande, »Kuschai« (es klingt sanft wie Kusaie oder Kushai) nennen, damit aber auch zugleich die Insel im Allgemeinen verstehen, so dass dieser Name, als am richtigsten, anzuwenden ist. Den carolinischen Seefahrern war Kuschai nicht bekannt; das auch auf den ersten Karten des Archipels (von Cantova, de Torres, Kotzebue nach Edak's Angaben) fehlt. »Toroa« oder »Arao« bleibt wie so manche andere von Eingeborenen aufgegebene Insel unauflösbar und wird ohne den geringsten Anhalt auf Kuschai bezogen. Floyd, ein weggelaufener englischer Matrose, den Lütke auf der Insel Fananu (Hall-Gruppe) auflas, erzählte, dass die Bewohner Ponapés regelmässig nach Arao (Kuschai) gingen, um Gelbwurzel zu holen, da aber dieses beliebte Tauschmittel auf Kuschai überhaupt nicht vorkam, so ergibt sich hieraus allein schon die Unrichtigkeit der Behauptung. Wenn Kubary (der übrigens damals nicht auf Kuschai war) die Glieder des Stammes »Azau« auf der Insel Uola der Rukgruppe von Kuschai, dem angeblichen »Azau« oder »Arao« herstammen lässt, so ist dies eine durchaus willkürliche Annahme, die nicht einmal in einem gleichen oder ähnlichen Namen eines Stammes auf Kuschai Anhalt findet.

Zur Literatur. Die besten Quellen sind wohl immer noch die Nachrichten der ersten Erforscher der Insel, unter denen namentlich Lütke's »Observations générales sur l'île d'Ualan« im ersten Bande seines Reisewerkes[1]) (S. 339—410) für die Völkerkunde wichtiges Material enthalten, ebenso wie v. Kittlitz': »Denkwürdigkeiten einer Reise nach dem russischen Amerika, nach Mikronesien und durch Kamschatka« (2. Bd., Gotha 1858). Lesson's[2]) Nachrichten waren mir nicht zugänglich. Der Rev. Samuel C. Damon gibt in den »Morning Star Papers« (Honolulu 1861) manche brauchbare Notiz, zum Theil nach Snow und Gulik. Ich möchte auch auf das lebensvolle Bild verweisen, das Hernsheim von Kuschai und seinen Bewohnern entwirft (»Südsee-Erinnerungen«, III, Kusaie, S. 39—58). Mit ihm zusammen besuchte ich die Insel im Februar 1880 und umfuhr dieselbe mit Canu innerhalb des Lagunenriffs von Lälla (Chabrol-Hafen) bis Mataniel (Coquille-Hafen), also den grössten Theil derselben, konnte aber im Ganzen nur neun Tage verweilen. Ausser anthropologischen und zoologischen Abhandlungen publicirte ich nur einen längeren Artikel: »Aus dem Pacific. V. Kuschai« in: Hamburger Nachrichten, Nr. 207 und 208 (31. August und 1. September), 1880; einige Notizen auch in: »Verhandl. der Gesellsch. für Erdkunde, Berlin 1882, Nr. 10, S. 6, 7.

Geographischer Ueberblick. Kuschai, unter 5° 19′ n. Br. und 163° 6′ ö. L., ist eine hohe Insel von vulcanischer Bildung (Basalt), aber von einer mässig breiten Lagune mit Riffgürtel (Barrierriff) umschlossen, mit einigen unbedeutenden Inseln, darunter das kleine Lällu an der Ostseite die grösste. Kuschai trägt einen vorwiegend

1) »Voyage autour du Monde, exécuté par ordre de Sa Majesté l'empereur Nicolai I., sur la corvette Le Seniavine dans les années 1826—1829 par Frédéric Lutke« (2. vol., Paris 1835) mit »Atlas« (von Postels und v. Kittlitz).

2) »Voyage médical autour du monde, exécuté sur la corvette La Coquille, par R. P. Lesson, Observations sur le sol, sur la production de l'île Oualan, et sur ses habitants, leur langage, leurs mœurs etc. par R. P. Lesson. Journal de voyages publié par D. Frick et N. Devilleneuve (Mai et Juin 1825).«

bergigen Charakter; die beiden höchsten Kuppen (Crozer und Buache) erheben sich über 2000 Fuss, zwischen ihnen liegt eine Einsattelung, die aber meist aus sumpfigen Niederungen besteht. Diese wie die ganze Insel sind mit meist undurchdringlichem Dickicht tropischer Vegetation bedeckt, von der die Tafeln im Atlas der »Senjavin-Reise« (Pl. 19—21) vortreffliche, wenn auch immerhin nur schwache Vorstellung geben. Kuschai besitzt drei gute Häfen, unter denen Chabrol- oder Lällahafen, Ninmolschon der Eingeborenen, an der Ostseite, als der beste gilt und zur Zeit des Walfischfanges am häufigsten besucht wurde. Die beste Karte ist die der englischen Admiralität (Nr. 978).

Flora und Fauna. Die erstere schildert v. Kittlitz in anziehender Weise; sie scheint wissenschaftlich noch ziemlich unbekannt, aber sehr reich zu sein. Wenigstens erstaunt der Laie, welcher von armen Atollen herüber diese herrliche Insel betritt, über die Fülle mannigfaltiger Pflanzenformen, darunter herrliche Bäume. Die Fahrt durch die Lagune des Barrierriffs, zuweilen in engen Canälen unter mächtigen Laubdächern gewaltiger Baumriesen, die mit Farren, Lianen und Bartflechten bedeckt sind, gehört mit zu der schönsten meiner tropischen Erinnerungen. Hernsheim's Skizze (S. 52) gibt eine zwar schwache, aber immerhin richtige Vorstellung. Ich beobachtete hier die Nipapalme und v. Kittlitz erwähnt unter Anderen auch Baumfarne.

Von Säugethieren ist ausser der bisher ununtersuchten Ratte (»Fák«) ein Flederhund (*Pteropus ualanensis* Kittl.) vertreten und der Insel eigenthümlich. Vögel wurden von v. Kittlitz in 15 Arten nachgewiesen und durch mich auf 22 gebracht,[1]) wovon vier (*Zosterops cinereus* K., *Sturnoides corvina* K., *Ptilopus Hernsheimi* F. und *Kittlitzia monasa* K.) Kuschai eigenthümlich angehören. Reptilien sind im Ganzen viel seltener als auf den niedrigen Inseln Ost-Mikronesiens. Ich sammelte nur vier Arten kleiner Eidechsen, die bisher nicht zur Untersuchung gelangten, aber wohl identisch mit solchen von den Gilbert- und Marshall-Inseln sind (darunter die weitverbreitete reizende *Mabouia cyanura* und *Ablepharus poecilopleurus*). Auffallend ist die Armuth an Insecten, namentlich Schmetterlingen, die trotz der üppigen Flora viel spärlicher sind als auf den Atollen. Die weitverbreiteten Arten *Junonia vellida* und *Utetheria pulchella* sammelte ich auch auf Kuschai, beobachtete aber, wohl nur zufällig, nicht *Hypolimnas Bolina*. Landkrabben, namentlich Einsiedlerkrebse (*Pagurus*) waren sehr häufig.

Areal und Bevölkerung. Die Länge der Insel von Nord nach Süd beträgt circa $7^{3}/_{4}$ Seemeilen (kaum = 2 deutsche Meilen), die Breite von Ost nach West $8^{1}/_{2}$ Seemeilen (nach der Admiralitätskarte), ihr Umfang nach Lütke 48 Seemeilen (kaum 7 deutsche Meilen). Bei dieser unbedeutenden Ausdehnung ist jedenfalls die Bevölkerung immer eine beschränkte gewesen, wie dies auch nach der Beschaffenheit kaum anders sein kann, denn die Mikronesier meiden die Berge, und das Innere war wohl niemals bewohnt. Kittlitz, der die Insel überquerte, fand auf der kaum eine deutsche Meile langen Tour nur ein paar kleine Siedelungen und verzeichnet für das grösste Dorf Liäl (Lual) nur 20 Männer und 15 Frauen, für ein paar andere in der Umgegend von Coquillehafen noch weniger. Diese Dörfer existirten zur Zeit meines Besuches überhaupt nicht mehr, und auf der Partie von Lälla nach Mataniel trafen wir im Ganzen nur sieben kleine Siedelungen aus wenigen Häusern, darunter die grösste Malim mit

[1]) Finsch: »Ornithological lettres from the Pacific, Nr. V, Kushai« (»Ibis«, 1881, p. 102—109) und »Beobachtungen über die Vögel der Insel Kuschai (Carolinen)« (in: Cabanis, Journ. für Ornithol., 1880, S. 296—310) und »On two species of Pigeons from the Caroline Islands« (Proc. Zool. Soc. London, 1880, S. 577).

nur 15. Nach den durch weisse Missionäre vorgenommenen Zählungen betrug die Eingeborenenzahl 1855 noch 1100 Seelen, 1858: 830 (518 Männer und 312 Frauen inclusive Kinder), 1860: 749 und war 1880 auf weniger als 200 gesunken, wovon die Hälfte auf Lälla siedelte. Bei diesem rapiden Rückgange und der unverhältnissmässigen Minderzahl des weiblichen Geschlechts wird der kleine Rest Eingeborener nicht lange vorhalten. Nach Capitän Wright, der längere Zeit auf Kuschai lebte und den ich dort kennen lernte, hatten in den letzten 18 Monaten 29 Todesfälle, aber nur 9 Geburten stattgefunden. Man sieht hieraus, dass selbst christliche Gesittung, welche nun schon 40 Jahre auf Kuschai mit strengen Satzungen, monogamer Ehe u. s. w. herrscht, das Aussterben von Naturvölkern nicht aufzuhalten vermag. Der Contact mit der Civilisation, welche Kleidung und Lebensweise der Eingeborenen zum Theil total umändert, ist schuld an diesem Untergehen, eine Erscheinung, die sich überall in der Südsee wiederholt, aber nirgends so schroff hervortritt als auf dem christlichen Kuschai.

Handel. Die hohen Erwartungen, welche Duperrey an diese Insel knüpfte, als einen Halteplatz für Schiffe auf der Fahrt von Australien nach China, sind nicht erfüllt worden. In den Zwanzigerjahren verkehrten hier bereits einzelne Walfischfahrer; später wurde die Insel eine häufig besuchte Station, und in den Fünfziger- und Sechzigerjahren lagen in Lällahafen oft 15—20 Walschiffe auf einmal. Einzelne weisse Händler hatten sich niedergelassen und versorgten diese Schiffe mit Schweinen, Hühnern, Taro und anderem Proviant. Diese Zeiten sind aber längst vorüber, und zu meiner Zeit konnte kaum eine kleine Handelsstation zum Ankauf des einzigen Productes, Copra, bestehen, da die Cocospalme nur spärlich vorkommt. Kleine Schiffe sprachen gelegentlich vor, um Kawa einzuhandeln. Bei der bergigen Urwaldsbeschaffenheit ist an Plantagenwirthschaft wohl schwerlich zu denken, und man wird Spanien kaum Vorwürfe machen können, wenn es aus Kuschai nichts zu machen vermag.

Mission. Kuschai ist die älteste Station in Mikronesien und wurde 1852 durch Rev. Snow begründet, den Capitän Holdsworth mit dem Schiffe »Caroline« von Honolulu herüberführte. Die Mission fand hier bereits einen »König George« vor, der wie viele seiner Unterthanen etwas englisch verstand und sprach, wodurch das Bekehrungswerk sehr erleichtert wurde. Der König selbst liess sich taufen, starb aber bald (1854), und so ging es anfangs nur langsam vorwärts. Nach 10 Jahren zählte die Kirche erst 33 Mitglieder, 1866 bereits 180, und 1880 waren fast sämmtliche Eingeborene Christen, aber auf dem Aussterbeetat. Freilich hatte man (1879) die »training school« von Ebon nach Kuschai verlegt, aber die 36 Marshallaner werden das Erlöschen der Kuschaier wohl nicht aufhalten können. Uebrigens gab es 1880 auch noch Ungetaufte, und selbst Christen pflegten heimlich dem Laster des Rauchens zu fröhnen.

I. Eingeborene.

Aeusseres. Lesson's durchaus irrthümliche Annahme, als seien die Kuschaier eine Mischlingsrace malayischen und mongolischen Blutes, ist zwar bereits durch Lütke und v. Kittlitz widerlegt worden, hat sich aber bis heute noch in der Wissenschaft erhalten, und diese gänzlich haltlose Hypothese ist sogar auf alle Caroliner übertragen worden. Ich möchte daher auch an dieser Stelle wiederholen, dass die Bewohner Kuschais sich von anderen Eingeborenen West-Oceaniens durchaus nicht im Geringsten unterscheiden. Auf Kuschai selbst hatte ich die beste Gelegenheit zu Vergleichen, denn ausser etlichen 30 Marshallanern lebten 40 Eingeborene von Banaba (Ocean Isl.) hier,

Wie ich auf die letzteren nur durch den besonderen Blätterschmuck in den Ohren als Fremde aufmerksam wurde, so fielen mir einige mit Ringwurm behaftete Marshallaner nur deshalb auf. Im Uebrigen würde ich diese Leute nicht von Kuschaiern unterschieden haben. Bezüglich letzterer muss ich auch hier auf meine: »Anthropolog. Ergebnisse« (S. 17) verweisen, wie auf vier von mir abgenommene Gesichtsmasken, welche den Typus der Kuschaier jedenfalls am besten wiedergeben, was von den im Atlas der »Senjavin-Reise« (Pl. 17) abgebildeten eben nicht gesagt werden kann. Namentlich ist der Bartwuchs viel besser entwickelt, wie es nach diesen Bildern scheint, übrigens, wie überall, individuell sehr verschieden.

Hautkrankheiten waren im Ganzen selten; ich beobachtete spärlich *Ichthyosis*; aber Kittlitz erwähnt auch *Lepra* (»Ruff«).

Sprache. Dieselbe klingt, wie schon Lütke und Kittlitz bemerken, sehr verschieden von allen anderen mikronesischen, und manche Wörter erinnern, durch Aufhäufung von Consonanten, in der Aussprache an slavische. Auffallend war mir, dass die Eingeborenen den Buchstaben *r* aussprechen konnten. Englisch, schon durch Whaler eingeführt, war zu meiner Zeit übrigens sehr verbreitet. Lütke gibt ein kurzes Vocabular von circa 200 Wörtern der Kuschaisprache (II, S. 355—371), die zum Theil aber wenig mit den von mir aufgezeichneten übereinstimmen.

Herkunft. »Einige Weisse meinen, dass wir von China herkamen; Andere von ‚Tschensi' (= Ascension, Ponapé),« war Alles was mir der Vicekönig darüber sagen konnte. Zu Kittlitz' Zeit standen die Eingeborenen ohne jeden Verkehr mit der Aussenwelt und kannten nur ihre Insel.

Charakter und Moral. So liebenswürdig und freundlich, als wie Kittlitz die Eingeborenen schildert, fand auch ich dieselben, die in der That die angenehmsten und gastfreiesten, aber nicht intelligentesten Südsee-Insulaner waren, welche ich kennen lernte. Wie damals boten sie Cocosnüsse, Zuckerrohr und andere Kleinigkeiten als Geschenk, ohne Bezahlung zu beanspruchen, wenn sie auch im Uebrigen bereits Handel und durch die Mission sogar Geldeswerth in blanken Dollars kannten, welche auch die Königin gern nahm. Und doch ist ihnen zuweilen von Weissen, wie sie in der ersten Zeit diese Inseln heimsuchten, übel mitgespielt worden. Ein alter Mann, der sich noch an »Litschke« (Lütke) erinnerte, wusste davon zu erzählen. Es kam vor, dass man einen Eingeborenen ein Messer an der Klinge festhalten liess und ihm die letztere durch die Hand zog u. s. w. Trotz solcher Brutalitäten haben die Eingeborenen doch nie Schiffe anzugreifen versucht, wie dies sonst überall geschah, wenn sie auch (1857) gezwungen waren, sich einiger weisser Eindringlinge zu erwehren, welche sich zu Herren der Insel machen wollten.

Diebstahl wurde, wie überall auf diesem Erdenrunde, auch auf Kuschai verübt, und Lütke liess deshalb einen Eingeborenen, der ein Beil entwendet hatte, prügeln. Wie mein brauner Gewährsmann versicherte, war dies die Ursache, weshalb kein Eingeborener mehr das Schiff betreten mochte, ein Betragen, das Kittlitz mit der »unbewussten Entweihung eines heiligen Ortes« zu deuten sucht. (Denkwürd., II, p. 67.)

In den glänzenden Zeiten der Walfischfahrer werden die Schönen Kuschais gegenüber Weissen wohl ebensowenig spröde gewesen sein als überall in Mikronesien. Zu meiner Zeit hatte das aufgehört, denn es gab ja keine fremden Matrosen, aber auch fast keine Mädchen mehr. Dennoch wurde mir eines der letzteren nebst eigenem Kinde gezeigt; die Mission konnte eben auch nicht Alles überwachen!

Trotz des eminent friedfertigen Charakters der Kuschaier sind früher doch Streitigkeiten mit gewaffneter Hand zum Austrage gekommen, und wie überall ist auch das idyllische Leben dieser Menschen durch Krieg unterbrochen worden. Wie mir erzählt wurde, soll der letzte vor damals circa 50 Jahren stattgefunden haben. Die Festlandsbewohner wurden von den Lällanern in befestigter Stellung angegriffen und total geschlagen.

Reinlichkeit hatte mit der theilweisen Einführung von Seife und Kämmen wohl Fortschritte gemacht; wenigstens habe ich niemals Läuse essen sehen, wie dies noch Lütke als etwas sehr Gewöhnliches erwähnt.

II. Sitten und Gebräuche.

(Sociales und geistiges Leben.)

Bei der fast vollständigen Umwälzung, die zu meiner Zeit bereits stattgefunden hatte, liess sich darüber wenig mehr erfahren, zumal in so kurzer Zeit. Fast alle Eingeborenen waren Kirchenbesucher, viele konnten lesen und schreiben, wenn auch zum Theil nur ihren Namen, wie z. B. der König, der übrigens recht geläufig englisch sprach. So blieben nur die wenigen alten Leute, die von der vorchristlichen Zeit zu erzählen wussten, aber sie waren schwer dazu zu bewegen, aus Furcht vor der Mission. Diese hatte sie von der Schlechtigkeit ihres früheren Lebens so überzeugt, dass die Eingeborenen auf dasselbe wie auf eine Reihe fortlaufender Sünden zurückblickten; freilich wurde ja schon Tabakrauchen in diese Kategorie gerechnet. »Kanaka, früher sehr schlecht; jetzt sehr gut,« sagte Känker, der »Vice-König« und charakterisirte damit die naive Auffassung dieses Völkchens, das jetzt zwar Wörter wie »Amerika«, »Million« u. s. w. besass, dieselben aber nicht begreifen konnte. Wie erwähnt, sind die Kuschaier geistig nicht sehr veranlagt, und auch dies verhinderte, über Vieles genauere Auskunft zu erlangen.

1. Sociale Zustände.

Stammeintheilung hatte sich kaum mehr erhalten, wurde aber früher äusserst streng beobachtet. Lesson und Kittlitz fanden nur drei Stämme (Tohn, Pennemé und Lirsinge) heraus. Aber nach Snow gab es vier »Se-uf« (Stämme): Penemé (= wahr), To-u (Eigenname einer Art Aal, der gewisse Verehrung genoss), Lisunge (= Abtheilung) und Ness (= Nahrung), die vielleicht in ähnlicher Weise wie auf den Marshalls zugleich verschiedene

Stände bezeichnet haben mögen. Die strenge Scheidung der letzteren in Häuptlinge und Untergebene hatte ich noch hinreichend Gelegenheit zu beobachten, zugleich, dass auch unter den Häuptlingen gewisse Rangstufen bestehen; das Wort »Iros« (= Häuptling) hörte ich aber nicht. Wie auf Ponapé wird die Würde durch den Titel bezeichnet, der, wie bei uns, eine männliche und weibliche Form hat. So heisst der Oberhäuptling oder sogenannte König »Tokoscha« (»Tokoja«: Lütke, oder wie er sich selbst schrieb »Tokosa«), seine Frau »Koscha«; der nächstfolgende grösste Häuptling »Känker« (oder »Kenka«), deren frühere Namen mit Erlangung der Würde erloschen waren und nicht mehr ausgesprochen werden durften. Namentausch war daher unter Eingeborenen nicht Sitte, wenn dies auch mit Lütke und anderen Fremden damaliger Zeit unbewusst geschah. Die Eingeborenen wollten nur den Namen, respective Titel des Fremden erfahren, nannten den ihrigen und so entstand ein Namentausch, der eigentlich gar nicht beabsichtigt war. So nannte Känker, dem ich viel von unserem Kaiser erzählen und das Wort »Emperor« unzählige Male wiederholen musste, mich schliesslich bei diesem Namen.

Die Würde des »Tokoscha« ist übrigens nicht erblich, sondern kann auf den Sohn eines früheren Tokoscha, oder einen Bruder, ja eine Schwester übergehen. Mit dem Titel fällt auch alles Land und sonstiges Besitzthum an den Nachfolger, wie die Witwe ihren Titel verliert, der übrigens nur der ersten Frau zukam. Wie es scheint, wird der Tokoscha nicht blos von den Häuptlingen gewählt, sondern der Wille der Gesammtbevölkerung oder des Stammes hat dabei Einfluss. Dass der Tokoscha in wichtigen Angelegenheiten nicht allein zu entscheiden hatte, sondern erst mit den übrigen Häuptlingen Rath halten musste, davon war ich selbst Zeuge. Diese Rathsversammlung bestand damals aus sechs Häuptlingen. Im Uebrigen schien der Tokoscha absoluter Herrscher und wurde vom Volke mit einem Grade von Unterwürfigkeit behandelt, die mir überhaupt nirgends begegnete. In Gegenwart des hohen Paares durfte nur leise gesprochen werden, die Leute nahten in demüthiger Haltung und krochen fast auf den Knieen die Stufen zu der Veranda hinauf, wo sie ihre Körbe mit Lebensmitteln und anderem Tribut niedersetzten. Mit Ausnahme der Häuptlinge und ihrer Sippe muss auch Alles für den Tokoscha arbeiten, der das Land nur zu Lehen gibt, wofür aber Abgaben in Naturalien erlegt werden. Wie auf den Marshalls folgen die Kinder der Mutter im Range, und an dieser Sitte wurde noch damals mit äusserster Strenge festgehalten. Känkers ältester Sohn, ein Knabe von circa 14 Jahren, stand höher als sein Vater, weil seine Mutter eine Tochter des verstorbenen Königs George war, und eine jüngere Schwester aus dieser Ehe hatte einen noch höheren Rang als ihr Bruder. Nach Snow wurden solche hohe Häuptlingssprossen schon vom Säuglingsalter an und selbst von der eigenen Mutter mit derselben Ehrfurcht behandelt, als wären es bereits tituläre Würdenträger. Das Haupt eines solchen Kindes durfte nie berührt werden; Wärterinnen trugen das Kind Tag und Nacht auf den Armen, das erst auf einer Matte schlafen durfte, wenn es kriechen konnte.

Hieraus ergibt sich die hervorragende Stellung der Frauen, wenigstens der höheren Stände; aber auch die übrigen Frauen werden gut behandelt. Kittlitz beobachtete, dass die letzteren sich stets gesondert von den Männern hielten, aber dies ist ein unter allen Eingeborenen weit verbreiteter Brauch.

Die Ehe ist jetzt allgemein christlich; früher herrschte Polygamie, aber wohl nur bei Häuptlingen.

2. *Vergnügungen.*

Mit Spiel und Tanz war es vorbei; die Eingeborenen sangen Hymnen und kannten ihre früheren Lieder kaum mehr. Nach vielem Zureden trug uns ein alter Mann einen Gesang (»Onon«) vor. Er hielt dabei die Hand vor den Mund und sang eine näselnde Weise, in welcher das Wort »Oio« sehr häufig vorkam. Aber übersetzen mochte uns Niemand den Text, die Worte seien »zu schlecht«, meinte man; waren es doch »heidnische«. Diese Gesänge im Verein mit sogenannten Tänzen (»Schalschal«) bildeten früher, wie meist überall, die Hauptvergnügungen beider Geschlechter, aber getrennt. Dabei werden in gleichmässigem Tempo die Arme und der Körper bewegt, mit den Beinen getrampelt und dazu gesungen, wobei die zuschauenden Frauen in den Refrain »Oio« mit einfallen. Taktschlägel oder Tanzstöcke, nach denen ich mich besonders erkundigte, kennt man ebensowenig als irgend ein Musikinstrument. Von letzteren erhielt ich noch die weitverbreitete Muscheltrompete (»Oguk«) aus *Tritonium*, die aber auch hier nur zum Signalblasen diente und sicher kein »heiliges« Instrument war, wie Lütke vermuthete. Der Letztere beschreibt übrigens einen Tanz der alten Kuschaier

(I, S. 383) sehr übereinstimmend mit der obigen Skizze und erwähnt als einzigen Tanzschmuck nur der Muschelarmringe aus *Conus* (Taf. VI [23], Fig. 1). Schon damals waren die Kuschaier wenig fröhliche Menschen; Spiele schienen sie gar nicht zu kennen.

3. Bestattung und Geisterglauben.

Darüber war wenig mehr zu erfahren. Die Todten wurden früher in Matten eingehüllt begraben, und es fanden besondere Feierlichkeiten statt. Schon beim Lager des Sterbenden und um das Haus desselben sammelten sich Anverwandte und Stammesgenossen. Beim Ableben eines Grossen wurde ein viertägiges Fest abgehalten, wobei die erwähnten Tanz- und Gesangsaufführungen stattfanden, in denen man das Lob des Verstorbenen besang. An diesen Klageliedern betheiligten sich auch die Frauen, und Alles stimmte in den Refrain (»Oio«) ein. Essereien waren mit diesen Todtenfesten ebenfalls verbunden und wahrscheinlich nicht Nebensache. Gräber habe ich ebensowenig als v. Kittlitz gesehen, der deshalb irrthümlich annimmt, dass man Todte in Sümpfe versenke. Aber Lütke gedenkt eines frischen Grabes, das an der Seite des Hauses eines unlängst Verstorbenen gegraben und mit zwei der Länge nach darüber gelegten Bananenstämmen gekennzeichnet war. Die grossen Mauern auf Lälla sollen zum Theil auch die Gräber grosser Häuptlinge bergen.

Geister- und Aberglauben herrscht wahrscheinlich noch heute, aber auch darüber liess sich wenig und nur Unsicheres erfahren. Hiezu möchte ich die »steinernen Götzenbilder« rechnen, von denen man uns erzählte, die es aber sicher nie gegeben hat, ausser vielleicht gewissen Steinen, die man, ähnlich wie auf den Marshall-Inseln, im Sinne eines rohen Fetischismus verehrte, denn Religion haben auch die Kuschaier nie besessen. Was Känker von der Insel »Millemöt«, dem Orte, wo die guten Menschen hinkommen, und »Millönut« für die Bösen erzählte, klang bereits sehr christlich angehaucht, um weitere Beachtung zu verdienen. Im Uebrigen wurde von bösen Geistern berichtet, die zuweilen sogar Diebe mit unsichtbaren »Geisterspeeren«, aber bei Nacht, tödteten. Sicher ist, dass die Kuschaier einen grossen Aal (»To-u«, zugleich Bezeichnung eines Stammes) noch heute unberührt lassen, der früher als verkörperter Vertreter der Seele von Vorfahren verehrt wurde. Fand man zufällig einen solchen »heiligen« Aal todt, so begrub man denselben, sorgfältig in Matten eingehüllt, mit gleichen Ceremonien und Ehren, als handle es sich um einen grossen Häuptling. Die Kuschaier liessen uns übrigens ruhig »heilige« Aale fangen und äusserten darüber ebensowenig Missfallen als damals, da Kittlitz, noch in heidnischer Zeit, einen solchen schoss. Verehrung gewisser Fische war übrigens weit über die Südsee verbreitet. So galt den alten Hawaiiern eine grosse Art Haifisch heilig, und Anklänge daran hatten sich noch zu meiner Zeit erhalten. Als Consul Pflüger das hochinteressante Steinbild nach Europa verladen liess, zu dessen Erwerbung ich dem Berliner Museum mit behilflich war, erhob sich ein grosser Jammer bei den christlichen Eingeborenen, die in diesem Bilde noch immer den grossen Gott der Fische ihrer Vorfahren in Andenken behalten hatten. Interessant ist, dass Aale auch auf der Hervey-Gruppe und Tockelau (Fakaafo) verehrt wurden, natürlich andere Arten als die von Kuschai. Gill, der den »sacred sea-eel« des Süd-Pacific abbildet (»Life in the Southern Isles«, S. 279), möchte »diese Art Götzendienst mit der Erinnerung an die Schlange der Arche, welche Eva verführte (!?)« in Beziehung bringen und zieht daraus den Schluss, dass deshalb in so manchen Gebieten der Südsee namentlich Frauen Aale nicht essen dürfen. Dieser Abscheu vor Aalen ist aber keineswegs allgemein verbreitet und zum Theil auf das widerliche Aussehen gewisser Arten zurückzuführen, denn aus diesem Grunde mochte auch Niemand bei uns an Bord die heiligen Aale Kuschais essen.

Ueber Priester und Wahrsager konnte ich nichts erfahren. Der hohe Herr, bei dessen Eintreten Alles schweigend zusammenrückte, um Platz zu machen, und in welchem v. Kittlitz unter dem Namen Iros »Togrsha« irgend einen geistlichen Würdenträger vermuthet (2, S. 47), war eben der »Tokoscha«, das ist der oberste Häuptling. v. Kittlitz gedenkt eines »Heiligthumes«, das ihm unerklärlich blieb. Es war eine mässig lange Stange, »woran oben mehrere, dem Anscheine nach sehr alte Cocosflaschen befestigt waren«, und vermuthet in letzteren Reliquien, welche die ersten Kuschaier bei ihrer Einwanderung mitbrachten, und die damals wie noch heute als Wasserbehälter dienten. Vielleicht waren diese Cocosnussgefässe Symbole der Häuptlingswürde, wie dies nach Kubary ähnlich auf Pelau der Fall ist, oder sie enthielten nur Kawa oder vielleicht Palmsaft, aber auch darüber sind die Acten geschlossen. Dasselbe gilt in Betreff der sogenannten heiligen Stäbe, welche Lütke erwähnt, als »4—5 Fuss lange Ruthen, an einer Seite zugespitzt, an der anderen cannelirt«, welche in der Ecke einiger Häuser mit Kawablättern und Muscheltrompeten zusammen besonders verwahrt und bei der Bereitung von Kawa hervorgeholt wurden. v. Kittlitz beschreibt dieses »vermuthliche Heiligthum«, in welchem Lesson nur ein Fischereigeräth erblickte, als »einen Stab in Form einer Netzgabel«. Wenn die richtige Deutung schon wegen höchst mangelhafter Sprachkenntniss unmöglich war, so hinderte das Lütke leider nicht, auf dem Gebiete der Phantasie noch weiter zu schweifen und aus unverständlichen Trinksprüchen beim Kawagenuss, die sich häufig wiederholenden Worte »Sitel Nazuenziap« (Kittlitz schreibt: »Sitel na Çensap«) als den Namen des Gottes der Kuschaier herauszufinden, der seitdem in allen Büchern weiterspukt. Was Lütke (I, S. 392) von diesem angeblichen Gotte und seiner Familie erzählt, bezieht sich ohne Zweifel nur auf berühmte Vorfahren, hat aber ebensowenig mit Religion zu thun, als der angeblich religiöse Cultus des Kawatrinkens.

Der scharf beobachtende Kittlitz erwähnt als charakteristisch für das damalige Kuschai eine Schnur, die vor dem Eingange des Dorfes über die Wasserstrasse gespannt und an welcher Allerlei (Blattstreifen, Blumen etc.) als »muthmassliche Opfergaben« befestigt war. Ob diese Deutung richtig ist, liess sich nicht mehr ausmachen. Ich vermuthe, dass eine solche Schnur (abgebildet »Senjavin-Reise«, Pl. 19 unten) mit Aberglauben im Verband stand, um böse Geister abzuhalten o. dgl., wie dies in ähnlicher Weise in Melanesien geschieht.

Bei Ankunft eines Schiffes pflegte man früher Kindern einen Streif *Pandanus*- oder Cocosblatt um den Hals zu binden, zur Abwehr etwaiger schädlicher Einflüsse, durch »bösen Blick«, ein Aberglaube, der sich früher, wie anderwärts, auch auf Kuschai fand. Deshalb fürchtete man sich Anfangs vor dem Missionär Snow, weil dieser eine Brille trug. Halsbänder galten früher auch als Heilmittel, wie in vielen Gegenden der Südsee noch heute und zum Theil bei uns. Der Häuptling pflegte dem Kranken einen Blattstreifen umzubinden und sagte dabei: »Du wirst nicht sterben«, was freilich, wie Känker meinte, nicht immer eintraf. Von anderen Heilverfahren habe ich nichts in Erfahrung gebracht, möchte aber hiebei an das eigenartige »Instrument zum Aderlassen« erinnern, das von Postels (leider ohne nähere Localität von den Carolinen) abgebildet und beschrieben wird (Atlas »Senjavin-Reise«, S. 25, Pl. 29, Fig. 19). Es besteht aus einem 4—5 Zoll langen runden Stöckchen, an dessen Enden jederseits der Knochenstachel eines Fisches (aus dem Schwanze von *Acanthurus*) befestigt ist, welchen man mit einem Stöckchen in die schmerzhaften Körpertheile einschlägt. Diese Heilmethode

15*

wird namentlich bei Gelenksgeschwulst (»Mak« genannt) angewendet. Zum Blutlassen, übrigens eine sehr beliebte Heilmethode, benutzen Eingeborene gewöhnlich scharfe Steine, noch lieber Glassplitter; ein eigenes Instrument kam mir nur auf Neu-Guinea vor (II, S. 338 [124]).

III. Bedürfnisse und Arbeiten.

(Materielles und wirthschaftliches Leben.)

1. Nahrung und Zubereitung.

a) Pflanzenkost.

Gegenüber Mangel und Spärlichkeit von Lebensmitteln auf den Atollen herrscht auf den hohen Inseln, wie Kuschai, förmlicher Ueberfluss. Es fällt daher auf, dass trotz dieser günstigen Ernährungsverhältnisse die Kuschaier nur schwächlich aussehende Menschen sind, deren äussere Erscheinung anderen Mikronesiern gegenüber, z. B. den hungerleidigen Gilbert-Insulanern, entschieden zurücksteht, wie dies auch in Bezug auf geistige Entwicklung gilt. **Pflanzenkost** bildet auch für Kuschai die fast ausschliessliche Nahrung; aber wir finden hier zuerst eine geregelte **Plantagenwirthschaft**, in ganz ähnlicher Weise als in Melanesien. Wie hier liegen die Plantagen meist von den Siedelungen entfernt, die der Lällaner z. B. auf dem Festlande. Weite Strecken Landes sind urbar gemacht, mit Steinmauern aus Basaltstücken eingefriedigt und hier zuweilen besondere kleine Hütten (»Lom« = Haus) errichtet, deren Dachfirste geradlinig verläuft. Sie dienen zur Unterkunft für Arbeiter oder Wächter, um den Glanzstaaren (»Uä«, *Calornis pacificus*) und Flughunden (»Foak«, *Pteropus ualanensis*) zu steuern, welche namentlich in Bananen und Brotfrucht viel Schaden anrichten. Wie auch anderwärts pflegt man zur Zeit der Fruchtreife die Bananenbündel mit Netzen einzuhüllen, um sie gegen die Nachstellungen der genannten Thiere zu schützen.

Brotfrucht (»Mose«) bildet die hauptsächlichste Nahrung der Kuschaier. Es werden zwei fast kernlose Arten oder Varietäten cultivirt, die vorzüglich gedeihen und deren Früchte die des Jackfruchtbaumes in Ost-Mikronesien bei Weitem übertreffen. Brotfrucht kann nicht roh gegessen werden. Man zerschlägt die reife Frucht mit einem hölzernen Geräth (Fig. 28) in zwei Hälften und lässt sie, in Blätter eingehüllt, ungefähr eine Viertelstunde in der Gluth heisser Asche backen. Solche warme Brotfrucht riecht wie Schwarzbrot, das eben aus dem Ofen kommt, und erinnert auch im Geschmack daran. »Uro« ist eine Dauerwaare aus Brotfrucht, welche ganz so bereitet wird, als »Piru« der Marshall-Inseln (S. 143 [399]). Sie ersetzt die frische Brotfrucht und wird in Gruben verwahrt, die mit Steinen ausgemauert sind. Zum Abnehmen von Brotfrüchten bedient man sich eines langen Stockes mit einem Haken, wie dies Pl. 33 der »Senjavin-Reise« zeigt. Nächst Brotfrucht ist:

Taro (»Katak«) das wichtigste Nahrungsmittel, wovon (nach v. Kittlitz) drei Arten, dieselben als wie in den Marshalls (S. 143 [399]), aber von weit besserer Qualität, cultivirt werden. Die sehr nahrhaften und wohlschmeckenden, oft sehr grossen Knollen werden in heisser Asche geröstet oder gewässert und gestampft zu einem säuerlichen Teig verarbeitet, der ganz dem »Poi« der Hawaiier entspricht und sich lange hält. Bereitung von Arrowroot scheint man nicht zu kennen. Bananen (in mehreren Arten, darunter eine, die nur der Faser wegen angebaut wird) und Zuckerrohr bilden die weiteren Erzeugnisse des Plantagenbaues, die meist zusammen unter Brotfruchtbäumen cultivirt werden. Ob man auch Yams *(Diascorea)* anbaut, ist mir nicht erinnerlich.

Zuckerrohr wächst übrigens auch wild, und daraus hat sich (wie allenthalben in Melanesien) wahrscheinlich nach und nach durch Cultur die essbare Art entwickelt. Zuckerrohr dient übrigens nicht als eigentliche Speise, sondern wird von den Eingeborenen nur roh ausgekaut, wie dies mit den holzigfaserigen Kernen von *Pandanus*, der zahlreich wild wächst, geschieht, aus denen man aber keine Conserve bereitet.

Cocosnüsse (»Nio« oder »Niu«) sind im Haushalt Kuschais minder von Bedeutung, als dies sonst der Fall ist. Wie schon v. Kittlitz sehr richtig bemerkt, kommt die Cocospalme im Ganzen spärlich und nur cultivirt vor und fehlte jedenfalls ehemals der Insel ganz. In der That verdienen, wie bereits erwähnt (S. 4 [272]), die Beziehungen zwischen diesem Edelbaum und dem Menschen, sowie zu der Ausbreitung des letzteren, volle Beachtung. Ich selbst habe die Cocospalme nirgends wild angetroffen, sondern immer nur mit Menschen zusammen, also cultivirt. Fehlten die letzteren zufällig einmal, so hatten doch früher sicher welche unter den verlassenen Palmen gelebt. Auf den meisten unbewohnten Inseln der Südsee fehlt auch die Cocospalme, und nur selten (wie z. B. auf Timoë im Paumotu-Archipel) findet das Gegentheil statt. Das Ersteigen der Cocospalme geschieht übrigens, um dies noch zu erwähnen, ganz in der Weise wie z. B. in Neu-Britannien und vielerwärts, indem die Füsse unten mit einer Liane zusammengebunden werden.

Die Früchte einer wildwachsenden Orangenart, die unserem Geschmacke aber nicht behagen, waren schon zu Kittlitz' Zeiten bei den Eingeborenen sehr beliebt. Seitdem sind durch Weisse weitere Culturgewächse eingeführt worden, und zwar der Melonenbaum *(Carica papaya)*, die Ananas und Feige, welche trefflich gedeihen.

Nach Lütke lebten geringere Leute vorherrschend von einer schlechteren Art Banane (»Kalasche« genannt), sowie von Brotfruchtteig, während Cocosnüsse, wie die Palmen, allein den Häuptlingen gehörten und zukamen.

b) Fleischkost.

Bei der Fülle trefflicher Vegetabilien wurde die in diesen Urwäldern ohne Feuergewehre ohnehin sehr mühsame und wenig lohnende Jagd überhaupt nicht ausgeübt. Schon v. Kittlitz bemerkt, dass man die zahlreichen verwilderten Hühner gar nicht beachtete, ebensowenig als die »Mule« *(Carpophaga oceanica)*, eine grosse Fruchttaube, die einen ansehnlichen Braten liefert. Aber man ass fliegende Hunde (»Foak«, *Pteropus ualanensis*), wahrscheinlich weil diese leichter zu erbeuten waren.

Hausthiere, selbst Hunde, fehlten, wenn auch die verwilderten Hühner jedenfalls einer domesticirten Rasse angehören, die mit den ersten Einwanderern eingeführt wurde. Es zeigen sich also auch hier wieder die interessanten und wichtigen Beziehungen zwischen Mensch und diesem Hausgeflügel. Hühner, fast so scheu als wilde, wurden übrigens zu meiner Zeit nur wenig und meist bei den Stationen gehalten. Häufig waren dagegen Schweine, die, zuerst durch Duperrey und Lütke eingeführt, in der Zeit der Walfischfahrer bereits einen lebhaften Handelsartikel bildeten. Sie kommen jetzt auch verwildert vor. Zu meiner Zeit hielt der eingeborene Pastor Likiat Sa auch einige Stücke Rindvieh, wovon er an Schiffe verkaufte, wie Milch und Butter bei ihm zu haben war. Die Eingeborenen verbrauchten davon freilich nichts, ebensowenig als andere importirte Nahrungsmittel, die auf den Marshalls bereits von Bedeutung waren. Aber an Schweinefleisch hatten sich die Kuschaier bereits gewöhnt, und bei Festlichkeiten durfte ein gebratenes Spanferkel oder junges Schwein nicht fehlen. Wie überall in der Südsee, wo man keine Töpfe kennt, wird ein derartiges Thier in einer Grube zwischen Lagen von heissen Steinen und Blättern gar gemacht, was übrigens einen vortrefflichen Braten liefert; nur fehlt **Salz**, das auch den Kuschaiern unbekannt ist. Zu Lütke's Zeiten wurden noch viel Schildkröten gefangen und sicher auch gegessen, wenn sich Lütke darüber auch nicht Gewissheit verschaffen konnte.

Die **Kochkunst** steht überhaupt auf einer hohen Stufe der Entwicklung und wir haben sie zu würdigen gelernt. Das Menu eines solchen Eingeborenen-Dinner bestand in: Hühnersuppe mit Brotfruchtklössen, gebratenen Fruchttauben, Brotfrucht, einem gebratenen Spanferkel mit Taro und »Fafa«, einer sehr wohlschmeckenden Speise aus Bananen, mit geschabter und ausgepresster junger Cocosnuss als Sauce. Kittlitz erwähnt »sehr wohlschmeckender Puddings von gestampfter Brotfrucht mit Cocosmilch und Zuckersaft übergossen«. Freilich war unser Gastgeber Wa ein eingeborener Missionär, und seine Frau Hinje verstand nicht blos in Pfannen und Töpfen zu kochen, sondern besass bereits solche moderne Küchengeräthschaften. Im Uebrigen war dergleichen noch wenig im Gebrauch, und die Eingeborenen kochten meist wie üblich zwischen heissen Steinen. In dieser Manier wurden namentlich auch Fische (»Jäk«) zubereitet, welche noch die häufigste Fleischnahrung ausmachten. Aber kleine Fische verzehrte man noch, wie schon zu Kittlitz' Zeiten, roh.

Regelmässige Mahlzeiten werden nicht gehalten und die in Schüsseln aufgetragenen Speisen durch den Hausherrn vertheilt, wobei derselbe Rang und Alter der Gäste gebührend berücksichtigt. Nach Lütke durften damals die Frauen nicht mit den Männern gemeinschaftlich essen.

Reizmittel kennen die Kuschaier nicht mehr. Der Genuss von Palmsaft, vermuthlich auch hier durch Walfischfahrer eingeführt, wurde schon Anfangs der Fünfzigerjahre von König Georg verboten, vielleicht auch deshalb, weil man sauren Toddy bereitete.

Tabakrauchen, ebenfalls von Walfängern importirt, das bald allgemein beliebt wurde, ist in Folge der strengen Missionsgesetze fast wieder verschwunden oder wird doch nur heimlich betrieben. Dagegen hat Kawatrinken völlig aufgehört. Die Bereitung des Kawatrankes (»Tscheka«) wird von Lütke (vol. I, S. 370) und Kittlitz (Denkwürd., I, S. 374, und II, S. 52) ausführlich beschrieben und geschah ganz in ähnlicher Weise, wie noch heute auf Ponapé. Die Wurzel des Tschekastrauches *(Piper methysticum)*, nach Lesson auch Blätter und Stengel (wie auf Ponapé), wurde mit steinernen Stampfern (Fig. 32) auf einem grossen Steine zerstampft, respective zerrieben, der Brei mit Wasser vermischt, durchgeseiht, in einen hölzernen Trog gegossen und dann aus Cocosschalen getrunken. Die beiden Männer, welche dies besorgten, waren mit einem Gürtel aus Bananenblättern bekleidet, trugen ein Band von Cocosblatt um den Hals, das Haar nicht im Nacken, sondern auf dem Scheitel geknotet und hielten einen der vorher erwähnten Stäbe (S. 201 [457]) zwischen den Knieen. Es herrschte also, wie überall, beim Kawatrinken ein gewisses Ceremoniell, welches die ersten Beobachter verleitete, eine »religiöse Bedeutung« herauszufinden. Die Worte, welche beim Kawabereiten gesprochen wurden, deutet Lütke, obwohl er sie nicht entfernt verstehen konnte, als Gebete, und so war der »Kawacultus zu Ehren des Gottes Nazenziap« fertig. Sicher hatte Kawatrinken auch auf Kuschai nichts mit Religion zu thun, sondern war ein Hochgenuss nur für Häuptlinge und deren Gäste, wobei Förmlichkeiten beobachtet und gewisse Sätze hergesagt wurden, Trinksprüchen bei uns vergleichbar, in denen man auch des »Uross Litschke« (Lütke) gedachte. Ganz ähnliche Gebräuche herrschen auf Fidschi, wo Ava unter Gesang bereitet, aber nur vom König getrunken wird (Wilkes, III, S. 115).

2. Kochgeräth

enthielt noch einiges Eigenthümliche. Mit **Feuerreiben** war es freilich vorbei, aber v. Kittlitz sah es noch und beschreibt (Denkwürd., II, S. 27) die Methode, welche mit der auf den Marshall-Inseln gebräuchlichen übereinstimmt. Der Apparat, »Engá« genannt, besteht aus einem circa 50 Cm. langen Klötzchen von weichem Holz, zu dem ein keilförmig zugeschnittenes Stück Hartholz als Reiber gehört. »Zwei Männer bringen damit in wenig mehr als einer Minute Feuer hervor, indem der eine den Reiber aus Hartholz mit beiden Händen und etwas nachdrücklich, aber ohne sich sichtbar anzustrengen, in der Kerbe, die sich auf dem weichen Holze durch den Druck des harten alsbald bildet, auf und nieder bewegt, während der andere das längliche Klötzchen am Boden festhält und die sich beim Reiben absondernden feinen Spähne beständig in die Kerbe zurückdrückt. Aeusserst bald fangen diese Spähne zu rauchen und zu glühen an, worauf die Flamme sogleich in bereit gehaltenen trockenen Baststreifen durch Schwenken in der Luft gewonnen wird.«

Fig. 27.

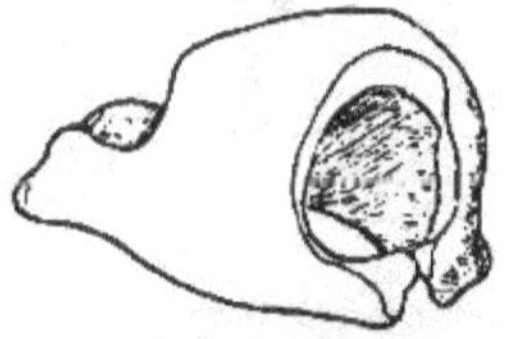

Muschelschaber.
Kuschai.
½ natürl. Grösse.

Ein eigenthümliches **Schabgeräth**, das noch damals in Gebrauch war, ist das folgende:

Ful (Nr. 49, 1 Stück), Schaber (Fig. 27) aus einer Muschel (*Cypraea mauritiana* L.), deren eines Ende abgeschlagen ist, um sie besser halten zu können, während das entgegengesetzte schief abgeschliffen ist, so dass hier eine scharfe Schneide entsteht. Lälla.

Wird zum Schaben von Cocosnuss u. s. w. benutzt, zum Reiben von Taro und Banane bedient man sich dagegen flacher Stücke Korallen, mit fein geriefter Oberseite, als **Reibeisen**.

»Ta« heisst ein besonderes Werkzeug zum Aufschlagen der Brotfrucht (Fig. 28). Er besteht in einem circa 20 Cm. langen flachen Stück Hartholz, in der Form eines Hackmessers, mit kurzem Handgriff und ziemlicher Schärfe der Unterseite und wurde früher auch als Waffe benutzt.

Fig. 28.

Brotfruchtschläger.
Kuschai.

Stampfer (»Tok«) aus Holz und Stein gehören mit zu den eigenthümlichen Kochgeräthen Kuschais und sind zum Theil kunstvolle Erzeugnisse des Fleisses der Eingeborenen.

Tok-sak (Nr. 52, 1 Stück), Stampfer (Fig. 29) aus Hartholz (Mangrove), rund, 18 Cm. lang, die untere, etwas abgerundete Fläche 7 Cm. im Durchmesser. Lälla.

Das obige Exemplar ist minder sorgfältig gearbeitet als andere, die übrigens in der Grösse nicht unerheblich variiren und von denen fast jedes Verschiedenheit in der Form des Kopfendes zeigt. (Vgl. Fig. 30 und 31, sowie Atlas der »Senjavin-Reise«, Pl. 29, Fig. 10, und Edge-Partington, Taf. 175, Fig. 11 »Strongs-Isl.«.)

Solche hölzerne Stampfer waren damals noch ziemlich häufig, aber ich erlangte nur wenige:

Tok-jot (Nr. 53, 1 Stück), Stampfer (Fig. 32) aus einem grobkörnigen Basalt, 17 Cm. lang, die untere etwas abgerundete Fläche 9 Cm. im Durchmesser. Lälla.

Das grösste Exemplar, welches ich erhielt, war 21 Cm. lang, Durchmesser unten 10 Cm. Diese Stampfer gehören mit zu den besten Steinarbeiten Eingeborener, aber bereits der Vergangenheit an. Ein fast gleiches Exemplar aus Stein bildet Edge-Partington (Taf. 175, Fig. 10) von »Strongs-Isl.« ab. Ganz abweichende Formen bieten

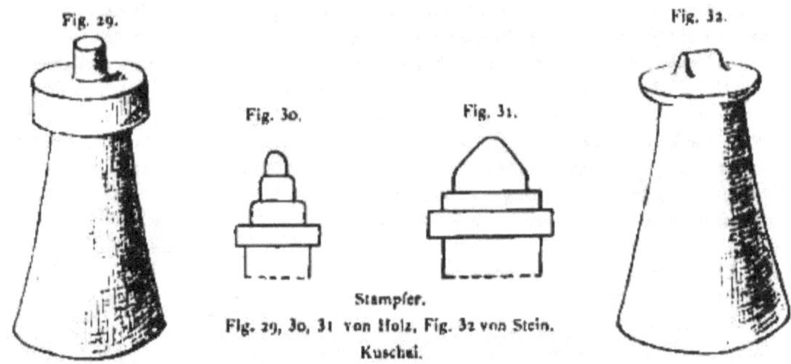
Fig. 29. Fig. 30. Fig. 31. Fig. 32.

Stampfer.
Fig. 29, 30, 31 von Holz, Fig. 32 von Stein.
Kuschai.

die steinernen Stampfer der alten Hawaiier (Wilkes, IV, S. 48, Abbild.) und Tahitier, unter denen namentlich die letzteren merkwürdig sind (Gill, »Life in the Southern Isles«, Abbild., S. 204).

Nach Postels dienten die steinernen Stampfer nur zur Bereitung von »Tscheka« (Kawa). **Kawapressen** gedenkt v. Kittlitz (Denkwürd., I, S. 374). Sie bestand nur in einem flachen Stein, »nicht unähnlich einem etwas eingesunkenen Grabsteine, der vor dem Feuerherde liegt«, und fand sich nur in Häuptlingshäusern.

3. *Essgeräth.*

Nach dem, was ich in dieser Richtung noch zu sehen bekam und zum Theil erhielt, müssen die Kuschaier einstmals treffliche Holzarbeiter gewesen sein, eine Fertigkeit, die unter dem Einfluss der Civilisation bereits so gut als untergegangen zu betrachten ist.

Topp (Nr. 78, 1 Stück) Schüssel, kahnförmig, flach, braunroth angestrichen, 53 Cm. lang, 14 Cm. breit. Lälla. In der Form ganz mit der Abbildung (»Senjavin-Reise«, Pl. 29, Fig. 12) übereinstimmend.

Alle Schüsseln, welche ich auf Kuschai erhielt, hatten die obige Form, bald schmäler und schlanker, bald kürzer und breiter, aber immer flach und an beiden Enden kahnförmig spitz zulaufend. Das grösste derartige Essgefäss war 70 Cm. lang, 29 Cm. breit und 10 Cm. tief. »Tapuak« heissen grössere bis grosse Tröge, ziemlich tief und an beiden Enden abgerundet, die aus dem Holze des »Ite«-Baumes gefertigt wurden und meist zur Bereitung des Brotfruchtteiges dienten. Ein solcher napfförmiger Trog hatte folgende Masse: Länge 80 Cm., Breite 32 Cm., Tiefe 29 Cm. Lütke notirt: 3 Fuss Länge und $2^1/_2$ Fuss Höhe und bemerkt, dass solche Tröge als Kawabowlen benutzt wurden, sowie leer als Sitze.

Das Material zu den meisten derartigen Gefässen ist das leichter zu bearbeitende Holz des Brotfruchtbaumes und charakteristisch für die Holzarbeiten Kuschais der Anstrich mit einer braunrothen Farbe, die übrigens auch auf Ponapé angewendet wird, aber nicht auf den Gilberts und Marshalls.

Als **Teller** benutzt man gewöhnlich schnell geflochtene längliche Matten aus Cocospalmblatt. **Löffel** sind mir nicht vorgekommen.

Fig. 33.

Taroblatt als Wasserbehälter. Kuschai.

Als **Wassergefässe** nimmt man leere Cocosnüsse (»Allae«) und besitzt ausserdem noch einen anderen ebenso einfach als ingeniös ersonnenen Wasserbehälter aus Taroblatt (Fig. 33). Die Enden eines grossen Taroblattes werden am Stiele zusammengebunden und bilden so eine Art Beutel, in welchem sich Wasser sehr gut hält. Auf Canufahrten nimmt man solche Beutel mit Wasser mit, wie dies meine eingeborenen Begleiter bei Jagdausflügen zu thun pflegten. Meist werden zwei solche Wasserbeutel mit den Stielen zusammengebunden über der Schulter getragen.

4. *Fischerei und Geräth.*

Bei der Fülle trefflicher Culturgewächse sind die Kuschaier nicht in dem Masse auf Meeresproducte angewiesen, als die Bewohner der Atolle, betrieben aber selbstverständlich von jeher Fischerei, um die einzige ihnen zugängliche Fleischnahrung zu erlangen. Diese Fischerei blieb aber immer auf die verhältnissmässig sehr schmale Lagune des Barrierriffes, sowie auf das letztere selbst beschränkt, da sich die Kuschaier mit ihren kleinen Canus, ohne Segel, nur in seltenen Fällen auf das Meer hinauswagen. Lütke bemerkt ausdrücklich, dass nicht im offenen Meere gefischt wurde.

Obwohl die Civilisation auch bezüglich der Fischerei Manches bereits verwischt hatte, gelang es mir doch noch, die hauptsächlichsten Geräthschaften zu erlangen, die immerhin einen Einblick auch auf die Fischereimethoden der früheren Zeit gewähren.

Netzfischerei wurde noch damals betrieben, denn ich erhielt noch ein ziemlich grosses Netz (6 M. lang und circa 2 M. hoch), »Na-äk«. Dasselbe ist ziemlich weitmaschig (30 zu 50 Mm.) gestrickt, und zwar nicht aus eigentlichen Bindfaden, sondern schmalen Bastfasern (wahrscheinlich von *Hibiscus*, »Lo« oder Seegras?); die Schwimmer sind (wie bei den Netzen der Gilbert-Insulaner) Abschnitte von hohlen Zweigstücken von *Pandanus*, die Senker *Arca*-Muscheln.

Solche Netze erreichen zuweilen eine Länge von 13 M. und werden hauptsächlich benutzt, um die Schaaren periodischer Wanderfische in ähnlicher Weise einzuschliessen wie auf den Marshall-Inseln (S. 148 [404]), eine Methode, der schon v. Kittlitz gedenkt.[1])

Früher bediente man sich einer besonderen Art bauchiger Netze (circa 1 M. lang) zum Nachtfange beim Scheine der Fackeln aus dürren Cocosblättern. Diese Netze waren an einer circa 4 M. langen, sehr sauber gearbeiteten Stange befestigt, die vom

[1]) »Diese (die Männer) führen dann gewöhnlich in einer oder zwei Piroguen ein langes Netz bei sich, welches sie an Stangen senkrecht in Form eines Geheges aufstellen und allmälig immer mehr zusammenziehen; endlich werden die darin eingeschlossenen Fische theils gefangen, theils mit Speeren erstochen. Man wendet das hauptsächlich gegen die grösseren, heerdenweise lebenden Arten an, von denen man annehmen muss, dass sie die Lagune nur zur Laichzeit besuchen.« (Denkwürd., II, S. 19.)

Canu aus übers Wasser gehalten wurde. Ich erhielt nur noch eine solche Stange aus dem sehr harten Holze des »Oi«-Baumes, ein Stück, das die Eingeborenen als sehr werthvoll betrachteten, da die Herstellung eine Woche Arbeit kosten soll. Diese Fangmethode, bei welcher die nach dem Lichtschein springenden Fische in das Netz gerathen, soll, wie man mir sagte, früher blos auf fliegende Fische angewendet worden sein; allein wohl nur bei sehr ruhigem Wetter, da sich die Insulaner in ihren unzureichenden, segellosen Fahrzeugen nur dann bei Nacht aufs Meer hinauswagen durften.

Hakenfischerei. Eiserne Fischhaken hatten die selbstgefertigten aus Perlmutter längst verdrängt. Ich erlangte von letzteren nur noch ein paar Schäfte (Stiele), die ganz mit solchen von den Marshall-Inseln (S. 146 [402], Nr. 149) übereinstimmen. (Vgl. auch Edge-Partington, Taf. 177, Fig. 9; hier der Fanghaken ebenfalls von Perlmutter und mit Widerhaken an der Innenseite der Spitze.)

Rifffischerei zur Ebbezeit wird hauptsächlich von den Frauen betrieben, die sich dabei kleinerer und grösserer Hamen bedienen. Dieselben sind rund, mit kurzem Stiel, oder grösser und an einem langen Stiele. Eine besondere Art, nur von Männern gebraucht, die bereits Lütke erwähnt und ganz gleich auf Ponapé und Ruk vorkommt, ist die folgende:

Fig. 34.

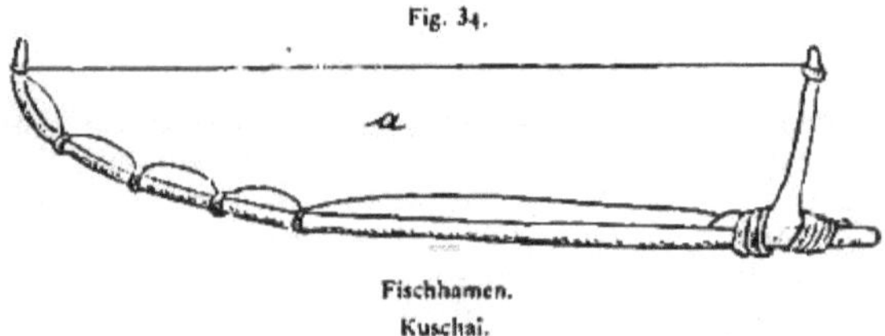

Fischhamen.
Kuschai.

Fischhamen (Nr. 163, 1 Stück, Textfig. 34), bestehend aus einem 1·50—2·25 M. langen Stecken, an dessen Basis ein circa 37 Cm. langes Astende rechtwinkelig angebunden ist. Die Enden der beiden Schenkel sind durch einen Strick verbunden, der, ziemlich straff angezogen, den Endtheil des langen Steckens in die Höhe biegt. Es wird dadurch ein langer, aber schmaler Rahmen *(a)* gebildet, der mit ziemlich weitmaschigem (40 zu 50 Mm.) Netzwerk etwas bauchig überspannt ist. Das Material zum Netz ist dasselbe als bei den grossen Fischnetzen. Lälla.

Eine ähnliche Form, aber viel grösserer Hamen wird auf den Salomons gebraucht (vgl. Guppy: »Solomons«, S. 155 mit Abbild.).

Reusen lernte ich nicht kennen; doch mögen solche vielleicht gebraucht worden sein, wie früher auch Fischwehre, welche bei Ebbe die Fische zurückhalten und schon von Lütke erwähnt werden. Auf der englischen Admiralitätskarte (Nr. 977) sind solche Fischwehre an der Mündung des Lualflusses eingetragen und zeigen, wie gross derartige Anlagen damals waren.

Fischspeere, die von Lütke und Kittlitz nur erwähnt, aber nicht beschrieben werden, erhielt ich nicht mehr.

5. Waffen.

Die Waffen waren die üblichen: Wurfspeere und Schleuder; aber schon v. Kittlitz bekam davon nichts mehr zu sehen. Das kurze schwertartige Instrument zum Aufschlagen der Brotfrucht (S. [461], Fig. 28) soll als Handwaffe benutzt worden sein. Wahrscheinlich als solche auch »ein besonderes Instrument aus drei Fischzähnen (soll heissen Rochenstacheln), die in einem Griff stecken«, welches Lütke (I, S. 381) unter Fischereigeräth unter dem Namen »Olonie« erwähnt, sowie im Atlas (Pl. 29, Fig. 4) abbildet und das wir bei Ruk näher kennen lernen werden. Die »lange Lanze zum Tödten von Fischen« (»Mocha« genannt) diente vermuthlich auch als Kriegswaffe; ich erhielt aber von alldem nichts mehr.

6. *Wohnstätten.*

Siedelungen in Form zusammenhängender Dörfer gibt es auf Kuschai nicht. Aber v. Kittlitz sah auf der Nordwestseite der Insel ein Dorf mit sehr nahe beieinander erbauten Häusern, die sich durch sehr nachlässige Bauart auszeichneten; »es waren fast lauter elende Hütten«.

Häuser. Unter den verschiedenen Typen mikronesischer Baustyle ist der von Kuschai wohl mit der eigenthümlichste, ausgezeichnet durch originelle Form, wie solide Bauart. Besonders charakteristisch für das Haus Kuschais sind dessen schmale, in eine hohe Spitze auslaufende Giebel und die sattelförmig eingebogene Firstenlinie des Daches. Ich fand diese Eigenthümlichkeit sonst nur auf den d'Entrecasteaux-Inseln (Normanby), aber die Häuser hier sind Pfahlbauten und auch sonst verschieden (vgl. Finsch: »Samoafahrten«, Abbild. S. 217 und 250, Bentley-Bai). Das kuschaische Haus (»Lom«) ruht auf einem soliden Fundament aus Basaltplatten (»Utiap«), zuweilen behauenen Korallsteinen (»Utien«), das Dach (»Haus«) auf behauenen Pfosten von 6—7 Fuss Höhe. Die Zwischenräume der letzteren, also die Wände des Hauses, bestehen aus Rahmen von zusammengebundenen Rohrstäben, die sich fachweise, gleich Fenstern und Thüren herausnehmen lassen. Eine niedrige Oeffnung an der Vorderseite des Hauses dient als Thür, in die man nur gebückt eintreten kann; sie wird vorkommenden Falls mit einem Rahmen aus Rohrstäben verschlossen. Die Construction des 20—25 Fuss hohen, schief nach innen neigenden, am unteren Theile mit einem schrägen Vordache versehenen Giebels ist eine sehr kunstvolle. Die Querhölzer des Giebels wie die Hauspfosten sind roth, zum Theile weiss und schwarz angestrichen. Die rothe Farbe (»Lab«, Nr. 623 der Sammlung) ist derselbe erdige, anscheinend mineralische Stoff, wie er auch anderwärts (z. B. auf Neu-Guinea) gebraucht wird und findet in Kuschai eine sehr häufige Anwendung. Wie stets sind alle Theile mittelst Cocosfaserschnur zusammengebunden. Das Braun dieser Schnüre hebt sich vom Anstrich der Balken sehr effectvoll ab und bildet zum Theil sehr artige Muster, die dem Ganzen ein gefälliges decoratives Ansehen verleihen. Bei manchen Häusern ist der Giebel auf weissem Grunde, mit rothen und schwarzen Zeichen, die an griechische Buchstaben erinnern, bemalt. Das sehr dichte, über den Giebel vorragende Dach besteht aus Blättern von *Pandanus* oder der Sumpfpalme (*Nipa*) und ist längs der Firste mit Mattengeflecht bedeckt. Die Länge eines grossen Hauses beträgt 40—50, die Breite 20—25 Fuss, das Ganze ist also mit dem hohen Giebel ein sehr stattliches Gebäude, wie solche die »Senjavin-Reise« (Pl. 18 und 19) und Kittlitz (Denkwürd., I, S. 372) darstellen, Edge-Partington nur in der mittleren hinteren Figur (Pl. 168). Ein in allen Einzelheiten genaues Modell, vom Tokoscha selbst angefertigt, erhielt das Berliner Museum durch mich. Die königliche Residenz war ein Gebäude von bedeutend grösseren Dimensionen und stand auf einem 8—10 Fuss hohen soliden Unterbau von behauenen Korallsteinen, der auf zwei Seiten, nach europäischem Vorbild, zu einer überdachten Veranda verbreitert war, zu der behauene Steintreppen hinaufführten. (Vgl. Hernsheim: »Südsee-Erinnerungen«, S. 42, nach einer Photographie von mir. Das in demselben Werke S. 40 abgebildete Haus von Kuschai, der Mission gehörig, stellt den Typus des Hauses eines weissen Händlers, aber nicht eines Eingeborenen dar.)

Das Innere des Hauses wird durch Querwände in ein oder mehrere Räume getheilt, welche zum Theil als Frauengemächer dienen; die Decke besitzt häufig einen ganz durchgehenden Boden oder Söller, zu dem man auf einer rohen Leiter hinaufsteigt. Die Diele des Hauses besteht aus Rohrstäben; in der Mitte ist eine sorgfältig mit Steinen ausgesetzte viereckige Vertiefung, welche als Feuerstelle zum Kochen dient. Häufig ist neben dem Hause ein besonderes kleines Kochhaus errichtet. Auch gibt es besondere kleine Nebenhäuser, welche Frauen und Kindern zum Aufenthalt dienen, aber Männern nicht verboten sind.

Unter allen Häusern auf den Carolinen hat das von Pelau (»Blai«) noch die meiste Aehnlichkeit mit dem von Kuschai; aber der Giebel ist nicht so hoch und spitz, und die Firstenlinie läuft gerade und nicht sattelförmig eingebogen. (Vgl. die Tafeln in: Bastian, »Allerlei aus Volks- und Menschenkunde«, Bd. I, nach Photographien von Kubary.) Hervorragende Bauwerke sind namentlich die »Baj« oder grossen Versammlungs- oder Gemeindehäuser auf Pelau, welche in Baustyl und Ornamentirung des buntbemalten Giebels malayisches Gepräge tragen. (Vgl. Hernsheim: »Südsee-Erinnerungen«, Taf. 5.) Die zu der ausführlichen Beschreibung eines »Baj« im Journ. M. G. (Heft IV, S. 58) citirte Abbildung (Taf. 3, Fig. 1) stellt kein solches dar, sondern würde sich höchstens auf ein gewöhnliches Haus beziehen lassen, wenn nicht gar blos ein aus eingeborenem Material gebautes Traderhaus als Vorlage diente.

Besondere Versammlungs- oder Gemeindehäuser gab es auf Kuschai nicht mehr, die ohnehin bei der geringen Bevölkerung und Christianisirung derselben überflüssig waren. Aber Lütke erwähnt, dass jedes Dorf ein grosses Haus (»acht Toisen im Viereck«) besass, in welchem die Männer zu essen pflegten. Ich sah solche Häuser nicht; aber in Lälla standen nahe dem Strande zwei grosse niedrige Schuppen, welche ich Anfangs für etwas Besonderes hielt. In dem einen hielten sich meist Frauen auf, die *Pandanus*-Blatt klopften oder ähnliche Arbeiten verrichteten, in dem anderen Männer, mit Tarostampfen oder Holzarbeiten beschäftigt. Wie sich aber auf Nachfrage herausstellte, waren diese Schuppen von Weissen errichtet worden und hatten als Kohlenlager gedient. Um die Häuser sind häufig Korallplatten gelegt; auch die Umgebung ist meist sehr reinlich gehalten, die durch eigens cultivirte, dichte Büsche eines buntblätterigen Strauches von zuweilen baumartiger Höhe (nach v. Kittlitz *Dracaena terminalis*) ein freundliches und behagliches Aussehen erhält.

Charakteristisch für Kuschai sind ganz besonders die mit Basaltsteinen belegten, daher namentlich bei Regenwetter schwierig zu begehenden Fusspfade, welche von einem Hause zum andern führen, und die aus gleichem Material zusammengesetzten Mauern (»Pot«) oder Steinwälle (»Kal«). Mit solchen ist nicht allein das Areal um die Häuser, sondern sind auch Gärten und Besitzungen in sehr verschiedener Höhe umfriedigt. Diese Bauten, noch heute von den Eingeborenen gemacht, respective vergrössert, sind verkümmerte Reste jener Sitte ihrer einst gewaltigeren Vorfahren, welche uns zu den **prähistorischen Bauten**[1]) führt. Sie finden sich nicht auf Kuschai selbst, sondern auf dem Nordwesttheile der kleinen, kaum eine Seemeile langen Insel Lälla,

[1]) Ausführlich von mir beschrieben in »Hamburger Nachrichten«, Nr. 207, 31. August 1880, Abendausgabe.

welche Chabrol oder den Osthafen Kuschais an der Nordseite begrenzt. Die Osthälfte dieser (circa 8 Cables = 4800 Fuss langen und circa 1200 Fuss breiten) Insel besteht aus einem dichbtewaldeten Hügel oder Berge, die Westhälfte ist dagegen niedrig, anscheinend Korallbildung, aber mit Basalttrümmergestein bedeckt. Nach Capitän Wright, der lange auf Lälla wohnte, wäre dieser Theil der Insel künstlich aufgeschüttet, denn er fand erst in einer Tiefe von 7—8 Fuss den eigentlichen Grund des Korallriffs, wie dasselbe Lälla und ganz Kuschai umgürtet. Eine überreiche Vegetation von üppigem Moos, Kletterpflanzen, Farnen, bis zu gewaltigen Bäumen bedeckt übrigens die Mauerreste und begräbt sie theilweise förmlich, so dass es zeitraubender Arbeit bedürfen würde, um einen genauen Plan aufzunehmen. Der von Duperray (1824; vgl. die englische Admiralitätskarte Nr. 977) gibt immerhin eine Idee und zeigt ein Areal von 1/2 Seemeile Länge und 1/4 Seemeile Breite, mit einem Flächenraum von circa 14 Hektaren. Aber diese Fläche ist weit dichter mit Mauern bebaut, als die obige Karte zeigt; auch verlaufen dieselben nicht in so schnurgeraden Linien, sondern ausserordentlich winkelig, oft wie ein Zickzack und bilden ein Labyrinth, in dem es schwer ist, sich zurechtzufinden. Die Mauern schliessen an manchen Stellen schmale Gänge, an anderen grössere freie viereckige Plätze ein, die, mit flachen Basaltsteinen und Platten belegt, wie gepflastert aussehen. Hie und da sind mehrere Fuss breite Einschnitte freigelassen, welche als Eingänge dienten, aber überklettert werden müssen. An der Nordseite ist eine zum Theil mit gewaltigen Mauern eingefasste Wasserstrasse noch heute für Canus befahrbar. Mit diesem an 40 Fuss breiten Hauptcanal, der ins Meer führt, standen kleinere Nebencanäle, andere an der Südwestseite auch mit dem Hafen in Verbindung, durch welche früher künstliche Inseln gebildet wurden. Die Dimensionen der Mauern sind sehr verschieden, von 2—30 Fuss Höhe und bis an 40 Fuss breit, dabei gehen die niedrigen Mauern der Neuzeit mit den ähnlichen der Vorzeit so ineinander über, dass sie sich nicht unterscheiden lassen.

Die Mauern selbst sind aus lose aufeinandergelegten, meist abgerundeten Basaltstücken, zum Theil kolossalen Blöcken, deren einzelne viele Centner schwer sein mögen, errichtet, dazwischen Säulenbasalt (vgl. Hernsheim: »Südsee-Erinnerungen«, Abbild. S. 46). Einzelne Mauern bestehen ganz aus letzteren, die holzstossartig in der Weise aufeinandergelegt sind, dass abwechselnd eine Reihe längsliegender Säulen auf einer querliegenden ruht. Im Ganzen gibt es aber nur wenige solcher Riesenmauerreste, unter denen ein Stück am grossen Canal, wohl 30 Fuss hoch und 40 Fuss breit, das gewaltigste und ein wahrer Cyklopenbau ist. Jedenfalls waren zu diesen Riesenbauten viele Menschen erforderlich, denn das Material musste zum Theil von der Hauptinsel herbeigeschafft werden, die gewaltigen Basaltsäulen sogar vom Nordende, wo allein die säulenförmige Formation anstehend vorkommt. Gegenüber der Handvoll Menschen, welche jetzt Lälla bewohnt, erscheinen die Riesenbauten der Vorzeit um so gewaltiger und führen unwillkürlich zum Nachdenken über den Zweck derselben und ihre einstigen Erbauer. Aber diese Mauern waren nicht immer so verlassen, als wie ich sie sah, denn Lütke und Kittlitz schildern Lälla als mit Gärten und Häusern bedeckt, Alles von mehr oder minder hohen Mauern umgeben. Diese so aufmerksamen Beobachter staunen freilich »über die Beträchtlichkeit der hier aufgethürmten Steinmassen«, aber im Sinne prähistorischer Bauten betrachteten sie dieselben nicht und konnten sie nicht betrachten. Damals war eben Alles bewohnt, in manchen der jetzt leeren Höfe standen statt Bäumen etc. Häuser, die Höfe theilten sich in kleinere und »ein solcher durch Mauern von der übrigen Welt geschiedener Hof bildete gleichsam eine Stadt im Kleinen«, wie sie namentlich Lütke in der Behausung des Uross Sipe so trefflich beschreibt (vol. I, S. 362).

Denn alle Wohnungen grosser Häuptlinge waren von Mauern umgeben. Dass die gewaltigen Bauten nicht von einer untergegangenen kräftigeren Menschenrasse, sondern von den zahlreicheren Vorfahren der heutigen Bewohner errichtet wurden, kann nicht dem geringsten Zweifel unterliegen, ebensowenig dass sie zum Schutze dienten. Lälla war jedenfalls, wie noch heute, von jeher der Hauptplatz, gleichsam die Metropole, welcher die Hauptinsel beherrschte, und hier haben unzählige Generationen im Laufe von Jahrhunderten nach und nach jene Riesenbauten aufgethürmt. Die heutigen Bewohner wissen von ihrer Vergangenheit nichts mehr; aber König Georg, der 1854 als alter Mann starb, erzählte Gulick, dass die Bauten in erster Linie Vertheidigungszwecken gegen Angriffe vom Festlande gedient hatten. Einzelne der Mauern wurden aber auch zum Andenken an grosse Häuptlinge errichtet und die allgemeine Trauer beim Tode eines solchen fand darin ihren Ausdruck, dass man die Mauern höher baute, unter denen die Grossen begraben wurden. Die Mauern sind also nur zum Theil als Grabdenkmäler oder vielmehr Erinnerungszeichen an verstorbene hohe Häuptlinge zu betrachten; eine lebhafte Phantasie kann aber auch hier leicht »Königsgräber« heraustifteln.

Der Brauch, das Andenken oder Grab eines grossen Häuptlings durch derartige Steinmonumente zu ehren, findet sich übrigens, abgesehen von Ponapé und St. David auch auf anderen Südsee-Inseln. So beschreibt Msgr. Elloy das Grabmal des »Tui-Tonga« bei Mua auf Tonga-tabu aus »Steinen, die 6 M. lang, 3 M. hoch und 1 M. breit sind« und »die auf grossen Piroguen von Wallis-Insel (Uëa) herübergebracht wurden«, beiläufig an 480 Seemeilen.

Nach König Georgs Aussagen wurden die gewaltigen Steine und Säulen auf Flössen vom Festlande herübergeschafft und dann auf schiefen Ebenen aus Baumstämmen mittelst Hebeln aufgerollt. Bei der früheren Macht der Häuptlinge wurde damals wahrscheinlich die ganze Bevölkerung aufgeboten, die einst viel bedeutender gewesen sein mag.

Kittlitz beschreibt übrigens ganz ähnliche, aber kleinere Basaltmauern um die Häuser des Dorfes Liäl bei Coquillehafen an der Nordwestseite der Hauptinsel, wovon ich nur noch Reste sah. Auch die kleinen Riff-Inselchen Schinei und Schinas in Chabrolhafen haben Mauerreste aufzuweisen, denn die Kuschaier waren von jeher Steinbauer, und diese Eigenschaft gehört mit zu ihren ethnologischen Eigenthümlichkeiten.

7. *Hausrath.*

Mit der Originalität der Häuser hatten sich auch noch mehr hierher gehörige Geräthschaften erhalten, als dies im Uebrigen der Fall war, namentlich auch deshalb, weil die Mission einen viel grösseren Einfluss ausübte, als die Händler. Letztere führen überall, wo sie sich niederlassen, eine Menge Geräthschaften ein, an die sich die Eingeborenen bald gewöhnen, lassen aber die letzteren in Tracht, Sitten und Gebräuchen unbehelligt, während sich die Mission gerade um die letzteren kümmert und bemüht ist, dieselben umzumodeln, respective auszurotten.

Wie wir auf Kuschai die ersten Häuser in Mikronesien finden, die eigens gemauerte Feuerstätten besitzen, so auch zum ersten Mal Lager- oder Schlafstätten, die auch in unserem Sinne fast als Bettstellen gelten können. Diese **Bettstellen** bestehen in einem circa 1·80 M. langen, 1·90 M. breiten und circa 32 Cm. über dem Fussboden erhabenen Rahmen aus Rohrstäben, die mit dichtem Flechtwerk aus Bindfaden von Cocosnussfaser verbunden sind. Sie erinnern an die »Barla« in Neu-Guinea (II, S. [196]), sind aber unendlich viel bequemer als jene primitiven Machwerke aus Bambu.

Solche Bettstellen finden sich übrigens nur in den Häusern der Wohlhabenden; geringere Leute bedienen sich einer **Schlafmatte**, die (circa 1·60 M. lang und 1 M. breit) aus 50—80 Mm. breiten Streifen *Pandanus*-Blatt zusammengenäht ist und daher am meisten mit der in Ponapé gebräuchlichen übereinstimmt.

Kopfkissen sind mir nicht vorgekommen; aber auffallend war mir die Menge verschiedenartiger Matten, in verschiedenen Grössen, welche meist zum Sitzen dienen. Solche **Sitzmatten** (circa 1 M. lang und circa 65 Cm. breit) bestehen aus feinem Flechtwerk aus gespaltenen Fasern des *Pandanus*-Blattes und sind zuweilen in Schwarz hübsch gemustert, z. B. in grosscarrirtem Schachbrettmuster. Das Muster ist zum Theil eingeflochten, aber auch eingenäht (gestickt) und besteht aus schwarzgefärbter Faser vom *Hibiscus*-Bast (»Lo« genannt). Das Hübscheste in diesem Genre sind die »Saki« genannten Matten, fast viereckig (circa 1·40 M. breit und ebenso lang), aus (circa 8 Mm. breiten) Streifen *Pandanus*-Blatt und einer circa 18 Cm. breiten gemusterten Randkante aus schwarzgefärbtem *Hibiscus*-Bast aufgenäht. Sie kommen deshalb mit den Frauenmatten der Marshallaner (S. 169 [425]) am meisten überein, sind aber lange nicht so schön als letztere. Namentlich ist das Muster sehr einfach und viel weniger geschmackvoll als bei den Marshall-Matten, die sich stets leicht von ihnen unterscheiden lassen.

Fig. 35.

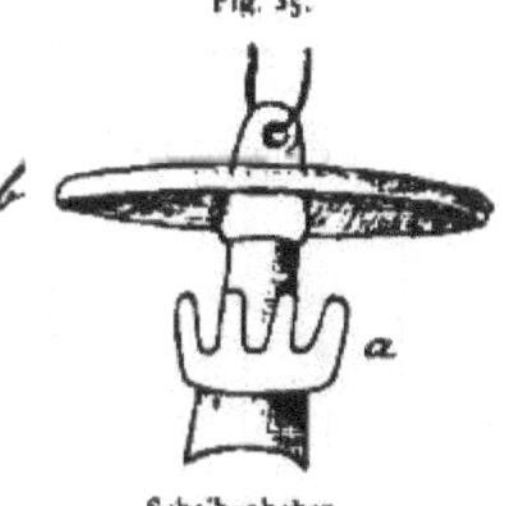

Scheibenhaken.
Kuschai.

Diese »Saki«-Matten gehörten noch damals zu den tributpflichtigen Gegenständen, welche bei Vollmond dem Könige überreicht werden müssen, und dürfen nicht von Geringen gebraucht werden.

Auf sehr feine Matten aus (kaum 5 Mm. breiten Streifen) *Pandanus*-Blatt (circa 60 Cm. lang und circa 48 Cm. breit) wird auch das Kind gebettet.

Ein besonderes Hausgeräth ist der »Aluet« (= »Mond«), Scheibenhaken (Fig. 35). Er besteht aus einem runden, circa 30 Cm. langen Stiel, der unten in sieben Zinken *(a)* ausgeschnitzt ist, die zum Aufhängen von Körben mit Esswaaren u. dgl. dienen, für welche eine runde hölzerne Scheibe *(b)* von circa 42 Cm. Durchmesser als Schutzdach gegen die Verheerungen der Ratten dient. Das Geräth ist mit einem Strick unter dem Dache des Hauses aufgehangen und wird bei Bedarf herabgelassen.

Das abgebildete, übrigens roth angestrichene Exemplar (jetzt im Berliner Museum) kaufte ich von einem Häuptlinge in Ta, und wie man mir versicherte, waren solche Stücke früher nur Häuptlingen erlaubt. v. Kittlitz (Denkwürd., I, S. 373) erwähnt dieses »wie ein Kronleuchter aussehenden« Geräthes bereits, aber in einer anderen, minder kunstvollen Form, wie es in ärmeren Häusern benutzt wurde.

Noch primitiver sind die Horden und Haken, welche in den Hütten Neu-Guineas (II, S. [102]) denselben Zwecken dienen; hier aber auch zuweilen kunstvoll geschnitzte Haken (II, S. [196]). Ein ähnliches Schutzgeräth ist (Kat. M. G., S. 180) von Viti beschrieben.

Körbe sind nach meinen Aufzeichnungen schon dadurch wesentlich von den in Ost-Mikronesien gebräuchlichen verschieden, dass sie meist aus breiten Streifen *Pandanus*-Blatt geflochten werden, wahrscheinlich in Folge des ziemlich spärlichen Vorkommens der Cocospalme. Solche Körbe, »Artro« genannt, haben eine beutelförmige Form, sind sehr verschieden in Grösse und dienen zum Aufbewahren, wie Tragen von

Lebensmitteln u. s. w. Für Habseligkeiten und allerlei Kleinigkeiten benützt man viereckige Taschen (circa 40 Cm. lang und ebenso breit), die aus (circa 50 Mm.) breiten Streifen von *Pandanus*-Blatt zusammengenäht sind. Zu den gleichen Zwecken dienen auch **Beutel**, die aus Cocosfaserbindfaden gestrickt oder geknüpft werden, aber nicht häufig waren.

»Kobäsch« heissen eine besondere Sorte flacher, viereckiger kleinerer Körbe (29—42 Cm. lang, 18—32 Cm. breit und 10—13 Cm. tief), aus Streifen von *Pandanus*-Blatt geflochten, die zum Aufbewahren von allerlei Geräth, namentlich bei der Weberei der Frauen benutzt werden (s. Nr. 109, bei »Weberei«).

8. Werkzeug.

Aexte. Auch hier konnte ich ausser einer vollständigen Axt blos noch Reste sammeln; denn nur ältere Leute erinnerten sich, in ihrer Jugend mit Muscheläxten hantirt zu haben, wie die folgenden:

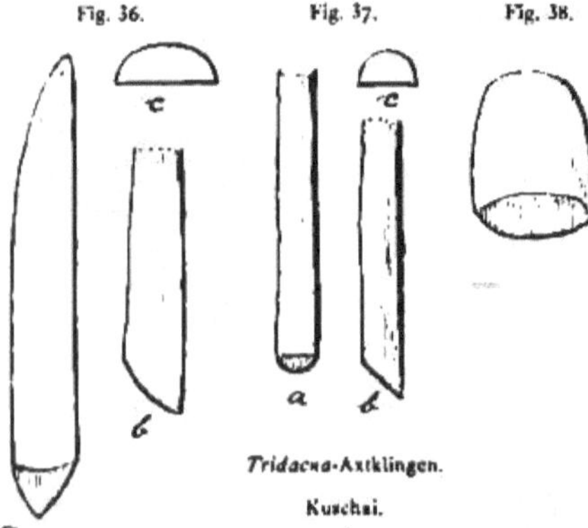

Tridacna-Axtklingen.
Kuschai.

Tälla (Nr. 1—3, 3 Stück), **Axtklingen** (Fig. 36 und 37) aus dem Schlosstheil von *Tridacna gigas* geschliffen; sehr grosse Exemplare; das grösste 32 Cm. lang und 8 Cm. breit. Lälla.

Tälla (Nr. 4, 1 Stück, Fig. 38) wie vorher, aber andere Form, breit und flach; 12 Cm. lang und 7 Cm. breit. Lälla.

Unter der ziemlichen Anzahl solcher *Tridacna*-Klingen, welche ich noch erhielt, gehörten die meisten zu der grossen, schweren Form (Fig. 36), die auf der einen Seite plan *(a)*, auf der anderen convex geschliffen ist, so dass der Durchschnitt einen Kreisabschnitt bildet (wie *c*); die Seitenansicht *(b)* zeigt die schief abgestutzte Schneide. Die grösste derartige Klinge war 50 Cm. lang, 11 Cm. breit, circa 6 Cm. dick und wog 4½ Kilo. Die grösste Axtklinge, welche Lütke sah, war 53 Cm. lang und 10 Cm. breit. Solche Kolossaläxte waren nach Lütke Gemeindegut, wie ich dies auch vielerwärts auf Neu-Guinea fand.

Die zweite Form (Fig. 37) ist schmäler, länger und dicker, an der Schneide noch stumpfer abgestutzt. Die grösste Klinge mass 34 Cm. in der Länge, bei nur 5 Cm. Breite und 6 Cm. Dicke.

Eine dritte Form (Fig. 38) wie Nr. 4 ist flach, länglich-viereckig bis lang, zuweilen an beiden Seiten flach, aber immer charakteristisch durch die stumpf abgestutzte Schneide. Die Masse dieser Form *Tridacna*-Klingen variiren von 6—22 Cm. in der Länge, 45—85 Mm. in der Breite und 15—35 Mm. in der Dicke.

So sehr diese Formen nach einzelnen typischen Exemplaren auch specifisch verschieden zu sein scheinen, so zeigt eine so grosse Reihe, wie ich sie vor mir hatte, doch alle möglichen Uebergänge von der einen Form und Grösse zu der anderen, so dass eine exacte Unterscheidung unhaltbar ist, wie ich dies bereits bei den Steinäxten von Neu-Guinea

(II, S. [113]) hervorhob. Die Begriffe Axt, Beil und Meissel lassen sich daher bei Steinwerkzeugen nicht scharf durchführen, und man kann höchstens kleine schmale Klingen als Meissel unterscheiden, wie das folgende Stück:

Meisselklinge aus dem Schlosstheile von *Cassis rufa* geschliffen, 9 Cm. lang und 17 Mm. breit.

Solche Klingen wurden in gleicher Weise wie Aexte an einem rechtwinkelig gebogenen Aststück als Stiel befestigt und dienten zum Auszimmern feinerer Arbeiten, wozu man auch noch heute mit Vorliebe Hohlmeissel oder Texel benutzte, wie das folgende Stück:

Momosch (Nr. 6, 1 Stück, Taf. V [22], Fig. 14), Klinge zu einem Hohlmeissel oder Texel aus *Mitra episcopalis*. Lälla.

Spitze und Basis sind abgeschlagen, letztere bis zur Centralspire, so dass hier eine schief abgestutzte Kante entsteht, welche scharf geschliffen wird und die Schneide bildet; die eine Längsseite ist ebenfalls flach geschliffen, um die Muschel besser an den Holzstiel festbinden zu können.

Als Material zu solchen Texeln wird ausser *Mitra* nur noch *Terebra maculata* (Nr. 7, 1 Stück) benutzt, da solche Aexte besonders zum Auszimmern von Trögen

Fig. 39.

Axt mit *Tridacna*-Klinge.
Kuschai.

u. dgl. dienten, wie ich sie noch beim Canubau in Neu-Irland verwendet sah (vgl. I, S. [54]).

Angesichts des vorhandenen Reichthums an vorzüglichem Steinmaterial (Basalt) zu Aexten muss es auffallend erscheinen, dass die Kuschaier dieses Material nicht benutzten, umsomehr, da sie aus Stein treffliche Stampfer (S. 206 [462], Fig. 32) zu verfertigen wussten. Auch Lütke sah niemals Steinäxte auf Kuschai. Freilich wird gerade *Tridacna* der grösseren Zähigkeit wegen für Aexte überall höher geschätzt als Steine. Ich bekam auf Kuschai auch noch unbearbeitete grosse Stücke Rohmaterial (»Telaua« genannt), das die Eingeborenen aber nicht für Muschel, sondern »Steine« hielten, die nach ihrer Versicherung zuweilen vom Meere ausgeworfen werden. Derartige *Tridacna*-Stücke hatten früher einen grossen Werth, und die Bearbeitung eines solchen zu einer Axtklinge muss ungeheure Mühe und Zeit gekostet haben. Und welch' eine kolossale Muschelschale gehörte dazu, um eine $^1/_2$ M. lange Klinge daraus herzustellen! Uebrigens wurde nicht blos der Schlosstheil von *Tridacna*, sondern auch Schalenstücke, und zwar zu den flacheren Klingen (Fig. 38) benutzt, denn ich erhielt Exemplare, an denen sich die Querleisten noch deutlich erkennen liessen, wie an den Axtklingen aus *Hippopus* von Neu-Guinea (II, S. [208]).

Abbildungen von *Tridacna*-Klingen: Fig. 36—38, und Finsch: Westermann's Deutsche Monatshefte (1887), S. 502, Fig. 5. Edge-Partington, Taf. 175, Nr. 13.

An vollständigen Aexten erhielt ich nur noch ein Stück (jetzt im Berliner Museum), ebenfalls »Tälla« genannt. Die Klinge steckt in einem besonderen Holzfutter und ist mit diesem an den knieförmigen Stiel (»Ruwak«) mit Bindfaden aus Cocosfaser (»Amem«) kunstvoll festgebunden. (S. Fig. 39. und Finsch, Verhandl. der Anthrop. Gesellsch. Berlin, 1887, S. 25, Fig. 5; Monatshefte. l. c., Fig. 6. Auch »Senjavin-Reise«, Atlas, Pl. 29, Fig. 1.) Der Kat. M. G. verzeichnet von Kuschai nur eine Axt mit *Tridacna*-Klinge (S. 279), letztere 9 Cm. lang und 45 Mm. breit.

Die von Edge-Partington abgebildete Axt (Pl. 179, Fig. 1) ist wohl überhaupt nicht von den »Carolinen«, sondern wahrscheinlich melanesischer Herkunft, wie nach der Verzierung »with red crabs eyes« (d. h. *Abrus*-Bohnen) geschlossen werden darf.

Montirte Holzäxte oder Texel mit Klinge von *Terebra* von Kuschai sind abgebildet: »Senjavin-Reise«, Pl. 29, Fig. 2, und Finsch: Westermann, l. c., Fig. 7.

v. Kittlitz gedenkt der »Tälla« von Kuschai (Denkwürd., I, S. 375) sehr richtig »als Beile, die eigentlich die Form einer Hacke haben«, und erwähnt, dass die Eingeborenen bereits damals (1827) Aexte mit Eisenklingen (aus Hobeleisen und vom Besuche der »Coquille« her) besassen. Solche Aexte, aus einem alten Holzstiel mit einem daran gebundenen Hobeleisen, waren auch zur Zeit meines Besuches noch in Gebrauch und sehr beliebt.

Sonstige Werkzeuge aus früherer Zeit gab es kaum mehr, wenigstens erhielt ich nur noch eine:

Beui (Nr. 39, 1 Stück), Raspel, ein flaches, schmales Stück Holz mit Rochenhaut überzogen. Lälla. Die reticulirte Aussenseite einer Muschelschale (*Tellina scobinata* L.) wird auch als Feile benutzt.

Beide Geräthe waren zum Theil noch damals in Gebrauch, dagegen nicht mehr die Schneidemuschel (»Panak«), welche v. Kittlitz beschreibt und die statt Messer diente. Es ist eine Art Austernschale, deren Schärfe noch etwas zugeschliffen wird. »Das Instrument wird, wenn Jemand damit ausgeht, ganz leicht am Gürtel, oft aber aber auch, um es nicht zu verlieren, an der Unterlippe getragen, die es dann, mit der convexen Seite nach aussen gekehrt, ganz bedeckt. Bei der weisslichen Farbe der Muschel sieht diese Bepflasterung des Mundes durch dieselbe sonderbar genug aus« (I, S. 376). Zum Schleifen und Glätten von Holzarbeiten benutzt man auch Bimsstein (»Uon«), der häufig antreibt.

9. Flechterei und Seilerei.

Die ersten beiden Gewerbszweige, bereits in den vorhergehenden Abschnitten (Marshall-Inseln, S. 156 [412] und Gilbert-Inseln, S. 66 [334]) ausführlich behandelt, bieten keine bemerkenswerthen neuen Momente und werden auf Kuschai in denselben Materialien, und wie anzunehmen, in derselben Manier betrieben. Die Mattenflechterei aus *Pandanus*-Blatt (»Schausch«) steht auf einer minder hohen Stufe, erhält aber durch aufgestickte eigenthümliche, indess nicht sehr schwungvolle Muster einen besonderen Charakter. In der Anfertigung von Stricken (ganz so wie Nr. 136, S. 158 [414]) aus Cocosfaser entwickeln die Kuschaier grossen Fleiss, da von diesem Artikel enorme Quantitäten schon beim Bau der Häuser erforderlich sind.

10. Weberei.

Von besonders hohem Interesse ist die Weberei, die wir auf Kuschai zuerst auf den Carolinen antreffen, und zwar in einer Vollkommenheit, die in der Südsee unerreicht dasteht und schon wegen der verschiedenen Farben als **Kunstweberei** bezeichnet werden darf. Das Product dieser Weberei sind einzig und allein die Bekleidungsbinden (»Toll«, Taf. IV [21], Fig. 1 u. 2), die erst durch eine genaue Darstellung der Weberei[1]) selbst verstanden und gewürdigt werden können. Lütke beschreibt dieselbe bereits richtig, aber zu kurz (I, S. 367), wie zum besseren Verständniss überdies Bilder unerlässlich sind. Die nachfolgende Beschreibung dürfte daher von Interesse sein, weil sie eine durchaus spontane Kunstfertigkeit kennen lehrt, die mit wenigen einfachen, aber sinnreich erfundenen Geräthschaften, unter denen ein Webestuhl überhaupt fehlt, in ihrer Art Grossartiges leistet. An diesen Erfindungen hat, was besonders hervorgehoben zu werden verdient, jedenfalls das weibliche Geschlecht grossen, wo nicht den grössten Antheil, da die ganze Weberei, wie die Zubereitung des Materials, lediglich von diesem betrieben wird. Wie v. Kittlitz erzählt (Denkwürd., II, S. 14), waren die damals noch unberührten Kuschaier am meisten erstaunt »über die ungeheuren Massen von Weberarbeit, die sie an unseren Kleidern und nun gar erst an den Segeln und Zelten sahen. Sie fragten gewöhnlich, ob denn das Alles von unseren Frauen gearbeitet werde, deren Fleiss sie nicht genug bewundern konnten«.

Nach Shuffeldt's trefflicher Darstellung ist die höher entwickelte Buntweberei der Navajos und Zunis in Neu-Mexico (aus selbst gezogener, gesponnener und gefärbter Schafwolle) in der Technik der kuschaischen sehr nahestehend (vgl. »The Navajo Belt-weaver« in: Proceed. of the Un. St. Nat. Mus., vol. XIV, 1891, S. 391—393, Pl. XXVII.)

Das **Material** ist die Faser vom Stamme einer eigens cultivirten Bananenart (»Allera«), wohl derselben, welche auf den Philippinen die berühmten Manillataue liefert, und die auch auf anderen Carolinen benutzt wird. Man fällt den Stamm vor der Fruchtreife, lässt denselben in Süsswasser maceriren, wodurch die 2 bis fast 3 M. lange Faser erweicht und dann mittelst Klopfen und Schaben präparirt wird. Ich habe diese Zubereitung selbst nicht gesehen, auch nicht den Klopfer erhalten, und vermuthe nur, dass das bei Edge-Partington abgebildete Geräth (Pl. 176, Fig. 7) einen solchen vorstellt, denn zum eigentlichen »Webeapparat« gehört es keinesfalls. Als Schaber (»Ala«) benutzt man den Scherben einer Cocosnussschale, welcher mit einer Muschel geschärft wird:

Tokschak (Nr. 218, 1 Stück), Schalenhälfte einer Bivalve (*Tellina scobinata* L. auct. v. Martens) deren reticulirte Aussenseite sich trefflich als Feile eignet.

Die Faser der Banane (»Koschisch«) genannt, liefert einen sehr langen, ausserordentlich dünnen Faden, feiner als ein Haar, der deshalb einzeln leicht reisst. Diese Faserfäden werden nicht versponnen, sondern auf dem entblössten rechten Oberschenkel mit der flachen Hand der Rechten, auch wohl abwechselnd zwischen beiden flachen Händen, zusammengedreht. Die Spinnerin sitzt dabei in der den Kuschaierinnen eigenthümlichen Weise,[2]) auf den Knieen hockend, mit auswärts gedrehten Unterbeinen, respective Füssen, den Faserstoff durch Etwas beschwert, vor sich liegend und dreht mit erstaunlicher Fertigkeit und Schnelligkeit Faden. Hernsheim (»Südsee-Erinnerun-

[1]) Bisher am ausführlichsten von mir beschrieben in: »Aus dem Pacific«, Hamburger Nachrichten, Nr. 208, Abend-Ausg. vom 1. September 1880. Wörtlich abgedruckt in: Kat. M. G., S. 482 und 483.

[2]) Dieselbe wird schon von v. Kittlitz (Denkwürd., II, S. 5) erwähnt, sowie in der »Senjavin-Reise« (Atlas, Pl. 18, Fig. rechts) dargestellt und wegen der schmalen Schambinde im Interesse des Anstandes als wohlbegründet erklärt; aber die heutigen Kuschaierinnen haben trotz europäischer Kleidung diese eigene Sitzweise doch beibehalten. Nach Kubary sitzen die Mortlockerinnen ganz ebenso,

gen«, S. 44) gibt eine ziemlich passable Abbildung einer solchen Spinnerin mit der Bezeichnung »Fadenknüpfendes Mädchen«.

Der auf diese Weise gedrehte Faden ist dreidrähtig, noch immer so dünn oder dünner als unser feinster Zwirn, indess stets härter, und nun zur weiteren Bearbeitung fertig, die sowohl in Bleichen als Färben besteht.

Kolsop (Nr. 220, 1 Stück), Probe naturfarbenen Fadens aus Bananenfaser, hellfarben, ähnlich Garn; wird durch Bleichen fast weiss.

Färberei ist auf Kuschai jedenfalls unter allen Inseln der Carolinen, wie der Südsee überhaupt, am höchsten entwickelt, denn man versteht drei Farben herzustellen; in Geweben kommen daher zuweilen fünf Farben vor. Die hauptsächlichsten sind folgende:

Schalschal = schwarz (Nr. 222, 1 Probe Faden); wird am häufigsten verwendet, da der grössere Theil der Gürtel schwarz ist. Als Färbestoff wird der Absud einer Baumrinde (wohl Mangrove) verwendet.

Fig 40.

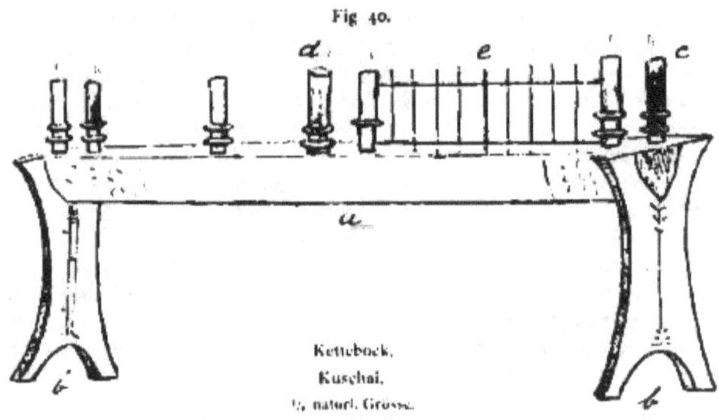

Kettebock.
Kuschai.
⅙ naturl. Grösse.

Schäscha = roth (Nr. 223, 224, 2 Proben Faden); eigentlich nur frisch und in einzelnen Fällen düster roth, im Gewebe aber oder in Rollen kirschbraun (wie auf Taf. 21), das nachdunkelt und dann in ein düsteres Braun übergeht. Kommt nächst Schwarz am häufigsten zur Verwendung.

Als Färbestoff wurde mir »Lab«, d. h. der mineralische Stoff (Nr. 623, S. 209 [465]) welcher zum Bemalen der Häuser, Canus etc. dient, bezeichnet, allein jedenfalls unrichtig, denn höchst wahrscheinlich wird dies Kirschbraun in einer schwächeren Abkochung von Mangroverinde erzeugt (vgl. II, S. [233] Anm.).

Rangerang = gelb (Nr. 221, 1 Probe Faden), und zwar, wenn frisch, ein prachtvolles Goldgelb, mit einem Glanz wie Seide, das aber gebraucht ziemlich verbleicht. Der Färbestoff ist ein vegetabilischer, aber wohl kaum *Arum*-Wurzel, wie mir angegeben wurde. *Curcuma* (Gelbwurz) kommt auf Kuschai nicht vor. Möglicherweise ist der Färbestoff derselbe als zu den »Ssemu« auf Neu-Guinea (II, S. [236], Taf. 14, Fig. 3) und wie er auf den Salomons zu dem prachtvollen Flechtarbeiten (z. B. umsponnenen Keulen und Armbändern) benutzt wird. Den fertigen Faden versteht man sehr kunstreich aufzuwinden, entweder in Form von Strähnen, ähnlich den unseren, oder auf

Spulen aus dünnen Rohrstäbchen, bis zu grossen Knäueln von länglicher Form (wie Edge-Partington, Taf. 176, Fig. 5 und 6).

Zum Aufbewahren von Fadenmaterial wie der kleineren Webegeräthschaften überhaupt dienen Körbchen wie das folgende:

Kobäsch (Nr. 109, 1 Stück), niedriges, viereckiges Körbchen aus *Pandanus*-Blatt geflochten. Lälla.

Es gilt nun den wichtigsten Theil des Gewebes, die Kette, anzufertigen, und dafür hat man ein einfaches, doch sehr sinnreiches Geräth erfunden, den:

Pä-usch (Nr. 211, 1 Stück), Kettebock (Fig. 40) zum Herrichten der Kettfäden.[1]) Lällu.

Derselbe besteht aus einem dreieckigen (80 Cm. langen, 11 Cm. breiten, circa ebenso hohen) Block *(a)* sehr weichen Holzes, der jederseits auf einem (circa 34 Cm. hohen, 23 Cm. breiten) seitlich und unterseits ausgeschweiften Ständer *(b)* ruht; der letztere setzt sich aus zwei Längshälften zusammen, die mittelst Keilen zusammengefügt sind, wie der Block mit den beiden Ständern. Das ganze Geräth ist in haltbarer Farbe rothbraun bemalt, der Längsblock an jedem Ende ringsum in einer breiten Kante mit zum Theil sehr geschmackvollen eingeschnitzten Mustern verziert, das auf dem hellen Grunde in heller Holzfarbe hervortritt. Die dreieckigen Endflächen des Blockes sind meist schwarz bemalt, wie die Schmalseite der Ständer oben und unten, hier mit eingravirter, punktirter Zeichnung, deren Vertiefung mit weissem Kalk eingerieben ist. Die Mittellinie der Ständer zeigt ebenfalls vertieftes, mit Kalk eingeriebenes Muster, das auch als Randsaum die Innen- und Aussenseite der Ständer ziert. Die Grösse der »Pä-usch« ist etwas, aber nicht erheblich abweichend, vielmehr verschieden aber die Verzierung der eingeschnittenen Muster. Es verdient bemerkt zu werden, dass die letzteren ganz von den in der Weberei gebrauchten verschieden sind und ausser carrirten auch rautenförmige Figuren, sowie Grec- und Kreuzformen[2]) enthalten. Zu meiner Zeit wurde bei der Bemalung der Kettenböcke auch zuweilen eingeführtes Waschblau verwendet.

Fig. 41.

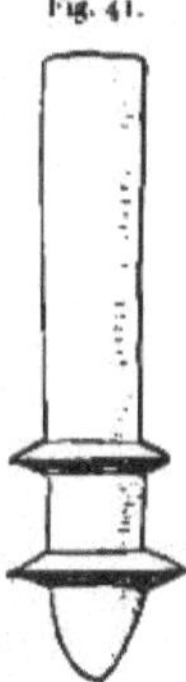

Pflock zum Kettebock. ½ natürl. Grösse.

Zum Kettenstuhl gehören sieben Pflöcke (Fig. 40c und Textfig. 41, »Popaniäl«), flach, circa 13 Cm. lang, aus Hartholz geschnitzt, unterseits mit zwei vorspringenden Querriegeln. Zwischen den Querriegeln dieser Pflöcke und um die letzteren geschlungen werden die Kettfäden aufgemacht, deren Länge sich also nach der des ganzen Kettstuhles richtet. Die Pflöcke sind meist braun, die Querriegeln derselben schwarz angestrichen.

Der zweite Pflock der Hinterseite (Fig. 40 *d*) ist meist rund und stärker, hat aber wie die übrigen sechs eine flache zugespitzte Basis. Mit letzterer werden die harten Pflöcke in das weiche Holz des Blockes eingeschlagen, wozu man sich eines flachen

[1]) Meist unrichtig als »Webestuhl« gedeutet. Schon v. Kittlitz gedenkt der »kleinen, sehr artig gearbeiteten Webestühle, deren Einrichtung der Hauptsache nach mit der der europäischen (!!) übereinstimmt« (Denkwürd., II, S. 14); aber Lütke erkannte bereits den wahren Zweck. Im Kat. M. G. (S. 279) als »Scheerrahmen« beschrieben, hier auch unter den Geräthschaften »Kreuzhölzer und Webebaum« erwähnt, womit wohl die Pflöcke und die Lade gemeint sind.

[2]) Die letztere ist nicht dem christlichen Einfluss zu verdanken, sondern spontan, wie bei vielen Naturvölkern der Südsee (vgl. II, S. [89]).

Hammers (Fig. 42) aus Hartholz (circa 17 Cm. lang) bedient, nachdem man zuvor die Löcher etwas vorarbeitet, und zwar mittelst eines schmalen Meissels aus den griffelartigen Kalkstiften eines Seeigels *(Acrocladia)* geschliffen. Zum besseren Halt der Pflöcke unter sich befestigt man zwischen die weit von einander abstehenden, wenigstens die zwei der Rückseite, entsprechend lange Stücke Rohr. Zwischen den ersten zwei Pflöcken der Vorderseite rechts ist das Hauptstück des ganzen Kettebockes angebunden, ein Heck (Fig. 40 *c*) aus zwei dünnen Längsstäbchen, mit neun (und mehr) noch feineren Querstäbchen aus Rippen der Fiedern des Cocospalmblattes. Wie die Pflöcke die Länge des ganzen Gewebes angeben, so das Heck die Länge der gemusterten Endkante desselben, während die Querstäbe des Heck wiederum die Länge der einzelnen Querstreifen des Musters bestimmen (vgl. Taf. IV [21], Fig. 1), die natürlich sehr verschieden ist. So zählt das von Edge-Partington (Taf. 176, Fig. 8) abgebildete Heck 17 Querstäbchen, der damit angefertigte Gürtel hat also eine aus ebensoviel Querreihen bestehende gemusterte Endkante gehabt. An diesem Heck misst nämlich die Weberin die Länge der farbigen einzeln auf Knäuel gerollten Faden zusammen, wie sie aufeinander folgen, also z. B. erst roth, dann gelb, schwarz u. s. w. Alle diese verschiedenfarbigen Fadenenden werden äusserst geschickt zusammengeknotet (vgl. Taf. IV [21], Fig. 1) und die Enden ebenso geschickt abgeschnitten. Dies geschieht auf dem Daumennagel der linken Hand, mittelst des scharfen Randes einer im Brackwasser lebenden Bivalve.

Fig. 42.

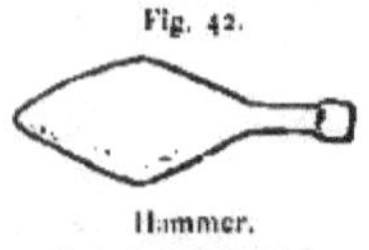

Hammer.
Circa ½ natürl. Grösse.

Kalik (Nr. 217, 8 Stück, Textfig. 43) Schneidemuschel; Schalenhälfte von *Psammotaea radiata* Desh. (auct. v. Martens) ausgezeichnet durch die dunkelviolette Innenseite. Lälla.

Fig 43.

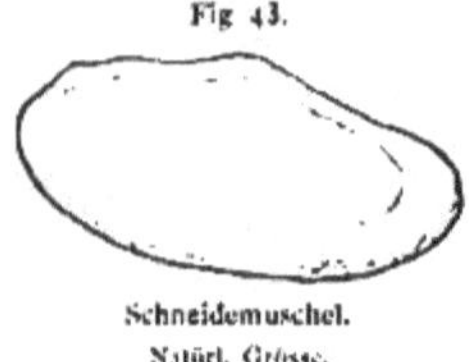

Schneidemuschel.
Natürl. Grösse.

Zum Schärfen dieser Schneidemuscheln benutzt man eine:

Boë (Nr. 219, 1 Stück) Krebsscheere, deren etwas rauhe Oberfläche als Feile benutzt wird. Lälla.

Die enorme Knotenknüpferei, welche zur Herstellung der Kettfäden eines Gürtels nothwendig ist, verdient besonders hervorgehoben zu werden, denn dadurch erhält man erst eine Vorstellung von der ungeheuren Geduld und dem Fleiss der Weberinnen. So besteht ein 19 Cm. breiter Gürtel aus 380 Kettfäden, die bei einer Endkante von je 37 Cm. Länge 23 mal zusammengeknotet sind, was die enorme Zahl von 15.840 Knoten ergibt.

Die Webekunst Kuschais vermag nur geradlinige, quadratische Muster herzustellen. Doch zeigen manche Gürtel in schmäleren eingesetzten, circa 20 Mm. breiten Querstreifen auch rautenförmige Muster, die aber einer anderen Technik entstammen. Das Muster ist dann, z. B. auf gelbem gewebten Grunde in Roth, nicht eingewebt, sondern gestickt, und zwar nicht mit Bananenfaser, sondern feingespaltenen Fasern von *Hibiscus*-Bast.

Die eigentliche **Weberei** kann natürlich erst nach Herstellung der Kette[1]) erfolgen und erfordert keinen Webestuhl, sondern nur die folgenden höchst einfachen Geräthschaften:

1) Dieselbe scheint Fig. 5 der Taf. 176 Edge-Partington's darzustellen, der im Uebrigen auf dieser Tafel unter »weaving-apparatus« ohne jede weitere Bezeichnung nur vier hieher gehörige Geräthe (Webebrett, Gürtel, Schiffchen, Heck des Kettestuhl) und ausserdem zwei Garnknäuel abbildet.

Webebretter (Nr. 212, 2 Stück, Textfig. 44) länglich-viereckige (circa 29 Cm. lange und 13 Cm. breite) Bretter, auf der Vorderseite plan, auf der Rückseite sanft gerundet (convex), in der Mitte jeder Schmalseite mit vorspringenden Zapfen. Lälla.

Meist wie alle Webegeräthe rothbraun angestrichen, häufig an der Schmalseite mit eingepunktirtem oder eingravirtem Muster (wie angedeutet bei Edge-Partington, Taf. 176, Fig. 6).

Fig. 44.

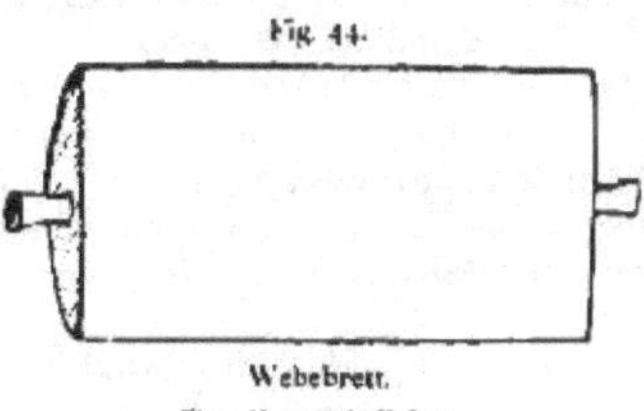

Webebrett.
Circa ⅓ natürl. Grösse.

Diese Bretter stehen unter den eigentlichen Webegeräthen insoferne obenan, als sie entsprechend dem Ketten- und Zeugbaum unserer Webestühle zum Aufspannen, respective Auseinanderhalten der ganzen Kette dienen. Zu diesem Zweck wird das eine Brett (— Kettenbaum) vertical an die Hüttenwand befestigt, während die Weberin sich das andere (— Zeugbaum), ebenfalls vertical stehend, vor den Leib bindet.[1]) Dies geschieht mit einem um den Rücken gelegten breiten Webegürtel (Edge-Partington, Taf. 176, Nr. 4) aus Bast, jederseits mit einer Oese versehen, in welche die Zapfen des Webebrettes befestigt werden. Die nun gleichsam mit der Weberei verbundene Weberin vermag auf diese Weise die sorgfältig ausgebreiteten Kettfäden straff anzuziehen. Zum Ordnen derselben bedient sie sich einer besonderen, aus Hartholz gefertigten Griffelnadel (Textfig. 45), circa 14 Cm. lang, ferner zum Auseinanderhalten der beiden Fadenreihen der Kette:

Nr. 45.

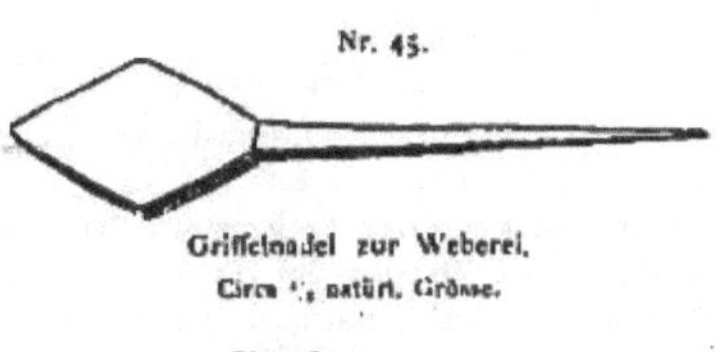

Griffelnadel zur Weberei.
Circa ½ natürl. Grösse.

Webestäbchen (Nr. 219*b*), zwei dünne, runde, circa 36—40 Cm. lange Stäbchen aus Hartholz, an beiden Seiten zugespitzt, sowie

Webeleisten (Nr. 220*c*, zwei dünne, flache, circa 20 Cm. lange und 20 Mm. breite Leisten aus Rohr, welche unseren Schäften und Leisten entsprechen.

Fig. 46.

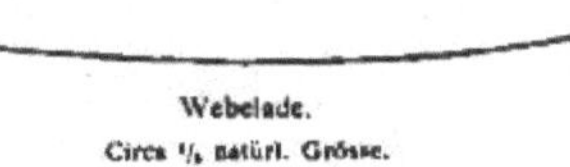

Webelade.
Circa ⅛ natürl. Grösse.

Zwischen den beiden Reihen der Kettfäden liegt ein weiteres sehr wichtiges Geräth, die:

Ebob (Nr. 213, 1 Stück) Webelade (Textfig. 46), ein flaches, dünnes, circa 40—42 Cm. langes und circa 4 Cm. breites, an beiden Enden stumpfgespitztes, an den Längsrändern stumpfkantiges Holz. Es dient sowohl zum Fachbilden, als zum Anschlagen des Schussfadens, ersetzt also die Lade oder das Ried (Schwert) unserer Webestühle.

Der Schussfaden oder Einschlag, nebenbei bemerkt stets schwarz, wird auf ein Schiffchen gewickelt, das in der Form an das unserer Webestühle erinnert, wie die folgende Nummer zeigt:

[1]) Kubary irrt in der Annahme, dass dies auf Kuschai nicht nöthig sei. (»Ethn. Beitr.«, I, S. 95, Anm. 2.)

Kutab (Nr. 219*a*, 1 Stück, Textfig. 47), Webeschiffchen (Schütze) aus Hartholz (circa 21 Cm. lang und 35—40 Mm. breit), ringsum mit einem circa 5—7 Mm. hohen Rande, an beiden Enden eingeschnitten, um den Schussfaden aufwickeln zu können. Eine mässige Figur bei Edge-Partington (Taf. 176, Fig. 3).

Die eigentliche Webearbeit vollzieht sich nun in folgender Weise: Indem die Weberin die Lade auf die hohe Kante setzt, bildet sie Fach, d. h. die Kettfäden heben sich hoch genug, um das Schiffchen mit dem Schuss durchstecken zu können, worauf die Lade wieder flach gelegt und mit derselben der durchgesteckte Schussfaden angeschlagen wird.

Fig. 47.

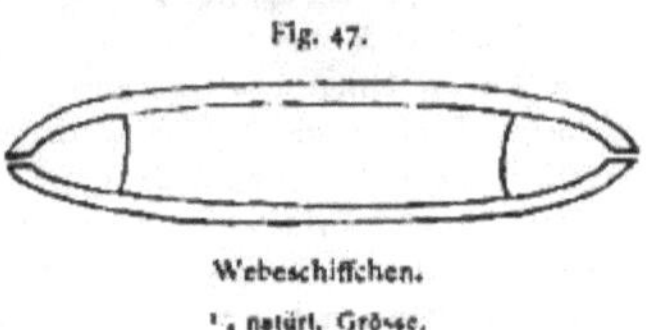

Webeschiffchen.
½ natürl. Grösse.

Trotz der peinlichsten Sorgfalt, die Weberei der Kuschaierinnen bis in die kleinsten Details kennen zu lernen und wie im Vorhergehenden aufzuschreiben, habe ich leider doch eines zu erkundigen vergessen, nämlich die Zeit, welche zur Anfertigung[1]) eines »Toll« erforderlich ist. Wahrscheinlich wird dies, Alles in Allem gerechnet, nicht wenig sein, und der Preis, welchen ich damals für ein solches kleines Kunstwerk des Fleisses sogenannter »Wilden« zahlte, 8—12 Mark, war gewiss nicht zu hoch. Uebrigens webte auch die Koscha (»Königin«) und liess sich ihre Arbeiten natürlich höher bezahlen.

11. Fahrzeuge.

Die Fahrzeuge der Kuschaier unterscheiden sich vor Allem durch das Fehlen von Mast und Segel, die ja bei dem einzigen Verkehr in dem geschützten Wasser der Lagune innerhalb des Barrieriffs, welches die Insel umgürtet, nicht nöthig sind. Das schliesst das ausnahmsweise Hinauswagen auf offenes Meer in beschränkter Weise nicht aus, wie z. B. drei Canus dem »Senjavin« seinerzeit 12 Seemeilen weit entgegenkamen. Aber eigentliche Seefahrten wurden auch damals nicht gemacht, und die Kuschaier hatten darüber ebensowenig mehr eine Erinnerung als über ihre Herkunft. Nach Lütke kannten sie aber die Himmelsrichtungen und mehr Sterne als die Marshallaner (darunter den Orion, Sirius, Aldebaran, Pleiaden), woraus derselbe mit Recht schliesst, dass auch die Kuschaier einst seebewanderte Leute waren, denen die Benutzung von Segelgeschirr für ihre Fahrzeuge in Folge langer Sesshaftigkeit verloren ging.

Das Canu der Kuschaier, »Waag« (»Oak«: Lütke), besteht in dem ausgehöhlten Stamme eines Brotfruchtbaumes, ist also ein langer schmaler, an beiden Enden stumpfgekielter und fast rechtwinkelig abgesetzter Trog mit Ausleger. Zuweilen ist ein Seitenbord (»Pap«) aufgelascht, an den Enden ein höheres dreieckiges Bugstück (wie »Senjavin-Reise«, Pl. 22, und Hernsheim, Taf. 4). Der lange, schmale, weit vom Schiffskörper abstehende Schwimmbalken (Balancier, »Eem«) ist an zwei Querhölzern befestigt, und zwar in einer für diese Insel eigenthümlichen Weise, die sich nur durch Wiedergabe meiner genauen Skizzen erklären lassen würde, weshalb ich auf die Beschreibung verzichte. Auf dem Basisdrittel der Querhölzer und quer über die Mitte des Canus ist aus Stäben eine Plattform errichtet, um die Habseligkeiten (Körbe mit Ess-

[1]) Nach Kubary ist zur Anfertigung eines gewebten Gürtels auf Nukuor ein Monat Zeit erforderlich, wobei in Betracht zu ziehen ist, dass die Gürtel (»Maro«) von Nukuor viel länger und breiter als die »Toll's« von Kuschai, wenn auch die Massangaben Kubary's: »9 Fuss lang und 3 Fuss breit« entschieden zu hoch gegriffen sind.

waaren, Früchte etc.) unterzubringen, die aber auf der entgegengesetzten Seite kaum vorragt. Die Canus sind mit der beliebten ziegelrothbraunen Farbe (»Lab«) angestrichen, die mit Oel angerieben auch im Wasser haltbar bleibt. Neuerdings verwendet man auch gern eingetauschtes Waschblau um zur Abwechslung blaue Muster anzumalen.

Zum Fortbewegen der Canus bedient man sich Paddel (»Oa«), von der weitverbreiteten gewöhnlichen Form, wie ich sie vielerorts kennen lernte (z. B. auf Neu-Guinea und Njua, Finsch: Zeitschr. für Ethnol., 1881, Abbild. S. 114). Die Kuschai-Paddel zeichnen sich aber durch das lange, schmale Blatt aus (vgl. Fig. 48) und durch die zierliche Arbeit in schwerem Hartholz. Sie sind circa 1·50 M. lang, davon das in der Mitte nur 8 Cm. breite Blatt 58 Cm., und ebenfalls rothbraun angestrichen. Uebrigens wurden damals in Lälla zuweilen auch Segel benutzt, und zwar nach europäischem Muster, viereckig und aus Leinwand. Als Ersatz von Segeln bediente man sich früher gelegentlich eines Bündels grosser, oft über 2 M. langer Taroblätter, die ich noch gebrauchen sah und die auf der Lagune treffliche Dienste leisteten.

Fig. 48.

Paddel. Kuschai.

Canus wurden noch zu meiner Zeit, natürlich mit eisernen Aexten gebaut, und wie mir gesagt wurde, sollen 20 Mann drei Monate an einem grossen zimmern, bei so langer Zeit aber jedenfalls mit erheblichen Unterbrechungen.

Ein besonderes, nur auf Häuptlingscanus benutztes Geräth, aber kein Bestandtheil desselben, beschreibt v. Kittlitz: »Es heisst ‚Palpal' und besteht aus einem hohlen, pyramidenförmigen Aufsatz, der auf die Plattform des Auslegers gestellt wird. Die Wände dieser Pyramide bestehen aus einem sehr künstlichen und ziemlich dichten Geflecht von Bindfaden, mit aufgereihten kleinen, schneeweissen Muscheln, aus dem das Ganze zusammengesetzt scheint. Man gebraucht es ohne Zweifel, um Vorräthe von Lebensmitteln vor dem Nasswerden und vor der Sonne zu schützen.«

Schöpfer (»Anom«) sind auch hier ein für Canufahrten unentbehrliches Geräth und werden aus Holz gefertigt (ähnlich »Senjavin-Reise«, Pl. 29, Fig. 11).

Ich gebe hier die Masse eines Kuschaicanus von gewöhnlicher Grösse und zur Vergleichung die einer »Vanaka« von Port Moresby an der Südostküste Neu-Guineas, einem in Form und Bauart (aus ausgehöhltem Baumstamme) sehr ähnlichen Fahrzeuge.

		Vanaka
Ganze Länge	6·60 M.	9·90 M.
Breite in der Mitte	0·47 »	0·49 »
» » » » im Lichten	0·34 »	—
Höhe » » » »	0·37 »	0·47 »
Länge der Querhölzer des Ausleger	2·08 »	3·27 »
Breite der Plattform	0·68 »	—
Länge des Schwimmbalken	4·70 »	4·94 »

Wegen der Schmalheit des inneren Raumes ist das Sitzen in einem solchen Canu für einen Fremdling nicht sehr bequem, der gezwungen ist, einen Fuss vor den andern zu setzen. Die grössten Canu sind an 25, nach Lütke selbst 30 Fuss lang, der übrigens auch ganz kleine von 6 Fuss Länge erwähnt, die sich namentlich für die Mangrovedickichte der Lagune trefflich eignen. Am gewöhnlichsten sind solche Canus, welche

4—6 Personen tragen, wie sie der Atlas der »Senjavin-Reise« (Pl. 22 und 23) darstellt. Das letztere Bild zeigt, wie auch das von Kittlitz (Denkwürd., I, S. 353), an den Seiten ein Brett aufgelascht, sowie die Bugstücke zu Schnäbeln verlängert, wie ich solche nicht mehr sah. Die Figuren bei Hernsheim (»Südsee-Erinnerungen«, Taf. 4 und S. 52) sind daher treffender, lassen aber, wie alle diese Darstellungen, in den Details, namentlich des Auslegergeschirrs, zu wünschen übrig.

Der Typus des Kuschaicanus findet sich übrigens an den entferntesten Localitäten, auch in Melanesien wieder. Es liegt ja so nahe, dass der Mensch überall zuerst auf die Idee kam, einen ausgehöhlten Baumstamm als Fahrzeug zu benutzen, wie Kinder bei uns dies gelegentlich mit einem Backtroge zu thun pflegen. Solche primitive Fahrzeuge Eingeborener sind bereits wiederholt erwähnt worden, kommen aber neben kunstvoll construirten auf ein und derselben Insel vor. So besteht das gewöhnliche Fischercanu der Samoaner nur aus einem ausgehöhlten Baumstamme mit Ausleger, ebenso das hawaiische, wovon ich noch Exemplare sah und benutzte. Ganz ähnlich scheint auch das Canu von Sikayana (Stewart-Insel), soweit sich nach der Abbildung in der »Novara-Reise« (II, S. 454) urtheilen lässt. Durch Aufsetzen von Seitenborden und Bugschnäbeln entstehen dann die Formen, wie sie sich, je mit gewissen Abweichungen, namentlich bezüglich des Auslegers, so mannigfach in Melanesien finden, z. B. auf den Salomons (Guppy: »Solomons Isl.«, S. 63), hier sogar auch ohne Ausleger; Neu-Britannien (schlecht abgebildet in Powell: »Wanderings in a wild Country«, S. 168), Bilibili in Astrolabe-Bai (Finsch: »Samoafahrten«, S. 84), Tagai an der Nordküste von Kaiser Wilhelms-Land (Finsch: »Ethnol. Atlas«, Taf. VII, Fig. 3), um nur einige Beispiele anzuführen.

Besondere Häuser für Canus oder Canuschuppen, die Kubary auch für Kuschai erwähnt, gibt es nicht, und zur Unterkunft derselben wird, wie schon v. Kittlitz erwähnt, meist der Giebelraum der Häuser benutzt.

II. *Körperhülle und Putz.*

A. Bekleidung.

Obwohl die heutigen Kuschaier ausnahmslos europäische Kleider tragen, hat sich nebenbei doch noch das einzige Bekleidungsstück der früheren Zeit, der »Toll«, bei ihnen erhalten. Es ist dies eine sehr auffallende und bemerkenswerthe Erscheinung, die in ihrer Art fast einzig dasteht. Denn überall, wo die Civilisation bereits Bekleidung nach europäischem Muster einführte, ist von Originalität des früheren Fleisses der Eingeborenen kaum etwas übrig geblieben, wie dies im Allgemeinen auch für Kuschai gilt.

Toll (Nr. 226, 1 Stück, Taf. IV [21], Fig. 1 und 2), Lendenbinde aus gewebtem Stoff von Bananenfaser; Bekleidung für beide Geschlechter. Lälla.

Der 1·7 M. lange und 19 Cm. breite Streifen ist schwarz und trägt an beiden Enden eine breite hübsch gemusterte bunte Kante in Schwarz, Kirschbraunroth, Gelb und Weiss, denjenigen Farben, aus denen sich fast stets das Muster dieser Webearbeiten zusammensetzt. Fig. 1 stellt einen Theil der einen, 43 Cm. langen Endkante, und zwar ein Drittel der ganzen Breite dar. Die fransenartige Endkante *(a)* besteht aus den losen Kettfäden, von denen die verschiedenfarbigen durch Zusammenknüpfen verbunden sind. Die Pünktchen (vgl. Abbild.) zwischen dem Kirschroth und Gelb der Fransenkante zeigen diese äusserst feinen Knoten. Diese Knotenverbindung der farbigen Kettfäden markirt sich auch auf dem übrigen gemusterten Theile des Gewebes durch abgesetzte Querreihen, die nicht schnurgerade verlaufen, wie dies die drei unteren Reihen der Abbildung zeigen. Oberhalb dieser drei Querreihen folgt eine kirschbraunrothe durchgehende Querbinde *(b)*, dann eine Querbinde aus schwarzen, gelben, rothbraunen und weissen Längsstreifen *(c)*, das übrige (noch 31 Cm. lange) Muster ist ganz so wie das der drei ersten Querstreifen, nur dass dasselbe durch sechs viereckige kirschbraune Flecken unterbrochen wird.

Die andere, 37 Cm. lange Endkante (Fig. 2) zeigt ein ganz verschiedenes Muster, schmale Längsstreifen mit quergestreifter Randkante *(a)*, die an der einen Seite breiter ist als an der anderen; die ausgefranste Endkante der losen Kettfäden besteht aus zusammengeknüpften gelben und schwarzen Fäden der Kette.

Toll (Nr. 225, 1 Stück), wie vorher, aber anderes Muster. Länge 1·54 M., Breite 17 Cm. **Lälla.**

Die Lendenbinden von Kuschai[1]) gehören jedenfalls zu den kunstvollsten Erzeugnissen der hochentwickelten Webekunst der Carolinier, namentlich durch die zum Theil sehr geschmackvolle Zusammenstellung des bunten Musters, das an jedem Stücke Verschiedenheiten zeigt. Dies erklärt sich leicht durch den Mangel an Vorlagen, weshalb jede Weberin das Muster selbst erfinden muss und daher die individuelle Begabung wie Geschmack voll zum Ausdruck gelangen kann. Ich verglich mehr als drei Dutzend und fand nicht zwei ganz gleich.

Die Massverhältnisse dieser Toll variiren nur unerheblich: Länge 1·68—1·80 M., Breite 17—22 Cm.

Der Toll wird der Länge nach vierfach zusammengefaltet, so dass er einen nur 4—5 Cm. breiten Streif bildet, von dessen schönem Muster dann wenig mehr zu sehen ist. In ähnlicher Weise wie den »Mal« der Melanesier oder »Maro« der Polynesier gürtet man auch diesen Streif um die Hüften, zieht das eine Ende zwischen den Beinen durch und knüpft es vorne fest, wobei Männer in der Schamgegend den Stoff etwas ausbreiten, so dass das Scrotum suspensoriumartig eingehüllt wird. Nach v. Kittlitz (und Lütke): »unterschieden sich Frauen von Männern im Costüm nur durch den breiteren Gürtel«. Kubary irrt also, wenn er den Toll nur für einen »männlichen Schmuckgürtel« hält. (»Ethn. Beitr.«, I, S. 63.)

Im Atlas der »Senjavin-Reise« ist aber auch eine Frau abgebildet, welche ein breiteres Stück Matte in Form eines kurzen Röckchens um die Hüften trägt (Pl. 18), ähnlich wie die Frauen auf Sonsol. Wie ich bereits erwähnte, wurden 1880 noch Toll gewebt und allgemein unter den europäischen Kleidern getragen. Wenn Männer im Canu oder bei der Plantagenarbeit die geringe Bekleidung, Hemd und Hose, ablegten, was häufig geschah, so waren sie mit dem Toll gegürtet, wie dies die Abbildungen im Atlas der »Senjavin-Reise« (Pl. 19 und 22) zeigen. Früher pflegten Frauen hinterseits, am Gürtel befestigt, zuweilen noch eine besondere Sitzmatte zu tragen (Kittlitz, II, S. 5), die ich nicht mehr zu sehen bekam.

Ponchoartige Ueberwürfe aus gewebtem Stoff oder Mattengeflecht, wie solche sonst in den Carolinen vorkommen (vgl. Nr. 227 von Ruk), kannte man auf Kuschai nicht, wie v. Kittlitz besonders hervorhebt.

Als Bekleidung in gewissem Sinne möchte ich hier noch der kleinen viereckigen **Matten** gedenken, die als Bedeckung kleiner Kinder benutzt werden, um sie beim Aus-

[1]) Sehr nahestehend scheinen die gleich grossen, aus Bananen- oder *Hibiscus*-Faser gewebten Schamgürtel auf Sonsol, deren delicate Muster Kubary (»Ethn. Beitr.«, I, S. 91) ebenso oberflächlich beschreibt, als die »Webevorrichtung« (S. 95), bei welcher z. B. der Kettebock unerwähnt bleibt.

tragen gegen die Sonnenstrahlen zu schützen, wie ich sie damals noch gebrauchen sah. Das Material ist, wie stets, *Pandanus*-Blatt, die Grösse variirt (32—60 Cm. lang und ebenso breit); zuweilen sind diese Matten hübsch schwarz gemustert und dieses Muster nicht aufgenäht, sondern eingeflochten (vgl. S. 216 [472]). Auch Lütke gedenkt dieser Matten als »Sonnen- und Regenschirme«, die hauptsächlich vom weiblichen Geschlecht benutzt werden.

B. Putz und Zieraten.

a) Material.

Kuschai scheint an Gegenständen des Putzes nie reich gewesen zu sein, denn schon Lütke und v. Kittlitz[1]) erwähnen die in dieser Richtung herrschende Armuth. Dies erklärt sich zum Theil aus dem Umstande, dass die Frauen, welche gewöhnlich stark an der Verfertigung von Schmucksachen betheiligt sind, ihre Hauptthätigkeit der sehr mühsamen Weberei zu widmen haben, so dass ihnen im Ganzen wenig Zeit übrig bleibt.

Fig. 49.

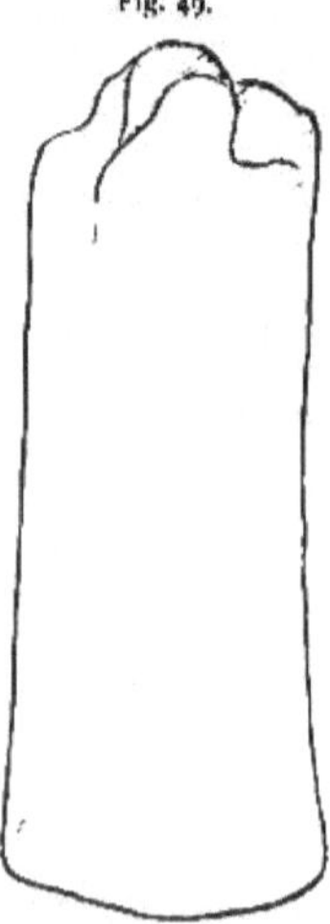

Perlmuttergeld.
½ naturl. Grösse.

Ich selbst konnte natürlich nur noch Reste sammeln, erlangte aber immerhin noch einige eigenthümliche Stücke, die zum besseren Verständniss früherer Verhältnisse nicht unwichtig sind. Bemerkenswerth für die Schmuckgegenstände Kuschais ist, dass keine rothen *Spondylus*-Scheibchen verwendet worden zu sein scheinen, wenigstens habe ich niemals hier solche beobachtet, und auch Lütke und v. Kittlitz erwähnen sie nicht, dagegen aber Perlen von Cocosnussschale und Muscheln. Ich erhielt nur Schmuckstücke aus Schildpatt, *Trochus*, *Conus* und Perlmutterstücke (»Mäk«). Letztere wurden ebenfalls zu Schmuck verarbeitet, bildeten aber in der nachfolgenden Form hauptsächlich ein Tauschmittel der alten Kuschaier, welches mir als das frühere Geld bezeichnet wurde.

Fai (Nr. 642, 2 Stück, Fig. 49), Perlmutterstücke; Längsschnitte aus dem Mitteltheile von *Meleagrina margaritifera*; 17 Cm. lang und 6 Cm. breit. Taaf, bei Port Lottin.

Ich erhielt mehrere dieser einst so hochgeschätzten Stücke, von denen das grösste eine Länge von 23 Cm. und eine Breite von 85 Mm. hatte, also von einer Perlschale herrührte, wie sie für diese Art Perlmuschel[2]) in dieser Grösse selten ist. Fai wurde jedenfalls auch als Material für die Fischhaken (Nr. 149, S. 208 [464]) verwendet, denn ich erhielt einige schmälere Stücke, die offenbar zu Schäften von Fischhaken dienen sollten, die man mir aber ebenfalls unter dem Namen »Fai« als früheres Geld bezeichnete.

---

[1]) »Man sieht im Ganzen ungemein wenig Gegenstände des Putzes.« »Gewöhnlich waren es nur Blumen, auch wohl grüne Blätter.« »Nur die kleinen Kinder sahen wir allezeit beladen mit Putz, besonders Halsbändern, sehr sauber aus kleinen Früchten, Muscheln und Holzstückchen verfertigt.« Denkwürd., II, S. 12 und 13.

[2]) Von der viel grösseren *Avicula margaritifera*, die in gewissen Gebieten Melanesiens zu Schmuck verwendet wird, messen grosse Exemplare aus Torresstrasse in der Länge nur 20 Cm., im Querdurchmesser 28 Cm. (Gewicht 1 Kilo); eine kolossale Schale derselben Species von Borneo (Labuan) ist 26 Cm. lang, 29 Cm. breit (Gewicht 1 ½ Kilo).

Glasperlen, die sonst überall so beliebt bei Eingeborenen sind und die ursprünglichen Schmucksachen besonders verdrängen halfen, erinnere ich mich in Kuschai kaum verwendet gesehen zu haben. v. Kittlitz sprach darüber schon sein Verwundern aus, denn er bemerkte nie, dass die reichlich geschenkten Glasperlen (welche die Kuschaier ja bereits durch die »Coquille« erhalten hatten) getragen wurden, ebensowenig als Kleidungsstücke.

b) **Hautverzierung.**

Tätowirung gehört der Vergangenheit an und hat auf Kuschai stets nur eine untergeordnete Bedeutung gehabt. v. Kittlitz sagt über Tätowirung (»Schischin«) nur: »Die Zeichen haben übrigens nicht viel Auffallendes, sie bestehen fast nur in breiteren und schmäleren Längsstreifen und einigen Querstreifen an Armen und Beinen« und erwähnt noch, dass das Muster bei beiden Geschlechtern gleich ist (II, S. 12). Lütke, der die Tätowirung der Kuschaier als sehr unregelmässig und wenig symmetrisch bezeichnet, bemerkt ausdrücklich, dass keine besonderen Zeichen für Rangunterschiede vorkamen. Die auf Pl. 18 der »Senjavin-Reise« abgebildeten Kuschaier (beiderlei Geschlechts) geben nur eine sehr flüchtige Darstellung der Tätowirung, welche ich auf Grund meiner genauen Skizzen vervollständigen kann. Der am reichsten tätowirte alte Mann (übrigens kein Vornehmer) zeigte (Fig. 50, Innenseite des Armes) rund um den Ellbogen ein breiteres Band, von hier aus einen schmäleren Streif an der Innen- und Aussenseite des Unterarmes, hier sowie auf dem Oberarm ein paar Längsstriche mit kurzen schriftartigen Zeichen, einem kleinen *y* vergleichbar, welche Lütke doppelt abbildet (I, S. 360) und die nach ihm »Vögel« darstellen sollen, wozu allerdings viel Phantasie gehört. An den Beinen war nur die Wade mit einem Längsstreif gezeichnet, bei Anderen die ganze Aussenseite des Beines mit einem Längsstrich, ähnlich der Binse einer Militärhose (wie die Frau bei Kittlitz, II, S. 5). Die Figuren der citirten Tafel zeigen das tätowirte Armband nicht um den Ellbogen, sondern am Oberarme, was hier erwähnt sein mag. Ich beobachtete übrigens Tätowirung nur noch bei einigen älteren Leuten, denn die Mission hatte den Brauch bereits ausgerottet, gestattete dagegen das Einritzen christlicher Taufnamen in grossen Buchstaben, was aber auch nur wenig geübt wurde.

Fig. 50

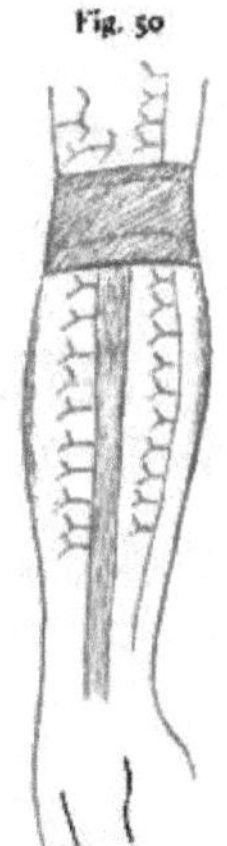

Armtätowirung.

Die Tätowirung Kuschais hat einen durchaus eigenthümlichen Typus, und Kubary, der dieselbe übrigens nicht kannte, irrt durchaus, wenn er eine Verwandtschaft mit der von Ponapé und Pelau annimmt. Erwähnt sei noch, dass das einfache Muster der Tätowirung Kuschais, wenn man die paar Striche überhaupt so nennen kann, durchaus von dem der Gürtel (»Toll«) abweicht.

Tätowirgeräth erlangte ich nicht mehr. Ueberhaupt besass Kuschai kein solches, wie es sonst meist gebraucht wird, sondern man bediente sich nach Lütke nur einer Muschel, mit der man die Haut einritzte und dann mit einem Pflanzensaft einrieb. Nach Guppy geschieht das Tätowiren auf den Salomons mit ähnlichen primitiven Werkzeugen (Stück Muschel, Bambu oder dem Zahne eines *Pteropus*).

Bemalen mit Gelbwurzpulver *(Curcuma)*, sonst auf allen Carolinen die beliebteste Körperzier, war auf Kuschai unbekannt, wie Lütke und v. Kittlitz besonders erwähnen. Dagegen salbte man Haar wie Körper mit Cocosnussöl.

c) **Haartracht.**

Darüber belehrt Taf. 17 der »Senjavin-Reise«. Die Männer schürzten das lange Haar in einen Knoten, der aber nicht, wie bei den Marshallanern, auf dem Wirbel in die Höhe stand, sondern vom Hinterkopf herabhing, die Frauen seitlich in einen Knoten. Gegenwärtig halten die Männer das Haar kurz; Frauen lassen es, wie früher, länger wachsen und binden es im Nacken oder seitlich in einem Knoten, der mit einem europäischen Kamme festgesteckt wird.

d) **Kopfputz.**

v. Kittlitz gedenkt nur der Haut eines Tropikvogels *(Phaeton)*, die vermuthlich bei gewissen Gelegenheiten als Kopfputz diente, im Uebrigen aber nur Blumen, die einzeln ins Haar gesteckt oder als Kränze getragen wurden. Diese Sitte herrschte noch zur Zeit meines Besuches, und Blumen, sowie bunte Blätter waren der häufigste Kopfputz, den ich beobachtete. Sonst erhielt ich nur noch eine **Kopfbinde**, aus einer Reihe kleiner weisser Muscheln auf eine Faserschnur geflochten, ähnlich (Taf. V [22], Fig. 2) von den Marshalls. Wie man mir sagte, wurden solche Stirnbinden nur bei den Tanzvorstellungen getragen, ganz wie dies auf den Marhalls der Fall ist.

e) **Ohrputz**

beschränkt sich nur auf Blätter und Blumen, wie dies schon von v. Kittlitz beschrieben wird. Die Ohrläppchen sind meist durchbohrt und zum Theil, ähnlich wie auf den Marshalls, bedeutend ausgeweitet, denn ich sah Frauen, welche ganze Blüthenkolben des sehr wohlriechenden *Pandanus* im Ohre trugen. Sehr beliebt waren auch die Blüthen einer Art Lilie, die wir schon auf den Marshall-Inseln (vgl. S. 178 [434]) kennen lernten. Lütke sah als seltene Ausnahme den Ohrrand durchbohrt.

f) **Nasenzier**

gab es nicht; aber Lütke erwähnt, dass äusserst selten das Septum durchbohrt war, in welchem man eine »kleine Papierrolle« trug, was hier erwähnt sein mag, weil Durchbohren der Nase sonst in Mikronesien nur auf den westlichen Carolinen (Yap und Pelau) vorkommt.

g) **Hals- und Brustschmuck.**

Kuschai besass davon im Ganzen wenig, immerhin Eigenthümliches, wovon ich sogar noch Einiges erhielt. Die allgemein gebräuchlichen Halsbinden der Frauen, »dicke Wülste von 9 Zoll im Umfange aus unzähligen Schnüren von Cocosfaser« (Lütke), welche den Hals dicht umschlossen (Atlas, Pl. 17) und nicht abgelegt werden konnten, sah ich nicht mehr. Sie erinnern übrigens an die Basthalsschnüre verheirateter Frauen auf Yap (Journ. M. G., II, Taf. 7). Zu meiner Zeit begnügte man sich auf Kuschai mit einfachen Halsstrickchen oder flocht, wie früher, Kränze aus Blumen, namentlich den prachtvoll rothen Blüthen eines Strauches (*Ixora coccinea* nach v. Kittlitz).

Eigenthümlichen Halsschmuck aus der guten alten Zeit repräsentiren die folgenden beiden Nummern:

Ga (Nr. 640, 1 Stück), Halsschmuck (Taf. IV [23], Fig. 2) für Männer aus Schildpatt. Taaf. Der Strich *a* (Fig. 2) bezeichnet die Dicke des Stückes an der Rückseite, welche sich dadurch erklärt, dass das Stück aus einer Randplatte der Karettschildkröte gearbeitet ist. Ein fast gleiches Stück aus dem British Museum bildet Edge-Partington (Taf. 175, Fig. 3), aus leicht begreiflichem Irrthum, als »Fischhaken« ab. Als solche auch (Journ. M. G., Heft IV, 1874, Taf. 4, Fig. 4 *a* und 4 *b*, und Kat., S. 423, Nr. 212) von Pelau, aber ein Eingeborener von dort kannte derartige Stücke überhaupt nicht. Interessant ist der Nachweis ganz ähnlicher Schmuckhaken aus Schildpatt von Sonsol durch Kubary (»Ethn. Beitr.«, I, S. 93, Taf. XII, Fig. 7), die hier ebenfalls Geld vertreten und auch auf Bunai (St. Davids), Bun (Pulu Ana) und den Hermites vorkommen (l. c., II, S. 126, Anm.).

Der »Ga« gehört der Vergangenheit Kuschais an und war früher einer der werthvollsten Schmuckgegenstände der Eingeborenen. An einem Strickchen um den Hals befestigt, wurde der »Ga«, und zwar immer nur ein Stück, von den Männern getragen, die vor dem Tokoscha (König) zu erscheinen hatten. In gleicher Weise mussten sich Frauen, die vor die Koscha (Königin) befohlen waren, schmücken, mit dem:

Puti (Nr. 641, 1 Stück), Halsschmuck (Taf. VI [23], Fig. 3) aus Schildpatt, Randschild. Taaf. *a* bezeichnet die Dicke. Ein anderes Exemplar war am oberen Rande (über dem Bohrloch) mit fünf seichten Kerben verziert, in ähnlicher Weise wie der »Ga« (Fig. 2). Beide Schmuckgegenstände galten früher als **Geld** und es gelang mir nur noch wenige Exemplare einzuhandeln. Lütke und v. Kittlitz erwähnen diesen Schmuck nicht, wohl aber der Erstere »Muschelstücke, circa 4 Zoll lang und 1 ½ Zoll breit« (»Mock« genannt), die alle Bewohner Lüllas beim Abschiede um den Hals trugen, und womit ohne Zweifel die vorher erwähnten »Fai« gemeint sind. Lütke bemerkt noch ausdrücklich: »anderen Halsschmuck sah ich nicht«, erwähnt aber vorher »Halsketten aus Perlen von Cocosschale und Muscheln«.

h) Armschmuck.

Wie in gewissen Gebieten Neu-Guineas aus *Conus*-Muschel geschliffene Armringe noch heute, als werthvoller Schmuck und zugleich Geld, im Leben der Eingeborenen eine grosse Rolle spielen (vgl. II, S. [83], [100] und [161], Taf. XV [7], Fig. 1), so war dies auch früher auf Kuschai der Fall. Es glückte mir, hier noch einige wenige Exemplare solcher Schmuckstücke zu erlangen, die früher zu den Kostbarkeiten zählten und den Werth von Geld repräsentirten, jetzt aber längst der Vergangenheit angehören. Nach Funden in den Ruinen von Ponapé zu urtheilen, kam dieselbe Art Armbänder früher auch hier vor, was bemerkenswerth ist, weil sie sonst auf allen übrigen Carolinen fehlen, dagegen waren sie früher auf den Marshalls bekannt.

Forr (Nr. 361, 1 Stück, Taf. VI [23], Fig. 1), Armring, aus dem Querschnitt vom breiten Ende einer Muschel geschliffen. (Längsdurchmesser 70 Mm., Höhendurchmesser 60 Mm. im Lichten.) Taaf.

Ein ausserordentlich interessantes und seltenes Stück, schon deshalb, weil sich das Conchyl nicht mit Sicherheit bestimmen lässt. Selbst dem eminenten Fachkenner Professor v. Martens (Berlin), der die Güte hatte dieses Exemplar zu untersuchen, gelang dies nicht. Er schreibt mir über dasselbe: »Doch wohl *Conus*, wenigstens wüsste ich nichts Anderes; aber nicht *C. millepunctatus*. *Turbo* kann es auch nicht sein.« Das Exemplar ist stark abgeschliffen, wie es scheint auch innen abgeputzt und zeigt in Folge dessen eine matte Färbung wie altes Elfenbein. Nach meinen Vergleichungen ist das Material kein *Conus*, sondern eine *Trochus*-Art (wohl *niloticus*). Ein Armring aus derselben Muschelspecies ist bei Edge-Partigton (Taf. 175, Fig. 6) abgebildet. Ausser dieser Muschel wurde aber auch sicher *Conus millepunctatus* zu Armringen verarbeitet, denn ich erhielt davon auf Kuschai nicht nur fertige Armringe, sondern auch solche in Bearbeitung und das Rohmaterial. Ein solcher durchschnittener *Conus* (»Forr« genannt) zeigte den kolossalen Durchmesser von 85 Mm. Zweifellos ebenfalls aus *Conus millepunctatus* geschliffen ist der in der »Senjavin-Reise« (Pl. 30, Fig. 8) abgebildete Armring (im Text irrthümlich als aus »nacre de perl« bezeichnet).

Beinschmuck gab es nicht, aber nach Lütke trugen die Frauen ähnliche Wülste aus Cocosfaserschnüren wie um den Hals auch um das Fesselgelenk, was der Vollständigkeit wegen erwähnt sein mag.

Ethnologische Schlussbetrachtung.

In gänzlicher Abgeschiedenheit von der Aussenwelt und vollständig unberührt von fremden Einflüssen, fanden die ersten Reisenden in den freundlichen, durchaus harmlosen Bewohnern Kuschais ein Feld für ethnologische Forschungen, wie es in ähnlicher Weise nirgends mehr vorhanden ist. Leider war das wissenschaftliche Interesse der damaligen Zeit nur nebenbei auf Völkerkunde gerichtet, und wenn man den ersten Reisenden (Lesson, Lütke, Kittlitz) immerhin dankbar sein muss, dass sie auch in dieser Richtung mancherlei werthvolle Nachrichten hinterliessen, so genügen dieselben den heutigen Ansprüchen doch nicht. Freilich konnte man damals nicht entfernt ahnen, dass kaum mehr als 50 Jahre später nur noch Reste der Eingeborenen vorhanden sein würden. Was hätte sich nicht in den 25 Tagen, die Kittlitz auf der Insel verweilen konnte (vom 8. December 1827 bis 2. Januar 1828) alles thun lassen, nicht blos im Sammeln, sondern Aufzeichnungen über das Leben und Treiben des interessanten Völkchens, das eine kleine Welt für sich bildete. Mir waren hier nur im Ganzen neun unvergesslich interessante Tage vergönnt! Die Vogelarten, welche Lesson und v. Kittlitz einst zuerst sammelten, sie alle waren noch ebenso zahlreich vorhanden als damals, aber vom Menschen, jedenfalls, wie überall, dem interessantesten Geschöpfe von allen, fand ich nur noch Reste, die in ihrer Eigenart bereits gar Vieles eingebüsst hatten. So konnte ich nur noch Nachlese halten, wo meinen Vorgängern die volle Ernte winkte; aber diese Nachlese ist um so interessanter, weil sie noch die letzten Reste retten half, die bald ins Gebiet ethnologischer Reliquien gehören werden. Und an solchen sind unsere Museen gerade von Kuschai nicht sehr reich; enthielt doch die einst berühmte Südsee-Sammlung Godeffroy in Hamburg im Ganzen nur vier Stück von Kuschai, während das Berliner Museum durch mich mit 178 Gegenständen von hier bereichert werden konnte.

Soweit sich nach eigenen Erfahrungen und den Aufzeichnungen meiner Vorgänger urtheilen lässt, bildet auch Kuschai innerhalb der Ethnologie der Carolinen eine eigene Subprovinz, ausgezeichnet durch verschiedene charakteristische Eigenthümlichkeiten. Hierher gehören: Eigene Sprache, eigenes Feudalsystem, eigener Baustyl der Häuser, eigene Construction der Canus (ohne Segel und Mast), eigene sehr kunstvolle Buntweberei, eigenes Muster der Tätowirung (gleich für beide Geschlechter). Charakteristisch für die ethnologischen Verhältnisse Kuschais sind ferner: Die zum Theil Kolossalsteinbauten in Mauern und Steinwällen, der Genuss von Kawa und die auffallende Armuth an Gegenständen des Schmuckes und der Körperzier, die nur in den Brustornamenten aus Schildpatt (Pl. [23], Fig. 2, 3) eigenthümliches aufweisen, das sich aber auf den westlichen Carolinen (Sonsol) wiederholt. Im Vergleich mit den übrigen Carolinen verdienen der Mangel an Putzkämmen, besonderem Ohr- und Leibschmuck, die Nichtverwendung von Scheibchen aus *Spondylus*-Muschel und ganz besonders von Gelbwurzel *(Curcuma)* zum Bemalen des Körpers erwähnt zu werden.

2. Ponapé.

Einleitung.

Entdecker. Wahrscheinlich schon 1595 von Pedro Fernandez de Quiros, dem Begleiter Mendanas, gesichtet, blieb die Insel mehr als zwei Jahrhunderte vergessen, bis sie von dem hochverdienten Erforscher des Carolinen-Archipels, F. Lütke, 1828 mit der russischen Corvette »Senjavin« wieder entdeckt wurde. Vom 14. bis 19. Januar des genannten Jahres recognoscirte der »Senjavin« diese Insel und die benachbarten westlichen kleinen Atolle Andema und Pakin, welche Lütke unter dem Namen »Senjavin-Inseln« zuerst kartographisch niederlegte. Da in damaliger Zeit noch alle Südsee-Insulaner als »Wilde« arg verschrieen waren und sich die Eingeborenen, jedenfalls aus Freude und nicht in böser Absicht, gegenüber den Russen ziemlich lärmend betrugen, wie dies allenthalben vorkommt, wagte man nicht zu landen. Die übrigens treffliche Aufnahme der Insel (von Lieutenant Zavalichine) verzeichnet daher ziemlich oberflächlich nur einen, und zwar den nördlichen Jokoits- oder Jamestown-Hafen als »Port du mauvais accueil«. Im Jahre 1839 vermass das englische Kriegsschiff »Larne« Roankiti, den südwestlichen Hafen, während ein Jahr später die französische Corvette »La Danaide« unter Capitän de Rosamel die übrigen kartirte und damit die Aufnahme der ganzen Insel zum Abschluss brachte. Sie wurde schon in den Dreissigerjahren von Walfängern besucht, bei denen sie später unter dem Namen »Ascension« sehr bekannt war. Auf den skizzenhaften Kärtchen der Carolinen von Cantova (1722) und Don Luis de Torres, wie sie Chamisso publicirt (»Reise«, 2, S. 152), ist die Insel übrigens nicht verzeichnet. Schon aus Mangel an seetüchtigen Fahrzeugen ohne Verkehr mit den westlichen Inseln, waren die Bewohner Ponapés als Verschlagene doch von jeher weiter bekannt, die Insel selbst nur dem Namen nach. Hieraus erklärt sich die sehr verschiedene Aussprache, respective Schreibweise: Bonabe, Bonaby, Bonabay, Bornabe, Bonibet, Fonnaby, Painipet, Pulupa, Falope, Funopet, Felupet, Falupet, Puynipet (Lütke), Hunnepet (Kittlitz). Kadu's »Fanopé« bezieht sich jedenfalls auch auf Ponapé, obwohl er es sehr verkehrt als »niedrige Inselgruppen« bezeichnete (Chamisso, S. 188). Aber Kadu hatte von Fanopé nur sprechen hören, wie Eingeborene von Lukunor Lütke gegenüber Ponapé mit »Faounoupei« nur dem Namen nach, aber bereits als hohe Insel kannten. Gegenstände von Ponapé, welche Lukunorer an Bord des »Senjavin« sahen, wurden gleich als von »Faounoupei« bezeichnet; aber man glaubte auch, dass die polirten Möbel in der Cajüte von dorther stammten. Dies beweist am besten, dass diese Eingeborenen Ponapé nicht aus eigener Anschauung kannten, wie sie andererseits von »Pyghirap« (Pikiram) als einer von Menschenfressern bewohnten Insel erzählten, die sie natürlich ebenfalls nur vom Hörensagen kannten.

Zur Literatur. Da die Forschungsreisenden des »Senjavin« nur wenige Stunden und von Bord aus mit den Eingeborenen verkehrten, so konnten sie natürlich nur spärliche Beobachtungen sammeln, die aber immerhin als die ersten noch heute von Interesse sind (Lütke, II, S. 26—31; Kittlitz: Denkwürd., II, S. 70—75). Die ältesten Nachrichten des Spaniers Francisco Michelena y Rojas (aus den Jahren 1822—1842), welche nach Friederichsen auch hinsichtlich Ponapés »besonders bemerkenswerth« sein sollen, waren mir nicht zugänglich. Ebenso gelang es mir leider nicht, des seltenen Büchleins habhaft zu werden, in welchem James F. O'Connell,[1]) jener schiffbrüchige Matrose des englischen Walschiffes »John Bull«, der 1827 oder 1828 als der erste Weisse längere Zeit unter den Eingeborenen zubrachte, seine Erlebnisse erzählt, und der unter Anderem zuerst über die prähistorischen Bauten berichtete. Als Hauptquellen unserer Kenntniss über Ponapé dürfen daher immer noch die oft benutzten Mittheilungen von Capitän A. Cheyne,[2]) Dr. L. H. Gulick und anderer amerikanischer Missionäre betrachtet werden, zu denen auch die unter Kuschai (S. 194 [450]) citirten Notizen des Rev. Samuel C. Damon zu rechnen sind. In der Reisebeschreibung der österreichischen Fregatte »Novara«[3]) wird der Insel »Puynipet« ein ganzes Capitel gewidmet, das eine Fülle von Mittheilungen enthält, welche aber meist auf Aussagen weisser Ansiedler beruhen. Denn das Kriegsschiff lag nur einen Tag (18. September 1858) vor Roankiti, und die Mitglieder der wissenschaftlichen Commission konnten kaum fünf Stunden am Land[4]) verweilen, also unmöglich eingehendere Studien machen. Aus diesem Grunde sind dankenswerther Weise auch Cheyne's Nachrichten ergänzend angefügt worden, die indess hinsichtlich Handel und Verkehr nicht mehr zutreffen.

Mit Franz Hernsheim, der in seinen »Südsee-Erinnerungen« (IV. Ponapé, S. 61 bis 72) auch diese Insel anziehend skizzirt, verweilte ich vom 2. bis 12. März 1880 auf Ponapé. Meine elftägigen Erfahrungen, die von Jokoits bis Metalanim reichen und uns hier auch, unter Führung von Kubary,[5]) mit den wunderbaren Ruinen von Nantauatsch bekannt machten, sind in den folgenden Publicationen niedergelegt, ethnologisch wohl die ausführlichsten:

1. »Aus dem Pacific. IV. Ponapé (Carolinen)« in: Hamburger Nachrichten, 1880, Nr. 214—216 (8. bis 10. September).
2. »Ueber die Bewohner von Ponapé (östliche Carolinen). Nach eigenen Beobachtungen und Erkundigungen« in: Zeitschr. für Ethnol., Berlin 1880, S. 301 – 332, Taf. XI (Eingeb.) und 16 Textbilder (meist Tätowirung).
3. »Ueber seine in den Jahren 1879—1882 unternommenen Reisen in der Südsee« in: Verhandl. der Gesellsch. für Erdkunde, 1882, S. 7.

Geographischer Ueberblick. Nach den Berechnungen von L. Friederichsen hat Ponapé (unter 6° 43' und 7° 6' n. Br. und 157° 54' ö. L.), bei einem ungefähren Umfange von 13 deutschen geographischen Meilen (60 Seemeilen nach Lütke), einen Flächenraum von circa 7½ deutschen Quadratmeilen, ist also nach Pelau die grösste Insel des Carolinen-Archipels. An 300 Seemeilen nordwestlich von Kuschai erscheint Ponapé, durchaus

[1]) »A Residence of eleven years in New Holland, and the Caroline Islands; being the Adventures of James F. O'Connell, edited from his verbal narrative; published by B. B. Mussey. Boston 1836.«

[2]) »Description of Islands in the Western Pacific Ocean, north and south of the Equator.« London 1852.

[3]) »Reise der österreichischen Fregatte ‚Novara' um die Erde in den Jahren 1857—1859 unter den Befehlen des Commodore B. v. Wüllerstorf-Urbair. Beschreibender Theil. II. Band. (Wien 1861.) XVI. Die Insel Puynipet (S. 394—425).«

[4]) Eine hübsche Schilderung dieses Besuches, welche manche brauchbare Notiz auch für die Ethnologie enthält, findet sich in: »Ferdinand v. Hochstetter's gesammelte Reiseberichte von der Erdumseglung der ‚Novara' 1857—1859 (Wien 1885), S. 276—289.«

[5]) Bedauerlicher Weise hat dieser beste Kenner der Insel, welcher theils als Sammler, theils als Ansiedler mehrere Jahre hier lebte und der Sprache vollkommen mächtig war, seine Erfahrungen nicht mitgetheilt, sondern, soweit mir bekannt, nur Folgendes publicirt:

1. »Die Ruinen von Nanmatal auf der Insel Ponapé (Ascension)« in: Journ. M. G., Heft VI (1874), S. 123—131, Taf. 5 und
2. »Weitere Nachrichten von der Insel Ponapé«, daselbst, Heft VIII (1875), S. 129—135. Beschränkt sich hauptsächlich auf Tätowirung.

gebirgig, dicht bewaldet und von einem Barrier- (Wall-) Riff umgürtet, wie der grössere Zwilling der letzteren Insel. Aber die Gebirgsrücken zeigen durchgehends sanftere Formen, die meist lange flache Kämme, seltener höhere stumpfe Kegel bilden, unter denen der Tolocolme (Monte Santo von Lütke) als der höchste zu 2860 Fuss angegeben wird. Wie Kuschai ist Ponapé vulcanischen Ursprungs und besteht aus »olivin- und augitreichen Basaltlaven in verschiedenen Structurabänderungen« (»Novara«), aber auch aus dichtem Basalt (zum Theil in prismatischer Absonderung), der an mehreren Punkten höchst interessante malerische Partien bildet, wie sie Kuschai nicht aufzuweisen hat. Hierher gehören der merkwürdige zuckerbutförmige Berg Takain in Metalanim-Hafen und der gewaltige Felsendom der Insel Jokoits mit seinen an 1000 Fuss hohen, fast senkrechten kahlen Wänden, eine charakteristische Landmarke für diesen nördlichen Hafen. Die ein bis zwei Seemeilen breite, zum Theil für Schiffe befahrbare Lagune ist viel ausgedehnter als die von Kuschai und besitzt vier Häfen, darunter drei ausgezeichnete (Jokoits oder Jamestown, Metalanim und Roankiti). Sie sind, wie die hydrographischen Verhältnisse überhaupt, in Findlay's vortrefflichem Werke (S. 743—750) eingehend beschrieben und auf der englischen Admiralitätskarte (Nr. 981) ebenso mustergiltig dargestellt. Hier auch die benachbarten, zu Ponapé gehörigen westlichen kleinen Atolle Pakin oder Paguenema-Inseln und Andema- oder Ant-Inseln. Dependenzen von Ponapé sind auch das circa 65 Seemeilen südwestlich liegende kleine Atoll Ngatik oder Raven, identisch mit »Los Valientes« von Don Felipe Tompson (1773) und östlich Mokil und Pingelap (Macaskill).

Flora und Fauna stimmen im Allgemeinen mit Kuschai überein. Die erstere ist ebenfalls von tropischer Ueberfülle und bildet Dickichte, in welche einzudringen nur mit Hackmesser oder Säbel möglich ist, besonders da üppige Lianen überall Halt gebieten. Das Jagen ist daher ausserordentlich mühsam, namentlich auch darum, weil sich sehr schlecht gehen lässt in Folge des mit Moos überzogenen Trümmergesteins, welches meist den Boden bedeckt. Dazu fehlen betretene Pfade, wie sie allenthalben in Melanesien vorhanden sind, und es machte uns einst Mühe, einen Jagdgefährten, der sich im Urwalde verirrt hatte, aufzufinden. Baumfarne sind auch für den Laien eine ins Auge fallende Erscheinung des Waldes. Ausserdem fiel mir die von den Marshalls her bekannte Lilie auf, sowie ein Strauch mit schönen rothen Blüthen (wohl *Hibiscus*) und ein anderer mit kleinen, dichtstehenden, orangerothen und rothen Blüthen, der auf Hawaii sehr häufig ist. Er ernährt dort die Raupe von *Danais erippus*, den ich in der That auch auf Ponapé fand, und erklärt zum Theil mit die sogenannten »Wanderungen« dieses auffallenden Tagfalters.

Besser als die Pflanzenwelt ist die Thierwelt bekannt und dies hauptsächlich ein Verdienst Johann Kubary's. Von seinen an das Museum Godeffroy gesandten Sammlungen scheint indess nur der ornithologische Theil[1]) eingehend bearbeitet worden zu sein, denn auch der Handelskatalog des Museum Godeffroy (VI, März 1877) verzeichnet (ausser sechs Arten pelagischer Fische) nur Vögel, im Uebrigen kein einziges Thier von Ponapé. Einige zoologische Notizen finden sich aber im Kat. M. G. (S. 281).

An Säugethieren besitzt die Insel nur zwei Arten (eine Ratte, »Kitschik«, und einen eigenthümlichen Flederhund: *Pteropus molossinus* Temm.). Vögel, durch die Naturforscher der »Novara-Reise« nur in 7 Arten nachgewiesen, sind durch Kubary,

[1]) Finsch: »Vögel von Ponapé (Seniavin-Gruppe)« in: Journ. M. G., Heft XII (1876), S. 15—40, Taf. 2. »On the birds of the Island of Ponapé« in: Proc. Z. S. Lond., 1877, pag. 778—782. »Beobachtungen über die Vögel der Insel Ponapé (Carolinen)« in: Cabanis, Journ. für Ornithol., 1880, S. 283—296. »Ornithological letters from the Pacific. VI. Ponapé« in: The Ibis, 1881, pag. 109—115.

und wohl erschöpfend, auf 32 Arten gebracht worden, von denen ich während meines Aufenthaltes allein 30 sammelte und beobachtete. Sechs Arten (*Trichoglossus rubiginosus* Bp., *Zosterops ponapensis* F., *Volvocivora insperata* F., *Myiagra pluto* F., *Rhipidura Kubaryi* F. und *Aplonis Pelzelni* F.) gehören der Insel eigenthümlich an. Wie bereits erwähnt, ist das Vorkommen eines Papageis, des einzigen im ganzen Carolinen-Archipel, ganz besonders merkwürdig. Dasselbe gilt in zoo-geographischer Hinsicht in Betreff unserer Sumpfohreule (*Otus brachyotus*), die auf Ponapé Brut- und Standvogel ist. Auffallend erscheint das Fehlen von rallenartigen Vögeln.

Reptilien sind ebenso selten und dieselben Arten als auf Kuschai (ich erhielt nur *Mabouia cyanura*, *Lygosoma smaragdina* und *Platydactylus lugubris*). Reicher an zum Theil ganz anständigen Flüssen als Kuschai, besitzt Ponapé auch Süsswasserfische, wovon ich drei Arten (darunter eine *Perca*) aus dem Pillapenchocolafluss erhielt, die indess in Berlin seither unbestimmt blieben, wie eine interessante Art Krebs (*Astacus* spec.) aus demselben Flusse, nach Kubary der einzige Süsswasserkrebs in ganz Mikronesien.[1]) Die Insectenwelt ist ebenso arm als auf Kuschai und auch hier besonders der Mangel an Tagfaltern auffallend. Ich sammelte nur die weitverbreiteten Arten: *Danais erippus* L. (auch auf Hawaii — *Idea Plexippus* Esch., Taf. VII, Fig. 14), *Hypolimnas Bolina*, *Junonia vellida* (auch bei Port Moresby) und zwei schöne Arten Ordensband (*Ophideres* spec.).

Areal und Bevölkerung. Wie erwähnt, besitzt Ponapé einen Flächeninhalt von 7 ½ deutschen Quadratmeilen — circa 412 Quadratkilometer, ist also ungefähr so gross als das Areal der freien Hansestadt Hamburg. Nach Cheyne besass die Insel Mitte der Vierzigerjahre 7000—8000 Einwohner, aber 1854 wurden durch die englische Bark »Delta« Blattern, und zwar in abscheulicher Weise absichtlich eingeschleppt, indem man einen blatternkranken Matrosen heimlich landete und zurückliess. Die Eingeborenen nahmen sich dieses Unglücklichen liebevoll an, stahlen ihm aber auch zugleich die Kleider, und dadurch verbreitete sich die Seuche in furchtbarer Weise über die ganze Insel und soll (nach Kubary) an 3000 Eingeborene weggerafft haben. Zu meiner Zeit (1880) wurde die Bevölkerung auf 2000, nach dem Missionsbericht von 1891 auf 1705 geschätzt, was kaum 5 Einwohner auf den Quadratkilometer, also eine weit geringere Zahl als selbst auf den armen Atollen Ost-Mikronesiens ergibt. Die Bevölkerung verbreitet sich übrigens keineswegs über die ganze Insel, deren unzugängliches Innere nie bewohnt war, sondern siedelt vorzugsweise in der Umgebung der Häfen, namentlich Metalanim und Jokoits, da Roankiti, früher am dichtesten bevölkert, sich seit der Pockenepidemie nicht wieder erholt hat. Das kleine Atoll Pakin wird (nach Doane) von circa 75—100 Ponapesen bewohnt, Andema nur im Mai bis September von solchen besucht. Ngatik besitzt nur 30—40 Eingeborene, Mokil 95 und Pingelap 800.

Wie wir im Nachfolgenden sehen werden, hat die spanische »Schutzherrschaft« zu blutigen Kämpfen mit den Eingeborenen geführt, die für Ponapé sehr verhängnissvoll waren und ein ähnliches Schicksal wie das der Marianner nicht als unmöglich erscheinen lassen.

Handel. Wegen seiner guten Häfen, reichlichen Provisionen und hübschen Mädchen war »Ascension« den Whalern noch besser bekannt als »Strongs-Island« (Kuschai). Ihre Schiffe verkehrten hauptsächlich in Roankiti, wo noch Ende der Fünfzigerjahre

[1]) Einen anderen Flusskrebs (»*Astacus*« spec.), »der beinahe alle Bäche und Wasserlöcher belebt«, erwähnt derselbe Reisende von Pelau und beschreibt dessen Fang mittelst Schlingen (Ethnol. Beiträge zur Kenntniss des Carolinen-Archipels, II, S. 152, Taf. XXI, Fig. 10 *a*).

während des Nordostpassat (November bis April) 50—60 Walfischfahrer vorsprachen, um Brennholz, Wasser und Provisionen einzunehmen. Weggelaufene Matrosen, welche zugleich als Lootsen dienten, besorgten diesen Handel, namentlich mit Schweinen und Taro; von letzterem wurden damals allein jährlich an 50 Tonnen ausgeführt. Diese Zeiten sind längst vorbei, wie jene, welche jährlich an 500 Pfund Schildpatt lieferten. Johann Kubary, der zu meiner Zeit seine hübsche Besitzung »Mbomp« (= Hügel) in Jokoits-Hafen mit Taro, Yams und Bananen bewirthschaftete und hier sogar Rindvieh hielt, konnte nicht bestehen, weil der Absatz zu gering war. Ab und zu kam ein kleines Fahrzeug, um geringe Quantitäten Kawawurzel für Fidschi einzutauschen, im Uebrigen genügten die beiden deutschen Stationen (A. Capelle und Hernsheim) in Jokoits-Hafen vollständig und waren die einzigen. Copra bildete, wie gewöhnlich, den hauptsächlichsten Export (bei der Spärlichkeit der Cocospalme jährlich aber nur circa 150.000 Pfund), ausserdem werden etwas Elfenbeinnüsse (die Frucht einer Palme, *Phytelephas macrocarpa)*, ausgeführt. Der ganze Umsatz betrug jährlich (nach Hernsheim) nicht mehr als 6000—7000 chilenische Dollars (= 22.000—26.000 Mark), davon der Import circa ein Drittel. Eisenwaaren (Messer, Aexte), Baumwollenzeug (besonders bunte Taschentücher), Munition, hauptsächlich aber amerikanischer Stangentabak bildeten die Hauptartikel; Schnaps und Feuerwaffen waren schon durch die Whaler eingeführt. Bei der Bedürfnisslosigkeit der im Ueberfluss lebenden Eingeborenen ist wenig Aussicht auf lebhaftere Entwicklung des Handels, der immer ein sehr beschränkter bleiben, seit der spanischen Herrschaft aber jedenfalls bedenklich zurückgegangen sein wird. Bezüglich etwaiger Cultivationen ist bei der Faulheit der Eingeborenen auf deren Hilfe, selbst gegen Bezahlung, vollends nicht zu rechnen. Die kleinen Plantagen der Mission, welche schon von den »Novara«-Reisenden bei Roankiti als sehr versprechend gerühmt werden, und wie ich solche später, namentlich bei der Hauptstation Ua (Oua) sah, zeigen freilich die hervorragende Fruchtbarkeit des reichen vulcanischen Bodens, aber trotzdem ist Grossbetrieb völlig ausgeschlossen, selbst wenn Arbeitskräfte vorhanden wären. Die grössten Hindernisse bietet die Beschaffenheit der Insel selbst mit ihren dichtbewaldeten, steilen Bergen, welche, wie schon in Findlay sehr richtig bemerkt wird, kaum einige Acre ebenes Land lassen; dazu Alles dicht mit Basaltgeröll oder grösseren compacten Felsmassen und Blöcken von Basalt bedeckt.

Mission. In demselben Jahre (1852) als auf Kuschai, wurde auch auf Ponapé, und zwar zuerst in Roankiti die Mission gegründet, die anfänglich grosse Fortschritte machte. Ganze Stämme traten, wenn auch mehr äusserlich, zum Christenthum über, so dass 1866 ein grosser Theil der Eingeborenen bekehrt war. Aber bald folgte der Rückschlag; denn die strengen Temperenzgesetze der orthodoxen protestantischen Kirche (mit Verbot von Tabak, Gelbwurz, Schnaps und Vielweiberei) behagten auf die Dauer den Eingeborenen nicht sonderlich. Zu meiner Zeit (1880) gab es allerdings 13 sogenannte Kirchen, aber nach meinen Erkundigungen kaum 250 ständige Besucher.[1]) Mit der spanischen Besitzergreifung im Jahre 1887 ist, wie ganz Ponapé, auch die Mission schwer betroffen und ihre 35 jährige mühevolle und angestrengte Arbeit, welche

[1]) Der Bericht der hawaiischen Mission vom Jahre 1886 gibt über die »Ost-Carolinen« folgende Statistik: 1. Ponapé (3000 Einwohner). 3 weisse Pastoren mit 4 Lehrerinnen, 12 eingeborene Lehrer, 13 Kirchen mit 451 regelmässigen Mitgliedern, 9 Sonntagsschulen mit 300 Schülern; 2. Pingelap (800—1000 Einwohner), seit 1872 gegründet, 1 eingeborener Pastor mit Frau, 1 Kirche mit 236 Mitgliedern, 1 tägliche Schule mit 75—100 Schülern; 3. Mokil (75—100 Einwohner), seit 1872 begründet und fast völlig bekehrt, ist das Missionswerk sehr zurückgegangen, so dass die Kirche nur noch 36 Mitglieder, die Schule circa 25 Schüler zählte.

schon die »Novara«-Reisenden rühmend erwähnen, vernichtet worden. Im September 1891 siedelte die Mission nach Kuschai über. Ob die sechs Kapuziner, welche getreu der glorreichen Vorzeit der ersten spanischen Eroberer auch auf Ponapé mit Soldaten zugleich ihren Einzug hielten, das Missionswerk in derselben friedlichen Weise betreiben werden, darf nach den ersten blutigen Auftritten stark bezweifelt werden.

Schutzherrschaft. Der leidenschaftliche Eifer, mit welchem Spanien, fast kriegslustig, wenn auch nicht kriegsbereit, für die Carolinen und seine angeblichen Rechte auf dieselben eintrat, hielt nicht lange vor. Im December 1885 vertragsmässig im Besitz dieser neuen Domäne, erschien doch erst am 15. März 1887 ein spanisches Kriegsschiff, von Manila her, auf Ponapé, um auf dieser grössten Carolineninsel die Flagge zu hissen und zugleich eine Colonie zu gründen. Dies geschah in sehr einfacher Weise, indem man die amerikanische Missionsstation Kenan ohne Weiteres annectirte und den protestirenden Vorsteher, Pator Doane, als Gefangenen nach Manila führte, wo er übrigens von dem einsichtsvollen Generalgouverneur Don Terrero sofort freigelassen wurde. Inzwischen hatten die neuen Ansiedler, 35 Soldaten nebst einer Anzahl Sträflingen und den unvermeidlichen Patres, in derselben Weise als Eroberer gehaust, wie dies die Spanier in früheren Jahrhunderten bereits zu thun pflegten. Herausfordernd, ohne Schonung von Eigenthum und Person, trieben sie es so arg, dass selbst die friedfertigen und nichts weniger als kriegslustigen Ponapesen, die bis dahin noch nie gegen Weisse gekämpft hatten, zu den Waffen griffen. Kaum drei Monate nach der Besitzergreifung, am 25. Juli, wurden die Spanier überfallen und etliche zwanzig erschlagen, darunter Se. Excellenz der Gouverneur Don Posadillo. Am 31. October brachten zwei Kriegsschiffe 600 Soldaten, und ein schreckliches Strafgericht schien zu drohen. Aber der neue Gouverneur Don Juan de la Concha war ein ebenso besonnener als humaner Herr, der mit Hilfe der sprachkundigen amerikanischen Missionäre die Sache friedlich beilegte. Darauf herrschte zwei Jahre anscheinend Ruhe, obwohl es im Stillen gährte. Denn die neuen »Schutz«-Herren führten ein System der Sclaverei und Besteuerung ein, das die Eingeborenen, wie ehemals ihre Brüder, die Chamorros der Mariannen, nicht zu ertragen vermochten. Im Jahre 1890 folgte ein allgemeiner Aufstand, der zu mehreren blutigen Zusammenstössen führte. Dabei verloren die Spanier, welche zuletzt mit drei Kriegsschiffen 500 Mann landeten, über 160 Soldaten, die Eingeborenen viel mehr, denn in einem Gefechte sollen allein über 300 gefallen sein. Ua, der freundliche Sitz der Mission, war dabei bombardirt und wie alle Häuser der Eingeborenen niedergebrannt worden, so dass von letzteren selbst, wenigstens was waffenfähige Männer anbelangt, überhaupt wohl nicht viele übrig geblieben sein dürften. Spanien hat daher an dieser neuen Südseeperle seiner Krone wenig Freude erlebt und die Strafexpeditionen ihm sicher mehr gekostet, als Ponapé und sämmtliche Carolinen jemals aufbringen werden. Am unglücklichsten sind jedenfalls die Eingeborenen selbst weggekommen, die ohne Zweifel noch eine zufriedene und glückliche Existenz führen würden, wenn sich Se. Heiligkeit für Deutschland entschieden hätte, ohne dass dies deshalb für letzteres ein besonderes Glück gewesen wäre.

I. Eingeborene.

Aeusseres. Die anthropologische Stellung der Bewohner Ponapés als echte Carolinier, respective Oceanier habe ich schon früher so eingehend erörtert, dass ich hier auf diese Abhandlung (S. [488], Nr. 2) verweisen muss. Es ist aber vielleicht nicht überflüssig, auch an dieser Stelle zu wiederholen, dass die Ponapesen ebensowenig eine Mischlingsrace zwischen Mongolen (Chinesen) und Malayen (nach Rev. Damon) sind, als sie zur »Papuan race« (nach Rev. Doane) gehören. Durchaus unhaltbar erweisen sich auch Kubary's Thesen bezüglich der Raceverschiedenheit der prähistorischen und heutigen Bewohner Ponapés: »1. Die Steinbauten sind von einer der heutigen Ponapébevölkerung verschiedenen Race aufgeführt« und »2. Die Erbauer Nanmatals gehörten zur ‚schwarzen Race' und die heutige Bevölkerung Ponapés ist eine Mischlingsrace« (l. c., S. 131), denn wohl selten sind so bedeutungsvolle Schlüsse auf ein armseligeres Beweismaterial begründet worden als in diesem Falle. Vier Schädeldecken, überhaupt Alles was Kubary an Schädelfragmenten in den sogenannten Gräbern der Ruinen fand, sollen nämlich »deutlich zeigen, dass die Schädel dolichocephal oder doch einer vermittelnden Form von Kurz- und Langschädeln entsprechend waren«, und dies wird auf zwei Schädelmessungen begründet, welche Grössedifferenzen von 11, respective 8½ Mm. (!!) ergeben.[1] Obwohl diese Zahlen schon die Leichtfertigkeit der Hypothesen genügend beweisen, so mag doch noch angeführt sein, dass die Ruinenfunde durchaus volle Uebereinstimmung mit den Arbeiten der heutigen Carolinier zeigen, wie auch ausserdem derartige Steinbauten am allerwenigsten auf melanesischen Ursprung schliessen lassen würden. Uebrigens gab Kubary seinerzeit mündlich die Unhaltbarkeit seiner Schlüsse zu mit dem Bemerken, dass er damals überhaupt nicht verstand, Schädelformen zu bestimmen, was gegenüber solchen Fragmenten auch wohl kaum dem gewiegtesten Fachmanne gelingen dürfte. Wenn in der »Novara-Reise« (S. 414) auf das häufige Vorkommen von Mischlingen zwischen Weissen und Negern mit Eingeborenen hingewiesen wird, so bezog sich dies wohl hauptsächlich auf Roankiti, und diese Verhältnisse haben sich seitdem sehr verändert. Damals (1858) lebten allerdings ziemlich viel, im Ganzen circa 30 Weisse auf Ponapé, die vielleicht eine hübsche Anzahl Bastarde erzeugt haben mochten, wie dies, aber immer nur sporadisch, der Fall zu sein pflegt. So bezeichnet Doane (1874) die geringe Bevölkerung der kleinen Ngatik-Atolls, die in Sprache und Aussehen durchaus Ponapesen sind, als »gebleicht von weissem Blute«. Aber hier handelt es sich nur um circa 30—40 Eingeborene, und diese Folgerungen lassen sich nicht zugleich auch auf Ponapé anwenden. Denn, wie ich bereits in meiner Abhandlung nachwies (S. 304), waren Mischlinge, die sich übrigens auf den ersten Blick erkennen lassen, damals selten. Ueberdies fallen dieselben bei wiederholter Kreuzung, schon in der zweiten oder dritten Generation, in die ursprüngliche Race (Weisse oder Eingeborene) zurück, so dass, bei dem geringen Nachschub fremden Blutes, eine besondere Mischlingsrace nicht dauernd entstehen und erhalten bleiben kann.

Die Ponapesen, welche Hochstetter (l. c., S. 280) sehr treffend in ihrer äusseren Erscheinung skizzirt, sind im Ganzen kein schöner Menschenschlag, wenn es auch unter jungen Mädchen, namentlich in Bezug auf Wuchs und Büste, sehr anmuthige Erscheinungen gibt. Das schwarze Haar ist meist schlicht, nicht selten aber auch mehr oder minder lockig und selbst kräuslig. Die Männer haben sehr häufig deshalb ein weibisches Aussehen, weil sie die Barthaare ausraufen, so dass sich selbst in älteren Jahren nur ein spärlicher Bartwuchs entwickelt. Ausgezeichnete Typen von Ponapesen sind Kubary's photographische Aufnahmen (in: »Anthropol. Album des Museum Godeffroy«, Taf. 25

[1] »Ausgegrabene Schädel: Länge 181 Mm., Breite 127 Mm. Heutige native Schädel: Länge 170 Mm., Breite 135½ Mm. (l. c., S. 131).« Die Masse von 9 Schädeln heutiger Ponapesen, die Dr. Krause, mit Ausnahme eines einzigen, als »dolichocephal« bezeichnet, schwanken in der Länge von 170—189 Mm., in der Breite von 125—135 Mm. (Kat. M. G., S. 654 und 655).

bis 27), besonders aber meine Gesichtsmasken von drei Männern und drei Frauen, nach Lebenden abgegossen (»Anthropol. Ergebn.«, S. 19).

Die bekannten **Hautkrankheiten** (*Ichthyosis* und *Psoriasis*) sind auf Ponapé sehr verbreitet und tragen nicht eben zur Verschönerung der Eingeborenen bei.

Sprache. Dieselbe ist eigenthümlich und wird nur noch auf den kleinen Atollen Pakin, Andema und Ngatik gesprochen. Die »Novara-Reise« enthält in Beilage III ein kurzes Vocabular (circa 160 Wörter), welches indess sehr revisionsbedürftig scheint, immerhin aber als einziges Anerkennung verdient. Durch den früheren regen Verkehr mit Walfischfahrern hat sich übrigens Englisch Eingang verschafft, und in den Hafengebieten verstehen viele Eingeborene mehr oder minder in dieser Sprache zu radbrechen.

Charakter und Moral. Die freundliche Aufnahme, welche die ersten weggelaufenen Seeleute schon im Anfang der Dreissigerjahre auf Ponapé fanden, führte der Insel nach und nach mehr zweifelhafte und bedenkliche Elemente zu, so dass dieselbe bald den Ruf als »beachcombers paradise« erlangte und für nahezu ein Vierteljahrhundert behauptete. Cheyne, der die Eingeborenen »im Allgemeinen als gutmüthig, gefällig, ausserordentlich gastfrei, sogar als redlich« schildert, weist aber auch bereits auf die schädlichen und demoralisirenden Einflüsse dieser weissen Gäste hin, welche sich bereits in den Vierzigerjahren bemerkbar machten. Schon damals war durch solche Vertreter der Civilisation die Kunst der Bereitung von »saurem Toddy« eingeführt worden, jenes Schnapssurrogates, das wir bereits auf den Gilbert-Inseln kennen lernten (S. 26 [294] und 50 [320]). Seitdem haben die Eingeborenen in dieser Richtung weitere intelligente Lehrmeister erhalten, denn der aus Palmsaft gebrannte Schnaps, welchen ich 1880 kostete, war gewiss keine Erfindung Eingeborener. Die Letzteren werden daher im Ganzen wenig Nützliches von jenen Europäern gelernt haben, welche damals blutsverwandt, meist als »weisse Kanakas« unter ihnen lebten. Einige solcher alter Veteranen traf ich noch im Gefolge des Idschiban von Metalanim, zu dessen Hofstaate sie gehörten und deren Auftreten, um die milde Form der »Novara«-Reisenden zu wiederholen, »nicht auf ein tadelloses Vorleben schliessen liess«. Die Zeiten, wo jeder angesehenere Häuptling sich aus purer Eitelkeit einen »Hausweissen« hielt, waren ebenso vorbei als jene goldenen des Walfischfanges. Damals konnte jeder verlaufene und verlotterte Weisse alias »beachcomber« mühelos ein sorgenfreies Leben führen, jetzt war dies weit schwieriger und nur noch wenige solcher fragwürdigen Existenzen auf der Insel vorhanden. Hat der Verkehr mit meist notorischen Weissen jedenfalls erst Trunksucht eingeführt und Prostitution zur Blüthe gebracht, so waren die Eingeborenen doch auch vorher nie durch besondere Tugenden ausgezeichnet, wie die meisten Kanakas. Kubary, der Anfangs der Siebzigerjahre die guten Eigenschaften der Ponapesen sehr hervorhebt (l. c., Heft VIII, S. 130), bezeichnete mir dieselben, auf Grund eingehender Erfahrungen, als die miserabelsten aller Carolinier. Ich selbst fand ihr Wesen bei Weitem minder ansprechend als das der kindlichen Kuschaier und lernte in kurzer Zeit Indolenz, Trägheit, Gewinnsucht und Unsauberkeit als wenig angenehme Eigenschaften kennen. Die vielgepriesene mikronesische Reinlichkeit ist jedenfalls auf Ponapé am geringsten heimisch, obwohl, wie in gewissen Gegenden Neu-Guineas (vgl. »Samoafahrten«, S. 235), ein Badeschwamm gleichsam zu dem Necessair des weiblichen Geschlechts gehört. Namentlich bei Visiten auf Schiffen pflegen Mädchen stets einen Schwamm unter dem Arme mitzuführen, über dessen Gebrauch die Mittheilungen meines Gewährsmannes (l. c., S. 318) belehren. Durch Einschmieren mit *Curcuma* wird der ohnehin ziemlich bemerkbare Geruch, welchen Eingeborene fast immer in Folge von Hautausdünstung und ranzigem Cocosöl verbreiten, bei Ponapesen wesentlich und nicht gerade angenehm erhöht. Lästige Parasiten gelten als Leckerbissen, und die königlichen Frauen verschmähten auch die auf ihren Schooss- und Masthunden zahlreich lebenden Flöhe keineswegs, die übrigens auch bei Papuas beliebt sind.

Das Lob der Ehrlichkeit, welches Kubary mit den Worten formulirt: »Stehlen kennt man nicht«, wird durch den Nachsatz: »weil es nichts zu stehlen gibt« bedeutend abgeschwächt, die Meisterschaft im Lügen schon von den »Novara«-Reisenden erwähnt.

Gastfreundschaft haben wir auf Ponapé nicht erfahren, denn für jede Gabe erwartete man ein grösseres Gegengeschenk, ja erkundigte sich wohl gleich nach dem Werthe desselben in Dollars, wie z. B. der Idschibau, obwohl uns derselbe auch nicht eine Cocosnuss geschenkt hatte. Uebrigens waren die Eingeborenen nicht bettelhaft, und wir wurden nie von ihnen belästigt. Dass, wie in ganz Mikronesien, auch auf Ponapé Keuschheit und Tugend keinen Werth haben und eigentlich unbekannt sind, braucht wohl nicht erst erwähnt zu werden. Während aber auf den Marshalls die Häuptlinge mit den Reizen der Töchter von Untergebenen Handel treiben, thun dies auf Ponapé die Väter, die sich auf diese Weise bei Ankunft eines Schiffes leichten Verdienst machen. Uebrigens geschieht Alles ohne Zudringlichkeiten, nicht einmal indecente Geberden und Gesten sind zu bemerken, und Chamisso hätte vermuthlich auch diese braunen Mädchen für so unschuldig und züchtig gehalten als seinerzeit die Ratakerinnen. Aeusserlich bemerkt man also nichts von dem Triebe zur Sinnlichkeit, wie er gerade bei diesem Volke so stark entwickelt zu sein scheint. Wenigstens weisen die raffinirtesten Lüste[1]) des Geschlechtsverkehres daraufhin, wie ich dieselben (»Bewohner von Ponapé«, S. 316) nach Kubary's mündlichen Nachrichten mittheilte, und die jedenfalls auch schon vor Ankunft Weisser geübt wurden.

An dieser Stelle wird auch jene unnatürliche Selbstverstümmelung der Männer zuerst beschrieben, welche, am engsten mit dem Geschlechtsleben zusammenhängend, hier eingereiht sein mag. Matrosen, die lange auf Ponapé ansässig waren, erzählten mir, als ich diese Insel bereits verlassen hatte, dass fast alle Männer den linken Hoden exstirpiren, und zwar dass häufig schon Knaben diese sehr schmerzhafte Operation mit einem Stück geschärften Bambu gegenseitig aneinander ausführen. Ursache dieser Selbstverstümmelung ist die Ansicht, dass man dadurch der sonst auf Ponapé nicht selten auftretenden *Elephantiasis* der Testikel (auf Samoa Fefé genannt) vorbeugt, ganz besonders aber weil die Frauen dies verlangen, da der Geschlechtsgenuss mit einem einhodigen Manne andauernder und höher sein soll. Aus diesem Grunde müssen sich zuweilen noch Männer in vorgerückteren Jahren zu der Operation bequemen, weil sie sonst von den Frauen verächtlich abgewiesen werden. Kubary hat seitdem diesen heiklen Brauch, »Kopatsch« (= Schmuck im allgemeinen Sinne), als »eigentliche Volkssitte« in seinem ganzen Umfange bestätigt und zugleich die Operation, welche an kein bestimmtes Lebensalter gebunden ist und die Zeugungsfähigkeit nicht beeinträchtigt, eingehend beschrieben (in: Joest, »Tätowiren«, S. 91). Nach ihm wird stets der linke Hoden entfernt und die Sitte einzeln auch auf Samoa (hier »Pua« genannt) geübt. Dieselbe ist übrigens auf Niutabutabu, einer der Freundschafts-Inseln, ebenso allgemein verbreitet als auf Ponapé, dieser Insel also nicht eigenthümlich (vgl. »Bewohner Ponapés«, S. 316, Anm.).

---

[1]) Hierher gehört unter Anderem die künstliche Verlängerung der Nymphen durch Saugen, eine Sitte, die Kubary »auf sämmtlichen von ihm besuchten Inseln der Südsee« gefunden haben will (»Ethnol. Beitr., I, S. 88), was ich indess stark bezweifeln möchte, wenn ich mir auch aus Mangel an eigener Erfahrung kein positives Urtheil erlauben darf.

In der eben citirten Abhandlung habe ich auch im Uebrigen meine Beobachtungen über die Charaktereigenschaften der Ponapesen niedergelegt, die im Ganzen den Eindruck eines wenig lebhaften, aber harmlosen und friedfertigen Völkchens machten.

II. Sitten und Gebräuche.

(Sociales und geistiges Leben.)

Da die meisten ansässigen Weissen mit den Eingeborenen und so wie diese lebten, die Mission aber im Ganzen keinen reformirenden Einfluss ausübte, so herrschte zu meiner Zeit noch ziemliche Originalität, und von den alten Sitten und Gebräuchen war im Ganzen wenig verwischt worden.

1. Sociale Zustände.

Stämme und Stände. Staatlich zerfällt Ponapé in fünf Districte: Jokoits, Nut (Ahuak, Awuak), Uu (Ou), Metalanim und Roankiti (letzterer nach Kubary in das eigentliche Kiti und Wana oder Whana), deren Bewohner, nach Kubary, früher (noch vor 40 Jahren) unter einer Anzahl grösserer Häuptlinge standen. Die »Novara«-Reisenden erwähnen Könige (Nanamariki), Minister (Nanikan), grosse Häuptlinge (Tschobiti lappilap), Häuptlinge (Tschobiti), Adelige (Talk) mit besonderen, seltsam klingenden Titeln, und Arbeiter oder Sclaven (?) (Aramas a mal).[1]) Diese vielstufige Ständeeintheilung dürfte wohl aber ebensowenig factisch bestehen oder bestanden haben als jene, welche Bastian anführt, und die ausser Königen (Nanikon), Adel (Aroch), grossen Häuptlingen (Munga), niederen Häuptlingen (Cherizo) und Gemeinen auch noch Priester (Ediomet) unterscheidet. Maré = Häuptling und = Halsschmuck (K.).

Nach Kubary besteht auf Ponapé »die ursprüngliche Eintheilung in Stämme (Tip) noch in voller Kraft«, da deren Zahl aber 22 beträgt, bei der geringen Bevölkerung also kaum 140 Köpfe auf je einen Stamm kommen, so dürfte die Bedeutung derselben keine grosse sein. In der That ist der »Boden der Insel«, nach demselben Berichterstatter, nur unter vier Stämme vertheilt, und zwar 1. Jou en Kowat (Jonkowat) in Jokoits und Nut (unter einem obersten Häuptlinge, der den Titel Nanemoreke führt), 2. Tipuneman čončol in Whana (Roankiti, unter dem »Wuajay«), 3. Tipunebanemay in Metalanim (unter dem »Took«) und 4. Lajigalap in Uu (unter dem »Nooj«). Die obigen, »auf allen vier Hauptplätzen identischen Häuptlingstitel besitzt nur der herrschende Stamm«, fährt Kubary fort, erwähnt aber an anderer Stelle, ausser dem »Lap en Nut«, König des Nut-Districts, noch den »Nanmaraki«, Häuptling des Stammes Jankowat, und auch einen »Nanekin en Jokoits, Häuptling der Tupulaps«. Bezüglich des letzteren zweitgrössten Häuptlings sagt Kubary (a. a. O.) ausserdem, dass er »immer das Oberhaupt des zweitwichtigsten fremden Stammes ist, mit dessen Frauen der herrschende Stamm seine künftigen Häuptlinge erzeugt«, und gibt damit zugleich einen Wink für die Vererbung der Häuptlingswürde.

Nach meinen Erkundigungen herrscht auch auf Ponapé der Brauch, dass der Rang nach der Mutter vererbt und nicht nach dem Vater. Damals gab es fünf grosse Häupt-

[1]) Die meisten Eingeborenen-Benennungen sind dem Vocabular der »Novara-Reise« entnommen, über dessen Richtigkeit ich kein Urtheil habe.

linge oder sogenannte Könige, und zwar nach Rang und Machtstellung folgende: den »Idschibau von Metalanim, den »Nanmareki« von Jokoits und drei »Nanigān« (Nanikin) von Nut, Uu (Ou) und Roankiti. Wie auf Kuschai darf mit Antritt der Würde der Träger derselben nur noch mit dem betreffenden Titel angesprochen werden, und auch andere, selbst weibliche Glieder hoher Häuptlingsfamilien führen solche Titulareigennamen. So hiess z. B. die eine der ältesten Töchter des Nanmareki von Jokoits eigentlich »Amenut«, durfte aber nur bei ihrem Titel »Aunepou« genannt werden. Diese »Prinzessin«, übrigens eine hübsche Person, nahm nicht den geringsten Anstand, gegen Zahlung von einem Dollar und etlicher Stücke Tabak ihre besonders reiche Tätowirung, auch an den geheimsten Theilen, abzeichnen zu lassen.

Den Nanikin von Roankiti lernten die »Novara«-Reisenden als einen nicht gerade sehr mächtigen Herrscher kennen. Zu Kubary's Zeiten (1873/74) bekleidete ein jähzorniger und gewaltthätiger Mann die Nanikin-Würde. Unter Anderem steckte er eines Tages die neuerbaute Missionskirche, worunter selbstredend nur ein stallartiger Bau aus eingeborenem Material zu verstehen ist, in Brand und erstach eine seiner Frauen wegen angeblicher Untreue. Eine derartige Bestrafung durfte sich aber auch nur ein so hochgestellter Herr erlauben, im Allgemeinen kann sie aber nicht als gesetzliche Regel gelten.

Von den zwei höchsten Machthabern, welche wir kennen lernten, war der Idschibau jedenfalls der grösste, aber sie wurden von den Eingeborenen längst nicht mit der Unterwürfigkeit behandelt, wie ich sie auf Kuschai dem Tokoscha gegenüber so auffallend bemerkte, wenn es auch an gewissem Ceremoniell in den Umgangsformen nicht fehlte. Dass sich Häuptlinge äusserlich in keiner Weise unterscheiden, ausser vielleicht bei besonderen festlichen Gelegenheiten durch bessere europäische Kleidungsstücke, mag nur nebenbei bemerkt sein. So war der Idschibau im Faserrock und goldgestickten englischen Uniformsfrack eine gar komische Erscheinung.

Nach Kubary gehört der Boden den Häuptlingen, die ihn den gewöhnlichen Leuten zur Bebauung überlassen und dafür von Zeit zu Zeit Lebensmittel erhalten, sowie den Hauptantheil von Fischereien und vom Schildkrötenfang, wie er früher noch ergiebig war. Solche Tributzahlungen eines Häuptlings an einen höher gestellten sind Veranlassung zu Festivitäten und gehören nach Kubary mit zum politischen Leben. »Der oberste Häuptling macht einmal im Jahre die Runde bei allen seinen Häuptlingen, und diese thun wieder dasselbe bei ihren Untergebenen, wo sie überall gastlich und festlich empfangen werden. Die Vorbereitungen und Theilnahme an diesen Festivitäten füllen die Hauptzeit des Lebens der Eingeborenen aus.« Hierbei mag bemerkt sein, dass dieser Charakterzug der Ponapesen vorzugsweise in Schmausereien Ausdruck findet, wobei jedoch die Bewohner der verschiedenen Districte nicht in Verkehr treten, deren Herrscher sich vielmehr möglichst zu vermeiden suchen. Wir selbst hatten am besten Gelegenheit, dies bei dem Besuche zu beobachten, welchen der Idschibau von Metalanim an Bord der »Franziska« machte, ein Ereigniss, das, nach Kubary, unerhört und einzig in der Geschichte Ponapés dastand, denn »seit 100 Jahren« hatte keiner der beiden höchsten Rivalen nachbarliches Gebiet betreten. Nach ponapesischer Sitte muss bei solcher Gelegenheit zu Ehren des hohen Gastes und seines Gefolges eine grosse Esserei gegeben werden. In der That erschien in diesem Falle auch bald der Nanmareki von Jokoits mit seiner Canuflotte, um seinen Collegen Idschibau einzuladen, der aber vorher die Flucht ergriff, wie ich dies (»Hamburger Nachrichten«, 10. September 1880) ausführlich beschrieben habe (siehe auch: Hernsheim, »Südsee-Erinnerungen«, S. 71). Eine solche Gasterei muss nämlich innerhalb einer gewissen Zeit, ich glaube einen Monat, in grösserem Massstabe erwidert werden, und dazu war der Idschibau damals nicht in der Lage.

Ueber die Erbfolge habe ich nichts erfahren. Aber Kubary erwähnt einer eigenthümlichen Sitte (»Ottöck genannt). »Bei dem Tode des Oberhäuptlings oder dessen nächsten Häuptling findet unter gewissen Umständen eine Beraubung des Verstorbenen wie auch des ganzen Landes statt. Am Sterbetage haben die Eingeborenen das Recht, Schweine, Hunde, Kawapflanzen oder alles Bewegliche zu nehmen. Kommt aber ein entfernter Stamm mit seinen Häuptlingen, um zu weinen, so dürfen die Ankömmlinge von dem ganzen Lande Alles, was sich bietet, nehmen, ein Brauch, der früher zwischen Jokoits und Roankiti herrschte.« Das mag allerdings schon sehr lange her sein und kann für das Leben der heutigen Bewohner Ponapés gestrichen werden.

Verbote. — Tabusitte herrscht auch auf Ponapé und heisst hier »inápwi« (Kubary).

2. *Stellung der Frauen.*

Das weibliche Geschlecht erfreut sich im Ganzen einer guten Behandlung, wenn auch, wie überall, Fälle vorkommen, dass der Mann seine Frau, respective Frauen prügelt, wie dies z. B. dem Nanmareki von Jokoits nachgesagt wurde, wenn er betrunken war. Die Frauen beschäftigen sich hauptsächlich im Hause, namentlich mit Nähen von Matten aus *Pandanus*-Blattstreifen (Nr. 197), die einen kleinen Handelsartikel bilden, haben aber auch, wie überall, am Plantagenbau (Reinigen von Gestrüpp und Unkraut etc.) theilzunehmen. Nach der »Novara-Reise« tragen aber die Männer die Naturproducte der Pflanzungen nach Hause, was sonst meist Frauenarbeit ist, und besorgen sogar das Kochen. Letztere Angabe ist nur bedingt richtig, denn wie überall in der Südsee sind auch hier beide Geschlechter in der Kochkunst gleich bewandert.

Unbeschränkt von Sittengesetzen können sich Mädchen ganz ihren Neigungen, allerdings häufig zum Nutzen ihrer Eltern, hingeben, dagegen wird Frauen eheliche Treue nachgerühmt und Ehebruch (nach Kubary) mit dem Tode bestraft, indess nur ausnahmsweise.

Ueber besondere **Heiratsgebräuche**, ausser den üblichen Schmausereien, habe ich nichts erfahren; nach den Angaben in der »Novara-Reise« hat der Bräutigam dem Vater seiner Auserwählten Geschenke zu machen, deren Annahme als Zusage gilt.

Die **Ehe** ist polygamisch, d. h. jeder kann so viel Frauen nehmen, als er zu ernähren vermag, weshalb sich nur grosse Häuptlinge einen solchen Luxus erlauben, wie z. B. der Nanmareki von Jokoits, dessen neun Frauen, gerade keine Schönheiten, ich selbst kennen lernte. Im Allgemeinen herrscht daher wohl Monogamie. Die erste Frau, aus Häuptlingsblut, gilt übrigens als Hauptfrau und deren Kinder als erbberechtigt. Nach den Erkundigungen der »Novara«-Reisenden muss der Witwer beim Tode der Frau deren Schwester heiraten, wie umgekehrt die Witwe ihren Schwager, was indess nur in Häuptlingsfamilien gilt. Die Ehe ist leicht zu lösen, indem der Mann seine Frau einfach ihren Angehörigen zurückschickt, aber Häuptlingsfrauen, die ihren Mann verlassen, dürfen keine neue Ehe eingehen, wohl aber ihre Gunst irgend einem Anderen schenken. Wie auf den Marshalls kann übrigens ein Mann von geringer Herkunft durch Heirat mit einer Häuptlingstochter zu dieser Würde gelangen. Kinderliebe ist, wie bei allen Südseevölkern, auch bei den Ponapesen sehr ausgeprägt und die Jugend uneingeschränkt in ihren Freiheiten.

3. Vergnügungen.

Wie bereits im Vorhergehenden bemerkt, gehören nach Kubary Festlichkeiten mit zu den Hauptbeschäftigungen der Ponapesen, die damit den Haupttheil ihres Lebens verbringen, wenn dies gewiss auch nicht wörtlich zu nehmen ist. Im Gegensatz zu den Marshall-Inseln, wo sogenannte Tänze die Hauptsache sind, handelt es sich auf dem an Lebensmitteln reichen Ponapé in erster Linie um Gastereien, respective Schmausereien, bei denen Hundebraten nicht fehlen darf. Gewöhnlich finden bei derartigen Festivitäten auch **Tanzaufführungen** statt, die namentlich von jungen Leuten beiderlei Geschlechts auch in Vollmondnächten als besondere Belustigung beliebt sind. Dieses »Wandeln unterm Mond«, wie es nach Kubary auf Pelau genannt wird, dient selbstredend nebenbei zu allerlei Liebesaffairen, die nicht selten zu Heiraten führen. Nach den »Novara«-Reisenden, die, wie es scheint, Augenzeugen waren, sind die ponapesischen Tänze durchaus decent und bestehen hauptsächlich in Stampfen mit den Füssen und »graciösen« Bewegungen der Arme und des Oberkörpers, wobei mit den Händen geklatscht wird. Bemerkenswerth ist, dass beide Geschlechter an den Tänzen theilnehmen, und zwar junge Burschen und Mädchen je in einer langen Reihe sich einander gegenüberstehend (»Novara-Reise«, S. 419). Kubary gedenkt dieser Tänze ebensowenig als

Musikinstrumente, unter denen die hölzerne Trommel deshalb ethnologisch von besonderem Interesse ist, weil sie in ganz Mikronesien sonst nur noch auf den Marshall-Inseln vorkommt und in der Form ganz mit der »Adscha« der letzteren (Fig. 17, S. 132 [388]) übereinstimmt. In der That unterscheidet sich die hölzerne, an der oberen schmäleren Oeffnung mit Magenhaut von Haifisch bespannte Trommel, welche ich vom Nanmareki von Jokoits kaufte, von marshallanischen nur durch bedeutendere Grösse (Länge 1·36 M., Durchmesser unten 31 Cm.). Da ich nur dies eine Exemplar sah und Kubary weder von Ponapé, noch sonst aus den Carolinen Trommeln erwähnt, so entstand später Verdacht in mir, der Nanmareki könne mir eine zufällig von den Marshalls erlangte Trommel untergeschoben haben. Die »Novara«-Reisenden beschreiben aber ganz übereinstimmend ebenfalls Trommeln (»Kadschang«) von Ponapé, die sie auch in Benützung sahen. »Der Trommler sitzt mit über das Kreuz geschlagenen Beinen auf dem Boden und begleitet die Trommelschläge mit eigenthümlichen Gesangsweisen. Die Trommel wird mit den Fingern der rechten Hand geschlagen, während das Instrument auf der linken Seite ruht« (S. 420). In demselben Werke wird bereits die Nasenflöte[1]) erwähnt, von welcher ich Exemplare durch Kubary erhielt. Ein solches Instrument besteht aus einem circa 60 Cm. langen Stück Bamburohr (20 Mm. im Durchmesser), das, mit symmetrischen Figuren in Querringen und Sternen bestehend, in Brandmalerei verziert ist. Schalllöcher zum Fingern, welche in der »Novara-Reise« erwähnt werden, fehlten, auch wird das Instrument nicht geblasen, indem man es »in das Nasenloch steckt«, sondern man hält das eine Ende der Röhre an das eine Nasenloch, bläst hinein und sucht durch Drücken und Zuhalten des anderen verschiedenartig modulirte Töne hervorzubringen, die sich zu keiner eigentlichen Melodie gruppiren und überdies sehr schwach sind. Aus diesem Grunde dient die Nasenflöte auch nicht zur Begleitung der Tänze, respective Gesänge, sondern dazu nur die Trommel.

---

[1]) Dieses Instrument ist auch in Melanesien gebräuchlich (Neu-Guinea, II, S. 122), wie früher auf Tahiti (Gill: »Life in the Southern Isles«, S. 205, Fig. 1) und Tonga (Kat. M. G., S. 195).

Muscheltrompeten (aus *Tritonium*), früher das übliche Instrument zum Signalblasen, wurden zu meiner Zeit wenig mehr gebraucht.

Tanzgeräth und Schmuck. Von ersterem erhielt ich nur das folgende eigenthümliche Geräth:

Tanzpaddel (Taf. V [22], Fig. 12), ruderförmiges, circa 58—84 Cm. langes, an der Basis 17—18 Cm. breites flaches Blatt, mit circa 47—58 Cm. langem runden Stiele. Das Blatt ist an beiden Seiten mit Schnitzerei verziert; die schwarz bemalten Dreiecke sind erhaben, die hellen Zwischenräume mit vertieften Querrillen gearbeitet; als Verzierung dienen kleine Quasten aus *Hibiscus*-Faser, die durch Löcher längs dem Rande gesteckt und mit rother Wolle festgebunden sind. Jokoits.

Ich erhielt auch Exemplare mit am spitzen Ende zum Theil durchbrochener Arbeit. Die vertieften Muster sind häufig mit Kalk weiss eingerieben. Zweck und Handhabung dieses Geräthes, welche ich mir zeigen liess, sind sehr eigenthümlich. Es wird nämlich mit dem geschlossenen Daumen und Zeigefinger der Linken lose am Stiele gehalten, mit der Rechten dagegen so ausserordentlich schnell gedreht, dass das Blatt mit seinen Quasten wie ein sich schnell bewegendes Rad aussieht. Die Kunst besteht nun nicht allein darin, das Tanzpaddel möglichst rasch zu drehen, sondern auch verschiedene abwechselnde Figuren hervorzubringen, die bei Theilnahme einer grösseren Anzahl von Tänzern gewiss recht wirkungsvoll sein mögen.

Die Forscher der »Senjavin-Reise«, welche die Bewohner Ponapés nur in ihren Canus kennen lernten, berichten, mit welcher Lebhaftigkeit sie von denselben begrüsst wurden. Die Leute auf der Plattform schrieen unaufhörlich und tanzten dazu. Doch bestand der Tanz hauptsächlich »in einer fortwährenden inneren Erregung und vorzugsweise waren Arme und Finger dabei betheiligt«. Das erinnert lebhaft an die sogenannten Tänze auf den Marshall-Inseln (vgl. S. 133 [389]). Postels hebt übrigens ausdrücklich die staunenswerthe Fertigkeit hervor, mit welcher einige Tänzer die Ruder zu drehen verstanden, die in diesem Falle also statt der ganz ähnlich geformten Tanzpaddel benützt wurden.

Die im Kat. M. G. (S. 317, Taf. XXXI, Fig. 3) von »Mortlock« beschriebenen »Tanzattribute« sind solche Tanzpaddel und unzweifelhaft von Ponapé, wie schon die Verwendung von rother Wolle und europäischen Zeugstreifen genügend beweist. Ein in Form und Muster sehr abweichendes Tanzpaddel bildet Edge-Partington (Taf. 178, Fig. 1) angeblich von »Mortlock« ab, von derselben Localität ein anderes (Taf. 179, Fig. 2), welches sich durch das doppelte Blatt (eines an jedem Ende) auszeichnet und darin mit dem »Tanzschmuck« im Kat. M. G. (S. 146, Nr. 3509), angeblich von »Pelau«, übereinstimmt. Aber Kubary notirt weder von letzterer Insel, noch Mortlock oder sonst aus den Carolinen ein derartiges Geräth, das demnach für Ponapé eigenthümlich zu sein scheint (»vielleicht auf Pelau«, S. [277], zu streichen).

Interessant ist das Vorkommen von Tanzpaddels im fernen Osten Oceaniens, und zwar der Osterinsel. Nach den Abbildungen von Thomson (l. c., Pl. LIII) haben diese Tanzpaddel ebenfalls an jedem Ende ein breites, in der Form aber wesentlich abweichendes breites Blatt.

Analoge, in der Form aber sehr verschiedene Tanzpaddel oder Tanzkeulen kommen auch in Melanesien, und zwar auf den Salomons vor (vgl. Guppy, »Dance-Club of Treasury Isl.«, Pl. 74, Fig. 6 und Kat. M. G., S. 52, Nr. 3182, Taf. VI, Fig. 3, angeblich von »Neu-Irland«, aber jedenfalls Salomons; Buka). Auch auf Fidschi führen die Männer bei gewissen Tänzen paddelförmige Keulen in der Linken, die nichts Anderes als Tanzgeräthe sind (Wilkes, III, S. 216).

Tanzschmuck. Ausser dem üblichen Bemalen mit gelber Farbe *(Curcuma)* dienen die meisten unter modernem Schmuck erwähnten Gegenstände als Festschmuck, als besonderer Tanzschmuck aber eine Art eigenthümlicher Handmanschetten aus Palmblatt (s. »Senjavin-Reise«, Pl. 24).

Spiele. Ich habe in dieser Richtung keine Erfahrungen sammeln können, aber Kubary erwähnt in seiner Abhandlung über »die socialen Einrichtungen der Pelauer« beiläufig einige Belustigungen von Ponapé. Dazu gehört das »Alajap«, wo zwei Parteien Männer gegenseitig ihre Kräfte erproben, indem sie an einem langen Stocke oder an den Händen eines starken Mannes ziehen. »Pator« heisst das Ringen zweier Männer, das auch auf Pelau geübt wird, ebenso wie eine Art Ballspiel (»Taptap«). Man bedient sich dazu einer Wuiafrucht *(Barringtonia speciosa)* oder einer aufgeblasenen Schweinsblase, die in die Luft geworfen und beständig mit Handschlägen in Bewegung gehalten wird, damit sie nicht auf die Erde fällt. In ganz ähnlicher Weise bedienen sich die Kinder an der Südostküste Neu-Guineas aufgeblasener Fischblasen (II, S. [124]). Das nicht näher beschriebene »Urur«-Spiel von Mortlock ist nach Kubary durch Missionszöglinge auf Ponapé eingeführt worden.

4. Fehden und Waffen.

Alle Berichterstatter schildern die Ponapesen als ein sehr friedfertiges Völkchen, das nur selten und meist unblutige Kämpfe führte. Zur Zeit des Besuches der »Novara« lebten zwei Stämme des Jokoits-Districtes bereits seit sechs Monaten in Fehde, ohne dass nur Einer verwundet worden war. Und doch besass schon damals jeder Eingeborene Feuerwaffen, denn die Zahl der Gewehre (»Kotschak«) wurde auf 1500 geschätzt. Aber wie sehr richtig bemerkt wird, hatte der Besitz derselben die Kriege verringert und unblutig gemacht, eine Erscheinung, die ich selbst auch anderwärts beobachtete. Wie bereits erwähnt (S. 236 [492]) griffen die Ponapesen aber in neuester Zeit gegen die Spanier zu den Waffen und scheinen sich dabei mit dem Muthe der Verzweiflung ausserordentlich hartnäckig gewehrt zu haben. Kubary, der wohl selbst keinen Krieg auf Ponapé erlebte, sagt darüber nur: »Kriege, welche dann und wann um die Erhaltung des eroberten (!) Ansehens geführt wurden, waren mehr Geschrei als lebensgefährliche Unternehmungen.« Als Hauptwaffe der früheren Zeit nannte mir Kubary nur ziemlich roh gearbeitete Wurfspeere, sagt aber a. a. O. (»Ethnol. Beitr.« etc., I., S. 57, Anm. 2): »Auf Ponapé, wo die alten Waffen beinahe ganz vergessen sind, besteht der »Oc« (Speer) aus einem circa 1·50 M. langen Schaft (aus Cocosholz), an dessen Spitze ein einfacher Rochenstachel (Likanten kap) befestigt wird. Nur im Kriege wird er, in Bündeln nachgetragen, als Wurfspeer gebraucht.« Damit stimmt die Abbildung im Atlas der »Senjavin-Reise« (Pl. 31, Fig. 5), wohl die einzige einer altponapesischen Waffe überhaupt, überein. v. Kittlitz vermuthet, dass die »schwachen Wurfspiesse« mehr zur Fischerei als für den Krieg bestimmt sind. Wohl nicht aus eigener Anschauung ist die kurze Beschreibung von Ponapé-Speeren in der »Novara-Reise« (S. 414). Darnach bestand die Spitze dieser an 6 Fuss langen Speere (»Kotéu«) aus »Fischknochen, Dornen (!) oder scharfgespitzten Muscheln (!)«. Wenn das Wörterverzeichniss desselben Reisewerkes auch »Katschin-Kotéu = Pfeil und Bogen« aufführt, so haben sich diese Namen aus irgend einem Versehen eingeschlichen.

Die häufigste und beliebteste Waffe der früheren Zeit war die **Schleuder**, wovon ich übrigens keine mehr zu Gesicht bekam, ebensowenig als irgend eine andere eingeborene Waffe. Dagegen fand ich in den Ruinen Steine, wie den folgenden:

Schleuderstein (Taf. II [19], Fig. 18) aus Basalt, rundlich-eiförmig und anscheinend (wie die Schleudersteine von Ruk) nachgeschliffen. Ruinen von Nantauatsch.

Nach Postel's Angaben wurde die Schleuder um den Kopf geschlungen getragen, wie dies noch heute auf Ruk geschieht. Aber die im Atlas der »Senjavin-Reise« (Pl. 24) dargestellten Kopfbänder sind sicher keine Schleudern, sondern nur Putz. Lütke's Notiz: »Die Männer trugen einen 4—5 Fuss langen Tapastreif, circa 2 Fuss breit, um den Kopf, der auch als Schleuder dient« (Voyage II, S. 27) ist ebenfalls sehr unklar.

Einige Bemerkungen über die frühere Kriegsführung auf Ponapé theilt die »Novara-Reise« (S. 414) mit, aus denen unter Anderem hervorgeht, dass bei Friedensschluss grosse Festlichkeiten stattfanden. Die »künstlichen Hügel (20 Fuss breit, 8 Zoll hoch und 1/4 Meile lang)«, welche in demselben Werke (S. 421) aus der Umgebung von Roankiti beschrieben werden, waren sicher nicht »zur Vertheidigung oder deshalb aufgeworfen worden, um nach einem Gefecht als Begräbnissplatz zu dienen«, sondern Bodenculturen. Dies wird aus den hier zugleich erwähnten »gelichteten Stellen, von denen einige viele Acres Ausdehnung hatten«, vollends bestätigt.

5. Bestattung.

In Bezug auf diese erfuhr ich nur, dass die Leiche in Schlafmatten aus *Pandanus*-blättern eingepackt und verschnürt begraben wird, wobei natürlich die üblichen Trauerklagen und Schmausereien nicht fehlen. Aehnlich wie auf Pelau werden dem Leichnam die Oeffnungen des Anus, der Urethra, respective Vagina mit Schwamm zugestopft (Kubary). Nach den Angaben in der »Novara-Reise« wurde der in »Strohmatten« (!) eingehüllte Körper im Hause einige Zeit bewahrt, während welcher die Angehörigen »durch lautes Seufzen und Weinen bei Tag und durch Tänze bei Nacht« ihren Schmerz ausdrückten und sich als Zeichen der Trauer das Kopfhaar abschnitten (S. 418). Das gesetzlich erlaubte Mitnehmen aller beweglichen Güter und Habseligkeiten des Verstorbenen, durch wen es immer sein mochte, war indess keine allgemein übliche Sitte, wie hier gesagt wird, sondern fand (nach Kubary) früher nur beim Tode eines grossen Häuptlings statt (s. vorne S. 242 [498]). Grabstätten habe ich nicht gesehen; bezüglich der sogenannten »Königsgräber« gibt der Abschnitt »prähistorische Bauten« Auskunft.

6. Geister- und Aberglauben.

Wäre Kubary dazu gekommen, diese schwierigen Capitel zu bearbeiten, so würden wir jedenfalls ein ganzes Buch über die »Religion« der Ponapesen besitzen. In Ermanglung desselben müssen wir uns mit einzelnen verstreuten Notizen begnügen, die fast ebenso unvollkommen und zum Theil bestreitbar sind als diejenigen über die gleiche Materie auf Kuschai. Im Anschluss an die Beschreibung der prähistorischen Bauten von Nanmatal (Journ. M. G., Heft VI, 1874, S. 129) berichtet Kubary über die »heidnische Religion Ponapés, wie sie damals allerdings nur noch an einem Platze in Roankiti betrieben wurde«, und zwar von der geheimen Gesellschaft »Dziamorou«. Sie bestand aus den Häuptlingen und mehr oder weniger Eingeweihten, die erst ein Examen zu bestehen hatten und sich äusserlich durch langes Haar kennzeichneten, das nie abgeschnitten, sondern nur abgesengt werden durfte. Die »Dziamorou«, welche gleich den Freimaurern in verschiedene Grade zerfielen, versammelten sich jährlich einmal in einem besonderen Hause auf einem »geheiligten« Platze, der mit einem Steinwall umgeben war und von Uneingeweihten bei Todesstrafe nicht betreten werden durfte.

Die »Dziamorou«-Brüder von Metalanien feierten ihr Jahresfest in den Steinwällen der Insel Nangutra auf Nantauatsch. Hier war ein »Gotteshaus«, in welches nur die beiden Zauberer des Königs eintreten durften, während die übrigen Brüder sich vor demselben um einen Stein niederliessen, auf welchem man Kawa zerstampfte, wovon der erste Becher dem »Gotte« geweiht war. Vorher hatte eine Weihe aller im letzten Jahre gebauten Canus stattgefunden, wovon eines, nur für die »Gottheit« bestimmt, unbenutzt im Hause des Königs aufgehangen wurde. Nach den »Kawa-Opfern« ging es »nach der Insel Itel, wo der riesenhafte vergötterte Seeaal innerhalb einer 5 Fuss hohen und 4 Fuss dicken Mauer leben sollte. Auf einem Steinhügel wurde alsdann eine Schildkröte geopfert und deren Eingeweide auf einer gepflasterten Stelle in der Behausung des Aales hingelegt«. Wir haben hier also einen ausgebildeten Cultus, dem Kubary aber nicht beiwohnte, denn wie er selbst sagt, verräth kein »Dziamorou« die Geheimnisse, und es liess sich nur so viel erfahren, dass bei diesen Festen viel gegessen und Kawa getrunken wurde. Die religiöse Bedeutung der schon verschwundenen »Camoron-Gesellschaft«, wie Kubary a. O. bemerkt, dürfte daher nicht allzuhoch anzuschlagen sein, denn in Wahrheit handelt es sich wohl nur um Festivitäten der Männer, die deshalb heimlich stattfanden, um die Frauen fernzuhalten. Wie wir bereits wissen, spielen ja überhaupt Festessen im Leben der Ponapesen eine hervorragende Rolle. Auffallend ist es auch, dass Kubary mit die Hauptsache vergisst, nämlich den Namen des Gottes oder der Gottheit, zu deren Verehrung die Feste mit »religiösen« Tänzen gefeiert wurden. Bastian, der mit allen guten und bösen Göttern Bescheid weiss, nennt die ponapesische Gottheit »Izopan« und gedenkt noch der »Todtenseelen Hani oder Ani«. Mit letzterem Worte bezeichnen aber, nach Kubary, die Ponapesen alle ihre zahlreichen Geister, besonders aber einen Fisch als Verkörperung, was sehr an den »Anitschglauben« der Marshallaner erinnert (s. S. 139 [395]). In der That scheinen die spiritistischen Anschauungen der Ponapesen in der Grundidee mit denen der Marshallaner übereinzustimmen und finden sich in ähnlichen Formen weit über Mikronesien und der Südsee wieder, ohne dass deshalb von einer einheitlichen Religion die Rede sein kann. Noch erwähnt Kubary a. O., dass der unter Jokoits gehörige Stamm »Tip en way« »den Rochen als seine Schutzgottheit betrachtet und denselben grosse äussere Verehrung erweist«. Mit völliger Ignorirung seiner vorstehenden Mittheilungen erklärt Kubary schliesslich (Journ. M. G., Heft VIII, 1875, S. 130), »dass der Ponapese die Geister seiner tapferen Vorfahren anbetete und ihren Schutz erflehte«. Damit stimmen die Erkundigungen der »Novara«-Reisenden überein, die ausserdem noch von »Götzenpriestern« sprechen (S. 419), in denen sich deutlich die Weisssager der Marshallaner (S. 139 [395]) wiederspiegeln. Hier auch die phantasievolle Vorstellung der Ponapesen über ein zukünftiges Leben. Im Uebrigen erfuhren diese Forscher dasselbe wie ich, nämlich dass die Bewohner Ponapés keine Götzenbilder, noch Tempel und, wie ich nach mündlicher Mittheilung von Kubary hinzufügen will, auch keine Priester, also auch keine eigentliche Religion besitzen.

III. Bedürfnisse und Arbeiten.

(Materielles und wirthschaftliches Leben.)

1. *Nahrung und Zubereitung.*

Von gleicher Beschaffenheit und Fruchtbarkeit des Bodens als Kuschai, sind die Ernährungsverhältnisse ebenso günstige und wie dort bildet eine geregelte Plantagenwirthschaft die Hauptbeschäftigung der Bewohner und liefert die vorherrschende Nahrung. Die **Culturpflanzen**, welche angebaut werden, sind dieselben, darunter, wie fast überall in Mikronesien, treffliche Brotfrucht (»Mahi«: »Novara«; »May«: Kubary) die wichtigste. Aus ihr bereitet man jene Dauerwaare, welche wir schon von den Marshalls (»Piru«, S. 143 [399]) und Kuschai kennen und die, in gleicher Weise in Gruben verwahrt, sich sehr lange hält, wenn auch gerade nicht »mehrere Jahre« (»Novara-Reise«, S. 407). Taro *(Caladium esculentum)* bildet nächst Brotfrucht die wichtigste Nährpflanze; ausserdem die Banane (»Ut«: »Novara«; »Utsch«, »Karac«: Kubary), die nach K. in 18 Varietäten cultivirt wird. Von Yams *(Dioscorea)* erwähnt Kubary zwei wildwachsende Arten (»Kap en eyr« und »Palay«), sowie die Bereitung von Arrowroot (»Mokomok«). Süsse Kartoffeln und Zuckerrohr (»Katschin-tschu«: »Novara«; »in en çep«: Kubary) werden ebenfalls angebaut, während die Cocospalme (»Erring«: »Novara«; »Ni«: Kubary), wie auf Kuschai spärlicher vorkommend, nicht jene Wichtigkeit für die Ernährung hat als auf den niedrigen Inseln. Dasselbe gilt in Bezug auf *Pandanus*, dessen Früchte wohl nur nebensächliche Bedeutung haben. Ananas und Melonenbaum *(Carica papaya)*, durch Weisse eingeführt, gedeihen vorzüglich, werden aber von Eingeborenen wenig cultivirt, dagegen die so wichtige Gelbwurzpflanze (Eon).

Die Zubereitung der vegetabilischen Nährproducte geschieht in der üblichen Weise mittelst Rösten und Backen in heisser Asche oder zwischen glühenden Steinen, da Töpfe unbekannt sind oder doch nur beschränkt als europäische Tauschartikel im Haushalt von Häuptlingen Eingang fanden. In gleicher Weise wird die untergeordnete **Fleischkost** gargemacht (und zwar ohne Salz), welche hauptsächlich in Erzeugnissen des Meeres, besonders Fischen (»Maam«) und Conchylien besteht. Bemerkt zu werden verdient, dass die Fische in diesen Gewässern nicht giftig sind, und zwar auch solche Arten, deren Genuss in den Marshalls die übelsten Folgen nach sich ziehen würde. Grössere Fische röstet man in üblicher Weise, kleine werden roh gegessen wie die meisten übrigen Meeresthiere, darunter auch Tintenfische *(Octopus)* und Holothurien (»Menika«). Das nesselartige Brennen, welches manche dieser letzteren Arten beim Anfassen verursachen, soll der Ponapese als angenehm prickelnden Zungenreiz empfinden. Unter den zahlreichen Arten Schalthieren sind die folgenden kleinen Bivalven (deren Bestimmung ich Herrn Prof. v. Martens [Berlin] verdanke), die hauptsächlichsten Nährmuscheln und werden roh gegessen: *Cytherea (Caryatis) obliquata* Hanley (»Littip«, schmeckt gut), *Perna vitrea* Reeve (gut), *Arca (Anadara) uropygmelana* Born. (nur jung gut), *Modiola australis* Gray (schlecht), *Lucina edentata* L. (schlecht), *Psammobia (Psammotella) ambigua* Desh. (»Kodjo«, schlecht), *Psammothaea elongata* Lam., *Circe gibbia* Lam. und *Septifer bilocularis* L. (schlecht). Da fast alle Arten im Schlamme von Brack- und Salzwasser leben (nur *Perna vitrea* an Wurzeln von Mangrove), so konnte ich mich mit dem Geschmacke dieser tropischen »Austern« nicht befreunden und ziehe unsere gewöhnliche Miesmuschel *(Mytulis edulis)* selbst der noch am wohlschmeckendsten »Littip« vor. Kubary gedenkt noch einer »der *Anodonta* verwandten« Bivalve (»Kopul« genannt), die im Schlamme der Mangrovesümpfe lebt, und rühmt dieselbe als sehr schmackhaft. Ausgezeichnet fand ich dagegen den ponapesischen Flusskrebs *(Astacus?)*, der auch den Eingeborenen als Leckerbissen gilt. Alle diese culinarischen Genüsse lernten wir bei einem Dinner à la native kennen, das uns von Kubary veranstaltet wurde, und bei dem Fruchttauben und Brotfrucht natürlich nicht fehlten. Meeresschildkröten sind so selten geworden, dass sie nur gelegentlich auf den Tisch von Häuptlingen kommen, häufiger dagegen die sehr zahlreichen Fruchttauben (»Muli«, *Carpophaga oceanica*), welche seit Einführung von Feuerwaffen zuweilen von Eingeborenen gejagt werden. Dasselbe gilt in Bezug auf die viel scheueren Wildhühner, von denen wir noch nicht wissen ob sie der Insel eigenthümlich angehören oder nur verwilderte Haushühner (»Malik«) sind. Ich untersuchte nur ein Paar, von denen der Hahn ziemlich mit *Gallus ferrugineus* (Bankiva) übereinstimmte, die Henne dagegen offenbar durch Domestication entstandene Abweichungen zeigte (vgl. Proc. Zool. Soc. London, 1877, S. 780). Jedenfalls dürfen die Hühner von Ponapé zu den **Hausthieren** gezählt werden, als welche man sie nicht selten bei den Hütten der Eingeborenen sieht. Viel wichtiger im Leben der Ponapesen ist dagegen der **Haushund**, welchen die ersten Europäer schon vorfanden und der, wie auf Tahiti, Hawaii und Neu-Seeland, schon von jeher als höchster Genuss den Festbraten lieferte. Nach der Beschreibung, welche Lütke (II, S. 31 und Kittlitz, II, S. 77) von dieser »von allen europäischen Hunden durchaus verschiedenen Race« gibt (»stehende Ohren, Schwanz hängend, Weiss mit Schwarz gefleckt«) steht dieselbe jedenfalls dem Papuahunde (S. 322 [108]) am nächsten, besonders auch deshalb, »weil diese Hunde nicht bellen, sondern nur heulen«. Das Vorkommen einer eingeborenen Hunderace im Carolinen-Archipel ist äusserst interessant, da diese Thatsache mehr als alles Andere die Einwanderung des Menschen (jedenfalls von Westen her) beweist. Ich sah keine eingeborenen Hunde von reiner Race mehr, sondern nur schlechte, mit europäischen gemischte, meist kleine Köter von allerlei Farben, fand aber die Liebhaberei für dieses Hausthier noch so lebhaft als ehemals. Wie bei den Papuas Neu-Guineas werden Hunde lediglich zu culinarischen Genüssen gezüchtet und bilden bei Festlichkeiten das leckerste Gericht. Der Nanmareki wollte uns daher auch mit Hundebraten ehren, freute sich aber offenbar, als wir dankend ablehnten. Die Methode, in welcher die Frauen die Mästerei junger Hunde mit Brotfruchtteig gewaltsam, aber systematisch betrieben (l. c., S. 325), war ebenso ekelhaft, als wie es das Schlachten und Zubereiten sein soll. Der Festhund wird getödtet, indem man ihn an den Hinterbeinen fasst und mit dem Kopfe an einen Stein schlägt, dann wird er am Feuer abgesengt, ausgenommen und in einer Grube, in Blätter eingehüllt, zwischen heissen Steinen geröstet.

Das durch Europäer seit Langem eingeführte Schwein (nach dem Englischen »Piig«), das zum Theil sehr häufig und auch verwildert vorkommt, steht in der Gunst der Eingeborenen weit hinter dem Hunde zurück, wird indess auch nicht verschmäht und bildet den Hauptheil grosser Gastereien.

Rindvieh gedeiht vortrefflich auf Ponapé, wurde aber nur in sehr beschränkter Zahl auf der Missionsstation Ua, sowie von Kubary gehalten, der damals aber nur einen ziemlich verwilderten Bullen besass.

Bezüglich der **Kochkunst** der Ponapesen habe ich keine Erfahrungen sammeln können, wohl aber bemerkt, dass die Mahlzeiten keineswegs so regelmässig abgehalten werden, wie dies, auch hinsichtlich der ganzen Tageseintheilung, die »Novara«-Reisenden (S. 417) schildern.

Das hier erwähnte häufige Baden geschieht weniger aus Reinlichkeit, sondern zur Abkühlung; doch bemerkte ich, dass man nach Mahlzeiten den Mund etwas ausspülte und die Finger benetzte.

Als übliche Getränke dienen, wie überall, Wasser und namentlich Cocosnussmilch; doch trinken, wie alle Eingeborenen, auch die Ponapesen im Ganzen wenig.

Reizmittel. Wie erwähnt, wurde die Kunst, aus Palmsaft den berauschenden »sauren Toddy« zu bereiten, ja sogar Schnaps zu brennen, durch Weisse eingeführt (s. vorne S. 238 [494]), aber solchen Luxus können sich nur grosse Häuptlinge erlauben. So bekam ich echten »Palmschnaps«, einen greulichen Fusel, nur beim Nanmareki von Jokoits zu kosten, der übrigens selbst den schlechten Hamburger »Gin« seinem eigenen

18*

Berauschungsmittel vorzog. Nach Kubary bereiten die Bewohner von Pelau und Yap keinen sauren Toddy, wohl aber aus dem Blüthensaft der Cocospalme jenen Syrup, den wir bereits auf den Gilbert-Inseln kennen lernten (vgl. S. 51 [319]). Besonders wichtig wird dieser, übrigens in eisernen Töpfen eingekochte Syrup (»Aylaoth«) auf Pelau (s. Kubary: »Ethnol. Beitr.«, II, S. 172).

Kawa (»Djokau«) war damals noch der grösste Genuss, in welchem aber nur Vornehme schwelgen konnten, da die Pflanze *(Piper methysticum)* nicht allzu häufig ist. Der 2—4 Fuss hohe grossblätterige Strauch wächst zum Theil wild auf den Bergen der Insel, wird aber meist in der Nähe der Häuptlingshäuser besonders cultivirt. Nach ponapesischer Sitte müssen angesehene Gäste mit Kawa geehrt werden, bei der Schäbigkeit des Nanmareki bedurfte es aber erst einer besonderen Aufforderung, da es mir darum zu thun war, die Bereitung kennen zu lernen. Dieselbe weicht nicht unwesentlich von der sonst in Oceanien üblichen ab, wo bekanntlich nur die Wurzel gekaut wird, und zwar auf Samoa, Tonga (früher auch Hawaii) und Fidschi von jungen Mädchen, auf den Neu-Hebriden und auf Neu-Guinea (Bongu, S. 66 [204]) von jungen Burschen. Auf Ponapé schleppte man ganze Kawasträucher herbei, schnitt den Stamm nebst einigen Zweigen ab, um ihn als Schössling wieder einzupflanzen, und stampfte dann die übrigbleibenden Zweige nebst Blättern und der circa faustdicken, innen weissen schwammigen Wurzel, sammt der daranhängenden Erde, auf einer grossen flachen Basaltplatte. Dies Geschäft besorgten zwei Männer, welche sich gewöhnlicher Steine als Stampfer bedienten. Der schmierige, faserige Brei wurde hierauf in lange, frisch abgeschälte Rindenstreifen von *Hibiscus* gelegt und unter Uebergiessen von Wasser in eine hölzerne Schale gleich einem Scheuerlappen ausgewrungen. Die schmutzigbraune, übelaussehende, aber geruchlose Flüssigkeit wurde hierauf in Cocosschalen als Trunk angeboten und schmeckte wie nach Gras und Seife, erregte daher anfänglich (wenigstens bei mir) leichte Uebelkeit, aber später ein sanft prickelndes, angenehm erfrischendes Gefühl im Gaumen. Die erste Schale wurde übrigens keineswegs, wie Kubary sagt, »dem Gotte dargebracht«, sondern dem Nanmareki angeboten, und zwar in der Weise, dass der bedienende Mann die Schale in der im Ellbogen auf die Rechte gestützten Linken präsentirte, eine Haltung, die bei später gereichten Schalen unterblieb. Wie üblich, gebührt dem höchststehenden Gaste die erste Schale, und deshalb liess uns der Nanmareki zuerst credenzen, später auch seinen Lieblingsfrauen, Töchtern und anderen Eingeborenen, während sich die Kawabereiter mit dem Rest begnügten, d. h. auf die bereits ausgewrungene Kawabreimasse wiederholt neues Wasser aufgossen, um auch den letzten Rest auszupressen. Es herrschte also bei dieser Gelegenheit ungefähr genau dasselbe Ceremoniell als bei den Festlichkeiten der Eingeborenen, bei welchen Kawa nicht fehlen darf und den Hauptgenuss bildet. Häuptlinge von Bedeutung gestatten sich denselben häufig, und zwar ohne die üblen Folgen, wie sie in der »Novara-Reise« (S. 409) aufgezählt werden. Kawa soll im Gegentheil sehr wohlthätig auf die Harnorgane wirken und wird deshalb auch gern von Weissen (z. B. auf Samoa) getrunken, wie ich unter den Producten Fidschis auf der Colonial-Ausstellung in London (1886) den heilkräftigen »Jakona-Kawa-Schnaps« notirte.

Ueber die Wirkung der Kawa, die nur die Beine wackelig macht, aber den Kopf völlig freilässt, also keinen alkoholischen Rausch erzeugt, habe ich mich schon in diesem Werke geäussert (S. 66 [204]).

Wie auf Neu-Guinea ist auch auf Ponapé die Sitte des Kawagenusses, wie schon die eigenartige Bereitungsweise zeigt, eine durchaus spontane und kam, ausser auf Kuschai, sonst nirgends in den Carolinen vor. Kubary, der sich bemüht, die Herkunft der

Pelauer auf Ponapé zurückzuführen, möchte in dem Trinken von Syrupwasser (»Kar«: a. O.; »Blulok«: Kubary) der Ersteren einen Ersatz für die auf Pelau fehlende Kawa erblicken und darin wechselseitige Beziehungen herauswittern (s. Joest: »Tätowiren«, S. 93). Warum nicht mit den Gilbert-Insulanern, bei denen Syrupwasser ebenfalls Nationalgetränk war?

Tabak, und zwar der bereits mehrfach erwähnte amerikanische Stangentabak (S. 102 [20]) ist auch auf Ponapé das beliebteste Tauschmittel. Nach den Angaben der »Novara«-Reisenden (S. 413) wurde damals Tabak nur gekaut, zu meiner Zeit war dies bereits abgekommen und Rauchen allgemein Sitte. Man rauchte aus den über die ganze Südsee verbreiteten Thonpfeifen oder Cigaretten, zu welchen, in der durch Trader eingeführten Samoamanier, getrocknetes Bananenblatt als Decke benutzt wurde.

2. *Koch- und Essgeräth.*

Ueber die Methode des **Feuerreibens** konnte ich mich nicht unterrichten, da dieselbe wohl kaum mehr geübt wurde.

Ich erhielt aber:

Fächer (Nr. 117, 1 Stück) aus *Pandanus*-Blatt, zierlich geflochten; längs dem Rande in der beliebten und für diese Insel charakteristischen Weise mit kleinen Büscheln rother Wolle verziert. Jokoits.

Solche verzierte Fächer dienen mehr zum Staat, wenn im Allgemeinen dieses Utensil auch hier vorzugsweise zum Anfachen des Feuers benützt wird.

In der Form stimmen die Fächer von Ponapé ganz mit solchen von Samoa (vgl. Anthrop. Album M. G., Taf. 4, Fig. 391 und Taf. 5, 496) überein. Von letzterer Insel erhielt ich auch Fächer, die nur zum Staate dienen, in durchbrochener Arbeit; zuweilen ist das Flechtwerk an einen hölzernen Stiel befestigt. Einen ganz in Samoamanier durchbrochen gearbeiteten Fächer besitzt die Sammlung (Nr. 118) von Rotumah; in der gewöhnlichen Form erhielt ich sie auch aus der Tockelau-Gruppe (Fakaafo).

Küchengeräth eingeborener Arbeit war kaum mehr vorhanden. Ich beobachtete nur wenige hölzerne, ovale Tröge, wie sie zur Bereitung von Taro- und Brotfruchtteig benützt werden oder wurden. Nach Kubary ist »die ponapesische Holzindustrie sehr arm und erzeugt nur eine Form hölzerner Gefässe, die im Allgemeinen ‚Kajak' heissen (vgl. »Ethnol. Beitr.«, I, S. 55, Anm., Taf. X, Fig. 6). Sie wird bis 1 M. lang angefertigt und dient zum Bereiten der ‚Lili'-Speise. Sehr selten werden kleinere derartige Gefässe zum gewöhnlichen Hausgebrauch verfertigt, dagegen öfter ganz kleine, in welchem Wasser und Schwämme für den Gebrauch Seitens der Wöchnerinnen bewahrt werden oder in welchen man das zum Einreiben der Haare bestimmte Oel mittelst heisser Steine auskocht.« Stampfer, wie die von Kuschai (S. 206 [462]), sind mir auf Ponapé nicht vorgekommen. Als Teller benützt man, wie vielerwärts in der Südsee, einfach Blätter.

Um die Faserhülle der Cocosnuss zu entfernen, bedient man sich eines an beiden Enden zugespitzten soliden Knüppels, der mit dem einen Ende in die Erde gesteckt wird, während man die mit beiden Händen festgehaltene Nuss kräftig auf das freibleibende Ende schlägt, eine Methode, die auch anderwärts bekannt ist.

Ausser Cocosnussschalen benützte man auch Calebassen (Flaschenkürbis, »E-jug«), zuweilen roth angestrichen und in ein Netzwerk von Strick eingeflochten, als Wassergefässe; ebenso die bei Kuschai (S. 207 [463], Fig. 33) beschriebenen Taroblätter. Uebrigens waren Glasflaschen bereits so häufig verbreitet, dass sie als Tauschmittel gar keinen Werth mehr hatten, und der »König« von Jokoits konnte bereits seinen eigengebrannten »Palmschnaps« auf Flaschen ziehen. An leeren Blechkästen, Canistern, Schnapskisten u. dgl. war ebenfalls kein Mangel und die Eingeborenen reichlich damit versehen.

3. Fischerei und Geräth.

Davon bekam ich nichts weiter zu sehen als Fischnetze verschiedener Grösse, aus Garn von Cocosfaser gestrickt, mit Senkern aus *Arca*-Muscheln und Schwimmern aus hohlen Aststücken von *Pandanus*, ganz übereinstimmend mit denen von Kuschai. Wie fast allenthalben beobachtete ich während der Ebbezeit auf dem Riff Weiber und Kinder mit Auflesen von Seethieren beschäftigt, was schon die »Novara«-Reisenden (S. 403) erwähnen, wobei besonders bemerkt wird, dass die Weiber Säckchen umhängen hatten, in welchen sie den Fang verwahrten. Kubary, der in seinen kurzen Berichten über Ponapé (vorne S. 193 [449], Nr. 3 und 4) Fischerei unerwähnt lässt, berührt dieselbe indess hie und da in seinen »Ethnol. Beitr.«, welche spärliche Notizen ich hier zusammenfasse. »Auf Ponapé, wo beide Geschlechter an der Fischerei theilnehmen, finden wir vorwiegend die Netzfischerei entwickelt. Grosse aus Cocoszwirn gestrickte Netze heissen ‚Uk' (wie auf Pelau), Handfischnetze (‚Nack', Taf. X, Fig. 10) entsprechen ganz denen von Kuschai (Fig. 34, S. 208 [464]) und sind zuweilen ebenfalls aus den Fasern einer Seegrasart (‚Ollot') verfertigt.« Auch Fischwehre sind, wie überall, bekannt. »Auf Ponapé werden solche Umzäunungen, ‚Mai' genannt, nur zeitweilig erbaut. Dieselben sind nur schwach, aus kleinen Steinen errichtet und haben den Zweck, nur für einmal die Fische abzusperren, wonach sie wieder vernachlässigt und von der Fluth auseinandergeworfen werden.« Schliesslich gedenkt Kubary des »Fischfanges mittelst Gift« (»Upaup«), wozu man sich auf Ponapé der Wurzeln einer Schlingpflanze (»Peinup« genannt) bedient, derselben, die auf Pelau benützt wird (»Ethnol. Beitr.«, II, S. 151).

Hakenfischerei wird auf Ponapé ebenfalls, aber mit importirten eisernen Haken betrieben, welche die von Eingeborenen verfertigten längst verdrängten. Kubary gedenkt der letzteren nicht, aber glücklicherweise wurden solche durch die Reisenden der »Novara« gesichert, und ich kann hier eine Lücke ausfüllen, die sich kaum mehr ersetzen lässt. Ich beschreibe die Exemplare des k. k. naturhistorischen Hofmuseums in Wien, das, wie es scheint, allein im Besitz zweifellos echter ponapesischer Fischhaken[1]) ist.

Fischhaken (Inv.-Nr. 3814) = »Katschin-mata« (»Novara«); stimmt in Form und Bearbeitung ganz mit Nr. 152 von Mortlock (Taf. 20, Fig. 2) überein, aber das Schaftstück (55 Mm. lang, 13 Mm. breit) läuft nach unten spitz zu und ist aus dem Innenrande eines Schalenstückes von *Cypraea mauritiana* geschliffen, der Fanghaken aus Schildpatt. Die Verbindung des Hakens mit dem Schaft ist ganz wie bei dem Mortlock-Fischhaken. Ein Köderbüschel fehlt, mag aber vorhanden gewesen sein. Die über 6 Meter lange dünne, an beiden Seiten abgeplattete Leine ist ein Muster feiner Flechtarbeit aus Cocosnussfaser.

Einen sehr abweichenden Typus bieten die folgenden Stücke:

Fischhaken (Inv.-Nr. 3813, Taf. III [20], Fig. 11); flach, aus einem Stück (sehr dunklen, fast schwarzen), Schildpatts geschnitzt.

---

[1]) Der im Kat. M. G. (S. 294) verzeichnete »Schaft eines Angelhakens aus gelblichem Quarzgestein« ist nicht von Ponapé, sondern »Banaba« (= Taf. 20, Fig. 3).

Desgleichen (Inv.-Nr. 3812), ganz wie vorher, nur fehlt der Dornfortsatz des hinteren unteren Randes.

Diese Form von Fischhaken (aber aus Perlmutter) kommt auch auf Nukuor vor.

In den Ruinen von Nantauatsch finden sich meist ziemlich verwitterte, daher brüchige Stücke Perlmutter, die zweifellos Fragmente von Fischhaken sind, wie die folgende Nummer:

Bruchstück eines Fischhakens (Nr. 478, 1 Stück, Taf. III [20], Fig. 4) aus Perlmutter (Ruinen von Nantauatsch). Das Stück stellt den Basistheil eines Schaftes dar; die Einkerbung des linken Randes diente wahrscheinlich zur Befestigung der Fangleine. Unter den von Kubary an das Museum Godeffroy (Kat., S. 285) gesandten Fragmenten (im Ganzen nur vier Nummern) befindet sich auch ein solches mit durchbohrtem Loche zur Befestigung der Schnur. Die Conusringe, welche Kubary an der gleichen Localität ausgrub und als »Ringe zu Fischnetzen« anspricht (Kat. M. G., S. 289) dienten keinesfalls diesem Zwecke, sondern sind Schmuckstücke in Bearbeitung (vgl. Taf. VII [24], Fig. 14).

4. *Wohnstätten.*

Siedelungen. Auch auf Ponapé gibt es keine eigentlichen Dörfer, sondern die Häuser liegen vereinzelt meist unter Cocospalmen, zum Theil, wie ich dies in Metalanim sah, auf Hügeln von Basaltblöcken, die mit Vorsicht erklettert sein wollen. Dies erinnerte mich an ähnliche Localitäten, wie ich sie später im Inneren von Port Moresby auf Neu-Guinea kennen lernte.

Häuser. Wie Kuschai besitzt auch Ponapé einen besonderen, ganz von jenem dort abweichenden Baustyl. Das Haus (»Ihm«: »Novara«; »Naj«: Kubary) selbst, ein längliches Viereck mit wagrechter Firste und senkrechten Giebeln, entspricht der gewöhnlichen Hausform, erhält aber durch einen meist über mannshohen Unterbau aus Basaltsteinen eine charakteristische Eigenthümlichkeit. Dieser zuweilen 8—10 Fuss hohe, sehr regelmässige Steinbau wird manchmal mit Hilfe einer rohen Leiter erstiegen, die aus einem mit Kerben versehenen Baumstamme besteht. Die zum Theil behauenen Hauspfosten (»Ur«) ruhen auf theilweise recht starken Längsbalken, die durch Kerbe mit Querbalken verbunden sind und zugleich die Träger für den Fussboden bilden. Die Wände (»Tit«) bestehen wie in Kuschai aus zusammengebundenen Rohrstäben, ebenso die Diele. An den Seiten und vorne dienen ein oder mehrere Oeffnungen zugleich als Thüren und Fenster. Sie sind so schmal, dass man sich seitlich hineinzwängen und zugleich bücken muss, da die Hauswände weniger als Mannshöhe haben. Diese Oeffnungen können durch Rahmen aus Rohrstäben verschlossen werden. Wie überall sind alle Theile des Hauses mit Stricken aus Cocosnussfaser zusammengebunden, ja damit im Innern auch die meisten Pfosten, Träger und Querbalken in verschwenderischer und zum Theil kunstvoller Weise umwickelt. Die bald braunen, bald schwarzen Schnüre bilden zuweilen äusserst zierliche und geschmackvolle Muster, und die Menge des verwendeten Materials ist geradezu erstaunlich. Die Giebelwände bestehen ebenfalls aus Rohrstäben und sind an der Basis, sowie im oberen Drittel mit schmalen schrägen Regendächern versehen. Das Material dazu wie zum Dache selbst ist nicht, wie sonst üblich, *Pandanus*-Blatt, sondern Blätter der »Otsch«-Palme, welche die Elfenbeinnüsse liefert (also wohl *Phytelephas macrocarpa*). Die Befestigung der Blätter an Stäbe und das Dachdecken selbst geschieht ganz so, wie ich es bei den Marshall-Inseln (S. 151 [407]) beschrieben habe. Die Dimensionen der Häuser sind natürlich sehr verschieden; ein grosses mag 30—40 Fuss lang und bis zur Giebelspitze 15—20 Fuss hoch sein.

Als **Gemeindehäuser** (»Natsch«) kann man die grossen Häuser betrachten, welche zur Unterkunft der Canus dienen und die zum Theil recht ansehnliche Bauten sind. Sie stimmen in Bauart und Material ganz mit den gewöhnlichen Häusern überein, sind aber bedeutend grösser, an der dem Wasser zugekehrten Seite offen und ruhen nicht auf einem soliden Fundament aus Steinen, sondern nur auf steinernen Mauern. Im Innern läuft an jeder Seite eine erhöhte breite Estrade aus Rohrstäben, zuweilen mit Zwischenwänden, die als Schlafstätten für unverheiratete Männer dienen. Auch finden hier Besucher mit ihren Canus Unterkunft, wie sich die Männer meist in diesen Canuhäusern aufhalten. Nach den Angaben der »Novara«-Reisenden (S. 405) werden diese Canuhäuser gelegentlich auch zu Festlichkeiten benützt, wie als Werkschuppen beim Bau von Canus. Die Abbildung der »Berathungshalle« (S. 406) ist ganz richtig, minder charakteristisch die einer »Hütte« (S. 403). Brauchbare Darstellungen ponapesischer Häuser gibt auch Hernsheim (»Südsee-Erinnerungen«, S. 66).

Durch einen steinernen, allerdings nicht so hohen Unterbau schliessen sich die Häuser auf Yap (»Febay, Falyu und Tabenau«) den ponapesischen zunächst an, unterscheiden sich aber im Uebrigen durch ganz abweichenden Baustyl, der durch »zwei parallele lange und vier schräge kurze Seiten« für diese Insel charakteristisch und eigenthümlich wird. Eine nicht sehr correcte Abbildung haben Tetens und Kubary (Journ. M. G., II, Taf. III) gegeben, die durch Letzteren seitdem in einer erschöpfenden Darstellung zum vollen Verständniss gelangte (»Ethnol. Beiträge zur Kenntniss des Carolinen-Archipel«, 1. Heft 1889: »Der Hausbau der Yap-Insulaner«, S. 29—42, Taf. II—VI). Darnach zu urtheilen sind die von Hernsheim abgebildeten Yap-Häuser (»Südsee-Erinnerungen«, Taf. III) durchaus unrichtig dargestellt.

Kubary will übrigens (l. c., S. 30, Note) auch im Hausbau die »Uebereinstimmung der Culturbegriffe« zwischen Ponapé und Yap erkennen, allein ganz abgesehen von der totalen Verschiedenheit im Baustyl, fehlen die auf Yap charakteristischen Gemeindehäuser (»Febay«) auf Ponapé ganz, wogegen die für letztere Insel eigenthümlichen grossen Canuhäuser auf Yap nur in sehr unbedeutenden Baulichkeiten Ersatz finden (vgl. Kubary, l. c., S. 40, Taf. V, Fig. 6).

Die Feuerstelle in der Mitte des Hauses ist auf Ponapé ganz wie auf Kuschai, auch gibt es, wie dort, besondere Nebenhäuser, welche als Küche dienen. Aber (nach Kubary) fehlen, wie auf Pelau, Menstruationshäuser, wie wir dieselben von den Marshalls kennen. Der Nanmareki von Jokoits hatte seine neun Frauen in einem besonderen Hause, einer Art Harem, untergebracht. Dasselbe unterschied sich äusserlich nicht von gewöhnlichen Häusern, enthielt aber im Inneren aus Querstangen und Matten besondere viereckige Abtheilungen, deren jede einer Frau als Privatraum angehörte. Der Aufenthalt in diesen wenig reinlichen, unangenehm nach Curcuma und Eingeborenen riechenden Häusern ist übrigens nicht sehr behaglich und ebensowenig einladend als die Umgebung der Häuser selbst, die von Schmutz und Unrath starrt.

Die Unmasse von Basaltgeröll, welches die Insel bedeckt, war jedenfalls die Ursache zur Benützung dieses Materials Seitens der Eingeborenen, welche dadurch, wie ihre Nachbarn auf Kuschai, aber ohne jede Verbindung mit ihnen, selbstständig zu Steinbauern wurden. Charakteristische Reste dieser Sitte haben sich noch im Unterbau der Häuser der heutigen Bewohner erhalten, die aber reines Kinderspiel sind gegenüber den **prähistorischen Bauten** ihrer Vorfahren. Wie auf Kuschai finden sich diese Bauten nicht auf dem Festlande selbst, sondern auf dem Aussenriff der sehr nahe gelegenen kleinen

Insel Tauatsch, im südlichen Theile von Metalanim oder des Osthafens von Ponapé, nicht weit von Nanmatal, der Residenz des Idschibau oder sogenannten »Königs«. Die Insel Tauatsch ist wenig grösser als die Insel Lälla auf Kuschai (circa 1 Seemeile = 6000 Fuss lang, vielleicht ½ Seemeile breit), besteht aus Basalt, zum Theil in zusammengewürfelten losen, abgerundeten Blöcken, die sich zu steilen Hügeln aufthürmen, und ist von dichter Vegetation, darunter hohen Bäumen, aber wenig Cocospalmen, bedeckt. Wie alle Inseln um Ponapé liegt auch Tauatsch im Gürtel des Barrierriffs, und auf diesem, unmittelbar an der Ostseite der Insel, sind die Steinbauten errichtet. Sie wurden 1827 von James O'Connell, dem schiffbrüchigen Matrosen eines englischen Walfischfahrers, entdeckt, später von Cheyne, Gulick,[1]) Clark u. A. beschrieben. Da das Material zum Theil aus prismatischem Basalt besteht, so wurden Unkundige (wie Rojas) verleitet, dasselbe für bearbeitetes, aus civilisirten Ländern herbeigeschafftes zu halten und die Bauten selbst als Festungswerke spanischer Piraten zu deuten. Ich erwähne dies nur, weil diese total irrigen Hypothesen, auch in der »Novara-Reise« (S. 420) abgedruckt, ein- für allemal zu streichen sind. Die besten Aufnahmen der Ruinen sind Kubary zu verdanken (Journ. M. G., Heft VI, 1874, mit 7 Abbildungen und einem Plan der ganzen Ruinenstadt, Taf. 5), von deren Richtigkeit ich mich selbst überzeugen konnte. Die Steinbauten auf Tauatsch stimmen im Allgemeinen mit denen auf Lälla überein, sind aber bei Weitem grossartiger, ausgedehnter[2]) und unterscheiden sich durch charakteristische Eigenthümlichkeiten. Wie auf Lälla das Terrain zum Theil künstlich erhöht wurde, so auch auf Tauatsch, aber hier geschah dies in ganz anderer Weise. Denn während auf Lälla Mauereinfriedigungen den Hauptcharakter der Bauten bilden und künstliche Canäle mit Inseln mehr vereinzelt vorkommen, besteht Tauatsch nur aus letzteren, zuweilen von Kolossalmauern begrenzt und eingefasst. Die Inseln, mehr oder minder grosse Vierecke (von 60—100 Fuss Länge und mehr) oder Parallelogramme, bestehen gleichsam aus einem Rahmen von Basaltblöcken, meist in der säulenförmigen Absonderung, der mit Basalt- und Korallträmmern ausgefüllt (vgl. Kubary, Fig. Nr. 2: Durchschnitt) das Fundament oder die Plattform für die Häuser bildete, welche einst hier standen. Auf Nangutra fand Kubary Spuren eines vom Sturme umgewehten Hauses (l. c., Fig. 6) und auf zwei anderen dieser künstlichen Inseln (Dziu und Udschientau) sah ich noch zum Theil bewohnte Häuser, welche den eigentlichen Zweck dieser Bauten überzeugend erklärten. Da diese Fundamente oder Plattformen meist sehr gut erhalten sind und ehemals wohl kaum wesentlich anders ausgesehen haben dürften, so ist die Bezeichnung »Ruinen« nicht ganz zutreffend. Denn was fehlt ist eben das Bauwerk von Häusern, Dächern u. dgl. in Holz, wie es früher vorhanden war. Der ruinenhafte Eindruck wird hauptsächlich auch dadurch hervorgerufen, weil das Mauerwerk überall von üppiger Vegetation bedeckt und versteckt nur theilweise sichtbar ist, so dass es oft schwer hält, einen Ueberblick zu gewinnen. Nach Kubary besteht Tauatsch aus 80 solchen Fundamentirungen oder künstlichen Inseln, die, 5—6 Fuss über das Niveau des Korallriffs erhoben, mehr oder minder breite Wasserstrassen, Canäle, einfassen. Diese Canäle sind zum Theil sehr regelmässig angelegt, wie der

[1]) In »The Friend« (Honolulu, December 1852) mit Plan, den Damon (»Morning Star Papers«, Honolulu 1861, S. 70) reproducirt. Diese Skizze zeigt nur den Grundriss der Mauern von Tauatsch im engeren Sinne und stimmt bis auf unwesentliche Grössendifferenzen sehr gut überein mit Kubary's Plan Fig. 3.

[2]) Nach Friederichsen's Berechnungen bedecken sie einen Flächenraum von: »500,000 engl. Quadratyards = 417 Quadratmeter = 41 Hectaren«. Kubary's Plan ergibt nur eine Länge von 1600 Yards (1456 M. = circa ½ Seemeile) und eine Breite von 600 Yards (= 540 M.).

»Canal grande«, welcher die Südostseite von Nan-Tauatsch begrenzt und bei einer Breite von über 200 Fuss in schnurgerader Linie über 2000 Fuss lang ist. An seinem nordöstlichen Ende, wo das Meer bricht, ist er durch eine Cyklopenmauer, eine Art Bollwerk, aus losen Basaltblöcken geschützt, ausserdem versperren hier einzelne grosse Blöcke (Kubary's »unausgeführte Mauer«) den Eingang. Auf einigen dieser künstlichen Inselfundamente sind Mauern, ähnlich wie die auf Lälla, errichtet, aber sie bestehen fast durchgehends aus holzstossartig aufgeschichteten Basaltsäulen (vgl. Kubary, Fig. Nr. 4) von zum Theil kolossaler Grösse. Einzelne dieser sechs- oder siebenseitigen, für den Unkundigen daher wie behauen aussehenden Säulen haben eine Länge von 17 Fuss, und Kubary berechnet das Gewicht auf »7612« Pfund. Da dieser Säulenbasalt bisher nur bei Nutt-Point, 8 1/2 Seemeilen nördlich von Tauatsch, anstehend gefunden wurde, so wird angenommen, dass man das Material von dort herschaffte, was fast noch mehr Bewunderung verdient als die Bauten selbst. Uebrigens ist das Festland noch sehr wenig bekannt und die Möglichkeit keineswegs ausgeschlossen, dass die Basaltsäulen von einer näherliegenden Localität herstammen.

Manche dieser 5—10 Fuss dicken und 10—30 Fuss hohen Mauern umschliessen grosse Quadrate oder längliche Vierecke und bilden somit Höfe, wie sie auf Lälla in kleinerem Masse so häufig sind, weichen aber dadurch wesentlich ab, dass an der Innenseite theilweise Terrassen von 5 Fuss Höhe und 5—18 Fuss Breite angebaut sind. Das Innere der Höfe, die meist durch einen breiten, aber nicht überdeckten Eingang betreten werden können, ist durch minder hohe und dicke Mauern in besondere Räume von verschiedener Grösse abgetheilt. Am regelmässigsten ist der Bau in der Nordostecke, welcher als Nan-Tauatsch im engeren Sinne gelten kann (vgl. Kubary's Grundriss Nr. 3). Die ringsum von einem 30 Fuss breiten Canal umschlossene Plattform, welche das Fundament bildet, ist 242 Fuss lang und 210 Fuss breit, trägt zwei ineinanderstehende Mauervierecke oder Höfe und ist mit seiner gewaltigen, an manchen Stellen 30 Fuss hohen Aussenmauer aus Basaltsäulen ein ebenso imposantes als grossartiges Bauwerk. Denkt man sich dazu die zwei nördlich davor liegenden Mauern, welche das Nordostende von Tauatsch gegen die See zu abschliessen und hier eine Art Canuhafen bilden, so hat man eine Festung, welche alle Bewohner der Inselstadt und Metalanims aufnehmen und Sicherheit gewähren konnte. Bei dieser jedenfalls der Wahrscheinlichkeit am nächsten kommenden Auffassung erklärt sich auch der Zweck der Terrassen an der Innenseite der Mauern, welche bisher ungedeutet blieben, die aber wohl Fundamente von Wohn- oder Schlafstätten waren, wie sich dieselben zum Theil noch heute in den grossen Canuhäusern finden. Das Mauerfundament dieser modernen Bauten, wenn auch nicht aus Basaltsäulen, sondern nur aus losen Basaltblöcken und Stücken errichtet, zeigt im Uebrigen ganz die gleiche Beschaffenheit, nur dass die Mauern minder dick und die Dimensionen überhaupt geringer sind. Die Mauern des äusseren Hofes von Tauatsch sind nach Kubary 212 Fuss lang und 181 Fuss breit (nach seinem Plane Taf. 5 nur 180 Fuss lang und 135 Fuss breit); der innere Hof ist dagegen 100 Fuss lang, 80 breit und 15 Fuss hoch (nach dem Plane dagegen nur 45 Fuss lang und breit). Solchen Dimensionen stehen die moderner Canuhäuser kaum nach, und die Annahme, dass Mauern wie die des inneren Hofes einst mit einem Dache versehen waren, klingt keineswegs so unwahrscheinlich, als es im ersten Moment scheint, ja gibt die einzig richtige Erklärung. Wir haben auf den Gilbert-Inseln Dächer von Maneaps kennen gelernt (S. 62 [330]), so gross, dass die ganze Inselplattform des engeren Tauatsch darunter Platz finden würde. Wer einst die Korallblöcke des grossen Maneap auf Butaritari als Ruinen zu sehen bekommt, wird schwerlich glauben können, dass sie einst die

Träger eines ungeheuren, 250 Fuss langen und 114 Fuss breiten Daches waren. Man kann sich also ohne Phantastereien vorstellen, dass die Mauern von Tauatsch, wie andere Fundamente der Inselstadt, einst überdacht und dass auf den Terrassen besondere Wohn- und Schlafstätten waren. Diese grossen überdachten Räume bildeten dann wahrscheinlich die Residenz grosser Häuptlinge, mit Frauenwohnungen in den Nebenhöfen, Unterkunft der Hörigen und ihres Anhanges im Aussenhofe und auf deren Plattformen oder waren Versammlungshäuser der Männer. Denn darüber kann ja überhaupt kein Zweifel bestehen, dass ganz Nan-Tauatsch einstmals eine Inselstadt, ein kleines Venedig, bildete, deren Strassen in Canälen bestanden. Dieselben sind bei Hochwasser noch heute mit Canus befahrbar und waren niemals Strassen, auf denen man trockenen Fusses gehen konnte, wie Hale[1]) irrthümlich folgerte. Der Boden der Canäle ist mit einem lehmig-kalkigen Schlamme bedeckt, zum Theil mit Seegras bewachsen und ernährt ein reiches Thierleben (darunter hübsche Actinien). Das häufige Vorkommen von Cocospalmen und Brotfruchtbäumen liefert weitere Beweise für das frühere Bewohntsein der Inselstadt.

In der Mitte des innersten Hofes von Tauatsch ist noch eines besonderen Bauwerkes zu gedenken, einer Art viereckiger Zelle oder Hütte, 12 bei 10 Fuss und 7 Fuss hoch (Kubary, Abbild. Nr. 5). Die Mauern dieser Steinzelle bestehen in der üblichen Weise aus rostartig, längs- und queraufgeschichteten Basaltsäulen, deren Zwischenräume mit Korallträmmern ausgefüllt waren und zum Theil noch sind. Drei Seiten dieses Baues sind gleich zwei Stufen von einer niedrigeren und einer etwas höheren Terrasse umgeben, die Decke aus mächtigen quergelegten Basaltsäulen gebildet. Ein grosser Brotfruchtbaum von 3 Fuss Stammdicke, der auf der Decke dieser Steinzelle wächst und dessen Wurzeln zum Theil im Innern derselben bis auf den Grund reichen, gibt Zeugniss von der Stärke dieses Baues. Der Eingang, den Rev. E. W. Clark 1857 noch mit Basaltsäulen verschlossen fand, war seitdem, ich glaube durch Kubary, geöffnet, aber das Innere schon vorher besucht worden. Clark, der durch einen Spalt in der Decke in die Zelle kletterte, fand den Boden derselben bereits durchwühlt, wahrscheinlich durch Eingeborene, die in den Bauten ihrer Vorfahren nach den Muschelscheibchen aus *Spondylus* suchen, die sie gern zu Schmuck verwenden, aber selbst nicht mehr anzufertigen verstehen. Der Boden der Zelle liegt etwas niedriger als das Niveau des Hofes und besteht aus einer mehrere Fuss hohen Schicht von Trümmern und Grus von Korallen mit solchen von Basalt gemischt. Hier finden sich die Ueberreste von Schmuckgegenständen, Geräthschaften und Material dazu, wie ich sie im Nachfolgenden eingehender beschreiben werde. Am häufigsten sind mehr oder minder bearbeitete, zum Theil auch rohe Schalen zweier Arten *Spondylus*, Material zu den Scheibchen, welche keinen Zweifel lassen, dass sich in der Inselstadt einst grössere Werkstätten befanden, deren Schätze besonders sorgsam verwahrt, respective bei besonderen Gelegenheiten versteckt wurden. Hervorzuheben ist noch, dass alle bisher in Tauatsch gemachten Funde: Schmuckgegenstände, *Conus*-Armbänder, Fischhaken, Muscheläxte u. s. w. durchaus mit den modernen Arbeiten der heutigen Carolinier übereinstimmen.

Ausser der beschriebenen Steinzelle sind innerhalb der Steinmauern von Tauatsch noch drei weitere, davon eine oben offen, nach Kubary in der ganzen Inselstadt über-

[1]) Darauf basirte Darwin zum Theil mit seine Theorie der Senkung gewisser Gebiete im westlichen Pacific. Aber auf Ponapé hat gerade eine Hebung stattgefunden. Ich sah Korallfelsblöcke mit zahlreichen Löchern von Bohrmuscheln *(Pholas)* oberhalb der Fluthmarke als evidente Beweise dieser Hebung. Kubary hat daraufhin die Senkungstheorie bereits früher mit Recht als irrig bezeichnet (l. c., S. 131).

haupt 13 vorhanden, wovon fünf von ihm untersucht wurden. In einen etwas abweichenden derartigen Bau, aber unterirdisch, ähnlich einem Kellergewölbe, konnte ich nur hineinsehen, da er mit Wasser gefüllt war.

Der Umstand, dass sich in den Steinzellen ausser den erwähnten Gegenständen auch Ueberreste von Menschenknochen fanden, legte die Annahme von Grabstätten oder Gräbern nahe. Und das hat jedenfalls bis zu einem gewissen Grade seine Richtigkeit, wenn auch nicht in der ausgedehnten und specifischen Weise, wie Kubary annimmt. Er erblickt in den Steinzellen »ausschliesslich Königs- oder Häuptlingsgräber«, hält die von Tauatsch für das Mausoleum, »in welchem die Könige von Metalanim bestattet wurden« und schliesst »aus dem Vorhandensein mehrerer Unterkiefer und Stirntheile in ein und derselben Gruft auf Familiengräber«. So entstand nach und nach die Ansicht, als sei ganz Nan-Tauatsch eine für Cultus geweihte Stätte gewesen, und die Riesenbauten, gleich den altegyptischen, nur Denkmäler zu Ehren verstorbener »Könige«. Mag dies auch für die erwähnten besonderen Steinzellen, wenigstens für einige derselben, zum Theil richtig sein, so stehen die geringen Reste von Menschenknochen doch mit dieser Annahme sehr in Widerspruch. In Wahrheit sind bis jetzt noch niemals Skelettheile in der Weise zusammengefunden worden, wie dies sonst bei Gräbern[1]) der Fall ist, sondern nur einzelne Knochen oder Bruchtheile derselben, darunter als hauptsächlichste »vier Schädeldecken«! Sie waren das Resultat der Nachgrabungen in drei Steinzellen von Tauatsch und zwei anderen bis dahin unberührten, entsprechen also wenig den Erwartungen, welche man an Ausgrabungen alter Gräber sonst zu knüpfen pflegt. Die zweite Untersuchung Kubary's in der Hauptsteinzelle, dem sogenannten »Königsgrabe« von Tauatsch, bei welcher er dieselbe gründlich ausräumen liess, lieferte ausser Resten von Geräth und Schmucksachen nur »zahlreiche sehr kleine Stückchen Menschenknochen« (Kat. M. G., S. 290). Diese Reste stehen in keinem Verhältnisse zu der Menge sonstiger Fundobjecte, und der Umstand, dass unter den letzteren viel unbearbeitetes Material ist, widerspricht der Annahme, als seien dieselben ausschliesslich Gaben, welche man den Todten mit ins Grab legte.

Die voreiligen Thesen Kubary's (vgl. S. 237 [493]), leider bereits in die Wissenschaft eingeführt und schwer wieder zu beseitigen, erweisen sich diesen thatsächlichen Verhältnissen gegenüber als durchaus haltlos. Wie Lälla sind ohne Zweifel auch die Inselfundamente von Nan-Tauatsch im Laufe von Jahrhunderten nach und nach entstanden, ebenso die Mauern, welche einst Wohnungen umfassten und vorwiegend zum Schutze dienten, wie ich dies schon früher aussprach (vgl. die S. [488], Nr. 2 citirte Mittheilung, in welcher ich ausführlich auch über die Steinbauten berichtete). Wie Lälla noch heute, so bildete Nan-Tauatsch jedenfalls in der Vorzeit den Hauptplatz, dessen zahlreiche Bevölkerung, unter mächtigen Häuptlingen, wahrscheinlich ganz Ponapé beherrschte. Dabei drängt sich unwillkürlich der Gedanke auf, dass möglicherweise Kriegsgefangene an den Bauten mitarbeiten mussten. Jedenfalls stammen sie aus verschiedenen Zeiten, von denen die gegenwärtigen Bewohner ebensowenig die geringste Kunde besitzen als über die Bauten selbst. Unzweifelhaft sind die heutigen Bewohner die unvermischten Nachkommen der einstigen Erbauer der Inselstadt, die abgeschlossen von Verkehr mit der Aussenwelt ein eigenes kleines Reich bildete. Die hübsche Tradition, nach welcher Idschikolkol, ein Fremdling von der nur 10 Seemeilen entfernten

[1]) So z. B. auf der Oster-Insel, von welcher Thomson sagt: »Hundreds of tombs, cairns, platforms and catacombs were examined during our stay on the island, and in all cases the bodies were lying in full length.«

kleinen Insel Andema, die »ursprüngliche Race« besiegte und Gründer der jetzigen wurde, gehört einfach in das Gebiet der Mythe. Aber Kubary weiss auf seinem Plane freilich sogar den Punkt anzugeben, wo dieser mythische Eroberer landete!!

Die von Friederichsen erwähnten »Steingräber« von dem kleinen Atoll Ngatik oder Raven-Isl., circa 80 Seemeilen südwestlich von Ponapé, stehen in keinerlei Beziehungen zu den Riesenbauten auf Tauatsch. In Wahrheit handelt es sich nur um einen Bau, und zwar ein 5 Fuss hohes Fundament von 12 Fuss im Quadrat, auf dem ein zweites ungefähr halb so grosses Viereck gebaut ist, mit einem grossen Korallstein in der Mitte. Nach Doane würde das primitive Bauwerk Cultuszwecken gedient haben (vgl. Markham: »The Geographical Magazine«, 1. August 1874, S. 203), ist aber vielleicht ein Grabdenkmal.

Sehr interessant ist der Nachweis ähnlicher Grabdenkmäler (»Raun«) aus Korallsteinen auf den kleinen Inseln Pikén und Burat der St. David-Gruppe (Bunai) durch Kubary (»Ethnol. Beitr.«, I, S. 110. Taf. XV) und die sich ähnlich auf Yap wiederholen.

5. *Hausrath.*

Ich erhielt nur wenige Stücke, da sich von Eingeborenen gearbeitete Geräthschaften in Folge des Einflusses von Händlern und des grösseren Schiffverkehrs in geringerem Masse erhalten hatten als auf Kuschai.

Das hervorragendste Erzeugniss ponapesischer Industrie und charakteristisch für dieselbe ist eine besondere Art Matten, wie die folgende:

Schlafmatte (Nr. 197, 1 Stück) aus *Pandanus*-Blatt. Jokoits.

In Form wie Anfertigung sehr eigenartig dadurch, dass diese Matten nicht geflochten, sondern genäht sind. Man bedient sich dazu jetzt europäischer Nadeln und näht mit Zwirn aus *Hibiscus*-Faser mehrere Lagen schmaler (circa 25 Mm. breiter) Streifen von *Pandanus*-Blatt so übereinander, dass sich die Matte leicht aufrollen lässt. Eine beliebte Verzierung sind rothe Wollfäden in kleinen Büscheln längs den Rändern.

Diese Matten sind schmal, aber gewöhnlich so lang, dass das eine Ende zusammengerollt in sehr praktischer Weise gleich als **Kopfkissen**[1]) dient, jedenfalls bequemer und weicher als die hölzernen in Ost-Mikronesien. Die grösste dieser Matten, welche ich erhielt, mass 6 M. in der Länge und circa 1·50 M. in der Breite; die gewöhnliche Grösse ist 3·30 M. Länge und 80 Cm. Breite; die kleinste war nur 39 Cm. breit. Die Verfertigung dieser Matten bildet die Hauptbeschäftigung der Ponapesinnen, und ich sah z. B. die zahlreichen Frauen des Nanmareki von Jokoits dabei thätig, der mit solchen Matten handelte. Der Preis einer grossen Matte wie die obige, welche mir der hohe Herr schenkte, betrug damals 8 Dollars (circa 30 Mark).

Diese Matten, jedenfalls die bequemsten und praktischsten und deshalb die besten der Südsee, bilden die hauptsächlichste Ausstattung des Inneren der Häuser, deren Fussboden sonst auch noch zuweilen mit gewöhnlichen geflochtenen Matten belegt wird.

Körbe für Esswaren u. dgl. werden aus dem Blatte der Cocosnusspalme, in ganz ähnlicher Weise wie in Ost-Mikronesien (vorne S. 153 [409]), verfertigt. Ich erhielt aber auch kleine flache Körbe, ähnlich den »Kobäsch« von Kuschai (S. 214 [470]), aber aus Palmblatt geflochten und mit Tragbändern. Ein solcher Korb, den ich von einer

1) Ein mehr den unseren entsprechendes Kopfkissen, aus einem Mattengeflecht bestehend, mit weichem Pflanzenfaserstoff gefüllt, ist Kat. M. G., S. 428, von Pelau beschrieben, wird aber von Kubary in seiner: »Industrie der Haushaltungsgeräthschaften« (II, S. 197 u. f.) unerwähnt gelassen.

Frau des Nanmareki von Jokoits kaufte und in welchem die hohe Frau ihre Kostbarkeiten an Glasperlen, Spiegeln nebst Tabak und Pfeife verwahrte, war 42 Cm. lang, 24 Cm. breit und 12 Cm. tief. Die Sammlung enthält einen solchen Korb unter Nr. 108.

Grössere hölzerne Deckelkasten oder Truhen aus Brotfruchtbaum, welche ich auf Ponapé einzeln beobachtete, waren vielleicht nicht hier gemacht, sondern wahrscheinlich durch Schiffe von Mortlock herüber gelangt. Alle wohlhabenderen Eingeborenen besassen übrigens bereits jene verschliessbaren Holzkasten, europäischen oder chinesischen Ursprungs, wie sie in vielen Theilen der Südsee bereits ein beliebter Tauschartikel sind. Für Aermere lieferten die Handelsstationen genügend Ginkisten als nützlichen Gebrauchsgegenstand.

6. Werkzeuge.

Aexte. Nach Kubary benützten die Ponapesen noch vor kaum 50 Jahren selbstgefertigte Aexte mit *Tridacna*-Klingen, aber es gelang ihm keine solche mehr zu erlangen, und er musste sich mit den Resten aus prähistorischer Zeit begnügen. Auch ich war so glücklich, in den Ruinen der sogenannten »Königsgräber« auf Nan-Tauatsch zwei Fragmente von Axtklingen aus *Tridacna* zu finden, das eine 9 Cm., also sehr breit, das andere nur 50 Mm. breit. Soweit sich nach diesen Bruchstücken urtheilen lässt, stimmen sie in der Form ganz mit den *Tridacna*-Klingen von Kuschai überein, aber wie die von Kubary gesammelten Fundobjecte zeigen (im Ganzen sieben Stück), kommt auch die fast dreiseitige Form (wie von Nukuor, Fig. 57) vor. Eine wohlerhaltene *Tridacna*-Klinge aus den Ruinen (Kat. M. G., S. 284, Nr. 2749) ist 46 Cm. lang, 11 Cm. breit und 7 Cm. dick, also beinahe ebenso gross als die grössten Exemplare von Kuschai. Kubary fand in den Ruinen auch einen Meissel aus *Cassis rufa* (13 Cm. lang), wie ich einen solchen noch auf Kuschai erhielt. Mit Aexten, deren Klingen aus Hobeleisen (»Silla«) bestand (wie Nr. 119 von den Marshall-Inseln, S. 155 [411]), sah Hochstetter 1858 Eingeborene an einem Canu zimmern (l. c., S. 285). Jetzt ist auch dieses primitive Geräth meist verschwunden und durch importirte Aexte verdrängt.

Sonstige Werkzeuge erhielt ich nicht, doch mögen vielleicht noch solche existiren.

7. Textilarbeiten.

In Flechtarbeiten wird wenig geleistet, da sich die Hauptthätigkeit der Frauen auf die Verfertigung der vorher unter Hausrath beschriebenen Schlafmatten concentrirt, die zusammengenäht werden.

Seilerei betrifft nur die bekannten Stricke, hauptsächlich aus Cocosnussfaser, wie sie (zum Theil schwarz gefärbt) besonders beim Hausbau nöthig sind, und welche auf Ponapé in vorzüglicher Güte angefertigt werden. Der Nanmareki schenkte mir eine grosse, sehr geschickt aufgewundene Rolle Cocosgarn, für welche ihm zwei Flaschen Schnaps kein genügendes Aequivalent schienen.

Die **Webekunst** beschränkte sich auf die Anfertigung schmaler, buntgemusterter Gürtel, die für Ponapé eigenthümlich und ganz verschieden von den »Tol« der Kuschaier sind (vgl. im Verfolg »Leibschmuck«). Ich selbst lernte von der Weberei auf Ponapé nichts mehr kennen, da sie nach Kubary nur noch von wenigen Familien in Roankiti betrieben wurde und seitdem vermuthlich ganz abgekommen sein dürfte.[1])

[1]) Auf St. David (Ruṇai) lernte Kubary nur noch eine alte Frau kennen, die zu Weben verstand, aber kein Geräth dazu mehr besass. Das Fabricat waren früher schmale Männergürtel, »Dor« genannt, ein Wort, welches sehr an das kuschaische »Tol« erinnert.

Der »höchst eigenthümliche kleine Webestuhl«, welchen v. Hochstetter (S. 288) erwähnt, sowie die »Novara-Reise« (S. 407), ist natürlich kein solcher, sondern ein Kettebock und jedenfalls, wie die übrigen Geräthschaften, mit den auf Kuschai üblichen (S. 218 [474]) identisch. Dies geht auch aus einer kurzen Notiz bei Kubary hervor, der den »Webestuhl« von Sonsol (»Ethnol. Beitr.«, I, S. 95) schon wegen der geringen Grösse dem von Ponapé am nächsten stellt. Im Uebrigen hat Kubary über die Weberei auf letzterer Insel bis jetzt nicht berichtet, und der Kat. M. G. verzeichnet (S. 294) nur einen »Webeapparat«, der aber ein Kettebock ist, ohne denselben zu beschreiben.

Tapabereitung war früher bekannt, wird aber nicht mehr betrieben. Nach Mertens benützte man den Bast des Brotfruchtbaumes, wie dies auf Pikiram (Greenwich-Isl.) der Fall ist (vgl. Probe der Sammlung S. 92 [10]). Der Kat. M. G. verzeichnet (S. 294) eigenthümliche »Klopfer zur Bearbeitung von Bast«, die von »Ponapé« herstammen sollen.

Filetstricken wird auf Ponapé ebenfalls verstanden; ich habe aber keine anderen Arbeiten als Netze gesehen. Vielleicht gehören die in der »Novara-Reise« (S. 403) erwähnten »kleinen Säckchen« in diese Kategorie. Der Kat. M. G. verzeichnet nichts Derartiges von Ponapé

8. *Fahrzeuge.*

Die Canus (»Wuar«, »Vara«: »Novara«) von Ponapé stimmen am meisten mit denen von Kuschai überein, bestehen wie diese aus einem ausgehöhlten Baumstamme, sind daher sehr lang und schmal, unterscheiden sich aber in der Form des Schiffsrumpfes dadurch, dass die Enden nicht abgestutzt, sondern sanft abgeschrägt verlaufen, und den ganz verschieden construirten Ausleger, der sich aber nicht beschreiben, sondern nur abbilden lässt. Ausserdem führen Ponapé-Canus wohl ein Segel, aber (wenigstens früher) keinen Mast (vgl. Lütke, II, S. 27 und die Abbild. »Senjavin-Reise«, Pl. 24, und Kittlitz: Denkwürd., II, S. 71). »Nur eine bewegliche Stange, die Einer in der Hand hält, stützt das zwischen zwei winkelig gegeneinander befestigten Stangen ausgespannte Segel, welches mit grosser Präcision dem Winde gemäss bald an diesem, bald an jenem Ende des Fahrzeuges aufgestellt wird« (Kittlitz). Wenn ich in der ausführlichen Beschreibung des Ponapé-Canus (Zeitschr. für Ethnol., 1880, S. 327) Lütke's Darstellung dieser eigenthümlichen und höchst primitiven Segeleinrichtung als eine »bedauerliche Unrichtigkeit« bezeichnete, so war dies meinerseits ein Irrthum, denn ich vergass, dass die Ponapesen seit 1828 nach europäischem Vorbilde den Mast eingeführt hatten. Es ist dies ganz besonders interessant, denn es beweist die Isolirtheit der Insulaner und ihre frühere Abgeschlossenheit von allen fremden Verkehr. Hätte ein solcher nämlich von den westlichen Carolinen aus stattgefunden, so würde die Verbesserung eines Mastes jedenfalls schon längst eingeführt worden sein, da alle diese Fahrzeuge einen solchen besitzen. Die Abbildung eines Canu von Ponapé in der »Novara-Reise« (S. 394) ist übrigens verfehlt und bezüglich der Breite ebenso unrichtig als das in demselben Werke dargestellte Salomons-Canu (S. 433). Canus mit Mast gehörten zu meiner Zeit übrigens zu den Ausnahmen und wurden höchstens von eingeborenen Lootsen benützt, die ins offene Meer Schiffen entgegengingen, um sie in die Lagune zu führen. Das Segel hat die bekannte dreieckige Form und ist aus Matten oder Leinwand gefertigt, wie Hochstetter schon 1858 beobachtete. Die Canu sind, wie auf Kuschai, meist braunroth angestrichen, wozu man (nach der »Novara-Reise«) den Farbstoff einer Pflanze *(Bixa orellana)* benützt. Nach Kubary besteht diese Farbe aber aus rother Thonerde, mit Firniss aus der »Ais«-Nuss gemischt.

Gewöhnlich bediente man sich Paddel oder auf seichten Stellen des Riffs langer Stangen zum Staken. Die Form der roth angestrichenen Paddel ist ganz dieselbe als von Kuschai (S. [479]), nur das Blatt länger und spitzer. Die in der »Senjavin-Reise« (Pl. 31, Fig. 4 und Pl. 24) abgebildete Form (mit rechtwinkelig abgesetzter Basis des Blattes) erinnere ich mich nicht gesehen zu haben.

Auf der Lagune wird zuweilen ein grosses Bananenblatt an eine Stange befestigt als primitives Segel benützt.

Grosse Canus von 40 Fuss Länge, welche 12—14 Personen tragen, gibt es wenige, gewöhnlich sind sie kleiner und für 4—8 Menschen eingerichtet. Bei Gelegenheit des Besuches des Idschibau von Metalanien in Jokoits hatte ich am besten Gelegenheit, dies zu beobachten, denn der hohe Herr kam mit seiner ganzen Flotte, die an 50 Canus zählte und an 300 Eingeborene an Bord führte. Verzierungen irgendwelcher Art habe ich bei Ponapé-Canus nicht gesehen; aber nach Kubary sollen Schnitzereien, »wenn auch in untergeordnetem Grade«, vorkommen. Wenn Kubary (in Joest: »Tätowiren«, S. 94), auf die Aehnlichkeit der Canus von Ponapé und Pelau hinweisend, die Herkunft der Bewohner der letzteren Insel von der ersteren ableiten möchte, so ist diese Annahme ebenso irrig wie die Aehnlichkeit der Fahrzeuge eine zufällige. Wie wir bereits (S. [274], [480]) gesehen haben, wiederholt sich derselbe Typus in der Bauart allenthalben, und so kommt der des Ponapé-Fahrzeuges auch in Melanesien und anderwärts vor. So im »Vanaka« der Südostküste Neu-Guineas (Chalmers: »Pioneering«, Abbild. S. 196 und 320), in Astrolabe-Bai (Finsch: »Ethnol. Atlas«, Taf. IV, Fig. 1) an der Nordküste von Kaiser Wilhelms-Land (ibid., Taf. VII, Fig. 4: Dallmannhafen, und Fig. 5: Venushuk), in Torresstrasse, in Neu-Irland (Hernsheim: »Südsee-Erinnerungen«, Abbild. S. 106). Hochstetter vergleicht das Ponapé-Canu mit dem der Nicobaren. Wesentliche Eigenthümlichkeiten basiren weniger auf dem eigentlichen Schiffskörper des Canu, sondern in der Construction des Auslegergeschirrs. Und darin zeigen, nach der Abbildung Kubary's (»Ethnol. Beitr.«, I, Taf. XIII und XIV) zu urtheilen, die Canus der westlichen Inseln Sonsol (Sonsorol) und Bunai (St. David) jedenfalls mehr Aehnlichkeit mit der Bauart auf Ponapé als die von Pelau.[1])

In der Sprache von Sonsol heisst das Canu »Wa«, was übrigens keineswegs genügt, um, wie Kubary meint, die carolinische Verwandtschaft anzudeuten (vgl. vorne S. 159 [415], Anm.). Zum Typus der ausgehöhlten Baumstammcanus gehört auch das »Wakha« von Nukuor, soweit sich darüber nach Kubary's Mittheilungen (Kat. M. G., S. 340) urtheilen lässt, der freilich mehr die Ceremonien beim Bau etc. als das Fahrzeug selbst beschreibt. Das »Wakha« führt Mast und Segel, die aber selten benützt werden, da die Nukuorer keine weiten Seereisen machen und sich meist nur Paddel bedienen. Die Uebereinstimmung des Nukuor-Canus mit dem von Nukufetau der Ellice-Gruppe ist immerhin bemerkenswerth.

Canuhäuser, oft von ansehnlicher Grösse, dienen zur Unterkunft der Fahrzeuge, zugleich aber auch als eine Art Versammlungshaus, sowie als Schlafstätte der ledigen Männer. Das grosse Gebäude links auf dem Bilde von Hernsheim (»Südsee-Erinnerun-

[1]) Kubary beschreibt (Journ. M. G., Heft IV, 1873, S. 59) von hier drei durch die Grösse verschiedene Canus, die übrigens sämmtlich nicht Hochseefahrzeuge sind und von denen das Taf. 3 abgebildete »Kaep« jedenfalls eine Phantasiefigur ist, ohne Werth für ethnologische Vergleichung. Einlegearbeiten (in Perlmutter und Muschel) von Pelau-Canus bildet Edge-Partington ab (Pl. 180). Reichere Kunstarbeiten in dieser Technik zeichnen gewisse Canus der Salomons aus (vgl. Coote: »The Western Pacific«, S. 145), wie diese Art Verzierung von Kotzebue auch von Ojalava oder Olajava (Upolu) der Samoa-Gruppe erwähnt wird (»Neue Reise« etc., S. 149)

gen«, S. 66) stellt das Canuhaus des Idschibau von Metalanien dar und zeigt den beträchtlichen Grössenunterschied gegenüber gewöhnlichen Wohnhäusern. Es enthielt 12—15 Fahrzeuge, die theils auf dem sanft geneigten schrägen Boden standen oder auf besonderen Trägern zwischen Querbalken übereinander hängend untergebracht waren.

Von **Seeverkehr** kann bei Ponapé kaum die Rede sein, da nur gelegentlich Fahrten nach dem benachbarten Andema (circa 10 Seemeilen) oder Pakin (18 Seemeilen) unternommen werden. Kubary berichtet einen Fall von Verschlagenwerden auch für Ponapesen, die statt dem circa 60 Seemeilen entfernten Ngatik unfreiwillig 360 Seemeilen weit nach Ruk gelangten.

9. Körperhülle und Putz.

A. Bekleidung.

Europäische Kleider waren zu meiner Zeit auf Ponapé minder stark vertreten als auf dem fast ganz christianisirten Kuschai, immerhin hatten aber eingeführte Zeuge die Nationaltracht zum Theil schon beeinträchtigt. Diese Tracht besteht in dem Kaol, d. h. einem fast bis auf die Knie reichenden, ringsum schliessenden Faserrock, der früher von beiden Geschlechtern (vgl. Pl. 24 und 31 der »Senjavin-Reise«), zu meiner Zeit aber vorzugsweise von Männern getragen wurde, die dadurch, wie schon v. Hochstetter treffend bemerkt, ein sehr weibisches Aussehen erhalten. Der Kaol ist übrigens ganz verschieden von dem ähnlichen Bekleidungsstück der Männer auf den Marshall-Inseln (vorne S. 168 [424], Fig. 25) und stimmt am nächsten mit den Faserröckchen überein, wie sie auf den Gilbert-Inseln (S. 73 [341]) und vielerwärts in Melanesien (vgl. Neu-Guinea), aber nur vom weiblichen Geschlecht getragen werden.

Wie in diesen Gebieten kennt man auch auf Ponapé gewöhnliche und feinere Sorten Kaol, die als Alltags-, respective Festtagstracht gelten können. Die gewöhnlichen Kaol sind grobfaserig, naturfarben und meist aus den gespaltenen Fiedern des Cocosblattes (»Til«), oder aus *Hibiscus*-Bast (nach Kubary aus dem Baste einer Malvaceenart) verfertigt (vgl. »Anthrop. Album M. G.«, Taf. 25, Fig. 392).

Bei festlichen Gelegenheiten wird aber über den gewöhnlichen Faserrock eine feinere Sorte getragen, wie das folgende Stück:

Kaol (Nr. 240, 1 Stück) Faserrock für Männer aus den Blattfiedern junger Cocospalmen, sehr fein zerschliessen und mit *Curcuma* gelb gefärbt. Taillenweite 78 Cm., Länge 48 Cm. Jokoits.

Diese Art Staatskleider sind gewöhnlich am oberen Rande mit einer Franse aus rothen Wollfäden verziert, zuweilen die Fasern sehr fein gefaltet in Plissé gelegt, was sehr hübsch und eigenartig aussieht. Die Bindfaden zum Festbinden werden ebenfalls gern mit rothen Wollfäden umwickelt und enden in eine Quaste aus gleichem Material. Andere sehr feine Staats-Kaol bestehen aus fein gespaltenen Fasern von *Hibiscus*-Bast, sind mit Abkochung von Mangrovenrinde lohfarben oder röthlich kirschbraun, zuweilen auch mit *Curcuma* gelb gefärbt und wurden früher nur bei den Tänzen getragen. Ich erhielt nur noch einen solchen Kaol, da diese Sorte schon damals nicht mehr gemacht wurde. An der Bindequaste sind zuweilen als Verzierung Glasperlen oder Muschelscheibchen (aus den Ruinen ausgegrabene) befestigt.

Häufig wird über dem Faserrock noch eine Jacke (vgl. Finsch: Zeitschr. für Ethnol., Taf. XI) getragen oder ein Hemd, und in diesem Anzuge erschienen die grössten Herrscher Ponapés, wie der Idschibau von Metalanien und der Nanmareki von Jokoits vor mir.

Aehnlich wie die Frauen in Port Moresby zuweilen einen Faserrock als Mantille um die Schultern tragen, sah ich dies auch bei Männern auf Ponapé, die bei feierlichen Gelegenheiten solche gelbe Staats-Kaol umgeschlagen hatten. »Vor der Ankunft der Weissen trugen die Ponapéanerinnen Zeug aus dem Baste eines Baumes« sagt Kubary, also wohl eine Art Tapa, die ich indess nicht mehr zu sehen bekam. Auch der Faserrock (Kaol) war beim weiblichen Geschlecht bereits sehr aus der Mode gekommen und dasselbe kleidete sich fast allgemein in europäische Stoffe. Nur vornehmere, besonders aber eingeborene Frauen von Händlern (Tradern) trugen ein langes Kattunkleid (vgl. Finsch, l. c., Taf. XI), im Uebrigen genügte ein sogenannter »Lavalava«, d. h. ein Stück Zeug von der Grösse zweier Taschentücher, das um die Hüften geschlagen wird. Eine solche moderne mit dem »Likut« (= Zeug) bekleidete Ponapesin ist bei Hernsheim (»Südsee-Erinnerungen«, Taf. 12) abgebildet. Diese Lendentücher sind besonders in Gelb beliebt oder werden noch besonders mit *Curcuma* gelb eingerieben.

Als weitere Bekleidung trugen die Frauen früher eine Art Poncho (vgl. »Senjavin-Reise«, Pl. 24 und 31), von dem ich aber kein Stück mehr erlangte. Nach v. Kittlitz bestanden diese Mantillen aus demselben Material als die Faserröcke, also Cocosfasern, und manche derselben waren »prächtig scharlachroth« gefärbt. Andere Mantillen, in Form eines dreieckigen Tuches, waren aus gewebtem Stoff, demselben, aus welchem die Gürtel bestehen, angefertigt (vgl. »Senjavin-Reise«, Pl. 31). Aber dies ist jedenfalls unrichtig, denn nach Lütke waren diese Mantillen aus Tapa gefertigt, »derselben, wie sie auf Tahiti gemacht wird« (Voyage, II, S. 26), aber nach Mertens nicht aus Bast von *Broussonettia*, sondern Brotfruchtbaum. Diese früheren Poncho werden jetzt allgemein durch ein buntes, am liebsten gelbes Taschentuch (»Licinmar«) ersetzt, durch welches ein in der Mitte eingeschnittenes Loch als Schlitz dient, um den Kopf durchzustecken (vgl. Taf. 27 des »Anthrop. Album M. G.«). Sehr ähnliche Ponchos (»Likou«), aus *Pandanus* geflochten, tragen die Frauen auf Sonsol, aber nicht auf Bunai (Kub., I, S. 92, Taf. XII, Fig. 2).

B. Putz und Zieraten.

Auch hierin ist auf Ponapé bereits fast alle Originalität verloren gegangen und von den früher gebräuchlichen Schmuckgegenständen, wenn überhaupt, nur noch schlechte Nachbildungen übrig geblieben. Eingeführte Glasperlen und besonders die so sehr beliebten Fäden rother Wolle, welche aus rothen Fries gezupft werden, haben ganz besonders zum Verfall der einheimischen Arbeiten beigetragen, denn namentlich ist es rothe Wolle, die bei den meisten Putzsachen Verwendung findet. Die letzteren bestehen hauptsächlich in Kopfbinden, wenig Halsschmuck, eigenthümlichen Ohrstöpseln und Gürteln, die wir später unter »modernem Putz« kennen lernen werden. Zunächst sei der

a) Prähistorischen Ueberbleibsel

gedacht, wie sie die Ruinen von Nanmatal lieferten, weil dieselben am besten die Identität der heutigen mit den früheren Bewohnern beweisen. Ausser einem kleinen Spermwalzahn und einem Fragment aus Walfischknochen,[1] verschiedenen Arbeiten aus *Conus*, bestehen dieselben ganz besonders in zwei Arten von *Spondylus*-Muschel (*Sp. flabellum* und *rubicundus* Reeve). Wie die Letzteren beweisen, muss die Verarbeitung solcher einstmals lebhaft betrieben worden sein und die Verwendung derselben zu Schmucksachen eine hervorragende Stelle eingenommen haben. Die nach-

[1]) Kat. M. G., S. 285, Nr. 2767 und 2768.

folgenden Stücke geben eine vollständige Darstellung dieses Materials nach Exemplaren, die ich selbst in den Ruinen von Nantauatsch bei Nanmatal ausgrub.

Rohe Muschelschale (Nr. 473, 1 Stück), untere Hälfte, von *Spondylus flabellum* Reeve (nach v. Martens), 12 Cm. lang, 10 Cm. breit; völlig unbearbeitet, die Längsrillen der Unterseite ziemlich gut erhalten, aber die Schale mit einem dünnen kalkigen Ueberzuge, der sich leicht abkratzen lässt, so dass dann das Roth der Schale sichtbar wird; dasselbe ist ziemlich blass, nimmt aber durch Anfeuchten eine lebhaftere Farbe an, allerdings nie so lebhaft roth als an frischen Muscheln.

Halsschmuck (Nr. 473 *a*, 1 Stück, Taf. V [22], Fig. 9), obere Schale, ebenfalls von *Spondylus flabellum*, 85 Mm. lang, 75 Mm. breit; die Oberfläche ist schmutzigröthlich und wird durch Befeuchten viel lebhafter röthlich. Das Stück ist auf der Oberseite und an den Rändern abgeschliffen und oberseits mit zwei Löchern durchbohrt, zum Befestigen eines Bindfadens, da dasselbe jedenfalls in dieser Weise als Halsornament[1]) diente.

Derartige Muschelschalen, circa $^1/_2$—$1^1/_2$ Fuss tief in der Bodenschicht, meist losen Korallgrus, des Hauptgewölbes eingebettet, bildeten das häufigste Fundobject der Ausgrabungen und machten sich bei ihrer Grösse am meisten bemerklich. Diese Schalen sind noch sehr fest, also nicht eigentlich verwittert, aber mehr oder minder stark verblasst, erhalten aber durch Anfeuchten eine verschieden starke röthliche Färbung wieder. Die grösste Schale, welche ich erhielt, mass 15 Cm. in der Länge, 12 Cm. im Querdurchmesser. Die meisten Schalen gehören, nach gütiger Bestimmung von Prof. v. Martens, zu *Spondylus flabellum* Reeve, aber es sind auch Schalen einer anderen Art dabei, schmäler und mehr gewölbt (bis 135 Mm. lang und 95 Mm. breit), die derselbe Specialist als *Spondylus rubicundus* Reeve bestimmte. Die Mehrzahl der gefundenen Muscheln sind roh, darunter ein Exemplar mit beiden Schalen noch im Schloss verbunden, eine ziemliche Anzahl aber in verschiedenen Stadien der Bearbeitung, d. h. mehr oder minder abgeschliffen (wie z. B. Nr. 473 *a*) und zum Theil durchbohrt. Sehr bemerkenswerth ist der Umstand, dass ich auch kleinere Bruchstücke (circa 50 Mm. lang und 20 Mm. breit u. s. w.) fand, künstlich zerschlagen und offenbar Rohmaterial zu Scheibchen.

Nach Kubary's Ansicht wären diese Muschelschalen den Verstorbenen aus Pietät mit ins Grab gegeben und die Muschel selbst würde jetzt nicht mehr in den Gewässern von Ponapé vorkommen. Beide Annahmen sind zweifellos falsch. Denn wie die Menge der Fundstücke, namentlich von Rohmaterial, in verschiedenen Stadien der Bearbeitung bis zu den fertigen Muschelscheibchen in allen Grössen beweist, haben wir es hier lediglich mit Wohnstätten und den darin befindlichen prähistorischen Werkstätten zu thun (vgl. S. 257 [513]). Sorgfältige Ausgrabungen, wie ich sie nicht anstellen konnte, würden wahrscheinlich auch die Schleifsteine zu Tage fördern, welche einst zum Schleifen der Muscheln dienten.

Die Muschelschalen *(Spondylus flabellum)* aus den Ruinen wurden von einem Yap-Eingeborenen sogleich als dieselben erkannt, aus welchen man dort noch heute die rothen Muschelscheibchen schleift. Diese Muschel ist aber ziemlich schwer zu erlangen, da sie in ansehnlicher Tiefe festgewachsen lebt und die heutigen Bewohner Ponapés eben zu faul sind, um sich deswegen Mühe zu geben. Sie begnügen sich mit der

[1]) Solche grosse *Spondylus*-Schalen, wie auch einzelne *Cypraea aurora*, bildeten nach Wilkes auf Fidschi den kostbarsten Schmuck, welcher sich in Häuptlingsfamilien vererbte. Der Kat. M. G. (S. 152, Nr. 1156) verzeichnet von daher einen solchen Halsschmuck aus einer *Spondylus*-Schale.

Hinterlassenschaft ihrer Vorfahren aus den Ruinen, die ihnen noch heute auf leichte Weise das Material zu verschiedenen Schmucksachen liefert.

Prähistorische Muschelscheibchen (Nr. 475, Taf. VIII [25], Fig. 13) aus *Spondylus* geschliffen, von den heutigen Ponapesen »Pake« genannt (Kubary). Die abgebildete Reihe stellt alle Grössen vor, welche ich in den Ruinen fand, und von denen die kleineren Nummern (9—13) am häufigsten waren. Sie sind besser erhalten als die grossen, d. h. weniger verkalkt, aber alle, auch die grossen kalkweissen (Fig. 7) nehmen durch Anfeuchten eine schwache röthliche Färbung an. Kubary's Annahme (in Joest: »Tätowiren«, S. 94), als seien die Muschelscheibchen der Vorzeit vollkommener und besser geschliffen als die der gegenwärtigen Carolinier, entbehrt jedes sicheren Haltes. Wie überall gibt es besser und weniger gut gearbeitete Scheibchen, und solche liegen mir auch aus den Ruinen vor.

Fig. 51.

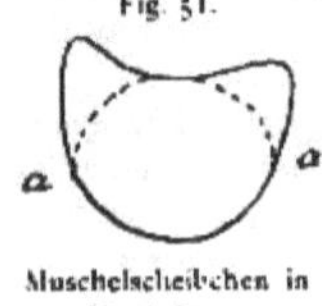

Muschelscheibchen in Bearbeitung. Natürl. Grösse.

Ein sehr instructives Stück stellt die nebenstehende Fig. 51 dar, und zwar ein in der Bearbeitung begriffenes Plättchen. Dasselbe ist circa 4 Mm. dick und auf beiden Seiten ziemlich glatt geschliffen, der obere Rand abgebrochen. Unter Zugrundelegung der Anfertigung der Scheiben aus Perlmutter (S. 83 [351], Fig. 15) erklären sich an diesem Stücke auch die der *Spondylus*-scheibchen sehr einfach. Man braucht sich nur die beiden oberen Ecken (bei *a*) abgeschliffen zu denken und das Scheibchen ist bis auf das Durchbohren des Loches fertig.

Ausser *Spondylus*-Scheibchen, die einstmals wie noch heute auf Ruk u. s. w. jedenfalls als Geld dienten, fand ich auch noch eine Anzahl:

Spondylusplättchen (Taf. VIII [25], Fig. 14), in verschiedener Grösse, durchbohrt, als Anhängsel für Halsbänder, wie wir dieselben von den Gilbert-Inseln (S. 82 [350]) u. s. w. kennen. Ein ganz ähnliches Stück aus der jüngeren Zeit Ponapés ist auf Taf. VIII [25], Fig. 15, abgebildet. Kubary fand auch lanzettlich zugeschliffene schmale *Spondylus*-Stückchen, zwei- und dreifach durchbohrt, die als Schmuck gedient hatten.

Das in seiner Verwendung zu Schmuckgegenständen so weit verbreitete Material, Scheiben oder Ringe aus den Spiren von *Conus millepunctatus*, sogenannte *Conus*-Boden, sind auch von den alten Ponapesen zu gleichen Zwecken benützt worden, wie das folgende Stück zeigt:

Halsschmuck (Taf. VII [24], Fig. 14), Ring aus *Conus millepunctatus*, noch in Bearbeitung begriffen.

Aus demselben Material fand Kubary Armringe, die ganz mit denen von Kuschai (Nr. 361, S. 229 [485]) übereinstimmen, sowie Bruchstücke von solchen mit eingeschliffenem Muster, was sehr bemerkenswerth ist (vgl. Kat. M. G., S. 284, Nr. 3460 und 2760, S. 285, Nr. 2761: »interessante Serie von fünf *Conus*-Ringen, die Entwicklung des Ringes während des Schliffes zeigend«).

Perlmutter, das in den Schmucksachen der Carolinen überhaupt wenig vorkommt, ist in den Ruinen allerdings auch von mir gefunden worden, aber immer nur in kleinen Stücken, zweifellos Fragmente von Fischhaken (vgl. Taf. [20], Fig. 4), nie in grösseren Stücken oder ganzen Schalen.

Die in den Ruinen gefundenen Schmuckgegenstände oder Fragmente von solchen stimmen in Material, Bearbeitung und mit geringen Ausnahmen auch in der Form durchaus mit denen überein, wie sie heute noch in den Central-Carolinen (z. B. Ruk) gemacht werden. Vermuthlich verstanden die alten Ponapesen auch Cocosnussschale und Schildpatt zu bearbeiten, wenn von diesen leichter vergänglichen Materialien auch nichts mehr in den Ruinen erhalten blieb. In jedem Falle beweisen die Fundstücke die Identität der früheren Bewohner der Ruinen mit der heutigen Bevölkerung nicht blos Ponapés, sondern der Carolinen überhaupt.

b) **Moderner Putz.**

Dass die Erbauer der jetzigen Ruinen viel fleissiger und geschickter als ihre heutigen verkommenen Nachkommen waren, zeigen die Fundstücke am besten. Von den früheren Arbeiten aus Muscheln werden höchstens noch leicht herzustellende Plättchen aus *Spondylus* gearbeitet (wie Taf. [25], Fig. 15), während Perlen aus Cocosnuss fast ganz durch Glasperlen verdrängt wurden.

Charakteristisch für modernen Schmuck von Ponapé, der fast nur in Halsketten und Kopfbinden besteht, sind daher Glasperlen (besonders weisse und schwarze) und zum Theil nicht üble Stickereien in bunter (rother und blauer) Wolle, insbesondere Verzierung mit rothen Wollfäden. Federputz scheint unbekannt und ist mir wenigstens niemals vorgekommen, obwohl die im Gegensatz zu den Atollen viel reichere Ornis (vgl. 233 [489] hübsches Material liefern würde.

a) **Hautverzierung.**

Wie Kuschai besitzt auch Ponapé eine durchaus spontane Tätowirung (»Intschin«, »ting« — zeichnen: »Novara«), die mit zu der reichsten und schönsten des ganzen Carolinen-Archipels gehört. Das sehr zierliche geradlinige Muster bedeckt beim weiblichen Geschlecht die Arme bis zur Mitte der Hand, die wie mit durchbrochen gearbeiteten langen Tricothandschuhen bekleidet aussehen (Finsch, l. c., Fig. 3 und 6; Kubary: Journ. M. G., Heft VIII, 1875, S. 132, Fig. 1 und 2 und in Joest: »Tätowiren«, S. 89), die Beine vom Knöchel bis zum halben Oberschenkel wie mit Strümpfen, von hier wie mit einer Art Badehose bekleidet (Finsch, l. c., Fig. 8—18; Kubary: Journ., S. 134, Fig. 6 und »Tätowiren«, S. 90), die ringsum die Hüften wie von einem breiten Gürtel umspannt und vorne auf dem Schamhügel[1]) wie mit einem breiten Gürtelschloss geschlossen ist (Finsch, l. c., Fig. 7, *a* und *b*). Tätowirung der »Füsse« (»Novara-Reise«, S. 410) kommt nicht vor. Männer sind auf Armen und Beinen wie die Frauen tätowirt (Kubary: Journ., S. 133, Fig. 3 und 4; »Tätowiren«, S. 88), bei ihnen fällt aber der Gürtel (wie ich ihn irrthümlich auch für Männer angab) weg. Diese Gürteltätowirung mit dem kunstvollen Muster auf dem Venusberge ist daher für die Frauen von Ponapé ganz besonders charakteristisch und findet sich in den ganzen Carolinen nicht mehr wieder. Dagegen erinnert die Beintätowirung der Ponapé-Frauen am meisten an die Kniehosentätowirung der Samoa-Männer (vgl. S. 14 [282]).

So strict wie Kubary[2]) übrigens die Tätowirung auf Ponapé angibt, wird dieselbe nicht geübt, denn ich konnte während meines kurzen Aufenthaltes eine Reihe gegentheiliger Beobachtungen sammeln. Ich untersuchte, um die Tätowirung kennen zu lernen, eine Anzahl Personen verschiedenen Alters und fand, wie überall, sehr erhebliche Verschiedenheiten in der mehr oder minderen Vollendung dieses Schmuckes, und doch fiel mein Besuch nur sieben Jahre nach Kubary's erstem Eintreffen (1873) auf der Insel. Ein junges Mädchen hatte sich den ganzen Gürtel in einer Tour tätowiren lassen,

---

1) Die Behaarung wird auf diesem Theile deswegen nicht constant ausgerissen, wie Kubary meint; ich konnte mich wiederholt vom Gegentheil überzeugen.

2) »Frauen müssen tätowiren« — »Mädchen ohne Tatowirung würden ihres hauptsächlichsten Schmuckes entbehren und zum Gegenstand des Spottes werden« — »Ich glaube nicht, dass auf der ganzen Insel Ponapé ein einziges Individuum dieses Schmuckes entbehrt« — »Der hauptsächlichste Schmuck ist Tätowiren. Bei der Ausführung werden aber keine religiösen Gebräuche vorgenommen« (in Joest: »Tätowiren«, S. 89).

und die ganze Partie zeigte noch den Eiterschorf, welcher erst am dritten Tage abfällt. Dieses Beispiel beweist, dass die geringere oder ausgedehntere Ausführung der Tätowirung ganz von dem Willen und der Widerstandsfähigkeit des Individuums abhängt, wie dies allenthalben stattfindet. Von einer stricten Reihenfolge, wie sie Kubary für die einzelnen Körpertheile nach dem fortschreitenden Alter für die Tätowirung auf Ponapé verzeichnet, kann also nicht die Rede sein. Nach Kubary bildet die Randbinde oberhalb des Knöchelgelenks den Schluss der vollständigen Tätowirung einer Ponapé-Frau. Ich sah dieses Zeichen aber bereits bei jungen Mädchen, die im Uebrigen noch sehr unvollständig tätowirt waren, wie dies auch aus Hernsheim's Abbildung (»Südsee-Erinnerungen«, Taf. 12) ersichtlich ist. Nach Kubary wird die Tätowirung eines Armes nicht in einem Tage fertig, aber auch die Zeit lässt sich nur beziehentlich angeben, da dieselbe ja ganz von der Geschicklichkeit der Tätowirerin abhängt. So sah ich eine Frau, der beide Beine in drei Tagen fix und fertig tätowirt worden waren. Diese Verzierung hatte 7 »Lavalava« (= 14 baumwollenen Taschentüchern) gekostet.

Wie meist überall dient Tätowirung hauptsächlich der Verschönerung der Frauen, aber auf Samoa herrscht das umgekehrte Verhältniss, denn hier sind es gerade die Männer, welche sich tätowiren. Auf Ponapé gab es im Ganzen weit mehr mässig oder untätowirte Personen als tätowirte, Verhältnisse, die nach v. Miklucho-Maclay auf Pelau und Yap genau dieselben sind. Uebrigens hatte der Gebrauch des Tätowirens schon damals auf Ponapé bedeutend nachgelassen und war sehr in der Abnahme begriffen. Der regere Schiffsverkehr mit der Aussenwelt hatte bereits gewisse fremde Zeichen (vgl. Fig. 11—13 meiner Abhandlung) schon damals eingeführt, die namentlich bei Männern sehr beliebt waren, und jetzt dürften die Originaltätowirungen, immer mehr verdrängt, vollends in Verfall gerathen sein.

Kubary erwähnt noch gewisser Schnittwunden auf Oberarm und Achsel bei beiden Geschlechtern, deren Narben als Zeichen persönlichen Muthes somit im Sinne von Ziernarben zu betrachten sind und »Kopatsch« (= Schmuck) heissen (in: Joest, »Tätowiren«, S. 91 Anm.).

Tätowirgeräth. Das auf Ponapé gebräuchliche Instrument zum Tätowiren bildet Kubary ab (Journ. M. G., Heft VIII, S. 135, Fig. 10) und beschreibt in ausführlicher Weise die Operation, welche ähnlich wie anderwärts geschieht. Das Instrument ähnelt dem (Fig. 61) abgebildeten der centralen Carolinen, der Kamm besteht aber nicht aus einem Stück Schildpatt oder Knochen, sondern aus mehreren flach zusammengebundenen Dornen einer *Citrus*-Art und heisst »Kalic« (Kalitsch). Aus demselben Material war das Tätowirgeräth der alten Fidschianer verfertigt (Kat. M. G., S. 182). Als Schwärze dient der Russ der verbrannten »Dziakan«- (Jakan-) Nüsse (*Aleurites triloba*), wovon das k. k. naturhistorische Hofmuseum eine Probe durch die »Novara-Reise« besitzt. Cheyne's Angabe, dass die Schwärze mit Oel angerieben wird, ist nach Kubary unrichtig (in: Joest, »Tätowiren«, S. 89).

In der Einleitung (S. [281]—[283]) habe ich bereits oceanischer Tätowirungen gedacht, um in Kürze zu zeigen, dass sich dieselben überall in localen Variationen fast über das ganze ungeheure Gebiet verbreiten. Mehr als bei irgend einem anderen Zweige der Ethnologie liegt es nahe, hinsichtlich der Tätowirung eine zoologische Parallele zu ziehen, wenigstens mit dem mir geläufigen Gebiete der Ornithologie. Wie hier gewisse Genera über die ganze Südsee verbreitet sind und fast auf jeder Inselgruppe oder Insel specifische Vertreter besitzen (wobei ich besonders an die Taubengattung *Ptilinopus* erinnern möchte), so verhält es sich mit der Tätowirung generisch betrachtet. Ueberall finden wir gewisse locale Verschiedenheiten in den Mustern und der Anordnung und Vertheilung derselben auf verschiedene Körpertheile, die bei ihrer Constanz (abgesehen von absichtlichen Uebertragungen) für den Zoologen jedenfalls Specieswerth erhalten würden. Dabei sei nochmals an die beachtenswerthe

Thatsache erinnert, dass, mit Ausnahme von Neu-Seeland und den Markesas, die Muster der Tätowirungen mit der Ornamentik der betreffenden Insulaner in keinem Zusammenhange stehen. Wie in der Zoologie ein weitverbreitetes Genus auffallender Weise auf Inseln fehlt, wo man jedenfalls einen Vertreter erwarten durfte, so verhält es sich auch bezüglich der Tätowirung, über die ich im Nachfolgenden vergleichsweise weitere charakteristische Notizen einfüge.

Am nächsten verwandt mit der von Ponapé ist die:

Tätowirung von Pelau. Frauen: Arme innen und aussen bis zur Hälfte des Oberarmes nebst der Oberseite der Hand; Beine von der Ferse bis zum Gesäss, meist an Hinterseite und Seiten mit sehr eigenthümlichem dichtstehenden Muster, das wie gestricktes Tricot kleidet; den Schamhügel bedeckt ein dichtes blaues Feld, darüber zuweilen eine Reihe länglicher Vierecke wie Sterne. Männer tätowiren nur die Hände, Unterarme und Beine; nach Kubary nur das linke (?) (Kubary[1]) in Joest: »Tätowiren«, S. 76: Arme und Hände und S. 77, 78: Beine von Frauen; Miklucho-Maclay: Zeitschr. für Ethnol., 1878, Taf. XI, Fig. 5: Schamberg). Hernsheim's Bild von Aba Thule (Aibatul) »Südsee-Erinnerungen«, Taf. II) zeigt den Herrscher Pelaus nur auf der Oberseite der Hand und einem Theil des Unterarmes in einer Weise tätowirt, als trüge er lange Fausthandschuhe, im Uebrigen ohne andere Tätowirung. Nach v. Miklucho-Maclay sind auf Pelau bei Weitem nicht alle Männer tätowirt, und die Tätowirung ist bedeutend geringer als auf Yap. Nach Kubary sind auf Pelau auch Brandmale sehr beliebt, mit denen sich namentlich Mädchen die Arme verzieren.

Eine Vergleichung der Tätowirungen von Ponapé und Pelau zeigt die totale Verschiedenheit in den Mustern, sowie in der Anordnung derselben; Kubary's Versuch (in Joest: »Tätowiren«, S. 93), auf Grund der Tätowirung die Bevölkerung Pelaus von Ponapé herstammen zu lassen, fällt daher ebensowenig glücklich aus als hinsichtlich der Canus (S. 262 [518]).

Tätowirung von Yap. Dieselbe zeigt gewisse Aehnlichkeit mit der von Pelau, aber auch so charakteristische Eigenthümlichkeiten, dass sie volle Selbstständigkeit bewahrt.

Frauen: Oberseite der Hand nebst Fingern (selten Schamgegend, die angrenzenden Theile des Oberschenkels nebst Gesäss); Männer: die Beine in derselben Ausdehnung wie auf Ponapé, aber in ganz anderem Muster, für welches die abwechselnd dunklen und hellen Querstreifen auf der Hinterseite der Wade charakteristisch sind (vgl. Kubary in Joest: »Tätowiren«, S. 81: Bein eines Mannes; und Journ. M. G., Heft VIII, S. 123, Fig. 5: ebenfalls Beine eines Mannes, aber etwas abweichend; hier auch S. 134, Fig. 7: Mädchenhand aus einem yap'schen Sclavenstamme). Mit diesen Darstellungen Kubary's stehen die in Heft II desselben Journals gegebenen Abbildungen (Taf. IV, Fig. 1: »Tätowirung eines Mannes von Yap«, Häuptlings von Rul, S. 15, und Taf. 5, Fig. 3: »Tätowirung der Hand einer Frau«[2]) durchaus im Widerspruch und sind als Anschauungsmaterial nicht nur werthlos, sondern schädlich. Jedenfalls rühren diese Vorlagen wie die Textnotizen (S. 15) von Capitän Tetens her, dessen Mittheilungen sich meist als höchst unzuverlässig erwiesen und in Bezug auf Yap zum Theil durch v. Miklucho-Maclay widerlegt wurden (»Globus«, XXX, 1878, S. 41).

»Die andere auf Yap bestehende Tätowirung heisst ,eol' (auf Pelau ,semoluk') und ist diese auch auf den Mackenzie-Inseln zu Hause«, sagt Kubary (S. 81) und meint damit thatsächlich die total abweichende:

Tätowirung von Uluti (Mackenzie-Inseln). Sie bedeckt in eigenthümlichem sehr dichtem Muster, vielleicht dem schönsten der ganzen Carolinen, fast den ganzen Rücken und Brust und zieht sich über das Gesäss auf den oberen Theil der Schenkel. Wir kennen sie bis jetzt nur von Männern (Kubary: Journ. M. G., VIII, S. 135, Fig 8, »Mogomug«: Vorderseite; und in Joest: »Tätowiren«, S. 82, »Yap«: Rückenansicht). Nach v. Miklucho-Maclay ist die Tätowirung auf Yap und Uluti (Mogmog) gleich, da bei dem regen Verkehr beider Inseln sich Yapleute gern auf Uluti tätowiren lassen, wie Eingeborene es ja lieben, von ihren Reisen derartige Erinnerungszeichen mit heimzubringen. So sah ich wiederholt Marshallaner (beiderlei Geschlechts) mit Ponapé-Tätowirung geziert. Selbstredend sind auch auf Uluti bei Weitem nicht alle Eingeborenen tätowirt, wie dies unter Anderem mit den

---

[1]) Von der hier gegebenen Darstellung weicht die Abbildung der Tätowirung eines Pelau-Insulaners in Journ. M. G., Heft IV, 1873, Taf. 4, so total ab, dass ihr wohl kaum eine Vorlage Kubary's zu Grunde liegt und dieselbe als Vergleichungsmaterial ohne Werth ist, da sie nur irreführt.

[2]) Diese Abbildung beruht auf einer Photographie Kubary's, ist also durchaus richtig, allein die Tätowirung, welche bekanntlich in diesem Verfahren nicht erscheint, ist erst später eingezeichnet, und zwar ganz falsch: sie zeigt auf der Hand ein Phantasiemuster, ausserdem nur noch auf jedem Oberarm drei Fischfiguren, in Uebereinstimmung mit dem ganz irrigen Text: »die Zeichnung an den Armen stellt Fische vor, die reihenweise am Oberarme angebracht sind«.

von mir gesehenen (auch Frauen) der Fall war. Der in der »Senjavin-Reise« (Pl. 25) abgebildete Mann von »Moguemog« ist auch untätowirt. Dagegen zeigt ein anderer der Gruppe Uluti (Pl. 26) auf dem Oberarme eine Reihe querstehender Fischfiguren.

Tätowirung von Sonsol (Sonsorol), der westlichsten Carolinen-Insel, haben wir neuerdings durch Kubary (»Ethnol. Beitr.«, I, S. 89, Taf. XI) kennen gelernt, und zwar in höchst eigenthümlichen (bei beiden Geschlechtern verschiedenen) Patternen, die den bereits bekannten einen neuen Typus hinzufügt, gleichsam eine neue Species, die sich nach Kubary identisch[1] auch auf dem benachbarten Merir findet, nicht aber auf den südlicheren St. Davids, wo Tätowirung überhaupt fehlt. Wenn Kubary (l. c., S. 90) sagt, »die Tattuirung der Männer (von Sonsol) ist mit derjenigen der Mackenzie-Inseln beinahe identisch«, so ist dies unrichtig, wie ein Blick auf die Abbildungen (Taf. XI und Journ. M. G., S. 135, Fig. 8: »Mackenzie-Insulaner«) Jeden belehren wird, der sich die Mühe dieser Vergleichungen geben will. Abgesehen, dass die Patterne der Rückenseite der Männer von Sonsol etwas an die der Männer im Atlas der »Senjavin-Reise«, Pl. 28 (angeblich von Lukunor) erinnert, so hat das Schachbrettmuster der Vorderseite kein Analogon in den Carolinen und findet höchstens in der Paumotu-Gruppe (S. [283]) eine Parallele, während die Halstätowirung der Frauen von Sonsol (obwohl in ganz abweichendem Muster) zunächst an die der Marshallanerinnen (S. [428]) mahnt.

Der übrigen Carolinier-Tätowirungen soll, soweit darüber Nachrichten vorliegen, im Abschnitt 3 »Ruk und Mortlock« gedacht werden.

Bemalen mit gelber Farbe aus der Wurzel von *Curcuma* (»Katschinjong«: »Novara«), welche Pflanze zu diesem Zwecke eigens angebaut wird, gehört auch auf Ponapé zu den von beiden Geschlechtern gleich beliebten Verschönerungsmitteln. Nach Kubary wird die Wurzel »nicht pulverisirt, sondern in frischem Zustande zerrieben verwandt«. Das k. k. naturhistorische Hofmuseum erhielt durch die »Novara-Reise« eine Probe Gelbwurz von Ponapé.

b) **Haartracht.**

Es ist sehr bemerkenswerth, dass, während sonst fast auf allen Carolinen ziemliche Sorgfalt auf das Haar verwendet und dasselbe meist von den Männern in einem Knoten auf den Wirbel geschlagen wird, diese Sitte auf Ponapé (wie auf den Gilbert-Inseln) fehlt. Beide Geschlechter tragen das Haar ziemlich kurz oder lassen es doch selten länger als bis auf die Schultern wachsen, ganz wie dies schon v. Kittlitz im Jahre 1828 sah. Nach Kubary zeichneten sich die Brüder der »Dziamorou-Gesellschaft« durch langes Haar aus, das nur bei besonderen Gelegenheiten (Trauer) gekürzt wurde, und zwar mittelst Absengens (!).

Die Männer sind meist bartlos, weil sie die Barthaare ausreissen, wozu man sich »zweier Stückchen scharfrandigen Schildpatts« bediente (»Novara-Reise«, S. 416).

c) **Kopfputz.**

Eine Folge der im Vorhergehenden beschriebenen Manier, das Haar zu tragen, ist die für Ponapé charakteristische Eigenthümlichkeit des Fehlens von Putzkämmen oder Kämmen überhaupt, die in dem losen, schlichten Haare ohnedies keinen Halt finden würden. Statt dessen sind **Kopf- oder Stirnbinden** ausserordentlich beliebt, und zwar zunächst in der gewöhnlichsten Form von Blumenkränzen am häufigsten bei beiden Geschlechtern. Schon Kittlitz erwähnt dieser zierlich geflochtenen Kränze aus vorherrschend gelben und rothen Blumen, ein Brauch, der auch bei der Mission Gnade fand, und wir sahen bekehrte Eingeborene mit solchen sehr hübsch kleidenden Kränzen zur Kirche kommen. Nach Kubary heissen solche Kränze »El« = Schnur oder Strang und erhalten je nach der verwendeten Art von Blumen besondere Namen. Bei den Tributzahlungen (in Lebensmitteln) an die Häuptlinge erscheinen die Betheiligten ebenfalls mit Blumenkränzen geschmückt, die dann dem Häuptling übergeben werden (»Ethnol. Beitr.«, I, S. 72, Anm.). Die Liebhaberei für Blumenkränze haben wir übrigens schon bei

[1] »Ethnogr. Beitr.«, I, S. 90, wogegen auf S. 101 gewisse Unterschiede erwähnt werden.

den Gilbert- und Marschall-Insulanern kennen gelernt, und sie findet sich weit über Polynesien (z. B. Tahiti, Rarotonga, Samoa, Hawaii etc.) verbreitet.

Für gewöhnlich genügen übrigens auf Ponapé Blattstreifen (von *Pandanus* u. dgl.) als Kopfbänder, um das Haar festzuhalten, die nach Postels (vgl. »Senjavin-Reise«, Pl. 24 und 31) damals aus Tapa bestanden und zugleich auch »als Schleudern« benützt wurden.

Zu meiner Zeit wurden hauptsächlich Kopfbinden getragen, die aus einem Reif oder Streif von dem Baste eines Baumes (»Maki«) bestanden, der mit Stickereien in rothen und blauen Wollfäden, nicht selten mit einem Streif europäischen Zeuges bekleidet war, wie das folgende Stück:

Marmar (Nr. 419, 1 Stück), Kopfbinde; ein 5 Cm. breiter Baststreif, mit buntem Zeug überzogen und mit Fransen aus gezupftem rothen Wollzeug verziert. Jokoits.

Nach Kubary heissen alle diese Kopf- oder Stirnbinden »Marmar«, derselbe Name, welcher auch für Halsbänder gilt und mit dem marshallanischen »Maremar« übereinstimmt.

In Bezug auf Ausstattung, zu welcher ausser Wollfäden zuweilen auch Glasperlen verwendet werden, herrscht grosse Verschiedenheit. Mit Vorliebe besteht der Randbesatz aus rother Wolle, wie hinterseits rothe und schwarze Zeugstreifen gleich Bändern befestigt werden. Eine reiche Auswahl dieser zuweilen diademartigen Kopfbinden, die als besonderer Schmuck bei Tanzfesten für beide Geschlechter dienen, sind auf Taf. 26 und 27 (Anthrop. Album M. G.) dargestellt.

Eine sehr seltene Stirnbinde aus rothen und weissen Muschelscheibchen und Ringen aus Cocosnuss, wahrscheinlich ein Unicum, ist (Kat. M. G., S. 291, Nr. 845) von Ponapé beschrieben, deren Material (nach Kubary) aber »der Vergangenheit entstammt«.

Im Charakter ganz an moderne Arbeiten von Ponapé anschliessend ist ein:

Tanzkopfputz (Nr. 268, 1 Stück) von Mokil (Duperrey-Insel, östlich von Ponapé). Derselbe besteht aus einem Reifen, in welchem in Bohrlöchern ringsum aufrechtstehende Stäbchen befestigt sind, die wie der Reifen selbst mit rothen und blauen Zeugstreifen, Wolle und weissen Federspitzen verziert sind.

Augenschirme, aus frischen Cocosblattfiedern geflochten, die nicht als Schmuck, sondern zum Schutz der Augen gegen die blendenden Sonnenstrahlen dienten, beschreibt v. Kittlitz (Denkwürd., II, S. 71 und 72) von Ponapé, sowie solche in der »Novara-Reise« erwähnt werden (S. 395). Aehnliche Augenschirme, in Form eines Mützenschildes aus einer Gras- oder Binsenart geflochten, erhielt ich von der Insel Simbo (Eddystone) des Salomons-Archipels. Sie heissen hier »Torpa« und werden fast von jedem Manne im Canu getragen (vgl. Guppy: »Solomons-Isl.«, Taf. S. 102, Fig. 2 links).

d) Ohrputz.

Die Sitte die Ohrlappen zu durchbohren, ist auch auf Ponapé heimisch, und zwar bei beiden Geschlechtern, aber die Ohren werden nicht in dem Masse ausgeweitet wie auf Kuschai. Ausserdem werden auch in den Ohrrand Löcher gestochen. Als gewöhnlicher Schmuck für das Ohr dienen Blumen und bunte Blätter, sowie Büschel aus rothen Wollfäden. Ebensolche werden in die Löcher des durchbohrten Ohrrandes befestigt.

Von eigenthümlichem Ohrschmuck lernte ich nur die folgende Form kennen, die, soweit meine Beobachtungen reichen, aber nur vom weiblichen Geschlechte getragen wird.

Ohrstöpsel (Nr. 315, 1 Stück, Taf. VI [23], Fig 6) aus dem Abschnitt einer abnormen Cocosnuss (Fig. 60) angefertigt. Jokoits.

Fig. 6 *a* zeigt den Umkreis (95 Mm.) an der Basis und zugleich wie weit der Ohrlappen sich ausdehnen muss. In der Höhlung des obigen Stückes, das ich von einer Frau des »Königs« von Jokoits kaufte, steckt ein wohlriechendes Blattknäuel; bei einem anderen diente ein rund geklopftes Stück Spiegelglas als Verschluss der Oeffnung. Am häufigsten wird die auf Ponapé so beliebte rothe Wolle als besondere Verzierung in die Höhlung dieser Ohrstöpsel eingestopft, der äussere Rand derselben zuweilen auch mit einer Reihe aufgereihter Glasperlen eingefasst. Im Kat. M. G. (S. 291, Nr. 841, 3156) werden zwei solche Ohrstöpsel als aus »Holz gearbeitet« erwähnt, die aber wohl auch aus Cocosnuss bestehen, wie alle, die ich zu sehen bekam. Eine gute Abbildung dieses Ohrschmuckes (aus Cocosnuss) gibt die »Senjavin-Reise« (Pl. 31, Fig. 3). Der auf derselben Tafel (Fig. 2) abgebildete sehr eigenthümliche Ohrschmuck von Ponapé (angeblich »aus Fasern von Cocosblatt, eingehüllt in ein Gewebe von Bast der *Aleurites triloba*«) ist mir nicht mehr vorgekommen, wie der im Kat. M. G. (S. 291, Nr. 3099) beschriebene »Ohrschmuck« aus Nussplatten, weissen und rothen (*Spondylus*) Muschelplättchen, an rothgefärbten Bastfäden befestigt, ein Stück aus älterer Zeit betrifft.

c) Hals- und Brustschmuck.

Gegenwärtig werden dafür fast ausschliessend nur noch Glasperlen verwendet, wie dies v. Hochstetter schon 1858 bemerkte, und zwar vorzugsweise schwarze und weisse Emailperlen, die auf Ponapé am meisten beliebt sind. Man verfertigt daraus breitere Bänder in zum Theil hübschen schwarz und weissen Mustern. Charakteristisch für diese modernen Halsketten ist die Verwendung von rother Wolle, mit welcher gewöhnlich die Bindebänder umwickelt sind, die in eine kleine Quaste von rother Wolle enden. Halsketten aus Blumen werden ebenfalls häufig getragen.

Von Schmuck aus der älteren Zeit, wovon jetzt kaum etwas mehr zu haben sein dürfte, erhielt ich nur noch wenige Stücke.

Marmar (Nr. 462, 1 Stück, Fig. 52), Halskette aus circa 10—15 Mm. langen Abschnitten von Stengeln einer dünnen (kaum 3 Mm. dicken), glänzend dunkelbraunen Grasart, »Motill« genannt, circa 90 Cm. lang, auf eine dünne Bastfaser gereiht. Jokoits.

Fig. 52.

Halskette aus Abschnitten von Grasstengeln.

War früher (nach Kubary, von dem ich das Stück erhielt) sehr beliebt und werthvoll; jetzt nicht mehr zu haben.

Marmar (Taf. VIII [25], Fig. 15), Halskette, bestehend aus 14 *Spondylus*-Plättchen (wie Fig. 15, aber von verschiedener Grösse) und 9 Abschnitten obiger Grasstengel, mit einigen Glasperlen zusammen auf eine Schnur gereiht.

Eine andere Halskette, welche ich erhielt, bestand aus sehr kleinen prähistorischen Muschelscheibchen (wie Fig. 11, Taf. [25]), kleinen schwarzen Scheibchen aus Cocosnuss (die mir sonst nicht vorkamen) und Glasperlen, als Anhängsel war ein rothes Plättchen aus *Spondylus* befestigt.

Eine Halskette, welche ich in Metalanim erhielt, 45 Cm. lang, zählte 145 prähistorische *Spondylus*-Scheibchen (wie Taf. [25], Fig. 11) aus den Ruinen, die durch ein Flechtwerk von vier Reihen Faden verbunden waren.

Einen eigenthümlichen Halsschmuck trägt der auf Taf. 26, Fig. 417 des »Anthrop. Album M. G.« dargestellte Ponapese. Er besteht aus einem breiten Halsbande von Glasperlen, an welchem »an einem Cocosfaserschnurgehänge abgeschliffene Stückchen von Perlmutterschalen« befestigt sind (S. 14). Die letzteren ähneln in der Form ganz unserer Fig. 15 (Taf. 25) und dürften wohl ebenfalls aus *Spondylus* bestehen.

»Die Halsgehänge aus Muschelscheibchen u. dgl. kommen höchst vereinzelt vor, und gelang es mir seinerzeit, dem Museum (Godeffroy) einige nebst Kopfspangen zu schicken«, sagt Kubary (»Ethnol. Beitr.«, I, S. 72, Anm.), allein der Katalog verzeichnet (S. 291, Nr. 750) nur einen »Halsschmuck«. Er besteht aus einer »halbmondförmig ausgeschnittenen Perlmutterschale an einem Cocosfaserschnurgehänge«, die sehr mit den »Mairi« von Port Moresby (S. [97]) übereinstimmt und dessen Herkunft nicht zweifelsfrei erscheint.

Die vorher erwähnten Gegenstände des Körperausputzes scheinen auf Ponapé längst abgekommen, wie auch:

f) **Armschmuck,**

wovon ich keine Spur mehr sah. Und doch verfertigten die prähistorischen Vorfahren schöne Muschelarmringe (aus *Conus*), wie sie auch auf Kuschai vorkamen und noch heute auf Neu-Guinea (vgl. II, S. [100] und [161]) beliebt sind.

In Vergessenheit gerathen ist auch jener eigenthümliche **Tanzschmuck**, von dem wir nur in der »Senjavin-Reise« dürftige Kunde erhielten. Als Ausputz beim Tanze diente einmal eine besondere Art Halsschmuck aus langen Streifen (wahrscheinlich von Cocos- oder *Pandanus*-Blatt), wie ihn die weibliche Figur auf Pl. 24 (auf der Plattform des hinteren Canus stehend) darstellt, sodann eine Art Handmanschetten (auf derselben Tafel bei der tanzenden weiblichen Figur des vorderen Canu angedeutet), die v. Kittlitz genauer beschreibt. »Einige Leute, die sich mit mehr Entschiedenheit als die anderen zum Tanzen hielten, trugen seltsame Manschetten von Palmblättern, die weit über die Finger hinausragten und bei der Bewegung des Tanzes ein eigenthümliches Geflüster hervorbrachten« (Denkwürd., II, S. 72).

Es erübrigt noch des

g) **Leibschmuck**

zu gedenken, von denen das moderne Ponapé auch nichts weiter als armselige Nachbildungen aufzuweisen hat, die übrigens auch als specifischer Fest- und Tanzschmuck dienen. Hierher gehören zunächst jene gewebten Schmuckgürtel oder Schärpen, die ich bereits unter den fast untergegangenen Textilarbeiten erwähnte, und welche auf Ponapé »Tur« (»Tor« = weben: Kubary) heissen. Nach Mittheilungen, die ich auf Ponapé einzog, welche sich aber als unrichtig erwiesen, hielt ich diese Gürtel, ähnlich den »Tol« von Kuschai, für wirkliche Schambinden und führte sie in meinen »Bewohnern Ponapés« (S. 306) irrthümlich unter den Bekleidungsstücken auf. Solche gewebte Gürtel werden aber nur über dem Grasschurz als Schärpe getragen, wie dies die Abbildung eines Ponapesen auf Taf. 31 der »Senjavin-Reise« richtig zeigt. Ich erhielt überhaupt nur einen derartigen Gürtel. Sie stimmen in der Länge (circa 1·68 M.) mit den kuschaischen Tol überein, sind aber durchgehends schmäler (nur 10—12 Cm. breit) und unterscheiden sich ausserdem von jenen durchaus in Farben wie Patterne. So fehlt z. B. Gelb, das in jedem Kuschai-Gürtel vorkommt, in ponapesischen »Tur« constant, und die Hauptfarben sind der helle Ton der ungebleichten Bananenfaser, ein hübsches Roth (»wiuta«) und Schwarz (»tontol«). In den übrigens sehr mannigfachen, aber von den kuschaischen stets verschiedenen Mustern kommen häufig Zickzacklinien und rautenförmige Zeichen vor (vgl. »Senjavin-Reise«, Pl. 31, Fig. 1; Edge-Partington, Taf. 176, Fig. 1 und 2, letztere mit der Angabe »Strongs-Isl.«, aber richtig Ponapé). Diese Schrägmuster sind wohl nicht eingewebt, sondern gestickt, wobei rothe Wollfäden bereits seit längerer Zeit häufige Verwendung gefunden zu haben scheinen. Der

Kat. M. G. (S. 291, Nr. 3366) verzeichnet als »Frauengurt« nur einen solchen aus Bananenfaser (aber nicht aus »Bast«) gewebten »Tur«; die übrigen (S. 292 und 293) beschriebenen Gürtel sind alles moderne Nachbildungen. Sie bestehen meist, ähnlich wie die Kopfbinden, aus Stick- oder Näharbeiten von bunter Wolle (darunter auch gelbe) auf einer Unterlage von Bast oder Tapa, selbst europäischen Zeugstreifen, mit Fransen von bunter Wolle, sind häufig mit Glasperlen verziert, zum Theil sogar bemalt. Die Photographie des Nanmarcki von Jokoits (»Anthrop. Album M. G.«, Taf. 25, Fig. 461) stellt diesen Herrscher mit einem solchen modernen Gürtel aus Bast und Wollfäden geschmückt dar (ebenso Fig. 483 und 484, Taf. 26).

Wie es scheint, dürften diese Schmuckgürtel oder Schärpen früher noch mit besonderen Anhängseln verziert worden sein. Wenigstens zeigt der bei Edge-Partington (Taf. 176, Fig. 1) abgebildete Gürtel ein solches Anhängsel in Form einer Platte aus »Wallfischknochen« (wohl Spermwalzahn), auf welchen ziemlich roh eine Art Gesicht eingravirt ist, was hier der Vollständigkeit wegen erwähnt sein mag.

Auch möchte ich hier noch auf einen sehr schönen Gürtel aus der guten alten Zeit hinweisen, den Serrurier (»Ethnol. Feiten en verwantschappen in Oceanië, S. 4) ausführlich beschreibt. Dieser Gürtel besteht aus einem gewebten Bande von schwarzem *Hibiscus*-Bast (?), auf den reihenweise Muschelringe und Cocosscheibchen befestigt sind, von ersteren nicht weniger als 2800 Stück. Wenn der gelehrte Verfasser indess »Cocosringchen zu den gewöhnlichen Verzierungsmaterialien in Melanesien« rechnet, so irrt er in dieser Annahme ebenso sehr, als aus dem Vorkommen derselben auf die »unverkennbar melanesischen Elemente der Bevölkerung Ponapés« Schlüsse zu ziehen.

Ethnologische Schlussbetrachtung.

Wie die Kuschaier waren auch die Bewohner Ponapés ein für sich abgeschlossenes Völkchen, das, nicht eigentlich seefahrend, nur mit den stamm- und sprachverwandten Nachbarinseln (Pakin, Andema, Ngatik) in beschränktem Verkehr stand. In Folge dieser Abgeschlossenheit hatte sich hier, wahrscheinlich seit den ältesten Zeiten, unveränderte Originalität bis zum Erscheinen des weissen Mannes erhalten. Zur Zeit meines Besuches waren darüber schon mehr als 50 Jahre verflossen, darunter die des äusserst lebhaften Verkehres mit Walfängern und eine nahezu dreissigjährige Periode missionarischer Beeinflussung. Trotz mancher Wandelungen fand sich doch mehr Originalität als zu erwarten stand, und trat schon in der äusseren Erscheinung der Eingeborenen, namentlich im Vergleich mit den völlig europäisirten Kuschaiern hervor. Unter den mit den letzteren gemeinschaftlichen ethnologischen Zügen sind von Ponapé hervorzuheben: Kawagenuss, die Aehnlichkeit der Kunstbuntweberei und der prähistorischen Steinbauten. Anklänge an die Marshall-Inseln zeigt Ponapé in der sanduhrförmigen Holztrommel, welche auf den übrigen Carolinen (wie Mikronesien überhaupt) nicht mehr vorkommt, in gewissen Uebereinstimmungen der Anschauungen über Geisterglauben und der analogen Form der Faserröcke der Männer, die freilich von den »Ihn« der Marshallaner specifisch durchaus verschieden sind. Unter den übrigen Bekleidungsstücken zeigt der Poncho centralcarolinische Anklänge, ebenso wie der Ausputz des Körpers an Schmuck und Zieraten, soweit sich nach den prähistorischen Resten urtheilen lässt, ziemliche Aehnlichkeiten nachweist. Darnach muss die Anfertigung geschliffener Muschelscheibchen aus *Spondylus* einst lebhaft betrieben und hoch entwickelt gewesen sein. Aber den heutigen Bewohnern ist diese Kunst bereits verloren gegangen; sie begnügen sich mit den Ueberbleibseln ihrer Vorfahren oder verfertigen unter Verwendung eingeführten Materials Schmuckgegenstände, die einer neuen, aber durchaus verschlechterten Geschmacksrichtung angehören. Charakterisch für dieselbe sind, ausser Glasperlen, die (meist gestickten) Verzierungen in bunten, meist rothen Wollfäden oder blauen und rothen Zeugstreifchen. Diese Technik wird vorzugsweise zur Ornamentirung von Kopfbinden und Gürteln (Tanzschmuck) angewendet, die als moderner Schmuck Ponapés charakteristisch sind. Federputz und die sonst auf den Carolinen beliebten Putzkämme fehlen, aber Bemalen mit Gelb gehört noch heute zum Festschmucke. Obwohl ein ausgebildetes Titelwesen existirt, ist das Feudalsystem doch minder scharf ausgeprägt als auf den Marshalls, ebenso die Königswürde nicht so exclusive als auf Kuschai.

Wie letztere Insel bildet auch Ponapé eine besondere ethnologische Subprovinz,[1]) die sich durch folgende specifische Eigenthümlichkeiten auszeichnet: eigene Sprache, eigener Baustyl der Häuser (grosse Canuhäuser als Gemeindehäuser), eigene Construction der Canus (mit Segel, aber ohne Mast), eigenes sehr reiches Muster der Tätowirung (für beide Geschlechter gleich, aber bei Frauen durch eine gürtelartige Binde um die Hüften, mit schlossartigem Muster auf dem Venusberge ausgezeichnet). Erwähnenswerth für Ponapé sind ferner die von den Männern allgemein geübte partielle Selbstverstümmelung und der Genuss von Hundefleisch, und zwar von einer wenigstens früher eigenthümlichen eingeborenen Race.

Mokil (Duperrey-Insel), eine kleine Laguneninsel (mit circa 75 Bewohnern), circa 80 Seemeilen östlich von Ponapé, scheint ethnologisch zur Subprovinz Ponapé zu gehören, ebenso Pingelap[2]) (Macaskill-Inseln), 60 Seemeilen südöstlich von Mokil mit einer Bevölkerung die Cheyne zu 300, Wetmore (1886) auf 800—1000 Seelen veranschlagt. Aber leider wissen wir von den ethnologischen Verhältnissen dieser beiden kleinen Inselgruppen äusserst wenig, so dass die Verwandtschaft vorläufig noch unbestimmt bleibt.

---

[1]) Wie Kuschai ist auch diese in Museen meist sehr mangelhaft repräsentirt. Das Museum Godeffroy verzeichnete 31 moderne und 25 prähistorische Gegenstände. Von letzteren erhielt das Berliner Museum durch mich 88, moderne Sachen 59 Nummern. Die »Novara«-Reisenden, welche noch so recht aus dem Vollen hätten schöpfen können, brachten im Ganzen 8 Nummern für das kaiserl. Museum mit.

[2]) Die im Kat. M. G. (S. 280) von dieser Localität verzeichneten Gegenstände (im Ganzen sechs) stammen nicht von dieser Carolinen-Insel her, sondern meist von der gleichnamigen des Dschalut-Atolls im Marshall-Archipel (die Halsschmucke), die zwei Gürtel dagegen von Mortlock

Ethnologische Erfahrungen und Belegstücke aus der Südsee.

Beschreibender Katalog einer Sammlung im k. k. naturhistorischen Hofmuseum in Wien.

Von

Dr. O. Finsch

in Delmenhorst bei Bremen.

Dritte Abtheilung: Mikronesien (West-Oceanien).

(Schluss.)

3. Ruk und Mortlock.

Einleitung.

Geographischer Ueberblick. Wenn auf dem Kärtchen der Carolinen von Cantova (Chamisso 2, S. 152) in den Inseln Pis, Ruac, Etel, Ulool, Falalu, Ulalu und Hogoleu die Rukgruppe einigermassen wieder zu erkennen ist, so gilt dies viel weniger von der an derselben Stelle publicirten viel jüngeren Kartenskizze von Don Louis de Torres. Sie zeigt die meisten der obigen Inseln, ausserdem aber ganz im Süden noch eine zweite Insel »Rug« (Schoug, Tuch), sowie in der denkbar unrichtigsten Lage die Gruppe Monteverde (Nukuor) und wahrscheinlich mit letzterem identisch eine Insel »Magor«, so dass einzelne Inseln also doppelt figuriren. Dies ist erklärlich, wenn man weiss, dass diese Kärtchen meist nach Angaben Eingeborener zusammengestellt wurden, die, wie ich bereits wiederholt erwähnte, nicht im Stande sind, ihre immer individuelle Heimatskunde nach Lage und Entfernung nur annähernd richtig niederzulegen, so dass die genannten Kärtchen eben als Beweis für die Unkenntniss der Eingeborenen hier angeführt werden sollen. Einen weiteren Beleg für diese Ansicht bildet das Fehlen der jetzt »Mortlock« benannten Inseln, da diese den carolinischen Seefahrern wohlbekannt waren, wenn auch vielleicht nicht gerade den Berichterstattern Cantova's und Torres'. Auch Kadu kannte Mortlock nicht und Ruk nur vom Hörensagen. Zu den grossen Verdiensten der französischen Weltumseglung mit der Corvette »La Coquille« unter Duperrey gehört auch die Entdeckung der Ruk-Gruppe (24. Juni 1824), deren Aufnahme, durch Dumont d'Urville (mit der »Astrolabe« und »Zélée«) später (1838) vervollständigt, grundlegend wurde, unter Anderen auch für die britische »Admiralty Chart« (Nr. 982, publicirt 1872). Nach Kubary's mündlichen Mittheilungen ist diese letztere Karte aber zum Theil unrichtig. »Die hohen basaltischen Inseln sind nur theilweise angegeben und meist falsch benannt. Der Name ‚Ruk',[1]) eigentlich ‚Tuk', gilt für

[1]) Auf Mortlock bezeichnet »Ruk«: hohes Land, hohe Inseln; »fanu«: Land im Allgemeinen; »fau«: Stein; »fau tol«: schwarzer Stein von den Ruk-Inseln gebracht; »fau allan«: Korallstein (Kubary: »Mortlock«, S. 277).

die ganze Gruppe und bezeichnet ‚Fels, d. h. schwarzen Stein' im Gegensatz zu dem hellen Korallbraun (‚Fanu') der übrigen Inseln. Die auf der Admiralitätskarte als Ruk bezeichnete Insel heisst ‚Fefan', da die Eingeborenen keine besondere Insel mit dem Namen Ruk unterscheiden. Sopore ist die Hauptsiedelung im südlichen Theile von Fefan. Die Insel ‚Dublon' ist das ‚Toloas' der Eingeborenen und besteht aus drei Inseln, wie die westlichste und grösste Insel der ganzen Gruppe Tol oder Ton, die aber ‚Fuituk' heissen muss.« Andere, minder wichtige Verbesserungen übergehe ich hier und verweise auf Kubary,[1]) der alle Inseln der Ruk-Gruppe beschreibt.

Ruk (richtiger Truk) ist die grösste Lagune des Carolinen-Archipels, circa 33 Seemeilen lang und an 40 breit. Auf dem nur schmalen Riffgürtel, der gute Passagen freilässt, liegen eine grosse Anzahl (an 50) fast durchgehends unbewohnter Koralleninseln, andere zerstreut in der Lagune. Was die letztere aber ganz besonders auszeichnet, sind die hohen, nur von einem schmalen Saumriff begrenzten vulcanischen Inseln, deren kahle, steile Kegel und Bergrücken bis circa 1000 Fuss ansteigen. Solche hohe, aus Basalt gebildete Inseln zählt die Ruk-Lagune im Ganzen 17, die aber alle sehr beschränkten Umfang haben. Fuituk ist blos circa 8 Seemeilen lang, aber kaum 3 breit, an Areal also beträchtlich kleiner als Kuschai. Von den übrigen hohen Inseln verdienen hier nur Uola (Moen der französischen Karte), Fefan (Ruk) und Toloas (Dublon) erwähnt zu werden, da die übrigen mehr oder minder unbedeutend sind. Die circa 40 Seemeilen südwestlich gelegenen kleinen Atolle Nema (Nama) und Losop (Lasap) gehören als Dependenzen zur Ruk-Gruppe.

Ungefähr 130 Seemeilen südöstlich von Ruk liegt die Mortlock-Gruppe, von Capitän James Mortlock, Führer des amerikanischen Schiffes »Young William«, zuerst (29. November 1793) gesichtet, deren genaue Kartirung in erster Linie wiederum zu den unsterblichen Verdiensten Lütke's gehört. Die Gruppe besteht aus drei Atollen: Satóan, Lukunor und Etal, und wird auch von den Eingeborenen in Ermangelung eines Collectivnamens als Mortlock bezeichnet. Darüber belehrt uns Kubary, der aber a. O. »Namen ka« für Mortlock-Inseln im Allgemeinen anführt. Das grösste Atoll, welches die Satóan-Lagune umschliesst, ist circa 16 Seemeilen lang und circa halb so breit und besteht aus etlichen 60 Inseln, von denen aber nur vier (Satóan, Tä, Kitu und Moz (spr. Mosch) bewohnt sind. Lukunor, circa 6 Seemeilen zu Ost von Satóan, ist kaum halb so gross als letzteres, und Etal, circa 3 Seemeilen zu Nord von Satóan, hat nur eine kleine, kaum $2^1/_2$ Seemeilen lange Lagune. Die beste Karte der Mortlock-Inseln (»nach Lütke und J. Kubary«) ist übrigens die von L. Friederichsen (»Mitth. d. Geogr. Gesellsch. in Hamburg«, 1878/79, Taf. II), obwohl für den Seefahrer die englische Admiralitätskarte (Nr. 776) stets unentbehrlich bleibt.

Das kleine, circa 30 Seemeilen nordwestlich von Etal gelegene Atoll Namoluk gehört ebenfalls zur Mortlock-Gruppe, und als südöstlicher Ausläufer (circa 110 Seemeilen von Satóan) darf das kleine Atoll Nukuor (Monteverde) betrachtet werden.

---

[1]) In: »Ein Beitrag zur Kenntniss der Ruk-Inseln, nach den Berichten von J. Kubary bearbeitet von Dr. Rudolf Krause« in: »Mitth. d. Geogr. Gesellsch. in Hamburg«, 1887—1888, Heft I, S. 53—63, Taf. I. Karte (»Nach Recognoscirungen Sr. Maj. Kreuzer »Albatros«, Commandant Corvettencapitän Plüddemann, 1885«). Diese Karte, nach der britischen Admiralitätskarte Nr. 982 und »mit Benützung eines Manuscripts von J. Kubary« bearbeitet, ist jedenfalls die beste und macht die von Friederichsen (in derselben Zeitschrift: 1878—1879, Taf. II) hinfällig. Sie beruhte zum Theil auf Erkundigungen, die Kubary auf Satóan von Eingeborenen über Ruk einzog, und daraus erklären sich die Abweichungen in der Schreibweise verschiedener Inselnamen.

Zur Literatur. Da die Ergebnisse der ersten französischen Entdeckungsreisen nur theilweise publicirt wurden, so haben wir die Kenntniss der Ruk-Gruppe in erster Linie J. Kubary[1]) zu verdanken, der, wie bereits erwähnt (S. 192 [448]), 14 Monate auf Ruk, und zwar der kleinen Insel Eten im Lagunenriff von Toloas (Dublon) lebte. Inwieweit er von hier aus die anderen Inseln der Gruppe aus eigener Anschauung kennen lernte, weiss ich nicht, da meines Wissens bisher kein zusammenhängender Reisebericht von ihm erschien. Dagegen besitzen wir aus Kubary's Feder eine förmliche Monographie über Mortlock (vgl. S. 193 [449], Nr. 5), obwohl Kubary hier nur drei Monate, und zwar auf den südlichsten Inseln Tä, Uoytä und Aliar der Satóan-Lagune zubrachte. Lukunor scheint Kubary nicht besucht zu haben, aber über dieses Atoll liegen die werthvollen Berichte Lütke's und v. Kittlitz' vor. Beachtenswerthe Notizen über Ruk und Mortlock enthält auch die kleine Schrift: »Last Words and Work of Rev. Robert W. Logan, A Missionary of the A. B. C. F. M. at Ruk, Mikronesia. Together with Memorial Papers« (Oakland, California 1888), dessen Verfasser mehrere Jahre in diesen Theilen Mikronesiens wirkte.

Ueber die Hall-Inseln hat Mertens die Erlebnisse William Floyd's, eines desertirten englischen Matrosen, aufgezeichnet und in den Schriften der Petersburger Akademie, sowie in Lütke's Reisewerk (Tom. III, Paris 1836) publicirt. Der Genannte lebte 1 1/2 Jahre auf Moriljö (Murilla) und Fananu und wurde im December 1828 von Capitän Lütke von ersterer Insel mitgenommen. Leider waren mir diese Publicationen, deren Einsicht schon der Vergleichung wegen gewiss wichtig gewesen wäre, nicht zugänglich.

Während meines Besuches auf Ponapé konnte ich bei Kubary (der damals übrigens nicht mehr dem Museum Godeffroy angehörte) dessen central-carolinische Sammlungen eingehend studiren und erwarb einen beträchtlichen Theil derselben für das Berliner Museum, um Kubary aus bedrängter Lage zu befreien. Ausser diesen Sammlungen erhielt ich (namentlich durch Güte von Herrn A. Capelle auf Dschalut) noch andere von Ruk und Mortlock, und dieses Gesammtmaterial bildet die Grundlage der nachfolgenden Arbeit. Sie gibt zum ersten Male ein systematisches Gesammtbild der Ethnologie dieses Gebietes, unter gewissenhafter Bezugnahme auf Kubary's (zum Theil auch mündliche) Mittheilungen. Ein Zusammentragen derselben war insofern eine mühsame und zeitraubende Arbeit, als Notizen über Ruk und Mortlock sich in den verschiedensten Arbeiten Kubary's, zum Theil unter Yap und Pelau, oder in leicht übersehbaren Notizen verstreut finden. Bei diesem sorgsamen Nachsuchen und Vergleichen ergeben sich nicht selten seltsame Widersprüche, welche, ganz abgesehen von dem eigenartigen Styl (s. vorne S. [449] Note), ein klares Verständniss häufig recht erschweren. Unangenehm empfindet man auch gewisse Lücken, die zum Theil hätten vermieden werden können. So finden sich über manche Punkte, die von grösstem Interesse sind (wobei ich blos an den Wurfstock und an die Hahnenkämpfe erinnern will), nur kurze Andeutungen und man bedauert, vom besten Kenner nichts Näheres zu erfahren. Wie auf der einen Seite zur Flüchtigkeit hinneigend, so fällt Kubary nicht selten in das Extrem der weitschweifigsten Ausführlichkeit, Mängel, die neben den eminenten Vorzügen (s. vorne S. [449]) nicht verschwiegen werden dürfen.

Flora und Fauna. Nach Kubary zeichnet sich die Ruk-Gruppe durch die fast gänzliche Abwesenheit von Wäldern aus, trägt aber im Uebrigen »die Vegetation der

[1]) Vgl. die Bemerkungen in: Kat. M. G. (auf S. 351—397 verstreut), ganz besonders aber: »Ueber die Industrie und den Handel der Ruk-Insulaner« in: »Ethnogr. Beitr.«, Heft I (1889), S. 46—78, Taf. VIII—X.

21*

Koralleninseln, gemischt mit der kosmopolitisch-pacifischen Flora der anderen Inseln« (Kat. M. G., S. 353). Dasselbe gilt ungefähr für Mortlock, dessen hervorragendere Pflanzenformen von demselben Reisenden etwas eingehender aufgeführt werden (l. c., S. 296, 297) und die eine grössere Anzahl von Arten als sonst auf Atollen nachweisen. Sehr anziehend ist die Schilderung, welche v. Kittlitz von der Pflanzenwelt Lukunors entwirft (Denkwürd., 2, S. 83, 90 und 91), deren Ueppigkeit ihn sehr überraschte. Auch Doane nennt Lukunor die »Gemme« der Mortlocks und erwähnt die dichtere und reichere Vegetation. Doch finden sich auch hier im Allgemeinen nur die bekannten, weit verbreiteten Charakterpflanzen der Atolle, unter denen der Schraubenbaum in zwei Arten *(Pandanus odoratissimus* und *latifolius)* wie immer besonders hervortritt und nach v. Kittlitz vorzugsweise den Bestand des Unterholzes bildet. Erwähnenswerth ist eine wildwachsende, aber essbare Gurke (»Kunu« oder »Lipur« genannt) deshalb, weil sie nach Kubary nur auf Ruk, aber nicht auf den anderen hohen Carolinen-Inseln vorkommt. *Sasafras* gehört ebenfalls zu den wildwachsenden Sträuchern, wie ich dies für Ponapé zu erwähnen vergass.

Faunistisch herrscht im Allgemeinen die grösste Uebereinstimmung mit Ponapé und den Carolinen überhaupt. Unter den Säugethieren ist eine Rattenart (»yez«), wie auf allen Atollen, am häufigsten, ausserdem sind auf Ruk zwei Gattungen Flederthiere *(Pteropus*, »Pueu«, und *Emballonura)* vertreten. Der Flederhund von Ruk gehört einer eigenen Art an (*Pteropus insularis* Hombr. et Jacqu.), mit der die Art von Satòan und Lukunor (*Pt. pelagicus* Kittl.) wahrscheinlich identisch ist. Die Vögel, durch Kubary's Sammlungen am besten bekannt, zählen auf Ruk[1]) circa 30 Arten, unter denen nur zwei Arten *(Metabolus rugensis* und *Myiagra oceanica)*, schon durch die französische Expedition entdeckt, der Gruppe eigenthümlich angehören. Die übrigen acht Arten Landvögel finden sich auch auf Ponapé (darunter *Phlegoenas erythroptera* und *Ptilopus ponapensis*) und drei davon *(Calornis pacifica, Calamoherpe syrinx, Carpophaga oceanica)* zugleich auf den Atollen Mortlock, Lukunor und Nukuor. Nach Kubary ist auf Mortlock ein Wildhuhn, »Mallök« und »Malek«,[2]) »der alleinige Bewohner des undurchdringlichen Dickichts im Innern der Insel« (Satòan) und sehr häufig. Die Identificirung dieser Art mit dem Wildhuhn von Java (*Gallus ferrugineus* Gml., Bankiva, Temm.) ist aber jedenfalls verfrüht und würde sich erst durch genaue Vergleichung feststellen lassen. Einmal sagt Kubary a. O. selbst, dass das Wildhuhn auf Mortlock von Ruk eingeführt sei, anderseits erwähnt schon Kittlitz von Lukunor, »dass die hier lebenden Hühner mehr den Charakter von Hausthieren zeigen als auf Ualan«. Jedenfalls sind diese Wildhühner nur verwilderte Haushühner.

Die Reptilien von Ruk sind, nach Kubary, dieselben Arten, welche auf Ponapé vorkommen und jedenfalls mit denen der Mortlocks (von woher Kubary »*Lygosoma smaragdinum, Eumeces rufescens* und zwei *Gecko* notirt) identisch. »An Conchylien bieten die Ruk-Inseln nichts Bemerkenswerthes,« sagt Kubary, doch muss hier erwähnt werden, dass sich Ruk durch einige besondere Arten Landconchylien (z. B. *Tornatellina gigas, Trochomorpha entomostoma* etc.) und dadurch von ganz Mikronesien auszeichnet. Beachtenswerthe Notizen über die Flora und Fauna von Mortlock und Ruk finden

[1]) Finsch: »A list of the Birds of the Island of Ruk in the Central-Carolines« in: Proc. Z. S. London 1880, pag. 574—577.

[2]) Aehnliche Verschiedenheiten in der Orthographie eingeborener Namen kommen bei Kubary sehr häufig, zuweilen auf verschiedenen Seiten derselben Abhandlung, vor und deuten auf eine Unsicherheit hin, die oft recht störend wirkt.

sich übrigens im Kat. M. G. (S. 296 und 352, und über die Flora in »Beitr. z. Kenntn. d. Ruk-Inseln«, S. 54).

Areal und Bevölkerung. Nach den Berechnungen von Friederichsen (Anthrop. Album d. M. G., S. 12 und 13) beträgt der Flächeninhalt von Ruk 13·2 Quadratkilometer (= 2·4 deutsche geographische Quadratmeilen), von Mortlock nur 7·7 Quadratkilometer (= 1·4 deutsche geographische Quadratmeilen). Die Zahl der Einwohner der Ruk-Gruppe wird in demselben Werke zu 12.000, die der Mortlocks auf 3500 angegeben, so dass darnach die letzteren mit circa 500 Bewohnern auf den Quadratkilometer die bestbevölkertste Gruppe innerhalb der Carolinen, wie der Südsee überhaupt, sein würden. Allein mit Ausnahme von Nukuor, wo Kubary 1877 im Ganzen 124 Einwohner zählte, beruhen die Angaben der Bevölkerungsdichtigkeit nur auf Schätzungen und sind infolge dessen sehr schwankend. Logan schätzt die Gesammtbevölkerung von Ruk und Mortlock, einschliesslich der Hall-Gruppe, auf 18.000—20.000 Seelen, also fast so hoch als die des gesammten Carolinen-Archipels. Gegenüber Gulick's Angabe von 5000 Bewohnern besitzt die Ruk-Gruppe nach Kubary 12.000, allein nach seiner Aufzählung der Bevölkerung der einzelnen Inseln ergibt sich nur eine Totalzahl von 10.688. Mit Ausnahme der nördlichsten Atollinsel Pis,[1]) mit einer ständigen Bevölkerung von circa 1000 Seelen, sind alle Koralleninseln unbewohnt, von den hohen dagegen nur zwei (Tadiu und Falabegets). Die kleine Insel Nema zählt nach dem neuesten Jahresbericht der Mission (1891) 500 Bewohner (nach Doane nur 150—200), Losop 350 (500: Doane) und Namoluk 350 (300—500: Doane). Derselbe Bericht verzeichnet für die Mortlock-Gruppe 4450 Eingeborene, also 1000 mehr als Kubary, der die Satóan- und Lukunor-Lagune je zu 1500 und Etal zu 500 schätzt. Die Gesammtbevölkerung von Ruk und Mortlock würde nach den vorhergehenden, allerdings sehr schwankenden Daten also zwischen 14.000 und 16.000 betragen, was wahrscheinlich zu hoch gegriffen ist.

Wie dem auch sei, jedenfalls hat auch in diesem Theile Mikronesiens ein Rückgang der Bevölkerung stattgefunden. Cheyne schildert 1844 das südliche Falipii-Atoll (Royalist) noch als »dicht bevölkert«, während Kubary etliche 30 Jahre später dasselbe ausgestorben fand. Derselbe Reisende sah auf Ruk »allerorts Spuren früherer Häuser und Küchenabfälle« bis auf die Gipfel der Berge und zählte auf Nukuor etliche 80 Canus, aber nur 124 Bewohner (64 Männer und 60 Frauen, die Kinder einbegriffen). Wie anderwärts in der Südsee ist es schwer, für diese Abnahme der Bevölkerung eine genügende Erklärung zu finden. Kriege sind allerdings und von jeher an der Tagesordnung, aber sie waren nie blutige. Die häufige Nothlage infolge Nahrungsmangels, der sich zuweilen nahe zur Hungersnoth steigert, mag theilweise mit die Schuld tragen, und auf Grund solcher Zustände bezeichnet Logan Mortlock als übervölkert.

Die »Labortrade«, d. h. das sogenannte Werben von Eingeborenen als Arbeiter ist übrigens auch an den Central-Carolinen nicht ohne Nachtheil vorübergegangen. So führten australische Werbeschiffe, darunter der berüchtigte »Carl«, eine grosse Anzahl Eingeborener von Mortlock weg. Doane klagt auch über ein deutsches Schiff, das in den Siebzigerjahren 80 Eingeborene für Godeffroy's Plantagen auf Samoa recrutirte. Sie erlagen aber nach Kubary, der diesen Fall auch erwähnt, beinahe sämmtlich, »da jede physische Anstrengung den Mortlocker zu Grunde richtet«, und so mussten die

[1]) Nach früheren Angaben Kubary's (»Mortlock«, S. 296) wäre auch die nordwestliche Insel des Ruk-Riffgürtels Faleu (Falalu) bewohnt, was sich seitdem als irrthümlich herausgestellt hat.

Central-Carolinen als Werbegebiet für Arbeiter aufgegeben werden. In gleicher Weise erhebt Kubary neuerdings seine warnende Stimme in Betreff der Bewohner der westlichsten Insel Sonsol (im Ganzen circa 350), die ja bereit sind, ihre ärmliche Heimat zu verlassen, aber als »Plantagenarbeiter ebensowenig taugen als die Mortlocker«.

Handel. Bei dem im Allgemeinen nur spärlichen Vorkommen der Cocospalme und einer dementsprechenden Copraproduction ist sowohl auf Ruk als Mortlock der Handel nur sehr unbedeutend und voraussichtlich infolge der spanischen Occupation vollends zurückgegangen. Bemerkenswerth ist es, dass schon vor Ankunft der Weissen die Eingeborenen im Zwischenhandel über Guam Eisenwaaren erhielten (vgl. den Abschnitt: »Fahrzeuge, Verkehr und Handel«), unter denen Cheyne grosse spanische Messer und Hirschfänger nennt. Trepangfischer scheinen schon früher die Central-Carolinen gelegentlich besucht zu haben, aber erst in den Siebzigerjahren liessen sich einige wenige Händler (Trader) ständig auf Ruk und Mortlock nieder zur Ausbeute von Copra. Infolge dessen hat sich schon Mitte der Achtzigerjahre Geld, und zwar der chilenische Dollar (= 67 amerikanische Cents) als Tauschmittel auch bei den Eingeborenen eingeführt.

Mission. In den Jahren 1873 und 1874 wurde durch die »Hawaiian Evangelical Association« von Ponapé aus das Bekehrungswerk auf den Central-Carolinen, zunächst auf Satóan, in Angriff genommen und machte, wie fast überall, anfänglich erfreuliche Fortschritte. Im Jahre 1878 gab es auf Mortlock bereits sieben Stationen mit 150 Christen, aber schon vier Jahre später trat der bekannte Rückschlag ein; 1886 waren eine grosse Anzahl Bekehrter wieder abgefallen, und der Missionsbericht vom folgenden Jahre bezeichnet besonders Satóan als das »schwarze Schaf« der Mortlocks. Aehnlich gestalteten sich die Verhältnisse auf der Ruk-Gruppe, wo die Mission 1879 zuerst auf den kleinen Atollen Nema und Losop ponapesische Missionslehrer (Teacher) einsetzte, die, wie auf Namoluk, bald erfreuliche Erfolge errangen. Auf den hohen Inseln wurde 1879 auf Uman (Uluan) die erste Missionsstation begründet, denen bald andere auf Féfan, Toloas, Udot und Wela (Uola) folgten, so dass 1884 bereits zehn Kirchen mit 500 eingeborenen Mitgliedern vorhanden waren. In dieser Progression ist das Bekehrungswerk leider nicht vorgeschritten, sondern auch auf Ruk gab es bald Abtrünnige, ja es kam zu Fehden zwischen den »Jamalam«, d. h. bekehrten und heidnischen Eingeborenen. Die strengen Verbote der Mission gegen »Taik«, d. h. das Bemalen mit gelber Farbe und das Tragen langen Haares, hat die Eingeborenen ohne Zweifel sehr abgeschreckt, da diese ureigenthümlichen Gebräuche jedenfalls fester wurzelten als die neue Lehre mit ihren Hymnen und Bibelsprüchen. Nach der Missionsstatistik vom Jahre 1886 gab es damals in den Central-Carolinen (Ruk, Mortlock und den kleinen Nebeninseln) 15 Kirchen mit über 1000 Mitgliedern, 13 Schulen mit circa 1000 Schülern und ebensoviel Sonntagsschulen mit circa 1100 Besuchern. Die spanische Occupation scheint der Mission jenes Gebietes bis jetzt nichts geschadet zu haben, denn die Berichte, welche ich bis zum Jahre 1892 verfolgen konnte, sprechen von stetiger Entwicklung, Fortschritten, hoffnungsreicher Consolidirung u. s. w., aber auch von Wankelmuth und Abfall Bekehrter. Da der Bericht für 1892 für beide Gruppen (inclusive Losop, Nema und Namoluk) im Ganzen circa 1000 Kirchenmitglieder und 1150 Schüler verzeichnet, unter 6 Katechisten und 17 Lehrern (Eingeborene von Hawaii und Ponapé), so sind die Fortschritte der letzten fünf Jahre allerdings nicht sehr erhebliche und der Wunsch auf Besserung ein gerechtfertigter. Aber wer weiss, ob die spanischen Machthaber nicht auch hier über Kurz oder Lang dem ganzen protestantischen Missionswerk ein Ende bereiten?

I. Eingeborene.

Aeusseres. Kubary erklärt die Bewohner der Ruk-Gruppe für »echte Carolinier« und »fand keine Belege, dass hier zwei verschiedene Menschenracen vertreten« (Kat. M. G., S. 355), was gewiss auch gar nicht zu erwarten war. An a. O. bemerkt derselbe Beobachter: »Die Ruk-Inseln sind durch Repräsentanten beinahe der sämmtlichen die Central-Carolinen bewohnenden Völker besiedelt« (»Ethnol. Beitr.«, I, S. 77), so dass darnach auch die Mortlocks in Betracht kommen würden. Aber die Bewohner der letzteren stammen, nach anderen Angaben Kubary's, von Ruk her, und zwar werden Kutua, der östlichste Theil der Insel Toloas, a. O. aber das Dorf Medschitiu auf der Insel Uola als die »Urheimat« der Mortlocker bezeichnet, die Herkunft der Bewohner des letzteren Dorfes aber wiederum auf Kuschai zurückgeführt, kühne, auf vage Traditionen wackelig aufgebaute Combinationen, die wissenschaftlich keine Bedeutung beanspruchen können. Trotz dieses gemeinschaftlichen Stammbaumes und obwohl Kubary a. O. »den die Mortlock-Inseln bewohnenden Menschen als eines der vollkommensten Elemente der sogenannten mikronesischen, oder noch enger begrenzt, der carolinischen Inselwelt« bezeichnet (»Mortlock«, S. 226), kommt er doch zu dem widersprechenden Schluss, »dass die Mitte der Central-Carolinen von einem Menschenschlage bewohnt ist, der aus einer Vermischung eines mehr malayischen und eines polynesischen Elementes entstand«, den er von Nukuor ableitet, und will auf Mortlock zwei verschiedene anthropologische Typen (einen schlanken und einen »etwas weniger schlanken«) herausgefunden haben (ib. S. 232). Dr. Krause weiss diese Unterschiede der beiden Kubary'schen Mortlock-Typen auch gleich craniologisch festzulegen und findet, »dass bei dem einen in der Vermischung mehr der papuanische, bei dem anderen mehr der malayische Typus in den Vordergrund tritt« (Kat. M. G., S. 576). Dabei mag bemerkt sein, dass es sich im Ganzen um Messungen von 16 Schädeln handelt, deren Resultate sehr erheblich von Kubary's Messungen (an lebenden Mortlockern) abweichen (»Anthrop. Album«, S. 14). Derjenige, welcher so viele sogenannte Mikronesier gesehen und verglichen hat als ich, wenn darunter auch zufälliger Weise gerade keine Mortlocker und Ruker, wird diesen zum Theil widersprechenden Annahmen wenig Werth beilegen. Sie betreffen individuelle Abweichungen, wie sie sich überall, selbst innerhalb von Familien finden, und die Schlussfolgerung, dass auch diese Central-Carolinier ebenso sehr oder wenig typisch sind als alle übrigen Mikronesier, ist jedenfalls die richtigere. Die »Racencharaktere«, welche Kubary für die Mortlocker (»Mortlock«, S. 226—235, und Kat. M. G., S. 300) und Ruker (ib., S. 355) verzeichnet, passen auch auf alle übrigen Carolinier, so dass an deren Zusammengehörigkeit nicht im Mindesten zu zweifeln ist. Ein Vergleich der Photographien Eingeborener von Ruk und Mortlock (»Anthrop. Album M. G.«, Taf. 21—24) wird dies vollends beweisen, wie andererseits auch Sprache, Sitten und ethnologische Eigenthümlichkeiten jene Identität bestätigen, welche schon von den ersten Reisenden (Lütke, Kittlitz) anerkannt und von späteren (Doane, Logan, Wetmore) bekräftigt wurde, Zeugnisse, die denen Kubary's gegenüber mindestens gleichen Werth beanspruchen dürfen. Ich habe die verstreuten anthropologischen Notizen Kubary's in Betreff der Bewohner der Central-Carolinen auch nur deshalb hier zusammengetragen, um zu zeigen, wie häufig er von dem sicheren Boden der Empirie ins Gebiet der Speculation abschweift.

Hautkrankheiten sind häufig, namentlich *Ichthyosis*; nach Kubary, der den Krankheiten der Mortlocker ein besonderes Capitel (l. c., S. 235) widmet, auch zwei Arten

Lupus und besonders *Elephantiasis*. Ausserdem besitzen die Mortlocker eine eigenthümliche »angeborene« Krankheit, die sich aber erst im Alter entwickelt und in Lähmung der Finger besteht.

Sprache. Trotz seines kurzen Aufenthaltes von nur drei Monaten war es Kubary doch möglich, einen »Beitrag zur Kenntniss der Sprache der Mortlock-Inseln« zu liefern (l. c., S. 273—283), der mit einem Vocabular von circa 400 Worten zu den wichtigsten bis jetzt erschienenen linguistischen Arbeiten dieses Reisenden gehört. In der Vergleichung ist nur auf die Aehnlichkeit gewisser Wörter mit Samoanisch Rücksicht genommen, deren geringe Zahl (etwa etliche 20) indess noch nicht von einer engeren Verwandtschaft überzeugen kann. Wichtiger ist der von Doane und Logan übereinstimmend geführte Nachweis, dass die Bewohner von Ruk, Mortlock, den Hall-Inseln (Morileu, Namolipiafane und Ost-Faiu oder Lütke-Insel) mit Nema, Losop und Namulok ein und dieselbe Sprache sprechen. »Wir finden nicht die leichteste Verschiedenheit im Dialekt, höchstens in der Accentuirung, sehr wenig in Worten« (Logan). Damit dürfte die Zusammengehörigkeit dieser Inselbewohner jedenfalls am besten bewiesen werden, die sich vielleicht auch auf Ulea und Fais erstreckt (vgl. vorne S. 186 [442]).

Charakter und Moral. Cheyne's unglückliche Erfahrungen auf Ruk, wo er (1844) von den Eingeborenen anfangs freundlich aufgenommen, plötzlich von diesen mit Uebermacht (2000!? Mann stark) überfallen wurde, hat den Bewohnern der Central-Carolinen das schlechte Zeugniss verschafft, welches ihnen in den meisten nautischen Büchern (und Karten) mit dem Vermerk »hinterlistig« ertheilt wird. In Wahrheit scheinen sie aber im Ganzen nicht so schlimm zu sein und werden von den meisten Beobachtern als gutmüthige Menschen bezeichnet. Lütke erwähnt die Wissbegierde der Lukunorer, vermisst aber das auf Kuschai herrschende kindliche Zutrauen und Gastfreundschaft; ihr Grundsatz war: »wenig geben und viel nehmen«, wie dies fast ausnahmslos für Kanakas gilt. Kubary lobt »die grossen geistigen Anlagen« der Mortlocker, die wohl aber nicht hervorragender als bei anderen Caroliniern sein dürften, tadelt aber ihre »körperliche Trägheit« und hebt bei den Rukern »als besondere Charaktereigenschaften Trägheit und Gleichgiltigkeit gegen das eigene Wohlergehen« hervor. Nach Wetmore sind die Ruker lebhafter und zugleich händelsüchtiger als die Mortlocker, welche er als ehrlich bezeichnet, wie dies bereits Lütke von den Lukunorern sagt. In der That sind Fehden, oft mit blutigem Ausgange, nichts Seltenes auf Ruk, aber auch auf Mortlock kamen Kriege vor (Kubary).

Schon zu Lütke's Zeiten zeigten sich die Bewohner dieser Inseln bereits mit Schiffen bekannt, wenig scheu, bemühten sich aber umsomehr, ihre Frauen zu verbergen. Kittlitz glaubt »die merkwürdige Verborgenheit der Frauen auf Lukunor und Ulea« auf zufällige Verhältnisse oder die Eifersucht der Männer zurückführen zu müssen, da auf Faïs keine Spur von Absonderung der Frauen zu bemerken war. Allein als Kubary 1877 nach Satoan kam, liess sich in der ersten Zeit das weibliche Geschlecht auch nicht blicken, und der Besuch an Bord von Schiffen war völlig ausgeschlossen. Dennoch erwies sich die Tugend der Mädchen, die mit Ausnahme der Männer des eigenen Stammes freien Umgang pflegten, nicht besser als anderwärts. Aber Kubary lobt die eheliche Treue der Frauen. Sitte und Anstand wurden äusserlich mit peinlicher Etiquette geführt; so durfte z. B. in Gegenwart von Frauen nicht einmal das Wort Nabel, Bauch u. dgl. ausgesprochen werden.

Lütke nennt die Lukunorer unfläthig und schmutzig an ihrem Körper wie in den Häusern, und Kubary bestätigt, dass es mit der Reinlichkeit auf Mortlock nicht weit her ist. Waschungen werden nur selten vorgenommen, um die Kruste von gelber

Farbe und Oel, welche den Körper bedeckt, gelegentlich zu entfernen; Läuseessen ist an der Tagesordnung.

Trunksucht wird von keinem Beobachter erwähnt und dürfte so unbekannt sein als Syphilis und Geschlechtskrankheiten[1]) überhaupt.

II. Sitten und Gebräuche.

(Sociales und geistiges Leben.)

1. Sociale Zustände.

Stände und das auf Kuschai herrschende Feudalsystem fehlen in unserem Gebiete ganz, wie schon Kittlitz und Lütke auf Lukunor wahrnahmen, dagegen tritt die strenge Eintheilung in Stämme weit stärker hervor. Kubary schildert in seiner Monographie in dem Abschnitt »Die politischen, staatlichen und socialen Einrichtungen der Mortlocker« (l. c., S. 243—257) diese äusserst complicirten Verhältnisse so detaillirt, dass dadurch ein klareres Verständniss sehr erschwert wird. Dennoch will ich es versuchen, die Hauptmomente hier in Kürze zusammenzustellen.

Wie Ruk steht auch die Mortlock-Gruppe unter keinem einheitlichen Regiment, sondern zerfällt in 7 selbstständige »Inselstaaten« (davon 4 auf Satóan, 2 auf Lukunor, 1 auf Etal), die sich »in 16 sociale Staaten eintheilen, von denen jeder wieder seine eigene innere Organisation hat und aus einer grösseren oder kleineren Anzahl von Gemeinden mit je einem Dorfe besteht«. Es gibt also wie überall Dorfgemeinden (»Key« a. O., »Pey«: Kubary), deren Mitglieder übrigens verschiedenen Stämmen angehören, die je unter einem Häuptlinge stehen. Letztere führen nach Kittlitz auf Lukunor den allgemeinen Titel »Tamol«, aber Kubary gibt dazu wieder eine Blumenlese von Namen, die nicht gerade zur Klärung beiträgt, um so weniger, als häufig in derselben Abhandlung[2]) dasselbe Wort verschieden geschrieben wird. So heissen auf Mortlock niedere Häuptlinge, die auch als »Aelteste« bezeichnet werden, »Somol« (spr. »Schomol«), aber Kubary schreibt a. O. »Samon« und »Saman« und erklärt dies Wort gleichbedeutend mit »Taman« = Vater und dem rukischen »Camon« (auch »Čaman« = Häuptling und Vater) und dem »Tomal« (auch »Tomol« und »Tonul«) von Uleai, Uluti und Yap. Es dürfte daher nicht unrichtig sein und sich der Einfachheit halber empfehlen, das alte Wort »Tamol« für Häuptling beizubehalten, denn in die Feinheiten eingeborener Standestitulaturen einzudringen wird doch ziemlich schwierig. Durch Kubary erfahren wir allerdings, dass auf Mortlock die niederen Häuptlinge wieder unter einem »Key-Somol« oder Oberhäuptlinge des Hauptdorfes oder Stammes stehen, aber zugleich auch, dass die niederen Häuptlinge so ziemlich gleichberechtigt sind. Kittlitz' Scharfsinn hatte diese Verhältnisse schon auf Lukunor richtig erfasst und herausgefunden, dass die Stellung der Häuptlinge eine bei Weitem mehr beschränkte ist als z. B. auf Kuschai.

[1]) In erschreckender Weise fand Kubary solche auf Sonsol verbreitet, jedenfalls durch Weisse eingeführt. Fast die ganze Bevölkerung und beide Geschlechter (zusammen 350) war mit Gonorrhoea behaftet. Letzteres Uebel ist auch auf Pelau häufig, aber die Eingeborenen besitzen hier eine Medicin (deren Recept Kubary mittheilt), welche selbst die acutesten Formen in 3—6 Tagen unfehlbar curirt (?). Diese ärztliche Praxis wird auf Pelau von Frauen ausgeübt (»Ethnol. Beitr.«, I, S. 88 u. 89).

[2]) So, um nur ein Beispiel zu nennen, in der über die Bewohner von Sonsol (»Ethnol. Beitr.«, I, S. 196), wo »Häuptling« bald: »Tormer«, »Tomuer« oder »Toumol« (von Vater — »Toma«) geschrieben wird.

»Der Titel ‚Häuptling' ist hier im Ganzen sehr häufig, es sind aber meist ältere Leute, die ihn führen, die sowohl einen Gemeindevorsteher und politischen Chef, als einen Commandanten zur See bezeichnen«, denn »bei diesem der Schiffahrt und dem Handel ganz zugewendeten Volke fehlt die feudalistische Grundherrschaft der Oberhäupter und Bauernabhängigkeit der Insassen, die wir auf Ualan (Kuschai) bemerkten«. »Jeder Hausvater besitzt hier seine Fruchtbäume, doch scheint der eigentliche Grundbesitz immer der ganzen Gemeinde zu gehören und von der Obrigkeit im Interesse derselben verwaltet zu werden (Denkwürd., II, S. 82). Nach Kubary geschieht dies durch die »Key-Somol« oder Oberhäuptlinge, welche die »unumschränkten« Verwalter der Ländereien (»Key«, auch »Pey« und »Bey«) des Stammes (»Puipui«) sind. Oberhäuptling und zugleich »das politische Haupt des Stammes ist der älteste Mann aus der ältesten Familie des Stammes«, der zugleich auch bei besonderen Gelegenheiten, z. B. einem Kriegsfalle, zur Führung mehrerer Stämme erwählt werden kann. »Theoretisch aufgefasst, gibt die Stammverfassung dem Häuptlinge die höchste Stelle innerhalb der Grenzen der Verfassung (!) und unbeschränkte Macht über den Stamm«, die sich aber nicht auf Todesurtheile, sondern höchstens auf körperliche Züchtigungen von Uebelthätern erstreckt. Die Regelung des auf Mortlock so ausgebildeten Tabuwesens (»Puau-u«, a. O. »Puanu«: Kubary) liegt ebenfalls in der Machtbefugniss des Häuptlings, der darin aber nicht willkürlich handeln darf. Aeussere Abzeichen der Häuptlingswürde gibt es natürlich nicht, aber Häuptlingen werden gewisse Ehren erwiesen. So ist es nicht schicklich, dass niedere Männer in Gegenwart des sitzenden Häuptlings stehen, junge Leute haben sich schweigsam zu verhalten u. dgl. m.

Für den Unterhalt des Häuptlings und der Seinigen sind die Dorf-, resp. Stammesgenossen zu gewissen Naturallieferungen verpflichtet, die zu gewissen Zeiten entrichtet werden, z. B. während der Zeit der Brotfruchtreife, bei grossen Fischfängen u. dgl. Aber man leistet dem Häuptling keine Frohndienste wie z. B. auf Kuschai, und er bebaut z. B. seine Tarofelder in derselben Weise als jeder Andere.

Da die Mortlocker die Geister ihrer Vorfahren verehren und die von Häuptlingen als die höchsten gelten, so erlangt dadurch zugleich auch der functionirende Häuptling grossen Einfluss bei den Stammesgenossen als Wahrsager, Geister- und Krankheitsbeschwörer (»Foreyanu«). Ueber die Erbfolge erwähnt Kubary nur, dass beim Tode eines Häuptlings sein Bruder oder sonstige nächste männliche Verwandte Nachfolger wird. Dass es übrigens auch persönliches Eigenthum gibt und dasselbe respectirt wird, geht aus einer Notiz bei Doane hervor, nach welcher auf Satóan die verlassenen Häuser von solchen Eingeborenen, welche von Werbeschiffen entführt waren, verschlossen blieben und von Niemand betreten werden durften. Ueber die einschlägigen Verhältnisse auf Ruk fehlt es an Nachweis.

Wie bereits erwähnt, bildet die Eintheilung in **Stämme** in unserem Gebiete, wie den meisten Carolinen überhaupt, einen hervorragenden ethnologischen Zug. Nach Kubary gab es damals auf der Mortlock-Gruppe sieben Stämme, unter die sich alles bebaute Land vertheilte, ausserdem drei Stämme ohne Landbesitz, die keine Bedeutung hatten. Denn die Existenz des Stammes ist so wandelbar als die der Familie, und Aussterben kann für den einen, wie für die andere eintreten. Die Stammesländereien (»Bey«) bilden übrigens nicht immer zusammenhängende, in sich abgeschlossene Complexe, sondern sind zum Theil auf verschiedene Inseln und Atolle vertheilt.

Unter den Stammesbräuchen ist zunächst die enge Zusammengehörigkeit seiner Mitglieder, die sich als blutsverwandte Geschwister betrachten, hervorzuheben. So dürfen Männer desselben Stammes nicht gegeneinander kämpfen, während andererseits wieder Brüder oder selbst Vater und Sohn gegeneinander stehen müssen, sofern sie verschiedenen Stämmen angehören. In sonderbarem Widerspruch damit stehen die eigenthümlichen Satzungen, welche die Stammesmitglieder nach den Geschlechtern, also Männer und Frauen, Brüder und Schwestern auf das Strengste trennen, wenn sie nicht mütterlicherseits von verschiedenen Stämmen abstammen. Denn die Mutter ist es, welche die Stammeszugehörigkeit auf die Kinder vererbt, welche letztere im Geburtsdorfe der ersteren landespflichtig werden. »Für den Vater«, sagt Kubary, »sind die Kinder nicht zu seinem Stamme gehörende Fremde«, aber auch und damit nicht ganz im Einklange: »so lange der Vater lebt, sind die Kinder in seinem Stamme angesehen, nach seinem Tode sind sie sammt der Mutter Fremdlinge«. Aus dieser strengen Scheidung der männlichen von den weiblichen Gliedern des Stammes resultiren eine Menge Gebräuche und Verbote, die mir, offen gestanden, nach Kubary's Darstellung nicht ganz klar geworden sind. Dass Geschwister nicht unter einem Dach schlafen, Frauen nicht das Männerhaus (»Fel«) des eigenen Stammes betreten dürfen, was bei Frauen aus anderen Stämmen nicht beanstandet wird, lässt sich begreifen. Weniger verständlich sind dagegen die Vorschriften eingeborener Etiquette, nach welchen die Frau in Gegenwart ihres Mannes ihren Bruder nicht berühren darf, oder gebückt an ihm vorbeizugehen hat, wie andererseits Häuptlinge wiederum gebückt Frauen gegenübertreten müssen. Im Widerspruch mit der strengen Scheidung der Geschwister nach dem Geschlecht, erwähnt Kubary aber auch »Lieblingsbrüder« von Schwestern, auf die wir unter »Ehe« zurückkommen werden. Auf Ruk herrschen, soweit sich darüber nach den spärlichen Nachrichten Kubary's urtheilen lässt, ganz gleiche Verhältnisse. Nur gibt es entsprechend der zahlreicheren Bevölkerung ungleich mehr Stämme (»Eylang«), nach Kubary nicht weniger als 39, welche wiederum in 73 (!) von einander unabhängige »Staaten« zerfallen (Kat. M. G., S. 355). Unter letzteren sind natürlich nur Dorfverbände zu verstehen. Drei Stammesnamen auf Ruk sind übrigens mit solchen von Mortlock identisch und beweisen die enge Zusammengehörigkeit zwischen den Bewohnern beider Inselgruppen. Nach Logan herrscht viel Stammesfeindschaft, die zu häufigen Fehden führt, und Kubary sagt, dass die Insassen eines an die Ufer von nicht befreundeten Stämmen verschlagenen Canus sicheren Tod zu gewärtigen haben.

Verbote (Puanu) im Sinne des weit über Oceanien und Melanesien verbreiteten »Tabu« fehlen auch in den Central-Carolinen nicht. Während eines nur viertägigen Aufenthaltes auf Lukunor gewann Kittlitz bereits gewisse Einblicke in diese Verhältnisse, die er aber zum Theil falsch deutet, so z. B. die Absonderung des weiblichen Geschlechts (vgl. Denkwürd., II, S. 100—103). Aber er erkannte bereits »den vernünftigen Zweck, die Benutzung gewisser Baumarten (oder vielmehr deren Früchten!) für gewisse Zeiten streng zu untersagen; sie dürfen dann nur durch Gemeindebeschluss oder obrigkeitlichen Befehl in Gebrauch kommen«. Wie bereits im Vorhergehenden erwähnt, haben darüber die Häuptlinge zu entscheiden, wie dies allenthalben der Fall ist, und diese sind es, welche »Puau-u« (= Tabu) verhängen, ein Wort, das Kubary a. O. »Puanu« schreibt und welches nach ihm in gleichem Sinne auch auf Ruk gilt (auf Nukuor dagegen »Tapu«). Die Aufrechterhaltung dieser Verbote wird äusserst streng gehandhabt. So sind, gewöhnlich zur Zeit der Brotfruchternte (»le rak«), während drei bis vier Monaten im Jahre, die Cocosnüsse »puanu« und dürfen nicht gepflückt werden, damit ein genügender Vorrath an alten Nüssen zusammenkommt, die der Häuptling verwahrt. In dieser »politisch-ökonomischen Fürsorge für den Stamm« kann der Häuptling auch über die Brotfrucht »puanu« verfügen, ja zeitweilig sogar das Fischen verbieten oder doch nur gewissen Personen gestatten. Es geschieht dies, um die Leute vom Betreten des Ufers und der benachbarten Cocoshaine abzuhalten, hat also, wie überall, eine praktische Unterlage, um dem auf diesen Inseln häufig eintretenden Mangel vorzubeugen. Darnach sind die Aussagen Floyd's über ganz ähnliche Gebräuche auf Moriljö (Murilla) der Hall-Gruppe zu berichtigen, nach denen unter Anderem Fischzüge nur in gewissen Zeitabständen erlaubt sind (vgl. Kittlitz, Denkwürd., II, S. 102).

In dem nachfolgenden Abschnitt über Todtenbestattung soll des bei gewissen Todesfällen stattfindenden sehr strengen Todten-Puanu gedacht werden.

2. *Stellung der Frauen.*

Wie bereits im Vorhergehenden erörtert wurde, spielen im Stammesleben der Mortlocker die Frauen eine hervorragende Rolle. »Je mehr Frauen zu einem Stamme gehören, desto mehr Heiraten und Nachkommenschaft, desto grösser demnach die Wahrscheinlichkeit seines sicheren Bestehens. Hieraus resultirt die bevorzugte Stellung der Frau, welche ihren Ausdruck darin findet, dass die älteste Frau des Stammes als dessen sociales Haupt angesehen und mit besonderer Achtung behandelt wird. So darf in Gegenwart eines Stammesverwandten von einer Frau seines Stammes nur Gutes gesprochen werden, jede Anzüglichkeit wäre eine tödtliche Beleidigung.« Nach den nicht immer ganz klaren Darstellungen Kubary's hängt die Erhaltung des Stammes in der That einzig und allein von der Frau und deren hervorragenden Stellung in der Familie ab, soweit von letzterer auf Mortlock nach unseren Anschauungen die Rede sein kann. Ob diese Verhältnisse auf Ruk gleich sind, lässt sich nicht sagen, wohl aber vermuthen.

Ehen werden auf Mortlock leicht geschlossen und beruhen häufig auf eigener Wahl der Betheiligten, da höchstens die Einwilligung der Mutter und ihrer Sippe erforderlich ist, der Vater dagegen nichts dreinzureden hat. Er erhält jedoch meist vom Bräutigam Geschenke, wie solche für den Häuptling des Stammes der Braut und ihre Brüder unbedingt erforderlich sind. Besondere Heiratsceremonien finden nicht statt.

Wie schon erwähnt, betrachten sich die Glieder eines Stammes als blutsverwandte Geschwister, und deshalb ist auch die Ehe zwischen Stammesgenossen vollkommen ausgeschlossen, ja selbst eine aussereheliche geschlechtliche Verbindung würde schon als Blutschande gelten und eventuell mit dem Tode bestraft werden. Männer können daher intimen Umgang, resp. Heiraten nur mit der Frau aus einem anderen Stamme schliessen, müssen gewöhnlich nach deren Wohnsitz ziehen und dort das ihr gehörige Land bearbeiten. Besitzen sie ausserdem eigenes Land in ihrer Heimat, so haben sie die Producte nach den Verwandten ihrer Frau zu bringen. Unter diesen ist der Schwiegervater nur Nebenperson, dagegen haben die Schwäger und der Häuptling des Stammes und Dorfes, zu welchem die Frau gehört, die grösste Bedeutung. Die Ehefrau ist in der Familie ganz unabhängig und hat höchstens von der Tyrannei der Söhne zu leiden, die ihr Uebergewicht auch den unverheirateten Schwestern fühlen lassen. Uebrigens leben Geschwister nur als ganz kleine Kinder[1]) unter sich und mit ihren Eltern zusammen. Schon im Alter von 7—8 Jahren halten sich die Knaben zusammen oder spielen nur mit nicht stammverwandten Mädchen. Später folgen sie dem Vater, schlafen mit diesem im Männerhause, während die Schwestern bei der Mutter in den besonderen

[1]) Aehnliche Verhältnisse herrschen nach Coote auf Fidschi und Opa (Neu-Hebriden). Hier sind Bruder und Schwester streng »tabu« und dürfen nicht einmal miteinander sprechen.

Hütten der Frauen bleiben, so dass die Familie nicht unter einem Dache vereint ist. Wie bei den meisten Eingeborenen wachsen die Kinder auf wie sie wollen, stehen aber mehr unter dem Einfluss der Mutter als dem des Vaters. Der letztere darf z. B. weder der Mutter, noch der Tochter Vorwürfe machen, falls letztere auf unsittlichen Wegen wandeln sollte. Bei Frauen ist das nicht zu befürchten, da diese in der Ehe sehr treu sind. Wie es scheint, herrscht im Allgemeinen Monogamie, denn nur die kurze Stelle bei Kubary: »die Sitte gab dem Manne mit seiner Frau auch alle ihre freien (wohl unverheirateten) Schwestern, von welcher Freiheit aber nur die Häuptlinge Gebrauch machen«, lässt auf Polygamie[1]) bei Häuptlingen schliessen. Wie es scheint, werden auch Kinder verlobt, wenigstens darf man dies aus dem folgenden Satze Kubary's schliessen: »Sehr oft verheiraten die Häuptlinge ihre Kinder mit den Mitgliedern ihres eigenen bey's (Gemeinde), wodurch sie denselben eine reiche Mitgift und deren Nachkommenschaft eine Zugehörigkeit zu demselben Stamme sichern. Die beiden zu einem Ehepaare bestimmten Kinder (die aber jedenfalls verschiedenen Stämmen angehören müssen!) werden sich selbst überlassen, und sobald sie Neigung haben, sich zu vereinigen, erhalten sie eine separate Hütte im Dorfe, im entgegengesetzten Falle gehen sie auseinander.« Ob sonst Ehescheidungen vorkommen, erwähnt Kubary nicht. Der Erbschaftsverhältnisse wird nur mit den Worten: »Das Eigenthum des Vaters (an beweglichen Gegenständen) gehört seiner Frau und deren Kindern« gedacht. »Eine Art Adoption zwischen Verwandten einerlei Stammes scheint vorzukommen.«

Trotzdem die Stammessatzungen ein enges Familienleben kaum aufkommen lassen, »ist das Gefühl einer wirklichen Anhänglichkeit und Liebe den so künstlich gruppirten Mitgliedern nicht fremd. Die Frau liebt den Mann ihrer Wahl, die Eltern ihre Kinder, die Schwester ihre Geschwister, ja sie hat gewöhnlich einen älteren Lieblingsbruder und erfreut sich, so weit es die Stammesverfassung zulässt, seines vertrautesten Umganges und seiner Gegenliebe,« äussert sich Kubary, was freilich mit der vorher erwähnten strengen Trennung zwischen Brüdern und Schwestern wenig in Einklang zu bringen ist. Auch die Notiz: »Das Sopun-Mädchen ist tugendhaft, so lange es mit einem Sopun-Manne keinen Umgang hat,« klingt bedenklich und lässt schliessen, dass geschlechtlicher Umgang zwischen Stammesmitgliedern vorkommt.

»Die Frauen unterliegen während der Menstruation keinen Vorschriften,« sagt Kubary in seinen »Bewohnern der Mortlock-Inseln« (S. 262), beschreibt aber von Ruk besondere Menstruationshäuser (s. weiter zurück »Frauenhäuser« im Abschnitt »Wohnstätten«), die auch auf Lukunor nachgewiesen sind. Es lässt sich also annehmen, dass auch auf Satóan gleiche Verhältnisse herrschen werden. Im Uebrigen theilt Kubary über das eheliche Leben nichts weiter mit, als »sehr früh tritt im Falle von Schwangerschaft die Trennung der beiden Ehehälften ein«, und die Worte: »Nähere Umstände bei Geburten u. dgl. konnte ich nicht genau erfahren« sind Alles, was er über dieses Capitel sagt.

Ob die Mortlocker von Ruk, ihrer »Urheimat«, wie Kubary annimmt, vielleicht auch Frauen holen oder holten, darüber fehlt es an Nachrichten, wie Kubary bis jetzt diejenigen über die Stellung der Frauen, Ehe etc. auf Ruk schuldig geblieben ist. Dass aber auch hier Heiraten innerhalb des Stammes streng verpönt sind, erfahren wir durch Logan.

1) Das umgekehrte Verhältniss scheint auf der westlichsten Carolinen-Insel Sonsol zu herrschen, denn Kubary erwähnt: »Frauen können mit Brüdern Polyandrie üben« (»Ethnol. Beitr.«, I, S. 93), wohl das einzige derartige Vorkommen in den Carolinen überhaupt.

Ein eigenartiges Geräth, das im Liebesleben der Ruker eine merkwürdige Rolle spielt, erhielt ich durch Kubary, und zwar einen

Fenai[1]) (Taf. V [22], Fig. 10), Erkennungsstab; ein 1·45 M. langer, runder, dünner Stab aus sehr hartem Holze, dessen circa 110 Mm. langes Ende vierkantig gearbeitet und mit sanften Einkerbungen versehen ist, wie dies aus der beigegebenen Abbildung ersichtlich ist.

Andere Stücke im Museum Godeffroy sind 1·62—2·20 M. lang, 9—15 Mm. dick, der geschnitzte Endtheil ist 8—20 Cm. lang. Nach Kubary ist der Kopf dieser Stäbe zuweilen auch mit Anhängseln (aus aufgereihten Cocosringen und Muschelscheibchen) verziert. Der Katalog verzeichnet diese »ohne genauere Mittheilung von Kubary eingesandten« Stäbe in leicht verzeihlicher Weise als »Wurfwaffen?« (S. 371, Nr. 3451 bis 3454), indess ist der Zweck ein ganz anderer und in der That kaum zu errathen. Wie auf Mortlock stehen nämlich auch die Mädchen auf Ruk in durchaus freiem Verkehr mit Männern, die nicht zu ihrem Stamme gehören, und jedes Mädchen pflegt mehrere Liebhaber zu besitzen, denen sie ihre Gunst schenkt. Bei diesen nächtlichen Besuchen bedient sich nun der Liebhaber eines solchen Fenai, indem er denselben an der Stelle durch die dünne Wandung der Hütte steckt, wo er weiss, dass seine Geliebte ihre Schlafmatte ausgebreitet hat. An der Zahl der Kerbe und der Form des Knopfes erkennt die letztere den Träger des Fenai, da jeder seine persönlichen Zeichen besitzt, und folgt, je nach dem Grade ihrer Neigung, der zarten Aufforderung zu einem zärtlichen Stelldichein. Nach Kubary, dem ich obige Mittheilung mündlich verdanke, sind die Fenai (auch als »Fänay«, »Fälay« bezeichnet) nur auf Ruk in Gebrauch, allein er hält es nicht für unwahrscheinlich, dass sie von »Emigranten aus den Ladronen« eingeführt wurden und möglicherweise auf die Abzeichen der geheimen Uritao-Gesellschaft dieser Inseln zurückführen, eine Combination, die wenig Ueberzeugendes hat (vgl. Kubary: »Die socialen Einrichtungen der Pelauer«, Anm. S. 96, 97). An dieser Stelle erklärt Kubary auch den Zweck des Fälay-Stabes sehr bestimmt: »er dient den Männern bei ihren Liebschaften mit den auswärts wohnenden Frauen als Erkennungszeichen«, »der Fälay-Stab wird von den jungen Leuten bei deren Ausflügen in die Nachbarschaft benutzt mit einer klaren Bestimmung als Erkennungszeichen zwischen den beiden Geschlechtern«, wogegen er sich befremdenderweise später wieder zweifelnd und unsicher in den Worten ausspricht: Diese Stöcke sollen bei dem nächtlichen Verkehr der jungen Männer mit den auswärts wohnhaften Frauen als ein Erkennungszeichen dienen« (»Ethnol. Beitr.«, I, S. 59). Wie erwähnt, hat nur Ruk diese eigenthümliche Sitte aufzuweisen, die dem Liebesleben eine gewisse Romantik verleiht, welche sonst bei Kanaken zu den grössten Ausnahmen gehört. Logan erzählt einige Beispiele, welche beweisen, dass Liebe auf Ruk ebensogut zu allerlei Thorheiten, ja zum Tode führen kann wie bei uns. Trotz aller Gegenvorstellungen heiratete Pineas, ein eingeborner Lehrer, ein Heidenmädchen, kaum älter als ein Kind, während umgekehrt die Vorsteherin der Mädchenschule, eine nicht mehr ganz junge Ponapesin, mit Sami, dem hoffnungsvollsten Schulknaben im Alter von circa 17 Jahren, durchbrannte. Ein alter Häuptling von Kuku auf Fefan verliebte sich in ein kaum mehr als 10—12 Jahre altes Mädchen der Mission und offerirte Dem, der ihm das Mädchen verschaffen würde, eine Flinte. Da das Mädchen bereits mit einem Missionsknaben verlobt war, so hielt man sie in der Mission versteckt, aber die Liebe des Alten wusste alle Hindernisse zu überwinden.

[1]) Die zuerst angeführten eingebornen Namen sind so niedergeschrieben, wie sie mir von Kubary vorgesagt wurden.

Und als er die Geliebte endlich die Seine nannte und sie ihm nach kurzer Zeit durch den Tod entrissen wurde, da vermochte er den Schmerz nicht zu ertragen und gab sich aus Liebe freiwillig den Tod, einen Stoff, den ich Romanschreibern empfohlen halten möchte.

3. Vergnügungen.

Tanz und Gesang bilden auch in den Central-Carolinen wesentliche Nummern im Programme von Festlichkeiten. »Die alten heidnischen Tänze sind sehr beliebt beim Volke und werden leider ohne und mit Erlaubniss der teachers (farbigen Missionslehrer) noch ausgeführt,« klagt Logan (1886) über Ruk, indem er hinzufügt: »Gymnastische Uebungen, die zu drei Viertel nichts Anderes als heidnische Tänze sind, nehmen bedauerlicherweise in den Missionsschulen mehr Zeit weg und beschäftigen die Gedanken der Schüler viel lebhafter als wirkliches Studiren.« Ueber diese so verabscheuten heidnischen Tänze, deren völlige Ausrottung fast noch mehr Schwierigkeiten bereitet als die der verhassten gelben Farbe und langer Haare, geben, wie zu erwarten, die Missionsberichte keine näheren Mittheilungen. Aber durch Kubary erfahren wir wenigstens Einiges (Kat. M. G., S. 369). Darnach finden auf Ruk allgemeine Festlichkeiten — »Parik« — zur Zeit der Brotfruchtreife statt, an denen oft der ganze Stamm theilnimmt, und werden (wie Kubary diesmal nur annimmt) von den Häuptlingen »auf Geheiss der Geister (,Anu')« angeordnet. Die männliche Bevölkerung eines Dorfes pflegt in dieser Festeszeit unter Führung des Häuptlings den Nachbardörfern Besuche abzustatten, um hier zu Ehren des Geistes des betreffenden Dorfes Tänze und Gesänge aufzuführen, weshalb Kubary a. O. (»Die socialen Einrichtungen der Pelauer«, S. 96, Anm.) den früher »Parik« genannten »Auanu«-Festlichkeiten eine »gesellschaftliche, politische und religiöse Bedeutung« unterlegt. Der »Auanu«-Tanz, an welchem auch Frauen theilnehmen und »der eben nur eine Versinnlichung des geschlechtlichen Verkehrs genannt werden muss, die sich in Bewegungen der Hüften und der Beine kundgibt«, scheint allerdings nicht sehr anständig zu sein und dürfte also mit Recht Anstoss erregen, obwohl nach Kubary »bei dieser Gelegenheit keine unsittlichen Ausschweifungen dabei stattfinden«.

Ein anderer Tanz der Männer heisst »Epegek« und besteht nur in Bewegungen der Arme und Beine, während beim »Gurgur«-Tanze die Männer »unter fortwährender Veränderung der Körperstellung mit besonderen Tanzstöcken aus Orangeholz aneinanderschlagen«. Ich beschreibe hier einen solchen »Gurgur«, **Tanzstock** (Fig. 53) von Ruk; aus dem harten gelblichen Holz des Orangebaumes (»Gurgur«,[1] a. O. auch »Gorgur«) sehr sauber gearbeitet, rund, an beiden Enden sanft ausgekehlt, das Ende selbst kolbig verdickt (vgl. Fig. 53); Länge 1·75 M., Dicke 45 Mm. Ein anderes Exemplar war etwas kürzer, 1·55 M.

Fig. 53.

¹/₄ natürl. Grösse.

Tanzstock (Ende).

Nach mündlichen Mittheilungen Kubary's werden die feinen Tanzstöcke aus Orangeholz, wie der oben beschriebene, nur von Häuptlingen gebraucht und gelten als

[1] An a. O. bezeichnet Kubary den »Gurgur« als eine »*Citrus*-Art«, die von Ruk importirt wurde und unter demselben Namen auch auf Pelau vorkommt.

äusserst werthvoll. Geringere Leute bedienen sich gewöhnlicher Stöcke als Taktschlägel, wie dies in ähnlicher Weise auf den Marshall-Inseln (s. vorne S. [390]) und anderwärts geschieht. Auch diese sogenannten Tänze auf Ruk haben mit denen der Marshall-Inseln viel Aehnlichkeit. Wie mir Kubary mündlich mittheilte, stehen sich die Tänzer in zwei Reihen gegenüber. Jeder hält einen solchen Tanzstock, und zwar mit beiden Händen in der Mitte fest, um bald mit dem einen, bald mit dem anderen Ende desselben an den Tanzstock seines Partners zu schlagen, wodurch rhythmische Klangbilder und durch Drehen und Bewegen des Stockes wie Körpers abwechselnde Figuren gebildet werden. In der Gleichmässigkeit der Bewegungen besteht die Kunst dieses Tanzes, der mit sogenanntem Singen begleitet wird, wie dies allenthalben geschieht. Ueber die auf Mortlock herrschenden Festlichkeiten gibt Kubary nur einige kurze Notizen. »An schönen Mondscheinabenden findet gewöhnlich ‚Urur' statt, d. h. eine gesellschaftliche Versammlung am Strande, an der sich die Jugend beiderlei Geschlechts unter Gesang (‚Nor') und Tanz (‚Parik') oft ganze Nächte hindurch ergötzt; ein unschuldiges Vergnügen, das aber trotzdem von der Mission verboten wurde.« Geisterverehrung scheint dabei keine Rolle zu spielen, sonst würde Kubary dies gewiss nicht unerwähnt lassen. Auffallenderweise gedenkt Kubary aber der vorher beschriebenen Taktschlägel mit keiner Silbe und bezeichnet die »Gurgur« vielmehr als »Nationalwaffe der Mortlocker« (l. c., S. 272), zugleich aber auch als »einen Stab, der oft als unschuldige Stütze von alten Leuten getragen wird«. Es lässt sich daraus schliessen, dass die Gurgur doppelte Zwecke erfüllen und ausser zum Tanz auch als Waffe dienen, wie dies Kubary für Ruk nur andeutet (»Ethnol. Beitr.«, I, S. 58, Taf. X, Fig. 9). Ohne Zweifel werden auf Satóan die »Gurgur« (Kampfstöcke) auch als Taktschlägel benutzt, denn schon Kittlitz erwähnt (II, S. 98) von Lukunor »zierlich geglättete Stäbe, deren man sich bei Tanzfesten bedient«, und auf den Hall-Inseln werden ebenfalls solche »Gurgur-Tanzstöcke« gebraucht.

Bei den »Urur«-Festlichkeiten der Mortlocker scheinen übrigens auch nach den kurzen Andeutungen Kubary's Spiele vorzukommen, von denen er das eine mit dem »Klayluul-Spiel« der Pelauer vergleicht. Das bereits erwähnte Ballspiel der Ponapesen (S. 245 [501]) ist auch auf Ruk beliebt und heisst hier »Po«, während das »Tschereka«-Spiel, wobei die Theilnehmer an einem langen Stocke ziehend ihre Kräfte messen, mit dem ponapesischen »Alajap« übereinstimmt (vgl. Opus Nr. 7, S. 101 und 102, Anm., vorne S. [449]). Das bereits bei den Gilbert-Inseln (s. vorne S. [302]) beschriebene Spiel, Miniaturcanus auf der Lagune segeln zu lassen, ist auch bei Knaben und jungen Leuten auf Ruk sehr im Schwange und heisst hier »Nunu« (Kat. M. G., S. 374).

Eine sehr merkwürdige Notiz Kubary's über Mortlock, die in das Gebiet des Sportes und der Belustigungen gehört, will ich hier nicht unerwähnt lassen: »Der Hahnenkampf ist auch hier leider nicht unbekannt, und Knaben belustigen sich mit diesem Schauspiel. Der Hahn gilt hier wie überall als Symbol des übermüthigen und erbitterten Muthes, und die sich gegenseitig trotzenden und aufreizenden Kämpfer ahmen den Schrei und den Flügelschlag des Hahnes nach« (Kat. M. G., S. 298). An und für sich wenig klar, klingt diese Notiz umsomehr befremdend, als Kubary in seiner Monographie der Mortlocks weder das Halten von Hühnern, noch Hahnenkämpfe nur mit einer Silbe erwähnt und letztere nicht einmal in der ausführlichen Darstellung der Belustigungen und Spiele[1]) der Pelauer anführt. Es dürfte sich also empfehlen, über den

[1]) Nicht hier, aber in einer Anmerkung (S. 122) erwähnt Kubary des Drachensteigens als eines religiösen (!) Gebrauches. »Ganz vereinzelt steht das in Radschman übliche feierliche Drachenspiel, welches zu Ehren der Gottheit mit grossen Festlichkeiten verbunden, in unregelmässigen Zeitabständen

Brauch der Hahnenkämpfe weitere bestätigende Nachrichten abzuwarten, umsomehr, da bis jetzt von keiner Carolineninsel dieses Sports gedacht wird.

Masken, nicht auf Mortlock beschränkt, wie vorne S. [227] und [446] bemerkt wurde, sondern ganz gleich auch von Ruk bekannt, würden nach Kubary nicht Ausputz bei Festlichkeiten sein und sind deshalb einstweilen bei Ahnenfiguren (s. weiter hinten) eingereiht worden. Ich halte aber bezüglich der Verwendung dieser Masken trotzdem noch an der Ansicht fest, dass sie in ähnlicher Weise wie überall benuzt werden, da über Mortlock noch mancherlei wichtige Aufschlüsse ausstehen.

Musikinstrumente übergeht Kubary von Mortlock ganz mit Stillschweigen, erwähnt dagegen aber von Ruk der Nasenflöte (»Anin«) als des einzigen musikalischen Instrumentes (»Ethnol. Beitr.«, I, S. 61), ohne Weiteres über dieselbe mitzutheilen, als dass sie, da dünnes Bambu selten ist, meist aus den Luftwurzeln von Mangrove verfertigt wird. Aus diesem Materiale bestehen die beiden Exemplare, welche ich von ihm erstand. Es sind dünne glatte Holzröhren, ähnlich markleerem Hollunder, 33—84 Cm. lang und 20—25 Mm. im Durchmesser. Die eine Flöte hat keine Schalllöcher, die andere drei solche. Ein Exemplar von Ruk im Kat. M. G. (S. 374), als »Stossflöte« beschrieben, hat »in der Oeffnung des einen Endes eine runde Holzplatte befestigt, in deren Mitte ein kleines Loch gebohrt ist«, wie dies auch Kubary beschreibt. Wie (vorne S. 243 [499]) erwähnt, kommt die Nasenflöte[1]) auch auf Ponapé (nach Kubary auch auf Yap und Pelau) vor und ist das einzige Musikinstrument der Central-Carolinen. Wie überall wird hier aber auch die Muscheltrompete (aus *Tritonium tritonis*) (Atlas: »Senjavin-Reise«, Pl. 30, Fig. 13) gebraucht, die schon Kittlitz von Lukunor mit der richtigen Bemerkung notirt, dass alle diese Insulaner auf ihren Seereisen dieses Instrument mit sich zu führen pflegen. Aber die Bemerkungen Floyd's: »unter jeder das Meer beschiffenden Gesellschaft befindet sich ein bestimmter Trompeter, dem es obliegt, mittelst dieses Instrumentes den Regen zu beschwichtigen« (Kittlitz, II, S. 110), sind jedenfalls missverstanden, denn den praktischen Nutzen der Muscheltrompete zum Blasen von Signalen haben wir schon bei den Marshall-Inseln (vorne S. [389]) kennen gelernt.

4. Kriegsführung und Waffen.

a) Fehden.

Kriege kamen auf Mortlock zu Kubary's Zeiten nicht vor, sollen aber früher nichts Ungewöhnliches gewesen sein, wofür schon die eingeborenen Waffen sprechen. »Der unfreiwillige Tod eines Stammesgenossen muss früher oder später gerächt werden und hatte vielfach Stammesfehden und Kriege zur Folge.« »Im Falle eines Krieges zwischen zwei Stämmen stehen sich Vater und Sohn feindlich gegenüber.« »Wenn z. B. zwei Staaten im Streite sind, welcher blos durch einen Krieg ausgeglichen werden kann, so finden sich die Krieger beider Parteien auf dem Kampfplatze ein, und die Schlacht beginnt. Curioserweise besteht diese aber nicht in einem blinden Drauflosschlagen, sondern man sucht sich seine Gegner aus, die nicht stammverwandt sein dürfen.« »Staaten bekämpfen sich demnach nur innerhalb ihrer sich gegenseitig fremden Stämme. Wenn eine Insel die Stämme *a* und *b* hat, eine andere aber auch von denselben bevölkert ist,

stattfindet. Die Bevölkerung begibt sich auf die ausserhalb der Stadt (!) befindlichen baumfreien Höhen und lässt hier an einer langen Leine einen grossen Drachen in die Lüfte steigen, was im Zusammenhange mit den Dysporus-Culte steht, denn der Drache heisst auch Kadam« (»Die Religion der Pelauer« in Bastian: »Allerlei aus Volks- und Menschenkunde«, S. 39).

[1]) Auch in Melanesien (s. S. [122] und Polynesien, wo Lord Pembroke noch 1870 auf Raietea dieses Instrument in Gebrauch fand (»South Sea Bubbles«, S. 111).

dann wird *a* der einen Insel mit *b* der anderen, *b* der ersteren mit *a* der letzteren kämpfen müssen.« Das ist ungefähr Alles, was Kubary über die Kriegsführung der Mortlocker mittheilt. Dieselbe war jedenfalls im Ganzen recht unblutig, wenn auch Kubary in seiner überschwenglichen Weise meint, »dass die Mortlocker in ihren einstigen Kriegen nicht hinter den tapfersten Bewohnern der Südsee zurückstanden«. Krieg heisst auf Mortlock »Tou« (d. h. »kämpfen in der Nähe«) und »Maun« (d. h. »kämpfen in der Entfernung«: Kubary). Erheblich verschieden ist nach den ausführlichen Schilderungen Kubary's die Kriegsführung auf Ruk. Gelb, die Freudenfarbe, schmückt auch den Krieger, der in vollem Feststaate, mit Gürtel, Federkamm u. s. w., erscheint, vorsorglich aber seine Lendenbinde und Mantel um den Leib gürtet, die für Speere eine fast undurchdringliche Wulst bilden. Schleudersteine eröffnen den Kampf schon aus weiter Ferne, während lautes Geschrei die Krieger anfeuert, Schmähreden die Gegner herausfordern, wobei die Weiber ihrer Verachtung durch unanständige Geberden, Entblössen der Scham u. s. w. besonderen Ausdruck zu geben suchen. Sind beide Parteien näher aneinander gerückt, so werden die Wurfspeere (Dscheretj) gebraucht, welche meist rasch zur Entscheidung führen, denn der Fall einiger Leute genügt, um den Kampf zu beenden und die eine oder andere Partei in die Flucht zu schlagen, die sich entweder in Canus oder auf die Berge in Sicherheit zu bringen sucht. Gewöhnlich erscheint der Feind in Canus, zuweilen mit einer ganzen Flotille, deren Landung aber so viel als möglich abgewehrt wird. Gelingt dies nicht, so entspinnt sich gewöhnlich der Kampf auf dem Riff. Zuweilen errichtet man aber auch auf einem steil abfallenden Hügel eine Art Befestigung aus mannshohen Steinwällen (»Onor«) und erwartet in dieser den Feind, welcher meist vergeblich die Erstürmung versucht. Im Siegesfalle haben die Besiegten übrigens auf keinerlei Schonung und Milde zu rechnen. Voll Hass und »angeborener Bosheit« werden etwaige Gefangene erschlagen, Häuser niedergebrannt, Tarofelder und Fruchtbäume zerstört.[1]) »Die Folgen eines solchen Kriegsführens sind leider nur zu oft auf den Ruk-Inseln zu finden, und der Mangel der Cocospalmen, wie überhaupt der beschränkte Landbau wird dadurch erklärlich« (Kat. M. G., S. 372). Nach einer hier (S. 355) gegebenen Notiz stellen die Ruk-Inseln »6000 Krieger«, was die Hälfte der ganzen Bevölkerung ausmachen würde, aber die genaue Aufzählung der Bewohner der einzelnen Inseln und ihrer Krieger (in »Beitrag zur Kenntniss der Ruk-Inseln«) ergibt kaum 4000, und das ist schon reichlich gerechnet. Dabei ist zu beachten, dass auch auf Ruk Weiber und kaum erwachsene Burschen mit in den Kampf ziehen. In einem anderen Falle, den Kubary hier mittheilt, wagten sich die Eingeborenen nur unter dem Schutze eines mit einem Feuergewehre bewaffneten Weissen zum Angriff, wurden aber, da das Gewehr nicht losging, geschlagen. An a. O. bemerkt derselbe Beobachter, dass sich die einzelnen Stämme auf Ruk »im Principe als einander fremd, also feindlich betrachten; sie leben stets in gegenseitigem Neid entweder in offenem Kriege oder in einem niemals sicheren Frieden«.

Feuerwaffen, sowie namentlich auch grosse Messer spielen übrigens in den Fehden schon lange eine hervorragende Rolle, worüber Logan's Tagebuch sowohl von Mortlock, als namentlich von Ruk zahlreiche Beispiele aus seiner eigenen Erfahrung mittheilt, Fehden, die nicht immer unblutig verliefen. Darnach bewegt sich die Kriegsführung selbst in der üblichen gemeinen Taktik, welche bei allen Kanaken so ziemlich als Regel gelten kann. Auch hier wird der offene Kampf möglichst vermieden, und

[1]) Ganz ähnliche Zeichen von verwüstender Kriegsführung fand Lord Pembroke noch 1870 auf Samoa in »verlassenen Tarofeldern, abgebrannten Hütten und verkohlten Stümpfen von Cocospalmen« (»South Sea Bubbles«, S. 220).

man bemüht sich, die unvorbereiteten Gegner zu überfallen und ohne Rücksicht auf Geschlecht und Alter zu morden. So wurden auf Féfan vier dort zum Besuche weilende Rua-Männer (Hall-Inseln) erschlagen als Sühne für den Mord eines Féfan-Mannes auf Rua, obwohl dieselben an diesem Morde ganz unbetheiligt waren und nichts davon wussten. Und die Féfan-Mörder waren noch dazu »Mitglieder der Kirche«. In einem Kriege zwischen Sopore und Kuku auf Féfan fiel ein Knabe den Sopore-Männern in die Hände und wurde ohne Gnade mit Messern niedergemetzelt.

Die Ursachen zu blutigem Streite sind oft sehr geringfügig. So erzählt Logan einen Fall, wo man wegen eines Hundes zu den Waffen griff, ein anderer Kampf entspann sich zwischen Fischerparteien benachbarter Dörfer. Die Einführung der Mission führte ebenfalls zu Reibereien und Kriegen mit blutigem Ausgange. So kämpften 1887 auf Satóan (Mortlock) die Männer von Kitu und Tä gegeneinander, und die Taloas-Leute auf Ruk hatten geschworen, alle »Lamalam's« (Christen) umzubringen, wobei sie in einer Stärke von 100 Kriegern ins Feld zogen. Drei Gefangene wurden mitgenommen, um sie zu martern. »Denn es scheint, obgleich die Marter nicht häufig an Gefangenen angewendet wird, dieselbe doch zuweilen stattzufinden,« lauten Logan's Worte über einen abscheulichen, bisher nicht beobachteten Gebrauch, der jedenfalls noch der näheren Bestätigung bedürftig ist. Zum Schlusse mag noch bemerkt sein, dass die Darstellung der Kriegsführung auf den Carolinen, wie sie Bastian (Kubary, Opus Nr. 7, S. 8, s. S. [449]) nach Dumont d'Urville (vermuthlich von Ruk) beschreibt, längst der Vergangenheit angehört. Ob die »fest vorgeschriebenen Förmlichkeiten« überhaupt jemals so streng beobachtet wurden, ist für den, der das Wesen Eingeborener kennt, mindestens zweifelhaft.

b) **Waffen.**

Wie aus dem Vorhergehenden erhellt, sind eingeborene Waffen, verdrängt durch Eisen, nahezu oder zum Theile ganz abgekommen, und es gelang Kubary 1879 nur noch mit Mühe, alle hieher gehörigen Gegenstände zusammenzubekommen, deren genaue Darstellung ich somit hier geben kann. Diese Waffen bestehen in Speeren, Keulen (die am meisten manchen melanesischen ähneln) und gewissen Handwaffen, unter denen die »Suk« genannte (Taf. 19, Fig. 10) eigenthümlich ist. Wie es scheint, besassen die Central-Carolinen aber auch einen Wurfstock, den Kubary bedauerlicherweise ganz unbeschrieben lässt und dessen einstmalige Existenz nur aus einigen beiläufigen Notizen dieses Reisenden zu errathen ist, die ich deshalb wörtlich wiedergebe. Derselbe bemerkt zu dem auf Ruk »Mezau« genannten Wurfspeere: »Der Speer wird mit der Hand geworfen, indem das untere Ende auf der Spitze des Zeigefingers ruht und mit den übrigen Fingern, etwas höher, gestützt wird« (»Ethnol. Beitr.«, I, S. 58). Dagegen heisst es in einer Fussnote: »Diese Speere, die im Ganzen genommen durch Fremde leicht mit Pfeilen wegen der Kürze und der bedeutenden Wurfweite verwechselt werden können, entsprechen dem pelauischen ,Uloyok'-Speere[1]) und werden nur

[1]) Eben so verworren ist die Darstellung dieser Waffe: »Zu Zeiten, wo Feuergewehre noch unbekannt, diente an deren Statt der ,Anloyk'-Speer, der mit dem ,Katkonl', einen Wurfstock, dem angreifenden Feinde sehr weit entgegengeworfen wurde« (»Ethnol. Beitr.«, II, S. 156). In demselben Hefte führt aber Kubary ganz widersprechend den pelauischen Wurfstock unter dem Namen »Anloyk« auf, »mit dem die ,Kologodok' genannten Speere geworfen werden« (ib. S. 119). In der speciellen Aufführung der Speere Pelaus fehlt der letztere aber ganz und ist wahrscheinlich identisch mit dem »Holhodok«, auch als »Holohodok« notirten Speere, der ausserdem noch als »Holobetck« unter Fischspeeren (ib. S. 123) figurirt, eine Verwirrniss eingeborener Namen, die selbst Schmeltz ausser Stande ist aufzuklären (Note 2 auf S. 119).

im Nothfalle mit der Hand, regelrecht aber mittelst des ‚Katkonol'-Wurfstockes geworfen.«

Diese »Mezau«-Speere von Ruk (ib. S. 58) werden in der Monographie über Mortlock (S. 273) als »Zoburiy« beschrieben. »Sie dienen zum Werfen (‚Zoburiy') in die Ferne, gehen immer verloren und werden deshalb aus werthlosem Material gemacht; ihr Schaft ist leichtes *Hibiscus*-Holz, das der Werfer vor dem Wurf zu der ihm genehmen Länge abbricht (?); der Kopf aus hartem Cocosholz, mit etlichen stumpfen Widerhaken versehen, wird mit einem Bindfaden an den Schaft angebunden.« Eine genauere und bessere Darstellung gibt der Kat. M. G., der (S. 319 und 320, Nr. 378 bis 3013) 29 solche Wurfspeere von Mortlock verzeichnet und deren erhebliche Verschiedenheiten in Anordnung und Form der Widerhaken beschreibt. Die Länge variirt von 1·90—2·25 M., die des Spitzentheiles von 37—46 Cm., die Zahl der Widerhaken von 2—12 Gruppen. Bemerkenswerth ist, dass diese Wurfspeere nicht aus einem Stück bestehen, sondern aus zwei Theilen, dem eigentlichen Schaft und dem Spitzentheil, ein Typus, der in Melanesien häufig vorkommt, in Mikronesien sonst aber nur auf Pelau [1]) vertreten zu sein scheint. Den »Wurfstock« übergeht Kubary auch bei Mortlock mit Stillschweigen, und fast scheint es, als hätte er dieses interessante, auch in Melanesien (s. Taf. 7, Fig. 5) sporadisch vertretene Kriegsgeräth überhaupt nicht zu Gesicht bekommen. Die leichten Speere (»ähnlich denen, wie sie auf Kuschai zum Harpuniren grösserer Fische benutzt werden«), die einzigen, welche Lütke und Kittlitz auf Lukunor beobachteten, gehören ebenfalls in diese Kategorie.

Von dieser Art leichter Wurfspeere erhielt ich keine Exemplare von Kubary, dagegen folgende:

aa) Speere und Lanzen.

»Dscheretj« (»Cirej«: Kubary), die gewöhnlichste Sorte Wurfspeere von Ruk, sind lange, dünne, glatte, an beiden Enden gleichmässig zugespitzte Stecken (2·60—3 M. lang) aus Cocospalmholz, die also ganz mit den »Mari« von den Marshall-Inseln (vorne S. [394]) übereinstimmen. Hierher gehört der einzige im Kat. M. G. von Ruk unter dem Namen »Bonu« verzeichnete Speer (S. 371, Nr. 3450), der aber etwas abweichend (das eine Ende »dick, aber flach, abgerundet und zugeschärft«) von Kubary s. n. »Amonu« (S. 57) beschrieben wird als »eine mächtige Vertheidigungswaffe«, die er auf Mortlock nicht beobachtete. Ganz übereinstimmend mit den »Dscheretj« von Ruk ist der »Silek«-Speer von Mortlock (Kat. M. G., S. 320, Nr. 3014).

Sauberer und accurater gearbeitet sind die folgenden durch Widerhaken des Spitzentheiles ausgezeichneten Wurfspeere von Ruk.

»Dscheretj« (Taf. II [19], Fig. 2, Spitzentheil), Wurfspeer rund, aus Cocospalmholz, der 25 Cm. lange Spitzentheil vierkantig mit acht sägezahnartigen Widerhaken; Länge 2·8 M. Ruk.

»Dscheretj« (Taf. II [19], Fig. 3, Spitzentheil), Wurfspeer, sehr accurat aus Palmholz gearbeitet, 2·90 M. lang; der 42 Mm. dicke Schaft auf der einen Längsseite flach, auf der anderen rund (vgl. Querschnitt Fig. *a*), der 12 Cm. lange Spitzentheil mit wenig vorstehenden, sehr kunstvoll eingeschnitzten Kerbzähnen. Ruk.

Zum Vergleich füge ich die Beschreibung eines in der Form sehr ähnlichen Speeres von den Anchorites-Inseln ein:

---

[1]) Kubary's verwirrte Darstellung der bereits der Vergangenheit angehörenden »Kriegswaffen« von hier (»Ethnol. Beitr.«, II, S. 154—156) und die selbst die winzigen Abbildungen (Taf. XXII, Fig. 1—6) nicht vollständig klarstellen, gibt darüber keine präcise Auskunft, die wir erst in einer Fussnote von Schmeltz (ib. S. 155) erhalten.

Speer (Taf. II [19], Fig. 4, Spitzentheil), aus dem Holze der Cocospalme, 2·68 M. lang, rund, nach der Basis zu verdünnt; der 98 Cm. lange Spitzentheil vierkantig abgerundet, mit neun Reihen dicht anliegender breiter, sehr scharfer Kerbzähne, je eine Reihe von zwei mit einer solchen aus vier Reihen abwechselnd. Anchorites.

Ausserordentlich sauber und accurat gearbeitetes und wegen der scharfen stumpf- bis spitzwinkeligen Kerbzähne eine sehr gefährliche Waffe.

Der (S. 147 [65], Nr. 703) beschriebene Speer von derselben Localität ist länger (3 M.) und zeigt in den Details der Spitze einige Verschiedenheiten, wie dieselben aber bei allen Arbeiten der Eingeborenen vorkommen, denn auch bei Speeren u. dgl. finden sich kaum zwei völlig übereinstimmende Exemplare.

Ob derartige Speere mit Kerbzähnen, wie obige von Ruk, auch auf Mortlock vorkamen, lässt sich nur vermuthen, da Kubary's widersprechende Darstellung der nöthigen Präcision ermangelt. Obwohl er (S. 273) den »Silek«-Speer als »einen einfachen, glatten, an beiden Enden spitz zulaufenden Speer« beschreibt, heisst es auf derselben Seite: »Die zweite Art Speere (silekiy) zum Werfen auf sehr kurze Distanz und nur für ein sicheres Treffen bestimmt, werden aus solidem Material gefertigt, kostbar ausgeschmückt und oft stark an der Spitze bewaffnet; der gefährlichste ist der »Mesenapuosz« (von *mesen* = Gesicht und *puosz* = Kalk), an dessen Vorderrande Rochenstacheln, Menschenknochensplitter oder Kiefer eines Hornhechtes *(Belone)* mittelst Bindfaden und Kalkkitt befestigt sind.«

Diese sehr charakteristische Art langer Speere oder Lanzen, die nach Kubary nur »zum Niederstechen der schon verwundeten Feinde benutzt werden«, gehören der Vergangenheit an. Das Museum Godeffroy besass acht Stück von Mortlock (S. 321, Taf. XXX, Fig. 8; auch Edge-Partington, Pl. 179, Fig. 3), die in der Bewehrung alle verschieden sind (auch ohne Knäufe und nur mit einem[1]) oder zwei Rochenstacheln an der Spitze).

Die gleiche Art Lanzen waren auch auf Ruk in Gebrauch (»Mejenpuoč«: Kubary, l. c., S. 57), woher ich von Kubary einige sehr interessante Stücke erwarb, wie das folgende, mit der Bezeichnung:

Madschapotsch (Taf. II [19], Fig. 5, Spitzentheil), Lanze aus Holz der Cocospalme, sehr lang (2·90 M.), dünn (27 Mm. Durchmesser), rund, an beiden Seiten schlank zugespitzt; der 50 Cm. lange Spitzentheil mit drei runden (bis 50 Mm. langen) Knäufen aus einer weissen kalkartigen Kittmasse versehen, in welche je zwei (60 bis 80 Mm. lange) Rochenstacheln mittelst Bindfaden festgebunden und eingekittet sind; die eigentliche Spitze besteht aus einem (90 Mm. langen) Rochenstachel, der ebenfalls eingekittet ist. Ruk.

Die Länge dieser Speere variirt so sehr wie Länge (40—80 Cm.) und Bewehrung des Spitzentheiles, der zuweilen nur einen Stachelknauf aufweist.

bb) Schlagwaffen.

Keulen werden von Mortlock in drei Arten: »Uakke«, »Laga zam zam« und »Laga poeiya« (»Laga poenja«) als »Stich- und Schlagkeulen« (l. c., S. 272) erwähnt, aber mit ähnlichen samoanischen verglichen, so dass man die letzteren kennen muss, um zu einem Verständniss der ersteren zu gelangen. Wie auf Mortlock konnte Kubary nur noch mit Mühe einige alte Stücke auf Ruk auftreiben, die ganz übereinstimmen, nur »ist das ‚Lagapoenja' in ‚Ibopoenja' verändert«, die einzige wichtige (!) Notiz, welche gemacht wird.

Auch ich erwarb von Kubary einige interessante alte Keulen, wie die folgenden mit der Bezeichnung:

[1]) Solche gab es früher auch auf Pelau (vgl. Kubary, II, S. 155, Taf. XXII, Fig. 5).

»**Lagaschamscha**« (Taf. II [19], Fig. 7), Keule aus Hartholz (Mangrove), flach, 1·60 M. lang, am oberen Ende 50 Mm. breit, circa 20 Mm. dick, mit kantigen Seitenrändern. Ruk.

»**Lagaschamscha**« (Taf. II [19], Fig. 8), Keule ebenfalls aus Hartholz, ähnlich der vorhergehenden, aber das Blatt breiter, der Handgriff kürzer und mehr vierkantig zugerundet; Länge 1·20 M., Breite des Blattes 80 M. Ruk.

Die unter dem Namen »Uakke« im Kat. M. G. (S. 318, Nr. 3006) von Mortlock beschriebenen Keulen und die beiden von Ruk (S. 370, Nr. 3446 und 3447, Taf. XXIX, Fig. 6) stimmen ganz mit den obigen überein. Etwas abweichend ist dagegen die »Laga zam zam« (S. 318, Nr. 3008, Taf. XXIX, Fig. 5) und die »Laga poeiya« (S. 319, Nr. 3009) von Mortlock, indess wird es schwer halten, diese Subspecies auseinanderzuhalten, und im Ganzen bilden sie nur eine Art. Höchst interessant dabei ist, dass sich der Typus derselben fast gleich oder doch sehr ähnlich in Melanesien wiederfindet (z. B. auf Neu-Guinea, vorne S. [117]: Port Moresby und S. [215]: Finschhafen). Als Material für die Keulen dient übrigens nicht ausschliessend Rhizophoren- (Mangrove-) Holz, wie Kubary angibt, sondern auch das der Cocospalme und ein anderes gelbliches Holz (Kat. M. G., l. c.).

Das im Kat. M. G. (S. 371, Nr. 3448) von Ruk beschriebene »alte Wehrstück«,[1]) sehr eigenthümlich, aber ohne Abbildung unverständlich, lässt Kubary leider unerwähnt.

»Gurgur« heissen auf Ruk wie Mortlock jene bereits unter Tanzgeräth beschriebenen Kampfstöcke, aus dem Holz des Orangenbaumes (Gurgur), welche Kubary als die »Nationalwaffe und beliebteste Waffe der Mortlocker« bezeichnet. »Sie wird sowohl im Kriege gebraucht, als auch um gewöhnliche Streitigkeiten zum Ausgleich zu bringen. Sie wird in der Art des Bajonettfechtens gehandhabt, indem die sich gegenüberstehenden Gegner den Gurgur mit beiden Händen (die rechte Hand zu vorderst) halten und die gegenseitigen Schläge und Stösse zu pariren suchen« (l. c., S. 273). Auf Ruk »tritt der ‚Gurgur' indess weniger als Waffe hervor. Seine ursprüngliche Bedeutung dürfte wohl die von Tanzstöcken bei den ‚Parik'-Tänzen gewesen sein«, woraus später »ein Stützstock für den alltäglichen Gebrauch« entstand (Kubary: »Ethnol. Beitr.«, I, S. 58).

Eine sehr abweichende und eigenthümliche Waffe, schon wegen der Verwendung von Rochenstacheln,[2]) ist die folgende:

Suk (Taf. II [19], Fig. 10), Handwaffe aus Hartholz, circa 27 Cm. lang, rund, an beiden Enden kegelförmig abgerundet, in der Mitte abgesetzt verdünnt, mit einer Handhabe *(a)* aus Cocosfaserschnur; das eine Ende mit drei Rochenstacheln bewehrt. Mortlock (Satóan).

Wie mir Kubary mittheilte, war diese mit dem spitzen wie stumpfen Ende im Einzelkampfe benutzte Waffe, von der er überhaupt nur drei Exemplare erlangte, den Mortlock-Inseln eigenthümlich. Aber Kubary notirt den »Suk« neuerdings auch unter den Waffen von Ruk, wo er aber nur noch dem Namen nach bekannt ist (»Ethnol. Beitr.«, I, S. 59). Ein etwas abweichender »Suk«, bei dem das untere Ende zweitheilig ausläuft, ist von Mortlock im Kat. M. G. (S. 321, Nr. 3011, Taf. XXX, Fig. 6) schlecht abgebildet. Wenn, nach einer Notiz bei Lütke zu urtheilen, der im Atlas der »Senjavin-

---

[1]) Von Pelau gedenkt Kubary nur einer sehr eigenthümlichen »Schwertkeule« (»Ethnol. Beitr.«, II, S. 156, Taf. XXII, Fig. 9), wovon er übrigens nur ein altes Erbstück erhielt, das in der Form mit keiner mir bekannten übereinstimmt.

[2]) Eigenthümliche dolchartige Stichwaffen aus Bambu (S. 398, Nr. 184) und Rochenstachel (ib. Nr. 189) sind im Kat. M. G. (S. 398) von Yap beschrieben, eine der letzteren von Edge-Partington (Taf. 182, Fig. 1) angeblich von »Pelau« abgebildet; aber Kubary gedenkt dieser Waffe nicht.

Reise« (Pl. 29, Fig. 4) angeblich als »Instrument zum Tödten von Fischen« sehr gut abgebildete Suk auch angeblich von Kuschai (s. vorne S. [465]) herstammt, so darf man doch wohl richtiger Lukunor als Localität annehmen.

Von daher ist in demselben Atlas (Pl. 29, Fig. 5) ein sehr eigenthümliches »Instrument pour découper le poisson« dargestellt, in Form einer kleinen Bügelsäge aus Cocosstrick geflochten, weit genug zur Aufnahme der Hand und an der geraden Seite mit (11) Haifischzähnen besetzt. Dasselbe gehört natürlich nicht zu den Fischereigeräthschaften, sondern ist ein Schlagreif zum Faustkampfe, der früher auch auf Ruk vorkam (Kubary, l. c., S. 59), und zwar in zwei Formen, die Kubary von Pelau beschreibt und abbildet (»Ethnol. Beitr.«, II, S. 156). Hier besteht aber der Reif aus zusammengebundenen Farnstengeln, die Bewehrung des einen Reifes (»Kareal«, Taf. XXII, Fig. 8) aus Haifischzähnen (und zwar von *Galeocerdo Rayneri*, Taf. 19, Fig. 11 u. 12), des anderen (Taf. XXII, Fig. 9) aus Schwanzstacheln eines Fisches der Gattung *Naseus*.

Sehr interessant ist, dass ganz ähnliche Schlagreifen mit Haifischzähnen, aber in einen Bügel aus Holz eingesetzt, auch unter die altpolynesischen Waffen gehören. Solche Stücke (mit Zähnen von *Galeocerdo Rayneri* bewehrt) besitzt das British Museum von Hawaii und das k. k. naturhistorische Hofmuseum in Wien, angeblich von Tonga,[1]) noch von Cook's Reisen her und früher als »Instrument zum Sägen« bezeichnet. Ein anderes sehr interessantes Stück in demselben Museum und gleicher Herkunft (aber wahrscheinlich ebenfalls althawaiischen Ursprunges) ist ebenfalls eine sehr eigenthümlich geformte Handwaffe. Sie besteht in einem halbkreisförmigen runden Holzstück, an dessen beiden Enden je ein Haifischzahn (— Fig. 2, S. [306]) befestigt ist und war früher als »Instrument zum Graviren« bezeichnet.

cc) Schleudern

sind die eigentliche Nationalwaffe der Central-Carolinier. Lütke erwähnt derselben bereits als Hauptwaffe von Lukunor, welche die Männer um den Haarknoten des Hinterkopfes geschlungen stets bei sich tragen, und in derselben Weise sehen wir sie auf Kubary'schen Photographien von Eingeborenen von Ruk (Anthrop. Album M. G., Taf. 22, Fig. 527). Reichlich mit Gelbwurz eingerieben, bildet die Schleuder zugleich eine Art Kopfputz und wird unter dieser Rubrik auch von Kubary unter dem Namen »Aulol« von Mortlock erwähnt (»Mortlock«, S. 269), unter den Waffen aber sonderbarer Weise völlig ignorirt. Auch unter den Waffen von Ruk (»Ethnol. Beitr.«, I, S. 57—59) ist die so wichtige Schleuder total vergessen und wird erst unter »Pflanzenfaserindustrie« (ib., S. 65, s. n. »Ozap«) nebenbei registrirt. Wir erfahren also nichts über Fertigkeit in der Handhabung der Schleuder, und man darf billig zweifeln, ob Kubary dieselbe jemals in der Weise in Praxis gesehen hat, wie er dies unter Kriegsführung (s. vorne S. [550]) beschreibt. Beiläufig sollte auch die von Chamisso (2, S. 276) nach Kadu aufgetischte Geschichte, dass die Ruker mit der Schleuder Vögel zu treffen verstehen, ein- für allemal ins Reich der Fabel verwiesen werden.

Odschob (Nr. 831, 1 Stück), Schleuder; sehr kunstvolle Flechtarbeit aus Bindfaden von Cocosnussfaser; sie besteht aus zwei je aus 16 Bindfaden sauber geflochtenen vierkantigen Schnüren, die sich in der Mitte zu einem circa 8 Cm. langen und 45 Mm. breiten flachen Flechtwerk, dem Polster, vereinen, welches zur Aufnahme des Steines dient. Die Schnüre sind ungleich lang (die eine 55 Cm., die andere 75 Cm. lang), am Ende zweitheilig und diese Enden zusammengebunden, so dass eine circa 16 Cm. lange Schleife entsteht, zur Aufnahme der rechten Hand des Schleuderers. Ruk.

[1]) Stammt aller Wahrscheinlichkeit nach auch von Hawaii. Anm. d. Red.

Diese Art Schleudern aus Cocosfaser werden nach Kubary nicht auf Ruk selbst gefertigt, sondern auf der nahen Insel Losop (und a. O. auch auf Nema) und von hier nach Ruk verhandelt. Ich erhielt solche für den Handel bestimmte Schleudern in Originalverpackung, d. h. sorgfältig in *Pandanus*-Blatt eingehüllt.

Die Schleudern von Mortlock (»Aulol«) sind ebenfalls von Cocosfaser geflochten und stimmen ganz mit denen von Losop überein. (Hierher gehört: Kat. M. G., S. 322, Nr. 225 u. 549: Mortlock; S. 371, Nr. 3382: Ruk; und Edge-Partington, Taf. 177, Fig. 4.)

Ganz verschieden in Flechtarbeit wie Material sind die auf Ruk selbst verfertigten Schleudern, die aus feinen Fasern von *Hibiscus*-Bast äusserst sauber geflochten werden. Sie unterscheiden sich hauptsächlich dadurch, dass das Polster, auf welches der Stein gelegt wird, nicht aus dichtem Flechtwerk besteht, sondern aus 7—10 dicht nebeneinander laufenden Schnüren gebildet wird. (Hieher gehört: Kat. M. G., S. 371, Nr. 3383 aus »Brotfruchtbaumfaser«.)

Kupen (Nr. 831, 2 Stück), Schleudersteine (Taf. II [19], Fig. 16, 17) aus Basalt (70 Mm. lang, 40 Mm. im Durchmesser, Gewicht 80 Gramm), spitz eiförmig, an beiden Seiten etwas zugespitzt (Fig. 16); der andere, einer der grössten (80 Mm. lang, 55 Mm. im Durchmesser) ist mehr rundlich (Fig. 17). Beide Steine sind, wie alle, die ich von Ruk sah, anscheinend nicht blosse natürliche Rollsteine, wie z. B. die Schleudersteine von Neu-Britannien (I, S. [23], Fig. 3), sondern zeigen eine gewisse Bearbeitung durch Nachschleifen, wie dies namentlich an Fig. 15 sehr deutlich zu sehen ist, sind aber keineswegs ganz geschliffen (Kubary: »Ethnol. Beitr.«, I, S. 74).

Als Behälter für die Schleudersteine dienen Netzbeutel aus Bindfaden von Cocosnussfaser (Kat. M. G., S. 371).

Nach einer sehr absonderlich klingenden Notiz Kubary's wurde die Schleuder »einst von den Bewohnern der Kayangl-Gruppe benutzt, von den eigentlichen Pelauanern aber nicht angenommen« (»Ethnol. Beitr.«, II, S. 156).

Meine Bemerkung, dass Schleudern in Polynesien zu fehlen scheinen (vorne S. [276]) ist übrigens unzutreffend. Das k. k. naturhistorische Hofmuseum in Wien besitzt zwei aus Cocosfaser geflochtene Schleudern (noch von Cook's Reisen herstammend) von Tahiti (Franz Heger in lit.), und eine genaue Nachsuche würde sie wahrscheinlich auch von anderen Localitäten nachweisen. So erwähnt Dr. Gräffe Schleudern von Niuë (Savage Isl.), hat solche aber auf Samoa nicht gesehen (Kat. M. G., S. 477).

Zum Schlusse mag beiläufig erwähnt sein, dass von dem ethnologisch zu Mortlock gehörenden Atoll Nukuor keine Waffen bekannt sind, da die Eingeborenen »Krieg nicht kannten« (Kubary, Kat. M. G., S. 332). Dieselben Verhältnisse gelten für die westlichste kleine Carolinen-Insel Sonsol (Kubary, »Ethnol. Beitr.«, I, S. 94).

5. Bestattung.

Todte werden auf Mortlock im grössten Staate, reich mit Gelbwurz eingeschmiert (was »Ouiy« heisst), wobei man die Nasenlöcher besonders mit Gelbwurz verstopft, zur Schau ausgestellt und so lange als möglich über der Erde gehalten, während welcher Zeit Alles jammert und heult. Näheres über diese Todtenklagen, mit denen vermuthlich auch gewisse Gesänge und Tänze u. dgl. verbunden sind, theilt Kubary leider nicht mit. Die sorgfältig in Matten eingehüllte Leiche wird dann begraben. Ueber dem wenig tiefen Grabe (»Epay«), in welchem der Leichnam mit dem Kopfe nach Osten gerichtet liegt, wird je nach den Mitteln der Familie ein verschieden grosses Grabhaus errichtet, um welches man einige Cocosnüsse niederlegt. Kittlitz beschreibt diese **Grabhäuser** (»Imen-epay«) näher von Lukunor: »Es sind der Bauart nach verkleinerte Nachahmungen der Häuser selbst: ein rechtwinkeliges Dach mit gerader Firste ruht auf sehr niedrigen Stützpfeilern, die als Wände dienen; im Inneren des Gebäudes aber befindet sich ein ganz ähnliches in abermals verkleinertem Massstabe, welches die eigentliche Grabstätte zu sein scheint und gewöhnlich ganz verschlossen ist. Um die Wände des inneren Gebäudes sahen wir fast immer Cocosnüsse und auch über denselben ganze Reihen Cocosflaschen (Cocosnussschalen) und einzelne Abschnitte dieser Schalen, die das Ansehen von Lampen hatten« (Denkwürd., II, S. 104). Die Vermuthung, dass Grabstätten mit Doppelhaus solche von Häuptlingen sind, dürfte seine Richtigkeit haben. Kubary erwähnt aber, dass auf Ruk die Leiche des vornehmen Mannes ins Meer[1]) geworfen wird, während auf Mortlock nur die im Kriege Gefallenen auf diese Weise (»amofeu« genannt) bestattet werden, »damit sie sich mit dem tapferen Seegott ‚Rassau' vereinigen« (Kubary). Derselbe Reisende fand auf Ruk ein Menschenskelet, das an einen Fels gelehnt war, ein anderes in einem Hause über dem Herde aufgehangen. Es gehörte einer einst sehr hübschen Häuptlingsfrau, die von ihrem Manne so geliebt wurde, dass er ihre Gebeine ausgraben liess, um sie in dieser Weise zu verwahren. Auf Ulea sind die Gräber, nach Lütke, ganz so wie auf Lukunor. Das Versenken von Todten ins Meer ist nach Floyd auch auf den Hall-Inseln (Moriljö, Murilla) Sitte.

Trauer. Sehr einschneidend ist bei einem Todesfalle auf Mortlock die Trauer, welche sich natürlich ganz nach dem Range und der Stellung des Verstorbenen richtet und auch auf benachbarte und befreundete Stämme erstrecken kann. Stirbt z. B. der Häuptling des Stammes Sor, so muss der Stamm Sopun tiefe Trauer anlegen und an die Verwandten des Verstorbenen Geschenke (Cocosnüsse) schicken. Ueber den Landbesitz des Verblichenen wird zugleich ein Tabuverbot (Todten- oder Trauer-Puau-u oder Puanu) verhängt, welches das Betreten des Landes so lange verbietet, bis der Häuptling das Verbot aufhebt. Ein solches Trauer-Tabu kann sich kürzere oder längere Zeit auf einen gewissen Theil des Stammlandes, ja auf eine ganze Insel erstrecken, namentlich beim Tode eines Stammhäuptlings. »Der ganze Stamm ist dann von jedem Verkehr abgeschlossen, indem die an den Grenzen aufgepflanzten Puau-u-Zeichen einem jeden Fremdling das Uebertreten derselben bei Todesstrafe (!?) verbieten. Nach dem Tode des letzten Sopun-Häuptlings war ganz Tä über ein Jahr unter »Puau-u«, und kein Canu von irgend einer der übrigen Inseln der Lagune durfte an seinem Ufer anlegen.« Leider lässt Kubary unerwähnt, aus was die Tabuzeichen bestehen, ob es eine besondere Trauerfarbe gibt u. dgl. m. Die besonderen Feste, welche v. Kittlitz von Lukunor erwähnt (II, S. 100), welche zuweilen von beträchtlich langer Dauer sind, »während welcher die wunderlichsten Beschränkungen stattfinden«, beziehen sich zum Theil auf solche Trauer-Tabusitte.

6. Geister- und Aberglauben; Ahnenverehrung.

»Der Religionscultus (!) der heutigen Carolinier besteht in einer Verehrung der verstorbenen Vorfahren. Die Religion ist demnach eine individuelle Religion,« sagt Kubary in seinen Mittheilungen über die »Religion der Mortlocker« (l. c., S. 258). Aber in Wahrheit gibt es hier ebensowenig einen Cultus als eine Religion, und die Verehrung der Geister (»Anu«) ist in Wesen, Bedeutung und Anwendung nur eine Form des »Anitschglaubens«, wie wir ihn bereits auf den Marshalls (S. 139 [395]) kennen lernten und der am ausgebildetsten (in den »Kalit« oder »Kalitsch«) auf Pelau verbreitet ist.

[1]) Auf Ugi (Salomons) geschieht dies in umgekehrter Weise mit den Leichen geringer Leute (nach mündlicher Mittheilung von A. Morton), wie dies auf den Marshall-Inseln (s. vorne S. [395]) der Fall ist.

Neben den geringeren Anu des Individuums und der Familie gibt es auch hohe und höchste des Stammes und der Häuptlinge, welche alle auf Vorfahren zurückführen. »Ausserdem aber bevölkert die Imagination der Insulaner die ganze sie umgebende Natur mit Geistern und Gottheiten«, die zum Theil in Gestalt gewisser Bäume oder Fische (darunter eine *Caranx*-Art) an den rohen Fetischismus der Marshallaner erinnern. Bei der Legion dieser Geister ist es erklärlich, dass nur hervorragendere Persönlichkeiten (Häuptlinge) mehr in der Erinnerung fortleben und zum Theil durch Eigennamen unterschieden werden. Kubary führt einige Doppelnamen von Häuptlingen an, wie solche zu Lebzeiten hiessen und wie man sie nach dem Tode als »Gottheit« umtaufte. So wird der auf Lukunor erschlagene tapfere Sopun-Krieger »Rassau« von seinen Stammesgenossen als »Anu-set«, d. h. Seegeist verehrt, und Liebende sollen sogar »Inamok«, eine »weibliche Gottheit« besitzen. Da Häuptlingsgeistern erklärlicher Weise grösserer Einfluss zugeschrieben wird, so wendet sich der geringe Mann in besonderen Angelegenheiten an diese, was aber nur mit Erlaubniss des regierenden Häuptlings geschehen kann und wofür diesem Geschenke gegeben werden müssen. »Der Häuptling bildet aber nur den Vermittler zwischen den Sterblichen und seinen göttlichen Ahnen«, denn die Auskunft der Geister kann nur durch den Mund des »Au-na-ro-ar« oder Beschwörers geschehen, der a. O. auch als »Foreyanu«, Zauberer (= »forey anu«, »einen Geist gut machen«) bezeichnet wird. Aus dem Wenigen, was Kubary über diese Leute, welche übrigens keinen besonderen Stand bilden, mittheilt, geht hervor, dass sie ganz den »Drikanan« der Marshallaner entsprechen. Wie diese, sind es hauptsächlich Wahrsager und Zeichendeuter, welche die Dummen ausbeuten und im Verein mit Häuptlingen besonders bei Krankheiten consultirt werden. Als Mittel zum Wahrsagen[1]) bedient man sich eines Streifens Cocosblatt, in welches Knoten geknüpft werden, wie dies vielerwärts ähnlich geschieht, ausserdem eines Zeichensystems, welches Kubary (l. c., S. 260) graphisch darstellt, ohne dadurch grössere Klarheit in der Erklärung des Textes zu erzielen. Beiläufig bezeichnet Kubary den Häuptling »zugleich auch als Priester« (»Waetoa«) und sagt, »dass jede Gottheit ihren speciellen Priester hat, durch welchen man mit ihr verkehren kann«, ohne Näheres über diese Verhältnisse mitzutheilen, die somit vorläufig unverständlich bleiben. Betreffs Aberglaubens der Mortlocker sagt Kubary nur, »dass sie, wie alle Südsee-Insulaner, abergläubisch und vor allen übernatürlichen Erscheinungen, Geistern u. s. w. sehr furchtsam sind. In der Nacht würde kein Mortlocker sein Haus verlassen, und für jedes Geräusch hat er eine Erklärung parat«. Aehnliche Vorurtheile finden sich bei den Gilbert-Insulanern (S. [316]) und überall, so weit Menschen wohnen.

Nach den kurzen Mittheilungen Kubary's herrschen auf Ruk ganz gleiche Verhältnisse, d. h. man verehrt die Geister (Anu) von Vorfahren. So wurde »Puer«, ein angesehener Mann des Stammes Sopu, nach seinem (übrigens natürlichen) Tode als ein Stammgeist unter dem Namen »Motomot« verehrt, während »Ujéran« vom Stamme Azau, der 1877 auf Tolоas starb, schon nach zwei Jahren als Familiengeist »Râman« bei seinen Verwandten in Ansehen stand.

Wie bereits erwähnt, werden, ähnlich wie auf den Marshalls, auch gewisse Thiere, Bäume, Steine etc. als Sitz der Geister Verstorbener betrachtet. »In den Central-Carolinen,« sagt Kubary, »bis Uleai, mit Einschluss von Ruk, wird irgend ein Thier als

[1]) Weit ausgebildeter ist diese Kunst auf Pelau; Kubary theilt nicht weniger als 27 verschiedene Methoden mit und beschreibt auch Festlichkeiten mit Tänzen, die auf Geheiss der Götter veranstaltet werden, um Krankheiten etc. zu beschwören (»Die Religion der Pelauer«, S. 40—44).

Schatten, Seele des Geistes (Anu[1]) betrachtet.« Aber man begnügt sich nicht allein damit, sondern geht noch weiter und verfertigt als sichtbare Repräsentanten des »Anu« gewisse Holzbildnereien, wie das folgende Stück:

Ahnenfigur, Holzschnitzerei (Fig. 54), circa 90 Cm. lang; einen ziemlich roh aus einem Stück Holz gezimmerten Vogel[2]) darstellend. Am Kopfe sind plastisch drei Fische ausgeschnitzt; der Rücken ist wannenartig vertieft ausgehöhlt, die kurzen Stummelfüsse mit aus dem Ganzen gezimmert und nur die langen schmalen Flügel eingesetzt. Der Vogel ist weiss angestrichen, mit rother netzartiger Querlinienzeichnung auf Unterseite, Schwanz und Flügeln; die Fischfiguren sind schwarz bemalt.

Nach den Mittheilungen des Besitzers, eines Händlers (Traders) auf Dschalut, der eben von Ruk zurückkehrte, hatte dieses Schnitzwerk als »Gott der Winde« auf Ruk (Fefan) eine grosse Verehrung genossen und war in einem grossen Versammlungshause aufgehangen gewesen. Niemand durfte das Heiligthum berühren, und die Eingeborenen wollten es um keinen Preis verkaufen, entschlossen sich aber dazu, als der Westmonsun nicht rechtzeitig einsetzte, denn gerade diesen Wind zu machen sollte die Schnitzerei

Fig. 54.

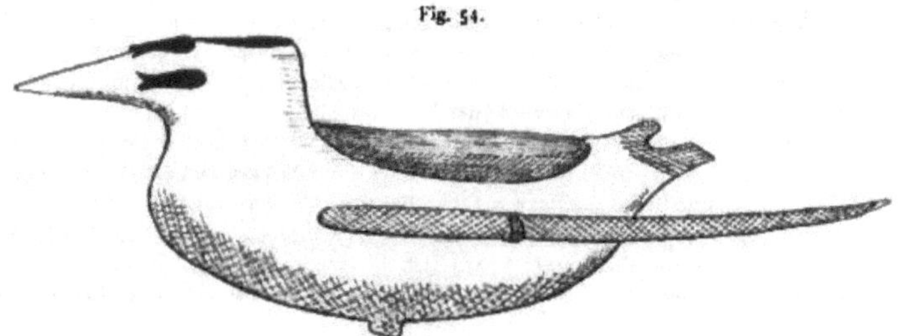

Ahnenfigur (Holzschnitzerei).
Ruk.

im Stande sein. Als dies nicht der Fall war, wurde sie voll Verachtung verkauft. Wie mir der betreffende Händler erzählte, sind derartige Schnitzwerke in Vogelgestalt sehr häufig und finden sich in kleineren Darstellungen fast in jedem Hause aufgehangen. Durchaus übereinstimmende Holzschnitzereien in Vogelgestalt kommen auf Mortlock und Uleai vor (Kat. M. G., S. 301 u. 321). Wenn Kubary dieselben unerklärlicher Weise in seiner ausführlichen Darstellung der Religion der Mortlocker mit Stillschweigen übergeht, so gedenkt er ihrer wenigstens bei Beschreibung der Versammlungshäuser (»Ut«) auf Ruk. Sie heissen hier »Neren anu« und gelten »als Wohnungen oder Altäre der Gottheiten, auf denen die diesen dargebrachten Opfer aufgehangen werden«.

[1]) Identisch damit ist »Hanno« oder »Hanulap« der Bewohner der Hall-Inseln (Moriljö und Fananu), den wir nur nach den Erzählungen Floyd's (s. vorne S. 297 [535]) kennen, die jedenfalls der Bestätigung sehr bedürftig sind und nicht ohne Weiteres in der Weise copirt werden sollten, wie dies bisher geschah (vgl. Kittlitz, Denkwürd., II, S. 105, und Bastian in: Kubary, »Die socialen Einrichtungen der Pelauer«, S. 26, Anm. 3).

[2]) Kubary deutet solche Gestalten als Fregattvögel *(Tachypetes)*, allein der kurze Schwanz widerspricht dem. Eher würde an Seeschwalben *(Sterna)* oder Tölpel *(Sula)* zu denken sein, allein auch dies bleibt nur eine Vermuthung, da selbst eine generische Bestimmung überhaupt ausgeschlossen ist.

Ausser Vogelgestalten werden auch andere Motive zur Repräsentation des Geistes »Anu« und zugleich von »Geisterwohnungen« benutzt. So hängt im Gemeindehause in Sapulion auf Fefan eine Schnitzerei, zwei Brotfrüchte an einer Art Pfeil befestigt darstellend, welche den Hauptgottheiten dreier Stämme geweiht ist und zugleich »ein Symbol der Fruchtbarkeit« sein soll (Kubary, S. 51, Taf. IX, Fig. 5). Total abweichend sind buntbemalte Schnitzereien in Form von einfachen und doppelten Canus, wie das im Kat. M. G. (S. 356, Taf. XXXI, Fig. 6) als »Götze« beschriebene von der Insel Eten. »Unter dem Namen ‚Nerin anu' galt diese Nachbildung eines Doppelcanu[1]) (1·24 M. lang, 20 Cm. hoch) als sichtbarer Gegenstand oder das Symbol des Landes der Geister und hing, an Schnüren von Cocosfaser befestigt, derart an dem Dachbalken eines grossen Hauses, dass es herabgelassen werden konnte. In dem mit einem Deckel verschliessbaren, kastenartigen mittleren Theile wurden die dem Geiste dargebrachten Opfer (Armbänder, Zeug etc.) niedergelegt« (l. c., S. 357). Neuerdings neigt Kubary zu der Annahme, »dass dieses Schnitzwerk einen Hinweis dafür gibt, dass die Urahnen der solche Göttersitze verehrenden Stämme auf Doppelcanus nach Ruk kamen«, und erinnert an ähnliche Verhältnisse in Pelau, wo gewisse männliche Gottheiten (»Angel«, früher »Augel«) durch Modelle von Segelfahrzeugen dargestellt werden (J, S. 51, Note). Nach Kubary ist übrigens die Bezeichnung des oben erwähnten Stückes von Ruk als »Götze« unzutreffend. In der That dürfte es, wie alle hierher gehörigen bildlichen Darstellungen, in die Kategorie der **Ahnenfiguren** zählen, welche auch den weiteren Beziehungen zu Ahnenverehrung und Ahnencultus weitesten Spielraum lässt. Als Ahnenfiguren sind wahrscheinlich auch die »Götzen« von Nukuor zu betrachten, welche in Gestalt roher Nachbildungen menschlicher Figuren oder formloser Basaltstücke hier vorkommen (vgl. Kubary's ausführliche Darstellung in Kat. M. G., S. 322—334, Taf. XXX, Fig. 1) und sich ähnlich auf Pelau[2]) zu wiederholen scheinen. Die heiligen Steine auf Nukuor sollen aus der »früheren Heimat« mitgebracht worden sein, was aber gewiss

[1]) Quer über die Mitte liegt eine Latte, auf der einige roh geschnitzte Vögel angebracht sind, die für den besten Ornithologen unbestimmbar bleiben. Aber nach Kubary sind es »Strandläufer«, die Latte »der Flügel eines Fregattvogels«!!

[2]) Kubary spricht sich darüber, wie meist, nicht deutlich aus. In »Der Kalit-Cultus auf Pelau« (Journ. M. G., IV, 1873, S. 44—48) bleiben Idole überhaupt unerwähnt. Dagegen finden sich spärliche Andeutungen in der erschöpfenden Abhandlung: »Die Religion der Pelauer« (vorne S. [449]). Ausser gewissen Opferschreinen (S. 36, Taf. 1 u. 2; auch Hernsheim, Taf. 5) erhalten wir über gewisse als Götter verehrte Steine (S. 37 u. 53, Taf. 3) sicheren Nachweis. Sie heissen »Kingelel«, und solche werden auch in Form hölzerner Tabletts (Abbild. S. 37) zur Aufnahme von Opfergaben verfertigt. Im Uebrigen weisen nur zwei Stellen (S. 14 u. 68) auf das Vorhandensein von »hölzernen und steinernen Götzenbildern« hin, die aber leider unbeschrieben bleiben. Dagegen wird (S. 39) das Bild eines »Augel« in Gestalt eines *Dysporus* (Tölpel) angeführt, das in einem Häuptlingshause hängt. Und a. O. heisst es in einer Legende über die Herkunft des »Audou«-Geldes, »dass das Bild des Vogels ‚Okak' (*Numenius* — Brachvogel, also nicht ‚Strandläufer') noch heute in Holz geschnitzt in allen grossen Häusern zu sehen ist« (Journ., IV, S. 49). Es gibt also gewisse geschnitzte Idole, wie aus folgender Stelle noch deutlicher hervorgeht: »Ein auf Pelau einziger Zug des ‚Mulbekels' (eines Festes) von Erray ist der Umstand, dass bei demselben sehr alte hölzerne Idole, die sonst in den Höhlen der Koheals aufbewahrt werden, öffentlich ausgestellt werden. Auf der Spitze einer hohen Cocospalme wird ein Schrein errichtet und werden in demselben die männliche Holzfigur des Gottes und seiner Gemahlin hineingestellt. Das Idol eines anderen Gottes und seiner Mutter kommen noch hinzu, die jeden Abend heruntergeholt werden. Nach Beendigung des Festes werden die Götzen nach ihren Höhlen gebracht.« Diese interessante Notiz (in: »Die socialen Einrichtungen der Pelauer«, 1885, S. 110) wird in der »Religion« einfach todtgeschwiegen, und dies zeigt, wie mühsam es ist, sich Belege aus Kubary's Schriften zusammenzusuchen. Zur Ehre der Gottheit lässt man auch bei einem besonderen Feste Drachen (»aus Buuk-Blättern und Rohr bereitet«) steigen (s. vorne S. [548], Note).

nicht für die Ellice-Gruppe sprechen würde (s. vorne S. [441]), die ja auch nur aus Korallbildungen bestehen.

Masken (»Topanu«), die sonst in Mikronesien überhaupt fehlen, kommen sowohl auf Ruk als Mortlock vor und sind deshalb von ganz besonderem Interesse. Der Kat. M. G. verzeichnet (S. 302, Taf. XXIX, Fig. 1) von letzterer Localität drei solche Masken. Dieselben stellen flache, aus Holz geschnitzte Gesichter dar und sind auf weissem Grunde schwarz bemalt. In der Form erinnern sie an ähnliche Masken von Neu-Guinea (Taf. [14], Fig. 5), namentlich durch eine wulstige Umrahmung des Gesichtes, welche Bart vorstellen soll, aber die Nase ist lang, schmal und flach; besonders charakteristisch ist ein flaches Holzstück von elliptischer Form, das am oberen Rande befestigt ist. Die Länge beträgt 66—73 Cm., die Breite des oberen Randes 36—42 Cm. »Benutzt werden diese Masken bei Tänzen«, wird im Kat. M. G. gesagt, denn Kubary übergeht sie in seiner Monographie über Mortlock überhaupt mit Stillschweigen. Dagegen erwähnt er sie in der Industrie der Ruk-Insulaner mit den kurzen Worten: »Die mortlockischen Topanu-Masken heissen hier ‚Livoc', sie werden aber nicht gebraucht« (I, S. 59). Darnach wäre also auffallender Weise die übliche Benutzung als Scherz bei Festlichkeiten ausgeschlossen, und »dass sie vom Henker gebraucht zu werden scheinen, um sein Amt unerkannt verrichten zu können«, wie Wetmore vermuthet, ist unzweifelhaft irrig. Vielleicht ebenso sehr, wenn ich diesen Masken einstweilen im Gebiet des Geisterlebens einen Platz einräume, so gern ich auch an der sonst allgemein üblichen Gebrauchsweise festgehalten hätte. Dabei mag erinnert werden, dass gewisse Tänze auch mit dem Geisterglauben, resp. Ahnencultus in Verband stehen (s. vorne S. 309 [547]), wie Kubary leider nur andeutet.

Talismane gibt es in jedem Hause, und sie werden gleich von den Werkleuten (s. weiter hinten unter Hausbau) angefertigt. Diese stehen in dem Ruf, schon die in den Bäumen wohnenden Geister bannen zu können, um dadurch deren schädlichen Einfluss abzuwenden, unterstützen dies aber auch durch sichtbare Zauberzeichen, die sogenannten »Tegumeun«. Letztere sind sehr verschiedene harmlose Sächelchen (Beutelchen mit Kräutern gefüllt, Schleifen aus Cocosblatt, gewisse Zweige, buntbemalte Koralläste etc.), die an gewissen Balken des Hauses an einem Strick befestigt aufgehangen werden (vgl. Kubary, I, S. 50, Taf. IX, Fig. 4, aus einem Zweige mit einer *Barringtonia*-Nuss bestehend). Auch die Häuser auf Mortlock werden mit solchen Talismanen versehen, die aber durch den Einfluss der Mission schon 1877 selten waren (Kubary). Derselbe Brauch herrscht übrigens auf Yap, wo ganz ähnliche Talismane (»Bonot«) nicht durch die Hausbauer, sondern durch fachmännische Zauberer gegen Bezahlung hergestellt werden (Kubary oben l. c., S. 30).

III. Bedürfnisse und Arbeiten.

(Materielles und wirthschaftliches Leben.)

1. Nahrung und Zubereitung.

a) Pflanzenkost.

Wie schon aus den Andeutungen über die Flora erhellt, stehen die hohen Inseln der Rukgruppe an Fruchtbarkeit erheblich hinter Kuschai und Ponapé zurück, während die niedrigen Inseln der Mortlockgruppe weit bessere Bodenbeschaffenheit als sonst Atolle aufzuweisen haben. Auf Ruk gedeihen Brotfrucht und Cocospalmen allerdings bis auf die Gipfel der kahlen, felsigen, steilen Berge, allein nur die sanften Abhänge der letzteren bestehen aus Thonboden, der indess, wie auf Ponapé, stark mit basaltischem Geröll und Trümmergestein bedeckt ist. Diese zuweilen an das Meer grenzenden, übrigens meist schmalen Abhänge und der Sandgürtel des Strandes »sind die einzigen Stellen, wo der Eingeborene einige Cultur des Landes versuchen kann«. Man benutzt aber auch die mit Mangrove gesäumten sumpfigen Striche, welche sich an den Grenzen der Sandgürtel und der Abhänge infolge des von den Bergen herabströmenden Regens bilden, da es auch auf Ruk keine Bäche gibt. Solche Sumpfniederungen werden mit Laub und Erde ausgefüllt, und dadurch entstehen die Tarofelder, für welche Kubary häufig das englische Wort »Taropatschen« anwendet. Die Producte dieser geregelten **Plantagenwirthschaft** sind auf Ruk nach Kubary vorzugsweise: Gelbwurz, Landtaro, (»Para«), etliche Musaarten und Zuckerrohr, in letzter Zeit auch Wassermelonen und Kürbis, beide eingeführt. Dabei mag noch an Tabak erinnert werden, den Kubary a. O. erwähnt. Bemerkenswert ist, dass auf Ruk der Landbau allein von den Männern[1]) besorgt wird.

Ganz ähnlich sind die Verhältnisse auf Mortlock, wo ebenfalls ein geregelter Plantagenbau betrieben wird, wie sonst nur selten auf Atollen. Schon Kittlitz war auf Lukunor durch diese Taroplantagen, besonders aber deren künstliche Bewässerung überrascht, über die wir durch Kubary nichts erfahren. »Die Pflanze schien uns nicht wesentlich verschieden von der kleinen Art der essbaren Caladien von Ualan (‚Katak‘) und gehört zu derjenigen Varietät, die einen besonders stark bewässerten Boden nöthig hat. Daher sind auch hier die ziemlich ausgedehnten Anpflanzungen derselben, die man in den nächsten Umgebungen der bewohnten Inselstrecke findet, künstlich unter Wasser gesetzt, durch ein System von sinnreich angelegten kleinen Canälen, mittelst welcher das Regenwasser im Innersten der Insel in eine förmliche Sumpflache vereinigt wird« (Denkwürd., II, S. 96). Doane sah (1874) auf der Hauptinsel Lukunor zwei Taroplantagen, von denen jede in besondere Felder eingetheilt war, deren Einzäunung die verschiedenen Besitzer bezeichnete.

Nach Kubary baut man auf Satóan und Mosch Taro (»Para«) in drei Arten, die je in mehreren Varietäten unterschieden werden. »Oot« (auch »Otsch« und »Nos«, Notsch geschrieben) ist das in bewässerten Gruben cultivirte *Arum esculentum*, »Ket« minder wichtig, »Pula«, das über mannshohe *Arum macrorhizum*, welches mit seinen kolossalen Blättern trotz seiner harten, faserigen Knollen mit die wichtigste Culturpflanze bildet. Bananen (»Us«, »Usz«, spr. »Utsch«) werden auf Mortlock ebenfalls cultivirt.

Zur Bearbeitung des Bodens bedient man sich besonderer **Ackergeräthschaften**. Auf Ruk genügt ein gewöhnlicher, etwas zugeschärfter Stock (»Ot« genannt), der unter demselben Namen auch auf Mortlock vorkommt und im Kat. M. G. (S. 325) als »Anget en puél« beschrieben wird: »halbrundes Stück Cocosholz, nach einem Ende hin zugespitzt und nach dem anderen löffelstielartig abgeplattet; 1·72—1·90 M. lang; zum Bohren von Löchern und zum Ausheben der Wurzeln«.

Eigenthümlich für Mortlock ist dagegen das folgende Ackergeräth:

»**Aufel**« (Nr. 33, 1 Stück), Tarohacke (Fig. 55), bestehend aus einem 32—37 Cm. langen runden Holzstiel, an welchen vorne ein rechtwinkelig abstehendes, circa 8 Cm.

[1]) Auf Pelau findet gerade das umgekehrte Verhältniss statt. Das »einzige beständige Nahrungsmittel« ist hier Taro *(Collucasia esculenta)*; Yams *(Dioscorea)* fehlt gänzlich; Brotfrucht und Bananen kommen nur nebensächlich in Betracht (vgl. die ausführliche Schilderung von Kubary: »Der Landbau der Pelauaner« (»Ethnol. Beitr.«, II, S. 156—166).

langes Querstück mittelst Schnur aus Cocosfaser befestigt ist, an letzteres wiederum mit demselben Material die eigentliche Klinge; letztere besteht aus dem Abschnitt vom Knochenpanzer einer Schildkröte, derart zurechtgestutzt, dass der Rippenkiel die Mittellinie bildet; die untere Randkante ist etwas zugeschärft; Länge der Klinge 24 Cm., Breite 8 Cm.

Fig. 55.

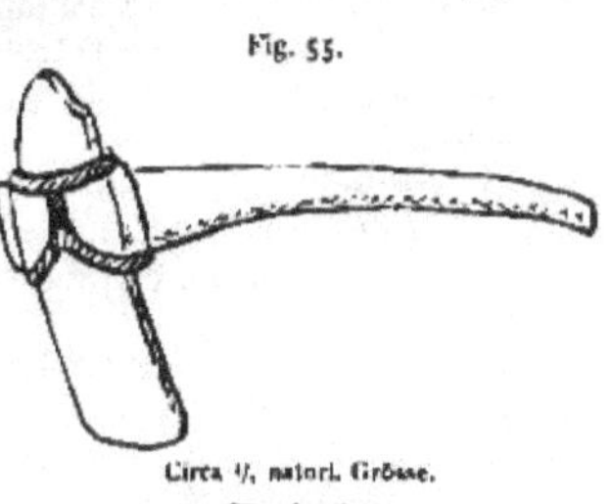

Circa ¹/₅ natürl. Grösse.
Tarohacke.
Mortlock.

Ich erhielt nur zwei Exemplare dieses interessanten Geräthes, das nach Kubary der Vergangenheit angehört und nur auf Mortlock vorkam. Aber das Museum Godeffroy (Kat., S. 325, Taf. XXX, Fig. 2) besass auch ein Exemplar von der Insel Losop, und ich erhielt durch Kubary eine Klinge von Nukuor, so dass das Geräth jedenfalls eine weitere Verbreitung hatte. Die Grösse von neun Klingen im Museum Godeffroy ist zu 16—42 Cm. Länge und 7—16 Cm. Breite angegeben.

Aeusserst wichtig für die Ernährung der Eingeborenen ist der **Brotfruchtbaum** (»Mey« auf Mortlock), dessen Verschiedenheiten in Grösse und Gestalt der Blätter wie Früchte schon Kittlitz von Lukunor bemerkt, und wovon die Eingeborenen auf Satóan (nach Kubary) 18 verschiedene Varietäten durch Eigennamen unterscheiden, ja auf Ruk »beinahe 60 (?) verschiedene Abarten« (Kat. M. G., S. 353, Note). Die Varietät mit essbaren Kernen, von der Grösse kleiner Maronen, die geröstet wie letztere schmecken, kommt ebenfalls vor und ist sehr beliebt. Aus Brotfrucht bereitet man auch eine vielerwärts bekannte und weit verbreitete Dauerwaare (»Piru« der Marshall-Insulaner, S. [399]), die sich aber nach Kubary »in den flachen Höhlen des Korallenbodens«, welche auf Mortlock als Behälter dienen, nicht lange hält. Die Beobachtungen von Kittlitz auf Lukunor widersprechen dem. Denn hier war im Februar der saure Brotfruchtteig mit ein Hauptnahrungsmittel, und da die Brotfruchternte im Juni bis August stattfindet, so versteht man jedenfalls die Conservirung eben so gut als auf fast allen Atollen. Brotfrucht bildet nach Logan auf Ruk überhaupt die wichtigste Nahrung. Der Ausfall der Brotfruchternte, die in Folge von Stürmen und Dürre zuweilen sehr unbedeutend ist, wird daher zur Lebensfrage für diese Inselbewohner und kann thatsächliche Hungersnoth zur Folge haben. So verzeichnet die Schädelsammlung des Museum Godeffroy mehrere Nummern mit dem Vermerk: »in Folge von Hungersnoth verstorbenes Individuum« von Ruk.

Bei den nicht immer sicheren Erträgen von Taro und Brotfrucht bildet daher **Cocosnuss**, obwohl keineswegs im Ueberfluss vorhanden, ein wichtiges Nahrungsmittel, namentlich für Mortlock (hier »Nu«, die Palme, wie junge Nuss, »Zu«, die reife Nuss), dessen Bewohner »neun Monate im Jahre nur auf Nuss angewiesen sind« (Kubary). Sie kommt in »mehreren Varietäten vor, unter Anderem auch in einer ‚Atol' genannten, mit süsser essbarer Aussenhülle« (!?). Das Erklettern der Cocospalmen geschieht in der bei Kuschai (S. [459]) beschriebenen, weit verbreiteten Manier.

Bananen. Die Spärlichkeit derselben auf Lukunor wird schon von Kittlitz erwähnt und für Satóan von Kubary bestätigt. Häufiger scheint ihr Vorkommen auf Ruk, wo nach Kubary auch **Zuckerrohr** gebaut wird. Leider gedenkt der Reisende mit keiner Silbe der etwaigen Benutzung von *Pandanus*, dessen Früchte sonst für die Ernährung der Atollbewohner so eminent wichtig sind.

Andere wildwachsende Früchte kommen kaum in Betracht. Kubary erwähnt von Ruk eine Gurke (s. vorne S. [536]) und von Mortlock »eine Arrowroot-Art, deren Anbau nur als Aushilfe in Hungerszeiten betrieben wird, eine *Eugenia*, mit geniessbaren Aepfeln, in spärlicher Anzahl (die Kittlitz schon von Lukunor anführt), eine Art Orange mit kaum geniessbaren Früchten (auch auf Ruk ‚Gorgur'), den ‚Afush-Baum', dessen aromatische Früchte roh und geröstet genossen werden, und als eingeführt den Melonenbaum *(Carica papaya)*, der aber nicht besonders fortkommt«. Auf Ruk wurden, wie erwähnt, auch Kürbisse und Wassermelonen eingeführt. Ein anschauliches Bild tropischer Plantagenwirthschaft auf Lukunor gibt Kittlitz auf Pl. 33 der »Senjavin-Reise« (mit Cocos, Banane, Brotfrucht und den mannshohen Taroblättern).

b) Fleischkost.

Hausthiere. Lütke fand bereits auf Lukunor Hunde und Katzen (»Gato«), die nach Kubary auf Ruk schon in »Zeiten bekannt waren, wo noch keine Weissen die Inseln besuchten«, aber jedenfalls bei dem Verkehr mit den Mariannen von dort herstammten. Kubary's Annahme, »dass der Hund (‚Konak') von Ruk eine diesen Inseln eigenthümliche Rasse bildet (Kat. M. G., S. 353), ist irrthümlich und beruht auf mangelhafter zoologischer Kenntniss. Denn keine der ursprünglichen Hunderassen Eingeborener besitzt ‚lange, herabhängende Ohren' und vermag (wie Kubary a. O. anführt) ‚laut zu bellen'«. Lütke bemerkt daher vom Mortlock-Hunde (»Kolak«) mit Recht: »Diese grossen Hunde scheinen einer europäischen Rasse anzugehören.« Ob, wie auf Ponapé,[1]) Hunde gegessen werden, lässt Kubary unerwähnt, bestätigt aber Lütke's Bemerkung, dass man Hühner verschmäht. Dagegen gelten Fruchttauben *(Carpophaga oceanica)*, schwarze Meerschwalben *(Anous stolidus)* und deren Eier als Leckerbissen, wie die Eier von Schildkröten. Vermuthlich wird man auch das Fleisch der letzteren nicht verschmähen.

Fanggeräthschaften für Vögel[2]) lässt Kubary unerwähnt, was deshalb hier angeführt sein soll, weil eine im Kat. M. G. (S. 422, Nr. 746) angeblich von »Pelau« verzeichnete »Vogelfalle« nach demselben Forscher »nicht von den Pelaus, sondern von den Central-Carolinen herstammt« (»Ethnol. Beitr.«, II, S. 121, Note), darnach also derartige Fangwerkzeuge hier bekannt sein müssten. Da die verwilderten Hühner aber nicht gegessen werden, so erscheint dies mindestens recht zweifelhaft.

Fische (»ik« auf Mortlock) bilden keinen so hervorragenden Theil der Ernährung, wie man gewöhnlich bei solchen Inselbewohnern voraussetzt, oder werden doch nur zu gewissen Jahreszeiten häufiger gefangen. Wenigstens bemerkt Kubary ausdrücklich: »als Zuspeise geniesst der Mortlocker selten einen Fisch«. Dies gilt wohl aber vorzugsweise von Satóan, in dessen fischreicher Lagune der Fischfang »durch die Tiefe des Wassers und den gänzlichen Mangel an flachen Abfällen sehr erschwert wird«. Auf Lukunor nährte sich die Bevölkerung aber im Monate Februar hauptsächlich von Fischen (Kittlitz).

[1]) Hier besass man bereits vor Ankunft der Weissen eine eigene Art eingeborener Hunde (s. vorne S. [505]), wie dies Dr. Gräffe auch für Rarotonga angibt.

[2]) Die einzigen geschickten Fallensteller unter den Caroliniern scheinen die Pelauer gewesen zu sein. Kubary beschreibt mehrere Arten sinnreich erfundener Schlingen und Fallen zum Fange von Tauben *(Carpophaga oceanica)*, zahmen und wilden Hühnern und Purpurhühnern (»Wek«, *Porphyrio pelewensis*, H. u. F.) in »Die Industrie der Pelauer« (»Ethnol. Beitr.«, S. 120, 121, Taf. XVI, Fig. 4 bis 10), sowie ein Handnetz zum Fange fliegender Hunde *(Pteropus Keraudreni*, Q. u. G.) (ib. S. 120, Fig. 3), fügt aber hinzu: »Schlingenstellen wurde indess nur selten geübt und ist seit Einführung von Gewehren fast gänzlich erloschen.« Geschickt im Vogelfang mit Schlingen sind auch die Samoaner und Maoris.

Dass im Uebrigen Krusten- und Schaalthiere keineswegs verschmäht werden, bedarf nicht erst der Anführung. Kittlitz gedenkt auch einiger grossen Holothurien als Nahrungsmittel und Kubary der Cocosnusskrabbe (*Birgus latro*).

c) Zubereitung.

Die Kochkunst[1]) der Mortlocker steht nach Kubary auf keiner hohen Stufe und wird in ähnlicher Weise als sonst auf Koralleninseln betrieben, d. h. man bäckt und röstet zwischen glühenden Steinen, in der heissen Asche oder direct im Feuer. Wenn Kubary das Wort »Backofen« (»Um«) für Mortlock anführt, so ist darunter nur das allgemein übliche Rösten zwischen erhitzten Steinen zu verstehen. Fische werden direct über dem Feuer geröstet oder auch roh verzehrt. Aus Eiern von Schildkröten oder Seeschwalben bereitet man in einer Cocosschale Rührei. In den Schalen grosser *Cassis*-Muscheln (Kat. M. G., S. 328, Nr. 3503) wird eine sehr beliebte Festspeise (aus Brotfrucht und Cocosmilch) gekocht, die nach Kubary durchaus nicht schlecht schmeckt. Sie heisst auf Mortlock (wie Nema und Losop) »Móen« und ist auffallenderweise auf Ruk unbekannt. Hier wird die Brotfrucht hauptsächlich, wie anderwärts, zwischen heissen Steinen gebacken, noch heiss geschält und dann zu einem Teige gestampft, der, in Blätter eingewickelt, sich lange hält. Auf Mortlock »wird ausser der Brotfruchtzeit wenig gekocht« und die Bereitung der Nahrung von den Frauen besorgt, während auf Ruk dies Geschäft gerade den Männern zufällt (Kubary in Kat. M. G., S. 377).

d) Reizmittel.

Tabak[2]) ist das einzige hieher gehörige Product, welches für unser Gebiet in Betracht kommt, und wird auf Ruk, hier »Suba« genannt, in beschränkter Weise sogar angebaut, obwohl diese Cultur den eigenen Bedarf nicht deckt. Durch Händler und Schiffe eingeführter Stangentabak (vgl. S. [20]) ist daher auch in unserem Gebiete zum Bedurfsartikel geworden, sehr zum Aerger der Mission, welche in ihren Berichten häufig über diese »Unsitte« klagt. Wie meist in den Carolinen (auf Samoa und anderwärts) wird Tabak in Form von Cigaretten geraucht, zu denen man als Decker ein Stück trockenes und sehr dünnes Bananenblatt benutzt. Ob die Tabakspflanze nicht vielleicht ursprünglich durch die früheren eingeborenen Tauschverbindungen mit den Ladronen in unser Gebiet gelangte, soll hier nur nebenher vermuthungsweise gestreift werden. Ich halte diese Annahme wenigstens für die richtigere, wenn sich die Frage auch nicht mehr lösen lässt.

[1]) Dieselbe ist jedenfalls auf Pelau am höchsten entwickelt, wie uns Kubary in seiner erschöpfenden Abhandlung: »Die Nahrung der Pelauer und deren Bereitung« (in »Ethnol. Beitr.«, II, S. 166—174) belehrt. Trotz nur weniger Producte ist die Aufzählung der verschiedenen daraus bereiteten Speisen ganz erstaunlich; so z. B. werden allein aus Taro und dessen Blättern 14 verschiedene Gerichte bereitet. Bei Vergleichung ergeben sich übrigens einige Abweichungen mit der früheren Darstellung (in »Journ. M. G.«, Heft IV, S. 61 und 62). So z. B. sagt Kubary hier, dass die Schildkröte »nur den Reichen zugänglich sei«, erklärte sie aber später »als ein den Göttern geheiligtes Thier, das nur in Krankheitsfällen als Opfer (S. 168) oder auf Geheiss eines Wahrsagers (S. 188) verzehrt wird«.

[2]) Dieses Narcoticum wurde auf Pelau und Yap schon vor Ankunft Weisser cultivirt, wäre aber nach Kubary ursprünglich von den Philippinen eingeführt, eine Annahme, die indess sehr anfechtbar bleibt. Jedenfalls hat sich Tabak und Tabakrauchen schon früh von hier aus nach Osten verbreitet, und schon 1828 wurden die Senjavin-Reisenden auf Fais und Uluti um Tabak angesprochen. In diesen westlichen Gebieten hat sich eine besondere Industrie in fein geflochtenen Täschchen (aus *Pandanus*-Blatt) entwickelt, die als Tabaksbehälter dienen. Die Sammlung besitzt ein solches Täschchen (Nr. 705) von Yap, welches ganz mit der Abbildung im Journ. M. G., Heft IV, Taf. 4, Fig. 14, übereinstimmt, hier als von »Pelau« bezeichnet, nach Kubary aber sicher von Yap (»Ethnol. Beitr.«,

2. *Koch- und Essgeräth.*

a) **Feuerreiben.** Die von der sonst üblichen abweichende Methode, mittelst zweier Hölzer nicht durch Reiben, sondern Quirlen Feuer zu erzeugen, wie sie unter Anderem auch in Australien und bei gewissen Indianerstämmen Californiens vorkommt, wird schon von Chamisso ausführlich beschrieben (II, S. 323). Nach ihm wäre diese Art für die Carolinen eigenthümlich, sie ist aber, wie wir bei Kuschai gesehen haben, nicht allgemein giltig. Ueber die Methode des Erzeugens von Feuer auf Mortlock macht Kubary keine Mittheilung, erwähnt dagegen, dass auf Nukuor Feuer gerieben, aber auch mittelst Bohren erzielt wird, welche letztere Methode »man erst von Yap-Eingeborenen erlernte, die angetrieben waren« (Kat. M. G., S. 350). Noch befremdender klingt die Angabe desselben Berichterstatters (ib. S. 378), dass auf Ruk die Methode, Feuer zu erzeugen, von beiden Geschlechtern verschieden prakticirt wird: die Männer reiben (»Oburuk«), die Frauen quirlen (»Liok«). Leider gibt Kubary keine Beschreibung der Geräthschaften zum Feuerreiben. Es mag daher erwähnt sein, dass man sich zum Bohren, resp. Quirlen eines Drillbohrers bedient, wie er anderwärts zum Bohren von Löchern benützt wird (z. B. auf den Marshall-Inseln, s. vorne S. [411]), nur dass der Feuerreiber eine stumpfe Spitze besitzt. Mein lieber Freund Prof. Giglioli in Florenz besitzt einen solchen Drillbohrer zum Feuerreiben ohne nähere Fundortsangabe, bei dem die runde Scheibe aus Schildkrötenknochen besteht, was auf Mortlock hindeutet. Nach der ziemlich unklaren Beschreibung der »Hölzer zum Feuerreiben« mittelst Bohren (Kat. M. G., S. 403) scheint auf Yap ein ähnliches Geräth bekannt zu sein. Von Pelau werden auch (ib. S. 426) Büchsen aus Bambu »für die Aufbewahrung des beim Feuermachen gebrauchten weichen Holzes« notirt und von Uleai eine »Zunderdose aus Bambusrohr, weiches Holz enthaltend, welches als Zunder beim Feueranreiben verwendet wird und den Funken gleich einem Feuerschwamm auffängt« (S. 389), eine Methode, die wegen ihrer Eigenartigkeit hier angeführt sein mag.

b) **Kochgeräth.** Wie das Kochen selbst sind auch die hierher gehörigen Utensilien äusserst einfach. Kubary erwähnt, dass auf Mortlock in grossen Muscheln *(Cassis cornuta)* und selbst in Cocosschalen (und zwar Rührei) gekocht wird, da Töpfe fehlen und im ganzen Carolinen-Archipel nur auf Pelau und Yap gemacht wurden (s. Nachträge).

Schaber. Als solche gedenkt Kubary von Ruk nur die weit und breit benutzten Schalen einer *Arca*-Muschel, deren gezähnelter Rand sich trefflich dafür eignet und die mit der Hand geführt werden. Es lässt sich aber annehmen, dass gelegentlich auch andere Muscheln (Perlschalen, *Venus*) als Schaber, resp. Messer benutzt werden, ebenso die rauhe Oberfläche gewisser Korallen als Reibeisen, wie dies unter Anderem auf Nukuor[1]) bei der Bereitung von Gelbwurzpulver geschieht (Kat. M. G., S. 348). Wie hier braucht man zu dieser Fabrication auch auf Ruk besondere Siebe (s. weiter zurück »Bemalen«).

Als **Brecher** zum Abschälen der Faserhülle der Cocosnuss benutzt man, wie vielerwärts, einen an beiden Seiten zugespitzten Stock aus Hartholz, wie dies schon Lütke von Lukunor erwähnt. Das eine Ende des Stockes wird in die Erde gesteckt

---

II, S. 211). Von Pelau auch ähnliche Täschchen (Kat. M. G., S. 428) und kolbenförmige Cocosnüsse als Tabaksbehälter von Uleai (ib. S. 389).

[1]) Von hier verzeichnet der Kat. M. G. ein sehr eigenartiges schemelförmiges Schabergeräth mit vier Beinen und Schneide aus Perlschale (S. 347, Taf. XXXI, Fig. 5).

und dann die mit beiden Händen gefasste Cocosnuss kräftig auf die Spitze des Stockes geschlagen, um so die Faserhülle zu sprengen und von der Nuss zu scheiden. Der Kat. M. G. (S. 377) verzeichnet ein solches Geräth von Ruk; die Sammlung enthält es von Rotumah (Nr. 67). Eine ganz verschiedene Methode wird auf Pelau angewendet, indem man die Nuss zwischen den Füssen festklemmt und dann mit einem kurzen Stöckchen abschält (Kubary: »Ethnol. Beitr.«, I, S. 56).

Stampfer aus Stein stimmen in der Form ganz mit solchen von Kuschai überein, sind aber auffallenderweise nicht aus Basalt, sondern einem sehr festen, indess körnigen, hellen Korallfels gearbeitet. Der Fig. 56 abgebildete Stampfer von Ruk übertrifft in sauberer Arbeit die ähnlichen Erzeugnisse von Kuschai und ist unten breiter, mit vorspringendem Rande; Höhe 19 Cm., Breite unten 13 Cm. Diese Stampfer heissen nach Kubary auf Ruk »Po« und dienen hauptsächlich zum Stampfen der gebackenen Brotfrucht. Der Kat. M. G. (S. 377) verzeichnet zwei solche Stampfer aus Korallstein von Ruk (»Höhe 15 Cm., Durchmesser unten 9—10 Cm.«), aber kein derartiges Geräth von Mortlock oder einer anderen Carolineninsel. Aber Kubary erwähnt von Pelau Stampfer aus Holz, Basalt und »*Tridacna*«, von denen solche aus den beiden letzteren Materialien bereits der Vergangenheit angehören und die in der Form von denen von Kuschai (S. [462]) wie Ruk abweichen (vgl. »Ethnol. Beitr.«, II, S. 208, Taf. XXVIII, Fig. 12 u. 13).

Fig. 56.

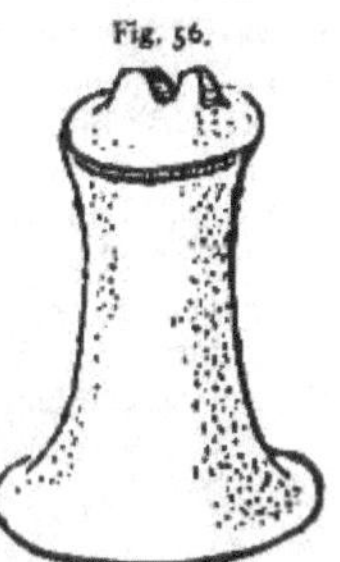

¹/₄ natürl. Grösse. Stampfer aus Korallfels. Ruk.

c) **Essgeräth.** Hölzerne flache Schüsseln von Lukunor sind in drei verschiedenen Formen im Atlas der »Senjavin-Reise« (Pl. 29, Fig. 13, 14 u. 15) abgebildet und von daher im Kat. M. G. (S. 327) als »Sapey« beschrieben. Ich erwähne dies deshalb, weil Kubary sowohl von Mortlock als Ruk keiner Schüsseln gedenkt und von letzterer Gruppe besonders hervorhebt, dass man sich als Teller nur Blätter bedient, wie dies übrigens nicht blos »polynesische«, sondern auch melanesische Sitte ist. Dies ist in der That sehr merkwürdig, denn gerade die Ruker zeichnen sich hervorragend in der Anfertigung von Holzgefässen aus, die Kubary eingehend schildert (»Ethnol. Beitr.«, I, S. 54 u. 55, Taf. X, Fig. 1—5). Es werden hier nicht weniger als neun verschiedene Formen, meist trogförmige Holzgefässe, beschrieben, deren eingeborene Namen nicht immer mit denen im Kat. M. G. (S. 375—377) verzeichneten übereinstimmen. Ob sich überhaupt die geringfügigen Verschiedenheiten dieser ineinander übergehenden Formen constant unterscheiden lassen, darf bezweifelt werden.[1])

Ein hervorragendes Stück ist das folgende:

Hölzerner Trog. Schüsselförmiges, sehr grosses, fast rundes, tiefes Gefäss, unterseits kielförmig, aus einem Stammstück des »Tomanobaumes« gezimmert, mit halt-

[1]) Dasselbe gilt für die mannigfachen Erzeugnisse der am höchsten entwickelten Holzindustrie von Pelau. Während Kubary in seiner früheren, allerdings mehr allgemein gehaltenen Arbeit über Pelau (Journ. M. G., Heft IV, S. 60) nur vier Hauptformen aufführt, notirt er in seiner neuen Abhandlung über drei Dutzend verschiedener Formen (»Ethnol. Beitr.«, II, S. 201—205, Taf. XXIV—XXVIII). Aber er fügt im Einklang mit der obigen Bemerkung hinzu: »Die einzelnen Formen (manche nur in zwei Exemplaren überhaupt bekannt) werden selbst von den Eingeborenen nicht immer deutlich unterschieden.« Trotz dieser Fülle ist übrigens ein früher als »Kongolungul« beschriebenes Gefäss vergessen, und die Schreibweise der Namen weicht zum Theile ab, wie dies Kubary so häufig passirt (vgl. auch Kat. M. G., S. 423).

23*

barer rothbrauner Farbe angestrichen; Längsdurchmesser 98 Cm., Breitendurchmesser 92 Cm., Tiefe 47 Cm. Ruk.

Wegen des gekielten Bodens würde dieses Stück zu der grössten Form von Holzgefässen (»Namuetin« oder »Urou« genannt) gehören, welche bis 1 M. Länge erreichen. Sie werden nur bei festlichen Gelegenheiten zum Ausstellen von Nahrung benutzt und dann auf Böcke gesetzt, da sie sonst umfallen würden.

Nach Kubary sind fast alle grossen Gefässe aus »Rokit«-Holz *(Calophyllum inophyllum)* gezimmert, kleinere aus Brotfruchtbaum und einigen anderen Hölzern. Die grossen Gefässe werden innen und aussen mit rother Erde (»Lep« auf Mortlock) und einem Firniss aus »Ais«-Nuss angestrichen. Diesen Firniss beschreibt Kubary a. O. von Ruk: »Aus der ‚Andiwo'-Nuss (? *Cinnamomum* spec.?) wird ein Fett gewonnen, das zur Bereitung von Kitt und Firniss dient« (Kat. M. G., S. 353), und dieser Firniss wird wahrscheinlich auch auf Mortlock gemacht, woher der Kat. M. G. (S. 328) einen »Firnissbehälter aus Cocosnussschale« verzeichnet. Identisch ist vermuthlich auch der »Laok«-Firniss von Pelau, der, mit Ocker vermischt, zum Anstrich von Holzgefässen dient, eine Methode, die Kubary (»Ethnol. Beitr.«, II, S. 201) näher beschreibt. Nach Kubary bleiben kleinere Holzgefässe meist in der ursprünglichen Holzfarbe oder werden schwarz bemalt. Der Kat. M. G. verzeichnet auch grosse Gefässe unangestrichen, andere rothbraun und fast dunkelbraun mit schwarzem Rande. Nach Kubary dienen alle die Holzgefässe dem inneren Verkehr der Stämme untereinander als Geldeswerth, namentlich bei Friedensschliessungen. Sehr mannigfach ist auch die Industrie in schüsselförmigen bis trogförmigen Holzgefässen auf Nukuor (»Kameti«), wovon Kubary verschiedene beschreibt, darunter eine Art bis 6 Fuss lange Tröge, die man gewöhnlich zum Sammeln von Regenwasser benutzt (Kat. M. G., S. 349). Hier auch Schüsseln (S. 348), die in Ermanglung rother Farbe mit Gelbwurz eingerieben werden, wie dies auf Poloat geschieht (ib. S. 380). Auch auf Sonsol werden oder wurden Holzschüsseln angefertigt (Kubary, I, S. 97).

Wasser- und Trinkgefässe sind die allgemein üblichen Cocosschalen, die nach Kubary auf Ruk zuweilen »schön abgeschliffen, aber nicht mit Zwirnstrickereien umgeben werden«. Darnach würde die Angabe »Ruk« für Fig. 4 (Pl. 174) bei Edge-Partington falsch sein, welche eine solche Cocosnussschale im dichten Geflecht von Cocosnussfaserstrick mit Tragband darstellt, wie solche von Nukuor (Kat. M. G., S. 350) beschrieben werden. Im Atlas der »Senjavin-Reise« ist eine eingestrickte Cocosnuss als Wasserbehälter von Lukunor abgebildet (Pl. 29, Fig. 18).

Sehr hübsche Trinkgefässe aus Cocosnuss und Holz (erstere zuweilen mit Deckel aus Schildpatt oder »*Tridacna*-Schale«) beschreibt Kubary von Pelau (»Ethnol. Beitr.«, II, S. 204, 205, Taf. XXVII u. XXVIII).

Löffel finde ich nirgends aus den Central-Carolinen erwähnt, sie kommen aber im Westen vor. Kubary beschreibt solche und Schöpfkellen von Pelau[1]) aus Holz (»Ethnol. Beitr.«, II, S. 206, Taf. XXVIII, Fig. 5 u. 6), darunter mit kunstvoller Schnitzerei

[1]) Ein für diese Gruppe eigenthümlicher ethnologischer Charakterzug ist die Schildpattindustrie in allerlei kleinen Gefässen (»Toluk«), die sonst nirgends in der Südsee vorkommen und die Kubary neuerdings eingehend behandelte. »Die Schildpattplatten werden in heissem Wasser erweicht, dann in hölzerne Formen gepresst und bis zum Abkühlen eingekeilt« (»Ethnol. Beitr.«, II, S. 188—195, Taf. XXIII; auch Journ. M. G., Heft IV, Taf. 4, Fig. 2 u. 3; Kat. M. G., S. 427; Edge-Partington, Taf. 182, Fig. 4—7). Die interessanten Formen zum Pressen sind leider nicht beschrieben und dürften in Museen kaum vorhanden sein.

des Stieles, welcher eine weibliche Figur darstellt. Hierher gehören wahrscheinlich auch die Löffel, angeblich von »Nukuor« (Kat. M. G., S. 349).

Bei dem Mangel an Quellen oder fliessendem Wasser überhaupt muss man sich, wie auf allen Atollen, mit Regenwasser begnügen, das sich in gewissen Tümpeln ansammelt, oder in besonderen Höhlungen an der Basis schiefgewachsener Cocosstämme (vgl. »Senjavin-Reise«, Pl. 32), die oft künstlich trogartig erweitert werden (wie in der Abbild. bei Kittlitz, 2, S. 97). Uebrigens trinkt man wenig und meist Cocosmilch, da Palmsaft nirgends Erwähnung findet.

Ein Wassergefäss aus einer sehr hübsch in Cocosnussfaserschnur eingestrickten Cocosnuss besitzt die Sammlung (Nr. 72) von der Insel Nis-ufu (zwischen Viti und Samoa). Die Cocosnüsse von dieser Insel sind durch ihre bedeutende Grösse merkwürdig und in der That die grössten des Pacific. Eine solche Nuss misst 17 Cm. im Durchmesser, 55 Cm. im Umfange und enthält 2 1/3 Liter Flüssigkeit. Diese Nüsse werden daher sowohl nach Viti als Samoa verhandelt, wo sie als Wassergefässe sehr beliebt sind.

3. *Fischerei und Geräth.*

Nach Kubary wäre dieses Gewerbe auf Mortlock und Ruk schon in Verfall gerathen, besonders auf Ruk, wo die Ausübung desselben hauptsächlich den Frauen überlassen ist (»Ethnol. Beitr.«, II, S. 123). Aber wir haben durch ihn andererseits auch erfahren, dass die Fischerei örtlicher Verhältnisse halber besonders erschwert wird (s. vorne S. 362 [564]), und dies ist vermuthlich der Hauptgrund des geringeren Betriebes. Bei den spärlichen Mittheilungen Kubary's bleiben die älteren Nachrichten von Kittlitz und Lütke über Fischerei auf Lukunor noch immer werthvoll, umsomehr, da einige interessante Geräthschaften trefflich abgebildet sind.

a) **Netzfischerei.** Lütke bemerkt von Lukunor ausdrücklich, dass man hier keine grossen Netze[1]) kennt, und Kubary lässt solche von Satóan ebenfalls unerwähnt, gedenkt aber von Ruk »grosse Netze (‚Uk‘) aus Cocoszwirn, hauptsächlich für den Fang von Schildkröten angewendet«, und a. O. »eigenthümlicher Netze zum Schildkrötenfange während der Neraj-Zeit« (I, S. 74).

b) **Hakenfischerei.** Die kurze Notiz: »in früherer Zeit wurden auch Fischhaken aus Schildpatt gefertigt« ist Alles, was Kubary darüber von Ruk bemerkt, und nicht minder ärmlich sind die Nachrichten in Betreff Mortlocks: »die alten Fischhaken (‚Uü‘) waren aus Schildpatt oder aus der harten Cocosschale gefertigt, sie sind heute sehr selten« (»Mortlock«, S. 272). Aber wir kennen bereits aus der »Senjavin-Reise« (Pl. 29, Fig. 6) Fischhaken von Lukunor, und einen ganz übereinstimmenden erhielt ich durch Kubary selbst von Satóan mit der Bemerkung, dass ganz gleiche auch auf Ruk vorkommen oder vorkamen.

Fischhaken (Nr. 152, 1 Stück), Taf. III [20], Fig. 2; aus einem Schaftstück *(a)* von Perlmutter und Fanghaken *(b)* aus Schildpatt mit Köderbüschel *(c)* aus schwarzen Federn; *e* Breite der Rückseite des Schaftes. Mortlock, Insel Satóan. Die über 3 M. lange Fangleine, aus *Hibiscus*-Faser gedreht, läuft an der Innenseite des Schaftes und durch ein Bohrloch an der Basis desselben (Fig. 2 *d*). An jeder Seite der Verbindungsstelle von Haken und Schaft ist unter die Bindfaden ein Knochen- oder Grätensplitter

1) Am ausgebildetsten ist Fischerei jedenfalls auf Pelau. Kubary beschreibt von hier eine ganze Reihe (an zehn Arten) verschiedener »Langnetze«, zum Theile mit Senkern und Schwimmern, die zum Fange verschiedener Arten Meeresthiere (von der Sardine bis zum Dugong) verwendet werden (»Ethnol. Beitr.«, II, S. 135—139, Taf. XVIII).

eingeschoben, um den Haken fester anzufügen. Ganz übereinstimmende Fischhaken verzeichnet der Kat. M. G. (S. 324, Nr. 572) ebenfalls von Mortlock (aber Schaft und Fanghaken aus Perlmutter) und von Nukuor (S. 342, Nr. 732, u. S. 343, Nr. 847, Schaft aus Perlmutter, Haken aus Schildpatt, und S. 342, Nr. 858, aus *Trochus*). Von letzterer Insel erhielt ich einen durchaus gleichen Fischhaken, aber statt schwarzem mit weissem Köderbüschel, was, wie mir Kubary versicherte, ein constanter Unterschied zwischen den Fischhaken beider Localitäten sein soll, indess mit Unrecht. Denn einmal erhielt ich von Kubary selbst Fischhaken von Satóan mit weissem Köderbüschel (aus Tapa), und dann richtet sich die Farbe desselben ja ganz nach der zu fangenden Fischart. Zu demselben Typus gehören die alten Fischhaken, von welchen Kubary die letzten Exemplare noch glücklich auf den westlichsten Carolineninseln Sonsol (»Ethnol. Beitr.«, I, S. 96, Taf. XII, Fig. 11) und Bunai (St. David, ib. S. 108) retten konnte, wo jetzt, wie fast überall, eingeführte oder selbstgefertigte Fischhaken aus Draht (ib. Taf. XII, Fig. 12) gebraucht werden.

Der Typus von Fischhaken, die aus zwei Stücken, dem Schaft und eigentlichen Fanghaken, bestehen, ist der häufigste und war mit mehr oder minder geringfügigen Abweichungen in früheren Zeiten fast über die ganze Südsee verbreitet (Samoa, Tonga, Tahiti, Markesas etc.). Er wurde hauptsächlich zum Fange von Boniten (Makrelen) angewendet, wie ich dies von den Marshall-Inseln[1]) (vorne S. [402]) beschrieb. Althawaiische Fischhaken weichen von denen der letzteren Inseln (Taf. 20, Fig. 1) nur darin etwas ab, dass der Fanghaken sich nicht nach innen, sondern nach aussen biegt (vgl. Choris: Pl. XIV, Fig. 5, mit Köderbüschel aus weissen Federn). Zu derselben Form gehören auch die ähnlichen alten Fischhaken von der Oster-Insel, wie Thomson einen solchen abbildet (Pl. LVIII, Fig. 2), der aus zwei zusammengebundenen Stück Knochen (angeblich, aber nicht sehr wahrscheinlich, »von menschlichen Schenkelknochen«) besteht. Solche alte Fischhaken werden hier noch heute benutzt und eisernen vorgezogen. Fischhaken »aus Knochen« von Oatafu und solche »aus Knochen, Haifischzähnen und Muscheln« von Fakaafo der Ellice-Gruppe erwähnt Wilkes, leider ohne nähere Beschreibung. Auch in Melanesien ist dieser Typus von Fischhaken weit verbreitet. Ich erhielt sehr hübsche Exemplare aus den Salomons (Simbo = Eddystone Isl. und Savo), die ganz mit solchen von Mortlock übereinstimmen, nur zeigt der Fanghaken eine eigenthümliche Biegung. Der Schaft, meist aus Perlmutter, ist zuweilen kunstvoll in Form eines Fisches geschnitzt (vgl. Kat. M. G., Taf. XVII, Fig. 8, 9 u. 10, ziemlich unkenntlich, und die interessanten Mittheilungen von Guppy: »The Solomon Isl.«, S. 156). Nahe verwandt sind die Fischhaken aus Kaiser Wilhelms-Land (vorne S. [190] und »Ethnol. Atlas«, Taf. IX, Fig. 3, 4 u. 5), die am meisten mit solchen von Banaba (Taf. 20, Fig. 2) übereinstimmen.

Weit seltener ist der zweite Typus Fischhaken, ganz aus einem Stück (meist Schildpatt) geschnitzt, wie ihn Fig. 11 unserer Taf. 20 in einem alten Stück von Ponapé (s. vorne S. 252 [508]) darstellt und der jetzt beinahe ganz der Vergangenheit angehört. Das im Kat. M. G. (S. 325, Nr. 2997) beschriebene Exemplar von Mortlock,[2]) »das lange als eine Art Talisman aufbewahrt wurde,« gehört diesem Typus an, ebenso »die alterthümlichen, stets noch hochgeschätzten und in Ehrfurcht und Aberglauben vererbten

[1]) Sehr mannigfach sind die Setz- und Senkangeln von Pelau, die aber fast ausschliesslich mit eisernen Haken versehen werden, darunter auch eine Angelruthe, deren Stock in den Grund des seichten Wassers gesteckt wird (vgl. Kubary, II, S. 124—132, Taf. XVI u. XVII).

[2]) Von hier wird auch eine »Fischangel« aus Schildpatt als Ausputz eines Handkammes (Kat. M. G., S. 307, Nr. 2970) verzeichnet.

Fischhaken aus Schildpatt« von Pelau¹) (Kubary: »Ethnol. Beitr.«, II, S. 125, Taf. XVII, Fig. 3 u. 4) und von Bunai (St. David), wo Kubary noch das letzte Exemplar erhielt (ib. I, S. 108, Taf. XII, Fig. 15) und die hier »nur noch als Schmuck dienen«. Fischleinen, aus *Hibiscus*-Faser gedreht, werden auf Ruk nicht sehr gut gemacht und daher meist eingeführt, sagt Kubary, der dabei bemerkt, dass geflochtene Schnüre in den Carolinen nur auf Nukuor verfertigt werden (I, S. 65). Nach demselben Beobachter ist die in Kat. M. G. (S. 379) beschriebene geflochtene Fischleine nicht von Ruk.

Zu dem im Vorhergehenden zuletzt beschriebenen Typus von Fischhaken gehören auch die aus Perlmutter von Nukuor, wie die folgenden Stücke:

Fischhaken (Nr. 153, 1 Stück, Taf. III [20], Fig. 5) (*a*, Dicke), aus einem sehr dicken Stücke vom Schlosstheile der Perlmuttermuschel (*Meleagrina margaritifera*) gearbeitet, sehr gross. Am Basisrande ist ein Kerbeinschnitt zur Befestigung der Fangleine.

Fischhaken (Nr. 153*a*, 1 Stück, Taf. III [20], Fig. 6) (*a*, Dicke), wie vorher, aber mit Fangleine, die mittelst Garn aus *Hibiscus*-Faser befestigt ist (*b*).

Fischhaken (Nr. 153*b*, 1 Stück, Taf. III [20], Fig. 7) (*a*, Dicke), wie vorher, aber kleiner und aus dunklem Perlmutter. Am Basisrande sind zwei seichte Kerbeinschnitte zur Befestigung der Fangschnur.

Fischhaken (Nr. 153*c*, 1 Stück, Taf. III [20], Fig. 8), wie vorher, aber sehr klein.

Die Art der Anfertigung dieser Fischhaken veranschaulichen die folgenden Nummern:

Fischhaken in Bearbeitung (Taf. III [20], Fig. 9*a*) zeigt die erste Stufe: ein Stück Perlmutter, dessen unterer Rand gerade, der obere bogenförmig geschliffen ist; die punktirten Linien deuten an, wie weit der Haken später ausgeschliffen wird.

Fischhaken in Bearbeitung (Taf. III [20], Fig. 9*b*), wie vorher, aber weiter in der Bearbeitung vorgeschritten, indem in der Mitte des Perlmutterstückes bereits ein Loch ausgebohrt ist, das dann weiter zum Haken ausgearbeitet wird.

Solche Fischhaken sind im Kat. M. G. (S. 343, Nr. 644, 857) ebenfalls von Nukuor beschrieben und (S. 344) von dieser Localität »mit der Angabe ‚Carolineninseln' erhalten«, auch Bohrer (birnförmige, 8 Cm. lang, 5 Cm. dick) aus *Tridacna gigas*, welche bei der Anfertigung dieser Fischhaken als Werkzeug dienen sollen (S. 344, Nr. 1405). Etwas abweichend ist die folgende Form, ebenfalls aus Perlmutter.

Fischhaken (Taf. III [20], Fig. 10), aus einem dicken Stücke Perlmutter gearbeitet, Nukuor.

Das obige Exemplar ist eines der kleinsten, welches ich erhielt. Das grösste, genau ebenso geformte misst 80 Mm. im Längsdurchmesser (35 Mm. im Lichten), in der Höhe 55 Mm. (mit 30 Mm. im Lichten); die Spitze ist von der Basis nur 10 Mm. entfernt. Bei dieser ausserordentlichen Annäherung der Spitze des Hakens mit der Basis, wobei die erstere zuweilen hinter der letzteren zurücksteht, ist es kaum zu begreifen, wie es einem Fische möglich wird, an einen solchen Haken zu beissen. Aber Kubary gab mir die Versicherung, dass dies keine Schwierigkeiten habe, und man darf annehmen, dass bei diesem eigenthümlichen Typus der ganze Haken vom Raubfisch verschluckt wird. Es ist interessant, dass sich in der Form ganz übereinstimmende Fischhaken auch auf Penrhyn finden (vgl. Wilkes, IV, S. 286, Abbild.), sowie auf der Oster-Insel (Thomson, Pl. LVIII, Fig. 1, aus Knochen), hier auch ähnliche, aber ganz aus Stein geschliffen und eine der kunstvollsten Steinarbeiten der Südsee überhaupt (ib. Fig. 3).

Im Kat. M. G. (S. 344, Nr. 885) sind von Nukuor (s. unten »Pelupelu« und »Kina«) noch sehr kleine (18 Mm. lange) »Angelhaken«, ganz aus Schildpatt und »nur für ganz kleine Fische«, beschrieben. Die Befestigung dieser »vielen« kleinen Haken in drei Längsreihen auf ein Stück Bast von Cocosfaser gibt der Vermuthung Raum, dass hier ein Schmuck gemeint ist.

Haifischhaken, die sonst aus den Carolinen nicht bekannt zu sein scheinen, verzeichnet der Kat. M. G. ebenfalls ein Stück von Nukuor (S. 343), das, ganz aus Holz, sehr mit der bekannten Form

¹) Dass die im Journ. M. G. (Heft IV, Taf. 4, Fig. 4*a*, 4*b*) als angeblich von hier abgebildeten »Fischhaken« keine solchen, sondern Schmuck sind, ist bereits (vorne S. [484]) klargestellt worden. Kubary erklärte (I, S. 73, Note) diese Stücke »für Schmuck aus sonsorolschen und puloanaschen Fischhaken, zugleich aber auch (Fig. 6) ein Stück, das absolut nichts mit Fischhaken zu thun hat. Von Pelau beschreibt Kubary (II, S. 191, Taf. XXIII, Fig. 15) Haken aus Schildpatt, die leicht mit Fischhaken verwechselt werden können, aber als Talisman an die Handkörbe der Männer befestigt werden.

von den Gilberts (Taf. 20, Fig. 14) übereinstimmt. Nach Kubary werden auf Pelau Haifische in einer Schlinge gefangen, an der als Köder ein fliegender Fisch befestigt wird (»Ethnol. Beitr.«, II, S. 126).

c) **Rifffischerei.** Ob der Massenfang periodischer Wanderfische, wie wir ihn auf den Marshall-Inseln kennen lernten (S. [404]), auch in diesem Gebiete betrieben wird, darüber konnte ich keinen Nachweis finden. Kubary spricht nicht davon und, wie bereits erwähnt (S. 564), sind die besonderen Verhältnisse der Wassertiefe der Satóan-Lagune dieser Fangmethode nicht günstig. Dagegen wird aber, wie überall, zur Ebbezeit auf dem Riff gefischt, und zwar meist von Frauen. Auf Ruk bedienen sich dieselben eines Netzes (»Epiro«), das ganz mit dem von Kuschai beschriebenen (vorne S. [464], Fig. 34) übereinstimmt und das Kubary von Ruk abbildet (»Ethnol. Beitr.«, II, S. 133, Taf. XVII, Fig. 8, hier auch ein sehr ähnliches von Ponapé und Pelau: Fig. 7, S. 132). Diese Netze (circa 1 M. lang) sind sehr feinmaschig (5—7 Mm. zu 7—15 Mm.), aus den Randfasern von Seegras (»Epiro« nach Kubary) gestrickt und gehören mit zu den feinsten Filetarbeiten der Südsee. Dieses Handnetz oder Hamen wird »in den bei Ebbe im Riff verbleibenden kleinen teichartigen Wassertümpeln vom Fischenden vor sich hergeschoben« (Kat. M. G., S. 374) und liefert nur mässige Erträge an kleinen Fischen. Lütke gedenkt von Lukunor Fischhamen »in Form eines Quersackes« (II, S. 74), die an einen rundem Reifen befestigt und mit einem kurzen Stiele versehen sind (»Senjavin-Reise«, Pl. 29, Fig. 8),[1]) sowie besonderer runder, langer, krugförmiger Körbe mit einem Henkel (ib. Fig. 7, »Panier a pêcher«), die vielleicht eine Fischfalle darstellen.

Von Pikiram (Greenwich Isl.) erhielt ich ziemlich grobmaschige Fischnetze (circa 3 M. lang und 4 M. hoch, die Maschen 30 Mm. zu 30 Mm.), die sich durch das besondere Material auszeichnen und aus starkem weissen Garn, von der Dicke eines dünnen Bindfadens, sehr sauber gestrickt sind, das mir als Bast des Brotfruchtbaumes bezeichnet wurde und sonst nirgends vorkam. Ein solches auch im Kat. M. G. (S. 351) von der Insel »Kabeneylon«.

Fischspeere werden von Kubary[2]) nicht erwähnt, wohl aber von Kittlitz und Lütke von Lukunor, aber leider nicht beschrieben.

Ein eigenthümliches und gewiss sehr praktisches Schutzmittel bei der Rifffischerei sind **Riffschuhe** aus Cocosfasergeflecht in Form grosser, plumper Gummischuhe mit Bindebändern, welche Edge-Partington mit der Bemerkung: »Sandalen aus geflochtener Faser, von Fischern getragen, um die Füsse während des Fischens auf dem Riff zu schützen« von Mortlock abbildet (Pl. 177, Fig. 5). Das Museum Umlauff in Hamburg besitzt ganz gleiche Fischerschuhe mit der Localitätsangabe »Lord Howes-Gruppe« (Njua).

d) **Fischkörbe** oder **Reusen** scheinen auf Mortlock die Fischnetze zu ersetzen. »Einen durchaus nicht untergeordneten Gegenstand der hiesigen Industrie bilden die Fischkörbe. Die mortlock'schen ‚Uu' sind über 3 M. lange und über 1·5 M. breite Käfige aus Stäben von leichtem *Hibiscus*-Holz, mit einer kleinen, auf einem der schmalen Enden befindlichen Eingangsöffnung, welche so eingerichtet ist, dass die Fische leicht hineinkommen, aber durch die biegsamen Reisige in derselben nicht mehr nach Aussen gelangen können. Das innere Gerüst besteht aus jungen *Hibiscus*-Stücken, und dieses wird umflochten entweder mit Strängen der Cocosnusswurzeln oder mit den Rippen

[1]) Ganz übereinstimmend ist der »Schöpfer« von Pelau bei Kubary (»Ethnol. Beitr.«, II, S. 135, Taf. XVIII, Fig. 2), der hier eine ganze Reihe verschiedener Hamen und Handnetze (in neun bis zehn Sorten) beschreibt und abbildet (ib. S. 132—135, Taf. XVII u. XVIII).

[2]) Dagegen beschreibt er von Pelau solche mit einer Spitze mit Widerhaken aus Eisen, »die zuweilen aus Bajonetten oder Schiffsbolzen geschmiedet werden« (»Ethnol. Beitr.«, II, S. 124, Taf. XVI Fig. 14), und solche mit einem Bündel hölzerner Spitzen (ib. Fig 15), die ganz mit ähnlichen aus Melanesien (z. B. vorne S. [26]) übereinstimmen.

der seitlichen Blättchen der Cocosblätter« (Kubary, l. c., S. 269). Aehnlich diesen von Satóan, aber kleiner, sind die zierlichen Fischkörbe von Lukunor »flach, mit hochbucklig gewölbter Decke, aus den Zweigen der *Volcmeria* (von Lütke als ‚Bambu' bezeichnet), 2—3 Fuss lang, 1 1/2—2 Fuss breit und 2 Fuss hoch« (Lütke, II, S. 73, und »Senjavin-Reise«, Pl. 29, Fig. 9).

Diese Fischkörbe werden mit Steinen beschwert, in Tiefen von 10—15 Klaftern auf den Meeresgrund der Lagune versenkt. Für kleine Körbe dienen kleine Krebse oder gesäuerte Brotfrucht als Köder, grosse bleiben ungeködert.

»Wir wussten uns anfänglich auf Lukunor gar nicht zu erklären, was wohl die einzelnen in der Lagune herumfahrenden Piroguen bedeuten mochten, die wir von Zeit zu Zeit still liegen sahen, während die Mannschaft sich bemühte, mit vor die Augen gehaltenen Händen auf den Grund hinabzusehen. Das war eben die Arbeit des Aufsuchens dieser ausgelegten Körbe« (Kittlitz: Denkwürd., II, S. 112). Dazu bedient man sich eines eigenthümlichen Geräths, das aus einem runden Ballen in Cocosfaserschnur eingeflochtener Steine besteht, durch den ein an jedem Ende mit einem Widerhaken versehener Stock steckt (»Senjavin-Reise«, Pl. 29, Fig. 17). An einer Schnur lässt man diesen Heber in die Tiefe und sucht mit dem Widerhaken den Fischkorb aufzufischen, wie dies mit einem ganz ähnlichen Haken auf Pelau geschieht (Kubary, II, S. 146, Taf. XX, Fig. 3). Auf Ulea besorgen Taucher das Heraufholen der versenkten Reusen (Kittlitz). Hierbei mag noch beiläufig die Bemerkung des letzteren Beobachters einen Platz finden: »dass die Eingeborenen gewöhnlich die soeben gefangenen Fische durch einen Biss ins Genick tödten«. Das »Instrument zum Tödten von Fischen« (»Senjavin-Reise«, Pl. 29, Fig. 4) ist, wie erwähnt, eine Handwaffe (ebenso Fig. 5).

Fischkörbe[1]) von Ruk lässt Kubary unerwähnt, sie mögen aber dennoch hier in Gebrauch sein.

Fischwehre sind auf Ruk ebenfalls nicht unbekannt, obwohl »die Schmalheit der Strandriffe keine günstigen Verhältnisse bietet. Die Eingeborenen tragen einen Haufen Korallensteine zusammen und umstellen denselben mit ihren Handnetzen. Der Haufen wird dann nach einiger Zeit auseinandergeworfen und die in den Zwischenräumen sich findenden Fische mit den Netzen gefangen«, lautet die nicht eben sehr verständliche Beschreibung Kubary's (»Ethnol. Beitr.«, II, S. 149), der hinzufügt: »Dies dürfte die einfachste der hieher gehörenden Arten des Fischfanges sein.« Nebenbei erwähnt Kubary (l. c.) auch »geräumige Umzäunungen, in welchen sich die Fische während der Ebbe fangen«, es bleibt aber unklar, ob sich diese Notiz auf Pelau oder Ruk bezieht.

4. Wohnstätten.

Siedelungen in Form geschlossener Dörfer, wie z. B. auf den Gilberts, fehlen unserem Gebiete, das sich in Bezug auf die Wohnungsverhältnisse zunächst den Marshall-Inseln anschliesst. Wie dort liegen die Häuser weitläufig zwischen hohen Bäumen, von Cocospalmen beschattet, verstreut (auf Mortlock) oder gern auf den Rücken der Hügel (Ruk) und ähneln auch in der Bauart nahezu den dortigen Hütten (»Im« = auf Sonsol und Ponapé: »Ihm«, Hochstetter). Das auf Mortlock ebenfalls »Im« genannte **gewöhn-**

[1]) Dagegen beschreibt Kubary an 20 verschiedene Fischkörbe und Reusen von Pelau zum Theile so minutiös, dass ein klareres Verständniss sehr beeinträchtigt wird (II, S. 140—148, Taf. XVIII bis XXI). Darunter sind übrigens keine, die mit den oben beschriebenen von Mortlock übereinstimmen,

liche Haus besteht im Wesentlichen nur aus einem schrägen, auf die Erde gesetzten Dache aus *Pandanus*-Blatt, das vorne und hinten offen ist (»Senjavin-Reise«, Pl. 32) oder je nach Bedarf durch Matten aus Cocosblatt geschlossen werden kann und »nur durch eine kleine viereckige Oeffnung zugänglich ist« (Kubary, l. c., S. 240, Fig. Nr. 2). Nach Kittlitz ist (auf Lukunor) das Innere zuweilen durch Matten in kleine Cojen getheilt, welche Frauen und deren Kindern als Schlafplatz dienen. Auch gedenkt derselbe Reisende des Feuerherdes, »einer Vertiefung im Innern der Hütte«, der aber nach Kubary nicht zum Kochen dient, sondern nur zur Erzeugung von Rauch, als Schutzmittel gegen die Mückenplage, und auf Ruk »Fulan« heisst. Eine Vergleichung mit der Beschreibung des gewöhnlichen ruk'schen Wohnhauses (»Im eta« oder »imeta«) zeigt so unerhebliche Unterschiede, dass man die Häuser beider Gruppen getrost als identisch bezeichnen darf. Das Dach der Häuser auf Ruk scheint nicht ganz bis auf die Erde zu reichen, die Giebelseiten sind zuweilen offen, das Innere ist manchmal in seitliche Kammern abgetheilt, im Uebrigen »ebenso dunkel und unwohnlich, wie dies bei den mortlock'schen Häusern der Fall ist« (Kubary, I, S. 52).

Wie auf den Gilbert-Inseln, den westlichen Carolinen (Yap, Pelau, Sonsol und früher auf Bunai = St. David) und anderwärts, gibt es auch in den Central-Carolinen besondere **Gemeindehäuser**, von denen jede Siedelung meist eines besitzt. Diese Häuser, auf Mortlock »Fel« (nach einer späteren Schreibweise Kubary's »Fal«) genannt, unterscheiden sich von den gewöhnlichen im Wesentlichen nur durch bedeutend grössere Dimensionen, die sich übrigens ganz nach der Bevölkerung des betreffenden Ortes richten und daher variiren. Kubary gibt die Masse eines »Fel« zu circa 12 M. Länge, 8 M. Breite und 6½ M. Höhe an, also ziemlich dieselben als von Ruk. Das Dach des »Fel« reicht häufig nicht ganz bis zum Erdboden herab, wodurch der Baustyl also fast ganz mit dem des gewöhnlichen Hauses der Marshall-Insulaner übereinstimmt, aber die »Fel« sind solider und stärker aus zum Theil behauenem Balkenwerk von *Pandanus*-Stämmen erbaut. Das Dach ruht auf Längsbalken, die von niedrigen senkrechten Pfählen als Stützen getragen werden (vgl. Kubary: »Mortlock«, S. 240, Fig. Nr. 1). An manchen Orten ist das Gemeindehaus nur ein offener Schuppen. »Das Innere bietet nur Schutz gegen Regen und Wind, sonst ist es blos ein leerer Raum, dessen Boden mit losen Cocosblättern bedeckt wird und der zum Schlafen dient« (Kubary, l. c., S. 240). Im Widerspruch mit dieser Beschreibung zeigt die citirte Abbildung eine besondere Abtheilung im Innern, ähnlich einem Seitengemach. Ganz übereinstimmend damit beschreibt v. Kittlitz bei den grossen Häusern auf Lukunor: »mehrere viereckige Kammern mit Wänden aus Mattengeflecht und kleinen viereckigen, von Innen verschliessbaren Eingängen, die als Schlafkammern benutzt werden«. Dass im Innern dieser grossen Häuser auf Lukunor (ganz wie auf Ruk) auch die Canus untergebracht werden, zeigen die Abbildungen bei Kittlitz (II, S. 97) und der »Senjavin-Reise« (Pl. 32, rechts hintere Figur). Ob dies auch auf Satóan geschieht, lässt Kubary unerwähnt.

Nach dem letzteren Reisenden ist das Gemeinde- oder grosse Haus von Ruk (»Ut« genannt, früher als »Ret« bezeichnet) dadurch charakteristisch, dass es weit mehr Verwandtschaft mit Ponapé als mit Mortlock zeigt. Wie aus der ausführlichen Beschreibung (»Ethnol. Beitr.«, I, S. 47, Taf. VIII) erhellt, ist dies aber nur scheinbar, und die charakteristischen Eigenthümlichkeiten, welche gerade den Baustyl Ponapés auszeichnen, nämlich steinerne Grundmauern oder Fundamente, fehlen auf Ruk gänzlich. Der wesentlichste Unterschied des ruk'schen Gemeindehauses von dem mortlock'schen besteht darin, dass das Dach des ersteren nicht bis fast zur Erde herabreicht, sondern auf circa 1 M. hohen Pfählen ruht. Diese niedrigen Seiten werden meist offen gelassen oder je nach Bedarf mit losen Wänden aus Cocosmatten geschlossen. Die Messungen des grossen Gemeindehauses in Sapulion auf Fefan ergaben eine Länge von 15 M., eine Breite von 8 und eine Höhe von 4·5, also ein keineswegs sehr grosses Haus, das nur wenig länger und breiter, aber niedriger ist als ähnliche Gebäude auf Mortlock. Die Bodenfläche des Innern zeigt einen breiten Mittelraum zur Unterbringung der Canus und zwei schmälere Seitenflure (vgl. Kubary, Taf. VIII, Fig. 1), die vorkommenden Falls durch Cocosmatten in besondere Kammern abgetheilt werden können, wie wir dies von Mortlock bereits kennen. Als Material zur Dachbedeckung dienen auf Ruk »Epi«-Blätter *(? Phytelephas)*.

Das oben erwähnte Gemeindehaus (in Sapulion) zeichnet sich übrigens durch spärliche Ornamentik in einfacher Schnitzerei zweier, übrigens untergeordneter Balken, (Kubary, Taf. IX, Fig. 1) aus, sowie durch bunte Bemalung einiger Dachsparren[1]) (4 von 90, im Ganzen), eine Ornamentik, die übrigens sonst auf Ruk zu den seltenen Ausnahmen zu gehören scheint und sich ähnlich auf Kuschai (vorne S. [465]) findet, sowie auf Sonsol (Kubary, I, S. 85), in hervorragender Weise aber an den Gemeindehäusern (Bai) von Pelau.

Dass die Verbindung der Balken, wie überall, auch auf den Central-Carolinen mittelst Cocosstricken bewerkstelligt wird, bedarf wohl nicht der besonderen Erwähnung. Nach einer flüchtigen Notiz Kubary's (I, S. 35) kann diese Binderei in zweifarbigen Cocosstricken zugleich aber auch, wie anderwärts, als Ornamentirung bezeichnet werden und heisst auf Ruk »Makan« (= Tätowiren, Zeichnen). Stricke aus Cocosfaser zum Hausbau, von Kubary als »Cocoszwirn« mit dem ruk'schen Namen »Péuel«, auch »Nun« bezeichnet, werden auf Ruk »infolge des geringen Bestandes an Cocospalmen« meist eingeführt, und zwar in Form ovaler, 8—10 Pfund schwerer Ballen, »in deren Mitte zuweilen, Betrugs halber, eine Cocosnuss gelegt wird« (Kubary, I, S. 65).

Die centralcarolinischen Gemeinde- oder Versammlungshäuser entsprechen übrigens ganz dem »Maneap« der Gilbert-Insulaner, sowie den sogenannten Junggesellen- oder Tabuhäusern, wie sie allenthalben in Melanesien, hier aber viel grossartiger vorkommen (vgl. S. [195]). Wie dies hier meist der Fall ist, sind auch auf den Central-Carolinen diese Gebäude für das weibliche Geschlecht streng »puanu« (= tabu), wenigstens für die eigenen Dorfbewohnerinnen. Dagegen dürfen Fremde mit ihren Frauen darin übernachten (Kubary). Nach Letzterem ist das ruk'sche »Ut«: »das Gemeindehaus, die Amtswohnung des Häuptlings, das Absteigequartier für Fremde, das Schlafhaus für ledige Männer und zugleich das Canuhaus«. Aehnlich äussert sich Doane über das »Fel« auf Mortlock. »Es ist ein Hôtel, eine Werkstatt, ein Ort zum Aufbewahren grosser Canus, ein Spielplatz für die Kinder, ein Local in welchem alle Versammlungen abgehalten werden.« Kubary bestätigt dies: »Alle Staatsgeschäfte werden in diesem Hause abgemacht, alle Besuche hier empfangen; hauptsächlich dient es aber als Schlafplatz für diejenigen männlichen Gemeindeglieder, welche noch nicht verheiratet oder zeitweilig von ihren Frauen getrennt sind. Infolge der geringen Bevölke-

---

1) »Ethnol. Beitr.«, Taf. IX, Fig. 2. Auf rothem Grunde in Weiss, zum Theil auch Schwarz verschiedene geometrische Zeichen, wie einige Figuren, darunter erkennbar solche von Fischen. Kubary lässt seiner Phantasie wieder einmal die Zügel schiessen, wenn er in diesen primitiven Zeichnungen »Darstellungen des geschlechtlichen Verkehrs, ein Fischskelet, das ein den Geistern gewidmetes Opfer vorstellt, und Himmelskörper, die sich vielleicht auf die früher blühende Sternkunde beziehen dürfen«, erblicken will, denn kein nüchterner Beobachter wird dies herausfinden können. Die (Kat. M. G., S. 375, Nr. 3407—10) beschriebenen »Dachbalken« sind solche Dachsparren.

rung, sowie auch der Sitte, dass die Männer auswärts verheiratet sind, ist die Zahl der Schläfer im ‚Fel' nur eine beschränkte.« Kleine nachlässig gebaute Hütten erwähnt Kubary von Mortlock als Küchen oder Kochhäuser (»Mesoro«), nicht aber von Ruk; hier aber besonderer Vorrathshäuser (»Falan«, auch für Feuerherd angegeben), aus einem einfachen Dache auf vier Pfählen bestehend; untergeordnete Baulichkeiten, die sich in ähnlicher Weise überall finden.

Entsprechend den »Dschukwen« auf den Marshall-Inseln (vorne S. [408]) gibt es auch auf den Central-Carolinen besondere **Frauenhäuser**, welche ganz besonders zum Aufenthalt während der Menstruationszeit, aber auch sonst als Aufenthaltsort für Frauen und Kinder dienen. Eine solche Hütte, ringsum von dichten Wandungen umgeben und mit einer kleinen Einsatzthür wird schon von Kittlitz von Lukunor erwähnt und abgebildet (II, S. 99). »Sie waren immer sorgfältig verschlossen, und unsere Begleiter duldeten durchaus nicht, dass wir dabei stehen blieben oder gar aus Neugier durch die Ritzen zu gucken versuchten,« äussert sich Kittlitz, der die wahre Bestimmung damals nicht erkannte. Kubary gedenkt von Satóan nur kleiner Hütten, »in welchen die Frauen für sich allein oder mit ihren Männern (die nicht zum Stamme gehören) sich aufhalten«, beschreibt dagegen von Ruk das Menstruationshaus (»im en ud«, l. c., S. 51 oder »im en uo« S. 52) als »irgend ein abgelegenes Haus oder sonst ein einfaches Dach auf nothdürftig mittelst Cocosblättern bedeckten Seiten« (l. c., S. 52). Hierbei wird erwähnt, dass diese Häuser auf Yap sorgfältig eingerichtet[1]) sind. Auf Sonsol und St. Davids scheint es ähnliche Bräuche (und Häuser) zu geben, wenn sich dies aus der komisch gefassten Notiz: »die Frauen müssen monatliche Reinigungen vornehmen« (l. c., S. 93) auch nur vermuthen lässt.

Da nach Doane die Häuser auf Nema und Losop ganz so sind als auf Mortlock, so ergibt sich ein den Central-Carolinen[2]) gemeinsam eigenthümlicher Typus des Baustyles, der wahrscheinlich auch für die Hall-Gruppe gilt. Wie bereits erwähnt, schliesst sich derselbe zunächst dem marshallanischen an und findet sich (nach Kubary) ganz ähnlich auch auf der westlichsten Insel Sonsol.

Eine Notiz von Lütke über gewisse **Steinwälle** auf Lukunor mag hier noch angefügt werden, um nicht ganz in Vergessenheit zu gerathen. »Im Dickicht fanden wir eine circa 2 Fuss hohe Mauer (‚Sefaiu') aus Korallsteinen, welche einen Kreis von circa 7 Schritte im Durchmesser, mit einem Eingange, umgab. Dieser Kreis, ‚Enem' genannt, war im Innern mit Cocosblättern belegt und diente als Platz zum Ausruhen, resp. Schlafen, wie es schien, aber nur für Häuptlinge« (»Reise«, II, S. 57).

Mit dem Bau der grossen Häuser beschäftigen sich nach Kubary »die eigens dafür eingeübten Hausbauer« »Silelap« (auf Ruk ebenso auch »Sitelap« oder »Cennap« genannt), die indess nicht ganz unseren Zimmerleuten entsprechen, da sie auch Canus bauen und hölzerne Gefässe verfertigen.

---

[1]) Ich erwähne dies deshalb, weil Kubary in seiner erschöpfenden Abhandlung »Der Hausbau der Yap-Insulaner« (I, S. 29–42) diese besondere Art Häuser mit keiner Silbe berührt, obwohl Miklucho-Maclay bereits darüber berichtete, unter Anderem auch, dass für die Freudenmädchen der Clubhäuser der Männer besondere Menstruationshäuser dienen. Erst aus der Tafelerklärung (S. 43 zu VI, Fig. 1 F) ist ersichtlich, dass das von Kubary als »Fan« beschriebene »Schlafhaus für die Hausfrau« (S. 40, Taf. V, Fig. 3) zugleich auch als Verbleib während der Regel benutzt wird.

[2]) Nach einer Notiz bei Lütke sind die Häuser auf Uleai viel besser gebaut als die von Lukunor. »Die Wände bestehen aus Planken von Brotfruchtbaum und sind rothbraun angestrichen« (»Reise«, II, S. 145). Diese Bohlen oder Bretter werden aus den geschickt benutzten Ausläufern der Brotfruchtbaumstämme verfertigt (Kittlitz, II, S. 155).

5. *Hausrath.*

»Von Geräthschaften und wohnlicher Einrichtung ist kaum eine Spur vorhanden. Die wenigen Geräthschaften oder Sachen der Eingeborenen sind überall dem Auge zugänglich aufgehangen, entweder frei oder in kleine Körbe oder Bündel eingepackt,« sagt Kubary in seiner Monographie über Mortlock, in welcher er der hieher gehörigen Gegenstände kaum mehr als in ein paar Worten gedenkt.

Von **Matten** (»Kikei«) wird nur eine Art gefertigt, und zwar aus breiten Streifen von *Pandanus*-Blatt geflochten (Kat. M. G., S. 329). Sie werden nur bei Nacht zum Schlafen benutzt, denn »am Tage sitzen oder knieen vielmehr die Frauen auf blosser Erde«. Aber Fremden werden solche Matten zum Sitzen angeboten, wie schon Kittlitz von Lukunor berichtet. Die Mattenindustrie[1]) ist auf Ruk »ebenso einfach und arm an Formen als die mortlock'sche« und erzeugt nur zwei verschiedene Sorten, etwas feinere (»Kickey«) als Sitz- und Schlafmatten und etwas gröbere (»Tanau« oder »Tarau«), zum Einwickeln der Leichen verwendet und beide ausschliesslich aus Blättern von *Pandanus* hergestellt (Kubary, I, S. 64). Solche Matten, sowie grobes Mattengeflecht (aus *Pandanus*) zu Segeln (»Amara«) werden meist von den Nachbarinseln bezogen und bilden einen wesentlichen Theil der Einfuhr (s. vorne S. [445]). Die im Kat. M. G. (S. 379, Nr. 3516) unter Ruk aufgeführte Matte (aus *Hibiscus?*) ist nach Kubary keinesfalls von dorther.

Körbe (»Sauefasz«, kleine »žik« [Tschik] auf Mortlock) zum alltäglichen Gebrauch, Tragen von Lebensmitteln u. dgl., werden ebenfalls aus *Pandanus*-Blatt geflochten (Kat. M. G., S. 328). Hierbei mag bemerkt sein, dass man, wie auf Kuschai, Lasten gewöhnlich an einer Stange über die Schulter trägt.

Andere Körbe (»Meyar«) oder Taschen von Mortlock sind aus Cocosfaser geflochten, am oberen Rande gewöhnlich über zwei Stöcke (Kat. M. G., S. 328, Nr. 2940) und finden sich in gleicher Weise und aus gleichem Material auch auf Nukuor (l. c., S. 351, Nr. 710) und Yap (l. c., S. 401). Kleinere Taschen oder Beutel, »welche zum Bergen kleiner Werthgegenstände dienen«, ebenfalls Flechtarbeit aus Cocosfaser, heissen »Potou« (auf Ruk »Polou«) und werden näher im Kat. M. G. von Mortlok (S. 328, Nr. 2939, 2941) beschrieben. Hier auch **Beutel** aus Cocosfaserschnur von Nukuor (S. 351, Nr. 649, 650 u. 848), die ähnlich wie die von Kuschai (vorne S. [470]) zu sein scheinen. Auf Ruk »stimmen Taschen und Beutel, aus Cocoszwirn geflochten, vollständig mit den mortlock'schen und nukuor'schen überein« (Kubary, I, S. 66).

Ein besonderes Stück des ruk'schen Haushaltes beschreibt Kubary unter den Erzeugnissen der Weberei, und zwar **Schlafvorhänge**, zum Schutze gegen Muskitos. Sie bestehen in lose gewebten und grobfaserigen Zeugstreifen, unter welchen die bemittelten Einwohner schlafen, und heissen »Tourom« oder »Tounom« (Kubary, I, S. 64).

Besonders charakteristisch für unser Gebiet sind **Deckelkisten** oder **Truhen**, oft sehr gross und schwer, meist aus Holz des Brotfruchtbaumes gezimmert, welche zum Aufbewahren von allerlei Habseligkeiten, namentlich des werthvollen »Taik« (Gelbwurz) dienen, die sich aber nur im Hause der Wohlhabenden finden. Diese Kasten oder Truhen

[1]) Sehr ausgebildet ist dieselbe auf Pelau, wo sehr feine, zum Theil »mit Streifen schwarzen *Hibiscus*-Bastes verzierte« (also wahrscheinlich gestickte) Matten geflochten werden. Ganz besonders bemerkenswerth sind die feingeflochtenen Taschen und Täschchen (zu Tabak), die mit zu den feinsten Flechtarbeiten der Südsee überhaupt gehören. Kubary (»Ethnol. Beitr.«, II, S. 210 u. 211, Taf. XXVIII, Fig. 15—24) erwähnt 10 Hauptformen von Flechtmustern und etliche Varietäten, deren exacte Unterscheidung aber wohl nur Eingeborenen möglich sein dürfte.

haben meist eine länglich-viereckige, sargähnliche Form, sind an den Seiten sanft gebogen, der Deckel ist nach beiden Seiten abgeschrägt, so dass eine kielartige Mittellinie entsteht, und passt mittelst eines Falzes in den Basistheil. Beide Theile, Basis wie Deckel, sind ungefähr gleich hoch; die Verbindungslinie beider Theile läuft auch durch die in der Mitte jeder Schmalseite angeschnitzten Zapfen, welche als Handhabe dienen und mittels einer Schnur zusammengebunden werden können. Ein klareres Bild als jede Beschreibung gibt übrigens die treffliche Abbildung im Atlas der »Senjavin-Reise« (Pl. 29, Fig. 16) von Lukunor, woher bereits Kittlitz dieser Deckelkasten und ihrer sehr verschiedenen Grösse gedenkt. Nach Kubary werden dieselben hauptsächlich von den Eingeborenen der Insel Oneop der Lukunor-Lagune angefertigt und nach Satóan verhandelt. Zwei Exemplare im Museum Godeffroy (Kat., S. 327) messen: Länge des Deckels 65 u. 74 Cm., Breite 26 u. 34, ganze Höhe 22 u. 28. Ganz übereinstimmend sind die Deckelkasten von Ruk (»Azap«, »Assap«) (Kat. M. G., S. 375, 1 Stück, und Kubary, Ethnol. Beitr., I, S. 55, Taf. X, Fig. 7). Aehnliche Holzkisten scheinen die »Kiwar« von Pelau, »die das Eigenthum der Familie bergen« (II, S. 198), die aber in der ausführlichen Darstellung der »Hausstands-Geräthschaften« von Kubary mit keiner Silbe erwähnt werden. Dagegen gedenkt er Holzkisten (»Wugga«) von Sonsol (I, S. 97). Ein Analogon dieser soliden Holzkisten, welche mit zu den besten Holzarbeiten Mikronesiens zählen und sonst auf den Carolinen nicht vorzukommen scheinen, sind die allerdings sehr rohen Lattenkisten der Gilbert-Inseln (S. 64 [332]).

Nahe verwandt mit den Deckelkisten von Mortlock und Ruk sind die von Nukuor (»Te Nawesi«); sie sind aber durchgehends kürzer und kleiner (Länge 34—42 Cm., Breite 20—28, Höhe 15—19 Cm.), »die Form ist mehr vierseitig und der Zapfen an den Enden sitzt am Deckel« (Kat. M. G., S. 347, und Kubary, I, S. 56, Taf. X, Fig. 8). Nach Kubary werden diese sehr verschieden grossen Deckelkisten zum Verwahren von Gelbwurz, Fischereigeräthschaften und anderen Sachen benutzt und »kommen in Polynesien nicht vor«. Aber derartige Holzgefässe sind von Tockelau bekannt, und die äusserst kunstvoll geschnitzten »Waka« der alten Neu-Seeländer, Deckelkisten,[1]) welche hauptsächlich zum Aufbewahren von Federschmuck (besonders »Huia«-Federn) dienten, gehören in diese Kategorie eingeborener Holzarbeiten und mit zu dem Schönsten, was die Südsee in Schnitzereien erzeugte.

Ein sehr interessantes Stück ist das folgende von der kleinen Insel Satawal (Satahoual, Tucker Isl., nicht »Satoan«, Kubary, I, S. 56, Note), circa 20 Seemeilen westlich von Ruk, welches ich von Kubary für das Berliner Museum erwarb.

Deckelkasten (Taf. [22], Fig. 13), einen aus Holz geschnitzten Fisch, eine Bonite, darstellend, von welchem die obere Hälfte die Rückenseite, die untere die Bauchseite ausmacht; die untere Hälfte (Fig. 13a) ist in einen Randfalz ausgeschnitzt, auf welchen der Deckel passt; das Loch im letzteren dient dazu, um eine Schnur zum Zusammenbinden durchzuziehen. Die Länge des Kastens beträgt 47 Cm., die Höhe 17 Cm., die Breite über den Rücken 14 Cm.; die Lichtweite des inneren Raumes 28 Cm. in der Länge, 9 Cm. in der Breite. Insel Satawal.

Nach Kubary wurde dieser Kasten von einem Fischer benutzt zum Aufbewahren von Fischereiutensilien (Fischhaken, Leinen etc.) und dürfte als Unicum zu betrachten sein. Wenigstens ist mir ein ähnliches Stück nicht bekannt geworden. Weit kunstvoller ist das im British Museum befindliche

---

[1]) Vgl. Joest: »Tätowiren«, Taf. V, Fig. 6. Drei prachtvolle Stücke enthält meine Sammlung von Gypsabgüssen, darunter die »Waka-pikikotuku«, früher im Besitz des »Ngatiraukawa-Stammes«, welche ich in der Sammlung von Sir Walter Buller in Wellington abgiessen liess. Vgl. Finsch: »Verzeichniss einer Sammlung von Gypsabgüssen von Maori-Antiquitäten aus Neu-Seeland«, (1884, S. 8, Fig. 2047), welches 46 Nummern der interessantesten Maori-Kunstwerke aus öffentlichen und Privatsammlungen enthält, eine Sammlung, die trotz ihres geringen Preises (von M. 240) bisher keinerlei Berücksichtigung Seitens der Wissenschaft fand. Im Jahre 1881 gab es in Neu-Seeland nur noch sehr wenige eingeborene Holzschnitzer. Als solchen lernte ich Pataromu von Opotiki, Bay of Plenty, kennen. Ein sehr hübsch geschnitzter Deckelkasten (circa 30 Cm. lang und 20 Cm. hoch), an welchem er drei Monate arbeitete, kostete bei ihm aber 8—10 Guineas.

Unicum von Pelau, ein Deckelkasten, der eine Schildkröte darstellt und mit seiner reichen eingelegten Arbeit in Perlmutter (zum Theil Vogelgestalten) wohl das kostbarste Erzeugniss carolinischer Kunst repräsentirt. Freilich stammt dieses Stück (sehr gut abgebildet Edge-Partington, Taf. 181) aus längstvergangener Zeit, denn es wurde 1783 vom Könige Abba Tule an Capitän Wilson geschenkt.

Deckelgefässe mit eingelegter Arbeit in Perlmutter von Pelau sind Kat. M. G., S. 424 beschrieben.

6. Werkzeuge.

Aexte. Bei dem lebhaften Tauschverkehr der Central-Carolinen hatten sich eiserne Werkzeuge von Guam auch in unserem Gebiete schon vor Ankunft Weisser eingeführt und die eingeborenen Geräthschaften zum Theil verdrängt. Lütke sah 1828 auf Lukunor keine Stein- oder Muscheläxte mehr, die Eingeborenen hatten bereits eiserne und fragten nur nach Eisen und Wetzsteinen. Aber Kittlitz beobachtete auf Lukunor noch Muscheläxte (vgl. die Figur eines Mannes auf S. 97), und im Atlas der »Senjavin-Reise« (Pl. 29, Fig. 3) ist eine solche von hier sehr kenntlich abgebildet. Abgesehen von gewissen nicht erheblichen Abweichungen in der Art der Umwicklung mit Schnur, zur Befestigung der *Tridacna*-Klinge, stimmt diese Axt ganz mit solchen von Kuschai und anderen Carolinen überein. Wenn Doane von Mortlock »Steinäxte« erwähnt, so sind damit natürlich solche mit Muschelklinge gemeint. Kubary gedenkt von Satoan nur gröberer Aexte (»Atenekiy«) aus *Tridacna gigas*, Meisseläxte (»Sele«) aus *Tridacna* und solcher (»Si«) aus *Terebra maculata*, wie sie auch auf Kuschai (S. [472]) und anderwärts in Gebrauch waren. Von Ruk sagt derselbe Reisende nur: »Aus der *Tridacna gigas*, ‚To' genannt, wurden in alten Zeiten die Céle (a. O. auch ‚Cilek'), Kack (a. O. auch ‚Kóuh') und Ćapaćap genannten Aexte verfertigt« (I, S. 74), von denen er aber anscheinend keine mehr zu sehen bekam. Der Kat. M. G. verzeichnet von Ruk (S. 370) nur eine Axtklinge aus *Tridacna* und zwei solche von Satóan (S. 318), die mit solchen von Kuschai und Nukuor übereinstimmen.

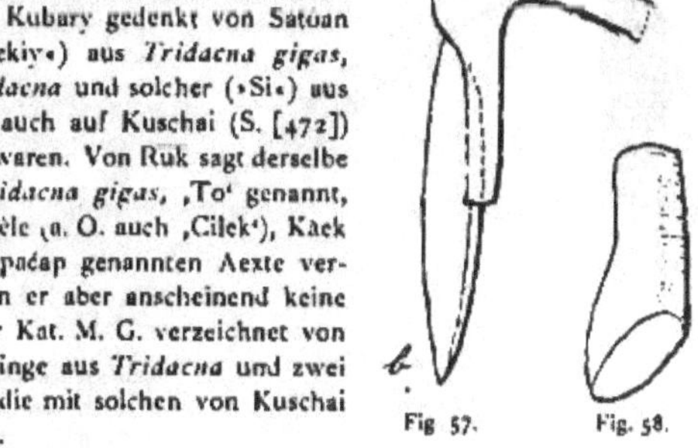

Fig. 57. Fig. 58.
Muscheläxte von Nukuor.

Schleifsteine (»yiu«), welche die Mortlocker von Ruk holen, dienen zum Schärfen eiserner Geräthschaften.

Wie mir Kubary sagte, waren die früheren Aexte der Mortlocker und Ruker ganz so wie solche von Nukuor, woher ich von diesen Reisenden das folgende Stück erwarb.

Toebl (Fig. 57). Axt mit *Tridacna*-Klinge von Nukuor. Als Stiel *(a)* dient wie gewöhnlich ein knieförmiges Aststück, dessen längerer dünner Schenkel 90 Cm. misst, der kürzere, viel dickere (28 Cm. lang) ist an der Vorderseite zu einer concaven Nuth ausgearbeitet, in welche die Klinge *(b)* mit der Basishälfte hineinpasst und hier dicht mit Cocosfaserbindfaden festgebunden ist. Die Klinge hat eine Länge von 33 Cm., eine Dicke von 4 Cm. und ist im Durchschnitt (Fig. 57c) triangelförmig nach der Spitze zu verjüngt, so dass die eigentliche Schnittfläche im Umriss einen spitzen Winkel von nur 25 Mm. Durchmesser bildet.

Gleiche Aexte mit *Tridacna*-Klinge (24—30 Cm. lang) sind im Kat. M. G. (S. 337, Nr. 909 und S. 339, Nr. 652) s. n. »Tohi-ohu« beschrieben, mit der Bemerkung, dass sie ganz mit solchen von Pelau übereinstimmen. Interessant ist es, dass auf Nukuor auch die Form von Aexten vorkommt, welche sich dadurch wesentlich unterscheidet, dass die *Tridacna*-Klinge in einem besonderen Holzfutter steckt und drehbar ist (»Tohi uliulia, Kat. M. G., S. 338, Nr. 736), eine Eigenthümlichkeit, die wir bereits in Melanesien kennen lernten (Neu-Guinea, Hood-Bai, S. [122], Fig. 36; Finschhafen, S. [209] und »Ethnol. Atlas«, Taf. I, Fig. 4). Da die Grösse und Form einer Beilklinge ganz von dem vorhandenen Material (Stücke aus dem Schlosstheil von *Tridacna gigas*) abhängt, so ergeben sich daraus allerlei Abweichungen, die leicht zur Annahme von Localformen führen können, die aber selten constante sind. Solche verschiedene Formen zeigen auch die mir vorliegenden Axtklingen von Nukuor, unter denen die Fig. 58 abgebildete am meisten abweicht. Sie ist sehr plump und schwer, an der Basis etwas dünner und zeigt eine stumpf abgesetzte, länglich-ovale Schneidefläche (ähnlich wie die in der »Senjavin-Reise«, Pl. 29, Fig. 3, von Lukunor abgebildete). Andere *Tridacna*-Klingen von Nukuor stimmen ganz mit der dritten Form von Kuschai (S. [470], Fig. 38) überein, nur sind die Seiten mehr abgerundet; andere zeigen die Unterseite sanft ausgehöhlt (Länge 12 Cm., Breite 55 Mm., Dicke 30 M.). Noch mehr abweichend ist eine im Kat. M. G. (S. 338, Nr. 1291, Taf. XXIX, Fig. 7) abgebildete *Tridacna*-Klinge von Nukuor »in Form eines Hackebeil«. Auf Yap kamen Axtklingen aus *Tridacna* sowohl in flacher (Kat. M. G., S. 397: Länge 25 Cm., Breite 12 Cm., wie die flachen von Kuschai), als fast vierkantiger Form (ib. S. 397, Nr. 456) vor. Aber die Schäftung dieser Aexte ist verschieden, namentlich durch die Befestigung mit Schnur an den dicken knieförmigen Holzstiel (vgl. Journ. M. G., Heft II, S. 20, Taf. IV, Fig. 13 u. 14). Aehnlich geschäftete Aexte[1]) mit *Tridacna*-Klinge besassen früher die Pelauer (Kat. M. G., S. 417, Nr. 1313), aber sie waren keine Waffen, wie hier gesagt wird, sondern lediglich Zimmergeräth. Fast jeder Mann pflegte eine solche Axt auf der linken Schulter bei sich zu tragen (vgl. Anthrop. Album M. G., Taf. 20, Fig. 154, und Hernsheim, Taf. 11).

Fig. 59.

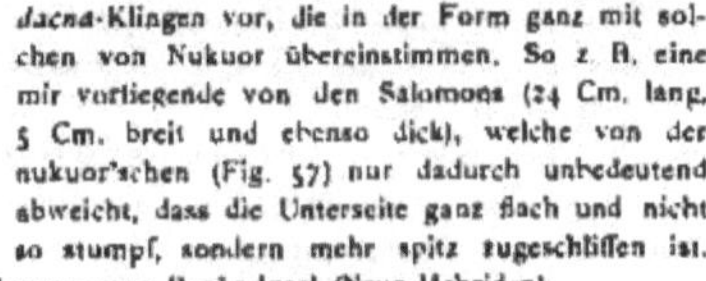

1/4 natürl. Grösse.

Axt mit *Terebra*-Klinge.

Nukuor.

Wenn Kubary in Betreff der Anfertigung von *Tridacna*-Klingen auf Nukuor sagt: »die grossen *Tridacna*-Schalen werden vermittelst des Bimsstein (»Ućn« auf Mortlock) in kleine Stücke getheilt und dann in der gewünschten Form geschliffen« und »dank dem Ueberfluss an angetriebenem Bimsstein zeichnen sich die nukuor'schen Aexte durch eine scharfe Schneide und vollkommenere Politur aus« (Kat. M. G., S. 339), so gilt dies nur in Betreff der letzteren. Denn wie von mir angestellte Versuche lehrten, lässt sich mit Bimsstein wohl glätten und poliren, aber keine *Tridacna*-Schale durchschneiden.

Auch in Melanesien kommen übrigens *Tridacna*-Klingen vor, die in der Form ganz mit solchen von Nukuor übereinstimmen. So z. B. eine mir vorliegende von den Salomons (24 Cm. lang, 5 Cm. breit und ebenso dick), welche von der nukuor'schen (Fig. 57) nur dadurch unbedeutend abweicht, dass die Unterseite ganz flach und nicht so stumpf, sondern mehr spitz zugeschliffen ist. Kolossale *Tridacna*-Klingen sah ich im British Museum von Banks-Insel (Neue-Hebriden).

Zum Schlusse mag hier noch einer Steinaxt gedacht werden, die Thomson (Taf. LVII) von der Oster-Insel abbildet, weil dieselbe in der Form des Holzstieles und Befestigung der ähnlich geformten, aber anscheinend mehr runden Klinge ganz mit dem vorne abgebildeten Exemplare von Nukuor (Fig. 57) übereinstimmt. Das Nationalmuseum in Washington erhielt durch Thomson nicht weniger als 25 Steinäxte von der Oster-Insel, welche hier »Toki« heissen, also ähnlich wie auf Nukuor.

Hohläxte mit einer Klinge, aus *Terebra maculata* geschliffen (Fig. 59), waren, wie auf Mortlock und anderwärts, auch auf Nukuor beliebt (»Tochi hakaronga«) zum Aushöhlen von Canus und Gefässen. *Terebra*-Aexte von Banks-Insel sah ich im British Museum. Der Kat. M. G. (S. 117) verzeichnet einen »Hohlmeissel aus *Tridacna* geschliffen« von Sikayana der Stewarts-Gruppe, wo nach Kleinschmidt nur noch zwei Exemplare existirten (ib. S. 462). Auf den westlichsten Carolinen Sonsol und Bunai (St. David) haben eiserne Aexte die eingeborenen längst verdrängt.

[1]) Eine ganz abweichende Art Aexte, bei denen die *Tridacna*-Klingen einfach in ein Loch am Ende des Holzstieles eingesetzt sind und die deshalb mit dem eigenartigen Typus von Humboldt-Bai übereinstimmen (vgl. Finsch: »Ethnol. Atlas«, Taf. I, Fig. 5), werden im Kat. M. G. (S. 418, Nr. 106 und 107) von »Pelau« beschrieben, stammen aber, wie Herr Schmeltz neuerdings berichtigend mittheilte, von den Anchorites her.

Sonstige Werkzeuge erhielt ich weder von Ruk noch Mortlock. Kubary erwähnt ganz beiläufig (I, S. 73) den Namen »Zirkelbohrer« von Ruk (solche auch von Pelau, II, S. 184), die zum Bohren von Löchern in Schildpatt benutzt werden, und führt im Vocabular von Mortlock »Meże« für Bohrer an, ohne indess irgend eine Beschreibung zu geben. Im Kat. M. G. (S. 327) sind Nadeln aus Holz und Menschenknochen, auf Mortlock »Tefass« genannt, verzeichnet. Sie werden bei der Blätterbedachung der Häuser benutzt, entsprechen also ganz den »Teju« der Gilbert-Inseln (vorne, S. [334]), sind aber vor dem Ende mit einem Loche versehen.

7. *Weberei und deren Erzeugnisse.*

a) **Webekunst.** Auf keiner von allen Inseln der Carolinen, deren Bewohner zu weben verstehen,[1]) florirt diese Kunst so sehr und wird so lebhaft betrieben als auf den centralen Gruppen Ruk und Mortlock, deren Bewohner sich, und zwar in beiden Geschlechtern, in gewebte Zeuge kleiden. Ausser für den eigenen Bedarf wird auch für den Tauschhandel gearbeitet, an welchem Ruk in erster Linie betheiligt ist (vgl. vorne S. [445]) und somit das eigentliche Centrum der Weberei in den Carolinen bildet. Nach Kubary verstehen die Bewohner der kleinen Atolle Nema und Losop nicht zu weben; ob dies auch für Namoluk gilt, bleibt leider unerwähnt.

Rohmaterial. Während auf den östlichen Carolinen nur die Faser der Banane als Rohmaterial benutzt wird, findet auf den Central-Carolinen auch die Faser aus Bast von *Hibiscus* Verwendung und kommt für Mortlock allein in Betracht. Kubary beschreibt (l. c., S. 267) die Zubereitung der *Hibiscus*-Faser auf Mortlock (»Gilifau« oder »Gilifa«, auf Ruk »Silifa«) ganz in der Weise, wie dies anderwärts, z. B. auf den Marshall-Inseln geschieht (s. vorne S. [413]), gedenkt aber dabei keiner besonderen Geräthe, z. B. Klopfer (welche letztere beiläufig der Kat. M. G. [S. 344] von Nukuor in drei eigenartigen Formen verzeichnet). Die *Hibiscus*-Faser, obwohl biegsamer und weicher als die sprödere Bananenfaser, lässt sich übrigens nicht in Faden drehen wie letztere, weil sie nicht jene Dichtigkeit, sondern eine mehr poröse Beschaffenheit besitzt und wird deshalb gespalten. Die einzelne Bastfaser ist deshalb stets gröber, breiter als dick und von dem runden Garnfaden aus Bananenfaser ziemlich leicht zu unterscheiden.

Geräthschaften. Wie überall auf den Carolinen wird die Webeindustrie auch auf Mortlock und Ruk ausschliesslich vom weiblichen Geschlecht betrieben. Dass die

---

[1]) Kubary will in ein paar aus Bananenfaser gewebten alten Bändern, die er auf Pelau erhielt, Belege dafür erblicken, »dass eine primitive Webekunst in früherer Zeit auch hier existirte« (»Ethnol. Beitr.«, I, S. 61, Note), was indess damit, wenigstens für mich, noch lange nicht bewiesen ist. Auch sagt Kubary selbst (ib. S. 209), dass Weberei auf Pelau unbekannt sei, erwähnt dagegen (ib. S 95) die Namen dreier Webegeräthschaften von Yap, was zur Annahme veranlassen kann, als verstünde man auch hier zu weben. Diejenigen, welche Kubary's Arbeiten kennen, wissen aber bereits, dass dies nicht der Fall ist und dass die Yaper ihre Zeugstoffe zur Männerbekleidung von Uluti einhandeln (Journ. M. G., II, S. 15 und Kat. M. G., S. 382 und 393). Wenn somit an dem Fehlen von Weberei auf Yap und Pelau kein Zweifel sein kann, so ist es um so interessanter, dass Kubary den sicheren Nachweis auf den benachbarten westlichsten Inseln Sonsol und Bunai (St. David) liefern konnte (»Ethnol. Beitr.«, I, S. 95). Auf letzterer Insel ist diese Kunst aber bereits untergegangen. Kubary traf nur noch eine alte Frau, die zu weben verstanden hatte, und erhielt nur noch ein Geräth (das Schwert »Kubab« = S. [477], Fig. 46), sowie den letzten »Dor« oder gewebten Männergürtel (»Ethnol. Beitr.«, Heft I, S. 109). Wie es scheint, versteht man auch auf Pikiram zu weben (s. weiter zurück). Die im Kat. M. G. (S. 15, Nr. 961—969) aufgeführten »gewebten Zeuge« aus Neu-Guinea sind, wie auch vermuthungsweise ausgesprochen wird, zweifellos eingeführte Stoffe.

Technik im Wesentlichen mit der auf Kuschai (vorne S. [472]) üblichen übereinstimmen würde, liess sich von vorneherein annehmen. Die kurze Bemerkung Lütke's von Lukunor: »der Kettebock ist fast genau so als auf Ualan« (Voy., II, S. 72) gibt darüber glücklicher Weise volle Gewissheit und zugleich Nachweis des wichtigsten Geräthes zum Aufmachen der Kette. Sonderbarer Weise lässt Kubary dasselbe ganz unerwähnt, spricht dagegen aber von einem »Webestuhl«,[1]) auf Mortlock »Tor« genannt, ein Wort, das (a. O.) »in den Central-Carolinen im Allgemeinen sämmtliche Webegeräthschaften« bezeichnet. Diese Geräthschaften, welche indess keinen »Webestuhl« nach unseren Begriffen darstellen, sind im Wesentlichen identisch mit denen, wie wir sie bereits bei Kuschai kennen lernten, nur entsprechend der bedeutenderen Breite der central-carolinischen Zeugstoffe grösser. Auch sonst finden sich gewisse, indess mehr nebensächliche Verschiedenheiten. So bedient man sich statt der auf Kuschai üblichen Webebretter (vorne S. [477], Fig. 44) auf Ruk und Mortlock schmälerer, aber längerer Latten oder Leisten (»Paap«), wie sie der Kat. M. G. (S. 326) als »Rahmenstücke eines Webestuhles« beschreibt (»97 Cm. lang, 16 breit und 2 dick«). Diese Latten erfüllen übrigens genau denselben Zweck, die Kette straff zu halten, was in derselben Weise wie auf Kuschai mittelst eines Gürtels geschieht, den die Weberin um den Leib legt und mit den Oesen in die Zapfen der Latten befestigt. Dieser Webegürtel, auf Mortlock »Auoit« (auch »Auoy«) genannt, besteht aus einem Bande von Cocosfasergeflecht (Kat. M. G., S. 326, Nr. 2923). Schiffchen (»Azap«) und Schwert (»Apynz« oder »Apin«) sind ganz wie von Kuschai, nur entsprechend grösser (ersteres 28 Cm., letzteres 94 Cm. lang) wie die übrigen Stücke (Leisten und Stäbchen), die aber aus ungetriebenem Bambu gefertigt werden. Der Kat. M. G. verzeichnet die Webegeräthschaften von Mortlock vollständig, ebenso die ganz ähnlichen von Ruk (S. 378), weiss aber »über die Manipulation beim Gebrauch des Webestuhles« nichts mitzutheilen. Auch Kubary bleibt darüber Auskunft schuldig und beschreibt nur die Webegeräthschaften von Ruk (»Ethnol. Beitr.«, I, S. 59—61), und zwar mit einer Ausführlichkeit, die anscheinend nichts zu wünschen übrig lässt. Trotzdem bleiben selbst für Solche, welche mit carolinischer Weberei vertraut sind, Unklarheiten, wie dies ohne erläuternde Zeichnungen kaum zu vermeiden war. Diese Unklarheiten beziehen sich auf folgende Stellen des Textes (S. 60): »Um die Kettenfäden zu reguliren, sind dieselben, jeder für sich, einmal um ein glattes Bamburohr gewunden, das auf Ruk ‚Anan', auf Mortlock ‚Ullut' heisst« und weiter: »Dann kommt ein Rohr, auf den drei Gruppen resp. Toro, Non und Auzuru genannt, welches durch eine Anzahl dicht aneinander befindlicher Oesen die Fäden der unteren Lage umfasst und sie dadurch über die oberen erheben kann, die erforderliche Kreuzung der Längsfäden für das Durchschieben des Querfadens dadurch zu Stande bringend«. Ohnehin nicht sehr deutlich in der Fassung, würden hier nur bildliche Darstellungen zum besseren Verständniss helfen können, aber immerhin scheint es sich um zwei Vorrichtungen zu handeln, die in der mortlock'schen (und kuschaischen) Webemethode fehlen. Die übrigen Hauptgeräthe (Webebretter oder Latten: Paap; Schiffchen: Asap; Lade: Opop, auch Aupoup; und Gürtel, ebenfalls aus Cocosfaser geflochten) sind ganz so wie auf Mortlock (und Kuschai). Dasselbe gilt bezüglich der Leisten und Stäbchen (aus Bambu), wovon die ruk'sche Webevorrichtung drei

[1]) Tetens beschreibt (Journ. M. G., Heft II, S. 16) einen solchen von Uluti (Mackenzie), »bestehend aus einem vierseitigen circa 1 M. langen Rahmen, der an einem Ende eine drehbare hölzerne Walze trägt, über welche die Matte läuft und von den Weibern auf dem Schoosse gehalten wird«. Aber diese Beschreibung ist wohl Phantasie und aus der Reihe des ethnologischen Vergleichungsmaterials zu streichen.

mehr besitzt. Kubary notirt wenigstens für Ruk elf, für Mortlock nur acht besondere Stücke, die »zum Webestuhl« gehören, vergisst aber darunter den Kettebock. Wie überhaupt die Kette hergerichtet wird, darüber erfahren wir so wenig wie über den eigentlichen Webeprocess selbst.

Hinsichtlich des Webens auf Nukuor, »so geschieht dies auf einem Webestuhle, ähnlich wie man ihn auch auf den Mortlock- und Ruk-Inseln findet, obwohl der nukuor'sche in seiner Zusammensetzung einen geringen Unterschied aufweist«, sagt Kubary in seiner ausführlichen Beschreibung der Webegeräthschaften (Kat. M. G., S. 325), die übrigens kein klares Bild gibt, zumal da sich Widersprüche finden. So wird die Zahl der einzelnen Stücke zu acht, an anderen Orten zu zehn und elf angegeben, und darunter fehlt wiederum der Kettebock ganz. Die Nadel (Schiffchen) von Nukuor »ist von ganz anderer Form«, bemerkt Kubary a. O. (»Ethnol. Beitr.«, I, S. 61), aber die im Kat. M. G. (S. 345) beschriebenen Stücke weichen nur unerheblich ab, und ein Exemplar von Nukuor, das ich von Kubary selbst erhielt, ist genau so wie solche von Kuschai, nur grösser (52 Cm. lang und 65 Mm. breit). Dasselbe gilt hinsichtlich der Lade (über 1 M. lang) und der übrigen Geräthschaften, die also im Wesentlichen dieselben sind als sonst. Kubary bestätigt dies selbst in den Worten: »auf den drei Gruppen Ruk, Mortlock und Nukuor ist ein Webestuhl derselben Construction in Gebrauch« (»Ethnol. Beitr.«, I, S. 59). Die Annahme, dass die Webekunst Nukuors von Mortlock herstammt, lässt sich ebenso wenig beweisen als widerlegen.

b) **Erzeugnisse der Weberei** sind, wie bereits erwähnt, Zeugstoffe zur Bekleidung, deren Länge und Breite innerhalb der nachfolgenden vergleichenden Tabelle differirt:

Länge	1·90—2·20 M.	Breite	47—67 Cm.	Mortlock
»	» »	»	47—55 »	Ruk
»	1·60—2·00 »	»	60—65 »	Nukuor[1]) (Kat. M. G.)
»	1·30—2·60 »	»	40—60 »	Uleai
»	1·20—1·60 »	»	35—45 »	Uluti (Yap, Kat. M. G.)

Wie die »Toll« von Kuschai enden auch die Gewebe der Central-Carolinen an den Schmalseiten in (6—28 Cm. lange) Fransen, die aus den Kettfäden gebildet werden. Gröber als die Webereiproducte der östlichen Inseln, unterscheiden sich die centralcarolinischen Zeugstoffe, »Os« (Otsch) (auf Ruk auch »Mezei«) genannt, durch ansehnlich grössere Dimensionen, namentlich in der Breite, und sind schon deshalb weit minder kunst- und geschmackvoll, weil die bunten Farben fehlen. Ausser den natürlichen Färbungstönen des verwendeten Materiales, also von dem blassen Fahl der gebleichten Bananenfaser bis zu der lebhaft lohfarbenen Nuance der *Hibiscus*-Faser, kommt eigentlich nur Schwarz[2]) in Betracht. Als Färbemittel dafür bedient man sich der schwarzen Schlammerde (»Puel«) aus den Tarofeldern, die Ruk eigen zu sein scheint und welche die Mortlocker von dort eigens mitbringen (Kubary, l. c., S. 267 und Kat. M. G., S. 329), ein Material, das übrigens auch in gleicher Weise zum Färben der Frauenschurze auf Pelau verwendet wird (Kubary, II, S. 213). Ein blassgelblicher Ton gewisser Zeuge scheint mit Lösung von *Curcuma* gefärbt, welcher letztere Stoff zur Verschönerung der Zeuge mittelst Einreiben oder Auftragen in einer dicken Schicht viel verwendet wird. Schon Lütke gedenkt dieser ganz bemalten, stark abfärbenden Zeuge von Lukunor als Staatskleider, wie sie auch auf Ruk sehr beliebt sind. Zeuge mit gelb aufgetragenen

[1]) Kubary gibt die Länge der nukuor'schen Zeugstoffe sogar zu 2·79 M., deren Breite zu 93 Cm. (?) an.

[2]) Von Uluti (Mackenzie) erhielt ich auch Zeuge mit eingewebten, lebhaft rothen Streifen, die aber bereits mit importirtem Anilin gefärbt sind. (Hierher gehört »Hüftgurt«, Kat. M. G., S. 381, Nr. 57.) Im Vocabular von Mortlock verzeichnet Kubary folgende Farben: »posopos« = weiss, »lipar« = roth und »sosol« = schwarz, blau und grün, was zeigt, dass man auch hier die letzteren Farben nicht zu unterscheiden versteht.

breiten Streifen (wie Nr. 230 der Sammlung) werden nach Kubary nur auf Ruk gemacht, aber auch nach Mortlock verhandelt. Männer benutzen nach Kubary stets einfarbige Zeuge, darunter auch ganz schwarze, wogegen Frauen nur gemusterte Zeuge verwenden, eine Unterscheidung, welche sowohl für Ruk als Mortlock gilt. Wie erwähnt, wird auf letzterer Gruppe nur *Hibiscus*-Bastfaser als Material verwendet, auf Ruk aber auch die feinere Bananenfaser und hier auch Halbzeuge aus abwechselnden Streifen von beiden Materialien gewebt (vgl. Kat. M. G., S. 303, Nr. 2932). Wenn im Allgemeinen die Zeuge von Ruk (wie Nukuor, Uleai und Uluti) schon des feineren Materials wegen besser sind als die von Mortlock, so finden sich doch überall erhebliche Unterschiede in der Qualität, die ja aus leicht begreiflichen Gründen nicht nur vom Material allein, sondern auch von der individuellen Geschicklichkeit und Fertigkeit der Weberin abhängt. In noch höherem Grade gilt dies hinsichtlich der **Muster**, die innerhalb gewisser Typen fast so viele kleine Abweichungen zeigen, als dies von den »Toll« von Kuschai bereits erwähnt wurde.

Unter Vorlage einer grossen Reihe Zeugstreifen von Mortlock demonstrirte mir Kubary folgende Muster als typisch:

1. Long-long-Muster: mit 4 (circa 80 Mm.) breiten, schwarzen Längsstreifen; die 4 hellen Zwischenstreifen nur 12—15 Mm. breit; übrigens zuweilen auch 5 breite schwarze Längsstreifen und die schmäleren hellen Längsstreifen mit 1—2 schwarzen Längslinien. Hierher gehört die Bekleidung des Mädchens im: Anthrop. Album M. G., Taf. 24, Nr. 271, Figur rechts).

2. Kaleman-lap-Muster (d. h. »grosser Kaleman«): 6 breite schwarze (circa 60 Mm. breite) und 6 schmälere (circa 22 Mm.) helle Längsstreifen.

3. »Kaleman-kis« (d. h. »kleiner Kaleman«): 9 (circa 45 Mm.) breite schwarze und 8 schmale (circa 17 Mm. breite) helle Längsstreifen.

4. »Lidschob« (Ližop): 17 schmale (22—27 Mm. breite) schwarze und 16 helle (17 Mm. breite) noch schmälere helle Streifen.

Ich muss gestehen, dass mich diese Mustereintheilung schon damals wenig befriedigte, denn eine exacte Unterscheidung schien kaum durchführbar. Sie wird vollends zur Unmöglichkeit, wenn man den obigen vier Mustern noch die weiteren hinzufügt, welche Kubary für Mortlock (l. c., S. 268) ausserdem kurz beschreibt, nämlich: »Patpat« (aus schwarzen und weissen Längsstreifen), »Sook« (»auf schwarzem Grunde sind viele schmale weisse Zackenstreifen vorhanden«) und »Monomaz« (ein sehr reiches Muster von Ruk). Im Kat. M. G. (S. 303, Nr. 2929) wird von Mortlock noch ein weiteres Muster als »Fižan« (Fischan) bezeichnet, welchen Namen Kubary (a. O.) aber für eine gewisse Art Mäntel (Ponchos) anwendet. Wenn die Feinheiten der specifischen Benennungen und Unterscheidung wahrscheinlich für Eingeborene keine Schwierigkeiten haben, so ist für unsere Augen im Grossen und Ganzen nur eine Eintheilung in breitere und schmälere Längs- und Querstreifenmuster möglich. Die Details der Patterne sind nun innerhalb dieser allgemeinen Muster so variirend und mannigfach, dass kaum zwei Zeugstreifen genau das gleiche Muster aufzuweisen haben. Dies erklärt sich schon daraus leicht, weil die carolinische Weberin ohne Vorlagen nur nach eigenem Gutdünken arbeitet, wie wir diese Verhältnisse bei Kuschai (S. [481]) bereits kennen lernten. Eine genaue Vergleichung der Notizen über das reiche Material an Webeproducten der Carolinen im Kat. M. G.[1]) bestätigt die obige Annahme, die sich

[1]) Von Mortlock (S. 302—306) allein 32 Stück, davon 16 gemusterte, von Ruk (S. 357—359) 17 gemusterte, von Uleai (S. 381 u. 382) 29 Stück.

ausserdem auf Untersuchung einer ansehnlichen Reihe von gewebten Zeugen von Uleai und Uluti begründet. Von ersterer Insel verglich ich etliche zwanzig Stück und fand an jedem kleine Verschiedenheiten. Ausser geradlinigen Streifenmustern (zum Theil carrirt, diese nach Kubary nur Ruk eigen) kommen, obwohl seltener und nur in beschränkter Ausdehnung, auch rhombische und Zickzackfiguren vor, die indess nicht eingewebt, sondern aufgenäht [1]) (gestickt) sind, eine Technik, die wir schon von Kuschai kennen (S. [476]). In dieser Manier ist die Randkante eines Zeugstreifens von Uleai (Nr. 229 unserer Sammlung) verziert, wie ich dies in sehr geschmackvoller Weise in Mustern von Uluti beobachtete. Das Material der meist sehr sauber gearbeiteten Webereien von hier ist Bananenfaser, welche vorherrschend auch auf Nukuor verwendet wird. Ueber die Muster der hiesigen Zeuge macht Kubary keine Mittheilungen, und der Kat. M. G. verzeichnet von hier (S. 335) nur grobe gewebte Zeuge aus bräunlicher *Hibiscus*-Faser.

Da gewebte Zeuge einen Hauptartikel im Tauschverkehr der Eingeborenen bilden und unter Umständen von Ruk bis nach Pelau gelangen können, so wird es selbst dem besten Kenner nicht möglich sein, die Herkunft eines Stückes sicher zu bestimmen, und es bedarf dafür verbürgter Angaben.

Auf Pikiram (Greenwich Isl.), einem ziemlich isolirten Atoll, circa 240 Seemeilen südlich von Mortlock, ist Weberei ebenfalls bekannt, was hier erwähnt sein mag, weil ich darüber sonst keine Notiz fand. Durch Güte von Herrn Capelle auf Dschaluit erhielt ich von hier grobe einfarbige Stoffe, aus ungebleichtem lohfarbenen *Hibiscus*-Bast gewebt, sowie auch feinere aus gleichem Material. Einige Zeuge zeigten schmale weisse Längsstreifen aus einem seidenähnlich glänzenden Material, wie es sonst nirgends in den Carolinen vorkommt und welches als die gebleichte Bastfaser des Brotfruchtbaumes bezeichnet wurde. Aus demselben Materiale versteht man auf Pikiram bekanntlich auch Tapa zu bereiten (vgl. vorne S. [10] und Kat. M. G., S. 351).

8. Fahrzeuge, Seeverkehr und Handel.

Das Canu von Ruk (»Va«) stimmt nach Kubary in Bauart und Form durchaus mit dem centralcarolinischen überein und gehört zu jenem ausgezeichneten Typus [2]) von Hochseefahrzeugen, wie wir ihn bereits aus dem Marshall-Archipel (S. 159 [415]) kennen lernten. Die nach dem Zeugnisse Chamisso's durchaus correcte Abbildung eines grossen carolinischen Canus (wahrscheinlich von Uleai) bei Choris (Pl. XVIII) stimmt bis auf gewisse Einzelheiten so mit dem Marshall-Canu überein, dass eine weitere Beschreibung überflüssig ist. Erwähnt mag aber sein, dass die Plattform an der Auslegerseite sich schräg bis fast an die Bugenden erstreckt, und dass den hohen gebogenen Schnäbeln die Verzierungen (Bellick) fehlen. Das Segel (Amara) ist aus grobem Mattengeflecht von *Pandanus*-Blatt gefertigt, dreiseitig (lateinisch) und wird ganz so geführt wie auf den Marshall-Inseln. »Segel, Segeltaue und Masttakelage« werden von Nema, Losop, Poloat und »Tananu« (wohl Fananu des Etal-Atolls) nach Ruk eingeführt (Kubary, I, S. 65). Auf der einen Seite der Plattform seetüchtiger Fahrzeuge ist eine kleine Hütte errichtet, wie dies Kittlitz von Lukunor erwähnt. Abbildungen solcher (»Senjavin-Reise«, Pl. 35, und Kittlitz: Denkwürd., II, S. 89) zeigen im Ausleger einige Abweichungen, die aber als Localverschiedenheiten, wie sie überall vorkommen, nebensächlich sind. Ein wesentlicher Unterschied besteht aber in der Construction des Schiffskörpers, und zwar darin, dass bei dem carolinischen Canu beide Seiten gleich, beim

[1]) Hierher gehören die Stücke des Kat. M. G. von Mortlock (S. 303, Nr. 562; S. 304, Nr. 564, 2934, und S. 305, Nr. 2935), von Ruk (S. 358, Nr. 3430), von Uleai (S. 381, Nr. 60, 61) und Uluti (S. 390).

[2]) Zu diesen Canus mit Kielstück und Seitentheilen gehört auch das im Uebrigen sehr abweichende Canu von Tahiti (Wilkes, II, S. 21, Abbild.).

Marshall-Canu (vgl. Fig. 24, S. [417]) ungleich sind. Lütke macht in seiner ausführlichen Beschreibung (»Voyage« etc., II, pag. 74—79) besonders auf diese wichtige Constructionsverschiedenheit aufmerksam, erwähnt aber ausserdem die Uebereinstimmung der Fahrzeuge von Lukunor, Ruk, Fais, Ulcai und Uluti. Die Ungleichheit der Seiten besassen aber die weit vollkommeneren Canus der Mariannen, die wir nur nach Anson kennen, da es leider an einer vergleichenden Darstellung der Carolinen-Fahrzeuge fehlt und bald dafür ohnehin zu spät sein dürfte. Nach Lütke weichen die Hochseefahrzeuge von Ruk nur dadurch unbedeutend von dem mortlock'schen ab, dass das Segel mit einem Gaitau versehen ist, stimmen aber im Uebrigen auch ganz mit den Canus von Lukunor, Uleai und Namonuito (Hall-Inseln) überein. Kubary, der das Hochseecanus der Mortlocker (»Ua« oder »Ua serek«, Segelcanu) ausführlich beschreibt (l. c., S. 263 bis 266, leider ohne Abbildungen), bestätigt dies und bezeichnet auch die grossen Canus von Yap (»Paupau«, früher auch »Tschukopinn« genannt) als gleichartig. »Der ‚Melyuk' (auf Mortlock ‚Messuk') scheint das typische centralcarolinische Segelfahrzeug zu sein und findet sich im ganzen Westen bis auf Yap. Die Construction des ruk'schen Segelfahrzeuges stimmt vollkommen mit dem mortlock'schen überein. Im Allgemeinen sind die ruk'schen Fahrzeuge etwas grösser und stärker gebaut, was in dem grösseren Holzreichthum der Insel seinen Grund hat« (»Ethnol. Beitr.«, I, S. 53). Die hier gegebenen Masse eines grossen Ruk-Canu stimmen fast ganz mit den eines solchen von den Marshall-Inseln (vorne S. [417]) überein, nur ist die ansehnlich geringere Länge des Auslegerbalkens (2·65 M. gegen 4·34 M.) auffallend. Lütke verzeichnet für Lukunor-Canus 27 Fuss Länge, 2½ Fuss Breite und 4 Fuss Tiefe, doch gibt es grössere.

Eigenthümlich für die Canus der Central-Carolinen ist der Anstrich in haltbarer Farbe, wie dies ähnlich auf Kuschai und Ponapé geschieht. Dieser Anstrich ist aber nicht einfarbig rothbraun wie auf letzteren Inseln, sondern nach Lütke werden die Canus von Lukunor unten schwarz, oben gelb oder roth angestrichen, die von Ruk roth mit schwarzen Streifen. Nicht ganz damit übereinstimmend sagt Kubary: »Die Segelfahrzeuge von Ruk sind ganz schwarz bemalt, mit Ausnahme eines schmalen, gegen die Enden sich ausbuchtenden Raumes entlang des oberen Randes. Dies Muster wird durch die Bewohner der niedrigen Inseln genau beibehalten, obwohl sie sich die rothe Farbe von Ruk holen müssen, und findet sich auch bei dem yap'schen Paupau[1]) wieder« (»Ethnol. Beitr.«, I, S. 53). In welcher Farbe übrigens der obere Rand beim ruk'schen Fahrzeug bemalt wird, ist aus dem Vorhergehenden nicht ersichtlich, und in der Beschreibung des Mortlock-Canu lässt Kubary den Anstrich überhaupt unerwähnt.

Ausser dem erwähnten Segelcanu besitzen die Central-Carolinen noch eine zweite Art, das kein Segel führt, daher mittelst Paddeln bewegt wird und für den heimischen Verkehr bestimmt ist. Dieser Typus, auf Mortlock »Liegak« (auch »Ua fatal« = Rudercanu), auf Ruk »Va faten« genannt und von Kubary als »Kriegscanoe« bezeichnet, findet sich übrigens auch auf anderen Carolinen und ist überhaupt weit verbreitet (vgl.

[1]) Damit im Widerspruch heisst es in der Beschreibung des Yap-Canus (Journ. M. G., Heft II, S. 19). »das ganze Holzwerk dieser Kähne ist von aussen und innen mittelst einer rothen Erde bemalt« (!). Aber diese ganze Darstellung (welche unter Anderem die Breite zu »1½ M.« = fast 5 Fuss verzeichnet) ist eine so fehlerhafte, dass sie sammt der total verfehlten Abbildung (Taf. III) als Vergleichungsmaterial nur irreführt und besser uncitirt bleibt. Dagegen darf auf die Abbildung eines Yap-Canus bei Hernsheim verwiesen werden (»Südsee-Erinnerungen«, Taf. 3). Da Yap wenig brauchbares Holz zu Canubau besitzt, so zimmern die Eingeborenen dieser Insel ihre grossen Canus auf Pelau, erwähnenswerth deshalb, weil die Pelauer trotz besserer Lehrmuster und Vorbilder ihrem alten primitiveren Modell treu geblieben sind. Nach Kadu kauften die Yaper damals gern Canus von Uleai, wie nach Lütke die Bewohner Uleais die ihren ebenfalls von hier bezugen.

vorne S. [480]). Lütke und Kittlitz gedenken von Lukunor kleiner Canus mit Ausleger, die nur eine Person tragen, und ähnliche »Einspänner« sah ich unter Anderem auf Normanby, der d'Entrecasteaux-Gruppe (vgl. Finsch: »Samoafahrten«, Abbild., S. 214). Die centralcarolinischen Paddelcanus (bis 10 M. lang: Kubary) tragen natürlich eine ziemliche Anzahl Personen, welche sich Paddel (»Fatel«, Mortlock) bedienen, die im Ganzen mit der üblichen Form (z. B. Fig. 48, S. [479]) übereinzustimmen scheinen, obwohl dies aus Kubary's Beschreibung (l. c., S. 62) nicht ganz sicher festzustellen ist. Aber aus der Beschreibung (Kat. M. G., S. 374) ergibt sich, »dass die Spitze des Blattes knopfartig verdickt ist«, was an die Paddel von Trobriand (vorne S. [173]) erinnert. Die ganz schwarz bemalten Paddelcanus von Ruk zeichnen sich ausserdem durch eine gewisse Bugverzierung aus, die auf Mortlock und den übrigen Carolinen fehlt und deshalb besonders interessant ist. Sie besteht in einer bunt bemalten Holzschnitzerei, deren oberer Theil zwei Seeschwalben darstellt (Kubary, I, S. 53, Taf. IX, Fig. 6), und die aufgeklappt werden kann, was zugleich kriegerische Absichten andeutet. Gemeinschaftlich für Ruk und Mortlock sind schmale (circa 1·16—1·20 M. lange), flache, säulenartige, geschnitzte Stäbe, die senkrecht auf der Auslegerbrücke befestigt und zwischen denen die Speere aufbewahrt werden oder wurden, Vorrichtungen, die sich übrigens ähnlich an verschiedenen melanesischen Canus finden (vgl. vorne S. [192]). Die Stäbe von Ruk sind ausser Schnitzerei auch mit Malerei (in Schwarz und Weiss) verziert (vgl. Kat. M. G., S. 373, Nr. 3397—3403 [»Auslegerstützen«], Taf. XXXI, Fig. 2, und Kubary, I, Taf. IX, Fig. 7), was bei den mortlock'schen nicht der Fall ist, die dagegen am oberen Ende in Hähne ausgeschnitzt sind, »die hier, wie überall im Westen, als Symbol des Krieges und der Tapferkeit gelten« (Kubary, S. 54), eine charakteristische Eigenthümlichkeit, die Kubary unter Mortlock ganz zu bemerken vergisst.

Hinsichtlich der Seetüchtigkeit erklärte Lütke die Canus von Lukunor für ganz brauchbare Fahrzeuge, führt aber bereits die übertriebenen Schilderungen früherer Reisender über die Schnelligkeit auf das richtige Mass zurück. Kubary stellt dem Mortlock-Canu kein sehr günstiges Zeugniss in Betreff der Leistungsfähigkeit aus. »Beim Kreuzen treiben diese Fahrzeuge ausserordentlich stark. Das bestsegelnde Canu läuft kaum 4 Seemeilen in der Stunde,« eine Geschwindigkeit, die schon Chamisso für das Carolinen-Canu »im günstigsten Falle« als äusserste Grenze bezeichnet. Logan's Erfahrungen auf wiederholten Canureisen bestätigen dies. Zu der Distanz von 10 Seemeilen von Losop nach Nema waren bei mässigem Winde fünf Stunden erforderlich. Und bei sehr bewegter See brauchte man einst von Etal nach Oniop der Lukunor-Lagune, nur 9 Seemeilen, einen ganzen Tag.

Jede Canureise erfordert, wie überall, gründliche Vorbereitungen und Reparaturen, namentlich Calfatern. Trotzdem leckt das Mortlock-Canu (nach Kubary) wie ein Sieb, und zwei Mann müssen fortwährend schöpfen. Die Wasserschöpfer stimmen fast ganz mit denen der Marshallaner überein (vgl. »Senjavin-Reise«, Pl. 29, Fig. 11: Lukunor).

Seeverkehr und Handel. Wenn Kadu Canus von Ruk auf Ulesi (450 Seemeilen Entfernung) gesehen zu haben behauptet, so können dies höchstens verschlagene gewesen sein, die als solche sogar unfreiwillig nach Guam gelangten, worüber verbürgte Nachrichten vorliegen. Aber so wenig wir auch über die Fahrten der Ruker in früherer Zeit wissen, so ist doch sicher, dass sie nicht an den Reisen nach Guam theilnahmen. Trotz trefflicher Fahrzeuge scheinen sie nie berühmte Seeleute gewesen zu sein und unternehmen, wenigstens jetzt, schon lange keine Seereisen mehr. Da Ruk den Centralpunkt für den Eintausch von Gelbwurz bildet und deshalb von den Nachbarn aufgesucht wird, so lässt sich annehmen, dass diese Verhältnisse von jeher dieselben waren.

So sind es besonders die Bewohner der Hall-Inseln, welche mit Ruk in Verkehr stehen, und zwar finden, wie überall, diese Fahrten zwischen gewissen Inseln statt. Nach Kubary, dem wir darüber die meisten, nicht selten aber auch widersprechende Nachrichten verdanken, reisen die Bewohner von Namun (Namunoito) der Hall-Gruppe (circa 100 Seemeilen weit) nur nach den nördlichsten Atollinseln des Ruk-Riffes Pis und Faleu (Falalu). Seitdem haben wir aber durch denselben Reisenden erfahren, dass letztere Insel überhaupt unbewohnt ist, und dass die Bewohner sämmtlicher Hall-Inseln (also auch von Fananu, Rua und Murilla = Moriljö) nur die hohen Inseln Uola und Tsis besuchen. Aber auf dieser Fahrt wird jedenfalls Pis berührt, wie die Bewohner des letzteren Atolls wiederum für sich Zwischenhandel mit den hohen Inseln (Fefan, Param, Udot und Faituk) betreiben. Von Westen her sind es hauptsächlich die Bewohner von Poloat (Ponouvat, Enderby), welche Ruk besuchen, ausserdem in beschränkter Weise auch die von Suk (Pulusuk) und der Gruppe Los Martires (Tamatam und Ponnap oder Ollap).

Wenn Kadu angibt, dass die Bewohner der Mortlock-Inseln sich ebenfalls an den Fahrten nach den Marianen (Guam) betheiligten, so ist dies jedenfalls unrichtig (vgl. vorne S. 187 [443]). Nach Kubary ist die Fahrt nach Ruk die einzige, welche von den Mortlockern unternommen wird, und wir erhalten darüber einen interessanten ausführlichen Bericht (l. c., S. 284). Darnach wurde die 140 Seemeilen weite Fahrt, ähnlich wie wir dies von den Marshallanern (vorne S. [421]) kennen, nie direct ausgeführt. Man lief zuerst die 30 Seemeilen entfernte Insel Namoluk an, dann Losop (65 Seemeilen) und Nema (10 Seemeilen), das nur 35 Seemeilen westlich von Ruk liegt. Geht bei günstigem Passat die Fahrt gut, so dauert die ganze Reise circa 36 Stunden (von Namoluk nach Losop etwa 18). Aber häufig ist dies nicht der Fall, und Logan erzählt einen Fall, wo ein Canu von Mosch, der nördlichsten Insel der Satóan-Lagune, zwei volle Wochen bis nach Ruk brauchte und dort mehrere Monate auf günstigen Tradewind zur Rückreise warten musste. Verschlagen kommt dabei, wie überall, vor, und Kubary führt einen interessanten Fall aus dem Jahre 1877 an, wo ein Mortlock-Canu statt nach Ruk nach Suk (150 Seemeilen westlich davon) gelangte. Kubary's Nachrichten beruhen natürlicherweise auf Erkundigungen, denn er selbst traf (1877) auf Mortlock nur einmal eine kleine Canuflotte von Losop (95 Seemeilen nördlich). Nach späteren Angaben desselben Reisenden (»Ethnol. Beitr.«, I, S. 76) sind es hauptsächlich die Bewohner dieses Atolls und des benachbarten Nema, welche den Zwischenhandel sowohl mit Erzeugnissen von Ruk nach Mortlock als umgekehrt betreiben, und nach der hier gegebenen Darstellung würden die Mortlocker überhaupt gar nicht bis Ruk kommen. Allein zwei Seiten weiter zurück (S. 78) heisst es: »Die Mortlocker gehen nach der Insel Toloas, ihrer Urheimat.« Dass dies wirklich der Fall war, wissen wir bestimmt durch Logan, indess scheinen diese Fahrten seltener zu werden und dürften, wie anderwärts, nach und nach ganz aufhören, wie dies in Bezug auf Nukuor bereits längst eintrat. Nach Kubary hat die Tradition nur noch den Namen des Schiffsführers erhalten, unter dessen Führung einstmals diese 110 Seemeilen weite Reise unternommen wurde. Ueber Schiffsführung und Navigation der Mortlocker, die also gegenwärtig keineswegs mehr berühmte Seefahrer sind, vgl. vorne (S. [444]).

Wenn ich in der Einleitung (S. [442]) anführte, dass die Ernährung das hauptsächlichste Motiv zum Seeverkehr der Bewohner der Central-Carolinen sei und namentlich die der niedrigen Inseln dazu zwinge, so ist dies nicht ganz zutreffend. Kittlitz bemerkt schon sehr richtig, »dass auf Lukunor die Elemente des Reichthums nicht, wie auf Kuschai, in den Erzeugnissen des Bodens, sondern in Industrie und Handel bestehen, und dass man solche Ausfuhrartikel auch jenseits des Meeres mit Vortheil umzusetzen versteht. Die Bewohner der niedrigen oder Koralleninsel finden ihren Absatz auf den hohen Inseln« (2, S. 82, 83). Leider werden Localitäten nicht genannt, und so kann man nur annehmen, dass mit den hohen Inseln (da Kuschai namentlich als ausgeschlossen erklärt wird) die der Ruk-Gruppe gemeint sind, und dass die Lukunorer damals tüchtige Seefahrer waren. Als Ausfuhrartikel nennt Kittlitz: »Mattengeflecht aus *Pandanus*-Blatt, Tauwerk und Bindfaden aus Cocosnussfaser, Geräthschaften aus dem Holze des Brotfruchtbaumes, Waffen verschiedener Art aus Palmholz, darunter Lanzen und Streitkolben,« worunter wahrscheinlich Keulen zu verstehen sind. Diese allgemeinen Angaben stimmen also im Wesentlichen überein mit den Verhältnissen, wie sie Kubary neuerdings über »den Handel der Ruk-Insulaner« (»Ethnol. Beitr.«, I, S. 74—78) eingehend schildert. Darnach bildet »Taik« (Gelbwurzpulver) den Hauptartikel der Ausfuhr Ruks, ausserdem gewebte Matten aus Bananenfaser, gewisse fertige Schmuckgegenstände, sowie in beschränkter Weise auch Tabak und, nach früheren Mittheilungen, auch Schleifsteine. Dagegen werden von den vorher genannten Nachbarinseln eingeführt und eingetauscht: Stricke aus Cocosfaser, sowie Fischleinen, Matten und Segel aus *Pandanus*-Geflecht, Schildpatt und Gegenstände daraus (von den Hall-Inseln; Segelmatten und Tauwerk aber auch von Nema, Losop und Poloat), lose *Hibiscus*-Faser (von Suk), Stirnbinden, lose *Spondylus*-Scheibchen und Halsbänder daraus, »Kin« oder Frauengürtel (von Nema und Losop, aber von den Bewohnern dieser Inseln auf Namoluk und Mortlock eingetauscht) und Eisenwaaren, namentlich grosse Machete-Messer und Aexte. Die letzteren werden nur von den Bewohnern der Insel Poloat eingeführt, die den Handel mit Ruk (circa 135 Seemeilen in vier Tagen Fahrt) ganz an sich rissen. »Dieselben haben durch früher erworbene Erfahrung in Seereisen und durch den Vortheil der Waaren, besonders des Eisens von Seypan (Ladronen), unter ihren Nachbarn den Handel mit Ruk beherrscht; die kleineren benachbarten Inselbevölkerungen gaben die Fahrt nach Ruk auf und erwarben ihre Gelbwurz und Eisenwaaren von dem ihnen näher gelegenen Poloat« (Kubary: Kat. M. G., S. 379). Wie die Poloater nordöstlich über Ruk hinaus bis auf die Hall-Inseln reisen, so vertreiben sie ihre Waaren (darunter auch auf Ruk eingehandeltes Gelbwurzpulver und Schmucksachen) westlich,[1]) und so erklärt es sich, dass hier Gegenstände des Schmuckes vorkommen und benutzt werden, die eigentlich in den Central-Carolinen verfertigt sind. Ueber eine der interessantesten Fragen, ob die Poloater noch heutigen Tages nach »Ceipen« (Saypan) segeln, gibt Kubary nur zweifelhafte Auskunft, erwähnt aber, »dass die Verhältnisse des interinsularen Handels der Eingeborenen bedeutend zurückgegangen seien, ohne wirklich aufgehört zu haben«. In früherer Zeit war dieser Handel ein blühender, und in Faytuk (auf der Insel Tol), auf Ruk fanden sich zuweilen 40—50 Canus aus dem Westen zusammen, die, mit westlichen Winden gekommen, auf östlichen Wind zur Rückreise warten mussten (Kubary).

9. Körperhülle und Putz.

A. Bekleidung.

Europäische Kleidungsstücke haben sich bis jetzt nur noch wenig in unserem Gebiete eingeführt. Zwar erwähnt Lütke bereits, dass die Lukunorer (1828) Hemden

[1]) An a. O. sagt Kubary über die Bewohner von Yap: »Sie tauschen gern mit den Bewohnern von Uleai und Mogomok (Ungoy) ihre flaschenförmigen Gelbwurzpulverbündel gegen gewebte Zeuge, Zwirn (Cocosstricke), Segel und Cocosschalenschmuck« (I, S. 2).

lieber nahmen als die Kuschaier, aber die Missionäre klagen noch 60 Jahre später über den geringen Sinn der Eingeborenen für decentere Tracht nach europäischem Vorbild. Selbst die Missionszöglinge wollen sich nicht recht an unsere Regeln gewöhnen und ziehen z. B. Sonntagskleider gern in der Woche an. Es wird übel vermerkt, dass die Eingeborenen auf Ruk 1886 weniger gern Kleider trugen als sonst, weshalb die Oberleitung nackte Säuglinge nicht mehr zur Taufe zuliess. Ich beziehe mich auf diese beiläufigen Bemerkungen deshalb hier, weil sie Zeugniss für die Zähigkeit der Eingeborenen am Althergebrachten ablegen und damit zugleich erfreuliche Gewähr geben, dass sich Originalität bis zu einem gewissen Grade noch heute erhalten haben dürfte. Hoffentlich gilt dies auch für die interessanteste Industrie der Carolinen, die Webekunst, welche mit Einführung europäischer Kleidung nur zu schnell ihr Ende erreichen wird.

Bekleidung der Männer zeigen die nachfolgenden beiden Nummern:

Aroar (Nr. 231, 1 Stück), Zeugstreif, 1·74 M. lang und 54 Cm. breit, aus naturfarbener Bananenfaser gewebt. Ruk.

Aroar (Nr. 232, 1 Stück), wie vorher, 1·68 M. lang, 50 Cm. breit und über und über dicht und dick mit Gelbwurzpulver eingerieben. Ruk.

Solche ganz gelbgefärbte Schambinden (im Kat. M. G., S. 306, Nr. 2930, mit »Mezei« bezeichnet) bilden das Festkleid der Männer, während die vorhergehende Nummer (231) das Alltagskleid repräsentirt. Nach Kubary werden sowohl auf Ruk als Mortlock (hier »Palpal« genannt) von Männern nur einfarbige Zeugstoffe getragen, und zwar drei- bis vierfach zusammengefaltet, ganz in der Weise wie der Tóll auf Kuschai, (s. vorne S. [481] und Anthrop. Album M. G., Taf. 22: Ruk, und Taf. 24: Mortlock).

Diese weit über die Südsee verbreitete Männerbekleidung, welche wir aus Tapa wiederholt aus Melanesien (s. S. [224]) kennen lernten, findet sich auch in den übrigen Carolinen, westlich bis Pelau,[1]) Sonsol (Kubary, I, S. 91) und **Bunai** (St. David), wo Kubary den letzten gewebten Schamgürtel erlangte. Auf Nukuor heissen diese Schambinden »Maro«, also ganz so wie in Polynesien, aber Kubary schreibt (a. O.) auch »Malo«, ein Wort, das für dasselbe Bekleidungsstück weit über Melanesien verbreitet ist.

Knaben[2]) gehen bis etwa zum zehnten Lebensjahre ganz unbekleidet (Kubary).

»Die **Kleidung der Frauen** besteht hier in einem ziemlich engen Rocke, der über den Hüften befestigt ist und bis zum Knie herabgeht,« berichtet Kittlitz (II, S. 99, mit Abbild.) von Lukunor und hat damit das Richtige zugleich für die ganzen Central-Carolinen getroffen. Denn diese meist in zierlichen Mustern gewebten Zeugstreifen, welche in der ganzen Breite um den Leib geschlagen werden, kleiden in der That ganz wie kurze Röckchen (vgl. Anthrop. Album M. G., Taf. 21, Fig. 509, Taf. 23, Fig. 508: Ruk, und Taf. 24, Fig. 271:[3]) Mortlock). Die Bezeichnungen »Frauengurt« (Kat. M. G., S. 303 u. 304) und »Hüftgurt« (ib. S. 381 u. 382) sind daher wenig zutreffend.

---

[1]) Hier nicht selbst gefertigt, sondern von Uluti eingeführt, wie dies auf Yap der Fall ist. Nach Kubary gingen »in früherer Zeit die Männer nackt, welches auch heute noch im Norden der Fall ist. Man verfertigt jedoch auch eine Art Zeug aus dem Brotfruchtbaume« (Journ. M. G., Heft IV, S. 60, Taf. 4, Fig. 1), womit jedenfalls Tapa gemeint ist. Die hier gegebene Abbildung eines Pelau-Insulaners und die Art, wie derselbe die Schambinde trägt, sind Phantasie und ohne Werth für die Wissenschaft.

[2]) Sehr eigenthümlich sind die aus Cocosblattstreifen verfertigten Schamschürzchen der Knaben auf Sonsol (Kubary, I, S. 91, Taf. XII, Fig. 1).

[3]) In dem begleitenden Texte (S. 14) sagt Kubary, dass diese Mädchenfigur »mit dem ‚Palpal', dem Frauengurte, bekleidet« sei (welche Bezeichnung auch im Kat. M. G., S. 303, Nr. 562, angewendet wird), aber damit im Widerspruch heisst es a. O.: »Die Männer tragen den ‚Palpal'.«

Adschek (Aček) (Nr. 230, 1 Stück), Zeugstreif, 1·12 M. lang, 55 Cm. breit, grobes Gewebe aus Faser von *Hibiscus*-Bast mit schwarzen Längsstreifen, ein breiter Mittelstreif mit Gelbwurzpulver orange gefärbt. Ruk.

Solche mit gelben Streifen bemalte Zeuge werden nach Kubary nur auf Ruk gemacht, aber nach Mortlock ausgeführt und heissen hier »Monomaž« (Monomatsch). Der allgemeine Name für Zeugstoffe zu Frauenbekleidung ist auf Ruk Adschek (auch »Acet« geschrieben), auf Mortlock »Aroar«. Auf beiden Gruppen kleidet sich nach Kubary das weibliche Geschlecht, und zwar von frühester Jugend an, nur in gemusterte Stoffe, deren grosse Verschiedenheiten bereits erörtert wurden (s. vorne S. [584]).

Die vorstehend beschriebene Frauenbekleidung aus gewebten Zeugstreifen scheint auf die Central-Carolinen beschränkt und findet sich ausser Ruk und Mortlock (mit den Hall-Inseln, Nema, Losop und Namoluk) nur noch auf Ulesi. Von hier erhielt ich auch eine Art Schärpen, d. h. schmälere (24 bis 35 Cm. breite) gewebte Zeugstreifen, die von Mädchen über den Lendentüchern getragen werden (hierher gehört »Schurz«, Kat. M. G., S. 390, von Uluti). Nach Kittlitz bekleiden sich auf Ulesi aber nur Frauen mit Lendentüchern, während »ledige Mädchen einen ringsum schliessenden Schurz von frischem Laubwerk tragen, der allem Anscheine nach täglich erneuert werden muss« (Denkw., II, S. 156). Dies würde also bereits einen Uebergang zu der Frauentracht auf den westlichen Inselgruppen der Carolinen bilden, wie wir sie schon auf Yap finden. Hier tragen die Frauen lange Faserröcke,[1]) die sehr nahe mit gewissen melanesischen übereinstimmen und wie diese zum Theile bunt (gelb, kirschbraun, schwarz) gefärbt sind (vgl. Journ. M. G., Heft II, S. 16, Taf. 5, Fig. 3, und Taf. 7; Anthrop. Album, Taf. 20, Fig. 33, und Kat. M. G., S. 393 u. 394, aber nicht aus »Pisang«). Aehnlich, aber ganz verschieden von diesen einfachen, ringsum schliessenden, bis über die Kniee reichenden Röcken aus Blattstreifen sind die »Kariut« oder Weiberröcke von Pelau. Sie bestehen aus zwei schweren Büscheln oder Bündeln, die aus mehreren Blätterlagen sorgfältig zusammengenäht und in einen besonderen Gurt verflochten den Männerröcken der Marshallaner (vorne »Ihn«, S. [423]) zwar analog, aber doch ganz verschieden sind (vgl. Anthrop. Album, Taf. 20, Fig. 145, und Kat. M. G., S. 411–413). Ueber diese »Kariuth's« hat Kubary neuerdings eine ebenso ausführliche als zum Theile verwirrende[2]) Darstellung gegeben, auf die ich hier verweise (»Ethnol. Beitr.«, II, S. 212–215). Bemerkenswerth und auffallend ist es, dass die Frauen auf Nukuor, welche doch sehr schöne Webestoffe erzeugen, ebenfalls »einen Schurz (‚Titi') aus Cocosblättern tragen« (Kubary: Kat. M. G., S. 335), während auf den Pelau so nahe liegenden westlichsten Inseln Sonsol und Bunai (St. David) die Frauentracht in einer sehr eigenthümlichen kleinen, aus *Pandanus*-Blatt geflochtenen Matte besteht, die für die ganzen Carolinen einzig dasteht (vgl. Kubary, I, S. 91, Taf. XII, Fig. 4).

Wenn sich somit allein schon in der Bekleidung so erhebliche Verschiedenheiten, zum Theile nach den Geschlechtern, ergeben, so wird dies aufs Neue beweisen, wie dringend selbst für ein so beschränktes Gebiet als die Carolinen vor Generalisirung zu warnen ist.

---

[1]) Aus Versehen heisst es vorne (S. 11 [279], Z. 8 v. u.) »auf Yap von beiden Geschlechtern«. Vgl. aber auch die Notiz über den »Lit« oder die Männerbekleidung auf Yap S. [424].

[2]) Anscheinend fast zu gründlich, ergeben sich bei genauer Durchsicht und Vergleichung, verdeckt durch eine Fülle eingeborener Namen, nicht selten Widersprüche und Unvollständigkeiten, die ein klares Verständniss zuweilen beeinträchtigen, beim flüchtigen Lesen aber meist unbemerkt bleiben. Dies zeigt sich z. B. in dem Abschnitt: »Die Pflanzenfaser- und Flechtindustrie« (l. c., S. 209–215). Von 25 mit eingeborenen Namen aufgeführten »Pflanzen, deren Faser und Blätter zur Anwendung kommen und den Bedarf an Bast zu Fasern, Blättern zum Flechten und Stengeln zum Binden befriedigen«, ist im weiteren Texte nur für acht die Verwendung ersichtlich. Ausserdem sind hier aber sieben weitere Pflanzenstoffe aufgeführt, die im Hauptverzeichniss fehlen, darunter Cocosblatt (»Klollil«), zwei Arten *Pandanus* (»Awan = Awang«, Kat. M. G., und »Bunau = Bungau«, Kat. M. G.) u. A. »Honor« (= »Hangor«, Kat. M. G.) wird sowohl für eine Art *Pandanus*-Blatt, als für *Bromelia* notirt, »Grdikes« (auch »Grdhykes«) als Binsenart, Blätter und Stengel derselben, »Ulalek« als *Hibiscus* und Mark des Bananenstammes. Wenn zur ganzen Flechterei Blätter von zwei Arten *Pandanus* genügen, so setzen sich auch die Kariuts nur aus neun verschiedenen Pflanzenstoffen zusammen. Freilich verzeichnet Kubary 20 in der Zusammensetzung verschiedene Sorten dieses Kleidungsstückes, deren Nomenclatur aber nur einer Pelauerin verständlich sein dürfte.

Ponchoartige Mäntel sind ein wichtiges Stück der centralcarolinischen Tracht, die nach Kubary aber nur für die Männer giltig ist. Dies kann sich jedoch nur auf Mortlock beziehen, denn Kubary's eigene Photographien zeigen Rukerinnen mit dem Poncho bekleidet (Anthrop. Album, Taf. 23, Fig. 510, 511 u. 518), als welche, wie auf Ponapé, auch Taschentücher benützt werden (ib. Taf. 21, Fig. 516). Diese Ponchos bestehen aus zwei der Länge nach aneinandergenähten Zeugstreifen (Schambinden der Männer), in deren Mitte ein Schlitz offen gelassen ist zum Durchstecken des Kopfes. Sie heissen auf Mortlock »Utsch« (»Usz« = Banane, von Kubary auch »Aoš« und »Aosz« geschrieben und wohl identisch mit »Oš«, Otsch = Zeug im Allgemeinen), auf Ruk »Ćerem« (Tscherem), mit welchem Namen mir Kubary übrigens auch die gewöhnlichen Zeugstreifen bezeichnete. Die Länge der Ponchos ist sehr verschieden und reicht auf Mortlock meist bis über die Kniee (»Senjavin-Reise«, Pl. 32) oder selbst »bis auf die Füsse« (Kittlitz). Auf Ruk werden ganz gleiche Mäntel getragen, aber auch von Männern viel kürzere, die nur bis zum halben Bauche reichen (Anthrop. Album, Taf. 22, Fig. 529 u. 530) und ganz wie die Mantillen der Frauen von Ponapé kleiden (vgl. vorne S. [520]).

Am häufigsten werden einfarbige naturfarbene Zeuge zu Mänteln verwendet, diese aber gern mit Gelbwurzpulver eingerieben, so dass sie »bald mehr citronen-, bald mehr orangegelb« aussehen, wie Kittlitz (II, S. 81) bereits von Lukunor erwähnt. Da hier vorherrschend Zeuge von *Hibiscus*-Faser vorkommen, so scheint mir Kubary's Notiz, dass nur Zeuge aus Bananenfaser mit *Curcuma* verschönert werden, mindestens zweifelhaft. Uebrigens gibt es auch Ponchos aus gemusterten Zeugen (vgl. Kat. M. G., S. 359, Nr. 3494), und hierauf scheint der auf Mortlock »Fižan« (Fischan) genannte Mantel Bezug zu haben, über den sich Kubary (l. c., S. 268) allerdings nur sehr unklar ausdrückt. Einfarbig schwarze, wahrscheinlich schon aus schwarzen Faden gewebte Mäntel werden nach Kubary nur auf Ruk (hier übrigens von beiden Geschlechtern) getragen und zuweilen in geschmackvoller Weise mit *Spondylus*-Scheibchen verziert wie das folgende Stück:

Manuton (Nr. 227, 1 Stück), ponchoartiger Ueberwurf für Männer, besteht aus zwei mit der Längsseite aneinandergenähten Zeugstreifen aus schwarz gefärbter Bananenfaser, die somit ein Stück von 1·14 M. Länge und 55 Cm. Breite bilden, in der Mitte mit einem 30 Cm. langen Längsschlitz; die Ränder dieses Schlitzes sind mit rothen *Spondylus*-Scheibchen verziert, aus diesem Material ausserdem vorne, von der Basis des Schlitzes an, eine Längsreihe und mehrere Querriegel aufgenäht. Ruk.

Aehnliche Exemplare mit *Spondylus*-Verzierungen verzeichnet der Kat. M. G. (S. 359) von Ruk, sowie einfache gelb gefärbte von daher (S. 361) und von Mortlock (S. 306). Ein besonders feines Stück, von Kubary als »Mantel des Grosspriesters von Sopore auf der Insel Fefan und als Unicum« bezeichnet (jetzt im Berliner Museum), ist längs dem Schlitz mit drei Reihen *Spondylus*-Scheibchen verziert, vorne und hinten in der Mittellinie vom Schlitze aus je mit einer 37 Cm. langen Reihe *Spondylus*-Scheibchen, die von sechs Querriegeln (je zu fünf Scheibchen) durchschnitten werden. Zu diesem sehr kostbaren Mantel gehören über 800 *Spondylus*-Scheibchen, dazu noch meist sehr grosse von 10 Mm. Durchmesser. Wenn sonst meist die Bekleidung mit dem Schamgurt für Knaben als Zeichen der Volljährigkeit gilt, so ist dies nach Kubary auf Ruk anders, denn hier erhalten sie erst den Mantel und später die Schambinde.

Mit Ausnahme von Ponapé scheinen Ponchos in den Carolinen nur auf die centralen Gruppen Mortlock und Ruk (wahrscheinlich auch die Hall-Inseln) beschränkt und werden nach Kubary schon auf Uleai nicht mehr getragen. Aber auf der westlichsten

Carolineninsel Sonsol tragen die Frauen Ponchos aus feinem Mattengeflecht von Fausblättern, ganz ähnlich solchen von Ponapé (Kubary, I, S. 92, Taf. XII, Fig. 3), die aber auf dem benachbarten Bunai (St. Davids) fehlen (ib. S. 109).

Kopfbedeckung für Männer sind spitze, unten breite Hüte, in der Form ähnlich den chinesischen, aus breiten Streifen *Pandanus*-Blatt zusammengeflochten, die aber nicht auf Ruk vorzukommen scheinen. Ein solcher Hut von Satóan misst 32 Cm. in der Höhe und 45 in der Breite. Ganz gleiche Hüte tragen die Männer auf Lukunor (Kittlitz: Denkwürd., II, S. 89, und »Senjavin-Reise«, Pl. 35) und Nukuor, hier (nach Kubary) aber nur »ausserhalb des Riffs und in der Nacht« (?). Die Hüte aus gleichem Materiale von Yap scheinen eine höhere Spitze zu haben und sind zuweilen mit Stückchen Schildpatt verziert (vgl. Journ. M. G., Heft II, Taf. 5, Fig. 2). Auch die Bewohner von Sonsol pflegen am Rande ihrer, in der Form ganz mit den centralcarolinischen übereinstimmenden, Hüte gern selbstgefertigte Fischhaken aus Draht zu befestigen (Kubary, I, S. 91, Taf. XII, Fig. 2).

B. Putz und Zieraten.

Ausserordentlich mannigfach an verschiedenartigen Formen gehört der Schmuck dieses Gebietes zu dem reichsten Mikronesiens, wie vielleicht der Südsee überhaupt. Für Ruk und Mortlock kommen besonders in Betracht: Haarschmuck (aus Nadeln und Schmuckbändern), Kämme (zum Theile mit Federschmuck), Kopfbinden, reicher, massiger Ohrschmuck (sowie Ohrklötze), eine Fülle von Hals- und Brustschmuck, verschiedenartige Armbänder (darunter Spangen von Schildpatt und *Trochus*-Ringe) und ganz besonders kunstvoll gearbeitete Leibgürtel. Von allen diesen Gegenständen des Schmuckes sind aber im Ganzen nur sehr wenige Formen den Inseln eigenthümlich, und wie weit Manches im Tausch nach Westen[1]) gelangt, ist bereits erwähnt worden (vorne S. [589]).

a) **Material.**

Am häufigsten und in mannigfacher Weise wird Cocosnussschale verarbeitet, auf Ruk auch Mangroverinde. Unter den Conchylien sind Scheibchen aus rothen *Spondylus* (oder *Chama*) am werthvollsten und kommen in Verbindung mit Cocosnussscheibchen hauptsächlich in Betracht, seltener dagegen weisse Muschelscheibchen. Im Kat. M. G. werden auch Schmucksachen aus *Melampus luteus* und *fasciatus* aufgeführt, aber Kubary fand diese Brackwassermuscheln nie verwendet. Armringe aus *Trochus niloticus* sind selten, und die wenigen sonst gelegentlich verwendeten Conchylien werden wir bei den Anhängseln von Ohr- und Brustschmuck kennen lernen. Schildpatt steht wegen seiner Seltenheit überall hoch im Werth und heisst »wie alle daraus gefertigten Schmuckgegenstände« »Puoz« oder »Puež« (sprich Potsch). Federn, und zwar hauptsächlich vom Fregattvogel (»Assaf«) und wilden oder verwilderten Haushühnern finden nur zum Ausputz der Tanzkämme (Kubary, Kat. M. G., S. 298) gelegentliche Verwendung. Bemerkenswerth für die Schmuckstücke der Central-Carolinen ist, dass keinerlei Zähne[2])

---

[1]) Ganz abweichend und eigenartig ist das Wenige, was sich an Putz noch auf der westlichsten Insel Sonsol erhalten hat. Der hauptsächlichste Schmuck sind hier Schnüre (»Mann«) in Form von Halsbändern für beide Geschlechter oder als Gürtel für Mädchen. Diese Schnüre sind aus schmalen Streifen von *Pandanus*-Blatt, meist über einem Strick von Cocosnuss geflochten (Kubary, I, S. 93, Taf. XII, Fig. 6), zuweilen noch mit Haarschnüren umbunden (ib. Fig. 8), erinnern also am meisten an gewisse Arbeiten der Marshall-Insulaner (vorne S. [424]).

[2]) Auf Yap haben dagegen Zähne vom Spermwal (»Medhop«) und Delphin (»Mosos«) einen hohen Werth (Kubary, I, S. 3) und werden gelegentlich zur Verzierung von *Spondylus*-Halsbändern

als Material benutzt werden. Als bezeichnend kann dagegen der absichtliche oder unabsichtliche Anstrich mit Gelbwurzpulver gelten, welcher mehr oder minder fast allen centralcarolinischen Putzsachen anhaftet, schon in Folge des Tragens auf dem gelbbemalten Leibe.

Blumen und **Blätter**, als häufiger und gewöhnlichster Schmuck fast überall beliebt, werden von Kittlitz für Lukunor, von Kubary für Mortlock aber nicht erwähnt. Dagegen sagt der Letztere: »Auf Ruk wird die Vorliebe für Blumenkränze vermisst. Die wohlriechende Blüthe des ‚Cour' ist nur spärlich vorhanden, und selten bemerkt man, dass eine Art Krone aus derselben verfertigt wird. Gleichfalls sieht man zuweilen Ulaartig aufgereihte Blüthen des auf Pelau ‚Gemrert' genannten Baumes, der über die Brust herabhängend als Halsband, jedoch nur von jungen Leuten und auch dann nur zufällig getragen wird« (»Ethnol. Beitr.«, I, S. 72, Note).

Cocosnussschale (»Tschäk«, Cék: Ruk, »Sak«: Mortlock) ist, wie erwähnt, das häufigste Material zu Schmucksachen und deutet bei solchen vorzugsweise, wenn auch nicht ausschliessend die centralcarolinische Herkunft an. So haben wir bereits in den Gilbert-Inseln Scheibchen aus Cocosnuss (Taf. 24, Fig. 1—4*b*) kennen gelernt, die sehr übereinstimmen mit gewissen Sorten von Ruk und Mortlock, aber die der letzteren Inseln sind weit mannigfacher und bestehen nicht nur in flachen Scheibchen, sondern auch in Perlen und Ringen von verschiedener Grösse, bis zur Weite eines Fingerringes. Ueber die Anfertigung gibt Kubary (»Mortlock«, S. 270) folgende Notiz: »Als gewöhnlichstes Material für Halsbänder und Leibgürtel dient die Schale einer reifen Cocosnuss. Dieselbe wird in kleine Stücke zerschlagen, so durchbohrt, aufgezogen und dann geschliffen. Die so erhaltenen Perlen heissen ‚sak' und werden aus denselben die verschiedensten Schmuckgegenstände zusammengesetzt. Das Durchbohren der ‚Sak' für die Frauengürtel ist ebenfalls eine Specialität der Etalinsulaner; gewöhnliche ‚Sak'-Perlen verstehen auch die Einwohner von Tä und Satóan zu machen. Das Schleifen derselben liegt den Frauen ob, während die Männer[1]) sie bohren und zu den verschiedenen Schmuckgegenständen zusammenreihen.« An anderer Stelle wird hinzugefügt: »Das Poliren der Ringe geschieht (auf Ruk) mittelst eines Seeschwammes im frischen Zustande« (Kubary: »Ethnol. Beitr.«, I, S. 68, Note). Da die Schalendicke einer normalen reifen Cocosnuss nur circa 3 Mm. beträgt, so ist es begreiflich, dass sich aus solchen nur dünnere Scheibchen und Plättchen (wie Fig. 5, Taf. 24), kaum aber Perlen (wie Fig. 6) herstellen lassen. Die grösseren Ringe sind daher aus einer besonderen Art verkümmerter kernloser Cocosnüsse gearbeitet, welche im Wachsthum zurückblieben und gemeinschaftlich mit normalen an einem Fruchtbündel wachsen. Wie mir Kubary sagte, sind solche verkrüppelte Nüsse sehr häufig in den Central-Carolinen und heissen auf Ruk »Lósil« (von Kubary auch »Lotil« und »Lolyl« geschrieben).

---

benutzt (vgl. Journ. M. G., Heft II, Taf. IV, Fig. 5. Taf. 5. Fig. 2, und Taf. 6: stehende Figur, Kat. M. G., S. 396, Nr. 463), die aber »nie als persönlicher Schmuck getragen werden, sondern nur zur Vervollständigung des geschätztesten einheimischen Geldes, des Ghau's (roher Muschelscheibchen), dienen« (Kubary, ib. S. 72, Note). Im Uebrigen verzeichnet der Kat. M. G. nur noch einen Halsschmuck, in welchem »kleine Cachelotzähne« verwendet sind, und zwar angeblich (?) von Uleai (S. 384, Nr. 123). »Walrosszähne«, welche Hernsheim für Yap anführt, sind »Spermwalzähne« (vgl. S. [443], Note).

1) Auch von Ruk bemerkt Kubary ausdrücklich, dass Schmucksachen nur von Männern verfertigt werden (»Ethnol. Beitr.«, I, S. 46, Note).

Die beigegebene Figur (Nr. 60 in $^1/_2$ der natürl. Grösse) überhebt mich einer näheren Beschreibung, wobei nur bemerkt sein mag, dass Form und Grösse nicht unerheblich variiren. Aus Querschnitten solcher Cocosnüsse[1]) werden nun die kleineren und grossen Ringe (Fig. 12*a*) gemacht, wie und mit welchen Werkzeugen wird leider von Kubary nicht gesagt. Nach Kubary werden Cocosscheibchen und Ringe besonders auf den »Koralleninseln« (d. h. Mortlock) verfertigt, dagegen weniger auf Ruk, wo man vorzugsweise ein anderes Material verwendet, nämlich »Žia« (Tschia), d. h. die Rinde des gleichnamigen Baumes (einer Mangroveart). »An den aufgetrockneten Stellen dieses Baumes löst sich die Rinde in kleinen und dünnen Lagen ab, die zerstückelt und mittelst eines Haifischzahnes gebohrt, dann aufgereiht, mit einer Koralle abgeschliffen und endlich mit dem ,Milivi'-Schwamme polirt werden« (»Ethnol. Beitr.«, I, S. 69). Wenn hinzugefügt wird: »dies ist das ruk'sche Material für sämmtliche Schmuckgegenstände, die sich dafür eignen, nämlich Ohrgehänge, Armbänder und Gürtel«, so ist dies bei Weitem nicht in allen Fällen richtig. Die Vergleichung einer Reihe von Schmucksachen überzeugte mich, dass häufig an ein und demselben Gegenstande beide Materialien verwendet sind. Eine prompte Unterscheidung von Cocosnuss- und Rindenscheibchen ist (obwohl die letzteren nicht so hart sind) überdies nicht so leicht, zumal bei schon fertigen und getragenen Schmucksachen. Aus diesem Grunde wird es sich empfehlen, im Nachfolgenden auf »Žia«-Scheibchen nicht weiter einzugehen, sondern diese Rindenscheibchen collectiv unter »Tschäck« (Sak), d. h. Schmuckmaterial aus Cocosnuss, zu belassen, wovon Taf. VII [24] die hauptsächlichsten Typen darstellt, zwischen denen übrigens vermittelnde Uebergangsformen vorkommen.

Fig. 60.

$^1/_2$ natürl. Grösse.
Verkrüppelte Cocosnuss.
Material zu Schmuck.

Typus *a*: Scheibchen oder Plättchen (Fig. 5) der kleinsten Sorte, circa 4 Mm. im Durchmesser, von denen circa 35 aufgereihte Stücke 3 Cm. messen, so dass ein einzelnes Scheibchen kaum 1 Mm. dick ist. Nur diese Sorte bezieht sich eventuell auch auf Žia-Scheibchen (aus Rinde).

Typus *b*: Perlen (Fig. 6), circa 5 Mm. im Durchmesser und circa 3 Mm. dick; der Aussenrand meist polirt, abgerundet, zuweilen kantig abgesetzt.

Typus *c*: Kleine Ringe (Fig. 7—11) von 5—13 Mm. Durchmesser und circa 3—5 Mm. Breite *(a)*. Die Bohrlöcher (2—8 Mm.) sind weiter als bei den Perlen, was namentlich bei den grösseren Nummern (9—11) hervortritt; meist aussen polirt.

Typus *d*: Grössere Ringe (Fig. 12) von 18—25 Mm. Durchmesser, 2—4 Mm. Schalendicke und 5—8 Mm. Breite; am Aussenrande meist hübsch polirt und, wie fast alle diese Ringe, von schwarzer Farbe. Indess kommen auch Ringe und Perlen von hellerer oder dunklerer rothbrauner Färbung vor (Fig. 13 und Taf. 25, Fig. 19), die nach Kubary von nicht ganz reifen Nüssen herstammen.

Alle die vorhergehend beschriebenen Ringe und Perlen werden aufgereiht, am häufigsten aber mittelst feinem Faden aufgeflochten. Verschieden davon ist:

Typus *e*: Durchschnittene Ringe (Fig. 20*a*). Ringe (wie Fig. 9—11 und grösser) sind durchgeschnitten, so dass sie ineinandergehakt zu Ketten verbunden werden können.

---

[1]) Im Journ. M. G., Heft II, S. 17, wird dieses Material irrthümlich als »Frucht der Areca- oder Bungapalme« (also Betelnuss) bezeichnet.

Die Industrie von Schmuckmaterial aus Cocosnussschale wird allerdings auf den centralen Inselgruppen Ruk und Mortlock am schwunghaftesten und in den verschiedensten Formen betrieben, ist aber auch auf anderen Carolineninseln bekannt, z. B. Pelau, wo Scheibchen aus Cocosnuss »Kalius« heissen.

Spondylusschale, »Fóurup«[1]) auf Ruk, »Feylan« (oder »Feylam«) auf Mortlock, bildet das werthvollste Schmuckmaterial. Die specifische Bestimmung der Muschel fehlt zur Zeit noch, und die Annahme, dass es ein *Spondylus* sei, ist keineswegs ganz sicher, denn jedenfalls wird, wie auf den Marshall-Inseln (s. S. [426]), auch *Chama pacifica* verarbeitet, und zwar zu

Assang (Nr. 476, 2 Stück), Muschelscheibchen (Taf. VIII [25], Fig. 2—5), in den gebräuchlichsten Grössen von Ruk. Diese Scheibchen sind meist sehr sauber geschliffen und wechseln in der Grösse von circa 5—10 Mm., in der Dicke von kaum 2—4 Mm. Die Dicke ist übrigens unabhängig von der Grösse, manche kleine Scheibchen sind verhältnissmässig sehr dick, während grosse zuweilen sehr dünn sind. Scheibchen von der Grösse gewisser prähistorischen von Ponapé (z. B. Fig. 7, Taf. 25) sind mir aus den Central-Carolinen nicht vorgekommen, aber an der Identität der antiken und modernen Scheibchen kann gar kein Zweifel sein. Durchaus übereinstimmend sind auch die »Aaht«-Scheibchen von den Marshall-Inseln (Fig. 1 *a*) und solche von der Ostspitze Neu-Guineas. Das hier (Fig. 6) vergleichungshalber abgebildete Stück von Normanby-Insel der d'Entrecasteaux-Gruppe zeichnet sich durch weit dunklere, fast purpurrothe Färbung aus, die namentlich an ganzen Ketten sehr distinct hervortritt. Wahrscheinlich sind diese Scheibchen aus einer besonderen *Spondylus*-Species verfertigt. Doch mag bemerkt sein, dass die Färbung sehr variirt und manche Scheibchen von Neu-Guinea sehr blass, ja zuweilen ganz so licht orangeroth als mikronesische sind.

Ueber die Anfertigung dieser »Assong«-Scheibchen sagt Kubary (der auch »Asson« schreibt) nur: »Die *Spondylus*-Schale (‚Feylam') wird zu kleinen runden, in der Mitte durchbohrten Scheibchen geschliffen und dieselben auf Fäden gezogen« (Mortlock, S. 270). Nicht minder unbefriedigend und zum Theil widersprechend sind die Mittheilungen bezüglich der Verbreitung. In den »Ethnol. Beitr.« (I, S. 70) heisst es nämlich, »dass Asson auf den Central-Carolinen von Uleai bis Mortlock (mit Ausnahme von Nukuor[2]) und Pikiram) zur Herstellung von Schmuckstücken noch heute angewendet und verfertigt« werden, aber auch »dass der Sitz dieser Industrie auf den Mortlock-Inseln die Etal-Lagune, auf Ruk die Insel Udot« sind. Nach einer Note (auf S. 71) beschränkt sich die Anfertigung der Muschelscheibchen sogar nur auf die beiden genannten Inseln, welche die benachbarten Gruppen damit versorgen, doch würden auch die Bewohner von Namoluk die Fabrication betreiben (S. 76). Kubary weiss nicht, ob die Bewohner der westlichen Inseln, z. B. Uleai, *Spondylus*-Scheibchen zu verfertigen verstehen. Wir erfahren aber zugleich auch, dass die Eingeborenen der Insel Poloat *Spondylus*-Scheibchen von Ruk nach Uleai verhandeln, von wo aus dieser beliebte Schmuck zuweilen nach Yap und selbst Pelau gelangt, auf letzterer Insel aber

[1]) An a. O. schreibt Kubary, wie fast stets schwankend in der Orthographie eingeborener Namen, »Fouruk« und bezeichnet damit »lose Asso-Scheibchen«, also nicht blos das Rohmaterial. Die fertigen Halsbänder heissen auch »Asson«.

[2]) Trotzdem wird in einer Note auf S. 72 gesagt: »Den Nukuorern sind die *Spondylus*-Schmuckgegenstände auch nicht fremd« etc. Aber die, welche der Kat. M. G. (S. 336) von hier verzeichnet, sind zweifellos marshallanischen Ursprunges (vgl. vorne S. [436]) und die nähere Verwandtschaft derselben mit Schmuck von Ponapé, welche Kubary herausfinden möchte, eine durchaus verfehlte Annahme.

»nie als Schmuck gebraucht wird«. Von Uleai verzeichnet übrigens der Kat. M. G. (S. 390) das Bruchstück einer *Spondylus*-Schale, »aus welcher die rothen Muschelplatten verfertigt werden«. Darnach wäre also kein Zweifel, allein die Localitätsangaben in diesem Werke sind nicht immer zuverlässig. Ich erhielt übrigens *Spondylus*-Scheibchen auch von der Insel Faraulap (nordöstlich von Uleai), wahrscheinlich auch im Tauschverkehr nach hier verschlagen.

Weisse Muschelscheibchen, aus einer noch unbekannten Muschel geschliffen, kommen als Schmuckmaterial hauptsächlich in Gürteln (Taf. 25, Fig. 23 u. 24) vor, sowie zu Halsketten aufgereiht. Nach einer flüchtigen Notiz bei Kubary scheinen diese Muschelscheibchen oder Perlen nur auf Etal der Mortlock-Gruppe verfertigt und von hier nach Ruk verhandelt zu werden (»Ethnol. Beitr.«, I, S. 70). Aber auch von den rothen *Spondylus*-Scheibchen sagt Kubary: »Assong ist Specialität der Insulaner von Etal« (»Mortlock«, S. 270).

Glasperlen (»Asópol« auf Mortlock) waren im Schmuck der Central-Carolinen nur untergeordnet von Bedeutung, dürften aber seither vielleicht mehr in Aufnahme gekommen sein.

(Zu *Spondylus*-Scheibchen der westlichen Carolinen.) Wenn Kubary »geneigt« ist, die in den Ruinen auf Ponapé gefundenen *Spondylus*-Scheibchen für identisch mit den noch heute auf den Central-Carolinen verfertigten zu halten, so kann darüber überhaupt kein Zweifel herrschen (vgl. vorne S. [522]). Weniger klar ist dies in Bezug auf die rothen Muschelscheibchen von Yap und Pelau, über die sich Kubary nicht mit der nöthigen Präcision und zum Theil widersprechend äussert.

Dass die »Gau«, wie diese Scheibchen auf Yap heissen, nicht aus »der rothen Muschelsubstanz der Schalenöffnung von *Cassidea rufa*« (Journ. M. G., II, 1873, S. 17) bestehen, ist bereits im Kat. M. G. (S. 395, Nr. 465) klargestellt worden. Dennoch sagt Kubary (»Ethnol. Beitr.«, I, 1889, S. 71): »Die yap'schen rothen Muschelstücke sind entweder aus der Schale der *Cassis rufa* geschliffen, oder sie stammen von den östlichen oder westlichen Inseln her« (?), ausserdem aber auch (ib. S. 3): »Als das grösste Werthstück unter dem Geld der Yaper gilt der ,Gau', in dem ich nur die Muschelscheibchen der alten Chamorros und die ursprüngliche Form des centralcarolinischen Asson sehen kann. Dieser ,Gau' besteht aus *Spondylus*-Scheibchen von circa 3 Mm. Dicke und 1 Cm. Diameter, die in der Mitte durchbohrt und auf Stränge gezogen, mittelst Schleifen sehr roh abgerundet sind. Dieses Geld ist nicht hier entstanden (?) und stammt aus dem Osten oder Norden (?); es wird als das älteste Geld betrachtet, ist unveräusserbar und wird durch die Häuptlinge der grossen Länder (?) verwahrt; es erscheint nur in äusserster Kriegsgefahr und ist seine Wirkung dann entscheidend« (!). Auch Miklucho-Maclay bemerkt, dass das »Gau-Geld« nur für Häuptlinge bestimmt ist. Darnach dürfte eine frühere Angabe Kubary's, »dass Halsbänder aus rothen Muschelscheiben von allen Männern vielfach getragen werden«, wohl irrig sein. Aber nach anderen Nachrichten Kubary's kaufen die »schmucksüchtigen Einwohner von Yap, die nach Pelau kommen, um Arragonitgeld zu hauen, die Khaus (Gürtel aus rothen Muschelscheibchen) sehr eifrig auf, um sie als höchst schätzbare Halsbänder zu tragen« (»Ethnol. Beitr.«, II, S. 187) und handeln dieses Material »vorzüglich von den östlichen Nachbarn über Ulesi und Mackenzie-Inseln ein«, denn »seit Urzeiten im Verkehr mit den östlichen Nachbarn, zeigen die Yaper ebenfalls eine gewisse Vorliebe für Halsbänder« (ib. S. 72, Note). Darnach scheinen noch heute aus eingetauschten Muschelscheibchen Halsbänder verfertigt und getragen zu werden. Solche moderne Halsbänder bestehen aus ein- und zweireihigen Schnüren aufgereihter Nuss- und *Spondylus*-Scheibchen, die in gewissen Zwischenräumen durch eine grössere weisse Muschelscheibe laufen. Typen solcher Halsbänder sind Kat. M. G., S. 414, Nr. 137 u. 140, und Journ. M. G., Heft IV, Taf. 4, Fig. 8 (und wahrscheinlich auch Fig. 10) dargestellt, aber irrthümlich mit »Pelau« bezeichnet. Ganz abweichend davon scheinen die »vordem gern auf eigene Weise zubereiteten Halsbänder« aus wohl selbst geschliffenen rothen Muschelscheibchen, »dem geschätztesten einheimischen Gelde ,Ghau',« die gern mit Spermwalzähnen besonders verziert wurden. Ein solches Halsband stellt Fig. 5, Taf. IV in Heft II des Journ. M. G. dar (ebenso Kat. M. G., S. 396, Nr. 463). Solche Halsbänder wurden aber »niemals als persönlicher Schmuck getragen« (Kubary, ib. S. 72, Note).

Aus einem ganz anderen Muschelmaterial waren die kostbaren Frauengürtel (»Kau«) von Pelau verfertigt. Sie sind nicht aus der Schale einer *Spondylus*-Art geschliffen, sondern »aus der ,Bliniey' genannten Muschel, die, in tieferem Wasser, nur an der Küste von Arakolon zu finden und deren

Schlosstheil im vorgerückten Alter lebhaft roth gefärbt ist«. Kubary machte extra wegen dieser Muschel einen Ausflug nach dem Norden und erlangte zwei Exemplare dieser Muschel. »Sie waren noch jung, circa 29 Cm. lang (alt bis 50) und vom Schlosse nur der äussere Theil gefärbt. Die mir sonst von keiner Insel der Carolinen bekannte Muschel gehört zu den *Tridacnae* und nähert sich besonders dem Genus *Hippopus*« (»Ethnol. Beitr.«, II, S. 186). Leider bleibt damit die so wünschenswerthe Artbestimmung durchaus unklar. Auch über die Verfertigung selbst erhalten wir nur unbefriedigende Auskunft. »Ein jedes Stück (Scheibchen) muss einzeln aus dem rothgefärbten Schlosstheile einer Muschel ausgebrochen, dann ohne Werkzeuge (?) geschliffen und in der Mitte durchbohrt werden. Zu einem Khau oder Frauengürtel gehören über 150—200 fein polirte Stücke« (Journ. M. G., Heft IV, S. 60). Und »ein gewöhnlicher Doppelgurt (eines ,Khau' oder Frauengürtel) zählt circa 850 einzelne Stücke, die mit der Hand geschliffen und einzeln mit Feuerstein, einer einheimischen Art Chalcedon, gebohrt werden müssen; zur Vollendung eines einzigen Gurtes werden manchmal Jahre gebraucht. Gewöhnlich liefert eine Muschel nur zwei grosse Stücke, und das ganze Werk erfordert bis 100 Paar Schalen. Betreffs Bearbeitung der Bliniey-Schale mag bemerkt werden, dass der Arbeiter von dem Schlosse das Band mittelst eines Messers, unter Anwendung glühender Kohle, ablöste und den gefärbten Theil der Schale abschlug, um das Stück auf dem gewöhnlichen basaltischen Gesteine so lange zu schleifen, bis die gewünschte Gestalt erreicht wurde. Das Poliren war ihm unbekannt, und um solches zu bezwecken, wurden die geschliffenen Stücke während langer Zeit in strudelnde Stellen der Bäche gelegt und hier infolge fortgesetzter Berührung glattgerieben« (»Ethnol. Beitr.«, II, S. 186, 187). Das Letztere klingt mindestens recht unwahrscheinlich, und überhaupt scheint Kubary die Bearbeitung gar nicht gesehen zu haben, denn er sagt (ib.): »heute ist diese nur in Kolekl einstmals betriebene Industrie nicht nur ausgestorben, aber auch die Sitte, den Khau zu tragen, ist vernachlässigt«, indem die Pelauer ihre Khaus an die Yaper verkaufen. Sehr richtig fügt Kubary hinzu, dass »wie bei den meisten Inselvölkern die Berührung mit der Civilisation keinen Fortschritt im Culturzustande hervorbringt. So haben z. B. Kolekl-Leute ihre Industrie (des Muschelscheibchen-Schleifens) gänzlich aufgegeben, obwohl der Handel ihnen gute Schleifsteine und eiserne Geräthschaften in Menge liefert, mit welchen sie ihre einstmals sehr mühselige Arbeit heute ganz leicht erledigen könnten« (ib. S. 187). Auf den westlichsten Carolinen-Inseln Sonsol und Bunai (St. David) beobachtete Kubary keine *Spondylus*-Scheibchen (auch keine solchen aus Cocosnuss), die somit für den ganzen Archipel bald der Vergangenheit angehören werden.

b) Hautverzierungen.

Bemalen, ausschliessend mit gelber Farbe (*Curcuma*), ist zwar nicht eine specifisch carolinische Sitte (vgl. S. [284] u. [445]), wird aber nirgends so leidenschaftlich betrieben als gerade hier und spielt im Leben der diesen Archipel bewohnenden Stämme eine hervorragende Rolle. Da mit wenigen Ausnahmen die niedrigen Coralleninseln[1]) keine Gelbwurz erzeugen, so beschränkt sich diese Cultur vorherrschend auf die hohen Inseln. In unserem Gebiete ist die Ruk-Gruppe das Hauptcentrum, infolge dessen das Product selbst das wichtigste und begehrteste Tauschmittel im Verkehr mit den Nachbarinseln bildet, dessen Bedeutung bereits (vorne S. [589]) genügend hervorgehoben wurde.

Ueber den Anbau der Gelbwurzpflanze (»Eon«) und die Bereitung des daraus gewonnenen Pulvers, des berühmten »Taik« (»Teyk«: Kubary), macht Kubary ausführliche, aber nicht zusammenhängende Mittheilungen (»Ethnol. Beitr.«, Heft I). Beachtenswerth ist zunächst, dass Beides durch die Männer[2]) geschieht, und dass dabei keinerlei »religiöse Vorsicht« wie auf Pelau (II, S. 164) und Nukuor erwähnt wird. Der Anbau

[1]) Auf Atollen wird nur auf Nukuor und Sonsol Gelbwurz angebaut (hier »Hoklu« genannt); Bunai (St. David) producirt keine, aber das Pulver ist sehr begehrt. Dabei mag erinnert sein, dass man auf Kuschai überhaupt keine Gelbwurz kannte (vorne S. [483]).

[2]) Dies ist insoferne interessant, als auf Pelau und Nukuor gerade Frauen für Gelbwurz zu sorgen haben. Anbau der Pflanze (»Kosol«) und Bereitung des Pulvers (»Reng«) auf Pelau, nur zum eigenen Bedarf, beschreibt Kubary (»Ethnol. Beitr.«, II, S. 164) und ausführlicher von Nukuor (Kat. M. G., S. 348). Hier geschieht die Bereitung des »Lena« genannten Pulvers »unter Beachtung verschiedener althergebrachter Vorschriften, in besonderen öffentlichen Gebäuden«, wobei eine Priesterin den Gottheiten Opfer bringt (!).

der Pflanze wird sehr sorgfältig betrieben und liefert im Jahre eine Ernte. Die Bereitung des Pulvers geschicht fast ganz so wie auf Pelau (II, S. 164 u. 208) und Nukuor. Wie dort zerreibt man die abgewaschenen und abgekratzten Knollen auf einer Koralle mit rauher Oberfläche und lässt die Masse über Nacht in grossen Holzgefässen (s. vorne S. [577]) wässern. »Der dann erlangte Bodensatz wird in Formen gepackt, getrocknet, mit loser *Musa*-Faser umgeben und ist, in *Hibiscus*-Bast eingebunden, fertig für den Handel« (Kubary, I, S. 75). Dabei vergisst Kubary, wie so häufig, etwas, nämlich die Siebe,[1]) welche zur Bereitung des Gelbwurzpulvers weiter vorne (S. 56) von ihm von Ruk erwähnt werden. Freilich hat er diese Siebe selbst nicht gesehen (S. 57, Note), erklärt aber dennoch die im Kat. M. G. (S. 379) als von »Ruk« beschriebenen für solche von Nukuor.

Nach der Form der getrockneten Taikklumpen wird der Artikel verschieden benannt. Am häufigsten ist die folgende Sorte in zuckerhutförmiger Gestalt, welche nach Kubary »das eigentliche ruk'sche Kleingeld« bildet.

Tschäk (»Cêk«, Nr. 625, 1 Stück); gelbe Farbe (Taik), aus pulverisirter *Curcuma*-Wurzel bereitet, welche als harte Masse das länglich-spitze, zuckerhutförmige Ende (circa 12 Cm. lang und 50 Mm. Diameter) einer Cocosnussschale (»Tschäk« genannt) ausfüllt. Ruk.

Solche Klumpen, auch ohne die Cocosschale in Blätter gepackt, sind der gangbarste Handelsartikel, von denen Kubary einige Werthe im Austausch mit anderen eingeborenen Waaren mittheilt (S. 76 u. 77), aber an anderer Stelle erfahren wir, dass auf Pelau eine solche Cocosnussschale voll Gelbwurzpulver circa 2 Dollars kostet. Andere Verpackungsarten und Formen in halbdurchschnittenen Cocosschalen und circa zwei Pfund enthaltend, heissen auf Ruk »Per«, in Bambusröhren geformte walzenförmige Stücke »Pusuu«. Auf Nukuor wird Gelbwurzpulver, um dies beiläufig zu erwähnen, gewöhnlich in Bananenblätter eingehüllt, auf Pelau auch in Flaschenform getrocknet (Kat. M. G., S. 429, Nr. 3462: 7 Kilo schwer).

Gelbwurzpulver ist auf Ruk wie Mortlock (das seinen Bedarf von dort bezieht) nicht allein die Festfarbe für Lebende (wie Todte s. vorne S. [556]), sondern dient nach Kubary auch praktischen Zwecken. »Ausser der stimulirenden Wirkung auf den oder vermittelst des Geruchsinnes, durch seinen stark aromatischen Duft (NB. für Europäer übrigens ein widerwärtiger), ist das Pulver ein linderndes Mittel gegen Jucken der Haut (infolge Fliegen- oder Muskitostichen, Schmutz oder Taroschlamm), erweckt deshalb ein Gefühl des Behagens und wird infolge dieser lindernden Eigenschaften auch bei verschiedenen Geschwüren und *Lupus*-Krankheiten benutzt« (l. c., S. 74 u. 75, Note), ob mit Erfolg lässt Kubary freilich unerwähnt. Wenn Kubary an a. O. anführt, dass durch das Einschmieren des Körpers mit Oel und Gelbwurz eine Kruste entsteht, die »oft wochenlang nicht abgewaschen wird«, so kann eine solche immerhin gegen Muskitostiche sich schützend erweisen. Kubary hält daher nicht »Schmucksucht« für das leitende Motiv bei Benutzung des Pulvers seitens der Eingeborenen, sondern die »ausserordentlich wohlthätige Wirkung auf das Wohlbefinden«, worüber er aus eigener Erfahrung sprechen kann. »Ein einmaliges Einreiben mit dem Pulver, das nach einigen Stunden wieder abgewaschen wurde, wandte alle üblen Folgen von Muskitostichen ab.« Aber dieses Abwaschen ist nicht so leicht, wie ich aus eigener Erfahrung hinzufügen kann, da der Farbestoff von *Curcuma* sehr fest haftet.

---

[1]) Von Pelau sind solche abgebildet: »Ethnol. Beitr.«, II, Taf. XXVIII, Fig. 14.

Wie es auch immer mit den heilkräftigen Eigenschaften sein mag, ohne Zweifel wird das Gelbwurzpulver in erster Linie als Körperschmuck angewendet, den sich die Meisten nur bei besonderen festlichen Gelegenheiten gönnen können und der unter Anderem auch auf Sonsol (wo nach Kubary Muskitos fehlen) »der werthvollste Gegenstand des Schmuckes ist« (I, S. 93). Auf Mortlock, wo »Taik« viel theurer ist als auf Ruk, wird daher auch viel sparsamer damit umgegangen. Auf Lukunor reiben sich die Männer nur das Gesicht ganz oder theilweise damit ein, »eine Schminke der seltsamsten Art« (Kittlitz, 2, S. 81), ja Häuptlinge färben meist nur die Handfläche gelb (Lütke). Nach dem letzteren Berichterstatter gebrauchen auf Uleai die Männer gar kein Gelbwurzpulver, aber »Frauen desto mehr« (»Voyage«, II, S. 145).

Bei der innigen, Jahrhunderte alten Liebe der Eingeborenen zu Taik ist der »Kampf« der Mission gegen letzteres jedenfalls ungleich schwieriger als der gegen »langes Haar und Tabakrauchen«, worüber die Missionsberichte oft bittere (ob berechtigte?) Klagen führen. Bequemen sich die Eingeborenen auch ziemlich leicht, sich scheeren zu lassen, und fröhnen sie nur verstohlen dem Laster des Rauchens, so sind sie doch umsomehr obstinat, »um Jesu willen die abscheuliche ‚Taik-Sitte' aufzugeben«, und es wird wohl noch lange dauern, ehe die Mission vollständig gesiegt hat. Ob die Eingeborenen dann bessere Christen sein werden steht freilich dahin.

Tätowirung ist mir von Ruk und Mortlock nicht aus eigener Anschauung bekannt geworden; ich kann daher nur auf die Nachrichten Anderer zurückgreifen. Nach Doane ist die **Tätowirung von Ruk und Satóan** (sowie der kleinen Inseln Nema, Losop und Namoluk) ganz gleich und sehr einfach (»Arme von der Schulter bis zum Ellbogen, gelegentlich ein gebogenes Querband über die Brust«). Kubary bestätigt dies und gibt zugleich eine ausführliche Darstellung der Tätowirung von Satóan mit den zum besseren Verständniss unentbehrlichen Abbildungen (l. c., S. 237, Fig. *a*, *b*; S. 238, Fig. *c*, und S. 239, Fig. *d*: »Frauen von Mortlock«; fast übereinstimmend in »Tätowiren« S. 85: »Frauen der Mortlock- und Ruk-Inseln«; ib. S. 84: »Männer der Mortlock- und Ruk-Inseln«; ziemlich abweichend: Journ. M. G., Heft VIII, S. 135, Fig. 9: Mortlock). Nach Kubary »brachten die Mortlocker die Sitte des Tätowirens einst von Ruk mit, vernachlässigten sie aber, und habe ich keinen vollständig tätowirten Eingeborenen gesehen; viele Eingeborene sind gar nicht tätowirt«, wie dies beiläufig meist der Fall ist. Ausserdem erfahren wir noch, dass die Frauen sehr selten tätowirt sind und dass sich Mortlocker zuweilen auf Ruk tätowiren lassen. Wenn Kubary (l. c., S. 238) sagt: »Die ruk'sche Tätowirung (‚Makan'[1]) = Zeichnen) der Brust und des Bauches haben die Mortlock-Männer nicht«, so steht dies mit späteren Angaben im Widerspruch.

Wie erwähnt, ist die Tätowirung von Ruk und Mortlock im Ganzen keine reiche und beschränkt sich auf Oberarm, Oberschenkel, Bauchmitte, den unteren Theil des Rückens (hier zuweilen bei Frauen bis auf das Gesäss herab); Männer haben ausserdem zuweilen ein Querband über Brust und Schultern; im Uebrigen sind beide Geschlechter gleich tätowirt, nur die Patterne verschieden. Sie setzen sich übrigens aus geraden Längs- und Querlinien zusammen. Es verdient bemerkt zu werden, dass die Frauen von Ruk und Mortlock den Mons veneris nicht tätowiren. Im Gegensatze damit bemerkt Lütke von Lukunor, »es wurde uns gesagt, dass sich die Frauen sehr geschmackvoll tätowiren an den Theilen, die vom Toll (Schamschurz) bedeckt werden« (»Voyage«, II, S. 69), was aber auch auf einem Missverständniss beruhen kann.

1) Kubary: »Ethnol. Beitr.«, I, S. 35, später (ib. S. 66) dasselbe Wort für »Kamm«.

Der Typus der Tätowirung von Ruk und Mortlock steht in seinen charakteristischen Eigenthümlichkeiten ganz isolirt und hat vollends keine Beziehungen zu den auf den Marshalls und Gilberts herrschenden Typen, aus denen Kubary (l. c., S. 96) gern eine Verwandtschaft und Abstammung herleiten möchte. Tätowiren wird auch auf diesen centralcarolinischen Inseln »blos als Schmuck betrachtet ohne irgend welchen religiösen Sinn« (Kubary).

Da Kubary Lukunor nicht besuchte und seine Mittheilungen über Mortlock sich nur auf das Atoll Satóan beziehen, so sind wir bezüglich der **Tätowirung von Lukunor** nur auf die älteren Nachrichten von Kittlitz und Lütke angewiesen. Obwohl dieselben im Ganzen recht spärlich sind, so ergeben sich bei genauer Vergleichung (namentlich der Abbildungen) unerwarteterweise doch so erhebliche Abweichungen, dass man die Tätowirung von Lukunor nicht mit der des benachbarten Satóan zusammenwerfen darf und vorläufig als besonderen Typus betrachten muss. Dies geschieht selbstverständlich unter der Voraussetzung der unbedenklichsten Zuverlässigkeit, wie sie ja bei diesen Reisenden kaum zu bezweifeln ist. »Auch hier (Lukunor) sahen wir eine der dortigen (Kuschai) ähnliche Tätuirung, freilich in mehr abwechselnden Mustern und bei einzelnen Personen auch auf einen Theil der Brust ausgedehnt; das Gesicht wird stets damit verschont,« ist Alles, was Kittlitz (II, S. 81) über die Hautzeichnung auf Lukunor sagt. Und etwas ausführlicher fügt Lütke hinzu: »Beine und Brust sind mit langen geraden Linien bedeckt, welche ersteren das Ansehen von Strümpfen geben« (»Voyage«, II, S. 68). Diese letztere Eigenthümlichkeit ist auf den Männerfiguren der Taf. 32 des Atlas der »Senjavin-Reise« angedeutet, welche die Beine vom Knie bis zu den Knöcheln, ausserdem aber auch die Unterarme mit Längsreihen schmaler Querstriche bedeckt zeigen. Dies würde als charakteristisch und typisch zu betrachten sein, denn die Tätowirung von Satóan und Ruk lässt gerade das Unterbein (vom Knie bis zum Knöchel) frei von Tätowirung. Auf Taf. 25 desselben Reisewerkes sind zwei Brustbilder Eingeborener von Lukunor abgebildet, welche die eigenthümliche Tätowirung der Brust (Querband von Schulter zu Schulter, sowie einen oberseits in vier gabelförmige Zinken auslaufenden Längsstreif auf jeder Brustseite) illustriren, ausserdem auch Längsstreifen auf dem Oberarme zeigen, wie sie auf Mortlock (Satóan) und Ruk üblich sind.

Alle diese charakteristischen Muster gibt Postel's treffliche Darstellung zweier Carolinier in ganzer Figur (Pl. 28) vereint wieder, deren Heimat leider weder im begleitenden Texte, noch dem Reisewerke sicher festzustellen ist, die aber (auch nach dem Ausputz zu urtheilen) wahrscheinlich ebenfalls von Lukunor herstammen. Der von vorne gesehene Mann zeigt auf der Brust bis über den Nabel herab vier breite Streifen, die oberseits in vier schmale Zinken auslaufen (ganz übereinstimmend mit Pl. 25), ausserdem noch einen breiten gebogenen Streif auf dem Oberschenkel, der sich vom Gesäss aus herumzieht. Sehr eigenthümlich ist die Tätowirung des Rückens, welche von der Schulter an bis auf das Gesäss sechs von der Rückgratslinie ausgehende, nach rechts, resp. links gebogene breite Streifen zeigt, die etwas an die »Eol«-Tätowirung von Uluti (Joest: Tätowiren, S. 82) erinnern. Ausserdem ist die obere Rückenhälfte mit mehreren dichtstehenden Querstreifen bedeckt, die eine Art Kragen bilden. Die besonders reiche Tätowirung dieser beiden Männer, die von Postels nach dem Leben gezeichnet wurden, also keine Phantasie sein kann, gehört ohne Zweifel zu den seltensten Ausnahmen und darf umsoweniger als typisch gelten, als allem Anscheine nach gewisse eigenartige Muster auf anderen Inseln erworben wurden, wie dies bei Seefahrern zuweilen der Fall war. Denn nur so lassen sich die eigenthümlichen Muster auf Brust und namentlich Rücken erklären, die in dieser Weise sonst nirgends vorkommen. Dass sich Lukunorer

Seefahrer aus der Fremde gewisse Tätowirungen mitbrachten, erfahren wir auf das Bestimmteste durch Lütke selbst. Er erwähnt z. B. einen Häuptling mit Namen Peseng, der auf dem linken Schenkel eine Anzahl Fische tätowirt hatte, Andere mit gewissen Zeichen auf den Händen u. s. w., Alles Erinnerungszeichen an gemachte Reisen, von denen jedes eine Insel bedeuten sollte (»Voyage«, II, S. 69). Da Kadu auf seinem Oberarme Tätowirung in Form eines Armbandes, oben und unten von einer Reihe senkrecht stehender Fische begrenzt, zeigte (vgl. Choris, Pl. XVII), so wäre die Annahme denkbar, dass die Zeichen in Fischgestalt der erwähnten Lukunorer Seefahrer ursprünglich von Uleai herstammten. Selbstredend gab es auch auf Lukunor Viele ohne Tätowirung, wie dies z. B. vier auf Pl. 27 der »Senjavin-Reise« dargestellte Häuptlinge zeigen.

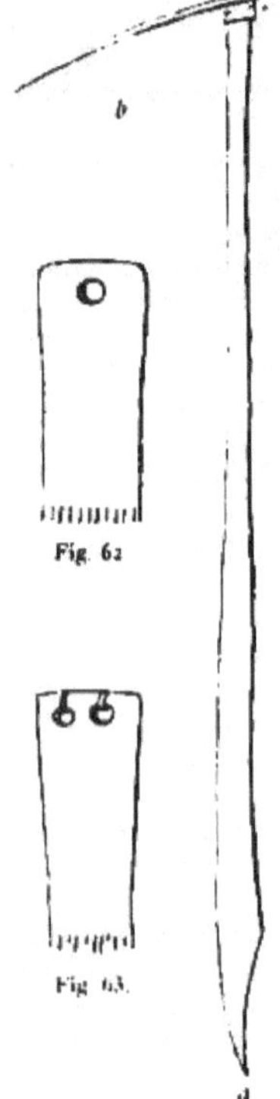
Fig. 61. Fig. 62. Fig. 63.

½ natürl. Grösse. Tätowirgeräth. Nukuor.

Tätowirgeräth, von Lukunor, ist im Atlas der »Senjavin-Reise«, Pl. 30, abgebildet (Fig. 12 *a* der Kamm und Fig. 12 *b* der Hammer oder Klopfer zum Einschlagen). Auf Mortlock (Satóan) besteht der Kamm nicht aus Schildpatt, sondern Knochen (von *Pteropus (?)* oder *Tachypetes:* Kub.), stimmt aber im Uebrigen ganz überein mit der folgenden Nummer:

Te-au (Nr. 573, 1 Stück, Fig. 61—63), Tätowirinstrument von Nukuor.

Dasselbe besteht aus einem runden Stiele (*a*) aus Holz, der an der Basis etwas dicker und hier abgeplattet ist, damit sich das Instrument leicht mit Daumen und Zeigefinger der Linken halten lässt. An diesem Stiele ist mittelst feinem Faden ein längliches flaches Stück Schildpatt, der Kamm (Fig. 62), befestigt, dessen Endrand in 13 sehr feine Zähne ausgezackt ist, welche mittelst eines Klopfers (»Te-tatau«) in die Haut eingeschlagen werden. Die Breite und Anzahl der Zähne dieses Kammes ist verschieden wie die Befestigung. Das Exemplar der Sammlung (Nr. 573, Fig. 63) hat nur sieben Zähne (drei sind abgebrochen) und ist durch zwei kleine Löcher mittelst Faden festgebunden.

Das Tätowirinstrument von Pelau (abgeb. Joest: »Tätowiren«, S. 79) stimmt fast ganz mit dem von Nukuor überein, nur ist der Kamm (aus Vogelknochen: *Dysporus*) kürzer und zeigt weniger Zähne. Das alttahitische Tätowirgeräth (abgeb. wie oben S. 68) ist ebenfalls sehr ähnlich, dagegen der Klopfer sehr abweichend. Wie verschieden übrigens der Kamm eines solchen Geräths an ein und derselben Localität sein kann, zeigen die Abbildungen alttahitischer Tätowirkämme bei Gill (»Life in the Southern Isles«, Pl.-S. 204, Fig. 7). Durchaus abweichend war das Tätowirinstrument der alten Hawaiier, eine gerade dreizinkige Gabel aus Bein mit Stöckchen als Klopfer (Choris, Pl. XI, Fig. 7 u. 8).

Eine vergleichende Darstellung der Tätowirung im Carolinen-Archipel fehlt zur Zeit noch, denn Kubary's Abhandlung: »Das Tätowiren in Mikronesien, speciell auf den Carolinen« (s. S. [449]) entspricht nicht einmal dem letzteren Zusatze. Sie macht uns nur mit der Tätowirung von Pelau, Yap, Ruk, Mortlock, Nukuor und Ponapé bekannt und lässt daher eine Menge Lücken, die sich nur schwer ausfüllen lassen werden, weil auch in den Carolinen Tätowirung rasch dem völligen Erlöschen entgegeneilt oder zum Theil bereits untergegangen ist.

Tätowirung von Nukuor. Kubary behauptete früher,[1]) dass auf diesem Atoll Tätowirung unbekannt sei, beschreibt dieselbe aber später selbst. Freilich ist sie kaum der Rede werth, denn »bei den Männern hat nur der weltliche Häuptling eine Linie über Brust und Rücken gezogen, und die Frauen tätowiren nur ein dreieckiges Zeichen auf den Schamberg« (abgeb.: »Tätowiren«, S. 86, und Kat. M. G., S. 336). Es mag hier noch erwähnt sein, dass auf Fidschi nur die Frauen und ebenfalls nur an diesen Theilen tätowiren. Die Tätowirung der Ellice-Bewohner, von woher nach Kubary die Nukuorer herstammen sollen, ist ganz verschieden (vgl. S. [282]), was sehr gegen die Annahme dieser Herkunft spricht. Die Bemerkung Kubary's, der ja Nukuor nur sehr flüchtig kennen lernte, »dass alle von nicht tätowirten Frauen geborenen Kinder getödtet werden«, scheint mir bei aller Achtung vor dem Berichterstatter doch sehr zweifelhaft und weiterer Bestätigung dringend bedürftig. Dabei verdient es Beachtung, dass die ganze weibliche Bevölkerung der Insel (inclusive Kinder) nur 60 Köpfe stark ist.

Ueber andere Inseln der Carolinen liegen betreffs Tätowirung nur einige wenige, sehr kurze Notizen vor, die keinerlei Schlussfolgerungen und Beziehungen erlauben. So fehlt es z. B. an Nachweis über die Tätowirung der in Sprache und Sitten mit Ruk zusammengehörigen Bewohner der Hall-Gruppe.

Uleai. Die wenigen Eingeborenen, welche ich von diesem Atoll sah, waren nicht tätowirt, aber nach Tetens sind »die meisten Männer über den ganzen Körper geschmackvoll tätowirt«. Nach Kubary »bedecken sich die Männer gern mit der ‚Eol-Tätowirung', die sie sich bei ihren Besuchen auf Uluti machen lassen.« Derselbe Berichterstatter beschreibt aber auch eine eigene Tätowirung von Uleai, »die sich nur auf das Unterbein erstreckt. Das Muster besteht in aus aneinandergereihten, die Vorderseite und die beiden Seiten des Unterschenkels bedeckenden Längsstreifen. Die inneren und äusseren Seiten des Oberschenkels sind mit dichtgestellten Strichen und Pfeilspitzen bedeckt« (»Tätowiren«, S. 83). Nach Lütke wäre die Tätowirung auf Uleai ganz so wie auf Uluti (vgl. S. [525]). Auf die Fischtätowirung Kadu's, eines geborenen Uleaiers, ist bereits (S. [602]) hingewiesen worden.

Swede-Inseln (Lamotrek oder Namurek, Elato und Namoliur). »Die Leute zeichneten sich durch besonders elegante, den ganzen Körper mit Ausnahme des Gesichts bedeckende Tätowirung aus« (Kittlitz: Denkwürd., 2, S. 148), und: »Die Tätowirung ist regelmässiger, hübscher und viel mehr symmetrisch« (Lütke: »Voyage«, II, S. 127).

Fais (Tromelin). Der im Atlas der »Senjavin-Reise« (Pl. 25) abgebildete Mann ist untätowirt; aber Lütke bemerkt, »dass die Tätowirung absolut gleich mit den bisher in den Carolinen gesehenen sei«, was freilich sehr unzureichend erscheint.

Pikiram (Greenwich Isl.) besitzt keine Tätowirung (Kubary in: Journ. M. G., Heft VIII, S. 132, Anm.).

c) Haartracht und Putz.

Männer binden das lange Haar meist am Hinterkopfe in einen dichten chignonartigen Knoten zusammen, Frauen pflegen das gescheitelte Haar am Hinterkopfe nach innen in einen Knoten zu schlagen, der nach links absteht und sehr hübsch kleidet (vgl. Anthrop. Album, Taf. 21—23: Ruk, und Taf. 24: Mortlock; hier auch Fig. 273 ein bekehrtes Mädchen mit langem, nach europäischer Weise ausgekämmtem Haare). Die im Atlas der »Senjavin-Reise« abgebildeten Männer von Lukunor (Pl. 27) zeigen ganz ähnliche Haartouren, wie aber Lütke bemerkt, tragen manche das Haar auch aufgezaust »in Form einer enormen Frisur, wie die Eingeborenen Neu-Guineas« (Pl. 26, obere Figur links). Andere lassen das Haar auf dem Hinterkopfe in Form eines grossen Büschels stehen (ganz wie auf Uleai) oder frisiren auf dem Oberkopfe ein dreifach übereinandergerolltes Toupé (»Senjavin-Reise«, Pl. 25, obere Figuren). Zum Aufbinden

[1]) Im Journ. M. G., Heft VIII, S. 132: »sowie auf den Anchorites und Hermites«, was aber nur für die ersteren richtig ist. Hautverzierung von Hermites-Insulanern (beiderlei Geschlechts) hatte ich selbst Gelegenheit zu sehen und zu zeichnen. Sie stellt einen eigenen Typus dar, der sich auch in der Technik auszeichnet, die zum Theile in Einschneiden (mit Messer) und Tätowirung besteht. In ähnlicher Technik (mit Brandmalen), aber ganz verschiedenem Muster ist die Tätowirung auf Ninigo (l'Echequier-Gruppe), die, ebenfalls eigenthümlich, sich zunächst melanesischen Typen anschliesst.

des Haares bedient man sich einer dünnen, aus Menschenhaar geflochtenen Schnur (Maker: Ruk und Mortlock; Kat. M. G., S. 309, Nr. 2942), die nach späteren Mittheilungen Kubary's (I, S. 66) auf Ruk nur von den Frauen benutzt wird. Die »männlichen Haarbinden heissen ‚Negasaku' und sind ganz den mortlock'schen gleich, obwohl hier zuweilen aus *Musa*-Faser bereitet« (ib.). Kubary gedenkt dieser mortlock'schen »Haargürtel«, die hauptsächlich »von jungen Männern, die etwas auf ihr Ansehen geben wollen, getragen werden«, unter dem Namen »Uasin« (l. c., S. 231), bezeichnet sie aber wenige Zeilen später (u. S. 269) als »Lakasaka«. Hierher gehört das folgende Stück:

Lakasaka (Nr. 418, 1 Stück), Haarbinde für Männer; dieselbe besteht aus einem Flechtwerk aus Cocosfaser (35 Cm. lang), auf dessen convexe wulstige Aussenseite Pflanzenfaser (Banane oder Cocos) in der Weise dicht aufgeflochten und abgeschoren ist, dass sie im Aussehen an Plüsch oder eine kurzgeschorene Bürste erinnert; an jeder Seite ist ein Band zum Festbinden angeflochten und das Ganze mit *Curcuma* lebhaft gelb gefärbt. Ruk. Der Kat. M. G. verzeichnet solche Haarbinden von Mortlock (S. 308, Nr. 685 u. 686) und Ruk (S. 363, Nr. 3103), die nach Kubary nur auf diese beiden Gruppen beschränkt sind und schon auf Uleai nicht vorkommen.

Wie dieser Haarschmuck ausschliessend von Männern getragen wird, so besitzen die Frauen ebenfalls eine besondere Art:

»Limam« (oder »Lima«), Kopfbinde, bestehend aus einem 45 Cm. langen und 35 Mm. breiten Gürtel aus feinem Bindfaden von Cocosfaser über eine Unterlage von zusammengelegten Bananenblättern geflochten, daher eine flache Wulst bildend; auf die etwas abgerundete Oberseite sind Querreihen schwarzer Cocosperlen (wie Fig. 6, Taf. 24) aufgeflochten (im Ganzen 137 Reihen), deren mittelste aus circa 15 Perlen bestehen, die sich seitlich bis auf zwei verringern, die äusserste und die mittelste Perle jeder Querreihe besteht aus einer weissen Muschelperle, so dass dadurch ein weisser Mittelstreif und jederseits ein weisser Randstreif gebildet wird; als weiterer Schmuck ist ungefähr jeder sechsten Querreihe von Cocosperlen eine Querreihe grösserer *Spondylus*-Scheibchen eingeschaltet, deren mittelste aus zehn Scheibchen bestehen, während sie seitlich bis auf zwei herabgehen; im Ganzen zählt die Binde 20 solcher Querriegel von *Spondylus* (und 106 solcher Scheibchen); die Binde endet jederseits in circa 15 Cm. lange Schnüre zum Festbinden, die an der Basis mit Nuss- und *Spondylus*-Scheibchen verziert sind. Die aus Bindfaden bestehende Unterseite ist mit *Curcuma* gelb eingerieben. Ruk.

Das oben beschriebene Stück ist ein besonders reiches; andere sind viel einfacher, die Verzierung überhaupt so verschieden, dass kaum zwei Stücke völlig gleich sind (vgl. Anthrop. Album, Taf. 24, Fig. 271, und Kat., S. 309, Nr. 2962 von Mortlock, und ib. S. 362, Nr. 3100 u. 3101 von Ruk; etwas abweichend ib. S. 363, Nr. 129, und Album, Taf. 21, Fig. 523 u. 516, aus grösseren Muschelscheibchen [zweireihig] bestehend).

Diese sehr geschmackvollen Kopfbinden sind Festschmuck und werden von jungen Frauen und Mädchen nur bei den Tanzaufführungen getragen, entsprechen daher ähnlichen Schmuckstücken von Ponapé (vorne S. [526]. Aber Kubary's Annahme, »dass dieser Schmuck einem Muster, welches von Ponapé stammt, nachgebildet sei«, entbehrt durchaus der Begründung. Nach Kubary werden diese »Kopfspangen« nur auf Mortlock und Namoluk fabricirt und nach Ruk verhandelt. Sie stehen so hoch im Werthe als ein Päk-Gürtel oder zwei Halsbänder aus *Spondylus* (Assang). Von Ruk aus gelangen solche Kopfbinden im Tausch auch nach Ulea1 und werden hier gern noch mit Schildpattplatten verziert (vgl. Kat. M. G., S. 383, Nr. 125).

Die hier (S. 309, Nr. 574) notirte Stirnbinde aus *Melampus luteus* ist bezüglich der Herkunft »Mortlock« keineswegs zweifellos.

Dass Männer die Schleuder nicht selten um den Zopf gewunden bei sich führen, wurde bereits unter Waffen (S. [555]) erwähnt.

Häufig wird auf Mortlock, und zwar von beiden Geschlechtern ein Bündel aromatischer Kräuter im Haare getragen, »theils des Wohlgeruchs wegen, theils als Mittel gegen Läuse« (Kubary), das aber für letztere wenig hilft. Zur Milderung des Juckens und weil Fingernägel in dem dichten Haarwust nichts ausrichten, bedient man sich daher mit Vorliebe einer Haarnadel. Dieselbe besteht meist aus einem gewöhnlichen runden, zugespitzten Stöckchen, ist zuweilen aber auch feiner, wie das folgende Stück:

Tu (Nr. 298, 1 Stück), Haarnadel für Männer (Fig. 64), bestehend aus einem 14 Cm. langen, runden, zugespitzten Stöckchen *(a)* aus Citronenholz, welches an der Basis einen flachen runden Knopf *(b)* von 40 Mm. Durchmesser trägt, der aus den Spiren eines Conus geschliffen ist. Ruk.

Fig. 64.

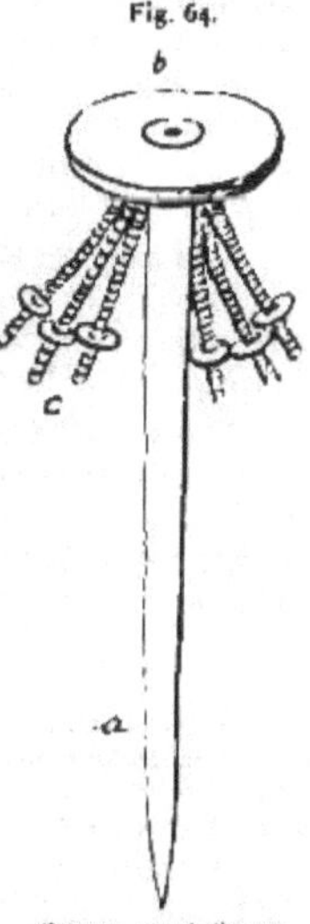

Circa ⅓ natürl. Grösse. Haarnadel. Ruk.

Diese Haarnadel wird von unten schief nach vorne und oben durch das Chignon gesteckt, in der Weise, dass der Knopf unterseits das Haar mit festhält (vgl. Anthrop. Album, Taf. 22, Fig. 507). Als Ausputz der Haarnadel dient häufig ein

Schmuckband (Nr. 298*a*, 1 Stück, Fig. 64*c*) für die Haarnadel, circa 60 Cm. lang und 30 Mm. breit, aus dichtstehenden runden, meist schwarzen Perlen von Cocosnussschale sehr künstlich in der Weise aufgeflochten wie Fig. 13 (Taf. 24). Das Band endet jederseits in zwei, resp. drei circa 7 Cm. lange Schnüre einreihiger Cocosperlen, mit einigen rothen *Spondylus*-Scheibchen abwechselnd, und diese fünf Schnüre sind an der Basis des Knopfes der Haarnadel festgebunden. Ruk.

Das Band wird über den Kopf gezogen, so dass es von der Basis des Chignons ausgehend eigentlich eine Art Halsband bildet, ganz übereinstimmend mit den im Nachfolgenden zu beschreibenden »Täte-Halsbändern«. Wie bei diesen herrscht erhebliche Variation in Grösse der verwendeten Cocosperlen, denen zuweilen in beschränkter Zahl weisse Muschelscheibchen und einzelne Glasperlen eingeschaltet sind, sowie in Breite und Länge der Bänder. Die Haarnadeln sind zuweilen gabelförmig, und statt der breiten Schmuckbänder werden auch einreihige Schnüre weisser Muschelscheibchen oder schwarzer Cocosperlen daran befestigt, zuweilen so lang, dass sie bis auf die Brust herabhängen (wie Fig. 527 u. 528, Taf. 22 des Anthrop. Album von Ruk zeigen). Auf Mortlock heissen die ganz gleichen Haarnadeln »Tik«, der ganze Schmuck mit dem Bande zusammen »Ferek en tik«. Nach Kubary ist diese Art Haarputz auf Ruk und Mortlock beschränkt und die Angabe »Nukuor« (Kat. M. G., S. 335, Nr. 2077) falsch. Wenn im Uebrigen Kubary in diesem Kataloge Exemplare von Ruk vermisst, so hat er übersehen, dass dieselben mit Ausnahme von Nr. 559 (S. 308) irrthümlich als »Hals- oder Brustschmuck« verzeichnet sind. (Hierher gehören S. 312, Nr. 554, S. 314, Nr. 2974—2976 von Mortlock und S. 360, Nr. 3109, S. 365, Nr. 3104, 3120, 3121 und S. 366, Nr. 3123 von Ruk.) Die im Journ. M. G.,

Heft IV, Taf. 4,[1] Fig. 9, abgebildete Haarnadel ist nicht von »Pelau«, da diese Art Schmuck hier gänzlich fehlt.

Kämme, auf Ruk im Allgemeinen »Makan«, auf Mortlock »Taf« genannt, sind ein unentbehrlicher Putzartikel, aber nur für Männer, und dienen, wie sonst in der Südsee, weniger zum Auskämmen, als mehr zum Aufzausen des Haares.

Der gewöhnlichste Typus von Kämmen (wie S. [92], Fig. 12), welcher aus einer grösseren oder geringeren Anzahl zusammengebundener Stäbchen (meist Rippen von den Fiedern des Blattes der Cocospalme) besteht und sich fast über die ganze Südsee verbreitet findet, ist nach Kubary auf Ruk seltener. Die Stäbchen (10—36 Cm. lang) sind häufig in zierlicher Flechtarbeit aus Faden (zuweilen Haar) zusammengebunden und die Spitze des Kammes nicht selten in mannigfacher Weise mit *Spondylus*- und Cocosscheibchen, Hahnen- und Fregattvogelfedern ausgeputzt (vgl. das reiche Material im Kat. M. G., S. 308, Nr. 2972: Mortlock; Nr. 2973: Oneop; S. 361 u. 362, Nr. 3095 bis 3097: Ruk; S. 383; Nr. 165, 3093 u. 3094: Uleai; S. 394 u. 395, Nr. 167, 277 u. 723: Yap, und S. 413, Nr. 530 u. 195: Pelau).[2] Ein sehr reich verziertes Exemplar dieses Typus von Kämmen ist im Atlas der »Senjavin-Reise« (wohl von Lukunor) abgebildet (Pl. 30, Fig. 10). Nach Kubary gehören Kämme mit »zu den Hauptgegenständen der mortlock'schen Toilette, bilden aber keinen ausgeprägten Industriezweig, sondern werden von Jedermann gemacht«. Ich verglich Exemplare von Ruk, Mortlock und Uleai, die ganz übereinstimmen.

Wie diese Art Kämme vorzugsweise als Festschmuck dienen, so ganz besonders der zweite Typus von Kämmen, die aus einem Stück verfertigt sind und mit zu den kunstvollsten Schnitzarbeiten der Central-Carolinen gehören. Die Sammlung enthält ein schönes Stück in der folgenden Nummer:

Makan (Nr. 297, 1 Stück), Putzkamm (Taf. VI [23], Fig. 5 u. 5*a*), aus einem Stück Holz (Citronenholz) geschnitzt, mit kunstvoll eingravirtem Muster, das Spitzenende (Fig. 5*a*) in neun engstehende Zinken ausgearbeitet. Der Endtheil zwischen *b* und *c* ist 115 Mm. lang, so dass die ganze Länge 32 Cm. beträgt. Beide Seiten des Kammes sind genau in gleichem Muster ziemlich seicht gravirt, in der Mitte des dünnen Theiles des Stielendes ist eine viereckige, circa 5 Mm. hohe Erhabenheit ausgearbeitet, das

1) Diese Tafel, »Arbeiten der Palau-Insulaner« darstellend, ist leider nur geeignet, um Verwirrung anzurichten, und hat selbst durch Kubary widersprechende Deutung erfahren (vgl. »Mortlock«, S. 271, Note; »Ethnol. Beitr.«, I, S. 73, Note; II, S. 175, Note, und Schmeltz: Kat. M. G., S. 310, Note). Nachdem Kubary zuerst die Figuren Nr. 5—10, 12 und 13 als der »mortlock'schen Industrie angehörend« bezeichnete, erklärte er später, dass sämmtliche 18 abgebildete Gegenstände »mit Ausnahme von Fig. 11 (Frauengürtel) Erzeugnisse der östlichen Carolinen: Ruk, Mortlock und Uleai« seien. Dies ist aber nur zum Theile richtig, denn mit Ausnahme von Fig. 14 (Täschchen von Yap) und Fig. 17 (Dose, die nach Kubary nicht von Pelau herstammt) sind Fig. 2 und 3 (Schildpattschale und Löffel), Fig. 11 (Frauengürtel), Fig. 16 (Handkorb) und Fig. 18 (Bambusrohr zu Betelkalk) unzweifelhaft pelau'sche Arbeiten.

2) Im Westen auf Yap und Pelau ist vorherrschend dieser Typus von Kämmen gebräuchlich, von denen Kubary (»Ethnol. Beitr.«, II, S. 195, Taf. XXIII, Fig. 30, und Taf. XXIV, Fig. 1 u. 2) allein drei verschiedene Formen von Pelau anführt. Eigenthümlich für dieselben scheint, dass die Stäbchen durch Nieten verbunden sind, was aber schon bei den Kämmen von Yap nicht der Fall ist (vgl. Edge-Partington, Taf. 177, Fig. 6, und die ungenügenden Abbildungen in: Journ. M. G., Heft II, Taf. IV, Fig. 4). Interessant ist, dass auf Bunai (St. David) die Frauen Kämme aus zusammengebundenen Stäbchen tragen, während die der Männer »aus einem Stück Bambu geschnitzt sind« (Kubary, I, S. 110), also ganz an gewisse melanesische erinnern (vgl. z. B. S. [231]). Von Sonsol erwähnt Kubary keine Kämme, die, wie auf Kuschai und Ponapé, auch auf Nukuor zu fehlen scheinen.

Ganze ein Muster feiner und gefälliger Schnitzarbeit. Als Zeichen des Festschmuckes ist der Kamm mit der Lieblingsfarbe Gelb eingerieben. Ruk.

Diese Art Kämme sind nach Kubary auf Ruk am häufigsten, werden aber nur als Festschmuck bei Tänzen benutzt und dann in gleicher Weise als die vorhergehenden, aber meist viel reicher, mit allerlei Zieraten besonders ausgeputzt (vgl. Kat. M. G., S. 307, Nr. 2963 u. 2965 [7 Stück]: Mortlock; S. 308, Nr. 2971: Nema, und S. 362, Nr. 3098, 3140 u. 3041: Ruk). Kubary unterscheidet von Mortlock »taf reuoy« (auch »Renoy« geschrieben) mit flachem und »taf sopot« mit rundem, ausgehöhlten Griff und ist geneigt, sie für locale Formen[1]) zu halten, allein es finden sich so viele Uebergänge, dass sich nicht einmal Kämme von Ruk und Mortlock, geschweige zwei bestimmte Formen von letzterer Localität sicher unterscheiden lassen. Ein sehr schöner nur dreizinkiger Kamm ist im Atlas der »Senjavin-Reise« (Pl. 30, Fig. 9) von Lukunor abgebildet, die Art, sie zu tragen, zeigt Fig. 497 des Anthrop. Album (Taf. 21).

Lütke und Kittlitz gedenken schon des reichen Ausputzes der Kämme von Lukunor, darunter Federn vom Hahne und Tropikvogel, aber am beliebtesten sind solche vom Fregattvogel (Assaf), wie die folgenden Stücke:

Federschmuck (Nr. 298*b*, 1 Stück), bestehend aus einer Primärschwinge (45 Cm. lang) des Fregattvogels, die in ein Loch am Stielende des Kammes (Taf. 23, Fig. 5) eingesteckt wird. Ruk.

Fig. 65.

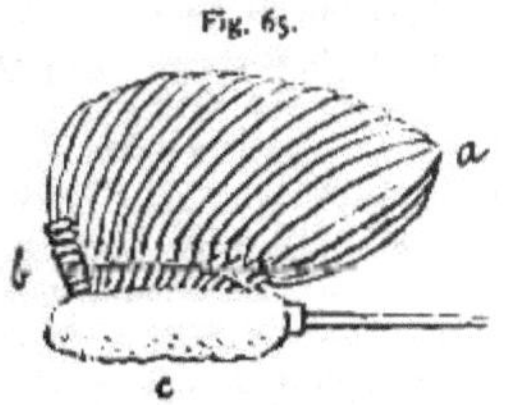

Federschmuck.
Ruk.

Solche Federn werden einzeln oder zu mehreren benutzt, zuweilen aber auch ein weit feinerer Putz verwendet.

Abezeu (Nr. 300, 1 Stück), Federschmuck (Fig. 65) aus den Tertiärschwingen *(a)* des Fregattvogels *(Tachypetes aquila)*, die, sehr zierlich mit Faden auf einem Stöckchen befestigt, grosse Aehnlichkeit mit einem Merkurflügel haben. Ruk.

Die erste und letzte Feder dieses Schmuckes wird zuweilen mit aufgereihten *Spondylus*-Scheibchen *(b)* verziert, oder mit einem Stück weissen Dunenfells *(c)* von Tölpel *(Sula)*, Fregattvogel oder Seeschwalbe. Mit solchem Federschmuck verzierte Tanzkämme (darunter auch solche aus zusammengebundenen Stäbchen, wie z. B. Kat. M. G., Nr. 2972, S. 308), die schief nach vorne ins Chignon gesteckt werden, kleiden sehr phantastisch (vgl. Anthrop. Album, Taf. 21, Fig. 500 u. 501: Ruk). In Ermanglung von wirklichen Federn verwendet man auch Imitationen von Merkurflügeln, aus Holz geschnitzt und schwarz und weiss bemalt (Kat. M. G., S. 308, Nr. 2973). Nach Kubary käme diese Art Putz nur auf der Insel Oneop des Lukunor-Atolls vor, wo sie »Ura« heisst, aber in seiner späteren Arbeit über Ruk (I, S. 66) verzeichnet er »Abezén«- und »Ura«-Kämme auch von hier, »bei Parik-Tänzen und die ersteren auch im Kriege getragen«.

[1]) »Ethnol. Beitr.«, I. S. 66, mit der Bemerkung: »Vgl. den ‚Roay'-Kamm bei den Pelau-Kämmen«; aber an der betreffenden Stelle (ib. S. 194) ist nur der Name »Roai« genannt. Der hier »Didhuack« genannte Kamm von Pelau ist ebenfalls aus einem Stück Holz geschnitzt; und früher verfertigte man auch solche aus Schildpatt (ib. S. 192, Taf. XXIII, Fig. 16). Die im Texte »als mythische Tarlik und menschliche Figuren« bezeichneten Schnitzereien dieses Kammes bleiben auf der Abbildung durchaus unkenntlich. Kämme, aus einem Stück Schildpatt gearbeitet, erhielt ich auch an der Ostspitze Neu-Guineas (s. S. [159]).

Eigenthümlich für Nukuor ist ein diademartiger Kopfschmuck aus Cocosgeflecht und mit einer Art Harz beklebt, der nach vorne in eine blattförmige hohe Spitze aus Stabchen, mit Bast überzogen, ausläuft und ziemlich flüchtig, aber immerhin kenntlich im Kat. M. G. (S. 335, Nr. 2076, Taf. XXXI, Fig. 4) abgebildet ist. Nach Kubary wird dieser sonderbare Kopfschmuck »nur von Priestern und Götzen getragen« und heisst »Tidi«. Aehnlich scheint ein Kopfschmuck, angeblich von derselben Localität, mit einem Aufsatz von durchbrochener bemalter Holzschnitzerei (ib. S. 335, Nr. 157), ein »hölzerner bemalter Kopfschmuck, wahrscheinlich von Uleai« (ib. S. 383, Nr. 660), sowie eine »Kopfbedeckung« von Pelau (ib. S. 417, Nr. 148), »mit weissen Federn bekleidet«; sämmtlich wahrscheinlich Tanzschmuck betreffend.

d) Ohrputz.

»Einzelne Ohrringe gibt es auf Mortlock nicht, sondern nur zusammengesetzte Ohrgehänge«, sagt Kubary, und diese Worte gelten auch für Ruk. In der That sind die aus den bekannten Perlen und Ringen aus Cocosnuss (»Tschäk« oder »Sak«, Taf. 24, Fig. 6—13) hergestellten grösseren und kleineren Ohrgehänge sehr charakteristisch für den Schmuck beider Inselgruppen und scheinen eigenthümlich für dieselben. Wenigstens weicht der im Kat. M. G. (S. 386 u. 387) von Uleai beschriebene Ohrschmuck erheblich ab, schon durch die Verwendung von weissen Muschelscheibchen. Noch mehr verschieden und eigenartig ist der Ohrschmuck von Pelau aus Schildpatt in Form von länglichen Plättchen mit Oesen oder sogar in Charnier beweglichen Einhakestücken, für beide Geschlechter verschieden (vgl. Kubary: »Ethnol. Beitr.«, II, S. 192, Taf. XXIII, Fig. 18—22, und Kat. M. G., S. 414, Nr. 896, »vielleicht Nasenschmuck«). Aehnlich ist nach Kubary der Ohrschmuck von Yap, ebenfalls aus Schildpatt (womit das im Kat. M. G., S. 397, von daher verzeichnete Stück aus *Spondylus* allerdings wenig übereinstimmt und wohl nicht von hier sein dürfte). Auf Sonsol kennt man keinen anderen Ohrputz als Blumen.

aa) Ohrputz aus Cocosnussringen.

Nach Lütke und Kittlitz waren auf Lukunor frische Blumen und Blätter der gewöhnliche Schmuck für die Ohrläppchen bei beiden Geschlechtern. Aber Kittlitz erwähnt auch (II, S. 98): »Ohrgehänge von zierlich geschnitzten und verschiedenartig gefärbten Holzstückchen« und meint damit natürlich diesen häufigsten Typus aus Cocos (und Rindenscheibchen), dessen hauptsächlichste, übrigens sehr variirende Formen in der Sammlung schön vertreten sind. Ohrschmuck dieser Art wird von beiden Geschlechtern getragen und weitet bei seinem Umfange und Schwere (bis 200 Gr.) die Ohrläppchen unnatürlich aus. Zuweilen wird die Ohrmuschel so tief herabgezerrt, dass sie vertical vom Ohre absteht und selbst die Ohröffnung zudeckt. Aeltere Leute, frei von weltlicher Eitelkeit, pflegen selten Ohrschmuck zu tragen und paradiren daher nur noch mit der oft 3—4 Zoll langen Hauschlinge (Kubary: Anthrop. Atlas, S. 13, und »Mortlock«, S. 234). Kubary's Skizzen von Mortlockerinnen (S. 238 u. 239) mit solchem Ohrschmuck sind bezüglich des letzteren kaum des Citirens werth, dagegen geben Taf. 21—24 des Anthrop. Album gute Vorstellungen von der Mannigfaltigkeit derartigen Schmuckes und wie er kleidet.

Nikom (Nr. 316, 1 Stück), Ohrgehänge aus schwarzen Ringen von aussen polirter Cocosnuss. Dasselbe besteht aus zwei Bündeln von je vier doppelten Schnüren solcher Ringe (meist von der Grösse wie Fig. 9 u. 10, Taf. [24], aber auch viel kleineren). Da jede Schnur circa 15 Cm. lang ist und aus mehr als 100 Ringen besteht, so zählt der ganze Ohrschmuck über 800 solcher Ringe. Die beiden Schnürbündel sind durch ein circa 65 Mm. langes und circa 35 Mm. breites Flechtwerk aus Cocosperlen (wie Fig. 13) von verschiedener Grösse verbunden. In das Ende jeder Doppelschnur ist in einem Ringe aus aufgereihten kleinen Cocosperlen eine Scheibe aus Conus (wie Fig. 20) eingehangen, an zwei Schnüren je ein Muschelring von der Grösse eines breiten Fingerringes, wahrscheinlich aus *Vermetus*. Ruk.

Nikom (Nr. 317, 1 Stück), Ohrgehänge wie vorher, aber aus sieben Doppelreihen von Schnüren aus kleinen Cocosringen bestehend. Ruk.

Ein zu diesem Typus gehöriges Stück ist im Kat. M. G. (S. 360, Taf. XXX, Fig. 5) sehr mangelhaft dargestellt. Nach Kubary wäre diese Form als typisch für Ruk zu betrachten, allein ich erhielt ganz übereinstimmende Stücke auch von Mortlock, wohin solche ja ohnehin im Tauschverkehre gelangen. Ueberdies zeigt jedes Exemplar eines derartigen Schmuckes Verschiedenheiten in Zahl und Grösse der Ringe, so dass kaum zwei vollständig gleich sind. Zu diesem Typus gehören die Exemplare des Kat. M. G., Nr. 3147—3151 (S. 363) von Ruk und Nema (S. 295). Wie erheblich die Verschiedenheiten sein können, zeigt das folgende Stück:

Nikom (Nr. 318, 1 Stück), Ohrgehänge (Taf. VIII [25], Fig. 19), besteht aus zwei Bündeln von je 16 circa 12 Cm. langen Schnüren aufgereihter Cocosperlen (wie Fig. 6, Taf. 24), die durch ein circa 40 Mm. langes und fast ebenso breites Band aus Cocosperlen (ähnlich Fig. 13, Taf. 24) verbunden sind; an den Enden der Schnüre ist je ein *Spondylus*-Scheibchen angeknüpft. Die meisten der Cocosperlen sind schwarz und polirt, einige aber auch von rothbrauner Färbung (vgl. Fig. 19). Ruk.

Etwas abweichend ist folgende Kettenform:

Tschāk (Nr. 319, 1 Stück), Ohrgehänge (Taf. VII [24], Fig. 20). Besteht aus vier (18–20 Cm. langen) Ketten von Cocosnussringen, die ineinander eingehakt sind und sich in einem grösseren Ringe (von 18 Mm. Lichtweite) vereinigen; an dreien dieser Kettchen sind runde, in der Mitte mit einem runden Loche versehene Scheibchen aus Perlmutter (30—35 Mm. Durchmesser) in grösseren Cocosringen eingehangen, ausserdem zwei runde Conusscheibchen (wie dies Fig. 20 zeigt). An einer der letzteren ist eine kleine blaue Glasperle angebunden, was deshalb Erwähnung verdient, weil Glasperlen im Ganzen bei diesen Schmuckgegenständen ausserordentlich selten vorkommen. Ruk.

Zu dieser Form, die nach Kubary hauptsächlich auf Nema und Losop gemacht wird, gehören die Exemplare des Kat. M. G., Nr. 2978—2980 (S. 309), von Mortlock und Nr. 3152—3155 (S. 363) von Ruk. Für gewöhnlich genügen übrigens Schnüre aufgereihter Cocosnussringe (Kat. M. G., S. 309, Nr. 681—683 u. 860), die wie das Material im Allgemeinen auf Mortlock »Sak«, auf Ruk »Tschāk« (Cék) heissen.

Sehr mannigfach sind die Anhängsel aus bearbeiteten Muschel- und Schildpattstückchen, die als besonderer Ausputz für Ohrputz gern verwendet werden, wie in gleicher Weise auch zu allerlei Brustschmuck. Am häufigsten sind grössere und kleinere Scheibchen und Ringe aus Conus (wie Taf. 24, Fig. 20) und desgleichen aus Schildpatt (»Potsch«). Letztere heissen auf Mortlock und Ruk »Lonier« (Lonyer) und werden namentlich auch als Brustschmuck für Kinder verwendet (Kat. M. G., S. 315, Nr. 2957). Als solchen benutzt man auch gern pyramidenförmige, oben abgestutzte Stückchen Schildpatt (Kat. M. G., S. 315, Nr. 2958, und Anthrop. Album, Taf. 23, Fig. 508), ähnlich aber verschieden von solchen aus den Marshall-Inseln (Taf. 25, Fig. 20c), welche »Liginier« (Liginyer) heissen. Schildpattringe, zuweilen zu Ketten vereinigt, verzeichnet der Kat. M. G. (S. 310, Nr. 2984—2987) unter dem Namen »Lele-le-salingau« von Mortlock, Kubary von Ruk als »Schildpattkettchen ‚Leleleselan'« (I, S. 67) und (ib. S. 74) als »kleine Spangen als Anhängsel für Ohrgehänge Lele leselan (d. h. ‚lokum en salinan')«, eine Blumenlese eingeborener Namen, die wohl nur für Kanaka verständlich ist. Beliebt als Anhängsel sind auch Scheibchen und Stückchen Perlmutter, *Vermetus*-Röhren und Scheibchen und Ringe aus *Nautilus* und *Trochus (Polydonta)*. Kubary verzeichnet ausserdem »Scheiben aus Elfenbeinnuss«, auf Ruk »Ropun« genannt, die im Kat. M. G. (S. 310, Nr. 2981 u. 2982) als aus »Cocos« angefertigt und mit »Ropung« von Mortlock erwähnt werden. Hier auch (S. 360, Nr. 3106) »grössere hölzerne Ringe mit gezacktem Aussenrande« als Anhängsel von Ohrschmuck von Ruk, sowie *Conus pulicarius*, wie gelegentlich auch Hosenknöpfe, Blech- und Messingstückchen und Ringe daraus verwendet werden.

bb) Ohrputz in Form von Holzklötzchen,
rund oder vierkantig, bildet einen besonderen Typus, der seltener als der vorhergehende ist, nur auf Ruk und Mortlock vorkommt und an die ähnlichen Ohrstöpsel der Frauen aus Cocosnuss (Taf. 23, Fig. 6) von Ponapé erinnert. Solche Ohrpflöcke werden nur von Männern, und zwar nur bei Tanzfestlichkeiten getragen.

Irapar (Nr. 314, 1 Stück), Ohrklötzchen aus einem runden, 45 Mm. langen Stück sehr leichten Holzes, ziemlich roh gearbeitet, seitlich sanft ausgekehlt und mit *Curcuma* gelb gefärbt; Diameter der Oberseite 40 Mm., der Unterseite 50 Mm. Satóan.

Ein ähnliches Stück von Mortlock ist im Kat. M. G. (S. 310, Nr. 2996) beschrieben. Zuweilen sind solche Ohrpflöcke auch viel sauberer gearbeitet und auf weissem Grunde mit zierlichem schwarzen Schachbrettmuster bemalt (vgl. »Senjavin-Reise«, Pl. 28 u. 30, Fig. 11, von Lukunor). Solche runde Ohrklötzchen heissen auf Ruk »Cápun a mút« (Kubary). Eine analoge Form Ohrzierat sind kurze Abschnitte von Bambu, zum Theile mit hübscher Gravirung verziert, wie ich sie in Freshwater-Bai an der Südostküste Neu-Guineas beobachtete (s. vorne S. [96]).

Sobodscha (Sóboža) (Nr. 313, 1 Stück), Ohrklötzchen (Taf. VI [23], Fig. 7). Aus gleichem Material als das vorhergehende Stück, aber viereckig, unten breit (50 Mm.), oben schmäler (30 Mm.), also in Form einer abgestumpften Pyramide, mit eingravirtem zierlichen Muster in Schachbrettpatterne, die erhabenen Felder schwarz gefärbt, der Grund weiss; in jede der vier Ecken ist ein feines Loch gebohrt und hier ein *Spondylus*-Scheibchen als Zierat befestigt. Satóan.

Ein ähnliches Stück ist ziemlich flüchtig im Kat. M. G., Taf. XXX, Fig. 7, abgebildet und hier (S. 310, Nr. 2988—2995 u. 3161, 3162) solche von Mortlock und Ruk beschrieben, auf letzterer Gruppe nach Kubary »Cápota« genannt.

Analoge Formen dieser Ohrklötzchen finden sich in Polynesien und Melanesien, aber aus anderem Materiale. Auf den Markesas wurden früher 50—55 Mm. hohe Abschnitte von Menschenknochen benutzt, die in verzerrte menschliche Figuren (sogenannte »Götzen«) ausgeschnitzt sind, welche in bizarren Formen an die ähnlichen der Maoris erinnern. Aehnliche Stücke von Markesas, menschliche Figuren (»Götzenbilder«) darstellend, verzeichnet der Kat. M. G. (S. 244, Nr. 2288) und (Nr. 2293), angeblich aus »*Tridacna*«.

e) **Hals- und Brustschmuck.**

Auf Ruk wie auf Mortlock ist hieher gehöriger Ausputz in sehr mannigfachen Formen und zum Theile recht kunstvoller Bearbeitung bei beiden Geschlechtern ausserordentlich beliebt und reicher vertreten, als dies sonst in Mikronesien der Fall zu sein pflegt. Die vollkommene Uebereinstimmung des Schmuckes von Lukunor und Ruk wird schon von Lütke hervorgehoben und durch Kubary bestätigt, durch den wir zugleich zuerst die verschiedenartigen Formen dieses Schmuckes kennen lernten.

Unter der Collectivbezeichnung »Mar« (— Halsband) lässt sich aller hiehergehöriger Schmuck in Form von Schnüren und Ketten in folgende fünf Haupttypen classificiren:

aa) »Mar«, einfache oder doppelte Schnüre aufgereihter Nuss- oder Muschelscheibchen, entweder je für sich oder zusammen verarbeitet.

bb) »Assang«, mit viel rothen *Spondylus*-Scheibchen oder ganz aus solchen (gleich Taf. 25, Fig. 18); am werthvollsten.

cc) »Marensak«, einfache Schnüre aufgereihter Ringe aus Cocosnuss (gleich Taf. 24, Fig. 7—11); am gewöhnlichsten und häufigsten.

dd) »Täte« (Mortlock), »Tiditep« (Ruk), aus Cocosperlen (Taf. 24, Fig. 6) zusammengeflochtene Bänder (wie Taf. 24, Fig. 13), zuweilen breiter und kragenförmig; seltener.

ee) »Tschäkpalap« (Ruk), »Sakpalap« (Mortlock), beide Namen gleichbedeutend mit »grosse Cocosringe«, aus grossen Ringen (wie Taf. 24, Fig. 12), die aus Querschnitten der verkrüppelten Cocosnüsse »Losil« (S. [595], Fig. 60) verfertigt sind und im Aussehen an eine Schlange erinnern.

Eine exacte Unterscheidung der vorhergehend genannten Sorten lässt sich übrigens bei den erheblichen Verschiedenheiten der einzelnen Stücke, je nach Geschmack und Liebhaberei des Verfertigers, nicht immer durchführen, wie dies für die meisten Kunstarbeiten Eingeborener gilt.

Ausser auf Ruk und Mortlock sind sämmtliche Typen auch weiter westlich bis Uleai nachgewiesen; der »Assang«-Typus scheint auch auf Yap vorzukommen. Bemerkenswerth ist das Fehlen hiehergehörigen Schmuckes auf Nukuor und Pelau, wo nach Kubary nur Frauen alte und moderne Glasperlen tragen (II, S. 174). Die im Kat. M. G. (S. 414) von Pelau verzeichneten Stücke stammen also keineswegs von hier.

Typus *aa*: Mar. Halskette aus kleinen Cocosscheibchen auf eine Schnur gereiht; Uleai. Hierher gehören Nr. 676 und 678 (S. 385) des Kat. M. G. von Uleai. Aehnliche Halsketten aus grösseren Cocosscheibchen erhielt ich von der Insel Faraulap (nordöstlich von Uleai). Andere derartige Halsketten bestehen aus einfachen Schnüren aufgereihter weisser Muschelscheibchen (gleich Taf. 25, Fig. 24*b*), wie der Mann von Mortlock (Anthrop. Album, Taf. 24, Fig. 279) mit einer solchen geschmückt ist. Andere ein- oder zweireihige Halsketten sind aus beiden Materialien (weissen Muschelscheibchen und schwarzen Nussscheibchen) zusammengesetzt, stimmen also ganz mit dem »Tekaroro« der Gilbert-Inseln (Taf. 24, Fig. 1—4) überein, aber die Scheibchen sind im Allgemeinen kleiner und nicht so abwechselnd, sondern mehr in Gruppen aufgereiht. Immerhin dürfte eine zweifellose Bestimmung der Localität nicht immer leicht, vielleicht unmöglich sein. Zu dieser Art Halsketten gehören die Exemplare des Kat. M. G. (S. 310, Nr. 555, S. 313, Nr. 2947) von Mortlock (und Anthrop. Album, Taf. 21, Fig. 509: Ruk). Zuweilen sind auch einzeln rothe *Spondylus*-Scheibchen mit verwendet, wie in Nr. 552 (S. 310) des Kat. M. G. von Mortlock. Sehr übereinstimmend damit ist eine Halskette von Lukunor, zweireihig, abwechselnd aus je zwei weissen Muschel- und zwei schwarzen Nussscheibchen, die in gewissen Abständen durch grössere *Spondylus*-Scheibchen laufen (Atlas der »Senjavin-Reise«, Pl. 30,[1]) Fig. 3).

Sehr abweichend ist das folgende Stück:

Mar, Halskette, bestehend aus zwei 34 Cm. langen und 25 Mm. breiten Streifen, die sich aus zehn Längsreihen kunstvoll aufgeflochtener Perlen aus schwarzer Cocos-

[1]) Auf derselben Tafel, Fig. 4, ist eine sehr eigenthümliche Halskette, wahrscheinlich von Lukunor abgebildet. Sie besteht aus circa 20 Mm. langen Röhren (abwechselnd mit je zwei Paar Muschel- und Nussscheibchen), ein Material, das bei dem Mangel einer Beschreibung nicht festzustellen ist.

nuss und weisser Muschel (abwechselnd: 5 schwarze, 1 weisse, 3 schwarze und 1 weisse Reihe) zusammensetzen, der untere Rand wird von einer Reihe (aus 70 Stück) *Spondylus*-Scheibchen gebildet; vorne und hinten ist eine Schildpattscheibe (von je 10 Cm. Durchmesser) als Anhängsel befestigt. Ruk.

Ich erwarb dieses Stück von Kubary, der es wegen der kunstvollen Arbeit als ein besonders seltenes und werthvolles »Mur« bezeichnete. In der Technik stimmt es ganz mit den Frauengürteln (Taf. 25, Fig. 24) überein, ist aber schon wegen der geringen Länge und den Schildpattanhängseln leicht als Halsschmuck zu erkennen und repräsentirt daher einen Typus, den Kubary leider gänzlich unerwähnt lässt. Ein sehr ähnliches Stück ist im Atlas der »Senjavin-Reise« (Pl. 30, Fig. 2) abgebildet.

Typus *bb*: Assang. Mit diesem Namen (auch »Mar-Asson«) werden auf beiden Gruppen Halsbänder aus *Spondylus*-Scheibchen bezeichnet, entweder dicht aneinander gereiht wie die gleichen Halsbänder (»Maremar«) von den Marshall-Inseln (Taf. 25, Fig. 1), oder durch eingeschaltete Cocosperlen getrennt. Nach Kubary bilden zwei Schnüre von der Länge des Halsumfanges ein vollständiges Halsband, das als sehr kostbar gilt. Eine solche Doppelschnur aufgereihter *Spondylus*-Scheibchen war 36 Cm. lang und zählte 160 Scheibchen. Von Ruk unter dem Namen »Assong« von Kubary erhalten.

Assang (Nr. 472, 1 Stück), Halskette (Taf. VIII [25], Fig. 18) aus abwechselnd einem Scheibchen aus rother *Spondylus*-Muschel und zwei bis drei schwarzen Cocosnussperlen, circa 45 Cm. lang. Die Halskette zählt im Ganzen 45 *Spondylus*-Scheibchen, von denen zwei vorne die Mitte bilden, an die als Anhängsel eine runde Scheibe (von circa 25 Mm. Durchmesser) aus Schildpatt befestigt ist. Ruk.

Hinsichtlich der Anordnung des Materiales, das ausser Cocosnussperlen auch aus dünnen Scheibchen von Cocosnuss oder Rinde (wie Taf. 24, Fig. 5*a*) und weissen Muschelperlen (wie Taf. 25, Fig. 24*b*) besteht, herrscht grosse Verschiedenheit bei den einzelnen Schmuckstücken dieser Art.

Ein anderes Stück war dreireihig aus dünnen Cocosscheibchen, abwechselnd mit zwei grossen *Spondylus*-Perlen; eine Conusscheibe diente als Anhängsel. Ruk.

Eine sehr kunstvoll gearbeitete Halskette (von circa 30 Cm. Länge und circa 15 Mm. breit) besteht aus sehr feinen Cocosscheibchen, in der Mitte mit einer Längsreihe weisser Muschelperlen und drei Querreihen von je vier grossen rothen *Spondylus*-Scheibchen, stammt von Ruk und war von Kubary mit »Assong« bezeichnet.

Aehnlich ist eine Halskette aus drei Reihen kleiner Cocosscheibchen, die in sechs Zwischenräumen je durch ein grosses *Spondylus*-Scheibchen gezogen sind; ich erhielt das Stück von der Insel Faraulap. Eine schöne Reihe zum »Assang«-Typus gehöriger Halsbänder verzeichnet der Kat. M. G. (von Mortlock: S. 311, Nr. 2943, 2944, S. 312, Nr. 557; von Ruk: S. 364, Nr. 3125, 3126, S. 365, Nr. 3127 u. 3495; von Uleai: S. 386, Nr. 3114, 3115, und von Yap: S. 395, Nr. 465, abgeb.: Journ. M. G., Heft II, Taf. IV, Fig. 7, u. Taf. 5, Fig. 1).

Typus *cc*: Marensak oder »Mar en sak« auf Mortlock und Ruk (Kubary) repräsentirt die gewöhnlichste Sorte Halsschmuck, wie die folgende Nummer:

Marensak (Nr. 471, 1 Stück), Halskette (Taf. VII [24], Fig. 7—11) aus kleinen und grösseren Ringen aus Cocosnuss, schwarz, am Aussenrande polirt, 2 M. 60 Cm. lang. Ruk.

Das Ringmaterial ist ganz dasselbe als bei dem Ohrgehänge Nr. 316 (S. [608]).

Derartige lange Ketten werden (nach Kubary) meist von Mädchen kreuzweise über Brust und Rücken getragen, kürzere Enden von 50—100 Cm. Länge einfach und doppelt allgemein als Halsketten von beiden Geschlechtern, und gern mit allerlei Anhängseln (s. vorne S. [609]) verziert. Zu diesem häufigsten Typus von Halsketten gehören die Exemplare des Kat. M. G. von Mortlock (S. 311, Nr. 694, 2945, 695, 693, 696, S. 312, Nr. 692), von Ruk (S. 364, Nr. 3122) und Uleai (S. 385, Nr. 677).

Typus *dd*: Täte. Identisch mit dem Schmuckband (S. [605]) Nr. 298*a* und sehr geschätzt als Schmuck.

Tiditeb (Nr. 299, 1 Stück), Halsband (Taf. VII [24], Fig. 13; Theil desselben); Band aus sechs Reihen kunstvoll aufgeflochtener Perlen aus Cocosnussschale, meist schwarz und wie polirt, untermischt mit rothbraun gefärbten (auf der Abbildung weiss angegeben); das circa 60 Cm. lange und 3 Cm. breite Band endet jederseits in eine circa 45 Mm. lange einreihige Kette aus abwechselnd schwarzen Cocosperlen und rothen *Spondylus*-Scheibchen; ausserdem ist an der Vereinigung beider Schnüre an zwei Ringen aus Cocosnuss eine runde Conusscheibe (27 Mm. Durchmesser) als Anhängsel befestigt. Ruk.

Andere derartige Halsbänder zählten zwölf Reihen Cocosperlen und waren 60 Mm. breit. Solche breite Bänder bilden dann einen zierlichen Kragen und kleiden sehr geschmackvoll (vgl. Anthropol. Album, Taf. 271: Mädchen von Mortlock, Figur links und mittlere). Der Kat. M. G. verzeichnet eine grosse Reihe hiehergehöriger Stücke, deren Vergleichung nachweist, dass nicht zwei vollständig gleich sind (von Mortlock: S. 311, Nr. 2946, S. 312, Nr. 553, 556, 558, und kragenförmig von Mortlock: S. 312, Nr. 2948; von Ruk: S. 364, Nr. 3119, 3129; von Poloat: S. 379, Nr. 1296, und Uleai: S. 385, Nr. 124). Eine analoge Form sind die zierlich aus feinem Bindfaden geknüpften Halskragen an der Südostküste Neu-Guineas (s. vorne S. [98]).

Von sehr ausgesprochenem Charakter und minder variirend als die vorhergehenden Typen ist der Typus *ee*: Tschäkpalap (Sakpalap).

Tschäkpalap (Nr. 469 u. 470, 2 Stück), Halsketten (Taf. VII [24], Fig. 12), bestehend aus schwarzen polirten Ringen aus Querschnitten einer besonderen Art Cocosnuss, eine 54 Cm. lange dichtstehende Ringkette bildend, die im Aussehen an eine Schlange erinnert. Der mittelste Ring (Fig. 12*a*, der schwarze Ring) ist am weitesten, der äusserste jederseits (Fig. 12*b*, der helle Ring) etwas enger und alle Ringe von der Mitte nach den Seiten so gleichmässig abnehmend, als wären sie aus einem Stück gedrechselt und dann durchgeschnitten. Die ganze Kette besteht aus 105 solchen Ringen (wie sie Fig. 12*c*, von vorne gesehen, darstellt), die an der Rückseite mittelst sehr feinem, gelb gefärbtem Zwirn (aus *Hibiscus*-Faser) ausserordentlich kunstvoll und sauber auf eine dickere Schnur aus Cocosfaser aufgeflochten sind, die an der Innenseite der Ringe, also von diesen verdeckt, sich durchzieht, wie dies Fig. 12*d* veranschaulicht. Auf die circa 6 Cm. langen Enden der Schnur, welche zum Festbinden dient, sind abwechselnd schwarze Cocosperlen und rothe *Spondylus*-Scheibchen aufgereiht. Ruk.

Eines der interessantesten Schmuckstücke des Eingeborenenfleisses, das in sauberer Arbeit und Ausführung jedem Europäer Ehre machen würde. Die Abbildung im Atlas von Edge-Partington (Taf. 172, Fig. 7) gibt eine sehr mangelhafte Vorstellung dieser kunstvollen Arbeit. Von dieser bei beiden Geschlechtern sehr beliebten Art Halsketten (vgl. Anthrop. Album, Taf. 21—23) untersuchte ich zahlreiche Exemplare von Ruk und Mortlock, darunter solche, welche ich von Kubary unter dem Namen »Tschäk« (Cek) erhielt, mit derselben Bezeichnung aber auch Ohrschmuck, wie Nr. 319 (S. [609]). Die längste dieser Ketten war 72 Cm. lang und bestand aus 150 Cocosringen; übrigens zeigte fast jede kleine Abweichungen, namentlich in Bezug auf die Verzierung der

Bindebänder mit *Spondylus*-Scheibchen (vgl. Kat. M. G. von Mortlock: S. 311, Nr. 691, 714. und von Ruk: S. 360, Nr. 3107 u. 3108, S. 364, Nr. 3112 [»Ohrschmuck«] u. 3113). Eine im Atlas der »Senjavin-Reise« (Pl. 30, Fig. 1) abgebildete hiehergehörige Halskette (aus »grains de bois«) weicht insoferne etwas ab, als die Cocosringe an zwei aussen-laufenden Bindfaden befestigt sind, wie dies bei den gleichen Halsketten von Uleai ähnlich der Fall zu sein scheint (Kat. M. G., S. 384, Nr. 118, 119, 130, und S. 385, Nr. 680). Sehr deutlich zeigt dies die Abbildung einer solchen Kette im Journ. M. G. (Heft II, Taf. IV, Fig. 8 u. 8*a*), an welcher die Cocosringe an eine ausserhalb laufende Schnur festgebunden sind, wie ich dies an Exemplaren von Ruk und Mortlock nicht beobachtete. Die Angabe »Yap« (auch Kat. M. G., S. 395, Nr. 462) dieses Stückes, das eine grosse Schildpattscheibe als Anhängsel trägt, bleibt zunächst noch äusserst zweifelhaft. Nach Kubary würde auch die im Journ. M. G. (Heft IV, Taf. 4, Fig. 12) ziemlich undeutlich abgebildete Halskette keineswegs von »Pelau« herstammen, sondern eine centralcarolinische »Sakpalap-Kette« darstellen.

Ein höchst eigenartiger Halsschmuck aus Schildpatt, angeblich von »Pelau« (Kat. M. G., S. 414, Nr. 219), mag deshalb hier erwähnt sein, weil Kubary denselben als von »Mortlock« herstammend deutete. Dies ist aber unrichtig, denn neuerdings erklärte Kubary das Stück für einen »Schmuck aus Fischhaken« von Sonsol oder Poloat. Ein Vergleich der Abbildung eines Fischhakens von Sonsol (»Ethnol. Beitr.«, Taf. XII, Fig. 7) mit dem fraglichen Stücke (Journ. M. G., Heft IV, Taf. 4, Fig. 6) wird Jeden überzeugen, dass davon überhaupt nicht die Rede sein kann. Das betreffende Stück hat mit Fischhaken nichts zu thun und ist jedenfalls ein Schmuck, aber ein so eigenartiger, dass er als Unicum betrachtet werden muss, dessen Herkunft vorläufig noch durchaus fraglich bleibt.

Die bereits (S. [609]) unter den Anhängseln für Ohrschmuck erwähnten Gegenstände sind auch für Halsketten sehr beliebt, einige derselben aber auch als Brustschmuck besonders zu betrachten. Am werthvollsten darunter ist der Typus *ff*: Potsch.

Potsch (»Puoz«) (Nr. 515*a*, 1 Stück), Brustschmuck aus Schildpatt (= Puož, Pueč), bestehend aus einer flachen runden Scheibe von 115 Mm. Durchmesser, in der Mitte mit einem 46 Mm. weiten offenen Kreisausschnitt. Ein Bohrloch am Rande dient zum Einknüpfen einer Schnur zum Umhängen um den Hals. Ruk.

Die grösste derartige Schildpattscheibe, welche ich erhielt, hatte einen Durchmesser von 150 Mm., sie finden sich aber in den verschiedensten Grössen, wie schon eine Vergleichung der Exemplare im Kat. M. G. zeigt (von Mortlock: S. 313, Nr. 2950, 2949, S. 314, Nr. 2951, 2952; von Ruk: S. 365, Nr. 3103, S. 366, Nr. 3124, und von Uleai: S. 386, Nr. 3117). Diese Scheiben[1]) werden von beiden Geschlechtern getragen (s. Anthrop. Album, Taf. 24, Fig. 271), zuweilen doppelt, d. h. derart, dass eine Scheibe auf der Brust, die andere auf dem Rücken hängt (hierher gehört Nr. 2953 im Kat. M. G., S. 314, von Mortlock). Von hier auch ein Stück »als Armschmuck eingegangen« (S. 315, Nr. 568), was für Mortlock jedenfalls unzutreffend, aber für »Sonsol« richtig sein würde. Denn wie uns Kubary belehrt, tragen die Frauen hier in der That solche Schildpattscheiben (»Masiripéu«) als Armbänder (»Ethnol. Beitr.«, I, S. 93, Taf. XII, Fig. 9).

Der im Kat. M. G. (S. 413, Nr. 1307 u. 1308) erwähnte »Stirnschmuck« aus runden Schildpattscheiben gehört vielleicht ebenfalls hierher, stammt aber nach Kubary keinesfalls von »Pelau«, das derartigen Schmuck nicht kennt. Identisch ist dagegen der »Očogammur« von Yap (Kat. M. G., S. 395, Nr. 462). Sollte der grosse Brustring, angeblich aus »Perlmutter« (»Senjavin-Reise«, Pl. 30, Fig. 6), schliesslich nicht auch ein solcher Potsch sein? (vgl. vorne S. [285]).

---

[1]) Gleichen Schmuck trugen die alten Marianner (nach Serrurier, der dafür: Freycinet, »Atlas historique«, Pl. 79, Fig. 15, 16 u. 24 citirt).

Das runde Loch in der Mitte dieser Schildpattscheiben wird nach Kubary »mittelst eines Zirkelbohrers[1]) und Haifischzahnes« ausgeschnitten.

Ein weiteres beliebtes Anhängsel für Halsketten sind die »Losil«-Cocosnüsse (vorne S. [595], Fig. 60; vgl. auch Anthrop. Album, Taf. 21, Fig. 497, und Taf. 22, Fig. 527). Hierher gehören »Brustschmuck« (Kat. M. G., S. 314, Nr. 2954—2956: Mortlock). Sehr eigenartig scheint das Anhängsel einer Halskette von Uleai, »eine beiderseits abgeplattete, unregelmässig geformte Kugel aus Muschelschale« (Kat. M. G., S. 384, Nr. 120). Unter die Halsketten gehört auch ein »Instrument zum Ausreissen der Barthaare« (Kat. M. G., S. 389, Nr. 128, von »Uleai«), bestehend aus einer Schnur aufgereihter Cocosscheibchen, an welche zwei »Klappen von *Lioconcha hieroglyphica* befestigt sind, mit deren Schneiderändern die Barthaare entfernt werden« und die ja gelegentlich diesem Zwecke dienen mögen.

f) **Armputz**

ist im Ganzen nicht häufig, aber dadurch eigenthümlich, dass die hierher gehörigen Stücke nicht, wie sonst meist üblich, auf dem Oberarme, sondern ums Handgelenk getragen werden, und zwar mit Ausnahme der Schildpattarmspangen von beiden Geschlechtern.

Riripóun (Nr. 376, 1 Stück), Armband, nach dem Typus der Leibgürtel (Taf. 25, Fig. 23) gearbeitet. Besteht aus 15 Strängen dicht aufgereihter, sehr dünner runder Cocosnuss- oder Rindenplättchen (wie Taf. 24, Fig. 5), je 14 Cm. lang, deren Fäden an jeder Seite durch einen circa 6 Cm. langen hölzernen Querriegel gezogen und hier jederseits in zwei stärkere Bindebänder zusammengeflochten sind. In der Mitte ist eine Querreihe aus 20 aufgereihten rothen *Spondylus*-Scheibchen eingeflochten, wie auch an den Längssträngen einzelne solcher. Die Hälfte einer Längsreihe zählt etliche 70 Cocosnuss- oder Rindenplättchen, das ganze Armband somit über 2000. Ruk.

Ein ähnliches Stück von Ruk ist im Kat. M. G. (S. 360, Nr. 3110, Taf. XXX, Fig. 4) sehr ungenügend dargestellt; ausserdem gehören hierher von Ruk (S. 366, Nr. 2961 bis 3176 u. 3365) und von Mortlock (S. 315, Nr. 674—2960).

Einen abweichenden Typus, der ganz dem »Täte« der Halsbänder entspricht, repräsentirt das folgende Stück:

Roron (Nr. 377, 1 Stück), Armband, bestehend aus einem 130 Mm. langen und 45 Mm. breiten Bande, das aus neun dichtstehenden Reihen von Cocosnussperlen geflochten ist (ganz in derselben Weise als die Halsbänder Taf. 24, Fig. 13). Jederseits am Rande sind 12, resp. 14 rothe *Spondylus*-Scheibchen eingeflochten, auf der Oberseite fünf längliche Vierecke aus weissen (und einzelnen blauen und rothen) Glasperlen. Zur Befestigung sind aus den Fäden, auf welche die Cocosperlen aufgeflochten sind, jederseits zwei circa 10 Cm. lange Schnüre geflochten, mittelst deren das Armband um das Handgelenk festgebunden wird. Ruk.

Nach Kubary werden solche Armbänder nur von Männern als Festschmuck getragen (vgl. Anthrop. Album, Taf. 21, Fig. 497 u. 514). Aber auf derselben Tafel (von Kubary selbst photographirt) ist auch eine Frau (Fig. 516) mit einem solchen Armbande

---

[1]) In seiner Abhandlung: »Die Schildpattindustrie der Pelauaner« (»Ethnol. Beitr.«, II, S. 188 bis 196), in welcher Kubary über die Technik der Bearbeitung des Schildpatts allerlei Mittheilungen macht, gedenkt er auch eines »Zirkelbohrers« zum Ausschneiden der runden Löcher (S. 185), beschreibt aber auch (S. 193) eine andere Methode: »Runde Schnitte werden durch Bohren vieler Löcher dicht beieinander und darauf folgendes Aussägen mittelst einer aus Bambuhaut gedrehten Schnur ausgeführt.« Ich erwähne dies, weil auf Ruk und Mortlock vermuthlich eine ähnliche Technik prakticirt wird.

geschmückt dargestellt, so dass die Armbänder jedenfalls von beiden Geschlechtern benutzt werden, wie dies Kubary später selbst zugibt. Nach früheren Angaben dieses Reisenden heissen derartige Armbänder auf Ruk wie Mortlock »Roron« und finden sich nur in diesen Theilen der Central-Carolinen. Ein ganz aus Glasperlen geflochtenes Armband, angeblich von »Pelau« (S. 415, Nr. 1734), dürfte auch aus diesem Gebiete herstammen.

Ganz abweichend ist die folgende Form:

Nukumb (Nr. 411, 1 Stück), Armspange aus einem 40 Mm. breiten rundgebogenen Stück Schildpatt (von 54 Mm. Längsdurchmesser), in welches sieben vertiefte Rillen eingekratzt sind. Ruk.

Solche Armspangen werden nur von Frauen ums Handgelenk getragen und kleiden sehr hübsch (Anthrop. Album, Taf. 21, Fig. 523: Ruk, und Taf. 24, Fig. 271: Mortlock). Nukumb (auf Mortlock »Lokum« genannt) bilden nach Kubary einen begehrten Artikel des Zwischenhandels und sind als eine Art Geld zu betrachten. Hinsichtlich der Anfertigung erfahren wir durch denselben Reisenden, dass die Rillen schon in das flache Stück Schildpatt eingeritzt werden, welches dann, in heissem Wasser erweicht, über einen runden Gegenstand gebogen wird (»Ethnol. Beitr.«, I, S. 73). Manche Stücke haben übrigens eine glatte Oberfläche, im Uebrigen sind die Rillen sehr verschieden an Zahl und Tiefe. Eine gute Abbildung eines Nukumb gibt der Atlas der »Senjavin-Reise« (Pl. 30, Fig. 7), sowie Edge-Partington (Pl. 175). Hier auch (Fig. 4) ein Exemplar des British-Museum, bei dem die Rillen ganz durchgeschnitten sind, so dass es also eine Spirale bildet. Die Localitätsangabe dieses Stückes »Oualan« (Kuschai) ist jedenfalls irrthümlich, denn nach Kubary finden sich diese Armspangen in den Carolinen nur auf Ruk und Mortlock (Kat. M. G., S. 315, Nr. 569, und S. 367, Nr. 3159), kamen aber früher auch auf Pelau[1]) vor. Die Localitätsangabe »Palau« der Exemplare des Kat. M. G. (S. 415, Nr. 721, und S. 416, Nr. 147) kann also zutreffen, unrichtig ist aber jedenfalls die Bezeichnung »Beinspangen« (Nr. 147 und Journ. M. G., Heft IV, Taf. 4, Fig. 5*a* und 5*b*), denn dafür sind diese Spangen schon ohnehin viel zu eng (die grösste, welche ich mass, hatte nur 80 Mm. Diameter).

Ein »Nukumb«-Armband führt Serrurier (»Ethnol. feiten« etc. in: »Tijdsch. van het Aardrijksk. Genootsch«, 1885, S. 15) von »Neu-Britannien« an. Aber auf der Gazelle-Halbinsel, wo Capitän Rohlfs sammelte, kommt solcher Schmuck nicht vor. Dagegen erhielt ich mit carolinischen sehr übereinstimmende Armspangen an der Nordwestküste Neu-Britanniens (vorne S. [38]), glatt, mit schwach eingekratzten Rillen und gravirt. Viel reicher und durch kunstvolle Gravirungen ausgezeichnet sind sehr breite Armspangen, mehr Manchetten zu vergleichen, von Kaiser Wilhelms-Land (vorne S. [246]).

Armringe aus *Trochus niloticus*, soweit über die Südsee, namentlich Melanesien verbreitet (vgl. vorne S. [17]), scheinen auch in unserem Gebiete vorzukommen. Wenigstens zeigt die Photographie eines jungen Mannes von Ruk (Anthrop. Album, Taf. 21, Fig. 515) solche Spangen ums Handgelenk, und im Texte (S. 13) wird ausdrücklich gesagt: »Armringe aus *Trochus niloticus*«. Dies ist aber auch Alles, was ich hinsichtlich dieses Schmuckes finden kann, den Kubary sonst, weder von Ruk noch Mortlock, auch nicht mit einer Silbe erwähnt.

---

[1]) »In alten Zeiten trugen junge Frauen breite, ganz den ruk'schen und mortlock'schen »Lokum« ähnliche Armspangen. Diese, ‚Delimólok' genannt, sind schon ausser Gebrauch gekommen, und fand ich dieselben vor zehn Jahren schon nicht mehr. Heute werden sie nicht mehr verfertigt« (Kubary: »Ethnol. Beitr.«, II, S. 193).

Trochus-Armringe im Kat. M. G. (S. 415, Nr. 146), von »Pelau« verzeichnet (und vorne S. [286]), fehlen nach Kubary hier durchaus, sind dagegen aber auf Yap bei beiden Geschlechtern beliebt und heissen hier »Jokejuk« (Kat. M G., S. 415, Nr. 466 u. 1610, Journ. M. G., Heft II, Taf. IV, Fig. 11). Hier auch solche aus Querschnitten von Cocosnuss, »Lie« oder »Lle« genannt (ib. Fig. 10 und Kat. M. G., S 396, Nr. 467), die auch in den Neu-Hebriden vorkommen (ib. S. 123, Nr. 2671). Eigenthümlicher Handschmuck von Yap ist der »Ajur«, beim Tanze getragen; er besteht aus einer Muschelschale von *Nautilus pompilius*, mit einer seitlichen Oeffnung zum Durchstecken der Hand (Kat. M. G., S. 396, Nr. 469, und Journ., II. Taf. IV, Fig. 3), und kommt sonst nirgends vor. Dasselbe gilt für den »Jatau« oder »iatau«, ein eigenartiger Handschmuck der Männer von Yap, aus *Conus millepunctatus*, ganz abweichend von den Ringen aus gleichem Material von Kuschei (Taf. 23, Fig. 1) und in Form einer Handmanchette gearbeitet (Journ. M. G., II, S. 16, Taf. IV, Fig. 1 u. 2, und Taf. 64 Kat. M. G., S. 396, Nr. 468). »Die Operation, wodurch die Hand durch die enge Oeffnung dieses Schmuckes durchgezwängt wird, soll mühsam und schmerzhaft sein, und bleibt derselbe zeitlebens über dem Handgelenk seines Besitzers. Dieser Schmuck gilt nach Kubary als Orden und Standesabzeichen.« Diese Notizen lässt Kubary in späteren Arbeiten unberührt und sagt dagegen: »Das Armband bleibt, wenn gross, im Hause aufbewahrt.« Man darf daraus schliessen, dass der »Jatau« ebensowenig eine Ordensdecoration ist als der »Kilt« von Pelau, jenes eigenthümliche Armband aus dem ersten Halswirbel des Dugong,[1]) das Kubary zuerst als »Rupak-Orden« einführte (Anthrop. Album, S. 12, Taf. 20, Fig. 141 u. 148; Kat. M. G., S. 406). Nach seiner späteren erschöpfenden Abhandlung über den »Kilt« ist derselbe keineswegs ein Orden, sondern »einfach ein sehr theures Armband« (im Werthe von 155—375 Dollars), das aber an einigen Plätzen »den Göttern geweiht« ist (»Ethnol. Beitr.«, II, S. 175—184, Taf. XXII, Fig. 10—13). Eine gute Abbildung auch bei Edge-Partington (Pl. 182, Fig. 8). Darnach ist die Notiz (vorne S. [286]) zu berichtigen. »Derrwar« heisst eine Pelau eigenthümliche Art Armschmuck für Frauen aus runden Schildpattscheiben (ganz wie die »Potsch« der Central-Carolinen vorne S. 614 [286]), die zusammen einen Cylinder bilden, der bei 64 einzelnen Platten 170 Cm. in der Länge misst und zwei Pfund wiegt. Die Oeffnung zum Durchstecken der Hand ist 60—70 Mm. weit, also immerhin ziemlich eng. Früher wurde dieses sehr theure Armband (im Werthe von 70—80 Dollars) von reichen Frauen bei besonderen festlichen Gelegenheiten getragen, was gegenwärtig aber nur höchst selten geschieht (Kubary: »Ethnol. Beitr.«, II, S 184, Taf. XXII, Fig. 14, und Kat. M. G., S. 415, Nr. 890 u. 1298). Aus der hier gegebenen kurzen Uebersicht ergibt sich die interessante Thatsache, dass die westlichen Carolinen einen auffallenden Reichthum an Armschmuck aufzuweisen haben, und zwar Pelau drei, Yap sogar vier verschiedene Typen, unter denen drei überhaupt sonst nirgends mehr in der Südsee vertreten sind.

g) Leibschmuck.

Zu den kunstvollsten und zugleich geschmackvollsten Erzeugnissen carolinischer Industrie gehören jene mühsam aus Cocosnuss- oder Rinden- und Muschelscheibchen zusammengereihten Gürtel, die für Ruk, Mortlock (und Uleai) eigenthümlich zu sein scheinen. Da auch die beste Beschreibung nur eine sehr unvollkommene Vorstellung gibt, so kann nur eine gute Abbildung, und zwar eine farbige, den Zweck erfüllen. Bei dem Umfange des Gegenstandes liess sich in natürlicher Grösse selbstredend nur ein Theil eines solchen Gürtels darstellen, allein diese Detaildarstellung genügt, um ein klares Bild zu geben, und wird zum besseren Verständniss willkommen sein.

Päk (Nr. 552, 1 Stück), Gürtel (Taf. VIII [25], Fig. 23, den mittelsten der drei Querriegel darstellend). Derselbe besteht aus 22 Reihen Schnüren runder Scheibchen aus Mangroverinde *(Tschia)* oder Cocosnuss und kleinen weissen Muschelscheibchen oder Perlen *(a)* und grösseren rothen *Spondylus*-Scheibchen *(b)*, die jederseits durch ein Querholz *(c)* begrenzt werden. Die Länge der Schnürereihen jederseits von diesem Mitteltheile beträgt 33 Cm., die ganze Länge des Gürtels (ohne die 30 Cm. langen Bindeschnüre) 72 Cm. Die Schnüre, aus einer Bastfaser, auf welche die Scheibchen

[1]) Wesentlich verschieden sind ähnliche Armspangen aus dem zweiten Halswirbel *(Epistropheus)* des Dugong von Timorlaut und Imitationen solcher aus Holz von der Insel Dasi der Babber-Gruppe (s. Serrurier: »Ethnol. feiten en verwantschappen in Oceanie«, S. 2, Fig. 2, 3, 4), die aber noch keineswegs die Herkunft der Pelauaner von diesen Inseln des malayischen Archipels beweisen (s. S [286]).

aufgereiht sind, laufen durch sehr sauber gebohrte Löcher der hölzernen Querriegel *(c)*, von denen die Mitte jeder Seitenhälfte noch einen gleichen wie den abgebildeten mittelsten aufweist, während ein einfacher Holzquerriegel jederseits den Schluss bildet. Hinter den letzteren Querriegeln sind die Schnüre in ähnlicher Weise als bei Fig. 24*d* zusammengeflochten, um jederseits in zwei circa 30 Cm. lange geflochtene Schnüre zu enden, welche zum Festbinden des Gürtels vorne auf der Bauchmitte dienen. Das Hauptmaterial des Gürtels besteht aus den kleinen Rinden- oder Cocosscheibchen (Taf. 24, Fig. 5), von denen über 15.000 zu einem solchen Gürtel gehören. Wie stets bei dieser Art Schmucksachen laufen übrigens auch einige Cocosperlen (Fig. 6) unter. Die weissen Muschelscheibchen *(a)* sind zu zweien oder dreien nur in der Mitte und an jeder Seite der drei Querriegel aufgereiht, hier auch die sehr verschieden grossen rothen *Spondylus*-Scheibchen *(b)*. Sie bilden innerhalb der drei Querriegel drei bis vier Querreihen und den oberen und unteren Rand derselben, sowie jederseits von den hölzernen Querriegeln *(c)* noch eine grössere oder geringere Anzahl aufgereiht sind. Im Ganzen zählt dieser Gürtel 160 *Spondylus*-Scheibchen. Bemerkenswerth ist, dass innerhalb des einen Querriegels eine durchsichtige rothe Glasperle eingeschaltet ist, die schon sehr alt sein muss, da sie, früher eckig, sich fast rund abgenutzt hat. Die hölzernen Querriegel und die Schnüre zum Festbinden sind mit *Curcuma* gelb gefärbt. Ruk.

Päk (Nr. 551, 1 Stück), **Gürtel**, wie der vorhergehende, aber minder breit und schön und ohne weisse Muschelscheibchen. Ruk.

Ausser den dünnen Scheibchen aus Rinde oder Cocosnuss, die zuweilen gemeinschaftlich verwendet sind, werden manchmal auch Cocosperlen (Taf. 24, Fig. 6) als Hauptmaterial zu diesen Gürteln benutzt, die überhaupt sehr variiren und von denen jeder einzelne Verschiedenheiten zeigt, sowohl in Länge als Breite, wie Anzahl der verwendeten *Spondylus*-Scheibchen. Statt zweier Bindebänder, welche die Regel bilden, findet sich zuweilen nur eines (wie bei Taf. 25, Fig. 24*d*). Die Länge der von mir gemessenen Gürtel variirte von 63—75 Cm., die Anzahl der Schnürereihen von 13—31 (= 75—170 Mm. Breite). Ein sehr grosser Gürtel zählt, um dies beiläufig zu bemerken, über 27.000 Scheibchen oder Plättchen aus Cocosnuss oder Rinde.

Der Kat. M. G. verzeichnet solche »Gürtel für Männer« von Ruk (S. 360, Nr. 3111; S. 367, Nr. 1820, 3165—3172, 9 Stück; S. 368, Nr. 1820), ausserdem solche, die ohne Verwendung von rothen und weissen Muschelperlen ganz aus Cocosperlen bestehen (S. 316, Nr. 550 u. 3364: Mortlock, und Journ. M. G., Heft IV, Taf. 4, Fig. 7, irrthümlich von »Pelau«). Sehr flüchtig bei Edge-Partington von Ruk abgebildet (Pl. 173, Fig. 6). Nach Kubary werden diese Gürtel nur von Männern getragen, eine Angabe, der seine eigenen Photographien hoher Persönlichkeiten beiderlei Geschlechts aus Häuptlingsfamilien widersprechen (Anthrop. Album, Taf. 21, Fig. 497 u. 514: Männer, und Taf. 23, Fig. 512: Frau von Ruk, und Taf. 24, Fig. 271: Mädchen von Mortlock). Die grössere Breite der Gürtel von Ruk (Kubary, I, S. 70) ist ebenfalls kein constantes Kennzeichen, da diese Schmuckstücke Gegenstand des Tauschhandels sind. So werden nach Kubary Rindenscheibchen *(Tschia)* von Ruk über Losop und Nema nach Etal ausgeführt, hier zu Gürteln verarbeitet und als solche wieder nach Ruk zurückverhandelt.

Ausschliessend Frauenschmuck sind eine besondere Art Gürtel, die im Wesentlichen eine kleinere Form der vorhergehenden Sorte (Päk) darstellen. Sie unterscheiden sich hauptsächlich dadurch, dass sie sauberer gearbeitet und schmäler sind (sechs bis acht Stränge breit) und fast nur aus kleinen schwarzen und weissen Perlen bestehen.

Kin (Nr. 550, 1 Stück), **Frauengürtel** (Taf. VIII [25], Fig. 24), 58 Cm. lang, aus sieben Schnüren aufgereihter schwarzer Perlen aus Cocosnussschale *(a)* und gleich grossen weissen aus Muschel *(b)*, die durch zehn fein durchbohrte hölzerne Querriegel *(c)* laufen und sich hinter den endständigen jederseits zu einem Flechtwerk *(d)* vereinigen, das in eine 30 Cm. lange geflochtene Schnur ausläuft, welche zum Festbinden des Gürtels dient. Auf den durch zwei Querriegel gebildeten Feldern an jedem Ende (Fig. 24) sind die weissen und schwarzen Perlen wie auf der Abbildung vertheilt, auf den übrigen drei Mittelfeldern sind die drei mittelsten Schnüre weiss, die beiden Randschnüre aus abwechselnd schwarzen und weissen Perlen gebildet. Die vier je circa 80 Mm. langen Zwischenräume zwischen den schmäleren, durch hölzerne Querriegel begrenzten Mittelfeldern bestehen aus schwarzen Perlen, nur die mittelste Perlenreihe aus abwechselnd weissen und schwarzen. Die schwarzen Cocosperlen sind etwas schmäler als die auf Fig. 19 (Taf. 25), seitlich nicht gerundet, sondern abgestutzt und nicht polirt. Die weissen Muschelperlen sind identisch mit den in Fig. 23 verwendeten. Ruk.

Wie bei den breiten Gürteln (Nr. 552, S. [617]) kommen auch bei diesen schmalen Frauengürteln allerlei Verschiedenheiten vor, und man findet keine zwei völlig übereinstimmenden Exemplare. Breite und Anzahl der Schnürreihen wechselt wie die Anzahl und Anordnung der hölzernen Querriegel. Manche Gürtel zeigen als seltene Ausnahme zum Theile auch rothe *Spondylus*-Scheibchen mit verwendet (wie Kat. M. G., S. 368, Nr. 3164).

Eine gute Abbildung eines solchen Frauengürtels gibt der Atlas der »Senjavin-Reise« (Pl. 30, Fig. 5) von Lukunor, sowie die Photographie eines jungen Mädchens von Ruk (Anthrop. Album, Taf. 23, Fig. 508), welche zugleich zeigt, dass auch diese Gürtel vorne auf dem Bauche zusammengebunden werden. Kubary erwähnt die Frauengürtel von Mortlock unter dem Namen »Kinn«, »Kin« oder »Kinsak«, mit der kurzen Bemerkung, dass sie zu den kostbarsten Schmuckstücken gehören, die bereits ausserordentlich selten geworden sind und hauptsächlich auf dem Atoll Etal angefertigt werden. Der Kat. M. G. verzeichnet nur wenige solcher Frauengürtel von Mortlock (S. 315, Nr. 551, und S. 316, Nr. 2998) und von Ruk (S. 368, Nr. 3163), sowie zwei Exemplare (S. 280, Nr. 580 u. 1616) mit der irrthümlichen Angabe »Pingelap«.

Die im Uebrigen fast ganz übereinstimmenden Gürtel von Uleai,[1]) aus schwarzen und weissen Scheibchen oder Perlen und hier ebenfalls nur von Frauen getragen, kennzeichnen sich dadurch, dass die Querriegel nicht aus Holz, sondern Schildpatt gefertigt sind (vgl. Kat. M. G., S. 387, Nr. 127 u. 470).

Aehnliche Gürtel aus Schnüren aufgereihter Muschel- und Cocosscheibchen, zuweilen mit Glasperlen, kamen früher auf den Herzog York-Inseln vor (wie Kat. M. G., S. 28, Nr. 1615, und Serrurier: »Ethnol. feiten« etc., S. 15). Sie unterscheiden sich aber leicht von carolinischen durch das Fehlen von *Spondylus*, da die Muschelscheibchen aus ganz anderem Materiale bestehen, sogenanntem »Miokogeld« (ähnlich »Kokonon«, S. [46]).

Sehr eigenartig in Material (vgl. vorne S. [597]) wie Bearbeitung sind die »Kau« oder Frauengürtel von Pelau, die meist aus einer Doppelschnur rother Muschelscheibchen und Plättchen bestehen, die in der Weise aufgereiht sind, dass der mittlere Theil aus runden Scheibchen besteht, die an beiden Enden nach und nach in viereckige bis länglich viereckige (bis 45 Mm. lange) Stücke übergehen (vgl. Kubary: »Ethnol. Beitr.«, I, S. 186, Taf. XXII, Fig. 15, und Kat. M. G., S. 415, Nr. 522, 684). Diese Gürtel werden längst nicht mehr verfertigt und bald überhaupt nicht mehr zu haben sein (s. vorne S. [598]), denn nach Kubary (der für einen solchen 100 Mark bezahlte) sind auf ganz Pelau keine zehn »Khau-Gürtel« mehr vorhanden (»Ethnol. Beitr.«, II, S. 187).

Sehr verschieden von der vorhergehenden Art Frauengürtel (Kau) ist eine geringere Sorte, »Kalius« (auch »Kaliusz« und »Kaliyus« geschrieben) genannt, die nur aus zwei Reihen aufgereihter Cocosscheibchen (»Kalius«) besteht, früher zuweilen mit einigen weissen Muschelscheibchen abwechselnd (vgl. Kubary: »Ethnol. Beitr.«, II, S. 187, Taf. XXII, Fig. 16; Journ. M. G., Heft IV, Taf. 4, Fig. 11,

[1]) Ein Gürtel (Kat. M. G., S 388, Nr. 673) aus *Natica lactea* stammt wohl kaum von Uleai.

und Kat. M. G., S. 416, Nr. 141, 523). Solche Gürtel werden auf Pelau meist von jüngeren Frauen zum Festhalten der Blätterschürze getragen, während sich ältere mit einem einfachen Gurt aus Dugong- (»Thogul«) oder Rindshaut (»Karabon« von Karabau = Büffel) begnügen (Kubary, oben Taf. XXII, Fig. 17).

Ethnologische Schlussbetrachtung.

Wie bereits in der Einleitung (vorne S. [447]) gesagt wurde, bilden Ruk und Mortlock eine ethnologische Subprovinz, deren weitere Grenzen zu bestimmen wegen Mangel an Material vorläufig unterbleiben muss. Auf Grund der sprachlichen Uebereinstimmung liegt aber die Annahme nahe, dass die Hall-Gruppe sich dieser Subprovinz auf das Engste anschliessen wird, wie andererseits Uleai und Nukuor wahrscheinlich dazu gehören. Die von den letzteren Inseln vorliegenden Sammlungen zeigen wenigstens vorherrschend ein so ruk-mortlock'sches Gepräge, dass sie vorläufig immerhin als Ausläufer betrachtet werden können. So ist auf Uleai wie Nukuor die Webekunst bekannt, die nukuor'schen Holzarbeiten schliessen sich ganz den ruk'schen an u. s. w. Aber freilich sind noch mancherlei Lücken auszufüllen. So wissen wir z. B. über die Schmuckgegenstände Nukuors nichts, während die von Uleai bis auf gewisse Abweichungen ganz mit Ruk-Mortlock übereinstimmen. Was die letzteren beiden Inseln anbelangt, so bilden dieselben sprachlich wie ethnologisch ein unzertrennbares Ganzes, wie diese Arbeit zur Genüge gezeigt haben wird. In der That findet sich Alles, was Ruk producirt, auch auf Mortlock, und wenn der Erkennungsstab (»Fenai«) bisher nur auf ersterer Gruppe nachgewiesen wurde, so liegt es vielleicht nur an ungenügender Beobachtung. Zu den hervorragenden ethnologischen Zügen unseres Gebietes gehört die strenge Stammeseintheilung, die auch auf das Familienleben einschneidend wirkt. Ein besonderer Tanzstock (»Gurgur«) scheint zugleich als Waffe benutzt zu werden, unter denen der »Ssuk« und die besondere Bewehrung von Speeren eigenthümlich sind. Wie sich unter den letzteren melanesische Anklänge finden, so auch in gewissen Beerdigungsgebräuchen (Grabhäuser und dem strengen Trauer-Tabu). Der Geisterglauben zeigt die grösste Uebereinstimmung mit dem der Marshallaner, aber er versteigt sich zur Anfertigung gewisser Bildwerke (namentlich Gestalten von Vögeln), die zwar ganz abweichend in der Form, doch im Sinne der Ahnenfiguren Melanesiens aufzufassen sind und zu denen vermuthlich auch Masken gehören. Eigenthümlich für Mortlock ist eine Feldhacke aus Schildkrötenknochen, die einzig in ihrer Art dasteht, aber wahrscheinlich auch auf Nukuor vorkommt. Die bemerkenswerthe Thatsache, dass auch auf allen hohen basaltischen Inseln der Carolinen nur Aexte mit Muschelklingen[1]) vorkamen (vgl. auch vorne S. 7 [275] u. S. 215 [471], verdient hier nochmals besonders hervorgehoben zu werden. Die Holzindustrie beider Gruppen, obwohl minder entwickelt als auf dem westlichen Pelau, liefert in der Form von Schüsseln und Trögen immerhin bemerkenswerthe Arbeiten, unter denen zum Theile ansehnlich grosse Deckelkisten oder Truhen auch auf Nukuor (und Tokelau) vorkommen. Die Fischerei enthält nichts Besonderes und ist im Ganzen wenig entwickelt. Haus- und Canubau stimmen sehr mit den gleichen Erzeugnissen der Marshall-Insulaner überein, zeigen aber gewisse Eigenthümlichkeiten, so in besonderen Gemeindehäusern und in der Bauart der Canus darin, dass beide Seiten derselben gleich sind. Die Weberei, mit denselben Geräthschaften als auf Kuschai

[1]) Auf den meisten Inseln Polynesiens war es gerade umgekehrt, und man benutzte das einheimische Steinmaterial. So z. B. auf dem vulcanischen Rarotonga, wo Lord Pembroke 1870 noch »several old stone axe heads (very like Danish celts)«, wahrscheinlich die letzten, erhielt (»South Sea Bubbles«, S. 195).

betrieben, liefert doch ganz andere Stoffe, welche ganz ähnlich auch auf Uleai und Uluti fabricirt werden und, wie hier, die Bekleidung für beide Geschlechter liefern. Lange Mäntel oder Ponchos kommen ähnlich auf Ponapé und Sonsol vor, eine besondere Art Hüte auch auf Nukuor, Yap und weiter westlich. Unter den mancherlei Schmuckgegenständen ist die häufige Verwendung von »Tschāk« oder »Sak«, d. h. Scheibchen, Perlen und Ringen aus Cocosschale, besonders bezeichnend für die Central-Carolinen und damit in Verbindung die von rothen *Spondylus*- und weissen Muschelscheibchen. Zähne werden nicht verwendet, nicht selten dagegen Conusboden und Scheibchen aus Perlmutter, häufig aber Schildpatt, besonders in Form von mitunter sehr grossen Scheiben. Hervorzuheben ist, dass sich das weibliche Geschlecht ebenso sehr schmückt als das männliche, wie dies fast für ganz Mikronesien gilt, während in Melanesien das umgekehrte Verhältniss charakteristisch wird.

Die Tätowirung ist eigenthümlich und für beide Gruppen dieselbe; Ziernarben fehlen. Das Haar wird in der bekannten, fast über alle Carolinen verbreiteten Frisur als Chignon aufgebunden und mit Kämmen verziert, unter denen eine besondere Art Tanzputzkämme nur Festschmuck für Männer sind. Zuweilen werden diese Kämme durch besonderen eigenthümlichen Federputz aus den hinteren Schwingen des Fregattvogels verziert, ein Schmuck, der für unser Gebiet eigenthümlich und charakteristisch ist, wie besondere Haarnadeln mit Schmuckbändern. Kopf- oder Stirnbinden sind in zwei für beide Geschlechter verschiedenen originellen Formen vorhanden, ebenso Ohrputz. Von letzterem werden dicke Bommeleien aus Cocosperlen bündelweise von beiden Geschlechtern im Ohr getragen, besonders eigenthümlich grosse, zum Theile hübsch verzierte hölzerne Ohrpflöcke als Schmuck nur für Männer. Unter dem mannigfachen Hals- und Brustschmuck, stets aus »Tschāk« (Cocosnuss), zuweilen in Verbindung mit *Spondylus*-Scheibchen, sind aus Cocosperlen geflochtene kragenartige Bänder besonders hübsch und finden sich, wie aller hierher gehöriger Schmuck, westlich bis Uleai. Armschmuck zeichnet sich, wie in ganz Mikronesien, dadurch aus, dass er nicht auf dem Oberarm, sondern auf dem Unterarm getragen wird. Neben Spangen aus Schildpatt, die sonst nur in Melanesien (z. B. in Neu-Britannien) vorkommen, sind Armbänder aus Cocosperlen oder Scheibchen geflochten sehr charakteristisch und eigenthümlich. Gewisse Armbänder sind in derselben Technik aus Schnüren aufgereihter Cocos- und Muschelscheibchen gearbeitet als die Leibgürtel,[1]) welche mit zu den kunstvollsten Arbeiten unseres Gebietes und der Carolinen überhaupt gehören.

[1]) Aehnliche Gürtel, aber nur aus Muschelscheibchen, kommen in der Herzog York-Gruppe vor.

Nachträge und Berichtigungen.

Während in der Zoologie die Kenntniss der geographischen Verbreitung schon längst die ihr gebührende Stellung fand, hat man in der Ethnologie die Wichtigkeit dieser Disciplin erst später einzusehen gelernt und sich bemüht, in dieser Richtung zuverlässiges Material zusammenzutragen. Leider ist es für gar manche Gebiete, deren Bewohner durch die Tünche sogenannter Civilisation ihre Originalität einbüssten, bereits zu spät und die Mahnung, Versäumtes nachzuholen, um so dringlicher. Wenn ich daher im Nachfolgenden, ausser den für die eigene Arbeit erforderlichen Correcturen und Nachträgen und solchen zu engverwandten Werken, noch andere Notizen einfüge, so haben dieselben durchgehends Beziehungen zu unseren Gebieten des westlichen Pacific und sind für die ethno-geographische Verbreitung von Bedeutung. Sie werden in manchen zuverlässigen Daten den interessanten Nachweis liefern, wie unabhängig von einander gewisse Gebräuche, Geräthe u. s. w. selbst an entfernten Localitäten vorkommen, während oft ganz naheliegende ganz verschiedene Verhältnisse bieten. Solche zuverlässige Daten, die ich freilich sehr beschränken musste, werden »das Problem des Völkergedankens in der Rückführung auf die geographischen Provinzen«, nach Bastian die wichtigste Aufgabe unserer Zeit, der Lösung näher bringen helfen. Und in der That ist die Kenntniss dieser geographischen Centren (Provinzen und Subprovinzen) von der allergrössten Wichtigkeit für eine Biologie des Menschen. In dieser Ueberzeugung habe ich mich bemüht, die für unser Gebiet bestehenden Centren (Subprovinzen) festzulegen und zu charakterisiren, Versuche, die, auf Thatsachen basirend, jedenfalls den einzuschlagenden Weg zeigen und zu einer Klarstellung der Ethnologie verschiedener Stämme der Südsee und ihrer Beziehungen untereinander beitragen dürften.

(Zu: »Annalen«, Bd. III, Heft 2, 1888, S. 83 [1] bis S. 160 [78].)

Seite 83 [1]. Zu:

Erste Abtheilung: Bismarck-Archipel.

S. 88 [6]. Zu: **1. Neu-Britannien.**

a) Blanche-Bai.

S. 89 [7]. Das Wort »Loto« oder »Lotu« ist jedenfalls nicht vom englischen »Lord« abzuleiten, sondern ein Fidschiwort, das »Botschaft« bedeutet und wohl durch Fidschimissionslehrer Verbreitung fand. In Samoasprache hat das Wort »Loto« eine mehrfache Bedeutung (unter Anderem »Herz = Seele«), wie »Lotu« (unter Anderem »sich vom Heidenthum abwenden«) (vgl. Pratt: »A grammar and dictionary of the Samoan-language« [London 1878], S. 230 u. 231).

S. 89 [7]. Zu **Eingeborene.** Die Charakteristica, welche Dr. Benda (»Zeitschr. f. Ethnol.«, 1880, S. 112) gibt, enthält eine Menge Unrichtigkeiten (»Körperbau schwächlich, Haar in Büscheln stehend, Bart spärlich, Augen graubraun, Weiber abschreckend hässlich, sehr unreinlich, Charakter tückisch, Tauschartikel Spirituosen«) die zu einem falschen Urtheil verleiten.

S. 90 [8]. »Männer und Frauen halten ihre Mahlzeiten getrennt« (Parkinson in lit.),[1]) aber es gibt auch Ausnahmen, wie ich wiederholt beobachtete.

S. 90 [8]. »Den Titel ,Kjap' (Captain) brauchen Eingeborene nicht unter sich, sondern nur im Umgang mit Weissen« (P. in lit.).

S. 90 [8]. Zu **Cannibalismus.** Die Geschichten, welche Powell (S. 85) erzählt, dass ein Mann seine eigene Frau todtschlug, kochte und zu einem Festmahle bereitete, sowie die andere, nach welcher der Mörder die Witwe eines Erschlagenen heiratete, dessen Körper als Hochzeitbraten verwendet wurde, gehören in das Gebiet der Münchhausiaden, die, erst in die Literatur übertragen, sich schwer wieder ausrotten lassen.

S. 91 [9]. Zu **Ethnologische Charakterzüge.** Dieselben sind für dieses Gebiet von Neu-Britannien und Neu-Irland (S. 126 [44]) nur sehr im Allgemeinen angedeutet und würden einer genaueren Darstellung bedürfen, die ich mir aber auch hier versagen muss. Dennoch will ich erwähnen, dass beide Inseln, oder vielmehr die bis jetzt bekannten sehr beschränkten Gebiete derselben, ethnologisch nicht gemeinschaftlich behandelt werden können, sondern zwei ganz verschiedene Centren im Sinne von Subprovinzen bilden. Dabei mag nur auf die totalen Verschiedenheiten in Haus- und Canubau, Muschelgeld, Bestattungsweise, Kunstfleiss u. s. w. hingewiesen sein. Soweit ich nach den im Ganzen spärlichen Wahrnehmungen urtheilen kann, beginnt mit der Willaumez-Halbinsel westlich ein anderes ethnologisches Gebiet, das sich zunächst Neu-Guinea anschliesst und eine Einwanderung von dorther vermuthen lässt. Interessant und beachtenswerth ist dabei das Vorkommen der zwei Arten Muschelgeld des Bismarck-Archipels (*Nassa* = Diwara von Blanche-Bai und Muschelscheibchen wie in Neu-Irland) im Kaiser Wilhelmland (Finschhafen, Huongolf etc.). Mit der Verbreitung ethnologischer Gegenstände verhält es sich übrigens ganz analog wie mit der der Thierarten. Wie hier gewisse *Genera* theils in derselben, theils in verschiedenen Arten über fast alle Inseln der Südsee verbreitet sind, während andere Gattungen und Arten nur auf gewisse, oft sehr kleine Inseln beschränkt bleiben, so finden sich gewisse Sitten, Gebräuche und Erzeugnisse des Menschen, in ganz ähnlicher Weise vertheilt, oft erst an den entferntesten Localitäten wieder. Die Inseln des Bismarck-Archipels würden ganz besonders zu einer solchen ethno-zoologischen Parallele reizen. Nur einige wenige Thatsachen aus ornithologischem Gebiete mögen hier kurz erwähnt sein, wie das Vorkommen theils vicarirender, theils eigenthümlicher Arten auf jeder Insel, selbst der kleinen Herzog York-Gruppe. So besitzt Neu-Britannien eine Art Casuar und Kakatu (Diwara, Steinkeulen etc.), Neu-Irland keine solchen, dagegen *Dicranostreptus* (Kulepaganeg) u. a. Vielleicht wird es mir einmal möglich, diese Gedanken weiter und in einer die ganze Südsee umfassenden Parallele auszuführen, die gewiss viel interessante Gesichtspunkte auch für die Ethnologie ergeben würde.

S. 91 [9]. Zu **Sprache.** »Die Zersplitterung der Sprachen in Blanche-Bai ist nicht so gross: von Port Weber östlich bis Blanche-Bai und bis Cap Gazelle, sowie landeinwärts bis zum Berge Unakokor (Varzin) herrscht nur eine Hauptsprache, und Eingeborene aus den verschiedensten Theilen dieses Gebietes unterhalten sich ohne Anstoss« (P. in lit.). Die Mittheilungen über die verschiedenen Dialekte der Gazelle-

---

[1]) Wir verdanken diese mit *P.* gezeichneten Notizen der Güte von Herrn Parkinson in Ralum. D. R.

Halbinsel verdankte ich Herrn Littleton, jenem Engländer, der als Erster ganz allein und unbewaffnet bis zum Berge Unakokor vorgedrungen war. Ich selbst beobachtete wiederholt, dass Matupileute Eingeborene von der Küste (z. B. Ratawul, Beretni u. s. w.) nicht oder mindestens nicht gut verstanden. Und Parkinson sagt selbst: »dass der Kabakada-Dialekt durch die Mission in einigen anderen Districten eingeführt sei und mit der Zeit wohl allgemein Eingang finden wird. Im Innern des Landes fand ich viele verschiedene Dialekte.« (»Im Bismarck-Archipel«, S. 146), und »auf Neu-Irland und Neu-Britannien hat nicht nur jede Insel, sondern jeder District und jeder Küstenstrich ein anderes Idiom« (ib. S. 28).

S. 92 [10]. Zu **Nacktheit.** Dieselbe ist nicht blos für diesen Theil Neu-Britanniens charakteristisch, sondern kommt sporadisch auch in Neu-Guinea (vgl. S. [223]) und anderwärts vor. So herrscht nach Coote[1]) auf der Insel Ulaua (Salomons) völlige Nacktheit bei beiden Geschlechtern, ebenso auf Maewo (Aurora-Insel) der Neu-Hebriden. Mit Ausnahme der Häuptlinge gingen früher auch die Männer auf Pelau ausnahmslos völlig nackt (Kubary: »Ethnol. Beitr.«, II, S. 209, Note).

S. 92 [10]. Zu **»A brewo«.** Das dem Hauptworte vorgesetzte »A« ist, wie ich schon vermuthete, nur der Artikel; aber zu meiner Zeit war man darüber noch nicht sicher.

S. 92 [10]. Zu **Tapa.** »Djapo« wurde mir von Kubary als das samoanische Wort für Tapa angegeben, muss aber richtig »Siapo« heissen. Interessant ist, dass nach Wilkes die Kunst, Tapa zu bereiten, erst durch die Mission von Tonga nach Samoa eingeführt wurde (II, S. 135). Auf Fidschi versteht man ebenfalls aus dem Bast von *Broussonetia* sehr schöne Tapa zu machen und das Bedrucken derselben in bunten Mustern; aber Tapa darf von Frauen nicht getragen werden (Wilkes, III, S. 338). Schöne Proben von Tapa und Druckmatrizen daher im Museum Godeffroy (Kat., S. 139, 140 u. 143).

S. 93 [11]. Zu **Tapa mit hübschen Mustern.** Ich erhielt solche Stücke Tapa von 90—110 Cm. Länge und 30—48 Cm. Breite. Hierher gehören »Zeug oder Stoff« (Kat. M. G., S. 28, Nr. 1147, Taf. XI, Fig. 1) und »Gürtel« (ib. Nr. 1480, Taf. XI, Fig. 2), angeblich auch von »Neu-Irland und Neu-Hannover«.

S. 93 [11]. Zu **Material von »Schmuck und Zieraten«.** Eine sehr grosse Röhre von *Dentalium elephantinum* L. (80 Mm. lang mit 10 Mm. weiter Oeffnung), die ich auf Matupi erhielt, diente als Behälter für drei sehr sonderbare kleine Gegenstände, mir unbekannt, aber jedenfalls thierischen Ursprunges. Sie sind kolbenförmig, flachgedrückt, an der Basis stielartig verjüngt, emailglänzend, auf weisslichem Grunde rosa, am unteren Rande bläulich angehaucht, der Stiel grünlich und messen 9—11 Mm. in der Länge, 7—9 Mm. in der Breite. Prof. E. v. Martens hatte die Güte, diese kleinen Gegenstände, welche in der *Dentalium*-Röhre sorgfältig durch einen Stöpsel von Pflanzenfaser verwahrt waren, zu bestimmen, und schreibt mir: »Die drei kleinen Dinger sind Fingerstücke der Fangfüsse von *Gonodactylus chiragra*, eines Krebses aus der Familie der Squilliden. Sie sind schon in Rumph (,D'amboinsche Rariteitkamer' [1705]) als ,zwaantje' (= Schwänchen) beschrieben und abgebildet (pag. 5, 6, Taf. 3, Fig. G).« Ueber Benutzung und Zweck ist mir nichts bekannt geworden, da ich die Gegenstände erst nach meiner Rückkehr vorfand. Als Schmuck habe ich diese Krebsfinger nie benutzt gesehen und vermuthe nur, dass sie vielleicht als eine Art Talisman dienten.

---

1) »The Western Pacific, being a description of the groups of islands to the North and East of the Australian continent. By Walter Coote, F. R. G. S.« London, Sampson Low (1883).

S. 93 [11]. Zu **»rothe Art Schilf (Kanda)«** ist »nicht Schilf, sondern Rottanpalme« (P. in lit.).

S. 93 [11]. Zu **Zähne.** Im Kat. M. G. (S. 41, Nr. 1718 u. 1164) werden zwei Schmuckstücke aus »Cachelotzähnen« mit ? von Neu-Britannien notirt, von denen das letztere unzweifelhaft von den »Gilberts«, das erstere (»aus elf grossen Cachelotzähnen, deren oberer Theil mit Tapa umwunden ist«) aber ebenso wenig von hier als »Neu-Britannien« herstammt; vielleicht Fidschi?

S. 93 [11]. Zu **Casuarfedern.** Nach Parkinson bilden solche einen begehrten Handelsartikel, der mir aber in Blanche-Bai nie vorkam. Auch im Kat. M. G. (S. 30, Nr. 3238) wird nur ein hierhergehöriges Stück verzeichnet: »Haarschmuck (?) Casuarfedern an Rohrstäbchen«.

S. 94 [12]. Zu **Muschelgeld (»Diwara«).** Prof. v. Martens schreibt mir (den 20. Juli 1891) über die Species: »Die var. *camelus* von *Nassa callosa* A. Ad. ist meines Wissens von mir noch nicht im Druck veröffentlicht; sie unterscheidet sich von der typischen Form dieser Art durch den starken Höcker auf dem Rücken der letzten Windung, welche ganz an den von *N. thersites* erinnert.« Nach gütiger Untersuchung desselben Specialisten gehört auch das Muschelgeld von Willaumez, Hansabucht und Kaiser Wilhelms-Land (aber nicht von der Südostküste Neu-Guineas) zu dieser Species. Auf Neu-Irland und weiter ostwärts ist mir Diwara niemals vorgekommen. Das im Kat. M. G. (S. 74, Nr. 1896) verzeichnete »Geld« ist echtes Diwara.

S. 94 [12]. Zu **»Tambu aloloi«**: »heisst einfach ‚*Tambu*-Ring' oder ‚aufgerollter *Tambu*'. Sind solche Ringe sehr gross und ungeöffnet von einer Generation zur anderen gegangen, so führen sie manchmal den Namen eines verstorbenen Häuptlings« (P. in lit.).

S. 95 [13]. Zu **Muschelgeld (»Pellä«).** Wird von der Herzog York-Gruppe unter dem Namen »Miokogeld« nach dem Festlande von Neu-Britannien über ganz Blanche-Bai bis zur Nordküste verhandelt und, nach Kleinschmidt (vgl. Schmelz in: »Zeitschr. f. Ethnol.«, 1881, S. 187), auf den Herzog York-Inseln selbst, und zwar nur von Frauen verfertigt. Leider erfahren wir nicht in welcher Weise und aus welcher Art Conchyl. Das Muschelgeld im Kat. M. G. (S. 74, Nr. 1287 f. [mit Ausnahme des lilafarbenen] u. Nr. 2031) ist solches Miokogeld (ebenso: »Halsschmuck«, S. 39, Nr. 2031, 1938, und S. 40, Nr. 1916). Unter dem Namen »A Pellä« erhielt ich auch auf Matupi Schnüre aufgereihter weisser Muschel- und schwarzer Nussscheibchen, die, auf Cocosfaserschnur gereiht, ganz mit dem Tekaroro der Gilberts-Inseln (Taf. 24, Fig. 3) übereinstimmen, nur sind die Cocosscheibchen dicker (vgl. auch Kat. M. G., S. 74, Nr. 1463). Ob diese Scheibchen hier gemacht werden, konnte ich nicht erfahren, möchte dies aber bezweifeln, und ein zufälliges Einschleppen durch Schiffsverkehr (über die Marshalls) scheint mir nicht ausgeschlossen. Nach Parkinson gelten in Blanche-Bai bis Port Weber hinauf vier Schnüre »Pellä«-Muschelgeld (circa 30 Cm. lang) einen Faden (d. h. eine Klafterlänge) Diwara. Ganz ähnliches Muschelgeld aus hellfarbigen Muschelplättchen (wie das »Kokonon« von Neu-Irland, Taf. 1, Fig. 4 u. 5) erhielt ich von den Salomons, und zwar von Savo, wo es »Lago« heisst. Wie mir Alexander Morton erzählte, der wiederholt die Salomons besuchte, ist das Dorf Makira auf San Christoval der Hauptplatz der Fabrication dieses Muschelgeldes, die übrigens nur von einigen wenigen Männern betrieben wird. Unter dem Namen »Makirageld« ist dasselbe weit und breit berühmt und steht wegen seiner vorzüglichen Bearbeitung auch auf anderen Inseln in hohem Werthe. Das Muschelgeld von Malayta, auch bei Guppy (S. 134) erwähnt, ist nicht so gut. Coote gibt einige interessante Notizen über den Werth des Muschelgeldes auf Ysabel. Es werden hier zwei Sorten, weisse und rothe,[1]) Muschelscheibchen »von der Grösse eines Hemdknopfes« (also circa 7—10 Mm. im Durchmesser) verfertigt, die, auf Schnüre gereiht, von der Länge eines Fadens (also 6 engl. Fuss, was reichlich viel scheint) im Tauschverkehr als Geld dienen. Das rothe Muschelgeld ist zehnmal so viel werth als weisses, also 1 Schnur weisses = 10 Cocosnüssen oder 1 Stück Stangentabak; 1 Schnur rothes = 10 Schnüren weisses = 100 Cocosnüssen = 1 Hundezahn = 5 Delphinzähnen; für 10 Schnüre rothes oder 100 Schnüre weisses Muschelgeld kann man eine Frau oder ein Schwein kaufen. Auf den Neu-Hebriden werden ganz ähnliche Muschelscheibchen verfertigt (»Durchmesser 5—7 Mm., von bläulicher Farbe:« Kat. M. G., S. 136, Aurora-Insel) und bilden die übliche Scheidemünze. Wenn daher Eckardt in seiner Compilation über diese Inseln (S. 29) sagt: »als Zahlungsmittel dient *Cypraea moneta*«, so hat dies auf diese Muschelplättchen Bezug. Wilkes erwähnt von Fidschi »strings of *Cypraea moneta*«, was noch der näheren Bestätigung bedarf (III, S. 354). Beiläufig mag noch bemerkt sein, dass ohne sicheren Nachweis Niemand im Stande ist, die Herkunft dieser weit verbreiteten, einander so ähnlichen Muschelplättchen oder Scheibchen zu bestimmen.

S. 95 [13]. Zu **»Kanoare«, falsches Muschelgeld** (Taf. 1, Fig. 2); das Conchyl ist nicht *Nassa vibex*, sondern *N. globosa* Hombr. und Jacqu. (v. Martens in lit.).

S. 96 [14]. Zu **Farben.** »Schwarz heisst an der Küste ‚marut, korokorony, likutau'; roth ‚meme'; gelb ‚lailai'; grün ‚limut'« (P. in lit.).

S. 96 [14]. Zu **»A Kotto«.** »Kotto« heisst das Instrument (Glasscherben, Zahn oder sonstiger scharfer Gegenstand), womit die Einschnitte gemacht werden; die Narben selbst heissen »Buliran«, gewöhnliche Narben »Manua« (P. in lit.).

S. 96 [14]. Zu **Tätowirung.** Wenn Dr. Benda sagt: »Tattuirung meist nur auf Brust und Rücken und in breiten Hauteinkerbungen bestehend«, so ist dies nur beziehentlich richtig.

S. 97 [15]. Zu **Haarputz (»Kalagi«).** Die als »Brustschmuck« aufgeführten Stücke im Kat. M. G. (S. 43, Nr. 1177—1452, und S. 46, Nr. 1977) sind derartige Zieraten, die bei Männern, im Kopfhaar befestigt, als Schmuck dienen, häufig in der Weise, dass sie über die Stirne herabhängen.

S. 97 [15]. Zu **Federschmuck:** »Lakur und Kangal«; hierher gehören »Haarschmuck« (Kat. M. G., S. 30, Nr. 2421, 2424, und S. 31, Nr. 2410).

S. 97 [15]. Zu **Stirnschmuck.** Die reiche Serie von »Stirnbändern« im Kat. M. G. S. 33, Nr. 1623; S. 34, Nr. 1842, Taf. X, Fig. 8; Nr. 1985; S. 35, Nr. 1981, 2422, 3192, 1982 [Gürtel], 1522, und S. 36, Nr. 1175, 1900 u. 2423) sind zum Theile wohl auch »Halsbänder« (wie z. B. ganz bestimmt Nr. 1900), aber nicht von Neu-Irland (S. 33, Nr. 1890); sie werden nur bei festlichen Gelegenheiten, namentlich den feierlichen Tänzen (»Malankene«) getragen.

S. 97 [15]. Zu **Stirnbinde »Awub«.** Hierher gehört »Kopfschmuck« (Kat. M. G., S. 33, Nr. 3213: Duke of York). Solche Schnüre mit aufgebundenen Dunenfedern werden häufig, zuweilen viele Meter lang, zur Ausschmückung der Grabhäuser (vgl. Finsch: »Gartenlaube«, 1882, Nr. 42), der Erinnerungszäune (»A bogil«) (S. [18]) und bei der Einweihung von Canus verwendet.

---

[1]) Damit sind wohl die häufigen röthlichen Muschelscheibchen, ähnlich dem »Miokogeld« gemeint und nicht eigentlich »rothe« Muschelscheibchen aus *Spondylus*, wie ich solche nur im British Museum angeblich von den Salomons sah.

S. 97 [15]. Zu **Ohrschmuck.** Das im Kat. M. G. (S. 37, Nr. 886, Taf. XI, Fig. 5) beschriebene Stück ist jedenfalls nicht aus Neu-Britannien, sondern Neu-Irland.

S. 97 [15]. Zu **»Biltbagu«**, Nasenstift aus Casuarschwinge; hierher gehören »Nasenschmuck« aus hohlen Stäbchen vegetabilischen (?) Ursprungs im Kat. M. G. (S. 38, Nr. 1851, 1852 u. 2835), wie von Herrn Schmeltz schon berichtigt wurde.

S. 97 [15]. Zu **Nasenstift aus Dentalium** (Taf. 1, Fig. 19): »die Species ist *D. elephantinum* L.« (v. Martens in lit.).

S. 97 [15]. Zu **Nasenzier** für die Nasenflügel (»Aibuta«); hierher gehören »Nasenschmuck« (Kat. M. G., S. 38, Nr. 1987—1988).

S. 98 [16]. Zu **Halskragen der Männer** (**»Midi«**). Hierher gehören »Halsschmuck« (Kat. M. G., S. 41, Nr. 875 u. 1521, Taf. X, Fig. 2, aus Diwara); die Angabe »Neu-Irland« (für 1521) ist falsch.

S. 98 [16]. Zu **Muschelklingeln** (**»Wuaweo«**). Die »Muschelklappern, Muschelglocken« (Kat. M. G., S. 67, Nr. 1165) und »Nussklapper« (ib. Nr. 1621) sind keine Musikinstrumente, sondern Schmuck, der einzeln im Haar oder zu mehreren an einem Halsstrickchen oder dem Halskragen (»Midi«, S. 16, Nr. 441) befestigt wird und von hier über den Rücken herabhängt. Ein solcher Nackenschmuck ist auch der »Kopfschmuck« (Kat. M. G., S. 33, Nr. 2406) aus Farnkraut etc.

S. 98 [16]. Zu **Halsband** (**»Gurgurua«**). Dieser Name ist in der Sprache von Makada und wurde mir von King Dick aufgegeben. »An der Küste heissen solche Halsbänder ,Rangrang'.« Frauen dürfen »Ngut«-Zähne in kleinen Bündeln als Halsschmuck tragen, bis so viel zusammengebracht ist, um für den Mann ein Halsband anzufertigen (P. in lit.).

S. 99 [17]. Zu **Armringe aus Trochus** (**»Lalei«**). Wie meine Sammlung zeigt, erhielt ich auf Matupi solche Armringe noch in allen Stadien der Bearbeitung. Seitdem mag diese Fabrication aufgehört haben, denn nach Parkinson werden solche *Trochus*-Ringe jetzt nur auf Neu-Irland gemacht. Ich erhielt aber auch sehr schöne von Neu-Hannover, unter Anderem eine Reihe von 27 Stücken, die zusammen auf einem Oberarme getragen wurden; der unterste weiteste Reif misst 85 Mm. im Breitendurchmesser, der oberste engste 72 Mm., und alle passen so aufeinander, als wären sie aus einem Stück geschnitten, das eine Röhre von 10 Cm. Höhe bildet, jeder einzelne Ring ist also weniger als 4 Mm. dick. Trochusarmringe gehören mit zu dem weitverbreitetsten Schmuck der Südsee: Salomons, Santa Cruz-Gruppe (Coote), Neu-Hebriden, Fidschi, Samoa; im Leidener Museum auch von der Westküste Neu-Guineas und von Timor. Zu Wilkes' Zeiten (1841) waren diese Armringe auf Fidschi kostbarer Putz, der unter Anderem vom Könige und der Königin von Rewa getragen wurde (III, pag. 127).

S. 99 [17]. Zu **Armringe aus Tridacna.** Die Anfertigung derselben beschreibt Guppy (S. 132) von Simbo, wobei man aber bereits ein Stück Bandeisen als Werkzeug benutzt. Ueber den Werth derselben gibt Coote einige interessante Notizen von Ysabel. Solche Ringe, hier »Bakiha« genannt, die übrigens auch als Brustschmuck getragen werden, repräsentiren das werthvollste Eingeborenengeld. Ein solcher Ring ist = 100 Hundezähnen = 100 Schnüren rother Muschelscheibchen = 500 Delphinzähnen = 1000 Schnüren weisser Muschelscheibchen = 10.000 Cocosnüssen oder = 40 Pfund Stangentabak (s. S. [20]); letzterer kostet in Sydney ohne Steuer circa 43 Mark, mit Steuer 143 Mark oder nach dem Händlerpreise in manchen Gebieten der Südsee 320 Mark. Für einen »Bakiha« kann man »eine Frau von guter Qualität, einen jungen Burschen oder — ein sehr gutes Schwein kaufen« — auf Ysabel! — Preise, die sich inzwischen auch geändert haben dürften. Ich erhielt schöne *Tridacna*-Ringe von Simbo (hier »Porta« genannt) und Savo; von hier und Malayta im Museum Godeffroy (S 92. Nr. 2687 u. 2688, Taf. XVI, Fig. 3). Durch Schiffsverkehr gelangen solche Ringe zuweilen auch nach dem Bismarck-Archipel (Kat. M. G., S. 44, Nr. 1457—2001: »Neu-Britannien, Neu-Irland, Duke of York«), wo sie aber nicht gemacht werden. Aus *Tridacna* geschliffene Armringe erwähnt Serrurier auch von der Sir Hardy-Insel und den östlichen Batakerländern. Ich erhielt sehr schöne Exemplare in Kaiser Wilhelms-Land (vgl. S. [241]), wo sie als Brustschmuck getragen werden.

S. 99 [17]. Zu **Armringe aus Schildpatt** (»Papal«). Hierher gehören Kat. M. G., S. 44, Nr. 1459 u. 1407.

S. 99 [17]. Zu **Leibschmuck.** Eine solche Leibschnur aus »Pellä«-Muschelscheibchen ist der »Gürtel« von Duke of York »aus acht Schnüren, die in gewissen Abständen durch quere Holzplättchen laufen« (Kat. M. G., S. 28, Nr. 1615). Hier auch ein anderer »Gürtel« aus zwei Reihen Diwara (ib. S. 29, Nr. 1614) von derselben Localität, wie sie ähnlich auch in Blanche-Bai vorkommen. Gewöhnlich genügt eine Reihe Diwara als Leibschnur, die sowohl von Frauen als Männern getragen wird. Leibschnüre auf Muschelscheibchen (»Lago«) kommen auch in den Salomons vor; ich erhielt solche von Savo, wo sie »Butu« heissen. Gürtel aus Schnüren aufgereihter Muschelscheibchen, die durch hölzerne Querriegel laufen, sind mir in Blanche-Bai nicht vorgekommen, auch keine geflochtenen Gürtel (wie Kat. M. G., S. 29, Nr. 3190), der jedenfalls nicht aus Neu-Britannien herstammt.

S. 100 [18]. Zu **Häuser.** Eine passable Darstellung des für Blanche-Bai charakteristischen Baustyles gibt die Abbildung bei Powell (S. 53). Ganz irrthümlich ist dagegen das Bild »Eingeborenendorf« in Parkinson (»Der Bismarck-Archipel«, S. 37), ein schon in Hager's Compilation (»Kaiser Wilhelms-Land«, S. 113) verwendetes Cliché, zu dem vermuthlich das Bild eines Dorfes der »Admiralitäts-Inseln« (Spry: »Expedition des Challenger«, S. 244) als Vorlage diente. Die »Hütte der Eingeborenen« (Parkinson, S. 63) ist aus Hernsheim copirt und betrifft nicht Neu-Britannien, sondern »Neu-Irland«. Von der so gut als unbekannten Südküste erwähnt v. Schleinitz (»Nachrichten aus Kaiser Wilhelms-Land«, 1888, S. 37) »mehrere Meter hohe Pallisadenzäune um die Häuser« als eine Art Vertheidigung, die bisher nur aus den Gilberts bekannt war.

S. 100 [18]. Zu »**A Galib**«. Hieher gehören »Früchte von *Cycas*«: Kat. M. G., S. 46, Nr. 1907; S. 68, Nr. 2430, und S. 69, Nr. 2431.

S. 100 [18]. Zu **Nahrung.** »,Mau' ist nur eine besondere Art Banane; der generische Name für Banane ist ,Wuddu'. Hühner werden sowohl von Männern als Frauen gegessen; Schlangen werden an vielen Orten, z. B. in Port Weber, am Berge Unakokor u. s. w. mit Vorliebe gegessen« (P. in lit.). Zu meiner Zeit assen die Eingeborenen auf Matupi keine Hühner, schon weil sie dieselben lieber an Weisse verkauften. Schlangen erhielt ich viel von den Küstenleuten, ich erfuhr aber nie, dass sie solche essen, und mein Matupi-Bursche war sehr erstaunt, dies in Neu-Guinea zu sehen. Die Sitte ist also jedenfalls local verbreitet.

S. 101 [19]. Zu **Schwein.** Wie auf der folgenden Seite ([20]) erwähnt, gibt es viele Männer, für die Schweinefleisch koscher ist und die sich daher auch nicht beim Schweineschlachten betheiligen. In der That habe ich dies Geschäft stets nur von Weibern besorgen sehen, und zwar in sehr eigenthümlicher Weise, die genau zu beschreiben mich hier zu weit führen würde. Erwähnt mag nur sein, dass das Schwein nicht erschlagen oder erstochen, sondern erstickt wird, und dass man sich damals bei der ganzen sehr sauberen Schlachterei nur Bambumesser bediente.

S. 101 [19]. Zu **Messer**. Auch auf Fidschi (wie anderwärts) werden schmale scharfkantige Leisten von Bambu als Messer benutzt und schneiden vortrefflich (Wilkes, III, S. 347). »Messer aus Schildpatt« (Kat. M. G., S. 74, Nr. 1531) sind Kalklöffel, die jedenfalls zufällig nach Neu-Britannien gelangten. So bekam ich hier wiederholt hölzerne Kalklöffel, welche die Eingeborenen, unbekannt mit dem Gebrauch, für »Messer« hielten und die durch Schiffsverkehr von Woodlark I. über die Laughland-Inseln nach Matupi in die Hände Eingeborener gekommen waren.

S. 101 [19]. Zu **Schaber und Brecher**. Ein Schaber aus »Beinknochen von Casuar« ist im Kat. M. G. (S. 74, Nr. 1909, Taf. XII, Fig. 4) dargestellt, sowie ein anderer aus Perlmutter mit gezähneltem Rande (S. 73, Nr. 1408) und ein sehr interessantes Stück aus *Tridacna*, an einem oben zugespitzten Holzstiele befestigt (S. 73, Nr. 1908, Taf. XII, Fig. 3).

S. 102 [20]. Zu **Feuerreiber**, »heisst an der Küste ,Tautau'« (P. in lit.).

S. 102 [20]. Zu **Gewerbskunde**. Die im Kat. M. G. verzeichneten filetgestrickten Beutel von Neu-Britannien (»Tasche«, S. 76, Nr. 874, 1601 u. 2842) stammen von Neu-Guinea oder den Salomons-Inseln her, von letzteren ganz sicher das Taf. XII, Fig. 1, abgebildete Stück, wie die Verzierung der Fransen mit *Sessele*-Nussschalen (S. [66], Nr. 481) deutlich beweist. Ganz ähnliche erhielt ich von Savo.

S. 102 [20]. Zu **Korb aus Rottan** (»Aëm«). Hierher gehört Kat. M. G., S. 75, Nr. 2075.

S. 102 [20]. Zu **Körben**. Eine besondere Art Körbe (»Rat a malira«), die weniger der Arbeit als des eigenthümlichen Zweckes wegen, der in das Liebesleben hineinspielt, bemerkenswerth sind, will ich hier aus meinen Manuscripten noch nachtragen. Es sind dies kleine flache Körbchen, die mit Federn (meist Dunenfedern von Hühnern), Farnen und bunten Blättern verziert sind und an einer langen Schnur auf dem Rücken getragen werden. Ein solches Körbchen, mit welchem mein Freund Balleram-Matupi, wohl eine ganze Woche lang, in den benachbarten Dörfern umherzog, enthielt zwei kleine Düten aus Blättern mit pulverisirtem Kalk und einem anderen wohlriechenden Pulver, das eigentliche »Malira«, welches als eine Art Zaubermittel ausgegeben wurde. Von diesem Pulver nimmt nun der Mann etwas zwischen Zeigefinger und Daumen und bläst es, unbemerkt von Zeugen, gegen das Mädchen, welches er liebt, die ihm dann eine nächtliche Zusammenkunft bewilligen soll. Wenigstens behauptete Balleram, übrigens ein verheirateter Mann, mit seiner »Malira« vier Eroberungen gemacht zu haben. Hierher gehört »Körbchen aus Cocosnussschale, bei Brautwerbungen benutzt« (Kat. M. G., S. 75, Nr. 2846).

S. 102 [20]. Zu **Genussmittel**. Es ist auffallend, dass (nach Wilkes) die Bewohner von Fidschi Betel nicht kennen, was zu den seltenen Ausnahmen in Melanesien gehört. Nach einer Notiz im »Intern. Archiv f. Ethnol.« soll seitdem Betelgenuss in Fidschi (wahrscheinlich durch Arbeiter von den Salomons-Inseln) eingeführt sein.

S. 103 [21]. Zum **Aufbewahren des Betelkalks**. Mit Schnitzwerk und Brandmalerei verzierte Bambu-»Dosen für Betelkalk« (Kat. M. G., S. 76, Nr. 1552 u. 1855, Taf. XII, Fig. 7) sind nicht in »Neu-Britannien« gemacht, sondern stammen aus den Salomons-Ins., woher ich von Savo und Simbo eine ganze Anzahl sehr verschiedenartig und hübsch verzierter Büchsen durch farbige Arbeiter von dort erhielt (vgl. »Poke«, S. [66]).

S. 103 [21]. Zu **Steinäxte**. Der Kat. M. G. (S. 46) verzeichnet 46 »Steinbeilklingen« (bis 22 Cm. lang) und neun »Steinmeissel«, die beiläufig identisch mit den ersteren sind, aber nur zwei montirte Aexte (S. 441), die in der Befestigung der Klinge doch etwas von der von Neu-Hannover abgebildeten (Taf. 2, Fig. 3) abzuweichen scheinen, wenn darüber auch Beschreibung wie die sehr mittelmässige Abbildung (Taf. XII, Fig. 2) nicht klare Einsicht ermöglichen. Sehr interessant ist ein »Hohlmeissel aus grünlichem Gestein« (S. 47, Taf. XII, Fig. 5).

S. 103 [21]. Zu »**Arium lua**«: »heisst eine Steinklinge aus der alten Zeit, ‚Riam' eine Steinklinge« (P. in lit.).

S. 103 [21]. Zu **Werkzeuge.** Der Kat. M. G. (S. 74, Nr. 1911) verzeichnet von Neu-Britannien »Obsidian, ein grösseres Stück und Splitter desselben, die letzteren werden unter Anderem zur Anfertigung von Schnitzarbeiten benutzt«. Das Vorkommen dieser glasartigen Lava im Bismarck-Archipel ist bis jetzt noch nicht mit Sicherheit nachgewiesen und die Vermuthung, dass die betreffenden Stücke (wie Anderes) durch Schiffsverkehr von den Admiralitäts-Inseln hierher gelangten, vorläufig noch berechtigt.

S. 103 [21]. Zu **Bohrer** (»**Ago**«). Es mag noch bemerkt sein, dass mit *Terebra*- und *Mitra*-Muscheln auch die Löcher in die Muscheln gebohrt werden, welche als Schmuck dienen (z. B. die Klingeln aus *Oliva*, S. [16]).

S. 103 [21]. Zu **Waffen.** Die sonderbaren Waffen, in Form eines Schwertes und Hackmessers, wie sie Powell (S. 109) von »Spacious-Bay« abbildet, sind wohl nur Phantasiegebilde und bedürfen dringend weiterer Bestätigung.

S. 103 [21]. Zu **Kampfweise.** Es ist interessant, dass sich der so weit über Neu-Guinea verbreitete Kampfschmuck auch im Bismarck-Archipel, und zwar nach Kleinschmidt nur auf der Herzog York-Gruppe, in einer sehr eigenthümlichen, aber primitiven Form findet. Dieser Schmuck oder besser Geräth ist Imitation eines künstlichen Kinnbartes aus Pflanzenfaser und besteht aus zwei Bündeln, die durch ein Querholz verbunden sind. Mit letzterem wird der Schmuck während des Angriffes im Munde des Kämpfenden gehalten, der dadurch, wie dies überall der Fall ist (vgl. z. B. S. [99]), seinem Gegner Schrecken einzuflössen versucht. Hierher gehört der »Tanzschmuck« im Kat. M. G. (S. 69, Nr. 1845: Schmeltz: »Zeitschr. f. Ethnol.«, Bd. XIII, 1881, S. 187).

S. 104 [22]. Zu **Speere.** Eine sonderbare Art Bewehrung von Speeren ist die mit dem Nagel von der Zehe des Casuar (*Casuarius Bennetti*), welche Powell von Spacious-Bai beschreibt und über deren äusserst gefährliche Wirkung er (wenn auch nicht aus Augenschein) gleich zu erzählen weiss. Hierher gehören nach Berichtigung von Schmeltz die im Kat. M. G. (S. 53, Nr. 2338, 2881 u. 2882) aufgeführten Speere, hier irrigerweise als »mit Spitze vom Unterschnabel eines Nashornvogels bewehrt« beschrieben.

S. 104 [22]. Zu **Speer** (»**Akut**«). Hierher gehört Kat. M. G., Taf. VI, Fig. 6.

S. 104 [22]. Zu **Speer** (»**Lauka**«). Hierher gehört Kat. M. G., Taf. VI, Fig. 5.

S. 104 [22]. Zu **Staatsspeer** (»**Pulepän**«). Hierher gehört Kat. M. G., Taf. VI, Fig. 1.

S. 105 [23]. Zu **Schleudersteine.** Die Körbchen, in welchen dieselben getragen werden, sind zuweilen besonders ausgeputzt. Ich erhielt einen solchen aus Cocosblatt geflochten, der am Rande und Henkel mit Federn (von Kakatu und Schmucktauben [*Ptilopus*]) hübsch verziert war. Das Gewicht der Schleudersteine schwankt zwischen 50—100 Gramm.

S. 106 [24]. Zu **Keule** (»**Pakul**«). Hierher gehört Kat. M. G., Taf. IV, Fig. 7, und »Repräsentationswaffe mit Federschmuck«, Taf. VI, Fig. 4.

S. 106 [24]. Zu **Keulen.** Eine für Neu-Britannien charakteristische Form Keulen ist im Kat. M. G. (S. 72, Nr. 2073, Taf. V, Fig. 5) als »Tanzschmuck« abgebildet, sowie in der Compilation Eckhardt's irrthümlich von den »Neu-Hebriden« (Taf. V, Fig. 8). Eine ähnliche Form Keulen sind nicht an beiden Enden, sondern nur an einem in einen verdickten spitzen Kegel ausgeschnitzt, am anderen Ende in eine kolbenförmige kugelige Verdickung und heissen »Talum« (Kat. M. G., Taf. IV, Fig. 5). Derartige Waffen aus leichtem Holz (wie das oben citirte Stück Nr. 2073 im Museum Godeffroy) werden nicht selten für den Tauschhandel mit Fremden verfertigt. Die kurzen Handkeulen (»much ressembling a policeman's staff«), welche Powell (S. 228) von dem fraglichen Cap Hoskins abbildet, sind weiterer Bestätigung bedürftig.

S. 106 [24]. Zu **Keule mit Steinknauf** (»Palau«). Kenntlich abgebildet: Kat. M. G., Taf. IV, Fig. 2, und Powell (S. 160, zweite Figur von links); die in demselben Werke (S. 161) abgebildeten Keulen sind nicht von »Blanche-Bai«, sondern Neu-Guinea (s. S. [118]), mit Axtstielen von Neu-Britannien, also Phantasien.

S. 106 [24]. Zu **Streitaxt** (»Aibane«). Hierher gehören die »Beile« im Kat. M. G. (S. 47, Nr. 1967, »angeblich Salomo-Inseln«, und Nr. 2851—2853, irrthümlich »Neu-Irland«, Taf. VIII, Fig. 5) und Imitationen (ib. Nr. 1642, 1522, 1523 u. 2850, Taf. VIII, Fig. 4: »Neu-Irland«), bei denen Stiel und Klinge aus einem Stück Holz geschnitzt sind. Ich erhielt solche Imitationen auch aus Neu-Irland; sie wurden in der ersten Zeit scherzweise von Eingeborenen nach europäischem Muster angefertigt, zum Theile von Solchen, die damals noch keine eiserne Axt erschwingen konnten. Wie bereits erwähnt, sind diese der Neuzeit entstammten und beinahe wieder untergegangenen Streitäxte kein Werkzeug im Sinne unserer Aexte, sondern lediglich Waffen. Nach Parkinson heissen sie »Boreu« = Schwein, »weil man sie zum Schlachten der Schweine benutzt«. Dies war wenigstens früher entschieden nicht der Fall (s. oben S. [628] [»Schweineschlachten«]). Auf den Salomons befestigte man in der ersten Zeit auch eiserne Beilklingen an einen selbstgefertigten langen Stiel und benutzte sie als Waffe, die auf Malayta »Mattiana«, d. h. »sein Tod«, hiess (Coote: »Western Pacific«, S. 144).

S. 107 [25]. Zu **Nichtvorkommen von Schilden**. Powell will Schilde (»really very cleverly ornamented«) in Spacious-Bay erhalten haben, die indess noch sehr fraglich bleiben und, nach der Abbildung (S. 110) zu urtheilen, von Milne-Bai herstammen (vgl. Taf. 16, Fig. 3).

S. 107 [25]. Zu **Fischnetze**. Eine eigenthümliche Art »Senknetz« ist im Kat. M. G. (S. 65, Nr. 2403) aufgeführt und Taf. XII, Fig. 6, nicht gerade sehr deutlich abgebildet. Ein anderes »Netz«, jederseits an einem Stock befestigt (S. 66, Nr. 1600), ist nicht, wie vermuthet wird, »Stellnetz für den Fang kleinerer Säugethiere oder Vögel«, das Neu-Britannien nicht kennt, sondern ein Netz zum Fischfange.

S. 107 [25]. Zu **Fischkörbe** (»Wup«), »werden eben unter der Oberfläche des Wassers schwimmend verankert« (P. in lit.), je nach den Verhältnissen aber auch in tiefem Wasser, »oft mit 400 Meter Rottanleine« (Weisser). Gute Abbildung bei Powell (S. 176).

S. 107 [25]. Zu **Fischfalle** (»Aumut«). Kenntlich, aber nicht genau abgebildet bei Powell (S. 177); wird an einem Schwimmer mit Leine versenkt.

S. 108 [26]. Zu **Fischhaken**. Die »Fischangel« (Kat. M. G., S. 66, Nr. 1858) ist von den Salomons-Inseln.

S. 108 [26]. Zu **Canus**. Die Auslegerträger des grossen Dugdug-Canus auf Mioko waren mit mehreren rohen Darstellungen von Thiergestalten, namentlich Vögeln verziert, die aber nichts mit den feinen Schnitzereien zu thun haben, wie sie der Kat. M. G. (S. 62—65) irrthümlich als »Bootsverzierungen« registrirt. Erwähnt mag sein, dass die Canus von Blanche-Bai in der Form, namentlich wegen der hohen aufwärts gebogenen Schnäbel, am meisten mit Canus in gewissen Gebieten der Salomons übereinstimmen (vgl. Guppy, S. 63, von San Christoval). Aber letztere haben keinen Ausleger und sind zum Theil in äusserst kunstvoll eingelegter Arbeit aus Perlmutter und anderen Muschelstücken ornamentirt (vgl. Abbild. bei Coote, S. 145, von Ysabel).

S. 109 [27]. Zu **Ruder.** Hier verdienen noch die besonderen, reich mit Schnitzwerk und Malerei verzierten Staatsruder erwähnt zu werden, wie sie der Kat. M. G. (Taf. VI, Fig. 2 u. 2a) abbildet. Ich sah solche wiederholt auf Matupi bei Begräbnissfeierlichkeiten zur Ausschmückung des Baldachins, unter welchem die Leiche zur Parade ausgestellt ist, benutzt (vgl. Finsch: »Gartenlaube«, 1882, S. 697, durch Versehen des Zeichners ganz falsch ornamentirt). Aber diese Ruder sind nicht einheimische Arbeit, sondern durch Schiffe von den Salomons eingeführt (wie Kat. M. G., S. 62, richtig bemerkt wird). Ich erhielt solche Ruder von Sir Hardy-Island, sie mögen aber in Wahrheit auf Buka gemacht werden, woher Farrell welche mitbrachte.

S. 109 [27]. Zu **Abnahme der Canus.** Nach Parkinson hat die Verfertigung von Canus in letzter Zeit zugenommen.

S. 109 [27]. Zu **Rohrflöten.** Sehr weit verbreitetes Instrument; nach Wilkes früher auch auf Samoa in Gebrauch (II, S. 134), sowie auf Fidschi (III, S. 190), hier nur von Frauen zur Begleitung der Gesänge gespielt.

S. 110 [28]. Zu **Panflöten.** Ganz ähnliche erhielt ich auch aus den Salomons (Abbildung bei Guppy, Taf. S. 63); mit das am weitesten über die Südsee verbreitete Musikinstrument: Neu-Caledonien (Serrurier), Fidschi (Wilkes), Tahiti (Serrurier), Samoa (Wilkes); auch auf Timor (Serrurier) und Borneo (Whitehead).

S. 110 [28]. Zu **Maultrommel** (**»Hangap«**). Dasselbe Instrument erhielt ich auch von den Salomons, übereinstimmend mit Kat. M. G., Taf. XVII, Fig. 3. Die Basis ist hier nicht abgerundet (wie auf Taf. 3, Fig. 1, von Matupi), sondern rechtwinkelig abgestutzt, aber ich erhielt ganz ebensolche auch von Matupi, so dass keinerlei Unterschied besteht. Nord-Borneo besitzt ähnliche Maultrommeln (Whitehead).

S. 110 [28]. Zu **Blaskugeln** (**»Awuwu«**). Hierher gehört »nussartige Frucht« (Kat. M. G., S. 45, Nr. 3241) und ein ähnliches Instrument aus einer Calebasse von Espiritu Santo, Neu-Hebriden (ib. S. 135, Nr. 2504, Taf. XXII, Fig. 5).

S. 110 [28]. Zu **Schlaginstrumente.** Aehnliche Formen kamen früher auf Samoa vor, woher Wilkes (II, S. 134) ein Stück Holz erwähnt, das mit zwei Stöcken geschlagen wurde.

S. 110 [28]. Zu **»Angramut«.** »Richtiger ‚Ngramut' heissen die Trommeln aus einem ausgehöhlten Stück Baumstamm (Taf. 3, Fig. 8), die Schlaghölzer dagegen ‚Tinbuk'« (P. in lit.). Auf Matupi führten beide Schlaginstrumente den ersteren Namen.

S. 111 [29]. Zu **Holztrommel** (**»Kudu«**). Eine so reich mit Schnitzwerk verzierte Trommel, wie sie Powell (S. 70) abbildet, ist mir nie vorgekommen und scheint wohl mehr Phantasie zu sein.

S. 111 [29]. Zu **Grosse Holztrommel** (Taf. 3, Fig. 8). Ganz ähnlich auch auf Fidschi (Wilkes, III, S. 300, Abbild., und Schlägel, S. 316). In ganz ähnlicher Form auch in Westafrika.

S. 113 [31]. Zu **Tanzstäbchen der Frauen** (**»Aiwun und Ainabe«**). Hierher gehören Kat. M. G., S. 30, Nr. 2829, 2017 u. 1996, die aber nicht »Haarschmuck« sind.

S. 113 [31]. Zu **Tanzbretter** (**»Mapinakulau«**). Hierher gehören »Schnitzwerke, bei Processionen in den Händen getragen« (Kat. M. G., S. 26, über 50 Stück, und S. 27); auch solche aus mit Tapa überspannten und bemalten Rahmen (brauchbare Abbildungen auf Taf. VII, alle verschieden).

S. 113 [31]. Zu **Tanzbrett** Nr. 611 von Mioko. Hierher gehört wahrscheinlich »Tanzattribut« (Kat. M. G., S. 27, Nr. 3202, aber nicht von »Neu-Irland«).

S. 113 [31]. Zu **Schädelmaske** (»Lor«). Diese Masken ersetzen in diesem Gebiete Neu-Britanniens die sonst üblichen und weitverbreiteten Ahnenfiguren aus Holz und sind nicht, wie meist angenommen wird, Zeichen höherer Barbarei, sondern pietätsvoller Todtenverehrung, wie ich dies zuerst auf Grund eigener Beobachtungen nachwies. Wie die Tanzmasken Neu-Irlands zeigen auch diese Schädelmasken Verschiedenheiten, so dass nicht zwei ganz gleich sind (vgl. Kat. M. G., S. 19, 20 u. 434, Taf. III, Fig. 3 u. 4; hier auch eine solche ganz aus Kittmasse: S. 435, Nr. 3518). Virchow gibt eine minutiöse Beschreibung von Schädelmasken (»Zeitschr. f. Ethnol.«, Bd. XIII, Taf. XVII, farbig), bei denen Haupt- und Barthaar durch Pflanzenfaser imitirt sind. In die Kategorie dieser Art Todtenverehrung, die sich in vielen Gebieten Neu-Guineas nur auf den Unterkiefer beschränkt (vgl. S. [253]), gehören auch präparirte und zum Theil sehr kunstvoll verzierte ganze Schädel. Einen solchen besitzt das British-Museum von Mallicolo, Neu-Hebriden. Einen anderen Schädel mit sehr schöner eingelegter Arbeit in Perlmutter von Rubiana (Salomons) sah ich im Trocadero-Museum in Paris. Hier auch Schädel von Dajakern und Negritos mit äusserst geschmackvollem Muster in eingravirter Technik. Besonders interessant ist ein »Korwar«, d. h. eine jener rohgeschnitzten Menschenfiguren von der Nordküste Neu-Guineas (Dorch), die gewöhnlich als Götzen gelten, bei der aber als Kopf ein wirklicher Menschenschädel aufgesetzt ist. Man sieht daraus, dass die Sitte der Schädelverehrung an den entferntesten Localitäten vorkommt.

S. 113 [31]. Zu **Todtenverehrung**. Die ausführlichste Beschreibung einer grossen Begräbnissfeierlichkeit auf Matupi gab ich in der »Gartenlaube« mit einer nach der Natur gezeichneten, vom Künstler leider hie und da verzeichneten Abbildung (vgl. S. 91 [9], Anm. Nr. 4).

S. 114 [32]. Zu **Schädeln**. Nach Parkinson sind solche jetzt »überall leicht und für eine Kleinigkeit zu haben; für eine Stange Tabak gräbt der Vater den Schädel des verstorbenen Sohnes oder der eigenen Frau aus und umgekehrt«. Die Verhältnisse haben sich also seitdem sehr geändert, wahrscheinlich aber nicht in Betreff der Schädel von Häuptlingsangehörigen.

S. 115 [33]. Zu **»Dugdug«**. Der eigentliche Zweck dieser Gesellschaft und der von ihr von Zeit zu Zeit veranstalteten grossen Feste, wie ich diese Verhältnisse nur kurz mittheilen konnte, hat durch Parkinson's ausführliche Darstellung (»Im Bismarck-Archipel«, S. 129—134, mit Abbildungen) vollständige Bestätigung gefunden und auch diese Festlichkeit ihres »religiösen« Nimbus beraubt. Die zum Theile irrigen Annahmen Hübner's sind darnach zu berichtigen (Kat. M. G., S. 17 u. 434; hier auch Beschreibung von Dugdug-Hüten »an Stelle von Masken, bei einer religiösen Ceremonie getragen«, S. 16, Nr. 1884—1887, und S. 18 u. 19, mit Abbildung des maskirten Dugdug-Mannes [übrigens kein »Religionsmann«], Taf. III, Fig. 1, mit »Dugdug-Knüppel« [»Ceremonialzeichen«, S. 19, Nr. 2800, Taf. III, Fig. 1 *a*]). Eine brauchbare Abbildung eines Dugdug-Läufers auch bei Powell (S. 61). Aehnlich dem Dugdug sind die Spassmacher (Clowns) auf Fidschi (Wilkes, III, p. 188) und gewisse Festlichkeiten auf den Neu-Hebriden, bei welcher Gelegenheit auch ähnliche, aber in Material u. s. w. ganz eigenartige Hüte getragen werden (Eckardt: »Neu-Hebriden«, S. 27, Anm., Taf. IV, Fig. 1).

S. 116 [34]. Zu **Talisman**. Unter einigen anderen hierher gehörigen Stücken, welche ich auf Matupi erhielt, mag eine rohe Holzschnitzerei erwähnt sein, die eine Art Januskopf darstellte und auch als Talisman für Diebe ausgegeben wurde. Eine andere rohe Schnitzerei stellte einen kleinen Fisch (»Malau«) dar, an einer Schnur befestigt, um daran geschwenkt werden zu können. Der Verkäufer that sehr geheimnissvoll mit diesem Stücke, dessen Bedeutung und Zweck andere angesehene Eingeborene übrigens nicht zu erklären wussten. Ein Talisman für Diebe ist vermuthlich auch »Tanzschmuck« (Kat. M. G., S. 70, Nr. 1179, Taf. X, Fig. 2), und »Kopfschmuck« (S. 32, Nr. 2405) gehört wahrscheinlich auch in die Kategorie der Talismane. Solche für Diebe bildet Parkinson ab (»Kinakinan«, S. 136).

S. 117 [35]. Zu **Spiele**. Ich will hier noch aus meinen Manuscripten ein paar originelle Kinderspiele nachtragen, welche ich auf Matupi kennen lernte. »Beo porapora«, Vogelspiel; dasselbe besteht aus einem etwas über meterlangen Bindfaden, der durch eine elastische Ruthe straff gehalten wird, das Ganze bildet also eine Art kleinen Bogen; der Bindfaden ist durch eine Federpose gezogen und an letztere ein roh aus Holz geschnitzter Vogel (»Beo«) befestigt. Indem der Bogen senkrecht gehalten wird, tanzt der Vogel durch seine Schwere langsam an dem Bindfaden herab, ein Spiel für kleine Kinder, welches sich in ähnlicher Weise auch bei uns findet. Dasselbe gilt für das folgende: »Wuwur«, Aufspiessvogel; derselbe ist in sehr primitiver Weise hergestellt: als Rumpf dient ein länglicher, meist roth bemalter Samenkern, dem als Schwanz einige Federn, als Schnabel ein scharf zugespitztes Stück Holz eingesetzt sind; dieser Vogel ist an dem Ende eines circa 60 Cm. langen Bindfadens befestigt, das andere Ende des letzteren an einem circa 1·5 M. langen Rohrstabe; an letzterem ist wiederum ein circa 30 Cm. langes Querholz aus weichem Bananenstamm befestigt. Die Kunst besteht nun darin, dass der Spielende den Rohrstab in der Hand haltend so zu schwenken versteht, dass der Schnabel des Vogels das Querholz trifft und sich in dasselbe einspiesst. Dieses Spiel erinnert sehr an ein ähnliches bei uns, bei welchem ein hölzerner Specht mit eisernem Schnabel an einer Schnur geschwungen wird, um eine Scheibe und möglichst das Schwarze desselben zu treffen. Es mag aber bemerkt sein, dass der »Wuwur« nicht vom Specht abgeleitet ist, da diese Vögel in Neu-Britannien (wie Melanesien) überhaupt fehlen.

S. 117 [35]. Zu: *b) Willaumez.*

S. 117 [35]. Zu **Nasenkeile aus Tridacna**. Ganz ähnliche in den Salomons (Kat. M. G., S. 89, Nr. 2681).

S. 118 [36]. Zu **Stirnbinde**, Nr. 426; die Muschel ist nicht *Nassa callospira*, sondern *N. callosa* var. *camelus*.

S. 119 [37]. Zu **Armband**, Taf. 1, Fig. 21. Hierher gehören die Armbänder im Kat. M. G., S. 45, Nr. 2399, die sicher nicht von Blanche-Bai herstammen.

S. 119 [37]. Zu: *c) French-Inseln.*

S. 119 [37]. Zu **Kampfschmuck**. Hierher gehört wahrscheinlich der »Brustschmuck« (Kat. M. G., S. 44, Nr. 870, Taf. XI, Fig. 6) aus Bastgeflecht mit zwei *Ovula*, der sicher nicht von Blanche-Bai herstammt. Die Anhängsel dieses Stückes aus Nussschale und Hundezähnen (gleich Taf. 6, Fig. 16) weisen am meisten auf Neu-Guinea hin.

S. 119 [37]. Zu **Ornamentirte Cocosschale**. Von dieser zuweilen durch Godeffroy'sche Werbeschiffe berührten Localität stammen vermuthlich die ohne Localitätsangabe im Kat. M. G. (S. 76, Nr. 1895 u. 1932, Taf. X, Fig. 5 u. 7) beschriebenen, reich mit eingravirtem Muster verzierten »Dosen« aus Cocosnuss.

S. 121 [39]. Zu: *e) Hansabucht.*

S. 122 [40]. Zu **Muschelgeld.** Nach gütiger Untersuchung von Prof. v. Martens ist die Art nicht *Nassa callospira*, sondern *N. callosa var. camelus.*

S. 123 [41]. Zu: **2. Neu-Irland.**

S. 126 [44]. Zu: *a) Nordende.*

S. 126 [44]. Zu **Bekleidung.** Ein Mädchen im Evacostüm ist richtig bei Hernsheim abgebildet, hier auch eine Frau mit Kappe aus *Pandanus*-Blatt (»Südsee-Erinnerungen«, S. 104).

S. 126 [44]. Zu **Lendenschurz der Weiber.** Das Material besteht aus ziemlich dicken, wahrscheinlich aus Bananenfaser gedrehten Bindfaden und ist schon dadurch von den ähnlichen Weiberröckchen in Neu-Guinea aus Faser von Sagopalmblatt unterschieden. Hierher gehört »Schurz aus gelber und rother Pflanzenfaser« (Kat. M. G., S. 28 u. 440), die Festschmuck für junge Mädchen sind.

S. 127 [45]. Zu **Schweinezähne.** Zirkelrunde Eberhauer als kostbarer Brustschmuck scheinen auch in Neu-Irland vorzukommen. Ein angeblich von hier stammendes Exemplar (s. S. [242]) sah ich bei Capitän Dallmann; immerhin ist möglicherweise eine Verwechslung vorgekommen. Im British-Museum Exemplare von den Neu-Hebriden und Salomons (7 Stück). Der Kat. M. G. (S. 115, Nr. 2600) verzeichnet von hier nur einen »Schädel von *Porcus babyrussa*; nach Kleinschmidt die Art und Weise zeigend, wie die Eckzähne zum Zwecke der Verwendung von Halsschmuck künstlich deformirt werden«. Dass es sich hierbei lediglich um einen Schweineschädel handelt, erwähnte ich bereits (S. [66]), wie ich auch die Art des abnormalen Wachsthums dieser Eberhauer beschrieb (s. S. [81], Anm. 10), wobei künstliche Deformation gänzlich ausgeschlossen ist. Nach Coote ist ein Dorf auf Santa Maria (Banks-Gruppe) berühmt wegen seiner Schweinezucht behufs Erzeugung zirkelrunder Eberhauer, die von hier aus als kostbarer Tauschartikel über die Inseln der Gruppe und Neu-Hebriden Verbreitung finden.

S. 127 [45]. Zu **Muschelgeld (»Kokonon«).** Hierher gehören »Halsschmuck« (Kat. M. G., S. 39, Nr. 2047) und »Geld« (S. 74, Nr. 1287). Die Muschelscheibchen der gewöhnlichen und zweiten Sorte bieten nicht immer so exacte Grössenunterschiede, als wie dieselben auf den Abbildungen (Taf. III [1], Fig. 3 u. 4) dargestellt sind, sondern lassen sich einzeln kaum unterscheiden. Auch von der werthvollsten Sorte Kokonon, aus röthlicher Muschel, kommen zuweilen so kleine Scheibchen als bei den zwei anderen vor. Die gewöhnlichste Sorte »Kokonon luluai« erhält erst durch die schwarzen Cocosperlen ihren specifischen Charakter. Kokonon findet sich zuweilen in Arbeiten von Neu-Britannien verarbeitet, stammt aber dann im Tausch von Neu-Irland her. Ich erhielt übrigens aus Kaiser Wilhelms-Land (Finsch-Hafen) sehr feine Muschelscheibchen oder Perlen (kleiner als S. 84 [222], Taf. XIV [6], Fig. 4), so klein als neuirländische Kokonon zweiter Sorte, die von letzteren kaum, in einzelnen Perlen gar nicht zu unterscheiden sind.

S. 129 [47]. Zu **Ohrschmuck.** Das im Kat. M. G. (S. 36, Nr. 1553) mit ? als von »Neu-Irland« beschriebene Stück ist zweifellos aus den Salomons; Arbeiter von Simbo und Savo sah ich häufig solche Stückchen Bambu im Ohr tragen und photographirte einen solchen mit diesem Ohrschmuck. Hierher Kat. M. G., S. 88, Nr. 2618 »Ohrschmuck« von Malayta.

S. 129 [47]. Zu **Halsschnur**, Nr. 485, Taf. 1, Fig. 7. Hierher gehört »Halsschmuck« (Kat. M. G., S. 39, Nr. 1913) mit der irrigen Angabe »Neu-Britannien«.

S. 130 [48]. Zu **Häuser**. Eine genaue Abbildung eines Hauses mit gerader Firste von der Insel Nusa gibt Hernsheim (»Südsee-Erinnerungen«, Taf. 6), die unglücklicherweise auch in Parkinson's Buch für Neu-Britannien eingefügt wurde.

S. 131 [49]. Zu **Holzschnitzereien**. Die sogenannten »Tempelverzierungen«, d. h. jene phantasievollen Schnitzwerke, welche zur Ausschmückung der Versammlungshäuser der Männer (Tabuhäuser) dienen, sind zum Theil Ahnenfiguren, wie die »Kulap« (S. 135 [53], Taf. 5, Fig. 1—3). Schulle, der Neu-Irland besser als irgend Jemand kannte, erzählte mir, dass sich die Männer gewöhnlich scherzend von diesen Figuren trennten, während die Weiber häufig beim Wegtragen der Figuren lamentirten. Der Kat. M. G. verzeichnet (S. 62—65) eine Menge hierher gehörigen Schnitzarbeiten, zum Theil mit der irrigen Angabe »Neu-Britannien« und als »Bootverzierungen«, ebenso »Schnitzereien« (S. 438 und 439), einige Stücke von Neu-Hannover herstammend. »Schnitzwerk, beim Tanze in der Hand getragen« (S. 27, Nr. 3203), ist ebenfalls aus einem Tabuhause, der Zapfen dient zum Einsetzen. Einige interessante Stücke sind abgebildet (Taf. V, Fig. 3, »Katze darstellend«, aber wohl richtiger Cuscus; Taf. VIII, Fig. 3 nicht »Neu-Britannien«; Taf. IX, Fig. 1,[1]) 2 und 3; Taf. XII, Fig. 8 und Taf. XXXI, Fig. 1). Eine sehr hübsche Schnitzerei (ähnlich Taf. 4, Fig. 1) ist im »Führer durch das Museum Godeffroy« (S. 48) dargestellt, wird aber nicht »während der gelegentlich religiösen Ceremonien ausgeführten Processionen in den Händen getragen«. Ein sehr interessantes Stück, das zu kühnen Deutungen Veranlassung gab, bildet Hernsheim farbig ab (»Südsee-Erinnerungen«, Taf. 13, »Götze«). Auch die oben citirte Schnitzerei (Kat. M. G., Taf. IX, Fig. 1), den geöffneten Rachen eines Thieres (wohl Fisch), aus dem eine menschliche Figur hervorragt, darstellend, hat allerlei Deutung unter Hinweis auf den »Walfisch-Jonas« der Bibel veranlasst. Dabei mag an ähnliche Motive von Schnitzereien erinnert werden, die Coote (S. 136) von den Salomons beschreibt. In dem Dorfe Wango auf S. Christoval sah dieser Reisende: »die Ruinen eines Canuhauses, das einst ein prächtiges Gebäude gewesen sein musste. Die Pfeiler, welche noch standen, waren Schnitzwerke, welche Haifische darstellten, die Menschen verschlangen. Jede dieser Schnitzereien zeigte eine verschiedene Auffassung; bei der einen wurde der Mann mit dem Kopfe voran verschlungen, bei einer anderen an den Beinen gefasst, bei der dritten in sitzender Stellung u. s. w.«, in der That Kunstarbeiten sogenannter »Wilden«, die einem Museum zur Zierde gereicht haben würden, jetzt aber kaum mehr zu haben sein dürften.

S. 134 [52]. Zu **Giebelverzierungen**. Hierher gehören »Bootverzierungen« Kat. M. G. (S. 65, Nr. 1517—1518), eine sehr geschmackvolle »Relief-Schnitzerei« (Hernsheim: »Südsee-Erinnerungen«, Pl. 13, farbig), und eine bei Weitem schönere und schwungvollere (Intern. Archiv für Ethnol., 1888, S. 195, Abbild.) wohl mit das Vollendetste dieser Art.

S. 136 [54]. Zu **Steinäxte**. Ich erhielt keine mehr, sondern nur solche, die statt der Steinklinge mit einem Stück Flacheisen (Bandeisen) montirt waren. Nach Wilkes

[1]) Auch Herr Schmeltz ist jetzt eher geneigt, diese Figur nicht länger als »Bootverzierung« anzusehen (Intern. Archiv für Ethnol., 1888, S. 63), was sich schon deshalb empfiehlt, weil Schmuck der Canus in Neu-Irland wie Neu-Britannien kaum in Betracht kommt oder eigentlich fehlt.

hatten solche Aexte schon 1841 auf Fidschi die eingeborenen fast ganz verdrängt (III, S. 347).

S. 138 [56]. Zu **Speerwerfen.** Die Hantirung des Wurfspeeres wurde in ähnlicher Weise auch auf den Gesellschafts-Inseln betrieben, wie Lord Pembroke noch 1870 beobachtete. Aber die geworfene Distanz betrug »nur 10—15 Yards«, und die Speere dienten nicht im Kriege, sondern zum Fischharpuniren (»South Sea Bubbles«,[1]) S. 95: Huaheine).

S. 138 [56]. Zu **runde Kampfknüttel.** Hierher gehört Kat. M. G., Taf. IV, Fig. 6.

S. 138 [56]. Zu **Keule,** Nr. 769. Hierher gehört Kat. M. G., Taf. IV, Fig. 4.

S. 139 [57]. Zu **Fischhaken.** Serrurier beschreibt einen solchen ganz aus Schildpatt geschnitzt (»Ethnol. feiten« etc., S. 16).

S. 139 [57]. Zu **Canus.** Eine brauchbare Abbildung gibt Hernsheim (»Südsee-Erinnerungen«, S. 106); aus derselben ist ersichtlich, dass keinerlei Verzierung in Schnitzereien o. dgl. angebracht werden. Die im Kat. M. G. als »Bootverzierungen« aufgeführten Schnitzwerke sind daher, wie bemerkt, keine solchen.

S. 140 [58]. Zu **Reib-Musikinstrument (»Kulepaganeg«).** Merkwürdiger Weise fehlt dieses sonderbare Reibinstrument im Kat. M. G., aber der »Führer durch das Museum Godeffroy« (Hamburg, L. Friederichsen & Co., 1882) verzeichnet ein solches »Musikinstrument« (S. 45) mit guter Abbildung. Dieselbe zeigt an den Seiten ein hübsch eingravirtes Muster, ein anderes Exemplar im Leidener Museum auf dem ersten Fortsatze eingravirte Linien, die anscheinend ein Auge darstellen und deshalb dem von der verkehrten Seite dargestellten Instrument das Aussehen eines Thieres geben. Serrurier, wie häufig leicht zu Hypothesen geneigt, will eine »Schildkröte« erkennen und die Erfindung davon ableiten, dass man zufällig über das Bauchschild einer Schildkröte strich, eine Erklärung, die jedenfalls sehr frei ist und jedes sicheren Grundes entbehrt (vgl. »Ethnologische feiten« etc., S. 19, mit Holzschnitt). Die Grösse dieser Instrumente ist sehr verschieden, das kleinste, welches ich erhielt, war nur 16 Cm. lang.

S. 140 [58]. Zu **Tanzgeräth.** Hierher gehören Kat. M. G., S. 72 (Nr. 1520 und 2061 »Buceroskӧpfe«; Nr. 1509, Taf. II, Fig. 2 »Tanzschmuck, Neu-Hannover«; Nr. 1714, Taf. V, Fig. 4, desgleichen, irrthümlich »Neu-Britannien«) und S. 73 (Nr. 1505, Taf. VIII, Fig. 6, irrthümlich »Neu-Britannien«).

S. 141 [59]. Zu **Tanzmasken.** Dass, wie erwähnt, nicht zwei dieser phantastischen Machwerke gleich sind, lehrt ein Vergleich des reichen Materials im Museum Godeffroy, welches etliche 40 Stück (darunter 6 von Neu-Hannover) besass. (Vgl. S. 20—25, 435 und 487; Taf. II, Fig. 1 und 1 *a*; Taf. V, Fig. 1; Taf. XXXIII, Fig. 1—3 und Taf. XXXIV, Fig. 1.) Sehr interessant ist die phantastische »Kopfbedeckung« (S. 32, Nr. 2074, Taf. V, Fig. 2), die jedenfalls auch bei Maskeraden verwendet wird. »Tanzschmuck« (S. 70, Nr. 1899 und S. 71, Nr. 2836) sind Ohren zu Masken, ersteres Stück aber nicht aus »Neu-Britannien«, sondern wie alle hierher gehörigen Arbeiten von Neu-Irland (beziehungsweise Neu-Hannover). Gute farbige Abbildungen von Tanzmasken von Neu-Irland geben Hernsheim (»Südsee-Erinnerungen«, Taf. 13) und Serrurier (»Ethnol. feiten« etc.). Die Annahme des Letzteren, dass diese Masken wegen unzureichender Weite nicht aufgesetzt werden können, sondern oberhalb des Kopfes getragen werden müssen, ist, wie ich aus eigener Erfahrung weiss, unrichtig (vgl. auch »Nachrichten aus Kaiser Wilhelms-Land«, Heft II, 1890, gute Photographien Eingeborener

---

[1]) »South Sea Bubbles. By the Earl and the Doctor.« Tauchnitz' edition, vol. 1426, 1874. Der Verfasser dieses interessanten Büchleins, das viele bemerkenswerthe Notizen enthält, ist Lord Pembroke.

mit Masken). Einen sehr abweichenden Typus bilden die Masken von den Neu-Hebriden (Kat. M. G., Taf. XXII, Fig. 4).

S. 143 [61]. Zu **Leichenverbrennung.** Diese Bestattungsweise ist nicht auf Neu-Irland beschränkt, sondern wird auch auf den Salomons (Inseln der Bougainville-Strasse) bei Leichen von Häuptlingen und deren Anverwandten angewendet, worüber Guppy berichtet (»Salomon-Islands«, S. 51), sowie auf den Hermites (Kat. M. G., S. 458).

S. 143 [61]. Zu **Spiele.** Das Abheben (Cat's cradle) erwähnt Coote von Nitendi (St. Cruz-Gruppe) und Gill auch unter den Belustigungen auf Mangaia, Hervey-Gruppe; hier auch Tauspringen und Stelzenlaufen (»Life in Southern Isles«, S. 65).

S. 143 [61]. Zu: *b) Südwestküste.*

S. 143 [61]. Zu **Muschelgeld,** Taf. 1, Fig. 6. Hierher gehört das Kat. M. G (S. 74, Nr. 1462, »lila«) Geld, mit der irrthümlichen Angabe »Neu-Britannien«. Eine andere Art Geld sind *Cuscus*-zähne (von *Phalangista orientalis*, S. [11], Taf. 1, Fig. 16), die von dieser Küste als beliebter Tauschartikel nach der Herzog York-Gruppe bis Blanche-Bai verhandelt werden. »Ohrschmuck« (Kat. M. G., S. 37, Nr. 1469) ist ein Bündel dieser Zähne, wie sie in den Handel kommen.

S. 144 [62]. Zu **Kalkfiguren** — Nr. 647, Taf. 5, Fig. 4. Abbildungen solcher Kalkfiguren im Kat. M. G. (S. 487, Taf. XXXIV, Fig. 2 und 3) und ganz ähnliche aus Holz: »Götzen« (S. 16, Nr. 1653, Taf. VIII, Fig. 2; Nr. 1920 und 1921, Taf. VIII, Fig. 1) von derselben Localität an der Südwestküste als Imitation der Figuren aus Kalk. Meine Annahme, dass diese Figuren nur »Ahnenbilder« sind, wird von Weissen bestätigt. Die grösste dieser Kalkfiguren, welche ich erhielt, hatte eine Höhe von 1·12 M.

S. 145 [63]. Zu: **3. Admiralitäts-Inseln.**

S. 145 [63]. Zu **Bekleidung.** Aeusserst elegante Schürzen aus kunstvollem Flechtwerk werden von jungen Mädchen getragen (s. die schöne Photographie in Heft I, 1890, der »Nachrichten aus Kaiser Wilhelms-Land«).

S. 145 [63]. Zu **Waffen von Obsidian.** Bisher sind mir solche nur von den Admiralitäts-Inseln bekannt geworden. Das Material wurde früher auch auf der Osterinsel zu Speerspitzen verwandt, von denen Thomson (Taf. LVI und LVII) eine ganze Reihe abbildet, die in der Form wesentlich von denen der Admiralitäts-Inseln abweichen und sich besonders durch die stielartig verschmälerte Basis auszeichnen.

S. 146 [64]. Zu **Schmuck.** Sehr hübsche Kämme erhielt ich von S. Georg (Low-Island), ähnlich solchen aus den Salomons (z. B. Kat. M. G., Taf. XVI, Fig. 1), darunter einen aus Holz geschnitzten, der dadurch sehr eigenthümlich abweicht, dass beide Enden in Zinken ausgeschnitzt sind. Von dieser Localität auch sehr eigenthümliche Gürtel; sie bestehen aus zahlreichen (12—16) schmalen Streifen, anscheinend aus gespaltenem Rottan, die durch mehrere (6—8) Querstreifen verbunden sind; das Ganze schwarz gefärbt.

S. 147 [65]. Zu:

4. Salomons-Inseln, richtiger Salomo-I.

S. 148 [66]. Zu **Stirnschmuck,** Nr. 420. Hierher gehören »Brustschmuck« Kat. M. G. (S. 42, Nr. 1534—2834, Taf. X, Fig. 4) angeblich von »Neu-Irland, Neu-Britannien und Neu-Hannover« (S. 43, Nr. 3186), die aber sämmtlich von den Salomons herstammen (wie »Stirnschmuck«, S. 88, Nr. 2886, Nr. XVI, Fig. 4 von Guadalcanar). Sonderbarer Weise erwähnt Guppy dieses charakteristischen Schmuckes nicht, aber Coote gedenkt desselben von Malayta und bildet ein wundervolles Stück ab (S. 132). Ich erhielt Exemplare von Sir Hardy-Insel und Bougainville. Ganz ähnlicher Schmuck wird auf den Admiralitäts-Inseln gefertigt, hier ist aber die *Tridaena*-Scheibe nicht mit aufgelegter Schildpattarbeit verziert, sondern mit eingravirten sehr hübschen Mustern, die durch Einreiben mit Schwarz schön hervortreten.

S. 148 [66]. Zu **Schmuck.** Coote bildet ein paar sehr schöne Stücke ab: Ohrschmuck, bestehend aus einem Knopfe aus schwarzem Holz mit eingelegter Perlmutterarbeit (wie Kat. M. G., Taf. XVII, Fig. 5), an welchen eine Bommel aus Schnüren aufgereihter Muschelscheibchen befestigt ist, die je in einen Menschenzahn enden, von Florida (S. 149) und einen sehr schönen Gürtel von Malayta (S. 129); derselbe besteht in einem ziemlich breiten Gurt aus »native bead-work« (womit Muschelscheibchen gemeint sind), an dessen unterem Rande Schnüre von Muschelscheibchen, je in einen Menschenzahn endend, gleichsam als Franse befestigt sind.

S. 149 [67]. Zu **Waffen.** Geflochtene Schilde mit ausgezeichneter Mosaikarbeit in eingelegten Muscheln im British-Museum.

S. 149 [67]. Zu **Bogen und Pfeil.** Diese Waffen kommen nach Wilkes auch auf Fidschi vor, die Bogen werden aus »old pendant root of Mangrove« verfertigt.

(Zu: »Annalen«, Bd. III, Heft 4, 1888, S. 293 [79]—364 [150].)

S. 293 [79]. Zu:

Zweite Abtheilung: Neu-Guinea.

1. Englisch-Neu-Guinea.

a) Südostküste.

S. 302 [88]. Zu **Geld:** Hundezähne. Ueber den Werth derselben auf den Salomons gibt Coote einige interessante Vergleichungen von Isabel. Ein Hundeeckzahn ist = 100 Cocosnüssen, = 50 Delphinzähnen, = einer Schnur rother Muschelscheibchen, = 10 Schnüren weisser Muschelscheibchen oder = 10 Stück Stangentabak, also je nach der Localität 40 Pf. bis M. 3.20. Für 100 Hundezähne kann man eine Frau oder einen Burschen kaufen.

S. 302 [88]. Zu **Federn.** Dieselben bilden auch einen Tauschartikel im Sinne von Geld bei uns, der namentlich von den Bergstämmen an die Küstenbewohner verhandelt wird. Auch in anderen Gebieten der Südsee, sowohl Polynesiens als Melanesiens, waren Federn hochgeschätzt und Geld. Ein solches Federgeld sah Coote auf der Insel Nufiluli, St. Cruz-Gruppe (S. 96). Dasselbe bestand aus circa 2 Zoll breiten Streifen von Bastzeug, die dicht mit rothen Federn benäht waren. Solche Streifen, die übrigens als Leibschmuck dienten, wurden in Form grosser Knäuel aufbewahrt. Hierbei will ich einer anderen höchst merkwürdigen und aberranten Art Geld gedenken, das derselbe Reisende auf Maewo (Aurora-Insel), Neu-Hebriden, sah und beschreibt. Es besteht aus Matten, die in einer besonderen Hütte continuirlich im Rauche hängen, so dass der Russ in Stalaktitenform herabhängt. Mit Recht fügt der weitgereiste Autor hinzu: »von allen Formen Geld, welche ich bisher sah, ist dieses jedenfalls das absonderlichste, weil es nicht mitgeführt und selbst beim Wechsel der Besitzer nicht weggenommen werden kann. (»The Western-Pacific, S. 65, mit Abbildung eines »money house«, in welchem Matten räuchern.)

S. 302 [88]. Zu **Muschelgeld** (»**Tautau**«), Taf. 6, Fig. 6 u. 7. »Ist keine *Cassidula* oder *Cypraea*, sondern ‚*Nassa callospira*' A. Ad. Sehr nahe mit *N. callosa* A. Ad. verwandt und vielleicht nur eine Varietät derselben. *Cassidula* ist sicher nicht darunter.« (Prof. v. Martens in lit.)

S. 306 [92]. Zu **Turbanartige Kopfbedeckung der Koiäri.** In ganz ähnlicher Weise wird auf Fidschi Tapa in Form eines sehr grossen Turbans um den Kopf getragen (vgl. Wilkes, vol. III).

S. 311 [97]. Zu **Mairi, Halsschmuck**, Nr. 514 *b*. Die Muschelschalen sind: »echte Perlmuscheln, *Avicula margaritifera*« (v. Martens in lit.).

S. 312 [98]. Zu **Schmuck aus Perlschale** (»**Mairi**«). Ganz gleiche, grosse, halbmondförmige Perlmutterschalen sind auch auf den Salomons werthvoller Brustschmuck (vgl. Guppy, S. 131 und Taf. zu S. 102, Fig. 2, »men from Ugi«). Grosse Perlschalen mit kunstvoll eingelegter Arbeit in Schildpatt und Spermwalzahn von Fidschi gehören zu den bewundernswerthesten Arbeiten des Kunstfleisses der Südsee (vgl. Wilkes, III, S. 57 und Kat. M. G., S. 151, Taf. XXIII, Fig. 1), ganz besonders aber jene herrlichen Schmuckstücke aus Perlschale mit aufgelegter durchbrochener Schnitzerei in Schildpatt, wie ich sie im British Museum von Markesas bewunderte.

S. 314 [100]. Zu **Conus-Armbänder** (»**Toia**«). Kommen auch auf Neu-Caledonien vor und nach Serrurier auch auf Ceram und (sehr schmal) auf Borneo.

S. 323 [109]. Zu **Stampfer aus Stein** (»**Muninga**«). Solche mit Querrillen werden zum Schlagen bei der Tapabereitung (S. 87) benutzt. Ich erhielt einen solchen Schlägel, aus einem circa 18 Cm. langen Rollstein, der mit schwachen Längs- und Querrillen versehen war. Gut abgebildet: Intern. Archiv für Ethnol., 1888.

S. 324 [110]. Zu **Töpferei.** Interessant ist es, dass, nach Wilkes, die hochentwickelte Töpferei auf Fidschi ganz in derselben Technik betrieben wird wie Seitens der Motufrauen. Als Geräthschaften dienen, wie bei diesen, ein Schlägel und Stein (Wilkes, III, S. 348, Abbild.), aber es ist wohl nur ein Versehen der Beobachtung, wenn Wilkes meint, die Töpfe würden nicht aus einem Stück Lehm getrieben, sondern aus mehreren zusammengesetzt; auch dienen die Töpfe mit engem Halse gewiss nicht zum Kochen, sondern als Wasserbehälter. Beim Wasserholen tragen die Fidschifrauen die Töpfe nicht auf dem Kopfe oder in einem Netzbeutel auf dem Rücken, sondern auf einer Art Hucke auf dem Rücken, die sehr eigenthümlich ist (Wilkes, III, S. 224, Abbild.). Erwähnt mag noch sein, dass Menschenfleisch in Töpfen gekocht wurde, die Wilkes abbildet.

S. 327 [113]. Zu **Tabakpfeife** (»**Baubau**«). Dass die sonderbaren »Blasrohre« von der Westküste Neu-Guineas, aus denen Rauch und Asche, sogar »Kugeln aus Leim (!), Sand und Asche« geschossen werden, nichts Anderes sind als dieses unschuldige Rauchgeräth, haben Joest's kritische Untersuchungen endlich evident nachgewiesen (s. dessen hochinteressante Abhandlung: »Waffe, Signalrohr oder Tabakpfeife« in: »Intern. Archiv für Ethnol.«, 1888, S. 176, mit Abbild. S. 181 und 182). Der Baubau scheint auch in Kaiser Wilhelms-Land vorzukommen (s. weiter hinten).

S. 331 [117]. Zu **Vergiften der Pfeile.** Eckhardt theilt in seiner Compilation die Bereitung des Pfeilgiftes auf den Neu-Hebriden (»aus dem Safte einer Schlingpflanze, *Derris uliginosa*, und acht Tage alten Leichen«) mit. »Der Archipel der Neu-Hebriden« in: »Verhandl. des Vereins für naturwiss. Unterhaltung in Hamburg«, 1877, Bd. IV, 1878, S. 18). Dennoch bedürfen, nach den von mir angestellten Versuchen, diese Angaben dringend der Bestätigung. Wenn ich erwähnte, dass Commodore Goodenough infolge eines Pfeilschusses an *Tetanus* starb, so kann zur weiteren Bestätigung dienen, dass Lieutenant Hawker bei derselben Affaire einen Pfeil durch den Arm erhielt, ohne dass sich auch nur Spuren von Vergiftung bemerkbar machten. Schmeltz bemerkt (»Intern. Archiv f. Ethnol.«, 1888, S. 65) von den Salomons, »die Anwendung vergifteter Pfeile geschieht nach Guppy nur auf der Insel Savo«. Aber dieser gewissenhafte Forscher sagt (S. 73) wörtlich: »Vergiftete Speere und Pfeile werden selten von den Eingeborenen der Salomons gebraucht. Wir beobachteten keine auf den von uns besuchten Inseln. Es wird jedoch gesagt, dass die Eingeborenen von Savo ihre Speere und Pfeile vergiften sollen, indem sie dieselben in einem verwesenden Leichnam einige Tage stecken lassen.« Also das weitverbreitete alte Märchen, aber keineswegs positive Bestätigung, die deshalb noch abzuwarten bleibt. Die genaue Kenntniss von Leichengift seitens der Eingeborenen darf überhaupt bezweifelt werden und reimt sich schlecht mit den Beobachtungen Wilkes' zusammen, der auf Fidschi bereits stark verwestes, fast grünes Menschenfleisch sah, das dennoch als Delicatesse von den Eingeborenen verzehrt wurde.

S. 331 [117]. Zu **Bogenmanchette** (»**Aukorro**«). Diese Art Schutz wird keineswegs von allen Bogenschützen benutzt. Sehr originell sind Spiralen aus einer Art Liane in 10—15 Windungen, die demselben Zwecke dienen; ich erhielt solche von Sir Hardy-Insel und Buka; von Bougainville im Museum Godeffroy (S. 93, Nr. 2822: »Armschmuck«).

S. 332 [118]. Zu **Steinwaffen mit durchbrochenem Steinknauf.** Ein prachtvolles Stück, in der Form eines vierarmigen Morgensternes, stimmt ganz mit der Abbildung (Taf. 12, Fig. 7) überein, ist aber viel grösser; Länge 26 Cm., die der kürzeren Querarme 13 Cm. (vgl. Finsch: »Verzeichniss einer Sammlung Gypsabgüsse«, S. 8, Fig. 2049; hier noch zwei andere Gypsabgüsse hervorragend schöner Steinknäufe von der Südostküste Neu-Guineas). Das schönste Stück sah ich in der Colonial Exhibition in London; es bestand aus einem kolossal grossen Morgenstern mit vier gleich langen, vierkantig zugeschliffenen, sehr spitzen Armen, an deren Basis je noch zwei kleine Spitzen als Ornament ausgearbeitet waren, die kunstvollste Steinarbeit aus Neu-Guinea, welche mir vorkam. Die bei Powell (S. 161) abgebildeten Steinkeulen, angeblich aus »Neu-Britannien«, sind von dieser Küste Neu-Guineas und wahrscheinlich aus Versehen des Zeichners an Axtstielen aus Neu-Britannien (wie Taf. 4, Fig. 10) befestigt. Es interessirte mich ganz besonders, im Trocadero-Museum in Paris altperuanische Keulen zu sehen mit sternförmigem Knauf, sowohl aus Stein als aus Bronze, und solche mit Stein aus Ecuador, die in der Form ausserordentlich Steinkeulen von Neu-Guinea ähneln (z. B. Taf. 12, Fig. 7). Dies zeigt, dass Stein- und Bronzezeit nirgends so streng begrenzte Perioden bildete, als gewöhnlich angenommen wird.

S. 333 [119]. Zu **Schild**, Nr. 834, Taf. 16, Fig. 6. Ein derartig übersponnener Schild von Huia, den ich in der Colonialausstellung in London sah, war ausserdem mit Malerei verziert.

S. 334 [120]. Zu **Dugongfang.** Ich erwähnte bereits, dass die strengen »Helega«- oder Taburegeln schon mit der Anfertigung des Dugongnetzes (»Varo«) ihren Anfang nehmen. Der Anführer, welcher den Dugongfang leitet, ist gewöhnlich auch der Verfertiger des Netzes, wie es z. B. Vaburi (= Dunkelheit), ein ältlicher Motu von Anuapata, war, dem ich diese Mittheilungen verdanke. Das Stricken des Netzes aus *Hibiscus*-Faser geschieht in einem besonderen Hause, welches nicht vor Beendigung der Arbeit vom Meister verlassen werden darf. Derselbe zeichnet sich äusserlich durch kurzgeschorenes Kopfhaar aus und durch den schwarzen Anstrich seines Körpers mit dem Russe eines Harzes (»Tomana«, S. [123]), mit welchem auch die Matte eingerieben ist, auf welcher er schläft. Da kein Verkehr mit Frauen,[1]) auch nicht mit seiner eigenen stattfinden darf, so wird dem Netzstricker das Essen von Männern gebracht, die auch die Reste wieder wegtragen. Hauptsache dabei ist, dass der tabuirte Mann keine Speisen mit den Fingern anfasst, sondern nur mit Löffel oder Gabel (S. [109]) zum Munde führt. Auch soll derselbe so wenig als möglich essen, ist dagegen unbeschränkt im Genuss von Betel und Tabak. Laut zu sprechen ist dem Netzstrickmeister ebenfalls streng verboten, Pönitenzen, von denen seine Gehilfen übrigens vollständig befreit sind. Ist das Netz endlich fertig, was mehrere Wochen Zeit erfordert, und die Männer bereit, auf den Dugongfang in See zu gehen, so wird über alle Dorfbewohner ein strenges Verbot (»Helega«) verhängt. Aller Lärm ist streng verboten, selbst Frauen und Kinder dürfen nicht laut sprechen und müssen sich ausserhalb des Dorfes im Walde oder in den Plantagen aufhalten. Erst Abends kehren sie zum Schlafen in die Häuser heim, müssen sich aber, so lange die Dugongfänger nicht zurück sind, tagsüber wieder zurückziehen. Noch strenger sind die Taburegeln für die Jäger selbst, vor Allem ihren Anführer, der weder baden, schlafen und, was eine besonders harte Aufgabe für einen redseligen Motu ist, auch nicht sprechen darf. Er gibt seine Befehle durch Zeichen und deutet z. B. durch Klopfen auf den Bauch an, wenn er zu essen wünscht. Ausserdem gibt es noch andere, mit Aberglauben zusammenhängende Regeln, die streng beachtet werden müssen. So darf z. B. das Canu, auf welchem sich die Fänger befinden, mit keinem anderen in Berührung kommen, und sollte gar ein anderes Fahrzeug den Bug des Fangcanus kreuzen, so würde dies jede Hoffnung auf Erfolg sofort vereiteln. Es gibt also eine Menge Ausreden, um die missglückte Jagd auf Verletzungen des Tabu seitens der Jäger oder gar im heimischen Dorfe zurückzuführen. Ist aber ein Dugong oder als Ersatz desselben auch nur eine Schildkröte gefangen, so hört mit einem Schlage der Tabubann auf. Der Anführer tanzt vor Freuden und stimmt den Gesang zum Lobe des »Balau« oder des guten Geistes des »Rui« (Dugong) an, den die Motu ja für einen verzauberten Menschen halten. Die hübsche Legende wird von Chalmers wie der ganze Dugongfang der Motu unerwähnt gelassen. Auf die interessante Thatsache, dass kaum 200 Seemeilen westlich von Port Moresby der Dugongfang in ganz anderer Weise, und zwar mittelst Harpunen betrieben wird, habe ich schon hingewiesen (s. S. [82]) und eine Beschreibung dieser Art Jagd gegeben (»Hamburger Nachrichten«, Nr. 239, vom 8. October 1882). Ausführlich darüber berichten Gill: »Life in the Southern Isles« (1876), pag. 298 (mit Abbildung von Thier und Harpune), pag. 197 (Abbildung »Dugong fishing«) und pag. 323 (Abbildung »Dugong giving god«), sowie Haddon (»Journ. of the Anthrop. Instit.«, 1890, pag. 350, Pl. VIII, Fig. 1). Dugongfang mit Netzen wird auch an der Ostspitze Neu-Guineas betrieben (s. S. [156]) und nach Kubary auf den Pelau-Inseln der Carolinen (»Ethnogr. Beitr.« etc., II, S. 139).

S. 335 [121]. Zu **Canus.** Gute Abbildungen kleiner Canus gibt Chalmers (»Pioneering«, S. 234 u. 320), von »Lakatoi in full sail« (S. 48). Die Benennung ist aus »Laka oder Vaka« = Canu und Toi = Toru = 3 gebildet, weil ein solches Fahrzeug aus mindestens drei zusammengebundenen Canus besteht, die übrigens kein Auslegergeschirr führen. Interessant ist es, dass sich die ganz gleiche Form des Segels auf der St. Cruz-Gruppe (Insel Nufiluli) wiederfindet, aber die Canus von hier sind von vorzüg-

[1]) Aehnliche, aber noch strengere Tabuvorschriften für Fischer gelten auf Pelau und werden von Kubary erschöpfend beschrieben (»Ethnol. Beitr.«, II, S. 127—132).

licher Bauart, mit einer breiten Plattform auf jeder Seite, auf welche zuweilen (ähnlich wie bei den Marshall-Canus) eine Hütte gebaut ist (vgl. Coote: »The Western Pacific«, Abbild. S. 96).

S. 336 [122]. Zu **Maskeraden.** Die eigenthümlichen Maskenanzüge aus Tapa etc. von Freshwater-Bai haben viel Aehnlichkeit mit den beim Dugdug ([S. 33]) verwendeten und werden wie diese nach Beendigung der Festlichkeiten meist vernichtet oder zum Theile in den Versammlungshäusern verwahrt, wie dies in ähnlicher Weise mit dem Tanzschmuck in Neu-Irland (S. 59) geschieht.

S. 336 [122]. Zu **Bestattung.** Aehnliche Gebräuche herrschen auf Ugi (Salomons). Während man hier die Leichen von geringen Leuten ins Meer wirft, werden die von Vornehmen auf einem besonderen, in Bäumen errichteten Gerüste niedergelegt, bis das Fleisch von den Knochen abgefault ist, und letztere dann meist in der Hütte begraben oder wenigstens der Schädel in besonderen hölzernen Trögen im »Tabuhause« aufbewahrt. Ein solcher hölzerner Trog, in Form eines an 6 Fuss langen Hais, dessen Rücken in eine viereckige Vertiefung ausgearbeitet und mit einem Deckel verschliessbar war, enthielt die Gebeine eines circa sechs Jahre alten Knaben, Lieblingssohn des Häuptlings von Ugi (mündliche Mittheilung von Alexander Morton).

S. 337 [123]. Zu **Talismane (»Kawabu«).** Einen ganz mit Taf. 15, Fig. 6, übereinstimmenden Stein bildet Thomson von der Oster-Insel als »fishgod« ab (Pl. LI, Fig. 4). Für Jäger gelten auch runde Steinchen, wie sie sich nicht selten im Magen der Krontaube finden, als glückbringende Talismane, die sorgfältig im Tragbeutel verwahrt werden. Aehnlicher Jägeraberglauben herrscht hie und da auch noch bei uns, z. B. das Verwahren von Schrotkörnern, die aus Wild geschnitten sind und die, wenn wieder geladen, sicheres Treffen bewirken sollen.

S. 342 [128]. Taf. XIV [6], Fig. 3: **Muschelgeld (Finsch-Hafen)** ist nicht aus »*Cassidula*«, sondern *Nassa callosa* var. *camelus*, ebenso die bei den Schmuckstücken Fig. 10, 11, 13, 15 u. 17 verwendeten kleinen Muscheln.

S. 342 [128]. Taf. XIV [6], Fig. 4: **Muschelgeld von Huon-Golf** besteht wohl nicht aus »Muschelsplittern«, sondern aus einem kleinen Conus, da manche Scheibchen noch die Färbung zeigen.

S. 342 [128]. Taf. XIV [6], Fig. 6: **Muschelgeld (Port Moresby)** ist nicht aus »*Cassidula*«, sondern »*Nassa callospira*« (auct. v. Martens). Diese Art verzeichnet der Kat. M. G. auch von »Tongatabu«.

S. 346 [132]. Taf. XVI [8], Fig. 2 u. 3: **Brustschmuck**; die verwendeten Muscheln sind *Nassa callosa*.

S. 348 [134]. Taf. XVII [9], Fig. 2, 3 u. 4: gilt dasselbe wie vorhergehend bemerkt.

(Zu: »Annalen«, Bd. VI, Heft 1, 1891, S. 13 [151] bis S. 130 [268]).

S. 13 [251]. Zu:

b) Ostspitze mit den d'Entrecasteaux-Inseln.

S. 18 [156]. Zu **Gräber.** Eigenthümlich ist die Bestattungsweise in Ssuau (Südcap). Kleine Hütten dienen hier als Grabstätte für die Glieder einer Familie. Die Leiche wird in sitzender Stellung, mit über die Kniee gefalteten Händen derart begraben, dass der Kopf so weit über der Erde hervorragt, um mit einem Topf bedeckt werden zu können. Es geschieht dies, um nach vollendeter Verwesung den Schädel aufheben zu können, der dann, in einen Korb gelegt, im Rauche der Hütte als theures Andenken bewahrt wird (Chalmers und Gill: »Work and adventure in New Guinea«, 1885, S. 333). Wir haben also hier einen neuen Beweis für die weitverbreitete pietätsvolle Sitte, Schädel aufzubewahren, die so häufig sehr irrthümlich als Zeichen von Cannibalismus und Kriegstrophäen gedeutet werden. Sehr richtig fügt Chalmers hinzu: »Es ist leicht zu verstehen, wie diese Liebe für Verstorbene in Anbetung übergeht. Diese fast universale Form von Götzendienst ist von Rom aus en gros in der Gestalt von Reliquien- und Heiligenanbetung ins Christenthum übertragen worden.« In der Gegend von Argyle-Bai, etwas westlich von Südcap, herrschen ganz andere Bestattungsgebräuche, die mit den weiter vorne erwähnten von Ugi übereinstimmen, indem auch hier die Leiche über der Erde verwest und dann die Knochen gesammelt und in einer besonderen Hütte begraben werden.

S. 20 [158]. Zu **Kopfschmuck.** Eine eigenthümliche Art Kopfschmuck von Ostcap sah ich in der Colonialausstellung in London. Er bestand aus einem länglichovalen, mit Schnitzerei und Bemalung verzierten hölzernen Kragen, der vermuthlich wie eine Hutkrempe getragen wird, da das Loch zum Durchstecken des Kopfes zu klein schien. Erinnert sehr an die »Midi« von Neu-Britannien (S. [16]).

S. 20 [158]. Zu **Tätowirung.** Das von mir hervorgehobene äusserst sporadische Vorkommen von Tätowiren in Melanesien findet in den Neu-Hebriden weitere Bestätigung, wo nach Eckart diese Hautverzierung nur auf der Insel Vanua lava, aber sonst auf keiner anderen Insel der Gruppe in Anwendung kommt. »Die Frauen tätowiren äusserst schön und regelmässig den ganzen Körper.« Nach Coote ist dies aber ebenfalls auf Opa (Lepers Isl.) der Fall, also nicht auf Vanua lava beschränkt. Auf Fidschi werden nur die vom Schamschurze bedeckten Theile (also der Venusberg) tätowirt (Wilkes, III, S. 355). Auf Ysabel (Salomons) haben junge Mädchen zuweilen das Gesicht (aber nur dieses) sehr delicat in Honigwabenpatterne tätowirt, da aber kein Farbstoff gebraucht wird, so ist diese Tätowirung nur bei ganz genauer Betrachtung sichtbar (Coote, S. 148).

S. 22 [160]. Zu **»Waiatutta«.** Diese aus einer weissen Muschel geschliffenen Scheibchen (Taf. 6, Fig. 1 *b*) sind aus *Tridacna* geschliffen und die zierlichsten aus diesem Material. Die kleinsten messen 6 Mm. im Durchmesser, die grössten bis 15 Mm. In Milne-Bai erhielt ich ähnliche weissliche Muschelscheibchen (von 8—10 Mm. Durchmesser), die aber, wie die Spiren deutlich erkennen lassen, aus dem Kopfe einer *Conus*-Art geschliffen sind. Auf diese Sorte bezieht sich der Vergleich mit ähnlichen Muschelscheibchen aus den Gilberts.

S. 24 [162]. Zu **Häuser.** Das erbärmliche Bild eines Hauses von Teste-Insel bei Powell (S. 9) ist nur dazu geeignet, eine ganz falsche Vorstellung zu erwecken.

S. 24 [162]. Zu **Baumhäuser.** Kommen auch in den Salomons vor. Coote beschreibt ein solches von Ysabel, das in einem 70—80 Fuss hohen (!) Baume sehr accurat erbaut war (26 Fuss lang, 18 Fuss breit); im Innern befanden sich Haufen von Steinen als Vertheidigungsmittel, da auch diese Baumhäuser als Festung dienen. Die Leiter, welche zu dem Hause führt, weicht von denen in Neu-Guinea dadurch ab, dass sie aus einem einfachen Rottangtau besteht, in welches Querhölzer eingeknüpft sind (»The Western Pacific«, Abbild., S. 143; vgl. damit die guten Abbildungen von Baumhäusern an der Südostküste Neu-Guineas bei Chalmers: »Pioneering« etc., S. 256 u. 288).

S. 25 [163]. Zu **Obsidian.** Es ist bemerkenswerth, dass trotz des Vorkommens von Obsidian in den d'Entrecasteaux dieses Material nicht zur Bewehrung von Waffen benutzt wird.

S. 27 [165]. Zu **Kalkcalebassen.** Ein sehr feines Stück in der Colonialausstellung in London von Ostcap war ringsum mit einer Schnur aufgereihter *Spondylus*-Scheibchen verziert, mit daran befestigten *Ovula*-Muscheln.

S. 27 [165]. Zu »**Mörser**« zum Stampfen der Betelnuss. Aehnliche Geräthe aus Holz finden sich auch auf Pelau und werden von Kubary in alten und noch jetzt gebräuchlichen Formen beschrieben (»Ethnol. Beitr.«, II, S. 206, Taf. XXVIII, Fig. 7 u. 8).

S. 28 [166]. Zu **Steinaxtklingen** (»**Gune**«) von Teste-Insel. Die grösste, welche ich erhielt, mass 32 Cm. in der Länge und 156 Mm. in der Breite; Gewicht 2½ Kilo.

S. 30 [168]. Zu **Kurze Handkeulen** (»**Bossim**«). Kleinere derartige Stücke waren in der Colonialausstellung in London als »Kalklöffel« bezeichnet.

S. 30 [168]. Zu **Schilde.** Hierher gehört die ziemlich rohe Skizze bei Powell (S. 17, Figur links), für welche er eine eigene Bezeichnung (»Canuschilde«) erfand. »Sie werden auf den Ausleger gehangen, um während des Gefechtes als Schutzwehr zu dienen.« Obwohl Powell dies in Possession-Bai (China-Strasse), wo »300« (!) Canus beisammen waren, selbst gesehen haben will, so wird man gut thun, diese Behauptung vorläufig mit Reserve aufzunehmen. Kein anderer Beobachter weiss von dieser Art Benutzung der Schilde zu berichten, auch nicht Hunstein, der doch um Ostcap und Milne-Bai so gut wie zu Hause war. Der andere von Powell abgebildete Schild (S. 17) ist übrigens nicht von Ostcap, sondern ein typischer Hood-Bai-Schild (Taf. 16, Fig. 6). Einen ganz runden Schild von Milne-Bai sah ich in der Colonialausstellung in London; er stimmte in der Form also ganz mit solchen von Bilibili überein, war aber nicht mit Schnitzerei, sondern sehr eigenthümlicher Malerei in geschmackvollem (schwarz, weiss und rothem) Muster verziert.

S. 31 [169]. Zu **Canu.** Das »China Straits-Canoe«, wie es Powell (S. 23) abbildet, ist bis auf die Form des Segels reine Phantasie. Man vergleiche die correcte Abbildung bei Chalmers (»Pioneering« etc., S. 202).

S. 32 [170]. Zu **Fahrzeuge** (»**Catamarans**«). Es ist interessant, dass ganz ähnliche Flösse aus Baumstämmen (circa 4 M. lang und 1 M. breit), mit Rottang zusammengebunden, bei den Eingeborenen am Gogolflusse in Astrolabe-Bai, welche keine Canus besitzen, gebraucht werden (Dr. Lauterbach).

S. 33 [171]. **Masken** waren mir nicht vorgekommen, aber in der Colonialausstellung in London sah ich eine aus Holz geschnitzte Maske, angeblich aus der Gegend von Ostcap, die sehr eigenthümlich war. Dabei mag bemerkt sein, dass die von Powell abgebildete Maske von Schildpatt (S. 16) keinesfalls aus der Gegend von »Mount Thompson« (Ostspitze Neu-Guineas) herstammt, sondern von Torresstrasse (vgl. S. [82]).

S. 33 [171]. Zu **Kinderspiele.** Schaukeln auf einem Tau ist auch auf Mangaia (Hervey-Gruppe) beliebt (Gill: »Life in the Southern Isles«, S. 65).

S. 37 [175]. Zu:

2. Kaiser Wilhelms-Land oder Deutsch-Neu-Guinea.

S. 42 [180]. Zu **Pelau-Geld.** Seiner ersten Arbeit über diese alten Glasperlen und Glasflüsse (in Journ. M. G., Heft IV, 1873, S. 49—53, Taf. 2) hat Kubary neuerdings eine weitere gelehrte Abhandlung: »Ueber das einheimische Geld auf der Insel Yap und den Pelau-Inseln« (in »Ethnogr. Beitr.«, Heft I, 1889, S. 6—28, Taf. I) folgen lassen. Sie enthält eine fast erschöpfende Classificirung und Specificirung des »Audouth« (oder »Audou«), wie der Collectivname für diese Art Geld lautet, das Kubary besser kennt als die meisten Eingeborenen, unter denen »es nur wenige gibt, die aus eigener

Anschauung auch nur den sechsten Theil der sämmtlichen Geldsorten kennen«. Die einschlägigen Verhältnisse über Seltenheit und Werth der zahlreichen Sorten, wie Coursschwankungen, Wechsel- und Darlehensgeschäfte u. s. w. mit diesem unentbehrlichen Tauschmittel werden ebenfalls eingehend geschildert, wenn auch hier noch Manches unklar bleibt, wie hinsichtlich des Materials selbst. Die früher ausgesprochene irrige Ansicht, dass das letztere aus »in der Erde gefundenen ausgebrannten Erden, natürlichen Emaillen und Glas« besteht, verbessert Kubary diesmal, indem er wirkliche Glas- oder Porzellanperlen annimmt, aber er spricht auch von Achat, Jaspis und verschiedenen Mineralien in Cementmasse u. s. w. Alle diese wichtigen Fragen lassen sich natürlich nicht von einem Laien wie Kubary und auf Pelau, sondern nur mit Hilfe eines ausreichenden Vergleichungsmateriales von einem hyalurgisch gebildeten Fachmanne lösen und damit zugleich auch die weit wichtigere Frage betreffs des Ursprunges und der Herkunft. Aber Kubary ist jedenfalls auf dem richtigen Wege, wenn er die letztere, allerdings mit dem Umwege über Yap (»wo dergleichen Glasperlen gelegentlich beim Graben gefunden werden«), von Asien herleitet und einen neuen Beweis der malayischen Beziehungen erblickt. Die heimischen Imitationen, welche Kubary in der ersten Abhandlung mit den Worten beschreibt: »sie (die Eingeborenen) stampfen das Flaschenglas und schmelzen es theilweise und verfertigen daraus ‚Koldnjoks', die sogar im Verkehre gelten«, werden auffallenderweise mit Stillschweigen übergangen und nur der »Kaldoyoks oder Gläser« gedacht. Bei genauer Vergleichung der beiden Abhandlungen ergeben sich auch sonst mancherlei Abweichungen in Bezug auf Namen, Werthangaben (in Dollars) und Auslassungen. So bleibt das kostbarste Unicum »Moriur« im Werthe von »5000 Thalern« (Taf. 2, Fig. 2) unerwähnt, wie manches andere in der ersten Arbeit genannte Stück. Unter den 31 beschriebenen und mit den heimischen Namen aufgeführten »Kalebukubs«, jener Classe alter Mosaikglasperlen, welche das »politische Rupakgeld« umfassen, das aber nur wenige Häuptlinge besitzen, fehlt der »Obogul a Kalebukub«, d. h. »Vater der Kalebukubs« (abgebildet Taf. 2, Fig. 4). Ich erwähne dies deshalb, weil ich der Güte von Kubary eine sehr ähnliche dunkelgrüne und weisse Emailglasperle verdanke, welche mit demselben eingeborenen Namen, aber mit »Grossvater des Kalebukub« übersetzt, bezeichnet ist. Sie stimmt sehr mit der »Gargaroy«-Perle (S. 16, Taf. I, Fig. 31) überein und ist ein sehr seltenes, werthvolles Stück, das auf 80 Dollars geschätzt wird. »Man kann dafür (natürlich nur auf Pelau) 2000 Acres Land kaufen, zehn gewöhnliche Menschenkinder oder mindestens zwei Könige umbringen u. s. w.,« schrieb mir Kubary, der das Stück 1872 bei Gelegenheit eines Schutz- und Trutzbündnisses vom Könige von Artingal erhielt und das früher zum Schatze des »Iraklais von Molekoiok« gehörte. Von Kubary bei pelauischen Festlichkeiten als Ohrschmuck getragen, ziert der »Grossvater des Kalebukub« jetzt als liebe Erinnerung an den weissen Carolinier meine Uhrkette. Kalebukubs sind übrigens nicht auf Pelau beschränkt, sondern auch bei anderen Eingeborenen bekannt und hochgeschätzt, so im malayischen Archipel (vgl. die Noten von Schmeltz in: »Ethnogr. Beitr.«, I, S. 14 und Whitehead-Borneo) und in Afrika. Das British Museum besitzt eine instructive Sammlung der modernen Emailglasperlen-Sorten, welche für den westafrikanischen Handel fabricirt werden, unter denen gewisse Sorten in Muster wie Grösse fast ganz mit gewissen »Kalebukubs« übereinstimmen. Die gleiche Bemerkung macht Schmeltz von prähistorischen Emailperlen aus deutschen Hünengräbern (Kat. M. G., S. 485).

S. 43 [181]. Zu **Astrolabe-Bai.** Dem interessanten Berichte von Dr. Lauterbach, der mit noch einem weissen Begleiter und 40 Eingeborenen den Gogol, den grössten Fluss in Astrolabe-Bai, zuerst erforschte und (in der Luftlinie gemessen) circa 50 Kilometer ins Innere vordrang, entnehme ich das Wichtigste der im Ganzen sehr spärlichen ethnologischen Notizen (in »Nachrichten über Kaiser Wilhelms-Land« etc., Heft I, 1891, S. 31—62). Die Eingeborenen waren ganz gleich mit denen der Küste, sprachen aber im Innern andere Sprachen. Schon in Jeri, einem Dorfe kaum 12 Kilometer von der Küste, besass man kein Eisen. Das Flussgebiet war gut bevölkert, die Leute überall freundlich und im Ganzen wenig scheu. Obwohl sie noch keinen Weissen gesehen hatten, kamen sie doch meist überall furchtlos heran, zum Theile sogar mit ihren Weibern, oft in grossen Schaaren, und brachten Lebensmittel (Yams, Taro, Bananen, auch die Cocospalme kommt hier noch vor). Tabak wurde auch gebaut und zum Theile in Form von Cigarren aus frisch abgepflückten Blättern geraucht, aber »meist bediente man sich hierzu der in Neu-Guinea allgemein üblichen Pfeife aus Bambus«, also vermuthlich des an der Südostküste gebräuchlichen »Baubau« (s. S. [113]). Die Bauart der Häuser war ganz wie in Astrolabe-Bai, die Pflanzungen eingezäunt und mit Vorliebe an den steilsten Abhängen angelegt. Canus wurden nicht gesehen, dagegen bediente man sich einer Art Floss aus Baumstämmen (ähnlich der »Catamarans« an der Ostspitze, vgl. S. [170]), was sehr merkwürdig ist, da auch die Bewohner des Augustaflusses Canus (ohne Ausleger) besitzen. Schmuck wurde wenig bemerkt, aber viele Schweine- und Hundezähne, letztere schienen Geld zu sein. Ueber Bekleidung finde ich keine andere Notiz, als dass ein alter Mann, um seine Glatze zu bedecken, ein Cuscusfell um den Kopf gebunden hatte, wie dies auch anderwärts vorkommt. An Waffen besassen die Eingeborenen: Bogen und Pfeile (darunter äusserst kunstvoll geschnitzte Schmuckpfeile), Speere, »Speerkeulen« (»an einem etwa 8 Fuss langen Speer ist ein fusslanges armdickes Stück einer äusserst harten und schweren grasähnlichen Pflanze befestigt«), die zu Hieb und Stoss dienen sollen, aber Abzeichen angesehener Leute zu sein schienen, und kleine runde Schilde, die unter dem Arme getragen wurden; in den Häusern sah man grosse runde, schwere Schilde wie die von Bilibili. Töpfe schienen von letzterer Insel herzustammen und mögen im Tausche von einem Dorfe zum anderen ihren Weg bis ins Innere finden, ganz wie dies z. B. an der Südostküste (vgl. S. [110]) der Fall ist, wo Töpfe von Port Moresby bis zu den Bergstämmen der Astrolabe- und Owen Stanley-Gebirge verhandelt werden.

S. 45 [183]. Zu **Albinismus.** Hollrung beobachtete einen Fall bei Hatzfeldthafen: »ein schwächliches, Bedauern erregendes Kind, das von seinem Vater auf dem Rücken getragen wurde«. Wie selten im Ganzen Albinismus vorkommt, ergibt sich aus Wilkes, dem doch Derartiges kaum entging. Er beobachtete in Melanesien einen Albino auf Fidschi (III, S. 214), in Polynesien, und zwar auf Nukufetau, der Ellice-Gruppe, zwei (V, S. 40); die Erkundigung ergab, dass Eltern und Geschwister normal dunkelfarbig waren. In Mikronesien habe ich keinen Albinismus beobachtet.

S. 46 [184]. Zu **Sprachverschiedenheit.** Wie gross dieselbe ist, erhellt aus einer Notiz von Dr. Hollrung, wonach sich von Alexishafen bis Cap Croisilles, einem Gebiete von kaum 20 Seemeilen Ausdehnung, sechs verschiedene Sprachen finden.

S. 48 [186]. Zu **Verkehr und Heimatskunde der Eingeborenen.** Als einen weitgereisten Mann bezeichnet Dr. Hollrung mit Recht den Häuptling Kajuwei bei Juno-Huk, der aus eigener Anschauung Karkar (Dampier-Insel), Bagabag (Rich-Insel) und Bilibili kannte, von Korendu (in Port Constantin), aber nicht von Bongu, dem grössten Dorfe hier, gehört hatte.

S. 50 [188]. Zu **Culturgewächse.** In der Gegend von Cap Croisilles werden Taro, Jams, Bananen, Zuckerrohr und Tabak gebaut und (wie bei Ostcap und meist überall) in Berggegenden die steilsten Abhänge zur Anlegung von Plantagen ausgewählt.

28*

Am oberen Laufe des Augustaflusses bilden Yams und Sago die Hauptnahrung, nur selten wurde Taro, Zuckerrohr und Bananen cultivirt, ebenso die Cocospalme. Der Nachweis des letzteren tief im Innern des Landes ist von höchstem Interesse und gibt einen neuen Beweis für die Wichtigkeit dieses Edelbaumes in Bezug auf die Ausbreitung des Menschen. Man kann daraus den Schluss ziehen, dass die Bevölkerung von der Küste stromaufwärts vordrang, wie dies an allen grösseren Flüssen Neu-Guineas der Fall zu sein scheint. Dasselbe gilt in Betreff der Betelpalme, die als Culturbaum tief im Innern des Augustaflusses vorkommt, und der Hausthiere (Hund, Schwein und Hühner).

S. 51 [189]. Zu **Jagd.** »Da die Wirkung des Bogens nur auf kurze Entfernung genügend sicher ist, so pflegen die Eingeborenen in der Nähe des Schweinewechsels oder der Erdhaufen, welche das *Talegallus*-Huhn für seine Eier aufwirft, eine kleine enge Hütte mit einem kaum handgrossen Umschau- und Schussloch zu errichten, um von hier aus ihr Wild sicherer zu erlegen« (Hollrung in: »Nachrichten über Kaiser Wilhelms-Land«, 1888, S. 230).

S. 56 [194]. Zu **Pfahlhäuser am Augustafluss.** Die späteren Expeditionen auf diesem grössten Strome, den Capitän Dallmann und ich nur entdecken, aber nicht befahren konnten, haben meine erste Beobachtung bestätigt. Dallmann, der am 4. bis 6. April 1886 mit der Dampfbarkasse vordrang, fand ziemlich schlechte Pfahlhäuser, die auf hohen Pfählen »in circa zwei Faden tiefem Wasser standen«. Am oberen Laufe des Augustaflusses werden sehr grosse, äusserst solide Häuser beschrieben, die aber nicht im Wasser, sondern in einer Längsreihe am Ufer errichtet sind. Sie stehen über dem Erdboden erhaben auf dicken Pfosten aus Baumstämmen; manche davon haben einen thurmartigen, 3—4 M. hohen Aufbau an jedem Giebelende, der an ähnliche Baulichkeiten in Hood-Bai (Fig. 29, S. [103]) erinnert. Das grösste Dorf Malu mit circa 1000 Einwohnern, welches von der wissenschaftlichen Expedition übrigens nur einmal besucht wurde, besass sechs grosse offene Hütten, identisch mit den üblichen Gemeindehäusern, in welchen unter Anderem Signaltrommeln aufbewahrt wurden.

S. 57 [195]. Zu **Gemeindehäuser.** Ein gewöhnliches »Junggesellenhaus in der Astrolabe-Bai« ist gut abgebildet in »Nachrichten über Kaiser Wilhelms-Land«, 1891, Heft I.

S. 58 [196]. Zu **Kopfstützen.** Aus Holz geschnitzte Kopfunterlagen kommen auch in Neu-Caledonien und den Neu-Hebriden vor. Von letzterer Localität abgebildet bei Eckardt, Taf. IV, Fig. 8, welches Stück aber nach Schmeltz, der das Vorkommen auf den Neu-Hebriden bezweifelt, von »Fidschi« herstammen würde. In der St. Cruz-Gruppe beobachtete Coote »headrests«, die wegen des gewichtigen Ohrschmuckes nöthig sind, da letzterer ein Ruhen ohne Kopfunterlage unmöglich machen würde. Die Abbildung eines Ohrschmuckes von Nitendi, aus 30 Schildpattringen bestehend, illustrirt dies (»The Western Pacific«, S. 114).

S. 59 [197]. Zu **Kopfstütze,** Nr. 100, Taf. 10, Fig. 3, 4. Aehnliche Kopfstützen aus Bambu mit vier Beinen kommen auf Fidschi vor (Wilkes, III, S. 345); hier auch solche aus Holz geschnitzt.

S. 61 [199]. Zu **Töpfe.** Werden sehr schön auch auf den Admiralitäts-Inseln gefertigt. Ich erhielt einen solchen, kugelförmig (Umfang 1·2 M., Höhe 37 Cm.), mit ziemlich enger Oeffnung (13 Cm. im Durchmesser), der in der Form ganz mit den Wassertöpfen von Port Moresby übereinstimmt (»Hodu«, Nr. 86, S. [110]).

S. 62 [200]. Zu **Töpferei.** Die Bewohner am oberen Laufe des Augustaflusses, tief im Innern, verstehen diese Kunst ebenfalls; auch bei Cap Croissilles sah Dr. Hollrung Töpfe, die möglicherweise aber von Bilibili herstammen.

S. 63 [201]. Zu **Tabak.** Dr. Lauterbach fand im Innern des Gogolflusses in Astrolabe-Bai ebenfalls Tabakculturen, ein neuer Beweis, dass diese Pflanze ursprünglich für Neu-Guinea ist. Auf den Bergen bei Cap Croissilles wird auch Tabak gebaut. Auch auf Fidschi wurde diese Culturpflanze schon vor Ankunft der Weissen angebaut und geraucht (Wilkes, III).

S. 64 [202]. Zu **Rauchgeräth (»Baubau«).** Ein ähnliches Rauchgeräth wie an der Südostküste (S. [113]) scheint auch in diesem Gebiete Neu-Guineas vorzukommen, denn die Notiz Dr. Lauterbach's vom Innern des Gogolflusses in Astrolabe-Bai: »meist bedient man sich zum Rauchen der in Neu-Guinea allgemein üblichen Pfeife aus Bambus« dürfte sich doch nur auf den »Baubau« beziehen.

S. 66 [204]. Zu **Kawa.** Auf Fidschi war Avatrinken sehr beliebt, aber nur für Häuptlinge erschwinglich und eine Art Vorrecht derselben; die Wurzel wird (wie auf Samoa u. s. w.) von jungen Mädchen gekaut (Wilkes), auf den Neu-Hebriden dagegen, übereinstimmend mit Neu-Guinea, von Knaben. Die Kawawurzel heisst auf Fidschi »Yangona«; auf der Colonialausstellung in London war »Yangona«-Schnaps« vertreten.

S. 70 [208]. Note 1. Zu **Gesteinsarten von Axtklingen.** Durch gütige Mittheilung von Herrn Prof. Arzruni in Aachen (vom 5. Mai 1893) erfahre ich, dass in der That die genaue Bestimmung der Proben von Steinaxtklingen noch nicht erfolgt ist, doch sagt er: »Ich halte nicht alle für Nephrit; manche scheinen dichte Diabase (Aphanite) zu sein,« was immerhin hier mitgetheilt sein mag. Darnach scheint also Nephrit wirklich vertreten zu sein.

S. 72 [210]. Zu **»Sonstige Werkzeuge«.** Nach Wilkes (III, S. 347) wurden auf Fidschi auch »Rattenzähne« als Werkzeug für feine Gravirungen benutzt, was wahrscheinlich auch anderwärts geschieht, aber leicht übersehen werden kann.

S. 72 [210]. Zu **Waffen und Wehr.** Vom Innern des Augustaflusses werden Bogen, Pfeile, Speere und grosse schöne Schilde als übliche Waffen verzeichnet.

S. 76 [214]. Zu **Pfeile.** Es verdient noch besonders hervorgehoben zu werden, dass viele dieser besonders fein verzierten Pfeile »Schmuckpfeile« sind, bei deren Anfertigung Laune und individuelle Begabung eine grosse Rolle spielen; für gewöhnlich braucht man schmucklose Pfeile, da die vielen und oft recht gefährlich aussehenden Widerhaken doch zum Theile nichts Anderes als Ornamentirung sind.

S. 80 [218]. Zu **Schmuckmaterial.** Wie erwähnt, scheinen Perlen oder Scheibchen aus Cocosnussschale kaum verarbeitet zu werden, die nirgends in Melanesien zu den »gewöhnlichen Verzierungsmitteln« gehören, wie Serrurier irrthümlich annimmt.

S. 81 [219]. Zu **Hundezähne.** Waren bei den alten Hawaiiern äusserst geschätzt und werthvoll. Beim Hulatanze, der noch heute im Geheimen stattfindet, trugen Tänzer und Tänzerinnen breite, sehr schwere Bänder um das Fussgelenk (vgl. Choris, Pl. XII), mit denen durch Aneinanderschlagen ein rasselndes Geräusch hervorgebracht wurde. Ich besitze einen solchen Schmuck, der aus mehr als 600 Hundeeckzähnen besteht, und der nach den von Coote berechneten Salomons-Preisen, wie sie Anfang der Achtzigerjahre üblich waren, einen Werth von 60.000 Cocosnüssen oder, in Copra übertragen, von 1200—1800 Mark haben würde.

S. 84 [222]. Zu **»Ssanem«, Muschelgeld,** Taf. XIV [6], Fig. 3: nach neueren Bestimmungen von Prof. v. Martens ist die Art nicht *Nassa callospira*, sondern *N. callosa* var. *camelus* und identisch mit dem zu »Diwara« verarbeiteten Conchyl Neu-Britanniens.

S. 85 [223]. Zu **Körperausputz und Bekleidung.** Die Berichte über die Expeditionen auf dem Augustaflusse enthalten darüber sehr wenig. Am oberen Laufe gehen

Männer häufig ganz nackt, Frauen tragen den bekannten, weitverbreiteten Faserschurz; das Haar wird bald lang, bald kurz getragen, letzteres meist von Frauen; Männer hatten häufig bis auf die Schultern reichende gedrehte Haarsträhne (»Gatessi«, wie in Bongu u. s. w.); keine Haarkörbchen. Alle Beobachter erwähnen, dass äusserst wenig Schmuck vorkam: »geflochtene Armringe, Halsketten, dann und wann ein halbmondförmiges Halsschild«. Bemalen in Roth, Schwarz (Trauer), Ockergelb und Grau war dagegen sehr beliebt, meist wurde jedoch nur das Gesicht (ockergelb oder grau) bemalt. Eine gute Abbildung Eingeborener vom Augustaflusse geben die »Nachrichten aus Kaiser Wilhelms-Land« (Heft I, 1892). Der Mann trägt eine Art verzierter Mütze, welche wohl aber aus seinem eigenen Kopfhaar gebildet wird; Nase nicht, Ohr etwas durchbohrt; um den Hals ein engschliessendes Band (keinen Brustschmuck); am linken Oberarm einige schmale Ringe (wohl geflochtene); um den Leib ein Band, vorne mit herabhängendem breiten Schamschurz (wohl Tapa). Die Frau ist mit dem üblichen Faserschurz bekleidet, der aus zwei Bündeln besteht, das vordere bis zu den Knieen, das hintere weiter herabhängend; am linken Oberarm ein tief einschneidendes Band; sehr eigenartig ist die Kopfbedeckung, welche im Aussehen an einen Schleier erinnert, der bis zur Hälfte des Rückens herabreicht, gemustert und unten in Fransen ausgezaust ist (und vermuthlich aus Tapa besteht). Ein gutes Bild eines Eingeborenen von Finschhafen, mit schmaler Tapaschambinde, Tapamütze, Halsstrick, Tragbeutel und Axt über die linke Schulter, und zwar meines Freundes, des grossen Häuptlings Makiri, geben die »Nachrichten über Kaiser Wilhelms-Land« (Heft II, 1889).

S. 94 [232]. Zu **Haarkämme.** Einen sehr eigenthümlichen Schmuck dieser Art, reich mit Federn verziert, bildet Wilkes von Fidschi ab (III, S. 335).

S. 97 [235]. Zu **Stirnbinde,** Taf. XIV [6], Fig. 11. Nach dem von Coote für die Salomons angegebenen Preise der Hundezähne würde dieses Stück, beiläufig bemerkt, einen Werth von 7600 Cocosnüssen haben, welche eine Tonne Copra (im Preise von 200—300 Mark) liefern. Auf den Salomons haben Halsbänder aus Hundezähnen nicht selten einen Werth von £. 20 (= 400 Mark).

S. 99 [237]. Zu **Nasenzier aus Eberhauern.** Dieselbe kommt viel weiter östlich vor, als ich annahm. Dr. Hollrung notirt diese Art Schmuck bei den Eingeborenen von Karkar (Dampier-Insel), die denselben (oder die Schweine selbst) vom Festlande eintauschen.

S. 99 [237]. Zu **Zierat in Nasenspitze.** Auf der Insel Ulaua (Salomons, zwischen S. Christoval und Malayta) sah Coote junge Mädchen, welche in der Nasenspitze einen Zierat aus Perlmutter, einen lang gebogenen Vogelhals mit Kopf darstellend, trugen. (»The Western Pacific«, S. 121 mit Abbild.)

S. 103 [241]. Zu **Halskette,** Nr. 504. Die *Helix*-Art »gehört zur Untergattung *Papuina* und ist vielleicht neu«. (v. Martens in lit.)

S. 103 [241]. Zu **Halsring aus Eberhauern,** Nr. 525. Auf den Salomons sind zwei Eberhauer als Armschmuck beliebt (Guppy).

S. 107 [245]. Zu **Armringe aus Trochus.** Im Leidener Museum auch von der Westküste Neu-Guineas, um so merkwürdiger daher das Fehlen an der Südostküste (s. S. [100]).

S. 113 [251]. Zu **Cannibalismus.** Die wissenschaftlichen Expeditionen der Neu-Guinea-Compagnie, welche wochenlang in dem Gebiete zwischen Juno-Insel und Cap Croisilles verweilten, haben von Cannibalismus nichts erfahren und wahrgenommen; Maclay war also jedenfalls falsch berichtet worden, wie dies Eingeborene so gern zu thun pflegen.

S. 113 [251]. Zu **Beschneidung.** Wird nach Hollrung in Finschhafen, aber nicht am Augustaflusse geübt.

S. 116 [254]. Zu **Grosse Signaltrommeln.** Vom oberen Laufe des Augustaflusses werden solche beschrieben, die an jedem Ende in eine schnabelförmige Verlängerung ausgehen und hier mit hübscher Schnitzerei (Köpfe von Crocodil, Vögeln etc.) verziert sind. Sie stimmen also am meisten mit den Trommeln überein, wie ich sie in Dallmannhafen sah (vgl. »Samoafahrten«, S. 308).

S. 117 [255]. Zu **Masken.** Sehr eigenthümliche Masken kommen am Augustaflusse vor, in Form eines Vogelkopfes mit ziemlich langem Schnabel, oben mit Thierfigur, anscheinend einen Vogel darstellend (vgl. Photographie in »Nachrichten über Kaiser Wilhelms-Land«, Heft I, 1892). Zunächst mit denen von Dallmannhafen verwandt. Sehr eigenthümlich scheinen nach der kurzen Notiz von Hollrung »die einem Helmvisir ähnelnden, aus Kaurimuschelgeflecht bestehenden Masken« bei Hatzfeldthafen, wo man den thurmartigen Aufbau nicht kennt (»Nachrichten über Kaiser Wilhelms-Land«, 1888, S. 231); hier auch Allerlei über Tanzaufführungen.

S. 117 [255]. Zu **Ahnenfiguren.** Die rohen Holzschnitzereien menschlicher Figuren, sogenannte »Götzen« (Kat. M. G., S. 120), von den Neu-Hebriden gehören ebenfalls in die Kategorie der »Ahnenfiguren«. Nach Eckardt (Taf. V, Fig. 2) sind diese Figuren, »die das Gedächtniss berühmter Vorfahren ehren«, zuweilen ausgehöhlt und dienen zugleich als Trommel. Coote beschreibt von St. Maria (Banks-Gruppe) grosse, aus Palmholz roh geschnitzte Menschenfiguren »als Andenken verstorbener Häuptlinge«.

S. 127 [265]. 91—93: *Nassa (callospira)* ist *N. callosa* var. *camelus.*

S. 127 [265]. 94: *Nassa* oder *Cassidula* ist *N. callospira.*

S. 127 [265]. 95: *Nassa vibex* ist *N. globosa* H. u. Jaqu.

S. 128 [266]. 152: *Cassidula* ist *Nassa callospira.*

S. 128 [266]. 159: *Dentalium* ist *D. elephantinum.*

(Zu »Annalen«, Bd. VIII, Heft 1, 1893, S. 1 [269]—106 [374].)

S. 1 [269]. Zu:

Dritte Abtheilung: Mikronesien (West-Oceanien).

S. 2 [270]. Zu: **Einleitung.**

S. 3 [271]. Zu **Schädelbildung.** Nach der flüchtigen Messung von 13 Köpfen lebender Sonsol-Männer kommt Kubary zu dem Schlusse, »dass diese Insulaner, als entschieden dolichocephal, sich von den mehr mesocephalen Einwohnern Pelaus[1]) und Yaps entfernen und den extra-dolichocephalen Centralcaroliniern oder sogar den Ponapeanern nähern« (Kubary: »Ethnol. Beitr.«, I, S. 87). So gelehrt diese Auslassung auch klingt, so hat sie doch keinen besonderen Werth, und man sieht, wie leicht es ist, aus etlichen Schädelmessungen anscheinend wichtige Schlüsse zu combiniren. Wenn Kubary (l. c.) von den Sonsolern noch sagt: »Eine typische Gesichtsform zu fixiren ist hier ebenso unmöglich wie auf den benachbarten Inseln der Centralcarolinen«, so ist dies jedenfalls richtig, nicht aber die Schlussfolgerung, »dass die Sonsoler Mischlinge

[1]) Der einzige Pelauer Schädel im Kat. M. G. (S. 665) ist als »brachycephal« bestimmt.

wie die übrigen Carolinier seien«, denn ähnliche Verhältnisse finden sich in der ganzen Südsee, und nirgends tritt ein »reiner Racentypus« constant auf.

S. 6 [274]. Zu **Betelessen.** Wie erwähnt, ist dieser Brauch in Mikronesien auf die westlichen Carolinen-Inseln beschränkt und deutet zunächst auf Melanesien hin, kann aber auch ebenso gut spontan entstanden sein. Die letztere Annahme scheint sogar die richtigere, denn bei einer genaueren Vergleichung ergeben sich sehr erhebliche Verschiedenheiten, sowohl in der Art, Betel zu essen, als in den benutzten Utensilien. »Der Kalk wird auf das Pfefferblatt (nicht »Arecablatt«) und die Betelnuss gestreut und so mit diesem gekaut (gegessen)« (Kat. M. G., S. 425: Pelau), also ähnlich wie dies in Neu-Britannien und Neu-Irland geschieht (vorne S. [21] und [54]). Es fehlen also die für den grössten Theil von Melanesien so unentbehrlichen und charakteristischen sogenannten »Kalklöffel«, von denen die Sammlung schöne Typen aufweist (vgl. Taf. [11]). Ferner werden im grössten Theil Melanesiens zum Aufbewahren des Betelkalkes Kalebassen verwendet (vorne S. [112], [165] und [202]), mit Ausnahme gewisser Gebiete der Salomons, wo auch Büchsen aus Bambu benutzt werden (vorne S. [66], Guppy: S. 95, Kat. M. G., S. 113, 114). In ähnlicher Weise geschieht dies auch auf den westlichen Carolinen, aber diese Bambukalkbehälter sind wesentlich verschieden, schon dadurch, dass sie ein Loch besitzen, zum Ausschütten des Kalkes. Diese zuweilen 1—2 M. langen Bamburohre zu Betelkalk, auf Pelau »Haus« genannt (wie der Kalk selbst), werden von Kubary ausführlich beschrieben (»Ethnol. Beitr.«, II, S. 198, Taf. XXIII, Fig. 24—29; auch: Journ. M. G., Heft IV, Taf. 4, Fig. 18). Ebenso hier die kunstvoll aus Schildpattringen verfertigten Pfropfen (»Tanet«) zum Verschliessen des Bamburohres, die eine charakteristische Eigenthümlichkeit Pelaus bilden (Kubary, l. c., S. 189, Taf. XXIII, Fig 2—4; Kat. M. G., S. 426, Nr. 690; Journ. M. G., Heft IV, Taf. 4, Fig. 1: Pelauaner mit einer Art Spazierstock[1]) in der Rechten, der aber ein Kalkbehälter ist).

S. 7 [275]. Zu **Hausrath und Kochgeräth.** Eine erschöpfende Darstellung der hieher gehörigen, zum Theil aber schon der Vergangenheit angehörenden Gegenstände Pelaus gibt Kubary in dem Abschnitt »Industrie der Hausstands-Geräthschaften« (»Ethnol. Beitr.«, II, S. 197—208, Taf. XXIV—XXVIII), die manche interessante, indess wenig eigenartige Formen nachweist. Unter den letzteren sind besonders bemerkenswerth »Anrichteschüsseln auf Füssen« (Taf. XXVI, Fig. 11—13), »Anrichtetisch« (Taf. XXVIII, Fig. 1), Speisekammern aus Bambustäben (ib. Fig. 10) und Hängevorrichtung (ib. Fig. 11), ähnlich unseren Kleiderhaken.

S. 8 [276]. Zu **Waffen und Wehr.** Herr Heger hatte die Güte, mich auf die Unrichtigkeit der folgenden Passage aufmerksam zu machen: »Ganz abweichend sind die zum Theil hübsch geschnitzten Keulen von Tonga, die sehr den neuseeländischen ähneln«, da die Maoris keine Keulen besassen, die mit den tonganischen verglichen werden könnten. Am häufigsten verbreitet waren die »Meri«, kurze Handkeulen meist aus Holz, Wallfischknochen, Stein oder Grünstein, wovon meine Sammlung von Gypsabgüssen von Maori-Antiquitäten aus Neu-Seeland (Bremen 1883) eine schöne Reihe von zwölf der hervorragendsten Exemplare aus den bedeutendsten Sammlungen Neu-Seelands enthält. »Tewatewa« waren eine eigenthümliche Art hölzerner Keulen, ein

[1]) Der im Kat. M. G. (S. 388, Nr. 3507) beschriebene Stock (vielleicht »Hoheitszeichen«) von Ulea ist nach Kubary ein solches Bamburohr zu Kalk von Pelau, das ein Eingeborener zum Spass ganz mit Schildpattringen (193 Stück) bekleidete. Obwohl Kubary bei der Anfertigung dieses Phantasiestückes zugegen war, behauptet Schmeltz (l. c., S. 190, Note), dass sich Kubary irre.

Stab, der oben in einen fahnenartigen Ansatz endete. »Huata« oder »Huni«, lange Stäbe, die oben in einen zungenförmigen, mit Schnitzerei verzierten Knauf endeten (Joest: »Tätowiren«, Taf. V, Fig. 5[1]), dienten wohl mehr als Hoheitszeichen, mögen aber auch beim Kampfe benutzt worden sein. Alle diese eigenthümlichen Waffen sind fast so gut als vollständig verschwunden. Bei Gelegenheit der grossen Maori-Versammlung aus dem sogenannten Kingscountry in Hamilton (im Juli 1881) waren fast alle Krieger mit Gewehren bewaffnet, und ich sah nur noch 3 Grünstein- und 6 Knochen-Meris in Händen Eingeborener. Huatas waren kaum in einem halben Dutzend vertreten, aber viele trugen gewöhnliche lange Knüppel als moderne Keulen.

S. 10 [278]. Zu **Eingelegte Arbeiten** in Muschelstücken auf Pelau gibt Kubary einige beachtenswerthe Notizen, auch hinsichtlich der Anfertigung. (»Ethnol. Beitr.«, II, S. 201 und 206, »Nrodhok«, Taf. XXVII, Fig. 1 und 2.)

S. 11 [279]. Zu **Töpferei.** Ueber dieses Gewerbe auf Pelau haben wir erst neuerdings durch Kubary (»Ethnol. Beitr.«, II, S. 199 und 200) erwünschte, aber nicht befriedigende Kunde erhalten. Der Betrieb war »seit undenklichen Zeiten« auf einige wenige Plätze[2]) der Insel Baobelthaob beschränkt und lag, wie überall, ausschliessend in Händen der Frauen. Die Technik scheint fast ganz mit der (vorne S. [164]) von mir von Teste-Insel beschriebenen übereinzustimmen, wenn darüber auch Zweifel bleiben, da ausser dem »Protok« (?) auch noch ein »steinerner ‚Beob' zum Pressen oder Klopfen« erwähnt wird. Wenn Töpferei (wie vorne S. [446] erwähnt) auch zunächst auf Melanesien hinweist, so scheinen die Erzeugnisse der pelau'schen Keramik doch keineswegs »aus der melanesischen Vorzeit« herzustammen, indem sie erheblich von den sonstigen melanesischen abweichen. Leider gibt Kubary keine Abbildung der »kreisrunden ‚Golisol'-Töpfe«, wie sie früher, oft in bedeutender Grösse, verfertigt wurden, und die wahrscheinlich den melanesischen kugelförmigen Töpfen (vgl. Finsch: »Ethnol. Atlas«, Taf. IV) am nächsten standen. Der von Kubary (Taf. XXIV, Fig. 12) abgebildete »alte« Topf (jetzt durch von Manilla eingeführte [Fig. 11] beinahe gänzlich verdrängt) weicht schon durch seine plane Bodenfläche total von melanesischen ab. Auch fehlen in Melanesien Schüsseln (S. 200, Fig. 9 und 10) fast ganz, Lampen (ib. Fig. 13—15) dagegen überhaupt, weshalb letztere also für Pelau eine besondere charakteristische Eigenthümlichkeit erlangen. Von Manilla eingeführte eiserne wie irdene Töpfe (»Apagay«) stellen übrigens den gänzlichen Verfall der Töpferei Pelaus leider in baldige Aussicht. Auf Yap, dem zweiten Centrum carolinischer Topffabrication, dürften ähnliche Verhältnisse herrschen. »Die Thongefässe werden aus freier Hand geformt und gebrannt, sind ziemlich flach, kunstlos und ohne Verzierung« ist Alles was Kubary über diese Materie sagt (Journ. M. G., Heft II, S. 19, Taf. IV, Fig. 12). Das hier abgebildete schüsselförmige Gefäss stimmt ganz mit solchen von Pelau (Kubary, Taf. XXIV, Fig. 10) überein. Der Kat. M. G. verzeichnet (S. 401, Nr. 426) nur zwei solche »Schüsseln« von Yap und von Pelau drei Thongefässe (S. 425, darunter einen »Thonkrug«!).

---

[1]) Die hier (S. 28 und 121) ausgesprochenen Sätze, »dass die Muster der Tätowirung immer den Ornamenten entsprechen, mit denen die betreffenden Leute auch die Gegenstände ihres täglichen Gebrauches, ihre Waffen, Geräthe u. s. w. verzieren« und »diese durchgehende Uebereinstimmung in den Schmuckmustern kann man bei allen tätowirenden Völkern der Erde beobachten« sind in Betreff der Südsee nur für Neu-Seeland und die Markesas giltig, im Uebrigen aber nicht zutreffend.

[2]) Die Namen derselben sind sehr abweichend geschrieben von denen auf der grossen Karte der »Palau-Inseln« (Journ. M. G., Heft IV, Taf. I), wie überhaupt die mannigfach wechselnde Schreibweise der Eingeborenennamen bei Kubary die Benutzung seiner Arbeiten recht erschwert.

S. 12 [280]. Zu **»Fé« oder Steingeld auf Yap.** Nach Kubary, der übrigens auch den vorstehenden Namen anwendet, heisst dasselbe auf Yap »Pulan« und ist infolge des regeren Schiffsverkehres häufiger und auch billiger geworden. Capitän Okeefe hat das Geschäft mit diesem Gelde insoferne in Händen, als er die Ueberfahrt besorgt, so dass die Eingeborenen ihre beschwerlichen und gefährlichen Canureisen ganz aufgegeben haben. Kubary fuhr 1882 mit einem Schuner von Yap nach Pelau, der 62 Eingeborene der ersteren Insel als Passagiere an Bord hatte, und fand hier (auf Koryor) 400 Yaper mit Steingeldbrechen beschäftigt. Leider vergisst Kubary die Hauptsache mitzutheilen, nämlich welcher Werkzeuge sich die Eingeborenen dabei bedienen, denn Stücke von 2—3 Faden (18 Fuss Durchmesser) zu bearbeiten, ist am Ende selbst für unsere Steinbrecher immerhin eine schwierige Arbeit (vgl. Kubary: »Ethnol. Beitr.«, I, S. 3).

S. 13 [281]. Zu **Menschenhaar.** Wird auch auf Sonsol (westlichste Carolinen) zu Schnüren (»Eunisun«) geflochten, die »als Hals-, Leib-, Arm- und Fuss- oder Knöchelbänder dienen« (Kubary, »Ethnol. Beitr.«, I, S. 92).

S. 18 [286]. Kubary bestätigt, dass der hier citirte Brustschmuck (Kat. M. G., S. 414, Nr. 1627) aus einer *Tridacna*-Platte keinesfalls von Pelau herstammt.

S. 19 [287]. Zu: **I. Gilbert-Archipel.**

S. 20 [288] Note und (50 [318]). Zu **Banaba** (Ocean Isl.). In der von mir hier citirten Abhandlung habe ich auf Grund der Zählungen von Capitän Breckwoldt die Bevölkerung der Insel 1880 im Ganzen auf 35 Köpfe angegeben, infolge Auswanderung wegen Hungersnoth. Die Missionsberichte verzeichnen aber für 1888 wieder 300, für 1891 sogar 400 Einwohner, so dass eine wesentliche Zunahme, wahrscheinlich durch Importation, stattgefunden hat.

S. 22 [290]. Zu **Bevölkerung der Gilbert-Inseln.** Die neuesten Missionsberichte (von 1892) verzeichnen für den Gilbert-Archipel circa 20.000 Bewohner; für Tapiteuea sind 4000 angegeben, gegen 1878 ein Minus von 538 Eingeborenen.

S. 24 [292]. Zu **Mission.** Die »Hawaiian Evangelical Association« hat seit 1885 auch auf Banaba (Ocean Isl.), seit 1887 auf Nauru (Nawodo, Onawero, Pleasant Isl.) Stationen mit eingeborenen Lehrern, die bis 1892 auf ersterer Insel 87 Kirchenmitglieder und 25 Schüler, auf letzterer 350 Schüler zählten. Im Uebrigen verzeichnen die »Annual Reports« dieser Gesellschaft, welche ich bis 1892 einsah, nicht stetiges Fortschreiten, sondern ein Schwanken in der Statistik der Kirchenbesucher und sogenannten Schüler, die zum Theil identisch sind, wie dies allenthalben der Fall ist. So haben die Schulen zeitweilig kaum Besucher, es wird über Trunkenheit und »heathinism« geklagt, sowie über die Proselytenmacherei der katholischen Missionäre. Der letzte Jahresbericht für 1891 weist für den Gilbert-Archipel mit Banaba und Nawodo (mit einer Gesammtbevölkerung von 24.000 Seelen) 2100 Kirchenbesucher und 1350 Schüler nach, unter 16 eingeborenen, meist hawaiischen Katechisten. Sehr beachtenswerth und zutreffend sind die Beobachtungen und Betrachtungen über das Missionswerk in der Südsee im Allgemeinen von Lord Pembroke (»South Sea Bubbles«, S. 168, 203 und »Chapter X Missionaries« pag. 277—318), deren Richtigkeit ich nach eigenen Erfahrungen bestätigen kann.

S. 34 [302]. Zu **»Drachensteigen«.** Dieses Spiel war früher (noch in den Dreissigerjahren) bei den Maoris auf Neuseeland ausserordentlich beliebt. Die Drachen ähnelten in der Form den japanischen Papierdrachen und wurden aus Tapa von *Broussonetia papyrifera* (die man eigens cultivirte) verfertigt, eine andere Art aus Schilfblättern. Selbst Häuptlinge belustigten sich oft stundenlang mit Drachensteigen, wobei eigene Weisen gesungen wurden. (Colenso in: Trans. et Proceed. of the New Zealand Institute«, 1891, S. 465.)

S. 34 [302]. Zu **Sport**. Ueber Zähmen des Fregattvogels auf Nui oder Eeg-Island (Netherland Isl.) der Ellice-Gruppe findet sich eine interessante Notiz im Kat. M. G., IV (1869), S. XIII: »die Eingeborenen zähmen einzelne Seevögel, so z. B. *Tachypetes aquila*, die vor den Hütten der Insulaner auf Stangen sitzen und aufs Meer fliegen, um ihre Nahrung zu suchen, stets aber wieder auf die Insel und ihre Stangen zurückkehren.« Wie es scheint eine Art Sport, der aber interessanten Nachweis über die Zähmbarkeit eines Meeresvogels gibt, die nicht einmal auf Nawodo erreicht wird. Leider erfahren wir nichts über die Fangmethode selbst.

S. 37 [305] Anm. 1. Zu **Nawodo**. In den hawaiischen Missionsberichten wird die Insel auch unter den Namen »Nanaro« (= Nauru) und »Anawaro« (= Onawero) aufgeführt, die Bevölkerungszahl 1888 mit 1500, 1891, jedenfalls viel zu hoch, mit 3500 Seelen.

S. 50 [318]. Zu **Palmsaft**. Die Bewohner der westlichsten Caroleninsel Sonsol, die früher wohl Arrowroot *(Tacca pinnitifida)*, aber keinen Taro bauten, nähren sich hauptsächlich von Palmsaft (»Kasi«), verstehen aber keinen berauschenden sauren Toddy zu bereiten, was dafür spricht, dass diese Kunst auf den Gilberts erst durch Weisse eingeführt wurde (vgl. S. 26 [294]).

S. 51 [319]. Zu **Palmsyrup**. Auf Pelau wird der Palmsaft in eisernen Töpfen zu Syrup eingekocht, der »Aylaoth« heisst. Mit Wasser verdünnt, liefert er das »Blulok« (früher von Kubary »Ailing«) genannte Getränk, welches ganz der »Karave« der Gilbert-Insulaner entspricht und im Leben der Pelauer eine noch bedeutendere Rolle spielt als bei den Gilberts (vgl. Kubary: »Ethnol. Beitr.«, II, S. 172). »Aus dem Umstande, dass das pelausche Kar- (Syrup-) Trinken dem ponapschen ‚Joko'- (Kawa-) Trinken entsprechen dürfte, könnte man annehmen, dass Joko-Trinker nach Pelau gelangten und, den *Piper methysticum* nicht anfindend, ihr Nationalgetränk durch Palmsyrup ersetzten«, lautet die kühne und phantastische Hypothese, in welcher sich Kubary wieder einmal bemüht, die Bewohner Pelaus direct von Ponapé herkommen zu lassen (in Joest: »Tätowiren«, S. 93).

S. 52 [320]. Zu **»Mongintrinken«**. Ein ähnliches berauschendes Getränk bereiten die Bewohner der Gesellschafts-Inseln aus wilden Orangen, in welchen von beiden Geschlechtern wochenlange Trinkgelage abgehalten werden, die häufig mit Mord und Todtschlag enden (»South Sea Bubbles«, S. 104: Raietea; leider ohne Beschreibung der Fabrication). Nach derselben Quelle (S. 204) erfanden auch die Samoaner »Orange rum«, als Ersatz für die durch die Missionäre verbotene Kawa.

S. 53 [321]. Zu **Vogelleim**. Nach Kubary wird der Vogelfang mittelst Leimruthen von Knaben auf Pelau betrieben und als Vogelleim der an der Luft verdickte Saft des Brotfruchtbaumes benutzt (»Ethnol. Beitr.«, II, S. 122). Auch die Maoris verwendeten Vogelleim.

S. 53 [321]. Zu **Fischerei**. Ich erhielt auf den Gilberts einige Male sogenannte Scheeren oder Raubfüsse eines Krebses der Gattung *Squilla*, deren Verwendung unaufgelöst blieb, die aber vielleicht in ähnlicher Weise zum Fange dieser Krebse dienen als wie auf Pelau (vgl. Kubary: »Ethnol. Beitr.«, II, S. 152, Taf. XXI, Fig. 9.)

S. 59 [327]. Zu **»Alla«, Schöpfkellen**. Durchaus übereinstimmende, die ebenfalls zum Abschäumen beim Syrupkochen verwendet werden, beschreibt Kubary von Pelau (»Ethnol. Beitr.«, II, S. 206, Taf. XXVIII, Fig. 5).

S. 62 [330]. **Ovula-Muscheln** als Ausputz der Häuser werden in ähnlicher Weise auch auf Yap verwendet (vgl. Kubary: »Ethnol. Beitr.«, I, S. 33 u. 38, und die von Schmeltz gemachte Anmerkung über die weite Verbreitung dieser Muschelart zu Verzierungen in der Südsee und dem malayischen Archipel).

S. 64 [332]. Zu **»Kopfunterlage«**. Auf Samoa benutzt man solche von Bambu: »South Sea Bubbles«, S. 218 (und Kat. M. G., S. 218, Nr. 1283, »Nackenkissen«).

S. 64 [332] Anm. Zu **»Fliegenwedel«**. Nach Lord Pembroke sind dieselben keineswegs »Hoheitszeichen«, sondern werden von Jedermann zur Abwehr der so lästigen Musquitos benutzt und gehören zum charakteristischen Ausputz der Bewohner, wie Regenschirme bei uns (»South Sea Bubbles«, S. 219).

S. 73 [341]. Zu **Matten für Schwangere von Nawodo.** Interessant ist der Nachweis eines ähnlichen Brauches auf Pelau. »Schwangere Frauen tragen auf dem Nabel kleine viereckige Matten mit kleinen Perlmutterschalen belegt, die, auch als Opfermatten gewissen Gottheiten gewidmet, bei Krankheiten in den Bäumen oder sonst wo aufgehangen werden« (Kubary: »Ethnol. Beitr.«, II, S. 211).

S. 74 [342]. Zu **Mützen** (Gilberts). Ganz verschieden sind die aus *Pandanus*-Blatt geflochtenen Mützen (Kapiwau) der Bewohner der westlichsten Carolineninsel Sonsol, mit denen uns Kubary neuerdings bekannt machte (»Ethnol. Beitr.«, I, S. 91, Taf. XII, Fig. 5).

S. 75 [343]. Zu **Tekaroro.** Scheibchen aus Cocosnussschale. Die ganz kleinen (von circa 3 Mm. Durchmesser) sind möglicherweise aus Mangroverinde gearbeitet, wie die »Tschia«-Scheibchen der Central-Carolinen (vgl. vorne S. [595] und »Pellä«-Scheibchen, S. [625]). Dagegen hat mich eine wiederholte genaue Untersuchung überzeugt, dass die angeblich aus »Holz der Cocospalme« bestehenden Scheibchen (auch S. 88 [356], Z. 3 v. o. als solche erwähnt) nicht aus diesem Material bestehen, sondern dass es sich auch hier um Cocosnussschale handelt. Die betreffenden Scheibchen, deren Beschreibung ich hier nachhole, sind so gross als Fig. 4, Taf. 25, also etwas grösser als die Taf. 24, Fig. 1 *b*, von Maraki abgebildeten, dabei durchgehends dicker (1½, bis fast 4 Mm.) und sehr regelmässig gearbeitet, auch in Bezug auf das sehr enge Bohrloch. Das Aufreihen auf die anscheinend weit dickere Cocosfaserschnur ist schwierig und erfordert viel Geduld und Zeit. Die Scheibchen haben vorherrschend eine dunkle Färbung, es gibt aber auch hellgraulich oder bräunlich gefärbte, so dass aufgereiht die dunklen Scheibchen hie und da von helleren unterbrochen werden. Solche »Tekaroro«-Schnüre sind beliebt als Halsketten und Gürtel für Frauen und ein billigerer Ersatz der mit weissen Muschelscheibchen gemischten Schnüre. Ich erhielt solche einfache Tekaroro-Schnüre auf Tarowa, Apaiang und Maiana.

S. 81 [349]. Zu **Halsketten aus Tekaroro-Schnüren.** Hierher gehören Kat. M. G. (S. 256, Nr. 792, 510, 511 und 793) und Schnüre aus weissen Muschelscheibchen (N. 790 und 791).

S. 82 [350]. Zu **»Touba«, Halsketten aus Muschelscheiben.** Hierher gehören Kat. M. G. (S. 257, Nr. 1723 und 3183) und aus Platten von *Conus lividus* (Nr. 787).

S. 86 [354]. Zu **Halsschmuck aus Spermwalzahn**, Taf. [23], Fig. 4. Solcher Schmuck war auch auf Samoa hochgeschätzt und wird von Lord Pembroke im Ausputz einer »Ehrenjungfrau« sehr charakteristisch beschrieben: »sie trug Diamanten, d. h. die gleichwerthigen Repräsentanten von Diamanten in diesem Theile der Welt — ein Halsband von Spermwalzähnen, so dünn geschliffen, dass sie aussahen als wie die Klauen eines gigantischen Tigers — ein Halsband von fast unschätzbarem Werthe« (»South Sea Bubbles«, S. 227).

S. 87 [355]. Zu **Armschmuck aus Tekaroro-Schnüren.** Hierher gehört Kat. M. G. (S. 257, Nr. 798), zugleich auch als Tanzschmuck (S. 258, Nr. 799 und 1181: Nukunau).

(Zu Heft 2, 1893, S. 119 [375]—275 [531]).

S. 119 [375]. Zu: **II. Marshall-Archipel.**

S. 123 [379]. Zu **Bevölkerung** (Marshall-Inseln). Im letzten Jahresberichte der hawaiischen Missionsgesellschaft wird die Gesammtzahl der Eingeborenen (übrigens nicht nach Zählung, sondern nur nach Schätzung) auf 11.496 angegeben, davon unter Anderem Arno mit 2800, Ebon mit 1200, Dschalut mit 1200, Madschuru mit 2500.

S. 124 [380]. Zu **Mission** (Marshall-Inseln). Der Jahresbericht von 1888 bezeichnet »die Kirche als anscheinend gestärkt und in gesunder Entwicklung ihrer Mitglieder«; von letzteren werden 640 angeführt, ausserdem 435 Schüler, unter 5 eingeborenen Pastoren und 12 Lehrern (Marshallaner) auf 10 Stationen (bei einer Gesammtbevölkerung von über 11.000). Seit diesem Jahre enthalten die Berichte keine weiteren Daten über die Marshall-Mission, die, unter eingeborenen Lehrern sich selbst überlassen, sicherlich keine Fortschritte machte. Zeitungsnachrichten (vom April 1893) zufolge hat der deutsche Reichscommissär die Lehrer der hawaiischen Mission ganz ausgewiesen. Deutsche Sendboten, darunter auch katholische, werden das Werk also fortsetzen und so ziemlich wieder von vorne anzufangen haben.

S. 125 [381], Anm. 1. Zu **Marshall-Inseln.** In derselben Sprache erschien: »Jeograpi Buk in Katak kin Lol«, Ebon, Mission Press, 1877 (87 S. in 4°), eine Geographie, mit Karten und zum Theil höchst possirlichen Bildern.

S. 135 [391]. Zu **Tänze.** Auch Lord Pembroke deutet an, dass die Tanzaufführungen der Mädchen auf Samoa zum Theil nicht sehr decent sind (vgl. auch S. 9 [277]) und beschreibt den eigenthümlichen »Taubentanz« (»South Sea Bubbles«, S. 235).

S. 147 [403]. **Fischhaken** (Nr. 151) zum Fange fliegender Fische in ähnlicher Form, aber aus Schildpatt, beschreibt Kubary von Pelau (»Ethnol. Beitr.«, II, S. 126, Taf. XVII, Fig. 2).

S. 148 [404]. Zu **Fischfang.** Das Einkreisen von Fischschwärmen beschreibt Lord Pembroke in fast gleicher Weise von den Gesellschafts-Inseln (»South Sea Bubbles«, S. 59: Eimeo und S. 106: Raietea) und Kubary von Pelau. Hier bedient man sich ebenfalls langer Stricke, an denen Cocosblätter befestigt sind, die »Rul« heissen und welche Kubary als die »einfachste Form der Langnetze« bezeichnet (»Ethnol. Beitr.«, II, S. 135), obwohl von einem Netze hierbei überhaupt nicht die Rede sein kann.

S. 149 [405]. Zu **Feuerreiben.** Ganz in derselben Weise sah Lord Pembroke noch 1870 auf den Gesellschafts-Inseln (Huaheine) mit zwei Stücken Holz Feuer reiben (»South Sea Bubbles«, S. 83) wie dies auch auf Samoa geschah. Dr. Gräffe erzählt eine hübsche Sage, wie die Samoaner zu der Kunst des Feuerreibens gelangten (in: »Mittheil. der Geogr. Gesellschaft in Hamburg«, 1887—1888, Heft, I, S. 69).

S. 153 [409]. Zu **Kopfkissen.** Auch auf Yap wird der unterste Längsbalken des Hauses als gemeinschaftliche Kopfunterlage benutzt (Kubary: »Ethnol. Beitr.«, I, S. 34).

S. 158 [414]. Zu **Taudrehen.** »Eine sehr einfache, aber praktische Vorrichtung (‚Purgetagun' genannt) zum Drehen von Fischleinen« aus *Hibiscus*-Bast erwähnt Kubary von Sonsol (»Ethnol. Beitr.«, I, S. 96), dessen Handhabung aber trotz der Abbildung (Taf. XII, Fig. 10) nicht ganz klar ist. Ganz gleiche Geräthe kommen nach Schmeltz vielerorts im malayischen Archipel vor. Kubary gedenkt von Sonsol auch sehr schöner Taue für Fahrzeuge (l. c., S. 97) und bezeichnet die Bewohner von Pelau und Nukuor als die besten Tauedreher des Carolinen-Archipels (l. c., I., S. 65).

S. 176 [432]. Zu **Kopfbinde zu Columbella versicolor.** Das einzige im Kat. M. G. (S. 255, Nr. 583) verzeichnete Schmuckstück aus dem Marshall-Archipel, eine »Stirnbinde«, gehört hierher.

S. 176 [432]. Zu **Tropikvogelfedern.** Die zwei mittelsten rothen Schwanzfedern von *Phaëton rubricauda* waren auch bei den alten Hawaiiern und auf anderen polynesischen Inseln (z. B. Tahiti, Mangaia etc.) als Schmuckmaterial hochgeschätzt. Die Eingeborenen der Gesellschafts-Inseln verschafften sich dasselbe von dem Tubai-Atoll, wo Tropikvögel in grosser Anzahl nisten, in sehr einfacher Weise, indem sie den brütenden Vögeln die Federn auszogen. »They sat and croaked, and pecked, and bit, but never attempted to fly away. All you had to do was to take the birds up, pull the long red feathers out of their sterns and set them adrift again,« sagt Lord Pembroke (»South Sea Bubbles«, S. 151), der diesen interessanten Brüteplatz 1870 besuchte. Ich erwähne diese Notiz deshalb, weil auf den Marshall-Inseln früher höchst wahrscheinlich ganz gleiche Verhältnisse herrschten. Der einzige Brüteplatz für Tropikvögel scheint hier das unbewohnte Atoll Bigar zu sein, wohin die Eingeborenen alljährlich Fahrten unternehmen, um Seevögel und Schildkröten zu holen. Dabei wurden auch Federn von Tropikvögeln jedenfalls in derselben Weise als auf Tubai gesammelt, denn die Eingeborenen besassen ja überhaupt kein anderes Mittel, um diese sonst so scheuen Meeresvögel zu erlangen.

S. 178 [434]. Zu **»Wondinemit«.** Unter dem Namen »Reva-reva« auch in Polynesien ein beliebtes und weit verbreitetes Schmuckmaterial (vgl. »South Sea Bubbles«, S. 11: Tahiti, und S. 111: Raietea).

S. 181 [437]. Zu **»Ethnologische Schlussbetrachtung«.** Unter den Charakteristica, welche Dr. Benda (»Zeitschr. f. Ethnol.«, 1880, S. 111) für die Eingeborenen der Marshall-Inseln notirt, sind folgende Stellen durchaus unrichtig: »Augen blaubraun, Extremitäten kunstvoll tatuirt, carrirte Muster, Arm- und Beinspangen (!) aus Muscheln gearbeitet (!), Keulen (!), kunstvoll gewölbte, luftige, reinlich aussehende Hütten, Nahrung: Jams und Taro,« und nur zu sehr geeignet, das im Uebrigen zutreffende Bild der hiesigen Eingeborenen grundlos zu entstellen.

S. 182 [438]. Zu: III. Carolinen.

S. 190 [446]. Zu **»Textilarbeiten der Maoris«.** Der Anfertigung von Matten aus Flachsfaser hatte ich in Neu-Seeland noch selbst Gelegenheit zuzusehen. Die Bereitung der *Phormium*-Faser geschieht in ganz ähnlicher Weise als die der Banane auf Kuschai (s. vorne S. [473]) durch Maceriren, Klopfen und Schaben mit einer Muschel. Die präparirte Faser wird dann (wie auf Kuschai) auf dem entblössten Oberschenkel mit der flachen Hand zu Faden gedreht. Zur Anfertigung der Matten bediente man sich keiner Werkzeuge, sondern nur der Finger, und zwar mit ausserordentlicher Geschicklichkeit in einer Technik, die am meisten an Knüpfen erinnerte. Nach Versicherung der Eingeborenen verstehen nur noch alte Frauen Matten zu verfertigen, und diese Kunst ist der gegenwärtigen Generation bereits gänzlich verloren gegangen. Ich selbst sah auf Neu-Seeland daher keine eigentliche Weberei, die aber möglicherweise früher bekannt gewesen sein mag. Wenigstens wird sie von Colenso, dessen Erinnerungen bis zum Jahre 1838 zurückreichen, erwähnt (»Trans. et Proceed. of the New Zealand Institute«, 1892, S. 463), der dabei aber allerdings weder den Webeprocess, noch die Geräthschaften beschreibt, also auch keinen Webe- oder Kettenstuhl.

S. 190 [446]. Anm. 2. »**Bogen und Pfeil**« von Pelau beschreibt Kubary ausführlich in »Ethnographische Beiträge zur Kenntniss des Carolinen-Archipels«, II. Heft: »Die Industrie der Pelau-Insulaner«, I. Theil (1892), S. 118, Taf. XVI, Fig. 1 u. 2. Aber diese nur zur Jagd auf Tauben *(Carpophaga oceanica)* benutzte Waffe ist so selten, dass Kubary zwei Jahre auf Korror lebte, ehe er eine solche zu sehen bekam, und »auf der nördlichen Insel sind nur wenige Familien im Besitze eines Bogens«. Das von »Manila-Leuten eingeführte« Blaserohr ist im oben citirten Werke dargestellt (S. 122, Taf. XVI, Fig. 11 u. 12). Zu den eigenthümlichen Waffen der Carolinen gehörte auch (auf Ruk und Pelau) eine Art Wurfstock zum Schleudern der Speere, den Kubary leider nur erwähnt, aber nicht beschreibt (vgl. S. 313 [551]). Das Vorkommen von Pfeil und Bogen auf Pelau wird bereits von Jacquinot erwähnt, wie Schmeltz anführt (Kat. M. G., S. 421), von demselben zugleich aber eine Stelle aus Lesson citirt (ib. S. 486), wonach dieser Forscher sagt: »Wir fanden in den Carolinen weder Bogen noch Pfeile.«

S. 193 [449]. Zu: *1. Kuschai.*

S. 196 [452]. Zu **Bevölkerung und Mission.** Die letzten Jahresberichte der hawaiischen Mission geben sehr schwankende Zahlen:

	Bevölkerung	Schüler	Kirchenmitglieder
1888	350	50	117
1889	350	—	—
1890	80	30	20
1891	125	45	95

Ausser der »Training-school«, Schule zur Ausbildung von eingeborenen Missionslehrern für die Marshall-Insulaner, sind auch die für die Bewohner der Gilberts und Ponapé nach Kuschai verlegt worden.

S. 201 [457]. Zu den von Kittlitz erwähnten »heiligen Stäben«, deren Klarstellung für immer unmöglich ist, findet sich ein Analogon auf Rarotonga. Lord Pembroke erhielt hier (1870) »An ancient sacred staff (the owner having retired from the pagan business and entered the ministry) Unique alas!«, denn auch dieses für die Wissenschaft so unschätzbare Stück ging beim Schiffbruch des »Albatross« leider verloren (»South Sea Bubbles«, S. 195).

S. 202 [458]. Zu **Nahrung.** Auch hier herrscht nicht immer Ueberfluss, sondern zuweilen kann Mangel, ja sogar Hungersnoth eintreten, wie nach dem ungeheuren Orkan am 2. und 3. März 1891, der schreckliche Verheerungen anrichtete und fast alle Häuser und Plantagen verwüstete.

S. 204 [460]. Zu **Kawatrinken.** Das Ceremoniell, welches früher auf Samoa beobachtet wurde, und die Wirkung dieses Trankes beschreibt Lord Pembroke ausführlich (»South Sea Bubbles«, S. 204 u. 224—231). Wie überall wurde der höchsten Persönlichkeit zuerst credenzt und wie auf Fidschi hatte ein besonderer Mundschenk gewisse Trinksprüche auszubringen, die Lütke auf Kuschai irrthümlich als Gebete deutete.

S. 222 [478]. Zu **Sternkunde.** Eine ganz ähnliche Parallele bietet die westlichste Carolinen-Insel Sonsol, deren Bewohner zwar seefähige Canus besitzen, aber keine Seereisen unternehmen, obwohl sie eine bedeutende Anzahl Gestirne kennen, von denen Kubary 17 mit eingeborenen Namen aufführt (»Ethnogr. Beitr.«, I, S. 94). Im Widerspruch zu den obigen Notizen bezeichnet Kubary (l. c., S. 97) die Sonsoler »als sehr geschickte Seefahrer« und »ihre Fahrzeuge genügen für die Reise nach Bur (Pulu Ana) und Megiek (Merir)«, was freilich nicht viel bedeuten würde, da es sich nur um Distanzen von kaum 60 Seemeilen handelt.

S. 226 [482]. Zu »**Fai**« **oder Perlmutterschalen.** Dieselben spielen auch auf Yap unter dem Namen »Sar« (Maclay; »Yar« Kubary) eine bedeutende Rolle und dienen, am Rande durchbohrt und auf Schnüre gezogen, im Kleinverkehre als gangbares Tauschmittel, hauptsächlich als »Geld der Frauen« (Kubary). Da Perlschalen auf Yap selten sind, so wurden, wie schon v. Miklucho-Maclay mittheilte, seit vielen Jahren solche durch weisse Händler von Singapore eingeführt (vgl. auch Kubary: »*Ethnogr.* Beitr.«, I, S. 6). Ueber die Verwendung von Perlschalen auf Pelau vgl. Kubary, l. c., II. S. 195, 196, Taf. XXIV, wobei bemerkt sein mag, dass der Fig. 7 abgebildete *Löffel* sicher nicht aus »*Avicula*«-Schale geschnitten ist.

S. 228 [484]. Zu »**Ga**«, **Halsschmuck aus Schildpatt.** In diese Kategorie eigenartigen Schmuckes gehört auch der Halsschmuck von Merir (Kubary: »Ethnogr. Beitr.«, I, S. 101, Taf. XII, Fig. 14).

Inhaltsverzeichniss.

Dritte Abtheilung: Mikronesien (West-Oceanien).

		Seite
Vorwort	[269]	1
Einleitung	[270]	2
Anthropologischer Ueberblick	[270]	2
Mikronesien als Gebiet	[272]	4
Ethnologischer Ueberblick	[272]	4
Allgemeine Züge	[272]	4
Subprovinzen	[273]	5
Sitten und Gebräuche	[273]	5
Cannibalismus	[273]	5
Ernährung	[273]	5
Hausthiere	[273]	5
Nahrung und Reizmittel	[274]	6
Fischerei	[274]	6
Fahrzeuge	[274]	6
Häuser	[274]	6
Hausrath und Kochgeräth	[275]	7
Feuer	[275]	7
Werkzeuge und Geräth	[275]	7
Waffen und Wehr	[276]	8
Musik und Tanzgeräth	[276]	8
Ornamentik und Schnitzerei	[277]	9
Idole	[278]	10
Religion	[278]	10
Gewerbfleiss	[278]	10
Mattenflechterei	[278]	10
Weberei und Tapabereitung	[279]	11
Töpferei	[279]	11
Bekleidung	[279]	11
Putz und Zierraten	[280]	12
Hautverzierung	[281]	13
Tätowiren	[281]	13
in Melanesien	[281]	13
» Polynesien	[282]	14
» Ellice	[282]	14
» Tockelau	[282]	14
» Samoa	[282]	14
» Niuë	[282]	14
» Rarotonga	[282]	14
» Paumotu	[282]	14
» Hawaii	[283]	15
» Rapanui	[283]	15
» Njua	[283]	15
» Sikayana	[283]	15
» Markesas	[283]	15
» Neu-Seeland	[283]	15
Ziernarben	[284]	16
Bemalen	[284]	16
Haartracht und Kopfputz	[284]	16
Ohrputz	[285]	17
Nasenschmuck	[285]	17
Hals- und Brustschmuck	[285]	17
Armschmuck	[286]	18
Leibschmuck	[286]	18
Beinschmuck	[287]	19
Trauerschmuck	[287]	19
I. Gilbert-Archipel.	[287]	19
Einleitung	[287]	19
Entdecker	[287]	19
Zur Literatur	[287]	19
Geographischer Ueberblick	[288]	20
Flora	[288]	20
Fauna	[289]	21
Areal und Bevölkerung	[290]	22
»Labortrade«	[290]	22
Handel	[291]	23
Mission	[291]	23
Schutzherrschaft	[292]	24
I. Eingeborene	[292]	24
Acusseres	[292]	24
Sprache	[293]	25
Herkunft	[293]	25
Charakter und Moral	[293]	25
II. Sitten und Gebräuche (Sociales und geistiges Leben)	[296]	28
1. Sociale Zustände	[296]	28
Häuptlinge	[296]	28
Stände	[297]	29
Namentausch	[297]	29
Bruderschaft	[297]	29
Begrüssung	[297]	29
Tauschmittel	[297]	29
Verbot (Tabu)	[297]	29
2. Stellung der Frauen	[298]	30
Arbeitstheilung	[298]	30
Behandlung	[298]	30
Mädchen	[298]	30
Ehe	[298]	30
Schwangerschaft	[299]	31
Geburt	[299]	31

	Seite	
3. Vergnügungen	[299]	31
Gesang	[300]	32
Tänze	[300]	32
Tanzschmuck	[301]	33
Spiele	[302]	34
Sport	[302]	34
(Vogelfang: Nawodo)	[302]	34
4. Fehden und Krieg	[303]	35
Glaubenskriege	[304]	36
5. Waffen und Wehr	[305]	37
Haifischzähne	[305]	37
a. Speere und Lanzen	[306]	38
b. Handwaffen	[309]	41
c. Schlagstein	[311]	43
d. Wehr (Rüstung)	[311]	43
e. Kriegsbauten	[313]	45
Wachthäuser	[313]	45
6. Bestattung und Schädelverehrung	[313]	45
Gräber	[314]	46
Schädelverwahren (Ahnencultus)	[315]	47
7. Geister- und Aberglauben	[315]	47
Gottheiten?	[316]	48
Weissager	[316]	48
Steinfetische	[316]	48
Krankheitbesprechen	[317]	49
III. Bedürfnisse und Arbeiten (Materielles und wirthschaftliches Leben)	[317]	49
1. Ernährung und Kost	[317]	49
a. Pflanzenkost	[318]	50
Pandanus	[318]	50
Cocosnuss	[319]	51
Palmsaft	[319]	51
Palmsyrup	[319]	51
Palmschnaps	[320]	52
Tabak	[320]	52
Brotfrucht	[320]	52
Taro	[320]	52
b. Fleischkost	[321]	53
2. Fischerei und Geräth	[321]	53
Netzfischerei	[321]	54
Hakenfischerei	[322]	54
(Haifischhaken, Ellice)	[322]	54
(Fischhaken, Banaba)	[323]	55
Riffischerei	[323]	55
Sonstige Fischereigeräthe	[324]	56
Schalthiere	[325]	57
3. Zubereitung und Geräth	[325]	57
Rösten	[325]	57
Rohessen	[325]	57
Haifischconserve	[325]	57
Küchengeräth	[326]	58
Feuerreiben	[326]	58
Siebe	[326]	58
Schaber	[326]	58
Stampfer	[326]	58
Essgeräthe	[327]	59
Schüsseln, Näpfe	[327]	59
Löffel, Schöpfer	[327]	59
Wassergefässe	[328]	60
Lampen	[328]	60
4. Wohnstätten	[328]	60
Siedelungen	[328]	60
Häuser	[328]	60
Bauart	[328]	60
Pfahlhäuser	[329]	61
Gemeindehäuser	[330]	62
Wasserbauten	[331]	63
5. Hausrath	[331]	63
Schlafmatten	[331]	63
Handbesen	[332]	64
(Fliegenwedel, Samoa)	[332]	64
Kopfunterlagen	[332]	64
Körbe	[332]	64
Frauenkörbchen	[333]	65
6. Werkzeug	[333]	65
Aexte	[333]	65
Hammer	[334]	66
Raspeln	[334]	66
Pfriemen	[334]	66
7. Mattenflechten und Geräth	[334]	66
Seilerei	[335]	67
8. Fahrzeuge und Verkehr	[335]	67
Bauart	[335]	67
Vergleichung	[337]	69
Paddel	[338]	70
Seeverkehr	[339]	71
Verschlagen	[339]	71
9. Körperhülle und Putz	[340]	72
A. Bekleidung	[340]	72
Für Männer	[340]	72
» Frauen	[341]	73
Kopfbedeckung	[342]	74
B. Putz und Zieraten	[342]	74
a. Material	[342]	74
Muschelschnüre (Tekaroro)	[343]	75
b. Hautverzierung	[344]	76
Brandmale	[344]	76
Tätowirung	[345]	77
Tätowirgeräth	[347]	79
c. Frisuren und Haarputz	[347]	79
d. Kopfputz	[348]	80
e. Ohrputz	[348]	80
f. Hals- und Brustschmuck	[348]	80
Haarschnüre	[348]	80
Halskragen	[349]	81
Halsketten	[349]	81
» aus *Spondylus*	[350]	82
» » Delphin-	[352]	84
» » Spermwal-	[353]	85
» » Menschenzähnen	[355]	87

Seite

(Schnitzerei, Fidschi) . . . [354] 86
g. Armschmuck . . . . . . [355] 87
h. Leibschmuck . . . . . . [355] 87
i. Beinschmuck . . . . . . [356] 88
Ethnologische Schlussbetrachtung . . . . [356] 88

II. Marshall-Archipel. [375] 119

Einleitung . . . . [375] 119
Entdecker . . . . [375] 119
Zur Literatur . . . . [376] 120
Geographischer Ueberblick . . . [377] 121
Flora . . . . [377] 121
Fauna . . . . [378] 122
Areal und Bevölkerung . . . . [379] 123
Handel . . . . [380] 124
Mission . . . . [380] 124
Schutzherrschaft . . . . . . [381] 125
I. Eingeborene . . . . [381] 125
Aeusseres . . . . [381] 125
Sprache . . . . [381] 125
Herkunft . . . . [382] 126
Charakter und Moral . . . . [382] 126
II. Sitten und Gebräuche (Sociales und geistiges Leben) . . . . [384] 128
1. Sociale Zustände . . . . [384] 128
Feudalsystem (Stände) . . . [384] 128
Erbfolge . . . . [384] 128
Macht der Häuptlinge . . . . [385] 129
Namentausch . . . . [385] 129
Begrüssung . . . . [385] 129
Tauschmittel . . . . [386] 130
Verbot . . . . [386] 130
2. Stellung der Frauen . . . . [386] 130
Häuptlingsfrauen . . . . . . [386] 130
Ehen . . . . [386] 130
Geburt . . . . [387] 131
Kein Kindermord . . . . . . [387] 131
3. Vergnügungen . . . . . . [387] 131
Trommel . . . . [387] 131
Tactschlägel . . . . [388] 132
Gesang und Tanz . . . . . [389] 133
Tanzschmuck . . . . [391] 135
4. Fehden und Krieg . . . . [391] 135
Kriegsführung . . . . [391] 135
» moderne . . [392] 136
Schanzenbau . . . . [392] 136
5. Waffen . . . . [393] 137
Alte Waffen . . . . [393] 137
Wurfspeere . . . . [394] 138
Schleuder . . . . [394] 138
6. Bestattung . . . . [394] 138
Gebräuche . . . . [394] 138
Gräber . . . . [395] 139
7. Geister- und Aberglauben [395] 139
Keine Religion . . . . . . [395] 139
Weissager . . . . [395] 139

Seite

Geister . . . . [395] 139
Opferplätze . . . . [396] 140
Heilkunde . . . . [397] 141
III. Bedürfnisse und Arbeiten (Materielles und wirthschaftliches Leben) . . . . [397] 141
1. Ernährung und Kost . . [397] 141
a. Pflanzenkost . . . . . . [397] 141
Pandanus . . . . [398] 142
Brotfrucht . . . . [399] 143
Arrowroot . . . . [399] 143
Tabak . . . . [400] 144
b. Fleischkost . . . . [400] 144
2. Fischerei und Geräth . . [401] 145
Netzfischerei . . . . [402] 146
Hakenfischerei . . . . . . [402] 146
Fischhaken . . . . [402] 146
Riffischerei . . . . [403] 147
Reusen . . . . [404] 148
3. Zubereitung und Geräth . [404] 148
Rösten . . . . [404] 148
Giftige Fische . . . . . . [404] 148
Essenzeit . . . . [405] 149
Küchengeräth . . . . [405] 149
Feuerreiben . . . . [405] 149
Fächer . . . . [406] 150
Schaber . . . . [406] 150
Stampfer . . . . [406] 150
Essgeräth . . . . [406] 150
Muschelschüsseln . . . . . [406] 150
Holzschüsseln . . . . . . [407] 151
Wassergefässe . . . . . . [407] 151
4. Wohnstätten . . . . [407] 151
Häuser . . . . [407] 151
Dachdecken . . . . [408] 152
Frauenhütte . . . . [408] 152
Wassertümpel . . . . [408] 152
5. Hausrath . . . . [408] 152
Kopfunterlage . . . . [409] 153
Schlafmatten . . . . [409] 153
Körbe . . . . [409] 153
6. Werkzeug . . . . [410] 154
Aexte . . . . [410] 154
Hammer . . . . [411] 155
Bohrer . . . . [411] 155
Pfriemen . . . . [412] 156
7. Flechterei und Seilerei . [412] 156
Material . . . . [412] 156
Mang *(Pandanus)* . . . . [412] 156
Adaat-Bast . . . . [412] 156
Lao-Bast . . . . [412] 156
Färbemittel . . . . [413] 157
(Farbensinn, Anm.) . . . . . [413] 157
Armé-Faser . . . . [413] 157
Geräthschaften . . . . [414] 158
Seilerei und Stricke . . . . [414] 158

29*

		Seite
Seilereigeräth	[414]	158
8. Fahrzeuge und Verkehr	[415]	159
Eigener Typus	[415]	159
Bauart	[415]	159
Verzierungen	[417]	161
Masse	[417]	161
Manövriren	[418]	162
Geschwindigkeit	[419]	163
Inselkarten	[419]	163
Sternkunde	[420]	164
Keine Navigation	[420]	164
Navigationsregeln	[420]	164
Heimatskunde	[421]	165
Verschlagenwerden	[422]	166
9. Körperhülle und Putz	[423]	167
A. Bekleidung	[423]	167
Faserröcke	[423]	167
Gürtel	[424]	168
Gürtelschnur	[424]	168
Frauenmatten	[425]	169
Kopfbedeckung	[426]	170
B. Putz und Zieraten	[426]	170
a. Material	[426]	170
Spondylus-Scheibchen	[426]	170
b. Hautverzierung	[427]	171
Tätowirung	[428]	172
» Männer	[428]	172
» Frauen	[428]	172
» Häuptlingszeichen	[429]	173
Geräthschaften	[430]	174
Einölen	[431]	175
c. Frisuren und Haarputz	[431]	175
Haarnadel	[431]	175
Haarbürste	[431]	175
Parfums	[431]	175
d. Kopfputz	[432]	176
Blumen	[432]	176
Federputz	[432]	176
Kopfbinden	[432]	176
e. Ohrputz	[433]	177
Ausweiten der Ohrlappen	[433]	177
Blumen	[434]	178
f. Hals- und Brustschmuck	[434]	178
aus Pflanzen	[434]	178
» Glasperlen	[434]	178
» *Spondylus*	[435]	179
g. Armschmuck	[437]	181
h. Leibschmuck	[437]	181
Ethnologische Schlussbetrachtung	[437]	181
III. Carolinen.	[438]	182
Einleitung	[438]	182
Geographischer Ueberblick	[438]	182
Fauna	[438]	182
Areal	[439]	183
Bevölkerung	[440]	184
Handel	[440]	184
Schutzherrschaft	[440]	184
Eingeborene	[441]	185
Sprachverschiedenheit	[441]	185
Ernährung	[442]	186
Seefahrten der Carolinier	[442]	186
Ethnologischer Ueberblick	[445]	189
(Johann Kubary)	[447]	191
I. Kuschai	[449]	193
Einleitung	[449]	193
Entdecker	[449]	193
Zur Literatur	[450]	194
Geographischer Ueberblick	[450]	194
Flora und Fauna	[451]	195
Areal und Bevölkerung	[451]	195
Handel	[452]	196
Mission	[452]	196
I. Eingeborene	[452]	196
Aeusseres	[452]	196
Sprache	[453]	197
Herkunft	[453]	197
Charakter und Moral	[453]	197
II. Sitten und Gebräuche (Sociales und geistiges Leben)	[454]	198
1. Sociale Zustände	[454]	198
Stämme	[454]	198
Stände	[454]	198
2. Vergnügungen	[455]	199
Gesang und Tanz	[455]	199
3. Bestattung und Geisterglauben	[456]	200
Bestattung	[456]	200
Geister- und Aberglauben	[456]	200
Aalverehrung	[456]	200
Angebliche Heiligthümer	[457]	201
Krankheitsbesprechen	[457]	201
III. Bedürfnisse und Arbeiten (Materielles und wirthschaftliches Leben)	[458]	202
1. Nahrung und Zubereitung	[458]	202
a. Pflanzenkost	[458]	202
Plantagenwirthschaft	[458]	202
Culturpflanzen	[459]	203
b. Fleischkost	[459]	203
Hausthiere	[459]	203
Kochkunst	[460]	204
Reizmittel	[460]	204
2. Kochgeräth	[461]	205
Schaber	[461]	205
Stampfer	[461]	205
3. Essgeräth	[462]	206
Wassergefässe	[463]	207
4. Fischerei und Geräth	[463]	207
Netzfischerei	[463]	207
Hakenfischerei	[464]	208

		Seite
Rifffischerei	[464]	208
Fischhamen	[464]	208
5. Waffen	[464]	208
6. Wohnstätten	[465]	209
Häuser	[465]	209
Inneres	[466]	210
Mauern und Steinwälle	[466]	210
Prähistorische Bauten	[466]	210
Zweck derselben	[468]	212
7. Hausrath	[468]	212
Bettstellen	[468]	212
Matten	[469]	213
Scheibenhaken	[469]	213
Körbe	[469]	213
8. Werkzeug	[470]	214
Aexte	[470]	214
Hohlmeissel	[471]	215
Sonstige Werkzeuge	[472]	216
9. Flechterei und Seilerei	[472]	216
10. Weberei	[472]	216
Material	[473]	217
Spinnen	[473]	217
Färben	[474]	218
Kettebock	[475]	219
Hammer	[476]	220
Schneidemuschel	[476]	220
Webebretter	[477]	221
Webegürtel	[477]	221
Webelade	[477]	221
Schiffchen	[478]	222
11. Fahrzeuge	[478]	222
Bauart	[478]	222
Paddel	[479]	223
Masse	[479]	223
Vergleichungen	[480]	224
12. Körperhülle und Putz	[480]	224
A. Bekleidung	[480]	224
Lendenbinde	[480]	224
Matten	[481]	225
B. Putz und Zieraten	[482]	226
a. Material	[482]	226
Geld (Perlmutter)	[482]	226
b. Hautverzierung	[483]	227
Tätowirung	[483]	227
Geräth	[483]	227
c. Haartracht	[484]	228
d. Kopfputz	[484]	228
e. Ohrputz	[484]	228
f. Nasenzier	[484]	228
g. Hals- und Brustschmuck	[484]	228
h. Armschmuck	[485]	229
Ethnologische Schlussbetrachtung	[486]	230
2. Ponapé	[487]	231
Einleitung	[487]	231
Entdecker	[487]	231
Zur Literatur	[487]	231
Geographischer Ueberblick	[488]	232
Flora und Fauna	[489]	233
Areal und Bevölkerung	[490]	234
Handel	[490]	234
Mission	[491]	235
Schutzherrschaft	[492]	236
I. Eingeborene	[492]	236
Aeusseres	[492]	236
Sprache	[494]	238
Charakter und Moral	[494]	238
Selbstverstümmelung	[495]	239
II. Sitten und Gebräuche (Sociales und geistiges Leben)	[496]	240
1. Sociale Zustände	[496]	240
Stämme und Stände	[496]	240
Erbfolge	[498]	242
Stellung der Frauen	[498]	242
Ehe	[498]	242
2. Vergnügungen	[499]	243
Tanzaufführungen	[499]	243
Musikinstrumente	[499]	243
Tanzgeräth	[500]	244
Tanzschmuck	[501]	245
Spiele	[501]	245
3. Fehden und Waffen	[501]	245
4. Bestattung	[502]	246
5. Geister- und Aberglauben	[502]	246
Dziamorou-Gesellschaft	[502]	246
Aniglauben	[503]	247
III. Bedürfnisse und Arbeiten (Materielles und wirthschaftliches Leben)	[503]	247
1. Nahrung und Zubereitung	[503]	247
Culturpflanzen	[504]	248
Fleischkost	[504]	248
Schalthiere	[504]	248
Hausthiere	[505]	249
Kochkunst	[505]	249
Reizmittel	[505]	249
Palmschnaps	[505]	249
Kawa	[506]	250
Tabak	[507]	251
2. Koch- und Essgeräth	[507]	251
Fächer	[507]	251
Küchengeräth	[507]	251
3. Fischerei und Geräth	[508]	252
Fischhaken	[508]	252
» prähistorische	[509]	253
4. Wohnstätten	[509]	253
Siedelungen	[509]	253
Häuser	[509]	253
Gemeindehäuser	[510]	254
Prähistorische Bauten	[510]	254
Nan Tauatsch	[511]	255
Künstliche Inseln	[511]	255

	Seite
Mauern	[512] 256
»Königsgräber«	[514] 258
Ausgrabung	[514] 258
Zweck der Bauten	[514] 258
(Steinbau auf Ngatik)	[515] 259
5. Hausrath	[515] 259
Schlafmatten	[515] 259
Körbe	[515] 259
6. Werkzeug	[516] 260
Aexte	[516] 260
7. Textilarbeiten	[516] 260
Flechtarbeiten	[516] 260
Seilerei	[516] 260
Webekunst	[516] 260
Filetstricken	[517] 261
8. Fahrzeuge	[517] 261
Segel	[517] 261
Vergleichung	[518] 262
(Nukuor-Canu)	[518] 262
Canuhäuser	[518] 262
Seeverkehr	[519] 263
9. Körperhülle und Putz	[519] 263
A. Bekleidung	[519] 263
Faserrock	[519] 263
Tapa	[520] 264
Poncho	[520] 264
B. Putz und Zieraten	[520] 264
a. Prähistorische Ueberbleibsel	[520] 264
Spondylus	[520] 264
Conus	[522] 266
Perlmutter	[522] 266
b. Moderner Putz	[523] 267
a. Hautverzierung	[523] 267
Tätowirung	[523] 267
Schnittwunden	[524] 268
Tätowirgeräth	[524] 268
(Tätowirung von Pelau)	[525] 269
(» » Yap)	[525] 269
(» » Uluti)	[525] 269
(» » Sonsol)	[526] 270
Bemalen	[526] 270
b. Haartracht	[526] 270
c. Kopfputz	[526] 270
(» von Mokil)	[527] 271
Augenschirm	[527] 271
d. Ohrputz	[527] 271
e. Hals- und Brustschmuck	[528] 272
f. Armschmuck	[529] 273
g. Leibschmuck	[529] 273
Ethnologische Schlussbetrachtung	[530] 274
3. Ruk und Mortlock	[533] 295
Einleitung	[533] 295
Geographischer Ueberblick	[533] 295
Ruk-Gruppe	[534] 296
Mortlock-Gruppe	[534] 296
Zur Literatur	[535] 297
Flora und Fauna	[535] 297
Areal und Bevölkerung	[537] 299
»Labortrade«	[537] 299
Handel	[538] 300
Mission	[538] 300
I. Eingeborene	[539] 301
Aeusseres	[539] 301
Hautkrankheiten	[539] 301
Sprache	[540] 302
Charakter und Moral	[540] 302
II. Sitten und Gebräuche (Sociales und geistiges Leben)	[541] 303
1. Sociale Zustände	[541] 303
Stände	[541] 303
Häuptlinge	[541] 303
Stämme auf Mortlock	[542] 304
» » Ruk	[543] 305
Verbot (Tabu)	[543] 305
2. Stellung der Frauen	[544] 306
Wichtigkeit derselben	[544] 306
Ehe	[544] 306
Familienleben	[545] 307
Liebesleben	[546] 308
Erkennungsstab	[546] 308
3. Vergnügungen	[547] 309
Tanz und Gesang	[547] 309
Tanzgeräth	[547] 309
Spiele	[548] 310
Hahnenkämpfe	[548] 310
Masken	[549] 311
Musikinstrumente	[549] 311
4. Kriegsführung und Waffen	[549] 311
a. Fehden	[549] 311
b. Waffen	[551] 313
Wurfstock	[551] 313
aa. Speere (Lanzen)	[552] 314
» (Anchorites)	[553] 315
bb. Schlagwaffen	[553] 315
Keulen	[553] 315
Kampfstöcke	[554] 316
Handwaffen	[554] 316
Schlagreif	[555] 317
cc. Schleudern	[555] 317
Schleudersteine	[556] 318
5. Bestattung	[556] 318
Grabhäuser	[556] 318
Trauer	[557] 319
6. Geister- und Aberglauben; Ahnenverehrung	[557] 319
Anglauben	[557] 319
Ahnenverehrung	[558] 320
Wahrsager	[558] 320
Aberglauben	[558] 320
Geisterglauben	[558] 320

	Seite	
Ahnenfiguren	[559]	321
Masken	[561]	323
Talismane	[561]	323
III. Bedürfnisse und Arbeiten (Materielles und wirthschaftliches Leben)	[561]	323
1. Nahrung und Zubereitung	[561]	323
a Pflanzenkost	[561]	323
Plantagenwirthschaft	[562]	324
Taro	[562]	324
Ackergeräthschaften	[562]	324
Brotfrucht	[563]	325
Cocosnuss	[563]	325
Bananen	[563]	325
Zuckerrohr	[563]	325
Wilde Früchte	[564]	326
b. Fleischkost	[564]	326
Hausthiere	[564]	326
Fanggeräthschaften	[564]	326
Fische	[564]	326
c. Zubereitung	[565]	327
d. Reizmittel	[565]	327
Tabak	[565]	327
2. Koch- und Essgeräth	[566]	328
a. Feuerreiben	[566]	328
b. Kochgeräth	[566]	328
Schaber	[566]	328
Brecher	[566]	328
Stampfer	[567]	329
c. Essgeräth	[567]	329
Schüsseln und Tröge	[567]	329
Firniss	[568]	330
Wasser- und Trinkgefässe	[568]	330
Löffel	[568]	330
(Cocosnuss, Niaufau)	[569]	331
3. Fischerei und Geräth	[569]	331
a. Netzfischerei	[569]	331
b. Hakenfischerei	[569]	331
Fischhaken	[569]	331
(» Nukuor)	[571]	333
c. Rifffischerei	[572]	334
Fischbamen	[572]	334
Fischspeere	[572]	334
Riffschuhe	[572]	334
d. Fischkörbe	[572]	334
Fischwehre	[573]	335
4. Wohnstätten	[573]	335
Siedelungen	[573]	335
Häuser	[574]	336
Gemeindehaus	[574]	336
Frauenhäuser	[576]	338
Steinwälle	[576]	338
5. Hausrath	[577]	339
Matten	[577]	339
Körbe	[577]	339
Taschen und Beutel	[577]	339
Schlafvorhänge	[577]	339
Deckelkasten (Truhen)	[577]	339
(» von Nukuor)	[578]	340
(» » Satawal)	[578]	340
6. Werkzeug	[579]	341
Aexte	[579]	341
(» von Nukuor)	[579]	341
Hohläxte	[580]	342
Sonstige Werkzeuge	[581]	343
7. Weberei und deren Erzeugnisse	[581]	343
a. Webekunst	[581]	343
Rohmaterial	[581]	343
Geräthschaften	[581]	343
(Weberei auf Nukuor)	[583]	345
b. Erzeugnisse der Weberei	[583]	345
Dimensionen	[583]	345
Färbung	[583]	345
Muster	[584]	346
Zeuge von Uleai	[585]	347
» » Uluti	[585]	347
» » Nukuor	[585]	347
[» » Pikiram]	[585]	347
8. Fahrzeuge, Seeverkehr und Handel	[585]	347
Bauart	[585]	347
Hochsee-Canu	[586]	348
Paddel-Canu	[586]	348
Seetüchtigkeit	[587]	349
Seeverkehr und Handel	[587]	349
9. Körperhülle und Putz	[589]	351
A. Bekleidung	[589]	351
Bekleidung der Männer	[590]	352
Kleidung der Frauen	[590]	352
[In den westlichen Carolinen]	[591]	353
Ponchoartige Mäntel	[592]	354
Kopfbedeckung	[593]	355
B. Putz und Zieraten	[593]	355
a. Material	[593]	355
Schildpatt	[593]	355
Federn	[593]	355
Blumen und Blätter	[594]	356
Cocosnussschale	[594]	356
Rindenscheibchen	[595]	357
Spondylus-Schale	[596]	358
Weisse Muschelscheibchen	[597]	359
Glasperlen	[597]	359
(*Spondylus* der westlichen Carolinen)	[597]	359
b. Hautverzierungen	[598]	360
Bemalen	[598]	360
Gelbwurz	[598]	360
Anbau derselben	[598]	360
Bereitung	[599]	361
Tätowirung von Ruk und Satôan	[600]	362
Tätowirung von Lukunor	[601]	363

	Seite	
Tätowirgeräth	[602]	364
(Tätowirung von Nukuor)	[603]	365
(» » Uleai)	[603]	365
(» » Swede-Ins.)	[603]	365
(» » Fais)	[603]	365
(» » Pikiram)	[603]	365
(» » Hermites Anm.)	[603]	365
c. Haartracht und Putz	[603]	365
Frisuren	[603]	365
Haarschnüre	[604]	366
Haarbinden für Männer	[604]	366
Kopfbinden für Frauen	[604]	366
Haarnadeln	[605]	367
Schmuckbänder	[605]	367
Kämme	[606]	368
Putzkämme	[606]	368
Federschmuck	[607]	369
(Kopfschmuck von Nukuor)	[608]	370
d. Ohrputz	[608]	370
aa. aus Cocosringen	[608]	370
Ohrgehänge	[608]	370
Anhängsel	[609]	371
bb. Ohrklötzchen	[610]	372
e. Hals- und Brustschmuck	[610]	372
aa. Typus: Mar	[611]	373
bb. Typus: Assang	[611]	373
» »	[612]	374
cc. » Marensak	[611]	373
» »	[612]	374
dd. » Täte	[611]	373
» »	[613]	375
ee. » Tschäkpalap	[611]	373
» »	[613]	375
ff. » Potsch	[614]	376
f. Armputz	[615]	377
aus Cocosperlen	[615]	377
» Schildpatt	[616]	378
» *Trochus*	[616]	378
(von Yap und Pelau)	[617]	379
g. Leibschmuck	[617]	379
Gürtel	[617]	379
Frauengürtel	[618]	380
(» von Pelau)	[619]	381
Ethnologische Schlussbetrachtung	[620]	382

Nachträge und Berichtigungen.

	Seite	
Zu Erste Abtheilung: Bismarck-Archipel	[622]	384
Zu I. Neu-Britannien	[622]	384
» *a.* Blanche-Bai	[622]	384
» *b.* Willaumez	[634]	396
» *c.* French-Inseln	[634]	396
» *e.* Hanssbucht	[635]	397
» 2. Neu-Irland	[635]	397
» *a.* Nordende	[635]	397
» *b.* Südwestküste	[638]	400
» 3. Admiralitäts-Inseln	[638]	400
» 4. Salomons-Inseln	[638]	400
Zu Zweite Abtheilung: Neu-Guinea	[639]	401
Zu I. Englisch-Neu-Guinea	[639]	401
Zu *a.* Südostküste	[639]	401
» *b.* Ostspitze	[643]	405
Zu II. Kaiser Wilhelms-Land	[645]	407
Zu Dritte Abtheilung: Mikronesien (West-Oceanien)	[651]	413
Zu Einleitung	[651]	413
» I. Gilbert-Archipel	[654]	416
» II. Marshall- »	[657]	419
» III. Carolinen	[658]	420
» Kuschai	[659]	421

Verzeichniss der Textfiguren.

Seite

I. Gilbert-Archipel . . . . [287] 19

Fig. 1. (1/2) Vogelbola (für Fregattvogel), Nawodo . . . . [303] 35
» 2. (1/1) Haifischzahn zu Waffen, Tonga-Inseln . . . . [306] 38
» 3. (3/8) Stichwaffe aus Walknochen, Tarowa . . . . [310] 42
» 4. (1/4) Fischhamen für Frauen, Tarowa . . . . [324] 56
» 5. (1/10) Aalschlinge, Tarowa . . . . [324] 56
» 6. (1/4) Stampfer aus Holz, Tarowa . . . . [326] 58
» 7. (1/4) » » » » . . . . [327] 59
» 8. (1/8) Spatel » » » . . . . [327] 59
» 9. (1/4) » » Walknochen, Tarowa . . . . [327] 59
» 10. (1/4) Kopfunterlage aus Holz, Maraki . . . . [332] 64
» 11. — Theil eines Canu, um die Construction aus Brettern zu zeigen, Tarowa . . [336] 68
» 12. — Paddel, Apaiang . . . . [338] 70
» 13. — Mädchenkappe aus *Pandanus*-Geflecht, Maraki . . . . [342] 74
» 14. — Brandnarben . . . . [345] 77
» 15. (3/4) Perlschale für Halsschmuck in Bearbeitung, Tarowa . . . . [351] 83
» 16. (1/2) Durchschnittener Spermwalzahn als Halsschmuck, Tarowa . . . . [353] 85

II. Marshall-Archipel . . . . [375] 119

» 17 — Trommel zum Tactschlagen, Dschalut . . . . [388] 132
» 18. — Schaber aus *Cassis*, Dschalut . . . . [406] 150
» 19.[1]— Axtstiel, Dschalut . . . . [410] 154
» 20. (1/10) Axtklinge aus *Tridacna*, Dschalut . . . . [410] 154
» 21. (1/4) Pfriemen zum Dachdecken aus Unterkiefer von Delphin, Dschalut . . . . [412] 156
» 22. — Scheibe zum Taudrehen, Dschalut . . . . [414] 158
» 23. — Canu, Seitenansicht, Dschalut . . . . [416] 160
» 24. — » von vorne gesehen, Dschalut . . . . [417] 161
» 25. — Bekleidung für Männer, bestehend aus *a*. Gürtel (Kang*r*) und *b*. Faserrock (Jhn), Dschalut . . . . [424] 168
» 26. — Abnorm ausgedehnter Ohrlappen, unausgespannt, eines Mannes von Milli . [433] 177
» 26*a*. — Ohrlappen in gewöhnlicher Ausdehnung, durch einen Blattstreif ausgespannt, Dschalut . . . . [433] 177

III. Carolinen . . . . [438] 182

I. Kuschai . . . . [449] 193

» 27. (1/2) Schaber aus Muschel *(Cypraea mauritiana)* . . . . [461] 205
» 28. — Brotfruchtspalter . . . . [461] 205
» 29. (1/4) Stampfer aus Holz . . . . [462] 206
» 30. — Kopfende eines solchen . . . . [462] 206
» 31. — Desgleichen . . . . [462] 206
» 32. (1/4) Stampfer aus Stein (Basalt) . . . . [462] 206
» 33. — Taroblatt als Wasserbehälter . . . . [463] 207
» 34. — Fischhamen . . . . [464] 208

[1]) Für die Benutzung der Clichés zu den Textfiguren 19, 20, 23, 24, 39 und 59 ist die Redaction dem Vorstande der »Berliner Gesellschaft für Anthropologie, Ethnologie und Urgeschichte« zu besonderem Danke verpflichtet.

Seite

Fig. 35. (1/12) Scheibenhaken aus Holz . . . . [469] 213
» 36. — Axtklinge aus *Tridacna* geschliffen, *a.* von unten, *b.* von der Seite, *c.* Durchschnitt . . . . [470] 214
» 37. — Desgleichen, wie vorher . . . . [470] 214
» 38. — » flache, breite Form . . . . [470] 214
» 39. (1/10) Axt, mit *Tridacna*-Klinge montirt . . . . [471] 215

Weberei-Geräthschaften.

» 40. (1/6) Kettebock zum Aufmachen der Kette . . . . [474] 218
» 41. (1/3) Pflock dazu . . . . [475] 219
» 42. (1/6) Hammer zum Einschlagen der Pflöcke . . . . [476] 220
» 43. (1/1) Schneidemuschel *(Psammotaea radiata)* zum Abschneiden der Knotenenden der Kettfäden . . . . [476] 220
» 44. (1/6) Webebrett . . . . [477] 221
» 45. (1/8) Griffelnadel zum Ordnen der Fäden . . . . [477] 221
» 46. (1/5) Webelade (Schwert) . . . . [477] 221
» 47. (1/2) Webeschiffchen . . . . [478] 222
» 48. — Ruder (Paddel) . . . . [479] 223
» 49. (1/2) »Fai«, Perlmuttergeld . . . . [482] 226
» 50. — Tätowirung (Innenseite des Armes) . . . . [483] 227

2. Ponapé . . . . [487] 231

» 51. (1/1) Prähistorisches *Spondylus*-Scheibchen in Bearbeitung. Ruinen von Nantauatsch [522] 266
» 52. (1/1) Halskette aus Abschnitten von Grasstengeln . . . . [528] 272

3. Ruk und Mortlock . [534] 296

» 53. (1/2) »Gurgur«, Tanzstock (Endtheil desselben), Ruk . . . . [547] 309
» 54. — Holzschnitzerei (Ahnenfigur), einen Vogel darstellend, Ruk . . . . . . [559] 321
» 55. (c. 1/1) Tarohacke aus Schildkrötknochen, Mortlock . . . . [563] 325
» 56. (1/4) Stampfer aus Corallstein geschliffen, Ruk . . . . [567] 329
» 57. — Axt mit *Tridacna*-Klinge, Nukuor; *a.* Holzstiel, *b.* Klinge, *c.* Durchschnitt derselben . . . . [579] 341
» 58. — Axtklinge aus *Tridacna*, Nukuor . . . . [579] 341
» 59. — Axt, mit *Terebra*-Klinge montirt, Nukuor . . . . [580] 342
» 60. — Längliche schmale Cocosnuss, Material zu Schmuck . . . . [595] 357
» 61. (1/1) Tätowirgeräth, Nukuor . . . . [602] 364
» 62. (1/1) Kamm desselben aus Schildpatt . . . . [602] 364
» 63. (1/1) Desgleichen, anderes Exemplar, daher . . . . [602] 364
» 64. (1/2) Haarnadel für Männer, Ruk; *a.* Stiel aus Holz, *b.* Knopf aus *Conus*-Boden, *c.* Schnüre aus Cocosperlen . . . . [605] 367
» 65. — Federschmuck für Tanzkamm der Männer, Ruk; *a.* Federn vom Fregattvogel, *b.* *Spondylus*-Scheibchen, *c.* weisses Dunenfell . . . . [607] 369

Systematisches Verzeichniss sämmtlicher Abbildungen der dritten Abtheilung

Mikronesien (West-Oceanien).

		Seite	Tafel	Tafel	Figur
	Vergnügungen (Musik und Tanz).				
1.	Trommel zum Tactschlagen, Marshalls	[388]	—	—	17
2.	Tactschlägel, Marshalls	[388]	[22]	V	11
3.	Tanzpaddel, Ponapé	[500]	[22]	V	12
4.	Tanzstock, Ruk	[547]	—	—	53
5.	Erkennungsstab, Ruk	[546]	[22]	V	10
6.	Vogelbola (für Fregattvogelfang), Nawodo	[303]	—	—	1
	Waffen und Wehr.				
7.	Speer aus Holz (Spitzentheil), Gilberts	[306]	[19]	II	6
8.	Desgleichen » Marshalls	[394]	[19]	II	1
9.	» » Ruk	[552]	[19]	II	2
10.	Lanze mit Rochenstacheln (Spitzentheil), Ruk	[552]	[19]	II	3
11.	Speer aus Holz (Spitzentheil), Anchorites	[553]	[19]	II	4
12.	» mit Rochenstacheln, Ruk	[553]	[19]	II	5
	Haifischzähne, Material für Waffen.				
13.	Von *Galeocerdo Rayneri*, Innenseite, Gilberts	[305]	[19]	II	11
14.	» » » Aussenseite, »	[305]	[19]	II	12
15.	» *Carcharias lamia*, Gilberts	[305]	[19]	II	13
16.	» spec.? Gilberts	[305]	[19]	II	14
17.	» » Tonga	[306]	—	—	2
	Waffen mit Haifischzähnen.				
18.	Schwerer Kriegsspeer (mittlerer Theil), Gilberts	[307]	[18]	I	1
19.	» » (Spitzentheil), »	[307]	[18]	I	2
20.	» » (Querschnitt), »	[307]	[18]	I	3
21.	» » (Schmalseite), »	[307]	[18]	I	4
22.	Handwaffe (Basistheil), Nawodo	[309]	[18]	I	5
23.	» (Spitzentheil), »	[309]	[18]	I	6
24.	Kratzwaffe für Frauen, Gilberts	[309]	[18]	I	7
25.	» » » Nawodo	[309]	[18]	I	8
26.	Handwaffe mit Rochenstachel, Mortlock	[554]	[19]	II	10
27.	Stiletartige Waffe aus Walknochen, Gilberts	[310]	—	—	3
28.	Keule, vierkantig, Gilberts	[311]	[19]	II	9
29.	» flach, lang, Ruk	[554]	[19]	II	7
30.	» » » »	[554]	[19]	II	8
31.	Schlagstein aus *Tridacna*, Gilberts	[311]	[19]	II	15
32.	Schleuderstein (prähistorisch), Ponapé	[502]	[19]	II	18
33.	» aus Basalt, Ruk	[556]	[19]	II	16
34.	» » » »	[556]	[19]	II	17
	Geisterglauben.				
35.	Ahnenfigur (Holzschnitzerei), Ruk	[559]	—	—	54
	Landbau.				
36.	Tarohacke aus Knochen, Mortlock	[563]	—	—	55
	Fischereigeräth.				
37.	Haifischhaken, Gilberts	[322]	[20]	III	14
38.	» Spitze desselben, Gilberts	[322]	[20]	III	14a
39.	» Ellice	[322]	[29]	III	15

	Seite	Tafel	Tafel	Figur
40. Fischhaken aus Kalkspath, Banaba	[323]	[20]	III	3
41. Fischhaken aus Perlmutter, Marshalls	[402]	[20]	III	1
42. » » Cocosschale, »	[403]	[20]	III	12
43. » » Walknochen, »	[403]	[20]	III	13
44. » (Fragment, prähistorisch), Ponapé	[509]	[20]	III	4
45. » aus Schildpatt, Ponapé	[508]	[20]	III	11
46. » » Perlmutter, Mortlock	[569]	[20]	III	2
47. » » » Nukuor	[571]	[20]	III	5
48. » » » »	[571]	[20]	III	6
49. » » » »	[571]	[20]	III	7
50. » » » »	[571]	[20]	III	8
51. » » » in Bearbeitung, Nukuor	[571]	[20]	III	9a
52. » » » » » »	[571]	[20]	III	9b
53. » » » » » »	[571]	[20]	III	10
54. Fischhamen für Frauen, Gilberts	[324]	—	—	4
55. » Kuschai	[464]	—	—	34
56. Aalschlinge, Gilberts	[324]	—	—	5
Küchengeräth.				
57. Schaber aus Muschel *(Cassis)*, Marshalls	[406]	—	—	18
58. » » » *(Cypraea)*, Kuschai	[461]	—	—	27
59. Brotfruchtschläger, Kuschai	[461]	—	—	28
60. Stampfer aus Holz, Gilberts	[326]	—	—	6
61. » » » »	[327]	—	—	7
62. » » » Kuschai	[462]	—	—	29
63. » » » Kopfende, Kuschai	[462]	—	—	30
64. » » » » »	[462]	—	—	31
65. » » Basalt, Kuschai	[462]	—	—	32
66. » » Koralle, Ruk	[567]	—	—	56
67. Spatel aus Holz, Gilberts	[327]	—	—	8
68. » » Bein, »	[327]	—	—	9
69. Wasserbehälter (Taroblatt), Kuschai	[463]	—	—	33
Hausrath.				
70. Kopfunterlage, Gilberts	[332]	—	—	10
71. Scheibenhaken, Kuschai	[469]	—	—	35
72. Kasten, geschnitzt, Satawal	[578]	[22]	V	13
73. » Bodenhälfte, »	[578]	[22]	V	13a
Werkzeuge.				
Muscheläxte.				
74. Axtstiel, Marshalls	[410]	—	—	19
75. Klinge aus *Tridacna*, Marshalls	[410]	—	—	20
76. » » » Kuschai	[470]	—	—	36a
77. » » » von der Seite, Kuschai	[470]	—	—	36b
78. » » » Durchschnitt, »	[470]	—	—	36c
79. » » » von unten, »	[470]	—	—	37a
80. » » » von der Seite, »	[470]	—	—	37b
81. » » » Durchschnitt, »	[470]	—	—	37c
82. » » » flach »	[470]	—	—	38
83. » » *Mitra*, Kuschai	[471]	[22]	V	14
84. Axt mit *Tridacna*-Klinge, Kuschai	[471]	—	—	39
85. Klinge aus *Tridacna*, Nukuor	[579]	—	—	58
86. Axt mit *Tridacna*-Klinge, Nukuor	[579]	—	—	57
87. » » *Terebra*- » »	[580]	—	—	59
88. Pfriemen zum Dachdecken, Marshalls	[412]	—	—	21
Mattenflechten.				
89. Randmuster einer Bekleidungsmatte (farbig), Marshalls	[425]	[21]	IV	3
90. Desgleichen (farbig), Marshalls	[425]	[21]	IV	4

		Seite	Tafel	Tafel	Figur
	Seilerei.				
91.	Scheibe zum Taudrehen, Marshalls	[414]	—	—	22
	Weberei.				
92.	Muster einer Schambinde (farbig), Kuschai	[480]	[21]	IV	1
93.	» » » » »	[480]	[21]	IV	2
	Geräthschaften.				
94.	Kettenbock, Kuschai	[474]	—	—	40
95.	Pflock zu einem solchen, Kuschai	[475]	—	—	41
96.	Hammer zum Einschlagen desselben, Kuschai	[476]	—	—	42
97.	Schneidemuschel	[476]	—	—	43
98.	Webebrett	[477]	—	—	44
99.	Griffelnadel	[477]	—	—	45
100.	Webelade (Schwert)	[477]	—	—	46
101.	Schiffchen	[478]	—	—	47
	Fahrzeuge (Canus)				
102.	Theil eines Canu, Gilberts	[336]	—	—	11
103.	Canu, Seitenansicht, Marshalls	[416]	—	—	23
104.	» von vorne, »	[417]	—	—	24
105.	Paddel, Gilberts	[338]	—	—	12
106.	» Kuschai	[479]	—	—	48
	Bekleidung.				
107.	Mädchenkappe, Gilberts	[342]	—	—	13
108.	Männerbekleidung, Marshall	[424]	—	—	25
109.	» Gürtel, Marshalls	[424]	—	—	25*a*
110.	» Faserrock, »	[424]	—	—	25*b*
	Putz und Zieraten.				
	Material.				
111.	Menschenzähne, Gilberts	[355]	[22]	V	4
112.	Delphinzähne, »	[352]	[22]	V	5*a*—*e*
113.	» »	[352]	[22]	V	6
114.	Spermwalzahn, »	[353]	[22]	V	7
115.	» »	[353]	[22]	V	8
116.	» »	[353]	—	—	16
	***Spondylus*-Muschel und Scheibchen.**				
117.	Bearbeitet (farbig), Gilberts	[349]	[25]	VIII	17
118.	Muschel, prähistorisch, Ponapé	[521]	[22]	V	9
119.	Plättchen, » bearbeitet (farbig), Ponapé	[522]	[25]	VIII	14
120.	Scheibchen, » in Bearbeitung, »	[522]	—	—	51
121.	» » (*a*. v. d. Seite, farbig), Ponapé	[522]	[25]	VIII	7
122.	» » » » »	[522]	[25]	VIII	8
123.	» » » » »	[522]	[25]	VIII	9
124.	» » » » »	[522]	[25]	VIII	10
125.	» » » » »	[522]	[25]	VIII	11
126.	» » » » »	[522]	[25]	VIII	12
127.	» » » » »	[522]	[25]	VIII	13
128.	» (farbig), Marshalls	[426]	[25]	VIII	1*a*
129.	» (*a*. v. d. Seite, farbig), Ruk	[596]	[25]	VIII	2
130.	» » » »	[596]	[25]	VIII	3
131.	» » » »	[596]	[25]	VIII	4
132.	» » » »	[596]	[25]	VIII	5
133.	» » » Normanby	[596]	[25]	VIII	6
134.	Plättchen (farbig), Ponapé	[522]	[25]	VIII	15
135.	Weisse Muschelscheibchen, Gilberts	[343]	[24]	VII	1*a*
136.	» » Banaba	[343]	[24]	VII	2*a*
137.	» » »	[343]	[24]	VII	3*a*
138.	» » »	[343]	[24]	VII	4*a*
139.	*Conus*-Ring (prähistorisch), Ponapé	[522]	[24]	VII	14

	Seite	Tafel	Tafel	Figur
140. *Conus*-Scheibe, Gilberts	[350]	[24]	VII	16
141. » »	[350]	[24]	VII	17
142. » »	[350]	[24]	VII	18
143. » »	[351]	[24]	VII	19
144. Perlschale (in Bearbeitung), Gilberts	[351]	—	—	15
145. » » »Geld«, Kuschai	[482]	—	—	49
Cocosnussschale.				
146. Scheibchen, Gilberts	[343]	[24]	VII	1*b*
147. » Banaba	[343]	[24]	VII	2*b*
148. » »	[343]	[24]	VII	3*b*
149. » »	[343]	[24]	VII	4*b*
150. » Ruk	[595]	[24]	VII	5*a*
151. Perlen, »	[595]	[24]	VII	6*a*
152. Losil-Cocosnuss, Material zu Ringen, Ruk	[595]	—	—	60
153. Cocosnussring, Ruk	[595]	[24]	VII	7
154. » »	[595]	[24]	VII	8
155. » »	[595]	[24]	VII	9
156. » »	[595]	[24]	VII	10
157. » »	[595]	[24]	VII	11
158. » »	[595]	[24]	VII	12
159. Grasstengel, Ponapé	[528]	—	—	52
Hautverzierung.				
160. Brandnarben, Gilberts	[345]	—	—	14
161. Tätowirung, Kuschai	[483]	—	—	50
162. Tätowirinstrument, Nukuor	[602]	—	—	61
163. Kamm dazu »	[602]	—	—	62
164. » » »	[602]	—	—	63
Kopfputz.				
165. Haarnadel, Ruk	[605]	—	—	64
166. Haarnadelband, Ruk	[605]	[24]	VII	13
167. Tanzkamm »	[606]	[23]	VI	5
168. » Spitzentheil, Ruk	[606]	[23]	VI	5*a*
169. Federschmuck dazu, »	[607]	—	—	65
170. Kopfbinde aus Muscheln, Marshalls	[432]	[22]	V	1
171. » von unten, »	[432]	[22]	V	1*a*
172. » aus Muscheln »	[432]	[22]	V	2
173. » von unten, »	[432]	[22]	V	2*a*
Ohrputz.				
174. Abnorm ausgedehnter Ohrlappen, Marshalls	[433]	—	—	26
175. Ohrlappen in gewöhnlicher Ausdehnung, Marshalls	[433]	—	—	26*a*
176. Ohrstöpsel aus Cocos, Ponapé	[528]	[23]	VI	6
177. Umfang desselben, »	[528]	[23]	VI	6*a*
178. Ohrpflock aus Holz, Ruk	[610]	[23]	VI	7
179. Ohrgehänge (farbig), »	[609]	[25]	VIII	19
180. » »	[609]	[24]	VII	20
Hals- und Brustschmuck.				
181. Halskette aus Menschenzähnen, Gilberts	[355]	[22]	V	3
182. » » Spermwalzahn, »	[354]	[23]	VI	4
183. » » *Spondylus* (farbig), Marshalls	[435]	[25]	VIII	1
184. » » » » »	[436]	[25]	VIII	20
185. » » » » »	[436]	[25]	VIII	21
186. » » » » Ruk	[612]	[25]	VIII	18
187. Schnur aus Muschelscheiben, Gilberts	[349]	[24]	VII	1
188. » » » Banaba	[349]	[24]	VII	2
189. » » » »	[349]	[24]	VII	3
190. » » » »	[349]	[24]	VII	4

	Seite	Tafel	Tafel	Figur
191. Schnur aus *Conus*-Scheiben, Gilberts	[350]	[24]	VII	15
192. Halskette aus *Natica*, Banaba	[349]	[22]	V	3
193. » » Pflanzen (farbig), Marshalls	[434]	[25]	VIII	22
194. » » Grasstengeln, Ponapé	[528]	—	—	52
195. » » Cocosringen, Ruk	[612]	[24]	VII	7—11
196. Halsband » » »	[613]	[24]	VII	13
197. Halskette » » »	[613]	[24]	VII	12*c*
198. » » » »	[613]	[24]	VII	12*d*
Anhängsel an Hals- und Brustschmuck.				
199. Spermwahlzahn, Gilberts	[353]	—	—	16
200. » »	[353]	[22]	V	7
201. » »	[353]	[22]	V	8
202. » -Schnitzerei (farbig), Marshalls	[436]	[25]	VIII	21*a*
203. Schildpatt, geschnitzt (farbig), Marschalls	[436]	[25]	VIII	20*c*
204. » » Kuschai	[484]	[23]	IV	2
205. » » »	[485]	[23]	IV	3
206. *Conus*-Scheibe, Gilberts	[350]	[24]	VII	16
207. » »	[350]	[24]	VII	17
208. » Banaba	[350]	[24]	VII	18
209. » »	[351]	[24]	VII	19
210. *Conus*-Ring (prähistorisch), Ponapé	[522]	[24]	VII	14
211. *Spondylus*-Schale (prähistorisch), Ponapé	[521]	[22]	V	9
212. » Plättchen » (farbig), Ponapé	[522]	[25]	VIII	14
213. » bearbeitet (farbig), Gilberts	[350]	[25]	VIII	16
214. » » » »	[349]	[25]	VIII	17
215. » Plättchen » Ponapé	[523]	[25]	VIII	15
Armschmuck.				
216. Armring aus Muschel *(Trochus)*, Kuschai	[485]	[23]	VI	1
Leibschmuck.				
217. Muschelschnüre, Gilberts	[356]	[24]	VII	1
218. » Banaba	[356]	[24]	VII	2
219. » »	[356]	[24]	VII	3
220. » »	[356]	[24]	VII	4
221. Gürtel (Mittelquerriegel, farbig), Ruk	[617]	[25]	VIII	23
222. Frauengürtel (farbig), Ruk	[618]	[25]	VIII	24

Druckfehler.

Seite 17 [285], Zeile 23 von oben lies: (XVI, Fig. 6) statt: [XXIV, Fig. 6].
» 17 [285], » 24 » » » (XVI, Fig. 5) » [XXIV, Fig. 5].
» 40 [308], » 14 » unten » 0·90 statt: 0·9.
» 138 [394], » 8 » » » [389] » [388].
» 167 [423], » 1 » » » [412] » [472].
» 224 [480], » 19 » » » 12 » 11.
» 379 [617], » 25 » oben » S. [614], Nr. 515*a* statt: S. 614 [268].

Zeitfracht Medien GmbH
Ferdinand-Jühlke-Straße 7
99095 Erfurt, Deutschland
produktsicherheit@kolibri360.de